제3판

한번에 정리하는 동물보건사 핵심기본서

동물보건사 시험 대비 핵심기본서

최신 출제기준 100% 반영

한국동물보건사대학교육협회 저

1권

1과목 기초 동물보건학

2과목 예방 동물보건학

박영story

Intro

최근 국내 반려동물과 더불어 살아가는 인구의 증가로 인해 반려동물 관련 산업은 해마다 급성장하고 있습니다. 이에 따라, 양질의 수의료서비스에 대한 사회적 요구도 높아지고 있으며, 이에 동물병원들은 동물질병을 진단하고 치료하기 위한 첨단의료기기를 도입할 뿐만 아니라, 진료 과목을 세분화하고 전문 진료 분야 전담 체제 등을 갖추어 수의료서비스를 개선해나가고 있습니다. 이러한 고도화된 수의료서비스는 숙련되고 전문성 있는 수의료 보조인력의 도움으로 인해 더욱 체계적이고 높은 수준으로 사회의 요구에 발맞추어 나갈 수 있을 것입니다.

이에 농림축산식품부는 동물병원 내에서 수의사의 진료업무를 보조할 수 있는 역량 있고 전문성을 갖춘 수의 보조인력 양성을 위해 2019년 수의사법을 개정하였고, 2021년 8월 27일자로 동물보건사 제도를 시행하였습니다. 개정된 수의사법 시행 이전 기존 동물병원 근무자들을 포함하는 특례대상자의 자격을 규정하고, 농림축산식품부령으로 정하는 실습교육을 이수한 특례대상자에 한해 동물보건사 자격시험 응시자격을 부여하게 됨에 따라 이들을 위한 실습교육 또한 수립되었습니다. 수의료체계의 발달과 함께 이를 지원하기 위해 마련된 이 제도가 안정적으로 정착되기 위해서는 동물보건사 양성기관들이 앞장서 수의 보조인력의 질적 표준화와 전문화를 위한 교육의 발판을 마련하여야 할 것입니다.

2020년 12월 전국 동물간호 관련 대학의 교수님들이 주축이 되어 동물보건사 국가자격증의 체계화와 제도화에 기여하고자 사)한국동물보건사대학교육협회를 설립하였고, 이에 역량 있고 전문적인 수의 보조인력 양성을 위해 특례대상자 실습교육 시스템을 구축하는 데 참여하고, 동물간호에 관한 양질의 교육을 제공하는 데 노력하고 있습니다. 현재까지 학생들이 시험을 대비할 수 있는 교재가 없어 어려움이 있었기에, 우리 협회 구성원들이 특례대상자뿐만 아니라 관련 학과 학생들이 동물보건사 국가자격시험을 효율적으로 대비할 수 있도록 본 요약서를 집필하게 되었습니다.

법 시행 이전 관련 학과를 졸업한 학생들을 포함하여 현재 동물병원에 재직 중인 특례대상자의 수는 약 4,000여 명, 매년 전국 동물보건사 양성기관 졸업자 약 1,000여 명으로 총 5,000여 명의 동물보건사 국가자격시험을 준비하는 이들에게 유용한 자료가 되기를 희망하여, 동물보건사 시험 준비에 도움이 되기를 바랍니다.

한국동물보건사대학교육협회장 박영재

시험 안내

시험 응시

❶ **응시료**: 20,000원

❷ **방법**: https://www.e-revenuestamp.or.kr 에서 전자수입인지 구매 후 동물보건사 자격시험 관리시스템(www.vt-exam.or.kr)에서 파일 업로드

시험 시간

교시	시험과목	시험시간	비고
1교시	· 기초 동물보건학 · 예방 동물보건학	10:00~12:00	120분
2교시	· 임상 동물보건학 · 동물 보건 · 윤리 및 복지 관련 법규	12:30~13:50	80분

※응시자는 시험 시행일 09:20까지 해당 시험실에 입실하여 지정된 좌석에 앉아야 함

합격자 기준

각 과목당 시험점수 100점을 만점으로 40점 이상이며, 전 과목의 평균 점수가 60점 이상인 자

응시자 유의사항

❶ 응시자는 응시표, 답안지, 시험 시행 공고 등에서 정한 유의사항을 숙지하여야 하며 이를 준수하지 않아 발생하는 불이익은 응시자 본인의 책임으로 합니다.

❷ 응시원서의 기재 내용이 사실과 다르거나 기재 사항의 착오 또는 누락으로 인한 불이익은 응시자 본인의 책임으로 합니다.

❸ 접수기간 이후에는 제출된 응시 서류를 반환하지 않으며, 접수를 취소하거나 시험에 응시하지 않는 경우에도 응시수수료(수입인지)는 반환하지 않습니다(다만, 「수의사법 시행규칙」 제28조 제3항 각 호에 대해서는 수수료의 전부 또는 일부 반환 가능).

❹ 응시자는 자격시험 시행계획 공고에서 정한 응시자 입실시간(09:20)까지 응시표, 신분증, 필기도구(컴퓨터용 검정색 수성 싸인펜)를 지참하고 지정된 좌석에 착석하여 시험감독관의 시험안내에 따라야 합니다. 아울러, 1교시 시험에 응시하지 않은 자는 그 다음 시험에 응시할 수 없습니다.

※신분증의 범위: 주민등록증(주민등록증 발급신청확인서 포함), 운전면허증, 여권(기간만료일 이내인 것에 한함), 공공기관에서 발행한 신분증(다만, 사진을 통해 본인 확인이 가능한 경우에 한함)

❺ 신분증과 응시표를 지참하지 않을 경우 시험에 응시할 수 없으며, 응시표를 분실하였을 때에는 응시원서에 부착한 것과 동일한 사진 1매와 신분증을 지참하여 감독관에게 그 사유를 신고하고 재발급 받아야 응시할 수 있습니다.

❻ OMR 답안지 작성은 반드시 컴퓨터용 검정색 수성 싸인펜만을 사용해야 하며, 다른 필기도구를 사용하여 발생하는 불이익은 응시자의 책임으로 합니다.

❼ OMR 답안지의 답란을 잘못 표기하였을 경우에는 OMR 답안지를 교체하여 작성하거나 수정테이프를 사용하여 답란을 수정할 수 있습니다.

※수정테이프를 사용하여 답란을 수정한 경우 수정테이프가 떨어지지 않도록 해야 합니다.
※수정테이프가 아닌 수정액 또는 수정스티커를 사용하거나 불완전한 수정 처리로 인하여 발생하는 불이익은 응시자 책임으로 합니다.

❽ OMR 답안지에 성명, 응시번호, 과목명 등을 표기하지 않거나 틀리게 표기하여 발생하는 불이익은 응시자의 책임으로 합니다.

❾ 시험시간 중 휴대전화기, 디지털카메라, MP3, 스마트워치, 전자사전, 카메라 펜 등 모든 전자기기를 휴대하거나 사용할 수 없으며, 발견될 경우에는 부정행위로 처리될 수 있습니다.

❿ 시험시간 중 화장실 사용은 가능하나, 본인 확인과 답안 작성 등 시험 진행을 위해 화장실 사용 시간대 및 횟수를 제한합니다. 화장실 사용은 시험 중 2회에 한해 가능하며, 사용 가능 시간은 시험 시작 20분 후부터 시험 종료 10분 전까지입니다.

※화장실은 지정된 화장실(감독관 지정)만 사용 가능하며, 이동 및 대기, 소지품 검색 등에 일정 시간이 소요되고, 이를 포함한 모든 화장실 사용 시간은 시험시간에 포함되므로 시험시간 관리에 각별히 유의하시기 바랍니다.
※화장실 사용시간 이외 시간에 화장실을 사용하거나, 2회를 초과하여 화장실 사용 시 재입실이 불가하며, 시험 종료 시까지 시험시행본부에서 대기해야 합니다.

⓫ 시험시간 관리의 책임은 전적으로 응시자 본인에게 있으며, 개인용 시계를 직접 준비해야 합니다(단, 계산기능이 있는 다기능 시계 또는 휴대전화 등 전자기기를 시계 용도로 사용할 수 없음).

※시계 기능만 있는 디지털 시계의 사용은 가능하나, 알람 등은 사용 금지

⓬ 타 응시자에게 방해되는 행위(시험시간 중 다리를 떠는 행동, 멀티펜 등 필기구로 인한 똑딱소리, 반복적인 헛기침) 등은 자제하여 주시기 바랍니다. 시험장 내에서는 흡연을 할 수 없으며, 시설물을 훼손하지 않도록 주의하여야 합니다.

⓭ 시험 종료 후 시험감독관의 지시가 있을 때까지 퇴실할 수 없으며, 배부된 모든 답안지와 문제지를 반드시 제출하여야 하며 만일 문제지를 제출하지 않거나 시험문제를 유출하는 경우에는 부정행위로 처리될 수 있습니다.

시험 안내

⑭ 「수의사법」 제16조의6에서 준용하는 법 제9조의2에 따라 부정한 방법으로 동물보건사 자격시험에 응시한 사람 또는 동물보건사 자격시험에서 부정행위를 한 사람에 대하여는 그 시험을 정지시키거나 그 합격을 무효로 하며, 시험이 정지되거나 합격이 무효가 된 사람은 그 후 두 번까지 동물보건사 자격시험에 응시할 수 없습니다.

⑮ 합격자 발표 후에도 제출된 서류 등의 기재 사항이 사실과 다르거나 응시 결격사유가 발견된 때에는 그 합격을 무효로 합니다.

⑯ 본 시험 시행계획에 변경이 있을 경우, 해당 시험 시행 일주일 이전에 농림축산식품부 홈페이지(www.mafra.go.kr) 또는 동물보건사 자격시험 관리시스템(www.vt-exam.or.kr)에 공고합니다.

⑰ 기타 자세한 사항은 농림축산식품부 반려산업동물의료팀(☎044-201-2655)로 문의하시기 바랍니다.

시험 참고사항

❶ 제출서류의 기재 내용 및 기재 사항의 착오 또는 누락, 연락불능의 경우에 따른 불이익은 응시자 본인의 책임으로 합니다.

❷ 응시자는 시험 시행 전까지 고사장 위치 및 교통편을 확인해야 합니다.

❸ 입실시간(09:20) 이후 고사장 입실이 불가합니다.

❹ 고사장 내부 시계와 감독위원의 시간 안내는 단순 참고사항이며, 시간 관리의 책임은 응시자에게 있습니다.

❺ 응시자는 감독위원의 지시에 따라야 합니다.

❻ 응시장 내 쓰레기를 함부로 버리거나 시설물을 훼손하지 않도록 주의하시기 바랍니다.

❼ 기타 시험일정, 운영 등에 관한 사항은 홈페이지의 공지사항을 확인하시기 바라며, 미확인으로 인한 불이익은 응시자의 책임입니다.

❽ 답안 작성 시에는 반드시 시험문제지의 문제번호와 동일한 번호에 작성해야 합니다.

※올바른 답안 마킹방법 및 주의사항

- 매 문항마다 반드시 하나의 답만을 골라 그 숫자에 "●"로 정확하게 표기하여야 하며, 이를 준수하지 않아 발생하는 불이익(득점 불인정 등)은 응시자 본인이 감수해야 함
- 답안 마킹이 흐리거나, 답란을 전부 채우지 않고 작게 점만 찍어 마킹할 경우 OMR 판독이 되지 않을 수 있으니 유의하여야 함 [예] 올바른 표기: ● / 잘못된 표기: ◎ ⊙ ⊖ ⊕ ⊗ ⊘
- 두 개 이상의 답을 마킹한 경우 오답처리 됨

❾ 시험 도중 포기하거나 답안지를 제출하지 않은 응시자는 시험 무효 처리됩니다.

❿ 지정된 고사실 좌석 이외의 좌석에서는 응시할 수 없습니다.

⓫ 시험 당일 고사장 내에는 주차 공간이 없거나 협소합니다. 교통 혼잡이 예상되므로 대중교통을 이용하여 주시기 바랍니다.

⑫ 채점은 전산 자동 판독 결과에 따르므로 유의사항을 지키지 않거나(지정 필기구 미사용) 응시자의 부주의(인적사항 미기재, 답안지 기재·마킹 착오, 불완전마킹·수정, 예비마킹, 형별 마킹 착오 등)로 판독불능, 중복판독 등 불이익이 발생할 경우 응시자 책임으로 이의제기를 하더라도 받아들여지지 않습니다.

⑬ 부정행위 유형

- 대리시험을 치른 행위 또는 치르게 하는 행위
- 시험 중 다른 응시자와 시험과 관련된 대화를 하거나 손동작, 소리 등으로 신호를 하는 행위
- 시험 중 다른 응시자의 답안지 또는 문제지를 보고 자신의 답안지를 작성하는 행위
- 시험 중 다른 응시자를 위하여 답안 등을 알려주거나 보여주는 행위
- 고사실 내외의 자로부터 도움을 받아 답안지를 작성하는 행위 및 도움을 주는 행위
- 다른 응시자와 답안지를 교환하는 행위
- 다른 응시자와 성명 또는 응시번호를 바꾸어 기재한 답안지를 제출하는 행위
- 시험 종료 후 문제지를 제출하지 않거나 일부를 훼손하여 유출하는 행위
- 시험 전·후 또는 시험 중에 시험문제, 시험문제에 관한 일부 내용, 답안 등을 다음 각 목의 방법으로 다른 사람에게 알려주거나 알고 시험을 치른 행위
  - 대화, 쪽지, 기록, 낙서, 그림, 녹음, 녹화
  - 홈페이지, SNS 등에 게재 및 공유
  - 문제집, 도서, 책자 등의 출판 · 인쇄물
  - 강의, 설명회, 학술모임
  - 기타 정보전달 방법
- 수험표 등 시험지와 답안지가 아닌 곳에 문제 또는 답안을 작성하는 행위
- 시험 중 시험문제 내용과 관련된 물품(시험 관련 교재 및 요약자료 등)을 휴대하거나 이를 주고받는 행위
- 시험 중 허용되지 않는 통신기기 및 전자기기 등을 지정된 장소에서 보관하지 않고 휴대하는 행위
  - 통신기기 및 전자기기: 휴대용 전화기, 휴대용 개인정보단말기(PDA), 휴대용 멀티미디어 재생장치(PMP), 휴대용 컴퓨터, 휴대용 카세트, 디지털 카메라, 음성 파일 변화기(MP3), 휴대용 게임기, 전자사전, 카메라펜, 시각 표시 외의 기능이 있는 시계, 스마트워치 등
  - 휴대전화는 배터리와 본체를 분리하여야 하며, 분리되지 않는 기종은 전원을 꺼서 시험위원의 지시에 따라 보관하여야 합니다(비행기 탑승 모드 설정은 허용하지 않음).
- 시험 중 허용되지 않는 통신기기 및 전자기기 등을 사용하여 답안을 전송 및 작성하는 행위
- 응시원서를 허위로 기재하거나 하위서류를 제출하여 시험에 응시한 행위
- 시험시간이 종료되었음에도 불구하고 감독위원의 답안지 제출지시에 불응하고 계속 답안을 작성한 행위
- 답안지 인적사항 지개란 외의 부분에 특정인의 답안지임을 나타내기 위한 표시를 한 행위
- 그 밖에 부정한 방법으로 본인 또는 다른 응시자의 시험결과에 영향을 미치는 행위

차례

Contents

1 과목

기초 동물보건학

차례

Contents

예방 동물보건학

차례

Contents

3 과목
임상 동물보건학

차례

memo

기초 동물보건학

동물보건사 핵심 기본서

PART 01

동물해부생리학

CHAPTER 01 동물신체의 기본구조
CHAPTER 02 동물의 근골격계통 I (Musculoskeletal system I)
CHAPTER 03 동물의 근골격계통 II (Musculoskeletal system II)
CHAPTER 04 신경계통의 구조와 기능
CHAPTER 05 감각기관의 구조와 기능
CHAPTER 06 순환계통과 림프계통
CHAPTER 07 호흡기계의 구조와 기능
CHAPTER 08 소화기계통
CHAPTER 09 비뇨기계통
CHAPTER 10 생식기계통
CHAPTER 11 내분비계통

CHAPTER 01

동물신체의 기본구조

01 동물의 기본구조

(1) 세포

1) 핵(Nucleus)

염색체 (Chromosome)	세포의 성장, 생존 그리고 생식에 필요한 모든 정보를 담은 DNA와 단백질의 결합체
핵인 또는 핵소체 (Nucleololus)	• 핵 내부의 응축구조로, 단백질과 RNA로 구성됨 • 대부분의 세포가 하나 혹은 그 이상을 담고 있음 • 세포질의 단백질 합성을 조절하는 기능
핵막 (Nuclear membrane)	진핵세포에서 핵을 감싸고 있는 인지질로 구성된 이중막 구조
핵공(Nuclear pore)	핵막에 존재하며, 핵 내외로 물질이 이동하는 통로

2) 세포질(Cytoplasm)

① 세포에서 핵을 제외한 모든 부분

② 세포소기관(Cell Organalle)들을 지탱해주는 역할을 함

③ 인지질(Phospholipid)로 구성된 이중막인 세포막(또는 원형질막)으로 둘러싸여 있음

세포소기관	특징과 기능
미토콘드리아 (Mitochondrion)	• 자체적인 DNA와 리보솜을 함유하며, 세포호흡에 관여함 • 호흡이 활발한 세포일수록 많은 미토콘드리아를 함유 • 산소를 이용해 에너지(ATP)를 생산하는 세포의 발전소
소포체 (Endoplasmic reticulum)	• 세포질그물이라고 함 • 관이나 편평한 주머니 형태 • 리보솜의 존재에 따라 조면소포체와 활면소포체로 분류함 • 조면소포체(과립세포질그물) – 세포의 외부로 분비하는 단백질 합성 • 활면소포체(무과립세포질그물) – 지질과 탄수화물 합성, 독성물질 분해
골지체 (Golgi apparatus)	단백질 농축, 탄수화물 합성

리소좀 (Lysosome)	• 가수분해 효소를 함유하고 있음 • 단백질, 탄수화물, 지방 등을 파괴하고 용해 • 세포내 소화, 이물질의 소화, 세포외물질의 분해, 자가소화 작용
섬모(Cilium)와 편모(Flagellum)	• 세포의 표면에 존재하는 가늘고 긴 이동용 세포 소기관 • 섬모는 짧고 수가 많으며, 편모는 수가 적고 길이가 긴 편임 • 대표적인 편모세포로 편모운동을 하는 정자세포가 그 예

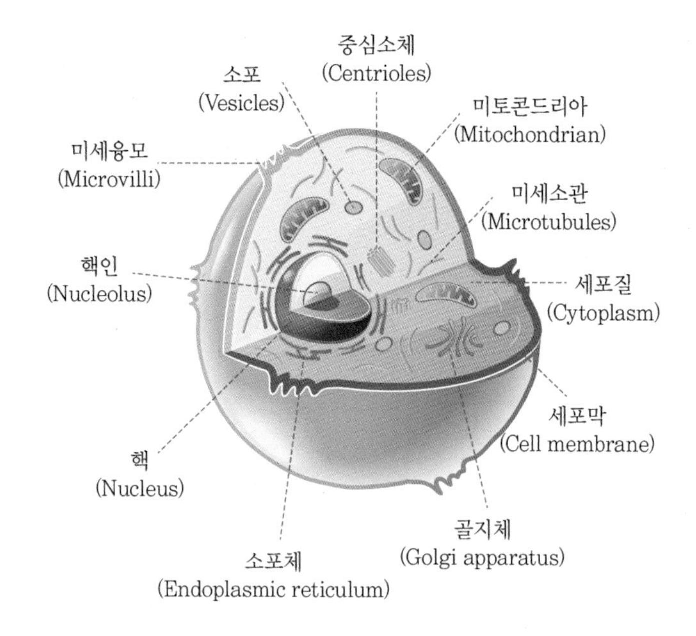

3) 세포분열

① 세포는 분열을 통해 그 개수가 증식하게 됨

② 동물 체내 모든 조직은 단일세포인 "수정란"으로부터 발생함

유사분열	• 생식세포를 제외한 모든 체세포는 유사분열을 통해 재생됨 • 유사분열은 부모세포의 복제를 통해 중기, 후기, 말기 과정을 거쳐 동일한 염색체를 가진 2배수의 체세포를 만들어 동물의 성장과 발달이 가능하도록 함
감수분열	• 동물의 생식세포 즉, 난자, 정자 등의 발생과정에서 일어나는 세포분열방식 • 제1, 제2 감수분열과정을 통해 2쌍의 염색체를 갖는 모세포로부터 1쌍의 염색체를 갖는 4개의 딸세포를 생성함

(2) 조직

1) 조직의 개념

같은 형태나 기능을 가진 세포들의 집단

2) 조직의 분류

조직 분류	기능 및 예
상피조직	• 몸의 표면이나 기관의 안쪽 벽을 덮고 분비샘을 형성 • 보호, 흡수, 분비, 배설 등의 기능을 수행 예 피부, 입안 상피, 망막, 분비샘 등
결합조직	• 조직이나 기관 사이의 틈을 메우고 결합시켜 지지하는 조직 • 동물에서 가장 많고 널리 분포되어 있음 예 연골, 뼈, 힘줄, 혈액 등
근육조직	신축성 있는 가늘고 긴 근육세포로 이루어져 몸을 움직이게 만드는 조직 예 골격근, 내장근, 심장근 등
신경조직	기본 단위는 뉴런으로, 자극을 전달하는 조직 예 뇌, 감각 신경, 연합 신경, 운동 신경 등

3) 계통

공통적으로 같은 목적의 기능을 가진 몇 개의 기관들

분류	기능	예
근골격계	몸을 지지 및 지탱	근육, 신경, 건, 인대, 뼈
소화계	음식물의 소화와 양분 흡수	입, 식도, 위, 소장, 대장, 간
순환계	양분, 노폐물, 기체의 운반	심장, 혈관, 혈액
호흡계	산소와 이산화탄소 교환	코, 기관지, 폐
배설계	노폐물의 배설	콩팥, 요관, 방광, 요도
신경계	흥분의 전달 및 기관 작용 조절	뇌, 척수, 감각기관
면역계	신체 방어	골수, 림프관, 가슴샘
내분비계	호르몬 생성과 분비, 항상성 유지	뇌하수체, 갑상샘, 부신
생식계	생식	정소, 난소, 수정관, 자궁

02 위치와 방향을 나타내는 해부학적 용어들

(1) 해부학적 단면을 나타내는 용어

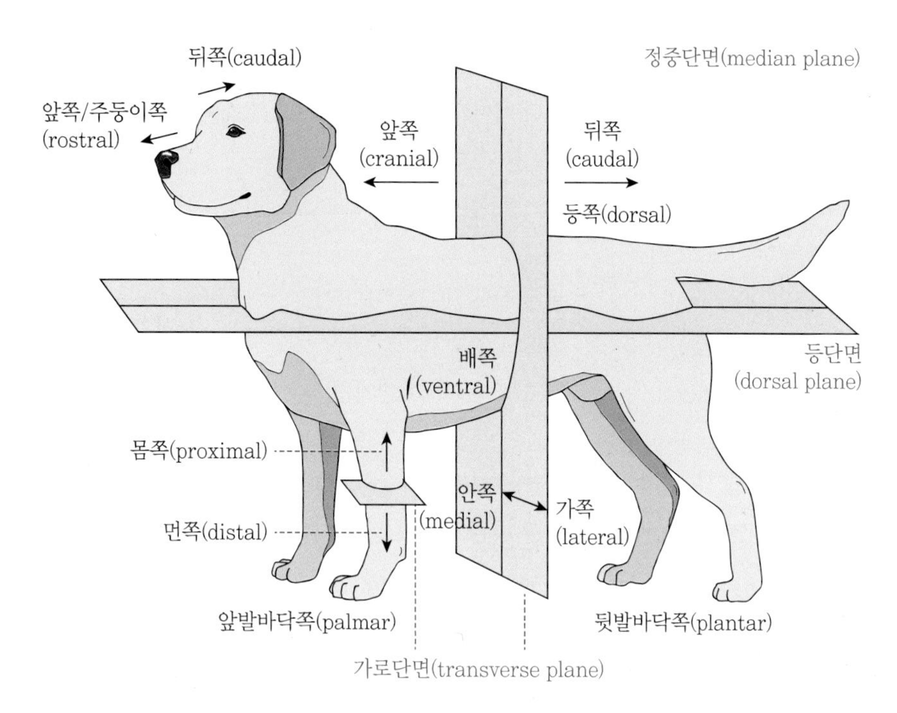

단면(Plane)	해부학적으로 사용되는 동물신체의 절단 면
정중단면(Median plane)	머리, 몸통, 사지를 오른쪽과 왼쪽이 똑같게 세로로 나눈 단면
시상단면(Sagittal plane)	정중단면과 평행하게 머리, 몸통, 사지를 통과하는 단면
가로단면(Transverse plane)	긴 축에 대하여 직각으로 머리, 몸통, 사지를 가로지르는 단면
등단면(Dorsal plane)	정중단면과 가로단면에 대하여 직각으로 지나는 단면
축(Axis)	몸통 또는 몸통의 어떤 부분의 중심선

(2) 해부학적 위치와 방향을 나타내는 용어

용어	설명
등쪽(Dorsal)	등을 향한 쪽
배쪽(Ventral)	배를 향한 쪽
외측(Lateral)	정중단면으로부터 벗어났거나 비교적 멀리 떨어진 쪽
내측(Medial)	정중단면을 향한 쪽 또는 비교적 정중단면에 가까운 쪽
앞쪽(Cranial/anterior)	머리를 향한 쪽
뒤쪽(Caudal/posterior)	꼬리를 향한 쪽
주둥이쪽(Rostral)	코를 향한 쪽
근위(Proximal)	몸통 쪽에 비교적 가까운 곳
원위(Distal)	몸통 쪽에서 떨어진 곳
얕은(Superficial)	비교적 몸통의 표면에 가까운 쪽
깊은(Deep)	몸통의 중심 또는 어떤 기관의 중심에 가까운 부분
속(Internal, inner)	기관, 체강 또는 구조의 중심이나 가까운 쪽
외(External, outer)	기관 또는 구조의 중심에서 멀리 있는 쪽
요골쪽(Radial)	전완에서 노뼈(요골)가 위치하고 있는 쪽
척골쪽(Ulnar)	전완에서 자뼈(척골)가 위치하고 있는 쪽
경골쪽(Tibial)	뒷다리에서 정강이뼈(경골)가 위치하고 있는 쪽
비골쪽(Fibular)	뒷다리에서 종아리뼈(비골)가 위치하고 있는 쪽
앞발바닥쪽(Palmar)	앞발에서 볼록살이 위치하는 면
뒷발바닥쪽(Plantar)	뒷발에서 볼록살이 위치하는 면

(3) 자세에 따른 용어

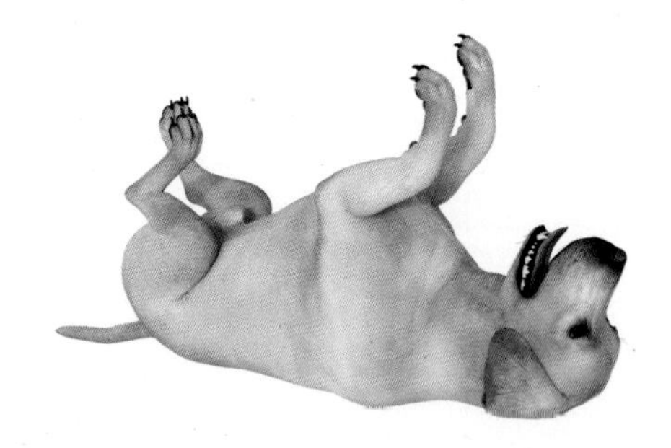

배등자세 (Ventro-dorsal, VD자세)	• 등쪽이 바닥에 닿고 배쪽이 하늘을 향하는 자세 • 사람의 경우 똑바로 누운 자세

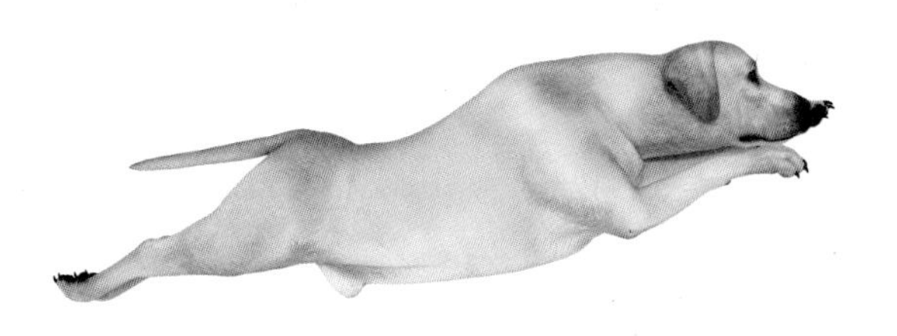

등배자세 (Dorso-ventral, DV자세)	• 배쪽이 바닥에 닿고 등쪽이 하늘을 향하는 자세 • 사람의 경우 엎드린 자세

03 반려동물(개와 고양이)의 피부구조

(1) 피부의 특징

① 체중의 약 11~25% 비율을 차지하며, 몸에서 가장 넓게 분포하고 있음
② 외부로부터의 자극이나 병원균으로부터 신체를 보호하는 역할
③ 체내 수분을 보존하고 근육과 기관을 보호하는 상피조직으로 구성됨
④ 감각기관으로 압력, 긴장, 가려움과 운동에 관한 정보를 중추신경계에 전달하는 기능을 가짐
⑤ **체온조절기능**: 추울 때 교감신경의 흥분으로 인해 피부의 모세혈관과 입모근을 수축시켜 열방출 및 땀분비를 억제함으로써 열발산량을 감소시킴
⑥ 동물의 종류나 부위에 따라 두께와 유연성의 차이를 가짐

(2) 피부의 구성

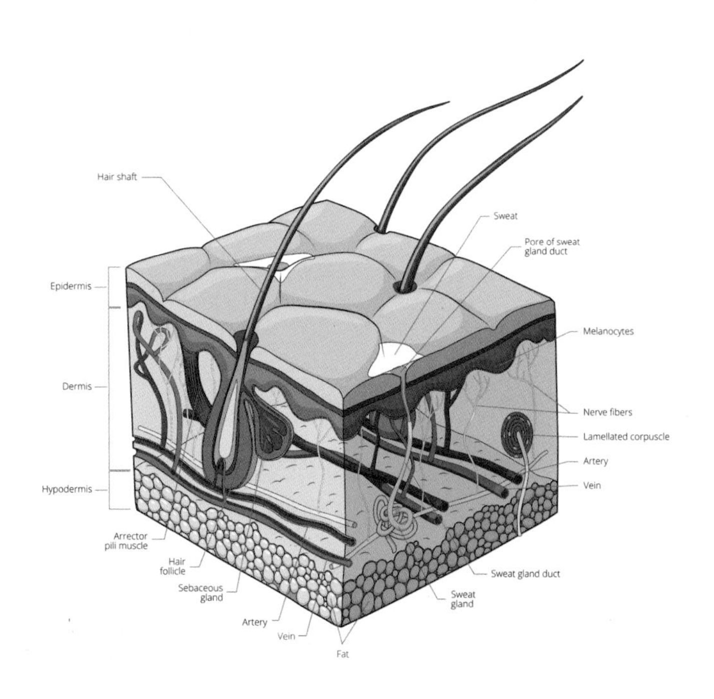

1) 표피(Epidermis)

① 피부 표층에서 가장 가까운 부분

② 중층편평상피세포로 구성

TIP **중층편평상피세포**

- 기저층, 유극층, 과립층, 투명층, 각질층으로 구분
- 세포분열을 통해 빠르게 재생
- 마모가 잘 되는 부위인 피부, 식도, 항문, 질 등을 주로 구성
- 가장 아래 기저층에서부터 세포분열로 증식하여, 점차 각질층으로 이동
- 기저층에서 각질화까지 약 3주 소요
- 각질화되어 피부에서 탈락하기까지 약 3주 소요

2) 진피(Dermis)

① 혈관, 신경, 피부 부속기관을 비롯한 섬유성결합조직으로 구성

② 섬유성결합조직은 엘라스틴 및 콜라겐 섬유의 느슨한 기질 속에 섬유모세포가 존재하는 성긴결합조직과 치밀하게 구성된 치밀결합조직으로 구분할 수 있음

③ 진피는 치밀섬유성결합조직으로 구성

④ 비만세포 및 큰포식세포가 산재하여 분포함으로써, 면역반응의 역할

3) 피부밑조직(Hypodermis, Subcutis)

① 과도한 압력으로부터 피부조직을 보호

② 지방세포나 지방조직덩어리를 가진 성긴결합조직으로 구성

4) 피부 부속기관

① 털, 기름샘, 땀샘 등

② 털주머니에는 기름샘과 부분분비샘이 존재

③ 부분분비샘의 농축된 마른땀과 기름샘의 피지는 털구멍을 통해 분비됨

④ 발 볼록살의 지방조직 내에 존재하는 샘분비샘은 수액성 분비물을 분비

⑤ 털은 털망울(hair bulb)의 털기질과 진피유두 사이에서 생성됨

⑥ 활발하게 성장하는 성장기에서 혈액을 공급해주는 진피유두가 떨어져나가는 퇴행기, 털의 성장이 중지되는 정지기를 지나 다시 성장기로 이행함. 이때 새롭게 성장한 털이 오래된 털을 밀어내어 털이 빠지는 것을 털빠짐이라 함

⑦ 개와 고양이에서 털빠짐은 낮과 밤의 길이 차이, 온도 등에 영향을 받아 일시적, 주기적으로 발생하기 때문에 이를 털갈이라고 함

개와 사람의 피부 비교

구분	개의 피부	사람의 피부
표피의 세포층 수	3~5층	10~15층
상피세포 재생주기	20~21일	28일
피부 산도	pH7.5(고양이 pH6.4)	pH5.5
땀샘	없음(발바닥에 존재)	있음
지방샘	있음	있음
털의 성장	주기적	지속적
특징	각질이 얇고 피부의 산도가 중성에 가까워 세균에 대한 저항력이 약함	각질이 두껍고 피부 산도가 산성으로 세균에 대한 저항력이 있음

CHAPTER

02 동물의 근골격계통 I
(Musculoskeletal system I)

01 머리 및 몸통을 구성하는 뼈의 모양과 명칭

(1) 머리를 구성하는 뼈

1) 머리

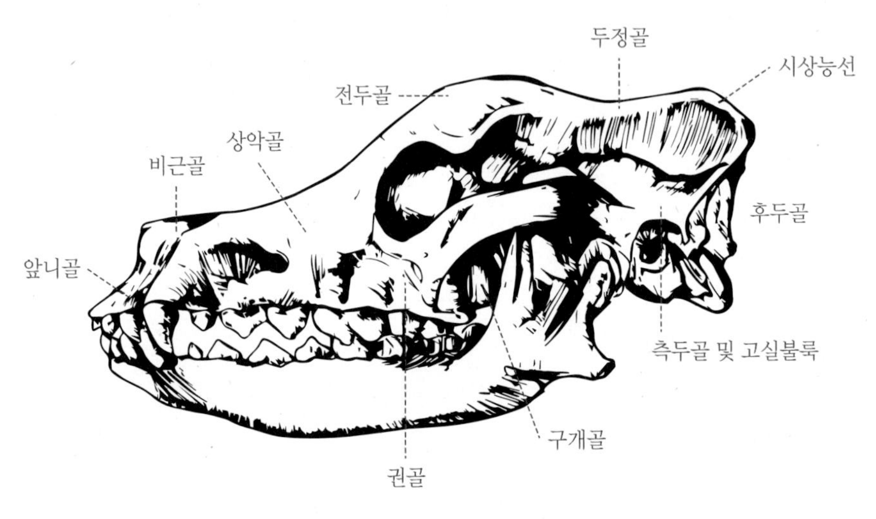

두개강을 둘러싸는 뼈들	• 후두골(Occipital bone) • 두정골(Parietal bone) • 전두골(Frontal bone) • 측두골(Temporal bone) • 사골(Ethmoid bone) • 서골(Vomer) • 접형골(Sphenoid bone)
안면을 구성하는 뼈들	• 비골(Nasal bone) • 누골(Lacrimal bone) • 상악골(Maxilla) • 앞니골(Incisive bone) • 구개골(Palatine bone) • 권골(Zygomatic bone) • 하악골(Mandible)

2) 두개골(Skull)

① 뇌를 감싸는 구조

② 여러 개의 두개골 뼈가 섬유관절을 이루며 결합되어 있고, 나이가 들면 대부분 골화되어 뼈들 사이의 봉합은 불분명해짐

③ 외이, 중이, 내이를 포함한 귀가 위치

④ 측두골 바닥에 내이와 외이를 연결하는 중이 구조물인 고실불룩이 존재하며, 내이는 측두골 내에 위치

⑤ 두개골의 바닥은 뇌신경 및 혈관들이 지나가는 작은 구멍들과 함께, 뇌로부터 척수가 지나가는 후두골 사이에 난 큰 후두구멍이 존재

⑥ 전두골에 난 큰 구멍인 전두동과 상악골의 상악오목은 부비동이라 하여 코와 인접해 위치한 빈 공간임

⑦ 부비동은 머리의 무게를 가볍게 하고, 호흡할 때 공기를 데워주는 등 환기작용 역할

3) 앞니골(Incisive bone)과 상악골(Maxilla)

① 상악치가 존재

② 개의 경우 평균적으로 앞니 3개, 송곳니 1개, 작은 어금니 4개, 큰어금니 2개 존재

4) 하악골(Mandible)

① 양쪽 턱뼈는 성장이 완료된 후 융합되어 하나의 뼈가 됨

② 두개골과 관절하여 움직임이 가능

③ 개의 경우 평균적으로 하악치 중 앞니 3개, 송곳니 1개, 작은 어금니 4개, 큰 어금니 3개 존재

5) 치아

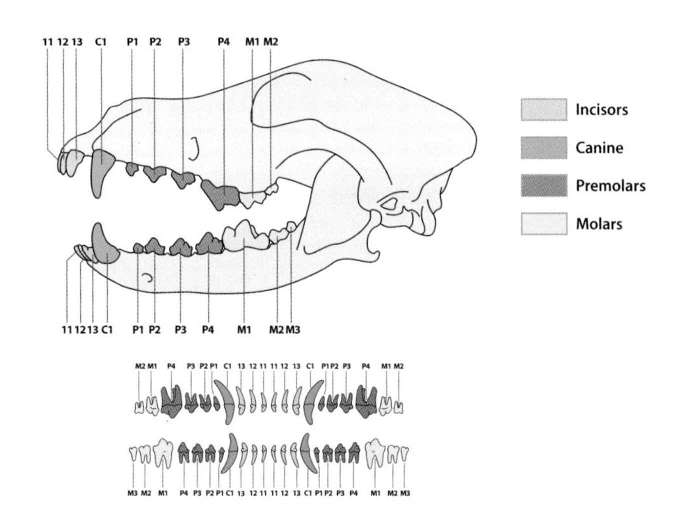

① 치식

개(상/하)	3 1 4 2 / 3 1 4 3
고양이(상/하)	3 1 3 1 / 3 1 2 1

② 치아 구조

치아관	에나멜질로 구성되어 몸을 구성하는 조직 중 가장 강함
치아뿌리	시멘트질로 구성되며, 치아주위막(periodontal ligament)에 의해 이틀뼈(alveolar bone)에 고정
치아수	혈관과 신경이 존재

에나멜질

에나멜질 내부는 상아질로 구성되어 통각, 온도감각을 느낄 수 있음

6) 설골장치(Hyoid apparatus)

① 두개골, 후두 및 혀를 연결시켜주는 구조물

② 설골로 구성: 바닥설골, 갑상설골, 각설골, 위설골, 경상설골, 고실설골연골로 구성

7) 두개골의 형태

① 품종을 분류하는 근거

② 이마와 코의 중앙에 움푹 들어간 부분을 스톱이라 하며, 3가지 형태의 두개골 형태로 분류

③ 장형두개: 스톱에서 코 끝 길이가 후두골 끝 길이보다 긴 형태

④ 중형두개: 스톱에서 코 끝 길이와 후두골 끝 길이와 같은 형태

⑤ 단형두개: 스톱에서 코 끝 길이가 후두골 끝 길이보다 짧은 형태

(2) 몸통을 구성하는 뼈

1) 척주(Vertebral column)를 구성하는 뼈들

목뼈(경추, Cervical Vertebral)	• 개에서는 7개가 존재 • 첫 번째 목뼈를 환추골(C1, Atlas)이라 하고, 앞쪽으로 머리뼈와 관절함 • 가시돌기가 없으며 척추뼈몸통이 축소되어 있는 것이 특징 • 머리뼈와 관설하여 환추후두골관절을 이루이 굽힘과 펴짐 운동을 함 • 환추골(C1)과 축추골(C2, Axis)이 관절하여 머리의 회전운동을 담당함
등뼈(흉추, Thoracic V.)	• 개에서는 13개가 존재 • 첫 번째와 열 번째 등뼈까지는 늑골과 관절을 이루는 늑골오목이 존재함 • 처음 9개의 등뼈는 가시돌기가 두드러지게 발날하였음

허리뼈(요추, Lumbar V.)	• 개에서는 7개가 존재 • 등뼈보다 척추뼈몸통이 더 길고 발달하였음 • 개에서 주로 척추사이원반 탈출증이 발생하는 장소
엉치뼈(천추, Sacral V. Sacrum)	• 개에서 3개가 존재 • 태어나서 성장과정 중에 3개의 척추뼈몸통이 융합하여 하나의 뼈가 됨 • 장골(ILIUM) 사이에 놓여 있으며 장골과 단단하게 관절을 이룸
꼬리뼈(미추, Caudal V. Coccygeal V.)	개에서 꼬리뼈의 종류는 다양하게 존재하며 평균 20개
개의 척추식	$C_7T_{13}L_7S_3Cd_{20}$

TIP 척추사이원반(Intervertebral disc)

- 두개골과 환추골(C1)의 관절과 환추골(C1)과 축추골(C2)의 관절을 제외하고 척추뼈와 척추뼈는 섬유연골인 척추사이원반에 의해 결합
- 개에서 척추몸통 길이의 6분의 1에 해당할 만큼 두꺼운 편
- 안정적인 연결뿐만 아니라 운동(등쪽, 배쪽, 외측굽힘)이 가능함
- 가운데 젤리 형태의 수핵을 둘러싼 섬유테로 구성
- 퇴행성 변화 혹은 물리적인 영향으로 인해 가운데 존재하는 수핵이 섬유테를 뚫고 제자리에서 탈출할 경우 척추사이원반 탈출증이라는 질환이 발생

2) 늑골(갈비뼈, Ribs)

① 늑골은 13쌍으로 구성

② 가슴 앞쪽으로 늑골(갈비)연골관절을 형성

③ 흉골(복장뼈)과 직접 관절하는 9쌍의 참늑골과 관절하지 않는 4쌍의 거짓늑골(거짓갈비뼈)이 있음

④ 마지막 13번째 늑골(갈비뼈)은 인접 관절을 형성하지 않아 뜬늑골(뜬갈비뼈)이라 함

⑤ 융합관절된 늑골(갈비뼈)들은 늑골궁(갈비활)을 형성하며, 가슴과 배를 구분하는 경계가 됨

3) 흉골(복장뼈, Sternum)

① 흉골사이연골과 결합한 8개의 길고 굵은 흉골분절로 구성

② 가장 앞쪽의 흉골(복장뼈)분절은 흉골자루(복장뼈자루)라 하고 가장 마지막 분절은 뾰족한 끝을 이루어 칼돌기(검상돌기)라 함

③ 칼돌기 끝은 연골로 되어있으며 점차 골화되기도 함

4) 음경골(Os penis)

① 개의 음경몸통 속에 약 10cm 길이의 음경뼈가 존재
② 교미 시 음경을 뻣뻣하게 유지시켜 주는 역할

(3) 앞다리를 구성하는 뼈의 모양과 명칭

1) 사지골격 – 앞다리(Thoracic Limb)

- 쇄골(Clavicle)
- 상완뼈(Humerus)
- 척골(자뼈, Ulna)
- 앞발허리뼈(Metacarpal bones, 5개)
- 발가락뼈(Phalanges)
  - 첫마디뼈(Proximal phalanx)
  - 중간마디뼈(Middle phalanx)
  - 끝마디뼈(Distal phalanx)
- 견갑골(어깨뼈, Scapula)
- 요골(노뼈, Radius)
- 앞발목뼈(Carpal bones, 7개)

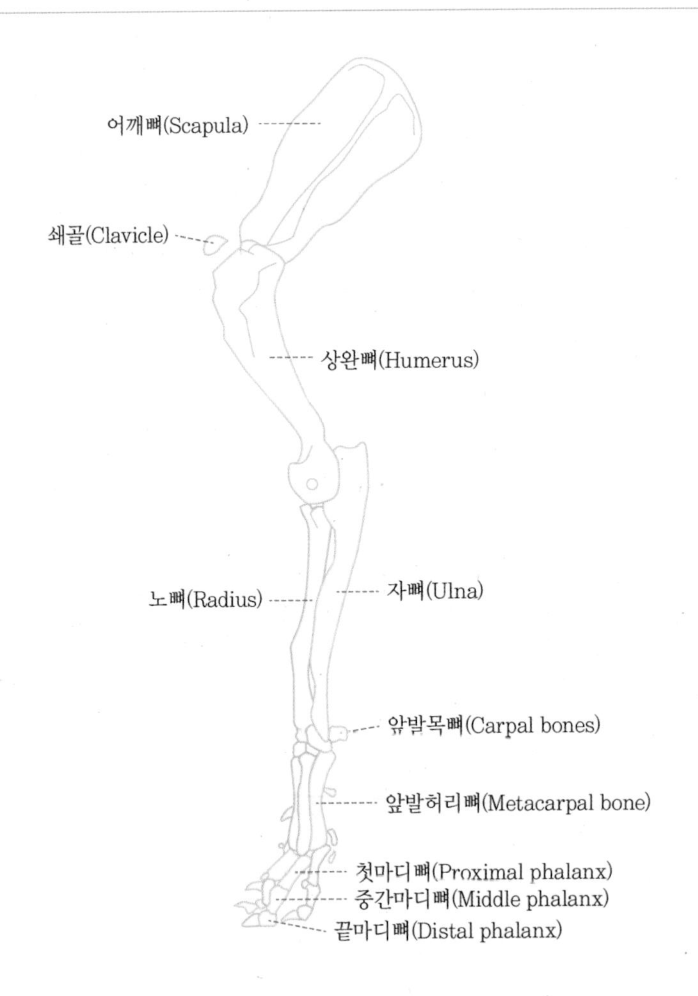

2) 쇄골(Clavicle)

① 앞다리 뼈와 척추를 연결하는 뼈

② 영장류에 매우 잘 발달되어 있으나, 개와 고양이에서는 쇠퇴되어 종자골 형태로 남음

③ 개와 고양이와 같은 사족보행 동물은 앞발과 척추가 연결되지 않음

3) 앞발목(Carpal bones) 및 앞발가락(Digital phalanges)

① 앞발목은 여러 개 뼈가 관절을 이루고 있음

② 다섯 개의 앞발 허리뼈는 사람의 손바닥에 해당함

③ 보행 시 앞발 허리는 공중에 떠 있고 앞발가락으로 땅을 지지

4) 긴뼈의 해부학

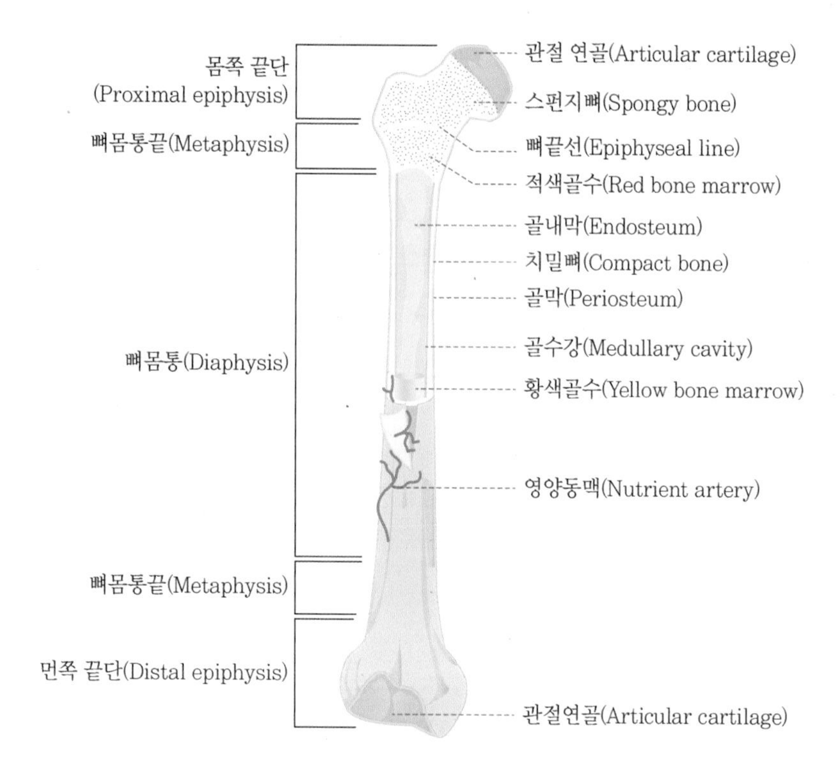

① 뼈몸통(Diaphysis)

② 뼈몸통끝(Metaphysis): 뼈몸통과 뼈끝 사이

③ 뼈끝(Epiphysis)

④ **뼈끝선**(Epiphyseal line)
- 뼈의 발생 시 1차 골화중심과 2차 골화중심이 만나는 부위의 연골로 성장판이라고도 함
- 성장이 완료되면 골화되어 뼈끝선으로 남음

⑤ **골막**(Periosteum)
- 관절면을 제외한 뼈의 바깥 부분을 덮는 거친 섬유막으로 된 결합조직임
- 혈관 및 신경이 풍부하여 감각이 예민하며, 뼈조직의 신생 및 골절 치유를 위한 뼈세포 생산활동을 함

⑥ **관절 연골**(Articular cartilage)
- 관절면을 이루고 있는 긴뼈의 끝부분에 있는 연골
- 맑고 투명한 유리관절연골(Hyaline articular cartilage)
- 뼈와 뼈의 마찰을 방지
- 연골막에서 재생이 일어나지만, 연골에는 혈관과 신경이 없으므로 느리게 진행

⑦ **스펀지뼈**(해면뼈, Sponge bone)
- 뼈의 양 끝에 주로 존재하며, 마치 스펀지 같은 구조로 형성
- 해면뼈 내 지주 사이 공간에는 적색골수가 존재
- 짧은 뼈는 대부분 해면뼈로 채워져 있고, 긴뼈는 뼈끝 부분만 구성
- 압력에 대항하는 지지력을 제공

⑧ **치밀뼈**(Compact bone)
- 골막아래 표층에 있는 치밀한 부분으로 뼈 몸통부분은 두껍고 뼈끝 부분은 얇음
- 중심관(하버스관; Haversian canal) 주위에 동심원으로 된 뼈층판(osteons)으로 구성

⑨ **골수강**(Medullary cavity): 지방성 황색골수가 존재

⑩ **골내막**(Endosteum)
- 골수강 두르는 막
- 뼈생성과 혈구생성

⑪ **영양동맥**(Nutrient artery)
- 심박출량의 5~10%를 뼈에 공급
- 뼈몸통의 중간에 뚫린 구멍을 통해 지나가며, 뼈에 영양을 공급

5) 뼈의 발생

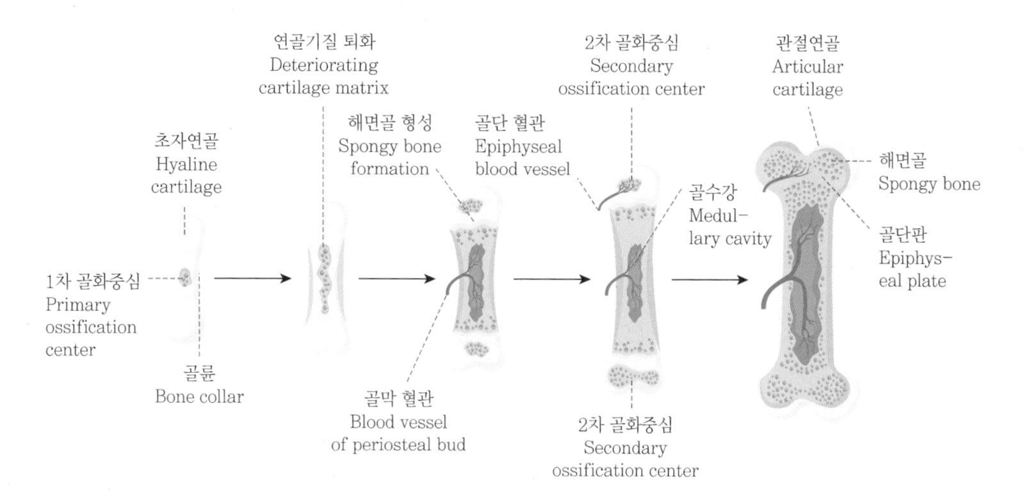

① 유리연골 형태를 둘러싸는 뼈테두리(골륜) 형성(1차 골화중심)

② 연골형태 안에 있는 초자연골의 내강 형성

③ 골막혈관이 내강으로 침입하고 해면골 형성

④ 골수강이 형성되고 2차 골화중심이 나타남

⑤ 골단의 골화, 성장이 끝나면 골단판(성장판)과 관절연골에만 유리연골이 남음(골단판은 길이 성장을 주도)

(4) 뒷다리를 구성하는 뼈의 모양과 명칭

1) 사지골격 - 뒷다리

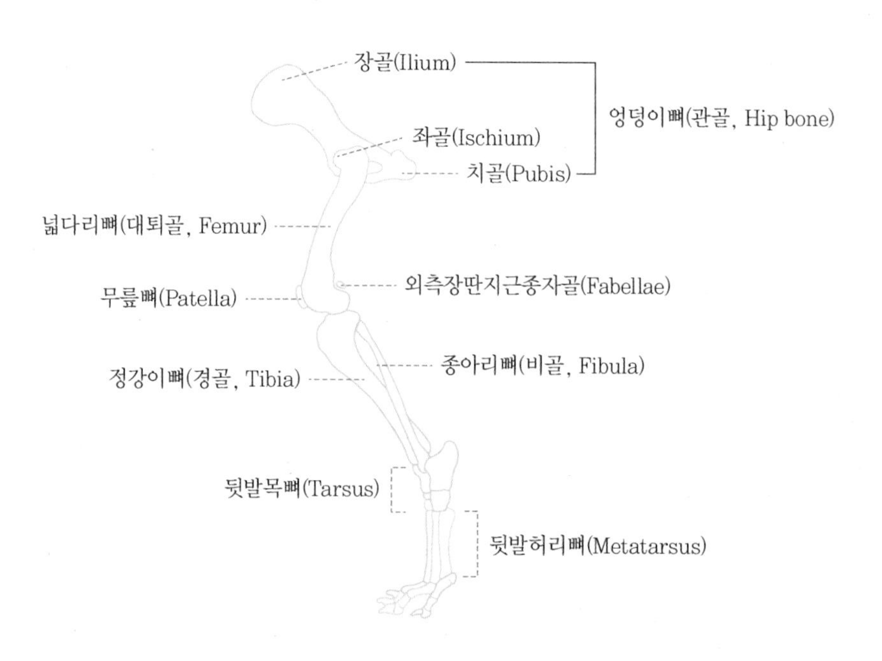

- 엉덩이뼈(관골, Hip bone)
  - 장골(Ilium)
  - 좌골(Ischium)
  - 치골(Pubis)
- 넙다리뼈(대퇴골, Femur)
- 무릎뼈(Patella)
- 정강이뼈(경골, Tibia)
- 종아리뼈(비골, Fibula)
- 외측장딴지근종자골(Fabellae)
- 뒷발목뼈(Tarsus)
- 뒷발허리뼈(Metatarsus)

2) 골반의 뼈

① **관골**(Hip bone)

- 장골, 좌골, 치골이 결합하여 하나의 뼈를 구성
- 관골절구를 형성하고 대퇴골머리가 여기에 관절됨
- 성장 중인 강아지 관골(그림)은 생후 12주가 지나면 완전히 융합됨

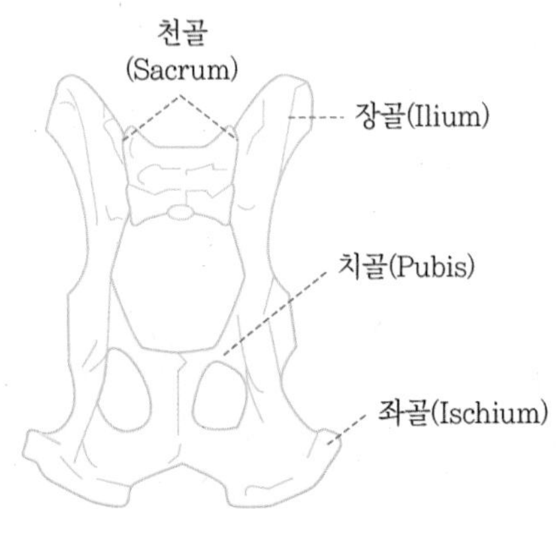

[골반의 등쪽면]

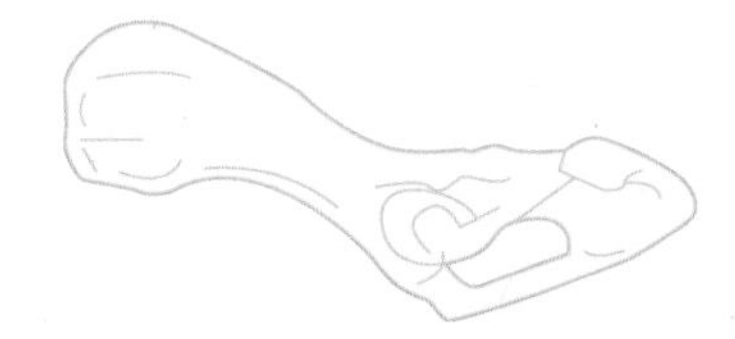

[성견의 관골(Hip bone)]

[성장 중인 강아지의 관골(Hip bone)]

3) 대퇴골, 경골 및 비골(넓다리뼈, 정강이뼈 및 종아리뼈)

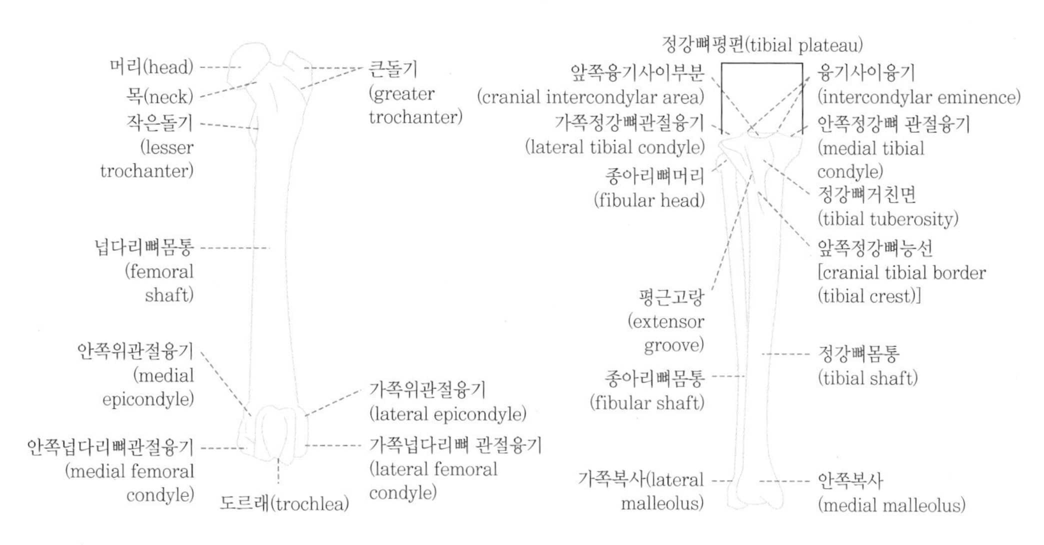

[대퇴골의 앞쪽면, 경골과 비골의 앞쪽면]

① 대퇴골 머리는 관골(엉덩뼈)의 관골절구와 관절하고, 원위부는 경골·비골과 관절함

② 대퇴골 원위부와 경골 및 비골의 근위부와 관절하여 무릎을 형성

4) 뒷발목 및 뒷발가락뼈

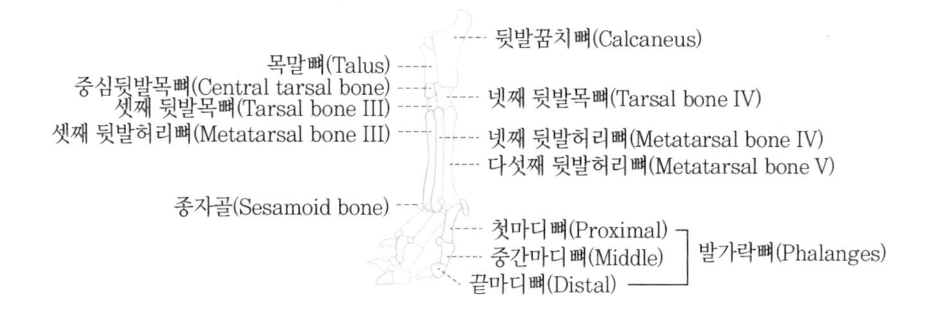

① 목말뼈(Talus), 뒷발꿈치뼈(Calcaneus)는 경골 및 비골과 관절

② 앞발에서와 같이 뒷발허리는 공중에 떠있으며, 뒷발가락으로 땅을 지탱하여 보행

CHAPTER

03 동물의 근골격계통 Ⅱ (Musculoskeletal system Ⅱ)

01 관절

(1) 관절의 분류

뼈와 뼈가 연결되는 부위

섬유관절	• 치밀한 결합조직에 의해 뼈가 결합되어 운동이 크게 제한됨(부동관절) • 봉합: 여러 개의 뼈가 적은 양의 섬유조직으로 결합 예 머리뼈 • 인대: 인대에 의해 결합 예 요골(노뼈)과 척골(자뼈)몸통사이관절 • 못박이관절: 한쪽 뼈가 다른 쪽에 못처럼 박혀 있는 관절 예 치아틀
연골관절	• 연골에 의한 결합(synchondrosis)으로 움직임이 제한됨(부동관절) • 대부분 일시적이고 성장 중지 후 소멸되거나 연골이 뼈로 대체됨 예 아래턱의 하악결합, 양쪽 관골 사이의 골반결합
윤활관절	• 뼈와 뼈 사이에 공간(관절낭으로 둘러싸인 관절강)이 있음 • 움직임의 범위가 넓어 가동관절이라고 함 예 팔꿈치굽이 관절, 무릎관절, 대퇴관절

(2) 윤활관절의 구성

1) 관절면(Articular surface)

① 관절연골(유리연골)로 덮여 있음

② 개에서 약 1mm, 신경 및 혈관 분포 없음

③ 재생이 느림

2) 윤활막

① 관절강의 내면을 덮는 광택 있는 결합막조직

② 윤활성분을 생산하는 기능

3) 윤활액

① 점착성의 계란 흰자 모양의 액체

② 윤활기능과 영양 공급기능

4) 곁인대(Collateral ligament)

관절낭 바깥에 위치하여 관절을 보강하는 역할

(3) 윤활관절의 분류

분류	설명	예
평면관절	뼈가 한 방향으로만 관절하여 미끄러지는 운동이 가능	앞발목 / 뒷발목사이관절
경첩관절	단지 한쪽 면으로 시계추 운동 가능	앞다리 굽이관절
회전관절	둥근 고리 안에 직선 형태 뼈의 관절	환축추관절
융기관절	볼록한 융기 부분이 반대쪽의 다소 편평한 뼈와 만나 접고 펴는 운동	대퇴경골관절
절구관절	절구에 공이가 들어간 형태로 넓은 반경의 운동	어깨, 대퇴관절
안장관절	한 방향으로 크게 볼록한 면과 크게 오목한 두 개의 관절면이 직각으로 형성	원위발가락사이관절

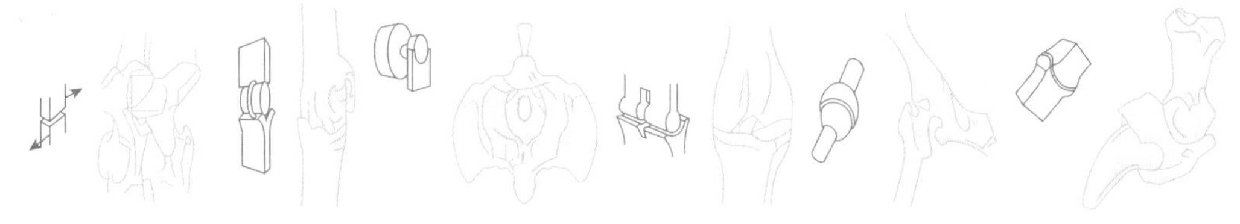

[평면관절] [경첩관절] [회전관절] [융기관절] [절구관절] [안장관절]

(4) 앞다리 관절의 위치

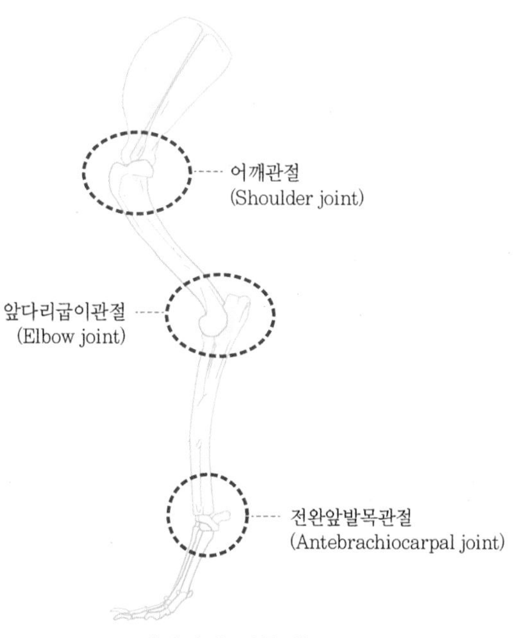

[앞다리 외측면]

어깨관절	• 견갑골(어깨뼈)의 관절오목과 상완골 머리 사이에 있는 절구관절 • 어떤 방향으로도 움직일 수 있으나, 주로 굽힘과 펴짐 운동을 함
앞다리굽이관절	상완골 관절융기, 요골머리 오목, 척골의 도르래패임에 의해 형성되는 경첩관절
앞발목관절	• 요골(노뼈)과 척골(자뼈)의 원위 • 앞발목뼈 근위

(5) 뒷다리 관절의 위치

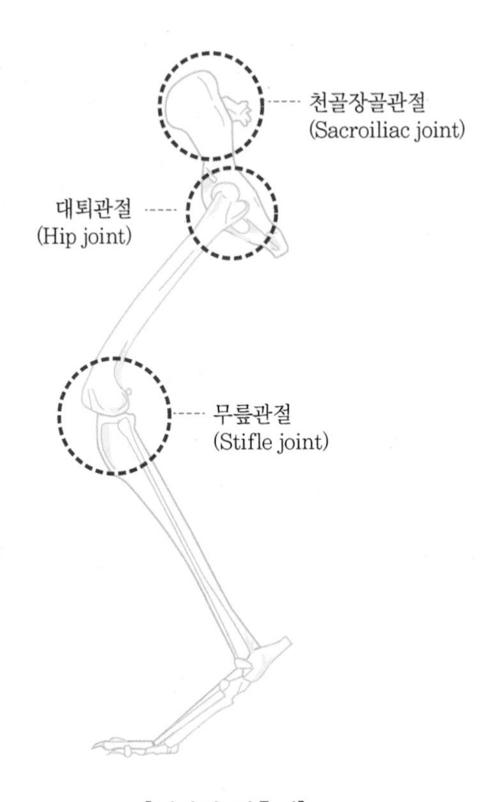

[뒷다리 외측면]

천장골관절	• 장골의 오른쪽 및 왼쪽 날개는 천골의 오른쪽 및 왼쪽 날개와 관절 • 이 관절은 운동관절이 아닌 부동관절
대퇴관절	• 관골의 절구오목에 대퇴골(넙다리뼈)의 머리가 관절 • 절구관절 형태
무릎관절	• 대퇴골무릎관절 • 대퇴경골관절

(6) 대퇴관절(Hip Joint)

[대퇴관절의 배쪽면]

관골의 관골절구와 대퇴골 머리가 관절형성	
왼쪽 대퇴관절	정상
오른쪽 대퇴관절	대퇴관절이형성을 보임
점선	관절낭의 크기

(7) 무릎관절(Stifle Joint)

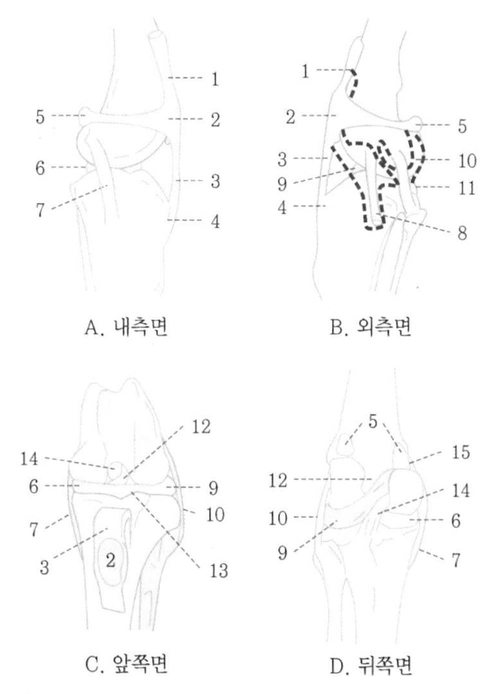

[무릎관절 내측면·외측면, 앞쪽면·뒤쪽면 모습]

1. 대퇴네갈래근의 힘줄(Tendon of Quadriceps femoris m.) 2. 무릎뼈(Patella) 3. 무릎인대(Patella ligament) 4. 경골거친면(Tibial tuberosity) 5. 장딴지근종자골(Fabellae) 6. 내측반달(Medial meniscus) 7. 내측곁인대(Medial collateral ligament) 8. 뒷발가락펴짐근의 힘줄(Tendon of long digital extensor m.) 9. 외측반달(Lateral meniscus) 10. 외측곁인대(Lateral collateral ligament) 11. 오금근의 힘줄(Tendon of popliteal m.) 12. 앞쪽십자인대(Cranial cruciate ligament) 13. 가로인대(Transvers ligament) 14. 뒤쪽십자인대(Caudal cruciate ligament) 15. 반달대퇴인대(Meniscofemoral ligament)

- 종자골의 일종인 무릎뼈 위로 이를 지지하는 무릎 인대가 주행
- 앞뒤쪽십자인대는 무릎관절의 내외향 운동을 지탱해주는 역할

02 근육의 일반적인 구조

(1) 근육의 특징

① 척추동물 체중의 약 40%를 차지함

② 체온조절과 자세유지 및 운동이 가능하도록 함

③ 구조와 기능에 따라 다음 3가지 근육으로 구분

- 종류: 골격근
- 조성: 다핵의 신장된 세포들이 줄무늬 형태로 나열
- 기능: 골격 뼈의 운동, 수의적
- 분포: 뼈에 부착

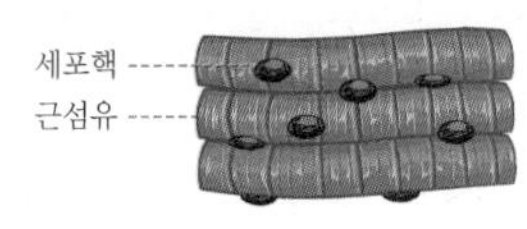

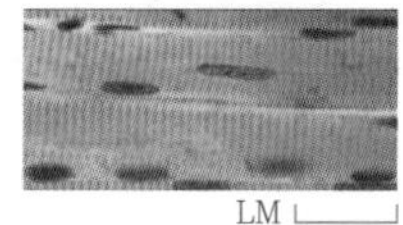

- 종류: 심장근
- 조성: 1개의 핵을 가진 짧고 분지된 세포, 줄무늬 형태로 배열
- 기능: 심장의 심실과 심방 수축, 불수의적
- 분포: 심장의 벽

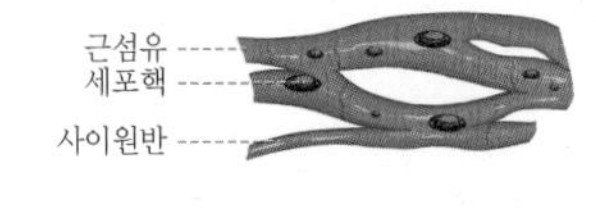

- 종류: 평활근
- 조성: 1개의 핵을 가진 방추 모양의 세포
- 기능: 느린 불수의적 운동
- 분포: 소화관, 동맥

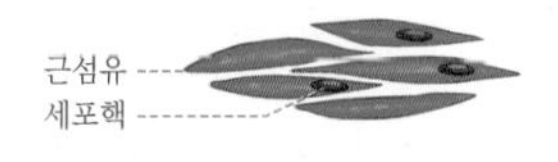

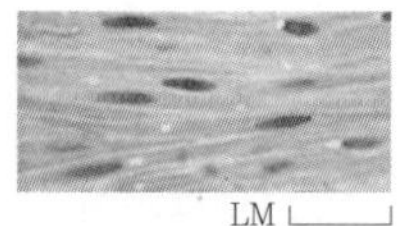

(2) 근섬유(Muscle fiber)

① 동물의 근육 및 근조직을 구성하는 기본단위
② 직경 10~100㎛, 길이 5~10cm
③ 육안으로 식별 가능
④ 단핵(평활근, 심장근) 또는 다핵(골격근)세포
⑤ 여러 개의 근원섬유 근절로 구성
⑥ 다수의 미토콘드리아, 세포소기관이 존재

(3) 근육과 관련된 결합조직

힘줄(Tendon)	• 근육을 뼈에 부착시키는 역할 • 규칙적으로 배열된 교원섬유다발로 구성
인대(Ligament)	뼈와 뼈를 연결

(4) 씹을 때 관여하는 근육

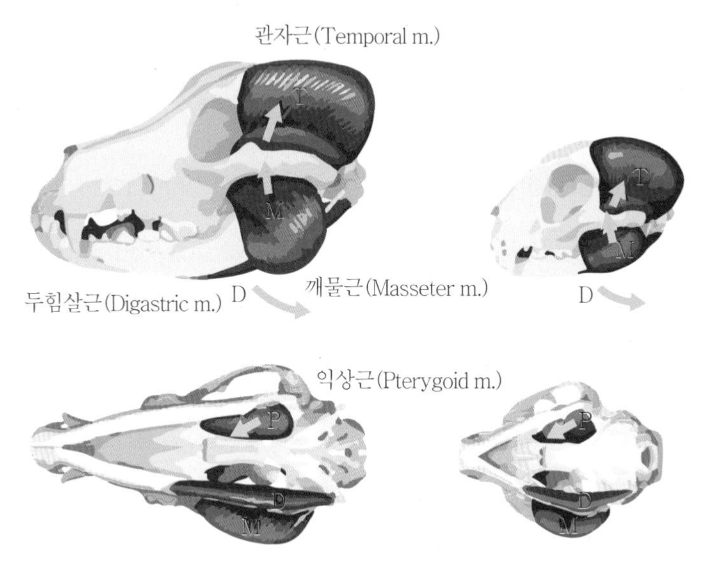

[개(왼쪽)와 고양이(오른쪽)의 두개골 및 근육]

외측에 존재하는 관자근(Temporal m.), 깨물근(Masseter m.)과 바닥쪽에 위치하는 익상근(Pterygoid m.), 두힘살근(Digastric m.)이 음식을 씹을 때 관여

(5) 안구 주위 근육

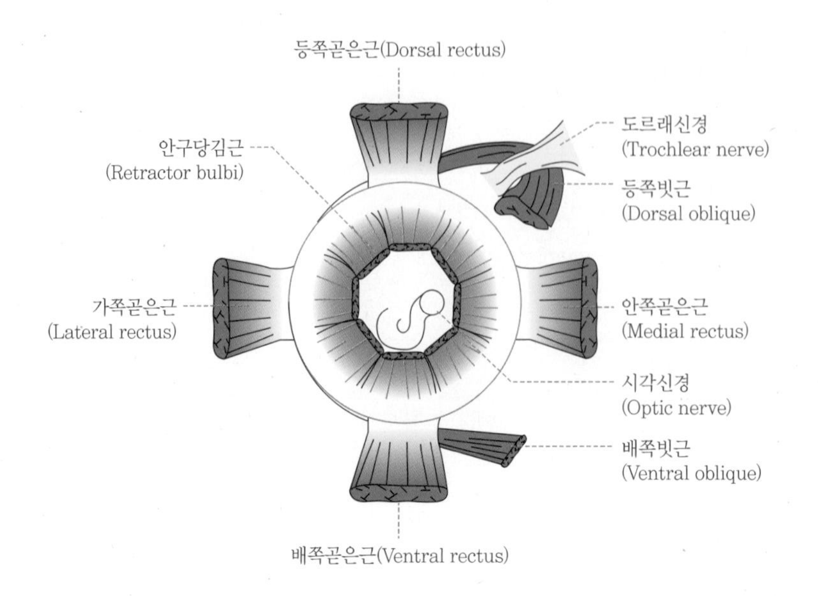

안구의 근육을 뒤쪽에서 본 모양	• 안구를 감싸는 근육의 모습 • 안구 위아래 좌우 곧은근과 등쪽빗근, 배쪽빗근들이 위치 • 안구 뒤쪽은 안구를 뒤에서 잡아주는 안구당김근과 시신경이 부착 • 도르래신경(trochlear n.)과 부착된 근육들에 의해 안구의 움직임 가능

(6) 호흡 시 늑간근(갈비사이근육)의 역할

① 호흡을 들이킬 때 외늑간근(바깥갈비사이근)이 늑골(갈비뼈)을 들어올려 흉곽을 확장시켜 공기가 쉽게 들어올 수 있도록 함

② 내쉴 때는 내늑간근이 늑골(갈비뼈)을 아래로 당겨 공기가 밖으로 배출될 수 있도록 하여 호흡이 가능하게 됨

(7) 횡격막(가로막근)

① 척추가 있는 쪽이 등쪽, 흉골(복장뼈)이 있는 쪽이 배쪽

② 횡격막은 흉부와 복부를 나누는 경계가 되는 막

(8) 배근육과 백선

VD (배등)자세	• 복부근육은 배곧은근, 배가로근, 배속빗근, 배바깥빗근으로 구성 • 백선 • 양쪽 배곧은근 사이의 정중선으로 지나가는 혈관이 분포되지 않은 흰 선 • 흉골자루에서 치골까지 연결

03 앞다리 및 뒷다리 근육의 명칭과 기능

(1) 앞다리 상부의 근육

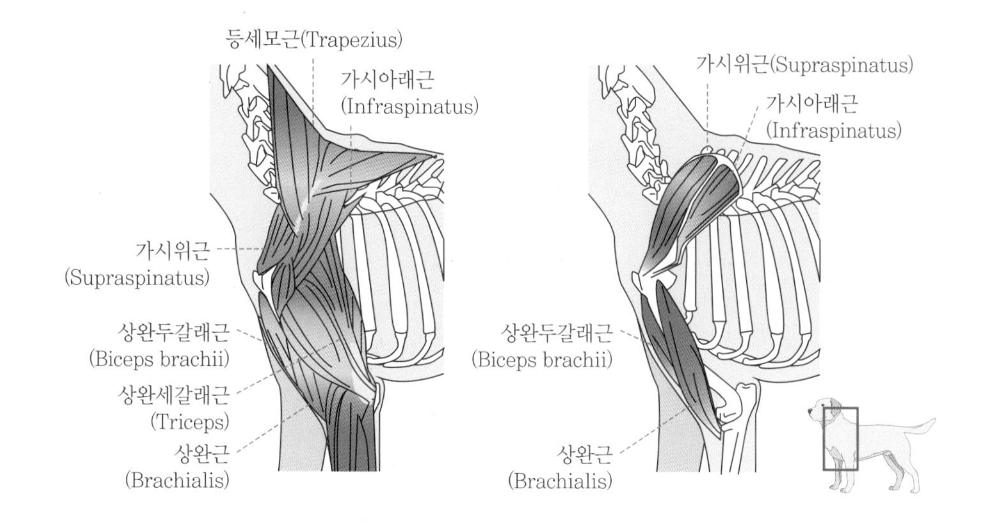

외측면	• 등에서 어깨뼈를 삼각형으로 덮고 있는 등세모근 • 상완세갈래근: 앞다리굽이관절을 주로 펴는 데 사용 • 상완두갈래근과 상완근: 앞다리굽이관절을 굽히는 데 사용

(2) 앞다리 하부의 근육

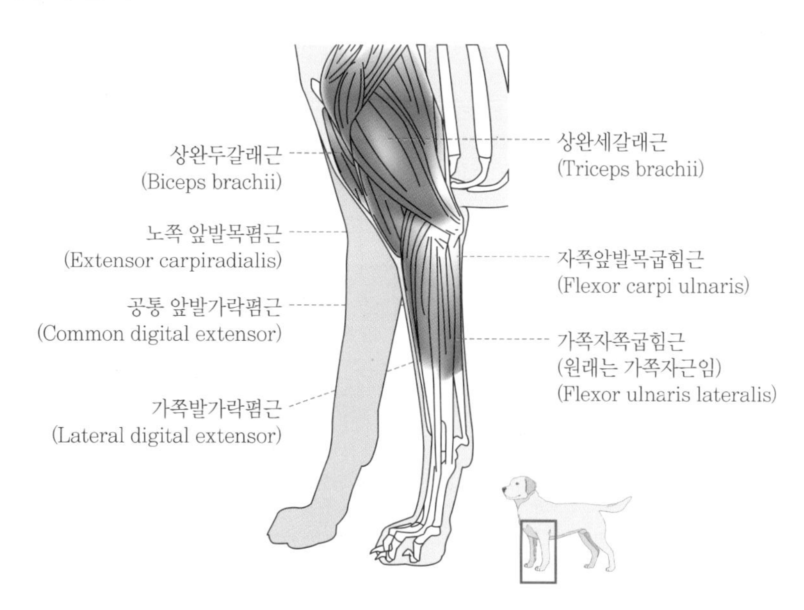

앞다리 외측면	앞다리 하부의 근육은 앞발목과 앞발가락을 굽히거나 펴는 기능

(3) 뒷다리 상부의 근육

뒷다리 외측면	• 대퇴(넙다리)두갈래근, 반힘줄근, 반막근은 일명 햄스트링 • 좌골결절에서 무릎골, 경골로 이어지며 주로 대퇴관절을 펴는 데 사용

(4) 뒷다리 하부의 근육

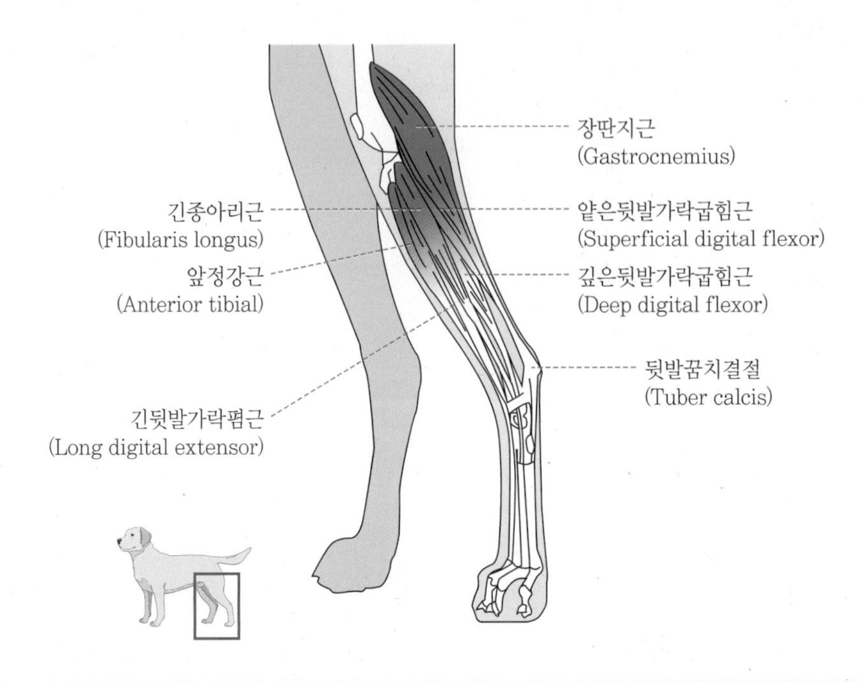

뒷다리 외측면	뒷다리 하부의 근육은 뒷발목과 뒷발가락을 굽히거나 펴는 기능

04 근육의 수축원리

(1) 근육의 구성

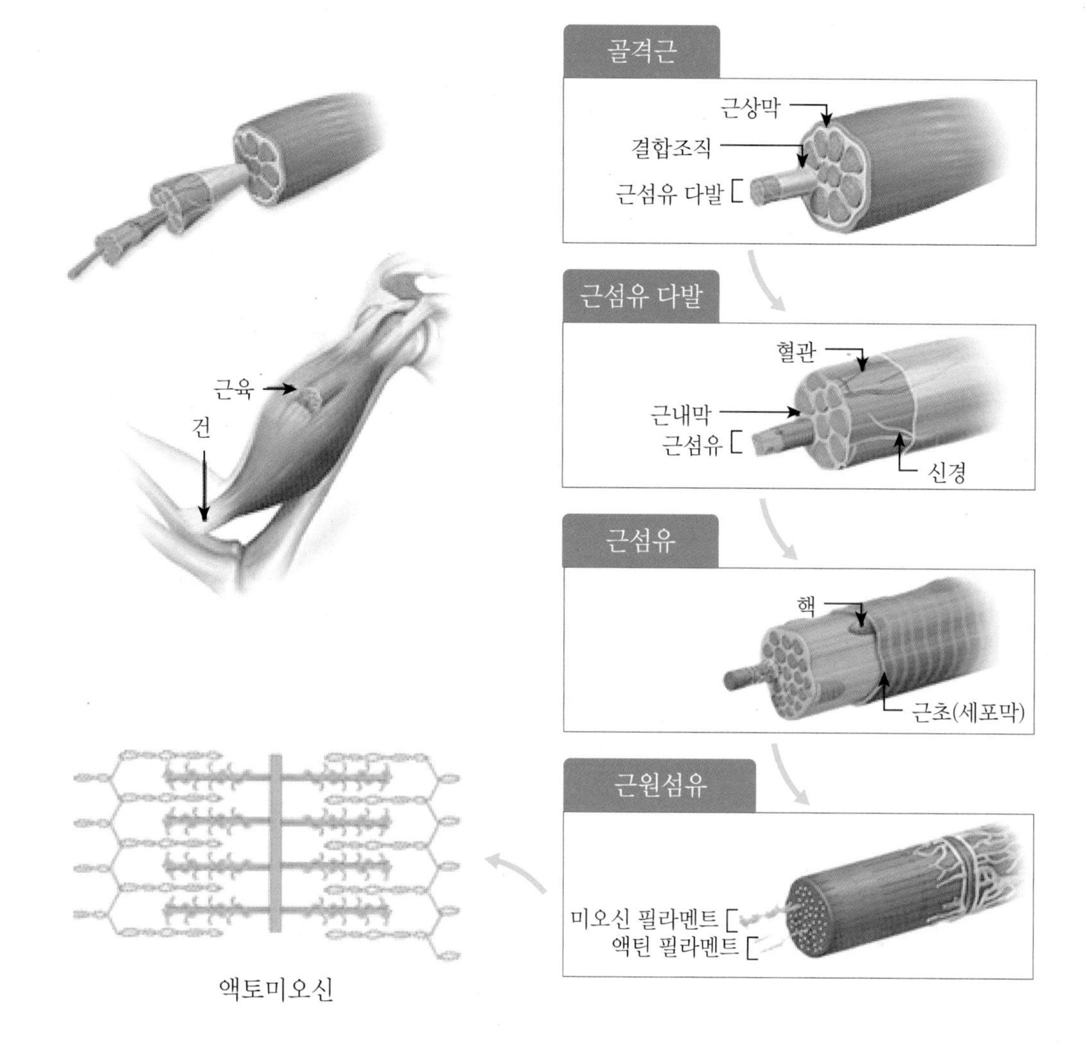

① **근원섬유**: 미오신과 액틴필라멘트가 교차하여 생긴 근절이라는 기본구조로 구성

② 여러 개의 근절이 모여 근원섬유(myofibrils)를 형성하고, 이들이 모여 근섬유(muscle fiber)가 됨. 이 근섬유가 모여 근섬유다발(muscle bundle)이 되고 이들이 최종적으로 근육(muscle)을 형성

③ 근육의 수축과 이완을 통해 움직임이 가능

(2) 근육의 수축원리

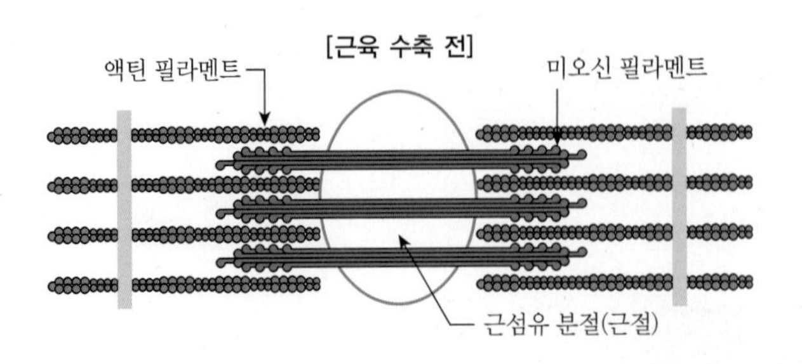

[근육 수축 후]

- 근육에 자극이 전해지면, 미오신 머리가 액틴을 근원섬유 중앙으로 끌어당김
- 그럼 아래의 이미지처럼 액틴이 중앙으로 모이면서 근섬유 분절이 단축. 이것이 근수축

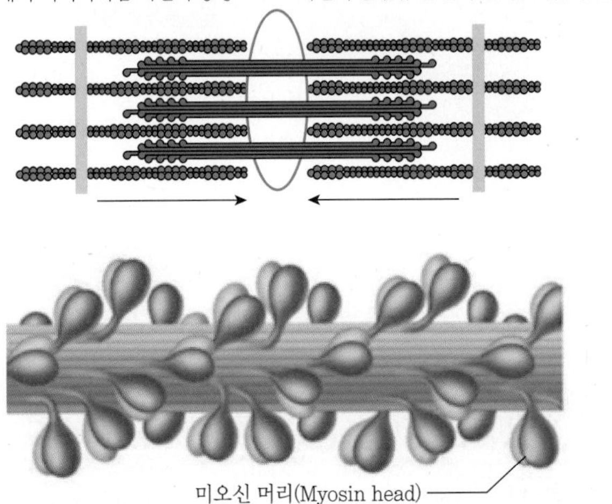

① 액틴 필라멘트가 미오신 필라멘트 사이로 미끄러져 들어가 근원섬유 분절이 짧아지면서 근육 수축이 발생

② 이때 액틴 또는 미오신 자체의 길이는 변함이 없음

③ 미오신의 머리가 액틴에 부착되어 근절 중앙으로 끌어당기는 역할을 함

④ 이때, ATP와 칼슘이온을 사용하게 되어, 열이 발생함

(3) 근육의 손상

① 근육의 손상은 피부손상의 정도와 같지 않음

② 피부에 난 작은 창상으로 보이지만, 피부를 절개해보면, 근육의 손상 정도가 심하고, 일부 괴사된 근육 및 육아조직들이 존재

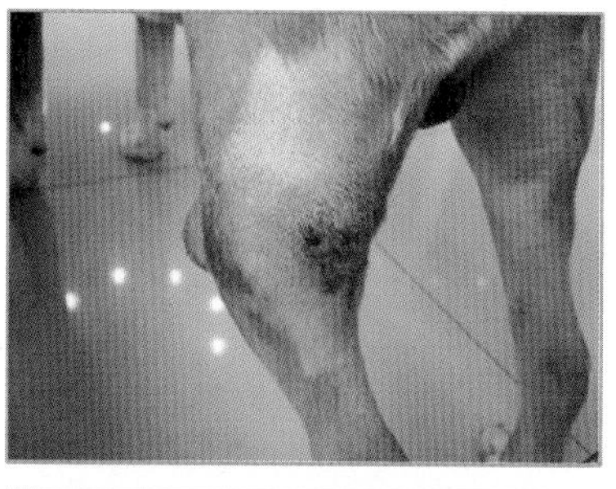
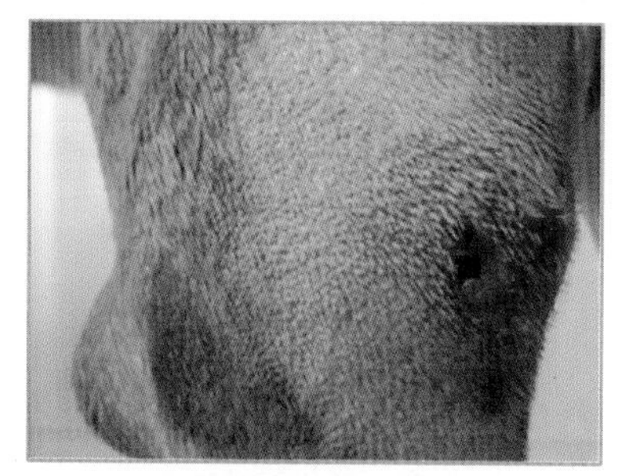
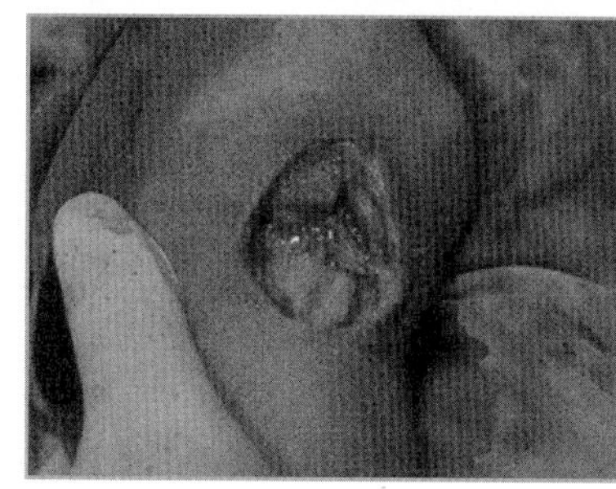
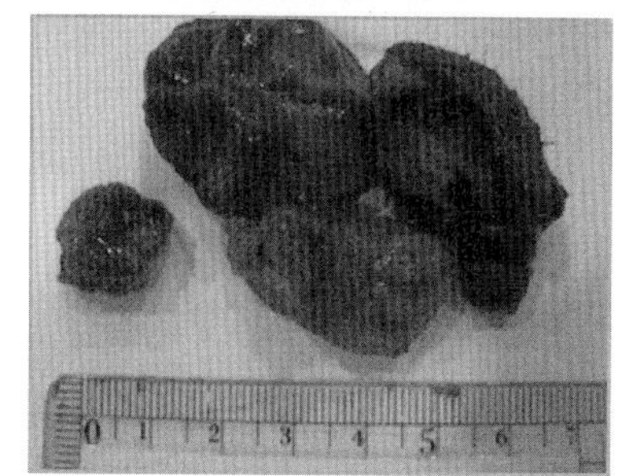

(4) 피부, 근육, 뼈, 힘줄, 인대의 손상

① 피부, 근육, 뼈, 힘줄, 인대 모두의 손상이 일어난 경우

② 매우 중증의 상태로, 이와 같은 광범위 조직 손상은 치료 예후 불량함

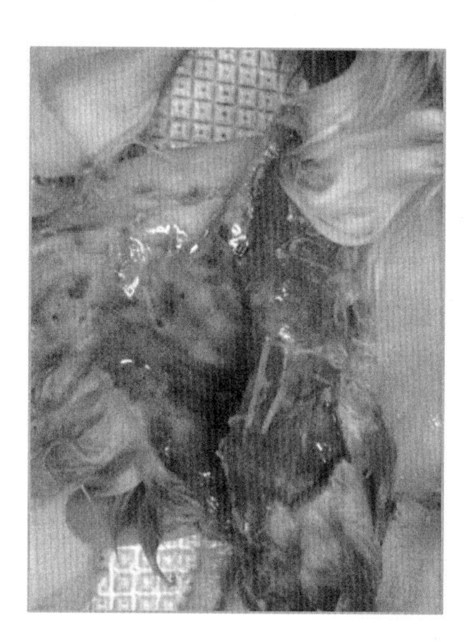
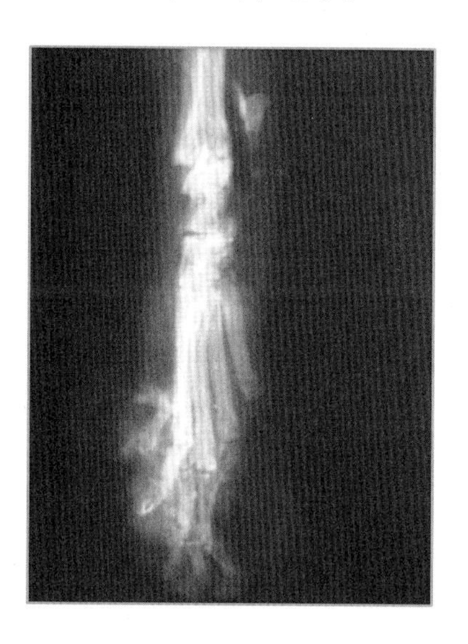

CHAPTER

04 신경계통의 구조와 기능

01 신경계통의 기능

① 세포가 모여 조직이 되고 다양한 조직이 모여 장기를 이루며 같은 목적을 가진 장기들이 모여 기관계를 이루고 있음. 따라서 동물체는 외피계, 근골격계, 소화기계, 비뇨기계, 생식기계, 내분비계, 신경계가 각자의 역할을 수행함으로써 유지되고 있다고 할 수 있음

② 각 기관계의 기능은 서로 영향을 미치고 있기 때문에 이를 조절하는 것이 필요함. 이렇게 동물체의 내외부의 신호를 받아들이고 전달하는 것이 필요하며 이러한 역할을 하는 것을 신호전달 체계라 할 수 있음

③ 이러한 전달체계에는 전기적 신호전달을 통해 제한된 범위에 직접적으로 정보를 전달하는 신경계와 화학적 신호전달을 통해 광범위하게 간접적으로 정보를 전달하는 내분비계로 분류됨. 신호전달체계 중 하나인 신경계통은 내외부자극을 인지하고, 자극을 통합 분석한 후 필요한 자극을 생성하는 역할을 함

02 신경조직

신경계는 뇌와 척수를 포함한 중추신경계와 뇌에서 뻗어 나온 뇌신경 12쌍과 척수에서 뻗어 나온 척수신경 31쌍을 포함한 말초신경계로 나뉘며, 이러한 신경계를 이루는 조직은 정보전달 역할을 담당하는 신경세포와 신경세포에 영양을 공급하거나 신경세포를 보호하는 등의 기능을 하는 신경아교세포로 구성되어 있음

(1) 신경세포

① 신경세포는 신경계의 역할인 자극 인지, 통합, 분석, 자극 생성 및 전달이라는 역할을 수행하기 적합한 구조를 가지고 있음

② 신경세포는 세포체와 축삭으로 나눌 수 있는데, 세포체 부위는 핵을 가지고 있으며 수상돌기와 수지상돌기가 다수 존재하여 자극 정보를 수집하기에 적합한 구조이며, 축삭은 세포체에서 길게 뻗어 있고 끝에서 분지되어 축삭말단을 이루고 있어 다른 세포에 정보를 전달하기에 적합함

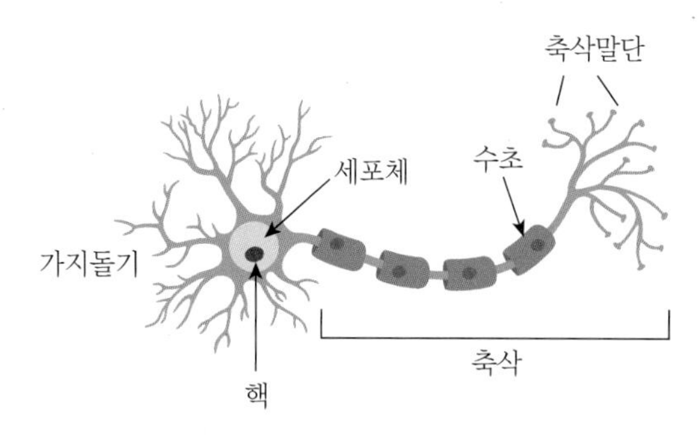

[신경세포의 구조]

신경세포(Neuron)의 신경 자극 전달 방향

- 세포체에서 축삭말단 방향으로 전달
- 유수신경의 경우 수초가 없는 랑비에결절 부위로 자극 전달

(2) 신경연접(시냅스, Synapse)

① 신경세포는 다른 신경세포 또는 다른 조직에 정보를 전달하며 이렇게 신경세포와 신경세포가 만나는 부위를 신경연접(시냅스, synapse)이라 부름. 연접이라는 말처럼 붙어있지 않고 틈을 가지고 만나고 있음

② 신경연접을 이루기 전 신경을 절전신경, 신경연접 후 신경을 절후신경이라 함

③ 절전신경의 세포체에서 받은 신호가 축삭을 통해 축삭말단에 이르면 축삭말단에 있던 연접소포가 축삭말단의 세포막과 융합되면서 신경전달물질이 연접틈새로 배출되고, 이 신경전달물질이 절후신경의 세포체 부위에 있는 수용체에 포착되면서 자극 정보가 전달됨

④ 신경연접을 통한 정보 전달은 화학물질인 신경전달물질을 통해 이루어짐

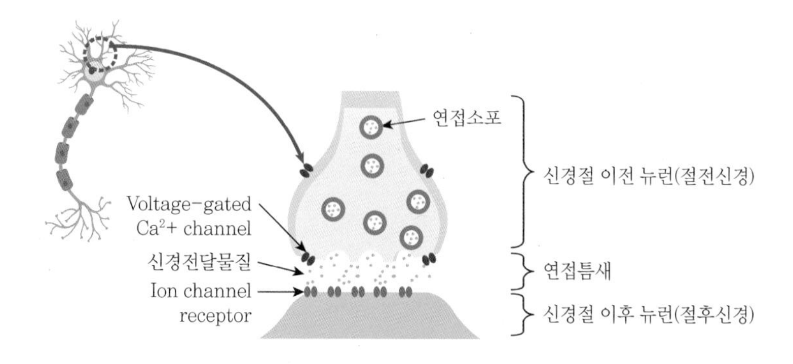

⑤ 신경전달물질(neurotransmitter)은 신경세포 간 정보 전달에 관여하는 물질로 대표적인 신경전달물질은 아세틸콜린이며, 노르에피네프린, 세로토닌, 도파민 등 다양한 종류가 있음

⑥ 운동신경세포가 작동기인 골격근에 정보를 전달하기 위해 만나는 부위를 특별히 신경근 연접부라고 부르며 이곳에서는 신경전달물질로 아세틸콜린이 작용하고 있음

TIP 신경전달물질

- **체성신경계**: 운동신경 말단(아세틸콜린)
- **자율신경계 교감신경**: 절전신경 말단(아세틸콜린), 절후신경 말단(노르에피네프린)
- **자율신경계 부교감신경**: 절전신경 말단(아세틸콜린), 절후신경 말단(아세틸콜린)

(3) 신경자극의 생성

① 신경세포 내에서의 자극의 생성은 실무율(all-or-nothing phenomenon)에 따르며 역치(threshold)에 이르지 못하는 자극이 오면 신경세포는 신경자극을 생성하지 않음

② 역치 이상의 자극이 올 경우에만 탈분극이 발생하면서 활동전위가 나타남. -70mV의 안정막전위 상태에서 역치 이상의 자극이 주어지면 탈분극이 일어나고 30mV에서 활동전위(action potential)가 발생하여 이 자극이 다음 분절로 전달되며 그 후 재분극, 과분극 상태를 거쳐 다시 안정막전위 상태로 돌아오게 됨

③ 이러한 과정이 신경세포 축삭의 축삭말단 방향으로 전달됨

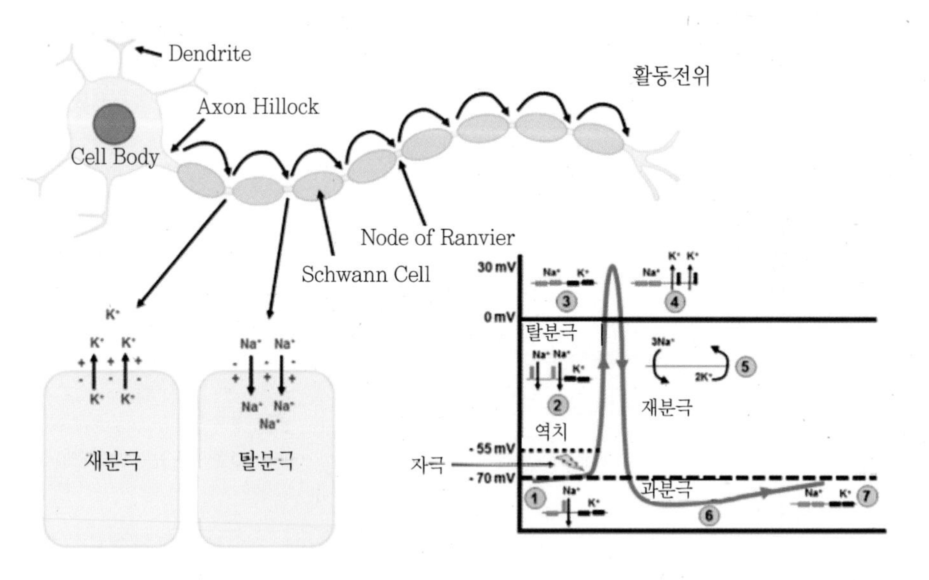

④ 신경세포 중에는 축삭에 수초가 없는 무수신경도 있고, 수초가 있는 유수신경도 있으며 이때 축삭에 수초가 있는지의 여부에 따라 신경 전달 속도가 달라짐

⑤ 수초는 절연체로 작동하여 전기적 신호를 전달할 수 없음. 따라서 수초가 감겨있을 경우, 수초와 수초 사이 랑비에 결절(Node of Ranvier)을 통해서 전기적 신호가 전달될 수 밖에 없기 때문에 신경 자극은 무수신경에 비해 유수신경에서 빠르게 축삭말단에 이르게 됨

03 신경계통의 분류 및 기능

(1) 신경계통의 분류

① 신경계는 중추신경계와 말초신경계로 구분하며, 중추신경계에는 뇌와 척수가 포함되고, 말초신경계는 해부학적 위치에 따라 뇌신경과 척수신경으로 구분됨

② 말초신경계는 수의적 조절이 가능한 정보를 다루는 체성신경계와 불수의적 정보를 다루는 자율신경계로 구분할 수 있음

③ 말초신경계는 운동 정보를 전달하는 운동신경과 감각 정보를 전달하는 감각신경으로 구분할 수 있음

④ 말초신경계 중 자율신경계는 다시 흥분, 공포에 대한 반응과 관련된 교감신경과 안정과 관련된 부교감신경으로 나뉨

중추신경계(central nerve system : CNS)	말초신경계(peripheral nerve system : PNS)
• 뇌 • 척수	• 뇌신경 • 척수신경
말초신경계	**말초신경계**

• 체성신경계
• 자율신경계
  – 교감신경
  – 부교감신경
	• 운동신경(날신경, 원심성신경)
	  – 체성운동신경
	  – 자율운동신경
	• 감각신경(들신경, 구심성신경)
	  – 체성감각
	  – 내장감각
	  – 특수감각

(2) 신경계통의 기능

1) 뇌

중추신경계인 뇌는 전뇌, 중뇌, 후뇌로 구분할 수 있으며, 전뇌는 대뇌, 시상, 시상하부를 포함한 영역임

전뇌	• 좌우 반구가 교량에 의해 연결되어 있으며 전체 신경세포의 90%가 분포함 • 주로 기억, 추리, 판단, 감정조절, 운동 시작과 관련된 일을 하므로 대뇌의 손상된 부위에 따라 다른 증상이 나타나게 됨 • 시상과 시상하부를 합쳐 간뇌라고 부르며 간뇌의 대부분을 시상이 차지하고 있음 • 시상은 후각을 제외한 감각 정보들이 대뇌피질로 전도되는 것을 중계하는 중계핵으로서 역할을 함 • 시상하부는 대뇌 중 가장 작은 영역을 차지하고 있으나 내분비계에 속한 뇌하수체와 함께 호르몬 분비 조절 및 호르몬 생성에 관여하고 있으며 체온 조절, 섭식-섭수 조절 등 신체 항상성 유지와 관련된 일을 담당함
중뇌	• 주요 신경이 지나는 뇌의 가운데 있어 간뇌와 뇌교를 연결하는 뇌로 좌우 대뇌반구 사이에 끼어 뇌줄기를 구성하고 있음 • 시상과 비슷하게 신경의 중간 통로로 작용을 하며, 청각과 시각의 중계핵으로서 역할을 함
후뇌	• 소뇌, 교뇌, 연수를 포함하여 후뇌라 함 • 소뇌 - 대뇌와 함께 운동을 조절하는 역할을 함 - 대뇌가 운동을 시작할 수 있게 한다면 소뇌는 시작된 운동이 정확하게 일어날 수 있게 조절한다고 할 수 있음 - 협조 운동, 미세 운동 조절에 관여함 • 교뇌와 연수 - 호흡조절 중추들이 존재하며, 연수에는 혈압조절중추도 존재함 - 연수는 호흡 조절뿐만 아니라 심장박동, 소화기 운동, 기침, 하품과 관련된 일을 함 - 연수 뒤쪽으로 척수가 시작됨

2) 척수

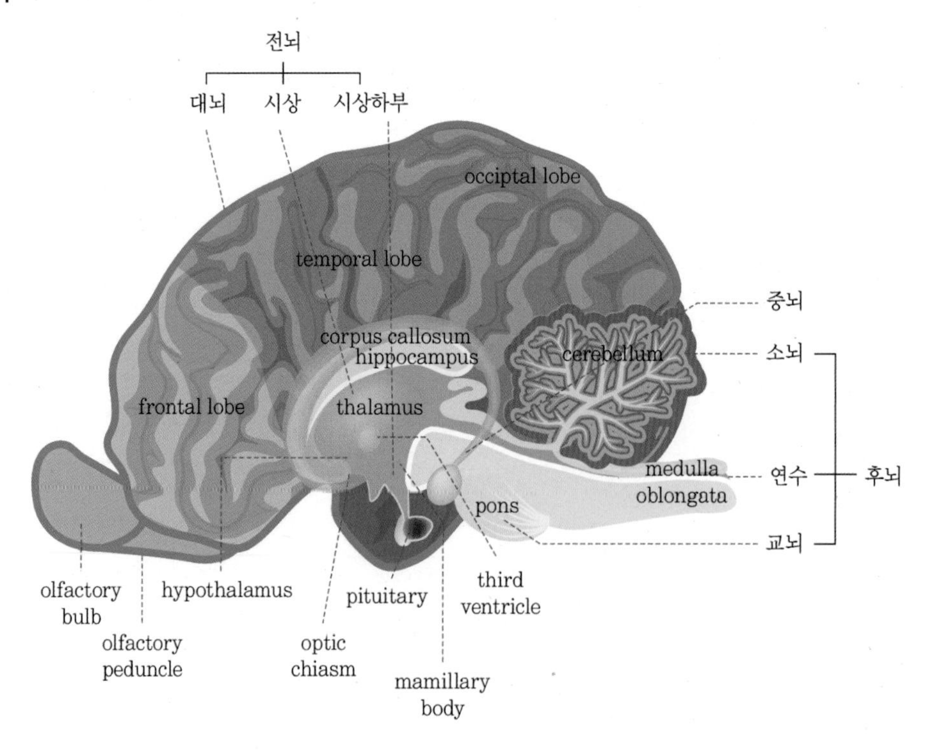

① 연수의 뒤쪽에서 시작된 척수는 대후두공을 빠져나와 척추뼈의 척추구멍의 연속선인 척주관을 따라 주행하는 중추신경계

② 뒤쪽으로 갈수록 얇아져서 척수 끝에서는 여러 가닥으로 갈라지게 되는데 이것을 말총(caudal equina)이라 부름

③ 이러한 척수는 뇌에서 나온 정보를 몸의 각 부위에 전달하기 위한 큰 물줄기와 같은 역할을 함

④ 척수도 척추뼈와 비슷하게 경수, 흉수, 요수, 천수, 미수로 나뉘며, 각 척수 분절에서 좌우 한 쌍의 척수신경이 나와 각 조직에 닿아 정보를 전달, 수집함

⑤ 척수의 피질에는 주로 축삭이 분포하고 있어 흰색을 띠며, 수질에는 핵이 주로 분포하여 회색을 띠므로 피질을 백색질, 수질을 회색질이라 함

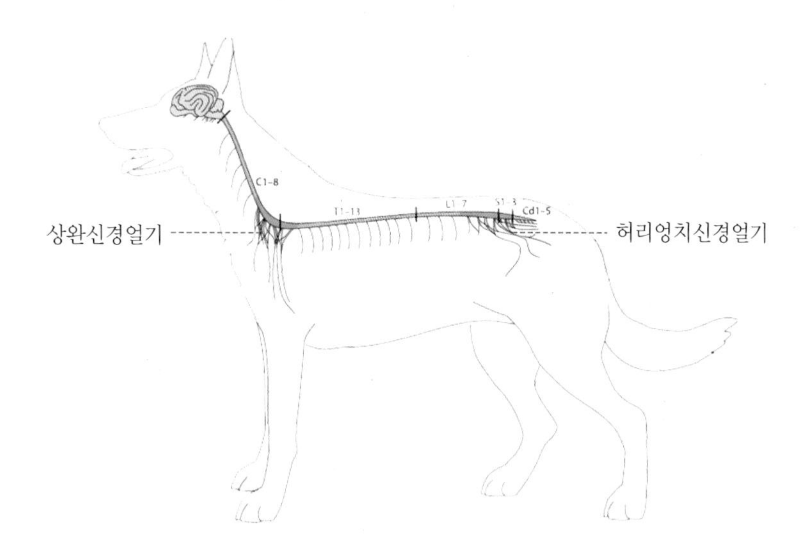

3) 중추신경계의 보호 시스템

뇌와 척수와 같은 중추신경계가 손상되면 정보를 통합 분석하는 작용 및 새로운 정보를 생산하여 전달하는 기능들이 이뤄지지 않게 되며 특히 호흡조절 중추와 같은 중요한 부위가 손상되면 사망에 이를 수도 있음. 척수의 경우 손상된 척수분절을 기준으로 하위로 운동 정보가 전달되지 못하고, 하위에서 상위로 감각 정보가 도달하지 못함. 따라서 흉요추부가 손상되면 후지마비에 이르게 되므로 중추신경계를 보호하는 시스템은 필수적이라 할 수 있음

① 두개골

- 두개골은 머리를 구성하는 뼈에 속함
- 두개골 중에서도 전두골, 두정골, 측두골, 후두골, 접형골 등에 의해 이뤄진 두개강이 뇌를 감싸 물리적 충격으로부터 뇌를 보호하고 있음

② **뇌실계통**

- 뇌실계통은 뇌 안의 서로 연결된 빈 공간으로, 좌우 외측뇌실, 제3뇌실, 제4뇌실로 구성되어 있으며 각 뇌실은 연결되어 있음
- 제4뇌실은 척수중심관 및 거미막하 공간과 연결되며 각 뇌실의 맥락얼기에서 뇌척수액이 생성되면 각 뇌실의 연결통로인 뇌실사이구멍, 중뇌수도관을 거쳐 척수중심관과 거미막하공간으로 흘러가 뇌와 척수 주위를 흐르게 됨
- 거미막하 공간에 존재하는 거미막 과립을 통해 정맥으로 흡수되어 소실되고 이렇게 생성과 소실이 이뤄지면서 적정 뇌압을 유지하게 됨
- 뇌실계통에서 생성된 뇌척수액은 갑작스러운 움직임 또는 충격으로부터 뇌를 보호할 뿐만 아니라 뇌와 척수에 영양을 공급하는 역할을 함

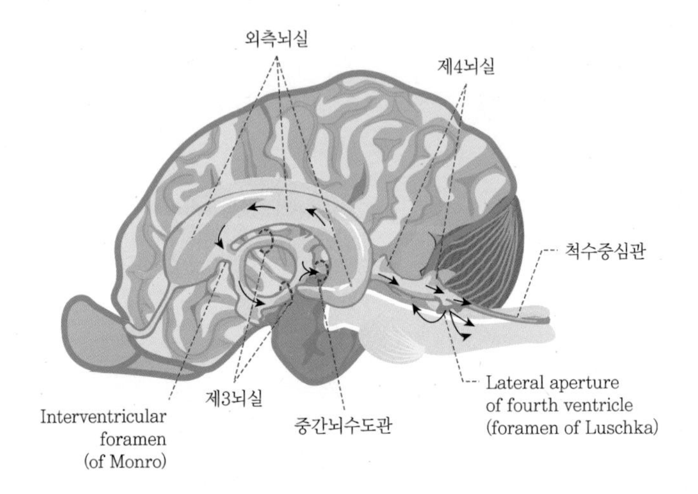

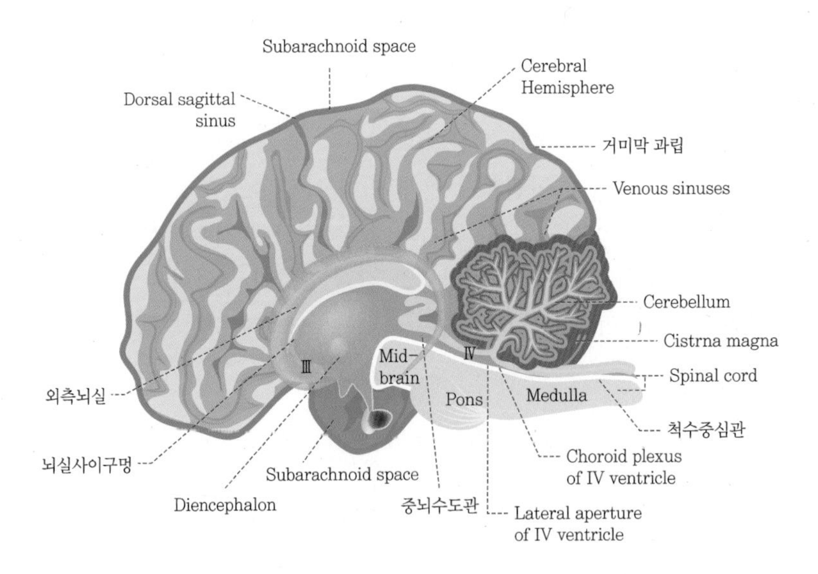

③ 뇌척수막

- 뇌척수막은 뇌와 척수 주변을 감싸고 있는 막으로 3개의 막으로 구성되어 있음
- 경막은 두개골의 골내막과 연결된 매우 질긴 섬유성 결합조직으로 전체 뇌척수막을 두개골에 매달아 두는 역할을 함
- 중간층에 위치한 거미막은 콜라겐 섬유와 혈관망으로 구성되어 있고 연막과 거미막 사이에 거미막하 공간이 형성되어 있음
- 연막은 뇌와 척수와 가장 밀착되어 있는 막으로 뇌 고랑을 따라 뇌를 감싸고 있는 얇은 막
- 이렇게 3개의 막이 뇌를 감싸고 있고 그 사이에 뇌척수액이 흐르고 있으며, 경막이 두개골에 부착되어 있어 머리의 움직임에 의해 뇌가 손상되는 것을 막아주고 있음

④ 혈액뇌장벽(blood-brain barrier, BBB)

- 두개골, 뇌실계통, 뇌척수막은 물리적 충격으로부터 뇌를 보호하는 시스템이라고 하면 혈액뇌장벽은 화학적 자극으로부터 뇌를 보호하는 시스템임
- 동물체의 몸에 존재하는 모세혈관도 다양한 모습을 하고 있는데 그 중 뇌에 분포한 모세혈관은 혈관을 이루는 편평상피세포가 서로 밀착연접(tight junction)으로 연결되어 물질 통과에 제한이 있음
- 신경아교세포(별아교세포)가 뇌혈관 주위를 감싸고 있어 물질 이동을 제한하고 있음
- 이러한 두 가지 구조물을 합쳐 혈액뇌장벽이라 하며, 뇌를 손상시킬 수 있는 물질의 투과를 막아 뇌에 필요한 환경이 유지되도록 함

4) 말초신경계

① 뇌신경

- 뇌에서 12쌍의 뇌신경이 나옴
- 1번 뇌신경인 후각신경은 대뇌 앞쪽에 위치한 후각망울을 거쳐 바로 대뇌에 전사됨
- 2번 뇌신경인 시각신경은 신경교차를 이룬 후 시상을 거쳐 대뇌의 후두엽 시각피질로 투사됨
- 3, 4번 뇌신경은 중뇌, 5~8번 뇌신경은 교뇌, 9~12번 신경은 연수와 연결되어 있음
- 12쌍의 뇌신경들은 대부분을 머리쪽에 있는 기관들의 운동 및 감각과 관련되어 있고 일부 신경은 혼합신경으로 운동과 감각 정보를 전달함

뇌신경	신경섬유 유형	기능
후각신경	감각	냄새와 후각 감각 전달
시각신경	감각	눈의 시각정보 전달
눈돌림신경(동안)	운동	눈의 외재성근육 움직임
도르래신경	운동	눈의 외재성근육 움직임
삼차신경	혼합	눈과 얼굴 주변 피부의 감각신경/저작근의 운동신경
갓돌림신경(외전)	운동	눈의 외재성근육 움직임
얼굴신경(안면)	운동	입술, 귀, 눈 주변 피부 운동
속귀신경(와우전정)	감각	반고리관의 균형감각 전달/달팽이관에서 청각 전달
혀인두신경(설인)	혼합	맛봉오리에서 미각 전달
미주신경	혼합	인두와 후두의 감각섬유 전달/후두의 근육에 운동신경 공급/심장, 가슴장기, 위장관계 등에 부교감성 내장 운동신경 공급
더부신경(부)	운동	목과 어깨 근육에 운동신경 공급
혀밑신경(설하)	운동	혀 근육에 운동신경 공급

② 척수신경

- 척주관을 따라 위치한 척수의 각 척수 분절에서 척수 신경이 척추뼈와 척추뼈 사이로 뻗어나옴
- 척수신경은 척추뼈의 수와 대부분은 같지만 경수분절이 8개로 구성되어 경수 신경이 8쌍으로 차이가 있음. 즉, 경수 신경 8쌍, 흉수 신경 13쌍, 요수 신경 7쌍, 천수 신경 3쌍까지 31쌍
- 분지된 척수신경은 동물체의 표층부터 심층까지 분포하여 운동 및 감각 정보를 전달 또는 수집함
- 경수 6번에서 흉수 2번 분절에서 뻗어나온 척수신경은 상완신경얼기를 이룬 후 다시 분지하여 앞다리로 가는 신경 가지를 만듦
- 요수 4번에서 천수 3번에서 뻗어 나온 척수신경은 허리엉치신경얼기를 이룬 후 다시 분지하여 뒷다리로 가는 신경 가지들을 만듦

③ 자율신경계

- 말초신경계를 해부학적 위치가 아닌 수의적 조절 여부에 따라 분류하면 체성신경계와 자율신경계로 나눌 수 있으며, 자율신경계는 다시 교감신경과 부교감신경으로 나눌 수 있음
- 교감신경은 공포, 흥분과 관련된 신경으로 교감신경이 흥분하면 동공 확대, 심박 및 호흡 수 증가, 위장 운동 저하, 방광 이완 등의 반응이 일어남

- 부교감신경은 몸의 이완, 안정과 관련된 신경으로 부교감신경이 흥분하면 동공 수축, 심박 및 호흡 수 감소, 위장 운동 증가, 방광 수축 등의 반응이 나타남
- 자율신경계의 교감신경은 척수신경 가지들이며 절전신경이 짧고 절후신경이 깁
- 부교감신경은 주로 뇌신경 가지들이며 일부 척수신경이 포함되어 있고, 절전신경이 길고, 절후신경이 짧음

CHAPTER

05 감각기관의 구조와 기능

01 감각의 종류

① 말초신경계는 운동신경과 감각신경으로 구분할 수 있음

② 이 중 감각신경은 동물체의 표층에서 심층까지 모든 장기에 분포하여 감각정보를 수집하고 있으며 이러한 감각신경에 의해 정보를 얻은 후 통합 분석하여 적절한 반응 정보를 전달하게 됨. 그러한 감각은 크게 몸감각, 내장감각, 특수감각으로 구분할 수 있음

③ 몸감각 중 온각, 통각, 촉각과 같이 동물체의 체표에서 수집되는 감각을 표재감각이라 함

④ 몸의 심층에 위치한 감각신경에 의해 수집되는 것을 심부감각이라 하며 위치각이나 진동각과 같이 동물체가 의식할 수 있는 감각도 있고, 근육의 길이 또는 힘의 변화와 같이 의식하지 못하는 감각도 있음

⑤ 내장감각은 내장기관에 분포하고 있는 감각신경에 의한 감각으로 공복감, 구토감, 변의, 요의 등이 있음

⑥ 몸감각과 내장감각은 각 신체 부위에 위치한 감각 신경이 자극되어 정보가 전달되지만, 일부 감각은 특수한 기관을 통해 정보가 수집되며 이를 특수감각이라 함. 혀에 의한 미각, 코에 의한 후각, 눈에 의한 시각, 귀에 의한 청각과 평형감각이 이에 속함

02 특수 감각 기관의 구조와 감각 전달 경로

(1) 미각

1) 혀의 구조

① 혀는 음식물을 저작하여 연하시키는데 관여하는 구강 내 장기이며 미각도 담당함

② 골격근으로 구성된 혀는 한쪽 끝은 자유로우며, 한쪽만 설골장치에 의해 매달려 있는 구조를 하고 있음

③ 혀의 앞쪽 끝을 혀끝, 뒤쪽 1/3을 혀뿌리, 중간 부위를 혀몸통이라 함

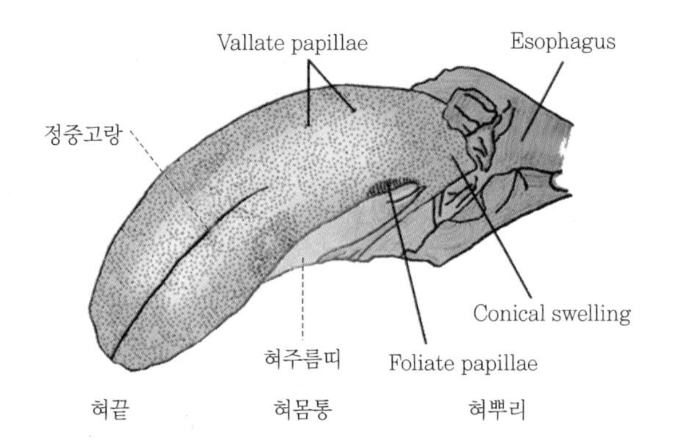

④ 혀의 등쪽과 후두덮개 및 연구개 부위에 미각을 담당하는 미뢰(맛봉오리)라는 특수한 구조물이 분포하고 있음
⑤ 미뢰는 섬모상피세포인 미각세포와 지지세포로 구성되어 있으며 혀의 등쪽면은 미공으로 열린 구조
⑥ 구강 내 저작과정에서 용출된 화학입자가 미공을 통해 미각세포의 감각털에 도달하며 미각세포가 흥분하게 되므로 미각세포를 화학수용기 세포라고도 부름
⑦ 미각세포 배쪽에는 7, 9, 10번 감각 신경 섬유가 분포하고 있어 미각 정보를 뇌에 전달하게 됨

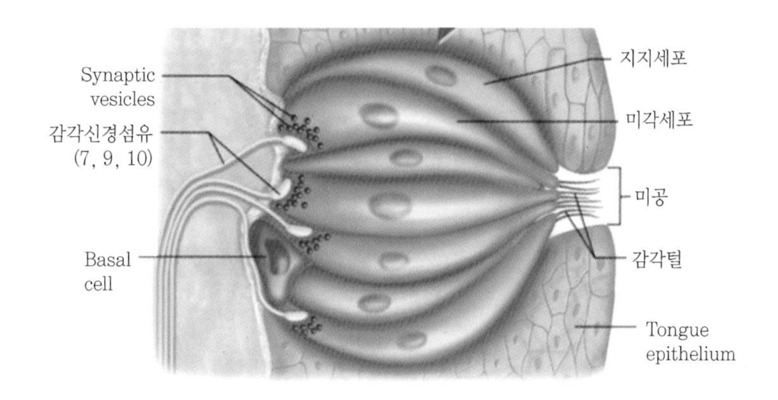

2) 미각 전달 경로

① 미각은 짠맛, 단맛, 신맛, 쓴맛으로 구별되는 맛을 느끼는 감각
② 이러한 미각은 음식물 내 맛 입자인 화학물질이 용출되면 미공을 통해 미뢰의 미각세포 감각털에 포착되고, 이 정보가 7, 9, 10번 뇌신경의 감각 가지로 전달되고 뇌줄기, 시상을 거쳐 대뇌피질에 전사됨

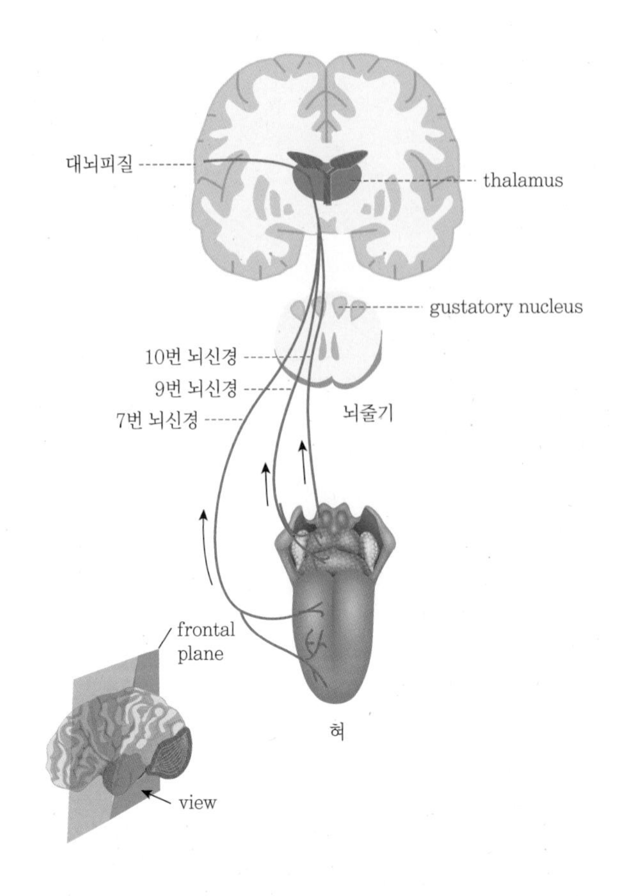

(2) 후각

1) 코의 구조

① 코는 호흡과 후각 기능을 담당하는 기관

② 코의 앞쪽은 연골, 뒤쪽은 뼈로 구성되어 있음

③ 비중격에 의해 좌우 비강으로 나뉘며 비강 내에는 비갑개와 사골갑개가 있어 공기와 접촉하는 표면적이 증가되어 있음

④ 이 중 두개강과 비강을 나누는 경계인 사골에서 앞쪽으로 뻗어나온 판상형 사골갑개를 덮고 있는 점막은 후각세포를 포함한 후각상피로 덮여 있음

⑤ 사골판 뒤쪽은 뇌가 위치한 두개강으로 사골판 바로 뒤에 후각망울이 위치함

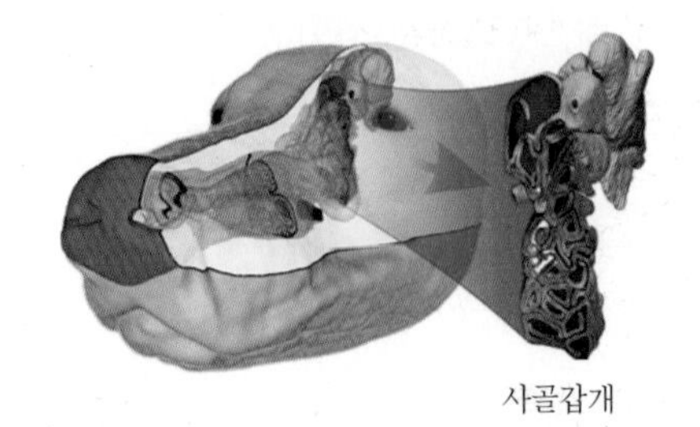

2) 후각 전달 경로

① 공기가 비공을 통해 비강 내로 들어가면 비갑개 사이 비도를 거쳐 뒤콧구멍을 통해 나가 호흡에 사용되고, 사골갑개로 이동하면 후각상피세포를 만나게 됨

② 후각상피에는 후각수용기세포, 지지세포, 기저세포들이 있으며, 이 중 후각 수용기 세포가 냄새를 포착하게 됨

③ 공기속에 포함된 냄새 입자인 화학물질이 비강 뒤쪽으로 이동하여 후각상피를 덮고 있는 점막에 부착되면 후각 수용기 세포(화학 수용기 세포)의 감각털에 포착되어 후각신경(1번 뇌신경)을 통해 후각망울을 지나 대뇌에 전사되는 과정으로 후각이 전달됨

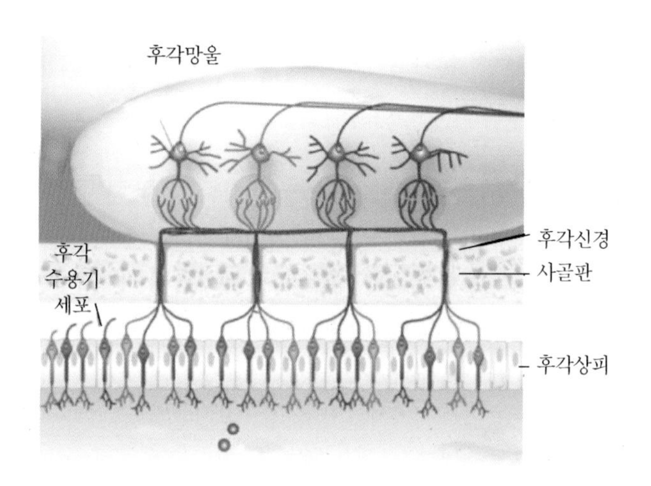

(3) 시각

1) 눈의 구조

① 시각은 빛을 감지하는 광수용기세포가 필요하며, 이 세포에 적절한 양의 빛이 적절하게 굴절되어 들어와야 하므로 이러한 일을 위해 눈이라는 기관이 필요한 것임

② 시각을 담당하는 눈은 안구와 안구부속기로 나뉨

③ 안구부속기에는 상하안검, 제3안검, 결막이 포함되어 있으며, 안구를 보호하는 역할을 함

④ 안구는 3층으로 구성된 막성 구조물과 안 내용물로 구분할 수 있으며 안구의 가장 외막의 앞쪽은 각막, 뒤쪽은 공막이라 부름

⑤ 각막은 투명하여 빛이 투과될 수 있으며, 공막은 질긴 불투과성 막으로 안구의 형태를 유지하는 역할을 함

⑥ 중막은 다른 말로 포도막이라 하며 동공의 크기를 조절하는 홍채, 안방수를 생성하고 모양끈을 통해 수정체의 두께를 조절하는 모양체, 혈관이 발달되어 안구 구조물에 영양분과 산소를 공급하는 맥락막으로 구성되어 있음

⑦ 내막은 앞쪽 구조물은 없고 뒤쪽에 망막이 있으며 이 망막에 광수용기 세포가 위치함

⑧ 안 내용물에는 각막과 홍채 사이, 홍채와 수정체 사이를 채우고 있는 안방수, 빛의 굴절률을 조절하는 수정체, 안구 안쪽을 채우고 있는 초자체로 구성되어 있음

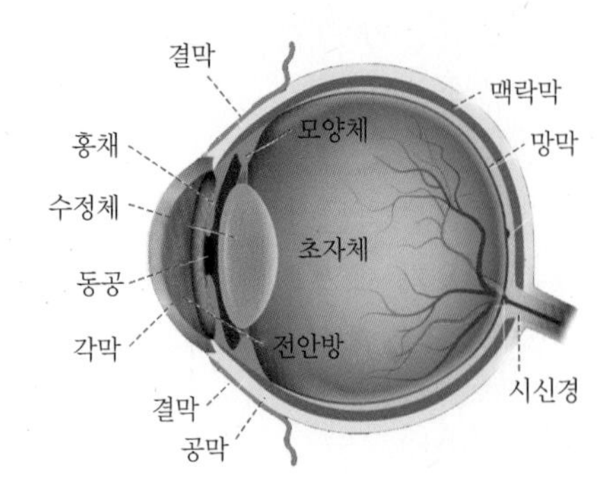

2) 시각 전달 경로

① 빛이 투명한 각막을 지나면 홍채가 수축 또는 이완하여 적절한 양으로 조절하고 그 다음 수정체는 적절한 두께로 조절되어 상의 위치에 따라 적절하게 굴절되어 망막에 도달하게 됨

② 망막은 색소상피층과 신경층으로 구성되어 있는데 색소상피층은 안구로 들어온 빛이 소실되지 않도록 막아주고 있음

③ 신경층에 분포한 광수용기세포에 빛이 감지되고 이때 막대세포는 명암을 구별하며, 원뿔세포는 색을 구분하게 됨

④ 광수용기세포의 정보가 두극신경세포와 신경절세포를 지나 2번 뇌신경인 시신경에 도달하게 됨

⑤ 좌우 눈에서 온 시신경이 시각교차를 이룬 후 중뇌를 통해 대뇌피질에 전사되어 시각이 전달됨

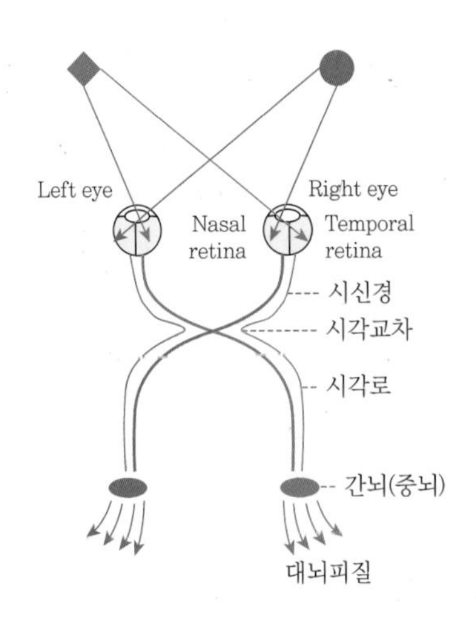

(4) 청각과 평형감각

1) 귀의 구조

① 귀는 청각과 평형감각을 담당하는 기관으로 이러한 귀는 크게 외이, 중이, 내이로 구분됨

② 외이는 소리를 포집하는 이개와 포집된 소리를 전달하는 통로의 역할을 하는 이도로 구성됨

③ 개의 이도는 'ㄴ'자로 생겨 수직이도와 수평이도로 구분됨

④ 중이는 공기로 채워진 뼈로 둘러싸인 고실에 음파를 증폭시키는 고막과 3개의 뼈로 구성된 이소골로 구성되어 있음

⑤ 고막의 떨림으로 인해 이소골을 진동시키고 이 진동이 내이의 달팽이관에 전달됨

⑥ 내이는 청각과 관련된 달팽이관과 평형감각과 관련된 전정과 반고리관으로 구성되어 있음

⑦ 내이 구조물들은 뼈 미로에 막성미로가 채워져 있고, 그 안에 림프액이 채워져 있음

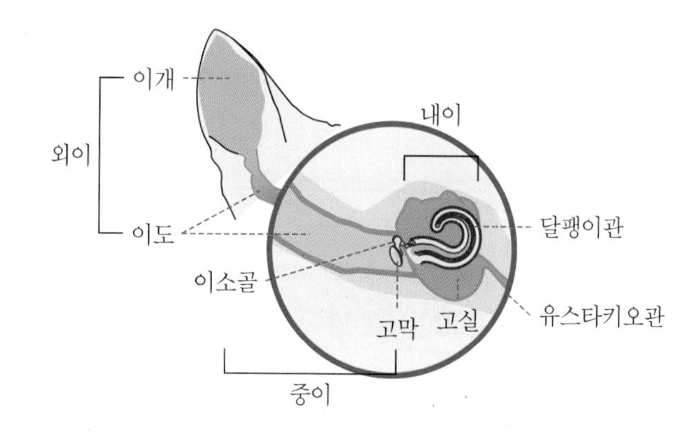

⑧ 청각과 관련된 달팽이관은 두 개의 창이 있음. 난원창은 마지막 이소골이 청소골과 맞닿아 진동을 림프액에 전달하며 정원창은 반대쪽에 위치해서 림프액 진동이 소실될 수 있도록 함

⑨ 달팽이관은 난원창과 연결되고 외림프액이 흐르고 있는 전정계, 정원창과 연결되고 외림프액이 채워진 고실계, 전정계와 고실계 사이에 내림프액이 채워진 중간계로 구성되어 있음

⑩ 중간계에 코르티 기관(corti's organ)이라는 특수한 부위가 존재하는데, 코르티 기관에는 섬모상피세포인 청세포와 지지세포가 있으며, 위쪽에 덮개막이 있고 아래쪽에는 기저막이 있음

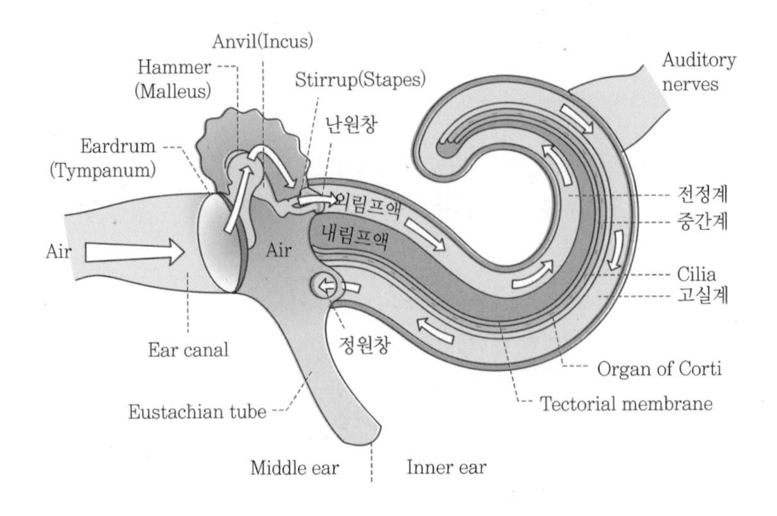

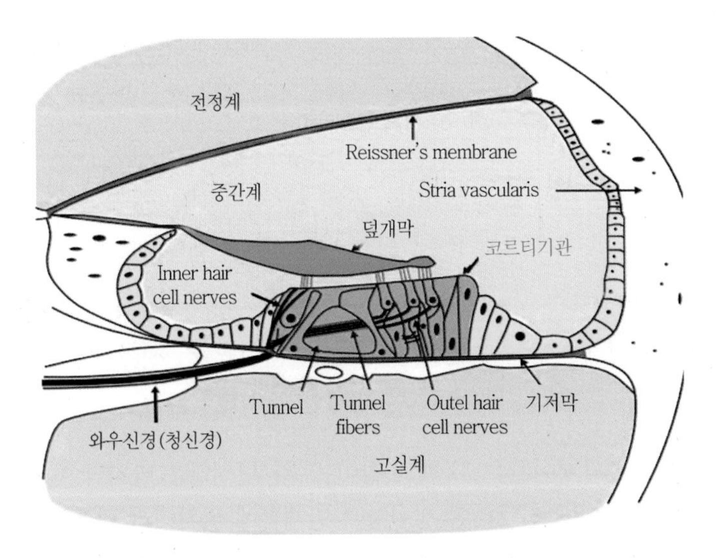

⑪ 평형감각 기관인 전정과 반고리관에도 내림프액이 채워져 있음

⑫ 전정은 원형낭과 타원낭으로 구성되어 있고 각각 감각세포가 수직과 수평으로 배열되어 있음

⑬ 반고리관은 3개의 고리가 서로 90도 각도로 배열되어 있음

⑭ 전정과 반고리관에는 팽대부가 존재함. 팽대부에는 팽대능이 있고 팽대능 아래에 위치한 감각세포가 감각털을 팽대능 쪽으로 뻗고 있음. 즉, 동물체의 머리 움직임 방향 및 속도 등에 따라 림프액이 이동하면 팽대능이 꺾이게 되는데 이때 감각털이 자극됨

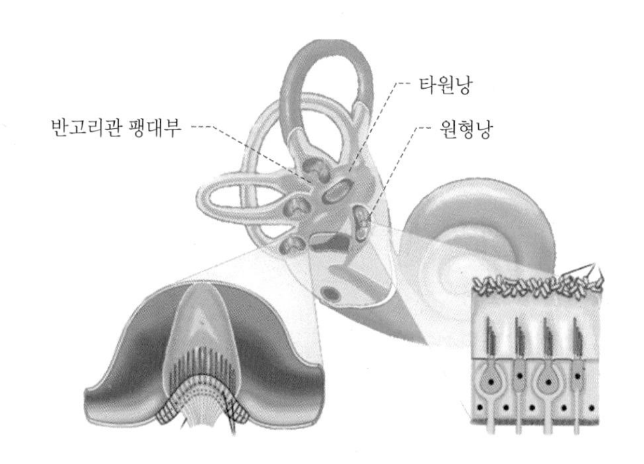

2) 청각 전달 경로

① 청각은 소리 자극에 대한 감각
② 음파가 이개를 통해 포집되고 이도를 따라 이동한 후 중이 구조물인 고막이 떨리면서 음파가 증폭됨
③ 이러한 음파가 고막에 붙어 있는 이소골을 진동시키고 이 물리적 진동이 달팽이관의 외림프액을 이동시킴
④ 외림프액의 파동으로 인해 코르티 기관 아래쪽 기저막이 움직이게 되어 청세포의 감각털이 덮개막에 닿게 됨
⑤ 이러한 물리적 자극이 청세포와 연결된 와우전정신경의 와우신경(청신경)으로 전달된 후 대뇌피질에 전사되어 소리를 듣게 됨

3) 평형감각 전달 경로

① 평형감각은 몸의 움직임을 인지하는 감각
② 동물체가 움직일 때 머리의 움직임이 발생하고 이로 인해 전정과 반고리관의 내림프액이 이동됨
③ 림프액 이동으로 팽대부의 팽대능이 꺾이면서 감각세포의 감각털이 자극되며 와우전정신경의 전정가지로 감각 정보가 전달됨
④ 연수를 거쳐 대뇌에 전사된 평형감각 정보를 통해 몸의 운동이 조절됨

TIP **특수감각**

- **미각**(혀) – 화학자극 – 화학수용기세포
- **후각**(코) – 화학자극 – 화학수용기세포
- **시각**(눈) – 광자극 – 광수용기세포
- **청각**(귀) – 물리적 자극 – 코르티기관 감각세포
- **평형감각**(귀) – 물리적 자극 – 팽대능 감각세포

CHAPTER

06 순환계통과 림프계통

01 순환계통의 구조와 기능

순환계통은 심혈관계라고도 불림. 즉, 순환계통은 심장, 혈관, 혈액을 포함한 기관계라 할 수 있음. 혈액을 동물체 전체에 전달하기 위해 심장이 혈액을 밀어내면 이 혈액을 혈관이 받아 운반하게 됨

(1) 혈액

① 혈액은 혈장이라 불리는 수용매체에 다양한 세포가 부유해 있는 결합조직으로 영양물질, 노폐물, 산소, 이산화탄소, 호르몬 등을 운반하는 역할과 수분 평형 조절, 혈액 내 pH 조절, 체열의 분산, 면역작용, 혈액 응고 작용과 같은 조절의 역할을 담당함

② 성견 혈액의 약 55%가 액체성분인 혈장이고, 약 45%가 세포성분으로 구성되어 있음

③ 세포성분의 대부분은 적혈구가 차지하고 있으며 백혈구와 혈소판이 소량 포함되어 있음

1) 적혈구

① 적혈구가 부족하여 에리스로포이에틴이 방출되면 골수의 조혈모세포가 분화하여 적혈구를 만들게 됨

② 성숙 적혈구가 되기 전에는 세포 속에 핵이 존재하지만 순환 혈액 속으로 빠져나온 성숙 적혈구는 핵이 없음. 그래서 적혈구는 중심이 오목한 원반 모양을 하게 됨

③ 적혈구의 세포질의 대부분이 헤모글로빈으로 헤모글로빈은 2개의 베타글로빈과 2개의 알파글로빈에 각각 헴기가 결합된 형태임

④ 헴(Heme)은 프로토폴피린(protoporphyrin)이라는 색소 부분과 철로 구성되어 있는데 산소는 철과 결합되어 운반되며 1개의 헴기에 1개의 산소 분자가 결합됨

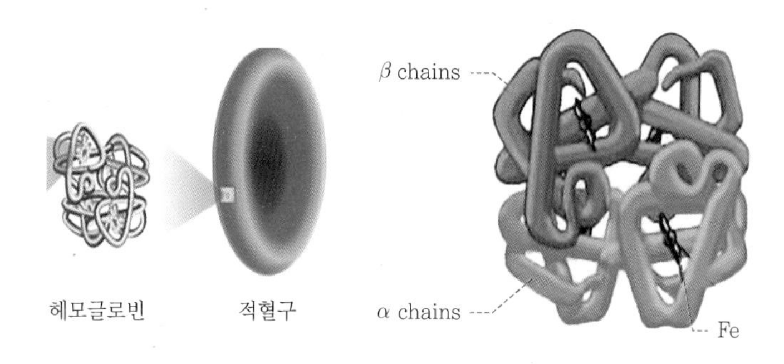

⑤ 산소 운반이 주요 기능인 적혈구는 골수에서 만들어져 순환되다가 손상되거나 기능이 저하되면 세망내피계에서 파괴됨. 이때 적혈구의 단백질과 철 성분은 재사용되며, 색소 성분은 간에 대사된 후 소변과 대변으로 배출됨

TIP **적혈구 Life cycle**

적혈구 부족 → 신장(에리스로포이에틴 방출) → 골수(적혈구 생산) → 순환혈액(수명 120일) → 세망내피계(적혈구 파괴) → globin은 아미노산으로 바꿔 재사용, heme의 철(Fe) 재사용, 색소 성분은 대사되어 대변과 소변으로 배출

2) 백혈구

① 백혈구는 동물체에서 면역을 담당하는 세포들로, 세포질 내에 과립을 가진 백혈구를 과립구라 하며 호중구, 호산구, 호염구가 있음

② 세포질 내에 과립이 없는 백혈구는 무과립구라 하며 림프구와 단핵구가 이에 속함

호중구	호산구	호염구
총 백혈구의 50~70%	총 백혈구의 2~4%	총 백혈구의 1%
• 구형의 세포 • 분엽된 핵 • 크고 창백한 중성 과립	• 구형의 세포 • 2개의 엽으로 분엽된 핵 • 붉은색 산성 과립	• 구형의 세포 • 진한 푸른색의 큰 염기성 과립
• 포식작용(탐식작용) • 조직 손상 및 감염 시 수시간 내에 조직으로 이동	• 기생충 면역과 알러지 반응에 관여 • 과립 내 단백분해효소 함유	• 과립 내 히스타민 함유 • 비만세포와 함께 히스타민 방출하여 급성 알러지 반응에 관여

단핵구	림프구
총 백혈구의 2~8%	총 백혈구의 20%
• 크기가 적혈구의 3배 이상 • 세포질 풍부	• 구형의 세포 • 적혈구보다 조금 큼 • 세포질 대비 핵이 큼
• 포식작용(탐식작용) • 조직으로 이동하면 대식세포라 부름 • 조직 손상 및 감염 시 1~2일 후 조직으로 이동	세포성 면역과 체액성 면역을 담당

3) 혈소판

① 혈소판은 골수에서 거대핵세포의 세포질이 떨어져 나와 순환 혈류로 들어온 것을 말하며 정해진 형태가 없음

② 혈소판은 점착성과 집합성을 가지고 있으며 혈액의 혈관 내를 흐를 때 주로 혈관벽을 따라 지나감

③ 혈관의 손상된 부위에 부착되어 다른 혈소판을 불러모아 혈관 마개를 형성하며, 혈관을 수축시키고 혈액 응고계를 촉진시키는 역할을 하여 전체적으로 혈액 소실을 방지하는 역할을 함

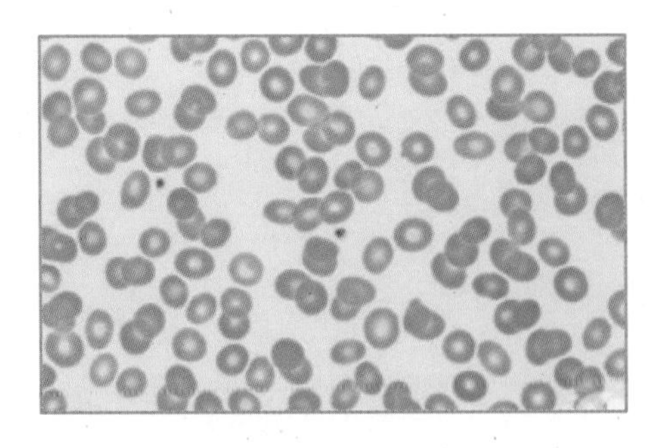

(2) 심장

1) 심장의 구조

① 심장은 근육성 기관으로 혈액을 주기적으로 박출하여 전신을 순환할 수 있도록 도와주는 장기로 혈관과 연결되어 있음

② 심장을 중심으로 혈액이 순환되고 있으며, 혈액 순환이 한쪽 방향으로 진행될 수 있도록 심장은 심방중격과 심실중격에 의해 좌우로 나뉘어 있으며, 심방과 심실 사이에는 방실판막이, 심실과 동맥 사이에는 반월판막이 존재함. 즉 심장은 4개의 방과 4개의 판막으로 구성되어 있음

③ 우심방과 우심실 사이 방실판막은 세 조각으로 나뉘어 있어 삼첨판이라 하며, 좌심방과 좌심실 사이 방실판막은 두 조각으로 나뉘어 있어 이첨판이라 함

④ 심실과 동맥 사이 판막은 반달 모양으로 생겨서 반월판(반달판막)이라 하며, 우심실과 폐동맥 사이 판막을 폐동맥판, 좌심실과 대동맥 사이 판막을 대동맥판이라고도 부름

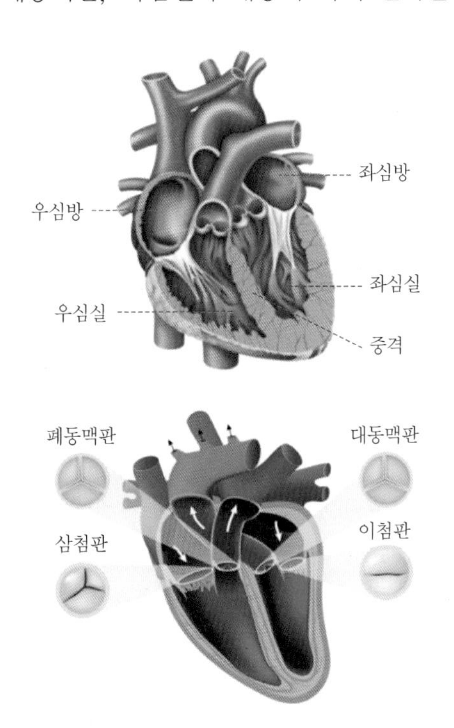

2) 자극전도계(전도계통)

① 심장이 수축과 이완을 통해 혈액을 박출하기 위해서는 주기적인 수축신호가 필요함. 신경전달물질 없이 전기적 신호를 발생시켜 심장과 심실에 전달하는 근육조직이 변화되어 생긴 특수 기관을 자극전도계라 함

② 자극전도계 중 동방결절(SA node)은 우심방 벽에 있는 변형된 심장근육세포로, 수축신호를 생성함

③ 동방결절의 수축 파동이 좌우 심방으로 펴져 심방수축이 나타남. 그 후 우심의 심실 사이중격의 상부에 위치한 방실결절(AV node)로 흥분이 전달되고 이후 심실사이막 아래로 달려있는 히스속(Bundle of His)으로 전달됨

④ 심실사이막과 바닥에서 히스속은 좌우로 갈라져 바닥면에 심장전도근육섬유(Purkinge fiber)로 전달되어 심실 수축을 야기함

3) 체순환(대순환, 몸순환)

① 혈액은 심장을 중심으로 심장, 동맥, 모세혈관, 정맥, 심장 순으로 순환하고 있으며, 이 순환 고리는 닫혀 있음. 이때 심장이 좌우로 나뉘어 있어 순환 고리를 두 개로 나누어 설명할 수 있음

② 그 중 하나가 체순환으로 심장에서 나온 혈액이 동물체를 구성하는 기관들에 가서 모세혈관을 이룬 후 다시 심장으로 돌아오는 매우 큰 순환을 하고 있음. 그래서 대순환이라고도 부름

③ 좌심실은 우심실보다 근육이 발달되어 있어 혈액을 내보내는 힘이 더 강하므로 좌심실에서 빠져나온 혈액은 대동맥으로 전달되고 소동맥, 세동맥을 거쳐 전신 조직에서 모세혈관을 이뤄 물질 교환을 함

④ 그 후 세정맥, 소정맥, 대정맥을 통해 우심방으로 들어옴. 즉, 체순환은 좌심실에서 시작되어 우심방으로 끝나는 순환이라 할 수 있음

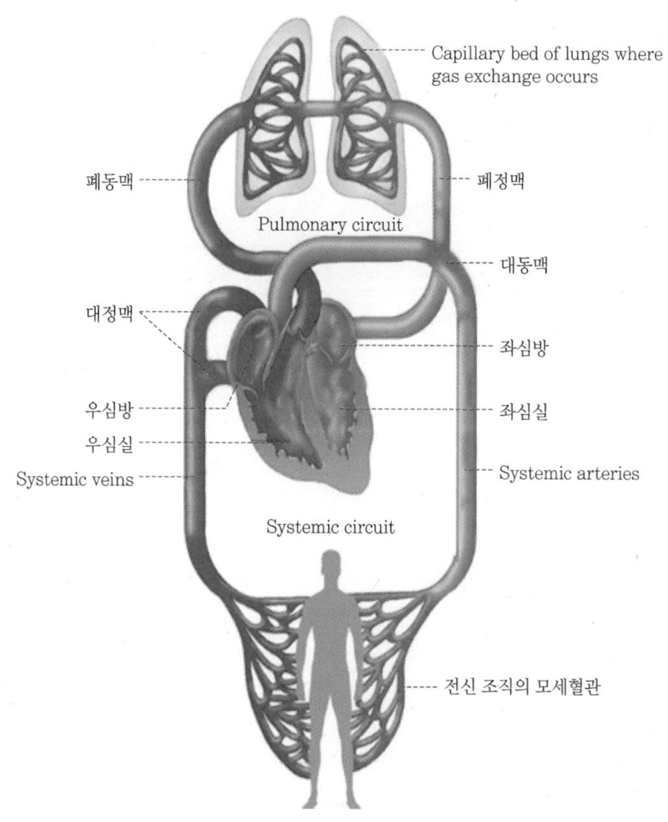

4) 폐순환(소순환)

① 폐순환은 심장에서 시작된 혈액의 순환이 심장 근처에 있는 폐까지만 갔다가 다시 심장으로 돌아오는 순환이어서 소순환이라고도 부름

② 우심실이 수축하여 혈액이 폐동맥으로 방출되면 폐에서 폐포 모세혈관이 이르러 물질교환을 하고 폐정맥을 통해 좌심방으로 돌아오는 순환을 폐순환이라 함

5) 간문맥순환

① 일반적인 혈액순환 과정에서 혈액은 심장, 동맥, 조직 모세혈관, 정맥, 심장 순으로 순환하지만 동물체에서 예외적인 순환이 나타나는데 그 대표적인 순환이 간문맥순환임

② 이 순환을 통해 소화기로부터 직접적으로 혈액을 간으로 나르게 됨

③ 좌심실에서 나온 혈액이 대동맥에서 앞뒤장간막 동맥으로 흘러 소장과 대장에서 모세혈관을 이룸

④ 물질교환 후 앞뒤장간막 정맥으로 흐르고 이것이 대정맥으로 들어가지 않고 간으로 들어가기 위해 간문맥 혈관을 통과함

⑤ 간문맥을 통해 들어간 혈액이 간의 동양모세혈관을 통과하면서 대사과정을 거친 후 간정맥을 거쳐 대정맥을 통해 우심방으로 돌아옴

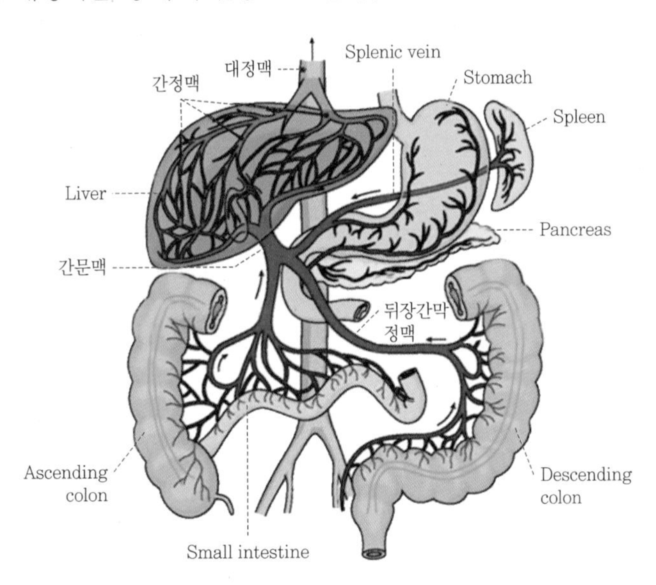

혈액의 순환

구분	내용
정상 혈액 순환	• 심장 – 동맥 – 모세혈관 – 정맥 – 심장 • 폐순환: 우심실 – 폐동맥 – 폐포모세혈관 – 폐정맥 – 좌심방 • 전신순환: 좌심실 – 대동맥 – 조직모세혈관 – 대정맥 – 우심방
간문맥순환	좌심실 – 대동맥 – 앞, 뒤 장간막동맥 – 모세혈관 – 앞, 뒤 장간막정맥 – 간문맥 – 동양모세혈관 – 간정맥 – 대정맥 – 우심방

6) 태아순환

① 태아는 모체로부터 온 혈액을 통해 영양분과 산소를 공급받음. 즉 태아는 경구 섭취를 하지 않아 간문맥순환이 불필요하고, 폐호흡을 하지 않아 폐순환이 불필요하므로 이러한 혈액 순환을 줄이기 위한 우회로를 가지고 있음

② 모체로부터 대사된 영양분이 제정맥을 통해 태아로 공급되면 태아의 정맥관을 통해 간문맥 순환을 회피하고 바로 후대정맥으로 이동하게 됨

③ 후대정맥으로 들어온 혈액이 우심방을 거쳐 우심실로 들어가면 폐동맥과 연결되어 폐순환이 이뤄지게 됨

④ 이를 회피하기 위해 태아는 우심방과 좌심방 사이에 난원공을 가지고 있음. 따라서 우심방에서 좌심방으로 혈액이 흘러가 대순환으로 들어감

⑤ 그러나 일부 혈액은 우심방에서 우심실로 들어가게 되어 폐순환을 하게 될 수 있음. 이때 폐동맥과 대동맥 사이에 동맥관이 연결되어 있어 폐동맥에서 대동맥으로 흘러 대순환으로 전환됨

⑥ 폐순환을 회피하기 위한 우회로에는 우심방과 좌심방 사이의 난원공과 폐동맥과 대동맥 사이에 동맥관이 있음

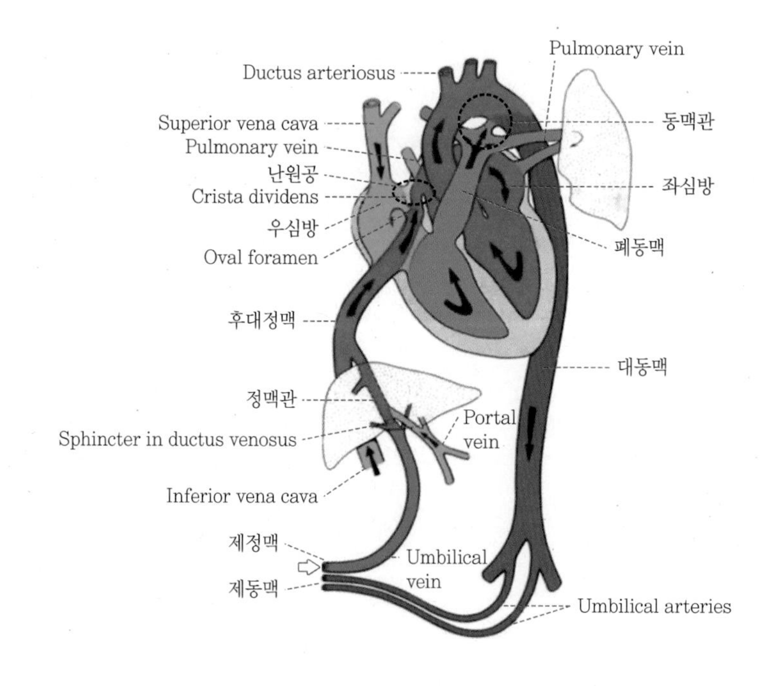

7) 혈관

① 동맥은 심장으로부터 나오는 혈액을 받아주는 혈관으로 강한 압력을 견딜 수 있고 탄성이 있어 혈액을 뒤로 밀어줄 수 있어야 함

② 동맥벽은 3개의 층으로 구성되어 있는데 외막은 섬유성결합조직으로 구성되어 있고, 중막에는 평활근과 탄력섬유, 콜라겐을 포함하고 있으며, 내막은 혈관내피세포와 내탄성판으로 되어 있음

③ 굵은 동맥의 경우 중막이 매우 발달되어 있어 강한 압력을 견딜 수 있으며, 이완과 수축이 잘 일어남. 점차 얇은 동맥이 되면 외막과 중막 모두 얇아짐

④ 정맥은 심장으로 들어가는 혈액이 지나가는 혈관임. 동맥 혈액에 비해 정맥 혈액은 압력이 낮고 혈류 속도가 느리므로 혈액이 역류할 가능성이 있어서 판막이 존재함

⑤ 판막은 반달 모양 2조각이 마주보고 있는 형태로 동맥벽에 비해 벽이 얇고 결합조직이 많고 근육조직은 적음. 즉, 정맥도 동맥과 같이 3개의 층으로 구성되어 있으나 중막이 얇음

⑥ 모세혈관은 동맥과 정맥 사이를 연결해주는 혈관으로 단순 편평상피세포로 구성되어 있어 혈관벽이 얇고 세포 사이 또는 세포벽을 투과하여 물질 교환이 이뤄질 수 있음

⑦ 모세혈관 내 혈액과 간질액 사이 물질교환은 주로 확산에 의해 이뤄지며, 여과, 흡수, 미세포음작용 등의 방법으로 물질이 이동되기도 함

동맥	• 심장에서 나오는 혈액이 지나는 혈관 • 탄력섬유와 근육조직 많음	내막 중막 외막
정맥	• 심장으로 들어가는 혈액이 지나는 혈관 • 탄력섬유와 근육조직 적음, 판막 있음	판막 내막 중막 외막
모세혈관	• 동맥과 정맥을 연결하는 혈관, 물질교환 장소 • 편평상피세포 한 층	Capillary

02 림프계통의 구조와 기능

① 혈액 순환 과정에서 혈액이 모세혈관에 이르면 동맥쪽 모세혈관의 정수압이 조직보다 높아 혈장이 누출되며 이를 조직액이라 함

② 정맥쪽 모세혈관은 교질삼투압이 조직보다 높아 조직액이 모세혈관 내로 흡수됨. 누출되었던 조직액이 100% 재흡수되지 못하고 남게 되는데 이를 순환 혈액으로 되돌리기 위한 것이 림프계통임

③ 림프계통에는 림프관, 림프절, 림프조직이 있음. 림프관은 한쪽 끝이 열려 있는 구조이기 때문에 림프계를 개방형 순환계라고 부름

④ 조직액이 림프모세관으로 모세관 현상으로 인해 유입되며 이렇게 림프모세관으로 들어간 체액을 림프액이라 함

⑤ 림프관 내 림프액의 흐름은 주변 조직의 운동으로 수동적으로 일어나므로 역류의 가능성이 높아 판막이 존재함

⑥ 림프관 중간 중간에 림프절이 위치해 있음. 림프절에서는 림프액 내 이물질 또는 감염원의 탐식작용, 항원제시, 항체 생성, 림프구 증식 등의 면역작용이 일어남

⑦ 림프계통에 속한 림프조직에는 비장, 흉선, 편도 등이 있음

비장	혈액 저장, 노화 적혈구 파괴, 림프구 생산, 이물질 제거 등의 기능을 함
흉선	T림프구 생성 역할을 함
편도	구강에 위치해서 구강으로 들어오는 이물질 및 감염원에 대한 일차 방어 기능을 담당함

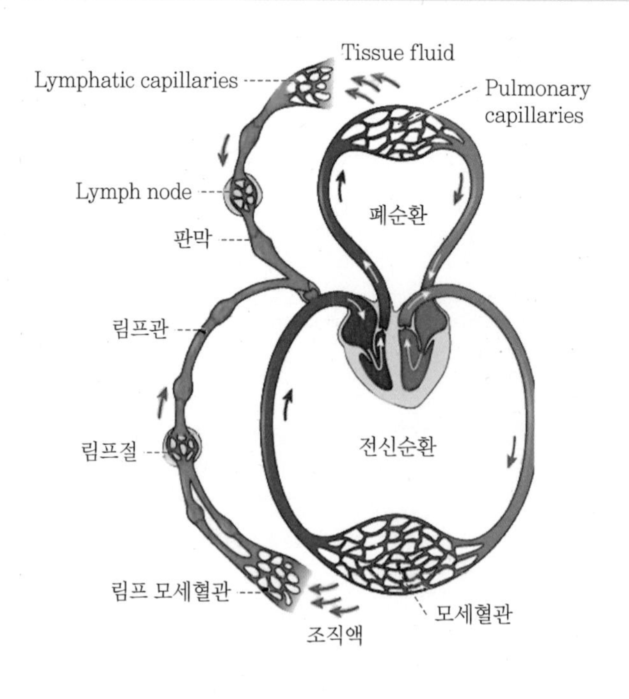

CHAPTER 07 호흡기계의 구조와 기능

01 호흡의 정의

① 호흡은 가스 교환 작용이며 혈액 내 산소와 이산화탄소 분압을 유지, 조절하는 과정
② 폐환기를 통해 폐포와 폐포모세혈관 사이 가스교환이 이뤄지는 외호흡과 조직과 조직 모세혈관 사이 가스교환이 이뤄지는 내호흡을 통해 동물체의 혈액 내 산소 및 이산화탄소 분압과 pH가 조절됨

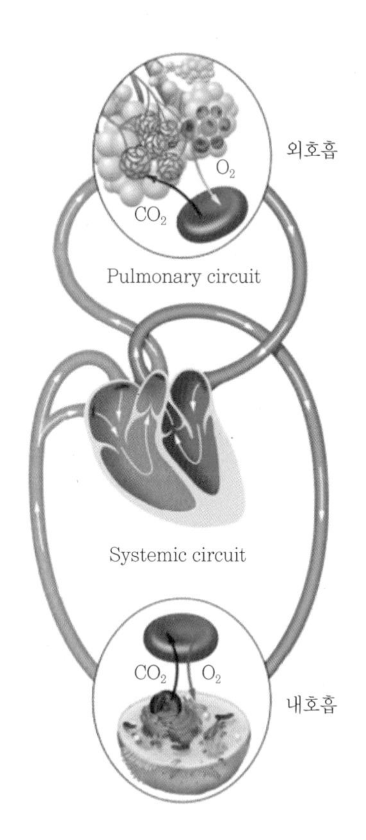

02 호흡기계 기관의 구조와 기능

호흡 중 외호흡과 관련된 기관의 집합을 호흡기계라고 하며 코, 인두, 후두, 기관, 기관지, 폐가 포함됨

(1) 코

① 코는 연골 부분과 뼈 부분으로 구성되어 있으며 각 부분에 코 중격이 있어 좌우 비강이 나뉘어져 있음

② 비강을 형성하는 뼈로는 비골, 상악골, 앞니골, 입천장뼈 등이 있음

③ 이러한 뼈들이 등쪽, 외측, 배쪽을 둘러싸고 있고 비중격에 의해 좌우가 나뉘어 있음

④ 비강도 비어있는 구조가 아니라 판상형의 뼈로 채워져 있음

⑤ 이러한 구조물에 비강 벽쪽에서 뻗어나온 미로와 같이 생긴 뼈인 등쪽 비갑개와 배쪽 비갑개 그리고 비강의 뒤쪽 사골에서 앞쪽으로 뻗어나온 사골갑개가 있음

⑥ 이러한 갑개들은 점막으로 덮여있어 비강내로 들어온 공기의 온도와 습도의 조절과 이물질 및 병원균의 제거와 같은 면역작용을 함

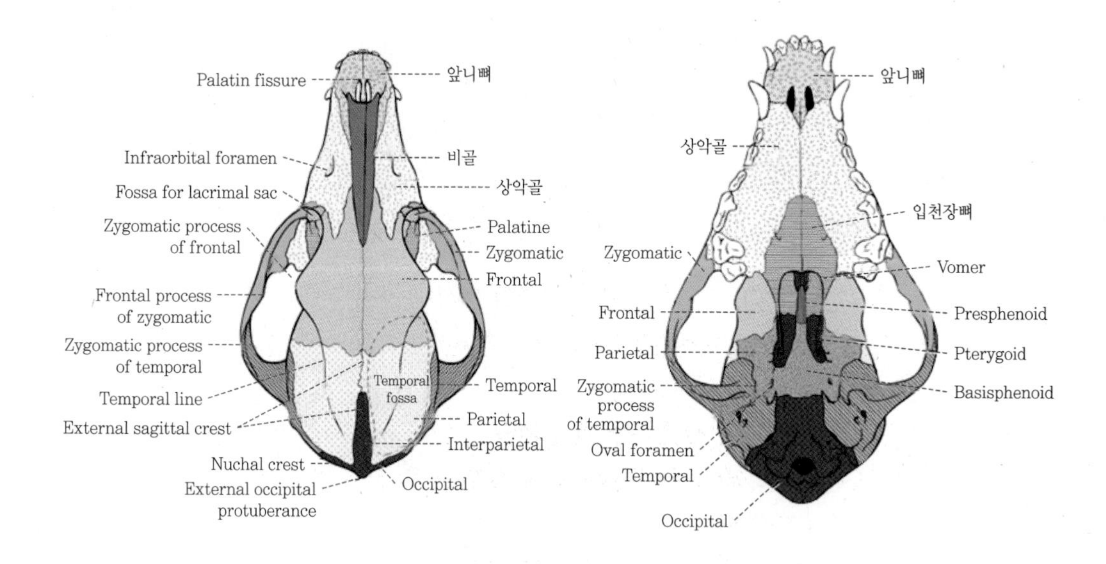

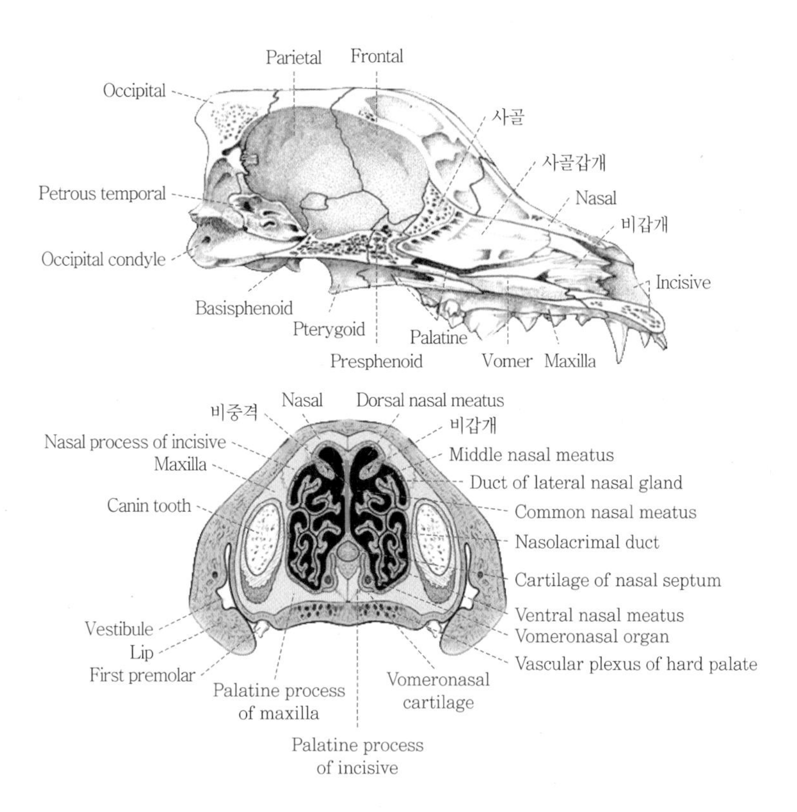

⑦ 비강 주위에 이웃해 있는 두개골 부위에 형성된 뼈 속 빈 공간이 존재하는데 이를 부비동이라 함

⑧ 전두골에 있는 부비동은 개에서 완벽한 빈 공간을 형성하고 있으나 상악골에 있는 상악동은 매우 좁은 공간임

⑨ 호흡과정 중에 비강으로 유입된 공기가 부비동까지 유입되어 부비동 내 점막에서 공기의 온습도가 조절됨

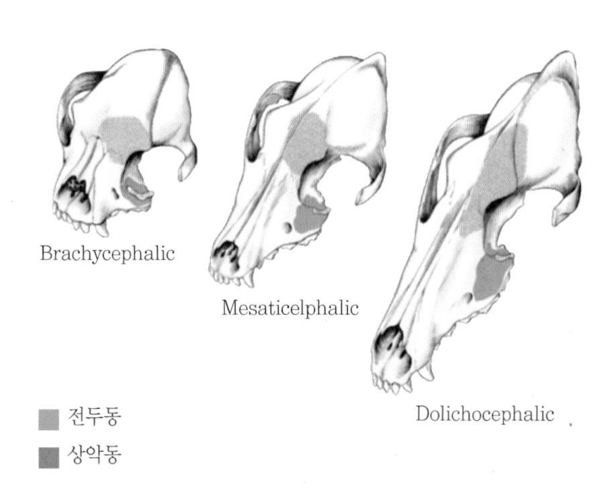

⑩ 비강에는 페로몬을 감지하는 특수기관인 서골코기관(vomeronasal organ)이 있으며 한쪽 끝이 막힌 작은 속이 빈 구조물로써 비강의 앞배쪽, 즉 앞니 뒤쪽에 위치함
⑪ 플뢰멘 현상이라 불리는 입술을 들어올리고 공기를 흡입하는 행동을 통해 공기를 서골코기관으로 집중시켜 페로몬을 감지하게 됨
⑫ 비공을 통해 갑개가 있는 비도를 지나서 공기는 뒤콧구멍을 거쳐 인두로 흘러감

(2) 인두

① 인두는 호흡기계와 소화기계가 함께 사용하는 기관으로 연구개를 중심으로 등쪽이 코인두, 배쪽이 입인두로 나뉨
② 비강을 통해 들어온 공기는 코인두를 지나 다음 구조물인 후두로 들어가게 됨

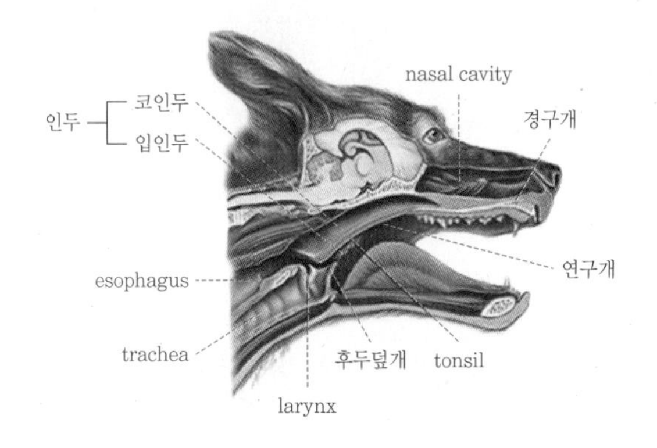

(3) 후두

① 후두는 연골성의 짧은 관상의 구조물로 앞쪽은 인두, 뒤쪽은 기관과 연결되어 있음
② 후두를 구성하는 구조물은 후두덮개, 갑상연골, 윤상연골, 피열연골이 있으며, 이 중 후두덮개가 열리고 닫힘에 의해 공기의 흐름이 조절됨
③ 구강 내 음식물이 연하되어 식도로 이동해야 할 때는 후두덮개가 닫히고, 비강을 통해 공기가 유입될 때는 후두덮개가 열려서 이물질이 기도로 들어가는 것을 막아주고 있음
④ 갑상연골 내측의 피열연골에는 성대주름이 있어서 공기 흐름에 의해 소리가 발생하여 후두를 발성기관이라고도 함

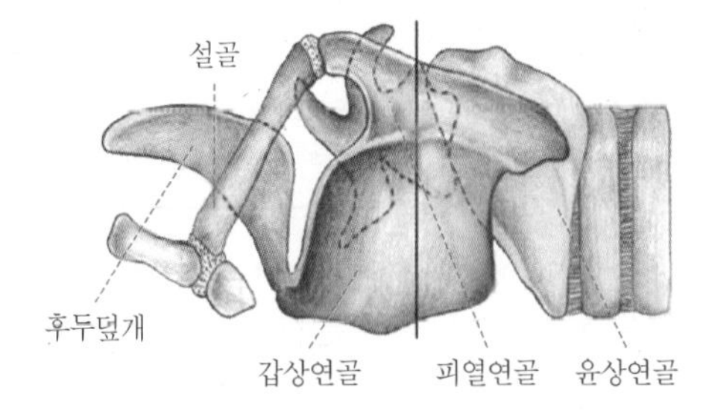

(4) 기관

① 후두의 마지막 연골인 윤상연골과 연결된 구조물인 기관은 식도와 달리 항상 열린 상태를 유지하고 있는 관성구조물

② 기관근과 C자 모양의 기관연골로 구성된 기관륜이 결합조직인 돌림인대에 의해 연결되어 있으며, 기관연골 내측은 기관점막으로 덮여 있음

③ 기관점막에는 섬모상피세포가 위치해서 이물질을 바깥쪽으로 이동시켜주는 작용을 함

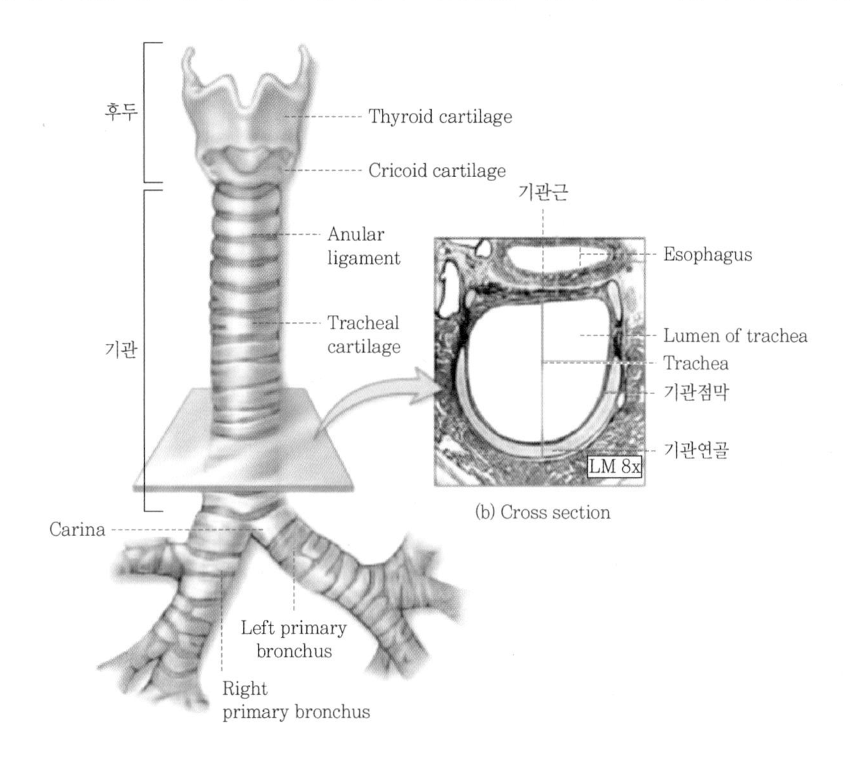

(5) 기관지와 세기관지

① 기관이 좌우폐로 가기 위해 나눠지는 부위부터를 기관지라고 하고 이곳을 주기관지라 함

② 주기관지는 각 엽으로 가는 가지인 엽기관지가 되고, 다시 엽 내 구역기관지가 된 후 세기관지로 분지하여 최종적으로 세기관지에 폐포가 연결됨

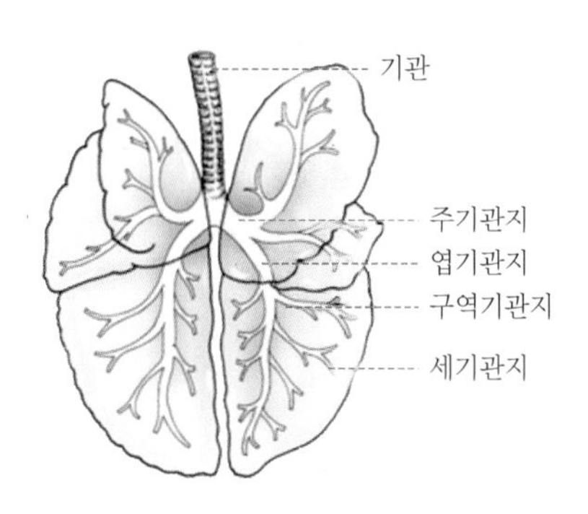

(6) 폐

① 폐는 왼쪽폐와 오른쪽폐로 나뉘며, 왼쪽폐는 앞쪽엽과 뒤쪽엽으로 나뉘며, 앞쪽엽은 다시 앞쪽과 뒤쪽 부분으로 구성되어 있음. 오른쪽폐는 앞쪽엽, 중간엽, 뒤쪽엽, 덧엽으로 구성되어 있음

② 세기관지를 통해 폐포 내로 들어온 공기는 폐포모세혈관과 확산을 통한 가스교환을 하게 됨

③ 이때 폐포 내 폐표면활성물질이 폐가 과팽창되거나 허탈되는 것을 막아주며, 폐포 내 대식세포에 의해 이물질 탐식이 일어남

TIP **들숨의 흐름**

코(비공 – 비강 – 뒤콧구멍) – 인두(코인두) – 후두 – 기관 – 기관지(주기관지 – 엽기관지 – 구역기관지) – 세기관지 – 폐포

03 호흡의 조절

(1) 호흡 중추

① 호흡을 조절하는 중추는 교뇌와 연수에 분포함

② 교뇌에 위치한 호흡조절중추는 호흡수와 일호흡 용적을 미세조정하며 흡식과 호식 사이 전환을 조절하는 기능을 하며, 지속흡입중추는 흡식의 깊이를 조절함

③ 연수의 등쪽 호흡군은 안정기 호흡과 관련된 중추로 횡격막과 외늑근간의 수축을 조절하고, 배쪽 호흡군은 노력성 호흡과 관련된 중추로 내늑간근과 복근의 수축을 통한 능동적 호식과 노력성 흡식을 담당함

④ 중추와 말초 수용기로부터 전달된 정보를 바탕으로 교뇌와 연수의 호흡조절중추 활성 또는 억제되는 과정을 통해 호흡 관련 근육들의 수축과 이완이 조절됨으로써 호흡의 깊이와 길이가 조절되고 있음

⑤ 뇌 수질부의 중추 화학수용체, 대동맥벽의 대동맥토리와 경동맥벽의 경동맥토리와 같은 말초화학수용체가 혈액의 pH, 산소 분압, 이산화탄소 분압 정보를 수집하여 호흡중추에 전달함

⑥ 중추화학수용체는 이산화탄소 농도 변화에 주로 영향을 받으며, 말초화학수용체의 대동맥소체는 호흡보다 혈류량 변화에 민감하게 반응하는 중추임. 흡식이 일어나는 과정에서 기관지, 세기관지 벽에 존재하는 신장 수용체가 늘어나는 감각에 대한 정보를 수집해 미주신경을 통해 호흡중추에 전달하여 날숨이 일어나게 함

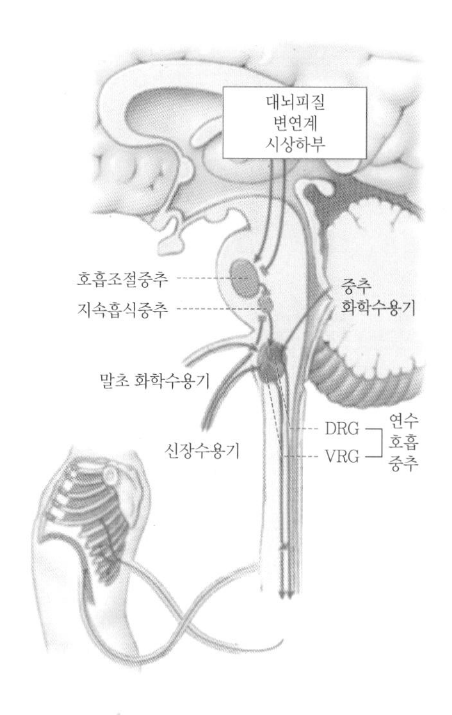

(2) 호흡 관련 근육

① 호흡조절 중추를 통해 호흡이 조절될 때 주로 영향을 받는 근육은 늑간근과 횡격막

② 안정적 호흡과정 중 흡기는 에너지를 사용하여 외늑간근과 횡격막근이 수축함으로써 나타남

③ 두 근육이 수축하면 흉강 내강이 넓어지고 폐 내 음압이 형성되어 외부공기가 폐로 유입됨

④ 공기의 유입으로 폐가 팽창하면 신장 수용체가 반응하여 날숨이 유도되는데, 이때 두 개의 근육이 이완되어 날숨이 나타남

⑤ 날숨과정에 에너지를 사용하지 않으며, 근육 이완으로 흉강 내강이 좁아져 압력 상승으로 인해 폐 내 공기가 외부로 배출되게 됨

⑥ 운동, 흥분과 같은 상황에서 호흡의 깊이가 깊어져야 할 경우, 호기 과정에도 에너지를 사용하게 되며 이때 내늑간근과 복근의 수축이 나타남

⑦ 노력성 호흡을 위해 연수의 배쪽 호흡군이 작동하면 흡기 시 외늑간근과 횡격막의 수축과 함께 내늑간근 이완이 나타나고, 호기 시 외늑간근과 횡격막의 이완과 함께 내늑간근의 수축이 나타나게 되어 깊은 호흡을 하게 됨

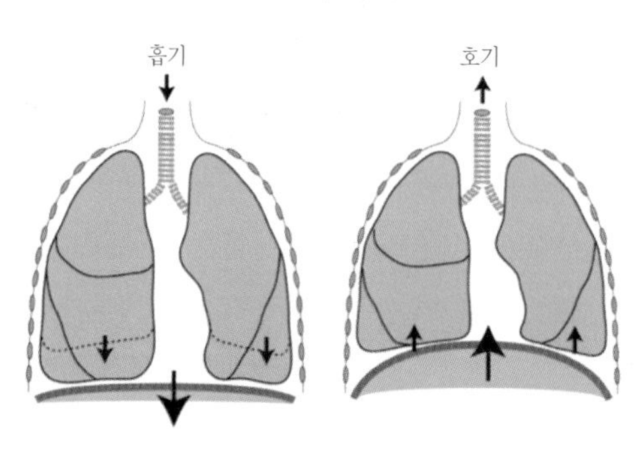

(3) 호흡역학

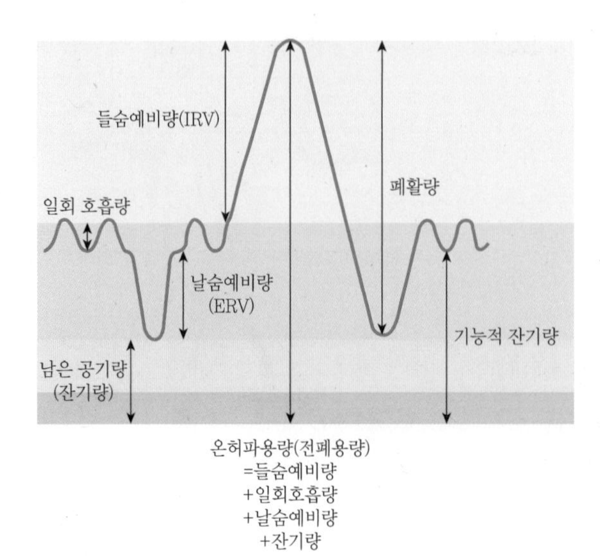

일회 호흡량	휴식 시 매 호흡당 들숨과 날숨의 양
들숨예비량(흡기예비량)	정상 호흡 후 강제로 더 흡입할 수 있는 양
날숨예비량(호기예비량)	정상 호흡 후 강제로 더 내보낼 수 있는 양
남은 공기량(잔기량)	강제호기 후 남은 양
폐활량	최대 들숨 후 날숨으로 내보낼 수 있는 공기의 총량
기능적 잔류용량(기능적 잔기량)	정상적인 날숨 후에 남는 공기의 양
온허파용량	남은 공기량(잔기량), 날숨예비량, 일회 호흡량, 들숨예비량의 합
무용공간(사강) 호흡	흡입된 많은 양의 공기가 허파꽈리에 가지도 못하고 밖으로 나감(기체 교환에 관여하지 않음)

호흡역학

- **일회 호흡량** = 휴식기 들숨 + 휴식기 날숨
- **폐활량** = 일회호흡량 + 들숨예비량 + 날숨예비량
- **기능적 잔기량** = 잔기량 + 날숨예비량

CHAPTER

08 소화기계통

01 소화

- 생명 유지를 위한 에너지의 지속적인 공급 필요
- 소화기계통은 음식물로부터 영양소를 추출하고 찌꺼기를 체외로 배출

02 소화의 과정

섭취 – 소화 – 흡수 – 대사 – 배출

03 소화기계통

- 입안, 인두, 식도, 위, 작은창자, 큰창자
- 침샘, 이자, 쓸개, 간

(1) 입안(구강, Oral cavity)

1) 입안의 기능

포착, 씹기, 윤활, 탄수화물의 소화

2) 입안의 구성골격

위턱뼈, 입천장뼈, 아래턱뼈

(2) 혀(Tongue)

1) 혀끝, 혀뿌리, 혀몸통

2) 혀유두

① 기계적 작용과 맛
② 음식물 섭취를 도움
③ 맛 감각 또는 미각 수용체인 맛봉오리 포함
④ 음식물 식괴 형성 도움
⑤ 체온조절을 도움
⑥ 소리를 내는 데 기여

(3) 치아의 일반적인 구조

종류	위치와 모양	기능
앞니 (절치, Incisor)	• 위턱과 아래턱의 앞니뼈 • 뿌리가 하나, 다른 치아보다 작음	• 고기를 자를 때 • 털 관리
송곳니 (견치, Canine)	• 위턱과 아래턱 양쪽에 각각 하나 • 약간 구부러진 치아, 뿌리 하나	먹이동물을 단단히 물고 있을 때
작은어금니 (전구치, Premolar)	• 치아의 씹는 면으로 맷돌과 같이 평평 • 2~3개의 뿌리	동물의 뼈에서 살을 발라내고 분쇄
어금니(구치, Molar)	• 작은어금니와 유사 • 작은어금니보다 크며 뿌리가 3개 이상	먹이를 분쇄
육식치아 (절단치아, Caranassial teeth)	• 턱에서 가장 큰 치아 • 위턱 넷째 작은어금니와 아래턱 첫째 어금니	• 매우 강력한 치아 • 치근염 발생 시 문제

① 젖니(유치): 간니(영구치)보다 상대적으로 크기가 작고 색이 더 하얌
② 간니(영구치): 나이가 들면서 사용을 많이 해서 치아 마모되는 변화를 보임

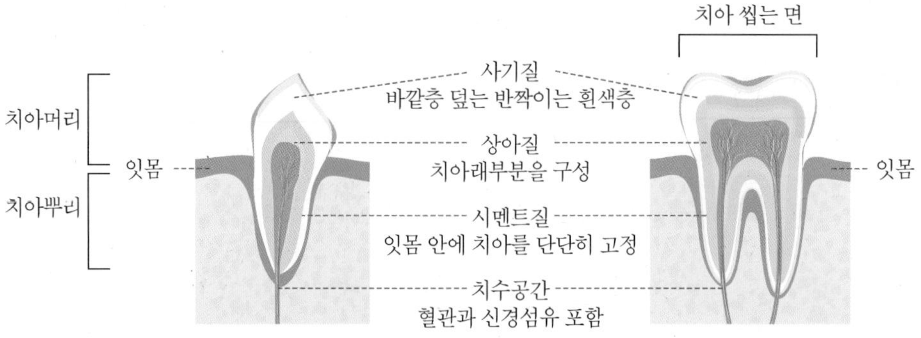

		I	C	PM	M	합계
Dog	간니	3/3 3~4개월	1/1 5~6개월	4/4 4~7개월	2/3 5~7개월	42
	젖니	3/3 3~4주	1/1 5주	3/3 4~8주		28
Cat	간니	3/3	1/1	3/2	1/1	30
	젖니	3/3	1/1	3/2		26

(4) 침샘(Salivary gland)

① 입안 주위에 쌍으로 존재

② 침: 99% 수분과 1% 점액

③ 육식동물: 아밀라제가 소량임

④ 침의 일반적 기능

- 음식물 윤활
- 체온조절
- 아밀라제

⑤ 침분비 활성화

- 음식물을 보거나 냄새를 맡는 경우
- 공포, 통증, 화학물질에 노출
- 구토이전: 과다침흘림

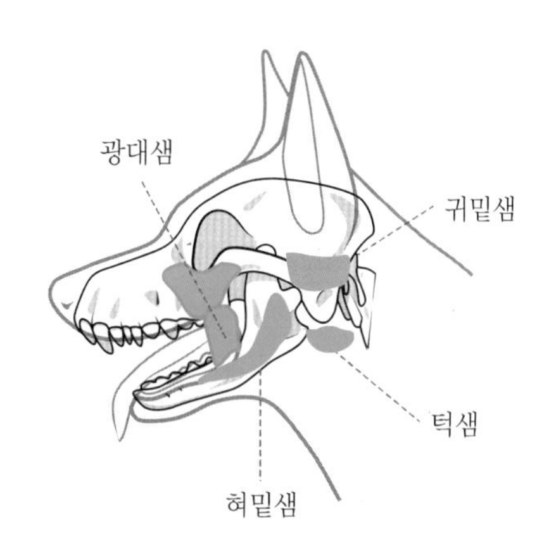

(5) 인두(Pharynx)

호흡기계통과 소화기계통 사이에 교차지점 형성, 코인두와 입인두로 구분

1) 편도

림프구들이 모여있는 림프조직

2) 귀관, 유스타키오관

가운데귀와 인두 사이를 연결하는 관

3) 연하(삼킴)에 관여

4) 연하과정

① 음식물이 혀와 뺨에 의해 작은 덩어리인 음식물 식괴로 되고, 혀의 작용으로 입안 뒤쪽으로 이동
② 인두 근육이 음식물 식괴를 식도 쪽으로 이동시키는 데 협력
③ 후두덮개가 닫혀 음식물이 기도로 가지 않도록 차단
④ 파동성 근육 수축 – 연동운동에 의해 음식물을 식도로 이동시킴
⑤ 음식물이 식도로 넘어가면 후두덮개가 열려 호흡을 재개

(6) 식도(Esophagus)

① 인두부터 위까지 음식이 이동하는 기능을 가진 단순한 구조의 관
② **식도구멍**: 식도가 가로막을 관통하는 구멍
③ **식도벽**: 민무늬근육섬유가 원형과 세로 방향으로 교차하여 배열 → 수축운동: 연동운동 파동
④ **역연동운동**: 구토
⑤ **음식물의 식도 이동시간**: 15~30초

(7) 위(Stomach)

1) 특징

① 식도와 작은창자 사이에 있는 C자 모양 주머니 모양의 기관
② 들문(분문), 날문(유문), 작은굽이(소만), 큰굽이(대만)
③ 작은그물망(소망), 큰그물망(대망)
④ 일반적으로 위 몸통부분이 얇고 들문과 날문은 두꺼움
⑤ 일반 X-ray에서는 잘 구분되지 않으며 조영촬영을 통해 확인이 가능함

2) 구조

① 위샘: 위바닥 부위에 분포
② 위벽: 위점막층인 점액성 막으로 덮여 있음
③ 위점막주름
④ 위오목(위소와)
⑤ 잔세포(배상세포), 으뜸세포, 벽세포

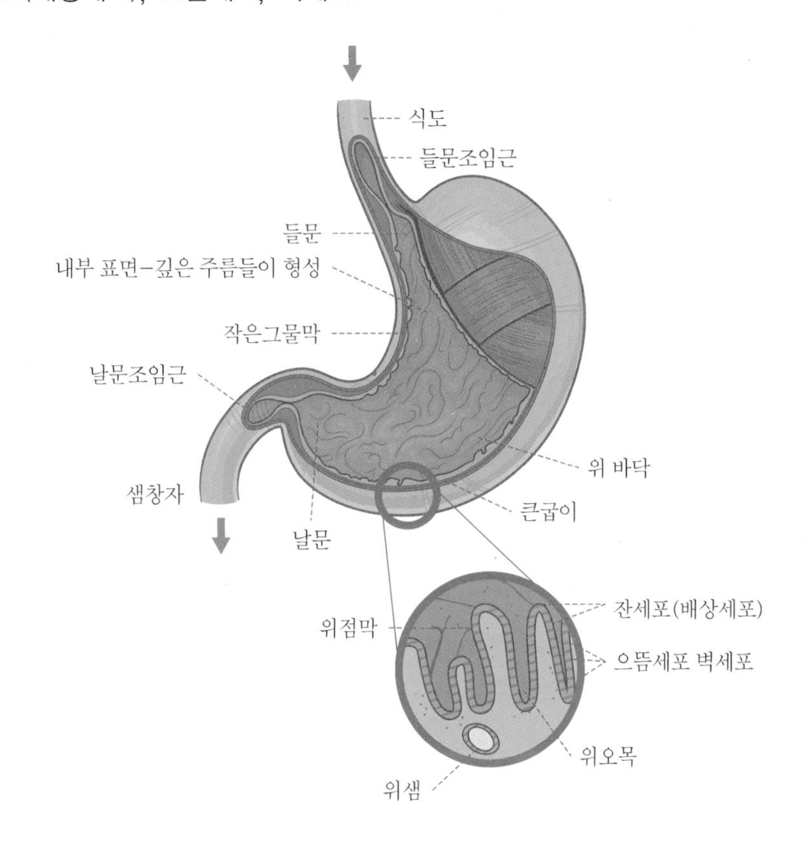

3) 위액의 분비

① 으뜸세포에서의 분비
- 펩시노겐 → 펩신(산 또는 펩신 자신의 작용)
- 단백질 → 폴리펩타이드 → 펩톤(가수분해)
- 렌닌: 유즙 중의 카제인에 작용해서 유즙을 응고

② 벽세포에서의 분비
- 염산 분비
- 내인성인자: vitB_{12} → 엽산과 함께 적혈구모세포의 핵산 합성에 관여

③ 잔세포에서의 분비
- 점액목세포, 들문샘 및 날문샘 세포에서에서의 분비
- 점액 분비: 알칼리성의 장막층을 이루어 위점막 표면을 덮으며 위벽 보호

4) 위액분비의 조절

① 소화액의 분비
- 신경에 의한 분비: 무조건반사와 조건반사
- 호르몬에 의한 분비: 가스트린에 의해서 분비
- 기계적 및 화학적 자극에 의한 분비

② 위액 분비 억제
- 공포와 같은 스트레스: 위의 혈류량 감소 및 대뇌에서의 미주신경에 대한 억제
- 샘창자의 엔테로가스트론
- 샘창자와 공창자 위 억제 폴리펩타이드 → 위액 분비와 위운동의 억제 및 인슐린의 분비 증가

5) 위에서의 소화

① 음식물의 유입 → 위벽 확장 → 가스트린 호르몬 분비 자극 → 위액의 생성 유도

② 위근육의 운동
- 연동운동: 음식물의 이동과 관련
- 리듬분절운동: 음식물 식괴를 잘게 부수고 혼합

6) 위 비우기

① 기름죽 형성: 산성pH의 위액과 혼합된 음식물, 비누와 같은 반유동체의 액상물질
② 액체형태: 1시간 30분
③ 고체상태: 3시간

(8) 작은창자벽의 구조

① 소화와 흡수가 주로 일어나는 곳
② 몸길이의 3.5배, 상대적으로 좁고 긴 관, 연동운동과 리듬 분절운동
③ 샘창자, 빈창자, 돌창자로 구분
④ 상피층은 융모에 의한 수백만 개의 주름 → 융모와 미세융모는 넓은 표면적 형성, 넓어진 표면적은 영양소를 놓치지 않고 흡수하는 데 유리
⑤ 융모의 구조와 특징
- 원주상피세포: 소화된 영양소 흡수
- 미세융모: 흡수 효율 극대화
- 융모 안쪽 모세혈관망이 발달
- 림프성 모세관으로 기름죽관(유미관)이 형성

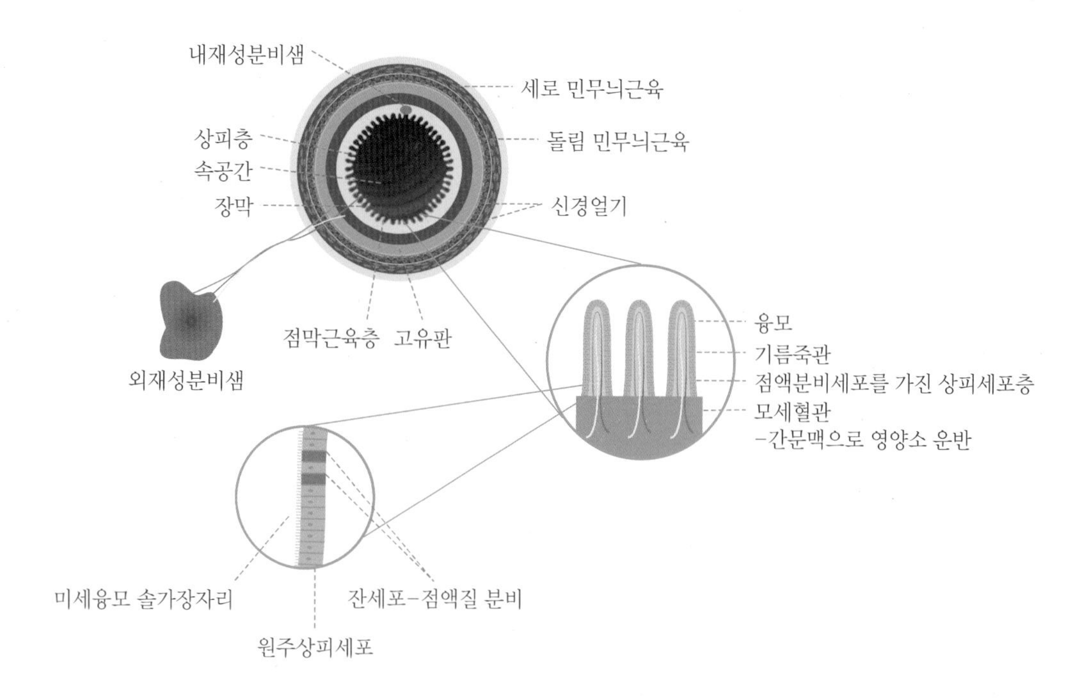

(9) 샘창자(십이지장, Duodenum)

① 위에서 나오는 U자 관 모양
② U자 위쪽에 이자(췌장) 인접
③ 이자관과 온쓸개관이 연결
④ 샘창자 벽에는 소화효소를 함유한 장액 분비

(10) 이자(췌장, Pancreas)

소화액을 분비하는 외분비샘과 호르몬을 분비하는 내분비샘으로 불규칙한 세모꼴 또는 V자 모양의 납작한 실절성 장기

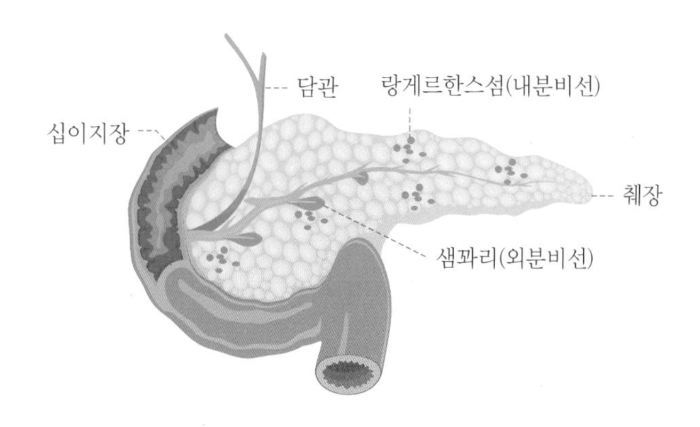

1) 이자관

온쓸개관과 함께 샘창자의 큰샘창자유두

2) 덧이자관

단독적으로 샘창자의 작은샘창자유두

3) 이자액

① 샘창자벽에서 분비되는 콜레시스토키닌과 세크레틴 및 위에서 분비되는 가스트린과 반응

② **자율신경계의 자극에 관여**

- **중탄산염**: pH 중화
- **소화효소**: 이자에 비활성 전구물질로 있다가 작은창자로 이동하여 활성화 → 이는 자가소화에 의한 조직의 손상을 예방
- **단백분해효소**

트립시노젠	장액에 함유된 엔테로키나제에 의해 활성화되어 트립신으로 전환
트립신	• 다른 전구 효소를 활성화, 단백질을 아미노산으로 분해 • 이자에는 트립신 억제인자가 있어 자가소화 손상을 예방
리파제	담즙염에 의해 활성화되어 지방을 소화하여 지방산과 글리세롤로 분해
아밀라제	식물 탄수화물인 전분에 작용하여 말토스(maltose)로 분해

(11) 쓸개(담낭, Gall bladder)

① 간의 엽 사이에 위치하는 녹색 주머니 형태의 장기

② 쓸개즙의 저장

③ **쓸개즙**: 지방소화에 도움을 주는 담즙염과 빌리루빈 포함

④ 온쓸개관을 통해 샘창자로 배출

⑤ 지방을 유화하는 효소들이 쉽게 반응할 수 있도록 지방 표면적을 넓힘

⑥ 지방분해효소인 리파제를 활성화

⑦ 지방분해를 도와주는 작용을 하지만 그 자체가 지방분해효소는 아님

(12) 빈창자와 돌창자(공장과 회장, Jejunum과 Ileum)

① 빈창자와 돌창자는 구분하기 힘들어 빈돌창자로 다루는 것이 보통

② 돌막창자경계(회맹결절)

③ 영양소들을 체내로 흡수하는 활동 활발

④ **파이어판**: 림프구들이 모여 있는 부위

(13) 큰창자

짧고 굵은 편으로 융모가 없고 소화분비샘이 없음. 점막층의 잔 세포에서 점액 분비 → 대변을 윤활

① 막창자(맹장, cecum): 짧고 끝이 막힌 관. 육식동물은 특별한 기능이 없음
② 잘록창자(결장, colon): 오름잘록창자, 가로잘록창자, 내림잘록창자로 구분되며 수분, 비타민과 전해질 흡수
③ 곧창자(직장, rectum)
④ 항문조임근
- 속항문조임근: 분변압력에 자율적 운동
- 바깥항문조임근: 의지대로 조절

(14) 간(Liver)

적갈색 또는 암갈색으로 가로막면, 내장면(위자국, 샘창자자국, 막창자자국, 잘록창자자국)으로 분류하며 왼엽, 오른엽, 꼬리엽, 네모엽의 4개의 엽으로 구성

1) 간의 보정

① 뒤대정맥
② 간관상인대
③ 삼각인대
④ 간낫인대(겸상인대)

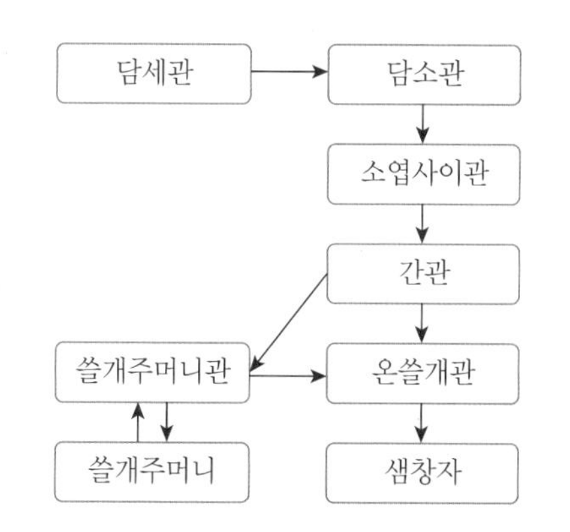

[간에서 쓸개즙이 샘창자로 흘러가는 경로]

2) 간의 기능

① 탄수화물 대사: 글리코겐 저장과 해당작용
② 단백질 대사: 혈장단백 생성(알부민, 피브리노겐, 프로트롬빈, 글로불린)
③ 지방대사: 지방산과 글리세롤을 인지질과 콜레스테롤로 변환

④ 쓸개즙 생성
⑤ **노화적혈구 분해**: 태아의 새로운 적혈구 생성(출생 후에는 간에서 이 기능은 없음)
⑥ **비타민 저장**: 지용성 비타민 A, D, E, K와 일부 수용성 비타민의 저장
⑦ 철분 저장
⑧ 체온조절과 열 발생
⑨ 독성물질의 해독
⑩ 스테로이드 호르몬 포합작용

04 소화

① 섭취된 음식물이 작은창자 벽을 통해 흡수될 수 있는 작은 크기로 부서지는 과정을 거쳐 혈액으로 흡수되는 것
② 소화과정은 효소라는 화학물질에 의해 유발
③ 소화효소의 이름은 특이 작용하는 물질의 이름에 ase를 붙임 예 지방(lipid) → 리파제(lipase)
④ 위액, 이자액, 쓸개즙, 창자액으로 구분
⑤ 육식동물의 소화는 침에 탄수화물 분해효소가 거의 없어서 위에서부터 시작

05 흡수

① 영양소의 흡수가 일어나는 주요부위는 작은창자의 융모
② **효율적인 흡수를 위한 구조**
- 작은창자의 긴 길이
- 융모
- 모세혈관과 기름죽관

③ **간문맥**: 아미노산과 단당류
④ **가슴관 팽대**: 지방성분

06 배변

① 연동운동, 역연동운동, 리듬분절운동

② 동물의 종류에 따라서 색깔과 냄새가 특징적으로 다름

③ **배변의 성분**

- 수분과 섬유질
- 세균
- 탈락된 창자 세포
- 항문낭 내용물
- 점액
- 스테르코빌린

④ **설사**: 급성, 만성, 소화불량, 흡수장애, 연동운동 항진, 위창자관의 자극

CHAPTER

09 비뇨기계통

01 비뇨기계통의 주요 기능

1) 삼투압 조절

체액량 및 화학적 조성 조절

2) 배설

질소 노폐물과 과도한 수분 제거

3) 적혈구 형성

에리스로포이틴(Erythropoietin) 분비

02 비뇨기계 해부생리

배와 골반 안에 위치, 생식기계통과 발생학적으로 유래가 같고 해부학적으로 서로 긴밀하여 비뇨생식기계통이라고도 하며 두 계통은 요도를 공유하여 수컷은 음경을 통해, 암컷은 질을 통해 외부와 소통함. 한 쌍의 콩팥, 한 쌍의 요관, 방광, 요도로 구성이 되어 있음

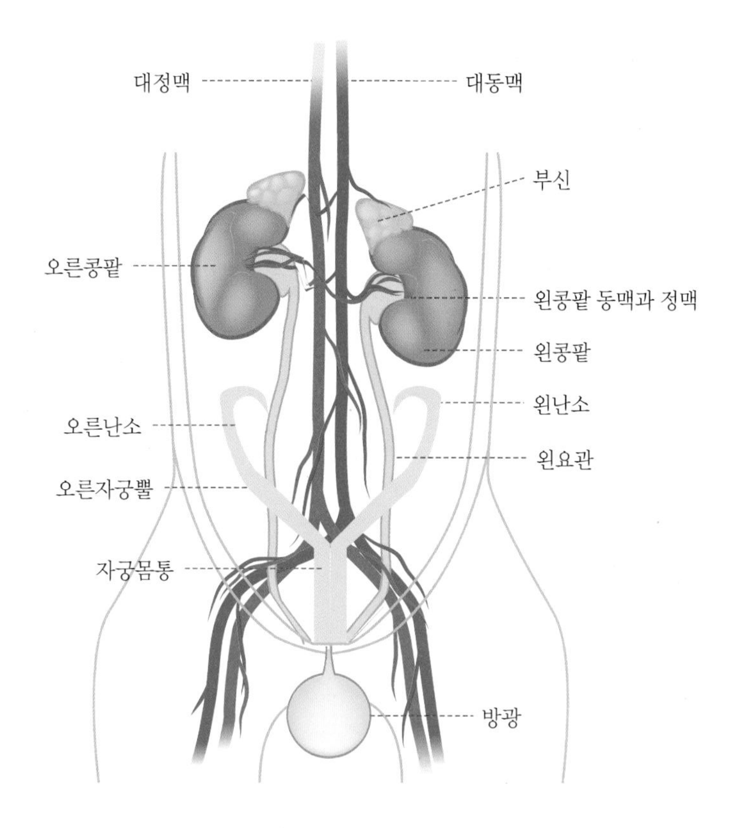

(1) 신장

1) 위치

① 앞쪽 배 안의 등쪽, 척추아래근 하부에 각각 존재
② 창자간막의 부착이 없이 복막 뒤 공간에 위치
③ 오른콩팥이 왼콩팥에 비해 약간 앞쪽에 위치
④ 간의 꼬리엽과 오른쪽옆의 내장면에 콩팥자국 형성
⑤ 50~60g, 길이 5cm, 폭 2.5cm, 두께 2.5cm

2) 신장의 육안적 구조

강낭콩 모양으로 척추뼈와 비교하여 약 2.5배 크기

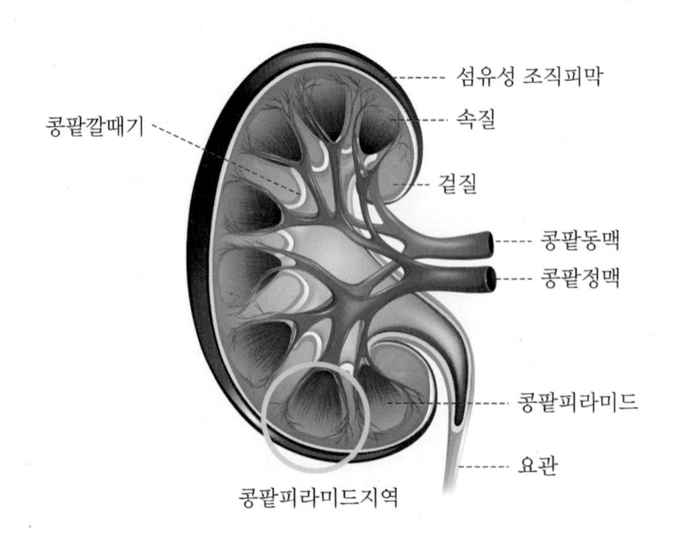

콩팥문(hilus renalis)	혈관, 신경, 요관 등이 출입
피막(capsule)	불규칙한 치밀섬유성 결합조직의 보호층
겉질(피질, cortex)	암적색을 띠며 콩팥소체와 콩팥단위세관을 포함
속질(수질, medulla)	• 겉질에 비해 창백하게 보임 • 원추 형태의 콩팥 피라미드로 구성되어 집합관과 헨리고리를 포함
콩팥깔대기(신우, pelvis)	• 깔대기 모양의 주머니로 약간 희게 보임 • 섬유성 결합조직으로 구성되어 오줌을 콩팥 외부의 요도로 운반

3) 순서

대동맥 → 콩팥동맥(심박출량의 20% 정도) → 소엽사이동맥 → 토리모세혈관그물(질소노폐물 제거) → 소엽사이정맥 → 콩팥정맥

4) 신장 모양

어떤 동물은 다른 동물의 신장과 형태의 차이를 보임, 그러나 내부의 구조는 다른 동물의 신장과 별반 차이가 없음

① **소의 신장:** 소의 신장은 긴 타원형으로 표면에 많은 고랑이 있어서 약 20개의 신장엽을 이루고 있음

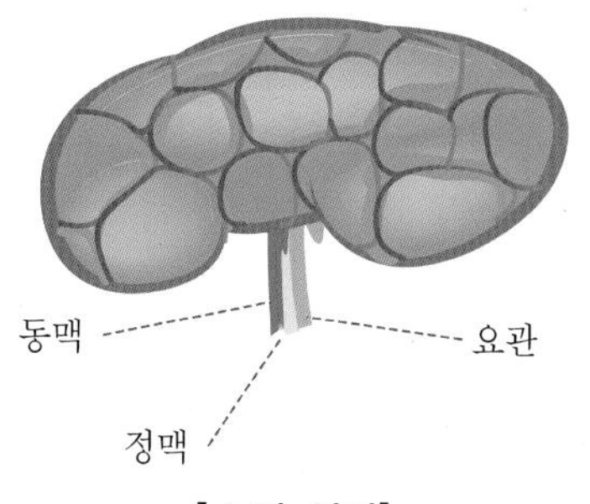

[소의 신장]

② **말의 신장**: 말의 신장은 오른쪽 콩팥은 심장모양, 왼쪽 콩팥은 콩모양으로 양측의 신장이 다른 모양을 하고 있음

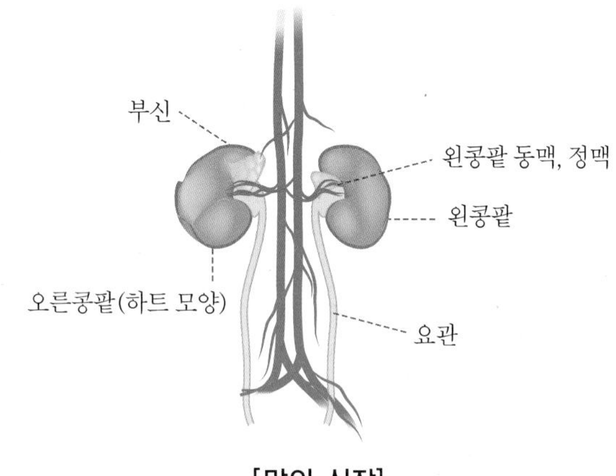

[말의 신장]

③ **돼지의 신장**: 돼지의 신장은 좀 더 납작한 모양을 하고 있음

(2) 요관(Ureter)

① 콩팥에서 만들어진 오줌을 방광으로 이동시키는 관문
② 내장 복막의 주름인 요관막에 의해 등쪽 벽쪽에 연결
③ 요관에 오줌이 유입되면 요관벽을 자극하여 연동운동에 의해 방광으로 이동
④ 이행상피로 이루어져 오줌의 양에 따라 수축과 이완이 원활

(3) 방광(Urinary bladder)

① 오줌을 일시적으로 저장하는 주머니로 평활근으로 구성되며 골반 내에 존재
② **방광삼각**: 양측요관과 요도가 개구하는 부위
③ 이행상피로 구성
④ **방광배출**: 속조임근(불수의근), 바깥조임근(수의근)

(4) 요도(Urethra)

① 오줌이 몸 밖으로 배출되는 관
② 동물의 종류와 성별에 따라 구조가 다름
③ **암컷**: 요도가 짧고, 바깥요도구멍(질과 질안뜰에 연결), 요도결절
④ **수컷**: 골반요도와 음경요도로 구성

TIP **개와 고양이의 구조적 차이**

개	방광 목 부분에 인접하여 3개의 구멍이 개구 → 전립선 및 두 개의 정관
고양이	개에 비해 짧은 요도, 전립샘앞 요도 부위에 전립샘관 정관개구, 망울요도샘이 요도에 개구, 골반강 외부에 음경요도가 따로 존재하지 않음

03 신장의 기능

① 체내 노폐물 제거
② 인체 내 수분 균형 및 산, 알칼리 평형의 유지
③ 혈압을 조절하는 호르몬의 분비
④ 성장을 조절하는 비타민 D의 활성화
⑤ 혈구 생성의 조절
⑥ 미네랄의 재흡수와 배설을 조절
→ 매분 심장에서 박출되는 혈액량의 약 20%가 신장으로 공급

04 오줌의 형성

① 토리의 여과과정과 세관의 재흡수 및 분비 과정
② 100L의 물이 여과 → 1L만 오줌으로 배출

(1) 토리

토리의 혈압이 높은 이유
① 높은 압력을 가진 대동맥과 콩팥동맥을 통해 토리로 혈액이 유입
② 콩팥에서 분비되는 레닌에 의해 토리에서 나가는 날세동맥 혈관벽의 민무늬근육을 수축
→ 토리에서의 혈압조절
③ 초미세여과, 토리여과, 원시 오줌 → 99% 물과 1% 화학물질로 희석
④ 혈장단백, 적혈구 등의 분자가 큰 물질은 통과하지 못함

(2) 토리쪽 곱슬세관

① 재흡수과정의 65%
② 물과 나트륨의 재흡수
③ **포도당의 재흡수**: 콩팥역치(관련질환: 당뇨병)
④ 질소노폐물의 농도 농축
⑤ 독소와 약물의 분비

(3) 헨리고리

헨리고리 전후의 농도는 같음

내림헨리고리	• 물에 대한 투과성이 높음 • 속질조직의 나트륨농도에 의해 삼투작용으로 재흡수 • 질소 노폐물은 최고로 농축
오름헨리고리	• 물에 대한 투과성이 없음 • 나트륨펌프: 나트륨의 재흡수 • 여과액의 농도 감소

(4) 먼쪽 곱슬세관

① 나트륨 재흡수와 칼륨분비
② **나트륨함량의 조절**: 알도스테론에 의해 조절

③ 수소이온 배설을 통한 산/염기 평형

④ 혈액의 정상 pH 7.4

(5) 집합관

① 세포외액 상태에 따라 최종적인 수분의 양 조절

② 뇌하수체 후엽의 항이뇨호르몬(ADH)

혈압 감소 → 방사구체 감지 → [레닌-안지오텐신 활성화] → 부신피질 자극 → 무기질 코르티코이드(알도스테론) 분비 증가 → [Na^+ 재흡수 촉진 → 수분 재흡수 촉진] → 혈압 상승

(6) 배설

① **수분**: 세포외액량에 따라 배설되는 정도는 다르며 삼투압에 의해 조절

② **무기질이온**: 혈액과 체액의 삼투압에 따라 조절

③ 질소노폐물

④ 단백질 → 탈아미노화 → 암모니아 형성(독성) → 간에서 이산화탄소와 반응하여 오르니틴 회로를 통해 요소로 전환 → 신장을 통해 배설

⑤ 독소(호르몬, 약물, 독소는 간에서 대사되어 콩팥을 통해 배설)

⑥ **관련질환**: 신부전

(7) 배뇨

① 콩팥에서 형성된 오줌으로 인해 방광 확장 → 방광벽의 민무늬근육에 있는 확장수용체 자극 → 신경자극이 척수를 따라 뇌로 전달 → 배뇨를 느낌

② 부교감신경자극 → 방광수축 → 속요도조임근을 이완

③ 관련질환: 요실금

④ 생후 10주 이후 배뇨에 대한 수의적인 조절이 가능

CHAPTER

10 생식기계통

01 생식

① 어떠한 동물의 종이 지속적으로 영속할 수 있도록 함
② 수컷의 생식기관과 암컷의 생식기관은 완벽한 차이를 보임
③ 모든 포유동물은 성별이 구분되고 유성생식을 함

02 유성생식이란?

① 암수 성별을 이용해서 다음 세대에 자손을 남김 → 유전형질을 전달
② 교배 → 정자와 난자 → 접합자형성 → 세포분열을 통한 배아 형성
③ 유성생식을 통해 태어난 태아 → 유전자가 섞임으로서 부모와 다른 유전자를 가짐

03 동물의 생식기관의 분류

	수컷(male)	암컷(female)
생식샘 (genital gland)	고환(testis)	난소(ovary)
생식도관 (genital tract)	• 부고환(정소상체, epididymis) • 정관(deferent duct) • 수컷의 요도(male urethra)	• 난관(oviduct) • 자궁(uterus) • 질(vagina) • 질안뜰(질전정, vestibule of vagina)
부속생식샘 (accessory genital gland)	• 정낭샘(vesicular gland) • 전립샘(prostate gland) • 망울요도샘(bulbourethral gland)	• 자궁샘(uterine gland) • 큰질어귀샘(major vestibular gland) • 작은질어귀샘(minor vestibular gland)
바깥생식기관 (external genital organ)	음경(penis)	• 질(vagina) • 질안뜰(vestibule of vagina)

(1) 음낭(Scrotum)

고환과 부고환을 간직하는 피부주머니

① **음낭피부**
- 배벽을 이루고 있는 피부에 이어지는 부분
- 탄력성과 섬세한 털
- 음낭솔기, 샅솔기

② **음낭근육층**: 음낭중격

③ 고환올림근 및 고환올림근막

④ 고환집막(초막)

(2) 고환(Testis)

① 정자형성과정을 통해 정자 생산

② 정자의 이동과 생존을 돕는 액체 생산

③ 정자 형성, 2차성징, 성적 행동에 영향을 미치는 테스토스테론을 분비

④ 정자 형성은 체온에 비해 낮은 온도에서 활발

⑤ 음낭근에 의해 온도조절

⑥ **혈액공급**: 고환동맥(대동맥의 가지)

⑦ **덩굴정맥얼기**: 혈액냉각

(3) 부고환(정소상체, Epididymis)

고환에서 만들어진 미성숙 정자를 일시적으로 저장 및 성숙

① **부고환꼬리**: 고환에서 가장 낮은 온도 유지

② **부고환관**: 부고환 몸통에서 부고환 꼬리에 이르는 꼬불꼬불한 관(5~8M)

③ **고환내림**: 배아 초기 콩팥 인근에서 발달 → 고샅관(정관, 고환동맥, 정맥, 신경)이 하강 (생후 12주)

④ **고환잠복증**: 고환하강에 불완전으로 복강 내에 존재하거나 고샅관 근처 복벽측 피부 밑에 존재하는 경우 이러한 잠복고환은 정상적인 정자생산 작용이 불가능하며, 추후 고환 종양으로 진행될 가능성이 높아 중성화수술이 지시됨

(4) 정관(Deferent duct)

① 부고환에서 이어지는 부분 → 부고환의 연속관

② 수컷의 요노는 골반 부분에 있는 속요도구멍 근처에서 열림

③ 편의에 따라 정삭부분과 복강부분으로 나뉨

정삭부분	• 정삭: 정관, 혈관, 신경을 둘러싼 결합조직 • 시작부분부터 정삭관까지의 부분
복강부분	고샅구멍을 지나 배 안으로 들어가 요도에 이르는 부위

(5) 전립샘(Prostate gland)

① 정관과 요도의 연결부위는 정관벽이 두껍고 샘조직이 발달
② 곧창자 배쪽에서 방광목의 등쪽에 위치
③ 정액의 30% 생성, 정자에 영양 공급, 운동능력 향상
④ 구연산과 아연성분 → 요로에 존재하는 세균을 죽이는 살균 작용

(6) 망울요도샘(Bulbourethral gland)

① 요도의 골반부분 등쪽벽에서 음경망울의 앞쪽에 위치
② 황갈색의 부속 생식샘으로 좌우측에 하나씩 있음
③ 개는 망울요도샘이 없음
④ 맑은 점액질의 분비액 분비 → 요도를 매끄럽게 해주고 산도를 중화시키며 요도에 남아 있을 수 있는 소변이나 외부 유입물을 내보내는 기능

(7) 개의 음경

골반의 궁둥활에서부터 넙다리 사이의 샅부위를 따라 앞쪽으로 위치

요도	음경의 중앙, 요도해면체에 의해 둘러싸임
음경망울	요도해면체의 등쪽 팽창 부위
음경귀두	끝 부위
음경해면체	음경을 둘러싸고 음경을 보호하는 1쌍의 발기조직, 음경의 뿌리를 구성하며 좌골궁에 부착
음경뼈	긴 형태의 뼈, 교배 초기 암컷의 질로 음경이 잘 삽입되도록 도움
음경꺼풀	복벽 아래 달린 구조로 음경을 보호, 샘조직이 발달한 점막

(8) 고양이의 음경

① 개보다 짧고 음경 끝이 뒤쪽으로 항문 아래쪽에 개구
② 음경귀두 표면에 가시 모양의 구조물 → 교배 후 음경이 암컷으로부터 빠질 때 통증 → 통증자극은 시상하부 자극 → 36시간 후에 배란(유도배란)
③ 음경뼈: 요도의 배쪽에 위치

(9) 난소(Ovary)

① 기능

- 난자 생산
- 에스트로겐과 프로게스테론 분비

② 위치

- 좌우 한 쌍, 콩팥의 뒤쪽 끝에 위치
- 난소인대에 의해 복강의 등쪽에 부착

③ 난소주머니(ovarian bursa)

- 내장복막의 일부인 난소간막과 난관간막에 의해 만들어짐
- 난소가 배란될 수 있게 작은 틈새, 복강으로부터 감염 방지, 난소 보호

(10) 난관(Oviduct)

① 성숙난포로부터 배출된 난자를 받음
② 자궁뿔로 난자를 이동시킴
③ 난자와 정자의 생존을 위한 좋은 환경 제공
④ 난소 아래 가는 관으로 구불구불한 형태

난관깔때기	손가락 모양의 난관술이 있음
난관간막	난관을 둘러싼 내장복막

(11) 자궁(Uterus)

① 성장하는 태아를 단단히 보호
② 초기 배아의 생존을 위한 적합한 환경 제공
③ 태반을 통한 태아에서 영양분 공급환경 제공
④ 자궁벽을 구성하는 세 개의 층

자궁속막(자궁내막)	• 원주상피, 분비조직, 혈관으로 구성 • 초기 배아에게 영양분을 제공하고 태반 지지
자궁근육층	• 민무늬근육층 • 분만 시 강한 수축력으로 태아를 밀어내는 역할
자궁간막	자궁 넓은인대의 일부분

(12) 동물의 자궁형

분류	특징	예
중복자궁(didelphic uterus)	자궁체가 2개로 갈라짐	토끼
양분자궁(bipartite uterus)	자궁체가 불완전하게 갈라짐	면양, 산양, 소, 돼지
쌍각자궁(bicornuate uterus)	자궁체가 1개, 자궁각에 임신	개, 고양이, 말
단자궁(uncornuate uterus)	자궁체가 1개	영장류

(13) 자궁목(Cervix of uterus)

짧고 두꺼운 벽의 조임근육으로 자궁몸통과 질을 연결

① **자궁목관**: 평상시 단단히 닫혀 있음 → 이물질을 차단하고 정자와 태아가 통과할 때 이완
② 임신기간 중 태아보호를 위한 점액성 플러그를 형성하여 완전히 닫힘
③ 임신하지 않은 자궁목 → 골반강 내
④ 임신 중 자궁목 → 골반 가장자리

(14) 자궁의 혈액공급

① **난소동맥**: 콩팥동맥의 뒤쪽의 대동맥으로 기시하고 난소, 난관, 자궁뿔에 혈액 공급
② **자궁동맥**: 난소동맥과 문합하여 생식기 뒤쪽에 혈액 공급, 자궁목의 양쪽을 달리는 비교적 큰 동맥

(15) 정자의 형성과 성숙

① 정자는 고환의 정세관 내에서 형성되고, 부고환에서 성숙변화를 거쳐 방출
② 정자세포에서 정자가 생기는 과정에서 핵과 세포질 변형
③ 머리, 목, 꼬리(중편부, 으뜸부, 끝부분)로 완성됨

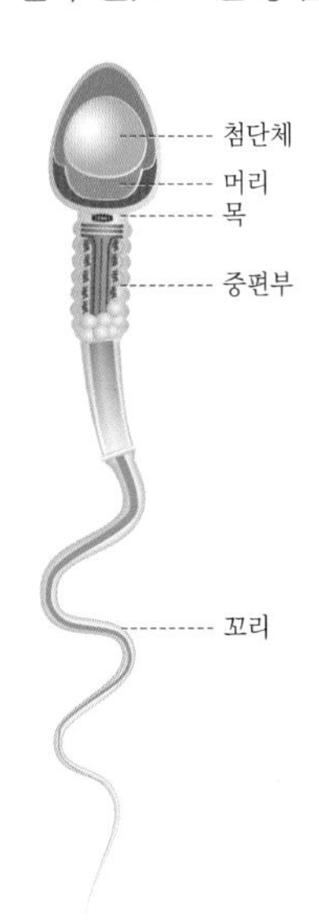

(16) 감수분열

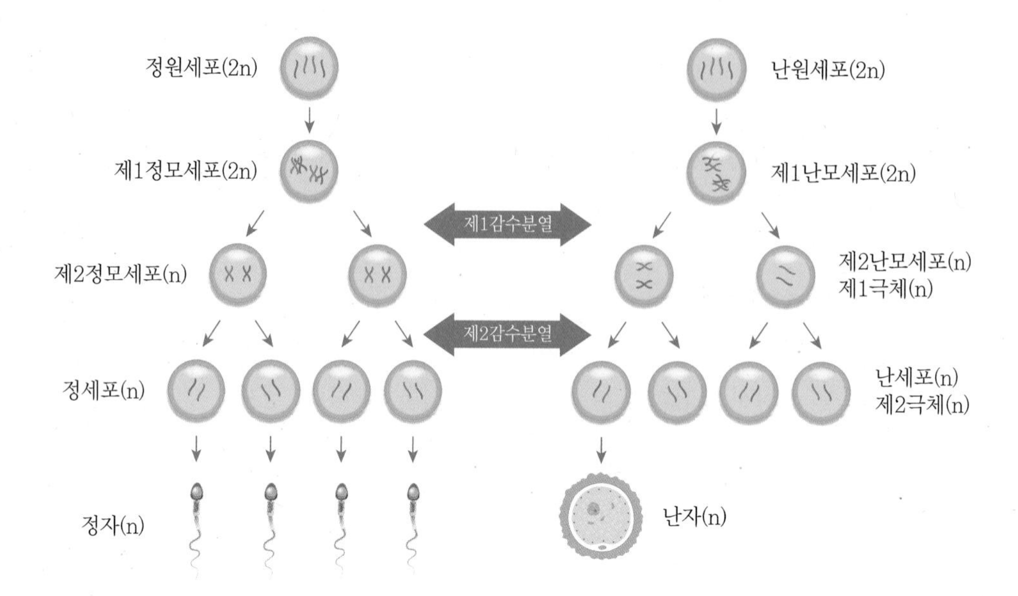

① **수컷 생식세포의 감수분열**: 1개의 정원세포에서 4개의 정자가 형성
② **암컷 생식세포의 감수분열**: 1개의 난원세포에서 1개의 난자와 3개의 극체가 형성
③ 두 번의 감수분열을 통해 정자와 난자가 형성됨
④ 염색체 수는 반으로 감소
⑤ 정자와 난자의 배합체는 다시 2배수의 염색체를 가짐

04 발정

1) 발정주기

① 성적으로 성숙한 비임신 암컷 동물에서 주기적으로 나타남
② 발정주기 동안에 수컷을 성적으로 허용하는 기간 → 발정기
- 수컷의 정자와 수정될 수 있는 난자 생산
- 수정된 난자를 받기 위한 자궁 내 환경준비
- 교배를 위한 수컷에 대한 초기 성적인 행동
- 수컷의 교배를 허용

③ 발정주기는 번식의 목적을 이루는 데 매우 중요한 요소
④ 개와 고양이에서 다르게 나타나며 행동학적 변화도 다름

⑤ 발정주기 동안 일어나는 변화
- 난소와 생식기관: 배란이 발생
- 내분비계통: 에스트로겐, 프로게스테론, 황체자극호르몬, 황체호르몬의 상호작용 → 동물의 성적인 행동학적 변화

⑥ 발정주기의 단계

발정 전기	생식기관이 에스트로겐의 영향 아래 있는 기간
발정기	• 교배를 위해 수컷을 허용하는 기간 • 배란은 발정전기 시작일로부터 10일경
발정 후기	생식기관이 프로게스테론의 영향 아래 있는 기간
무발정기	난소의 활동이 미약하거나 없는 기간으로 황체기의 종료와 발정 전기 사이의 시기

2) 발정기 동안의 호르몬의 변화

① 외적인 자극 → 시상하부 자극 → GnRH 분비 → 뇌하수체앞엽 자극 → 1차 난포 자극 → FSH(난포자극호르몬) 분비 → 난포 성숙 → 에스트로겐 분비 → LH(황체형성호르몬) 분비 촉진, FSH 분비 억제 → 배란 → 황체 형성 → 프로게스테론 분비

② 증가된 프로게스테론과 낮아진 에스트로겐은 교배를 허용

③ 프로게스테론은 임신기간 중 지속적으로 분비

④ 배란의 LH surge에 일어남(질도말 검사 시 세포막의 손상과 핵의 소실이 관찰됨)

3) 고양이 발정기간 동안의 변화

① 계절성 다발정 동물(봄부터 가을까지 2~3주마다 반복적인 발정)

② 일조량과 일조시간에 가장 영향을 받음

③ 교미자극에 의해 배란되는 유도배란동물

발정기	• 4~10일 기간 동안 • 수컷고양이를 허용, 몸을 비비거나 구르고, 평소보다 시끄러운 소리
발정사이기 (발정휴지기)	• 발정과 발정 사이의 약 14일간 • 새로운 난포가 발정사이기 끝무렵 발육
무발정기	• 약 4개월의 기간(11월~3월) • 난소활동 정지, 발정행동 사라짐 • 일조량이 늘면 다시 난포발육하면서 교배기 시작

05 유전

(1) 주요 용어

유전자	특징들을 결정하는 것이고 유전자는 세포의 핵 내에 존재하는 염색체에 존재
염색체	이중나선구조로 DNA로 되어 있음
DNA의 염기	아데닌, 티민, 구아닌, 시토신의 4종류가 있고 염기서열이 유전 정보를 나타냄
염기쌍	아데닌과 티민 / 구아닌과 시토신 결합

(2) 유전에 사용되는 용어

상동염색체	체세포 핵에 있는 모양과 크기가 같은 염색체로 두 개씩 쌍을 이룸
성염색체	염색체 중 한 쌍으로 성을 결정, 암수에 따라 형태가 다름
보통염색체	염색체 중 성염색체 이외의 염색체
두배수체	정상적인 체세포에서 볼 수 있는 염색체 수
홑배수체	생식세포에서 볼 수 있는 염색체 수(감수분열의 결과) / 난자 또는 정자
접합자	난자와 정자의 수정으로 인해 염색체가 두 배수체가 됨
우성유전자	상대 대립유전자보다 그 효과가 더 잘 드러나는 한쪽 유전자
열성유전자	상대 대립유전자에 비해 그 효과가 잘 드러나지 않는 한쪽 유전자
표현형	생물체의 특성이 외부로 표현되어 나타나는 형태
유전형	DNA가 가지고 있는 유전 정보에 의하여 결정되는 형질

(3) 멘델의 유전법칙

① **멘델의 제1유전법칙**(분리의 법칙): 유전자가 한 세대에서 다음 세대로 각기 분리되어 전달

② **멘델의 제2유전법칙**(독립의 법칙): 두 쌍 이상의 대립형질이 동시에 유전될 때 각각의 형질이 다른 형질의 유전에 영향을 주지 않고 서로 독립적으로 유전되는 현상

(4) 돌연변이

유전자 복제과정에서 자연적 또는 인위적으로 변화

(5) 선택적 번식

특징 형질이 우수한 품종을 선택하는 것으로 유익하거나 원하는 형질을 다음 세대에 전달, 부정확하게 수행된다면 많은 문제점 야기

1) 단성잡종교배

① **단성잡종**: 부모 세대가 각각 순종형의 유전자형을 갖는 경우, 이들 부모 사이의 자손
② 한쪽 부모 AA우성형의 대립유전자 / 다른 한쪽 부모 aa형의 열성형의 대립유전자 → 자손 Aa형의 유전자형을 가짐
- BB + bb → Bb
- Bb + Bb → BB / Bb / bb
- bb + Bb → Bb / bb

2) 열성에 의한 역교배

① 동물이 특별한 열성 유전자를 가졌는지의 여부를 알아내기 위해 교배시키는 방법
② 열성유전자는 동물이 그 유전자에 대하여 동형접합체일 때 표현
③ 열성유전자는 동물이 이형접합체인 경우 표현되지 않고 자손에게 유전
④ 해로운 유전자를 찾는 것은 중요하지만 교배에 의한 방법은 시간과 비용이 많이 요구 → 오늘날 DNA 분석

3) 양성잡종교배

① 두 가지 형질을 동정하는 데 사용하는 방법
② 멘델의 독립법칙에 의하여 독립적으로 분리
- AaBb / AaBb → AA(BB Bb bB bb) Aa(BB Bb bB bb) Aa(BB Bb bB bb) aa(BB Bb bB bb)
- 표현형은 9:3:3:1

4) 전략적 번식

① 선택적인 번식을 통한 품종 개량
② 잡종(교잡육종)의 교배를 통한 유전적 순수화

근친교배	• 형제 자매 또는 부모와 자손 • 너무 많은 세대를 수행 → 해로운 유전자도 고정되어 근교퇴화 현상 발생
이계교배	• 아버지와 증손녀 또는 5촌간의 교배 • 잡종강세
계통번식	• 어머니와 손자 또는 이촌간의 교배 • 근교퇴화의 문제가 없으며 흔히 이용됨

CHAPTER 11

내분비계통

분비	외분비	• 분비물의 고유한 도관을 통하여 분비 • 효과기관과 가까운 곳에 위치(소화액, 땀샘, 눈물샘 등)
	내분비	• 분비물을 직접 세포외액으로 화학적 전달자를 분비, 이를 호르몬이라 함 • 혈액을 통하여 표적기관으로 이동 • 특정 조직에 작용하는 화학적 물질로써 반응이 느리고 오랫동안 지속 • 되먹임 고리: 반응이 이루어지면 과다분비를 억제하거나 분비를 감소 • 내분비샘: 호르몬을 만드는 샘

01 호르몬의 분류

(1) 생성장소에 따른 분류

샘성호르몬	시상하부, 갑상샘, 부갑상샘, 이자, 난소, 고환, 부신
비샘성호르몬	가스트린(위벽세포), 세크레틴(작은창자의 벽), 융모막 생식샘자극 호르몬(임신 중 태아 주변의 융모막의 외배엽), 적혈구 형성인자(콩팥)

(2) 작용기전에 따른 분류

세포질 내 수용체	스테로이드계 호르몬, 갑상샘호르몬
세포막 수용체	단백질 또는 아민

02 호르몬의 특징

① 생체 내에서 생성되며, 극히 미량으로 효과적인 기능
② 특정조직 또는 기관의 기능을 조절할 수는 있으나 새로운 기능을 만들어내지는 못함
③ 호르몬의 분비는 여러 조건에 따라 변화
④ 호르몬의 생체 내의 조절작용은 신경계에 의한 조절작용과 밀접한 관련을 맺어 기능을 나타냄
⑤ 호르몬은 끊임없이 생성되고 배설되며 분해됨

03 작용기전에 따른 호르몬의 역할

① 효소와 같은 작용
② 효소를 활성화
③ 보효소로서 작용
④ 보효소의 생성을 촉진
⑤ 세포의 투과성을 변화
⑥ 세포 내 소기관에 작용

04 내분비계 기관별 호르몬의 종류와 기능

(1) 시상하부호르몬

뇌하수체 앞엽호르몬 분비를 조절
① TRH(갑상선자극호르몬 방출호르몬)
② CRH(부신피질자극호르몬 방출호르몬)
③ GHRH,GHIH(성장호르몬 방출호르몬, 억제호르몬)
④ GnRH(생식샘자극호르몬 방출호르몬)
⑤ PRH, PIH(젖분비자극호르몬 방출호르몬, 억제호르몬)

(2) 뇌하수체 앞엽호르몬

① TSH(갑상샘자극호르몬)
② GH(성장호르몬): 뼈의 성장 조절, 단백질 합성작용, 에너지 사용 조절
③ ACTH(부신피질자극호르몬): 당질코르티코이드 분비 자극

④ prolactin(젖분비자극호르몬): 유즙 분비, 설치류에서 황체기능 유지, 수유자극 → 프로락틴 분비 촉진

⑤ FSH(난포자극호르몬): 난포의 초기 발육을 자극, 수컷의 정자형성에 관여

⑥ LH(황체형성호르몬): FSH와 함께 난포 발육을 자극하고 에스트로겐 분비, 급격한 LH 분비는 배란을 야기

⑦ ICSH(간질세포자극호르몬): 수컷의 라이디히세포에 작용, 테스토스테론 분비 촉진

(3) 뇌하수체 중엽 호르몬

멜라닌세포자극 호르몬

(4) 뇌하수체 뒤엽 호르몬

① **항이뇨 호르몬**(ADH): 바소프레신, 콩팥의 먼쪽세관에서 물의 재흡수를 촉진, 혈압 상승, 부족 시 요붕증

② **옥시토신**(oxytocin): 자궁 수축, 젖 분비

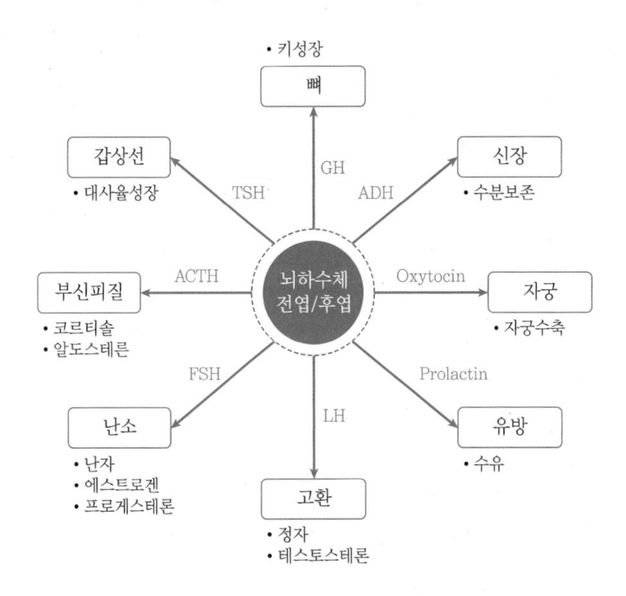

(5) 솔방울샘(송과선)

① 환경의 빛에 관한 정보를 전달하는 시각적 신호와 관련

② 빛 → 세로토닌 분비

③ 어둠 → 세로토닌을 멜라토닌으로 전환

④ 멜라토닌 난소중량 감소되고 발정주기 연장

⑤ 세로토닌과 멜라토닌은 동물의 행동 등의 일주변동에 관계

(6) 갑상샘

① 기관의 앞쪽 기관지 고리의 배쪽 중간에 위치
② 샘세포를 둘러싸고 있는 많은 여포가 이루어진 장기
③ 여포 내에 요오드를 함유한 교질 용액
④ 티록신(T4)과 삼요오드타이로닌(T3)의 작용
  • 생체의 모든 세포의 산소흡수에 영향
  • 요오드: 갑상샘호르몬의 재료
  • 대사량 증가
  • T3의 생리적 작용은 T4보다 신속하고 강도가 크지만 작용기간이 짧음

T4의 작용

• 산소소모율 증가와 열 생산 작용
• 당질, 단백질, 지방의 대사에 영향
• 성장 및 신체 발달에 필수적인 요소로 작용
• 중추신경계의 발달과 기능에 영향

⑤ 칼시토닌(calcitonin)
  • 뼈 융해 감소를 통해 혈중 칼슘농도를 낮춤
  • 칼슘 섭취가 많은 경우 칼슘을 뼈에 저장
⑥ 갑상샘기능부전
  • 요오드 섭취부족 및 샘조직의 병변
  • 점액수종, 크레틴병
⑦ 갑상샘기능항진
  • 극도의 흥분상태, 열을 견디기 어렵고, 땀 분비 증가
  • 체중감소, 심리적 장애 및 극도의 피곤
  • 손떨림과 안구돌출증

(7) 부갑상샘

① 갑상선 옆 양쪽에 위치하며 PTH는 혈중 칼슘의 농도에 의해 좌우
② 혈장 칼슘농도가 낮아지면 → 뼈에서 칼슘 유리 증가, 창자에서 칼슘 흡수 촉진, 콩팥에서 칼슘 재흡수 증가
③ 칼슘농도 저하 시
  • 감각신경의 역치가 낮아지고 운동신경의 흥분이 커짐 → 경련과 호흡곤란
  • 소의 유열, 산후풍

④ **부갑상샘 기능 항진으로 칼슘농도 상승 시:** 혈중 칼슘 고농도, 요중의 칼슘 고농도로 인한 신장결석 형성, 뼈의 석회 부족증
⑤ **원발성 부갑상샘 기능항진증:** 부갑상샘에 종양에 의해 발생
⑥ **이차성 부갑상샘 기능항진증:** 신부전, 비타민D 부족
⑦ **영양성 부갑상샘 기능항진증:** 낮은 칼슘 식이
⑧ 칼시토닌과 PTH에 의한 칼슘조절 기전

(8) 이자(췌장)

혼합샘(외분비샘과 내분비샘), 인슐린과 글루카곤 분비

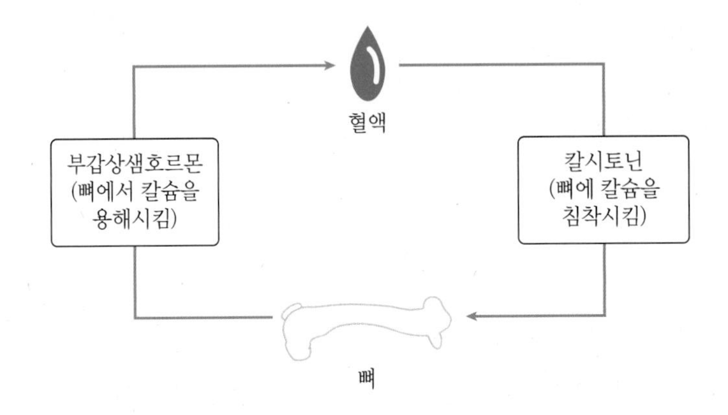

1) 인슐린(베타세포)

① 높은 혈당에 반응하여 분비
② 당의 세포로 흡수 증가
③ 간에서 여유 당을 글리코겐으로 전환하여 저장

2) 글루카곤(알파세포)

① 낮은 혈당에 반응하여 분비
② 간의 글리코겐을 분해하여 혈당 증가

3) 소마토스타틴(델타세포)

인슐린과 글루카곤의 분비를 약간 억제하여 혈당의 기복 조절

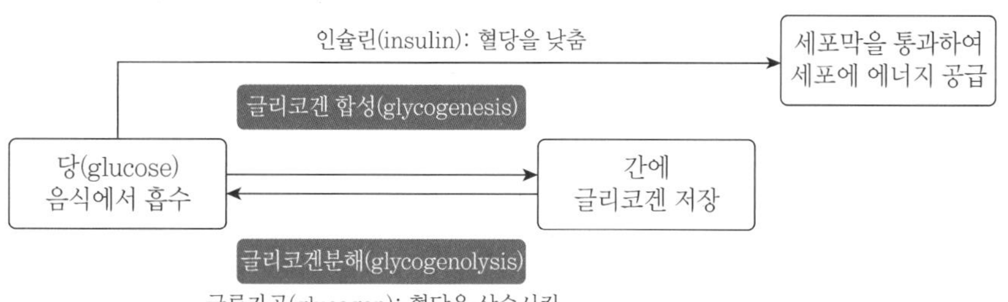

4) 혈당의 음성 되먹이 기전

① 음식을 섭취 후 혈중 당의 농도가 높아지면 인슐린이 분비되어 세포 내에 에너지를 공급하고 남은 포도당은 글리코겐 합성작용으로 간에 글리코겐으로 저장을 하게 됨
② 반대로 혈당이 낮아지면 글루카곤이 분비되어 글리코겐 분해작용으로 포도당의 농도를 높이게 됨
③ 이와 같은 작용은 연속적이며 지속적으로 이루어지게 되는데 급격한 혈당의 변화를 막기 위하여 소마토스타틴이 작용하는 것

(9) 부신

① 콩팥의 앞쪽 끝에 존재
② 바깥쪽의 겉질과 안쪽의 속질로 구성

1) 부신겉질

① 지방이 풍부
② 탄수화물 및 단백질대사에 작용 = 당류코르티코이드
③ 전해질 및 물대사에 영향 = 무기질코르티코이드
④ 소량의 성호르몬

무기질코르티코이드 (알도스테론)	• 콩팥의 낮은 혈압에 반응하여 부신의 토리층에서 주로 분비 • 콩팥세관, 땀샘, 침샘, 소화관에서의 Na 재흡수 촉진 • K 배설의 증가 • Na의 재흡수는 혈액의 삼투압을 증가시키고 혈액 내 수분함유량을 늘려 혈압을 상승시키는 역할을 하게 됨
당질코르티코이드	• ACTH에 의해 조절 분비 • 코티솔과 코르티코스테론 • 스트레스 상황에서 증가 • 혈당 증가, 염증반응 지연
성호르몬	안드로겐, 에스트로겐, 프로게스테론

혈압의 조절은 뇌하수체 후엽의 항이뇨호르몬(ADH)과 부신겉질의 알도스테론의 작용으로 조절이 됨

2) 부신속질

① **카테콜아민:** 생명유지에 필수적인 호르몬(아드레날린, 노르아드레날린, 도파민 등)

② 기능

- 응급상황에서 행동에 대해 몸을 준비
- 교감신경계에 의해 조절
- 간에 저장된 글리코겐 분해로 혈당 상승
- 심박수와 호흡의 깊이 증가
- 골격근의 혈관 이완
- 위장관과 방광의 활동성 저하

TIP **혈당조절**

- 혈당의 조절은 인슐린의 단독 작용으로 이루어지는 것만은 아님
- 혈당이 높아지면 간뇌에서 인지를 하고 연수에 작용을 하게 됨 → 부교감신경은 췌장의 랑게르한스섬 베타세포를 자극하게 됨 → 인슐린이 분비되어 혈당을 감소시킴
- 낮아진 혈당은 간뇌에 인지되어 연수와 뇌하수체에 작용을 하게 됨 → 연수의 교감신경은 랑게르한스섬 알파세포에 작용하여 글루카곤을 분비하고 부신속질에 작용하여 아드레날린을 분비함 → 또한 뇌하수체의 ACTH호르몬으로 부신피질에서 당질 코르티코이드를 분비하여 혈당을 증가시키게 됨
- 이와 같이 여러 호르몬의 작용으로 조절이 되는 기전임

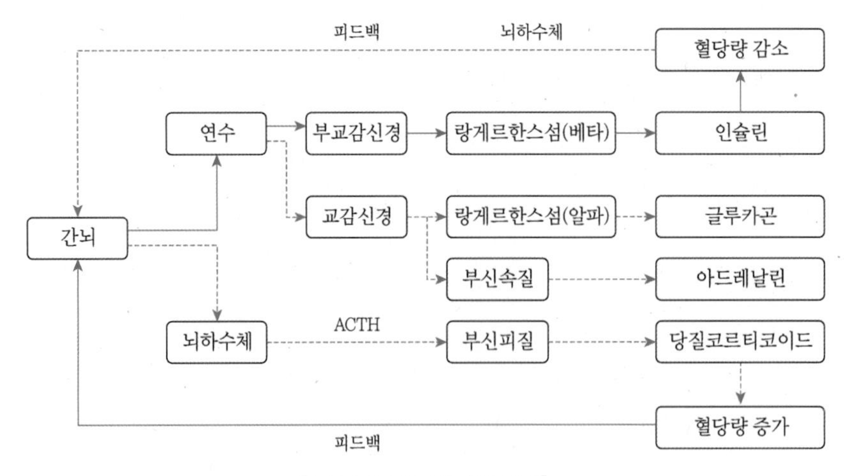

[혈당조절의 되먹임고리]

memo

PART 02

동물질병학

CHAPTER 01

병리학 개론

01 면역 기전

면역 기전

박테리아(bacteria), 기생충(parasite), 바이러스(virus), 곰팡이균(fungus) 등 외부 병원균이 체내 침투 시 면역(immune)이라고 하는 몸의 방어 기작 반응이 유도된다. 병원균에 대해 면역 시스템은 두 가지 방어 기전을 가진다. 병원균에 대한 즉각적인 방어를 담당하는 선천면역(innate immunity)과 특정 항원에 대한 특이적인 항체나 세포를 생성하여 기억하는 후천면역(adaptive 혹은 acquired immunity)이다.

(1) 선천면역(비특이적 면역)

① 병원체가 이전 침입 여부와 상관없이 감염 즉시 작동하여 신속하게 반응

② 특정 바이러스나 박테리아들에게 공통적으로 있는 표면의 분자를 인식

③ 반응이 빠르고 신속하지만, 병원체에 대하여 보편적인 면역반응만을 제공

④ 침입한 외부 병원체 및 죽은 세포 또는 파편을 포식작용을 통해 제거

⑤ 대식세포(Macrophage)의 형태

- 뇌: 미세아교세포(Microglial cell)
- 간: 쿠퍼세포(Kupffer cell)

⑥ 상처 치료, 염증 반응 등 주요 면역 반응들에서 중요한 역할

⑦ 물리적 방어·화학적 방어·생물적 방어

물리적 방어	피부, 점막
화학적 방어	눈물, 침, 라이소자임, 디펜신, pH
생물적 방어	(포)식작용

(2) 후천면역(특이적 면역)

① 척추동물에서만 존재하는 면역

② 특정 병원체가 들어왔을 때 활성화되어 그 병원체의 특이적인 표면의 영역을 인식하여 면역반응을 도출하여 방어작용

③ 림프구(lymphoid): T세포와 B세포가 관여

체액성 면역반응 (humoral immune response)	• B세포의 활성 • 항체(antibody)의 생성
세포성 면역반응 (cell-mediated immune response)	• T세포의 활성 • T세포 자체의 독성화 및 독성물질 생성으로 이어져 감염된 세포를 사멸

④ 림프구 표면에 병원체의 표면에 붙어있는 항원을 인식하기 위한 다양한 항체가 존재

TIP 염증반응

특징	원인물질을 구분하지 않으며, 반응의 정도가 일정
목적	• 침입자의 제거 • 전신성 반응으로의 확산 방지 • 손상된 세포와 조직의 제거 • 손상된 조직의 수리
증상	통증(pain), 발열(heat), 발적(redness), 부종(swelling)
구분	급성염증반응, 만성염증반응

02 예방접종

(1) 생독백신과 사독백신

임상적인 감염증을 일으키는 바이러스나 세균의 균종을 분리하여 면역형성을 위한 백신을 제조하는데 그 제조과정에서 살아있는 상태로 계대한 후 약독화하여 제조한 백신 중 바이러스 백신은 생독백신, 균 백신은 생균백신이라 말한다. 이와는 반대로 이들을 포르말린 등의 화학적 처리를 하여 사멸시킨 후 그 세포를 이용하여 제조한 백신을 사독 혹은 사균백신 또는 불활화백신이라 한다.

두 가지 제조방법에 의하여 만들어진 백신은 각각의 장단점이 있어 그 목적에 따라 제조 방법이 선택된다. 일반적으로 생독백신의 경우 접종 후 3주 정도 되면 최고도의 면역을 획득하게 되며, 사독백신은 10일에서 21일 간격으로 보강 접종을 한다. 현재 시판되는 백신은 대부분 안전하여 권장량의 2~3배의 백신을 접종하여도 큰 부작용이 발생되지 않는다. 뿐만 아니라 생독백신의 경우에도 1/2 정도의 백신으로도 모체이행항체의 소실 시기를 잘 맞추면 면역 형성이 되니, 접종 시에 약간 흘렸다고 해서 다시 재접종할 필요는 없을 것이다.

(2) 개 종합백신(DHPPL)

일반적으로 비교적 간섭 현상이 덜하고 표적 장기(target organ)가 다른 백신을 몇 개씩 묶어 DHP, DHPP, DHPPL, DHPPLL, DHPPCL로 명하는 혼합백신이 생산되고 있다. 국내에 주로 사용되는 종합백신은 DHPPL로서 개 홍역, 개 간염, 개 감기, 개 파보장염, 렙토스피라 감염증과 같은 5종 병원체에 대하여 예방할 수 있다.

(3) 모체이행항체

개는 분만 직후 일반 비유기 젖보다 더 진한 형질의 젖을 분비하는데 이를 '초유'라고 한다. 초유에는 모견이 살아오면서 체험한 질병에 대한 면역물질과 백신 접종에 의하여 형성된 면역물질이 함유되어 있는데 이것을 모체이행항체라고 부르며, 그 항체의 수준을 계수화시켜 놓은 것을 '항체가'라고 한다.

모체이행항체에 의한 항체 획득은 자신의 노력이 아니라 젖을 통한 항체 획득이라는 의미로 '수동면역'이라 한다. 반면에 백신에 의한 항체 형성은 바이러스의 체내 증식에 의하여 형성된 항체라고 하여 '능동면역'이라고 한다.

모체이행항체는 질병별로 항체가 수준이 다르기 때문에 반감기에 의하여 어떤 질병은 방어 항체가 수준 이상으로 남아있는 데 비하여, 어떤 질병은 이미 방어 항체가 수준 이하로 저하되어 바이러스에 노출되면 감염이 된다. 일반적으로 충분한 항체를 소유한 모견의 초유를 충분히 먹은 자견의 경우라 하더라도 생후 주령이 늘어나면서 모체이행항체가 소실되어 12주령이 넘어가면 완전 소실로 면역 공백이 생기게 된다. 대부분 방어항체가 수준 이하로 모체이행항체가 소실되기 전에 백신을 접종하는 것이 좋다.

개체에 따라 모체이행항체의 소실 시기가 다르지만, 일반적으로 젖을 떼는 6주 이후부터 예방접종을 시작하도록 권장하고 있다. 1회 접종으로 병원체를 막아낼 수 있는 충분한 방어 항체가 체내에 생성되지 않기 때문에 2~4주 간격으로 3~5회 정도의 기본 백신 접종 프로그램이 요구되고 있다.

(4) 예방접종의 종류와 접종 프로그램

① 모체이행항체가 소실되기 이전인 생후 6주령부터 예방접종을 실시하여 방어항체 수준을 끌어올리기 위해서 백신을 프로그램에 따라 반복 접종함

② 일반적인 강아지 예방접종 프로그램

백신 종류	접종 시기	1년간 접종 횟수
종합백신	6~14주, 2주 간격	3~5회
코로나 장염	6주, 8주	2회
켄넬코프	10주, 12주	2회
광견병	12주	1회
인플루엔자	14주, 16주	2회

CHAPTER

02 미생물학 개론

01 세균, 바이러스, 기생충의 특징

(1) 세균의 특징

① 세포의 구조를 가짐
② 유전 물질로 DNA를 가짐
③ 세포 분열에 의해 증식함
④ 단독으로 단백질을 합성할 수 있음
⑤ 스스로 에너지를 만들어 낼 수 있음
⑥ 영양분이 포함된 배양액에서 증식할 수 있음
⑦ 크기는 보통 0.2~10μm 정도이며 일반적으로 광학현미경으로 관찰 가능함

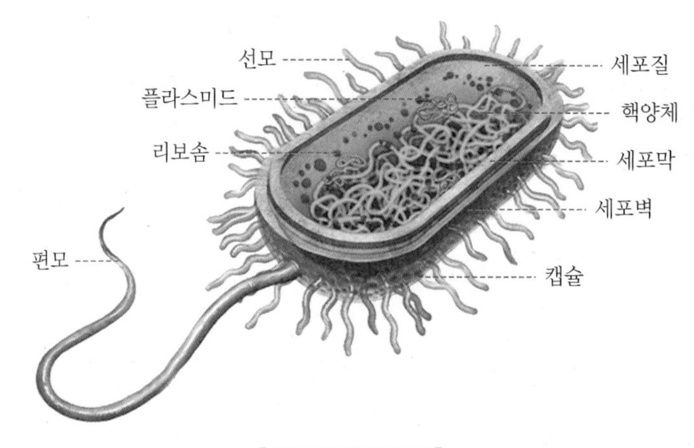

[박테리아의 구조]

(2) 바이러스의 특징

① 세포의 구조를 갖지 않음
② 유전 물질로 DNA를 가진 것과 RNA를 가진 것이 있음
③ 세포 분열에 의해 증식하지 않고 숙주세포를 이용하여 자신의 DNA를 복제한 후 숙주세포를 파괴하고 탈출하는 방식으로 증식함
④ 단독으로 단백질을 합성할 수 없음

⑤ 스스로 에너지를 만들어 낼 수 없음
⑥ 세포가 존재하지 않는 배양액에서는 증식할 수 없음
⑦ 크기는 보통 0.02~0.3μm 정도이며 일반적으로 전자현미경으로만 관찰 가능함

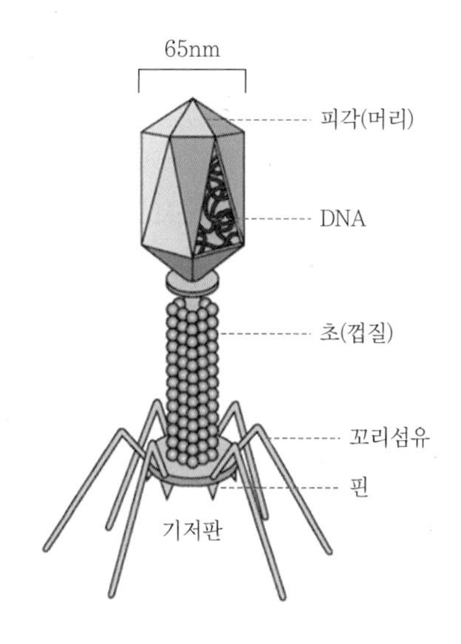

(3) 기생충

대부분의 기생충 감염은 개와 사람에 모두 감염될 수 있는 인수공통감염병이다. 따라서 개의 기생충에 대한 구충과 예방은 공중보건학적으로 매우 중요하다고 할 수 있다. 자연환경에 널리 분포되어 있어 다양한 전파방법으로 감염되는 기생충의 감염 예방은 단순한 구충제로만으로는 어려움이 있다. 때문에 기생충의 기초적인 생활사를 평소에 알아두어야 할 필요가 있으며, 다음과 같은 요령으로 관리하면 구충은 물론 건강한 동물의 상태를 유지할 수 있을 것이다. 일반적인 구충프로그램으로 신생 자견 15일, 25일, 40일령쯤 구충을 실시한 후 집안에서 키우는 개는 2개월마다, 야외에서 키우는 개는 월 1회씩 연속 구충하는 것을 권장한다.

① **내부 기생충**: 회충증(Ascariasis), 심장사상충, 지알디아(Giardiasis), 톡소플라스마병(Toxoplasmosis)
② **외부 기생충**: 모낭충(demodex), 개선충(scabies), 귀 진드기(Ear mite), 벼룩

02 유전의 정의 및 발현

(1) 유전의 정의

① 부모가 가지고 있는 특성이 자식에게 대물림되는 생물학적 현상

② 모든 생물은 생식을 통해서 자손을 남기며 생식을 통해 자손을 남길 때 부모가 가지고 있는 고유한 형질이 자손에게 대물림되는 현상
③ 염색체에 있는 DNA상에 존재하는 유전자의 물리적인 법칙에 의해 지배

(2) 유전자와 발현

① 생물체의 특성을 결정짓는 모든 필요한 정보는 DNA를 구성하는 뉴클레오티드의 서로 다른 4종류 염기의 늘어선 순서에 의해 결정됨
② DNA 중에서 단백질 또는 기능 있는 RNA를 암호화하는 DNA 조각을 유전자(gene)라고 하며, 염색체 하나에는 수백에서 수천 개에 달하는 유전자가 있음
③ 유전자는 대부분 하나의 단백질을 만드는 데 필요한 지침을 암호화하며, 이처럼 유전자의 DNA 정보로부터 특정 단백질이 생성될 때 유전자가 발현(expression)되었다고 함

03 멘델의 유전 법칙

(1) 분리의 법칙과 우열의 법칙

① 분리의 법칙: 체세포는 한 쌍의 대립인자를 가지며 생식세포를 만들 때 두 대립인자는 분리함
② 우열의 법칙: 수정을 통해 두 대립인자가 만나며, 두 대립인자의 표현에는 우열이 있음
③ F1에서는 우성의 특성만 나타남
④ F2에서는 우성과 열성의 표현형이 3:1로(유전자형은 1:2:1로) 나타남

(2) 독립의 법칙

① 독립의 법칙은 두 다른 특성을 결정하는 유전자 사이의 법칙임
② 독립의 법칙은 두 다른 특성을 결정하는 교배(즉, 양성교배)를 통해 알 수 있음
예 두 다른 특성을 결정하는 유전자와 대립인자

콩 모양 결정 유전자 및 대립인자	둥근 것(R), 주름진 것(r)
콩 색 결정 유전자 및 대립인자	노란색(Y), 초록색(y)

③ 단성교배: 하나의 특성을 결정하는 교배

03 심혈관계 질환

01 심장의 구조

(1) 특징

① 심낭에 둘러싸여 있는 근육장기
② 2개의 심방과 2개의 심실로 나누어짐
③ 심실중격(interventricular septum)에 의해 좌우 두 부위로 분리

방실판막 (atrioventricular valve)	심방과 심실을 연결 • 삼첨판(tricuspid valve): 우심방과 우심실 • 이첨판(bicuspid valve) or 승모판(mitral valve): 좌심방과 좌심실
폐동맥판막 (pulmonary valve)	우심실과 폐동맥 사이
대동맥판막 (aortic valve)	좌심실과 대동맥 사이

02 심장의 순환 경로

(1) 대순환(체순환)

좌심실 → 대동맥 → 말초조직 → 대정맥 → 우심방

(2) 소순환(폐순환)

우심실 → 폐동맥 → 폐 → 폐정맥 → 좌심방

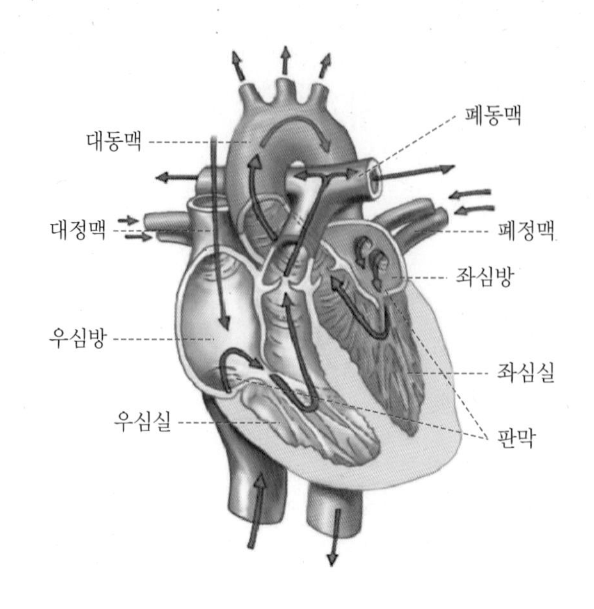

03 심장 질환

심장은 체내 혈액을 전신으로 내보내는 펌프의 역할을 하는 장기로 이상이 생길 시 다른 기관에도 큰 영향을 미치게 된다. 기침, 호흡곤란, 실신, 운동실조, 청색증, 폐수종, 흉수 등이 나타날 수 있으며, 특히 고양이의 경우 개와 달리 심장이상으로 인한 뚜렷한 증상이 없고 개구호흡, 기력저하 등의 증상을 통해 병원에 와서 우연히 발견되어 심장병이 상당히 악화된 경우가 많다.

(1) 선천성 심장 질환

1) 특징

① 주로 어린 동물에게 나타남

② 동맥관 개존증, 폐동맥 협착증, 심실중격 결손증(고양이), 삼첨판 이형성증(고양이) 등이 있음

③ 태아가 탯줄을 통해 혈액을 공급받는 태아순환 시 사용되던 심장 구조물들이 폐호흡을 시작하는 출산 후에도 그대로 남아있는 경우

2) 종류

동맥관 개존증 (PDA; Patent Ductus Arteriosus)	• 대동맥과 폐동맥을 연결하는 태아혈관인 동맥관이 출생 후 폐호흡을 시작한 이후에도 닫히지 않고 열려있는 질환 • 호흡곤란, 기침, 청색증 등의 임상증상을 보이며 심장의 과부하로 인해 폐수종, 부정맥과 함께 사망에 이를 수 있음

폐동맥 협착증(PS), 대동맥하 협착증(SAS)	• 폐동맥 판막과 대동맥 판막 각각의 아래 부분이 점점 좁아져 혈류가 제대로 나가지 못하는 질환 • 갑작스러운 기절과 급사로 이어질 수 있음
심실중격 결손 (VSD; Ventricular Septal Defect)	• 심장의 좌우 심실을 나누는 중격이 결손되어 구멍이 생긴 질환 • 개와 고양이의 경우 사람처럼 자주 발생하지는 않으며, 개보다는 고양이에게 더 자주 발생함
삼첨판 이형성증 (Heart valve dysplasia)	• 주로 샴고양이에게서 발견되며 출생 후 1년 이내에 서맥, 불규칙한 맥박, 실신, 경련, 발작, 부정맥, 심잡음, 창백한 잇몸, 빈혈 등의 임상증상을 나타냄 • 심부전으로 발전될 가능성이 높고 유전적 요인이 많은 선천성 질환

(2) 후천적 심장 질환

1) 특징

① 노령동물에서 많이 발생함

② 퇴행성 판막 질환, 심장사상충의 감염, 비대성 심근증, 감염성 심내막증 등이 있음

2) 종류

<table>
<tr><td>판막질환</td><td colspan="2">• 심장의 혈액의 역류를 막는 구조적 막성 구조물인 판막에 생기는 질환으로 혈액의 역류를 막는 기능에 문제가 발생하여 울혈성 심부전으로 발전 가능
• 고령의 개에서는 이첨판이 변성되어 나타나는 문제가 가장 많이 발생하며 호흡이상, 기침, 운동불내성, 식욕저하, 실신 등의 임상증상을 나타냄</td></tr>
<tr><td>비대성
심근증</td><td colspan="2">• 고양이에서 가장 흔한 심장질환으로, 원인은 뚜렷하지 않지만 심실의 근육이 두꺼워져 발생하는 심장질환이며 어린 고양이부터 나이든 고양이까지 다양한 연령대에 질병이 발생할 수 있음
• 렉돌, 메인쿤 등의 종에서 유전자의 이상에 의해 발생하기도 하며 다양한 연령대의 고양이에게 발생하는 가장 흔한 질병으로 폐부종, 흉수, 혈전 등의 임상증상을 나타냄</td></tr>
<tr><td rowspan="5">심장사상충</td><td colspan="2">• 모기가 전파시키는 기생충성 질환으로, 심장의 폐동맥과 우심실 및 우심방에 기생하는 사상충이 혈관과 심내막을 손상시키고 혈액의 박출을 저해하여 혈관압을 상승시키는 매우 치명적인 질병
• 사상충으로 발생한 혈관의 구조적 손상은 회복하지 못하고 폐동맥 고혈압을 영구적으로 발생시키기도 함</td></tr>
<tr><td>1기</td><td>• 엑스레이상 경도 감염이 확인되는 어리고 건강한 개
• 무증상</td></tr>
<tr><td>2기</td><td>• 가끔 기침 증상을 나타내며 혈액검사 수치는 정상</td></tr>
<tr><td>3기</td><td>• 체중감소, 호흡곤란, 혈관 손상 확인 가능
• 혈액검사 결과 신장과 간 손상</td></tr>
<tr><td>4기</td><td>• 짙은 갈색 소변이 나타나며 쇼크로 인해 기절할 수 있음
• 초음파, 혈액검사로 확인 가능</td></tr>
</table>

심장성 쇼크(Cardiogenic shock)

- 심장의 기능이 저하되어 순환부전, 혈압저하가 되는 상태
- 심장이 정상 수축기 혈압을 유지할 수 없을 정도로 손상되었음을 의미

CHAPTER

04 호흡기계 질환

01 개의 호흡기관의 구조

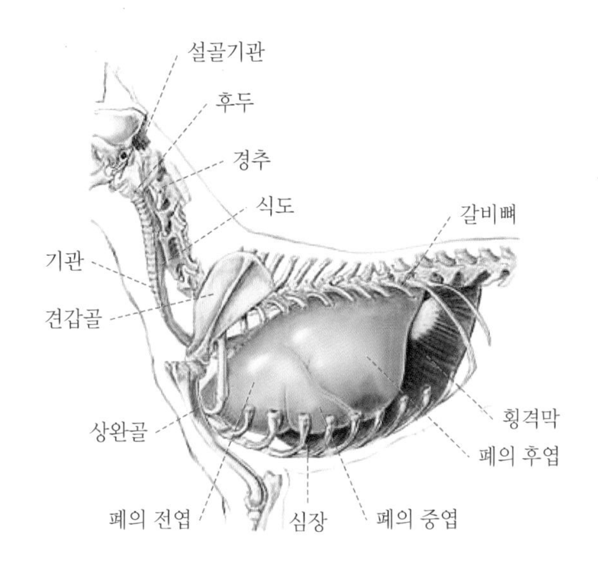

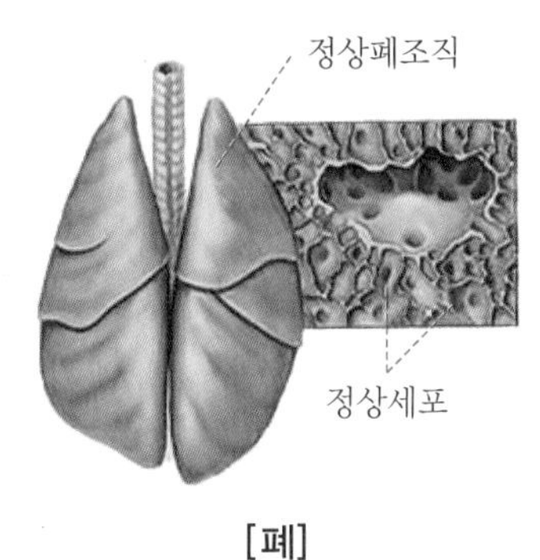

[폐]

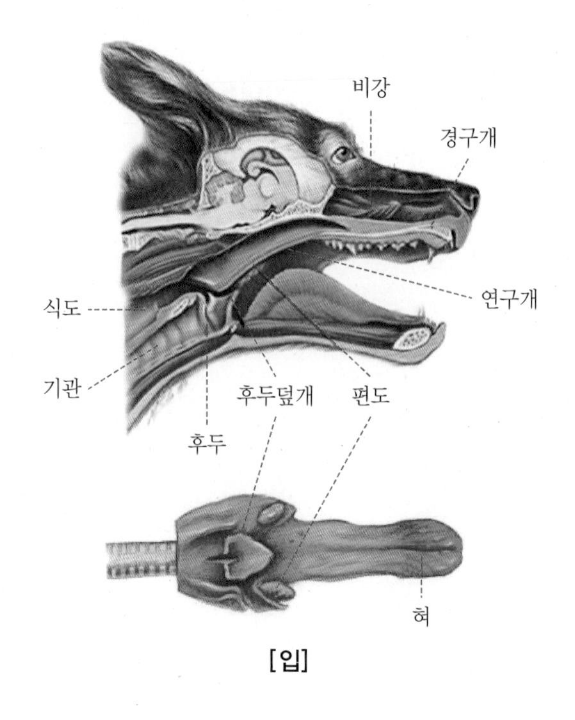

[입]

02 호흡기계 질환

(1) 단두종 증후군

1) 특징: 주둥이가 짧은 퍼그, 시츄, 페키니즈, 불독 등 단두종에게 호발

단두종은 주둥이가 짧은 퍼그, 시츄, 페키니즈 등을 말하는데, 이러한 품종들은 선천적으로 코가 짧아 입천장과 목젖에 해당하는 연구개가 늘어져서 숨길을 막는 증상이 나타날 수 있다. 또한 코가 짧아서 숨쉬기 곤란하여 호흡이 어려운데 이러한 증상들을 총칭해서 단두종 증후군이라고 부른다.

2) 증상

① 선천적으로 코가 짧아 입천장과 목젖에 해당하는 연구개가 늘어져서 숨길을 막는 증상
② 호흡이 어려운 증상
③ 기도폐색
④ 숨을 쉴 때마다 연구개가 떨려 소리가 나고, 잘 때는 코고는 소리가 심하며, 비염과 기관지염 등을 보이기도 함
⑤ 혀가 파랗게 변하거나 간헐적 기침, 음식 삼키자마자 구토, 빈 호흡

3) 치료

① 길어진 연구개 잘라주는 수술
② 좁아진 콧구멍을 교정하는 수술

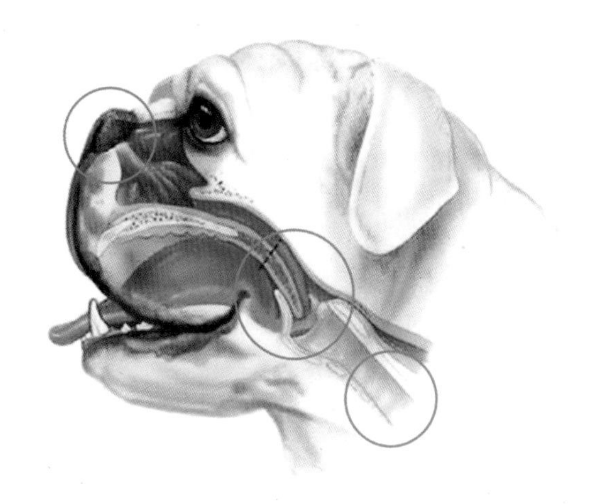

(2) 상부 호흡기 질환

1) 특징: 상부 호흡기에 해당하는 코, 콧구멍, 인후두, 기관에 생기는 질환

상부 호흡기는 코, 콧구멍, 인후두, 기관을 말한다. 호흡기 질환은 급성으로 심한 것들이 아니면 일반적으로 상부 호흡기 감염이 먼저 일어나고, 그 다음에 기관지와 폐로 진행하는 하부 호흡기 질환이 발생한다. 바이러스나 진균 또는 세균에 의해서 처음에 맑은 콧물과 약간의 재채기를 동반하는 경우가 많다. 또한 부비강에 염증이 진행되면 코가 붓거나 막혀서 숨쉬기가 곤란하고, 때로는 코 안쪽의 점막이 부어서 피가 나오기도 한다. 상부 호흡기 질환의 특징적인 증상은 재채기이다.

2) 원인

① 바이러스, 진균, 세균 등
② 선천적인 비강협착
③ 알레르기

가장 흔한 것은 바이러스와 세균의 감염이고 드물게 곰팡이가 원인이 되기도 한다. 비강협착 같은 해부학적인 이상은 일부 품종에서 선천적으로 발생하기도 하고, 때에 따라 알레르기가 원인이 되기도 한다.

3) 증상

① 맑은 콧물, 재채기
② 부비강 염증으로 붓거나 막힘

4) 치료

① 약물 처치로 비교적 치료 용이함
② 수술(비강협착)
감염에 의해 발생한 상부 호흡기 질환은 약물 처치로 비교적 쉽게 치료된다. 그러나 선천적인 해부학적 이상이 있는 비강협착이나 단두종 증후군 같은 경우에는 수술적인 교정이 필요하다. 수술은 비교적 까다로운 성형외과 수술에 해당하지만, 수술이 성공하면 정상적으로 생활할 수 있다.

(3) 비염

1) 특징: 코의 내부 점막에 염증이 생긴 상태를 말하며 급성과 만성으로 구분

2) 원인

① **원발성:** 외상, 종양, 감염, 기후급변, 자극성 가스
② **속발성:** 홍역, 알레르기
③ 면역력 저하, 건조, 환기 미비, 비점막 세균 침입
직접적인 원인이 되는 외상, 종양, 감염, 기후의 급변, 자극성 가스 등을 원발성 원인이라 하고, 홍역이나 알레르기와 같은 다른 원인이 제공된 후 발병되는 것을 속발성이라 한다. 주로 전신적인 항병력이 약해져 있을 때 건조하거나 환기가 안 좋으면 비점막에 세균 등의 미생물이 침입하는 것이 일반적인 현상이다.

3) 증상

① **급성:** 수양성 콧물(nasal discharge), 농, 발적, 결막염, 누관 막힘, 체온 상승, 재채기를 동반하며 처음에는 콧구멍에서 맑은 수양성 콧물(nasal discharge)이 흐르다가 곧이어 짙은 흰색 또는 염증색의 농이 흐르게 되며, 비공의 내벽은 비후되고 발적 증상을 나타낸다. 그리고 때때로 결막염이 나타나기도 하는데, 이는 눈의 분비물이 코를 통해 흘러 들어가는 통로인 누관(lacrimal duct)이 막히기 때문이다. 체온은 정상보다 다소 높은 39.0~39.5℃를 나타낸다.
② **만성:** 한쪽 또는 양쪽 비루, 악취(치근염), 심한 경우 내벽 궤양(ulcer)이 생긴다. 한쪽 또는 양쪽 비공에서 비루가 계속 반복되어 흐르는 경우를 만성 비염이라 하며 비루에서 심한 악취가 날 경우에는 치근염(이빨 뿌리 부분의 염증)이나 뼈에 질병이 있는지 확인하여야 할 것이다. 비염이 심할 경우에는 내벽에 궤양(Ulcers)이 형성되기도 한다.

4) 치료

① 건조 방지를 위해 증기 쏘임
② 항생제 nebulizer, 대사촉진제, 비타민, 항생제

가장 정확하고 효과적인 치료를 위해서는 비염 전문의에게 정확한 진단을 받는 것이 중요하다. 그리고 가벼운 증상일 경우에 가장 먼저 할 수 있는 방법으로는 비강 점막의 건조를 방지해 주기 위해 증기(Steam)를 자주 쏘이는 것이 중요하다. 그리고 멸균된 탈지면으로 분비물을 잘 닦아내고, 항생제를 nebulizer를 이용하여 분무하여야 한다. 대증요법으로는 개의 체력 향상과 항병력 강화를 위해 대사촉진제와 비타민A를 주사해 준다. 그리고 항생제를 사용하면 도움이 된다.

(4) 하부 호흡기 질환

1) 특징: 하부 호흡기에 해당하는 기관지, 폐포에 생기는 질환

2) 원인

① 상부 호흡기를 통해 하부 호흡기로 진행
② 바이러스, 세균, 진균, 혼합감염
대부분 바이러스, 세균, 진균 등의 감염과 알레르기가 원인이다. 때에 따라 세균과 바이러스나 곰팡이가 혼합적으로 감염되는 경우가 있다.

3) 증상: 기침, 열, 식욕이 없음

하부 호흡기는 기관지와 폐포를 말하는데, 감염된 질병들은 상부 호흡기를 통해 하부 호흡기로 질병이 진행되어 온다. 따라서 대부분 하부 호흡기 질환은 증상이 오래 가고 치료가 늦게 되는 경우가 많다. 대부분 기침을 하고 열이 나고 식욕이 없는 것이 특징이다.

4) 치료: 꾸준한 치료, 영양관리, 오랜 기간 항생제 투여 필요할 수 있음

하부 호흡기 감염증은 치료기간이 오래 걸리는 경우가 많아 꾸준한 치료가 필요하다. 또한 체력을 많이 소모하기 때문에 영양관리에 주의하고, 오랜 기간 항생제를 투여해야 하는 경우도 있어 약물검사를 할 수도 있다.

(5) 폐렴(Pneumonia)

1) 폐: 이산화탄소 배출, 산소 공급해주는 기관

폐는 체내의 대사산물인 이산화탄소를 체외로 배출시키고 신체의 열, 에너지, 정상 컨디션 등을 위해 필수적인 산소를 혈액으로 공급하여 주는 역할을 하는데 여기에 어떤 기계적인 손상이나 세균의 침입으로 폐렴이 발생하게 된다.

2) 원인

① **손상**: 교통사고 등 가슴 부위 심한 손상
② **염증성 폐렴**: 세균 침입, 저항력 약해진 경우 발생

손상에 의한 폐렴은 교통사고나 총상 등 가슴 부위의 심한 손상으로 인해 급작스럽게 발생하며, 염증성 폐렴은 폐 조직에 세균이 침입했을 때 일어나며 혹한에 시달리거나 영양실조, 각종 질병 시 개의 저항력이 약해졌을 때 많이 발생한다.

3) 증상

① **흡기**: 짧아짐, **호기**: 길어짐, 호흡속도 빨라짐
② 기침, 콧물(경우에 따라서 기침이 없을 수도 있음)
③ **세균성 폐렴**: 41℃ 이상의 고열치료

호흡이 매우 거칠어지며, 점차 들이쉬는 숨은 짧아지고 내쉬는 숨은 길어지면서 호흡속도가 빨라진다. 그리고 경우에 따라서는 기침을 하지 않는 경우도 있지만 대부분 기침을 하며 콧물이 흐른다. 세균성 폐렴의 경우는 41℃ 이상의 고열을 동반한다.

4) 치료

① 장기간, 광범위, 항생제 치료 필요할 수 있음
② 영양관리가 필요함

개가 기침을 하거나 콧물이 흐르는 등 가벼운 호흡기 증상을 나타낼 때는 가능한 한 빨리 치료를 실시해서 증상이 악화되는 것을 막아야 한다. 폐렴에 걸렸을 경우에는 광범위 항균제로 장기간의 치료를 해야만 치료가 가능하며, 영양제를 병용 투여하여 회복을 촉진시켜 주도록 한다.

(6) 기관협착증

1) 기관: 파이프처럼 생긴 물렁뼈로 된 숨길

기관은 파이프처럼 생긴 물렁뼈로 된 숨길인데, 어떤 경우 이 물렁뼈가 약해져서 파이프 속이 눌리는 경우가 있다. 이것을 기관협착증이라고 부른다. 늙거나 혹은 유전적인 영향으로 기관협착증이 발생하는데, 기관이 좁아진 만큼 숨쉬기가 힘들어 심한 기침을 하고 호흡곤란 증세를 보인다. 때에 따라서는 호흡경련 등의 증세에 따라 쇼크로 사망하는 경우도 있다. 요크셔테리어 품종에서 잘 걸리는데, 수술로 교정하거나 꾸준한 약물 투여로 치료할 수 있다.

2) 원인

① 기관을 구성하는 물렁뼈가 약해서 파이프 속이 눌리는 증상
② 고령, 유전적 원인
③ 요크셔테리어 품종에서 호발

3) 증상

① 기관이 좁아져 숨쉬기 힘듦
② 심한 기침, 호흡곤란
③ 호흡 경련, 쇼크

4) 치료

수술, 꾸준한 약물치료

CHAPTER 05

전염성 질환

01 개 종합 백신(DHPPL)

(1) 접종 시기와 간격

① 생후 6~8주령부터 시작
② 2주 간격으로 5차례에 걸쳐 접종
③ 추가접종 매년 1회

(2) 예방 가능 질병 종류

① 파보 바이러스성 장염(Parvovirus Enteritis)
② 전염성 간염(Infectious Hepatitis)
③ 개 홍역(Canine Distemper)
④ 파라 인플루엔자(Parainfluenza Infection)
⑤ 렙토스피라증(Leptospirosis)

02 바이러스에 의한 개의 질병

병명	병원체	증상
파보바이러스 감염증	개 파보바이러스	• 구토, 심한 혈액성 설사, 탈수, 백혈구 감소 • 3~9주령의 자견에서는 심근염
디스템퍼	개디스템퍼 바이러스	식욕부진, 발열, 눈곱, 점액성, 농성, 비즙, 구토, 설사, 발작, 경련
코로나바이러스 감염증	개 코로나 바이러스	• 성견에서 많지만 무증상이 대부분 • 자견에서는 구토, 수양성 설사
개 전염성 간염	개 아데노 바이러스 I 형	발열, 복부의 압통, 식욕부진, 구토, 설사, 구강 내 점상 출혈, 편도선 종창, 회복 후 각막의 혼탁
개 전염성 기관기관지염 (켄넬코프)	개 파라인플루엔자 바이러스	발열, 기침, 비즙, 편도선의 종창

허피스바이러스 감염증	개 허피스바이러스	설사, 복부의 압통, 구토, 호흡곤란, 생식기 점막에 수포 형성
광견병	광견병 바이러스	• 전기: 침울, 불안 • 중기: 유연, 연하곤란, 공격적, 물을 무서워 함 • 말기: 전신마비와 쇠약

(1) 파보바이러스 감염증(Canine parvovirus infection)

1) 특징

개와 늑대, 여우와 코요테 등의 개과 동물과 족제비, 밍크, 페렛 등의 족제비과 동물에 전염력과 폐사율이 매우 높은 질병이다. 어린 연령의 개일수록, 백신 미접종의 개체일수록 증상이 심하게 나타나며, 심한 구토와 설사가 따르므로 강아지에게는 치명적인 질병이다.

2) 증상

① **심장형**: 3~8주령의 어린 강아지에서 많이 나타나며, 심근 괴사 및 심장마비로 급사하기 때문에 아주 건강하던 개가 별다른 증상 없이 갑자기 침울한 상태로 되어 급격히 폐사되는 것이 특징이다.

② **장염형**: 8~12주령의 강아지에서 다발하며, 구토를 일으키고 악취 나는 회색 설사나 혈액성 설사를 하며 급속히 쇠약해지고 식욕이 없어진다(혈변, 심한 구토, 출혈성 설사, 탈수, 백혈구 감소). 장점막 상피세포 파괴 → 융모 위축 → 설사의 순서로 일어나며, 강아지의 경우 설사에 의한 급속한 탈수로 인해 발병 24~48시간 만에 폐사되는 경우가 많다.

3) 원인

개 파보바이러스가 원인체로, 감염된 개의 변을 통해 접촉이나 경구적으로 전염이 이루어지며 주요 증상은 출혈성 장염의 형태로 많이 나타난다. 다행히 사람에 전파되지는 않는다.

4) 예방 및 치료

개 종합백신 DHPPL 예방접종이 최선의 방법이다. 파보바이러스 감염증도 다른 바이러스성 질병과 마찬가지로 일단 발병되면 치료가 쉽지 않으며 철저한 예방을 해야 하는 질병이다. 강아지에게 심장형으로 왔을 때는 급사하기 때문에 치료가 불가능하며, 장염형으로 나타났을 때는 구토와 설사로 많은 체액이 손실되어 지속적인 체액 공급이 필요하므로 전해질제제를 투여해주는 것이 좋다. 또한 세균에 의한 2차 감염을 막기 위해 항균제를 주사해주는 것이 좋으며, 면역증강제를 투여해주는 것도 좋다. 그러나 가장 효과적인 것은 사전에 예방을 해주는 것으로, 파보백신을 미리 접종해서 강아지에게 면역력을 생기게 해주는 것이다. 그리고 철저한 소독으로 바이러스까지 잡는 소독약을 사용해서 견사 및 동물을 소독해주어 질병의 전염을 막아야 한다.

(2) 개 홍역(Canine distempervirus infection)

1) 특징

① 타액, 눈물, 뇨, 변을 통해 공기, 접촉 감염, 높은 폐사율
② 개과 동물, 족제비과 동물 감염

본 질병은 개와 늑대, 여우와 코요테 등의 개과 동물과 족제비, 밍크, 페렛 등의 족제비과 동물에 전염성이 강하고 폐사율이 높은 전신감염증이다. 눈곱, 소화기증상, 호흡기증상, 신경증상 등의 임상증상을 보이며 병이 경과하는데, 소수의 사례에서는 발바닥이나 코가 딱딱해지고 균열이 생기는 경우도 있다. 일반적으로 개과와 족제비과의 4~5개월령의 어린 동물 등이 많이 감염되며 임신한 모견이 홍역에 걸리는 경우에는 사산을 하거나 허약한 강아지를 분만하게 된다.

2) 증상

① **호흡기**: 노란 콧물과 눈곱, 결막염, 발열, 기침
② **소화기**: 식욕부진, 구토, 설사
③ **피부**: 피부각질
④ **신경**: 신경친화성 바이러스로 뇌 침투 시 후구마비, 전신성 경련 등 신경증상

흡입 감염된 canine distemper virus는 임파절을 통하여 혈류로 들어가 약 1주일간 증식하면서 바이러스혈증(viremia)을 일으킨다. 여기서 약 50% 정도는 10일 이내에 항체가 형성되면서 2~3일간 가벼운 식욕감퇴, 결막염, 발열 등의 증상을 일으키며 회복되는데 이를 1차 발증이라 한다. 바이러스에 노출된 후 14~18일 정도에 전신적인 증상(발열, 의기소침, 식욕감퇴, 침 흘림)과 호흡기증상(혈액화농성 안루, 비루, 기침), 소화기증상(구토, 설사, 체중감소, 탈수증)을 보이며 폐사에 이른다. 간혹 보이는 두부의 경련 및 마비, 껌 씹는 것처럼 보이는 이빨의 부딕침(chewing), 보행실조, 의식을 잃고 누워서 자전거 페달을 밟듯이 허공에 발을 휘젓는 증상(pedaling) 등의 신경증상은 바이러스가 뇌에 침입한 경우에 나타나는 증상으로서, 이러한 증상을 보이는 경우 예후가 좋지 않아 안락사를 시키는 것이 좋다. 다른 감염병과는 다른 특이사항으로는 홍역은 사람의 간질과 같이 발작하는 신경증상 시기를 제외하고는 식욕이나 다른 활동이 정상적으로 보이기 때문에 치료시기를 놓치는 경우가 많이 발생한다는 점이다.

3) 원인

Paramyxovirus 속의 Canine distemper virus가 원인체로서 혈청형은 한 가지이며, 눈물이나 콧물을 통한 공기 전파와 접촉 및 경구감염이 가능하다. 이 바이러스는 개과의 개, 여우, 이리, 너구리 및 족제비과의 족제비, 밍크, 스컹크, 페렛 등에 공통적으로 감염된다. 다행히 개 홍역은 사람에 전파되지는 않으며 사람의 홍역 원인체와는 다르다.

4) 치료: 수액, 면역촉진제, 수혈, 면역혈청

개 종합백신 DHPPL 예방접종이 최선의 방법이다. 완전하지는 않지만 유일한 예방법은 소독과 정상적인 예방백신을 사용하는 것뿐이다. 다만 평상시에 면역력을 높게 유지하기 위하여 풍부한 단백질과 비타민, 미네랄 결핍이 없도록 사양관리를 하면 큰 도움이 될 것이다. 증상에 맞는 진통제, 해열제, 대사촉진제, 소화제, 2차 감염을 예방하는 항균제와 손실된 체액을 보충해주는 아미노산+전해질 제제 등을 적절하게 사용하면서 에너지원을 지속적으로 보충해주는 방법을 택하면 좋은 결과를 가져올 수 있다.

(3) 개 코로나 바이러스 감염증(Canine coronavirus infection)

1) 특징: 높은 폐사율

개와 늑대, 여우와 코요테 등의 개과 동물과 족제비, 밍크, 페렛 등의 족제비과 동물에서 전염성이 강하고 구토와 설사를 주 증상으로 한다. 개 파보 바이러스 감염증과 유사하여 개 파보 바이러스와 감별 진단이 필요하다. 다행히 사람에 감염되지는 않는다. 분변을 섭취할 수 있는 불결한 장소에서는 소화기 감염이 쉽게 일어날 수 있다.

2) 증상

① 체온상승, 구토, 식욕부진, 탈수, 쇼크
② 파보장염과 비슷함

모체이행항체의 역가가 방어능력 이하로 떨어지는 4~16주에 주로 발병한다. 뚜렷한 임상증상이 나타나기 전의 초기 증상은 무기력, 발열, 식욕결핍이 나타나고 임상증상이 나타나는 시기(바이러스가 혈액 내에 나타나는 시기)에는 장점막 섬모의 괴사와 탈락으로 분비성 설사와 구토증상을 보인다. 파보바이러스에 비하여 열이나 혈액변의 발생은 약하게 나타나고, 때로는 복부 내 가스가 차서 통증을 보일 때도 있다.

3) 원인

개 코로나 바이러스(CCV, canine corona virus)이며 개과에 속하는 모든 동물에 감수성이 높다. 실온에서 병든 개의 분변 내에 있는 병원체는 6개월 이상 감염력을 가진다.

4) 예방 및 치료

개 코로나 바이러스 예방접종을 실시하는 것이 최선의 방법이다. 다른 바이러스 질병과 마찬가지로 철저한 예방이 우선이므로 대규모 사육이나 지저분한 시설에서는 소독을 철저히 하는 것이 최우선의 예방책이라고 할 수 있다. 또한 탈수에 대한 대책으로 전해질 제제를 투여하며, 세균의 2차 감염을 막기 위해 항균제를 투여하고, 면역증강제도 같이 투여하는 것이 좋다.

(4) 전염성 간염(Infectious Canine Hepatitis)·개과 동물(개, 여우, 늑대, 너구리) 감염

1) 특징: 오줌, 타액, 변으로 배출

본 질병은 개와 늑대, 여우와 코요테 등의 개과 동물과 족제비, 밍크, 페렛 등의 족제비과 동물에 감염되며 개의 홍역(canine distemper)과 유사한 증상을 나타내는 질병이다. 강아지 때 급사되는 경우를 제외하고는 사망률이 10% 정도로 가볍게 내과하는 경우가 대부분이며, 국내에서 판매되는 백신에 의하여 비교적 잘 방어가 되는 질병이다.

2) 증상

① 간 병변을 유발하는 심한 전신성 증상을 보일 수도 있음
② 자견-간염, 안구 각막 혼탁, 발열, 침울, 식욕감퇴, 구토, 설사, 복통
잠복기는 5일 정도 되며, 발병되면 고열이 나고 눈 점막의 충혈, 편도선의 부종, 그리고 구토나 설사가 발생될 수도 있다. 정도에 따라 황달이 나타나며 7일 정도 지나면 회복기에 들어가는데 이때 눈의 각막이 희게 또는 자줏빛으로 흐려지는 경우가 많으나 2차 감염이 없는 한 회복되면 자연히 맑아진다.

3) 원인: canine adenovirus type 1(CAV-1)

Canine adenovirus에 속하는 개 전염성 간염 바이러스(infectious canine hepatitis virus) 감염이 원인이다. 병든 개의 오줌을 통해 배출된 바이러스에 접촉하거나 바이러스의 경구감염으로 전파된다. 다행히 이 바이러스는 사람에 전파되지 않고, 사람의 감염 바이러스와는 종류가 다르다.

4) 예방 및 치료

개 종합백신 DHPPL 예방접종이 최선의 방법이다. 병성이 약한 질병이기 때문에 치료가 대체로 쉬우며 개의 체력보강과 소화·식욕촉진을 위해 대사촉진제의 사용과 소화제, 면역촉진제 등을 주사해 주면 도움이 된다. 그리고 2차 세균감염 방지를 위해 광범위 항균제를 병행하는 것이 현명한 방법이다. 예방 및 치료 시에는 동물의 몸에 직접 뿌릴 수 있는 전문 소독약제를 희석하여 동물과 견사 주위에 살포하면 방역에 큰 도움이 된다. 물론 최고의 예방법은 DHPPL 종합백신을 정확한 시기에 접종하는 것이 중요하다.

(5) 개 전염성 기관 기관지염

1) 원인

parainfluenza virus, Adeno virus

2) 특징

여러 마리가 한 공간에서 견사를 공유하는 환경에서 자라기 때문에 견사(Kennel)와 기침(Cough)이 합쳐진 켄넬코프라는 병명이 붙음

3) 증상

① 기관지염, 기관지패혈증
② 세균과 복합 감염: 고열, 폐렴
③ 2주 이상 계속되는 기침
④ 비강에서 고름과 같은 콧물

4) 치료

대증요법, 항바이러스제, 타미플루

(6) 파라인플루엔자(Canine parainfluenza infection)

1) 특징

① 감염된 개, 그릇, 침구뿐만 아니라 기침이나 재채기를 통해 감염
② 많은 수의 반려견이 일정 시간 동안 서로 가깝게 있는 경우 흔히 발생

2) 증상

① 건조하고 마른기침
② 발열 및 고온
③ 콧물, 재채기
④ 눈의 염증
⑤ 우울증, 무기력 및 식욕 감퇴

(7) 광견병(Rabies virus)

1) 특징

① 모든 온혈 포유동물에 감염되는 치명적인 법정 전염병으로서 사람이나 다른 동물을 물었을 때 타액을 통해 전파되는 인수공통전염병이다.
② 오소리, 너구리 등 야생동물이 감염되어 이 동물이 개나 소 등의 동물을 물어 광견병을 일으킬 수 있다.
③ 사람도 감염되면 치명적인 인수공통감염병으로 주의를 요한다. 광견병 바이러스를 가진 동물이 전염시킨다.
④ 야생 여우, 너구리, 박쥐, 코요테 등이 감염됨(설치류는 감염되지 않음)

⑤ 순서: 침 → 조직 → 근육 내 바이러스 복제 → 척수 내 중추신경계로 이동 → 뇌에 도달
⑥ 치사율: 100%

2) 증상

① 발열, 두통, 무기력, 식욕저하, 구토, 마른기침
② 경련이 생기며 음식을 거부함
③ 흥분, 불안, 우울, 침 흘림
④ 전신경련, 턱 마비, 혼수상태, 사망

전구기	36시간 정도 불안해하는 전구기 증상이 진행
광폭기	• 멀리 방랑하면서 다른 동물이나 개줄, 파이프 등과 같은 무생물을 물어뜯는 등 점차 광폭한 상태가 됨 • 눈의 충혈과 침을 흘리며 꼬리를 가랑이 사이로 밀어넣는 등의 광조기 증상을 나타냄
마비기	• 후구부터 마비증상을 보이기 시작하고 나중에는 인후두가 마비되어 쉰 소리를 내거나 먹이를 삼킬 수가 없게 되어 물을 먹을 때 심한 통증이 따르기 때문에 음식, 물을 거부하게 됨 • 물을 두려워하게 되는 것으로 보이기도 해서 '공수병'이라고 부름
말기	• 근육이 마비가 되어 입을 벌린 채 침을 흘리고 휘청거리다가 쓰러져 죽게 됨 • 대체적으로 발병일로부터 1주일 정도 만에 사망

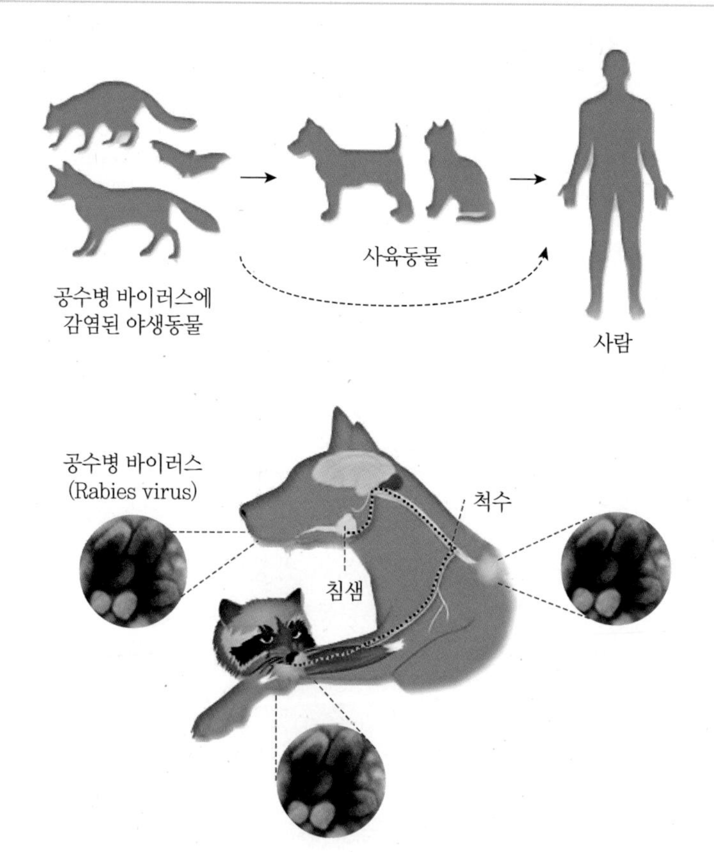

3) 원인

① 레오바이러스(Reo virus)에 속하는 광견병 바이러스(Rabies virus)

② 병 든 개의 타액 속에 있다가 상처나 공기, 점막감염으로 등으로 침투된 바이러스가 말초신경을 따라 중추신경계로 침범하여 신경증상을 일으킨다.

③ 바이러스가 침입한 부위에 따라 다르나 보통 15~25일 만에 발생하며, 경우에 따라서는 1년 후에 발병하는 경우도 보고된다.

4) 예방 및 치료

동물은 1년에 한 번 이상 광견병 백신을 접종하는 것이 최선의 예방책이다. 사람의 경우 만일 의심이 가는 개에게 물렸을 때에는 물린 부위의 피를 짜내고 즉시 비눗물로 세척한 후 병원이나 보건소에 가서 상담하는 것이 좋다. 사람을 문 개는 광견병 예방주사를 접종했는지를 반드시 확인한 후 일정한 장소에 10일 동안 입원시켜 광견병 여부를 확인한다. 광견병에 걸린 개는 1주일 이내에 죽게 되는 것이 일반적이기 때문에 10일이 경과해도 개에게 아무런 이상이 없으면 광견병은 의심을 하지 않아도 된다.

사독백신	3~4개월령 1차 접종 후 3~4주 후에 2차 보강접종을 하고 매년 동일한 방법으로 추가 접종함
생독백신	3~4개월령에 근육주사한 후 매년 1회씩 추가 접종함(국내에서 생산되는 백신은 모두 생독백신)

03 세균에 의한 개의 질병

병명	병원체	증상
개 전염성 기관기관지염 (켄넬코프)	Bordetella bronchiseptica	발열, 비즙, 건성 기침, 폐렴
살모넬라증	Salmonella spp.	• 자견에서 혈액, 점액성 설사, 발열, 구토, 식욕부진 • 성견에서는 1~2일간 심한 설사
캠필로박터증	Campylobacter jejuni. C.coli	장염, 설사(연변 ~ 혈액성 수양성변), 4개월 이하의 어린 견에서 발생
여시니아증	Yersinia Enterocolitica	점액성 혈액성 설사
부르셀라증	Brucella canis	태반염, 유산
파상풍	Clostridium tetani	순막노출, 심한 강직성 경련, 운동불능, 호흡곤란, 불빛과 음향에 대한 과민증

포도상구균증	Staphylococcus aureus	발열, 농즙이 형성됨. 구토, 식욕부진
라임병	Borrelia brugdoferi	관절염, 신경염, 발열
마이코플라즈마 감염증	Mycoplasma cynos	경도의 폐렴
렙토스피라증	Leptospira interrogans	• 황달성 출혈형: 황달, 혈색소뇨, 설사, 구토, 구내염 • 카니콜라형: 발열, 치은의 출혈, 요독증

(1) 개 전염성 기관 기관지염(켄넬코프, kennel cough)

1) 특징

개와 늑대, 여우와 코요테 등의 개과 동물과 족제비, 밍크, 페렛 등의 족제비과 동물에게 감염된다. 여러 마리가 한 공간에서 견사를 공유하는 환경에서 자라기 때문에 견사(Kennel)와 기침(Cough)이 합쳐진 켄넬코프라는 병명이 붙게 되었다.

2) 증상

① 기관지염, 기관지패혈증
② **바이러스와 복합 감염:** 고열, 폐렴
③ 2주 이상 계속되는 기침
④ 비강에서 고름과 같은 콧물

어린 강아지에게서 심한 증상을 나타내며 나이든 개에도 감염이 된다. 수양성 비루와 폭발적인 건성기침이 특징적이며 연속적인 기침 후에 구토가 뒤따른다. 목에 가시가 걸린 것처럼 켁켁거리며, 심한 경우에는 토하기도 하기 때문에 목에 가시가 걸린 것으로 잘못 판단하기도 한다. 초기에는 발열증상을 보이지 않다가 세균의 2차 감염이 이루어지면서 체온이 39~40℃까지 급속히 올라갔다가 정상화되며, 세균에 의한 폐렴이 유발되기도 한다.

3) 원인: Bordetell bronchiseptica

보데텔라 브롱키셉티카(Bordetella bronchiseptica) 세균이 관여해서 일어나는 급성호흡기 질병으로, Parainfluenza virus의 복합감염이 일어나 증상이 발생하는 것으로 알려져 있다. 번식장(kennel)과 같이 집단 사육하고 환기가 잘 안 되는 불결한 사육환경에서 키우는 개들의 경우에 집단적으로 발생한다.

4) 예방 및 치료: 대증요법, 항바이러스제, 타미플루

Kennel cough 예방접종이 최선의 방법이다. 의심되는 증상을 보이는 경우는 동물병원에 내원하여 치료를 받도록 한다.

(2) 렙토스피라증(Leptospirosis)

1) 특징

① 개, 고양이, 소, 말, 돼지, 설치류, 야생동물 등의 오줌을 통해 배설되어 흙, 지하수, 물, 논둑 등을 오염시켜 혈액 내 침투

② 9~10월 추수기, 집중호우, 홍수 시 농부, 군인, 복구 자원봉사자의 감염

1898년 이래 유럽 등지에서 많이 발생한 질병으로 갑작스런 고열, 오한, 황달 그리고 유산을 일으키는 등의 증상을 보인다. 사람에게도 전파되어 비슷한 증상을 보이는 인수공통전염병으로서 렙토스파이라 세균에 감염된 들쥐에 의하여 전파되는 질병이다.

2) 증상

① 초기: 두통, 눈 충혈, 근육통, 고열

② 중증: 신부전, 간부전, 전신 출혈, 황달, 폐출혈, 기관지염, 기관지패혈증

개의 경우에는 렙토스피라증의 주요 증상에 따라 출혈형과 황달형으로 나눌 수 있다. 출혈형의 경우 41℃ 이상의 발열과 심한 구토가 있으며 뒷다리의 통증으로 다리를 절뚝거리기도 한다. 병이 진행되면 구강점막에 궤양이 형성되고 출혈성 설사를 일으키면서 저체온이 되어 수일 내에 폐사에 이른다. 황달형의 경우도 비슷한 증상을 보이나, 간의 손상에 의한 황달증상을 보이는 것이 특징적이다.

3) 원인

Leptospira 세균인 '렙토스피라 케니콜라' 및 '렙토스피라 익테로헤모레지'라는 세균 감염에 의하여 발생한다. 주요 감염 경로는 렙토스파이라 세균에 감염된 쥐의 오줌에 의해 전파되며, 이 세균에 감염된 개나 소, 돼지와의 접촉도 원인이 된다. 또한 토양에 오염된 렙토스파이라 세균에 노출된 경우에 피부 상처 부위를 통하여 감염이 유발될 수 있다. 특히 주의해야 할 것은 사람에게도 감염되는 인수공통감염병으로서 두통, 결막염, 황달, 유산 등을 일으키므로 철저하게 예방을 하여야 할 것이다.

4) 예방 및 치료: 항생제(페니실린, 세프트리악손, 독시사이클린, 암피실린, 아목시실린)

개 종합백신 DHPPL 예방접종이 최선의 방법이다. 과거에는 치료가 어려운 병으로 알려졌으나 최근에 와서는 강력한 광범위 항균제가 개발되면서 치료가 용이하게 되었다. 의심되는 증상을 보이는 경우는 동물병원에 내원하여 치료를 받도록 한다.

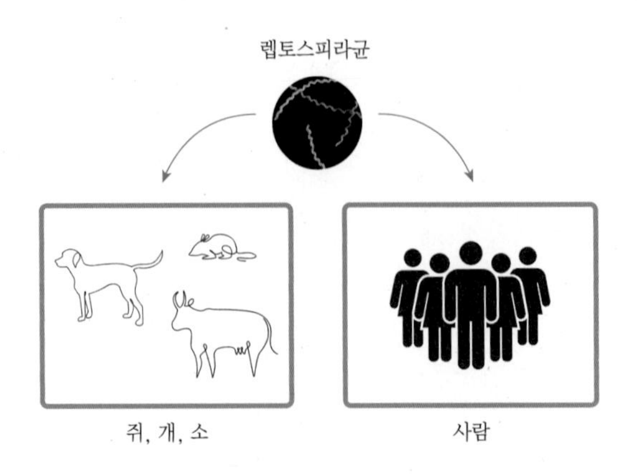

04 고양이 백신

3종 백신	• 고양이 전염성 비기관지염(FVR, Feline Viral Rhinotracheitis) • 범백혈구 감소증(FPL, Feline Panleukopenia) • 칼리시 바이러스(FCV, Feline Calci Virus) ⊙ 고양이 백혈병 바이러스(Feline Leukemia Virus)
2종 백신	• 고양이 백혈병(FeLV, Feline Leukemia Virus) • 호흡기 감염증(CH, Chlamydia)

05 고양이 전염성 질환

(1) 고양이 전염성 비기관지염(FVR, Feline Viral Rhinotracheitis)

원인	Herpesvirus(feline herpesvirus-1, FHV-1)
특징	고양이 감기
증상	• 호흡기, 소화기, 침 흘림 • 심하면 사망할 수도 있음

(2) 범백혈구 감소증(FPL, Feline Panleukopenia)

원인	파보바이러스(parvovirus)
특징	• 고양이 파보장염, 고양이 홍역(Feline Distemper)으로 불림 • 소장 염증 일으키며 전염성 높고 백혈구 급속도로 감소되는 바이러스성 장염 • 어린 고양이 주된 사망 원인 • 진행이 급속도로 빠른 질병

특징	• 감염된 고양이의 체액이나 배설물뿐만 아니라 감염된 고양이와 접촉이 있었던 사람, 물건, 음식에 의해서도 전염
증상	• 임신 고양이 유산, 사산 유발 • 발열, 구토, 혈변, 설사, 심한 탈수 증상

(3) 칼리시 바이러스(FCV, Feline Calici Virus)

원인	Feline Calici virus
특징	• 구강점막과 호흡기관에 감염 • 공기 중 바이러스 감염
증상	• 발열, 원기부족, 식욕저하, 눈물, 콧물 • 입안, 혓바닥 궤양, 침 흘림, 식욕부진

(4) 고양이 백혈병(FeLV, Feline Leukemia Virus)

특징	• 보균 상태 고양이와 접촉 시 감염 • 보균 상태 고양이의 경우, 진단시약으로 검사 후 접종(혈액 및 골수에 존재) • 골수에 침입하므로 적혈구, 백혈구, 혈소판 등을 만들 수 없게 됨 • 집안에만 있는 경우 접종하지 않아도 무관 • 어린 고양이의 주요 사망 원인
증상	• 체중 감소, 창백함, 빈혈, 부비동 감염, 태아 사산, 유산 • 임신 중 고양이: 새끼 고양이 소뇌 발육 부전

(5) 호흡기 감염증(CH, Chlamydia)

특징	• 면역 지속시간 짧음 • 예방 효과 부족, 어린 고양이 주된 사망 원인

(6) 전염성 복막염(Feline Infectious Peritonitis)

증상	• 복막염, 복수 • 가슴에 물이 고임 • 호흡곤란 • 식욕 부진, 고열

(7) 면역결핍증 바이러스(Feline Acquired Immunodeficiency Syndrome)

특징	Feline Immunodeficiency, Feline AIDS
증상	• 만성 구내염, 치은염(입안이나 잇몸이 짓무름) • 만성 상부 기도염 • 지속적인 임파절의 부종 • 만성 설사, 빈혈 • 기운이 없고 쇠약해짐

(8) 고양이의 클라미디아증(Feline Chlamydia)

특징	Chlamydia Psittaci 감염
증상	감염 시 고양이 결막염

CHAPTER 06 피부 질환

01 탈모

1) 증상

털이 빠지는 증상을 탈모증이라고 하는데, 먼저 털갈이에 의한 탈모와 질병에 의한 탈모를 구분해야 한다. 털갈이는 몸 전체적으로 털이 빠지는데, 주로 가볍고 부드러운 솜털이 빠져나온다. 질병에 의한 탈모는 주로 몸에 부분적으로 털이 빠지고, 가려움증을 느끼는 경우가 많다. 그리고 털이 빠진 부위가 헐거나 붉게 변하고 염증이 있으면 병적인 탈모이다.

2) 원인

탈모의 원인은 매우 다양하다. 기생충, 세균, 호르몬 장애, 곰팡이 등이 흔한 탈모의 원인이다.

3) 치료

정확한 원인을 알아내는 것이 중요하다. 질병에 따라 치료방법은 매우 다양한데, 가능한 초기에 진단하는 것이 좋으므로 빨리 병원에 가야 한다. 경우에 따라 피부 보조제 등으로 탈모를 예방할 수도 있다.

02 아토피

1) 특징

특정한 원인에 대한 과민반응으로, 1~3세 사이에 발생한다.

2) 증상

최근에는 개에게도 아토피가 많이 생기고 있다. 아토피는 특정한 원인에 대하여 과민반응을 보이는 것으로 피부의 가려움증과 호흡곤란과 같은 증상으로 난다. 가려움증으로 인해 피부 상처나 세균의 이차 감염이 발생할 수 있다. 대부분 개들은 호흡기 증상보다는 피부과 증상으로 아토피가 나타난다.

3) 원인

보통 한 살에서 세 살 사이에 발생하고, 유전적 원인이 대부분이다. 아토피의 알레르기를 일으키는 물질을 확인하면 치료와 예방이 가능하지만 원인물질을 확인하는 것이 쉽지는 않다. 집먼지 진드기도 큰 원인이 될 수 있고 벼룩이나 꽃가루 등 다양한 원인에 의해 알레르기 반응을 보인다. 피부에 아토피 증상이 있으면 피부 결합이 느슨해지고 약해져서 감염이 되기 쉽고, 수분도 잘 빠져나가기 때문에 건조해지게 된다.

4) 치료

알레르기의 원인이 되는 물질을 찾아서 그것들을 제거하고 이차적인 감염을 치료하면 증상이 호전되나, 그것에 다시 노출이 되면 언제든지 재발할 수 있다는 점을 알고 주의해야 한다. 알레르기를 일으키는 물질을 항원이라 하는데, 항원검사에 따른 원인물질을 확인하고 그 알레르기 반응을 줄여주는 항체요법을 동물병원에서 상담하는 것도 좋은 방법이다.

03 지루증

1) 증상

건성지루	건조한 비듬과 분비물이 피부에 많이 생기고 가려움
습성지루	끈끈한 점액이 묻어 있고 냄새가 남

2) 원인

다양한 원인이 있는데, 선천적인 경우와 기생충, 영양상의 문제, 아토피, 진균감염 등이 흔한 원인이다.

3) 치료

① 정확한 원인에 따른 치료
② 처방에 따른 약용샴푸 병행

원인에 따라 치료가 다르므로 정확한 진단을 먼저 해야 한다. 특히 약용샴푸들이 많은데, 함부로 사용하면 증상을 악화시키고 지루를 만들기도 한다.

04 말라세치아

1) 특징

코카스파니엘, 시츄, 말티즈, 푸들(이도 협착)에게 호발

2) 원인

① 식물성 곰팡이(Malassezia)
② 상재균이지만 환기불량, 습기로 인해 과증식
③ 면역력 저하
④ 창상: 포셉, 면봉 등

3) 증상

① 갈색 염증성 분비물
② 귓병, 발가락, 겨드랑이 부위가 붓거나 냄새가 남

4) 치료

곰팡이 배양 검사, 알레르기 검사, 항진균제 및 항생제

05 개선충(옴)

1) 특징

집단 사육 환경에서 전염될 수 있으며 극심한 소양감이 주요 증세이다.

2) 증상

① 극심한 가려움증
② 식욕부진, 체중감소
③ 이개족 반사
④ 각질, 탈모, 발적, 가피 형성, 피부가 헐고 염증 발생
⑤ 팔꿈치, 귀 끝, 배, 가슴: 등을 제외한 전신으로 퍼짐

개선충은 피부에 사는 외부 기생충인데, 매우 심한 가려움을 유발해 신경질적으로 긁어 대기도 한다. 특히 귀 끝을 손으로 가만히 누르면 뒷다리를 부르르 떠는 '이개족 반사'가 특징이다. 자주 긁기 때문에 비듬이 많이 생기게 되고 피부가 헐고 염증이 생긴다.

3) 원인

옴(scabies)이 피부에 굴을 파고 침, 배설물을 분비하여 가려움증을 유발한다. 보통 지저분한 곳이나 집단 사육하는 환경에서 여러 마리의 강아지가 같이 지내면서 전염되는 경우가 많다.

4) 치료

① 주사(7일 간격 3주)
② 항지루성 샴푸, 항생제, 소염제
옴의 치료제는 다양한 형태로 여러 가지가 있다. 주사, 샴푸, 연고, 바르는 약 등 여러 가지 제제가 있으며, 치료기간은 상태에 따라 다르지만 보통 3주 정도 걸린다. 사람에게도 감염이 될 수 있는데, 여자와 어린아이들이 특히 민감하게 반응한다. 최근에는 등에 바르는 약으로 개선충을 예방하고 있다.

06 모낭충

1) 특징

모낭에 기생하는 진드기로 어린 강아지에게 많이 발생한다.

2) 증상

① 다리 끝, 얼굴 주변 탈모를 시작으로 전신 탈모
② 홍반, 간지러움, 통증, 지루, 농피, 패혈증
③ 특유의 비린내, 심한 염증
모낭충은 모낭에 사는 외부 기생충이다. 탈모가 주된 증상이고, 주로 다리 끝이나 얼굴 주변에 자주 발생한다. 개선충에 비해 가려움증은 별로 없지만 모낭충 특유의 피부 비린내가 나고 심한 염증을 일으키게 된다.

3) 원인

① 유전적 원인
② 면역력 저하, 호르몬 문제
③ 2차 세균감염 일으킴
④ 안면, 발에서 시작해 전신 감염되기도 함
모낭충은 유전되기도 하며 보통 면역이 약한 개들에게 발생한다. 감염이 쉽고 다른 이차적 경로로 세균감염을 일으키게 된다.

4) 치료

발견 즉시 치료하면 완치되지만 온몸에 퍼진 경우 치료되지 않을 수 있다.

07 벼룩 알레르기

1) 특징

벼룩에 의해 알레르기가 일어나면 매우 심한 가려움증을 보인다. 특히 아랫배 부위에 빨간 반점이 생기고 털이 빠지는 증상이 나타난다.

2) 증상

① 작은 발진이 3~4개 연달아 주로 보임
② 가려움, 딱지, 빈혈, 촌충 감염

3) 원인

① 야외 활동, 잔디, 야생동물 접촉 시 벼룩 감염
② 혈액을 빨아먹는 작은 기생충
벼룩은 가려움증뿐만 아니라 빈혈과 리켓치아 질병을 옮기기도 한다.

4) 치료

옴과 같이 벼룩을 예방하는 구충제를 한 달에 한 번씩 발라주면 된다.

CHAPTER

07 소화기계 질환

01 식도의 질환

(1) 식도염(Esophagitis)

식도염은 식도에 생긴 염증을 의미함. 식도염은 식도의 운동성을 변화시키고 하부 식도괄약근의 기능 이상을 유발하여 위식도역류(gastroesophageal reflux, GER)를 쉽게 일으키고 식도염의 증상을 악화시킴. 식도염이 악화되면 식도협착(esophageal stricture)으로 이어짐

원인	• 소화액(위산, 펩신, 트립신, 담즙산 등) 혹은 화학물질(세제, 내복약 등)에 의한 점막 손상 – 위식도역류 및 지속적인 구토 – 마취: 전 마취제 및 마취 도입제 중 일부는 하부 식도괄약근의 긴장도를 완화시킴 – 화학적 손상: 고양이에서 doxycycline(항생제의 한 종류) • 해부학적 이상: 식도열공탈장(hiatal hernia)(단두종)에서 위식도 역류를 유발함 • 외상: 식도 이물 등
증상	• 침 흘림(침과다증, ptyalism), 음식물을 먹고 토출하거나(역류, regurgitation) 혹은 구토(vomiting)함 • 삼킴통증(odynophagia): 음식을 먹지 않거나 삼킬 때 통증을 보임
진단	환자의 이력(장기간의 구토 혹은 마취 후 삼킴 곤란 증세)과 함께 치료약에 대한 반응으로 진단함. 내시경 검사 시 식도 점막의 출혈과 궤양 소견을 확인할 수 있음
치료	• 내복약 – 위식도 역류를 억제하기 위해 하부 식도괄약근 긴장도 강화 약물을 사용하거나 위가 비어있도록 위장관 운동 촉진제를 투여함 – 위산의 분비를 억제하는 약물과 위점막보호제를 급여하여 위산 역류로 인한 식도 손상을 방지함 • 식이: 부드럽고 소화가 잘되는 식이를 소량씩 자주 급여함 • 예방: 마취 전 금식을 지키고 약 급여 후에는 소량의 물(5~10ml)을 급여함

구토 vs 역류

- 구토와 역류는 음식물이 식도를 거쳐 입 밖으로 나오는 과정이기 때문에 유사하게 보일 수 있으나 서로 다른 질병을 시사하므로 구분이 필요함
- **구토**(vomiting): 위와 소장으로부터 소화 중인 음식물이 식도를 통해 능동적으로 분출되는 과정임. 구토를 보이기 전에는 오심(메스꺼움, nausea), 구역질(retching)을 보이며 입을 쩝쩝거리거나 핥는 행동을 보임. 또한 구토 시에는 복부근육이 강력하게 수축하는 것을 확인할 수 있으며 구토 내용물은 담즙을 포함하기도 함
- **역류**(regurgitation): 음식물이 식도를 거슬러서 수동적으로 배출되는 증상. 따라서 구토에서 보이는 메스꺼움 등의 전구증상과 횡격막이나 복부 근육의 수축을 보이지 않음

(2) 거대식도증(Megaesophagus)

거대식도증은 식도 근육층이 약해져 식도가 넓어진 상태를 의미함. 식도는 두 층의 근육으로 구성되어 있으며 음식물의 삼키면 연동운동을 통해 음식물을 위로 이동시킴. 그러나 거대식도증에서는 식도의 기능 이상으로 정상적인 연동운동이 어려워 음식물이 위까지 잘 운반되지 않으며 음식물의 정체 및 오연으로 인한 질병이 발생할 수 있음

원인	• 선천적(congenital) 거대식도증: 신경근육반사(neuromuscular reflex)의 이상 • 후천적(acquired) 거대식도증 – 신경 및 근육의 이상: 자율신경기능 이상, 중증 근무력증 등 – 대사성 질환: 갑상선기능저하증 등 – 식도 폐쇄: 하부 식도 조임근 기능 이상, 우대동맥궁잔존증 등
증상	침을 삼키지 못해 침을 흘리거나 음식물을 먹고 고개를 숙이면 음식물이 역류(regurgitation)함. 이 과정에서 음식물의 일부가 폐로 들어가 오연성 폐렴을 유발하며 이때 기침(cough)을 보임
진단	조영제를 사용하여 흉부 방사선 검사를 실시함. 또한 방사선 검사를 통해 오연성 폐렴의 여부를 함께 확인하며 이외에 거대식도증을 유발한 원인에 대한 진단검사를 실시함
치료	• 식이 급여: 목이 높은 자세로 식이 급여 후 위로 넘어갈 때까지 자세 유지(5~10분)함. 소량의 식이를 여러 번에 걸쳐 제공하며 가장 적합한 형태(캔, 고체, 미트볼, 죽형 등)로 식이를 급여함 • 음식물의 역류 시 식도의 손상이 적도록 위장관운동 촉진제와 위산 분비 저하제를 투여함

(3) 식도이물

① 식도이물이란 식도에 이물질이 정체되어 있는 질병으로 흔한 이물의 종류로 뼈 간식, 낚시용 미끼가 걸린 낚시 바늘 등이 있음

② 식도이물은 식도 점막을 손상시켜 식도염을 일으키며 때로는 식도 협착으로 이어질 수 있으며 날카로운 물질에 의해 식도가 천공되면 종격염, 흉막염, 기흉 등을 유발할 수 있음. 또한 기도를 자극하여 기침을 유발하거나 기도를 압박하여 호흡을 방해할 수 있음

증상	• 음식물이 역류하거나 침을 흘리며, 물은 마시지만 고체로 된 음식은 먹지 못함. 또한 음식물을 삼킬 때 통증을 보임 • 식도 천공 시 합병증으로 인한 무기력, 식욕절폐, 발열 등의 전신증상을 보임 • 기도 자극으로 인한 기침과 호흡 곤란 증상을 보임
진단	환자의 이력과 경부 및 흉부 방사선 사진을 통해 식도이물을 진단함
치료	• 내시경 혹은 수술을 통해 이물을 제거하고 식도이물에 의한 합병증을 치료함 • 이물 제거 후 식도 자극으로 인한 식도염의 증상 유무를 확인함

02 위의 질환

(1) 위염(Gastritis)

위염은 위벽에 생긴 염증을 의미함

원인	무분별한 식이(상하거나 날 음식, 독성 물질 섭취, 과량의 식이 급여), 위내 이물에 의해 발생하며 때로는 내복약에 의해 위염이 발생하기도 함. 이외에도 전신질환에 의해 위염이 이차적으로 발생할 수 있음
증상	• 구토를 특징적으로 보이며 구토에 혈액이 섞여있기도 함 • 복통과 식욕저하, 무기력 증상을 보이며 심한 구토 시 탈수를 동반함
치료	• 급성 위염은 2~3일간의 대증치료에 호전적이나 만성 위염에서는 기저질환에 대한 감별 검사 및 치료가 필요함 • 식이: 24시간 절식 후 소화가 잘되고 지방함량이 적은 식이를 소량씩 여러 번에 걸쳐 급여함

(2) 위확장염전(Gastric dilation and volvulus)

① 위확장염전은 위에 가스가 차고 위가 꼬여서(염전, torsion) 위의 배출로가 막히게 되는 응급 질환임

② 위가 커지고 꼬이면 주위에 있는 혈관을 누르게 되는데, 대정맥(몸 순환 후 심장으로 돌아가는 혈관)을 압박하여 정맥환류(venous return)가 감소하고 심박출량이 떨어짐. 더불어 위 혈관의 순환을 방해하여 위점막의 손상과 함께 괴사와 천공이 발생하기도 함

③ 위장관점막의 손상으로 세균과 균독소가 혈액 중으로 전위(translocation)되어 혈압과 심박출량이 감소하여 저혈량성 쇼크(hypovolemic shock)가 나타남

원인		• 좁고 깊은 흉강을 가진 대형견: 그레이트댄, 저먼셰퍼드, 와이머라너, 세인트버나드 등 • 스트레스, 겁먹은 상황에서 식이 급여 시 발생함 • 식이를 하루 한 번 급여하거나 한 번에 많은 양을 빠르게 섭취하는 경우, 높은 위치의 그릇에서 밥을 먹거나 건식만 급여하는 경우 발생 가능성이 높음
증상		• 갑작스런 복부 팽창과 복부 통증을 보임 • 구토, 헛구역질(retching), 침과다증(ptyalism), 허탈(collapse) 등의 증상을 나타냄
진단		• 임상증상과 함께 복부방사선 사진을 통해 위의 확장과 염전 여부를 진단함 • 환자 상태 평가를 위한 혈액검사를 실시함
치료	응급처치	• 정맥 내 수액처치를 통해 순환혈액감소증(hypovolemia)을 개선하고 1) 구강 – 위 삽관(orogastric intubation), 2) 투관(trocarisation, 굵은 바늘을 찔러 위 안의 가스를 빼내는 처치)을 통해 위 내 압력을 낮춰줌 • 수액 처치를 통해 전해질을 교정하고 수술적으로 위를 제자리로 되돌려줌. 위확장염전으로 인한 합병증(예 복막염)이 발생한 경우 이를 치료함
	식이 급여	• 하루에 소량씩 여러 번(2번 이상) 식이 급여 • 급식 시 편안한 환경 조성 및 식사 후 격렬한 운동 지양 • 높은 밥그릇에서 급식 피하기 • 건식 사료 단독급여 피하기(캔사료 등 섞어주기)

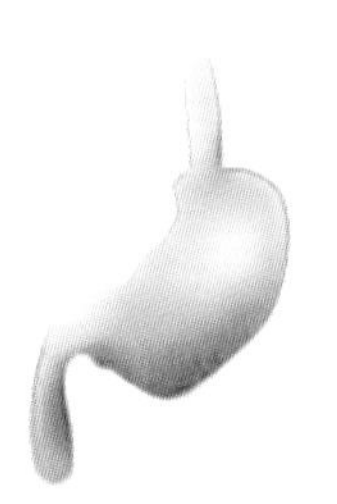
정상적인 위

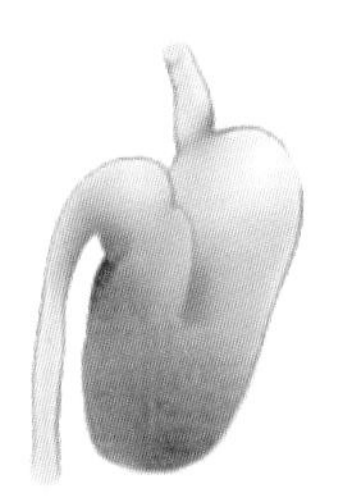
식도가 꼬이기 시작하고 유분무가 위쪽으로 올라감

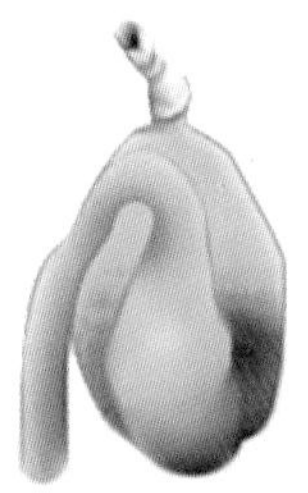
위가 꼬이고 유분부가 반대방향으로 이동함. 위에 가스가 차면서 팽창됨

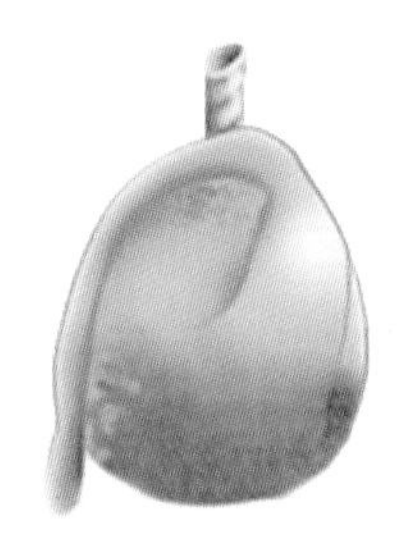
위로 가는 혈관이 압박됨

위로 가는 혈류가 감소하여 위 조직이 괴사됨

[위확장염전의 발생과정]

(3) 위장관 이물(Gastrointestinal foreign body)

① 동물이 먹으면 안 되는 물건을 섭취하여 위와 장이 폐쇄되는 질환을 위장관 이물이라고 함. 이러한 물건으로 실, 장난감, 목줄, 옷, 막대기, 뼈 등이 있음

② **증상**: 증상은 위장관의 폐쇄 정도, 폐쇄 부위, 기간 그리고 이물의 종류에 따라 다양하게 나타남. 주된 증상으로는 구토, 식욕부진, 복부통증, 탈수, 설사 등이 있음. 위와 장의 천공이 동반될 때는 복막염과 패혈증으로 인해 사망할 수 있으며 간혹 독성을 나타내는 이물(예 납, 아연 등) 섭취 시 환자에게 관련 증상을 유발할 수 있음

③ **진단**: 혈액검사, 흉·복부 방사선 검사(±조영검사), 초음파검사

④ **치료**: 내시경 혹은 소화관 절개를 통한 이물 제거, 장 조직의 손상이 동반되는 경우 괴사된 장 부위의 절제 및 장문합 진행

03 장의 질환

(1) 장염

① 장은 소장(small intestine)과 대장(large intestine)으로 구분되며 음식물이 통과하는 순서에 따라 다음과 같이 구성됨

소장(작은창자)	십이지장(샘창자, duodenum), 공장(빈창자, jejunum), 회장(돌창자, ileum)
대장(큰창자)	맹장(막창자, cecum), 결장(잘록창자, colon), 직장(곧창자, rectum)

② 장은 음식물의 소화와 흡수를 담당하는 소화관임. 소장과 대장에 염증이 일어나면 이를 장염(enteritis)이라고 부름. 장염의 가장 흔한 원인으로는 무분별한 식이가 있지만 그 외의 다양한 질환에서도 장염을 유발할 수 있으므로 장염이 만성적으로 지속되는 경우 기저 질환에 대한 감별이 필요함. 장염은 소화과정에 중요한 장기(이자, 간, 쓸개 등)의 이상과도 관련이 있음

원인	• 무분별한 식이 • 감염성: 바이러스(파보바이러스, 코로나바이러스) 감염증, 기생충 감염증 등 • 염증성 장질환(Inflammatory bowel disease) • 위장관의 종양 • 독성 물질: 식물, 세제 등 • 그 외: 당뇨, 갑상선기능항진증, 췌장염, 장의 이물, 장중첩 등
증상	• 장염 환자는 설사(diarrhea)와 구토를 특징적으로 보임 • 위장관의 출혈이 동반되는 경우 혈액이 섞인 구토를 보이거나 검은색 변(흑변, melena, 소화된 혈액이 섞여 검은색으로 보임) 혹은 선혈이 섞인 변을 눔 • 심한 구토와 설사로 인해 탈수 증상이 나타나며, 이외에도 식욕 저하, 체중감소, 복부통증 등의 증상을 보임

진단	• 증상에 대한 이력(식이 급여, 독성 물질 섭취, 다른 개 혹은 사람과의 만남, 백신 여부, 구토와 설사의 지속기간, 설사의 양상)과 함께 신체검사를 진행함 • 설사의 원인을 찾기 위해 분변검사(도말검사, 키트검사 등)와 혈액검사, 복부 방사선검사 및 초음파 검사 등을 실시함
치료	• 원인 질환에 대한 치료와 함께 대증치료를 실시함. 단순장염은 대증 치료에 반응이 좋지만 만성 장염의 경우 기저질환 감별 및 치료가 병행되어야 함 • 수액 처치를 통해 탈수 및 전해질을 교정. 환자의 구토를 억제하기 위해 항구토제를 처방함 • 식이: 24시간 절식 후 소화가 잘 되고 지방 함량이 적은 식이를 소량씩 여러 번에 걸쳐 급여함. 처음 급여 시 소량만 급여하며 점점 식이량을 늘려감. 질병에 따라 알맞은 처방식을 급여함 • 전염성 질환의 경우 병원 내 감염 혹은 동거동물의 감염 예방을 위해 환자를 격리함

TIP **소장성 설사 vs 대장성 설사**

증상	소장성 설사	대장성 설사
변의 횟수	평소와 동일 or 약간 증가	증가
배변 곤란, 뒤무직	없음	있음
변의 점액	드묾	흔함
혈변	드묾	흔함
흑변(검은변)	있음	없음
변의 량	증가함	평소와 유사함
변의 경도	수양성~묽은 변	묽은 변~반고체
체중 감소	있음	드묾
구토	있음	드묾

(2) 위장관폐쇄(Gastrointestinal obstruction)

① 위장관은 근육으로 이루어진 관형 소화장기로 위의 유문부(pylorus) 혹은 장 내강이 부분적으로(때로는 완전히) 막히는 질환을 위장관폐쇄라고 함

② 위장관이 폐쇄되면 소화기능이 저하되고 가스와 소화물질이 폐쇄 부위 앞에 축적되어 구토를 유발함

원인	위장관 폐쇄는 위확장염전, 위/장 내 이물, 장중첩, 종양, 협착 등에 의해 발생함. 어린 동물에서는 주로 이물(장난감, 비닐, 실 등)에 의해 발생하며 특히 고양이는 혀에 가시가 있어 실과 같은 선형이물을 삼키는 경우가 많음. 나이든 동물에서는 종양에 의한 위장관폐쇄 발생 빈도가 높음
증상	구토, 식욕저하, 무기력, 복부 통증을 보임. 위장관이 부분적으로 폐쇄되면 모호하거나 간헐적으로 증상이 나타남

진단	복부 촉진과 복부방사선검사 및 복부초음파검사를 통해 진단함. 실이나 비늘과 같은 것은 x-ray상 관찰할 수 없기 때문에 조영검사를 통해 진단하기도 함. 위 이물에 의한 위장관폐쇄가 의심될 경우 위 내시경 등을 통해 진단함
치료와 예방	• 구토로 인한 탈수 및 전해질 불균형을 교정함 • 외과 수술 혹은 위내시경을 통해 위장관의 폐쇄 원인을 제거함. 장문합 수술 이후에는 절식하며 12시간 이후 식이를 급여함 • 내복약으로는 위장관 보호제, 위장관운동 촉진제, 항구토제, 항생제 등을 처방함 • 예방: 어린 강아지는 이물(장난감, 비닐 등)에 의한 위장관 폐쇄가 많으므로 이물을 섭취하지 않도록 주의함

(3) 장중첩

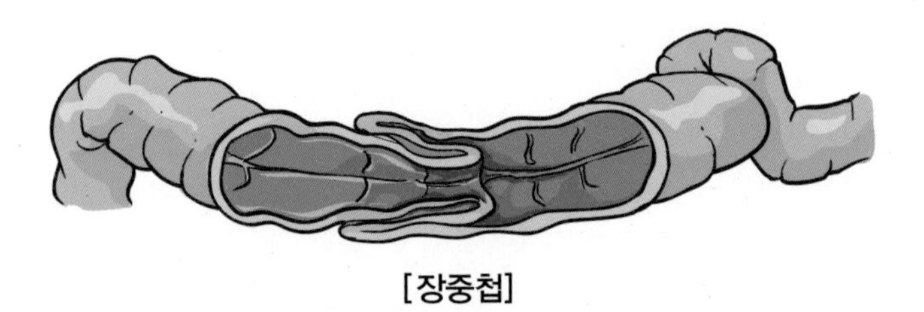

[장중첩]

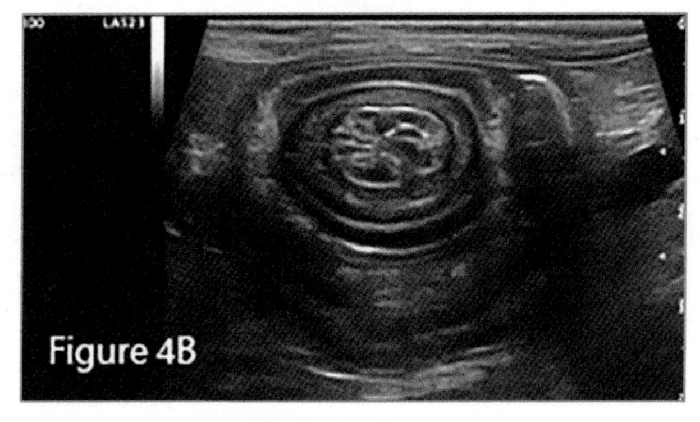

[과녁상(target sign)]

장은 길이가 긴 근육성 관 구조물로 장의 일부분이 다른 부위로 말려 들어가는 것을 장중첩이라고 함. 장이 중첩되면 장의 운동성이 변화하며 장이 부분적으로 혹은 완전히 폐쇄되며, 혈액공급이 저하되어(허혈, ischemia) 장벽의 괴사 혹은 천공이 유발될 수 있음. 이때 장 내용물이 복강으로 새어나오면 복막염(peritonitis)을 유발함

원인	어린 개체에서 감염성 위장관염에 의해 이차적으로 장중첩이 발생하며 이외에도 이물, 종양 등에 의해 발생함
증상	• 설사, 혈변(hematochezia) • 구토, 식욕저하, 무기력, 체중감소

진단	• 복부 촉진 시 복강의 덩어리(mass)가 만져짐 • 복부방사선(+조영검사) 혹은 초음파 검사를 통해 장 중첩을 확인할 수 있음 • 초음파검사 시 장이 중첩되어 과녁상(target sign)이 나타남
치료	• 중첩된 장 부위를 수술적으로 교정함 • 장의 허혈 및 괴사가 진행된 경우 해당 부위를 절제하고 장문합을 실시함 • 이외에 환자 상태 개선을 위해 수액처치 및 합병증을 치료함

04 그 외의 질환

(1) 췌장염

① 췌장은 배 안의 위와 인접하여 위치한 중요 장기임. 췌장은 소화 효소를 분비하며, 호르몬을 분비하여 포도당대사에 관여하고 혈당을 조절함

② 췌장에 염증이 생기면 이를 췌장염(pancreatitis)이라고 함. 췌장염이 진행되면 췌장 소화효소들이 복강 내에 새어 나와 간, 담낭, 장 등 인접한 복강장기를 손상시키며, 염증이 심화되면 췌장의 괴사뿐만 아니라 전신적인 합병증을 일으킴

③ 몇몇 동물에서는 급성 췌장염이 회복된 후 재발이 지속되기도 하는데 이를 만성 췌장염이라고 함

원인	• 무분별한 식이(지방이 풍부한 식단), 고연령, 비만 • 지방 대사의 이상(고지혈증) • 췌장으로 혈액 공급 저하 • 복부 외상 • 내분비질환: 당뇨, 부신피질기능항진증, 갑상선기능저하증 등 • 고칼슘혈증: 림프종, 만성신장질환, 암종 등
증상	• 메스꺼움(오심, nausea)과 함께 구토(vomiting)와 설사를 보임 • 환자는 심한 복부통증을 보이며 앞다리를 앞으로 빼고 엉덩이를 치켜든 기도하는 개 자세를 취하기도 함 • 환자는 식욕이 없고 무기력한 모습을 보임
진단	• 임상증상과 함께 신체검사 시 복부의 강한 통증을 호소함 • 혈액검사: cPL(canine pancreatic lipase) 농도가 상승함 • 복부방사선 및 초음파 검사를 통해 췌장염을 진단함
치료	• 대증치료: 복부통증 완화를 위한 진통처치, 항구토제, 수액처치를 통한 탈수 및 전해질 교정을 실시함 • 지방 함량이 적은 처방식을 소량씩 여러 번에 걸쳐 급여함 • 그 외 췌장염으로 인한 합병증 및 기저질환을 치료함

TIP **cPL, fPL**

- 리파아제(lipase)는 지방을 소화하는 효소로 췌장 외분비샘에서 생성됨
- 리파아제는 소장으로 분비된 뒤 활성화되지만, 급성 췌장염에서는 배 안과 혈액 중으로 새어나가므로 혈액 중 췌장 특이적 리파아제(pancreatic-specific lipase) 농도가 증가함
- 개에서는 cPL(canine pancreatic lipase), 고양이에서 fPL(feline pancreatic lipase)가 증가하면 급성 췌장염을 의심할 수 있음

(2) 간염

① 간은 복부의 앞쪽(cranial)에 위치한 적갈색의 장기로 신체에서 다양한 기능을 담당함

- 에너지 대사: 포도당을 글리코겐 형태로 저장, 비탄수화물로부터 포도당 합성, 지질 대사
- 단백질 합성: 알부민을 비롯한 혈장단백질, 혈액응고 인자 등을 합성
- 탐식 작용: 손상된 적혈구, 이물질, 병원체 등 탐식
- 약물, 독성물질 해독작용 및 배설: 체내에 독성을 띠는 암모니아를 요소로 전환
- 담즙 생성
- 호르몬 균형 유지

② 간에 염증이 생기는 질환을 간염(hepatitis)이라고 함. 간염 초기에는 증상을 보이지 않지만, 염증이 지속되면 간 손상 후에 흉터(반흔)가 생기면서(간 섬유화, hepatic fibrosis) 점점 간이 딱딱해지는 간경화(cirrhosis) 및 간 부전(hepatic failure)으로 이어짐

원인	• 감염성: 렙토스파이라 감염증, 전염성개감염증 등 • 면역 매개성 질병 • 내복약에 의한 간 손상 • 구리 배설 장애로 인한 간염: 베들링턴 테리어, 웨스트 하이랜드 화이트 테리어 등

증상	• 간염 초기에는 증상이 없음
	• 간염이 지속되면 무기력, 체중 감소, 구토 및 식욕부진, 설사, 황달 등의 증상을 보임
	• 간 경화증(cirrhosis), 간 부전(hepatic failure)에서는 다음과 같은 증상을 보임
	  - 복수로 인한 복부팽만
	  - 간성뇌병증(hepatic encephalopathy)으로 인한 신경계증상
	  - 응고계 이상으로 인한 출혈

진단	• 신체검사와 함께 혈액검사, 요검사, 응고계검사, 복부 방사선 검사, 초음파 검사 등을 통해 간 염증의 원인을 진단함 • 때로는 간 조직을 채취하여(간 생검, biopsy) 조직검사를 의뢰하기도 함
치료	• 수액처치를 통해 부족한 체내 부족한 물질(포도당, 응고인자 등)을 공급함 • 간염에 의한 합병증을 치료: 위궤양(gastric ulceration), 간성 뇌병증 등 • 기저 질환 치료: 면역매개성 간염(면역억제제), 구리 대사 이상(-구리/+아연 사료 변경) • 간의 회복과 추가 손상을 막기 위해 간 보호제, 항산화제 등을 급여함 • 간부전 시 응고계 이상으로 지혈이 잘 안 되기 때문에 간 생검 후 출혈 여부를 확인함

(3) 지방간

지방간이란 간세포에 지방이 축적되어 간의 기능이 저하된 질병으로 사람에서는 알코올에 의한 지방간이 흔하지만 고양이에서는 사람과는 다르게 2~3일간의 절식에 의해 주로 발생하는 질환임

원인	• 고양이는 영양분의 공급이 부족해지면 체내 지방을 분해하여 에너지를 빠르게 생성함. 이 과정에서 간의 지방 처리 능력에 과부하가 걸려 간세포에 지방이 축적되며, 간 기능이 떨어지게 됨 • 고양이 지방간은 중년령의 고양이, 암컷고양이, 비만고양이에서 잘 발생함. 스트레스 상황, 다른 질환 발생에 의해 식욕이 떨어져 갑작스럽게 음식을 먹지 않는 경우 발생함 • 지방간은 발병 후 빠르게 치료하면 예후가 좋지만 그렇지 않을 경우 치명적일 수 있음
증상	• 식욕부진 및 체중감소 • 위장관계 증상: 변비, 설사, 구토 • 간 이상으로 인한 신경계증상: 의식저하, 침과다증(ptyalism), 경련, 비틀거림(ataxia) • 황달(icterus)
진단	임상증상 및 절식에 관한 이력, 혈액검사상 간담도계 수치 이상, 복부 방사선 및 초음파 검사를 통해 지방간을 진단함
치료	• 적극적인 영양을 공급함. 지방간 환자는 대부분 자발 식이를 보이지 않기 때문에 수액을 통한 영양공급 혹은 피딩튜브(feeding tube, 예 코식도튜브)를 이용하여 영양을 공급함. 식이 공급 첫 날에는 휴식기 에너지 요구량(resting energy requirement, RER)의 25~33%부터 수회에 걸쳐 공급하여 점차 급여량을 늘림 • 환자의 식욕저하를 유발한 원인 질환을 치료함

(4) 항문낭 질환

① 항문낭은 2개의 항문 괄약근[속항문괄약근(internal sphincter muscle), 바깥항문괄약근(external sphincter muscle)] 사이에 위치한 주머니성 구조물로 항문의 양쪽에 자리잡고 있음

② 항문낭의 안쪽은 피부기름샘(sebaceous gland)과 땀샘(apocrine gland)으로 덮여 있어 독특한 냄새를 가진 갈색 액체를 생산함

③ 정상적으로 동물이 배변 시 가해지는 압력에 의해 항문낭액이 배출되나 항문낭액이 배출되지 않고 항문낭에 축적되거나(항문낭 매복, anal sac impaction), 항문낭에 염증(항문낭염, anal sac sacculitis) 혹은 농양(항문낭농양, anal sac abscess)이 발생하면 불편함과 통증을 유발함

④ 항문낭 질환은 고양이보다 개에서 호발하며 15kg 이하의 소형견(미니어쳐푸들, 토이푸들, 치와와 등)에서 자주 발생함

원인	지루성 피부질환(seborrheic disorders), 무른 변, 설사, 비만
증상	• 스쿠팅(scooting, 엉덩이를 바닥에 대고 긁는 행동), 항문 주위를 씹거나 핥으려는 행동, 꼬리 쫓는 행동을 나타냄. 때로는 항문 주위 통증으로 앉거나 꼬리 들기를 꺼려함 • 뒤무룩(tenesmus, 배변하더라도 시원하지 않고 뒤가 묵직한 느낌), 배변 시 통증을 보임
진단	• 임상증상과 신체검사로 진단함 • 항문낭이 가득 차 있거나 염증으로 인해 항문낭 주위로 발적이 있으며 때로는 항문낭이 터져 있음 • 항문낭 주위 촉진 시 통증을 나타냄
치료	• 항문낭 매복의 경우 항문낭액의 배출을 통해 증상이 개선됨 • 항문낭염, 항문낭농양에서는 항문낭의 배출 및 세척이 필요하며 때에 따라 감염에 대한 치료가 필요함 • 항문낭염증이 재발하는 경우 항문낭 절제 수술을 고려할 수 있음 • 식이: 식단에 섬유소를 추가하거나 사료 변경을 통해 무른 변을 개선함

CHAPTER 08

근골격계 질환

01 개와 고양이의 주요 뼈대와 관절

① 뼈대는 뼈와 연골 및 특화된 결합조직(힘줄, 인대) 등으로 구성

② 뼈대 계통의 기능
- 몸을 지지하고 장기를 보호
- 근육의 부착점이 되어 근육과 함께 운동 수행
- 칼슘 등의 미네랄을 저장
- 골수의 조혈기능

③ 개와 고양이의 주요 뼈대: 머리뼈(두개골), 아래턱뼈(하악골)

척추뼈	목뼈, 등뼈, 허리뼈, 엉치뼈, 꼬리뼈
앞다리뼈	어깨뼈, 상완뼈, 노뼈와 자뼈, 앞발목뼈, 앞발허리뼈, 앞발가락뼈
뒷다리뼈	골반, 넙다리뼈, 무릎뼈, 정강뼈와 종아리뼈, 뒷발목뼈, 뒷발허리뼈, 뒷발가락뼈

④ 개와 고양이의 주요 관절

앞다리	어깨관절, 앞다리굽이관절, 앞발목관절
뒷다리	엉덩관절, 무릎관절, 뒷발목관절

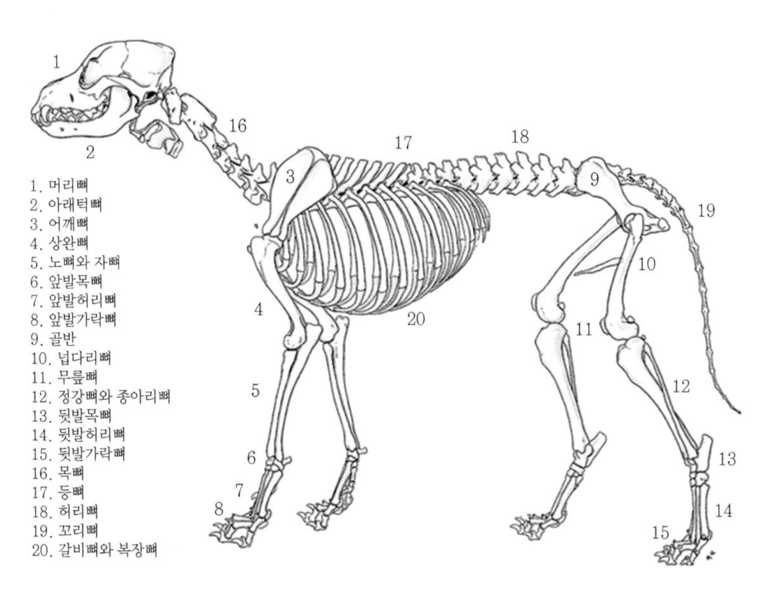

[개의 주요 뼈대]

02 골절

① 뼈는 단단한 조직이지만 기저질환(사료의 이상, 호르몬 이상, 뼈의 종양 등)에 의해 뼈가 약해지거나 외부의 충격(교통사고, 낙하)으로 인해 부러질 수 있음
② 이처럼 뼈의 연속성이 완전 혹은 불완전하게 소실된 상태를 골절이라고 함
③ 어린 동물에서는 골절에 의해 성장판이 손상될 수 있으며 추후 뼈의 길이 성장이 방해되어 골 변형이 나타날 수 있음

증상	• 갑작스러운 파행과 통증을 보임 • 손상된 다리가 붓고 멍이 듦(타박상) • 교통사고에 의한 골절 시 골절 부위 외에 외상에 의한 기타 증상이 함께 나타남
진단	• 방사선 검사를 통해 골절 부위에 대한 검사를 실시하며 골절 안정화를 위한 마취 전 평가를 실시함 • 특히 외상의 경우 환자 평가를 위해 활력징후를 포함한 신체검사와 장기의 손상을 함께 확인함
치료	• 골절을 치료하기 위해 뼈의 제자리로 정렬시키고 손상된 관절 표면을 재건함. 골절 부위에 새로운 뼈가 생성될 때까지 뼈가 움직이지 않도록 다양한 고정방법을 이용함 • 골격 고정 방법 – 외부 고정: 석고붕대(cast), 부목(splint) – 수술적 고정: 골수공간내침(intramedullary pin), 맞물림못(interlocking nail), 철사(wire), 긴장띠(tension band), 뼈판(bone plate)과 나사(screw) • 운동 제한 • 4~6주 후 방사선 검사를 통해 골절 치유를 확인함
합병증	지연유합, 부정유합, 불유합, 감염, 사지의 단축, 신경 손상 등

03 골관절염

① 관절(joint)은 2개 이상의 뼈가 서로 연결되어 경첩과 같은 역할을 담당하는 부위임
② 관절염은 여러 가지 원인에 의해 관절 부위에 통증이 나타나는 질환으로 발병 부위나 원인에 따라 다양하게 분류됨. 그중 관절을 오랫동안 사용하여 관절 연골이 점차적으로 손상되고 관절강이 좁아지면서 통증을 유발하는 질환을 골관절염(osteoarthritis) 혹은 퇴행성 관절염(degenerative joint disease, DJD)이라고 함

증상	• 걷거나 뛰는 것을 꺼려함 • 운동 혹은 긴 휴식 후 파행(절뚝거림)을 보이거나 뻣뻣한 걸음걸이를 보임 • 관절염이 심한 경우 다가가거나 손상 부위를 만지면 과민한 반응을 보이기도 함 • 고양이의 경우 그루밍이 감소하거나 움직이기 힘들어 화장실 밖에서 용변을 보기도 함
악화 요인	• 비만 • 과도한 운동 • 관절을 불안정하게 하는 질환: 고관절이형성증, 십자인대 단열 등
진단	• 환자의 정보와 문진 • 신체검사와 보행검사 – 뻣뻣하거나 토끼 뛰는 듯한 걸음걸이(bunny hopping)를 보임 – 관절 부위 촉진 시 통증과 염발음을 보이며 관절이 불안정하고 가동범위가 감소함 – 관절이 비후되거나 아픈 다리의 근육을 쓰지 않아 근육이 위축됨 • 방사선 검사(X-ray) • 관절 삼출액 검사 등
치료	• 골관절염을 유발하는 기저질환의 수술적 교정 • 내복약: 관절의 통증과 염증 감소 • 체중관리 • 환경관리: 미끄럼 방지를 위한 카펫 설치, 음식 혹은 화장실에 쉽게 갈수 있도록 환경 마련 • 운동: 목줄 및 하네스를 착용한 가벼운 산책, 수영 등의 저강도 운동 • 체중 관리 • 영양제: 오메가-3지방산, 글루코사민(glucosamine), 콘드로이틴(chondroitin) 등

윤활관절(synovial joint)

- 가장 일반적인 형태의 관절로서 비교적 자유로운 범위의 운동이 가능함
- **윤활관절의 구조**
  - 뼈의 마찰을 줄여주는 관절연골
  - 뼈 사이의 공간인 관절강
  - 관절의 윤활 역할을 하는 윤활액과 윤활액을 분비하는 윤활막
  - 윤활막을 둘러싸는 질긴 섬유로 된 관절주머니
  - 주변에서 관절은 안정적으로 움직이고 지탱하는 구조(힘줄, 인대, 근육)

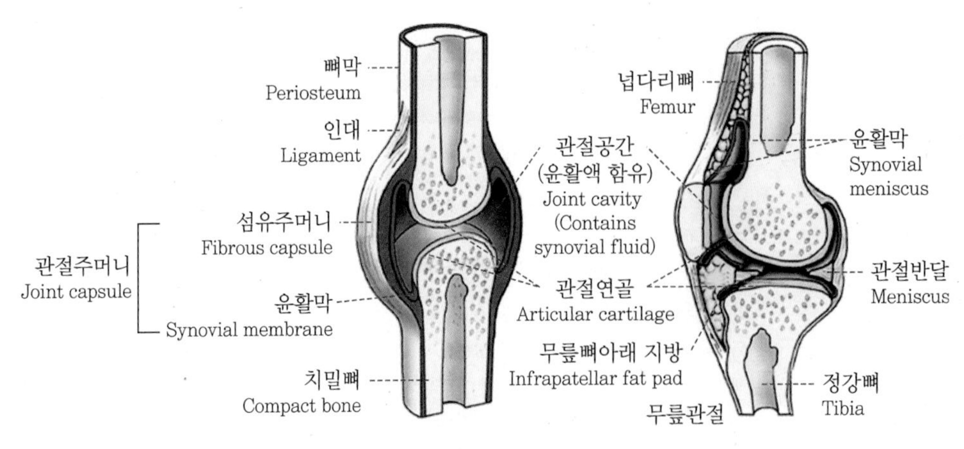

[윤활관절의 구조]

04 십자인대단열

① 무릎관절(stifle joint)에는 관절의 전후방 및 내외측 안정성을 유지하기 위한 4가지 인대가 있음

- 앞십자인대(crucial cruciate ligament)
- 뒤십자인대(caudal cruciate ligament)
- 안쪽 곁인대(medial collateral ligament)
- 가쪽 곁인대(lateral collateral ligametnt)

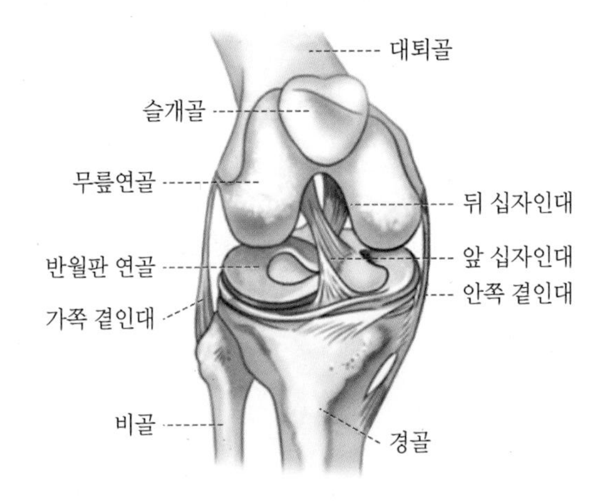

[십자인대의 구조]

② 앞십자인대는 정강뼈(경골, tibia)가 앞쪽으로 전위되는 것을 방지하는 인대로 십자인대의 퇴행성 변화와 외부의 충격에 의해 앞십자인대가 부분적으로 혹은 완전히 파열되는 질환을 앞십자인대 단열(cranial cruciate ligament rupture)이라고 함

③ 앞십자인대가 파열되면 관절의 비정상적인 전방 전위가 반복되어 관절 사이의 반월상 연골이 손상되며 관절연골이 비정상적으로 마모되어 퇴행성 관절염이 발생하기도 함

증상	• 한쪽 혹은 양쪽 뒷다리의 파행(운동 후 악화되며 휴식 후 개선되는 양상을 보임. 급성 파행의 경우 다리를 들고 있지만 만성화되면 걸을 때 다리를 딛거나 서있을 때 체중을 부하하지 않음) • 영향 받은 다리는 바깥쪽으로 회전되며 걸을 때 더 많이 굽혀짐 • 손상받은 무릎 관절주머니가 붓기도 함
진단	• 뒷다리의 파행과 함께 신체검사와 방사선 사진을 통해 진단함 • 앞십자인대 단열 검사: 앞쪽 미끄러짐 검사(cranial drawer test), 정강뼈압박검사(tibial compression test) 앞쪽 미끄러짐 검사 (cranial drawer test) 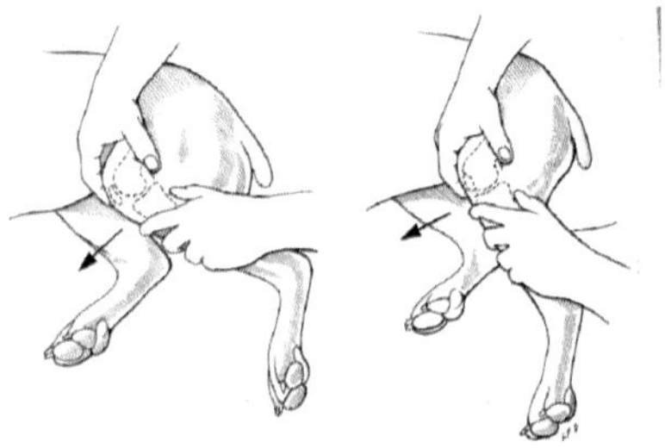 / 정강뼈 압박 검사 (tibial compression test) 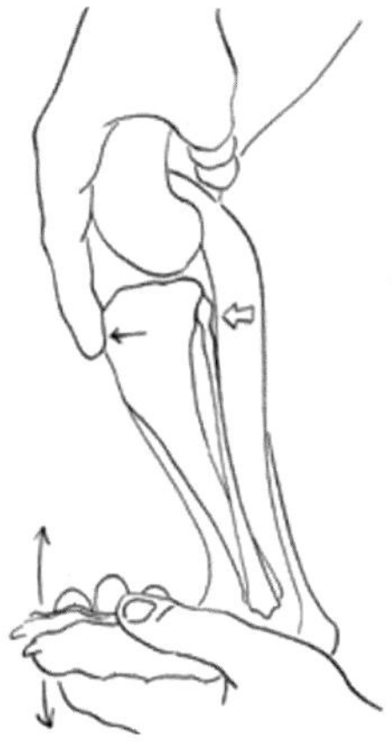
치료	• 수술적 치료: 반월상 연골의 손상 치료, 앞십자인대의 기능과 유사한 인공 인대 생성, 체중을 지탱할 때 정강이뼈의 변위가 최소화 되도록 무릎관절의 뼈 사이 각도를 변화시킴 • 내복약: 염증 및 통증 완화 약물 • 수술 이후 재활치료 • 체중감량

05 슬개골탈구

① 슬개골(무릎뼈, patella)은 허벅지 앞쪽의 근육과 정강이뼈를 이어주는 역할을 담당함. 슬개골은 넙다리뼈(femur)의 원위부에 위치한 V자 모양의 넙다리뼈 활차구(도르래고랑, femoral trochlear groove)와 닿아있는데, 무릎을 구부리거나 펴면 슬개골이 대퇴구의 활차구 안에서 앞뒤로 미끄러지며 관절의 움직임을 원활하게 해줌

② 슬개골이 활차구의 이상 혹은 외상에 의해 넙다리뼈의 활차구에서 이탈하게 되는 것을 슬개골 탈구(patellar luxation)라고 함. 슬개골이 안쪽으로 빠지는 경우를 내측탈구, 바깥쪽으로 빠지는 경우를 외측탈구라고 함. 개에서는 슬개골 내측탈구가 외측탈구에 비해 흔하게 발생함

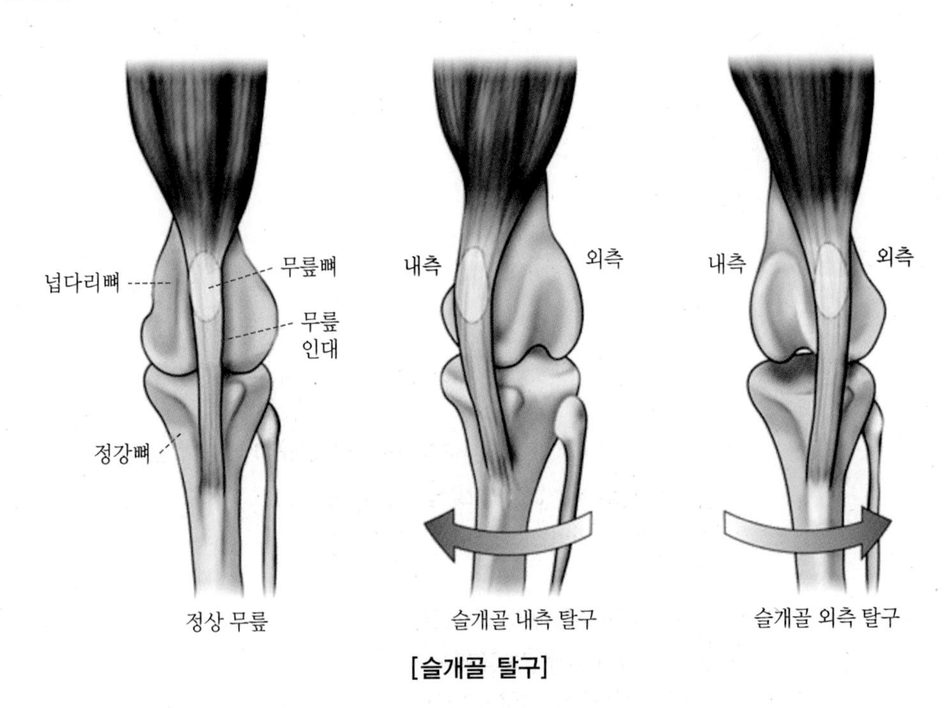

[슬개골 탈구]

③ 슬개골 탈구는 소형견에서 주로 발생하며 성장 중에 시작되어 일생동안 점진적으로 진행됨. 슬개골 탈구가 있는 경우 무릎관절의 안정성이 떨어져 앞십자인대 단열 등의 무릎질환의 위험성이 있음

진단	• 환자 정보 및 문진 • 환자의 보행 평가 • 신체검사: 슬개골 및 무릎관절의 불안정성 확인, 십자인대 단열 여부 함께 확인 • 방사선 검사(X-ray)

치료	• 슬개골 탈구로 인한 무릎관절의 불안정성은 무릎뼈의 관절을 마모시키므로 파행 증상을 보이는 환자에서 수술이 권장됨. 다양한 방식의 수술을 통해 무릎뼈를 도르래고랑 안으로 환원시킴 예 안쪽 근막 이완술, 도르래 쐐기 또는 블록 절제술, 정강뼈 능선 치환술, 가쪽 중첩술 등 • 통증과 염증 완화를 위한 약물 • 재활치료 및 체중조절

TIP **슬개골 탈구의 단계와 걸음걸이**

1단계	정상 관절 운동 중 자연탈구가 드물며 대부분 제자리에 위치함
2단계	무릎뼈가 제자리에 있으나 활차구를 벗어나고 돌아오기를 반복함. 슬개골이 활차구 가장자리에 지속적으로 부딪히기 때문에 통증을 호소하며 간헐적인 깡총거림을 보임
3단계	무릎뼈가 대부분 탈구되어 있으며 인위적인 힘을 가하면 원래 위치로 돌아옴. 다리뼈와 관절의 이상이 동반됨. 환자는 간헐적인 깡총거림에서 체중을 지지할 수 있는 파행까지 다양한 걸음걸이를 보임
4단계	무릎뼈가 항상 탈구되어 있으며 인위적인 힘을 가해도 원래 위치로 되돌릴 수 없음. 다리뼈와 관절이 이상이 현저하게 관찰됨. 환자는 무릎관절을 펼 수 없고 뒷몸통의 1/4이 구부린 자세로 걸음

06 고관절탈구

① 고관절(엉덩관절, hip joint)은 둥근 공 모양의 넓적다리뼈 머리 부분(대퇴골두, femur head)과 골반뼈의 절구(관골구, acetabulum) 사이에 형성된 관절로 골반과 다리를 연결함

② 낙하 혹은 교통사고 등의 외상에 의해 넙다리뼈 머리가 골반뼈의 절구에서 벗어난 것을 고관절 탈구라고 함. 고관절 탈구에서는 일반적으로 넙다리뼈의 머리가 골반의 앞등쪽(craniodorsal)으로 변위됨

증상	• 외상 후 체중을 싣지 않는 파행을 보임 • 앞등쪽엉덩관절 탈구에서는 발이 몸 안쪽으로, 무릎이 바깥쪽으로 회전된 전형적인 자세를 보임
진단	• 보호자의 문진 • 환자의 보행 평가 • 뒷다리 및 골반의 신체검사: 탈구되지 않은 쪽과 비교하여 엉덩뼈능선의 앞등쪽 부위(craniodorsal iliac spine), 궁둥뼈결절(ischiatic tuberosity), 넙다리뼈의 큰돌기(greater trochanter)의 위치를 확인함. 고관절탈구에서는 좌우 넙다리뼈 큰돌기가 비대칭으로 촉진됨 **고관절 탈구 환자에서 신체검사 시 촉진 부위** 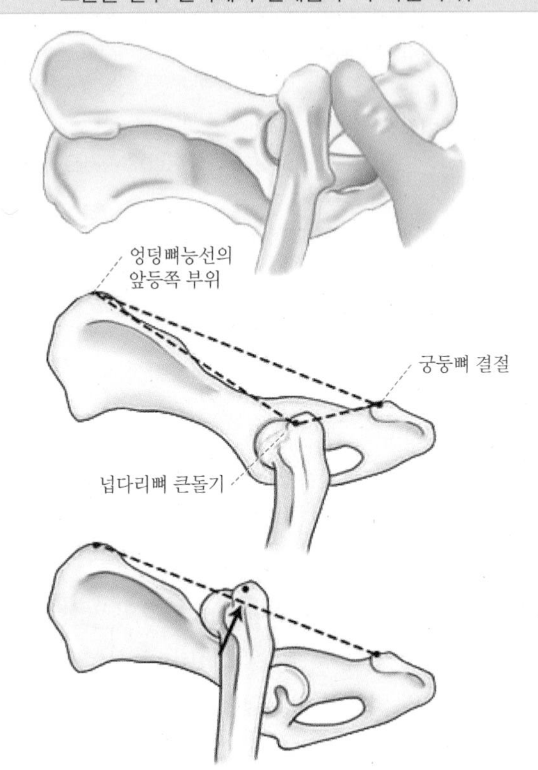 • 수술을 위한 마취 전 평가 • 고관절의 방사선 검사

치료	• 엉덩관절의 급성 탈구 시 폐쇄 조작을 통해 절구 안으로 넙다리뼈 머리를 되돌려 놓거나 외과수술을 통해 정복 후 안정화시킴. 엉덩관절의 조기 정복이 중요함. 고관절 탈구 혹은 아탈구가 만성화되는 경우 넙다리뼈머리와 목절제술 혹은 전체엉덩관절 치환술을 통한 수술적 치료를 고려함 • 뒷다리 안정화를 위한 붕대(Ehmer slings)를 통해 뒷다리에 체중이 실리는 것을 방지함 • 통증과 염증 완화를 위한 약물 처치 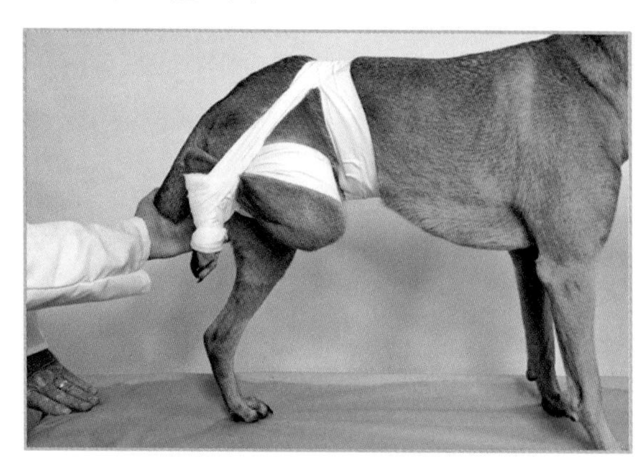 [Ehmer sling]

07 고관절이형성증

① 고관절 이형성증(hip dysplasia)은 고관절의 비정상적 발달로 인해 고관절 내 넙다리뼈 머리가 부분적으로 빠져 있는(아탈구, subluxation) 질환임

② 이러한 환자에서는 고관절의 절구의 패임이 얕거나 넙다리뼈 머리 부분이 편형하여 골반뼈와 잘 맞물리지 않음

③ 생후 5~10개월령 증상을 보이기 시작하며 이후 시간이 지나면서 증상이 완화됨. 나이가 들면서 뼈관절염을 유발하며 다시 통증을 유발함

원인	• 대형견에서 유전적 요인 • 어린 수컷에서 중성화 수술 • 성장 중 과도한 영양 섭취에 의해 빠른 체중 증가 및 과성장
증상	• 한쪽 혹은 양쪽 다리의 파행 • 토끼가 뛰는 듯한 걸음걸이(bunny hopping gait) • 휴식 후 일어나기 힘들어하고 움직이기 꺼림 • 영향 받은 다리 근육을 사용하지 않아 근육이 위축됨

진단	• 환자의 정보, 문진 및 보행검사 • 신체검사 – 엉덩관절을 젖히거나 가쪽으로 벌리는 동안 통증 호소 – 골반 근육조직의 발육 부진 – 오토라니검사(ortolani test) • 방사선검사 – OFA(Orthopedic Foundation for Animal) 검사: 2년령 이상에서 진단 가능 – Penn Hip 검사: 4개월령 이상에서 진단 가능
치료	• 보존치료: 휴식 및 운동제한 후 재활치료 • 수술적 치료: 어린 개체에서는 자견두덩뼈결합고정술(juvenile pubic symphysiodesis, JPS), 골반뼈자름술(pelric osteotomy)을 고려할 수 있으며 그 이후에는 전체엉덩관절 치환술(total hip replacement, THR), 넙다리뼈머리와 목 절제술(femoral head and neck ostectomy, FHNO)을 고려할 수 있음 • 통증과 염증 완화 약물 사용 • 체중조절

CHAPTER 09

내분비계 질환

01 내분비계와 호르몬

(1) 호르몬

① 호르몬: 몸의 기관이나 조직을 자극하여 각 기관이 특정한 활동을 하도록 유도하는 화학 물질
② 호르몬은 몸의 특정기관에서 분비되어 혈액을 통해 표적기관으로 운반됨
③ 내분비: 몸의 특정기관이 혈액으로 호르몬을 분비하는 것
④ 내분비샘: 호르몬을 만들고 분비하는 기관

(2) 개의 주요 내분비샘

① 뇌하수체(pituitary gland)
② 갑상샘(thyroid gland)
③ 부갑상샘(parathyroid gland)
④ 이자(pancreas)
⑤ 난소(ovary)와 고환(testes)
⑥ 부신(adrenal gland)

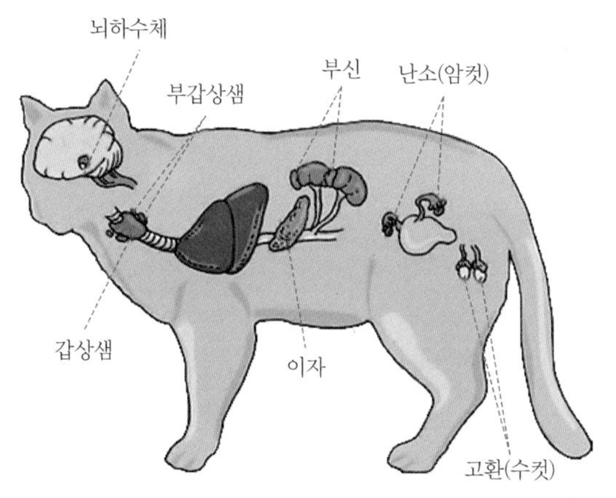

[개와 고양이의 주요 내분비샘]

02 이자의 호르몬과 질환

(1) 이자와 인슐린

① 이자는 배 안에서 샘창자(십이지장, duodenum)와 위에 인접한 장기로 소화효소를 만들어서 샘창자로 분비하는 외분비기능과 호르몬을 분비하는 내분비 기능을 모두 가진 혼합샘임

② 이자가 분비하는 대표적인 호르몬에는 인슐린(insulin)이 있음

③ 인슐린은 높은 혈당에 반응하여 분비되어, 다음과 같은 작용을 통해 혈당을 낮추는 역할을 함

- 에너지를 생산하기 위해 혈중 당의 세포 흡수를 증가시킴
- 체내 동화 작용 조절: 당을 글리코겐 형태로 저장함. 단백질과 지방의 합성을 증가시킴

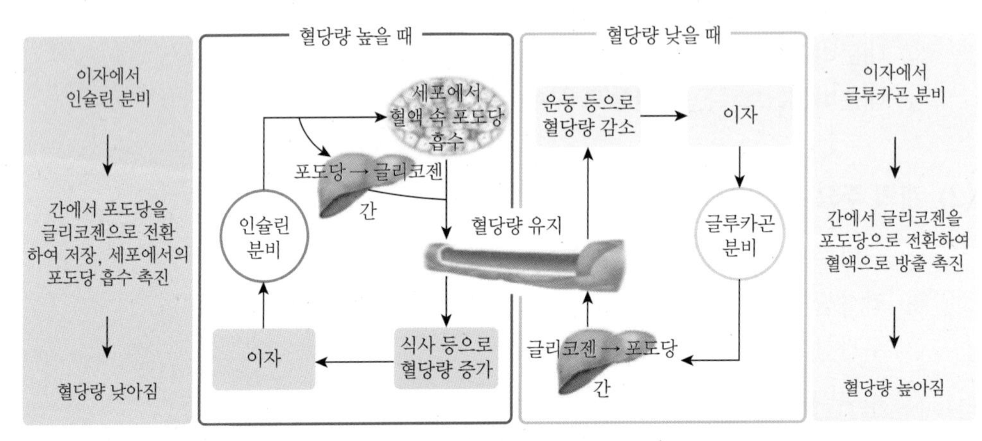

[이자의 혈당 조절 기전]

(2) 당뇨병(Diabetes mellitus)

당뇨병은 다양한 원인에 의해 인슐린이 부족하거나, 인슐린 저항성이 생기는 질병

① 인슐린이 부족하면 당이 세포 안으로 흡수되지 못하고 혈액 중 당의 농도가 높아짐. 혈당이 일정 수준을 넘어서면 남은 당들은 오줌을 통해 몸 밖으로 배출되는데, 삼투압에 의해 오줌량이 증가하므로 개는 수분을 보충하기 위해 계속 물을 마시게 됨

② 인슐린이 부족한 경우 대사를 통해 에너지를 생산하지 못하고 지방과 단백질이 축적되지 않아 체중이 감소하게 되며, 체내의 지방을 분해하여 에너지를 생성하게 되므로 이 과정 중 케톤체라는 유해물질이 만들어짐. 당뇨병이 진행되는 경우 케톤체가 많아지면서 당뇨병성 케톤산증을 유발함

원인	• 발병 연령: 중년령~고연령에서 호발 • 인슐린 분비 감소: 췌장염 등 • 인슐린 저항: 비만, 발정 휴지기의 암컷 개(프로게스테론), 내분비 질환(부신피질기능항진증, 갑상선기능항진증 등) 약물(스테로이드 등)에서 인슐린의 작용이 방해됨
증상	• 물을 많이 마시고(다음, polydipsia) 오줌을 많이 눔(다뇨, polyuria) • 밥을 많이 먹지만(다식, polyphagia) 체중은 감소함 • 당뇨병성 케톤산증에서는 무기력, 식욕저하, 허약, 구토, 탈수 등의 증상을 나타냄
진단	• 당뇨병의 특징적인 임상증상과 함께 혈당이 증가한 경우 진단됨 – 정상 혈당: 80~120mg/dl • 때로는 당뇨병 환자에서 정상 범위 내 혈당이 나타날 수 있으므로 일정한 기간 동안 평균적인 포도당 농도를 검사하기 위해 아래의 항목을 검사함 – 프럭토사민(fructosamine): 1~3주간 혈중 포도당 농도 – 당화혈색소(glycosylated hemoglobin): 약 2~3달간 혈중 포도당 농도 • 이 외에도 요검사, 혈액검사 등을 실시함
치료	• 인슐린 투여 • 식이 조절 및 체중 유지 • 당뇨병을 유발하는 기저 요인을 제거하거나 치료: 발정 휴지기에 유발된 당뇨 환자에서는 중성화 수술이 지시되며, 스테로이드를 장기 투여한 환자는 스테로이드 약물을 천천히 감량하면서 증상 개선을 관찰함

03 갑상선의 호르몬과 질환

(1) 갑상선 호르몬

① 갑상선(thyroid gland)은 목의 배쪽 부위에 위치한 내분비샘으로 뇌하수체에서 분비되는 갑상선 자극 호르몬의 신호를 받아 갑상선 호르몬을 분비함

② 갑상선 호르몬은 음식으로부터 흡수한 요오드에 의해 만들어지며 대표적인 갑상선 호르몬에는 티록신(Thyroxine; T4), 삼요오드티로닌(Triiodothyronine; T3)이 있음

③ 갑상선 호르몬은 우리 몸의 기초 대사와 성장발육을 조절함

- 갑상선 호르몬 多: 영양분의 대사가 촉진, 열이 발생, 체중 감소, 심장이 빠르게 뜀
- 갑상선 호르몬 少: 대사가 감소, 추위 많이 탐, 식욕 저하, 정신 활동 저하

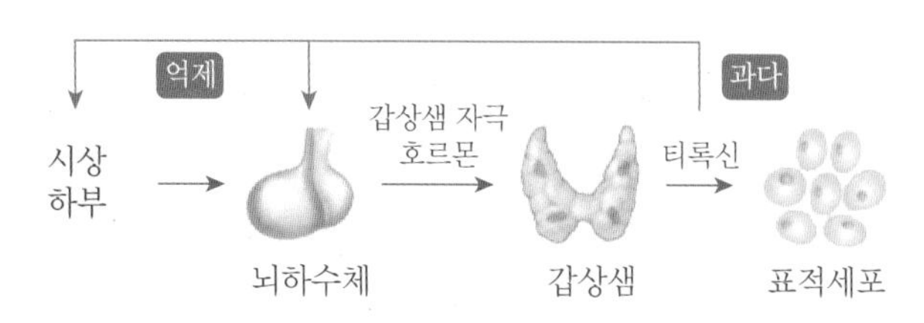

[갑상샘 호르몬의 형성]

(2) 갑상선기능항진증

갑상선기능항진증은 갑상선 호르몬이 과도하게 분비되는 질환으로 나이 든 고양이에서 주로 발생함

원인	갑상샘의 증식 혹은 종양
증상	• 식욕이 왕성한데 체중이 감소하며 털이 푸석푸석함 • 물을 많이 마시고(다음, polydipsia) 오줌을 많이 눔(다뇨, polyuria) • 구토, 설사 등의 소화기 증상을 보임 • 교감신경이 항진되어 호흡과 심박이 빠르고 흥분된 모습을 보임 • 대사 증가로 몸에 열이 발생하여 시원한 곳을 찾아다니기도 함
진단	중년령의 환자에서 임상증상을 보이는 경우 혈청 total thyroxine(T4) 농도 및 갑상선자극호르몬(TSH)의 농도를 측정함
치료	• 갑상선호르몬 생성을 억제하는 내복약을 복용함 • 요오드가 제한된 처방식을 급여하면 갑상선 호르몬 농도가 감소함 • 갑상선 종양의 경우 수술적으로 갑상선 제거하고 갑상선호르몬 약을 투여함 • 이 외에 방사선 요오드 치료 등의 방법을 사용함

(3) 갑상선기능저하증

갑상선기능저하증은 갑상선 호르몬이 부족해서 유발되는 질환으로 중년령의 개에서 많이 발생함

원인	• 갑상선의 염증 및 위축 • 갑상선자극호르몬(TSH)의 분비 이상 • 의인성: 고양이에서 갑상선기능항진증의 치료로 인해 발생하기도 함
증상	• 대사가 감소하여 체중 증가, 무기력, 활동량이 감소하고 추위에 민감하며 의식이 둔해짐 • 피부병이 잘 발생하고 털이 대칭성으로 빠지고 모발이 가늘어짐 • 갑상선 기능 저하증 환자는 무발정기가 지속되고 성욕이 감소함
진단	중년령의 환자에서 임상증상을 보이는 경우 혈청 total thyroxine(T4), free T4 농도 및 갑상선자극호르몬(TSH)의 농도를 측정하여 진단함
치료	갑상선 호르몬 대체제(levothyroxine)를 복용함

04 부신피질의 호르몬과 질환

(1) 부신피질의 호르몬

① 부신(adrenal gland)은 신장의 머리 쪽(cranial)에 위치하며, 부신의 바깥층을 피질, 안쪽을 수질이라고 함

② 뇌하수체에서 분비된 부신피질자극호르몬(ACTH)에 의해 여러 가지 스테로이드 호르몬을 분비함

글루코코르티코이드 (당류코르티코이드)	스트레스 호르몬의 일종으로 스트레스 상황에서 신체 반응을 유도하고 체내 혈당 조절, 항염증 작용을 담당함 예 코르티솔
미네랄코르티코이드 (염류코르티코이드)	신체의 수분과 전해질을 조절하며 혈압 조절에 관여함 예 알도스테론

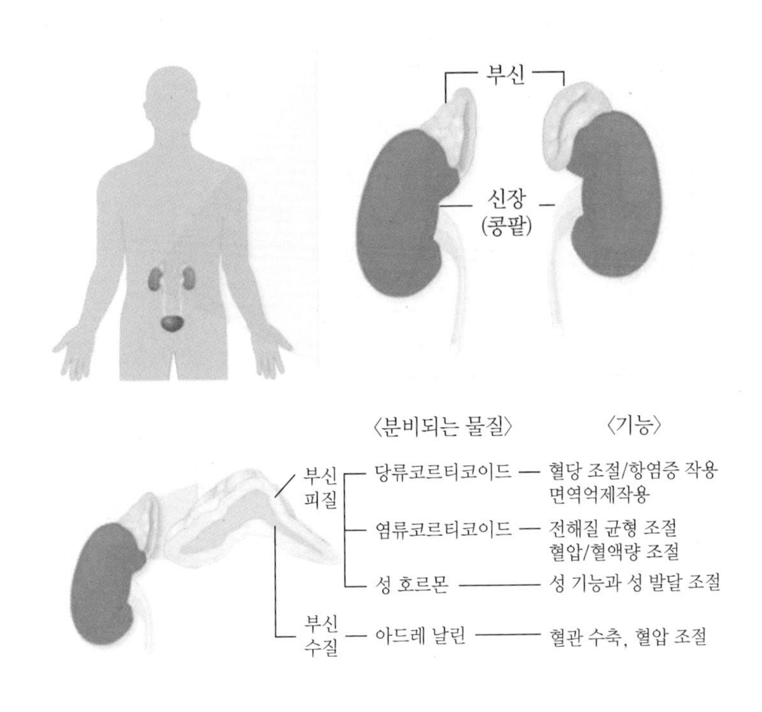

[부신의 구조와 기능]

(2) 부신피질기능항진증

부신피질기능항진증은 부신피질호르몬이 과도하게 분비되어 생기는 병으로 다른 이름으로는 쿠싱증후군(Cushing's syndrome)으로 알려져 있음

원인	• 발병 시기: 중년령~고연령의 개에서 주로 발생함 • 뇌하수체의 종양, 부신의 종양, 스테로이드 호르몬의 다량 투여 시 발생함
증상	• 물을 많이 먹고(다음, polydipsia) 오줌을 많이 눔(다뇨, polyuria). • 식욕이 늘어남(다식, polyphagia) • 헥헥거림(펜팅, panting) • 배가 빵빵하고 아래로 늘어져 있음(pot belly) • 피부: 피부가 얇고 털이 푸석푸석하고 좌우 대칭으로 탈모가 생김 • 근육이 약해지거나 위축됨 • 합병증(당뇨, 비뇨기감염, 피부병, 고혈압 등)에 대한 증상이 함께 나타남
진단	• 특징적인 임상증상과 함께 혈액 중 부신피질호르몬의 농도를 검사하여 판단함 • 환자의 상태 평가를 위해 혈액검사, 요검사, 복부초음파검사 등을 실시함
치료	• 내복약: 부신피질 호르몬의 생성을 억제하거나 글루코코르티코이드 생성 세포를 파괴하는 약물을 사용함. 약물을 복용하면서 부신피질호르몬 농도의 주기적인 검사가 필요함 • 의인성 쿠싱: 스테로이드 용량을 서서히 감량함 • 종양: 방사선 치료, 수술적으로 부신을 제거함

(3) 부신피질기능저하증

① 부신피질기능저하증은 부신피질호르몬이 부족해서 나타나는 질병으로 에디슨병(Addison's disease)으로도 알려져 있음

② 글루코코르티코이드는 스트레스 상황에서 신체 반응을 자극하는 호르몬임. 부신피질의 기능이 저하되면 스트레스 상황에서 코르티솔을 충분히 분비하지 못함. 따라서 스트레스 상황에서 증상이 악화됨

③ 미네랄코르티코이드는 신체 수분과 전해질을 조절하는 호르몬임. 미네랄코르티코이드의 분비가 감소하면 탈수, 저혈량성 쇼크 등이 발생할 수 있음

원인	• 부신의 적출로 부신피질 호르몬이 감소하거나 부신피질기능항진증에서 치료약을 과도하게 투여한 경우 부신피질기능이 저하됨 • 부신피질호르몬의 분비량 감소: 특발성, 자가 면역 매개 질병, 부신의 종양 등 • 스테로이드제를 장기간 복용하다가 갑작스럽게 투약을 중지한 경우에도 나타남
증상	• 힘이 없고 식욕이 없음 • 설사, 구토 등 소화기계 증상, 체중감소, 몸의 떨림, 다음 및 다뇨 등이 나타남 • 증상은 모호하거나 간헐적일 수도 있으나 스트레스 상황에서 악화되는 특징을 가짐
진단	특징적인 임상증상과 함께 혈중 전해질 검사 시 저나트륨혈증과 고칼륨혈증이 나타남
치료	• 에디슨위기(Addisonian crisis): 부신의 기능 부전으로 발생하는 생명을 위협하는 상황으로 즉각적인 응급처치가 필요함. 세포외액량 감소로 인한 저혈압, 저혈당, 고칼륨혈증 등의 특징을 보임. 이때 정맥 내 수액처치를 통해 저혈량증, 전해질을 교정함 • 부신피질호르몬 유사제를 복용함

10 비뇨기계 질환

01 비뇨기계 구조와 기능

(1) 비뇨기계

신장(콩팥), 요관, 방광, 요도 4개의 기관으로 구성됨

① **신장**: 네프론(사구체 + 보우만주머니 + 세뇨관)이라는 작은 여과기가 모여 구성된 장기

② **소변**

- 하루에 약 150L의 혈액을 여과하여 이 중 99%의 여과액을 재흡수하고 나머지 1.5L의 여과액을 배출하는데 이를 소변이라고 함
- 소변은 체내 대사 결과 생성된 노폐물(요소, 요산, 크레아티닌, 황산염 등)을 체외로 배출하는 배설기능을 담당하며, 신장의 기능이 저하되면 이들 노폐물이 체내에 축적됨

(2) 신장의 기능

① 소화된 음식대사산물, 약물 등의 노폐물 제거

② 체내 수분과 전해질 및 산 – 염기 농도 조절

③ 혈압 조절

④ 적혈구 형성 자극 호르몬(적혈구 생성인자, Erythropoietin)을 분비하여 적혈구 생성

⑤ 비타민 D 활성화

02 비뇨기계 질병

(1) 급성 신부전

① **급성 신부전**: 신장의 기능이 갑자기 떨어진 상태를 의미함. 신장의 기능이 떨어지면 몸 안의 노폐물 배출에 문제가 생겨 요독증이 나타나며 수분과 전해질의 균형이 깨짐

② **요독증**: 정상적으로 소변으로 배출되어야 하는 요독성 물질이 신장 기능 저하와 함께 체내에 축적되어 발생하는 증상으로 소화관의 궤양, 염증 및 출혈, 구토, 빈혈, 두통, 의식의 저하 등을 유발함

원인	• 신전성: 탈수, 마취, 쇼크, 심부전 등 신장으로 흐르는 혈액량의 감소로 신장이 손상됨 • 신성: 신장 자체의 질환으로 감염성 원인, 신장독성 물질(포도, 고양이 – 백합, 자동차 부동액 등)의 섭취에 의해 발생함 • 신후성: 비뇨기계 결석, 전립선 질환 등의 배뇨 이상에 의해 발생함
증상	• 무기력, 허탈과 함께 소변양이 감소하거나 오줌을 누지 않음 • 요독증으로 인해 구토, 식욕저하, 입냄새 등이 유발됨
진단	• 보호자의 문진: 신독성 물질에 대한 노출, 갑작스러운 증상 발현 • 혈액검사 시 질소화합물(BUN, Crea)의 농도가 증가하며 전해질 이상(고칼륨혈증)이 관찰됨 • 이 외에 요검사, 복부방사선 검사, 복부 초음파검사 등을 실시함
치료	• 급성 신부전에서 신장 기능의 회복까지 6~8주 가량이 소요되며 때로는 만성 신부전으로 이어질 수 있음. 급성 신부전 환자는 원인 질환에 대한 치료와 증상에 대한 치료를 병행함 • 탈수 및 전해질 교정: 급성 신부전 환자는 오줌을 통해 수분 배출이 어려우며 급성 폐 손상 혹은 과수화로 인한 폐수종 등 호흡부전이 올 수 있음. 따라서 간호 시 환자의 호흡 상태를 확인하고 수액 처치 시 요도 카테터를 삽입하여 요량에 따라 수액량을 조절해야 함 • 요독증 치료: 위장관 보호 약물과 항구토제 • 투석 등을 이용하여 혈액 중 질소화합물 농도를 떨어뜨림

(2) 만성 신부전(Chronic kidney disease; CKD)

노령 동물에서 신장 기능이 서서히 저하되는 질환. 신장은 다양한 원인에 의해 손상되지만, 손상 후 회복되지 못하게 되는 신장이 75%에 이르러야 증상을 나타냄. 따라서 신장 질환은 정기 검진을 통해 신기능을 주기적으로 평가하고 질환의 진행을 방지하는 것이 매우 중요함

원인	• 급성신부전 • 만성사구체신염, 간질성 신염, 수신증 등의 신장 기능의 이상 • 그 외 전신 고혈압, 갑상선기능항진증, 요로기계 감염 등
증상	• 오줌의 농축능력이 저하되어 오줌을 많이 누고(다뇨, polyuria), 물을 많이 마심(다음, polydipsia) • 식욕과 체중이 감소하며 털이 푸석푸석함. 환자의 기력도 감소함 • 요독증 상태에서는 구토, 입냄새가 나며 때로는 의식이 저하됨 • 신장의 적혈구 생성 기능이 저하되어 잇몸 색이 창백하고 빈혈 증상을 보임
진단	• 혈액검사를 통해 혈액 중 질소화합물(BUN, Crea), 칼슘, 인 등의 농도를 측정함 • 혈액검사 중 BUN과 Creatinine은 다음의 한계점이 있음. 따라서 신장의 기능을 평가하기 위한 조기지표로 SDMA(symmetric dimethylarginine)을 검사함 – BUN: 식이의 영향을 많이 받음 – Creatinine: 체중의 영향을 받음. 신장의 75%가 손상되어야 수치가 상승함 • 이 외에 요검사, 혈압, 복부방사선과 초음파 검사를 실시함

치료	• 수액 처치를 통해 탈수와 전해질을 교정함 • 요독증을 치료하고 환자의 식욕이 촉진되도록 약물을 처방하거나 알맞은 사료를 급여함 • 빈혈에 대한 치료를 함 • 식이조절: 양질의 제한된 단백질과 인이 제한된 식이를 급여함 • 가정에서는 피하수액을 놓거나 물을 많이 먹을 수 있도록 관리함

(3) 비뇨기계 결석(요로결석, Urolithiasis)

① **요로**: 소변이 생성되어 체외로 배출되는 경로

② **요로결석**: 오줌이 농축되어 오줌 속 미네랄들이 뭉쳐져 형성된 돌. 생기는 부위에 따라 신장결석, 요관결석, 방광결석, 요도결석으로 나뉘며 결석이 생기는 부위에 따라 다양한 증상을 보임

원인	• 식이원인: 수산염이나 마그네슘, 인이 많이 포함된 음식 • 물 섭취량의 감소 • 비뇨기계 감염, 간의 질환 등 다양한 질환
증상	• 혈뇨(hematuria): 오줌에 혈액이 섞여 나옴 • 빈뇨(pollakiuria): 적은 양의 오줌을 자주 눔 • 배뇨곤란(dysuria): 오줌을 누기 어려워하거나 배뇨 시 통증을 보임 • 결석에 의해 비뇨기계가 막히면 기력저하와 함께 전신증상이 동반됨
진단	• 복부 방사선검사, 복부 초음파 검사를 통해 결석을 확인함 • 이외에도 혈액검사, 요검사 등의 검사를 실시하며 결석을 제거한 뒤 요로 결석의 성분검사를 의뢰하여 보다 정확한 치료를 실시함 • 대표적인 결석의 종류 – 칼슘옥살레이트(calcium oxalate) – 스트루바이트(struvite)
치료와 예방	• 외과적 수술을 이용하여 결석을 제거함 • 원인 질환을 치료함(예 비뇨기계 감염에서 스트루바이트 결석이 생성되므로 비뇨기계 감염에 대한 치료를 실시함) • 결석 예방: 식이 변경, 물 다량 급여

(4) 고양이 하부요로기계 질환(Feline Lower Urinary Tract Disease)

① 하부 비뇨기, 즉 방광과 요도에 문제가 발생하는 질환을 통틀어 일컫는 포괄적인 용어로, 고양이 하부요로기계 질환은 고양이가 병원에 내원하는 주요한 원인이며 재발도 흔하기 때문에 정확한 진단과 지속적인 관리가 중요함

② 하부 요로기계 질환의 증상은 어느 특정 질환에 특징적이지 않은 비특이적인 증상이며, 이들 증상은 방광 결석, 세균성 비뇨기 감염, 종양을 가진 고양이에서도 관찰할 수 있음.

그러나 특별한 원인이 없이 증상만 나타내는 경우가 있으며, 이를 고양이 특발성 방광염(feline idiopathic cystitis; FIC)이라고 함

③ 수컷에서는 하부요로기계 질환으로 인한 요도 폐색이 흔하게 나타남. 고양이가 배뇨 자세를 취하지만 오줌을 누지 못하며, 하복부를 만졌을 때 방광이 확장된 것을 알 수 있음. 이는 응급 상황이므로 수컷 하부요로기계 질환 환자에서 오줌을 누지 못하는 경우 꼭 병원에 내원하여 폐색을 해소해야 함

원인	• 다양한 스트레스 요인에 의해 발생. 특히 중성화, 실내생활, 비만, 활동량이 적음, 다묘가정 등에서는 하부요로기계 질환이 잘 나타남 • 그 외에 방광염을 유발하는 원인으로 비뇨기계 결석, 세균 감염, 종양 등이 있음
증상	• 오줌을 소량씩 자주 누며(빈뇨), 때로는 오줌을 눌 때 통증을 보이거나 배뇨 장소 이외의 장소에 오줌을 누거나 오줌에 혈액이 섞여 있음(혈뇨) • 하부 요로기계 폐색 시 오줌을 누지 못하고 구토, 기력저하 등의 증상을 보임 • 방광과 요도의 통증으로 회음과 아랫배 부위를 과도하게 그루밍함
진단	• 혈액검사, 요검사를 실시함 • 복부 방사선 검사를 통해 팽창된 방광과 결석 유무를 확인할 수 있음 • 복부 초음파 검사를 통해 방광벽의 비후 정도와 결석을 확인할 수 있으며 방광천자를 통해 방광 내 오줌을 제거할 수 있음
치료	• 요도 폐색 환자에서는 요도 카테터 장착을 통해 폐색을 해소하고 탈수, 질소혈증 및 전해질 불균형을 교정함 • 하부요로기계 환자의 경우 스트레스 감소를 위한 환경개선(생활환경, 급여, 놀이 등의 다각적 환경개선)이 선행되어야 함. 이외에 고양이를 편안하게 해주는 페로몬 치료 혹은 약물치료를 동반할 수 있으며 수컷에서 비뇨기계 폐색이 빈번하게 발생하는 경우 수술을 통해 회음 부위에 요도루 조정술을 실시하기도 함

CHAPTER 11 생식기계 질환

01 수컷 생식기계 질환

(1) 잠복고환(Cryptorchidism)

① 출생 전 수컷의 고환은 신장의 꼬리 쪽에 위치하고, 출생 후 고환은 고샅관(inguinal canal)을 지나 음낭으로 하강하며 이를 고환 내림이라고 함

② 한쪽 혹은 양쪽 고환이 음낭(scrotum)으로 내려오지 못하고 고샅관 혹은 복강에 남아 있는 상태를 잠복고환이라고 함

원인	유전 질환
증상	• 무증상 • 고환 종양으로 발생할 가능성이 일반 고환보다 10배 높음 • 남성호르몬(테스토스테론)에 의한 행동(예 마킹, 수컷 공격성, 짝짓기 행동)을 보임
진단	• 생후 8주령~6개월 신체검사 시 음낭 내 고환 촉진 불가 • 복부 초음파를 통해 잠복고환 위치 확인 가능
치료	중성화 수술

(2) 양성 전립선 비대증(Benign prostatic hyperplasia)

① 전립선은 방광의 꼬리쪽에 위치하여 요도를 둘러싸고 있는 남성 생식기관으로, 정액을 생성하여 정자의 운동을 도움

② 정상 전립선은 좌우 총 2개의 엽으로 구성되며, 표면이 매끄럽고(smooth) 촉진 시 이동성이 있으며(movable) 통증이 없음

원인	• 중성화하지 않은 수컷의 전립선은 나이가 증가함에 따라 정상적으로 크기가 커짐 • 남성호르몬의 일종인 디하이드로테스토스테론(Dihydroestosterone, DHT)에 의해 전립선 세포의 숫자가 증식
증상	• 무증상 • 증상 발현 시 다음과 같이 나타남 – 하부요로기계증상: 혈뇨(hematuria), 배뇨곤란(dysuria) – 소화기계증상: 뒤무직(tenesmus), 변비(obstipation), – 생식기계증상: 혈액성 포피 분비물(sanguineous preputial discharge), 혈정액증(hematospermia), 불임(infertility)

증상	– 증상이 심하거나 합병증이 있는 경우 후복부 통증, 움직이기 꺼려하거나 뻣뻣한 걸음걸이, 그 밖에도 전신적인 증상을 나타날 수 있음
진단	• 환자 정보: 중성화하지 않은 수컷 • 신체검사: 전립선이 대칭성으로 비대, 촉진 시 단단하고 통증을 보이지 않음 • 복부 초음파 검사, 전립선 액의 세포학적 검사, 세침흡인세포검사(fine needle aspiration, FNA) 등
치료	• 무증상: 치료할 필요 없음 • 증상을 보이는 경우 중성화 수술 실시 • 교배용 수컷, 마취 위험이 있는 환자: 내복약 복용(단약 시 재발)

(3) 귀두포피염(Balanoposthitis)

① 수컷 생식기인 음경은 평소에 포피(음경꺼풀)에 의해 둘러싸여 포피강 내에 위치함

② 음경의 귀두 표면 및 포피 내면의 점막은 세균이 번식하기 쉽고 개에서 흔하게 발생함

원인	세균 과증식, 음경 외상 혹은 이물(foreign bodies), 음경 혹은 포피의 종양, 요로기계 감염, 요로결석 등
증상	• 음경 혹은 포피를 과도하게 핥고 포피 분비물 증가 • 음경 혹은 포피 부위의 통증, 발적과 부종 • 증상이 심하면 배뇨 시 통증과 함께 오줌을 누기 어려워 함
진단	신체검사와 포피 분비물의 세포학적 검사(Preputial cytology) 등
치료	• 생식기의 위생적 관리(생식기 주변 삭모) • 포피강 세척: 소독약[1% 포비돈-요오드(povidone-iodine), 0.05% 클로르헥시딘(chlorhexidine)] 혹은 멸균 생리식염수 이용 • 병원성 세균에 감염 시 항생제 사용 • 중성화 수술: 환자의 성적 흥분, 포피를 핥는 행동, 생식기 분비물을 줄일 수 있으나 행동을 완전히 제거할 수 없음

02 암컷 생식기계 질환

(1) 유선염(Mastitis)

① 개와 고양이는 가슴에서 배까지 4~5쌍의 유선을 가지는데, 유방염(mastitis)은 유선에 염증이 생긴 질환으로 주로 세균 감염에 의해 발생함

② 유방염은 분만 후 암컷 개에서 발생하며 때로는 발정 후기의 거짓임신(pseudocyesis) 개에서도 발생하고, 나이가 들수록 유방염의 위험은 높음

원인	• 위생이 불량한 환경에서의 세균 감염 • 젖을 물리는 중 새끼의 발톱 또는 이빨에 의한 상처를 통해 감염됨
증상	• 유방이 단단해지고 열감이 있으며 부어오름 • 유선 통증으로 새끼를 돌보지 않음 • 유즙의 화농성 변화(또는 색이 변함), 그 외로 기력저하, 탈수, 발열 등의 증상 동반
진단	• 신체검사 • 전신적 증상을 보이는 경우 혈액검사, 유즙의 세포학적 검사, 세균 배양 및 항생제 감수성 검사 등 실시
치료	• 유선 괴사 또는 농양: 염증성 물질의 배농 및 수술적 절제 • 약물 치료: 유즙 분비를 억제하는 약물, 항생제 • 새끼의 인공 포유 혹은 이유 시작 • 환경 관리: 위생관리, 깨끗한 침구류 사용, 새끼의 발톱 정리

(2) 자궁축농증(pyometra)

① 자궁축농증은 암컷 개와 고양이에서 화농성 염증에 의해 자궁 내부에 농이 쌓이는 질환

② 자궁축농증에서는 자궁 내막의 증식을 동반하는 경우가 많아 자궁내막증식증(cystic endometrial hyperplasia)이라고도 불림

원인	• 발정 전기 혹은 발정기에 열려있는 자궁목을 통해 세균이 상행 감염됨 • 발정 후기, 중년령의 개, 새끼를 낳은 적 없는 암컷, 스테로이드 호르몬 주사를 맞은 이력이 있는 경우 호발함
분류	개방형(open-cervix pyometra), 폐쇄형(closed-cervix pyometra)
증상	• 개방형 자궁축농증: 점액화농성(+혈액성) 질 분비물 • 복부가 팽창되고 통증을 보이며 구토, 식욕저하, 기력저하, 발열(pyrexia) 등의 전신반응을 보임 • 물을 많이 먹고(다음, polydipsia) 오줌을 많이 눔(다뇨, polyuria)
진단	• 혈액검사: 환자의 전신 상태와 염증 여부 판단 • 자궁 방사선 및 초음파 검사: 자궁 뿔의 확장과 자궁 내 액체 성분 저류 확인 • 자궁 분비물의 세균 배양 및 항생제 감수성 검사
치료	• 난소자궁적출술, 약물치료 등 • 견 교배 시 4살 이하, 자궁축농증 이력이 없는 개체에서 실시하며, 교배를 위한 호르몬 주사 사용을 지양함

(3) 난산(dystocia)

난산(dystocia)이란 질 분만에 의한 출산의 어려움으로 어미, 태아 또는 신생아의 건강 이상 및 사망을 총칭하는 응급상황을 의미

원인	• 산모: 자궁무력증(uterine inertia), 산도 및 복벽(탈장)의 이상, 심한 외음부의 부종, 자궁 염전, 대사성 이상 등 • 태아: 크기가 큰 태아[품종소인: 단두종(보스턴테리어, 불독, 프렌치불독, 페키니즈 등)] 혹은 태아의 자세 이상
증상	• 예정일 이후에도 출산을 하지 않음, 분만 시간이 지연됨, 사산 혹은 허약한 신생아 분만 • 비정상적인 외음부 분비물 • 환자의 근육이 떨리고 강직, 구토, 피로 등의 증상 보임
진단	• 혈액검사: 혈당, 전해질 및 이온화 칼슘의 농도를 측정 • 초음파 검사를 통해 태아 심박 수 확인 – 정상 심박수: 〉200beats/min – 태아 스트레스 시: 〈180beats/min • 질 검사, 복부 방사선 검사: 태아의 크기, 산자 수, 산자의 위치를 확인
치료	• 옥시토신 주사를 통해 자궁 수축 빈도 향상 혹은 제왕 절개를 통한 분만 • 수액처치: 환자 전해질 교정

(4) 산욕열(유열, Milk fever)

① 자간증(eclampsia), 산후 마비(puerperal tetany)

② 임신 후반기 혹은 수유기 초반에 체내 혈중 칼슘 농도가 급격하게 저하되는 응급질환

원인	• 임신기간 중 태아의 골격 발달 및 산후 젖 생산에 의한 칼슘 소모 • 호발요인 – 어리고 출산 경험이 적은 소형견 – 산자의 크기가 크고 출산 전후 영양분이 부족한 경우 – 임신 기간 동안 칼슘 보조제 섭취
증상	• 저칼슘혈증 증상: 근육 연축, 마비, 경련 • 식욕 및 기력 저하, 초조하고 불안한 행동, 헥헥거림 → 침을 흘리고 근육이 뻣뻣해지며 근육 연축과 경련을 보임, 때로는 발작과 이로 인한 고체온증이 나타남
진단	• 환자 정보: 임신 후반기~수유 초기 • 저칼슘혈증의 임상증상(예 근육 연축, 마비, 경련 등) • 혈액검사를 통해 혈중 포도당과 전해질(마그네슘, 칼슘) 농도 측정(저칼슘혈증)
치료	• 정맥 내 칼슘 투여(10% Calcium gluconate 0.5~1.5ml/kg), 저혈당 교정: 칼슘 투여는 심장의 부정맥(dysrhythmia) 혹은 서맥(bradycardia)를 유발할 수 있으므로 매우 천천히 투여하며, 이때 심전도(Electro cardio gram, ECG), 청진을 통해 심장박동을 체크 • 체온 조절 • 산욕열 발생 시 12~24시간 동안 단유 실시, 산욕열 재발 시 새끼에게 이유식 공급 • 예방: 임신 6주령부터 수유기에는 고열량의 산모용 식이(퍼피용 사료)를 공급, 임신기간 중 칼슘 보충제 급여 지양

(5) 질탈(vaginal prolapse)

질탈이란 질이 정상적인 위치를 벗어난 질환을 의미

원인	• 에스트로겐에 대한 과도한 반응으로 질의 충혈 및 부종 → 질 탈출증 유발 • 호발 요인 – 발정 전기(proestrus) 혹은 발정기(estrus) – 첫 번째~세 번째 발정기 – 대형견
증상	• 회음 부위가 불룩하거나 외음부로 질이 혹처럼 튀어나옴 • 외음부를 핥거나 불편해 함. 배뇨 곤란(dysuria), 빈뇨(pollakiuria), 뒤무직 증상 보임
진단	외음부 부종 및 질의 돌출
치료	• 돌출된 질 부위를 깨끗하게 관리 – 환부 건조, 자가 손상 방지, 손상으로 인한 2차 감염 및 괴사 방지 – 환부에 수용성 윤활제 혹은 항생 연고를 도포 – 엘리자베스 칼라 착용, 푹신하고 깨끗한 침구류 사용 • 환자의 요도 폐색 여부 확인 및 카테터 장착: 환부 오염 방지 및 폐색 해소 • 중성화 수술: 치료하지 않은 암컷에서 재발률 높으며 중성화 수술 시 예후가 좋음 • 질의 수술적 교정

CHAPTER 12

신경계 질환

01 뇌의 질환

(1) 뇌수막염(Meningoencephalitis)

① 뇌수막염은 뇌와 뇌를 감싸는 수막에 염증이 생기는 질환임

② 뇌조직과 뇌수막에 염증을 유발하는 원인은 다양하지만 크게 세균, 바이러스, 곰팡이, 원충의 감염성 요인과 그 외의 비감염성 요인으로 나뉨

원인	• 감염성: 세균, 바이러스, 곰팡이, 원충 감염 예 고양이 면역결핍성바이러스, 개 디스템퍼바이러스, 광견병, 고양이 전염성복막염, 톡소플라즈마 감염증 등 • 비감염성: 면역매개 반응에 의한 뇌수막염, 원인을 모르는 특발성 뇌수막염 등
증상	• 고열, 경부 통증과 뻣뻣함, 보행을 꺼려하는 증상 • 병변의 부위에 따라 다양한 증상 보임 – 앞뇌(forebrain) 병변: 선회(circling), 경련(seizure), 행동 변화, 시력상실 등 – 뇌간(brain stem) 병변: 전정기계 증상(어지러움, 균형장애, 운동실조증, 머리기울임 등)
진단	• 신체검사, 혈액검사, 요검사, 안검사 등을 통해 전신적인 이상 확인 • MRI, CT, 뇌척수액 검사를 통해 뇌의 염증소견 및 염증의 원인 규명
치료	• 뇌수막염 증상에 대한 대증치료 실시 • 뇌수막염의 원인 치료: 감염성 원인에 대한 치료, 면역 억제 약물 투여 등 • 면역억제치료 중에는 감염 예방(생백신의 접종, 애견카페나 호텔 등 감염 위험 높은 시설 방문 자제), 약과 동물의 체액에 접촉할 때 면역 억제 약물에 노출될 수 있으므로 장갑 착용

(2) 수두증(Hydrocephalus)

① 뇌척수액은 뇌실계통(ventricular system)과 거미막밑공간(subarachnoid space)을 순환하며 물리적 충격으로부터 머리뼈 안의 압력을 일정하게 유지함

② 뇌척수액의 순환 경로에 문제가 생기는 경우 뇌척수액이 배출되지 못하고 뇌실 및 거미막밑공간에 축적되고, 이로 인해 뇌실이 커지고 주위의 뇌가 압박을 받아 신경증상을 유발하는데 이러한 질병을 수두증(hydrocephalus)라고 함

원인	• 뇌척수액의 순환 경로 폐쇄 • 호발종: 토이종, 단두종 → 두상이 돔형이며 천문(fontanelle)이 열린 경우가 많음 • 감염, 외상, 종양 등으로 인한 뇌척수액 순환 경로 방해
증상	• 의식의 변화(주위 반응성 감소, 둔감, 혼미 등), 학습 능력 저하 • 강박행동, 공격성, 선회(circling), 시력 상실, 발작 등
진단	• 신체검사, 신경계 검사 및 혈액검사 등을 포함한 전신 검사를 실시하여 환자 상태를 평가 • 천문이 열린 경우 열린 부위를 통해 뇌 초음파 실시(뇌실 확장 여부 확인) • CT 혹은 MRI를 통해 뇌실 확장을 확인하고 뇌척수액 검사를 실시
치료	• 뇌척수액의 생산 감소, 뇌척수액 배출 경로 확보 → 뇌압 감소 • 수두증으로 인한 경련 시 항경련 처치 실시: 수두증 환자는 강하게 보정하거나 바깥목정맥(external jugular vein)을 강하게 압박하는 경우 뇌압이 증가할 수 있으므로 주의

02 척추 및 척수의 질환

(1) 환축추불안정(Atlantoaxial instability) = 환축추아탈구(Atlantoaxial subluxation)

환축추관절은 첫 번째 목뼈인 고리뼈(환추, atlas, C1)와 두 번째 목뼈인 중쇠뼈(축추, axia, C2) 사이에 위치한 관절로, 주위의 다양한 인대에 의해 지탱됨

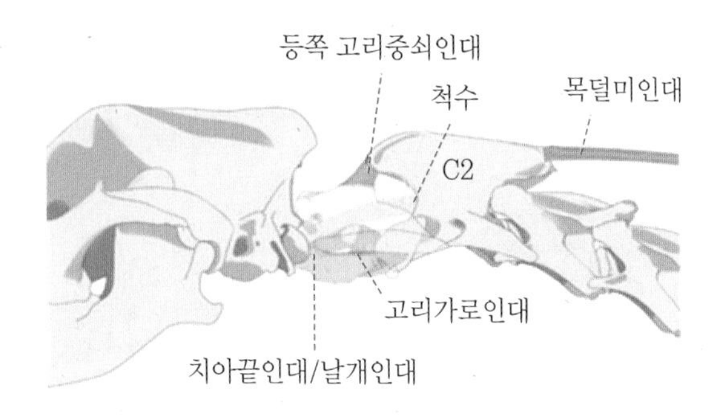

[정상 환축추관절]

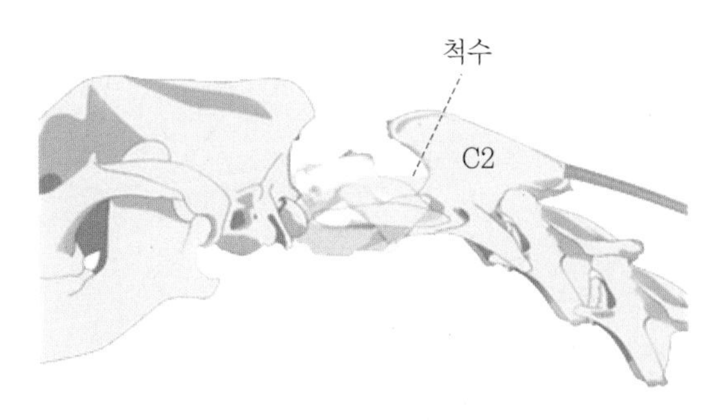

[환축추불안정]

원인	• 환축추 관절의 불안정 – 소형 품종에서 중쇠뼈(축추, axis)의 선천적 이상(치아돌기의 형성이상 혹은 부재) – 경부 외상(혹은 목을 과도하게 굽혔을 때)으로 인한 뼈와 인대 손상 등 • 중쇠뼈가 경부 척수를 압박하여 척추 손상, 출혈, 부종 유발 → 신경증상
증상	• 경부 통증: 머리와 목이 뻣뻣하며 앞으로 빼고 있음, 머리와 목 주위를 만질 때 공격적임 • 신경 손상 시 운동실조증, 보행 이상, 사지마비(tetraplegia) 등 증상 유발
진단	경부 방사선 사진을 통해 환축추관절의 아탈구를 진단
치료	• 수술적 교정 • 응급으로 환자 내원 시 붕대 처치 및 케이지 안정 실시, 통증 및 염증 완화 약물 투여 • 수술 이후 목줄을 착용하거나 과도하게 목을 굽히는 행동, 과격한 신체활동 지양

(2) 추간판탈출증(Intervertebral disk disease)

① 신체는 수많은 척추뼈들이 모여 하나의 기둥을 형성하고 이때 몸통의 종축으로 척추들이 모여 이룬 기둥을 척주(vertebral column)라고 함. 척주 가운데는 신경다발인 척수(spinal cord)가 위치하며 척주는 척수를 보호하는 기능을 수행함

② 척추와 척추 사이에는 척추사이원반(추간판, intervertebral disc)이 존재하며, 이는 탄력성이 있어 등뼈에 유연성을 주고 충격을 흡수하는 역할을 담당함

③ 나이가 들면서 척추사이원반의 탄력성이 떨어지고, 척추에 강한 힘이 가해지면 척추사이원반의 내용물이 돌출되면서 신경을 압박하여 통증을 나타내는데 이를 추간판탈출증(Intervertebral disc disease)이라고 함

④ 탈출된 디스크가 압박하는 신경의 위치 및 손상 정도에 따라 증상이 다양하게 나타남

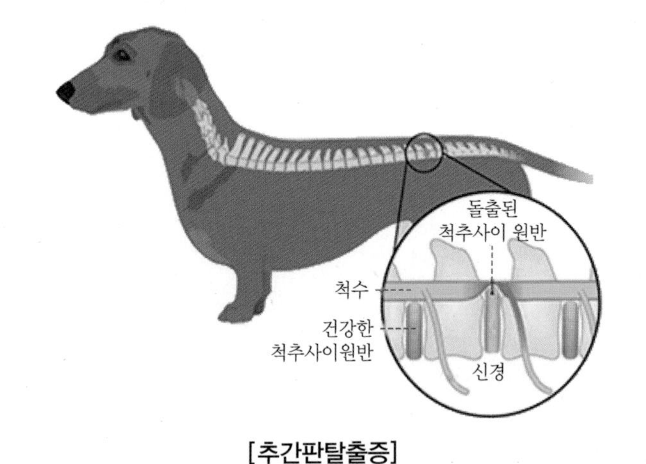

[추간판탈출증]

원인	• 척추사이원반의 퇴행성 변화, 외상 • 품종소인: 닥스훈트, 페키니즈, 토이푸들, 비글 등
증상	• 통증을 호소하며 움직이기 힘들어 함 – 경부 병변: 경부 통증, 목을 아래로 내리고 사지마비 등의 증상 보임 – 흉요추 병변: 등을 구부리고 안아 올릴 때 통증 보임, 하반신 마비 증상 등을 보임
진단	• 신경학적 이상을 나타내는 경우 환자 정보, 병력, 신체검사 및 신경계 검사를 바탕으로 추간판탈출증을 의심 • 방사선 검사, CT, MRI
치료	• 척수 통증만 있거나 미약한 신경계 증상을 보이는 환자: 엄격한 운동 제한(4~6주 케이지 안정 등)과 진통제, 근육이완제, 진통소염제 등으로 보존적 치료 실시 • 척수의 통증과 함께 신경계 결손(하반신마비, 사지마비, 배변·배뇨이상 등)의 증상을 보이는 환자: 척추 수술을 통해 척추관(spinal canal) 내의 압력을 낮춤 → 이후 물리치료, 재활치료 실시

CHAPTER 13

치과 질환

01 유치잔존(persistant deciduous teeth)

정상적인 상태에서는 동물이 성장하면서 유치가 탈락되고 영구치가 나지만, 유치가 빠지지 않고 계속 남아있는 상태를 유치잔존이라고 함

원인	잔존유치는 영구치가 자라나는 것을 방해하여 치아의 부정교합 유발
증상	• 부정 교합으로 입천장과 입 안쪽에 상처 생김 • 치주질환 유발: 치아 사이에 음식물, 플러그, 치석 등 축적
진단	신체검사 및 치아 방사선 검사
치료	잔존유치 적출(5~7개월령)

02 치주질환

치석이 쌓여 치아와 잇몸 사이가 벌어지고, 그 사이로 세균이 증식하면서 잇몸과 치아 주위 조직에 염증이 생기는 질환

분류	치은염 (gingivitis)	잇몸의 염증으로, 잇몸이 붉게 부어오르거나 피가 남
	치주염 (periodontitis)	• 몸과 잇몸뼈 주변의 치주인대(periodontal ligament)까지 염증이 진행된 상태 • 치아 주위 조직이 손상되고 이빨이 흔들림 • 치아와 잇몸 사이의 치주낭(periodontal pocket)이 깊어짐
원인	치아 관리 부족, 습식사료, 잔존유치 등으로 인한 부정교합	
증상	• 잇몸이 붉게 부어오름, 잇몸 궤양 및 출혈 • 이빨이 플라그와 치석으로 덮여 있으며 입냄새가 심함 • 증상이 심한 경우 음식을 잘 먹지 못함 • 치근단 농양: 구비강누공(oronasal fistula)로 인해 콧물, 코피 등의 증상을 보이기도 함	
진단	구강검사 및 치아 방사선 검사	
치료	• 스케일링 및 치아 적출 • 지속적인 치아관리 및 정기적인 스케일링 • 내복약: 잇몸의 염증을 완화하는 약물	

03 구내염

구강 점막의 염증을 의미함

원인	• 입안의 상처, 치주질환 • 감염성 질환: 고양이 칼리시바이러스, 고양이 허피스바이러스, 고양이 면역부전바이러스 등 • 면역매개질환 • 당뇨병, 신장병 등의 전신질환
증상	• 잇몸이 붓거나 짓무르며 염증을 보임 • 음식 섭취 시 통증 반응, 침흘림, 입냄새 증가, 그루밍 감소, 체중 감소 등
진단	• 임상증상과 구강검사(구강 잇몸, 볼 안쪽 및 혀의 발적과 궤양) • 치아 방사선 검사 등
치료	• 스케일링 및 치아 적출, 위생적인 치아관리 • 내복약: 염증 및 통증 완화 약물, 면역조절 약물, 항생제 등

CHAPTER

14 안과 질환

01 눈꺼풀의 질환

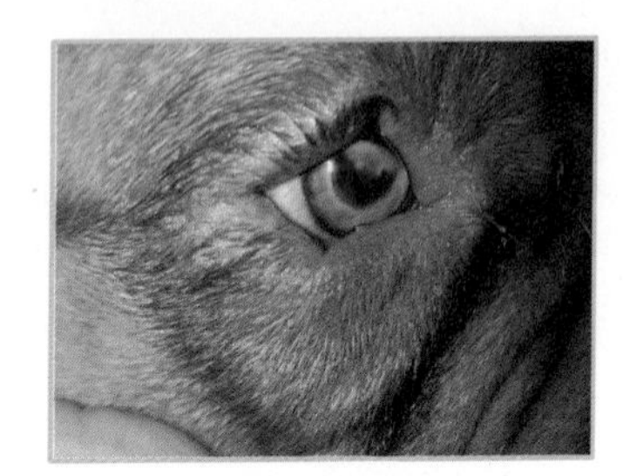

[안검내번증]

[안검외번증]

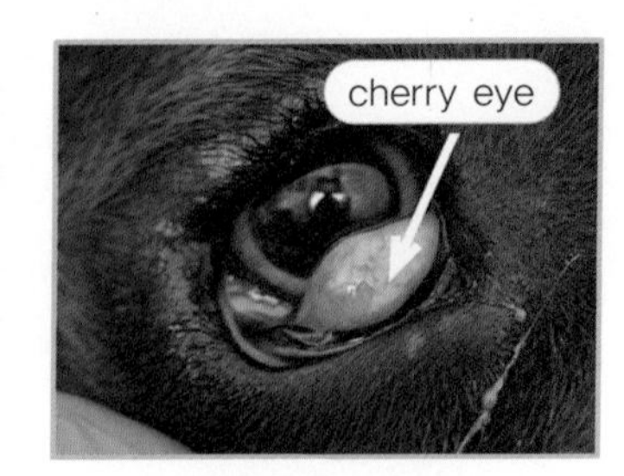

[제3안검돌출증]

(1) 안검내번증

① 눈꺼풀 가장자리의 일부(혹은 전체)가 안구 방향으로 말려 들어간 질환

② 눈 주위의 털이나 눈썹이 각막과 결막을 자극하여 각막염이나 결막염을 일으킬 수 있음

원인	• 선천적 원인: 품종소인(잉글리쉬 불독, 차우차우, 샤페이 등) • 후천적 원인: 안검경련을 유발하는 상황, 눈꺼풀 외상, 염증으로 인한 눈꺼풀의 변형, 안구위축(Phthisis bulbi), 안구함몰(Enophthalmos) 등
증상	눈 가려움증 및 통증을 호소 → 눈을 비비거나 눈꺼풀 경련, 눈 분비물(눈물, 눈곱) 증가
진단	눈꺼풀의 이상과 함께 눈 자극에 대한 증상[유루증(epiphora: 눈물이 많아짐), 결막염(conjunctivitis), 각막염(keratitis) 등]이 동반되는 경우 안검내번증으로 진단
치료	• 증상이 가벼운 경우 결막염, 각막염의 원인이 된 털이나 눈썹을 제거 • 수술을 통한 눈꺼풀의 교정 • 눈꺼풀 말림을 유발하는 기저 원인과 안구질환의 치료

(2) 안검외번증

① 눈꺼풀의 가장자리가 안구로부터 멀어져 바깥쪽으로 말려 내려간 상태

② 이때 각막이나 결막이 노출되기 때문에 염증이 생기거나 안구 표면에 상처가 생기기 쉬움

원인	• 품종소인: 블러드하운드, 세인트버나드, 그레이트 댄 등의 대형견 • 안면신경마비 • 눈 주위 근육의 긴장도 감소 • 눈꺼풀의 외상, 염증으로 인한 눈꺼풀 변형
증상	눈 분비물 증가 및 결막의 충혈
진단	눈꺼풀의 외번과 함께 결막염의 유무 확인
치료	• 미약한 안검외번증: 대형견에서 정상적인 소견 • 각막염이나 결막염을 동반한 경우 이에 대한 치료 실시 • 안검외번증이 심한 경우에는 수술적 교정 실시

(3) 제3안검탈출증

① 내안각에서 세 번째 눈꺼풀(삼안검)이 변위되어 돌출된 질환

② 맨눈으로 보았을 때 매끄럽고 둥근 붉은색의 돌출물 형태로 관찰되므로 '체리아이'라고 부름

원인	• 품종소인: 비글, 코카스파니엘 등 • 후천적 요인: 안구통증, 안구함몰, 안구돌출, 세 번째 눈꺼풀의 종양 등
증상	• 눈 분비물 증가 • 삼안검이 눈을 자극하거나 개가 눈을 비비면 결막염이나 각막염 유발
진단	내안각의 삼안검 돌출
치료	수술적 교정 실시

02 각막과 결막의 질환

(1) 결막염

결막염은 눈과 관련된 가장 흔한 질환으로 결막에 염증이 생긴 상태를 의미함

원인	• 물리적인 자극: 눈을 문지르거나 눈에 털이 들어감 • 화학적인 자극: 샴푸나 약품에 의한 자극 • 감염: 바이러스, 세균 감염 등 예 고양이 허피스바이러스, 칼리시바이러스, 클라미디아, 마이코플라즈마 등의 감염 • 알레르기, 안검이상 등
증상	• 눈의 소양감 혹은 통증 → 눈을 비비거나 바닥에 문지르는 행동, 눈꺼풀의 경련 • 결막 충혈과 부종 • 눈 분비물 증가
진단	안구검사를 통해 안구에 자극을 유발하는 원인 규명

치료	• 안구 자극 원인의 제거 및 기저 요인 치료 • 안약, 안연고 적용 • 추가적인 손상으로부터 눈을 보호하기 위해 엘리자베스 칼라 착용

(2) 각막염과 각막궤양

① 각막: 안구의 앞쪽 면을 덮는 혈관이 없는 투명한 막

② 각막의 구조: 각막상피, 보우만층(Bowman layer), 각막간질, 데스메막(Descemet's membrane), 각막내피

③ 각막염은 각막 부위에 염증이 생긴 상태로, 각막 표면의 상처로 인해 각막 상피 부위가 소실되어 궤양을 유발하는 경우 이를 각막궤양이라고 함

원인	• 외상 • 샴푸 등의 화학적 자극 • 속눈썹, 주둥이 털, 눈꺼풀의 이상으로 인한 자극 • 눈물층의 이상(건성각결막염, 눈물층의 점액 혹은 지질 성분 부족) • 신경계 손상으로 인해 눈꺼풀의 운동성이 떨어져 안구가 만성적으로 노출되는 경우 • 감염: 고양이 허피스바이러스 감염, 개 전염성 간염 등
증상	• 눈의 소양감 혹은 통증 → 눈을 비비거나 바닥에 문지르는 행동, 눈꺼풀의 경련 • 눈 분비물의 증가, 눈의 충혈 • 각막궤양이 진행되는 경우 궤양 주위 부위가 하얗게 흐려지거나 궤양 부위로 새로운 혈관이 생성됨 • 고양이에서는 감염에 의한 상부 호흡기계 증상(재채기, 콧물)이 함께 관찰되기도 함
진단	• 안구 검사를 통해 궤양의 유무 여부, 궤양의 깊이, 기저원인, 감염 여부 등을 확인 • 육안 검사 • Schimer tear test(STT): 눈물량 검사 • 형광염색검사(Fluorescein dye, F-dye): 각막의 손상 여부 및 손상 부위 확인 • 안압검사(Tonometry) • 궤양이 심한 경우 각막 배양 및 항생제 감수성 검사, 세포학적 검사를 통해 감염 여부 및 사용 가능한 항생제 종류를 조사
치료	• 각막염과 각막궤양의 원인이 되는 질환의 치료 • 안약, 안연고 투여 • 추가적인 외상을 방지하기 위해 엘리자베스칼라 착용

03 안구의 질환

(1) 백내장

백내장은 수정체가 하얗게 혼탁해지는 질병을 의미

원인	• 품종 및 유전적 소인 • 노화, 외상, 당뇨병, 중독 등
증상	• 동공이 하얀색으로 보임 • 백내장이 진행되면서 시야가 감소하며, 수정체가 파괴되면 전안방의 염증을 유발함
진단	• 안구검사: 산동제(동공을 산동시키는 안약)를 투여한 뒤 수정체 혼탁도 검사 실시 • 백내장을 유발한 기저 질환에 대한 전신검사 등
치료	• 약물적 치료를 통해 백내장의 진행을 지연 • 백내장으로 인한 2차 질병의 발생 예방 및 치료 • 수술적 치료: 인공 수정체 삽입 혹은 수정체 제거

(2) 녹내장

1) 안방수와 녹내장

① 안방수는 눈의 무혈관조직(각막, 수정체, 유리체)의 영양 공급과 대사 및 안압 유지에 중요한 역할을 함

② **안방수 생성 및 배출**: 섬모체돌기(생성) → 후안방 → 동공 → 전안방 → 섬유주 유출로 또는 포도막-공막 유출로를 통한 배출

③ 안방수가 적절하게 배출되지 못하면 안구 내에 안방수가 축적되어 안압이 상승함

④ 녹내장(glaucoma): 안압이 상승하여 망막의 시신경이 손상되고 시야 결손이 나타나는 질환

원인	• 원발성 녹내장: 홍채-각막 구석(iridocorneal angle)의 이상으로 안방수 배출이 감소 • 후안방에서 전안방으로의 순환 장애, 염증성 물질로 인한 섬유주 유출로의 폐쇄 예 전안방 포도막염, 수정체 탈구, 안구내 종양, 전방 출혈 등
증상	• 안구 통증, 충혈, 안압 상승 • 동공이 열려 있어(산동) 눈의 반사광이 증가 → 평상시보다 녹색 또는 붉은 색으로 보임 • 녹내장이 진행되면 시력장애 및 실명
진단	• 안구검사(육안검사, 동공 빛 반사 검사, 안압 검사, 안저 검사 등) • 안구 검사를 통해 안구 충혈, 동공 확장, 안압의 상승을 확인하는 경우 녹내장으로 진단 • 그 외 기저질환 감별을 위한 안구 혹은 전신검사를 실시

치료	• 녹내장은 진행성 질병으로 완전히 치료할 수 없음 → 따라서 치료를 통해 시력을 유지하고 안구 통증을 경감시키며, 반대편 눈에 녹내장이 생기는 것을 지연시키는 것을 목적으로 함 • 안약: 안방수 생성을 감소시키는 약물 혹은 축동제(동공을 작게 만드는 약물) 사용 • 수술: 안방수가 배출 통로를 만들거나 안방수의 생성을 억제하여 안압을 감소 • 질병 진행 시 안구를 위축 약물을 주입하거나 안구 적출 실시

CHAPTER 15 기타

01 중독성 질병

(1) 중독

① 중독이란 동물의 몸에 불필요하거나 유해한 물질이 들어가 생리적인 장애가 일어난 상태를 의미함

② 우리가 생활 속에서 자주 접하는 음식들이 동물에게는 치명적인 문제를 유발할 수 있으므로 주의 필요

(2) 초콜릿 중독

특징	중독 유발 물질: 메틸잔틴, 테오브로민(theobromine, 쓴맛이 나는 카카오 식물의 알칼로이드), 카페인
증상	메틸잔틴의 용량에 따라 다양한 증상 보임 • <20mg/kg: 위장관계 증상, 물을 많이 마심, 췌장염 • 20~40mg/kg: 과흥분 • 40~50mg/kg: 심장 독성 • >60mg/kg: 근육의 떨림과 경련
치료	• 해독 – 초콜릿 섭취 8시간 이내에는 구토를 유도하고, 활성탄을 급여하여 독성물질의 위장관계 흡수를 방해함 – 메틸잔틴은 오줌을 통해 배출되는데, 방광 내에서 독성물질의 재흡수 방지를 위해 요카테터를 장착함 • 중추신경계의 과도한 흥분 및 부정맥을 방지하며 위장관계 증상을 치료함

(3) 양파, 마늘 중독

특징	• 양파와 마늘의 다이프로필 설파이드(Dipropyl sulfides) 성분은 적혈구 막을 산화시켜 적혈구를 용혈시킴 → 생양파, 조리양파, 건조 혹은 분말 형태 모두 용혈성 빈혈을 유발하므로 주의가 필요함 • 적혈구가 산화되는 과정에서 적혈구 내부에 하인즈 소체(Heinz body)가 생성됨

증상	• 증상은 양파/마늘 섭취 후 12시간~5일까지 다양하게 나타남 • 적혈구의 용혈 → 적색~갈색 오줌, 빈혈(호흡과 맥박이 빨라지며 잇몸 점막이 창백해짐, 무기력함) • 이외에 구토, 설사 등의 위장관계 증상 보임
치료	• 해독: 구토를 유도하거나 활성탄을 급여하여 독성물질의 위장관계 흡수 방해 • 심한 빈혈 환자는 수혈을 통해 빈혈 개선 • 기타 증상에 대한 대증처치를 실시

(4) 자일리톨 중독

특징	자일리톨은 간 독성이 있으며, 특히 개에서 혈중 인슐린 농도를 상승시켜 저혈당을 유발함
증상	• 자일리톨 섭취 후 30분~12시간경 증상 발현 • 구토, 기력저하, 허약 등의 증상을 보이며 심한 저혈당의 경우 운동실조, 경련 등의 증상을 보임 • 간 기능 저하 → 혈액 응고 이상 → 피부나 점막의 출혈반(자반, patechia) 및 위장관 출혈 증상(혈토, 흑변 등)
치료	• 해독: 구토를 유도하여 독성물질의 위장관계 흡수 방해 • 수액으로 포도당을 공급하여 저혈당 개선 • 간 보호: 간 영양제, 항산화제 등을 공급하며 간 기능 부전으로 인한 혈액응고기능장애를 치료함

(5) 포도 중독

특징	급성신부전(Acute kidney injury, AKI)을 유발
증상	• 급성 신부전 증상: 무기력, 식욕저하, 오줌량 감소 등 • 요독증: 소화기계 궤양으로 인한 구토, 설사, 신경계 증상 등
치료	• 해독: 구토를 유도하거나 활성탄을 급여하여 독성물질의 위장관계 흡수 방해 • 수액 처치를 통해 이뇨작용 유도 • 구토, 설사 등 소화기계 증상을 치료

02 종양

종양은 신체를 구성하는 세포가 비정상적으로 자라서 생긴 덩어리를 의미함

(1) 종양의 분류

① 종양은 전이 여부에 따라 양성 종양(benign tumor: 비교적 성장 속도가 느리고 발생 부

위에 국한되며 다른 조직을 침투하거나 전이되지 않음)과 악성 종양(malignanttumor: 성장 속도가 빠르고 순환계를 통해 몸 전체로 퍼질 수 있음)으로 구분됨. 때로는 종양의 유래 세포에 따라 분류하기도 함

② 종양은 종류 및 발생 부위에 따라 증상이 다양하며, 양성 종양의 경우 수술적 절제 후 예후가 양호하지만 악성 종양은 예후가 좋지 않은 경우가 많음

(2) 원인

① 노화
② 발암성 물질
③ 방사선, 자외선에 노출 예 피부암
④ 바이러스 예 백혈병, 악성림프종
⑤ 호르몬 예 유선암, 전립선암, 항문 주위 종양 등
⑥ 유전
⑦ 기타 예 외상, 기생충 감염 등

(3) 증상

① 피부나 입안에 생긴 혹이 낫지 않고 점점 커짐
② 상처나 짓무름이 낫지 않음
③ 이유 없이 체중이 줄어듦
④ 식욕이 없음
⑤ 몸의 개구부(입, 콧구멍, 항문 등)에서 고름이나 피가 나옴
⑥ 몸에서 악취가 남
⑦ 움직이기를 싫어하고 체력이 떨어짐
⑧ 다리를 끌고 다니거나 몸의 일부가 마비됨
⑨ 호흡곤란과 배변, 배뇨 장애를 보임

(4) 진단

① 세침흡입검사(fine needle aspiration)를 통해 종양 세포를 검사함
② 종양을 절제하여 조직검사를 의뢰함

(5) 치료

종양과 주변 조직을 광범위하게 절제하고 종양에 따라 항암제 등의 화학요법을 병행함

PART 03

동물공중보건학

CHAPTER 01

공중보건학(Public Health)

01 공중보건학 개념

- **공중보건학(Public Health)의 대상**은 개인이 아닌 지역주민(지역사회)을 단위로 한다.
- **그 목적은** ① 질병예방 ② 수명연장 ③ 신체적 및 정신적 건강의 효율 증진에 있다. 공중보건의 목적 달성을 위한 접근방법은 개인이나 일부 전문가들만이 아닌 조직화 된 단체, 지역사회 전체의 공동 노력으로 달성되는 것이다.
- **동물공중보건학**은 동물과 사람 모두의 건강과 행복한 삶을 영위하도록 하는데 있다. **"역학 및 질병관리, 인수공통전염병 관리, 식품 및 환경위생관리"** 등 그 대상 범위가 가장 광범위하고 동물보건사 영역에서 매우 중요한 분야이다.

(1) 공중보건학 역할

1) 공중보건학이란?

공중보건학은 조직된 지역사회의 노력을 통하여 질병을 예방하고 수명을 연장하며 건강과 효율을 증진시키는 기술이며 과학이다. —Winslow—

▶ 공중보건은 사람과 동물 그리고 환경이 모두 포함된 하나의 개념이며, 국민의 행복과 국력을 위한 기본이 되기 때문에 그 관심은 정치, 경제, 사회 모든 분야가 매우 중요하다.

2) 공중보건학 5대 역할 분야

① 전염병(역학) 관리
② 건강 유지와 보장에 필요한 사회적 제도
③ 환경/식품 위생관리
④ 개인위생/개별 보건교육
⑤ 조기진단과 예방을 위한 의료서비스 조직화

(2) 보건위생 국제적 기관

1) 세계보건기구(WHO) 헌장 [발효일 1949. 8. 17.]

WHO는 194개 회원국을 비롯한 **전 세계의 모든 사람이 가능한 한 최고의 건강 수준에 도달**하는 것을 목적으로 **"검역관련 증상 업무와 연구자료 제공, 유행성 질병 및 전염병 대책 후원, 회원국의 공중보건 관련 행정 강화와 확장 지원"** 등의 업무와 활동을 함

2) 세계동물보건기구(World Organization for Animal Health): OIE

OIE는 181개 회원국을 가진 국제기구로, 전 세계적으로 동물건강과 복지를 개선하는 권한 부여와 인간에게 전염될 수 있는 질병을 포함한 세계 동물건강 상황의 투명성 있게 질병 예방과 통제방법을 업데이트하고 공표하며, 동물과 관련 제품에 대한 세계 무역의 위생 안전을 보장, 국가 간 동물 건강시스템을 강화하기 위해 노력을 함

(3) 유사 공중보건학 분야

구분	내용	비고
예방의학 수의공중보건	• 사람의 질병 예방과 건강 효율 증진 • 동물 분야의 질병 예방과 건강효율 증진	의학 수의학
위생학	• 좁은 의미: 환경위생학, 식품위생학, 가축위생학, 산업위생학 • 넓은 의미: 공중보건학, 동물공중보건학	• 각 전문 분야별 • 보건위생계열
사회의학 지역사회의학	• 사회적 유해요인 제거 • 의료환경변화 대응(인구, 사회구조, 요구 다양성)	
건설의학	건강증진의 개념 강조(건강상태 최고도 증진)	

02 원 헬스

(1) One Health 개념

① 원 헬스는 인간과 동물 및 환경이 모두 고려된 의학, 수의학, 환경 분야의 다학제적 및 초국가적 차원에서 협업하는 전 지구적 개념

② 오늘날 신종 전염병 발생의 대부분이 인수공통전염병이며, 범발성 수준의 확산과 질병 대응 및 통제가 어려움. 따라서 언제 발생할지 모르는 X 질병을 예방하기 위해서 원 헬스적 인식과 이를 실천하기 위한 국가적 수준의 노력이 필요함

③ 원 헬스는 인수공통감염병의 차원에서 비롯되었으나, 동물과 환경 영역으로까지 그 의미가 더욱 확대되고, 특히 기후변화, 항균제 내성, 야생동물의 불법거래, 정신건강 문제 등을 종합적으로 아우르는 포괄적 개념

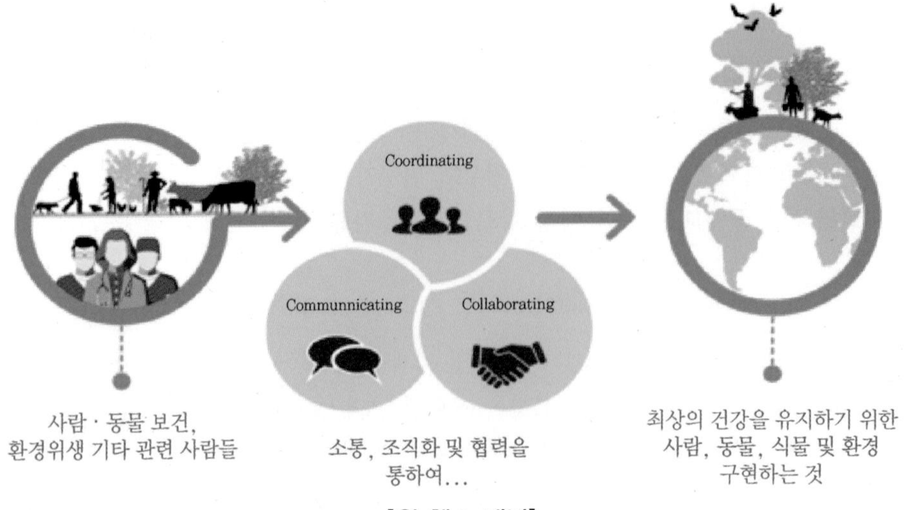

[원 헬스 개념]

[원 헬스 관련 핵심 키워드(워드 클라우드)]

(2) One Health 측면의 종간 유출 전파 관리 중요성

① 인류가 수렵과 채집의 시기를 지나 경작과 가축을 기르면서 수많은 인수공통전염병에 노출되어왔고, 과거에 신의 저주로 여겨왔던 전염병들은 과학의 발전과 더불어 끊임없이 도전하고 정복해 왔음

② 그러나 전염병의 원인체들도 살아남기 위한 진화(변이)를 해왔으며, 수많은 병원체 중에서 바이러스는 높은 돌연변이율과 많은 개체를 통해 상황에 적응하며 변화할 수 있고, 높은 환경 적응 능력을 통해 "종간 장벽"을 뛰어넘게 되는데 이것을 종간 유출 전파(spill over)라고 함

③ 대표적으로 사스, 니파, 에볼라, 힌드라, 코로나 19는 박쥐를 뛰어넘고, 에이즈는 영장류를 뛰어넘었으며, 라사열, 한타바이러스는 들쥐를, 독감은 돼지와 조류를 뛰어넘음

④ 이러한 종간 장벽을 뛰어넘는 이유를 생태학과 진화의 측면에서 보면, 많은 야생동물에 오랫동안 존재해 오면서 수백만 년간 자연적 숙주와 함께 공진화나 인간의 폭발적 개체 증가 그리고 고유 숙주의 서식지 침범과 자연생태계가 파괴됨에 따라 병원체들도 생존을 위해서 다른 숙주로 종간 전파될 가능성이 점차 커졌고, 새로운 면역계에 대항한 돌연변이를 일으킴으로써 신종 전염병들이 계속 새롭게 등장하게 됨

⑤ 따라서 인류의 건강을 보호하고 신종 질병의 출현을 이겨내기 위한 원헬스의 도입은 매우 중요함

[One Health 정의]

기 관	정 의
세계보건기구(WHO)	• 공중보건의 향상을 위해 여러 부문이 서로 소통·협력하는 프로그램, 정책, 법률, 연구 등을 설계하고 구현하는 접근법 • 주요분야: 인수공통감염병, 항생제내성관리, 식품안전
식량농업기구(FAO)	동물과 인간의 생태계에서 유해한 질병 위험을 줄이고 위협에 대처하기 위한 협력적, 국제적, 다 부문별, 다 학제적 메커니즘
미국질병통제예방센터(CDC)	사람, 동물 및 환경에서 최상의 건강을 달성하기 위해 지역적, 국가적, 전 세계적으로 활동하는 여러 분야의 공동 노력을 장려하는 것
One Health Commission	사람, 가축, 야생동물, 식물 및 환경을 위한 최적의 건강을 달성하기 위해 지역적, 국가적, 전 세계적으로 활동하는 관련 분야 및 기관과 함께 다양한 보건과학 전문가들의 공동 노력
One Health Global Network	인간, 동물 및 다양한 환경의 접촉면에서 발생하는 위험 및 위기의 영향 완화를 통해 건강과 안녕을 개선하는 것
One Health Initiative	인간, 동물 및 환경에 대한 모든 건강관리 분야에서 학제간 협력 및 소통을 확대하기 위한 전 세계적 전략

(3) One Health 차원의 항생제내성균 관리

[신규 항생제 개발이 시급한 최우선 병원균]

구분	대상 병원균
CRITICAL (위급)	• *Acinetobacter baumannii*, carbapenem-resistant • *Pseudomonas aeruginosa*, carbapenem-resistant • *Enterobacteriaceae*, carbapenem-resistant, 3세대 cephalosporin-resistant
HIGH (높음)	• *Enterococcus faecium*, vancomycin-resistant • *Staphylococcus aureus*, methicillin-resistant, vancomycin resistant • *Helicobacter pylori*, clarithromycin-resistant • *Campylobacter*, fluoroquinolone-resistant • *Salmonella* spp., fluoroquinolone-resistant • *Neisseria gonorrhoeae*, 3세대 cephalosporin-resistant, fluoroquinolone- resistant
MEDIUM (중간)	• *Streptococcus pneumoniae*, penicillin-non-susceptible • *Haemophilus influenzae*, ampicillin-resistant • *Shigella* spp., fluoroquinolone-resistant

① 메티실린**내성황색포도알균**(MRSA; Methicillin-resistant *Staphylococcus aureus*)

② 반코마이신**내성황색포도알균**(VRSA; Vancomycin-resistant *Staphylococcus aureus*)

③ 반코마이신**내성장알균**(VRE; Vancomycin-resistant *enterococci*)

④ 다재내성**녹농균**(MRPA; Multidrug-resistant *Pseudomonas aeruginosa*)

⑤ 다재내성**아시네토박터바우마니균**(MRAB; Multidrug-resistant *Acinetobacter baumanni*)

⑥ 카바페넴**내성장내세균속균종**(CRE; Carbapenem-resistant *Enterobactericeae*)

▶ *Escherichia coli*, *Klebsiella pneumoniae*, *Acinetobacter* spp., *Staphylococcus aureus*, *Streptococcus pneumoniae*, *Salmonella* spp., *Shigella* spp., *Neisseria gonorrhoeae*

(4) 공중보건 영역에서의 One Health 중요성

① **원 헬스에서 가장 시급한 과제는 공중보건학적으로 "인수공통감염병"과 "항생제내성균" 관리임**

② 루돌프 비료흐(1821~1902)가 동물에 의해서 발생하는 인간 질병을 '인수공통감염병(zoonosis)'으로 처음 명명한 후, **가장 흔한 인수공통감염병은 '광견병'이며**, 대부분 다른 동물로부터 중간 숙주를 통해 인간에게 전파되며, **중간 전파되는 것은 '종간 유출 감염(Spillover)'이라 함**

③ 현재 인수공통감염병은 **약 250종이며, 원 헬스 차원에서 중요한 감염병은 100여 종이 있음**

- CDC는 야생동물 거래 및 삼림 파괴와 동물의 서식지 교란으로 인해 인수공통감염병은 계속 증가 추세
- 인간과 동물이 서로 대면하면서 공유하는 질병 : **에볼라, 백신, 라임병, 소(결핵 및 브루셀라), 탄저병, 큐열균, 웨스트나일, 살모넬라 감염, 광견병 등과 최근 SARS, MERS, COVID-19 등**
- **식품안전, 식량안보, 매개체 감염병, 환경오염은 앞으로 계속 인류를 위협할 것임을 경고**

④ 인류가 10년 내 맞이할 두 가지 위험요소는 **전염병과 기후변화임**

03 환경위생

(1) 환경위생의 개념 이해

1) 환경위생 영역

	구분		기준
환경	자연적 환경	물리, 화학적	기후, 공기, 물, 토양, 광선, 소리 등
		생물학적	병원미생물, 위생해충 및 곤충 등
	사회적 환경	인위적	의복, 주택, 위생시설
		문화적	정치, 경제, 종교, 교육 등

자연환경 + 실내환경(활동의 80% 이상)

- 대기오염
- 상수 및 하수
- 분뇨 및 쓰레기
- 소음 및 진동

- 공기
- 토양
- 물
- 식품

- 자연적 환경
  - 물리 화학적
  - 생물학적
- 인위적 환경

[환경위생에서 다루는 주요 분야]

2) WHO의 환경위생 정의

① 인간의 신체 발육, 건강 및 생존에 유해한 영향을 미치거나, 미칠 가능성이 있는 인간의 물리적 환경에 있어서의 제반 요소를 통제하는 것

② 전체 공중보건학 영역 중에서 **가장 넓은 영역 범위**를 다루는 분야로 모든 질병의 기원이 **기후변화와 환경오염의 가속화**로부터 초래된다고 해도 과언이 아님

TIP **인류 위협의 핵심 3P**

- Population(인구 증가)
- Poverty(빈곤 → 빈부격차, 양극화)
- Pollution(오염 → 기후변화)

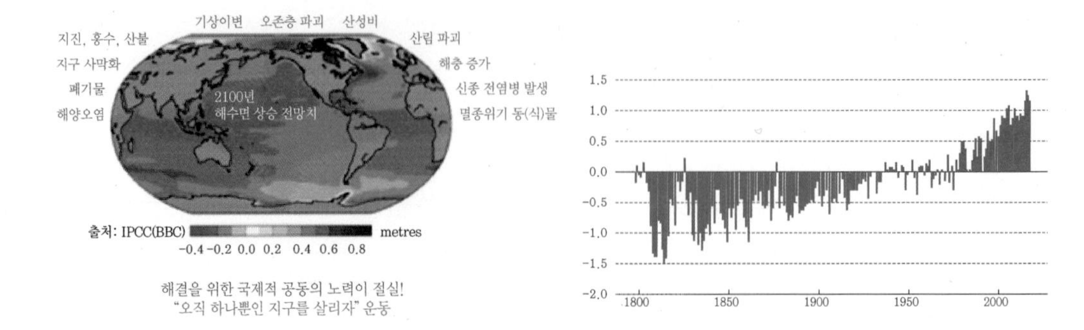

(2) 환경과 건강

1) 공기

공기는 생명체의 필수물질이자 지구의 열평형(heat balance)을 유지함

공기의 화학 조성비	• 대기 중 체적 백분율: 산소 20.93%, 질소 78.10%, 이산화탄소 0.03% • 호기 백분율: 산소 17.00%, 질소 79.00%, 이산화탄소 4.00%
공기의 자정작용	희석, 세정, 산화, 살균, 교환작용
군집독	• 다수인이 밀집한 실내의 화학적, 물리적 조성의 변화: 불쾌감, 구토, 현기증 • 유해인자: 취기, 온도, 습도, 기류, 이산화탄소, 분진 등 종합적 인자

2) 유해 광선

자외선	• 살균작용(광화학적 작용, 일명 화학선): 2,920~4,000 Å • Dorno선(건강선, 생명선): 2,800~3,200 Å
적외선	열선, 7,500~120,000 Å의 전자파, 피부장애, 백내장 망막염
LASER	유도방출에 의한 광선의 증폭(주파수가 상이) 이용 • 거리 측정, 외과수술 피해 • 각막염, 백내장, 피부화상
Micro파	라디오파(백내장 유발)

3) 공기와 건강

CO	• 발생: 연소 시작과 꺼질 때 불완전 연소 시 발생 • 성상: 무미, 무취, 무색, 무자극, 맹독성 • Hb과 결합력: 산소보다 250~300배 강함 • 서한도: 0.01%(100ppm), 8시간 기준 • 중독 시 치료: 고압 산소요법
CO_2	• 성상: 무색, 무취, 약산성 • 용도: 소화제, 청량음료, 실내공기 오염도의 기준물질 • 농도: 3% 이상 불쾌감, 5% 호흡수 증가, 7% 호흡곤란, 10% 사망 초래

CO_2	• 서한도: 0.1%(1000ppm), 8시간 기준 ▶ 실내 환기 양질(불량) 결정 척도, 지구온난화의 주범
SO_2	• 대기오염의 대표적인 측정물질, 대기오염의 주 원인 • 허용치: 0.05ppm(환경보존법) • 오염 시 주요 피해: 식물, 동물, 건물 및 철의 부식
O_2	• 성인 1일 호흡 공기량: 13kℓ(산소소비량: 13×0.04=520~650ℓ) • 농도: 10% 이하 호흡곤란, 7% 이하 질식사 • 결핍 시: 저산소증(Hypoxia) 발생 • 고농도 시: 산소중독증 발생 ▶ 폐포 침착률이 가장 높은 먼지: 0.5~5.0㎛ • 매연량 측정: Ringelmann chart에 의해 No. 2(매연 농도: 40%) 이상 연기를 1시간에 3분 이상 배출하여서는 안 됨 → 매연농도 40% 이하
N_2	• 공기의 78.1% 점유 • 용도: 불활성 가스로 물품의 보관에 이용 • 해녀, 잠수부 등의 수중 작업, 항공기 조정 등에서 감압병 또는 잠함병의 원인이 됨

[주요 실내공기오염물질의 건강 장해와 발생원]

실내공기오염물질		건강장해	발생원
석면		발암성 물질(폐암)	절연제, 내화성 제재
라돈		발암성 물질(폐암)	건물, 지하실
생물학적 오염물질		감염성 질환이나 알레르기 질환	공기 중 바이러스, 박테리아, 꽃가루, 곰팡이, 진드기
연소 생성물	일산화탄소	두통, 혼돈, 피로, 메스꺼움, 나른함	• 난방이나 흡연 시의 연소생성물 • 외부에서 유입
	이산화탄소	피부·눈·점막·호흡기 자극, 만성호흡기 및 폐질환	
	PM_{10}	호흡성 분진으로 눈·점막 자극, 호흡기계 질환	
휘발성 유기오염 물질	포름알데히드	눈 및 호흡기계 자극, 동물성 발암물질	건축자재, 흡연
	벤젠	호흡기계 자극, 발암물질	흡연, 페인트
	크실렌	자극, 심장, 간, 신장 및 신경계에 손상	수지용매, 에나멜, 무연휘발유
	톨루엔	빈혈	유기용제
	스티렌	두통, 피로, 우울, 눈 손상	플라스틱, 합성고무, 합성수지
	트리클로로에탄	발암성 물질	농약, 세척용매
	트리클로로에틸렌	동물성 및 발암물질	오일, 왁스용매, 세정성분
	에틸벤젠	눈과 호흡기계 심한 자극	스타렌 관련 제품
	클로로벤젠	폐, 간 및 신장 손상	페인트, 니스
	PCBs	인체 발암 의심물질	전기절연체, 플라스틱 가소제
	농약류	인체 발암 의심물질	살충제

▶ PM_{10}: 공기 중 10㎛ 이하의 입자상 물질

4) 기후와 건강

① 대기환경

• 기후대에 따른 감염병의 발생 특징

한대 지방	감염병이 적고, 연교차가 심함
열대 지방	곤충 매개 감염병이 많음
여름	소화기계 감염병 유행이 많음
겨울	호흡기계 감염병 유행이 많음

• 일교차, 연교차

일교차	• 최저기온: 일출 30분 전 • 최고기온: 오후 2시 전후
연교차	• 한대 〉 온대 〉 열대 • 내륙 〉 해안 • 고지대 〉 저지대

• 실외에서의 기온 측정: 인간이 호흡하는 위치인 1.5m 높이에서 백엽상 안에서 측정

복사열(Radiation heat)

• 거리의 제곱에 비례하여 온도가 감소
• **측정기구**: 흑구온도계로 15~20분간 측정

생물학적 온도계: 건구온도계, Kata온도계, 흑구온도계

• 대기 역전: 방사선 역전, 전선성 역전, 침강성 역전
  - 대기는 보통 상공으로 높아질수록 (1℃ 하강/100m), 거꾸로 상공이 하층보다 기온이 높아지는 현상
  - 역전층(inversion layer): 하층보다 기온이 높은 상공 대기층
  - 대기역전 현상이 생기면 공기의 순환이 한동안 느려지거나 멈춰지며 특히 도시 지역에서는 대기 오염물질의 확산이 더디어져 도시형 스모그가 악화되는 주원인(런던과 LA 스모그 사건의 원인)

• 기후요소: 기후를 구성하고 있는 일조, 일사, 기온, 습도, 강수량, 기압, 바람 등

대기권(Atmosphere)

지구를 감싸는 기체층, 지구로부터 약 1,000km 상공, 대기의 98%는 약 32km 이내 존재

• 기류(바람, 기동): 기압의 차이와 기온의 차이에 의해 형성, 기류의 강도는 풍속(풍력) → m/sec

- 기류의 분류: 무풍(0.1m/sec), 불감기류(0.5m/sec 이하), 쾌적기류(0.2~0.3m/sec: 실내, 1m/sec 전후: 실외)
- 기류 측정: dry kata theromometer 사용(1m/sec 이하의 실내)

TIP

- **실내의 쾌적 온도와 습도:** 실내(18±2℃, 60~70%), 침실(15±1℃), 병실(21±2℃)
- **인간이 적응할 수 있는 온도:** -10~40℃
- **냉방 시 실내외의 적당한 온도 차이:** 5~7℃
- **보건학적 습도:** 40~70%이고, 습도가 높으면 피부질환, 낮을 때는 호흡기질환에 잘 걸림
- 일반적 습도(비교습도/상대습도), 절대습도(현재 공기 $1m^3$ 중에 함유된 수증기의 양 또는 장력)
  - 상대습도(%) = 절대습도/포화습도 × 100

② 기후변화의 피해
- 기온 상승에 따른 심혈관계 및 호흡기계 질환(고령층 사망 29.7% 증가)
- 대기오염 물질의 농도 영향
- 감염성 질환의 증가(콜레라 및 비브리오 감염병 증가, 모기 개체 수 급증)

③ 황사 피해
- 호흡기 및 심장 순환기 질환 증가(36.5% 증가)
- 질병의 악화(천식 4.6~6.4% 증가)

④ 산성비
- 아황산과 질소산화물이 주요 원인
- 수질과 토양 오염으로 황폐화 및 생태계 교란

⑤ 오존(O_3)층 파괴: 1970년부터 관측
- 염소 발생 원인 - Chorofluorocarbons(CFCs): 프레온 가스
- 농약 원료 메틸브로마이드, 소화기(할론), 사염화탄소 등
- 성층권의 오존층은 자외선 중에 대부분의 UVB를 흡수 → 파괴 시 피부암 및 노화, 백내장 등 발생

TIP

- **환경변화에 대한 적응(accomodation), 순응(adaptation), 순화(acclimation)**
  - 조절 혹은 적응: 생체의 생리적 기능이 주어진 조건에 맞추어 변화하는 것
  - 적응 혹은 순응: 주어진 환경조건에 적합, 개체와 종족 유지에 도움, 개체에 유리하게 변하는 것
  - 순화: 다른 곳에 이주 후 그 기후 조건에 적응, 동일 지역의 기후 조건의 변동에 점차 적응하는 것

  ▶ 사람의 경우 저지대에서 고지대로 이주하여 2~3주일 지나면 저압공기로부터 필요한 양의 산소를 취하기 위하여 적혈구 수가 증가하는데 2,500m에서는 600만, 4,000m에서는 750만, 5,000m에서는 800만 정도가 됨

- **온열요소(온열인자)**: 기온, 기습(습도), 기류(바람), 복사열을 말하고 이들의 종합적인 상태를 온열조건 또는 온열상태
- **감각온도(실효온도, 체감온도)**: 포화 습도(습도 100%), 정지 공기(무풍) 상태에서 동일 온감을 주는 기온(기온이 20℃이고 무풍, 습도 100%일 때의 감각 온도: 20℃)
- **불쾌지수(DI)**: 원래는 실내의 전력소비측정을 위한 것으로 기류와 복사열은 고려되어 있지 않음
  - DI(실내) = (건구온도℃ + 습구온도℃) × 0.72 + 40.6
  - **70 이상(다소 불쾌)**, 75 이상(50% 정도 불쾌), **80 이상(거의 모두 불쾌)**, 85 이상(거의 모두 매우 불쾌)

5) 대기오염과 건강

① 형태에 따른 분류

기체상 오염 물질	정의	질소(N_2), 산소(O_2) 등과 같이 정상적인 대기 구성 성분 이외의 기체 상태의 오염물질
	종류	황산화물(SO_x), 질소산화물(NO_x), 일산화탄소(CO), 이산화탄소(CO_2), 휘발성 유기화합물(VOCs), 탄화수소, 오존(O_3) 등
입자상 오염 물질	정의	대기 중에 존재하는 작은 크기의 고체·액체 방울 상태의 물질, 주로 물질의 파쇄 등 기계적 처리 과정에서 발생하는 미세한 물질
	종류	매연이나 그을음, 먼지, 황사, 석면 등과 같은 미세 먼지(PM)

② 발생 단계에 따른 분류

1차 오염 물질	정의	배출원에서 대기 중으로 직접 배출된 대기 오염 물질
	종류	이산화황(SO_2), 일산화질소(NO), 일산화탄소(CO), 탄화수소, 먼지 등
2차 오염 물질	정의	오염 물질이 대기 중의 물질과 물리·화학적 반응을 일으켜서 생성되는 오염 물질
	종류	질산, 황산, 오존(O_3), 질산과 산화아세틸(PAN) 등

③ 환경호르몬

종류	발생 원인	작용
다이옥신	염소화합물 연소, 소각장, 염소표백/살균과정	생식능력 이상(에스트로젠)
Phthalate	인공피혁, 향장 제품, 스프레이, 샴푸, 포장제	공격성, 과잉행동, 비만 등
Bisphenol A	플라스틱, 합성수지 원료, 음료 캔 내부 코팅제	알레르기, 호르몬 불균형
DDT	살충제 농약	생물 축적으로 지방에 쌓임
알킬페놀	합성세제, 샴푸, 형광표백제, 주방용세제	내분비장애와 돌연변이
Paraben	식품, 화장품의 항균/항곰팡이 보존제	알레르기 생식기능 이상

▶ **다이옥신**: polychlorinated dibenzo-p-dioxins

④ 대기오염 대표사례

총 사망자 1만 2000명	London (1952년 12월 5~9일/5일 동안)	LA
기상	저온(4℃ 이하), 고습(90% 이상)	강한 햇빛, 고온저습
안개	짙은 연무(농무)	황갈색 안개
가시도	매우 불량	불량
기온역전	복사역전	침강역전
계절	겨울	여름
연료	석탄(가정난방)	석유(자동차)
최대 발생시간	이른 아침	낮(자외선)
대기오염물질	매연, mist	광화학산화물

- 전 세계 6명 중 1명은 환경오염 질환으로 사망
- 20세기 이후 단시간에 나타난 최악의 대기오염 사고는 '런던스모그'
- 중국의 주요 도시에서는 해마다 심각한 스모그 발생(석탄 사용량이 많기 때문)
- 베이징의 초미세먼지(PM2.5) 오염도는 세계보건기구(WHO)에서 정한 환경기준치의 30~40배
- **스모그(smog)는 연무(煙霧)로 연기(smoke)와 안개(fog)의 합성어이며, 대기오염 물질이 섞여 있는 안개**
- **대기오염의 98%(황산화물, 일산화탄소, 질소산화물, 탄화수소, 미세먼지)**

⑤ 2050년 '탄소 중립(Carbon Neutral) 선언, 탄소 Zero 정책
- 글로벌 의제화(파리협정 '16년 발효, UN 기후정상회의('19.9) 이후 121개 국가)
- 新 재생에너지 정책, 그린 뉴딜, 탄소 zero, 탄소세, 화석연료 보조금 폐지, 탄소포획 농업
- 기업 포함, 모든 분야에서 100% 재생에너지로 대체하고자 하는 글로벌 RE 100 캠페인

⑥ 7대 환경오염: 대기오염, 수질오염, 토양오염, 소음, 진동, 지반침하, 악취
- 환경오염 발생은 자연환경과 생활환경을 손상, 궁극적으로 사람의 생활과 건강에 악영향
- 일조, 통풍, 조망 저해 등은 7대 환경오염에 포함하지 않음

규제대상 6대 온실가스		온난화 지수(GWP)
이산화탄소(CO_2)	산림벌채, 에너지 사용, 화석연료의 연소 등	1
메탄(CH_4)	가축 사육, 습지, 논, 음식물 쓰레기, 쓰레기 더미 등	28
아산화질소(N_2O)	석탄, 폐기물 소각, 화학 비료의 사용 등	310
수소불화탄소(HFCs)	에어컨 냉매, 스프레이 제품 분사제 등	140~11,000
과불화탄소(PFCs)	반도체 세정제 등	5,000~10,000
육불화황(SF_6)	전기제품과 변압기 등의 절연체 등	23,000

[지구온난화 원인과 건강에 미치는 영향]

6) 물과 건강

① 물의 기능과 작용

- 물의 작용: 모든 음식물의 소화, 운반, 영양분의 흡수, 노폐물의 배설, 호흡, 순환, 체온조절 등
- 물의 필요량: 2~2.5ℓ /day
- 체중의 60~70% 구성(세포 내 40%, 조직간 20%, 혈액 5%)
- 수분 손실: 5% 상실 시 생리적 이상, 혼수상태, 12% 이상 상실 시 생명 위험, 1~2% 손실 시 심한 갈증
- 사용 용도: 가정용, 공업용, 농업용, 소화용, 잡용수 등으로 구분

② 물의 오염과 위생: 오염된 물은 수인성 감염병 및 기생충 질병의 감염원이 됨

- 대장균 및 잡균에 의한 발열 현상인 수도열과 콜레라, 장티푸스, 간염 등 감염병 발생원
- 기생충 질병의 감염원(디스토마, 회충, 편충, 원충 등)
- 각종 중금속의 오염으로 공해질병 발생원(수은, 카드뮴 등)
- 무기질에 따른 건강상 피해: 수중 불소량(과다: 반상치, 미달: 우식치), 질산은(청색아), 황산마그네슘(설사)

	이따이이따이병(1945)	미나마타병(1956)	가네미 사건(1968)
발생지역	일본 도야마현	일본 구마모토현	일본 가네미시
원인물질	카드뮴	메틸 수은	폴리클로리네이티드비페닐(PCB)
장애	심한 요통, 고관절통, 보행장애, 골연화증 등	사지마비(보행장애), 시각·청각기능 이상, 언어장애, 정신이상 등	피부질환, 기형아, 사산, 피부암

③ 음용(식)수 관리: 병원미생물 및 오염 유기물에 관한 사항

- 암모니아성질소(0.5mg/ℓ), 질산성질소(10mg/ℓ), 과망간산칼륨소비량(10mg/ℓ)
- 일반세균(1cc 중에서 100), 대장균(50cc 중에서 음성)
- 시안, 유기인, 수은: 절대 검출되지 아니할 것
- 수소이온농도: pH 5.8~8.5
- 냄새, 맛: 소독으로 인한 냄새, 맛 이외는 불가
- 무색, 투명: 색도 5도, 탁도 2도, 증발잔류물 500mg/ℓ

④ 상수 처리: 정수 방법(침전－여과－소독)

	완속여과법	급속여과법
침전법	보통침전법	약품침전법
생물막제거법	사면대치	역류세척
1회 사용일수 (1일 처리수심)	1~2개월[3m(6~7m)/day]	1~2일(120m/day)
탁도, 색도가 높을 때	불리함	좋음
이끼류가 발생되기 쉬운 장소	불리함	좋음
수면이 동결되기 쉬운 장소	불리함	좋음
면적	광대한 면적이 필요	좁은 면적도 가능
비용	건설비용이 많이 듦	건설비용이 적게 듦
	경상비용이 적게 듦	경상비용이 많이 듦
세균 제거율	98~99%	95~98%

⑤ 하수 처리

활성 슬러지법	살수 여상법
• 폭기에 동력이 필요함 • 유지비가 많이 듦 • 숙련된 운전이 필요 • 부하변동에 민감함 • 온도에 의한 영향이 큼 • bulking이 일어남 • 슬러지 반송이 필요함	• 여상의 패색이 잘 일어남 • 냄새가 발생하기 쉬움 • 여름철에 위생해충 발생의 문제가 있음 • 겨울철에 동결문제가 있음 • 미생물의 탈락으로 처리수가 악화되는 경우가 있음 • 활성슬러지법에 비해 효율이 낮음

CHAPTER

02 식품위생

01 식품위생

(1) 식품위생 개요

1) 정의

① 세계보건기구(WHO)의 정의: "식품위생은 식품의 재배 사육부터 생산 가공 공정을 거쳐 최종 소비에 이르기까지의 모든 단계에 있어서 식품의 **안전성, 건전성 및 완전성**을 유지하는 데 필요한 모든 수단을 말한다."

② Codex의 정의: 인간이 섭취하기에 알맞은 안전하고 건전하며, 완전한 식품을 확보하기 위하여 식품의 생산, 가공, 저장 및 유통과정에서 요구되는 조건 및 방법

③ 식품위생법(1962.1.20. 법률 제1007호)의 목적: 식품으로 인하여 생기는 위생상의 위해를 방지하고 식품영양의 질적 향상을 도모하며 식품에 관한 올바른 정보를 제공하여 국민보건의 증진에 이바지함을 목적으로 함

2) 식품위생의 범위와 중요성

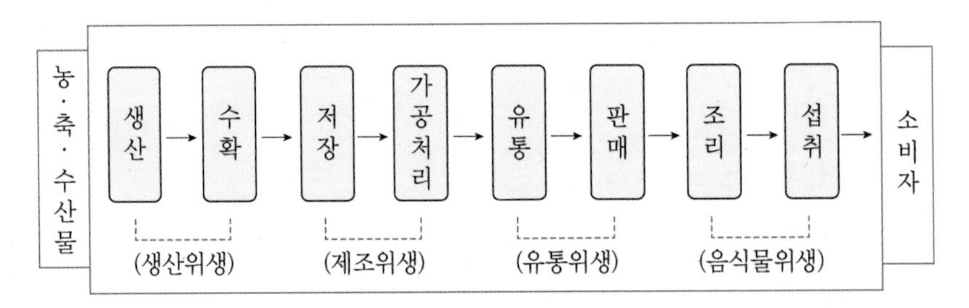

① 범위: 농·축·수산물의 생산에서 소비자의 식탁까지 이르는 전 과정(생산, 제조, 유통, 음식물)의 위생

② 중요성: 식품으로 인한 건강장해(식인성 질환)로부터 안전성을 확보로 국민 건강에 이바지

3) 식인성 병해의 원인과 건강장해

<table>
<tr><th colspan="2">생성 요인</th><th colspan="2">생성 원인</th><th>건강상 장해</th></tr>
<tr><td colspan="2" rowspan="4">내인성</td><td colspan="2">동물성 자연독</td><td>식중독</td></tr>
<tr><td colspan="2">식물성 자연독</td><td>식중독</td></tr>
<tr><td colspan="2">식이 알레르기성 성분</td><td>알레르기성 식중독 및 아토피성 피부염</td></tr>
<tr><td colspan="2">식품중의 변이원성 물질</td><td>발암의 위험</td></tr>
<tr><td rowspan="5">외인성</td><td rowspan="3">생물학적 원인</td><td colspan="2">식중독 원인균: 감염형, 독소형, 복합형</td><td>세균성 식중독(살모넬라, 대장균, 비브리오 등)</td></tr>
<tr><td colspan="2">경구전염병</td><td>소화기계 전염병(장티푸스, 콜레라, 이질 등)</td></tr>
<tr><td colspan="2">곰팡이독소</td><td>간장장해(아플라톡신), 신장장해, 발암 위험</td></tr>
<tr><td rowspan="2">인위적인 사고</td><td>의도적 첨가물</td><td>불용 첨가물, 유해화학물질</td><td>식중독 및 만성 장해</td></tr>
<tr><td>비의도적 첨가물</td><td>잔류농약, 환경오염물질, 가공 중 혼입·용출</td><td>식중독, 농약중독, 만성 시 발암, 내분비 장해</td></tr>
<tr><td colspan="2" rowspan="3">유인성</td><td>물리적 생성물</td><td>유지(변패 및 과산화물)</td><td>식중독, 발암</td></tr>
<tr><td>화학적 생성물</td><td>제조·조리과정(벤조피렌)</td><td>발암</td></tr>
<tr><td>생물학적 생성물</td><td>생체 내 생성(N-nitro화합물)</td><td>발암</td></tr>
</table>

02 식중독과 감염병

식중독	질병 중 감염이 가능한 질병(특정 병원체나 병원체의 독성물질로 인하여 발생하는 질병)으로 감염된 사람으로부터 감수성이 있는 숙주(사람)에게 감염되는 질환
감염병	식품 섭취로 인하여 인체에 유해한 미생물 또는 유독 물질에 의하여 발생하였거나 발생한 것으로 판단되는 감염성 또는 독소형 질환(식품위생법 제2조 제10호)

세균성 식중독	수인성 경구 감염병
• 균이 미량으로는 발생하지 않음 • 잠복기가 짧음 • 2차 감염이 잘 되지 않음(원인 식품의 섭취로 발생) • 면역력이 획득되지 않음	• 감염균의 양이 적음 • 잠복기가 깊 • 2차 감염이 많이 일어남 • 대부분 병후 면역이 획득됨

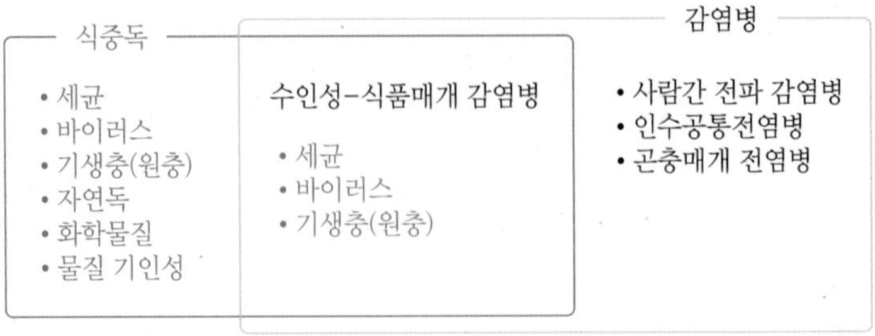

식중독

- 세균
- 바이러스
- 기생충(원충)
- 자연독
- 화학물질
- 물질 기인성

수인성-식품매개 감염병

- 세균
- 바이러스
- 기생충(원충)

감염병

- 사람간 전파 감염병
- 인수공통전염병
- 곤충매개 전염병

(1) 식중독

1) 세균성 식중독 원인

감염형	살모넬라, 장염비브리오, 병원성 대장균, 비브리오 패혈증 등
독소형	보툴리누스, 포도상구균, 웰치균
기타	장구균, 알레르기성 식중독

2) 세균성 식중독 원인균 특징

살모넬라 식중독	• 가장 대표적인 식중독 • 발병률: 75% 이상으로 높음 • 원인식품: 어육류, 유제품, 두부 등 • 잠복기: 12~48시간(평균 20시간) • 여름, 가을에 많이 발생하며, 사망률은 낮음
장염 비브리오 식중독	• 호염균 식중독 • 원인균: 해수 세균 • 원인식품: 조개류, 소금절임 야채 • 발생: 여름철에만 발생 • 증상: 콜레라와 비슷(급성 위장염)
병원성대장균	• *E. coli O-157: H7.*, 장충혈성대장균감염증(제1군 감염병) 감염력과 독력이 매우 강함 • 증상: 설사, 복통 • 분류: 위장관염형, 장관독소형, 출혈성대장염형 • 원인: 햄, 치즈, 소시지, 분유, 도시락, 두부 등 / 오염된 하수 • 예방: 75℃ 이상 가열 섭식, 분변, 식수 오염주의
보툴리누스 식중독	• *Clostridium botulinum* • 세균성 식중독 중 치명률이 가장 높음, 혐기성 세균 • 통조림, 소시지 등 밀봉 식품이 주 오염식품, 신경증상이 특징 • 강력한 신경 독소에 의한 급성, 대칭성, 진행성의 신경마비 질환 • 주로 흙 속에서 살고 있으나 때로는 동물의 대변 속에서 발견 • 생산하는 독소의 항원 형에 의해 일곱 종류로 구별되며, A형, B형, E형이 사람의 질병과 관련 • 정제된 A형은 치료의 목적으로 생산

포도상구균	• *Staphylococcus aureus* • 원인: 황색포도상구균이 생성하는 체외 독소인 enterotoxin(장 독소)가 원인 • 원인 식품: 유제품, 김밥, 도시락, 떡 • 잠복기: 평균 3시간 • 발생: 늦은 봄과 가을 • 증상: 급성위장염 증상, 발열이 거의 없음 • 그람 양성 구균, 통성 혐기성, 무아포 균, 발육 최적 30~37℃ • 화농성질환의 원인균, 생성독소 내열성이 큼, 자연계에 널리 분포 • 자연환경에 대한 저항 강함, 사람과 동물의 비강, 인후, 피부 상재균
웰치균	• *Clostidium perfringens* • 설사와 복통이 반드시 일어나며, 균 체내독소(enterotoxin) 생산 • 사람의 분변, 토양, 하수 등에 분포되어 있다가 식품 속에서 증식 • 원인 식품: 어류 혹은 육류 가공품 등 단백질 식품 • 그람 양성의 편성 혐기성 간균, 장관 내에서 아포를 형성할 때 일종의 독소 생산 • 최적 온도 43~47℃, 용혈과 치사 작용을 나타내는 lecithinase(α 독소) 생산 • A형 균이 대표적, 강한 내열성(100℃, 1~4시간의 가열에도 사멸되지 않음)
리스테리아균 식중독	• *Listeria monocytogenes* • 인수공통 병원균으로 냉장 온도에서도 생존, 증식 • 일반적으로 냉동(−18℃)에서는 증식하지 못함 • 냉장 유제품, 팽이버섯, 냉장 연어 등이 특히 문제 • 4세 이하 어린이는 치명적(뇌수막염) • listeric meningitis의 치사율은 70% 정도 • 패혈증은 50%, 임신 중 또는 신생아의 경우 80%

(2) 식품과 기생충 질병

① **채소를 통한 기생충 질환:** 회충, 구충, 십이지장충, 편충, 요충(집단감염), 동양모양선충, 유구낭충증, 이질아메바, 람블편모충

② **수육을 통한 기생충 질환**

돈육(돼지고기)	유구조충(갈고리존충증), 선모충
우육(소고기)	무구조충(민촌충): 유구조충보다 감염률 높음

③ **민물고기:** 게(폐흡충), 담수붕어(간흡충), 은어(요꼬가와흡충), 숭어(이형흡충)

④ **바다생선:** 아니사키스증

(3) 경구 감염병

① 감염 경로가 입을 통해 이루어지는 감염병

② 주로 식품을 매개체로 전파

③ 식품 외에도 물이나 불결한 식기, 손으로 직접 감염되기도 함

세균성 감염병	장티푸스, 파라티푸스, 이질(shigella), 콜레라, 연쇄상구균과 디프테리아
바이러스성 감염병	유행성간염, 소아마비(polio), 전염성 설사증 등

(4) 식중독의 분류 및 식품매개 감염병

대분류	중분류	소분류	주요 원인(미생물, 질병, 물질)	비고
식중독	세균성	감염형	salmonella, 병원성 대장균, 장염 vibrio, 켐필로박터, 리스테리아, 여시니아, 바실러스	
		독소형	황색포도상구균, 보툴리늄, 클로스트리듐	
	자연독	식물성	독버섯(muscarine), 청매(아미그달린), 감자(솔라닌), 고사리, 원추리, 박새풀	
		곰팡이독	아플라톡신*, 맥각독(에르고), 황변미독, 퓨모니신(Fusarium)	땅콩, 보리, 쌀, 옥수수
		동물성	복어독(tetrodotoxin), 조개/홍합독(삭시톡신), 바지락(베네루핀), 시구아톡신	
		바이러스성	노로, 로타, 장관 아데노, 아스트로, A형과 E형 Hepatitis	
	화학 물질	고의, 오용	식품첨가물(붕산, auramine, dulcin)	
		우발, 혼입	잔류농약, 유해성 금속 화합물	
		제조 생성	지질 산화물, 니트로소아민	가공, 저장 중에 발생
		기구, 포장	구리(녹), 납, 비소	용출물
	기타	알레르기	고등어 등(등 푸른 생선: 원인 균 *Proteus morgani*)	항 히스타민제 투여
경구 전염병	콜레라, 세균성이질, 장티푸스, 급성회백수염, 전염성 설사증 등			
인수 공통전염병	• 세균성: 결핵, 탄저, 브루셀라, 아토병, 돼지단독, 리스테리아 • 리켓치아성: Q열(*Coxiella burnetii*)			
기생충증	연충성		회충, 요충, 구충, 조충류(유구, 무구), 흡충류(간디스토마, 페디스토마 등)	
	원충성		이질아메바, 지알디아, 람블편모충, 작은와포자충, 주폐포자충	

* Aflatoxin: *Aspergillus flavus*에 의해 생성되며 간 독성이 특징

03 HACCP과 GMP

(1) 위해요소분석과 중요관리점(HACCP)

1) 개요

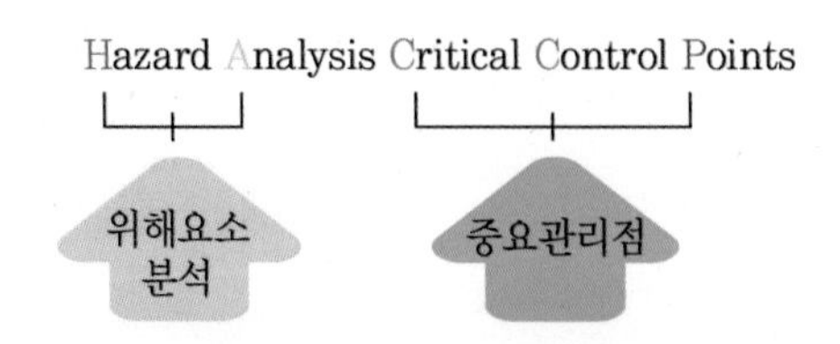

① 식품위해요소중점관리기준(HACCP)은 "해썹"으로 부르며, 위해분석(HA)과 중요관리점(CCP)으로 구성되며, HA는 위해가능성이 있는 요소를 찾아 분석·평가하는 것이고, CCP는 해당 위해요소를 방지·제거하고 안전성을 확보하기 위하여 중점적으로 다루어야 할 관리점을 말함

② 즉 식품의 원재료 생산단계에서부터 제조, 가공, 보존, 유통단계를 거쳐 최종 소비자가 섭취하기 전까지의 각 단계에서 인체에 위해를 끼칠 수 있는 요소를 분석하고 이를 중점적으로 관리하여 사전에 과학적이고 위생적으로 식품의 안전성(Food Safety)을 확보할 수 있는 사전 위생관리체계인 식품안전관리제도

2) 중요관리점(CCP) 결정도

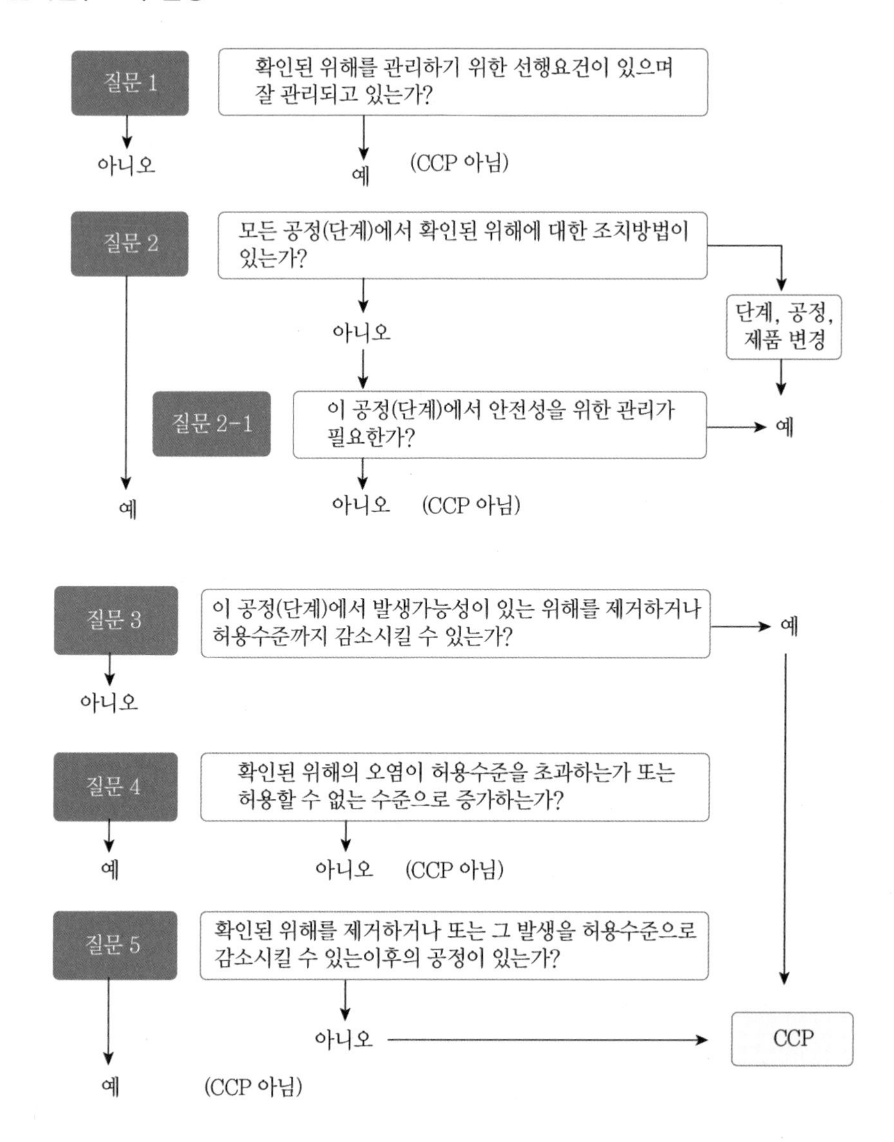

3) HACCP적용품목 심벌

4) HACCP 적용순서 및 기본원칙

절차 1	HACCP팀 구성
절차 2	최종제품의 기술 및 유통방법
절차 3	제품의 용도 확인
절차 4	제조공정 흐름도 작성
절차 5	제조공정 흐름도에 대한 현장확인
절차 6 (원칙 1)	위해분석 식품제조 각 단계와 관련한 규명된 위해목록 및 위해관리를 위한 예방조치 목록
절차 7 (원칙 2)	중요관리점 결정(HACCP 결정도를 각 공정에 적용 순서에 따라 물음에 답한다)
절차 8 (원칙 3)	중요관리점에 대한 목표기준, 한계기준 설정
절차 9 (원칙 4)	각 중요관리점에 대한 모니터링 시스템 설정
절차 10 (원칙 5)	관리기준 이탈시 개선 조치방법 설정
절차 11 (원칙 6)	HACCP 검증방법 설정
절차 12 (원칙 7)	서류기록 유지 및 문서화 방법 설정

[예]

단계	확인된 위해	예방조치
가열	장내병원균	온도 충분히 높게

(2) 우수건강기능식품제조기준(GMP; Good Manufacturing Practices)

1) GMP 개념

우수건강기능식품제조기준은 "품질이 우수한 건강기능식품을 제조하는 데 필요한 요건을 설정한 기준"으로, 제조 업소가 우수한 품질이 보장된 건강기능식품을 제조하기 위하여 준수하여야 할 사항을 제정한 **구조·설비와 제조관리 및 품질관리** 등에 관한 기준의 규범

2) GMP 적용

각 산업 분야별로 GMP 제도는 건강기능식품 GMP(GMP), 의약품 GMP(KGMP), 원료의약품 GMP(BGMP), 동물의약품 GMP(KVGMP) 등 각종 GMP를 제정·실시함으로써 안전하고 신뢰성 있는 제조관리 체계의 구축이 가속화되고 있음

3) GMP 기준서

① 제조관리기준서
② 제품표준서
③ 품질관리기준서
④ 제조위생관리기준서

4) 제조관리기준서

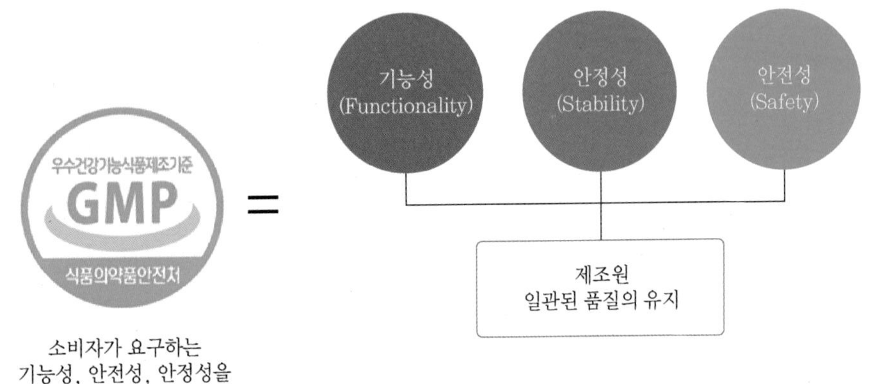

① 제조공정관리에 관한 사항
② 작업장 평면도와 공조시설 계통도
③ 용수 및 배수처리 계통도
④ 직원 교육 등

단계	대상기준	시행시기
1	2017년 매출액이 20억 이상인 제조업자	2018년 12월 1일
2	2017년 매출액이 10억 이상 20억 미만인 제조업자	2019년 12월 1일
3	2017년 매출액이 10억 미만인 제조업자	2020년 12월 1일

CHAPTER 03

역학 및 감염병 관리

01 역학

(1) 역학 개요

1) 역학의 개념

정의	• 집단에서의 건강과 질병에 영향을 주는 요인에 관한 연구를 하는 학문으로, 역학적 연구 설계를 이용하여 이상 상태의 발생에 대한 영향요인이나 결정요인을 연구하여 효과적인 예방법을 찾아 이상 상태의 예방과 건강증진을 목적으로 하는 것 • 질병 빈도의 분포나 결정 인자에 관한 연구, 질병 양상 연구, 집단의 건강상태 연구 • 의학(수의학)에 수학(통계학)적 개념이 도입된 생태학적 연구
목적	• 집단 구성원들 사이에서 발생하는 모든 건강 및 질병 현상의 빈도 및 분포를 측정하여 지역사회의 질병 규모를 파악하고, 질병의 원인이나 전파 기전, 위험요인 탐구, 질병의 자연사와 예후를 연구하여 보건정책 수립을 위한 기초자료 제공 등의 목적을 가짐 • 집단 대상, 질병 빈도 측정, 질병 분포 파악, 질병 결정요인 탐구
특성	• 기술적 특성(언제, 어디서, 얼마나 많이 발생하였는지 조사, 기록), 분석적 특성(유발 원인과 그 원인의 기여도를 통계학적으로 찾아 연구) 그리고 전략적 특성(원인 차단으로 예방효과를 확인하려는 것) • 활용 분야: 자연사 연구, 지역사회 평가, 보건사업 수행, 임상 특성 파악, 증상과 징후 평가, 원인과 위험요인 규명

2) 역학적 연구 방법의 분류

① 기술역학과 분석역학

기술역학 (Descriptive epidemiology)	• 질병 분포의 파악 목표: '누가, 언제, 어디서 발생하였는지?'를 파악하여 질병 원인의 가설을 얻기 위함 • 질병 원인 가설 수립 방법: 차이, 일치, 동시 변화 • 조사 요인별 특성	
	인적	연령, 성, 인종, 사회경제적 상태, 직업, 결혼
	시간적	단기변화, 장기변화, 추세변화, 주기변동 등
	지역적	국가간 변화, 지역간 비교, 도시와 농촌 등
분석역학 (Analytical epidemiology)	• 결정요인 탐구를 목표하며, 사전에 인과관계의 가설을 수립하고 이를 관찰과 실험을 통해 검증하는 역학 연구	

분석역학 (Analytical epidemiology)	• 관찰과 실험	
	관찰	• 환자-대조군 연구 • 코호트 연구
	실험(단면조사)	처치 군과 비교(대조)군을 상호 추적 관찰하여 처치 효과를 비교하는 방법

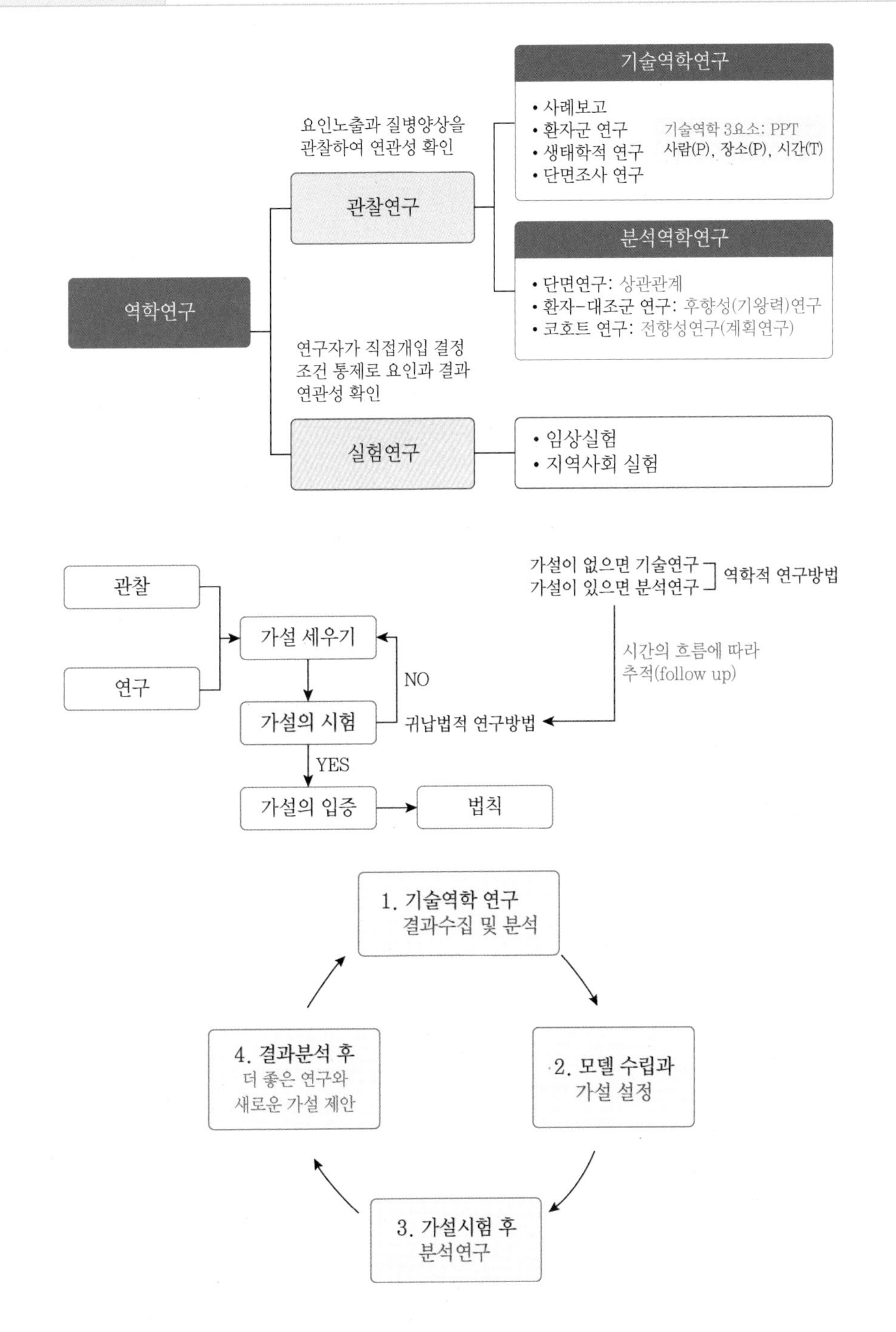

② 코호트 연구(cohort study)

- 특정 인자에 노출되는 것이 질병 발생에 영향을 미치는지 알아보고자 할 때
- 질병이 없는 연구대상자들을 모아서 특정 인자 노출 여부 확인
- 시간이 흐름에 따라 질병이 발생하는지 조사하여 인자와 질병 발생 간의 연관성 확인

코호트(cohort)는 특정 인구집단을 의미

[코호트 연구의 장단점]

장점	• 시간의 흐름에 따른 정보를 얻을 수 있음 • 희귀요인 및 다양한 요인에 노출되었을 때의 정보를 수집할 수 있음 • 질병 위험도를 구할 수 있음
단점	• 추적조사를 놓치는 경우가 생김 • 희귀질병의 경우 추적기간이 상당히 길어질 수 있음 • 추적기간이 길어지면 다른 편향이 생길 수 있음

3) 집단 대상 역학적 연구의 필요 요소

① 지방성 유행(endemic) 인지와 외래성 질병(foreign disease)인지 확인

② 산발적(sporadic)인지 전국단위 유행병(epidemic)인지 그리고 범발성의 유행병(pandemic)인지 확인

③ 질병의 발생(disease outbreaks): 질병의 비율(rate of disease), 발생률(incidence), 유병률(prevalence), 위험 요인(risk factor), 상대적 위험도(relative risk), 기여 위험도(attributable risk)

4) 역학의 종류

병인역학	질병 발생의 원인 규명 역할(질병은 절대 우연히 발생하지 않음)
계량역학	질병 발생과 유행의 감시 역할
생태역학	질병의 자연사에 대한 연구 역할(자연사는 질병 발생에서 소멸까지)
임상역학	임상 분야에서 활용하는 역할
예방역학	보건관리 사업의 기획과 평가에 필요한 자료 제공 역할(지자체, 국가 단위)

(2) 역학 조사 측정 및 지표

1) 역학에서의 측정

구분	내용	지표
빈도 측정 (Frequency Measures)	집단에서 질병, 불구, 사망 등의 규모 측정	유병률, 발생률, 사망률 등
관련성 측정 (Measures of Association)	위험요인과 질병과의 통계학적 관련성 측정	비교위험도
영향력 측정 (Measures of Impact)	위험요인이 집단의 질병 빈도에 기여하는 정도 측정	기여위험도

2) 발생률과 시점 유병률의 비교

구분	발생률	시점 유병률
관찰 종류	동적(dynamic)	정적(static)
시간개념	일정 기간이라 시간 개념 있음(+)	일정 시점이라 시간 개념 없음(−)
분자	일정 기간 동안 인구집단 내에서 새롭게 발생한 사람 수	한 시점에서 어떤 상태에 있거나 어떤 질병을 가지고 있는 사람 수
분모	일정 기간 동안 그 사건이 일어날 위험에 있는 인구 집단의 평균인구 수	한 시점에서 어떤 상태 또는 질병의 유무를 조사받고 있는 사람 수
용도	질병의 원인을 판단하고자 할 때 유용함	현재의 질병을 관리하고자 할 때 유용함

① 발병률(attack rate)

- $\text{발병률} = \dfrac{\text{질병 발생자 수(이환자 수)}}{\text{유행기간 중 위험 요인에 폭로된 개체수}} \times 10^{x}$
- $\text{2차 발병률} = \dfrac{\text{질병 발생자 수(이환자 수)}}{\text{환자와 접촉한 감수성 있는 개체 수}} \times 10^{x}$
- **2차 발병률은 병원체의 감염력 및 전염력의 간접적 지표가 됨**

② 유병률(prevalence rate): 일정 기간 동안 한 집단 내에서 어떤 질병에 걸려(이환) 있는 환자의 수

시점 유병률 (point prevalence)	주어진 시점에서 집단 중의 환축 비율
기간 유병률 (period prevalence)	항생물질의 치료는 치명률을 낮추지만, 환축의 생명 연장으로 인한 회복기의 환축이 많아서 유병률이 높아짐

③ 발생률과 유병률의 관계: 이환 기간이 긴 질병은 이환 기간이 짧은 질병보다 단면조사에서 검출될 확률이 더 높으며, 이환 기간이 긴 질병은 이환 기간이 짧은 질병보다 단면조사에서 검출될 확률이 더 높음

④ P(유병률) = I(발생률) × D(이환 기간)

(3) 역학에서 진단의 정확성과 신뢰성(Accuracy and Reliability)

1) 정확도(validity)

민감도(Sensitivity)	알고자 하는 참값을 이 측정이 얼마나 반영해 주는가의 정도로서 확진된 질병을 어떤 측정 도구가 그 질병이라고 판단해주는 능력을 의미
특이도(Specificity)	측정 도구가 그 질병이 아닐 것을 아니라고 판단해주는 능력을 의미
예측도(Predictability)	측정 도구가 그 질병이라고 판단해 낸 환축 중에서 실제로 그 질병을 가진 환축들의 비율(예측력)을 의미

새로 개발된 모든 진단검사 방법은 정확도 확인으로 가치를 인정, 따라서 민감도와 특이도를 표기하여야 함

[측정 도구에 의한 결과 평가 방법]

검진에 의해 확인된 질병				
측정결과	(질병 유)		(질병 무)	
	(양성)	(a) 진양성	(b) 가양성	a + b
	(음성)	(c) 가음성	(d) 진음성	c + d

1) 민감도 = $\frac{a}{a+c}\times100$	2) 특이도 = $\frac{d}{b+d}\times100$
3) 예측도(검사 양성) = $\frac{a}{a+c}\times100$	4) 예측도(검사 음성) = $\frac{d}{c+d}\times100$

2) 신뢰도(reliability, repeatability, reproducibility)

① 측정도의 정밀성을 의미(Precision)

② 동일한 대상을 동일방법으로 측정했을 때 그 측정값이 얼마나 일정성을 보이느냐의 정도이므로, 기술적인 숙련도와 관련이 있음

③ 신뢰성 유형은 다음과 같음

- 동일 대상을 여러 번 여러 가지 다른 방법으로 측정했을 때 그 결과의 일치 여부를 확인하는 것

  예 빈혈 정도: 헤모글로빈값, 적혈구 수, 혈구용적 등의 일치 여부
- 동일인이 동일 대상을 여러 번 측정했을 때 동일 측정값을 얻는 여부, 이때 생기는 오차는 관측자 내 오차이며, 측정 도구의 잘못과 관측자의 기술적 오차가 작용
- 여러 사람의 관측자로부터 동일 결과를 얻을 수 있는 측정의 객관성 여부 확인

정확도와 신뢰도
모두 우수

정확도는 있으나
신뢰도 부족

신뢰도는 있으나
정확도 부족

정확도와 신뢰도
모두 부족

[정밀도(신뢰성) 및 정확도(유효성)]

TIP

- 진단을 위한 검사의 가장 중요한 것은 측정값의 타당도와 신뢰도의 개념적 차이를 이해하는 것
- 진단검사법의 5가지 타당도 기준 지표: 민감도(sensitivity), 특이도(specificity), 예측도(predictability), 위양성(false positive), 위음성(false negative)
- 신뢰도의 평가는 kappa 통계량을 의미함

3) 검사 유형

진단검사	증상의 원인을 찾기 위해 질병에 이환된 동물을 대상으로 하는 검사
선별검사	증상이 없이 건강하다고 인정되는 대상에서 질병을 발견하는 데 사용
분류검사	이미 진단된 질병의 중증도 분류 및 측정하기 위해 이용
모니터링검사	시간에 따른 질병 경과 모니터링과 치료에 대한 반응 측정에 이용

4) 질병 상태의 이분형(binary) 진단검사의 결과에 따른 판단 기준

<table>
<tr><td colspan="2" rowspan="2"></td><td colspan="2">질병</td><td rowspan="4">a + b
c + d</td><td rowspan="6">양성 검사 예측치 = a/a + b
음성 검사 예측치 = d/c + d
정확도 = a + d/a + b + c + d
유병률 = a + c/a + b + c + d</td></tr>
<tr><td>유</td><td>무</td></tr>
<tr><td rowspan="2">검사
결과</td><td>양성</td><td>a
진양성</td><td>b
가양성</td></tr>
<tr><td>음성</td><td>c
가음성</td><td>d
진음성</td></tr>
<tr><td colspan="2" rowspan="2"></td><td>a + c</td><td>b + d</td><td rowspan="2"></td></tr>
<tr><td>민감도 = a/a + c</td><td>특이도 = d/b + d</td></tr>
</table>

민감도 (sensitivity)	진짜 양성을 양성으로 판정하는 율
특이도 (specificity)	진짜 음성을 음성으로 판정하는 율
예측도 (predictability)	• 검사양성을 양성으로 판정된 것 중 진짜 양성율 • 검사음성 음성으로 판정된 것 중 진짜 음성율
우도비 (likelihood rate)	• 어떤 현상이 관찰된 확률과 이론적으로 발생할 확률 사이의 비율 • 양성검사우도비: 민감도/(1－특이도) = 진양성률/위양성률 • 음성검사우도비: (1－민감도)/특이도 = 위음성률/진음성률
신뢰도 (reliability, repeatability)	• 반복측정 하였을 때 측정값이 얼마나 일정성 보이는가의 정도 • 기술적 숙련도와 측정도구의 정밀성 의미 • 신뢰도의 유형(Zetterberg)에 의함(동일 대상을 여러 측정법으로 측정하였을 때 결과의 일치도 등) • 측정오차와 생물학적 변동요인을 구분해야 함(환경에 따른 혈압의 변화 등)

02 감염병(질병) 관리

(1) 질병 발생

1) 질병 발생의 역학적 삼각형 모형

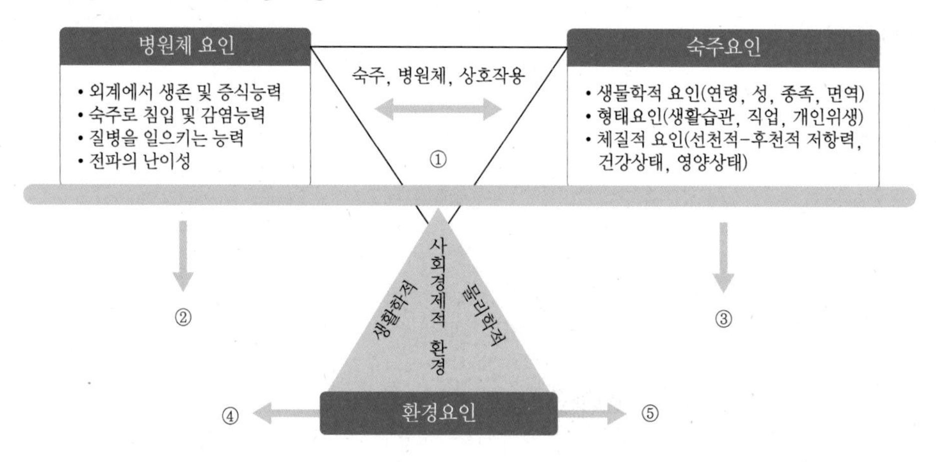

①: 병원체, 숙주, 환경요인들이 평행을 이루고 있는 경우

②: 병원체 요인에 변화가 있을 때로 인플루엔자 virus가 항원성에 변이를 일으켜 감염력과 병원성의 증가로 유행이 발생하는 경우

③: 면역 수준이 떨어져 숙주의 감수성이 증가하는 경우

④, ⑤: 환경이 이동하였을 때 초래되는 불균형 상태로 평상시 일정 장소에 갇혀 있던 병원체가 환경 변화로 여기저기 유포되어 전파가 쉽게 될 경우

2) 동물의 질병 발생과 관련된 요인

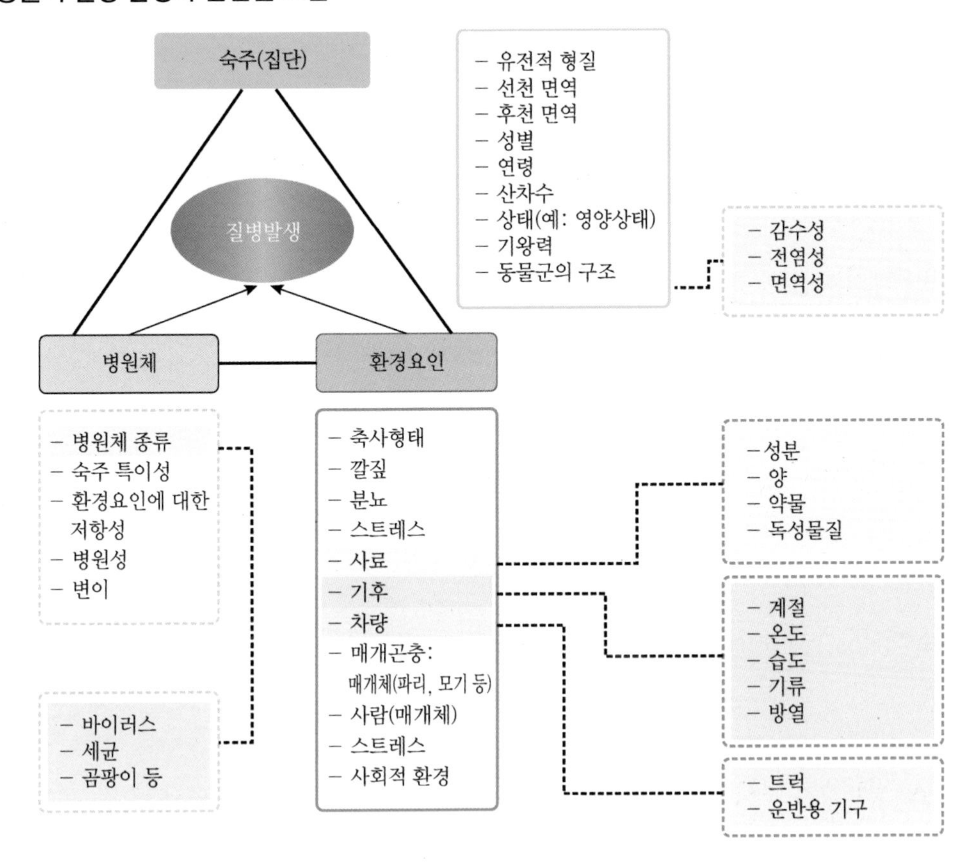

3) 감염 사슬(감염 고리) 6단계

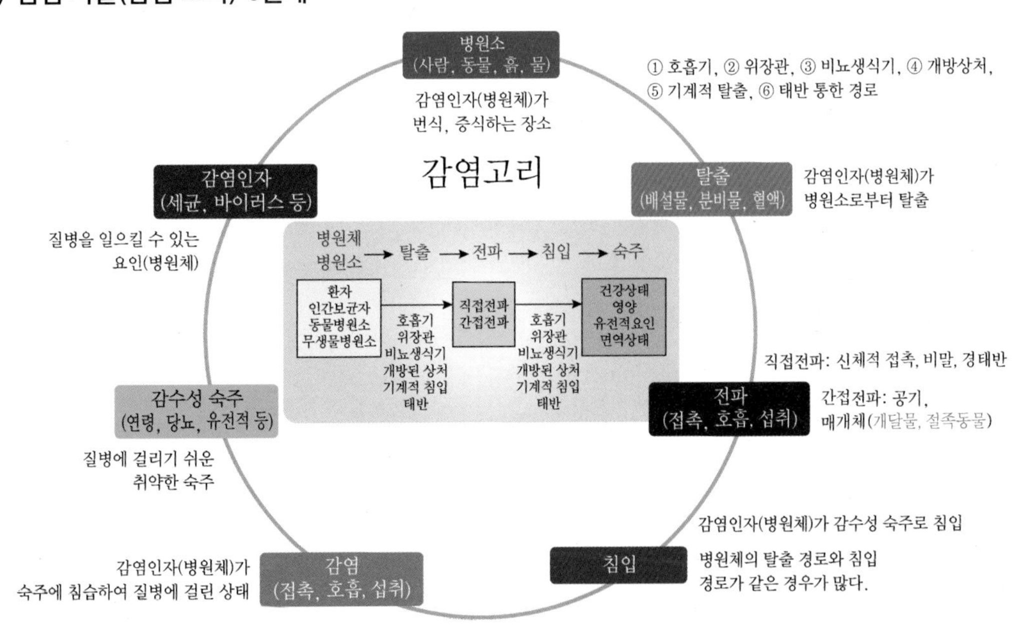

4) 병원소의 특성

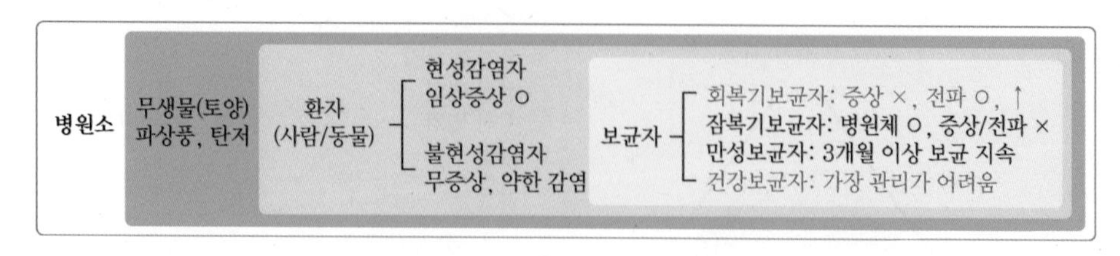

5) 병원체의 특성

감염력	병원체가 숙주에 침입하여 알맞은 기관에 자리 잡고 증식하는 능력으로 감염을 일으키는 데 필요한 최소의 값으로 평가되며, 숙주 특이성을 가짐
병원력	감염된 숙주 내에 현성 질병을 일으키는 능력이며, 병원체의 양도 중요함
독력(Virulence)	• 병원성은 감염력, 발병력, 독력 등에 따라 차이가 있으며, 병원체가 숙주에 침입하고 독소를 생성하는 능력 • 즉 감염증을 일으킬 수 있는 능력을 독력(virulence)이라고 함

6) 숙주(Host) 요인

선천적 요인 (genetic factors)	• 특정 종이나 품종에 따른 유전적 소인의 차이는 질병 감수성에 영향을 미침 • 즉 피모, 피부, 점막 등에서 물리적 장벽(barrier)으로 병원체의 침입을 저지하고, 눈물, 콧물, 점액 등에 있는 lysozyme이나 위산, 담즙 등 생체분비물도 살균작용을 함 • 또한 체액이나 조직액 중의 대식세포, 가수분해효소 등이 작용하여 병원체를 방호함
생리적 요인 (physiological factors)	• 숙주의 연령, 성별 그리고 호르몬 등에 따라 감수성의 차이를 보임 • 대부분의 전염병 발생은 연령과 연관성을 나타내며, 연령별 분포에 따른 특징적인 이환율과 사망률을 보임 • 세균 및 바이러스성 질병은 숙주의 면역성이 낮은 어린 동물에서 발생하기 쉽고, 기생충 및 리케차 질병은 나이가 많은 동물에서 발병률이 높음 • 동물에서 성에 따른 질병 발생의 차이는 호르몬, 사회적, 동물 행동적, 유전적인 요소에도 영향을 받음 • 암캐의 발정기 동안 인슐린 요구량 증가 영향은 당뇨병과의 상관관계가 있음
후천적 요인	• 과거에 어떤 환경 조건에서 병원체에 노출되었는지에 따라 숙주의 감수성에 영향을 미침 • 백신의 접종이나 자연적으로 병원체에 감염되면 특이적인 면역을 획득하여 그 병원체에 저항성을 나타냄 • 또한 개체별로 비타민 등 숙주의 영양 상태 등도 감수성에 영향을 미침

7) 환경(Environmental) 요인

지역	• 지형, 식물군, 기후는 동물과 질병의 공간적 분포에 영향을 줌 • 도시 거주는 대기오염으로 비특이적 만성 폐 질환이 많이 발생 • 소음·진동 발생 지역은 부신피질호르몬의 분비가 증가함 • 고사리 분포가 많은 지역은 소의 고사리중독이 많음
기후	• 기온: 저체온으로 항상성 상실 • 바람: 병원체의 확산, 전달 • 습도: 높으면 호흡기 질환 위험
스트레스	• 스트레스는 체내의 내분비기계나 면역체계의 항상성(恒常性)을 무너뜨리는 역할을 함 • 스트레스는 육체적, 정신적인 모든 자극을 의미하며 경고 반응, 저항기, 반응기의 세 가지 증후군을 나타냄
사육시설	특히 양계와 양돈 분야의 경우는 사육밀도가 가장 중요하며, 적정 환기와 온습도 관리, 조명, 소음 그리고 암모니아 가스 등 악취와 적정한 시설 규격과 청결 상태는 매우 중요함
생물학적 환경 요인	병원체의 전파 매개체(파리, 모기, 진드기, 설치류 등)와 서식지를 포함한 병원소(동물과 인간을 포함) 관리 부분은 특히 중요함

8) 병원체의 감염에 따른 경시적 변화과정

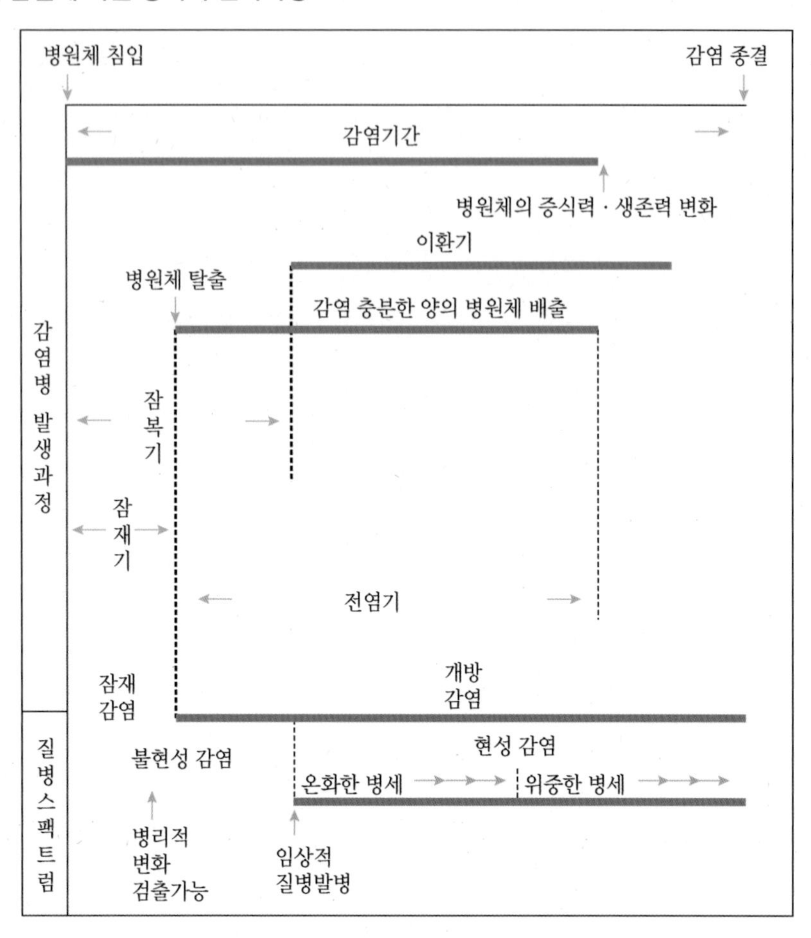

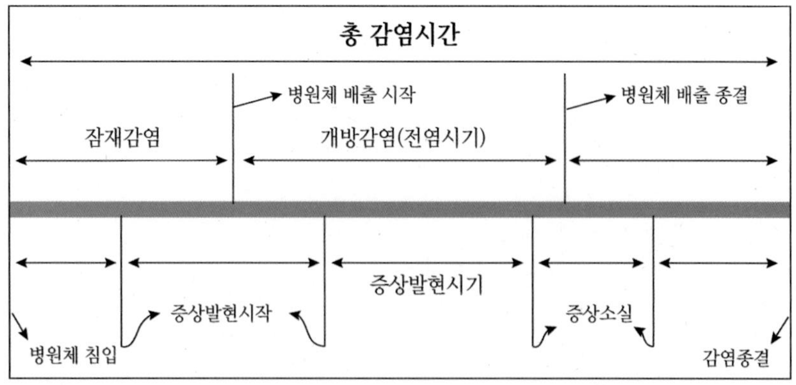

- 잠재기: 병원체가 숙주에 침입한 시점에서 탈출을 시작하는 시점까지의 시간(은익기)
- 전염기: 병원체가 숙주로부터 탈출하는 시점에서 더 탈출하지 않는 시점까지의 기간으로, 전염병 관리상 아주 중요한 기간
- 잠복기: 병원체가 숙주에 침입한 시점에서 그 병원체가 유발한 질병의 임상증상이 나타날 때까지의 기간
- 이환기: 병원체가 유발한 질병의 임상증상이 발현되는 기간
- 세대기: 병원체가 숙주에 침입하여 가장 많이 탈출할 때까지의 기간으로, 전염병 관리상 매우 중요한 시기나 파악하기가 어려움

9) 질병의 감염과 전파 방법에 따른 특징

<table>
<tr><th>전파 방법</th><th colspan="3">특 징</th></tr>
<tr><td>직접전파</td><td colspan="3">전파체의 중간 역할 없이 감수성 보유자에게 직접 전파</td></tr>
<tr><td rowspan="3">간접전파</td><td colspan="3">• 환자로부터 탈출한 병원체가 각종 전파체에 의하여 전파
• 성립조건
– 병원체를 옮기는 전파체
– 병원체가 병원소 밖으로 탈출하여 일정 기간 생존 능력</td></tr>
<tr><td>활성 전파체</td><td colspan="2">살아 있는 동물(파리, 모기, 벼룩 등)</td></tr>
<tr><td>비활성 전파체</td><td colspan="2">물, 식품, 개달물(생활용구, 완구, 수술기구) 등</td></tr>
<tr><td rowspan="2">공기전파</td><td>비말 전파</td><td colspan="2">재채기, 기침, 대화 때 비말 핵이 감수성 보유자의 흡기로 폐 등에 들어가 감염</td></tr>
<tr><td>포말 전파</td><td colspan="2">대화 중에 배출되는 포말에 의한 전파</td></tr>
<tr><td rowspan="6">생물학적 전파
(절지동물 전파)</td><td>기계적 전파</td><td colspan="2">• 매개곤충 다리나 체표에 부착된 병원체를 아무런 변화 없이 전파
• 파리, 바퀴 등</td></tr>
<tr><td rowspan="5">생물학적 전파</td><td>증식형</td><td>• 곤충체 내에서 세균, 바이러스 등이 수적 증식
• 페스트(벼룩), 뎅구열과 황열(모기), 재귀열(이)</td></tr>
<tr><td>발육형</td><td>• 수적 증식 없지만 생활환이 일부 경과 발육
• 사상충증(모기), 로아 사상충증(흡혈성 파리)</td></tr>
<tr><td>발육 증식형</td><td>• 생활환의 일부를 거치면서 수적 증식을 하여 전파
• 말라리아(모기), 수면병(Tse–tse 파리)</td></tr>
<tr><td>배설형</td><td>• 증식 후 장관 거쳐 배설물
• 발진티푸스(이), 발진열, 페스트(벼룩)</td></tr>
<tr><td>경란형</td><td>• 곤충의 난자를 통해 다음 세대까지 전달
• 로키산홍반열, 재귀열(진드기)</td></tr>
</table>

10) 질병의 유행양식

① 유행양식의 분류

Endemic	• 특정 지역에서 특정 질병이 항상 존재, 비교적 오랜 기간 그 발생수준이 일정한 경우 • 고수준(개의 파보 장염, 디스템퍼 감염)과 저수준(개 렙토스피라증, 개 심장사상충, 사람의 결핵, 장티푸스 등)으로 구분하거나 holoendemic, hyperendemic, mesoendemic, hypoendemic으로 구분하기도 함
Epidemic	• 어떠한 지역사회에서 비슷한 성격을 가진 발병 군이 통상적으로 기대했던 이상의 빈도로 발생하는 상태 • 통상적으로 기대했던 빈도는 수년 동안 평균 발생지수(endemic index)를 의미
Pandemic	• 여러 국가 또는 대륙에서 동시에 환자가 많이 발생하는 경우 • 세계보건기구에서 선포하는 감염병 최고 등급으로 홍콩 독감(1968년)과 신종인플루엔자(신종플루, 2009년), 코로나19 등 3개가 있음 • 선포된 감염병은 전 세계적으로 병원체가 얼마나 빨리 전파되고 치명적인 결과를 초래하는지 세계적인 관점에서 모니터링을 함

② 세계보건기구(WHO)의 감염병 위험등급 발령 6단계

1단계	동물에 한정된 감염
2단계	동물 간 감염을 넘어 소수의 사람에게 감염
3단계	사람들 사이에서 감염이 증가하고 있는 상태
4단계	사람간의 감염이 급속히 확산하고, 유행이 시작되는 초기 단계
5단계	감염이 널리 확산하여 최소 2개국 이상에서 유행하는 단계
6단계	대륙 간의 추가 감염이 발생된 상태

(2) 질병예방 관리

1) 감수성과 면역

감수성과 면역	• 숙주 체내에 어떠한 병원체가 침입했을 경우 감염의 성립 여부는 숙주가 가지고 있는 그 병원체에 대한 감수성(susceptibility)과 면역(immunity)의 상관관계에 달려있음 • 숙주가 병원체에 대하여 감수성을 가지고 있으면 감염이 이루어지고 감수성이 없다면 감염은 이루어지지 않음 • 숙주가 감수성이 있는 경우라도 병원체에 대한 면역이 되어 있다면 감염은 이루어지지 않지만, 면역이 되어 있지 않다면 감염은 이루어지게 됨
숙주의 저항력 (면역력)	• 여러 병원체에 대하여 공통적으로 작용하는 비특이적 면역반응과 특정 병원체에만 작용하는 특이적 면역 반응으로 각각 구분됨 • 비특이적 면역: 숙주의 피부와 점막, 위산, 대식세포, 염증반응, 보체 등에 의해 여러 병원체에 공통적으로 작동하는 비특이적인 저항력 • 특이적 면역: 숙주가 특정 전염병에 대해서만 저항력이 나타내는 것으로 그 질병에 대해 면역이 되어 있음을 의미
감수성지수 (Contagious index)	• 감수성 보유자가 어떠한 병원체에 감염되어 발병하는 비율이 대체로 일정하게 나타나는데 이를 감수성 지수라고 함 • 두창 95%, 홍역 95%, 백일해 60~80%, 성홍열 40%, 디프테리아 10%, 폴리오 0.1%

2) 면역(Immunity)

선천면역 (innate immunity) 또는 자연면역 (natural immunity)	• 선천적으로 지닌 저항력으로 인종별, 종속별, 개인별 특이성이 있음 • 즉 사람이나 동물의 종에 따라 선천적으로 특정 전염병에 저항력을 보이는 것으로 돼지열병의 경우 사람에는 감염되지 않고 돼지과(Suidae) 동물에만 감염됨 • 숙주의 개체에 따라서도 이환율이 달라지는 것은 선천면역의 영향이라고 할 수 있음
후천면역 (acquired immunity)	• 전염병에 걸리거나 백신접종으로 획득하는 면역이 후천적 면역 • 질병에 걸린 후 회복하거나 불현성 감염 후, 또는 백신 접종을 통해 면역을 얻는 것을 능동면역(active immunity)이라 함 • 모체에서 태반이나 초유를 통해서 면역을 얻는 것을 수동면역(passive immunity)이라 함 • 면역을 획득한 동물의 항혈청을 이용한 면역혈청 주사도 수동면역의 일종

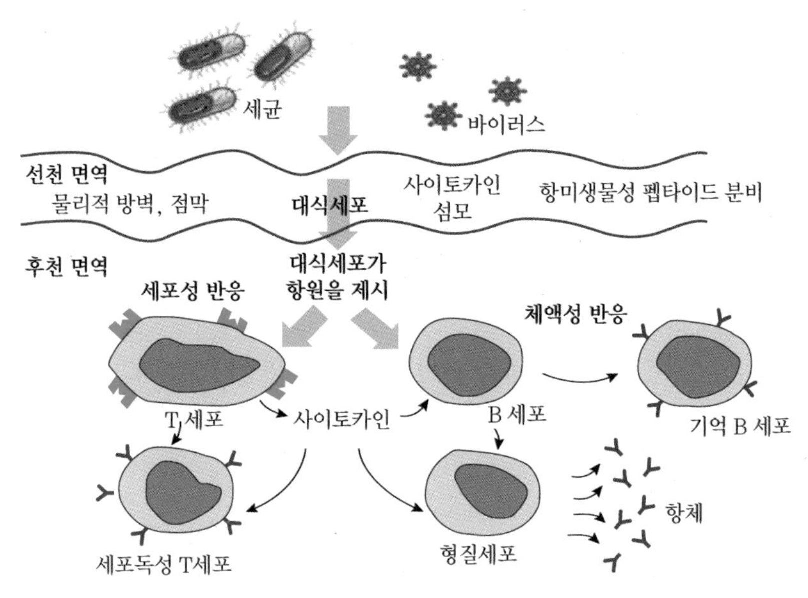

[선천(innate) 면역과 후천(acquired) 면역]

3) 면역반응의 분류

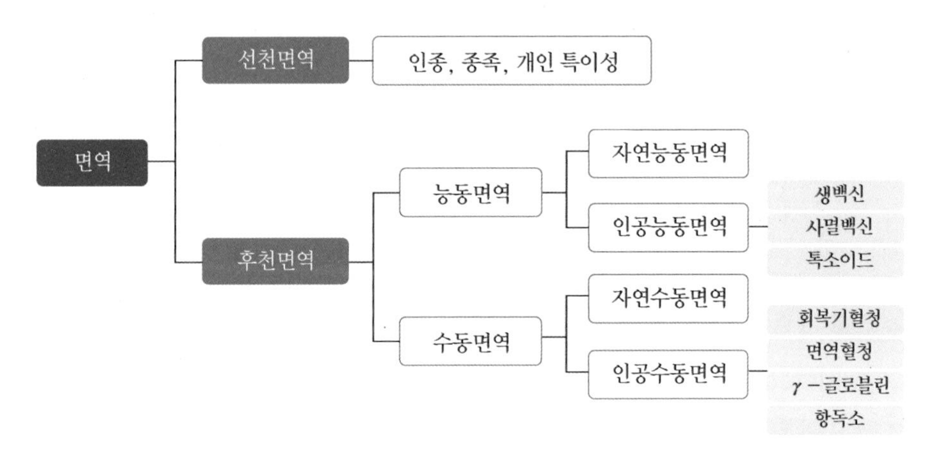

4) 능동면역과 수동면역

능동면역	• 자기 자신의 면역체계에 의해서 만들어짐 • 대개 수년간 지속 또는 평생 지속 예 병을 앓고 난 후, 예방접종 후
수동면역	• 동물 또는 사람에 의해서 만들어진 면역물질 투여로 획득되는 면역력 • 대개 수주에서 수개월이 지나면 소실 예 태반경유, 면역글로불린 제제 • B형 간염, 공수병, 파상풍, 수두

5) 백신의 종류별 장단점

	약독화 백신(생백신)	불활화 백신(사멸 백신)
장점	• 면역반응이 강하고 지속적 • 접종 횟수가 적고 투여경로가 다양함 • 세포성 및 체액성 면역 모두 유도함	• 안전성이 높음 • 보관 등 백신 관리가 용이 • 개발비용이 저렴함
단점	• 독성이 남아 있거나 병원성을 회복할 위험 • 감염성 유지를 위해 냉장 보관 등 취급 및 관리 어려움 • 생산 과정 중 다른 미생물의 오염 가능성이 있음	• 면역 반응이 비교적 약하고 단기적으로만 유지 • 접종 횟수가 많음 • 항원보강제 필요

6) 백신 종류

종류	형태	질병 및 개발 시점
생백신	약독화	1798년, smallpox
사멸백신	불활화	1896년, typhoid
톡소이드 백신	변성독소	1923년, Diphtheria
subunit 백신	서브 유니트 펩타이드	1970년, Anthrax
합성백신	인공 합성	1986년, Hepatitis B
결합백신	carrier protein에 polysaccharide 결합	1987년, H, influenza B
벡터백신	viral vector에 병원성 유전자 삽입	2019년, Evola
핵산백신	DNA, RNA, lipid coat	2020년, SARS-CoV-2

(3) 소독 및 방역

1) 소독(disinfection)

① 감염성 질병의 병원체를 사멸시키기 위하여 약물·훈증·증기·물 끓임·발효·자외선 등의 방법을 적용하는 행위

② 축사 소독은 동물, 분뇨 또는 동물 유래의 생산물 등에 의해 직접 혹은 간접적으로 병원체가 오염될 수 있는 사람, 동물, 시설, 차량 및 기타 대상물에 대해 실시

- 소독은 동물을 전염병에 감염시킬 위험성이 있는 병원체와 그 병원체를 전파하는 해충 등 매개체를 박멸하여 전염병으로부터 동물을 보호하는 수단으로 차단방역(biosecurity)에서 매우 중요
- 전염병의 발생과 확산 방지 및 질병 예방을 위해 사용되는 가장 비용이 저렴하고 효과적인 방법
- 해충방제, 음용수의 소독, 사료의 방부처리 및 악취 방지를 목적으로 하는 약제의 투여도 포함
- 차단방역은 질병의 유입과 확산을 방지하여, 한 지역에서 다른 지역으로의 질병 전파를 막는 것
- 병원체뿐 아니라 생물체까지 경계선을 넘어 농장으로 전파 또는 이동하는 것을 차단하여 가축을 보호하는 것으로서, 소독보다 범위가 넓은 방역 활동

2) 소독 방법의 구분

구분	내용
약물 소독	계면활성제, 산성제, 염기제, 산화제, 알데하이드 등의 소독제를 사용하여, 미생물을 사멸하는 방법인 일반 소독제와 생석회, 표백분 등을 이용한 소독
훈증 소독	포름알데하이드 또는 산화에틸렌을 사용하여 밀폐된 공간에서 실시
증기 소독	고온, 고압을 유지하는 별도의 소독기에서 실시되며, 120℃ 이상, 1시간 이상 유지하면 아포를 형성하는 세균을 포함하여 모든 미생물을 사멸시키는 소독 방법
자비 소독	100℃의 끓는 물에서 1시간 이상 유지하여 기구를 소독하는 데 이용되나, 아포를 형성하는 세균은 이 방법으로 사멸되지 않음
발효 소독	분뇨, 깔집 등을 소독하는 데 사용되며, 발효 시 발생하는 높은 온도가 미생물을 사멸시키나 아포는 사멸되지 않음
자외선 소독	햇빛 및 광선을 이용하는 소독법으로 화합물의 화학결합에 영향을 주어 광분해 작용과 자외선은 핵산 및 DNA를 파괴함

3) 일반적인 소독방법

이화학적 소독법	화학적 소독법(약물소독의 작용기전)
① 자외선 소독: 자외선에 의한 소독으로 파장이 짧은 빛을 이용하는 소독법으로 화합물의 화학결합에 영향을 주며, 광분해와 자외선의 핵산 및 DNA를 파괴로 손상 ② 소각소독: 완전한 방법이나 한계점이 많고, 환경오염 등의 문제가 발생 ③ 기타 여과소독, 건열소독 및 습열소독	① 균체 막의 파괴: 승홍, formalin ② 균체단백질의 변성: 알, 초산, 염소제 ③ 균체성분 산화: 할로겐 화합물, H_2O_2 ④ 균체 막 장해: 계면활성제, 클로르핵사딘 ⑤ 균체 효소계 저해: 머큐로크롬, 붕산, 양성비누 ⑥ 원형질 단백질과 결합으로 균체 기능 장해: 승홍, 옥시시안화수은

항생제나 설파제는 균체의 대사작용 저해, 효소 생성의 저해, 단백질 합성 저해 등을 일으켜 증식을 억제하는 작용을 함

4) 소독약 사용의 일반적 상식

① 소독 전에 반드시 청소(특히 유기물), 표면장력이 낮을수록 소독제가 잘 접촉하고 침투
② 적정 농도로 사용하는 것이 가장 중요(농도가 짙으면 오히려 소독력 감소)
③ 소독약 온도는 높으면 소독 효과가 증대(표면장력이 낮아지고 화학반응이 촉진)
④ 소독약의 희석은 경수를 피할 것
⑤ 병원체를 고려하여 소독약을 선택
⑥ 산과 알칼리 계통의 소독제를 동시에 사용하지 말 것(산도는 미생물의 증식과 밀접한 관계, 대부분은 중성 범위 전후에서 잘 증식, 즉 소독제는 pH가 높거나 낮을 때 효력이 우수)
⑦ 조제 후에 즉시 사용할 것
⑧ 적당한 약물류의 혼합으로 소독력이 증강될 수 있음

5) 소독과 멸균에 영향을 주는 요인

① 세균체의 구성성분
② 아포의 유무
③ 세균의 발육기
④ 단위 용적 중의 세균수
⑤ 주위환경의 온도
⑥ 단백질의 혼입 및 소독 대상물의 pH와 염류의 농도

6) 소독약의 구비 조건

① 소독력이 강하여야 하며, 동물에 대한 독성이 약해야 함
② 화학적으로 안전성이 있어야 하고, 수용성이 높고, 부식성이 없어야 함
③ 침투력이 크며, 지방과 냄새의 제거력이 있어야 함
④ 저렴하며, 사용이 간편해야 함

7) 소독제별 적용대상

소독제		주요 적용 대상
염기(알카리)제	가성소다(2%) 탄산소다(4%)	사체, 축사 및 주위환경, 물탱크, 기구, 차량, 피복 ▶ 사람, 가축, 알루미늄 계통에는 적용 금지
	생석회	사체, 동물이 없는 축사, 바닥 및 흙 ▶ 사람, 차량이 많은 도로에는 적합하지 않음
산성제	염산	축사, 기구, 퇴비
	초산(2%)	축사, 동물, 사람, 기구, 의복
	구연산(0.2~2%)	축사, 동물, 사람, 기구, 의복
	복합산 용액	축사, 동물, 기구 등(소독제별로 다름)
알데하이드계	글루타알데하이드	축사, 기구(생체에는 사용 금지)
	포르말린	사료, 거름 등(생체에는 사용 금지)
	포름알데하이드 가스	건초·볏짚, 사료, 밀폐공간(축사, 창고, 사택 등)
산화제	차아염소산	축사, 기구, 가옥, 의복, 음수 등
	이산화염소	축사, 기구, 가옥, 의복, 음수 등
	이염화 이소시안나트륨	축사, 기구, 가옥, 의복, 음수 등
	복합염류	축사, 기구, 가옥, 의복, 음수 등(소독제별로 다름)

▶ 구연산(citric acid), 초산(acetic acid) 등 산성제는 단일 제제보다 복합제품으로 많이 사용

CHAPTER

04 인수공통전염병 1

01 인수공통전염병의 이해

(1) 인수공통전염병(Zoonosis)이란?

자연상태에서 동물로부터 사람으로 옮겨지거나 또는 그 반대로 사람으로부터 동물에게 옮겨지는 전염병

(2) 인수공통전염병 전파방향에 의한 분류

구분	전파방향	질병
앤트로포주노시스 (anthropozoonosis)	동물 → 사람	광견병 브루셀라, 탄저
앰픽스이노시스 (amphixenosis)	사람 ⇄ 동물	회충증, 조충증 광견병 결핵, 살모넬라증
주앤트로포노시스 (zooanthroponosis)	사람 → 동물	홍역(고릴라) 아메바증(원숭이)

(3) 인수공통전염병 전파양식에 의한 분류

구분	정의	질병
직접전파 (Directzoonoses)	• 병원체의 성숙과 질병유발에 단 1종의 척추동물(동물이나 사람)이 필요한 경우 • 대부분의 세균성 및 바이러스성 인수공통전염병이 여기에 속함	• 바이러스성(광견병, 에볼라 바이러스 감염증) • 세균성(결핵, 브루셀라병, 살모넬라증, 장출혈성 대장균증)
순환전파 (Cyclozoonoses)	병원체의 성숙에 2종의 척추동물(동물이나 사람)이 필요한 경우	무구조충증(소), 유구조충증(돼지), 포충증(개과 동물)

매개전파 (Metazoonoses)	• 병원체의 성숙에 척추동물뿐만 아니라 무척추동물까지 필요한 경우 • 동물이나 사람에 감염하기까지 얼마의 시간 동안 무척추동물 내에서 병원체가 증식발달하여야 하며, 이 무척추동물이 vector(매개체)가 되어 전파됨	• 진드기(라임병, 홍반열) • 벼룩(페스트) • 모기(황열, 일본뇌염, 뎅기열, 말라리아) • 다슬기, 가재, 게(폐흡충) • 우렁이, 참붕어, 잉어(간흡충)
토양전파 (Saprozoonoses)	병원체의 성숙과 동물 및 사람에게 전파에 동물이 아닌 무생물이 필요한 경우	파상풍

vector(매개체): 병원체를 옮기는 생물

(4) 인수공통전염병 병원체에 의한 분류(세균성)

구분	병명	원인체	감염경로	동물의 임상증상	발생	전파	사람의 임상증상
세균성	살모넬라증	*Salmonella* spp.	경구	구토, 설사, 전신교란, 장기경색, 식욕부진, 불쾌감	개, 고양이(저항성 있으나 스트레스나 입원 시)	오염된 변, 전염동물과 접촉, 날고기	수양성설사, 탈수, 복통, 발열
	결핵 (2종)	*Mycobacterium* spp.	호흡기, 경구	병변형성: 소(폐, 유방), 돼지(경부 및 장간막림프절), 개(폐, 장간막림프절), 만성쇠약, 유량감소	소, 돼지, 개, 새	오염된 우유, 오염된 음식, 비말, 오염된 먼지	만성소모성질병, 전신쇠약(식욕부진, 피로, 권태, 창백, 미열)
	브루셀라병 (2종)	*Brucella* spp.	경구, 각막, 호흡기, 교미, 상처	특별한 증상 없음, 암컷 유산, 수컷 불임, 고환염, 관절염	대부분의포유류(소, 돼지, 양, 염소, 개)	비살균 우유, 질분비물, 정액, 후산물	파상열, 오한, 권태감, 허약, 만성 시 관절염, 척수염, 골수염
	탄저 (2종)	*Bacillus anthracis*(아포spore 형성, 토양 속에서 20년 생존)	경구, 피부나 점막 상처, 흡혈곤충매개	급성 패혈증(고열, 부종, 폐수종, 호흡곤란)	초식동물, 잡식동물(돼지, 쥐), 육식동물(사자, 곰, 여우, 고양이)	오염된 사료나 토양, 오염된 젖이나 고기 섭취, 오염된 피모 취급	피부탄저, 폐탄저, 장탄저, 치료하지 않을 경우 패혈증으로 사망
	렙토스피라증 (Leptospirosis) (2종)	*Leptospira canicola*, *Leptospira hardjo*	상처, 점막	발열, 황달, 구토, 설사	설치류, 예방접종하지 않은 개, 드물게 고양이	오염된 오줌, 물, 환경, 오염된 침구 접촉	발열, 구토, 두통, 근육통, 황달, 신장염
	묘소병 (CSD, Cat Scratch Disease)	*Bartonella henselae*	피부	임상증상 없으나, 새끼고양이에서의 열병의 원인일 수 있음	성묘, 새끼 고양이(2~6개월)	교상, 할큄	상처부위감염, 봉와직염, 발열, 국부임프선염, 몸살

기타 세균성 인수공통전염병: 비저, 유비지, 돈단독, 세균성이질, 장출혈성대장균감염증, 페스트, 야토병, 여시니아증, 리스테리아증, 서교열, 라임병

- **spp.**: species, 종
- **만성소모성질병**: 서서히 전신 쇠약 상태를 가져오는 질환
- **비말**: 날아 흩어지거나 튀어 오르는 물방울
- **비말감염**: 감염자가 기침·재채기를 할 때 침 등의 작은 물방울(비말)에 바이러스·세균이 섞여 나와 타인의 입이나 코로 들어가 감염되는 것
- **부종**: 건강 문제가 있는 부위가 부은 상태. 신체의 세포와 세포 사이에 수분이 비정상적으로 축적된 상태를 의미함
- **수종**: 신체의 조직 사이나 체강 안에 림프액·장액 등 삼출액이 고이는 것

- **국내 브루셀라병 발생 상황**: 우리나라에서는 1958년 제주도에서 첫발생 후 매년 지속적으로 발생. 우리나라는 현재 백신을 실시하고 있지 않기 때문에 연중 내내 일제검사를 실시하여 양성일 경우는 무조건 살처분
- **국내 탄저 발생 상황**: 우리나라에서 1910~1930년대까지는 매년 한우 수백~수천 두에게 발생. 2000년대 이후로는 산발적으로 발생. 2000년 창녕, 2008년 경북, 2021년 경북 영천 발생

(5) 인수공통전염병 병원체에 의한 분류(바이러스성)

구분	병명	원인체	감염 경로	동물의 임상증상	발생	전파	사람의 임상증상
바이러스성	광견병 (Rabies) (2종)	Rhabdoviridae Rabies virus	피부교상 (신경계, 침샘)	행동변화, 하악 및 후두마비, 턱하수, 침과다, 발열	개, 박쥐, 여우	침(교상)	공수증, 발열, 흥분, 두통, 연하곤란, 경련, 사망

기타 바이러스성 인수공통전염병: 구제역, AI(고병원성조류독감), 일본뇌염, 메르스, 서나일뇌염, 뎅기열, 황열, 후천성면역결핍증, 에볼라출혈열(에볼라바이러스), 신증후군출혈열(한타바이러스, 서울바이러스), 중동호흡기증후군(메르스), 코로나19

(6) 인수공통전염병 병원체에 의한 분류(원충성)

구분	병명	원인체	감염 경로	동물의 임상증상	발생	전파	사람의 임상증상
원충성	크립토스포리디움증 (작은와포자충증, cryptosporidiosis)	*Cryptosporidium* spp.	경구	설사	개, 고양이, 소, 염소	오염된 변	구토, 설사, 두통, 복통

원충성	톡소플라즈마증 (Toxoplasmosis)	*Toxoplasma gondi*	경구, 태반 감염	고양이는 일반적으로 무증상, 소돼지는 감기증상	고양이, 소, 돼지	오염된 변, 오염된 털	감기증상, 림프절병, 임산부(유산, 선천성수두증)

(7) 인수공통전염병 병원체에 의한 분류(진균성)

구분	병명	원인체	감염 경로	동물의 임상증상	발생	전파	사람의 임상증상
진균성	피부사상균증 (Dermatophytosis, 백선 Ringworm)	*Microsporum canis* *Trichophyton* spp.	피부	탈모, 딱지, 홍반, 과색소침착, 소양증	개, 고양이 (장모종)	피부, 비듬	탈모, 딱지, 홍반, 과색소침착, 소양증, 백선, 조갑진균증
	아스페르질루스증 (Aspergillosis)	*Aspergillus* spp.	호흡기	호흡기증상, 육아종, 유산	소, 조류	호흡기	기회감염, 호흡기증상, 육아종, 알러지

▶ 기회감염균: 침입성 질병을 야기하지는 않으나 면역계에 이상이 있을 경우, 침입성 질병을 야기하는 균

(8) 인수공통전염병 병원체에 의한 분류(기생충성)

구분	병명	원인체	감염 경로	동물의 임상증상	발생	전파	사람의 임상증상
외부 기생 충성	개선충증 (개옴= Sarcoptic mange)	*Sarcoptes scabiei* *Sarcoptes canis*	피부	소양증, 딱지, 탈모	개	피부병변	심한 소양증 (손가락, 손목 안쪽, 유방 밑, 회음부 사이)
	벼룩감염증	spp.	피부	소양증	보호소 동물, 입원 및 미용	감염 동물의 털, 사람옷	소양증
내부 기생 충성	회충 (선충= Roundworm)	*Toxocara canis*	경구	복부팽만, 수척, 기침, 설사	개, 주로 강아지	2기 유충이 들어있는 변	어린이에서 실명 가능성 有 (일시적 or 영구적)

CHAPTER 05

인수공통전염병 2

01 세균성 인수공통전염병

(1) 결핵(Tuberculosis)

수개월 내지 수년에 걸쳐 만성적인 쇠약, 유량감소 등을 특징으로 하는 소모성 질병
인수공통전염병으로 법정 제2종 가축전염병

1) 원인체

① 우결핵균: *Mycobacterium bovis*(경구감염, 호흡기감염)
② 조결핵균: *Mycobacterium avium*
③ 인결핵균: *Mycobacterium tuberculosis*(경구감염, 호흡기감염)

2) 소에서 주요 전염원 및 감염경로

① 감염소 및 잠복감염소에서 배출된 콧물 등의 분비물
② 감염소 및 잠복감염소와의 접촉감염
③ 오염된 사료, 물 등에 의한 경구감염
④ 임신소에서 태아의 태반감염 및 우유를 통한 송아지 감염

(2) 브루셀라병(Brucellosis)

동물의 생식기접촉이나 교미 등에 의해 감염되며 유산을 특징으로 하는 인수공통전염병
법정 제2종 가축전염병

1) 원인체

소 브루셀라균(*Brucella abortus*) 돼지 브루셀라균(*Brucella suis*) 산양 브루셀라균(*Brucella melitensis*) 양 브루셀라균(*Brucella ovis*) 개 브루셀라균(*Brucella canis*)	→	서로 교차감염 가능

2) 특징

① 세포 내 기생세균: 치료 곤란, 세포성면역

② 잠복기: 약 3주~6개월

③ 평상시 임상증상 없음(불임, 유량감소, 고환염: 경제손실)

④ 감염 후 첫 번째 임신에서 대다수가 유산(임신 6~8개월령)

- 감염 후 유산까지 최소 잠복기간: 약 30일
- 두 번째 임신부터는 유산하지 않지만, 균은 계속 배출

⑤ 숙주 특이성 및 다양성

TIP 세포성면역

대부분의 세균은 세포 외에서 자라고 세포 내에서는 자라지 못하는데, 브루셀라균 같이 세포 내에 숨어버린 세균에는 항체가 결합할 수 없기 때문에 「체액성면역」이 효과가 없어 인체는 균에 침입을 당한 세포를 백혈구가 잡아먹는 「세포성면역」을 발동하게 됨

3) 전염매개체

① 동물: (생물학적) 소, 돼지, 양, 염소, 개 등
(기계적) 개, 고양이, 쥐, 야생조수

② 흡혈곤충: 진드기, 모기, 파리 등

③ 차량 및 기구: 수레, 장화, 착유기 등

④ 사람: 축주, 인공수정사, 수의사 등

TIP 생물학적 매개체 · 기계적 매개체

생물학적 매개체	체내에서 감염병원체가 성장 증식하며 처음으로 감수성 개체에 대한 감염력을 가지게 되는 동물(또는 매개절지동물)
기계적 매개체	전염성 병원체를 하나의 숙주로부터 다른 숙주에 운반하나, 그 기생체의 생활환에는 필수적이 아닌 동물(또는 매개절지동물)

4) 전염 경로

① 경구: 오염된 사료, 물, 양수, 우유 등

② 점막: 안점막, 착유 시 유점막 손상

③ 피부: 상처부위

④ 호흡기
⑤ 생식기: 교미, 인공수정(정액) 등

5) 사람 브루셀라병

① 병원성

Brucella melitensis > *Brucella suis* > *Brucella abortus* > *Brucella canis*

② 잠복기: 7~21일
③ 증상
- 파상열, 피로, 오한, 두통, 근육통, 식욕감소
- 관절염, 임파절염, 척수염, 수막뇌염, 골수염, 심내막염, 신장염

④ 치료: 한 종류의 항생제만으로는 치료에 실패하거나 재발하는 경우가 많기 때문에 두가지 이상의 항생제를 6주 이상 사용하는 것이 원칙

(3) 탄저(Anthrax)

탄저균의 포자감염에 의해 소, 양, 염소 등의 반추동물에게서 발생
인수공통전염병으로 법정 제2종 가축전염병

1) 원인체

Bacillus anthracis

2) 특징

① 사후에 발견되는 경우가 많으며 비공, 항문 등의 천연공에서 응고
② 불량의 tar양 혈액의 누출이 특징
③ 비장의 종대와 피하, 점막하의 부종 및 출혈이 특징
④ 오염된 토양, 목초 등에 의한 경구감염, 피부감염 및 호흡기감염
⑤ 흡혈곤충, 식육 야조 및 야생동물, 오염된 수피, 수모, 골분 등도 중요한 감염원
⑥ 모든 포유동물, 소, 양, 산양, 말, 노새, 개 및 사람이 감수성을 가짐(조류는 감수성이 없음 = 감염 안 됨)
⑦ 질병의 경과가 급성(1~2시간 또는 24시간 이내)이므로 살아있을 때 진단 어려움: 유즙 분비의 급작스러운 정지로 우유로 탄저균의 감염가능성은 희박
⑧ 국내 탄저발생 상황: 2000년 경남 창녕, 2008년 경북 영천

(4) Cat Scratch Disease(CSD, 묘소병, 고양이 할퀸병)

① 고양이에 할퀴거나 물린 뒤 국소적으로 임파선염·발열·몸살 등을 앓는 질환

② 상처부위에서 가까운 림프샘이 붓고 발열하게 됨

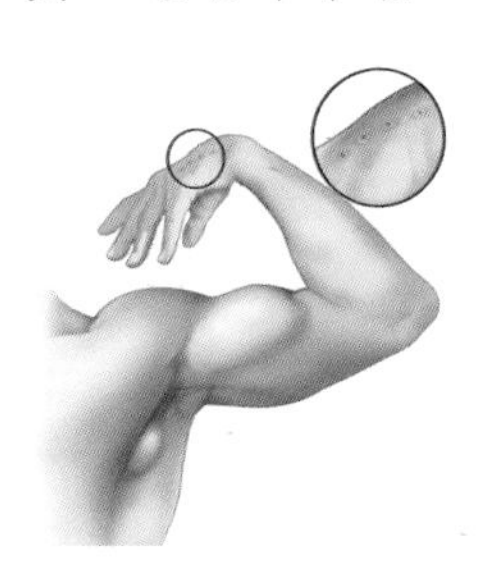

02 바이러스성 인수공통전염병

(1) 광견병(Rabies)

사람과 동물을 공통숙주로 하는 인수공통전염병. 법정 제2종 가축전염병

1) 특징

① 중추신경계 감염증

② **일명, 공수병(Hydrophobia)**: 사람이 감염되어 중추신경계에 이상이 생기면 물을 무서워함

③ 모든 온혈동물이 숙주

④ 자연적으로 감수성이 있는 야생동물이 전염원 예 너구리(국내), 박쥐, 여우 등

⑤ 국내 발생에서는 1985~1992년까지는 발생이 없다가 1993년 강원도 철원에서 재발하여 이후 최근 몇 년간 철원을 비롯한 몇 지역에서 야생너구리에 물린 소와 개에서 산발적으로 발생하고 있음

⑥ **가축전염병 예방법[시행 2021.10.14] 제20조(살처분 명령) 제3항**: 시장·군수·구청장은 광견병 예방주사를 맞지 아니한 개, 고양이 등이 건물 밖에서 배회하는 것을 발견하였을 때에는 농림축산식품부령으로 정하는 바에 따라 소유자의 부담으로 억류하거나 살처분 또는 그 밖에 필요한 조치를 할 수 있음

⑦ **광견병 예방접종 명령 위반 시의 행정조치**: 광견병 예방접종을 실시하지 않았을 경우에는 가축전염병예방법 제60조(과태료) 및 동법 시행령 제16조 제3항 [별표2] 규정에 의거하여 과태료 처분 조치함

- 1회 위반: 50만 원
- 2회 위반: 200만 원
- 3회 이상: 500만 원

2) 병원체

Rhabdoviridae과 Lyssavirus속에 속하는 Rabies virus – 탄환 모양의 RNA 바이러스

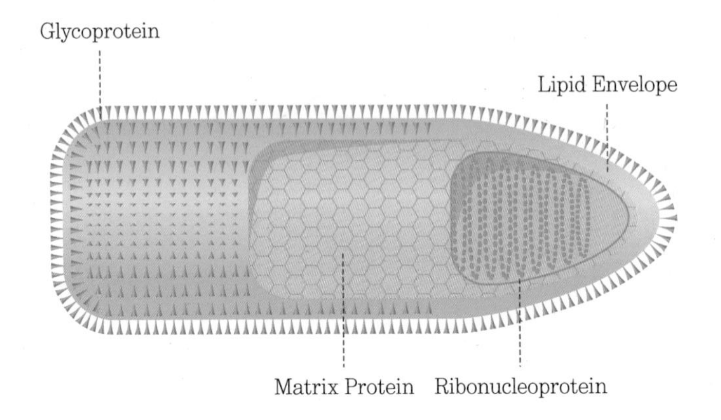

3) 광견병 바이러스의 저항성

① 환경에서의 저항성

- 0~4℃에서는 수개월 동안 안정한 상태 유지
- pH 5~10 상태 안정적
- 열, 태양광선의 노출, 지용성 용매(에테르 또는 0.1% sodium deoxycholate)에서는 빠르게 불활화
- 광견병 바이러스는 지질층을 함유하고 있어 따뜻한 비누용액, 세정제 등을 포함한 광범위한 소독제에 소독 효과 있음

② 살아있는 동물에서의 저항성

- 침 속에 포함된 바이러스의 배출은 임상증상을 나타내기 최고 14일 이전(보통은 7일)부터 시작하여 감염된 동물이 죽기 직전까지 계속됨
- 감염동물이 임상적으로 회복되는 경우는 매우 드문 일이나, 야생동물(여우, 박쥐)과 개에서 보고된 바 있음. 그러나 감염 후 회복된 동물의 체내에서 바이러스는 계속 존재할 수 있음

4) 광견병 바이러스에 대한 감수성

① 모든 온혈동물에 감수성 있으나 그 정도는 다양

매우 높음	여우, 코요테, 재칼, 늑대, 솜털 쥐 등
높음	햄스터, 스컹크, 너구리, 고양이, 박쥐, 토끼, 소 등
보통	개, 면양, 산양, 말, nonhuman primates(비인간영장류) 등
낮음	주머니쥐(opossums) 등

② 개발도상국에서는 아직 개가 주된 매개체이나 선진국은 여우, 스컹크, 너구리, 박쥐 등과 같은 야생동물이 주된 매개체임

5) 증상

① **동물감염**: 신경증상에 따라 광폭형(furious), 마비형(paralytic) 또는 울광형(dumb)

광폭형	• 쉽게 흥분, 과민, 잠시도 앉아있지 못하고 배회, 동공 확장, 각막반사 소실, 간혹 사시형 눈 • 경계 태세, 짖을 때 낮은 쉰 소리, 비정상적인 힘 생김, 식욕저하, 저작 곤란, 운동실조, 경련 및 마비로 이행
마비형	• 조용히 행동, 상대방의 자극에만 묾 • 이후 기면상태에 빠지고 숨는 경향, 광폭형과 마찬가지로 경계적인 태세를 취하기도 함 • 하지마비 및 근육 경련 후기에는 턱과 혀가 마비, 쳐짐, 침 흘림, 전신으로 마비가 확대되면 며칠 지속되다 호흡기 근육 마비로 폐사
울광형	마비기나 흥분기는 없거나 짧음, 질병의 경과가 짧음, 설사와 진행성 마비 증상이 특징

• 개: 광폭형, 마비형(더 빈번)

잠복기	4~8주(그 이상인 경우도 有, 4일~OIE 최대 6개월)
전구기	2~3일 지속, 어두운 곳에 숨음, 비정상적인 동요, 불안하게 주위를 맴도는 행동, 물린 부위에 대한 과민반응, 약간의 체온상승 → 1~3일 경과 후 흥분기로 진행
흥분기	• 공격적인 행동, 흥분과 동요 증가 • 연하곤란 → 침, 성대 부분마비→ 쉰 소리
마비기	전신적 경련, 구간 및 말초부위 근육마비로 폐사

TIP OIE(국제수역사무국)

가축의 질병과 그 예방에 대해 연구하고 국제적 위생규칙에 대한 정보를 회원국에게 보급하는 국제기관

• 고양이: 광폭형(더 빈번), 마비형
감수성 높음, 주로 광폭형, 개의 증상과 유사하나 경과 짧음, 전구증상은 24시간으로 짧음, 흥분기 후 1~4일 이내에 폐사

• 소: 광폭형, 마비형

광폭형	포효, 땅바닥을 긁고, 자극 시 공격적, 인두마비 시 다량의 침
마비형	흡혈박쥐에 의해 감염된 경우로 운동실조, 경련

TIP 운동실조

신경이나 뇌의 장애로, 몸 여러 부분이 조화를 잃어 운동을 하고자 해도 하지 못하는 증상. 흔히 불안정한 걸음걸이를 나타낼 때 이 용어를 사용

② 사람감염

- 사람: 광폭형(80%), 마비형(20%)

잠복기	• 일반적으로 2~8주(10일~8개월 또는 그 이상) • 잠복기간은 바이러스의 양, 교상의 정도, 물린 위치에 따라 다름 • 중추신경에서 멀수록 잠복기가 길어짐 • 안면교상: 3일, 팔: 40일, 다리: 60일
초기증상	조급함, 두통, 미열, 권태감, 교상부위에 통증, 빛과 소리에 민감
흥분기	동공 확대, 타액분비 증가, 연하장애, 흥분기는 사망 때까지 지속되거나 전신마비로 이행

6) 진단

① **형광항체법**(Fluorescent Antibody Test, FAT): 조직 내에 존재하는 광견병바이러스(항원)를 신속하고 정확하게 검출할 수 있는 진단법

② **병리조직검사법**(Histopathologic Test): 광견병 바이러스 감염이 의심되는 동물의 뇌 조직을 병리조직 표본을 제작한 후 염색하여 신경세포에 출현한 네그리소체(Negri body: 광견병에 걸린 개의 뇌 신경 세포의 세포질 내에서 관찰되는 직경 2~10μm인 호산성의 봉입체)를 확인하는 검사법

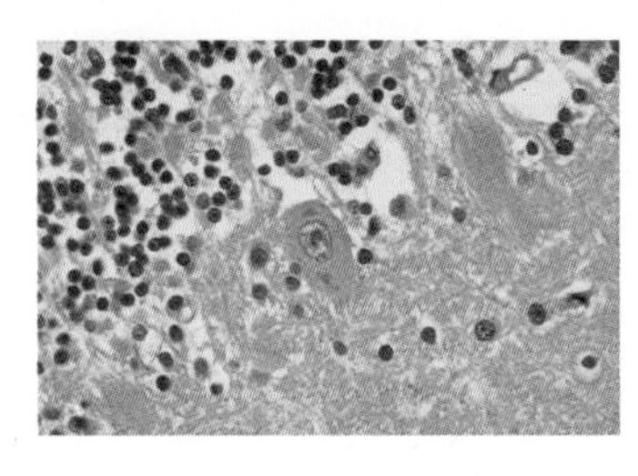

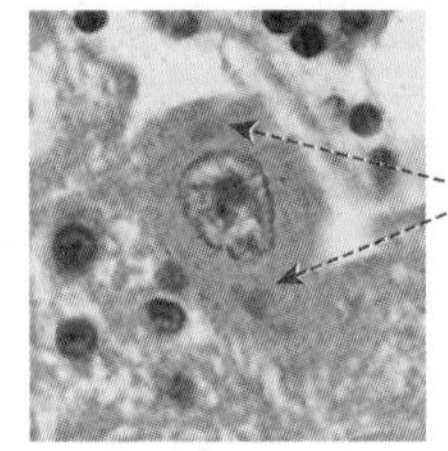

Negri Bodies
(네그리소체)

③ **역전사중합효소연쇄반응법**: 뇌 조직으로부터 광견병 바이러스 유전자를 검출하는 매우 민감한 검사법

④ **바이러스 분리법**(Virus Isolation, VI): 바이러스 분리법은 형광항체법 결과가 확실하지 않은 경우 실험동물(마우스)이나 조직배양세포에서 바이러스를 증식시켜 확인하는 방법. 확실한 결과를 얻을 수 있지만 시험 기간이 장시간 소요되는 단점 있음

⑤ **혈청검사법**(Serological Test)

7) 예방

① **개**: Flury(LEP) 백신, 개에서만 사용

② **고양이 외 모든 동물**: ERA 백신

③ **사람**: 위험집단에만 백신접종(HDCV, human diploid rabies vaccine)

④ **야생동물**: 미끼백신(bait vaccine)

8) 치료

① 동물: 살처분

② 사람

- 상처부위를 수압 강한 물로 씻고 비누, 세척제로 씻음
- 소독: 40~70% 알코올, iodine tincture(요오드 팅크), 0.1% 4가 암모늄 화합물 등
- 백신접종과 고도면역혈청주사
  - 교상 정도(찰과상, 경상, 중상), 문 동물의 상태(건강, 의증, 광견병), 종류(개, 야생동물)에 따라 다름
  - 상처부위에 고도면역혈청 주입: 1회만, 40국제단위/체중kg당
  - 백신접종: 바이러스가 CNS에 도달하기 전에 빨리 실시(최소 14회, 매일 실시)
  - 고도면역혈청과 백신접종을 동시에 실시: 중상인 경우는 무조건 물린 즉시, 경상인 경우는 광견병에 걸린 개나 야생동물에게 물린 즉시

03 원충성 인수공통전염병

(1) 톡소플라즈마증(Toxoplasmosis)

*Toxoplasma gondii*라는 원충에 의한 감염성 질환

1) 종숙주와 중간숙주

종숙주	고양이 및 고양이과 동물
중간숙주	사람을 비롯한 기타 동물

2) 병원체: *Toxoplasma gondii*

cyst(포자), oocyst(접합자) → 경구감염 → 장상피세포(무성생식, 유성생식) → 분변으로 oocyst(접합자) 배출

3) 전파양식

오염된 날고기 섭취, 감염된 고양이와 접촉, 오염된 분변 접촉, 오염된 수혈, 태반감염

4) 증상

고양이	• 대부분 무증상. 간혹 간염, 췌장염 • (어린 고양이) 중증 내장 감염, 점액 혈변, 대부분 고양이 사망 • (노령묘) 중추신경 이상
개	대부분 무증상
소·돼지	동물은 소·돼지에 주로 증상 나타남. 감기증상, 임파관계 병변
사람	발열, 두통, 림프절병, 임산부(유산, 선천성 수두증)

TIP 수두증

뇌척수액의 생산과 흡수 기전의 불균형, 뇌척수액 순환 통로의 폐쇄로 인해 뇌실 내 또는 두개강 내에 뇌척수액이 과잉 축적되어 뇌압이 올라간 상태

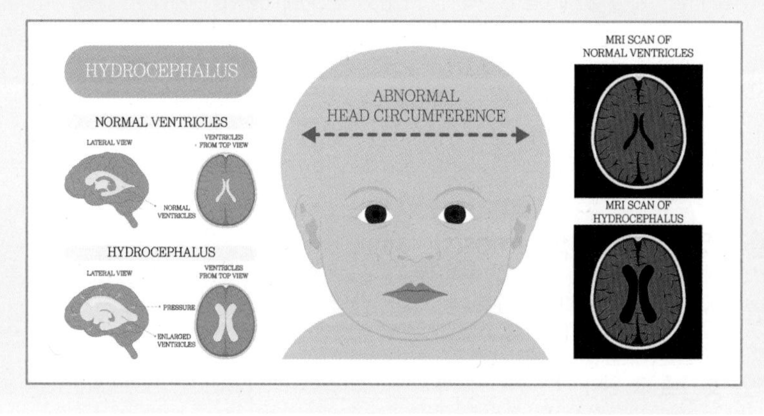

5) 예방

① 위생적인 식품관리(원충 사멸온도 63℃로 조리)
② 고양이 배설물 처리에 유의, 접촉 피함

6) 치료

① 대부분 별다른 치료를 하지 않아도 호전
② 심한 증상은 항말라리아제, 항생제로 치료
③ 면역력이 저하되면 포낭의 활성화를 억제하기 위해 평생 약을 복용해야 함

04 진균성 인수공통전염병

(1) 피부사상균증(Dermatophytosis, Ringworm)

케라틴 친화적인 곰팡이에 의한 모간(hair shaft)과 각질층에 감염하는 인수공통전염병

1) 병원체

- *Microsporum canis*
- *Trichophyton* spp.

2) 감염동물

① 개와 고양이에 흔함, 특히 고양이에서 발생빈도 높음
② 어린 고양이, 어린 개, 면역이 약해진 개체
③ 긴 털을 가진 고양이에게서 높은 발생률, 수많은 페르시안 고양이 사육장에서 발생 많음
④ 소, 말, 설치류
⑤ 사람

3) 증상

① 국소적 또는 전신적 다양한 비늘을 동반하는 원형의 불규칙한 미만성 탈모
② 그 외: 발적, 구진, 딱지, 지루, 원형으로 병변 확대(ringworm)

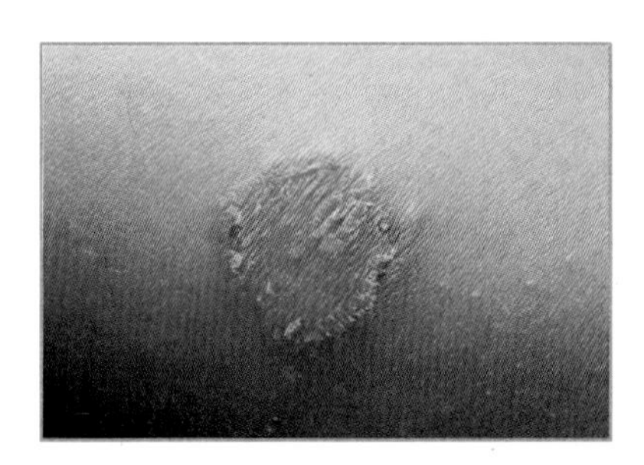

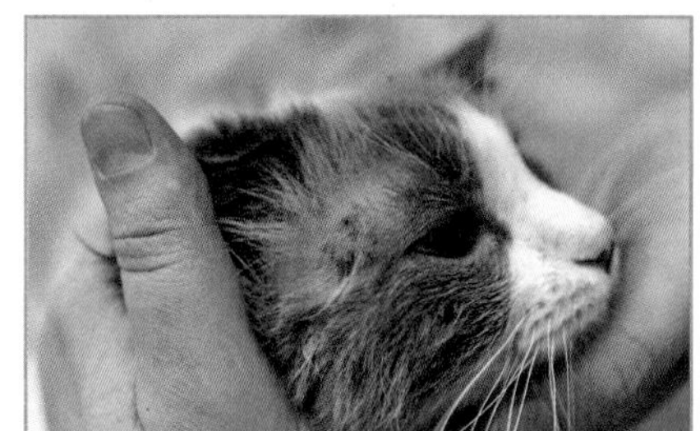

4) 진단

① Wood's lamp

양성 소견
밝은 녹색빛
(bright apple green)

② 피부사상균 배지

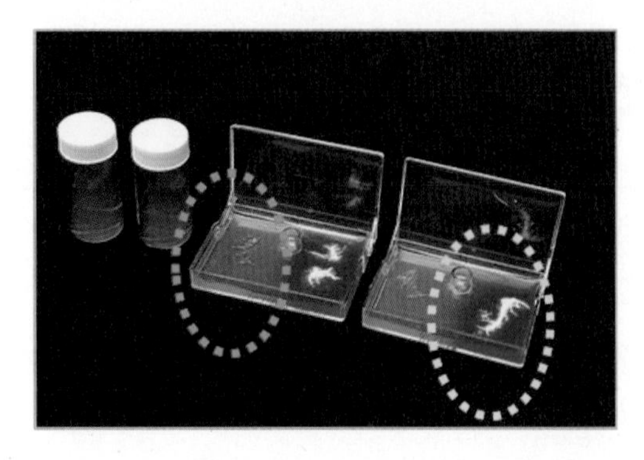

M. *canis*는 상업적으로 판매되는 여러 피부사상균 배지에서 자람
흰색 집락 성장과 배양배지의 적색 변화는 피부사상균을 시사함(DTM배지)

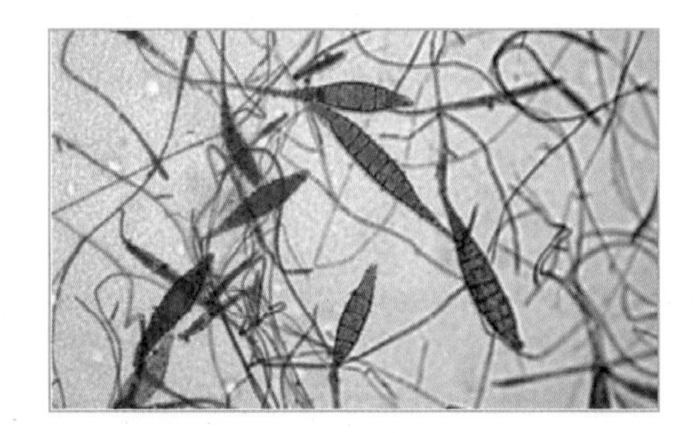

methylene blue로 염색된 곰팡이의 현미경적 검사는 M. *canis*의 대분생자(macroconidia)를 보여줌

(2) 아스페르질루스증(Aspergillosis)

기회감염균인 *Aspergillus* 속에 의한 질환

1) 병원체

Aspergillus fumigatus(사람), *Aspergillus flavus*, *Aspergillus niger*

2) 전파양식

① 곰팡이에 오염된 토양, 건초, 깔짚
② 곰팡이의 분생자가 흡입되어 기관지나 폐포에 도달하여 잠복상태로 마무르다가 정상적인 면역계에 의해 제거
③ 그러나 감염환자의 면역성에 따라 곰팡이질병의 유발을 돕는 위험요소들이 존재할 경우 이상증상 발현

3) 증상

동물감염	• 소: 태반감염에 의한 유산, 기관지폐렴, 피부 아스페르질루스증 • 조류 – 어린 닭, 칠면조: 고열, 식욕부진, 호흡곤란, 설사 – 성계: 폐 육아종
사람감염	• 국소감염: 기관지폐렴 • 침입성 아스페르질루스증 – 면역저하 환자에게 호발 – 최초 감염부위(기관지, 폐)에서 전신으로 번진 상태 – 호흡기, 소화기, 피부, 안구 등 어디든 염증 발생 가능 • 아스페르질루스증(Aspergilloma): 호흡기에 균사 덩어리 형성, 기침, 각혈 • 알러지성 아스페르질루스증: 주로 A. *fumigatus*에 의한 과민반응 – 천식, 기관지 경련

TIP

- **육아종**: 육아조직(외상, 염증에 의해 손상된 조직의 재생과정에서 관찰되는 결합조직)을 형성하는 염증성 종양
- **분생자**: 균류의 무성생식 포자의 한 형태
- **균사**: 균류의 몸체를 형성하는 다수의 연결 섬유 중 하나

05 기생충성 인수공통전염병

(1) 개선충증(옴, Scabies)

피부에 파고들면서 진드기가 피부에 강한 소양 과민반응을 유발하는 알레르기물질을 분비하여 발생하는 피부질환. 감염된 개의 대부분이 동물사육장 또는 계류시설에 있었거나, 길 잃은 개와의 접촉, 미용실 방문 경력 있음. 수의사 및 동물병원 종사자는 감염 개체와 접촉 후 감염

1) 병원체

Sarcoptes scabie 또는 *Sarcoptes canis*

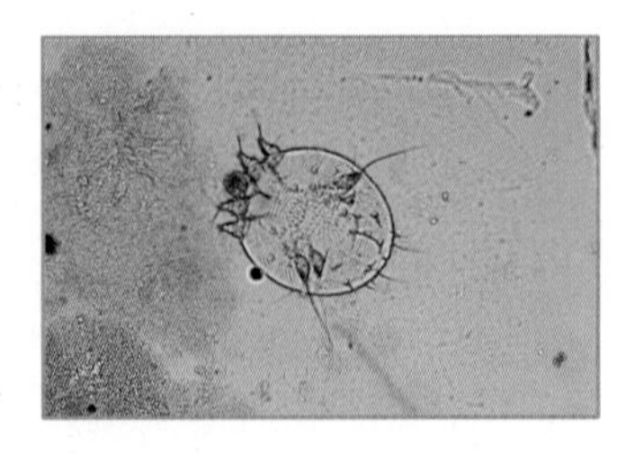

2) 증상

① **동물감염:** 강한 소양감, 구진, 탈모, 발적, 딱지, 찰과상, 2차 세균감염, 체중감소와 쇠약

② **사람감염:** 강한 소양감, 구진, 발적, 찰과상

- **소양감:** 가려움증
- **구진:** 피부가 솟아올라 있는 것
- **발적:** 피부나 점막에 염증이 생겼을 때 모세 혈관이 확장되어 이상 부위가 빨갛게 부어오르는 현상

3) 생활사

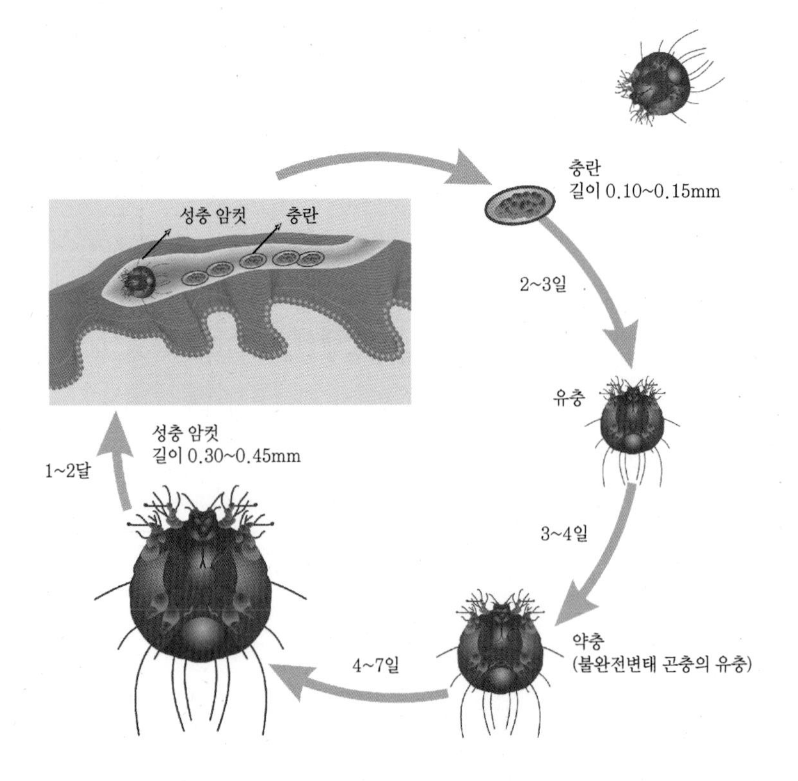

(2) 벼룩감염증

벼룩은 작고 날개가 없으며 흡혈함. 온대기후에서 벼룩이 문제가 되는 기간은 더운 계절에 국한되며, 열대 기후에서는 일년 내내 문제 됨

1) 벼룩의 종류

사람벼룩, 인도쥐벼룩, 개벼룩, 고양이벼룩, 닭벼룩 등

2) 벼룩에 의한 피해

질병 전파 예 페스트(사람쥐벼룩, 인도쥐벼룩), 발진열(유럽쥐벼룩, 인도쥐벼룩)

3) 생활사

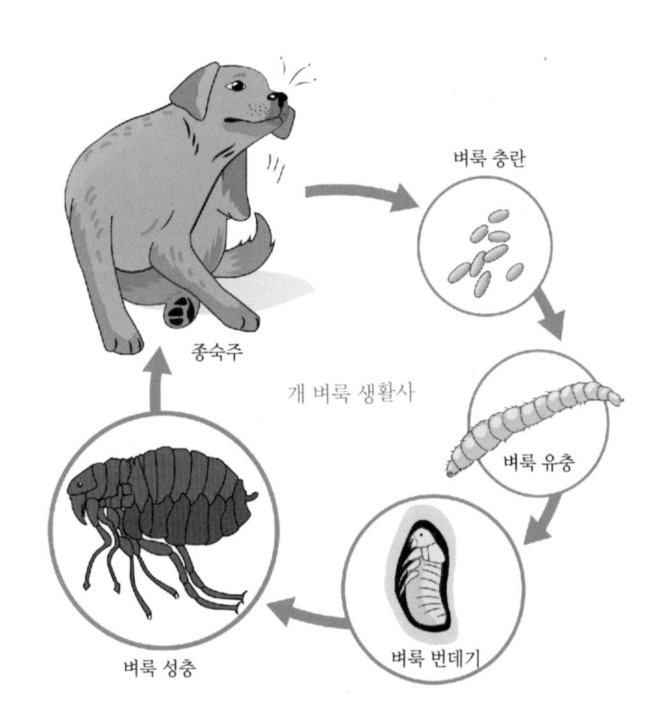

성체 벼룩이 동물이나 인간 숙주를 찾아 흡혈 → 짝짓기 → 숙주의 털과 주변에 산란 → 환경 조건(온도와 습도)에 따라 1~10일 후에 부화 → 유충은 숙주의 피와 벼룩의 배설물(똥, 벼룩흙이라고도 함)을 먹으며 발육 → 5~20일 이내 고치가 됨 → 고치 안의 벼룩성체는 쉽게 구할 수 있는 혈액 식사가 있다는 신호를 보내는 움직임이나 체온과 같은 숙주가 명확히 존재하기 전까지는 고치에서 나오지 않음

4) 벼룩의 구제법

① 환경개선(서식처 제거), 주거, 의복, 신체의 청결, 애완동물의 구충
② 쥐의 구제, 잔효성 살충제(DDT, pyrethrin), 훈증법
③ 애완동물(유제, 수화제, 분제 등 몸에 뿌리거나 희석액에 담그기)

(3) 개회충증(Toxocariasis)

선충류인 *Toxocara canis*감염으로 일어나는 인수공통기생충질병으로 가장 흔한 장내 기생충증의 하나. 사람에서 자충이행증 발생

1) 병원체

① *Toxocara canis*
② 성충 수컷 4~6cm, 암컷 6~10cm

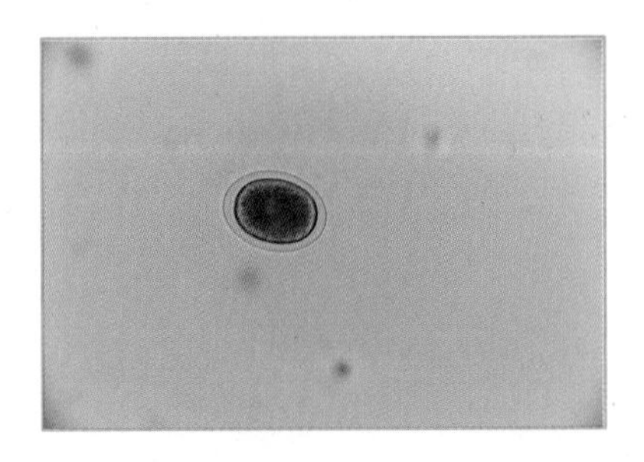

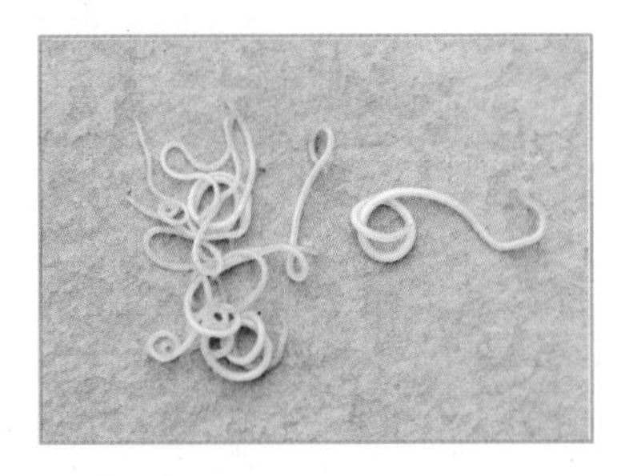

2) 생활사

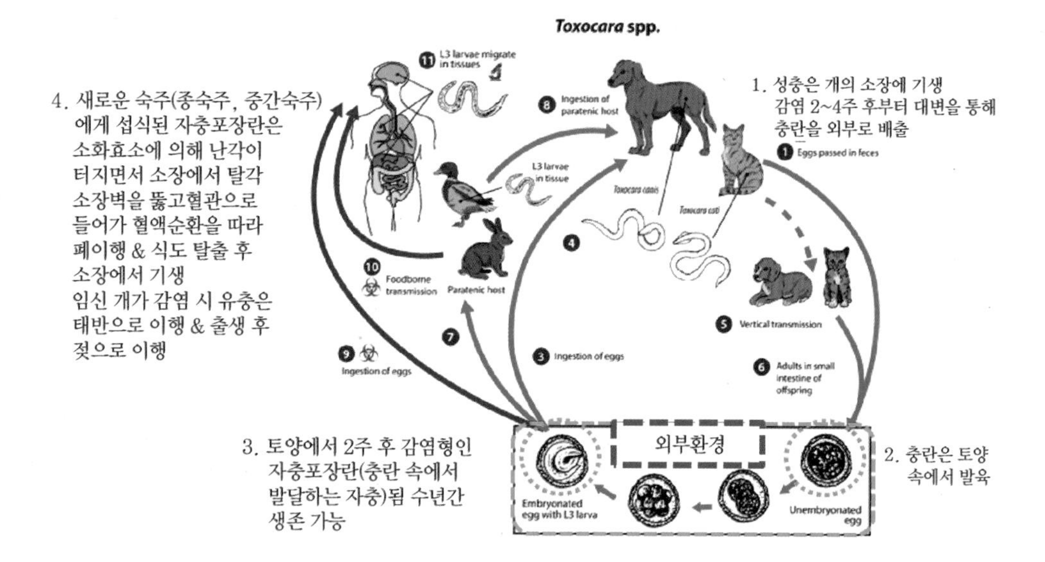

개회충의 성충은 개의 소장에 기생하며, 대변을 통해 충란을 외부로 배출

→ 외부환경으로 배출된 충란은 흙 속에서 발육하는데, 충란 속에서 유충으로 발달하는 자충포장란 단계가 되면 새로운 숙주에 감염이 가능하게 됨

→ 이 자충포장란을 새로운 숙주가 섭식하면 자충포장란의 난각이 소화효소에 의하여 터지면서 유충이 소장 내에서 탈각하여 나옴

→ 이 유충이 곧 소장벽을 뚫고 혈관에 들어가서 혈액순환을 따라 폐이행을 하고 식도로 탈출하여 소장에서 기생하며 성충이 됨

→ 임신한 어미개가 감염될 경우 유충이 이행하면서 태반을 통하여 태내 강아지의 소장으로 옮겨가 감염될 수도 있고, 출생 후 젖을 통해서도 새끼에게 전파될 수 있음

3) 사람의 자충이행증

사람에게 섭식된 자충포장란의 난각이 소화효소에 의하여 터지면서 유충이 소장 내에서 탈각

→ 이 유충이 곧 소장벽을 뚫고 혈관에 들어가서 혈액순환을 따라 간, 눈, 중추신경계로 감

→ 대부분의 유충이 간으로 가며 2주 후 사멸하나, 그동안 간 실질조직을 파괴할 시 간농양 발생, 일부는 혈류에 의해 중추신경계나 전신으로 퍼질 수도 있으나 성충으로 발육하지는 않음, 눈으로 갈 경우 염증과 실명을 일으키기도 함

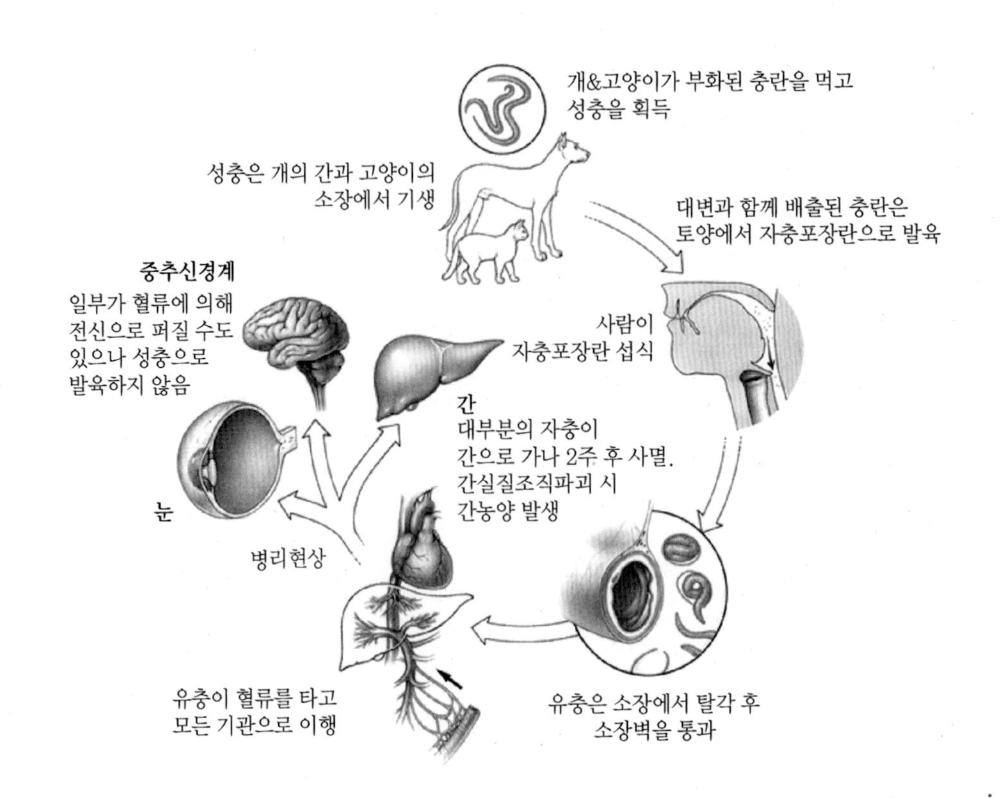

4) 증상

동물감염	성장부진, 복부팽창, 변비, 구토, 설사, 탈수, 기침
사람감염	• 내장형: 구역질, 구토, 기침, 호흡곤란, 림프선염, 근육통, 신경증상 • 안형: 눈에 유충 이행 • 변환형: 간종대, 기침, 두통, 발진 및 호흡장애

5) 경범죄 처벌법 제2장 제3조 1항 12호

(노상방뇨 등) 길, 공원, 그 밖에 여러 사람이 모이거나 다니는 곳에서 함부로 침을 뱉거나 대소변을 보거나 또는 그렇게 하도록 시키거나 개 등 짐승을 끌고 와서 대변을 보게 하고 이를 치우지 아니한 사람은 벌금 10만 원

(4) 기타 내부기생충증

기생충		제1 중간숙주	제2 중간숙주	종숙주	기타
Nematoda (선충)	고래회충 (Anisakiasis)	해산 갑각류 (크릴새우)	대구, 고등어, 도미, 오징어, 갈치	고래	제2중간숙주를 사람이 먹을 때 감염
	유극악구충 (Ganthostomiasis)	물벼룩 (담수)	가물치, 미꾸라지 (담수)	사람, 개, 고양이	탈모, 딱지, 홍반, 과색소침착, 소양증, 백선, 조갑진균증
Cestoda (조충)	광절열두조충 (Dibothriocephaliasis)	물벼룩 (담수)	송어, 연어, 전어(반담수)	사람, 개, 고양이	의미충 (pleroceroid) 섭취로 감염
Trematoda (흡충)	폐흡충 (Paragonimiasis)	다슬기 (담수)	가재, 게 (담수)	사람, 개, 고양이, 소, 양, 여우, 밍크, 야생육식동물	피낭유충 (metacercaria) 섭취로 감염
	간흡충 (Clonorchiasis)	우렁이 (담수)	참붕어, 잉어 (담수)	사람, 개, 고양이, 돼지, 족제비, 밍크, 오리	피낭유충 (metacercaria) 섭취로 감염

PART 04

반려동물학

CHAPTER

01 반려동물의 정의와 기원

01 개의 기원과 진화(Origin and Evolution of the Dog)

(1) 개과 동물의 기원(Origin of Canids)

① 동물분류학(animal taxonomy)에 따르면 개는 동물계 척삭동물문 포유강 식육목 개과 개속 늑대종(아종－개종)임

② 개과 동물은 식육목에 속하는데, 파충류가 번성하고 쇠망하였던 중생대 말기를 지나 신생대 제3기(신제3기, 네오기) 초기부터 다른 동물들과 갈라져 진화를 시작함

③ 개과 동물은 날카로운 송곳니를 가지고 있고 발가락(digitigrade)으로 걷거나 달리는 방식을 위해 만들어진 골격을 특징으로 하는 포유동물임

TIP

지구 역사의 개념으로 바라보면 지구의 나이가 45억 년 정도, 최초의 포유동물이 1억 년 전에 나타났고, 5천만 년 전에 최초의 개가 나타났다는 것을 고려하면, 불과 3백만 년 전의 초기 인간(원모인)이 출현하였으며 현재의 인간과 비슷한 호모 사피엔스가 출현한 시기는 약 5만 년 전임

(2) 개과 동물의 진화(Evolution of Canids)

① 약 5000만 년 전에 나타난 개의 조상인 Miacid는 3500만 년 경부터 개와 고양이로 나뉘기 시작함

② Miacid가 헤스페로키온(Hesperocyon)속과 프로아일루루스(Proailurus)속으로 나뉘고 각각 개와 고양이로 진화되기 시작함

③ 헤스페로키온의 두개골과 발가락은 오늘날의 늑대, 개, 여우와 유사한 골격과 치아 특징을 보여주었고, 이런 같은 형태는 헤스페로키온이 현재 늑대, 개, 여우의 조상으로 인식되는 이유임

④ 헤스페로키온(hesperocyon)에서 에피키온(epicyon – 2600만 년 전) 키노데스무스(Cynodesmus – 1600만 년 전) 토마르쿠투스(Tomarctus) 렙토키온(Leptocyon)을 통해 진화했고, 꼬리가 느슨해지고 사지가 길어지며 다섯 번째 발가락이 줄어들면서 점차 오늘날의 늑대나 스피츠 형태의 개의 모습을 띠게 됨. 이런 과정으로 더 빨리 달릴 수 있는 동물로 진화함

(3) 개종의 적응

① 현재의 몇몇 품종들은 지리적 여건상 자연에서 자연스럽게 적응했지만 다수의 품종은 인간이 통제권을 가지면서 인간에 의해 선택되어 번식된 것이라 말할 수 있다.
② 개종은 광범위한 기후나 지리적 여건에 따라 빠른 속도로 적응해 갔으며, 이들은 모두 다 개종에 속하는데 오늘날의 머리 모양과 다리 길이가 다른 공인된 개의 품종은 400~500여 품종이다. 200만 년 동안 거의 진화를 포기한 악어와 비교할 때, 개들은 굉장히 적응력이 뛰어난 동물로 볼 수 있다.

(4) 개와 사람 사이의 유대감 증가

① 고대에는 개들이 사냥이나 고기 생산 또는 미신적인(토테미즘 포함) 일에 사용되었고 자연스럽게 인간과 지내는 시간이 늘어나면서 인간을 위해 봉사하거나 농장과 동물을 보호하고 또 우정을 나누면서 자연스럽게 유대감이 증가하였다.
② 인간의 목적에 맞게 선택적 교배가 이루어지면서 이는 다양성을 생겨나게 하였다. 이런 과정 중에 돌연변이와 선택적 번식을 통해 품종의 다양성이 생겨났는데 극단적인 예로는 황소와 싸우는 싸움개인 불독과 중국 황실의 페키니즈를 들 수 있다.

늑대가 개의 조상인가?

지금까지 발견된 가장 오래된 개들의 뼈대는 약 3만 년 전 것으로 이들은 크로마뇽인(Homo sapiens sapiens)이 지구를 걸어 다니고 있을 때 살았다. 이 고대 유골들은 항상 인간의 해골 근처에서 발견되었으며, 이것이 그들이 Canis familiaris(1만 년 전)으로 불린 이유이다.
또, 중국에서는 가장 오래된 개의 유골 화석이 발견되었는데 중국에는 코요태와 자칼이 살지 않았다. 개와 늑대들의 DNA를 비교 연구한 결과에 따르면 약 99.8%의 유사성이 강하고 개와 코요태의 같은 검사는 96% 정도에 불과하다. 늑대 아종은 45종이 있는데, 이런 다양성이 개 품종의 다양성을 설명할 수 있다. 마지막으로 신체 언어와 음성 언어가 매우 유사하다.

늑대의 길들여짐(Domestication of the Wolf)

호모 사피엔스의 개 사용은 선사시대 동굴 도면에 의해 검증되지 않았지만, 무려 4만 년 전의 늑대 발자국과 뼈대 유적이 유럽에서 인간이 생활한 지역에서 발견되었다.
그 당시의 인간은 아직 정착 생활을 하지 않고 사냥감을 얻기 위해 이동하는 상황이었으나 약 1만 년 전 갑자기 찾아온 빙하기가 끝나고 대기 온난화가 찾아오면서 툰드라는 숲으로 대체되고, 큰 동물은(매머드 등) 숲에 적응하기 힘들어지고 작은 동물이(사슴 멧돼지 등) 적응을 하여 번성하기 시작했다. 이 시기에 늑대 조상들도 많은 육식을 필요로 하는 큰 종류들은 도태하기 시작했으며, 인간들은 작은 동물 사냥에 적합한 사냥도구와 사냥기술을 사용하기 시작하였다. 초기 인류가 늑대를 사냥에 사용하는 방법을 찾을 필요성을 느낀 것은 지극히 자연스러운 일이며 정착해서 가축을 기르기 전부터 늑대를 길들이려고 시도했을 것이다. 그러므로 원시적인 개들은 의심할 여지 없이 목양견이 아닌 사냥개로 여겨진다.

늑대들의 쓰임새를 알아본 사람들은 늑대들을 갓난 새끼 늑대들부터 데려와 길들이려 노력했다. 늑대들은 생후 첫 달 동안 인간을 각인하면 다시 야생으로 돌아가기 힘들었을 것이다.
또한 자연스럽게 무리의 위계질서에 복종하는 습성이 늑대가 쉽게 길들여지는 이유가 됐다. 길들인 암컷 늑대가 새끼를 낳으면 그다음은 좀 더 길들이는 게 쉬웠을 것이다.

늑대에서 개로

모든 동물이 살아남기 위해서 진화를 한다. 수 세기에 걸쳐서 성체의 크기가 작아지고, 인간에 대한 의존을 높임으로써 인간에게 복종하는 개체로 진화하게 된 것이다. 강인한 늑대에서 약간 연약하고 어리숙하게 변하게 된 것이다. 인간이 이를 통제할 수도 있었고 늑대 스스로 이런 진화과정을 선택할 수도 있었을 것이다. 크기가 줄어들면서 자연스럽게 성 성숙이 빨라져서 이런 진화과정은 작은 개체일수록 가속화되었을 것이다. 실제로 큰 개와 작은 개의 성장 속도를 비교하면 큰 개들은 늑대처럼 성 성숙이 완료되는 데 2년 정도가 걸리지만 작은 개는 1년 미만에 완성된다. 또 이 시기부터 늑대는 육식성을 포기하고 쉽게 음식을 얻기 위해서 잡식성으로 식성을 변화시켰다. 힘든 사냥보다는 쉬운 식탁의 음식 찌꺼기를 선택하면서 생긴 변화이다.
동물을 길들이려는 인간의 시도는 늑대 외에도 여러 동물에 있었다. 고대 이집트인들은 하이에나, 가젤, 야생 고양이, 그리고 여우 등을 길들이려고 노력했지만, 그중에서 아주 소수의 개체만 어느 정도 길들일 수 있었고 대다수의 개체는 실패했다. 어떤 사람들은 지금 우리가 같이 기르는 고양이를 길들이는 것도 여전히 진행 중이라고 이야기한다.

02 동물에 대한 인간의 의식변화

짐승 → 가축 → 애완동물 → 반려동물

(1) 짐승

수렵활동, 토템사상, 두려운 존재

① 짐승은 단순히 동물을 지칭하는 단어이다. 흔히 '짐승'이라 하면 인간이 음식을 얻기 위해 사냥해야 할 대상 또는 신앙이나 사상 등 어떤 목적으로 이용해야 할 대상, 때로는 두려워서 피해야 할 대상으로 인식되었다. 이런 생각이 인간이 정착하는 삶을 살기 전까지 상당히 오랜 기간 지속되었고, 정착 후에도 이런 인식이 지속되었다.

② 토템사상 즉, 토테미즘(totemism)이란 어떤 종류의 동물이나 식물을 신성시하여 자신이 속해 있는 집단과 특수한 관계가 있다고 믿고 그 동물·식물류(독수리, 수달, 곰, 메기, 떡갈나무 등)를 집단의 상징으로 사용하는 것을 뜻한다. 짐승이란 단어의 키워드는 **수렵활동, 토템사상, 두려운 존재** 정도로 말할 수 있다.

(2) 가축

노동, 권력, 음식, 재산 증식

① 가축은 인간이 정착하는 삶을 시작한 후 농경 생활에 접어들면서 인간에게 이익을 주는 존재로 함께 하기 시작했다. 예를 들어, 농사일을 돕는다든지 무거운 짐을 옮겨주는 운송수단, 또는 재산을 늘려주고, 쉽게 고기를 얻는 용도로 그 영역이 넓어졌고 이는 오늘날까지 이어져 오고 있다. 즉, 가축의 개념은 동물을 대하는 태도가 주로 생산적인 일에 쓰인 것으로 키워드는 **노동**, **음식**, **재산**, **권력** 등이다.

② 인간이 1만 년 전부터 정착 생활과 농경 생활을 시작하면서 개는 다른 동물들처럼 가축으로 사용되어 왔다. 때로는 인간의 노동을 경감시키려는 목적으로도 사용하거나, 농가의 쥐를 몰아내고 사냥을 돕기도 하고, 인간에게 고기를 제공하기도 하였다. 즉, 여느 가축과 다름없이 오로지 생산적인 초점에 맞추어진 시기였다.

TIP 인간선택설 · 자연선택설

야생동물에서 가축화가 이루어진 과정을 설명하는 설은 여러 가지가 있는데 두 가지 설이 유력하다고 인정되고 있다. 초기 수렵채집인의 양육본능으로 잡아온 새끼 동물을 여자들이 돌보는 과정에서 일부 동물들이 길들여졌다고 믿는 설이 있고, 또 실용적인 목적으로 자연스럽게 가축화가 진행된 것이라고 생각하는 사람들도 있다.

하지만 어떠한 과정이든 사람과 동물이 수렵시대에서 정착 농경사회로 진입 시에 공생관계를 형성하기 시작했다는 것은 명백하다. 사람은 노동 수송, 경비, 사냥, 및 쥐 잡기를 위해 동물을 사용하여 이익을 얻었고, 동물은 공동체 안에서 쉽게 먹이를 얻고, 또한 은신처를 제공받고 포식자로부터 보호받을 수 있었다.

시간이 지날수록, 동물은 유전적 선택을 통해 인간의 목적에 적응해 갔다(자연선택설, 인간선택설에 의해 설명이 가능함). 자연선택설은 동물 입장에서 개들이 살아남기 위해 환경에 적응하고 발전했다는 것이다. 즉, 다윈의 진화설과 같은 주장인 것이다.

인간선택설은 인간이 다루기 쉽고, 쉽게 순화되는 동물 위주로 선택 교배를 하여 인간과 같이 살기 쉬운 쪽으로 유전자를 물림해 줬다는 것이다. 인간에게 복종하지 않고 순화되지 않는 동물은 도태시키고 인간에게 순화된 동물들만 번식시킨 결과로 인간 친화적인 개들만 적응했다는 이론이다.

이 두 가지 이론이 하나는 맞고 하나는 틀린 게 아니라 인간 사회에 적응하기 위해 두 가지 다 동물들에게 큰 영향을 끼친 것이다.

(3) 애완동물

① 동물을 바라보는 인간의 사고방식이 가축에서 애완동물단계로 넘어간 것은 인간 사회도 어느 정도 체계가 잡힌 후에 시작된 것으로 보인다. 물론 그보다 훨씬 이전에도 가축 이상으로 친밀한 관계도 있었겠지만 인간 사회가 어느 정도 안정된 형태를 갖춘 후에는 폭발적인 성장이 있었다. 가축의 개념에서 정서적인 부분을 더하여, 인간이 동물과 감정을 교류하는 존재로 인식한 시점부터 애완동물이란 단어를 사용하였다.

② 동물을 이용 또는 활용하여 무언가를 얻기 위한 단순한 수단이나 주종관계를 넘어서 한 단계 정서적인 부분이 강해진 관계가 형성되고 동물들에게 애정을 쏟기 시작한 것이다. 인간보다 작고 여린 동물들에게 마음을 주고 또 그런 동물들에게 위안이나 즐거움을 얻는 관계가 된 것이다.

③ 일련의 과정들이 순수한 사랑이라는 측면도 있지만 누군가에게 보이기 위한 일종의 과시욕이 더해진 측면도 있다고 본다. 과시욕은 인간의 복잡하고 수많은 감정 중 하나인 개인적인 정서인데 아직 먹을 것이 풍족하지 않았던 시절에 동물에게(주로 개나 고양이) 음식을 주고, 몸단장 등 관리할 수 있다는 것을 일반 시민이나 백성들에게 과시하는 측면이 없지 않았다. 그래서 초기에는 왕족이나 귀족, 돈 많은 상인 등부터 먼저 애완동물을 길렀고 점차 일반 시민이나 백성들로 퍼져 나간 것이다.

④ 때로는 일반 백성들의 불만으로 사건들이 일어나기도 했지만 동물들은 순수성이나 맹목적인 사랑을 인간에게 베풀면서 인간의 마음도 조금씩 더 열리게 된 것이다. 이 시기에도 동물에 대한 사랑은 대단했지만 가족이라는 생각까지는 아직은 없었던 시기이다.

(4) 반려동물

가족이란?

① 최근에는 애완동물이라는 단어를 사용하지 말고, 반려동물이라 부르자는 움직임이 일어나고 있다. 애완동물의 뜻은 주로 인간이 동물을 데리고 놀면서 즐거움을 얻는 것에 초점이 맞추어져 있고, 동물의 동물권 등은 종종 무시되는 측면이 있었다.

② 반려동물의 뜻은 '짝이 되는 동무 친구'라는 뜻이다. 가족같이 항상 동반자가 되어주겠다는 뜻이기도 하다. 1983년 10월 오스트리아 빈에서 인간과 애완동물의 관계라는 주제로 국제 심포지엄이 열렸는데 동물 행동학자이자 노벨상 수상자인 K. 로렌츠(Konrad Zacharias Lorenz)의 80세 탄생일을 기념하기 위하여 열린 이 자리에서 개·고양이·새 등의 가치를 재인식해서 companion animal이라 부르자는 제안이 나온 후 반려동물이란 개념이 지속적으로 발전 중이다.

③ 사람과 동물과의 관계가 사람에게 일방적 관계에서 쌍방적 관계로 변화하기 시작한 것이다. 현재 반려동물이라는 말은 가족과 같은 개념으로 자리 잡아 가고 있다. 한지붕 아래에서 같이 밥을 먹고 잠을 자고 슬픔과 기쁨을 공유하는 그런 존재로 인식되는 단어가 반려동물인 것이다.

동물 복지(animal welfare)의 5가지 원칙

❶ 굶주림, 쇠약(부적절한 영양관리)으로부터의 자유
❷ 불쾌한 환경(오염된 장소 등)으로부터의 자유
❸ 신체적 고통(통증, 부상, 질환)으로부터의 자유
❹ 정신적 고통(불안, 공포 등)으로부터의 자유
❺ 동물 본래의 행동양식을 발현할 수 있는 자유

동물복지(animal welfare)의 개념은 동물을 향한 배려의 과학이라고 표현할 수 있다. 고도의 사고능력과 사회성을 가진 동물이 살아있는 동안 그 생활을 제대로 영위할 수 있도록 배려하는 것이 동물복지인 것이다. 동물의 신체적 건강뿐 아니라 심리적 건강까지 고려하여 케어해줘야 진정한 동물복지라 할 수 있다. 수의사와 보건사 또는 관계자는 동물복지 문제에 대해 책임감 있게 관심을 가져야 하고 대처해야 하는 사람들이다.

03 현대의 개

(1) 고대 로마 시대에는 개를 기술에 따라 분류했었다. 즉 '목동개, 사냥개, 집 개'로 분류했었다. 아리스토텔레스는 7개의 세분화된 분류를 시도했었고 1885년 프랑스에서는 29개로 분류를 시도했었다. 1950년에는 10개의 그룹으로 그 수를 대폭 줄였다.

(2) 품종 개념 - 다양성과 표준

① 1984년 FCI(국제 애견협회)는 레이몬드 트리케(R. Triquet) 교수의 개의 그룹, 품종, 다양성의 개념에 대한 품종분류를 표준으로 삼았다.

② 트리케 교수에 따르면 품종 그룹은 다른 그룹들과 구별되는 공통적인 특성을 가진 집단이며 유전적으로 다음 세대로 물려질 수 있다고 주장했다. 사실 '종'은 자연에 의해 결정되고 '품종'은 인간에 의해 결정된다. 즉, 선택적 교배는 새로운 품종을 만들 수는 있지만 새로운 종의 탄생을 만들 수는 없는 것이다.

③ **그룹, 품종, 다양성**: 그룹은 다양한 형태를 가지고 있지만 유전적으로 구별될 수 있는 공통적인 특징을 가진 품종 집단이다. 예를 들면 제1그룹은 목양견 그룹인데 각각 다양한 형태를 가지고 있지만 모든 개들이 가축을 보호하려는 본능을 가지고 있는 것이다.
예 세퍼트 – 장모 단모 / 닥스훈트 – 단모, 장모, 와이어 헤어

④ **품종과 표준**: 표준은 품종 특성을 정의하는 기준이다. 표준은 표본이 품종의 행동 및 형태학적 특성에 적합한지를 판단하는 기준점 역할을 하는 것이다. 각각의 나라에 맞는 공인협회가 있지만 모든 표준은 FCI에서 정하여진다. 각각 나라의 대표견들을 FCI에 등록하려 하지만 모두 다 되는 것은 아니다. 진돗개는 FCI에 등록되었다.

CHAPTER

02 반려견의 이해

01 반려견의 품종 이해(Companion dog breeds and characteristics)

(1) 동물분류학(animal taxonomy)에 따르면 개는 동물계 척삭동물문 포유강 식육목 개과 개속 늑대종(아종–개종)이다. 동물분류학의 가장 하위 개념이 종인 것이다. 종의 개념일 때 아종과 변종 그리고 품종이라는 단어를 사용하게 된다.

아종	아종은 같은 종류지만 서식지나 습성에 따라 변기가 나타난 집단을 뜻한다. 예 백두산 호랑이와 인도호랑이
변종	돌연변이를 뜻한다. 예 파프리카는 고추의 돌연변이
품종	사람에 의해 개량된 형질을 가진 집단이다. 예 사과의 부사와 홍옥 차이

(2) 개는 사람에 의해서 개량되었으므로 변종이나 아종으로 부르지 않고 품종이라 부른다. 개의 품종은 공인된 나라마다 약간 다르지만 400~500여 종이 넘는다. 인간이 최소한 개입해서 자연스럽게 혈통이 굳어진 품종도 있고 인간이 인위적으로 만든 품종도 있다. 인위적으로 적극 개입한 품종들은 돌이킬 수 없는 난치병을 발생시키기도 한다. 대표적으로는 티컵 강아지와 불독 등이 있다. 비슷한 목적을 가지거나 습관이 비슷한 품종끼리 그룹으로 나누어 분류할 수 있다.

02 품종별 특성

(1) 목양견

① 특징

- 가축을 돌봄
- 야생동물로부터 가축과 사람을 지키는 역할을 함
- 사람과 같이 가축을 몰아 방목장으로 이동하고 무리에서 이탈하지 않도록 관리함

② **대표적인 견종:** 콜리, 셔틀랜드 쉽독, 오스트레일리안 쉽독, 올드 잉글리쉬 쉽독, 웰시 코기, 그레이트 피레니즈 등

(2) 조렵견

보통 개들은 후각이나 청각 시각 등의 감각이 인간보다 월등히 발달되어 있음. 그런 개의 특성을 이용해서 날아다니는 동물을 사냥하는 데 사용됨. 새들의 직접적인 사냥보다는 총을 쏠 수 있게 준비하고 총에 맞은 동물을 회수하는 역할을 주로 함

① **특징**

- 사냥 종에서도 새를 사냥하는 데 특화된 개들의 그룹임
- 새를 직접 사냥하기보다는 총에 맞은 새를 회수하는 역할
- 때때로 가시덤불이나 차가운 물속에 들어가기도 함

② **대표적인 견종:** 포인터(영국, 독일, 헝가리 등) 브리타니, 잉글리쉬 세터, 리트리버(골든리트리버, 라브라도 리트리버, 체사 피크 리트리버), 코카 스파니엘, 푸들 등

(3) 수렵견

모든 개들은 사냥 본능을 가지고 있음. 그런 본능을 잘 활용한 개들의 그룹이고 최초의 개의 그룹이라 생각되며 우리나라의 진돗개와 풍산개도 이 그룹에 속함

① **특징**

- 동물을 사냥하는 데 쓰임
- 주로 동물을 탐지, 추적, 공격하기도 함
- '하운드 류'가 대표적인 수렵견에 속함

② **대표적인 견종:** 그레이 하운드, 블러드 하운드, 바세 하운드, 비글, 닥스훈트, 보르조이, 아프간 하운드, 풍산개, 진돗개, 동경이 등

(4) 사역견

일을 하는 견종들의 그룹으로 그 구조와 쓰임에 따라 다양한 견종이 있음. 또 인간에게 무한한 헌신을 하는 그룹임

① **특징**

- 일을 하는 그룹의 견종임
- 특수한 목적을 가지고 움직이는 견종임

② **구분**: 구조와 쓰임에 따라 다양한 견종이 있음

산악구조견, 인명구조견	세인트 버나드 등
수상 인명 구조견	뉴펀들랜드 등
마약탐지견	리트리버, 비글 등
수색견	셰퍼트, 리트리버, 비글 등
맹인 안내견	라브라도 리트리버 등
청각 안내견 등	

(5) 경비견, 호위견

① 특정 장소를 지키거나 인간을 호위하는 역할을 주로 하며, 침입자가 들어왔을 때 주인에게 알리는 능력도 중요한 임무 중 하나임. 모든 개들은 경비견으로서의 기본 자질은 충분함. 이 그룹들 중에 맹견으로 분류되는 품종이 많으니 항상 주의해야 함

- 특정 장소를 지키거나 인간을 호위하는 역할을 주로 함
- 성격이 호전적이고 사나운 개들이 많으니 주의가 필요함
- 처음 개를 기르거나 시간적 여유가 부족한 사람들에게 주의를 요함

② **대표적인 견종**: 로트와일러, 핏불테리어, 복서, 세퍼트, 마스티프 계열(이탈리안 마스티프, 불 마스티프, 네오폴리탄 마스티프), 진돗개

맹견과 맹견 소유자 교육과 보험

- 산책 시 줄 및 입마개
- 맹견소유자 의무교육(1년 3시간)
- 맹견 보험 가입

맹견과 외출 시에는 목줄과 입마개는 필수이고 이런 맹견들은 어린이집이나 초등학교 특수학교에 입장할 수 없다. 이를 위반 시에는 과태료가 부과되고 맹견을 키우는 견주는 소유권 취득일로부터 6개월 이내 매년 3시간 이상 의무교육을 들어야 한다. 또 「동물보호법」 제13조 2항에 따르면 맹견으로 인한 다른 생명과 신체, 재산상의 피해를 보장하기 위해 배상책임보험에 가입해야 되며 위반 시에는 300만 원 이하의 벌금을 물게 된다. 영국이나 호주 미국 등에서도 이런 비슷한 제도가 있다.

「동물보호법」상 지정된 맹견

- 도사견과 그 잡종의 개
- 아메리칸 핏불테리어와 그 잡종의 개
- 아메리칸 스탠퍼드셔테리어와 그 잡종의 개
- 스탠퍼드셔 불테리어와 그 잡종의 개
- 로트와일러와 그 잡종의 개

(6) 애완견

앞에 열거했던 모든 그룹, 즉 모든 개들은 애완견 그룹에 들어갈 수 있음. 이 그룹을 따로 떼어 놓은 것은 특별한 일을 하지 않아도 인간의 정서적인 부분을 많이 채워주고 교감할 수 있는 명확한 특징이 그 이유임. 특별한 일을 하지 않아도 존재만으로 사람한테 사랑을 많이 받아온 그룹임

① **특징**

- 특수 목적을 가진 견종이기보다는 인간의 정서에 도움을 주는 개들을 통칭함(모든 개는 다 애완견의 가능성이 있음)
- 오랜 시간 사람에게 사랑받아온 견종이 많음
- 예전에는 보호자의 지위를 확인하는 대상으로 사용됨

② **대표적인 견종**: 말티즈, 퍼그, 킹찰스 스파니엘, 빠삐용, 시츄, 치와와, 라사압소, 포메라니언, 브뤼셀 그리폰 등

(7) 테리어 그룹

테리어의 어원은 테라(Terra)로 테라는 라틴어로 '대지, 땅'이라는 뜻임. 쾌활하고 당찬 성격이 특징인 테리어는 원래 농장 등지에서 쥐나 작은 포유류를 잡는 역할을 주로 했음. 작고 사랑스러운 성격으로 애완견으로 많이 기르고 있는 추세이나 본능은 사냥개이기 때문에 산책이나 활동 시 주의가 필요함

① **특징**

- 원래 농장에서 쥐나 두더쥐, 족제비 등 작은 동물을 사냥하는 역할을 주로 맡아 옴
- 사회의 흐름에 따라 현재는 애완견 역할을 하고 있음
- 크기는 작지만 호전적인 성격을 가진 품종이 많음
- 싸움을 좋아하는 성격을 가진 강아지가 종종 있으니 리드 줄 또는 적당한 거리 유지 필수

② **대표적인 견종**: 스코티쉬 테리어, 화이트 테리어, 요크셔 테리어, 잭러셀 테리어, 스코티쉬 테리어(큰 동물을 사냥하는 종류도 있음 예 에어데일 테리어, 폭스 테리어 등)

03 사양 관리법

(1) 반려동물 현황표

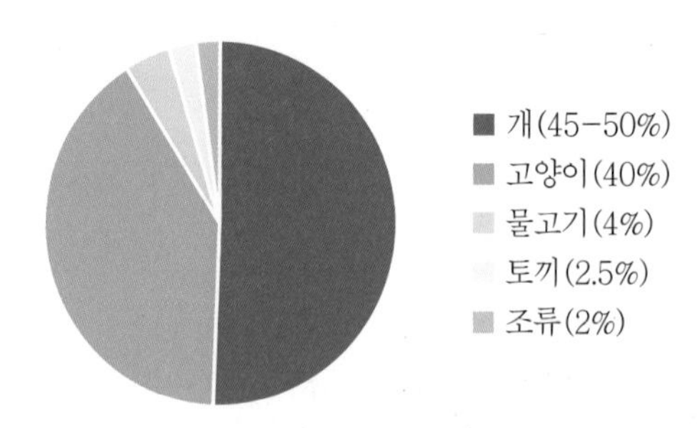

반려동물 현황표이다. 개와 고양이가 85%에서 90%를 차지하고 특수동물들이 나머지를 차지하고 있다. 특수동물의 종류는 물고기와 토끼, 조류, 파충류 등이 있으며 이외에도 여러 동물이 반려동물로 가정에서 살아가고 있다.

작은 특수동물들의 경우 상대적으로 집안에 풀어두고 기르는 개나 고양이에 비해 케이지에 가둬 키우는 경우가 많기 때문에 동물복지 측면에서 보면 과연 올바른 선택인지 고민하게 되기도 하지만 그 수가 최근 빠르게 증가하고 있는 추세이다.

현대인의 바쁜 생활환경(life style)도 이런 변화를 가져오게 하는 요인이 될 수 있다. 보호자가 집을 비우는 일이 잦은 경우 반려동물로 개를 선택하기는 쉽지 않을 것이기 때문이다. 최근 반려동물로 정하는 범위가 다양해지고, 반려동물로 고양이를 선택하는 경향이 많아지는 추세이다.

TIP 미국과 한국의 인기 견종 순위

인기 견종은 매번 조금씩 바뀌지만 주거 환경의 차이로 미국과 한국에서 선호하는 품종이 약간 차이가 있다. 미국은 중대형견 위주로 선호를 하는 경향이 있고, 한국은 소형견 위주로 선호하는 경향이 있다.

또 이런 품종의 특성을 잘 알아서 반려동물로 개를 키우기로 정하게 되면 대략적인 특성을 파악하여 자신에게 잘 맞는 품종을 선택할 수 있고, 더 나아가 전문가로서 조언해줄 수 있다.

동물보건사도 반려동물을 키울 계획이 있는 사람들에게 정보를 제공할 책임이 있다. 이런 책임감이 결국엔 성숙한 반려동물 문화를 가져오고 유기동물의 발생 수를 줄일 수 있는 중요한 시작점이 될 거라 생각된다.

미국 인기 견종 순위	한국 인기 견종 순위
1. 라브라도 리트리버	1. 말티즈
2. 독일 셰퍼트	2. 푸들
3. 골든 리트리버	3. 포메라니안
4. 비글	4. 믹스견(작은 견종)
5. 불독	5. 시츄
6. 요크셔 테리어	6. 요크셔 테리어
7. 복서	7. 리트리버
8. 푸들	8. 진돗개
9. 로트바일러	9. 치와와
10. 닥스훈트	10. 셰퍼트, 비숑프리제, 프렌치, 웰시코기

- **추천하지 않는 예시**
  - 바쁜 보호자, 원룸 환경: 세인트버나드, 알라스카 말라뮤트
  - 추운 산 속: 치와와, 미니어처 핀셔
  - 아파트: 잘 짖고 경계심이 많은 품종(비글, 테리어 등)
  - 유치원과 초등학교: 경비견이나 호위견 등

(2) 반려견 입양 전 참고사항

Q. 품종견? 잡종견?
Q. 워킹독? 애완견?
Q. 암컷? 수컷?
Q. 대형견? 소형견?
Q. 성견? 자견?
Q. 어디에서 새로운 식구를 데려올 것인가? (무료분양 or 돈을 지불하고 분양)

반려견은 한 번 입양하면 보통 10~20여 년을 같이 지낸다는 마음가짐을 가져야 한다. 품종 외에도 다양한 사항들을 고려해서 신중히 정해야 하는 것이다.

강아지를 키운다면 원만한 성격에 건강한 부모견에서 태어나 사람에게 애정을 듬뿍 받고 자란 강아지를 입양하는 것이 좋다. 순종이라면 그 품종에 대한 지식과 애정을 가지고 계획적으로 번식하는 존경받는 브리더로부터 강아지를 입양하는 것이 바람직할 것이다.

품종견이 막연하게 사회화가 잘 이루어지고 건강할 거라는 믿음이 있지만 그렇지 못한 경우도 더러 있다. 낙후된 시설에서 보호자의 사랑을 받지 못한 값비싼 품종견보다 어미와 보호자의 관심과 사랑으로 보살핌을 듬뿍 받은 잡종견이 훨씬 잘 자랄 확률이 많은 것이 사실이다. 태어나서 15주 정도까지(보통 이 시기를 사회화기라 부름)에 어떤 보살핌을 받고 어떤 환경에서 자랐느냐가 반려견의 평생을 돌아봤을 때 굉장히 중요한 이유이다.

(3) 입양 전 전문가와 보호자가 알아야 할 사항들

① 예방접종

- 신중하게 입양방법과 시기를 정하여도 2개월 전후의 강아지는 예민하고, 섬세하며 면역력이 충분하지 않은 상태이다. 게다가 살아가는 데 필요한 환경에 적응시키기 위해 다양한 상황에 익숙해져야 하는 중요한 시기이다.
- 강아지가 집에 오기 전, 반드시 브리더로부터 첫 번째 예방접종을 받았는지 확인이 필요하다. 예방접종의 종류에 따라 다르지만 개의 경우 일반적으로 6주령부터 예방접종을 시작한다. 스트레스를 덜 받는 어미나 형제가 같이 생활하는 태어난 곳에서 예방접종을 하고 약간의 면역력이 생긴 상태에서 보호자의 집으로 온다면 전염병의 위험성이 줄어든 상태에서 빠른 사회화 프로그램을 시작할 수 있다.
- 예방접종 효과가 나타나는 데에는 1~2주 정도 걸리기 때문에, 첫 예방접종이 되지 않은 강아지의 경우 집에 온 후 1주일 뒤에 접종을 한다 해도 예방접종의 효과가 나타나기까지 2~3주의 시간이 필요하게 된다.

② 강아지의 상태와 병에 걸렸을 때 대비하는 자세

- 강아지가 보호자의 집에 오게 되면, 처음 며칠은 운송에 따른 피로와 환경의 변화 등으로 육체적, 정신적 스트레스가 가중되어 아프기 쉬운 시기이다. 단순한 피로가 원인일지라도 적절한 대응을 하지 않으면 중증으로 발전되는 경우가 있다. 또한, 기생충 감염이나 전염병 감염이 원인인 경우도 있다.
- 예기치 못한 다양한 상황으로 인해 처음 강아지를 키우기 시작한 보호자에게 활력이 없거나 잘 먹지 않는 것은 문제가 있는 상황임을, 그리고 성견과 달리 문제 발생 시 강아지는 며칠 두고 볼 여유가 없음을 인식할 수 있도록 안내하고, 관찰 후 이상이 있으면 되도록 빠른 시일 내에 수의사에게 상담해야 함을 지도해야 한다.
- 강아지가 병에 걸릴 경우 사람과 같이 구급차를 불러 병원으로 이동할 수 없기 때문에 평소 집 주변 동물병원의 위치와 진료 시간을 알고 있어야 하고 가급적 빠르게 건강진단을 해야 하며, 갑자기 이상이 있는 응급상황에서는 응급진료가 가능한 병원이나 야간병원을 미리 알아둬야 한다.

TIP 새로운 보호자 증후군(new owner syndrome)

본래 어미나 형제 그리고 처음의 보호자(브리더)로부터 떨어져 새로운 보호자에게 입양되는 것은 강아지 자신의 세계에 있어서 큰 변화이다.
새로운 보호자에게 입양된 강아지가 보호자에게 무심해 보이더라도, 환경의 변화나 가족과의 이별과 같은 스트레스를 가지고 있다. 예전부터 보호자가 바뀐 상황에서 기운 없어지는 증상을 새로운 보호자 증후군이라 불렀다. 새로운 보호자에게 온 것이 직접적인 원인이 아니더라도 환경의 변화에 따른 스트레스가 강아지의 상태를 더 나쁘게 만드는 경우는 더러 있다. 따라서 보호자는 이러한 단어가 있을 정도로 집으로 입양되어 온 강아지는 매우 취약하다는 것을 반드시 알아두어야 한다. 다만 질병이 걸린 것으로 의심될 때는 최대한 빨리 수의사에게 진찰을 받아봐야 한다. 치료시기를 놓치면 위험한 상태로 진입이 쉬운 시기이다.

③ 강아지가 집에 오기 전 환경 정리

• 보호자가 될 사람에게 강아지가 집에 오기 전에 강아지의 생활공간을 포함하여 환경을 정리하도록 조언해야 한다. 강아지는 어린 아이와 같이 호기심이 많기 때문에, 눈에 보이는 어떤 물건이든지 입에 넣거나 물려고 한다. 이것은 강아지에게 있어서 본능적인 행동이며 혼난다고 해도 잘 멈출 수 없는 행동이다.
• 강아지의 행동을 혼내기만 하면 강아지의 스트레스를 가중시키게 되고, 보호자와 강아지가 긍정적인 관계를 맺기 어렵게 된다. 꾸짖는 것보다 처음부터 위험한 물건, 부서지면 안 되는 물건 등을 강아지가 닿지 않는 장소에 두거나 다니지 않는 방에 두어 장난칠 수 없도록 생활환경을 정리하는 것이 중요하다.
• 특히 전기선이나 약품, 관상식물, 음식 냄새 나는 비닐봉투 등은 강아지가 입에 넣거나 삼켜버리지 않도록 주의가 필요하다.
• 이 시기에 기둥이나 가구 등을 무는 경우가 종종 있다. 이와 같이 움직일 수 없는 물건은 비터애플과 같은 싫어하는 냄새가 나는 스프레이를 뿌려두면 효과가 있다. 동시에 깨물려 하는 본능을 만족시키기 위해 강아지가 물어도 되는 장난감을 준비하는 것 또한 좋은 방법이다.
• 위험한 장소에 갈수 없도록 baby gate와 이와 비슷한 물건 같은 것을 이용하고 보호자가 보고 있을 수 없는 경우에는 서클이나 크레이트 등에 넣어두어 강아지의 행동 범위를 제한할 필요가 있다.
• 강아지가 장난치는 행동에 대한 책임은 강아지에 있는 것이 아니라 보호자에게 있다는 것을 명심하고 강아지가 혼낼만한 행동을 한다고 혼내기만 할 것이 아니라 보호자 스스로 환경의 정리가 미흡했는지, 잘 관찰하지 못했는지 돌아보아야 할 것이다.

④ 강아지가 필요한 것 준비해두기

• 보호자는 강아지용 식기나 사료, 화장실, 장난감, 펫시트, 안심하고 쉴 수 있는 장소 등 강아지가 오는 날부터 필요한 것을 사전에 준비하도록 한다.
• 강아지의 식사는 믿을 수 있는 메이커의 강아지 전용 사료를 준비해 두는 것이 좋을 거라 생각하지만 처음에는 익숙한 사료를 먹는 것이 좋고, 그동안 먹어왔던 사료의 종류에 대해 브리더에게 정보를 얻어 가능하면 같은 사료를 조금씩 나누어 먹이는 것이 좋은 방법이다.
• 강아지의 성장에 따라 식사의 종류나 양을 바꿔 나갈 필요가 있는데 보호자에게 사료의 표시 사항을 확인할 수 있게 하고 예방접종이나 건강진단 시, 체격 등을 확인하여 적절한 식사의 종류와 양의 정보를 얻거나 조언을 해줄 수 있다.
• 브리더에게 지금까지 어떤 화장실을 사용해 왔는지 물어 같은 화장실을 준비해주면 강아지도 쉽게 받아들일 수 있다.

- 어미나 형제의 냄새가 묻어있는 수건 등을 새로운 잠자리에 넣어 주는 것은 강아지의 외로움과 불안감을 줄여주고 크레이트를 안심할 수 있는 장소로 인식하게 만드는 효과가 있다. 브리더에게 갈 때 강아지용으로 쓸 수건이나 이불을 가져가 강아지를 입양해 올 때까지 그곳에서 쓰도록 하는 것도 하나의 방법이다. 이때 가져가는 수건이나 이불에 새로운 보호자의 냄새를 미리 묻혀 두는 것도 좋을 것이다. 크레이트는 장래 먼 이동이나 여행 시에 개가 안심하고 지낼 수 있는 용도로 사용할 수 있으므로 강아지 시기 때부터 익숙하게 하는 것이 편리하다.

⑤ 가족 구성원 간 새로운 식구를 위한 규칙 정하기(예절교육 포함)

- 보호자가 개를 키우는 데 있어서 가족끼리 규칙을 정하도록 하는 것도 좋은 방법이다. 강아지를 대하는 태도가 가족 구성원에 따라 다르면 강아지는 혼란을 겪는다. 예를 들어 식탁에서 음식을 주지 않기로 하였는데 가족 중 누군가 주고 있다면 강아지는 규칙을 기억할 수 없다. 또한, '앉아.'나 '엎드려.' 등의 명령어와 칭찬할 때 사용하는 말도 통일하는 것이 좋다. 산책이나 식사 준비 등의 담당도 정하도록 하고 매일 같은 사람이 할 필요는 없지만 누군가 사료를 주었겠지 하고 주지 않는 경우와 두 번 주는 경우도 있으므로 이런 일이 없도록 주의해야 한다.
- 강아지 예절교육은 집에 온 날부터 시작하도록 한다. 그러나 예절교육은 강아지가 좋지 않은 행동을 하지 않도록 보호자가 신경을 쓰는 것이지 강아지의 실패를 혼내는 것이 아님을 기억해야 한다. 강아지이기 때문에 집에 온 그날부터 다양한 장난을 치거나 화장실에 배변하는 것도 실패할 것이지만 악의가 있어 하는 행동이 아니므로 잘못이 없는 강아지를 혼내거나 벌을 주는 것은 어미로부터 떨어져 무서운 사람에게 입양되어 왔다고 생각하게 만든다. 특히 배설에 관해 혼내는 것은 강아지에게 큰 스트레스가 된다. 화장실 교육은 강아지가 온 날부터 시작하지만 이러한 실패를 혼낼 것이 아니라 실패하지 않는 상황을 만들어 주고 성공하면 칭찬해주는 것이 중요하다는 것을 보호자가 인식해야 한다.
- 강아지가 입양되고 완전하게 예절교육이 이루어지기 전에는 이웃이나 주변 사람들에게 민폐를 끼칠 수 있다. 보호자는 강아지를 입양한 것을 가능한 주위 사람에게 알리고 민폐를 끼치지 않도록 노력하고 있다는 점을 어필하는 것이 좋다. 우선 주변으로부터 불만이 나오기 시작하면 보호자가 잘못한 것이 아님에도 불구하고 이웃과의 대화가 어려워지기가 쉽다. 처음부터 알리고 가능한 강아지의 얼굴도 보여줄 겸 인사해두는 것만으로도 이웃과의 관계가 호의적으로 변하게 되기도 한다. 또한 개 문제로 시비를 거는 사람은 다른 일로도 주변과 커뮤니케이션이 어려운 사람인 경우가 많으니 이러한 기회에 주변 사람들과 보다 좋은 관계를 만들어 나가도록 신경 쓰는 것이 좋을 것이다.

TIP 강아지를 맞이하기 위한 환경 만들기

- 필수 아이템 준비(예 강아지용 식기, 사료, 화장실, 서클 크레이트, 안전한 장난감)
- 어미, 형제의 냄새가 묻어있는 수건 등을 잠자리에 둘 것(스트레스 감소, 정서적 안정)
- 강아지의 배설물이 묻은 펫시트 등을 가져와서 새로운 화장실에 냄새를 묻혀둘 것(배변 훈련)
- 전기선, 약품, 관상식물, 음식 냄새 나는 비닐 등 강아지에게 위험한 요소는 강아지가 닿지 않는 곳으로 치워 둘 것
- 가구는 강아지가 싫어하는 냄새의 스프레이 뿌려두기(예 비터애플)

TIP 행복한 관계를 만드는 원칙과 행복하게 살기 위한 3가지 단계

- **보호자와 반려견의 행복한 생활을 위해 지켜야 할 원칙**
  - 보호자가 행복해야 한다.
  - 동물도 함께 즐길 수 있어야 한다.
  - 주변에 피해를 끼치지 않아야 한다(소음, 산책 시 배변 처리 등).
- **원칙을 지키면서 반려견과 행복하게 살기 위한 3가지 단계**
  - 1단계: 자신에게 맞는 적당한 반려견을 선택한다.
  - 2단계: 자견의 요구를 만족시켜 신뢰 관계를 구축한다.
  - 3단계: 자견이 사람과 같이 살아가는 데 필요한 교육을 실시한다.

(4) 강아지 성장에 영향을 미치는 요인들

1. 유전 (Genetic potential)
2. 환경 (Environment condition)
3. 신체 상태 (Physical condition)
4. 품종 (breed)
5. 지역분포 (Geographical distribution)

04 신생자견

(1) 어린 자견(출생 직후 신생아기)

① 강아지의 일생을 놓고 볼 때 제일 중요하고 연약할 때가 신생자견일 때다. 보통 태어나면서 부터 2주 정도까지가 제일 약할 때이다.

② 행동학에서는 신생자견일 때 부모 없이 살 수 없고 움직임도 제대로 못 가누는 동물들을 '만성성 동물'이라고 분류한다. 소나 얼룩말, 가젤 같은 경우는 물론 우유가 필요하긴 하지만 짧은 시간 안에 스스로 움직일 수 있는 동물들을 '조성성 동물'이라고 칭한다. 인간은 만성성 동물이다.

③ 모든 포유류들이 비슷한 면이 있지만 엄마 뱃속에서 어느 정도 항체를 갖고 나오며 또 초유를 섭취해서 질병의 저항력을 얻는다. 이걸 수동적으로 얻는다 하여 수동면역이라고 부른다. 질병을 이겨내거나 예방주사를 맞는 것은 능동면역이라고 부른다. 또 능동면역은 질병을 이겨낸 걸 자연 능동면역, 백신 등 항원을 인위적으로 넣어서 생긴 면역을 인공 능동면역이라고 부른다. 여러분들이 지금 코로나 예방주사를 맞는 것은 인공 능동면역을 획득하는 방법인 것이다.

④ 어미 없이 신생 자견이 살아남기란 여간 힘들지 않다. 사람 손으로 불가능한 건 아니지만 이 시기는 정말 엄청난 노력이 필요하다. 약 3시간에 한 번씩 분유를 먹여야 하고 배변 유도까지 해야 하니 말이다. 어미의 보살핌이 절대적으로 필요한 시기이다.

정리

- 치아가 없고, 눈, 귀 또한 모두 닫혀 있다.
- 성견의 체온보다 약 11~14도까지 떨어지기도 한다.
- 갓 태어난 어린 강아지의 체성분은 수분이 84%(우유의 수분함량이 87%), 지방이 1%로 매우 낮아 출생 직후 체온유지가 어려워 저온 스트레스를 쉽게 받는다(온기를 지속적으로 관리해 줄 필요가 있음 예 모견, 담요, 보온패드 등).
- 출생 후 1~2주 동안 보온 상자의 온도를 30~32도로 유지해주어야 한다.
- 출생 직후 강아지는 소화기관이 완벽하게 발달하지 못한 관계로 출생 후 24~36시간 내에 소장을 통해 항체를 흡수하여 동화시킬 수 있다(모견의 초유 필요).
- 첫 2~3주 동안 한배 새끼와 모견은 서로 인접한 곳에서 머물며 먹고, 자고 함께 생활한다.
- 약 2주 정도가 되면 소리를 듣고, 젖니도 나오기 시작한다.
- 배변 유도를 위해 모견은 자견의 배나 항문을 자극하여 준다.

(2) 과도기(2~3주령)

① 약 2주 ~ 3주령을 과도기라 부른다. 귓구멍도 약간 열리고 흐릿하지만 눈도 약간 보이고, 이제 슬슬 배도 살짝살짝 뜨면서 아장아장 몇 걸음 걷기도 시작한다.

② 식성이 좋은 자견들은 3주령이 넘어가면서 어미의 밥그릇을 기웃기웃하기 시작한다. 건사료를 씹거나 먹는다기보다 냄새를 맡고 맛보는 정도가 적당하다. 이 시기는 신생자견과는 비교하기 힘들 정도로 변화가 큰 시기라 과도기라고 표현한다.

③ 동배견들과 장난도 치며 놀기도 하고 일정 시간 어미가 없어도 어느 정도 지낼 수 있다. 출산 상자를 나와 가까운 거리까지 나오기도 하고 배변도 혼자 보기 시작한다. 어떤 불상사로 어미의 돌봄을 못 받더라도 약 3주령부터는 인간이 관리해서 잘 커나갈 수 있는 능력이 생기는 시기이다.

정리

- 강아지의 반응력이 변화하기 시작하고 젖병을 이용하여 효과적으로 포유시킬 수 있다.
- 2~3주 사이의 어린 강아지는 발육 변화가 남다르다.
- 귀가 열려 들을 수 있게 되고, 눈의 망막에 물체의 형상이 만들어져 볼 수 있게 된다.
- 대부분의 강아지는 3주령이 되면 일어설 수 있게 되고, 효과적인 방법으로 먹고 마실 수 있게 된다.
- 배변을 하기 위해 보호 상자 밖을 걸어 다니기 시작한다(배변을 위한 모견의 자극이 더 이상 필요하지 않음).
- 3주령의 강아지는 일주 전후의 강아지와 비교 시 커다란 차이가 나타난다(올챙이가 개구리로 변하는 것처럼 획기적인 변화를 겪음).
- 3주령의 어린 강아지는 모유 외에도 성견사료를 섭취하기 시작한다.

(3) 사교화(社敎化)시기(3~14주령)

① 3~14주령까지를 사회화시기라 부른다. 3주령부터 외부의 자극에 반응하게 되고 4~5주령이 되면 이유를 어느 정도 시작할 수 있으며, 6주령이 되면 변화하는 환경에서 적응할 수 있다.

② 호기심이 왕성하여 여러 가지 외부환경에 관심이 많다. 사회화기의 경험이 강아지에게 있어서 매우 중요한 시기이다. 이때의 경험이 중요하다는 것을 충분히 알고 있지만 오히려 이 분야에 있는 우리와 같은 전문성을 띈 사람이 그 사실을 방해하는 요소가 될 때도 있다. 이런 딜레마에서 벗어나 해결책을 찾아내려면 가장 좋은 방법을 찾아내서 합리적인 조언이 필요하다.

정리

- 새로운 환경에 대한 행동양식의 적응기로 주위환경의 조정이 매우 중요하다.
- 다른 동물, 사람, 소음 등 다양한 환경에 접촉할 수 있도록 조성한다(이 시기의 경험이 일생에서 사람과 얼마나 친밀해 질 수 있는지를 결정함).
- 사교화 기간인 약 14주령까지 다양한 상태의 환경에 노출되지 못하면, 이 후에 결핍된 사교화 능력을 교정하는 것이 매우 어렵다.
- 3주령에 눈이 뜨이고, 서투른 운동을 하고, 청각은 들을 수 있을 정도로 발달하여 소리에 반응하게 된다.
- 6주령 정도면 이유(離乳)를 하며 새로운 환경을 만들어준다(고형물 사료를 점진적으로 섭취시킴, 물통의 턱이 높으면 물통에 빠져 죽을 수 있기 때문에 낮은 급수통을 선택).
- 기타 동물이나, 사람의 모습에 관심을 갖기 시작한다(인근을 탐구하기 시작하나, 10~12주령까지는 4.5~6m 이상을 벗어나지 않음).
- 본격적인 배변 훈련을 시작할 수 있다.

(4) 이유에서 새로운 집으로

① 8주령이 지나면 자견들은 새로운 보호자를 맞이할 수 있다. 이런 경우에 자견들은 갑작스럽게 바뀐 환경 적응에 어려움을 겪을 수 있다. 새로 강아지를 가족으로 맞은 보호자들은 세심한 배려와 지속적인 관심을 가질 필요가 있다. 강아지가 잘 적응을 하려면 심리적인 부분에 많은 배려가 필요할 것이다.

② 신체적으로 문제가 생기지 않도록 지속적인 관찰도 해야 하고, 문제 시 바로 동물병원에 방문해야 하니 가까운 동물병원과 야간에 응급으로 이용할 수 있는 동물병원도 미리 알아 놓아야 한다.

③ 이 시기에 주의할 점은 어느 정도의 훈육도 필요하다는 것이다. 자견이 원하는 모든 것을 해결해 준다기보다는 가족으로 맞아 같이 살아가기에 필요한 기본적인 훈육도 병행되어야 한다. 훈육 시에는 꾸짖는 것보다는 칭찬 위주로 해야 새로운 보호자와 좋은 관계를 형성하기가 쉽다.

정리

- 새집으로 데려온 이유자견은 급작스럽게 바뀐 환경 때문에 어려움을 겪는다.
- 대부분의 이유자견이 친숙한 공간(보호상자, 제한된 공간 이외의 새로운 세계) 외에 노출이 되면 스트레스를 받는다.
- 이때, 보호자의 관리 방법에 따라 좋은 관계를 맺거나, 보호자와 반려견 모두 좋지 못한 결과를 얻을 수 있다.
- 이유자견은 주위 환경에 대한 친근감이 없는 상황이기 때문에, 밤에는 외로움을 느껴 짖는다(이때, '조용히 해.'라고 소리치는 것은 강아지가 보호자의 관심을 끄는 데 긍정적인 반응으로 간주하고 관심을 끌기 위한 수단으로 계속 짖을 수 있음).
- 관심을 필요로 하는 경우 주인이 관찰하면 쉽게 알 수 있다(적절한 조치 필요).
- 이유자견이 더 자라게 되면 출입이 허용되는 장소에 한하여 출입을 허락하고, 허락되지 않는 장소는 처음부터 출입을 제한하여야 한다(훈련 필요).

05 사회화기의 중요성

(1) 사회화기

① 개와의 사회화

- 주로 부모 또는 형제 개와의 접촉을 통해 소통기술을 습득함
- 어미와 형제로부터 일찍 떨어진 강아지는 다른 개와 쉽게 친해지지 못함
- 성견이 되고 난 후 다른 개에게 과도하게 짖거나, 같이 있는 것을 싫어하거나 공격성을 드러내는 경우가 있음
- 충분한 사회화 시기를 거치기 위해서는 부모 또는 형제와 생후 7~8주 정도는 함께 해야 함
- 분양이 되어 새로운 집에 간 이후에도 다른 개와 접촉할 수 있는 시간을 만들어 주는 것이 중요함

② 사람이나 타 동물과의 사회화

- 사회화기에 있는 강아지는 부모 또는 형제와 유대관계를 맺지만 우리가 반려견으로 키우는 강아지는 이 시기에 사람과 유대관계도 형성함
- 이 시기에 접촉하는 사람이 없거나 경험이 부족하면, 향후 성견이 되었을 때 사람을 무서워할 가능성이 높아짐
- 고양이나 다른 동물 등을 많이 접촉하게 되면 비교적 타 동물과도 잘 지내게 됨

③ 다양한 자극에 대한 적응

- 사회화기의 강아지는 주위 환경에 대해 유연하게 반응하며 스펀지처럼 흡수할 수 있는 시기임
- 성격을 결정짓고 자아를 형성하는 시기이므로 다양한 상황에 노출될 수 있도록 하여, 향후 겪게 될 주변 환경을 받아들이기 쉽도록 트레이닝 함(예 자동차, 오토바이, 천둥, 번개, 불꽃놀이와 같은 큰 소음에 익숙해지면 자라서도 쉽게 적응함)

▶ 이러한 노출이 너무 강하거나 급속하게 일어나면 강아지에게 역효과를 불러와 공포심을 심어줄 수 있음(조금씩, 천천히 다양한 경험을 하도록 하는 것이 강아지의 흥미를 유발할 수 있음)

TIP 사회화기 다양한 자극에 노출시키기

- 가능한 많은 시간을 다른 개와 즐겁게 놀 수 있는 환경을 만들어 줌
- 가능한 많은 사람과 즐겁게 만날 시간을 만듦(예 남녀노소)
- 다양한 소리에 익숙해질 수 있도록 함(예 자동차, 오토바이, 불꽃놀이 등 다양한 소음노출)
- 일상적인 자극에 익숙해지게 함(예 자동차 시승, 사람이 많은 길 걷기 등)
- 자주 다니게 될 곳에서 즐거운 경험을 하게 함(예 동물병원, 보호자 직장, 펫샵 등에서 간식이나 환대를 함)

(2) 적절한 산책 시점과 백신의 딜레마

강아지에게 생후 14주령까지는 사람 사회의 다양한 자극에 익숙해져야 할 시기이다. 그런데 이 시기는 백신 접종이 끝나지 않은 시기이고, 전염병에 대한 저항력이 많이 없는 시기이다. 하지만 강아지의 마음 건강을 위해서는 외출에 적응시키는 것이 매우 중요하다. 신체의 건강만을 생각한다면 외출시키는 것이 약간은 불안한 시기이다. 이런 이유로 예전에는 "어린 강아지를 산책시켜도 될까요?"라는 질문에 백신이 다 끝난 후에 시킬 것을 권고해 드렸던 기억이 있다. 대부분의 수의사들은 건강을 지키는 입장에서 백신이 다 끝나지 않은 상태로 "산책해도 괜찮다."라고 말을 하는 것이 쉽지 않을 것이다.

그러나 평소 사회화 부족으로 인해 일어나는 다양한 마음의 문제를 안고 살아가는 개들과 그로 인해 고생하는 보호자를 보고 있으면 매우 안타까운 마음이 드는 것과 동시에 신체의 건강도 중요하지만 마음의 건강도 매우 중요하다는 생각이 들곤 한다.

사람의 경우 매년 수백 명 이상의 아기들이 인플루엔자에 감염되어 사망한다고 한다. 그렇다고 면역력이 확실히 생길 때까지 집안에 가두어 두지는 않는다. 감염의 이유가 높지만 어린이집이나 유치원을 보내는 이유는 어린 시절의 사회화가 중요해서 보내는 것일 거다. 마찬가지로 개의 경우도 약간은 불안하더라도 처음 백신을 맞은 후 어느 정도의 면역력이 생길 때까지 빠른 시기에 주위의 환경에 익숙하게 하는 것이 좋을 거라 생각한다.

항체검사를 하고 예방접종 시기를 준수하며 산책하기 적당한 장소를 선택하고 적당한 거리두기를 한다면 좋을 것이고, 또 세밀한 건강 체크 및 이상 발견 즉시 동물병원에 방문하면 어느 정도 안전한 사회화기를 보낼 수 있을 거라 생각한다.

- 항체가 검사(lg G test)
- 보호자: 자신의 집에서 다양한 경험을 할 수 있는 환경을 조성(비용이나 시간적인 부담이 드는 단점이 있음)
- 예방접종 시기 준수
- 주변 네트워크 강화(지인찬스)
- 산책 시 적당한 장소 선정 및 적당한 거리두기
- 세밀한 건강 체크 및 이상 발견 시 즉시 동물 병원 방문

(3) 마음의 백신

미국의 개 사망원인 1위가 뭘까? 바로 안락사이다. 안락사의 원인 절반 이상이 문제 행동에 의한 것이라고 하니 정말 안타까운 일이다.

우리나라에서 문제 행동으로 인해 안락사를 실시하는 것이 일반적이지는 않지만 보호자가 개를 유기하는 이유가 물거나 심하게 짖는 등의 문제 행동이 원인이 되는 경우가 매우 많다. 그렇게 버려진 개들은 유기동물이 되고, 유기동물 보호소 등에서 안락사에 처해지는 경우가 많다. 그런 이유로 우리나라도 개 사망원인 1위가 문제 행동에 의한 안락사라고 개인적으로는 생각한다.

묘하게도 전염병 예방 백신의 접종 시기는 문제 행동을 예방하는 때와 그 시기가 겹친다. 강아지 때 전염병 예방이 필요한 것처럼 문제 행동을 일으키지 않기 위해서는 마음의 면역을 길러둘 필요가 있다. 수의사들은 이것을 '마음의 백신'이라 칭한다. 그리고 마음의 백신이란 강아지시기에 사람이나 개 그리고 다양한 자극에 무리하지 않게 노출되어 익숙해지는 것, 보호자와 신뢰관계를 탄탄히 쌓아가는 것이라고 생각한다.

(4) 사회화 교육의 주의점

- 사회화 교육이 중요하지만 모든 문제 행동을 예방할 수 있는 것은 아니다.
- 태생적인 한계는 존재한다.
- 한번에 모든 것이 좋아지는 것은 아니다(장기적인 사회화 교육).
- 갑자기 너무 강한 자극은 피하도록 한다(특히 겁많은 강아지).
- 강아지를 지속적으로 관찰하도록 한다.

사회화 교육이 중요한 것은 명확하지만 이것만으로 문제 행동을 모두 예방할 수는 없다. 안타깝지만 태생적으로 무서워하는 강아지를 사회화 교육으로 용맹한 사냥개 또는 경찰견으로 바꿀 수는 없다. 선천적인 기질을 바꿀 수는 없기 때문이다.
이런 교육이 14주령에 끝나는 것이 아니라 일생 동안 지속된다는 마음으로 실천한다면 선천적인 성격도 조금씩 개화시키는 경우가 있으므로 충분히 주의해서 진행할 필요가 있다. 사회화 교육을 시킨다고 갑자기 너무 강한 자극은 부정적인 결과를 초래하기도 한다. 사회화 교육은 어디까지나 사이좋게 지내고 싶은 대상과 즐겁게 지내는 것이 기본이다.
강아지가 외면하거나 몸이 경직되어 보호자에게 도움을 요청하는 사인을 지속적으로 보낸다면, 무리하지 말고 시간을 두면서 좋아하는 것부터 연습시키도록 해야 한다. 이 모든 것들은 강아지를 세밀하고 지속적으로 관찰하는 것에서 시작한다.

CHAPTER 03

반려견의 질병과 관리
(Companion dogs disease and prevention)

모든 동물이 살아있는 생명체로서 나이가 들면 노화가 오고 예기치 않게 질병이 찾아올 수 있다. 반려견에게 오는 질병들을 부위별로 간단하게 알아보기로 하자. 부위에 따른 분류는 피부에 병이 있으면 피부병이고, 소화기가 이상이 생기면 소화기 질병이다. 이처럼 분류를 하자면 피부병, 호흡기 질병, 소화기 질병, 눈의 질병, 치아의 질병, 항문 부위 질병, 비뇨생식기 질병 등으로 나눌 수 있다.

TPR
- T(Temperature): 체온
- P(Pulse): 맥박
- R(Respiratory rate): 호흡률

개의 정상 TPR
- 정상 체온: 38~39도
- 정상 맥박
  - 작은 개, 어린 개일수록 빠름
  - 성체 기준으로 정상 맥박은 80~120회/분
  - 아주 어린 개들의 경우에는 200회까지도 정상으로 생각하기도 함
- 1분당 호흡수
  - 18~25회 정도
  - 어린 자견이나 소형 개의 경우 18~30회

01 부위에 따른 분류

(1) 피부병(Skin diseases)

① 병원에서 방문하는 빈도수가 많은 질병 중 하나인 피부병은 외부 피부에 병이 생긴 상태를 말한다. 이런 피부병이 생기면 가려움증이 동반되는 경우가 많고 탈모가 생기거나 비듬이 떨어지고 냄새가 나기도 한다.

② 발병의 원인은 다양한데 발병 원인에 따라 기생충성 피부염, 세균성 피부병, 곰팡이성 피부염, 호르몬 장애에 의한 피부병으로 분류할 수 있다. 다양한 이유로 피부병이 일어나고 또 치료 및 관리하는 방법도 다 다르니 원인이 무엇인지 파악하는 것이 중요하다.

기생충성 피부병도 원인이 모낭충이나 개선충 또는 벼룩, 이, 진드기 등 다양하며 치료 방법도 조금씩 다르다. 최근엔 아토피도 많아지고 있다. 현대사회에서는 사람과 마찬가지로 이런 난치성 질병들의 발생 빈도가 높아지고 있는 추세이다. 정확하고 빠른 치료를 위해서는 수의사에게 진료를 보도록 해야 한다.

③ 귀에서는 구균이나 간균 같은 세균, 말라세치아 같은 곰팡이에 감염되어 귀 질병이 일어나기도 하고, 귀 진드기나 종양 또한 귀의 질병의 원인이기도 하다. 귀의 질병 또한 여러 원인에 따라서 치료 방법이 다 다르다. 증상으로는 보통 귀를 많이 가려워하고 귀 안이 지저분해지며, 귀의 내강이 좁아지고 상당량의 귀지가 나오거나 귀지의 색깔이 탁해지는 변화가 오면서 역겨운 냄새가 동반되기도 한다. 이런 증상이 지속되고 악화되면 심하게 털다가 이혈종으로 발전할 수도 있다.

④ 탈모증

증상	털갈이에 의한 탈모와 질병에 의한 탈모를 구분함 • 털갈이: 몸 전반에 걸쳐 털이 빠지고, 가볍고 부드러운 솜털이 빠져 나옴 • 질병에 의한 탈모: 몸에 부분적으로 털이 빠지고, 가려움증을 느끼는 경우가 대다수, 털이 빠진 부위가 헐거나 붉게 변하고 염증이 있으면 병적인 탈모가 생김
원인	기생충, 세균, 호르몬 장애, 곰팡이 등 원인이 매우 다양함
대책	원인을 정확히 파악하는 것이 중요. 질병에 따라 치료방법이 매우 다양함 (발견 시, 병원을 최대한 빠르게 방문하여 치료받는 것이 필요)

(2) 호흡기계 질병(Respiratory system diseases)

① 단두종 증후군

- 주둥이가 짧은 퍼그, 시츄, 페키니즈 등을 '단두종'이라고 칭하는데, 이러한 품종은 선천적으로 코가 짧아서 입천장과 목젖에 해당하는 연구개가 늘어져 숨길을 막는 증상이 나타날 수 있음
- 코가 짧아서 숨쉬기가 곤란하고 호흡이 어려운 증상을 '단두종 증후군'이라 칭함. 이런 증상으로 내원 시 보통 수술적 치료가 필요함

② 상부 호흡기계 질환

- 주로 세균이나 바이러스 또는 곰팡이에 의해서 비강이나 기관지에 증상이 발현되고 초기 증상은 보통 기침이나 재채기로 시작함. 알레르기가 원인이 되기도 함
- 이런 증상이 오래되면 하부 호흡기나 폐렴으로 진행되는 경우가 많으므로 초기 치료가 중요함

③ 하부 호흡기계 질환

- 기관지와 폐포에 질병이 생긴 상태로 상부 호흡기에서 시작된 것을 치료시기를 놓치거나 완치가 안 되면 이곳까지 질병이 퍼짐
- 폐나 기관지는 다른 기관에 비해서 약물치료 반응이 늦은 곳이니 상당히 오랜 기간 치료를 받을 필요성이 있음

④ **폐렴**(pneumonia)

- 폐렴은 손상성 폐렴과 염증성 폐렴으로 나뉨. 손상성은 보통 차 사고라든지 다른 개에 물린 교상에 의해서 발생하는 폐렴이고, 염증성은 바이러스나 세균에 의해서 발생하는 경우가 많음
- 고열이 나타나는 경우가 많고 치료 기간이 상당히 오래 걸리며 또 간혹 평생 관리해야 하는 경우도 생김

⑤ **기관협착증**(tracheal collapse)

- 기관지는 파이프 형태로 연골이 쭉 늘어선 형태인데 이 부분 중 어느 한쪽에서 눌린 증상을 기관지협착증이라고 함
- 증상은 호흡하기를 힘들어하고 거위 소리를 내며 보통 평생 관리해야 하는 질병임
- 수술로 기관 스텐트(tracheal Stent)를 장착해 주기도 하는데 '스텐트'란 좁아진 혈관이나 기관지를 넓혀서 고정시켜주는 기구임
- 유전적 요인이 강해서 요크셔테리어, 시츄, 페키니즈 등에서 자주 발생함

⑥ **심장병과 종양**: 심장 판막 등에 질병이 생겨 심장병에 걸리면 보통 심장이 커짐. 심장이 커지면서 기관지를 압박하면 자주 기침을 하게 되고 이런 잦은 기침으로 건강 생활을 해치기도 함. 또한 흉부에 종양이 생겨 호흡기계 질병을 일으키기도 함

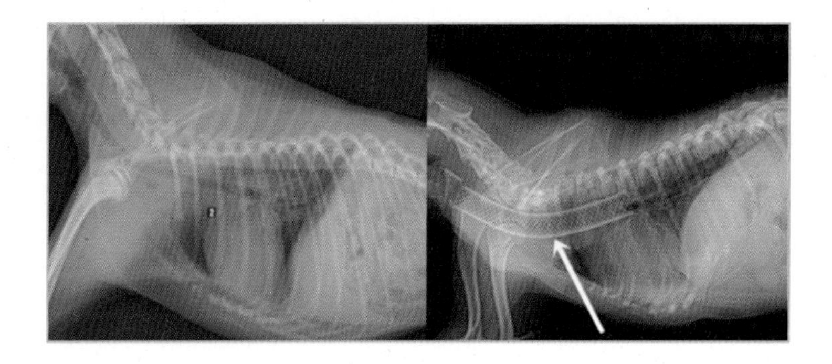

(3) 소화기계 질병(Digestive system diseases)

① **식도 질병**: 식도염, 식도이물, 거대식도 등

- 날카로운 물질이나 화학물질 등에 식도가 다칠 수 있고, 식도에 이물이 걸려 있으면 응급상황이므로 빠르고 적절한 처치가 필요함
- 선천적으로 대형 품종에 잘 생기는 거대식도라는 질병은 음식 먹기를 굉장히 힘들어 함

② **위장의 질병**: 위염(급성, 만성), 위내 이물, 위염전 등

- 위액은 ph가 1.5~2 정도인 강산성으로 보통 위에 염증이 생기면 속쓰림이 심해져 위통이 오기도 하고 또 구토 시에는 식도에 염증이 생기기도 함

• 대형 품종이 많이 걸리는 위염전은 위가 꼬여 가스가 위에 가득 참. 빨리 치료를 해야 하며, 늦으면 쇼크로 사망할 수 있는 무서운 질환임

③ 장염: 세균이나 바이러스, 이물, 기생충 감염, 췌장염, 과민성 대장염 등

• 장염의 종류는 세균이나 바이러스 장염, 이물성 장염, 기생충 감염, 췌장염, 대장염 등이 있고 어린 강아지에서는 심각하고 생명을 위협하는 질병들이 많음
• 파보 바이러스 장염 같은 경우엔 장점막이 탈락되어 급하게 사망할 수도 있는 질환임
• 식습관이 변화하면서 췌장염도 많이 발생하는데 췌장은 소화효소를 분비하는 기관으로 췌장에 이상 질환이 생기면 심한 통증이 동반되는 경우가 많고 사망률이 높은 편임
• 평소 고기나 지방을 많이 먹고 비만한 개들에게 자주 발생하므로 식습관 관리가 중요함. 대장염은 치료해도 자주 재발하는 편임

④ 항문낭염

• 개의 항문에서 5시와 7시 방향에 항문낭이 존재함
• 정상적인 항문낭 액은 변을 쌀 때 조금씩 변에 묻어서 나오는데 너무 많이 생성되거나 배출이 원활하게 되지 않으면 항문낭에 염증이 생겨서 심한 경우에는 수술이 필요할 수도 있음

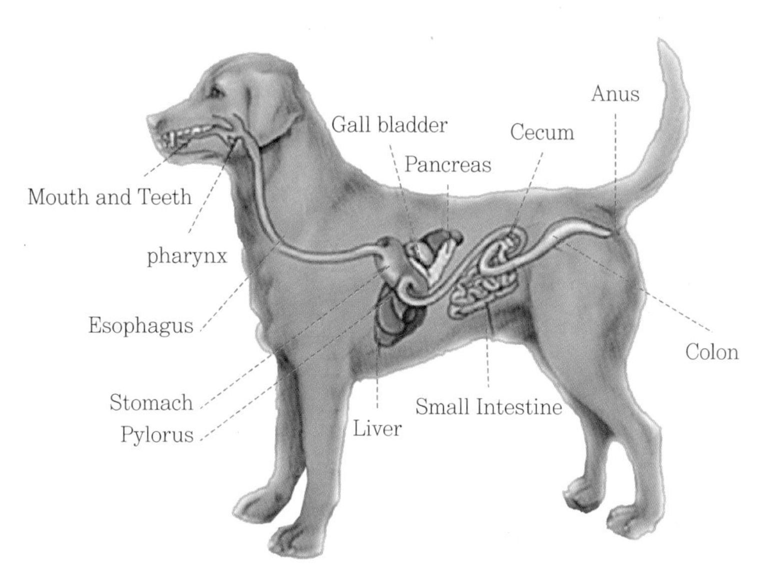

[Digestive System]

(4) 눈의 질병(Eye diseases)

① 각막염

- 눈의 바깥부분인 각막에 염증이 생긴걸 각막염이라 함
- 심해지면 각막궤양으로 발전할 수 있고, 각막궤양이 되면 수술을 해야 하며 치료 실패 시 눈을 잃기도 함

② 결막염

- 결막은 눈의 흰 부분을 지나 눈꺼풀 안쪽에 닿은 부분임
- 결막에 염증이 생기면 가려움증이 심한 편임. 원인이 다양하고 각막염보다는 쉽게 치료되는 편이나 재발률이 높음
- 만성질환인 건성 각결막염은 눈에 분비물이 적게 나와 지속적인 안약 치료를 해야 하며, 이는 노령견에 흔한 질환임

③ 백내장

- 수정체가 하얗게 변하는 것을 백내장이라 하고, 이는 보통 노령견들에 흔함
- 백내장이 발생하면 시력이 저하되는 것이 보통이며, 심해지면 녹내장의 원인이 되기도 함
- 치료법은 수술적인 방법이 있고, 안약이나 보조제로 발생 속도를 지연시키기도 함

④ 녹내장

- 눈에는 안방수가 일정 수준으로 있어야 하는데 다양한 이유로 안방수 조절이 실패해서 안압이 상승한 걸 녹내장이라 함
- 녹내장이 발생하면 통증이 심하고 방치 시에는 눈 적출로 이어지는 경우가 많음

⑤ 안검내번증과 안검외번증

- 안검내번증: 안검이 안쪽으로 말려 들어가서 눈을 자극해 잦은 염증에 시달리고 눈을 잘 못 뜨게 만드는 질환
- 안검외번증: 눈을 감지 못하고 계속 뜨고 있어 눈이 건조해지고 시리게 만듦
- 두 질환 모두 수술적 교정이 필요함

⑥ 순막 노출증

- 눈에는 제3안검이라는 내안각에 있는 구조물이 있는데 이것의 기능은 안구를 보호하고 눈을 촉촉하게 유지시켜주는 것임
- 순막이 노출되어 보이면 순막 노출증 내지는 cherry eye라 부름. 이 또한 수술적 교정이 필요함

⑦ 유루증(Tear staining syndrome; TSS)

- 눈물이 정상보다 많이 생성되거나 누관이 제대로 기능을 안 해서 하안검 밖으로 눈물이 흐르는 증상
- 유루증이 생기면 눈 주변이 지저분해지고 눈물로 인해서 항상 습해지고 세균과 곰팡이가 번식하여 안면부 습진이 생기기도 함

(5) 치아 질병(Teeth diseases)

① 치아는 건강한 삶을 위해서 굉장히 중요한 기관이다. 치아는 사냥을 하거나 적을 공격하거나 음식을 잘게 부수어 소화를 돕는 기능이 있다. 치아 질병을 잘 이해하려면 먼저 치아구조와 치식을 알아야 한다.

앞니 incisor 송곳니 canine 작은 어금니 premolar 큰어금니 molar

개의 치식 (3-1-4-2) (3-1-4-3)	고양이의 치식 (3-1-3-1) (3-1-2-1)

② 구강 검사 시에는 치아가 정상적으로 교합이 되는지 치아 숫자는 정상인지 또 플라그나 치석은 없는지 등 세밀한 관찰이 필요하다. 치아 관리는 양치 습관이 중요한데 끈기를 가지고 노력해야 할 수 있는 것이다. 양치를 잘 해주어도 스켈링은 최소 1년에 한 번 권장된다.

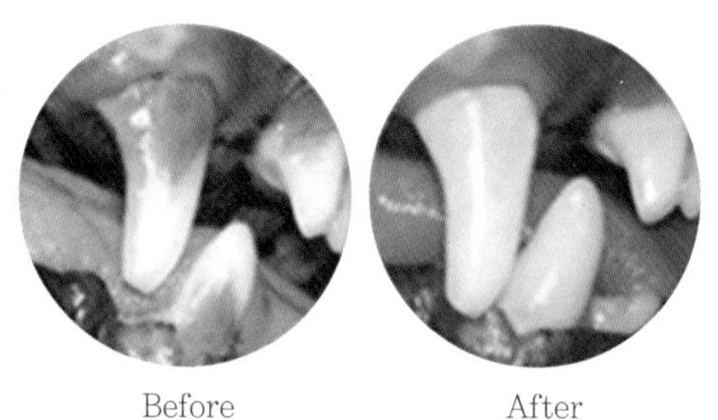

Before After

③ 치아질환 4단계: 이런 관리가 중요한 이유는 플라그나 치석에 있는 세균이 신장이나 심장 간장 폐에 손상을 줄 수 있으니 건강한 치아유지가 건강한 몸을 유지하는 데 중요한 기준점으로 인식되고 있다.

플라그 (dental plaque)	치아에 플라그가 있는 상태
치석 (tartar, dentalcalculus)	치아나 잇몸 위에 단단한 결정물질화되는 상태
치은염 (gingivitis)	잇몸이 빨개지고 붓는 단계이고, 출혈이 동반되기도 함
치주염 (periodontitis, paradentitis)	염증 및 출혈이 동반되고 치아의 뿌리인 치근에 염증이 생기며 치아가 동요되고 잇몸이 퇴축되기도 함. 결국엔 발치를 해야 하는 경우가 많음

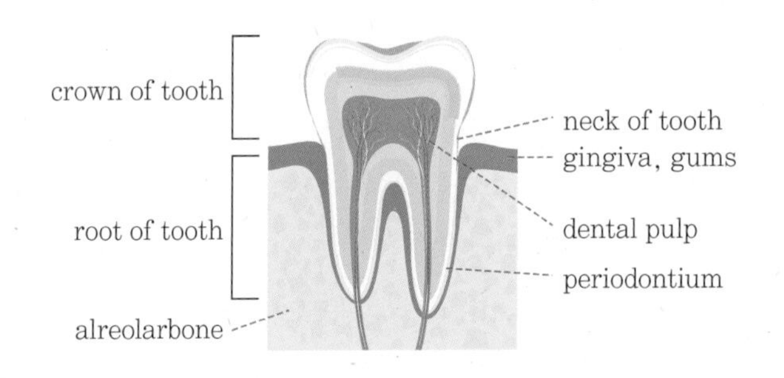

(6) 비뇨생식기 질병(Urogenital system diseases)

건강한 신체를 유지하는 데 있어서 음식물 섭취가 굉장히 중요한데 노폐물을 배출하는 것도 섭취 못지않게 중요하다. 몸의 노폐물을 배출하는 방법은 대변과 소변을 배출하는 것인데 신장의 기능은 노폐물을 배설하고 산·염기 및 전해질대사 등 체내 항상성을 유지하는 기능을 하는 중요한 장기 중 하나이다.

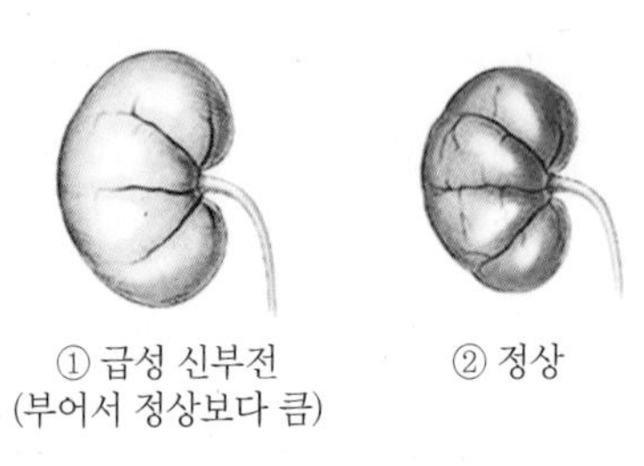

① 급성 신부전
(부어서 정상보다 큼)　　② 정상

① **급성 신부전**(acute renal failure)
- 신장이 갑자기 기능 이상을 일으키는 질병을 일컬음
- 주로 중독이나 세균감염 등으로 급성 신부전이 올 수 있으며, 증상은 갑자기 구토를 하고 식욕이 없고 심하면 쇼크가 일어나기도 함
- 원인에 따라서 최대한 빨리 치료를 받아야 하는 질병임

② **만성 신부전**(chronic renal failure)
- 만성 신부전은 질병이나 노화 또는 유전적 요인으로 신장의 기능이 천천히 저하되는 것을 뜻함
- 지속적인 관리가 중요한 질병이며 보통은 처방식이나 지속적인 약물 등이 필요함

③ **방광염**(bladder inflammation)
- 가장 흔한 비뇨기계 질환으로 오줌을 모아 놓는 방광에 결석이나 세균감염, 종양으로 인해서 염증이 생기는 것을 말함
- 보통은 방광염이 생기면 통증이 수반됨

④ 결석(Urolithiasis)
- 몸 안의 무기질이 뭉쳐서 돌같이 생긴걸 결석이라고 함
- 비뇨생식기계에서는 결석이 생기는 위치에 따라서 신장결석, 요관결석, 방광결석, 요도 결석으로 구분하고 성분에 따라서 스트루바이트, 칼슘 옥살레이트, 시스틴, 암모니움 결석 등으로 나뉨
- 보통은 수술이 필요한 질병이고 섭취하는 음식물 관리가 중요하며 재발의 위험성이 높은 질환으로 평생 관리가 필요함

⑤ 생식기 질환
- 암컷 개의 경우 질염, 자궁경부암, 자궁축농증 등이 호발하는 질환들이고 수컷의 경우에는 요도 질환이나 생식기 종양, 전립선 비대증 등이 호발하는 질환임
- 중성화 수술을 통해서 거의 예방할 수 있는 질환들로 이런 이유로 중성화는 선택이 아닌 필수임

(7) 호르몬 질병(Hormone diseases)

신체에서 일어나는 화학 반응을 대사라고 하고 이런 화학 반응을 조절하는 것은 호르몬이다. 이런 호르몬에 이상이 생기면 대사성 질병이 생기는데 이것을 호르몬 질환이라 한다.

뇌하수체 호르몬	고프로락틴혈증, 말단비대증, 중추성 갑상샘항진증, 쿠싱병, 중추성 요붕증, 뇌하수체기능저하증
갑상샘 호르몬	갑상샘기능항진증, 갑상샘기능저하증
부갑상샘 호르몬	부갑상샘기능저하증
부신 호르몬	쿠싱병, 원발성 알도스테론증, 선천성 부신 증식증, 크롬친화세포종, 부신기능저하증
인슐린(이자(췌장)에서 분비되는 호르몬)	당뇨
생식샘(성선)에서 분비되는 호르몬	성선기능저하증, 무월경, 불임

① 대사성 질환: 대사성 질환이 의심되면 호르몬 검사를 통해 약물치료나 수술적 치료가 필요하다.

대사성 질환
- 대사: 신체에서 일어나는 화학 반응
- 대사조절: 주로 호르몬이 관여

02 예방접종

(1) 예방접종(Vaccination)이란?

강아지를 입양한 후 처음 동물병원에 내원하게 되면 기본건강 검진 후 예방주사를 시작하게 된다. 개에게 치명적인 질병 등을 예방해주고 인수공통 질환 등을 예방하고자 시행하며, 개의 예방주사는 보통 개과나 페럿같은 족제빗과에 주로 감염되는 질환들이 많다.

① 질병에 대한 면역력을 증가시키기 위해서 독력이 약하거나 죽은 균 또는 독소를 인체 및 숙주 안에 주입하는 것을 가리키는 의학용어임(생독백신, 사독백신)

② 치명적인 질병들을 예방하기 위해 하는 경우가 많음

③ 개의 경우는 인수공통질병 예방목적도 있음

(2) 예방접종 분류

① DHPPL: 종합백신으로 보통 불림
- distemper(홍역)
- hepatitis(개전염성간염)
- parvo enteritis(파보바이러스장염)
- parainfluenza(개독감)
- leptospira(렙토스피라, 유행성 출혈열)

② Corona: 주로 장염을 일으키고 장 점막을 탈락시킴

③ Kennel cough
- 전염성 기관지염인 켄넬코프는 바이러스가 아닌 세균성 질환임
- 원인균은 '보데텔라브롱키셉티카'인데 심한 기관지염을 일으킴

④ Rabies
- 광견병은 모든 온혈동물에 감염되어 신경계에 심각한 질환을 유발하는 무서운 질환임
- 예방주사의 종류로는 생독백신과 사독백신이 있으며 1년에 1회 의무적으로 시행하는 인수공통병임

⑤ Heartworm
- 모기가 매개체가 되는 심장사상충은 보통 '하트웜'이라고 부르는 질병을 예방하는 예방약임
- 심장사상충 예방약은 종류가 많으니 좋은 제품을 선택해서 한 달에 한 번 먹이거나 등에 바르면 예방이 됨
- 심장사상충 예방약은 microfilaria라고 부르는 심장사상충의 자충을 죽이는 약임. 성충은(Dirofilariaimmitis) 하트웜이라 부르는데 예방약은 성충을 구제하지는 못하므로 성충을 치료하려면 수술적 방법이나 성충구제제인 이미티사이드라는 주사로 처치해야 함

⑥ 외부기생충 구제제

- 진드기, 벼룩, 이 등을 예방해주며, 개선충(스케비스), 귀진드기(ear-mite) 등에도 효과가 있음
- 진드기 같은 경우에는 인수공통질병인 라임병 등을 유발할 수 있으며, 개선충도 인수공통질병으로 사람 몸에서 번식은 못하지만 상당히 가렵게 할 수 있음
- 예방약에 따라 한 달에 한 번 또는 3개월에 한 번씩 하는 방법이 있음

⑦ **그 밖의 예방주사**: 아토피 증상 완화 주사, 신종플루 예방주사, 곰팡이 예방주사 등이 있고 점점 많아지는 추세임

(3) 예방접종 유의사항

① 백신 취급 시 일반 유의사항

- 백신은 2~8℃의 냉암소에 보관함
- 사용 전에 유효기간을 확인함
- 접종방법과 사용량을 정확히 숙지함
- 반드시 건강한 동물에만 접종함
- 백신을 사용한 후 잔여량과 공병 등은 소각 또는 매몰함 예 의료폐기물 박스 보관

② 백신 접종 시 유의사항

- 주사기, 주삿바늘, 백신 병 등을 소독약품으로 소독하지 말 것
- 피하지방 조직 내에 주사하지 않도록 함(피내주사 주의)
- 백신은 접종 전 희석액 병을 손으로 잡아 냉기를 감소시킨 후 사용함
- 사독백신은 사용 직전과 도중에 흔들어서 균질한 상태에서 사용함
- 희석된 백신은 곧바로 사용함
- 백신 접종 시 피하주사를 사용하고, 근육 주사 시 자료실의 도면을 참조하여 지정된 근육에 접종함
- 피하주사 후에는 반드시 충분한 마사지를 하여 경결이 생기지 않도록 함
- 백신을 임의적으로 혼합하여 사용해서는 안 됨

TIP 예방주사의 경제적 효과

예방주사는 어느 정도 비용이 들어가지만, 치료비용 대비 월등한 효과가 있다. 보통 이런 많은 질병 중에 한 질병이라도 감염되면 치료비가 평생 예방주사 비용보다 몇 배가 더 들어가는 게 다반사이다. 비용 외적으로도 건강상의 이점은 이루 말할 수 없다. 예방접종은 반려견에 대한 최소한의 배려인 것이다.

(4) 모체이행항체

예방접종을 잘 이해하려면 모체이행항체를 알아야 한다. 신생자견의 경우 어미 뱃속에서나 분만 후 초유를 통해서 모체이행항체를 습득한다. 모체이행항체는 초기 질병을 이겨내는 중요한 역할을 하고 이것이 수동면역의 기본이 되는 개념이다.

① 초유

- 개는 분만 직후 일반 비유기 젖보다 더 진한 형질의 젖을 분비하는데, 이를 가리켜 '초유'라고 함
- 초유에는 모견이 살아오면서 체험한 질병에 대한 '면역물질과 백신접종에 의해 형성된 면역물질'이 함유되어 있어 이를 '모체이행항체'라고 부름
- 항체의 수준을 계수화시켜 놓은 것을 '항체가'라고 함

② **수동면역**: 모체이행항체에 의한 항체 획득은 자신의 노력이 아닌 것을 통한 항체 획득을 뜻하는 것으로 '수동면역'이라 함

③ **능동면역**: 백신에 의한 항체 형성은 바이러스의 체내 증식에 의해 형성된 항체라고 하여 '능동면역'이라고 함

④ 일반적으로 충분한 항체를 소유한 모견의 초유를 충분히 먹은 자견의 경우에도 생후 45일경~100일경이면 대부분 방어항체가 수준 이하로 소실되며 이때가 백신 적기가 됨

⑤ 개체마다 백신 접종 적기가 다르다는 이유로 통계적으로 5회 정도의 기본 백신 접종 프로그램이 요구되고 있음

04 특수동물(Exotic Animal)

- 반려동물의 다양성으로 인해 동물병원에서 진료를 받는 동물은 앞으로 더 다양해질 것이다.
- 반려동물의 종류가 다양해지니 진료를 하는 병원도 다양한 진료를 볼 수밖에 없다.
- 이런 다양한 동물들의 사양관리는 다 다르고 먹는 음식도 다르며 습성 또한 다 다르므로 각각 종류에 맞게 세심한 케어를 해주어야 한다.

01 특수동물의 기초와 이해

(1) 분류

몸무게로 분류를 하자면 15g 나가는 햄스터에서 최근 반려동물로 인식되는 양 같은 경우에는 150kg에 육박하기도 한다. 또한 운동하는 방법으로는 걷고, 날고, 기어다니는 다양한 동물들이 병원에 진료를 위해 내원한다.
식성으로 분류를 하자면 육식 동물로는 고양이, 페릿, 뱀, 회색앵무새가 있고, 주로 풀을 먹는 초식동물들은 기니피그와 토끼, 친칠라 등이 있다. 잡식성의 대표동물들은 개와 돼지를 들 수도 있고 앵무새의 일부도 잡식성이며 햄스터도 잡식성에 가까운 식성이다. 곤충을 주로 먹는 동물들은 고슴도치와 도마뱀류가 있으며, 박쥐와 거북이도 곤충을 주로 섭식한다.

(2) 치료 방법의 다양성

개나 고양이도 마찬가지지만 특수동물 또한 물리치료나 침 치료 같은 한방치료도 받고, MRI처럼 비싼 검사를 하는 경우가 늘어나고 있다. 반려동물의 생명은 하나같이 소중하고 보호자들이 정하는 반려동물은 굉장히 다양해지고 있으며 치료방법들 또한 계속 연구되고 있기 때문에 날로 발전하는 양상이다.

(3) 교감

동물들의 작은 변화까지 파악할 수 있는 관찰력과 세심함이 필요하고, 야생성이 강한 동물들이다보니 진료나 케어 시 응용력과 순발력도 갖추어야 한다. 또 매니아적 성향이 강한 보호자나 직장동료들 간에도 소통능력이 항상 필요하다.

소통능력은 환자 동물 당사자와 교감을 높일 수 있는 중요한 능력이며 기술이다. 특수동물들은 대부분 야생성이 강하고 예민하기 때문에 치료를 거부하거나 적대적으로 대하는 경우가 많다. 그렇지만 어느 정도 교감이 이루어지면 약도 잘 받아먹고 간단한 훈련도 가능하다. 이런 교감능력을 쌓으려면 환자들의 습성을 잘 이해하는 것이 기본이다.

02 특수동물들 알아보기

(1) 고슴도치

African Pygmy Hedgehog

스노우 샴페인	스탠다드	크림
화이트 초코	핀토	알비노

▶ 애완용 고슴도치로 많이 기르는 african pygmy 고슴도치는 주로 색상으로 많이 구분을 함

1) 습성

① 야행성이며 독립적으로 생활하고 땅을 파고 숨음
② 소리 내며 경계하고 움츠려 순간적으로 몸을 부풀리며 가시로 찌름
③ 모르는 냄새나 물체 혹은 자극을 만날 시 anting 습관이 있음
④ 일부다처제이며 수컷들은 어린 새끼를 돌보지 않음(분만 후에 분리 필요)
⑤ 구애와 교미(mating)는 며칠 동안 계속 되며 매우 소란스러움
⑥ 배변장소를 정하지 않고 배설(가장 좋은 bedding은 조각조각 잘려진 재활용 종이나 신문지)
⑦ 감각: 시력은 좋지 않으며, 청각과 후각이 발달함

- 수명/체중/체온: 4~6yrs/수컷(400~600g), 암컷(300~600g)/36.1~37.2℃
- 가시
  - 출생 시에 피부 밑에 존재하며, 출산 후 몇 시간 후에 밖으로 노출되어 단단해짐
  - 대략 1개월 후에 영구적인 가시로 바뀜(가시 갈이)
- 치아: I 1~3/2~3, C 1/0~1, P 3~4/2~4, M 3~4/3 = 30~46 유치는 5~7주에 나옴
- 위장관 및 생식기: 맹장이 없고 위장관이 짧음, 생식기의 특징은 음낭이 없음
- 성성숙: 수컷(6~8개월), 암컷(2~6개월). 8개월 이후에 번식을 추천하고 번식 후는 암수 분리
- 임신기간 및 포유기: 34~37일, 3~5마리 정도의 새끼를 낳고 수유는 4~6주
- Anting: 낯선 냄새나 환경 및 동물을 접했을 때 자기 몸에 침을 뱉어 바르는 행동을 함

2) 해부학적 특징

① 척추식 – C7 – T13 – L7

② 다른 포유류와 유사 골격계를 가짐

③ 얇은 피부 밑 근육층이 표피를 움직이고 잡아당기는 역할

④ 원형근이 등 전체를 둘러싼 형태이고 근육을 수축시켜 가시를 세움

⑤ Spiny Coat

- 출생 시 피부 밑에 존재하며, 출산 후 몇 시간 후에 밖으로 노출되어 단단해짐 (대략 100개 정도를 지니고 출생)
- 성체는 2~3cm인 6,000~8,000개의 가시를 가짐
- 케라틴으로 구성되어 강도와 탄력과 연관됨
- 가시가 최대로 자라기 위해 4주 가량 걸리며, 최소 18개월 동안 유지가 가능

3) 고슴도치 키우기

① 고슴도치의 정상 TPR은 체온은 35~37도이고, 심박수는 180~280회이며, 호흡수는 분당 25~50회

② 고슴도치는 자연에서 아프리카에 사바나나 풀로 덮인 곳에 주로 서식하고 고슴도치 사육 시 최적의 온도는 24~30도임. 피그미 고슴도치는 동면을 하지 않지만 우리나라 기후에서는 겨울철에 가동면을 시도할 수 있으니 온열기구나 온열등을 사용하여 실내온도를 높여 동면을 방지해야 함

③ 겨울철에는 차가운 베란다 등에서 사육하는 것은 좋지 않으며, 사육 적정 습도는 40%가 이상적이고 조명은 큰 상관 없지만 야행성인 것을 고려해야 함

④ **사육장**: 울타리가 있는 철장이나 리빙박스를 주로 사용하고 사육장 안에는 포치나 도자기, 목재 등으로 만들어진 은신처가 있어야 함. 쳇바퀴도 넣어주면 잘 사용하는 편임

⑤ 베딩은 나무나 종이를 많이 사용하고 천이나 펠렛을 사용하기도 함. 사육장 안에는 화장실과 식이그릇도 구비해야 하며, 높낮이가 있는 곳은 계단을 놓아주면 잘 사용함

⑥ **급여**

- 본래 고슴도치는 식충을 하는 동물로 필요한 음식은 높은 단백질과 저지방이 맞음
- 사료로는 고슴도치 전용사료나 고양이용 사료를 하루 3티스푼 정도 급여하고 사료만 급여하는 것보다는 귀뚜라미나 밀웜 등의 곤충을 같이 주는 게 좋음
- 고양이용 사료만 무제한 급여 시 방광결석 등이 생길 수 있으며, 야채나 과일 등은 선별해서 소량 급여할 수 있음

4) 주요 질병(개나 고양이의 질병과 유사)

① 비만

- 진단은 겨드랑이 아래의 변색, 턱밑 혹은 겨드랑이의 살 접힘으로 보통 확인됨. 비만하게 되면 지방간 질환을 유발시킬 수 있으며 지방간은 치료받지 않으면 매우 심각하고 치명적인 병임
- 다이어트를 위해서는 식단에서 지방과 칼로리를 줄임. 또한 운동을 시켜주고, 쳇바퀴가 없으면 넣어줌

② 피부병

세균성	Staphylococcus(농피증)
곰팡이성	T. ernacei, M. canis, M. gypseum.
외부기생충성	mite, demodex – 치료 : ivermec(0.4mg/kg,sc), selamectin(6mg/kg)
알레르기성	
종양	squamous cell carcinoma, papilloma, lymphosarcoma

③ 치아 질병

- Dental abscess, oral FB, periodontitis
- Anorexia, dysphagia, salivation, halitosis, Concurrent with stomatitis
- metronidazole, clindamycin
- 1년이 지나면 치은, 치주염, 구강종양 다발, 정기적인 검사나 스켈링 필요함

④ 소화기 질병

- 설사: 스트레스성, 감염성(salmonella, 내부기생충성), 이물섭취, 종양, 간지질증 등
- 직장탈: purse-string suture
- 지방간(fatty liver dz.): 고양이 질환과 유사

⑤ 호흡기 질병

- 세균성(B. bronchiseptica 등), 폐종양, DCM(심장병)
- 환경스트레스, 전신적 질병, 폐의 기생충과 신생물에 의해 질병 악화

⑥ 비뇨생식기 질병

- 정상 뇨: pH 5~6.5
- 비뇨기: UTI, urinary calculi, urolithiasis, 사구체 경화증, 신염, 만성신부전(2살 이상)
- 생식기: 자궁축농증, 난산 및 유산

⑦ 신경계 질병

- WHS(Wobbly hedgehog syndrome)
- 원인 불명, 16~24개월에 다발, 전체의 10% 발생

• 운동실조에서 서서히 전체 마비로 진행 (CNS 증상, 뒷다리에서 앞다리로 진행)
• 치료: 없음, 보조적인 치료 요법(Vit. B/E)

⑧ Hedgehog balloon syndrome(HBS)
• 원인 unknown, 창상이나 가스 생성균 감염이 의심됨
• 정상 2배 정도, pot belly
• 치료: 항생제

⑨ 가시 빠짐
• 가장 흔한 원인은 진드기
• 생후 8주~생후 6개월 사이에는 가시갈이 시기(새로운 가시들이 피부를 뚫고 나옴)
• 가시 갈이는 보통 한달 정도

⑩ 고슴도치의 동면(피그미 고슴도치는 동면하지 않음)
• 몸이 차가워지고, 식욕부진, 무기력의 증상(몇몇 고슴도치들은 21도 이하에서는 가동면 시도 → 폐사)
• 가슴에 안아주거나 한 시간 정도 열패드 위에 있게 해줌
• 히팅 패드나 백열등으로 예방
• 겨울에 혹한이나 베란다에서 키우는 경우 다발함

⑪ 다루기와 보정
• 장갑을 착용하고 경계가 심한 경우 Isoflurane에 적신 솜을 코에 대고 진정시켜 검사
• 복부 관찰 시 투명한 아크릴에 올려 아래쪽에서 관찰함(투명 PT 병을 잘라서 내부에 넣고 관찰)

⑫ 혈액 채취와 주사
• 채혈: 복재 or 요측피정맥(0.5ml), 경정맥 or 전대정맥
→ Isoflurane 진정(케이지나 마스크 유도)
• 근육주사: 등가시부위 큰 근육
• 피하주사: 옆구리에서 털 피부와 외투가 만나는 부위

(2) 기니피그

1) 습성

① 둥근 머리, 짧은 목, 짧은 꼬리에 둥그스름한 몸통을 가지고 있는 기니피그는 울 때 돼지 비명 소리를 내는 특징이 있는 초식동물임
② 삼각형의 입과 윗입술에 6쌍의 긴 수염을 가지고 있고, 암수 모두 한 쌍의 젖꼭지를 가지고 있음. 앞발의 발가락은 4개이며 뒷발의 발가락은 3개임
③ 성체 기니피그는 총 20개의 치아를 가지고 있으며(앞니 4개, 작은 어금니 4개, 어금니 12개) 모든 치아는 지속적으로 자라남

④ 평균 수명은 3~7년이고 체중은 보통 700g~1000g이 나가며 보통 수컷이 암컷보다 큰 편임
⑤ 정상체온은 38~39℃이고, 호흡수는 분당 70~150회, 하루 음식물 섭취량과 물의 섭취량은 Kg당 60g과 Kg당 100m 정도, 뇨의 pH는 9
⑥ 야생에서는 한 마리의 수컷이 여러 암컷들을 거느리고 주로 활동하는 시간대는 이른 아침이나 저녁시간에 활동량이 많음
⑦ 항문 주위낭이나 오줌에 의한 후각소통도 하고, 소리를 통해서도 소통이 가능하며 약 11가지의 소리를 낸다고 함
⑧ 수컷끼리는 먹이와 짝짓기 경쟁으로 싸움이 흔하고 암컷끼리는 보통 무관심한 경향이 있음. 암컷은 평균적으로 한번에 2~5마리의 새끼를 낳음

2) 사육환경 및 먹이

① **사육환경**
- 과도한 소음이나 진동이 없는 장소가 좋음
- 케이지는 청소하기 용이하고 세척제에 녹지 않는 재질이 좋음(예 스테인리스, 플라스틱 재질)
- 바닥은 구멍이 없이 편평한 것을 사용함(구멍 뚫린 바닥은 족저염, 어린 개체의 골절 유발)

② **사육 적정 온도와 습도**: 사육 적정 온도는 18~25도이며, 27도 이상에서는 열사병을 유발함. 습도는 30~60%임

③ **베딩**
- 바닥은 건초나 톱밥을 사용하고 찢은 종이도 활용이 가능함
- 치아가 평생 자라기 때문에 지속적으로 이갈이가 필요함. 건초로 주로 이갈이를 하고 뽕나무나 사과나무 가지를 사용하기도 함. 삼나무나 향나무 같이 독성 있는 나무는 주의해야 함

④ **음식**
- 건초 70~80%, 생초 및 채소 10~20%, 전용 펠렛 사료 10% 정도의 비율이 이상적임
- 비타민 C 합성을 못하는 동물로 전용 펠렛 사료나 기니피그용 비타민제의 급여가 필요함
- 6개월 이하의 어린 기니피그는 칼슘이나 단백질이 풍부한 알팔파 건초를 주로 공급해주고 6개월 이상은 티모시 위주로 주로 주는게 좋음
- 먹일 수 있는 야채는 로메인 상추나, 치커리, 셀러리, 미나리 등이 좋고 양배추나 상추, 배추 등은 많이 급여 시 고창증이 생길 수 있으니 주의가 필요함. 당근 또한 소량 급여는 가능하나 과량 급여 시 설사나 고창증이 생기기도 하며, 양파나 파, 마늘 종류는 급여하지 말아야 함

3) 해부학적 특징과 암수 구별

- 수컷은 항문과 생식기 사이가 멀고 i자 형태이며, 어느 정도 성숙이 일어나면 압박 시 수컷 생식기가 돌출됨
- 생후 3~4개월 정도면 성성숙이 되고 음경에는 뼈가 존재함. 암컷은 항문과 생식기 사이 거리가 짧고 Y자 형태임
- 생후 2~3개월에 성 성숙이 일어나고 발정을 할 수 있음. 기니피그는 무출혈 발정이니 외관상으로 파악하기 힘든 경우가 있으며 임신을 원치 않으면 암컷과 수컷을 분리하고 중성화 수술을 시키도록 함. 발정 지속시간은 6~12시간이고, 발정주기는 15~19일, 평균 임신기간은 58~70일 정도임
- 암수 모두 좁은 흉강을 가지고 있으면 발달된 맹장이 복부 중심에 자리함

4) 기니피그의 호발 질병

① 비타민 C 결핍증(괴혈병, Scurvy)

비타민 C 결핍	콜라겐 합성 장애, 응고 장애, 관절의 부종, 조직 출혈 발생
증상	설사, 식욕부진, 거친 피모, 활동 저하
치료	비타민 C를 비경구적으로 일주일동안 매일 1회 10mg/Kg으로 투여 or 비타민 C가 풍부한 야채(케일) 급여
펠렛사료의 경우 직사광선에 노출되거나 다습한 곳에서 보관 시 비타민 C가 파괴되기 때문에 보관에 주의하고 구입 후 90일 이내에 사용하도록 해야 함	

② 경부 림프선염

원인	결막, 구강 내 세균(Streptococcus zooepidemicus, Streptobacillus moniliformis)의 감염에 의해 발생, 거친 사료의 섭취, 교상으로 인해 발생한 상처부위로 세균 침입
증상	경부 림프절의 비대
치료	절개를 통해 농을 배출, 항생제를 투여

③ 폐렴

원인	• 호흡기를 통한 세균감염에 의해 폐렴 유발(Bordetella bonchiseptica, Streptococcus pneumoniae) • 어린 개체, 스트레스 상태에서 감수성 증가
증상	호흡부전, 콧물, 식욕부진, 활력 저하
치료	항생제와 호흡기 약물을 처치하고 필요시 네뷸라이저를 해주면 좋음

④ 족피부염(Pododermatitis)

원인	• 비만, 상처, 철망 케이지, 더러운 환경, 비타민 C 결핍 • 상처를 통해 세균(Staphylococcus aureus) 침투가 족피부염 유발 • 발바닥에 발적, 통증, 각화, 비대
증상	통증으로 인해 식욕저하, 발 부분 탈모, 파행으로 나타남
치료	• 사육환경 개선(부드러운 베딩 사용, 철망 케이지 사용 금지, 케이지 청소) • 염증 부위 털 제거와 소독, 국소 항생제 처치

⑤ 고창증(Bloat)

원인	• 헤어볼, 식이불량(저섬유질, 고탄수화물 식이) • 세균성 위장관염, 마취, 장 중첩
증상	• 복부팽만, 통증, 식욕저하, 허약, 호흡곤란, 급사 • 방사선상으로 위 또는 맹장이 가스로 충만한 것을 확인
치료	• 위관(gastric tube)을 이용하거나 천자술로 가스 배출 • Simethicone 0.2ml/Kg PO로 투여로 가스 배출

⑥ 요로결석(Urolithiasis): 신장, 요관, 방광, 요도에 무기물질이 뭉친 것을 결석이라 함

원인	• 고칼슘식이(알팔파 지속급여) • 항문을 통한 세균감염(E. coli, S.pyogens 등)
증상	혈뇨, 핍뇨, 복부통증 방사선, 초음파 영상으로 진단이 가능함
치료	• 방광절제를 통한 결석의 수술적 제거 • 티모시 건초 급여, 수산염이 많은 야채 제한급여로 예방(케일, 샐러리, 파슬리 등)

⑦ 진균과 기생충성 피부염

(3) 햄스터

1) 습성

① 햄스터는 설치목 쥐과에 속하며, 먹이사슬 최하위 출신 동물로 겁이 많고 경계심이 심한 편임

② 자신이 안전하다고 느끼는 공간에서 쉬는 걸 좋아하는데 침범당하면 극도로 싫어하고 스트레스를 받음

③ 햄스터를 길들이는 데 있어서 지속적인 핸들링 시도를 통해 어느 정도 보호자의 손에 익숙해지기도 하나 상당한 노력과 시간이 필요함

④ 주로 활동하는 시간대는 일출과 일몰 시기이나 사람과 같이 사는 햄스터는 야행성을 나타내기도 함

⑤ 햄스터는 시각보다 후각이 발달해, 주인을 인식할 때도 후각을 사용함. 무엇보다 햄스터는 이빨이 평생 자라기 때문에 건강한 치아를 위해 각별한 관리가 필요함

⑥ 번식 속도가 빠르며, 번식을 원치 않을 시에는 중성화 수술을 해주거나 한 마리씩 분리해서 키우는 것이 좋음. 간혹 카니발리즘이 문제가 되기도 하며, 호발하는 질병도 많고 수명이 짧은 편(보통 2~3년)임

⑦ 성 성숙이 빠른 동물로 암컷은 6주~10주, 수컷은 보통 10주~14주 사이가 되면 번식을 시작함

⑧ 암수 구별법
- 수컷: 항문과 생식기 사이가 긴 편이고 복부에 취선이 있음. 어느 정도 성장이 일어나면 항문과 생식기 사이에 부풀어진 고환을 확인할 수 있음
- 암컷: 항문과 생식기 거리가 짧고 복부의 털을 헤쳐보면 쌍으로 되어 있는 여러 유두를 확인할 수 있음

⑨ 햄스터의 발정은 약 4일마다 자주 하는 편이며 임신기간은 16~22일임

2) 사육환경 및 먹이

① 보통 다른 특수동물들과 마찬가지로 케이지에서 주로 키우며, 권장 크기는 1m×50cm(가로×세로) 이상의 크기가 좋음. 케이지 안에는 쳇바퀴와 은신처를 준비해두고 사료통과 물통도 있어야 함

② 베딩은 주로 톱밥이나 종이를 주로 사용하며 습해지고 지저분해지면 수시로 교체해주어야 함. 베딩의 높이는 충분히 깔아주어야 하며 보통 10~20cm를 권장함

③ 먹이는 펠렛 사료를 기본으로 사용하고 각종 견과류, 알곡, 옥수수, 밀웜 등이 섞여 있는 사료를 주로 사용함. 해바리기씨나 땅콩 등도 햄스터가 좋아하는 먹이지만 너무 많은 지방은 건강에 해로우므로 어느 정도 주고 제한하도록 함

④ 햄스터는 기본적으로 해바라기씨와 같은 알곡들과 사료를 먹는데, 앞니가 평생 자라기에 부드러운 사료보다는 직접 까서 먹을 수 있는 사료가 좋음

⑤ 햄스터들이 좋아하는 적정 실내 온도는 18~26도이며 습도는 30~70% 정도임

3) 햄스터의 종류

① 골든(시리안) 햄스터, 드워프 햄스터(윈터 화이트, 캠벨, 로보로브스키), 차이니즈 햄스터가 있음

② 반려동물로는 골든 햄스터, 윈터 화이트 드워프 햄스터, 로보로브스키 햄스터 종이 가장 많음

③ 일반적으로 골든 햄스터는 유순한 성격, 로보로브스키 햄스터는 예민하고 겁이 많은 성격을 갖고 있음

4) 햄스터의 질병

① 종양

- 햄스터의 질병 중에서 대표적인 질병으로 종양이 발생하는 부위도 다양하여 사지 및 몸통, 안면부, 구강 등에 자주 발생함
- 생후 6개월에 종양이 발생할 때도 있음. 초기에 제거할 수 있으면 수술적 제거를 기본으로 함

② 볼주머니 탈출

- 햄스터는 구강 양쪽으로 음식물을 저장하는 볼주머니가 있는데 이곳에 염증이 생기거나 기계적인 요인 또는 유전적 요인으로 탈장이 일어나기도 함. 한 번 탈출이 일어나면 제거 수술을 해야 하며 예후는 좋은 편임
- 예방으로는 치즈 등 너무 부드러운 음식물은 제한하며, 볼주머니가 기능을 잘 하는지 체크해보는 것이 좋음

③ 자궁, 난소의 질환

- 자궁이나 난소에도 혹이나 염증 종양성 질환으로 인해서 문제가 잘 생기는 편인데 이런 질환들 또한 보편적으로 수술적 요법들을 사용함
- 햄스터들의 마취는 보통 호흡 마취약을 거즈나 솜에 적셔 마취 유도를 하고 호흡마취로 유지를 함
- 체중이 20g 내외로 나갈 정도로 작은 햄스터들은 수술 시간을 최대한 짧게 끝낼 수 있도록 준비를 철저히 해야 함

④ **그 밖의 질환들**: 호흡기 질환들이 생기기도 하고 전치가 지속적으로 자라는 동물이라 전치의 교합이 틀어지면 전치를 절단해주고 트리밍이 필요하기도 함. 또 나쁜 식습관으로 치아문제를 유발하기도 하고, 주변 환경이 청결치 못하면 곰팡이 피부병이 발생하기도 함

(4) 토끼

1) 토끼의 특성

- 수명: 5년(중성화 수술 시 8~10년 이상)
- 체중: 1~10kg(품종과 사육에 따라)
- 호흡수: 30~60회/분
- 심박수: 180~250회/분
- 혈액량: 55~70ml/kg
- 체온: 38.5~40℃
- 음수량: 30~150ml/kg
- 음식량: 50g/kg

- 배뇨량: 10~35ml/kg
- 성 성숙: 4~8달
- 발정기: 교미 배란(발정기 6~8월)
- 임신기간: 28~30일
- 산자수: 4~12
- 태아 몸무게: 30~80g
- 이유기: 6주
- 적정 온도: 15~21℃(집에서는 29도 이하의 온도)
- 적정 습도: 60~70%(집에서는 60% 이상의 습도 유지)
  → 높은 온도와 낮은 습도에 민감함
- 체온 측정 시 눈을 가리고 꼬리를 들고 내리면서 체온계를 밀어 넣음
  → 1분 후 꺼내어 체온 확인

토끼의 치식

Permanent dental formula:

$$\frac{2I\ \ 0C\ \ 3P\ \ 3M}{1I\ \ 0C\ \ 2P\ \ 3M}$$

I=incisors
C=canines
P=premolars
M=molars

2) 토끼의 해부학적 구조

① 눈

- 눈 깜빡임: 10~12회/hr → 각막궤양, 안구건조 다발 가능
- 시야는 초식동물의 특성대로 넓은 범위를 볼 수 있음

② 귀

- 연골과 얇은 피부층
- 표면의 12%로 열을 발산
- Central Artery & Peripheral vein
- 귀는 매우 민감한 부분이므로 귀를 잡고 들면 안 됨
- 중심정맥으로 수액을 맞을 수 있지만 혈관 손상 시 심한 허혈성 손상을 받을 수 있음

③ Dewlap

- 턱 아래의 지방 축적
- 암컷에서 잘 발달
- 접촉성 습진성 피부병
- 치통 – 유연
- 물그릇
- 위생 결핍(그루밍×)
- 비만

④ 골격계

- 골격계는 체중의 7~8%
- 척추의 구성: C7 T12-13 L6-7 S1-3 C15-16
- 취약: 보정 시 척추를 잘 지탱시켜주지 못하면 골절
- 일반적 척추골절 부위: L6-7
- 골절이 잘 일어나는 부위: Tibia

⑤ legs

- 발바닥 패드가 없음
- 발바닥 걸음(plantigrade)
  - Standing: 비절에서 발가락 끝까지 바닥에 닿음
  - Running: 발가락만 닿음
- Pododermatitis(sore hock)
- 딱딱한 바닥
- 비위생적 환경
- 털이 빠지고 붉게 보이며, 피부와 뼈 사이에 농이 참
- 내측 옆으로 절개 배농: 0.5% 헥시딘 소독
- 딱딱한 변에 의한 미란
- 철망 형태의 바닥과 소변이 묻어서 미란이 생김

⑥ lips

- 털이 있는 입술
- 입이 아주 좁아서 시야 확보가 어려워 치아 확인과 마취 시 삽관이 상당히 어려움

⑦ 소화기

구강	• 입술: 감각패드 역할이 있어서 영양분(맹장분, 식분) 파트만 골라먹음 • 거친 섬유소: 장운동만 자극하고 빠르게 배출됨 • 치식: I 2/1 C 0/0 P 3/2 M 3/3 – 토끼의 치아는 지속적으로 자라남 – 절치의 경우에는 주당 상악은 2mm, 하악은 2.4mm, 어금니의 경우에는 1년에 상악은 13cm, 하악은 20cm 정도 자람 • Mastication 씹기: 씹는 것은 분당 120회 정도를 함 • Vit. D → Vit. D3 → 부족 시 골다공증이 와서 치아 골절이나 치아부정이 올 수 있음 • 자외선 등을 사용하여 부족한 부분을 보충해 줄 수 있음
소장	• 위장관계 용적: 12% • 십이지장, 공장, 회장, 회장 접합부(Sacculus rotundus) • Sugar와 단백질의 흡수 – 맹장분으로 흡수 • 맹장분으로부터 비타민과 단백질, 지방산의 흡수
대장	• 대장에서 맹장이 40% 정도의 용적을 차지함 • 맹장(Cecum) – Fermentation(발효): 주요 박테리아 spp. – VFA: Acetate > Propionate, Butylate. – Soft feces(night feces) 포도 같은 모양이고 단백질과 Vit B/K가 있음 • 맹장: 발효시켜 식분을 생성함 • Hard feces: 4시간 소요, 고섬유, 고형분 • Soft feces(=cecotroph): 8시간 소요 액체, 작은 입자

⑧ 비뇨기(요의 양과 성상)

- 20~350ml/kg day – 평균 하루에 130ml/kg 정도를 생성함
- 비중: 1.003-1.036임
- pH: 평균 8.2
- 결정: Struvite Calcium carbonate monohydrate Anhydrous Calcium carbonate
- Cast, 상피, 세균: 없거나 드묾
- 백혈구나 적혈구: 간간히 나옴
- Albumin: 간간히 나옴(자토에서)
- 요의 색: Yellow-Red
- 일일 수분 요구량: 75~100ml/kg
- 칼슘 슬러지는 수액 공급으로 며칠에 걸쳐 배출 유도할 수 있음
- 칼슘결석은 외과적 수술이 필요한 경우가 많음

⑨ **혈액 및 채혈부위:** 경정맥, 이개정맥, 요측피정맥, 복재정맥에서 채혈할 수 있음

> [Blood cell]
> • RBC: 57~67일(short-lived)
> • WBC
>   – Neutrophil: Heterophil
>   – Basophil(30%)
>   – Lymphocyte(60%)
>   – 흥분 시 15~30% 증가

3) 토끼의 암수 구분

수컷은 항문 바로 밑에 수컷 음경 개구부가 있고 양쪽 서혜부에 고환이 존재함. 암컷은 고환이 없으며 항문 바로 밑에 음문이 있음

① **수컷**

- 성 성숙 시기
  - 작은 크기의 종(4~5개월)
  - 중간 크기의 종(4~6개월)
  - 대형 종(5~8개월)
- 고환 하강: 보통 3개월, 음낭에서 확인
- 서혜부 canal은 폐쇄 ×

② **암컷**

- 자궁체가 없고 두 개로 나누어진 자궁각이 각각 자궁으로 개구(양분 자궁)
- 제왕절개 시 각각의 자궁각을 절개하여 태아를 꺼냄
- 교미 자극에 의한 배란
- 암컷에서 최대 성적 감수성은 종종 음문확장을 동반함(붉은 자줏빛이고 촉촉)
- 배란은 교미 후 10~13시간 사이(고양이와 페럿은 교미 후 30분)
- 임신 기간: 30~33일
- 암컷은 하루에 한 번 3~5분 동안 태아를 돌봄. 이 짧은 시간에도 태아는 자기 체중의 20% 정도를 섭취함

4) 토끼의 품종

드워프 (Dwarf)	• 체중이 1.8kg 전후이며, 소형 종으로 귀가 짧고, 얼굴이 몰려 있음 • 가장 널리 퍼진 애완 토끼종으로 날쌔고 민첩함
라이언 헤드 (Lionhead)	• 체중이 1.8kg 전후 • 사자와 같이 갈기가 덥수룩한 소형의 토끼로 드워프로부터 개량된 종
롭 이어 (Lop ear)- Mini lops	• 체중이 1.8kg 전후 • 길게 늘어진 귀가 특징이고 동작이 느리고 온순함 • 어릴 때는 귀가 서 있음 – 3개월 이후 귀가 내려가고 귀 질환 많음
더치 (Dutch)	• 체중이 2kg 전후로 네덜란드가 원산지 • 코와 신체 앞은 하얗고 귀와 눈 주변, 몸 뒤쪽은 검정 또는 갈색임(3색)

5) 토끼의 먹이

① 먹이의 구분은 기본적으로 6개월(자토, 성토)을 기준으로 정함

- 6개월 미만의 자토: 알팔파와 알팔파가 함유된 펠렛 사료
- 6개월 이상 성토: 티모시와 티모시가 함유된 펠렛 사료
- 임신 중이거나 수유 중인 토끼는 자토 먹이에 준함

② 제일 중요한 것은 신선한 야채와 치아에 도움을 주는 건초를 주는 것임

③ 건초 및 펠렛 사료

알팔파(Alfalfa)	• 자토의 주요 먹이이고, 잎이 작으며 연함 • 수분 12~14%, 단백질 18~19%, 섬유소 34~37%, 칼슘 1.2~1.5% 정도를 함유함
티모시(Timothy)	• 성토의 주요 먹이이고 거칢 • 수분 12~13%, 단백질 4~6%, 섬유소 37~38%, 칼슘 0.3~0.4% 정도를 함유함
펠렛(Pellet)	• 원래는 번식용 토끼에게 급여하기 위해 만들어진 먹이임 • 지방을 제품에 따라 1.5~2% 정도 함유하고 있고, 하루에 1/4컵 /2kg에서 시작함 • 영양분이 많고 살이 찔 수 있어 체중 관찰을 세심하게 할 필요가 있음 • 펠렛 중에서 알팔파와 티모시 함유 펠렛이 각각 따로 있어 연령에 맞게 급여 가능함
오트(Oat)	• 간식으로 주는 건초로 대변 시 금색 변을 봄 • 수분 15~16%, 단백질 12~13%, 섬유소 24~25%, 칼슘 0.6~0.7% 정도를 함유함
비당분의 파인애플과 키위	털갈이 시 털이 위 내나 장에서 뭉치는 모구를 방지함

TIP **섬유소**

섬유소는 토끼 먹이에서 매우 중요함(많은 양의 섬유소와 저칼로리 식이가 안정적 먹이)
- 장 내에 헤어볼 형성을 예방해서 위장관 정체를 방지함
- 변의 수분과 양을 늘림
- 장 내 독소혈증을 예방하고 맹장 내 유익한 박테리아 균형을 제공함

④ **일반적으로 먹일 수 있는 야채**
- 대부분의 토끼는 야채를 좋아하며, 필요로 하는 많은 양의 영양분과 수분은 유익함
- 야채의 공급은 서서히 조심스럽게 시도함
  - 적은 양의 야채를 공급해서 24시간 내 변을 체크하여 연변이나 설사, 정체가 있는지 관찰함
  - 변이 평상시처럼 딱딱하다면 양을 조금씩 늘리면서 공급함
  - 만약 연변이나 설사, 정체가 있다면 공급을 중단하고 5~7일 후 다시 시도함
  - 어린 토끼는 식이 변화에 아주 민감하므로 3~4개월령부터 야채 공급을 시도함
  - 성토는 매일 3~6가지의 야채를 공급할 수 있음
  - 2.7kg당 $1\frac{1}{2}$–$2\frac{1}{2}$ 컵의 신선한 야채를 줄 수 있음
  - 비타민 A가 함유된 야채 한 가지 정도는 매일 공급되어야 함(사탕무 잎, 브로콜리, 당근 잎, 민들레 잎, 꽃상추, 치커리 등)

⑤ **양을 제한해서 먹일 수 있는 야채**
- 일부 토끼는 Gas를 유발할 수 있는 야채
  - 어두운 녹색과 붉은 상추는 가능
  - 일부 토끼에서 밝은 녹색 상추(iceberg lettuce)와 Cucumber 상추는 설사를 유발할 수 있음(영양이 거의 없고 소화기 문제 유발 가능)
  - 많은 양의 양배추(cabbage)는 갑상선 비대와 소화기 문제를 일으킬 수 있음

⑥ **일반적으로 먹일 수 있는 과일과 열매**
- 토끼는 당을 좋아하지만 당이 토끼에게 유익하다는 것을 의미하는 것은 아님
- 정제된 당은 완전히 피해야 함. 그러나 작은 조각의 과일은 좋은 치료제로 고려됨
- 과일과 열매는 비만과 소화기 문제를 피하기 위해 제한됨
- 씨와 씨껍질은 제거해서 줘야 함
- 몇 가지의 과일과 열매는 해로운 독소를 함유하고 있음

⑦ **위장 관계에 심각한 문제를 일으키는 음식**: 대부분의 씨와 과립, 너트류, 옥수수, 완두콩, 렌즈콩, 콩, 감자, 대나무 싹, 유제품, 설탕과 전분 제품들은 금기임
- 당분이 높고 지방함량이 높은 먹이
- 양파와 마늘: 용혈성 빈혈, 과민반응(Anaphylactic reaction), 면역억제반응을 일으킴

6) 토끼의 질병

① Pododermatitis(sore hock, 비절병)

- 토끼는 발바닥에 패드가 없고 걷거나 뛰지 않고 주로 서 있을 때 비절이 바닥에 닿음. 이런 습관으로 인해 비절부근이 빨개지고 염증이 생긴걸 비절병이라 부름
- 비절병의 원인
  - 딱딱한 바닥
  - 비위생적 환경
- 털이 빠지고 붉게 보이며 피부와 뼈 사이에 농이 참
- 치료: 수술 후 항생제와 외부 소독약 및 동물용 상처 연고를 사용함
- 내측 옆으로 절개 배농: 0.5% 헥시딘 소독
- 예방법: 바닥의 높낮이를 틀리게 해서 비절을 바닥에 대고 서 있는 것을 막아주거나, 많이 움직일 수 있도록 배려하고, 쉬는 곳에는 푹신하게 건초 등을 넣어주는 방법이 있음

② 골절

- 토끼는 뼈가 취약한 동물 중에 하나로 놀라거나 겁을 먹으면 순간적으로 뒷다리로 힘을 주다가 부딪혀 경골(tibia)에 골절이 잘 생김. 보정 시에도 제대로 보정해주지 못해서 골절이 생기기도 함
- 경골뿐 아니라 사지와 두개골과 척추에도 골절이 잘 생김. 보통 골절이 일어나면 수술로서 교정해야 하고 6~8주 정도의 치료 기간이 필요함

③ 고창증(Bloat)

- 토끼나 기니피그 같은 초식 동물은 지속적인 음식 섭취를 통해 장내 발효와 위장관 운동을 자극시켜줘야 함. 간혹 먹어서 소화시키기 힘든 이물을 먹거나 장내 정상 미생물의 파괴로 가스가 차고 장운동이 안 되는 걸 고창증이라 함
- 헤어볼이 원인이 되거나 설사 등으로 인해 장운동이 저하되어 생기기도 함
- 치료는 수액 처치와 위장관 기능을 정상으로 돌리는 처치를 기본으로 하는데 심한 경우에는 쇼크로 사망가능성이 높은 질환임
- 예방법은 항상 충분한 건초를 급여하고 씹고 물어뜯을만한 물건을 주변에서 잘 치우는 것이 중요함

④ 난소·자궁·고환의 질병

- 수컷: 고환 종양
- 암컷: 자궁축농증
- 암컷 토끼가 혈뇨를 보고 식욕이 저하되며, 외음부로 농 같은 분비물이 나온다면 자궁이나 방광 또는 외부 생식기 쪽에 문제가 생겼을 가능성이 높음
- 만약 난소나 자궁에 문제가 생겼다면 난소 자궁적출술을 시행해야 하며 수컷들도 고환에 종양이 생겼다면 제거 수술을 해주어야 함. 이런 질병들은 중성화 수술로 미리 예방할 수 있는 질병들임

- 보통 이런 질병들은 진단을 위해 혈액검사와 영상검사(엑스레이와 초음파) 등이 기본적으로 필요함

⑤ 피부와 귀의 질병

- 토끼 귀에 ear-mite라는 귀 진드기가 살게 되면 극심한 소양감을 일으키고, 2차적으로 세균과 곰팡이 감염이 일어나서 귀주변이 각화되고 지저분해짐. 치료는 주사와 약물로 잘 낫는 편이지만 세균과 곰팡이는 시간이 좀 걸림
- 뒷다리 비절 부근에는 비절병이라는 것이 잘 생겨서 염증이 생기는 경우가 많고 생활개선을 해주지 않으면 만성 질병으로 진행할 가능성이 높음
- 안면부는 농양이나 종양이 잘 생기는데 치아와 감별진단이 필요함
- 토끼 같은 초식동물들은 항생제를 잘 골라서 써야 한다는 걸 유념해야 함. 또 겁이 많고 예민한 동물들이라 수술이나 입원치료 시에는 세심한 관리가 필요함

⑥ 눈과 치아의 질병

- 눈의 질병
  - 각막염이나 결막염이 자주 생기며 내안각의 누낭에 염증이 생기기도 함
  - 항생제와 안약으로 보통 치료가 가능하고 각막 수술이나 염증 제거 수술이 필요한 경우도 있음
- 치아 질병: 토끼의 치아는 평생에 걸쳐서 자라는 특성이 있음. 건초를 충분히 먹는 토끼들은 비교적 치아가 짧게 잘 유지가 되지만 교합이 틀어지거나 잘못된 식습관 또는 외상으로 인해서 치아 마모가 되지 않는 경우가 있음. 이런 경우에는 교합이 잘 되도록 트리밍을 해주어야 함. 트리밍은 전치가 주로 하지만 어금니에서도 필요한 경우가 늘어나는 추세임

(5) 앵무새

전 세계 조류의 종류는 9,220종 이상으로 보고됨. 임상 수의사가 접하는 조류는 일부이나 조류의 종에 따른 해부, 생리, 병리, 질병, 먹이, 행동학의 차이를 이해해야 함

1) 품종

잉꼬(사랑 앵무)	모란 앵무	골든 체리
왕관 앵무	코뉴어 앵무	퀘이커 앵무
회색 앵무	마코 앵무	아마존 앵무

① 소형 앵무

구분		
구분	잉꼬 (Budgerigar)	• 나무 박스로 된 집 • 가장 일반적인 앵무새 • 검은색 칼깃 • 호주 • 수컷은 부리가 파랗고, 크며 폭이 넓음 – 외관상 구분 • 몸길이는 18cm, 몸무게는 30~40g, 수명은 4년에서 15년 정도 • 납막 색깔로 암수 구분을 함
	모란 앵무 (Lovebird)	• 땅딸막하고 꼬리가 짧음 • 색깔이 아름다움 • 아프리카 • 길들이는 것은 어려움 • 훈련으로 어느 정도 묘기와 사람의 말을 흉내 낼 수도 있음 • 몸길이는 10~16cm, 몸무게는 50g, 수명은 15년 정도 • 소음이 있고 공격성이 있음 • 언어능력은 떨어짐
	왕관 앵무 (Cockatiel)	• 나무 박스로 된 집 • 말을 배우고 흉내를 잘 냄 • 호주 • 머리 위에는 가늘고 긴 우관이 있고 뺨에는 붉은색의 큰 원형 반점 • 몸길이 약 30cm, 몸무게는 90g~120g, 수명은 16년 정도
	코뉴어 앵무 (Conure)	• 썬코뉴어: 몸무게는 100~123g 정도 나가며 애교 많고 활발, 언어능력, 트릭 • 그린칙 코뉴어: 몸길이 25cm 정도, 사람과 노는 것을 굉장히 즐김 • 파인애플 코뉴어 • 크림슨 밸리드 코뉴어 • 블루코뉴어 • 시나몬 코뉴어 • 골든 코뉴어: 34cm, 무게 240g, 최고 고급, 36cm 정도 • 겁이 많고 시끄러움
소형 앵무의 먹이		• 일반적 먹이로 인한 문제 • 신선하지 않은 씨앗 혼합물을 먹이기 때문에 곰팡이나 세균에 오염됨 • 과다 지방 섭취와 운동부족으로 인한 비만 주의 • 한 종류의 씨앗만 공급하면 영양 불균형 및 영양실조 • 신선한 야채를 공급하지 않으면 필수단백질과 비타민, 미네랄의 부족을 유발함 • 권장되는 먹이: 다양한 씨앗이 혼합된 질 좋은 브랜드 사료 선택(깨끗하고 영양분이 풍부) • 최소한 1주에 2회 정도 싹이 튼 씨앗을 제공 • 잘게 썬 당근과 사과, 신선한 별꽃을 공급, 조류 비타민을 공급

② 중대형 앵무

구분		
	남미 앵무 (South american parrot)	• 사육 시 번식 어려움 • 이른 아침과 저녁에 높은 고음의 소리 • 봄에 높은 번식률 • 비만이 일반적 질병 • 반짝이는 금속을 좋아함 – 이물 질환 다발 • 한 사람만 주인으로 여김 • 수명은 35~40년임
	코카투 앵무 (Cockatoo)	• 견과(堅果)를 깨거나, 뿌리를 파내거나, 나무에서 애벌레를 물어내기 위한 커다란 언월도(偃月刀: 반달 모양으로 된 중국의 칼) 모양의 부리 • 시끄럽고 비명을 많이 지름 • 자기 털을 뽑는 정신과 질병이 많음(feather picking) • 수명은 30~45년 • 호주, 말레이반도, 솔로몬제도. • 진료 시: 놀아주고 대화 – 진료 5분 – 산소나 안정 – 무리한 진료시간 연장은 위험
	회색 앵무 (African grey parrot)	• 가장 인기 많은 대형 조류 • 몸길이 약 35cm~40cm • 수명은 30~40년 • 사람 소리와 각종 동물들의 목소리도 흉내 냄 • 사육 상태에서 번식을 잘 함 • 영리해서 처음 사귄 사람을 잘 따르고 오랫동안 기억함 • 털 빠짐: 보호자와 상담 시 스트레스나 외부기생충 체크, 주인이 놀아주지 않거나 노는 방식의 변화, 환경의 시끄러움이나 밝은 환경이 길 때
	뉴기니아 앵무 (Eclectus parrot)	• 주위 소리에 매우 민감 • 온순한 성격과 말하는 능력이 뛰어남 • 깃털을 뽑는 성향(스트레스, 영양불균형) • 약 36cm~40cm • 부리 – 수컷: 상단부리 짙은 검은색 → 노란색 : 1.5~2년 – 암컷: 노란색 → 검은색 – 수컷(밝은 녹색), 암컷(red)
	금강 앵무 (마코 앵무) (Macaw)	• 다량의 열매, 견과류 • 열대 아메리카 지역 • 쉽게 길들여지며 다른 앵무류와도 잘 지내지만 다른 동물이나 낯선 사람에 공격적일 수 있음 • 몸길이 86~91cm, 날개길이 104~114cm, 꼬리길이 51cm • 몸무게 0.9~1.2kg • 수명은 45~50년

구분	아마존 앵무 (Amazon Parrot)	• 노래를 가장 잘 부르는 앵무새 • 1주일에 한 번은 목욕을 할 때 미지근한 물을 분무기로 뿌려주거나 몸을 담글만한 그릇을 새장에 넣어주면 스스로 목욕 • 점잖은 성격에 다른 동물들과도 잘 지내며 혼자 떠드는 것을 좋아함 • 수명은 20~50년
중대형 앵무의 먹이		• 일반적 먹이로 인한 문제 – 상업용 씨앗 혼합사료와 과일을 먹는데, 이는 심각한 영양부족을 유발함 – 씨앗 혼합사료 중 주로 해바라기 씨앗만 먹음 – 상업용 씨앗 혼합사료는 일반적으로 질이 떨어지며 곰팡이(Aspergillosis)와 세균이 증식된 경우가 많음 – 일조량의 부족 시 Vit. D3 저하증이 유발 • 권장되는 먹이 – 20~25%는 사람이 먹는 씨앗 공급 – 40%는 싹튼 씨앗 공급 – 40%는 야채와 함께 조류 비타민 공급 – 상업용 펠렛 사료를 공급해도 좋음 – 색을 가진 야채가 과일보다 추천됨 – 아프리카 회색 앵무는 칼슘제를 공급해야 함 • 추천 식이 방법 – 혼합된 콩류를 24~48시간 동안 싹이 틀 때까지 적신 후 완전히 헹굼 – 당근, 사과, 신선한 녹색 채소를 같은 무게만큼 넣음 – 적절한 조류 비타민을 권장량만큼 공급함

잉꼬의 성장 과정

부화	18일 정도 지나면 알에서 부화. 몸무게 2g
생후 6일	아직 보이지 않고 깃털도 없지만 꼼틀꼼틀 움직임이 활발해 짐
생후 10일	눈도 뜨고 깃털도 나기 시작함
생후 20일	두 발로 서 있을 수도 있음
생후 30일	두 날개로 날아다닐 수 있음

윙컷

• 눈을 가리고 날개를 펼친 후 6~8장 정도 잘라줌(살 조심)
• 날개 힘에 따라 윙컷 후에도 날 수 있음

2) 조류(앵무새)의 일반적 특징

① 해부 생리학적 특징

- 조류의 두개골은 운동성이 강함
- 방형골이 움직이는 덕에 조류는 입을 크게 벌릴 수 있음
- 하나의 후두 과상돌기가 있어 머리를 180도로 회전시킬 수 있음
- 공동이 매우 발달해있음
- 앵무새는 안면 상악골 경첩에 윤활관절(synovial joint)이 있어 부리를 더 크게 벌릴 수 있음
- internal medullary가 있는 얇은 뼈의 cortices는 짜임새가 튼튼해져 내구력을 갖게 됨
- 암탉은 산란을 위해 medullary cavity에 칼슘을 축적함
- 견고하게 융합된 등뼈는 비행 중 안정성을 주며, 많은 새들의 경우 T4 주변의 링크가 약함
- 비행 근육은 모두 sternum 위, 새의 무게중심 근처 배 쪽에 위치함
- 목과 꼬리는 척추 중 가장 유연한 부분임
- 골반 뼈는 신장을 위한 fossae 때문에 복부 쪽으로는 불완전함
- 제1깃털이 manus에 삽입되는 반면 제2깃털은 caudal ulna에 삽입됨

② 호흡기계의 특징

- 조류는 횡격막이 없음
- 조류의 기관은 포유류의 기관보다 길이가 길고 직경이 훨씬 넓어 죽은 공간이 더 많이 생김
- 명관이 기관의 갈림 부분에 위치한다는 것은 이 지점에서 이물질에 의한 차단이 주로 발생한다는 의미임
- 조류는 가스교환과 환기를 분리함으로써 더 많은 산소를 흡수할 수 있게 되었고, 이는 얇은 혈액-공기 장벽, 교차 교환(cross-current exchange), 관통하는 공기의 흐름에 의해 가능함
- 기낭의 기능은 오로지 환기에 있음. 혈관이 거의 분포되어 있지 않아 caudal 기낭은 쉽게 감염물질의 거처가 될 수 있음
- 기낭 삽관은 이물질에 의한 호흡곤란 시 구명 수단이 될 수 있음
- 이 대신 각질로 된 부리가 있음
- 부드러운 구개가 없기 때문에 하나의 대형 입인두가 있음
- 인두고막관(pharyngotympanic) 또는 유스타키오(eustachian)관이 있음

③ 소화기계의 특징

- 식도는 목의 오른쪽에 위치하며 포유류의 것보다 길고 직경이 넓음
- 다량의 점액성 타액이 분비되어 음식물에 발라지는 윤활제 역할을 함
- 모이주머니는 음식을 저장하고 부드럽게 만듦
- 두 개의 위가 있는데 하나는 화학적 소화를 위한 전위이며 다른 하나는 분쇄를 위한 모래 주머니임
- 위의 oxynticopeptic 세포는 염화수산과 펩시노겐을 생성함
- 비둘기목과 닭목의 경우 단단한 음식을 분쇄하기 위해 모래가 필요함
- 담록소는 새의 주요 담즙색소임. 따라서 녹색 소변은 간에 문제가 발생했다는 의미임
- 배설강은 소화 및 생식 계통의 공통된 말단임

3) 앵무새의 질병

① 알 막힘·알 정체

- 보통 앵무새는 산란 시기에는 배가 불러오면서 1~4일에 하나씩 알을 낳음
- 알 막힘이 오게 되면 털을 부풀리고 기운이 없이 바닥에 힘없이 앉아 있고, 눈을 감거나 게슴츠레 뜸. 항문 쪽 배가 볼록하고 육안으로 알 막힘이 보일 수 있음
- 보통은 엑스레이 촬영으로 진단하며 처치는 일단 막힌 알을 제거한 후 칼슘을 보충시켜줌

② 부리 창상

- 손상 부위를 청결히 유지하고 느슨해진 keratin을 제거
- Dremel drill이나 손을 이용해서 손상부의 모서리를 정리
- 조직파편을 제거
- Cyanoacrylate나 치과용 light-curing composite를 손상부위를 덮기 위해서 얇은 층으로 도포함
- 심한 부리 손상의 경우 보철도 가능함

③ 골절

- 새의 뼈는 굉장히 가볍고 약하므로 충격이 가해지거나 보호자의 잘못으로 쉽게 골절이 일어날 수 있음
- 야간에 갑자기 불빛을 비추거나 큰소리를 내면 놀라서 여기저기 부딪쳐 골절을 입는 경우도 있는데 다리뿐만 아니라 날개에 쉽게 골절상을 입으므로 각별한 주의가 필요함

CHAPTER

05 개의 기초와 이해

01 개의 감각과 스트레스

(1) 개의 시각과 스트레스

① 개는 시각과 후각 중 시각에 먼저 반응함
② **개의 시력:** 약 0.2~0.3 정도로 근시에 가까움
③ 개가 물체를 가장 정확하게 보는 초점거리는 33~50cm(2~3 Diopter)

▶ 사람이 물체를 가장 정확하게 보는 초점거리는 약 7.5cm

④ 개는 정체시력보다 동체시력이 월등히 발달함
⑤ **개의 시야각:** 약 210~290도

▶ 사람의 시야각은 180도

⑥ 망막에 수백만 개의 광수용기 세포가 존재함. 이를 빛이 자극하면 뇌로 신호를 전달해 색을 보는 것처럼 느낌

막대 세포(약한 빛 감지, 명암 구별)	원뿔세포(밝은 빛 감지, 색과 형태 구별)
야간 시력 우수, 사냥에 최적화	선명한 시야 확보

1900년대 초반까지만 해도 개는 흑백만 구분한다고 받아들여졌다. 1960년대에는 포유류 중 사람을 포함한 영장류만이 컬러로 세상을 본다고 판단했다. 하지만 1989년 미국의 JAY NEITZ 교수가 실험 논문을 통해 개도 파장을 구분한다는 연구결과를 발표했다.
개는 짧은 파장은 파랑 근처의 색을 구분하며 긴 파장은 노랑 근처의 색만 확인 가능하다. 사람은 짧은 파장, 중간 파장, 긴 파장을 구분하는 것이 가능하기 때문에 빨강부터 보라까지의 모든 파장의 색을 볼 수 있다.

⑦ 사람의 20~40%에 불과한 선명도로 세상을 봄
⑧ 개는 사람보다 4~7배 낮은 시력을 보유하고 있음

[실무 사례]

- **내담자 질문:** "개가 왜 잔디밭에 던져준 멈춰있는 빨간 공을 보지 못하나요?"
- **답변 힌트:** 푸른 잔디밭은 강아지에게 회색으로, 빨간 공은 짙은 갈색으로 인지될 수 있기 때문에 색에 대한 변별력이 떨어질 수 있다.

(2) 개의 후각과 스트레스

① 개는 사람보다 약 1만~10만 배 뛰어난 후각을 가지고 있음

② 후각 수용기가 3억 개로 사람의 약 50배에 해당함

③ 개는 냄새로 볼 수 있음

예 전봇대에 마킹을 한 다른 강아지의 배뇨 냄새로 해당 강아지의 성별, 건강상태, 임신 여부, 정동 상태 등이 구별 가능함

④ 개의 후각 신경구 크기는 사람보다 약 4배가 큼

⑤ 개의 후각 세포수 2억 개 이상임

⑥ 개의 후각상피 표면적은 사람보다 약 10배가 큼

⑦ 개는 사람의 암 세포 냄새를 맡을 수도 있음

[예 1] 미국 LECOM(Lake Erie College of Osteopathic Medicine) Thomas Quinn 박사 연구팀은 '비글'을 훈련시켜 조기 폐암 진단에 성공했다. 훈련된 개들은 민감도 96.7%, 특이도 97.5%, 양성 예측치 90.6%, 음성 예측치 99.2%로 초기 폐암 환자들의 혈청을 거의 정확히 진단 가능하다는 연구결과가 발표됐다.

[예 2] 병에 걸린 세포와 정상 세포가 내는 화학물질의 미세한 차이를 후각으로 하여 당뇨병 환자의 날숨에 들어있는 특정 냄새를 가려내도록 훈련한 개는 혈당이 급속하게 떨어진 주인을 발로 건드려 경고할 수 있다.

⑧ 장두종이 단두종보다 냄새를 더 잘 맡을 확률이 높음

⑨ 개의 코는 해부학적 구조상 나선 형태로 공기순환이 가능하기 때문에 공기가 소용돌이치며 오랫동안 머무르며 냄새를 분석하는 데 도움을 줌

⑩ 개는 차갑고 촉촉한 코끝을 가지고 있음

[실무 사례]

- **내담자 질문**: "12세 노령견인 우리 강아지가 혈액검사, 초음파, 방사선상으로는 정상인데 밥을 잘 먹지 않아 걱정입니다."
- **답변 힌트**: 냄새는 후 세포와 점막, 수분에 의해 수용되는데, 이비인후과의 질환이 있으면 치료를 받고 치료가 불가능하다면 습도를 40~60% 정도로 유지하여 코끝을 촉촉하게 해주면 밥을 먹는 경우도 있다.

(3) 개의 청각과 스트레스

① 개의 청각은 후각 다음으로 발달한 기관임

인간 가청 주파수	20Hz ~ 20kHz
개	65Hz ~ 45kHz
고양이	60Hz ~ 65kHz

② 인간 귀에 안 들리는 고주파도 감지함. 소리의 강도가 너무 약해 '마이너스 데시벨'로 측정되는 소리도 감지하므로 개가 느끼는 세상은 우리의 생각보다 더 복잡함

[실무 사례]

- **내담자 질문**: "우리 강아지에게 표준어로 '앉아'를 가르쳤는데 왜 방언으로 '앉아'를 하면 앉지 않을까요? 표준어로 얘기하면 금방 알아들어요."
- **답변 힌트**: 개는 1분에 100박자와 96박자의 차이와 음조를 구분할 수 있다.

(4) 개의 미각과 스트레스

① 인간의 미뢰수는 9,000개, 개의 미뢰수는 1,750개로 미각이 매우 둔한 편임
② 대부분 맛이 아닌 냄새로 음식을 먼저 판단함
③ 단맛, 신맛, 짠맛, 쓴맛을 느낌. 건식보다 습식을 선호하나 개체별 차이는 존재함
④ 개의 침에는 소화효소가 없어 위에서부터 소화함

[실무 사례]

- **내담자 질문**: "우리 강아지는 맛있는 음식을 다양하게 줘도 자기가 먹을 것만 먹어요. 혹시 맛을 못 느끼는 게 아닌가요? 아니면 상한 음식이라고 착각하는 걸까요?"
- **답변 힌트**: 개는 미뢰수 1,750여 개로 인간에 비해 맛을 다양하게 느끼지 못한다. 후각으로 음식의 신선도를 판단하는 경향이 있다.

(5) 개의 촉각과 스트레스

① 개는 수염을 활용해 미세한 진동과 공기의 흐름을 감지함
② 촉각털은 발바닥과 수염에 특히 집중되어 있음
③ 어미 뱃속에서 새끼는 수염이 가장 먼저 발달함
④ 수염으로 사냥감의 움직임 및 물체의 상태를 파악함. 특히 야간 사냥이나 바람의 방향, 공간구조 파악 등에 사용함

[실무 사례]

- **내담자 질문**: "제가 우리 고양이를 미용해주다 실수로 수염을 잘랐어요. 그 후에 저만 보면 하악질을 해요. 혹시 수염을 잘라서 기분이 나쁜걸까요?"
- **답변 힌트**: 고양이에게 수염은 매우 중요한 기관이다. 수염이 없다면 미세한 진동과 공기의 흐름 감지 능력이 저하되며 사냥감의 움직임이나 물체의 상태를 파악하기에도 어려움을 겪게 된다. 고양이가 일상생활이나 놀이 시에 전보다 불편함을 느낄 확률이 있다.

고양이의 기초와 이해

01 고양이의 기원사와 발전사

(1) 고양이의 기원

① 고양이의 학명: Felis catus
② 고대 이집트어: 미오우(miou)
③ 라틴어: 펠리스(felis). 노란 계통의 육식동물(족제비, 긴털족제비, 고양이 포함)
④ 공인 품종 42여 종(고양이애호가협회, 국제고양이협회)으로 비 순혈통은 포함되지 않음
⑤ 식육목(食肉目) 고양이과의 포유류 동물임
⑥ 최근 문헌에는 육식성 혹은 잡식성이 혼용되어 소개되고 있음

TIP 최근에 출시되는 고양이 사료 성분

The cat food content
Ingredients
가금류, 분말(닭&오리), 칠면조, **렌틸콩**, **고구마**, **알팔파 풀**, **아마씨**, 청어 오일, **크렌베리**, **사과**, **당근**, 황산 철, 아연, 망간 산화물, 아연 단백질 화합물, 망간 단백질 화합물, 셀레나이트 나트륨, 요오드산 칼슘, 알파토코페롤(비타민E), 니코틴산, 판토텐산칼슘, 비타민 A보충제, 티아민(비타민B_1), 비오틴, 리보플라빈, 염산피리독신(비타민B_6), 타우린, DL 메티오닌, 타우린, 소금, **케일**, **타임**, **세이지**, **블루베리**, **잎새버섯**, 아스코르부산(비타민C), **건조 파파야**, **로즈마리 추출물** etc

⑦ 집 고양이의 조상은 북 아프리카에 서식하는 리비아산 야생 고양이로 추정됨
⑧ 1983년도에 키프로스(지중해 섬, 아프리카 근접)에서 기원전 9500년경 고양이의 턱뼈가 발견된 것이 가장 오래된 증거임

TIP 동물과 인간의 만남

- **고양이**: BC 7500년경
- **개**: BC 14000~15000년경
- **소**: BC 6000~7000년경
- **돼지**: BC 9000년경
- **말**: BC 4000년경
- **닭**: BC 6000년경

(2) 고양이의 발전사

① 고대 이집트인들은 고양이를 숭배의 대상으로 삼거나 신격화했음

② 고양이의 소유자는 고양이가 죽으면 아래와 같이 행동했음

- 애도의 표시로 눈썹을 깎기
- 미이라로 만들기
- 고의가 아니더라도 고양이를 죽였을 경우 사형에 처하기

③ 고양이의 유입시기

동남아·중국	기원전 2000년 전~기원후 4000년경
일본	기원전 999년경
남부 러시아·유럽	기원 100년경

④ 고양이는 극동 지역과 아프리카 남극을 제외하고는 세계 거의 모든 지역에 서식했음

⑤ 1700년경: 펜실베니아 정착민들이 설치류 퇴치용으로 고양이를 유입했음

⑥ 5000~6000년 전 고대 이집트인들이 곡물창고의 유해동물을 퇴치하기 위해 리비아 고양이를 기르기 시작했다고 전해짐

⑦ 로마교역으로 전 세계 전파: 로마인들의 쥐 퇴치 목적으로 이집트에서 데려왔고 로마인들은 고양이를 자유의 상징으로 여김. 하지만 로마제국이 몰락하면서 고양이의 전성기도 사라짐

⑧ 페르시안 고양이는 영국의 빅토리아 여왕과 유럽 왕실의 사랑을 받음

⑨ 메인쿤은 미국 북동부에서 쥐를 퇴치하는 고양이로 유명함. 미국 최초의 캣 쇼에서 1위를 함

(3) 고양이의 분류

① 고양이의 동물학적 분류

계	동물계
문	척추동물 문
강	포유동물 강
목	식육 목
아목	고양이 아목
과	고양이 과

② 고양이 품종에 따른 분류(42종)

장모종(1마리)	페르시안
중모종(11마리)	버만, 터키시밴, 터키시앙고라, 소말리, 메인쿤, 노르위전 포리스트캣, 발리니즈, 앙고라, 래그돌, 티파니, 킴릭
단모종(30마리)	이그조틱 숏헤어, 브리티시 숏헤어, 아메리칸 숏헤어, 유러피언 숏헤어, 오리엔탈 숏헤어, 샤르퇴로, 샤미즈, 스노슈, 세이셸루아, 아비시니안, 러시안블루, 코라트, 버미즈, 버밀라, 아시아스모크, 봄베이, 벵갈, 통키니즈, 이집션마우, 싱가푸라, 오시캣, 재패니즈 밥테일, 맹크스, 코니시렉스, 셀커크렉스, 데번렉스, 아메리칸 컬, 스코티시 폴드, 아메리칸 와이어헤어, 스핑크스

③ 고양이 체형에 따른 분류

코비 (cobby)	• 머리는 둥글고 짧은 몸통을 가졌음 • 어깨와 허리 폭이 넓고 단단한 형 • 약간 짧은 꼬리와 둥그스름한 발끝을 지니는 것도 특징 예 페르시안, 히말라얀, 맹크스, 씸릭(킴릭), 이그조틱 숏헤어 등
세미코비 (semi cobby)	• 코비에 비해 몸통과 사지 꼬리 등이 다소 길 예 아메리칸 숏헤어, 봄베이, 브리티쉬숏헤어, 샬트류, 아메리칸 와이어헤어, 셀커크 렉스, 셀커크 렉스롱헤어, 싱가푸라, 스코티쉬 폴드 등
포린 (foreign)	• 늘씬하게 빠진 몸매가 포린 타입에 해당함 • 비슷한 체형의 오리엔탈 타입과 비교하면 극단적으로 가늘지는 않음 예 아비시니언, 소말리, 제페니스밥테일, 제페니스밥테일롱헤어, 러시안블루, 니벨룽, 터키쉬앙고라 등
세미포린 (semi foreign)	• 오리엔탈과 코비의 중간형에 해당함 • 머리는 둥그스름한 삼각형이고 묵직한 체형을 가지고 있음 예 아메리칸 컬, 아메리칸 컬 숏헤어, 데본렉스, 이집션 마우, 라펌, 하바나, 문치킨 롱헤어, 문치킨, 옥시켓, 통키니즈, 스핑크스 등
오리엔탈 (oriental)	• 가장 마른 타입 • 말쑥하고 삼각형의 얼굴을 가진 편임 • 부드럽고 탄력 있는 가는 몸체를 가진 편임 • 긴 다리와 채찍처럼 생긴 꼬리를 지닌 것이 특징 예 코니쉬렉스, 샴, 발리네스, 오리엔탈숏헤어, 오리엔탈롱헤어 등
롱&서브 스텐셜 (long & substantial)	• 앞에 등장한 어떤 타입에도 속하지 않음 • 직역한다면 "몸매가 길고 실팍하다"라는 뜻임 • 대형고양이들이 해당함 예 벵갈, 버어만, 메이쿤, 노르웨이지안 포레스트캣, 픽시밥, 렉돌 등

02 고양이의 신체와 기질 이해

(1) 고양이의 신체

① Vital Sign – 체온(Temperature)

- 건강한 성묘의 정상 체온은 38.3~39.2도임(건조한 상태의 건강한 1일령 새끼 고양이의 직장 온도는 약 35.5도에서 생후 1주일 정도에 37.5도로 상승함)
- 3개월 이하의 어린 고양이를 발견한다면 반드시 체온 유지를 해주어야 함
- 갓난 새끼는 몸을 떨거나 혈관 수축능력이 낮아 체온조절 기능이 약함
- 갓난 새끼는 저체온증이 생기면 밥을 잘 먹지 않을 수 있음
- 생후 4주 정도에 성체의 체온 유지가 가능함
- 고양이는 52도까지는 불쾌감을 거의 느끼지 않는다고 알려져 있으나 개체마다 다를 수 있음
- 생리적 고체온은 어린 동물, 채식, 운동, 임신, 흥분, 불안 시 증가함
- 병적 고체온은 질병에 의해 증가함

② Vital Sign – 심박수(Heart rate)

- 분당 120~240회임
- 큰 고양이: 분당 110~180회임

③ Vital Sign – 호흡수(respiration rate)

- 분당 20~30회(사람의 2배)임
- 어린 고양이: 20~30회
- 큰 고양이: 20~25회
- 호흡의 분류

빈호흡 (tachypnea)	• 호흡률의 증가는 많은 중증 환자에서 흔함 • 빈혈·통증, 대사장애·호흡문제 등이 원인 • 호흡곤란 동반 가능
서호흡 (bradypnea)	호흡률의 감소는 덜 흔하고 중추신경계, 머리의 외상 등이 원인
과호흡 (hyperpnea)	호흡률의 깊이 증가는 산성증 동물에서 이산화탄소를 몸으로부터 배출하기 위해 나타남

(2) 고양이의 신체적 특징

① 감각: 대뇌, 청각, 후각은 발달했으나 미각과 시각은 퇴화한 편임

② 식이

- 적은 양을 여러 번 나누어 먹으며, 개에 비해 속도가 느린 편임
- 습식과 육식을 선호하는 편임

③ 생활

- 단독생활을 좋아하나 상황에 따라 무리지어 생활함
- 야생묘의 경우 생후 3개월령이 되면 흩어짐

④ 골격과 근육

- 개의 연골관절에 비해 고양이의 연골관절은 느슨하고 유연함
- 퇴화한 쇄골 덕분에 앞다리는 강한 근육으로 연결되어 어깨의 가동 범위가 넓음
- 유연한 골격과 강한 근육으로 자신의 몸길이 6배에 달하는 높이도 점프 가능함

⑤ 털

- 성장기(60~90일) – 초기 퇴행기 – 후기 퇴행기 – 휴지기(40~60일) – 초기 성장기
- 여름, 가을보다는 주로 봄에 털이 빠짐
- 겨울에는 털 빠짐이 멈춤
- 개체별 차이가 있으며 이는 온도, 습도, 일조량, 영양상태, 질병 유무, 종 특이성, 스트레스 정도가 모두 변수임
- 일일 털 성장률은 0.25~0.30mm 정도임
- 털은 대부분 단백질로 구성되어 있음
- 각각의 모낭에서 6개까지의 주모(보호털)가 자라고, 그 각각의 털은 부모로 둘러싸이게 됨
- 각각의 모낭은 신경이 곤두선 근육을 가지고 있어서 주모를 세울 수 있음
- 경계하거나 화나면 '목털'을 치켜세우지만, 열을 방출할 때도 세움

⑥ 땀

- 땀을 흘려 체온을 조절하지 않음
- 헐떡이거나 스스로 그루밍하여 조절함

⑦ 땀샘의 분비

- 피부 유연성을 유지시키는 데 도움이 됨
- 노폐물을 방출함
- 화학물과 위험한 미생물 침투 방어물질을 함유하고 있음

⑧ 발

- 보통 앞발에는 발가락이 5개, 뒷발에는 4개가 있음
- 발바닥은 부드럽고 탄력 있는 패드가 있어서 높은 곳에서의 착지에 충격을 완화하고 최대한 소리 내지 않고 조용히 걸을 수 있음
- 지행성임
- 야생의 생후 3개월 고양이는 3미터 높이의 나무에도 오르는 경우가 흔함

⑨ 꼬리 · 수명 · 염색체수

- 꼬리는 균형을 잡거나 의사표현하는 데 중요한 역할을 함
- 집고양이의 평균 수명은 13~15년, 길면 16~17년임
- 야생에서는 7~8년 정도로 수명이 짧은 편임
- 염색체 수는 38개임

⑩ 고양이 알레르기

- 털, 피부조직, 소변, 피 등에 포함된 특정한 단백질 성분이 알레르기를 유발함
- 사람에 따라 고양이 타액성분에 알레르기 반응이 있는 경우도 존재함
- 털을 짧게 해도 알레르기 유발 가능성이 있음

⑪ 발정

- 계절 번식성 다발정 동물임
- 정상적 암컷의 첫 발정은 생후 4~8개월에 일어남
- 대부분 6~9개월령에 시작함
- 번식기 동안의 발정은 10~14일 주기로 반복됨
- 교미번식함

⑫ 반사행동: 입위 반사, 굴곡반사, 정위반사, 즉각반사가 있음

⑬ 공간 선호도: 수직 공간을 선호한다고 알려져 있으나 가정화(domestication)가 진행된 경우에는 수평 공간을 더 선호하는 경우도 있음

(3) 고양이의 기질

1) 기질의 정의

① 외부 및 내부의 물리적인 상황에 반응하는 정도를 말함

② 성격의 50~80%는 선천적으로 형성되는 것으로 알려져 있음

2) 기질에 따른 성격 분류

구분	특징
안정형	• 외부의 다양한 자극에도 잘 적응 • 빠른 회복 • 사회화 수준 우수 • 사교성 좋음
불안정형	• 외부의 작은 자극에도 적응 못 함 • 느린 회복 • 사회화 수준 우수× • Phobia

리더형	• 외부의 다양한 자극에 잘 적응 • 빠른 회복 • 사회화 우수 • 사교성 좋음 • 인지력 발달 • 무리 내 다툼 시 중재 역할 • 양보, 공격성 및 발성 자제
복합형	• 일관성 無 • 상황 및 환경에 따라 각기 다르게 반응

[실무 사례]

Q1. 반려동물학을 근거로 한국에서 중성화 수술을 하기에 가장 적절한 시기를 모두 고르시오.

① 음력 6월~8월
② 양력 12월~2월
③ 양력 3월~5월
④ 음력 8월~10월

[힌트] 개복 수술 후 신체의 회복력이 가장 좋은 계절은 봄과 가을이다.

Q2. 반려동물학에 근거하여 고양이가 동물병원에서 스트레스 받는 이유 중 가장 옳지 않은 것은?

① 기존 ICU의 디자인은 아픈 고양이의 시각적 스트레스를 가중시킬 수 있다.
② 고양이가 안정을 가질 수 있는 수직 공간이 거의 없다.
③ 아픈 고양이 옆에서 아픈 강아지가 낑낑거리면 고양이는 매우 스트레스를 받는다.
④ 고양이만 입원할 수 있는 입원실이 따로 있다.

[힌트] 고양이만 입원할 수 있는 입원실이 따로 있는 경우에는 고양이가 비교적 안정감을 가질 수 있다.

Q3. 반려동물학에 근거하여 고양이 합사에 실패하는 이유 중 가장 옳지 않은 것은?

① 고양이는 후각이 발달했기 때문에 서로 친해지라는 뜻에서 양말을 매개로 하여 부드럽게 엉덩이 냄새 교환을 시켰다.
② 고양이의 시각은 타 감각 기관에 비해 비교적 퇴화했기 때문에 완전 격리를 하면 서로의 존재를 모를 것이므로 안정을 취할 수 있을 것이다.
③ 고양이의 청각은 매우 발달했기 때문에 서로 가까이 다가갔을 때 높은 톤으로 3번만 반복해서 칭찬해준다.
④ 고양이의 기질에 따라 보상과 처벌을 다르게 한다.

[힌트] 반려동물학에 근거하여 고양이의 기질을 분석한 후에 보상과 처벌의 빈도를 결정해야 고양이의 인지력 향상에 도움이 되며, 이는 높은 합사 성공률로 이어질 수 있다.

PART 05

동물보건영양학

CHAPTER

01 영양의 개념과 소화기관의 기능

01 영양의 정의

① 반려동물이 살아가는 데 필요한 에너지와 몸을 구성하는 성분을 외부에서 섭취하여 소화, 흡수, 순환, 배설하는 과정
② **영양소**: 반려동물이 살아가는 데 필요한 에너지와 몸을 구성하는 물질, 즉 탄수화물, 지방, 단백질, 비타민, 무기질, 수분

02 소화기관

(1) 소화기관의 정의 및 필요성

1) 정의

체내에서 영양소를 소화, 흡수하는 역할을 담당하는 기관

2) 소화기관에서 일어나는 소화작용

기계적 소화	저작과 소화관의 근육수축 운동
화학적 소화	체내에서 분비되는 효소들에 의한 소화
분비적 소화	소화호르몬에 의해 이루어지는 소화

3) 입, 식도, 위, 소장, 대장, 치아, 혀, 침샘, 간장, 췌장

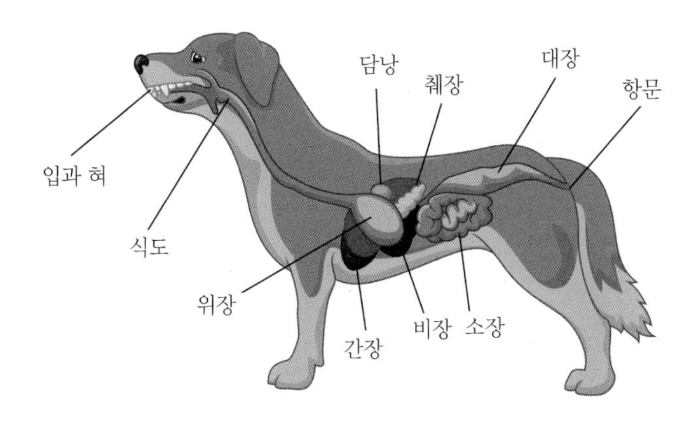

구분	기능
입	• 음식물의 섭취 • 저작 작용: 음식물을 삼키기 쉽도록 작은 음식물을 식괴로 잘게 부수는 과정 • 윤활 작용: 점액과 침으로 음식물을 삼키기 쉽도록 하는 과정
혀	• 음식물 섭취 • 음식물 식괴 형성을 도움 • 체온조절: 혀를 이용하여 자신들의 털에 침을 발라 체온을 낮추는 데 기여하고 개에서는 혀를 입 밖으로 내어 헐떡거리는 헐떡임(호흡촉진 작용)을 통하여 혀로부터 침을 증발시켜 체온 조절 • 털 정돈에 기여: 특히 고양이에서 발달
식도	인두로부터 위까지 음식을 이동하는 기능을 가진 관
위장	• 식도로부터 음식물 식괴가 이동하여 음식물을 저장하고 혼합 • 음식물을 반죽하고 소화액과 혼합 • 단백질 소화과정 시작: 위산(염산, HCl)과 단백질 분해효소 펩신(pepsin) 분비
소장	• 각종 소화효소 분비: 말타아제(maltase), 슈크라아제(sucrase), 락타아제(lactase), 엔테로키나아제(enterokinase), 리파아제(lipase) 분비 • 소화된 영양소의 흡수: 소장의 융모
대장	• 소장과 달리 점막층에 융모가 없고 소화효소 분비샘이 없음 • 점액 분비: 대변을 윤활하여 대장을 잘 통과하도록 도움
간장	• 탄수화물 대사: 글리코겐(glycogen) 저장과 글리코겐(glycogen) 해당 과정을 혈중당 농도에 따라 조절 • 단백질 대사: 혈장 단백질과 요소 생성 • 지방 대사: 지방산과 글리세롤(glycerol)을 인지질과 콜레스테롤(cholesterol)로 변환

간장	• 쓸개즙 생성 • 노화 적혈구 분해 • 태아의 새로운 적혈구 생성 • 철분 저장 • 독성물질의 해독
췌장	• 탄수화물, 단백질, 지방 소호효소 분비 • 탄수화물 분해효소(아밀라아제), 단백질 분해효소(트립신, 키모트립신), 지질 분해효소 (리파아제) 분비
쓸개즙(담즙)	지방 유화: 지방분해효소(리파아제, lipase) 활성화, 지방 표면적을 넓게 해서 소화 용이

(2) 소화기관에 따른 역할

섭취	입을 통해 음식물이 유입되는 것
물리적 기능	저작 작용: 혀, 위, 소장
소화	섭취된 사료이 영양소들이 작은 유기물 조각으로 분해되어 체내에서 흡수될 준비를 하는 일련의 과정
분비	수분, 산, 효소, 완충물질, 유화제 분비
흡수	탄수화물은 포도당, 단백질은 아미노산, 지질은 지방산으로 분해된 유기물과 광물질, 비타민, 수분이 체내로 흡수
배설	비소화물, 체액 중의 부산물이 체외로 나가는 것, 분 또는 뇨로 배설

CHAPTER 02 탄수화물 분류 및 대사과정

01 탄수화물

(1) 정의

C, H, O로 이루어진 지구상에서 가장 많이 존재하는 에너지 공급원, 전분 또는 섬유소 상태로 공급 예 옥수수, 보리, 곡물류

(2) 기능

① 에너지 공급
② 지방산 및 아미노산 합성의 원료물질
③ 혈당 유지
④ 개는 육식성으로 지질이나 단백질로부터 포도당을 만들어 에너지원으로 이용하기 때문에 탄수화물이 필수적이지 않음

02 탄수화물의 분류

단당류	오탄당, 육탄당
소당류	이당류, 삼당류, 사당류
다당류	전분, 글리코겐(Glycogen), 섬유소(Fiber)

(1) 단당류

① 오탄당: 리보오스, 아라비노오스, 자일로오스
② 육탄당: 포도당, 과당, 갈락토오스, 만노오스

포도당(Glucose)	자연계에 널리 분포하고 있는 단당류, 혈당 성분, 뇌의 에너지원
과당(Fructose)	• 과일, 꽃, 벌꿀 등에 존재 • 설탕에 비해 단맛이 1.7배 강함
갈락토오스 (Galactose)	• 동물의 젖에 함유되어 있는 유당의 구성성분 • 어린 동물의 신경조직의 성분
만노오스 (Mannose)	• 자연계에서는 유리상태로 존재하지 않음 • 만난(Mannas) 형태로 존재: 야자열매, 팜열매에 존재

(2) 소당류

1) 이당류

① 자당(Sucrose): 설탕, 포도당 + 과당

② 엿당(Maltose): 맥아당, 포도당 + 포도당

③ 유당(Lactose): 젖당, 포도당 + 갈락토오스

(3) 다당류

1) 전분(Starch)

① 곡류, 뿌리, 열매, 씨앗 등과 같이 식물에 많이 함유되어 있는 저장성 탄수화물

② 동물 사료에서 가장 중요한 에너지원

③ 포도당이 축합된 탄수화물

④ 쌀, 밀, 보리, 고구마, 감자, 옥수수

2) 글리코겐(Glycogen)

① 동물 체내에 저장될 수 있는 동물성 탄수화물

② 체내에서 합성 또는 분해

3) 섬유소(Fiber)

가용성 섬유소 (수용성 섬유소)	• 펙틴, 해조다당류, 검 • 수분을 흡수하여 끈적거리는 겔(gel) 형성
불용성 섬유소	• 셀룰로오스, 헤미셀룰오스 • 반추동물이 일부 이용, 단위동물은 영양소로 이용하지 못함 • 임신 동물에게 변비 예방

① 셀룰로오스(Cellulose)

② 헤미셀룰로오스

③ 펙틴

- 식물의 뿌리, 줄기, 열매에 함유
- 당, 산과 결합하면 겔(gel) 형성

④ 리그닌(Lignin)

⑤ 베타 글루칸(B-Glucan)

- 보리, 귀리에 함유
- 정장기능, 설사 예방, 면역 증강효과

⑥ 섬유소를 분해하는 소화효소가 반려동물 체내에 분비되지 않아 섬유소 소화율이 낮기 때문에 정장효과 이용

TIP 섬유소의 기능

- 장 내 수분의 보유능력 향상
- 혈액 내 콜레스테롤 조절 가능
- 혈당 조절
- 비만 예방 효과

03 탄수화물의 소화와 흡수

(1) 탄수화물 소화과정

① 사료를 섭취하여 입에서 사료를 씹는 물리적 소화

② 침 속의 아밀라아제(amylase)에 의해 일부 소화

③ 위 내에서는 탄수화물 소화는 이루어지지 않음

④ 십이지장에 도달하면 췌장에서 분비되는 아밀라아제(amylase)에 의해 전분 → 맥아당

⑤ 소장에서

맥아당(maltose) $\xrightarrow{\text{maltase}}$ 포도당

유당(lactose) $\xrightarrow{\text{lactase}}$ 포도당+갈락토오스

자당(sucrose) $\xrightarrow{\text{sucrase}}$ 포도당+과당

04 탄수화물의 대사작용

(1) 탄수화물 대사

① 소화과정을 거쳐서 체내로 흡수된 당은 혈당을 일정수준으로 유지
② 여분의 포도당 → 해당과정(glycolysis)과 TCA 회로(TCA cycle) → 에너지(ATP) 생성
③ 남은 포도당 → 글리코겐으로 저장
④ 잉여의 포도당 → 지방산(중성지방으로 전환)
⑤ 반면에 탄수화물 공급이 부족한 경우 포도당 신합성과정으로 체내에서 포도당 합성

(2) 해당과정(Glycolysis)

① 세포질에서 일어남
② 포도당 → 2분자 피르브산(pyruvate)
③ 산소가 없는 상태에서 일어남

(3) TCA 회로(TCA cycle)

① 일명 Kreb's cycle, 시트산 회로(citric acid cycle)
② 미토콘드리아에서 일어남
③ 피르브산 → 아세틸 CoA(acetyl CoA) → TCA 회로→ ATP 생성
④ 산소가 있는 상태에서 일어남

(4) 글리코겐(Glycogen) 합성과 분해

① 체내 유입된 많은 양의 포도당이 존재할 때
- 과잉 포도당 → 글리코겐 합성
- 간과 근육에 저장

② 반면에 탄수화물 섭취가 부족 또는 체내에 없을 때: 글리코겐이 분해되어 포도당으로 분해

(5) 포도당 신합성과정

① 외부로부터 탄수화물 공급이 부족 또는 없을 경우
② 간이나 신장에서 포도당 신합성
③ 아미노산, 글리세롤, 피르브산, 젖산균, 프로피온산 → 포도당 생성
④ 미토콘드리아에서 일어남

05 탄수화물의 대사조절 호르몬

(1) 인슐린(Insulin)

① 췌장 β세포에서 분비

② 포도당의 양을 일정농도로 유지하는 호르몬

③ 기능

- 해당과정 촉진
- 혈당 저하
- 포도당의 세포막 투과 촉진
- 단백질 합성 촉진
- 지방 생합성 촉진

(2) 글루카곤(Glucagon)

① 췌장 α세포에서 분비

② 포도당의 양을 높이는 호르몬

③ 기능

- 글리코겐(glycogen) 분해 촉진
- 포도당 신합성
- 글리코겐(glycogen) 합성 억제
- 단백질 합성 촉진

CHAPTER

03 지질 분류 및 대사과정

01 지질

(1) 지질의 정의

① 지질 1g이 연소하여 8~9kcal 에너지 생산

② 분류

- 단순지질
- 복합지질
- 유도지질

(2) 단순지질

중성지질 (Triglyceride; TG)	• 지질 1g이 연소하여 8~9kcal 열량 생산 • 1개 글리세롤(glycerol) + 3개 지방산(fatty acid) = Triglyceride • 1개 글리세롤(glycerol) + 2개 지방산(fatty acid) = Diglyceride • 1개 글리세롤(glycerol) + 1개 지방산(fatty acid) = Monoglyceride • 실온에서 고체: 지방(Fat) • 실온에서 액체: 기름(Oil)
왁스(Wax)	• 장쇄지방산과 고급알코올이 결합된 형태 • 불용성, 영양적 가치는 적음 • 동물의 피부, 털, 날개 및 식물체의 표면 보호기능에 중요한 역할

(3) 복합지질

단순지질 + 그 이외의 다른 물질: 인지질, 당지질, 지단백질, 황지질

1) 인지질(Phospholipid)

① 1개 글리세롤(glycerol) + 2개 지방산(fatty acid) + 인산 + 염기

② 레시틴: 글리세롤 + 지방산 + 인산 + 콜린(Choline)

③ 세팔린: 글리세롤 + 지방산 + 인산 + 에탄올아민(ethanolamine)

④ 역할

- 친수성과 소수성을 동시에 가지고 있는 세포막 구성 성분
- 혈액 중 지질 수송
- 세포막을 통한 물질 교환

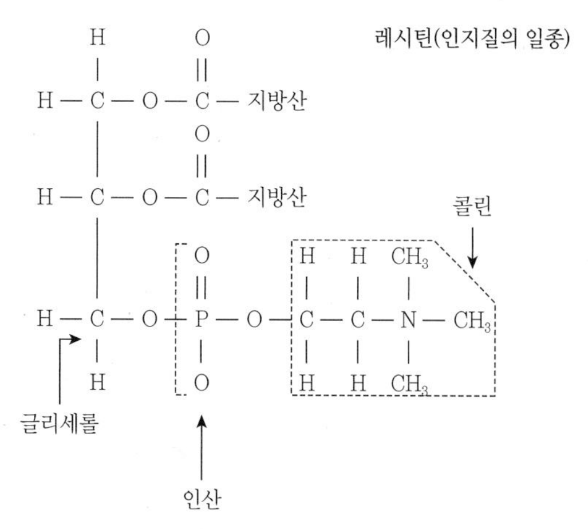

[레시틴의 구조]

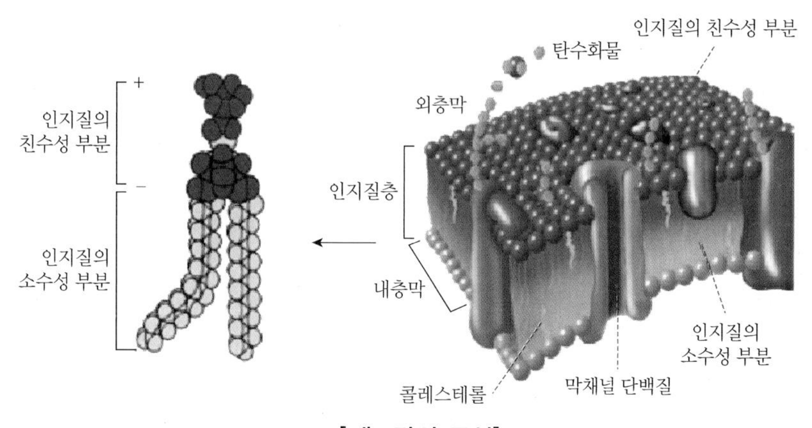

[세포막의 구성]

2) 당지질

① 1개 지방산(fatty acid) + 스핑고신 + 당 + 질소화합물

② **세레브로사이드**(cerebroside): 뇌와 신경조직에 존재

3) 지단백질

① 지질 + 단백질

② 혈액 내 지방의 체내 운송에 중요한 역할

③ 종류
- 카일로미크론(Chylomicron)
- VLDL(Very low density lipid)
- LDL(Low density lipid)
- HDL(High density lipid)

4) 황지질

① 황산을 포함하는 지질
② 동물의 간과 뇌에 존재

(4) 유도지질

1) 정의

① 단순지질과 복합지질의 가수분해로 생성된 물질
② 지방산, 탄화수소, 스테롤
③ 콜레스테롤(Cholesterol): 동물성 스테롤, 체내에서 비타민 D_3 합성, 호르몬과 담즙산의 전구체
④ 에르고스테롤(Ergosterol): 식물성 스테롤, 체내에서 비타민 D_2 합성

02 지방산 분류

(1) 포화지방산

① 분자 내 이중결합이 없는 지방산
② 실온에서 고체 상태
③ 동물성 지방산: 팔미틱산(palmitic acid), 스테아릭산(stearic acid) 등

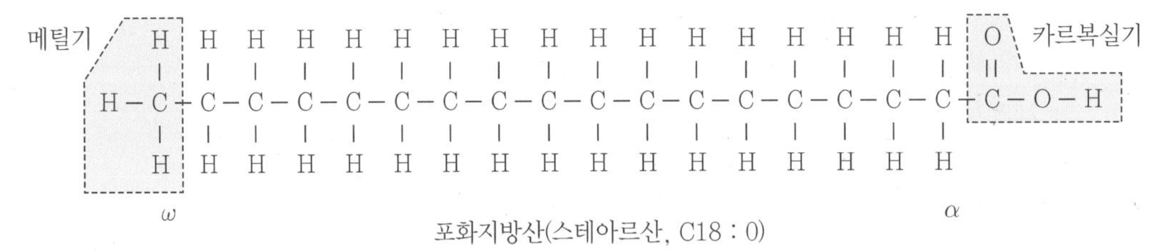

[포화지방산 구조]

(2) 불포화지방산

① 분자 내 이중결합이 하나 이상인 지방산

② 실온에서 액체 상태

```
    H   H   H   H   H           H           H   H   H   H   H   H   H   O
    |   |   |   |   |           |           |   |   |   |   |   |   |   ‖
H - C - C - C - C - C -(C = C)- C - C = C - C - C - C - C - C - C - C - C - O - H
    |   |   |   |   |   |   |   |   |   |   |   |   |   |   |   |   |
    H   H   H   H   H   H   H   H   H   H   H   H   H   H   H   H   H
```

다가 불포화지방산(리놀레산, C18 : 2ω 6)

```
    H   H           H           H           H   H   H   H   H   H   H   O
    |   |           |           |           |   |   |   |   |   |   |   ‖
H - C - C -(C = C)- C - C = C - C - C = C - C - C - C - C - C - C - C - C - O - H
    |   |   |   |   |   |   |   |   |   |   |   |   |   |   |   |   |
    H   H   H   H   H   H   H   H   H   H   H   H   H   H   H   H   H
```

다가 불포화지방산(α−리놀렌산, C18 : 3ω 3)

(3) 필수지방산

① 체내에서 합성되지 않거나 합성량이 적어 반드시 사료를 통해 보충해야 하는 불포화지방산

② 리놀레산(C18:2), 리놀렌산(C18:3), 아라키돈산(C20:4)

③ 필수지방산 결핍 증세

- 성장 저하
- 음수량 증가 및 부종 발생
- 미생물 감염의 증가, 성성숙 지연 및 번식 장애
- 피모 불량 및 피부병 유발
- 세포막 손상

(4) 오메가 계열 지방산

① 메틸기(CH4−) 부분의 탄소를 오메가 탄소라 함

② 메틸기로부터 탄소수를 세어 처음 이중결합이 나오는 탄소의 번호에 따라 오메가−3(w−3), 오메가−6(w−6) 지방산으로 명명

③ 오메가-3(w-3) 지방산: 리놀렌산(C18:3) EPA, DHA

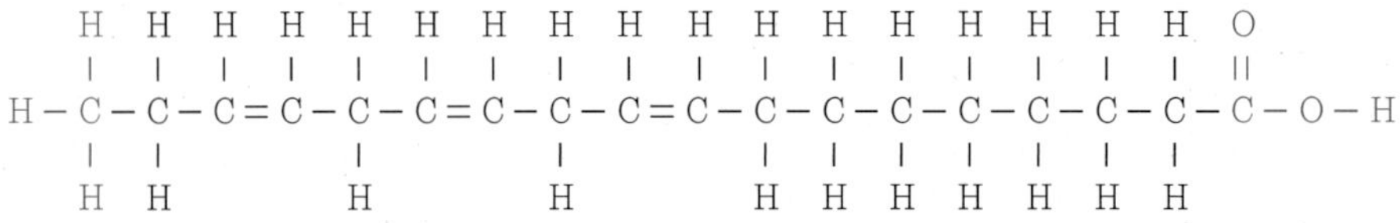

```
    H   H   H   H   H   H   H   H   H   H   H   H   H   H   H   H   H   O
    |   |   |   |   |   |   |   |   |   |   |   |   |   |   |   |   |   ||
H - C - C - C = C - C - C = C - C - C = C - C - C - C - C - C - C - C - C - O - H
    |   |           |           |           |   |   |   |   |   |   |
    H   H           H           H           H   H   H   H   H   H   H
```

다가불포화지방산(리놀렌산)(ω-3, C18:3)

④ 오메가-6(w-6) 지방산: 리놀레산(C18:2)

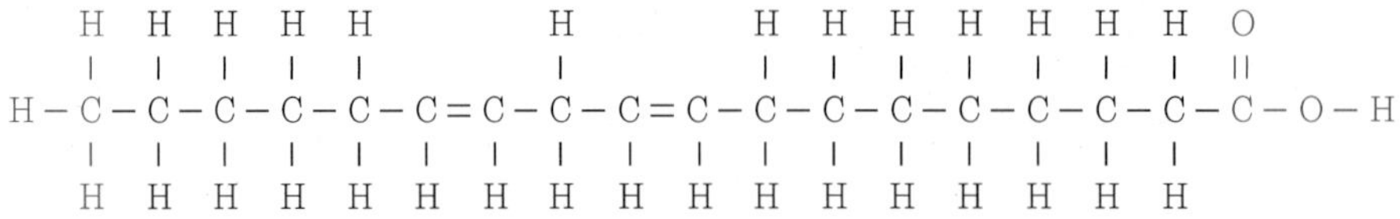

```
    H   H   H   H   H           H           H   H   H   H   H   H   H   O
    |   |   |   |   |           |           |   |   |   |   |   |   |   ||
H - C - C - C - C - C - C = C - C - C = C - C - C - C - C - C - C - C - C - O - H
    |   |   |   |   |   |   |   |   |   |   |   |   |   |   |   |   |
    H   H   H   H   H   H   H   H   H   H   H   H   H   H   H   H   H
```

다가불포화지방산(리놀레산)(ω-6, C18:2)

⑤ 오메가-3(w-3)계 지방산 기능

- 심장순환계 예방(혈청지질 감소, 혈소판 기능 변화, 혈관 확장 및 혈압 강하)
- 암 발생 억제(암세포 산화적 손상 감소)
- 관절염 및 천식 완화

03 지질 대사과정

(1) 지질 분해(지방산 분해)

① 주로 공복 시에 지방조직이나 간 등에 저장된 중성지질이 글리세롤과 지방산으로 분해

② 지방산의 산화는 세포 내 미토콘드리아에서 일어남

③ 유리지방산은 β-산화를 걸쳐서 최종적으로 아세틸 CoA(acetyl-CoA)가 생성될 때까지 이 과정이 계속 반복(β-산화 과정)

④ 생성된 아세틸 CoA는 TCA 회로로 보내져 에너지 생성

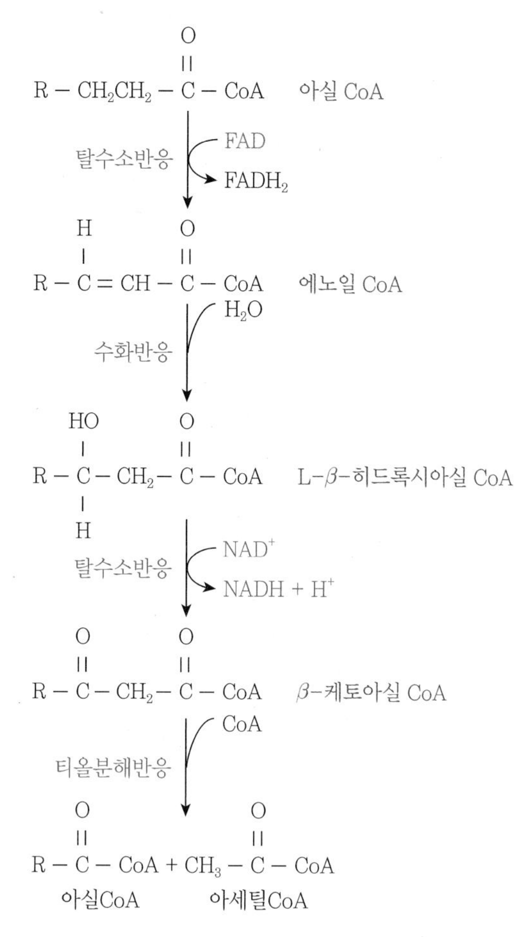

[지방산 분해]

(2) 지질 합성(지방산 합성)

① 체지방은 피하, 복강, 장기주변 등의 지방조직에 주로 저장

② 섭취한 지방 또는 에너지영양소 과잉섭취로 인해 합성된 지방

③ 지방산 합성은 주로 세포질에서 일어남

④ 아세틸 CoA는 말로닐 CoA를 형성하고 아실 ACP(Cn)와 결합하여 긴 사슬 포화지방산인 아실 ACP(Cn+2)를 합성

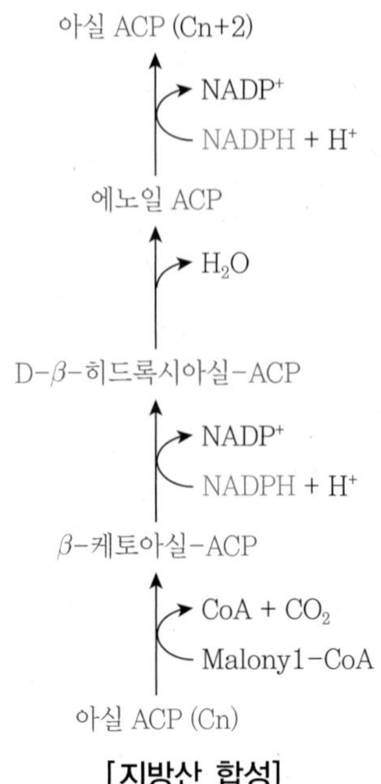

[지방산 합성]

(3) 지방산 신합성

① 지방이 아닌 영양소(예 포도당 등)로부터 지방산을 새롭게 생성
② 세포질에서 주로 일어남

(4) 케톤체 합성

① 간세포의 미토콘드리아에서는 지방산의 β-산화에서 생성된 acetyl-CoA를 이용하여 케톤체(ketone body) 합성
② **케톤체**: acetoacetic acid, β-hydroxybutyrate, acetone
③ 케톤체는 수용성이기 때문에 혈액 내에서 자유롭게 이동하여 필요할 때 acetyl-CoA를 생성하여 에너지원으로 이용(굶었을 경우)
④ **케톤증**: 케톤체가 세포 내에 많이 축적되는 증상

CHAPTER

04 단백질 분류 및 대사과정

01 단백질

(1) 단백질의 기능

① 세포와 조직을 구성, 근육을 형성, 면역 기능에 관여하는 중요한 영양소

② 펫푸드(pet food)에 단백질이 부족하면 개는 성장 불량, 체중 감소, 피부 장애, 면역 기능 이상

③ 어린 자견, 임신견, 포유견 등에서 단백질 요구량 높음

(2) 단백질 구조

① 아미노산들이 peptide 결합으로 구성

② 동물성 단백질에 구성되어 있는 아미노산은 20여 종

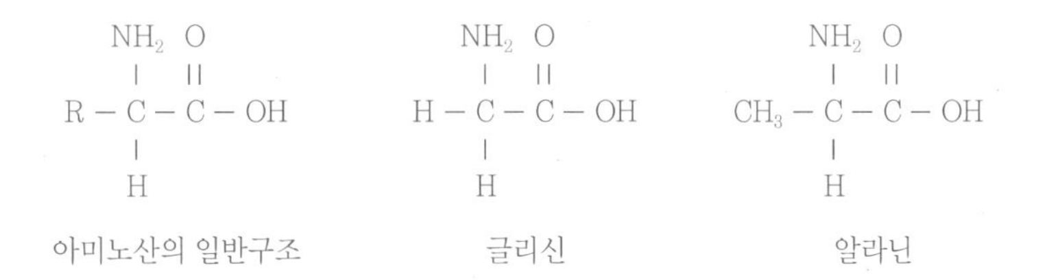

아미노산의 일반구조 글리신 알라닌

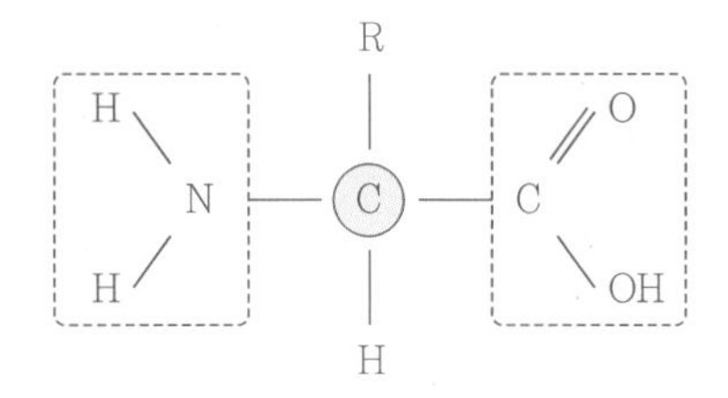

(3) 단백질 분류

단순단백질	아미노산으로만 구성된 단백질 • 알부민(albumin) • 글로불린(globulin) • 글루텔린(glutelin) • 프롤라민(prolamin) • 히스톤(histone) • 콜라겐(collagen) • 엘라스틴(elastin) • 케라틴(keratin)
복합단백질	아미노산과 그 이외의 다른 물질로 결합된 단백질 • 핵단백질 • 점액단백질: 뮤신단백질, 오보뮤코이드 • 인단백질: 카제인(casein), 오보비텔린(ovovitellin) • 색소단백질: 헤모글로빈(hemoglobin), 미오글로빈(myoglobin), 카로티노이드(carotinoid) • 지단백질: 카이로마이크론, VLDL, LDL, HDL
유도단백질	단순단백질 또는 복합단백질의 분해 산물로 구성된 단백질 • 프로티안(protean) • 프로티오즈(proteose) • 펩톤(peptone) • 펩타이드(peptide)

(4) 필수아미노산

① 체내에서 합성되지 않거나 합성되더라도 극히 소량이라 반드시 사료를 통해 공급해주어야 하는 아미노산

② 개는 10종, 고양이는 11종의 필수아미노산이 필요하고, 반드시 음식물을 통해서 공급

③ 고양이는 개와 비교하여 타우린(taurine)이 필수아미노산으로 추가되어 있고 고양이 사료에는 타우린이 포함되어 있는 것이 특징

④ 고양이 사료에 타우린이 부족한 경우에는 시력 상실과 심장질환 발생

⑤ 식물성 단백질은 타우린을 함유하지 않고, 동물성 단백질에만 타우린이 포함

⑥ 식물성 단백질(예 곡류)의 소화율은 50%, 동물성 단백질의 소화율은 90%이므로 사료로 공급되는 단백질은 동물성 단백질 70% 정도가 적당

종류	개	고양이
페닐알라닌	○	○
발린	○	○
트립토판	○	○
트레오닌	○	○
아이소루이신	○	○
메티오닌	○	○
히스티딘	○	○
아르기니	○	○
루신	○	○
라이신	○	○
타우린	×	○

(5) 아미노산 분류

중성 아미노산	1개의 아미노기 + 1개의 카르복실기
산성 아미노산	1개의 아미노기 + 2개의 카르복실기
염기성 아미노산	2개의 아미노기 + 1개의 카르복실기

(6) 아미노산 균형과 불균형

① **아미노산 균형**: 동물의 유지, 단백질 축적, 유생산 및 체조직을 위한 이상단백질의 아미노산 조성이 균형 있게 조성

② **아미노산 불균형**: 동물의 사료를 배합할 때 동물이 요구하는 균형 잡힌 아미노산 공급이 이루어지지 않고 아미노산 간의 비율이 맞지 않은 상태

02 단백질 대사과정

(1) 단백질은 소화효소에 의해 아미노산으로 분해되며 체내로 흡수

(2) 흡수된 아미노산의 경로

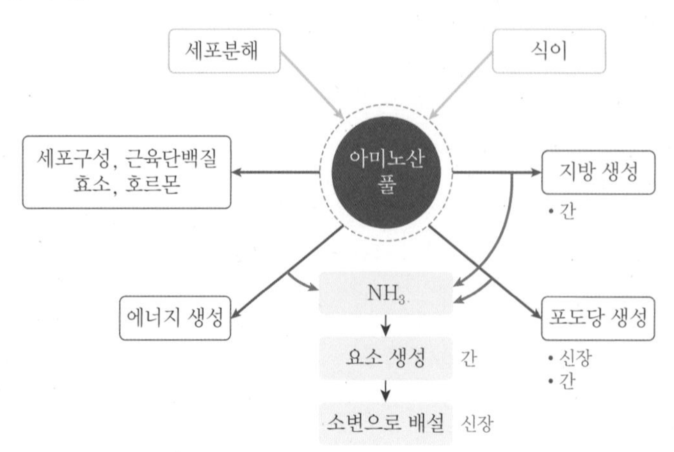

(3) 아미노기 전이반응

① 한 아미노산의 아미노기를 아미노산이 아닌 다른 물질의 탄소 골격에 전달하여 새로운 아미노산을 형성하는 과정

② 불필수 아미노산의 합성, 포도당 신생합성이나 에너지 생성을 위해 일어남

$$\underset{\text{알라닌}}{CH_3-\underset{\underset{NH_2}{|}}{\overset{\overset{H}{|}}{C}}-\overset{\overset{O}{\|}}{C}-OH} \qquad \underset{\text{피루브산}}{CH_3-\overset{\overset{O}{\|}}{C}-\overset{\overset{O}{\|}}{C}-OH}$$

아미노기 전이효소

PLP(vit.B6)

$$\underset{\alpha\text{-케토글루타르산}}{HO-\overset{\overset{O}{\|}}{C}-CH_2-CH_2-\overset{\overset{O}{\|}}{C}-\overset{\overset{O}{\|}}{C}-OH} \qquad \underset{\text{글루탐산}}{HO-\overset{\overset{O}{\|}}{C}-CH_2-CH_2-\underset{\underset{NH_2}{|}}{\overset{\overset{H}{|}}{C}}-\overset{\overset{O}{\|}}{C}-OH}$$

(4) 아미노산 탄소골격의 분해

개개의 아미노산으로부터 질소가 떨어져 나가는 탈아미노 반응 후에 아미노산의 탄소골격이 탄수화물이나 지방이 분해되는 경로로 합류하여 대사

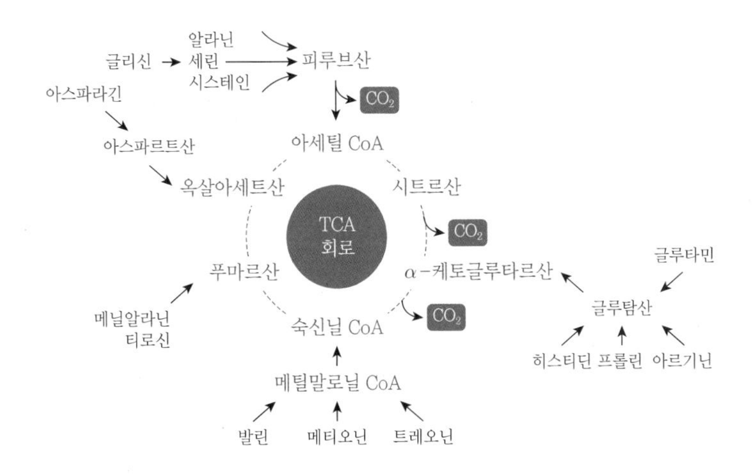

(5) 탈아미노반응

① 아미노산으로부터 아미노기를 떼어내는 과정

② 요소생성을 위해 글루탐산 등에서 암모니아가 떨어져 나오는 것이 대표적인 예

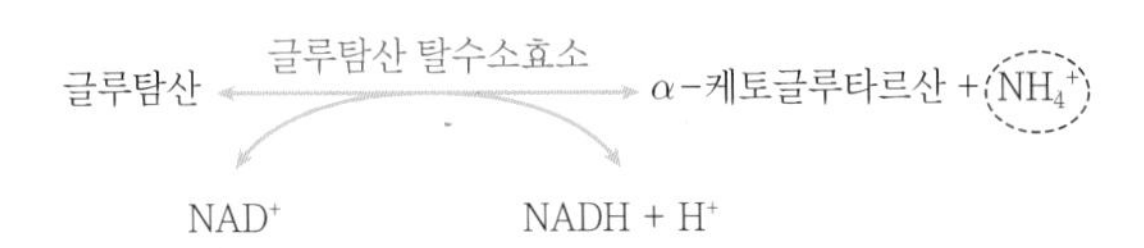

(6) 요소 회로

아미노산은 탈아미노반응에 의해 질소가 제거되고 제거된 질소는 암모니아로 전환 → 암모니아는 뇌를 손상시키는 독성 → 간에서 암모니아 제거 반응

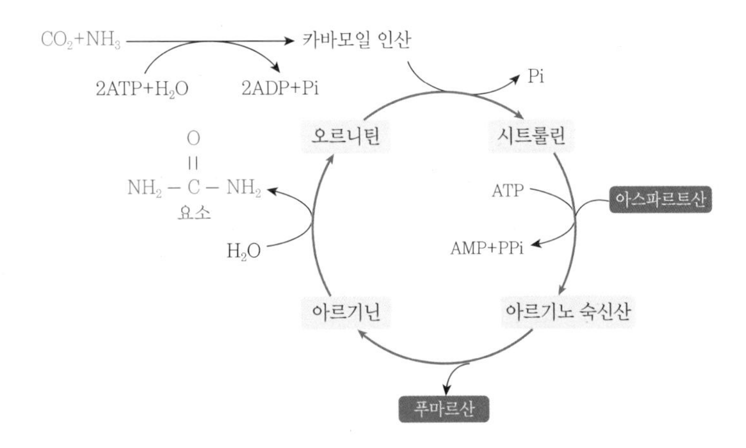

CHAPTER

05 비타민 분류 및 기능

01 비타민의 일반적 특징

(1) 미량의 유기화합물

① 동물의 정상적인 대사를 위해 필수적
② 결핍 시 질병을 유발
③ 비타민 한 가지만 사료 내에 부족해도 결핍증을 유발

(2) 비타민의 일반적인 기능

① 탈수소, 조효소 및 환원제 등의 기능으로 지방, 단백질, 탄수화물 및 에너지 대사를 조절
② 호르몬 기능, 세포증식 및 분화, 골격형성, 시력, 번식 등
③ 동물의 면역력 증진
④ 신경계나 순환기계의 정상적인 기능
⑤ DNA 합성과정에 관여
⑥ 다른 영양소의 수송 및 생물학적 이용 가능성 증진

(3) 비타민의 종류와 구분

구분	지용성 비타민	수용성 비타민
종류	비타민 A, D, E, K	• 비타민 B군: B_1, B_2, 니아신, B_6, B_{12}, 엽산, 판토텐산, 비오틴 • 비타민 C
특징	지방에 녹음	물에 녹음
과량섭취 시	체내에 축적(특히 A와 D는 간 독성)	대부분 소변으로 배설

02 지용성 비타민

(1) 비타민 A(Retinol, 레티놀)

분류	• 동물성 식품에 함유되어 있는 레티놀 • 식물성 식품에 함유되어 있는 카로티노이드계통(주황색) • 카로티노이드(carotenoid): 체내에서 비타민 A로 전환 • 카로티노이드 중 가장 활성이 높은 것: 베타-카로틴(β-carotene)
기능	• 시각기능: 눈의 간상세포에서 약한 빛을 감지할 수 있도록 하는 물질(로돕신, Rhodopsin)을 만들어, 어두운 곳에서의 시각 기능에 필수적임 • 세포분화: 배아단계에서 중요, 비타민 A가 결핍된 배아는 제대로 발달되지 못함 → 기관 분화 일어나지 못함 → 기형, 사산
결핍증	야맹증, 안구건조증, 피부 이상, 성장부진, 면역기능 약화, 성기능장애
과잉증	• 단위동물의 경우 요구량의 4~10배 이상 섭취할 경우 • 식욕감퇴, 성장률 및 체중감소, 각질화, 피부건조, 탈모 등
공급원	생선의 간유, 난황, 녹색식물 등에 함유

TIP 비타민 A의 항암작용 및 항산화작용

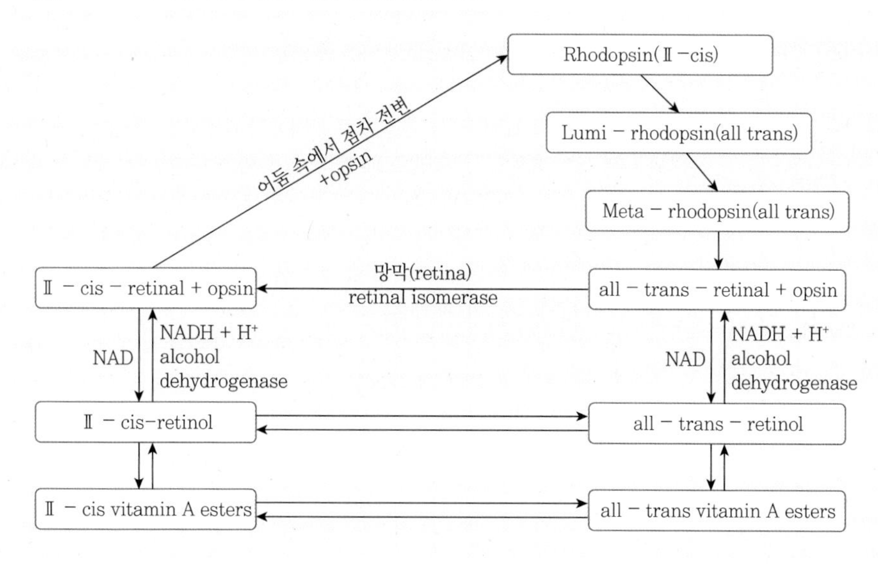

(2) 비타민 D(Cholecalciferol, 콜레칼시페롤)

분류	• 비타민 D_2: ergocalciferol(에르고칼시페롤) • 비타민 D_3: cholecalciferol(콜레칼시페롤) • 모두 간이나 지방조직에 저장
생리적 기능	• 비타민 D_3: cholecalciferol(콜레칼시페롤) • 비타민 D 활성을 지닌 가장 대표적인 화합물, 자외선에 의해 피부에서 7-디히드로콜레스테롤로부터 만들어짐 • 햇빛을 충분히 받지 못해 신체에서 필요한 비타민 D를 합성할 수 없는 경우 → 사료로부터 섭취해야 함
기능	• 부갑상선 호르몬과 함께 혈장 칼슘의 항상성 유지 • 뼈의 대사에 중요 • 세포, 신경의 기능 유지 • 혈액 응고작용
결핍증	• 구루병: 어린 동물 • 골연화증: 일령이 높은 경우에는 골연화증, 증상이 심한 경우에는 경직 증세
과잉증	• 연조직의 석회화 유발 • 고칼슘혈증
공급원	난황, 우유, 어간유

(3) 비타민 E(Tocopherol, 토코페롤)

분류	• 사료에 함유된 비타민 E 중 알파-토코페롤의 활성이 가장 큼 • 생체 내에서는 혈장, 간, 지방조직에 다량 존재 • 인지질이 풍부한 세포막과 같이 다량의 지방산을 포함하는 구조에서 특히 중요 • 사료 가공 시, 항산화제로 첨가되는 경우 많아 가공식품 중에 함유
기능	• 항산화기능: 산화스트레스에 의한 세포막 산화 차단 → 세포 보호 • 노화 방지: 과산화물생성에 의한 노화 지연 가능 • 빈혈 방지: 비타민 E 부족 시, 적혈구 세포막 산화되어 파괴 → 빈혈증상(용혈성 빈혈)이 발생할 수 있는데 예방 가능
결핍증	• 비타민 E는 계속 순화되어 소모되지 않음 → 일령이 많은 동물의 경우, 임상적인 결핍증 거의 나타나지 않음 • 유아기, 비타민 E 흡수 이상 → 발달 중인 신경계에 영향 미침 → 조기 치료하지 않으면, 신경장애 나타날 수 있음
공급원	식물성 기름, 밀배아, 콩과 식물 등

(4) 비타민 K

분류	• 혈액 응고에 관련 • 비타민 K_1(phylloquinone): 자연계의 식물과 조류 • 비타민 K_2(menaquinone): 장내 세균에 의해 합성, 생선기름과 동물성 원료에서 발견 • 비타민 K_3(menadione): 유기적으로 합성된 비타민
생리적 기능	• 간에서 생성되는 혈액응고인자들의 활성 • 뼈의 기질부에 존재하는 단백질대사에 관여
결핍증	• 자연계에서 널리 분포 • 장내 미생물에 의해 합성되므로 대부분의 동물에서는 결핍증이 거의 유발되지 않음

03 수용성 비타민

(1) 특징

- 비타민 B군과 비타민 C
- 주로 탄수화물, 지방, 단백질 대사과정에서 조효소 역할
- 체내 저장이 안 되고 쉽게 배설되므로 정상적으로 공급하지 않으면 결핍증 유발
- 물에 쉽게 용해, 열과 알칼리 조건에서 쉽게 파괴
- 사료 가공법과 보관 상태에 따라 쉽게 손실되므로, 사료 배합 시 특별히 주의

(2) 비타민 B_1(Thiamine, 티아민)

기능	• 탄수화물 대사과정에서 필요 → 에너지 섭취가 많을수록 많이 필요 • 신경자극 전달: 신경전달물질인 아세틸콜린 합성을 도와주고, 신경자극 전달 관여 • 지방산, 핵산 합성에 필요한 오탄당 합성 관여 • 중성, 알칼리성, 열에 약하기 때문에 사료의 펠렛팅이나 압출·가공 시 파괴가 일어날 수 있으므로 주의 • 대부분 조직에서 TPP(티아민피로인산) 형태로 역할
결핍증	각기병(증상: 심부전증, 근육 약화, 식욕부진, 신경조직 퇴화, 부종)
공급원	곡류의 배아나 껍질(곡류 부산물)

(3) 비타민 B_2(Riboflavin, 리보플라빈)

기능	• 탄수화물 대사과정에서 필요 → 에너지 섭취가 많을수록 많이 필요 • NADH 탈수소효소, 석신산탈수소효소, 잔틴산효소 및 글루타티온과산화효소 활성 유지에 관여 • 리보플라빈 + ATP → FMN + ADP • FMN + ATP → FAD + PPi • 탄수화물, 지방, 단백질 대사에 관여 • 대부분 조직에서 FAD 형태로 역할
결핍증	설염과 구순구각염
공급원	효모, 유지, 탈지분유 및 달걀 등

(4) 비타민 B_3(Niacin, 나이아신)

기능	• 세포 내 산화환원 반응 관여 • 나이아신은 니코틴산과 그 유도체를 말하며, 니코틴아마이드와 동등한 생리적 작용 • 활성화 형태: NAD - 지방, 탄수화물, 아미노산 대사과정 중에 주요한 탈수소효소 • 활성화 형태: NADP - 오탄당일인산염회로의 탈수소반응에 조효소

(5) 비타민 B_5(Pantothenic acid, 판토텐산)

기능	• CoA(coenzyme A)의 구성성분: 아세트산과 결합하여 acetyl-CoA 형성 • acetyl CoA: TCA 회로로 들어가서 에너지 생성 • ACP(아실기단백질) 구성성분
결핍증	• 장내 미생물에 의해 합성 • 자연계에 널리 분포 • 성장 정체, 사료효율 감소, 신경기능장애, 위장장애 등
공급원	• 여러 가지 사료에 분포 • 땅콩, 당밀, 효모, 쌀겨 및 밀기울 등

(6) 비타민 B_6(Pyridoxine, 피리독신)

기능	• 피리독신(pyridoxine), 피리독살(pyridoxal), 피리독사민(pyridoxamine)의 세 가지가 있으며 체내에서 전환 • 아미노산, 탄수화물, 지방산 대사, 단백질 대사과정에서 조효소 역할 • 활성화 형태: PLP(인산피리독살, pyridoxal phosphate) • 특히 단백질 분해, 합성과정 관여 • 트립토판 → 나이아신 생성 관여 • 적혈구 합성, 신경전달물질 합성, 면역계의 정상적인 기능에 필수 요소

결핍증	• 성장 정체, 피부염, 경련, 빈혈 및 부분적 탈모 • 질소 축적률감소, 사료 내 단백질 이용효율 저하, 질소 배출율 증가, 트립토판대사 이상
공급원	효모, 간, 우유, 채소, 곡류 등

(7) 비타민 C(Ascorbic acid, 아스코르빈산)

기능	• 산화, 광선, 고온, 알칼리 및 금속이온에 의해 파괴되기 쉬움 • 식품을 자른 표면, 주스에 들어 있는 비타민 C: 실온에서도 공기 중 산소에 의해 쉽게 파괴 • 콜라겐 합성 • 카르니틴합성 → 지방 산화 도움 • 항산화제: 비타민 E와 함께 세포 내 산화스트레스 제거 기능 • 철분 흡수 증가·면역 기능 및 질병 예방
결핍증	• 오직 영장류, 기니피그 및 어류에서 섭취가 부족할 경우에 나타남 • 이들 동물들은 L-gluonolactone oxidase 효소가 없어서 비타민 C 합성이 어려움 • 스트레스, 대사 이상 및 적절한 영양소를 공급받지 못했을 경우에는 골격 형성 이상, 성장 지연, 괴혈병 및 체내 출혈 • 개와 고양이에서는 비타민 C는 포도당으로부터 전부 합성이 가능하기 때문에 매일 섭취할 필요는 없음 • 대부분 상업용 사료만 섭취하는 개와 고양이는 사료에 적절한 비타민이 포함되어 있기 때문에 추가적으로 종합 비타민 보조제를 먹이는 것은 좋지 않음
공급원	• 과실, 채소 등 • 비타민 C는 산화로 파괴가 잘 되고 열에 약하기 때문에 사료에 첨가할 때 주의

(8) 엽산(Folate, Folic acid, 폴레이트)

기능	• 사람 및 동물의 성장인자로 작용 • 항빈혈작용 • 퓨린과 피리미딘의 구성에 관여: DNA와 RNA의 주요성분 • 적혈구 형성에 관여: 테트라하이드로엽산 • 활성형태: THF(tetrahydrofolic acid)
결핍증	• 거대적 아구성빈혈 • 정상적인 적혈구: 핵을 상실한 무핵세포 • 거대적 아구: 미성숙한 핵을 가지고 있으며 정상적인 적혈구보다 크기가 약간 큼
공급원	• 녹색잎을 가진 식물과 동물의 부산물 • 곡류, 콩, 기타 두과종실

(9) 콜린(Choline)

기능	• 메치오닌 합성과정에서 메틸기의 공여체로 작용 • 레시틴의 구성성분: 지방수송 촉진 등 비정상적인 지방 축적 방지 → 항지방간인자 • 신경자극 전달물질인 아세틸콜린(acetylcholine) 구성성분
결핍증	동물의 성장 저하, 거친 피부, 불안정한 걸음걸이
공급원	자연계의 모든 지방에 들어 있기 때문에 대부분의 동물의 요구량을 충족

06 무기질 분류 및 기능

01 무기질 기능

뼈조직의 구성성분	Ca, P, Mg
연조직의 구성성분	Fe, K, P, S, Cl, I 등
체액의 구성성분	Na, Cl, K, Ca, Mg 등
산과 염기 평형의 조절	• 체액을 중성으로 유지: 항상성 유지 • 동물의 혈액이나 체액의 산, 염기 평형을 조절 • 완충제 역할: pH가 일시적으로 증감되더라도 완충제에 의해 일정한 pH 유지
효소의 구성성분 및 조효소 작용	• 광물질은 효소의 구성성분 • Fe: 헤모글로빈과 사이토크롬의 구성성분 • Cu: 타이로시나이제의 구성성분 • Mg과 Mn: 해당 과정, TCA 회로, 지방산 합성과 분해에서 조효소 역할

02 무기질 분류

(1) 칼슘과 인

1) 칼슘(Ca)

기능	• 골격 구성: 인과 함께 칼슘염 형성 → 뼈, 치아 만듦 • 혈액 응고작용 • 신경자극 전달 • 근육 수축 및 이완작용 • 고지방 식사 시, 지방산에 의한 자극 차단 → 대장암 발생률 감소 • 고혈압 발생 감소 • 혈청 LDL: 콜레스테롤 감소

결핍증	• 구루병: 어린 동물의 경우 칼슘, 인, 비타민 D가 부족하면 발생 • 골연증: 성견에서 칼슘이 결핍되면 장골이 연해지고 약해지는 현상 • 골다공증: 성견에서 요로 배설되는 칼슘의 조절이 불량하거나 조골작용보다 칼슘분해 작용이 왕성하고 사료 내 칼슘 공급이 부족하게 되면 혈중 칼슘 농도를 유지하기 위해 뼈의 일부가 분해 • 칼슘 테타니: 근육 주로 손, 발, 안면의 근육이 수축, 경련이 일어나는 증세 • 혈액응고에도 심각한 문제

2) 인(P)

기능	• 골격, 치아 만듦 • 산, 염기 평형 조절 • DNA, RNA 등 핵산 구성 성분 • 효소의 활성화 도움 • 에너지 대사
결핍증	• 뼈의 석회화, 식욕부진 증세, 심한 경우에는 폐사 • 칼슘, 인, 비타민 D는 강아지의 발육에서 골격을 형성하기 위해서 필수적이며, 부족하면 발육부진의 원인

(2) 마그네슘(Mg)

특징	• 칼륨이온 다음으로 세포 내에 많이 들어 있는 양이온성 물질 • 체내 마그네슘의 60%는 뼈에 함유, 나머지는 체액에 함유 • 인산기 전달효소의 활성제 역할 및 여러 가지 효소의 활성 • 에너지 발생 작용과 밀접
기능	• 골격 및 치아 등 경골조직의 구성성분 • 여러 효소의 보조인자와 활성제로 작용 • ATP와 에너지 대사에 관여: ATP 안정화 • 신경자극의 전달과 근육의 긴장 및 이완작용 조절 – 칼슘: 근육을 긴장, 신경을 흥분 – 마그네슘: 근육을 이완, 신경을 안정
결핍증	• 혈청 마그네슘이 급격히 감소 • 세포외액의 전해질 균형이 깨짐 • 신경자극전달과 근육의 수축이완이 정상적으로 조절되지 않음 • 신경이나 근육에 심한 경련: 마그네슘 테타니(Mg-tetany)

(3) 나트륨, 칼륨, 염소

1) 나트륨(Na): 세포외액의 주된 양이온

기능	• 삼투압의 정상 유지 • 산과 염기의 평형 유지 • 신경자극 반응을 조절
결핍증	• 성장 정체 및 사료효율의 감소 유발 • 수유동물에는 유생산량 감소

2) 칼륨(K): 세포내액의 주요 양이온

기능	• 수분과 전해질, 산·염기의 평형 유지 • 근육의 수축과 이완작용에 관여 • 산과 염기의 평형 유지 • 에너지, 단백질 대사에 관여
결핍증	• 전해질 균형이 깨져 설사 발생 • 결핍증은 드묾

3) 염소(Cl): 자연계에서는 나트륨과 결합된 소금 존재

기능	• 세포 내외에 가장 많이 존재하는 음이온 • 산·염기 평형 이외의 중요한 역할 • 수소이온과 결합하여 위 내에서 염산(HCl) 존재
결핍증	극도로 발육이 떨어짐, 폐사율이 높아짐

(4) 전해질 균형

1) 기능

① **전해질**: 물 등의 용매에 녹아서 이온으로 해리되어 전류를 흐르게 하는 물질, 동물의 체액과 혈액은 전해질 균형 상태를 유지

② **양이온**: Na^+, K^+, Mg^+

③ **음이온**: Cl^-, HPO_4^{2-}(인산이온), HCO^{3-}(중탄산이온), $H_2SO_4^{2-}$(황산이온)

④ 체액의 삼투압 유지, 신경자극 전달, 산·염기 균형 및 효소반응

(5) 철(Fe)

특징	• 동물체의 생리적 상태에 따라 체내 이용률이 달라짐 • 체내에서 주로 복합 유기상태로 존재 • 동물 체내에 함유되어 있는 철의 90% 이상이 포르피린(porphyrin)과 결합 • 60~80%: 적혈구의 헤모글로빈과 근육 속의 미오글로빈에 존재 • 나머지 20%: 간이나 비장 등의 기관에 저장 • 산소를 조직으로 이동, 저장하는 데 관여, 여러 효소의 보조인자 • Fe^{3+}(자연 상태) → Fe^{2+}(체내 흡수상태)
기능	• 체내 산소 이동: 헤모글로빈의 구성성분 • 효소의 보조인자 작용: 사이토크롬효소의 구성성분, 전자전달계의 화학반응에 관여
결핍증	• 빈혈증: 철 결핍 시 적혈구 크기가 작아지고 헤모글로빈이 감소 • 영양성 빈혈

(6) 구리(Cu)

특징	• 동물 체내에서 대사과정에 관여하는 효소의 구성성분 • 자돈성장 개선 효과
기능	• 철의 이용성 증진 • 결합 조직의 안정성 유지 • 금속효소의 구성성분
결핍증	• 철의 이용성이 낮아져 헤모글로빈 생성 불량: 영양성 불량 • 뼈의 이상증세: 후구마비병

(7) 코발트(Co)

기능	• 간, 신장, 골격조직에 주로 분포 • 비타민 B_{12}의 구성성분
결핍증	• 일반적으로 많이 일어나지 않음 • 식욕 저하, 피부가 거칠어짐

(8) 요오드(I)

특징	• 갑상샘호르몬인 티록신(T4)과 트리요오드타이로닌(T3)의 원료 • 이들 호르몬은 티로신에서 합성되지만 활성형 호르몬이 되기 위해서는 요오드가 필요
기능	• 티록신과 트리요오드타이로닌의 구성성분 • 세포의 산화촉진 및 체온 조절
결핍증	갑상샘비대증: 갑상샘이 호르몬을 합성하기 위해서 계속해서 자극되면서 발생하는 증상

(9) 아연(Zn)

특징	• 생체 내 여러 효소의 구성성분, 인슐린 분비와 관련 • 수컷의 정자형성 과정에 중요한 역할
기능	• 여러 금속효소의 구성성분 • 성장 및 면역기능 • 생체막 구조의 유지: 세포막 구조 안정화

(10) 불소(F)

특징	• 필수 광물질로 미량원소에 속하며 중독 광물질로 분류 • 주로 뼈와 치아에 함유
기능	• 충치 예방: 입안 미생물이 탄수화물을 분해하여 발생한 산이 에나멜층 부식, 불소는 구강 내 미생물의 활력을 떨어뜨려 에나멜의 용해를 막음 • 골연증 예방: 뼈의 장골을 보다 견고하게 하고 골연증 예방
중독증	• 골격 내 불소가 축적되어 그 함량이 30~40배인 경우 • 뼈가 정상적인 색깔을 잃고 굵어지며 조직이 엉성하게 되어 부스러지거나 부러지기 쉬운 상태 → 반상치

(11) 셀레늄(Se)

특징	• 필수 광물질 • 세포질에 존재하면서 산화물을 없애는 글루타티온과산화효소(glutathione peroxidase, GSH-Px)의 구성성분 • 비타민 E와 함께 항산화효과를 갖는 영양소
기능	• 항산화작용: 글루타티온과산화효소(glutathione peroxidase, GSH-Px)의 구성성분 • 독성물질로부터 조직의 손상을 방지 • 비타민 E 절약 작용: 비타민 E와 같이 유리 래디칼(free radical)에 의한 세포의 산화적 손상을 저하 • Se: 세포질에서 과산화물 제거, 비타민 E는 세포막에서 이미 생성된 유리 래디컬의 작용을 억제 → 비타민 E 절약 • 정자 형성에 관여 • 사람에서는 암 예방 효과

03 수분

① 동물 체중의 50~70%가 물로 구성
② 가장 중요한 요소로 체내 수분에서 15% 이상 상실되는 경우 사망에 이름
③ 건식사료는 수분이 10%이 포함되어 있으므로 습식사료와 비교하여 더 많은 양의 물을 섭취

CHAPTER

07 반려동물 사료의 급여량과 반려동물의 식품

01 반려동물 영양의 기준

(1) 영양소의 단위 및 비교

1) 영양소의 에너지 단위

① 영양소를 에너지 단위로 표시함

② 에너지는 흔히 칼로리(cal)나 킬로칼로리(kcal)의 단위로 표시됨

③ **1칼로리**(calorie): 1그램의 물 온도를 14.5도에서 15.5도로 올리는 데 필요한 에너지의 양

④ 에너지양이 적기 때문에 킬로칼로리를 사용

2) 식품의 영양소 비교: 건조물에 의한 비교

① 식품을 비교하는 방법은 건조물(dry matter; DM)을 기준으로 영양소들을 비교하는 것

② 측정을 위해선 수분량을 고려해야 함

③ 건조물의 수치는 수분이 존재하지 않았다는 가정하에 특정 영양소의 퍼센트를 나타냄. 즉, 어떤 건사료가 급여상태를 기준으로 18%의 단백질과 10%의 수분을 함유하고 있다는 것은(이것은 건조물이 90%) 18%의 단백질을 90%의 건조물(DM)로 나누고 100%를 곱하면 건조물기준으로 단백질 함량은 20%가 됨

예 만약 어떤 습식사료가 급여상태를 기준으로 8%의 단백질과 60%의 수분을 함유하고 있음(이것은 건조물이 40%라는 것을 의미)

- 8%의 단백질을 40%의 DM으로 나누고 100%를 곱하면 DM기준으로 단백질의 함량은 20%가 됨
- 따라서 이 두 가지의 사료는 급여상태를 기준으로 비교했을 때 큰 차이가 있는 것처럼 보이지만 건조물의 기준으로 비교했을 때에는 단백질의 함량이 동일함

3) 식품의 영양소의 비교: 대사에너지 비교

① 식품을 비교하는 방법에는 대사에너지(metabolizable energy; ME)를 기준으로 영양소의 양을 비교하는 것. 대사에너지의 기준은 식품의 에너지 밀도를 가리킴

② 이 방법을 사용하여 영양소를 퍼센트나 그램당 1000kcal의 ME로 표시함

예 급여상태를 기준으로 11%의 단백질을 함유하고 있는 가정식은 1600kcal/1000g의 조리된 식이를 제공한다면 11%의 단백질은 11g 단백질/100g의 조리된 식이를 나타내기 때문에 만약 11g 단백질/100g의 조리된 식이를 160kcal/100g 식이로 나눈다면 이 식품은 0.06875g 단백질/kcal를 제공함. 또는 1000을 곱하여 68.75g 단백질 1000kcal로 표시할 수 있음

4) 식품의 영양소 비교: 각각의 영양소를 전체 킬로칼로리의 퍼센트 비교

① NRC(National Research Council Committee, 국립조사위원회)의 기준으로 단백질, 지방, 탄수화물의 칼로리를 계산하는 방식

② **NRC 74년**: 단백질 4kcal, 지방 9kcal, 탄수화물 4kcal

③ **NRC 85년**: 단백질 3.5kcal, 지방 8.5kcal, 탄수화물 3.5kcal

④ **현재**: 각 영양소의 원료에 따라서 다름

⑤ 단백질, 탄수화물, 지방을 표시하는 각각의 영양소들을 식품에 든 전체 킬로칼로리의 퍼센트로 나타내는 것

예 어떤 가정식이 급여상태를 기준으로 11%의 단백질, 6%의 지방, 20%의 탄수화물, 63%의 수분을 함유하고 있음(37% DM)

- 건조물 기준으로 단백질의 퍼센트는 30%(30% DM)이고, 지방의 퍼센트는 16%(16% DM), 탄수화물은 54%(54% DM)
- 단백질, 탄수화물은 대략 4kcal/g을 제공하고 지방은 9kcal/g을 제공
- 따라서 단백질이 제공하는 에너지는 120kcal이고, 지방과 탄수화물이 제공하는 에너지는 각 144kcal/g와 216kcal/g이고, 전체 에너지는 480kcal
- 식품 속에 든 단백질의 에너지 퍼센트는 120kcal/480kcal × 100% 또는 대략 25%
- 식품 속에 지방과 탄수화물의 에너지 퍼센트는 각각 30%와 45%

(2) 반려동물 식품의 영양

1) 현재 국제 영양학의 기준이 되는 기관

① AAFCO(Association of American Feed Control Officiences, 미국사료협회)

- 이 협회는 미국에서 동물 사료 및 반려 동물 사료의 품질과 안전성에 대한 표준을 설정하는 비영리 단체
- AAFCO는 동물 사료의 안전에 관한 주 법률 및 규정을 시행할 책임이 있는 주 공무원으로 구성된 자발적 조직
- 재료의 소화능력과 비타민과 무기질의 근원에서 차이를 고려하여 필요량을 확립
- Pet Food 관련규정과 영양소 함량 기준을 제시

② NRC(National Research Council Committee, 동물영양에 관한 국립조사위원회)
- 영양학의 바이블, 학술적 연구에 근거로 제시. 논문 기반 중심으로 해석. 기준치가 극단적
- 고도로 정제된 식품에 근거하여 성장에 필요한 최소 영양소를 확립

③ FEDIAF(The European Pet Food Industry Fedration, 유럽펫푸드산업협회)

④ 현재 사료 포뮬러의 기준은 AAFCO, NRC 기준에 맞춰서 제조하고 있음

2) 반려동물 식품의 영양소 고려사항

① AAFCO와 NRC 기준에 맞는다면 평생 급여 가능. 일부 처방식의 경우 단백질, 인 함량이 제한되어 있음. 그러나 단백질 함량이 적지만 아미노산 pool을 충족시켜서 급여하는 경우도 있음

② 현재 단백질의 safe upper limit은 아직 불확실하지만 아미노산은 있음. 지방은 5~33%(Dog)를 권장

③ 오메가 6/3의 충분한 함유 여부를 고려해야 함. 또한 오메가 6/3는 산패가 잘 일어나므로 산패에 주의해야 함

④ 미네랄 함량을 고려해야 함. 현재 칼슘과 인의 비율은 1:1~2:1을 권장하고 있음

⑤ 사료에 있어서 전체적인 영양소의 함량을 공개해야 함

3) 반려동물 사료의 오메가6/3에 대한 고려사항 및 사료보관 기간

① 사료에 있어서 오메가6/3가 함유되어져 있는데 산패가 잘 일어남. 그 이유는 기호성을 높이기 위해서 사료공정 중에 맨 마지막에 분사형식으로 공급되어져 있기 때문

② 그러므로 사료가 공기에 노출되거나 직사광선을 받게 되면 산패가 일어남.

③ 보통 한달에서 한달 반 만에 산패가 됨. 그래서 사료의 경우 포장지는 햇빛이 차단되어져야 하며 또한 개봉 후 최소 한달 반이 지나면 산패가 일어나므로 보관기간을 한달에서 한달 반 정도로 유지해야 함

예 로얄캐닌 스타터의 경우 용량이 작은 이유
- 적은 용량으로 많은 에너지를 내기 위해서 지방함량이 높아야 함
- 잘 먹어야 하기 때문에 기호성을 높여야 하기 때문

④ 오메가 6/3가 산패되었을 때는 Peroxide가 방출되어 간에서 독성물질로 작용

02 반려동물 사료 급여량

(1) 급여량 계산

1) 급여량 계산에 대하여

① 체중과 식품의 kcal/kg을 안다면 급여량을 측정할 수 있음

② 모든 동물들은 에너지원을 필요로 하며 에너지 섭취량과 에너지 소비량이 대등하게 될 때 평형을 이룸. 휴식기 에너지 필요량(Resting Energy Requirement; RER)은 대부분의 에너지 소비량을 차지하며 조용히 앉아 있으면서 몸의 항상성을 유지하는 데 필요한 에너지를 나타냄

③ 체표면적과 체중 둘다 휴식기 에너지 필요량을 결정하는 데 중요한 역할을 함

④ 근육활동, 스트레스, 체온을 유지하기 위한 열 생산, 음식 소화가 에너지를 필요로 하며 에너지 필요량의 원인이 됨. 휴식기 에너지 필요량은 일일 에너지소비량의 대략 60%를 차지하고 근육활동으로 인한 에너지소비량은 대략 30%를 차지함

⑤ 총에너지소비량(total energy expenditure)은 성별, 번식상태, 신체조성, 영양상태와 연령에 영향을 받음

⑥ 반려동물의 일일 에너지 필요량(Daily Energy Requirements; DER)을 결정해서 급여량을 결정함

2) 급여량 계산방법

① RER

- Resting Energy Requirement(kcal)
- 70 × (BW(kg))(0.75) 또는 30 × (BW(kg)) + 70kcal(2~45kg)

② DER

- Daily Energy Requirements
- Size, life stage, activity, neuter status, breed, gender, Disease 등에 의해 달라짐
- 개의 경우 일반적으로 RER × 2(중성화 수술 1.6)

예 5kg 시츄의 DER은
RER = 5 × 30 + 70 = 220kcal, DER = RER × 2 = 440kcal 등으로 하루 필요한 kcal을 결정할 수 있음

③ DER의 결정은 Size, life stage, activity, neuter status, breed, gender, Disease 등에 의해 달라지기 때문에 대략적인 상태에 RER × 배수로 DER이 결정됨

상태		RER X 배수	
		개	고양이
Adult	비만	1.0	1
	비만 경향	1.4	1
	중성화 수술	1.6	1.2
	운동량 없음	1.8	1.4
	가벼운 운동	2.0	1.6
	적당한 운동	3.0	
	심한 운동	4.0~8.0	
성장기	성견 체중의 50% 이하	3.0	3
	성견 체중의 50~80%	2.5	2.5
	성견 체중의 80% 이상	2.0	2

④ 고양이의 경우 DER의 결정은

- RER
  - Resting Energy Requirement(kcal)
  - 40 × 체중(kg)Kcal
- DER
  - Daily Energy Requirements
  - 비활동적: 50 × 체중(kg)
  - 활동적: 60 × 체중(kg)
  - 매우 활동적: 70 × 체중(kg)

등으로 하루 필요한 kcal을 결정할 수 있음

예 4kg 성견에게 다음 사료를 급여한다면 급여량은 얼마나 되는가? NRC 74기준으로 진행할 것

조단백: 24% 이상, 조지방: 15% 이상, 조섬유: 5% 이하, 조회분: 10% 이하, 수분: 10% 이하

- 단백질: 24 × 4 = 96kcal, 지방: 15 × 9 = 135kcal,
  탄수화물: (100 − 10 − 24 − 15 − 10 − 5) × 4 = 144kcal
- 사료에너지/100g → 375kcal/100g
- 필요에너지 → (4 × 30 + 70) × DER = 380kcal
- 따라서 하루에 약 100g 정도 급여하면 됨

3) 급여량이 특수한 경우

특별한 조건이 있는 경우, 즉 수술이나 질병상태에 따라서 급여량이 달라질 수 있음

- Surgery(수술) → 1.1~1.3 × RER
- Cancer(암) → 1.2~1.5 × RER
- Trauma(창상) → 1.3~1.4 × RER
- Sepsis(패혈증) → 1.8~2.0 × RER
- Burns(화상) < 40% of body → 1.2~1.8 × RER
- Burns(화상) > 40% of body → 1.8~2.0 × RER
- Respiratory/Renal failure(호흡기, 신부전) → 1.2~1.4 × RER
- Fractures(골절), long bone or multiple → 1.2~1.3 × RER
- Infection(감염), mild to moderate → 1.1~1.4 × RER
- Infection(감염), severe → 1.5~1.7 × RER

→ 특수한 경우는 생리학적 소화 흡수의 기능의 변화에 따라 달라지기 때문

03 반려동물식품의 생산과 종류에 대하여

(1) 사료의 생산과정

1) 일반적인 사료 생산과정

① 가루로 된 원료반죽: 분쇄기를 통해서 분쇄하고 혼합기를 통해서 혼합하는 과정
② 프리컨디셔너: 혼합된 재료를 가열하고 스팀하는 과정
③ 익스트루더: 열과 압력을 가해주는 과정
④ 냉각, 건조, 오븐
⑤ 코팅: 이 과정에서 오메가6/3을 코팅해줌
⑥ 인쇄 포장기

2) 사료생산과 관련된 이슈들

① 기름에 튀긴다?: 튀기지 않음. 튀기면 발암물질(아라키노이드)이 나오기 때문
② 비타민의 파괴?: 열과 스팀 과정이 있어서 파괴됨
③ 색깔이 기존과 다름: 공정 형태가 일률화되어 있어서 가능성이 떨어짐
④ 알갱이의 크기가 다름: 공정 형태가 일률화되어 있어서 가능성이 떨어짐
⑤ 다른 알갱이가 섞였음: 공정 형태가 일률화되어 있어서 가능성이 떨어짐
⑥ Filer?(인위적인 부풀림재료?): 탄수화물. 탄수화물을 넣지 않으면 부풀릴 수 없음

(2) 상업 펫 푸드의 종류

1) 현재 상업 펫 푸드의 종류와 장단점

건식	• 수분함량 10% 내외 • 기호성 보통, dental hygiene(치아 위생에 양호), 편리함, 열처리
반습식	• 수분함량 25% 내외 • 기호성 높음, 당뇨에서는 금기(습윤제: humectant), 보관유의(변질 우려), 치과질환 문제 발생 • 곰팡이를 방지하기 위해 humectant(습윤제) 첨가: 네춰리스 제품은 humectant가 들어 있지 않음 → 습윤제 대신 Corn syrub을 사용
습식	• 수분함량 70% 내외 • 기호성 매우 높음, 하부요로기 질환 예방, 보통 영향균형이 불균형일 수 있음, 치과질환 문제 발생
생식	열처리 없이 동결 건조, 영향 균형의 불균형(칼슘)

04 반려동물식품 고려사항

(1) 반려동물식품 고려사항 4가지

반려동물에게 좋은 식품은 무엇일까? → 반려동물에게 좋은 식품은 기호성, 흡수율, 영양균형, 원료의 안전성이 필요함

(2) 기호성

1) 기호성에 영향을 주는 요인

① 식품 자체에서 영향을 받음

② 냄새, 아로마, 온도, 맛, 형태, 원료, 제조과정, 보존상태에 영향을 받음

③ 반려동물 개체에서 영향을 받음

④ 섭식 습성, 과거 경험, 개체 차이

⑤ 환경에서 영향을 받음

⑥ 주인과의 관계, 다른 동물과 생활, 생활방식, 스트레스에 영향을 받음

2) 반려동물 섭식습성

① 섭식습성의 종류

- Neophilia(새로운 음식을 좋아하는 경향)

• Neophobia(새로운 음식을 싫어하는 경향)
• Aversion(반감)

② 주위에 많이 있는 먹이(또는 많이 없는 먹이)

③ 공간개념(고양이): 50cm 떨어져서 줌

TIP 반려동물의 섭식습성에서 기호성을 높게 해주는 방법

• 꾸준히 같은 종류의 음식을 먹는경우 neophobic의 경향이 높아지고, 어려서 다양한 음식을 경험한 경우 neophillic 경향이 높아짐
• 사료 교체 시 기호성이 떨어지는 것을 줄이기 위해선 어릴 때 다양한 경험을 갖게 할 것

3) 개의 섭취단계

기호성을 높이기 위해서 개의 섭취단계를 이해할 필요가 있음

① 첫 단계에서는 선택을 위해서 냄새를 맡음. 식품의 선택을 위해서 아로마나 지방산으로 코팅을 통해서 기호성을 높임

② 두 번째 단계는 음식을 파악하는 단계로 입이나 코끝의 접촉을 통해 크기, 모양, 질감 등을 파악함. 이 단계의 기호성을 높이기 위해 건조, 요리 등을 고려함

③ 세 번째 단계는 씹는 단계로 이 단계에선 맛을 보게 됨. 재료의 질을 고려해야 함

④ 네 번째 단계는 소화 단계로 생리학적 반응이 일어나고 음식의 안전성이 중요함

⑤ 기호성에 가장 중요한 부분은 우선 선택할 수 있도록 만들기 위해 냄새가 중요한 역할을 한다는 것임

4) 기호성과 온도와의 관계

기호성을 높이기 위해선 40도 내외가 가장 좋은 반응을 보임

5) 사료의 교체

기호성이 높은 음식을 공급해주면 좋지만 만약 불가피한 사료의 교체가 이뤄진다면 어떻게 하는게 좋은가를 고려해야 함

① 인내와 새로운 음식의 지속적인 노출이 중요

② 아프거나 보호자와 떨어져 있는 경우 주의

③ 교체 시 체중이 10%이상 감소하는 경우 기존 사료로 수주간 급여

④ 자율 급여보다는 배식이 나을 수 있음 예 하루에 2~3번, 1시간 정도 노출

⑤ 새로운 음식과 기존 음식을 동시에 노출(같은 형태의 밥그릇) → 며칠 내로 새로운 음식을 먹기 시작하면 기존 음식은 점점 줄임(1~2주간) → 두 음식을 섞어 차츰 차츰 새로운 음식의 비중을 높임

(3) 흡수율

1) 흡수율과 영양소

① 전반적으로 탄수화물은 열을 가하면 가할수록 흡수율이 양호한 반면 단백질은 열을 가하면 가할수록 흡수율이 떨어짐
② 흡수율은 변의 상태를 보고 파악함
③ 변량(수분량)과 관련
④ 흡수율이 높을수록 변의 수분함량은 낮음
⑤ 변의 수분함량이 높을수록 흡수율은 떨어짐
⑥ 식이섬유의 함량이 많을수록 흡수율이 낮음
⑦ 전분의 경우 잘 익히는 경우 흡수율은 거의 100%
⑧ 지방의 흡수율은 약 90%
⑨ 단백질의 흡수율은 99% 이하
- 열처리를 할수록 흡수율↓
- 원료에 따라 흡수율이 다름

(4) 영양균형

영양균형은 AAFCO, NRC를 참조함

(5) 원료의 안전성

1) 사료 원료에 대한 표현

각각의 사료는 원료에 따란 여러 가지 표현을 사료 포장지에 기록함. 사료의 등급은 아니지만 그 용어에 대해선 알아둘 필요는 있음

2) 펫푸드 회사에서 사용하는 용어

① 오가닉: 유기농 원료, 사료 뒷면의 원료란에 반드시 organic 표시
② 홀리스틱
- Human Grade 원료, BHA, BHT, Ethoxyquin 사용이 없음
- 곡물을 통째로 사용
- 허브, 과일, 야채 사용 시 저온제조, GMO ×, 킬레이트 미네랄 사용

③ 슈퍼 프리미엄
- 육류 함량 > 곡류 함량
- 부산물 사용이 없음. meat meal, Bone meal ×, BHA 등의 산화 방지제 사용 ×

④ 프리미엄: 부산물(By Products), 합성 산화방지제, 기호성을 높이기 위한 인공 첨가물
⑤ Organic: 원료의 70% 이상 → 유기농

TIP 유기농(Organic) 사료

- (미국의 경우) USDA에서 식품에 사용되는 동·식물성 원료의 사육 및 재배, 수확, 처리 과정에 있어서 합성 화학 물질, 성장 호르몬, 방부제, 보존제, 부산물, 유전자 변형 등이 없는 제품에 대해 NOP(National Organic Program) 규정에 의해 유기농 인증을 하고 있으며 펫푸드도 이 기준을 적용하고 있음. 유기농 원료의 비중에 따라 아래와 같이 표기됨
  - 원료의 100%를 올가닉(유기농) 원료만 사용했을 때: '100% 올가닉'으로 표기, USDA Organic 마크 사용 가능
  - 소금과 물을 제외, 원료의 95% 이상(무게 기준)을 올가닉(유기농) 원료로 사용했을 때: '95% 올가닉'으로 표기 가능, USDA Organic 마크 사용 가능
  - 원료의 70%를 올가닉(유기농) 원료로 사용했을 때: 'Made with Organic'으로 표기할 수 있고, 3가지의 유기농 원료를 명기하되, 유기농 인증 마크는 사용하지 못함
  - 원료의 70% 이하를 올가닉(유기농) 원료로 사용했을 때: 원료 표기 외에는 'Organic'이라는 단어를 사용하면 안 됨
- 유기농 사료는 원재료에 대해 신뢰할 수 있는 장점이 있지만, 기호성이 떨어질 수 있고, 대체적으로 가격이 비쌈. 또한 사료에 반드시 필요한 비타민, 미네랄 등은 유기농 원료가 없음

⑥ Natural
- 합성 보존제 사용 ×
- 합성 비타민 등은 허용

⑦ Human grade: 사람이 먹을 수 있는 제품

⑧ Holistic: 사람이 먹을 수 있고 부산물(털, 발톱)이 배재된 사료

TIP 홀리스틱(Holistic) 사료

- 홀리스틱 사료에 대한 법적인 기준은 없지만, 홀리스틱급의 사료라고 하면 반려동물의 건강유지와 웰빙을 위해 필요한 휴먼 그레이드급의 좋은 원료로 제조한 제품을 말함
- 동물의 발톱, 털 등은 부산물로서 홀리스틱급의 원료로 포함되어서는 안 되지만, 사료의 원료로 사용되기 위해 분리된 동물의 내장은 같은 의미의 부산물이 아니며, 오히려 훌륭한 단백질원이 될 수 있음. 따라서 홀리스틱급 사료에 사용됨

⑨ Super-Premium: 고급사료

⑩ Grain Free 사료
- 탄수화물의 재료로 곡물을 사용하지 않음
- 영양학적 요구 < 보호자의 요구
- 과거의 개·고양이 선조
  → "탄수화물을 섭취하지 않았다."에서 출발
  → 초식동물의 장을 통해 식이섬유 섭취
  → 탄수화물을 단백질과 지방으로 대체(고단백 고지방 식이 우려)
  → 현재 개와 고양이는 탄수화물을 잘 흡수

→ 여러 연구에서 탄수화물원의 단백질(gluten)이 알레르기를 유발할 확률이 있음
→ Grain Free는 Carbohydrate free를 의미하지 않음(쌀, 옥수수, 밀 등 → 감자, 콩 등으로 대체)

3) 반려동물에 유해한 음식들

① 양파: 빈혈을 유발
② 포도: 신부전을 유발
③ 초콜릿: 중독 유발
④ 자일리톨: 저혈당증 유발(고양이는 증상이 뚜렷하지 않음)
⑤ 마카다미아
⑥ 아보카도
⑦ 사과: 씨앗 중심에 독성이 있음
⑧ 날계란의 흰자 부위: 아비딘이라 불리는 효소는 비타민 B 흡수 방해. 식중독, 소화불량
⑨ 브로콜리: 과량 섭취 시 독성 유발
⑩ 마늘, 고추 등: 함유되지 않는 것이 좋음

CHAPTER

08 반려동물 성장단계 및 특수상황의 급여량, 반려동물 비만, 피부질환의 영양학적 관계

01 반려동물 성장단계 및 특수상황의 급여

TIP 건강한 성견이나 성숙한 고양이의 급식

- 개와 고양이는 육식동물목에 속함
- 개는 필요한 영양분을 고기나 식물로 충족시킬 수 있기 때문에 잡식동물
- 고양이는 필요한 영양분을 식물과 결합된 고기만으로 충족시켜야 하기 때문에 진정한 육식동물

(1) 개의 영양

1) 개의 식이를 결정할 때에는 많은 요인을 고려해야 함

① 견종의 활력도, 나이, 스트레스, 환경 모두가 영양학적 요구량에 영향을 미침
- 중성화된 개는 온전한 개보다 더 적은 에너지를 필요로 하고 임신하거나 수유하는 개에서는 에너지 필요량이 증가함
- 활동이 적어 움직이지 않는 개나 과체중인 개는 정상으로 활동적인 개보다 더 적은 에너지를 필요로 하며 경주, 사냥, 지구력을 요하는 직업(일)에 참여하는 개는 더 많은 에너지를 필요로 함

② 어리고 성장하는 개의 영양학적 요구량은 성견의 영양학적 요구량과 다르며 노령견은 더 적은 에너지를 필요로 함

③ 다른 곳으로 이동이나 공연행사 또는 가정 내에 있는 반려동물의 존재로 인한 스트레스가 영양학적 요구량에 영향을 미칠 수도 있음

④ 추운 날씨에 실외에서 거주하는 개는 더 많은 양의 에너지를 섭취할 필요가 있음

2) 개와 영양소관계

① 수분
- 성견 체중의 대략 56%가 수분으로, 수분손실은 빠르게 탈수를 유발하여 죽음을 초래할 수 있음
- 수분결핍은 다른 영양소의 결핍보다 빠르게 죽음을 초래하기 때문에 수분이 가장 중요한 영양소

② 단백질

- 단백질은 아미노산으로 구성되어 있고 개들은 많은 종류의 아미노산을 필요로 함
- 과잉으로 제공된 단백질은 저장되지 않지만 간에 의해 탈 아미노화됨
- 단백질 분해 산물은 콩팥으로 배출됨
- 식이는 건조물로 15~30%의 단백질을 함유하고 있어야 함

③ 지방

- 지방은 중요한 에너지원이고 필수 지방산을 제공함
- 지용성 비타민의 흡수를 위해서도 지방을 소비해야 함
- 개는 신체에서 리놀레산, 리놀렌산을 합성할 수 없기 때문에 이 두 지방산을 필요로 함
- 리놀레산은 다른 모든 오메가6지방산을 생산하는 데 사용되며, 리놀렌산은 다른 모든 오메가3지방산을 생산하는 데 사용됨
- 정상적인 피부와 피모의 상태를 유지하기 위해서는 이들 필수지방산을 적절하게 섭취할 필요가 있음
- 식이는 적어도 건조물의 5%의 지방을 함유하고 있어야 하고, 리놀레산은 건조물로 1%의 지방을 함유하고 있어야 함

④ 섬유

- 섬유가 진정으로 식이에 필요한지는 논쟁거리임
- 식이에 들어가는 몇몇 섬유는 장의 건강에 이로우며, 식이섬유는 포만감에 기여함
- 건조물로 5% 미만의 식이섬유가 적절함

⑤ 무기질(미네랄)

- 칼슘과 인은 뼈의 건강에 중요하고 식이에 적절한 비율로 유지되어야 함
- 고기에는 인이 높게 들어있고 칼슘은 낮게 들어있음
- 칼슘은 0.5~0.8% 건조물에 제공해야 하고 인은 식이에 0.4~0.6%로 제공해야 함
- 적절히 인을 이용하기 위해서 칼슘과 인의 비율을 1:1과 2:1 사이로 유지해야 함
- 인은 신장질환의 진행을 가속화 시킬 수도 있기 때문에 아마도 과량의 인을 공급하는 것은 피하는 것이 바람직할 것

TIP 건강한 성견을 위한 식이권장량

영양소	식이권장량
단백질	15~30% DM
섬유	≤ 5% DM
지방	> 5% DM; 리놀레산 1% DM
칼슘	0.5~0.8% DM
칼슘/인 비율	1:1~2:1

(2) 고양이의 영양

1) 고양이의 식이를 결정할 때 고려할 요인

① 개처럼 중성화는 에너지 필요량을 감소시키지만 임신하거나 수유 중인 고양이에서는 에너지 필요량이 증가

② 활동이 적어 움직이지 않는 고양이나 비만인 고양이는 더 적은 에너지를 필요로 함

③ 고양이는 개가 하는 것처럼 스포츠활동에는 참여하지 않지만 활동적이거나 스트레스를 받는 고양이는 더 많은 에너지를 필요로 할 수도 있음

④ 고양이의 영양학적 요구량은 연령에 따라 다르며, 어리고 성장하는 새끼고양이는 성숙한 고양이나 노령고양이보다 더 많은 에너지를 필요로 함

2) 고양이와 영양소의 관계

① 수분

- 수분이 고양이의 가장 중요한 영양소이지만 고양이는 개와 비교했을 때 수분결핍에 더 잘 대처할 수 있음
- 고양이는 소변을 매우 농축시켜 총체액량을 보전시키는 능력을 가지고 있음
- 이런 능력을 가지고 있다 하더라도 만약 적절하게 수분을 공급받지 못한다면 탈수되어 사망할 수도 있음
- 고양이는 하루에 대략 200ml의 물을 소비해야 함

② 단백질

- 고양이는 식이를 통해 다른 많은 아미노산을 필요로 함
- 고기에서 발견되는 아미노산은 식물에 존재하는 아미노산보다 고양이에게 필요한 아미노산을 훨씬 더 잘 충족하며 고양이에게 필요한 타우린은 식물에서는 발견되지 않음
- 성숙한 고양이를 위해 추천되는 식이 단백질 함량은 30~45% 건조물

③ 지방

- 개에서처럼 지방은 좋은 에너지원을 제공하며 지용성 비타민의 흡수를 위해 필요함
- 고양이에서 리놀레산, 리놀렌산, 아라키돈산은 필수지방산이고, 식이를 통해서 공급되어야 하며 아라키돈산은 고기에서만 발견됨
- 리놀레산과 리놀렌산은 피부와 피모의 유지에 중요하고 아라키돈산은 정상적인 혈소판기능과 번식에 중요함
- 리놀렌산은 오메가3지방산인데 오메가3지방산은 신생동물의 적절한 신경발달에 필요함. 오메가3지방산은 산화되기 쉬운데 만약 고양이의 식이에 비타민E가 충분히 들어 있지 않다면 고양이가 산화된 오메가3지방산을 섭취하면 범지방조직염이 발생할 수 있음

- 식이에 지방은 9% 건조물보다 더 많이 존재해야 함. 식이에는 0.5% 건조물 리놀레산과 0.02% 건조물 아라키돈산이 존재해야 함. 식이에 지방이 25% 건조물이 들어있을 때 기호성이 최상이 될 수 있음

④ 섬유

- 고양이는 식이섬유를 필요로 하지 않지만 소량의 식이섬유는 정상적인 위장관기능을 증진시키고 대변의 질을 좋게 유지시킴
- 고양이에서는 식이섬유가 5% 건조물 미만으로 존재해야 하지만 비만한 고양이에서는 섬유 함유량을 최대 15% 건조물까지 증가시킬 수 있음
- 섬유 함유량을 증가시키는 것은 Hairball(헤어볼)을 가지고 있는 고양이에게 이로울 수 있음

⑤ 무기질(미네랄)

- 개에서처럼 뼈의 건강을 위해 적절한 수준의 칼슘과 인이 필요함
- 주로 고기만 먹는 고양이는 영양성 속발성 부갑상선기능항진증에 걸릴 위험성이 매우 높은데 이 질환은 골밀도의 소실, 파행, 골절을 초래함
- 고기에는 칼슘이 매우 낮게 들어 있고, 인이 높게 들어 있는데 이는 칼슘결핍을 초래함
- 권고되는 식이의 칼슘함유량은 0.6% 건조물이고 인함유량은 0.5% 건조물
- 적절히 인을 이용하기 위해서 칼슘과 인의 비율을 0.9:1과 1.5:1 사이로 유지해야 함
- 신장질환이나 스트루바이트결석이 존재할 때 식이의 인을 제한하는 것이 중요함
- 고양이에서는 칼륨이 중요한 무기질. 고단백질의 식이는 소변이 산성화되도록 촉진하며 이는 칼륨의 소실을 증가시킴
- 칼륨의 결핍을 막기 위해서 0.6%와 1.0% 건조물 사이가 되도록 칼륨을 급여해야 함
- 고양이는 신장질환이나 당뇨병이 있을 때 칼륨을 더 많이 잃기 때문에 이들 질환이 있을 때에는 식이에 더 많은 칼륨을 첨가해야 함
- 고양이에서 마그네슘은 스트루바이트결정의 발생에 중요한 역할을 함. 이 때문에 식이의 마그네슘함유량은 0.10% 건조물 미만이 되도록 해야 함
- 마그네슘을 과도하게 줄이면 옥살산염 결석이 잘 생기기 때문에 과도한 제한은 추천되지 않음

⑥ 소변의 pH

- 식이에 존재하는 성분과 식습관이 소변의 pH를 결정함
- 소변의 pH가 6.5 미만일 때 스트루바이트결정이 발생할 위험성이 감소함
- 소변의 pH가 6.0 이하로 떨어지면 대사성산증이 발생하는데 이는 뼈밀도를 감소시키고 소변으로 칼슘과 인의 소실을 증가시킴
- 소변이 매우 산성일 때에는 수산칼슘결석이 잘 생김
- 자유급식은 소변 pH를 더 일정하게 유지하는 데 가장 좋으며 고기를 먹고 난 후 3~6시간 뒤에 나타나는 소변 pH의 급격한 증가를 막음
- 대부분의 고양이에서는 소변의 pH를 6.2~6.5 사이로 유시해야 함

성숙한 고양이를 위한 식이권장량

영양소	식이권장량
단백질	35~50% DM
섬유	≤ 5% DM
지방	> 9% DM: 리놀레산 1% DM, 아라키돈산 0.02% DM
칼슘	0.5~1.0% DM
칼슘/인 비율	0.9:1~1.5:1
칼륨	0.6~1.0% DM
평균 소변의 pH	6.2~6.5

(3) 고양이의 특이한 영양학적 문제

① 고양이를 위한 식이를 만들 때 명심해야 할 몇 가지 독특한 영양학적 요구사항이 존재함. 개사료는 고양이에게 적합하지 않고 고양이가 필요로 하는 특정영양소를 공급하지 못함

② 고양이용으로 나온 채식주의자용 사료는 특히 문제가 됨. 단백질함유량은 전형적으로 낮고 단백질원은 식물성이기 때문에 이 사료를 통해서는 충분한 단백질과 아미노산을 얻기 어려움

③ 고양이에게 필요한 타우린은 식물에서는 발견되지 않기 때문에 채식주의자용 사료를 급여할 때에는 보충해주어야 함

④ 카르니틴은 필요한 아미노산은 아니지만 성장하는 데에는 꼭 필요할 것임. 카르니틴도 식물에서는 발견되지 않음. 식물성 단백질원에는 전형적으로 메티오닌, 리신, 트립토판이 낮게 들어 있기 때문에 고양이를 위한 식이를 만들 때에는 이들 아미노산을 충분히 함유하도록 만들어야 함

⑤ 글루타민은 식물에서 고농도로 발견되며 몇몇 고양이는 글루타민 함유량이 높은 식이를 견딜 수 없음

⑥ 아라키돈산은 고양이에게 필수 지방산이며 고기에서만 발견됨

⑦ 만약 고양이에게 오메가3지방산을 증가시켜 급여한다면 지방조직염이 발생하지 않도록 비타민 E도 증가시켜 급여해야 함

⑧ 고양이는 베타카로틴을 이용하지 못하기 때문에 식이에 비타민 A를 보충해야 함

⑨ 비타민 B_{12}는 식물에서 발견되지 않기 때문에 채식주의용 사료에 반드시 첨가해야 함. 또한 식물에 들어 있는 니아신은 거의 흡수되지 않기 때문에 니아신 또한 채식주의용 사료에 첨가해야 함

⑩ 많은 보호자들은 고양이에게 우유를 주지만 나이가 들어감에 따라서 장에서의 젖당 활성은 감소함. 많은 고양이들이 소량의 우유는 견디지만 우유섭취는 설사와 위장관의 불편함을 유발할 수 있음

⑪ 고양이에게 양파, 양파가 들어간 묽은 수프, 양파가루를 급여해서는 안 됨. 양파에 들어있는 화학물질은 고양이의 혈색소를 산화시켜 적혈구를 파괴하고 빈혈을 유발할 수 있음

⑫ 고양이에게는 상한 물고기를 급여해서는 안 됨. 물고기에 존재하는 히스티딘은 상할 때 히스타민으로 전환될 수 있으며 히스타민의 섭취는 30분 이내에 유연, 구토, 설사를 유발함. 고양이에게 생선을 급여할 때에는 생선이 상하지 않도록 적절히 저장하고 손질해야 함

(4) 개와 고양이의 이상한 행동

1) 개와 고양이는 풀과 다른 식물을 먹음

① 개와 고양이가 풀과 식물을 먹는 이유는 밝혀지지 않음

② 풀이나 식물을 쉽게 소화되지 않으며 위장관을 자극해서 구토를 유발할 수도 있음

③ 많은 반려동물들이 구토를 하지 않고 풀을 먹으면 단지 풀의 맛이나 감촉을 좋아하기 때문에 섭취할 수도 있음

2) 고양이는 흔히 양털, 모직물을 씹을 수 있음

① 양털에 존재하는 라놀린의 냄새에 끌리는 것일 수도 있음

② 샴고양이와 버마 고양이와 같은 특정 고양이 품종은 다른 고양이 품종보다 양털을 더 씹는 경향이 있어서 유전적 소인이 존재할 수도 있음

③ 자유급식이나 섬유가 많이 함유된 식이가 양털을 씹는 것을 없애는 데 도움이 될 수도 있음

3) 개는 쓰레기를 뒤지는 경향이 있음

① 개는 음식이 썩을 때 발생하는 특정 화합물질의 맛을 더 좋아하기 때문에 보통 이런 행동은 정상적인 행동일 가능성이 높음

② 썩은 음식을 섭취 시 병을 유발하는 세균들에 노출될 수 있음

③ 쓰레기 섭취는 구토, 설사, 복통, 쇼크 또는 사망을 초래할 수 있으므로 쓰레기에 접근하는 것을 막아야 함

4) 식분증: 반려동물의 대변을 먹는 것으로, 반려동물은 자신의 대변을 섭취하지만 더 흔하게는 다른 동물의 대변을 섭취함

① 출생부터 대략 3주령까지의 새끼의 대변을 먹는 어미의 식분증은 정상적인 행동임. 이것은 보금자리를 깨끗하게 유지하는 방법이고 야생에서는 포식자들의 눈을 피하는 데 도움이 됨

② 야생에서 생활하는 개들도 많은 영양소들이 풍부하게 들어있는 초식동물의 대변을 먹음

③ 잠재적인 식분증의 의학적 원인에는 장의 기생충, 장의 흡수장애, 갑상샘기능항진증, 쿠싱, 당뇨병 또는 스테로이드 투여가 포함됨

④ 식분증에 관련되는 합병증에는 위장관염, 설사가 포함되는데 특히 소똥을 먹는 경우가 더 그러함

⑤ 장의 기생충에 재감염되는 것도 문제가 될 수 있음

⑥ 호분제의 경우 쉽게 섭취할 수 있지만 대변으로 배설될 때 불쾌한 맛을 내는 많은 제품들을 식이에 첨가할 수 있음. 하지만 가정에 있는 모든 개들의 식이에 이 제품을 첨가해야 함

⑦ 개들이 일상적으로 대변을 먹는다면 대변에 노출되는 것을 최소화하기 위해서 항상 화장실을 깨끗하게 유지해야 함

⑧ 개가 자신이나 다른 동물의 대변을 먹는다면 대변에 접근하지 않도록 줄을 묶어 산책을 해야 함

⑨ 개가 자신의 대변을 먹는 습관을 가지고 있다면 이 개가 대변을 먹을 기회를 갖기 전에 음식을 상으로 제공함. 이 방법을 통해 개는 배변을 간식과 관련시키는 법을 배움

(5) 건강한 자견이나 자묘의 급식

1) 성장하는 강아지의 영양

① 수유기

- 신생강아지의 체온과 체중 증가를 세밀하게 관찰해야 함. 생후 첫 몇 주 동안 강아지는 자기의 체온을 잘 유지하지 못하고 체지방도 매우 적음. 저체온증을 막기 위해서 환경온도를 23.8도에서 27.2도 사이로 유지해야 함
- 그램 단위로 측정하는 정확한 체중계로 매일 강아지의 체중을 측정해야 함. 생후 첫 주 동안 강아지는 매일 현재 체중의 약 8%씩 증가해야 함. 두 번째 주에는 현재 체중의 6%씩, 세 번째 주에는 4%씩, 네 번째 주에는 3.5%씩 증가해야 함. 소형 견종은 4개월령이 될 때 성견 체중의 50%에 도달하고, 더 큰 견종은 약 5개월령이 될 때 성견 체중의 50%에 도달함
- 수유기 동안 적절한 체중 증가는 젖의 질, 적절한 젖 섭취, 건강상태를 반영함. 만약 젖 섭취가 부적절하다면 강아지는 정상 혈당농도를 유지하지 못할 것이고 매우 빠르게 탈수될 수 있음

- 어미의 젖은 매우 소화가 잘 되고 칼로리가 높음. 젖에는 단백질도 높게 들어 있는데 소젖의 두 배 정도의 단백질이 함유되어 있음. 강아지는 출생 후 빠르게 지방의 저장을 늘려가는데 어미의 젖은 이렇게 될 수 있도록 적절한 지방을 함유하고 있어야 함
- 젖의 지방함량은 어미가 섭취하는 음식의 지방함량에 좌우되는데 어미가 섭취하는 음식은 대략 9%의 지방을 함유하고 있어야 함. 젖당은 젖에 들어있는 주요한 탄수화물이지만 소젖과 비교했을 때 개 젖에는 대략 30% 낮게 들어있음. 초유에는 칼슘이 매우 높게 함유되어 있지만 이후의 젖에는 칼슘함유량이 감소함
- 젖에는 철이 매우 낮게 함유되어 있고 강아지의 철 필요량은 매우 높음. 만약 강아지가 벼룩에 감염되거나 장의 기생충(hookworm)에 감염된다면 철이 결핍될 수 있음. 강아지는 철을 보충받을 수 있도록 대략 3주령에는 음식을 섭취하기 시작해야 함
- 이유기 동안 성장용으로 고안된 사료를 물과 섞어 갈아 죽으로 만들 수 있음. 이유기의 강아지를 위한 식이는 소화가 매우 잘되어야 하는데 섭취량이 늘어감에 따라서 섞는 물의 양을 줄일 수 있음

② 이유 후 시기

- 에너지: 어린 강아지는 에너지 필요량이 높고 성장을 하는데 대략 50%의 에너지를 사용함. 강아지가 성견의 체중의 80%에 도달할 때에는 단지 8~10% 정도의 에너지만 성장을 위해 사용함
- 에너지 필요량은 가장 어린 강아지에서 가장 높고, 강아지가 성숙해감에 따라 감소함

2) 성장하는 강아지와 영양소 관계

① 단백질

- 단백질 필요량은 가장 어린 강아지에서 가장 높고 나이가 들어감에 따라서 감소함
- 아르기닌은 강아지의 필수아미노산이지만 아르기닌 필요량은 나이가 들어감에 따라서 감소함
- 예전에는 고단백질의 식이가 초대형견에서 골격계 문제를 유발한다고 생각되었음. 하지만 칼슘과 인의 함유량이 적절하다면 더 높은 단백질 함유량(최대 32% DM)을 가진 식이도 골격계 문제를 유발하지 않는 것으로 나타남
- 24.9kg 미만의 성견 체중을 가진 개의 식이에서 추천되는 단백질 함유량은 22~32% 건조물이고, 성견 체중이 24.9kg 이상인 개의 식이에 추천되는 단백질 함유량은 20~32% 건조물임

② 탄수화물

- 적어도 4개월령까지는 강아지에게 대략 20% 건조물의 탄수화물을 급여해야 함
- 탄수화물이 적게 든 식이를 급여한다면 강아지는 설사, 식욕부진, 기면이 나타날 수 있음

③ 지방

- 성장하는 강아지는 대략 킬로그램당 250mg의 리놀레산을 필요로 함
- 성견이 되었을 때의 몸무게가 24.9kg 미만인 강아지의 식이의 지방함유량은 10~25% 건조물이어야 함
- 성견이 되었을 때 24.9kg 이상인 강아지의 식이의 지방함유량은 8~12% 건조물이어야 함
- 지방은 에너지 밀도가 높으면 식이에 상당한 에너지를 공급함
- 과잉의 지방은 대형 견종과 초대형 견종의 뼈 형성에 영향을 줄 수 있음

④ 무기질(미네랄)

- 칼슘과 인은 성장하는 강아지에게 매우 중요한 무기질
- 2~6개월 사이의 강아지에서 장에서의 칼슘흡수율이 높고 전반적으로 칼슘항상성이 잘 조절되지 않음
- 식이의 칼슘함유량이 높아 과잉의 칼슘이 흡수될 위험성이 있을 때라도 장의 칼슘 흡수율은 대략 40%로 남아있음
- 대략 10개월령이 된 후 칼슘항상성은 더 잘 조절되며 강아지는 과잉의 식이칼슘에 덜 민감하게 됨

TIP 건강한 자견을 위한 식이권장량

영양소	식이권장량: 24.9kg 미만	식이권장량: 24.9kg 이상
단백질	22~32% DM	20~32% DM
지방	10~25% DM	8~14% DM
칼슘	0.7~1.7% DM	0.7~1.4% DM
인	0.6~1.3% DM	0.6~1.1% DM
칼슘·인 비율	1:1~1.8:1	1:1~1.5:1

3) 성장하는 새끼고양이의 영양

① 수유기

- 신생고양이의 체온과 체중 증가를 세밀하게 관찰해야 함. 생후 첫 몇 주 동안 자기의 체온을 잘 유지하지 못함. 출생 시 그리고 최소 1주일마다 체중을 측정해야 함
- 출생 시 새끼 고양이의 평균체중은 100g이고, 생후 첫 6개월 동안은 대략 매주 100g씩 증가해야 함. 불량한 체중 증가 또는 체중 감소는 어미고양이의 부적절한 젖 생산, 새끼고양이의 부적절한 젖 섭취, 질병 때문일 것임
- 초유의 에너지 함량은 첫날 매우 높고 3일째까지 감소함
- 어미젖의 에너지는 3일 후부터 수유기 내내 증가함

- 젖의 칼슘과 인의 농도는 14일 동안 내내 증가하고 철, 구리, 마그네슘의 농도는 이 시기동안 감소함
- 타우린은 정상적인 발달에 중요하고 어미고양이의 젖에 풍부하게 들어 있음
- 소젖과 염소젖에는 타우린이 낮게 들어 있음
- 젖당은 어미고양이의 젖에 들어 있는 주요한 탄수화물이지만 그 농도는 소젖보다 낮음

② 이유 후 시기
- 에너지: 새끼고양이는 빠르게 성장하기 때문에 고에너지가 필요함. 식이는 고에너지여야 하고 소량의 음식으로도 에너지필요량을 충족해야 함. 일일 에너지필요량은 대략 10개월령이 될 때까지 감소함
- 수술을 받는 연령에 관계없이 중성화는 에너지필요량을 대략 30% 감소시킴. 중성화되었다면 비만이 되지 않도록 관찰해야 함

4) 성장하는 새끼고양이와 영양소 관계

① 단백질
- 새끼고양이의 단백질 필요량은 높고 나이가 들어감에 따라 점차적으로 성숙한 고양이 수준으로 감소함
- 고농도의 황 함유 아미노산을 필요로 함. 적절한 황 함유 아미노산을 위해서는 적어도 19% 건조물의 단백질이 고기에서 나와야 함
- 새끼고양의 단백질 농도는 일반적으로 35%~50% 건조물이며 식이의 총칼로리의 최대 26%를 제공해야 함

② 탄수화물
- 새끼고양의 탄수화물은 필요로 하지 않지만 쉽게 소화할 수 있음
- 새끼고양이는 소젖에 들어있는 젖당을 잘 소화시키지 못하며 설사와 가스를 유발할 수 있음

③ 지방
- 체지방은 성장하는 새끼고양이에서 빠르게 증가함
- 새끼고양이는 성숙한 고양이처럼 리놀레산, 아라키돈산을 필요로 함
- 고양이용 식이의 지방함유량은 적절한 지방산을 제공하고 기호성을 증진시키기 위해서 전형적으로 18~35% 건조물

④ 무기질
- 새끼고양이용 식이의 칼슘농도는 0.8~1.6% 건조물이어야 함
- 과잉의 식이 칼슘은 개에서처럼 골격계질환을 유발하지는 않지만 과잉의 칼슘은 마그네슘의 이용성을 제한할 수 있음
- 고기만 먹는 새끼고양이의 경우에는 칼슘결핍이 중요한 문제가 됨. 고기에는 인이 높게 들어있고 칼슘은 낮게 들어 있어서 고기로만 된 식이는 영양성 속발성 부갑상선항진증을 유발할 수 있는데 이는 뼈의 밀도 감소, 파행, 골절을 유발함

- 고단백질 식이를 급여할 때 칼륨이 많이 소실될 수 있음. 적절한 칼륨을 제공하기 위해서는 식이에 칼륨이 0.6~1.2% 건조물로 존재해야 함
- 새끼고양이에게 급여하는 식이는 심한 산성뇨를 유발하지 않아야 하며 소변의 pH는 6.2~6.5이어야 함

TIP **건강한 어린고양이를 위한 식이권장량**

영양소	식이권장량
단백질	35~50% DM
섬유	≤ 5% DM
지방	18~35% DM
칼슘	0.8~1.6% DM
인	0.6~1.4% DM
칼슘·인 비율	1:1~1.5:1
칼륨	0.6~1.2% DM
마그네슘	0.08~0.15% DM

(6) 임신하거나 수유 중인 개나 고양이의 급식

1) 임신, 수유 중 부적절하게 만들어진 식이의 영향

① 임신한 개와 고양이의 식이는 적절하게 균형이 잡히고 에너지필요량을 충족하도록 특별히 주의를 기울여야 함

② 단백질이 결핍된 식이는 저체중인 신생동물의 출산, 사산의 증가, 신생동물의 질병증가와 관련됨

③ 탄수화물이 없는 식이는 어미개가 분만기 주위 시기에 저혈당증에 잘 걸리게 할 수도 있음

④ 아연의 결핍은 태아의 재흡수와 태아 숫자의 감소를 초래할 수 있음

⑤ 철, 피리독신, 비오틴의 결핍은 강아지의 면역력을 감소시킬 수 있음

⑥ 과잉의 비타민 A는 태아 숫자의 감소와 선천성 이상을 초래할 수 있음

⑦ 과잉이 비타민 D는 연조직의 석회화를 초래할 수 있음

2) 개의 임신

① 개의 평균임신기간은 63일

② 새끼를 낳기 전 암캐들의 체중은 임신 전의 체중보다 대략 15~25% 증가

③ 새끼를 낳은 후 암캐들의 체중은 임신 전의 체중보다 5~10% 증가

④ 태아는 임신 첫 40일 동안 매우 느리게 성장하는데 40일까지 단지 태아 크기의 5.5%만 성장하므로 임신 초기에는 음식 섭취량을 증가시킬 필요는 없음
⑤ 태아는 40일 이후에 빠르게 성장하는데 임신 6~8주령에 성장이 최대가 됨
⑥ 태아가 빠르게 성장하는 시기동안 암캐의 에너지필요량은 유지기보다 대략 30% 더 높음. 만약 암캐가 많은 새끼들을 임신하고 있다면 임신 전보다 60% 더 많은 에너지를 필요로 함
⑦ 식이는 최대칼로리를 제공하기 위해서 매우 소화가 잘 되고 에너지밀도가 높아야 하며 음식섭취를 촉진하기 위해서 소량씩 자주 급여해야 함

TIP **번식하는 개를 위한 식이권장량**

영양소	식이권장량: 임신기	식이권장량: 수유기
단백질	22~32% DM	25~35% DM
지방	10~25% DM	≥ 18% DM
탄수화물	≥ 23% DM	≥ 23% DM
섬유소	≤ 5% DM	≤ 5% DM
칼슘	0.75~1.5% DM	0.75~1.7% DM
인	0.6~1.3% DM	0.6~1.1% DM

3) 고양이의 임신

① 고양이의 임신기간은 일반적으로 63~65일
② 체중이 증가하는 양식은 개와 비교했을 때 고양이에서는 다름. 암고양이는 임신 두 번째 주 동안 체중이 증가하기 시작함
③ 이런 초기 체중 증가는 태아성장과는 관계가 없고 수유기를 위한 에너지저장과 관계가 있음
④ 출산 후 암고양이는 임신기동안 증가된 체중의 대략 40%만 빠짐. 출산 후 빠지지 않은 임신기 동안 증가된 60%의 체중은 젖을 생산하는 데 사용됨
⑤ 암고양이는 교미 시점과 임신한 동안 좋은 몸 상태를 가지고 있을 필요가 있음
⑥ 저체중인 경우 수태 실패, 태아 기형이나 태아사, 저체중인 고양이 출산, 적절한 젖 생산 부족 가능성이 높아짐
⑦ 비만인 경우는 사산과 난산과 같은 번식문제를 일으킬 수 있음
⑧ 고양이의 에너지필요량은 임신기간 내내 증가함
⑨ 암고양이의 음식 섭취량은 태아가 착상하는 교미 후 대략 2주 뒤에는 실제로 감소할 수도 있으며 음식 섭취량은 임신 마지막 주에도 감소할 수도 있음
⑩ 임신기간 동안 필요한 에너지는 성숙한 고양이 유지기 동안 필요한 에너지보다 25~50% 더 많음

⑪ 임신기간 동안 구리 결핍은 태아사, 유산, 기형을 초래할 수도 있음
⑫ 구리는 식이에 15mg/kg food DM으로 존재해야 하고 소화될 수 있는 근원에서 기원해야 함
⑬ 번식하는 고양이를 위한 음식은 대사성산증을 예방하기 위해서 6.2~6.5 사이의 pH의 소변을 보도록 조성되어야 하는데 대사성산증은 새끼고양이의 뼈발육에 부정적인 영향을 미칠 수 있음

TIP 번식하는 고양이를 위한 식이권장량

영양소	식이권장량: 임신/수유
단백질	35~50% DM
섬유	< 5% DM
지방	18~35% DM
칼슘	1.0~1.6% DM
인	0.8~1.4% DM
칼륨	0.6~1.2% DM
마그네슘	0.08~0.15% DM

4) 개의 수유

① 수유는 어떤 다른 생활단계보다 더 많은 상당한 양의 에너지를 필요로 함. 수유가 최대가 될 때의 개는 평균적으로 자기 체중의 8% 이상의 젖을 매일 생산할 수 있음
② 수분섭취량은 젖 생산에 매우 중요함. 수유하는 동안은 항상 신선하고 깨끗한 물을 마실 수 있도록 해야 함
③ 새끼를 낳은 후 에너지필요량은 증가하고 대략 3~5주 사이에 대략 유지기 필요량의 두 배에서 네 배까지 최대가 됨
④ 에너지섭취량의 제한요인은 전형적으로 음식의 에너지밀도임
⑤ 만약 에너지밀도가 낮은 식이를 제공한다면 어미는 강아지들의 에너지 필요량을 충족시킬 수 있는 충분한 칼로리를 공급받기가 불가능할 것이므로 수유기 동안은 매우 소화가 잘 되고 에너지밀도가 높은 식이를 급여하는 것이 권장됨
⑥ 자유급식이 수유하고 있는 어미 개에게 가장 좋은 방법
⑦ 100g의 젖을 생상하는 데 대략 180kcal가 사용됨. 생산되는 젖의 양은 강아지의 수와 크기에 좌우됨. 강아지가 빠르게 성장하지만 고형 음식은 먹지 못하는 수유기의 중기에 젖이 최대로 생산됨
⑧ 단백질필요량은 수유기 동안 크게 증가함. 어미 개는 대략 6g의 소화될 수 있는 단백질/100kcal ME를 필요로 하는데 이것은 대략 식이에 19~27%의 단백질이 들어 있는 것에 해당함

⑨ 식이의 지방함유량을 증가시키는 것은 식이의 에너지를 크게 증가시킴. 12~20%의 지방이 함유된 식이는 강아지들의 지방칼로리를 증가시킬 수 있음

⑩ 어미 개가 먹는 식이에 긴사슬 오메가3지방산을 증가시키는 것은 젖에 오메가3지방산을 증가시킬 수 있기 때문에 이로움. 강아지들은 망막과 신경계의 적절한 발달을 위해 오메가3지방산이 필요로 함

⑪ 식이에 들어 있는 탄수화물은 10~20%의 에너지를 제공함

⑫ 칼슘과 인의 필요량도 수유기 동안 증가하지만 식이에 함유된 칼슘과 인의 비율을 1.3:1로 유지해야 함. 젖의 생산이 최대가 되는 시기 동안 어미개는 유지기에 필요한 칼슘양의 2~5배를 필요로 함. 수유기에 필요한 식이는 0.8~1.1%의 칼슘과 0.6~0.8%의 인을 함유하고 있어야 함

5) 고양이의 수유

① 고양이에서 젖이 최대로 생산되는 시기는 수유 3~4주에 발생함. 수유기 동안 에너지필요량은 유지기필요량의 2~6배일 수 있음

② 젖을 먹이는 어미고양이를 위한 식이의 에너지밀도는 대략 4~5kcal ME/g diet이고 자유급식이 추천됨

③ 단백질 필요량을 충족시키기 위해서 30~35%의 단백질이 추천됨. 동물성단백질이 식물성단백질보다 소화가 더 잘 되고 더 좋은 아미노산을 제공함

④ 타우린은 유지기 필요량과 비슷하기 때문에 증가시킬 필요는 없음

⑤ 지방은 생식능력을 최상으로 제공하기 위해서 대략 20%의 지방을 제공해야 함

⑥ 강아지처럼 새끼고양이도 적절한 망막과 신경계의 발달을 위해서 DHA를 필요로 함. 따라서 수유하는 어미고양이의 식이에 오메가3지방산을 첨가하는 것이 이익이 됨

⑦ 식이성탄수화물도 수유기 동안 체중 감소를 막고 젖당의 기질을 제공하여 이로운 역할을 하므로 식이에 10% 건조물로 포함되어야 함

⑧ 수유기 동안 칼슘과 인의 필요량도 증가하지만 칼슘과 인의 비율을 1:1~1.5:1로 유지해야 함. 권장되는 칼슘농도는 1.0~1.6% 건조물임. 수유기 동안 마그네슘도 제한하지 않아야 하고 식이에 권장되는 농도는 0.08~0.15% 건조물임

(7) 노령의 반려동물 급식

노령의 반려동물의 영양목표는 노화의 증상을 최소화하고 노화와 관련된 대사과정을 늦추고 삶의 질을 높이는 것으로, 노령의 반려동물들은 개체에 따라 건강상태에 큰 차이가 있을 수 있기 때문에 각각의 반려동물을 개별적으로 평가하는 것이 중요함

1) 노령강아지의 영양

① 노령견들은 많은 건강문제로 고통을 받을 수 있음

② 노령견의 주된 사망원인은 암, 콩팥병, 심장병이며 모든 노령동물들은 이들 질환에 대해 정기적으로 검사를 받아야 함

2) 노령견의 영양학적 요구량

① 노령견은 신장기능이 감소하기 때문에 항상 깨끗하고 신선한 물을 이용할 수 있어야 함. 신장기능의 변화를 가리키거나 다른 질환이 존재하는지를 가리킬 수 있는 수분섭취량이 증가하는지를 확인하기 위해서 수분섭취량을 감시해야 함

② 휴식기대사율(RER)은 나이가 들어감에 따라 점진적으로 감소함. 이것은 지방 뺀 조직의 소실과 체지방의 증가에 기인함

③ 7살이 될 때까지 개들에서 일일 에너지필요량은 대략 13% 감소하며 이런 감소는 노령견의 체중 증가를 초래할 수 있음. 하지만 개가 매우 노령이 될 때 음식 섭취량이 감소하기 때문에 저체중이 될 수 있음. 매우 노령인 개는 매우 소화가 잘되고 에너지밀도가 높은 식이를 공급받는 것이 이로울 수도 있음

④ 노령견은 과체중인 경향이 있기 때문에 식이에 지방함유량은 적절해야 하지만 과도해서는 안 됨. 음식 섭취량이 감소해서 체중이 빠진 매우 노령견의 경우 식이에 지방함유량을 증가시키는 것이 기호성을 개선시키는 데 도움이 되며 이렇게 하는 것은 음식 섭취량을 증가시키는 데도 도움이 됨. 또한 식이의 지방함유량을 증가시키는 것은 식이의 에너지밀도를 증가시키기 때문에 더 적게 먹어도 에너지 필요량을 충족시킬 수 있음. 노령견을 위한 식이의 지방함유량은 상태에 따라 7~15%로 다양함

⑤ **노령견의 단백질 필요량에 대해서 논쟁의 여지가 있음**
- 마른 체중에서 단백질합성은 감소하기 때문에 권장되는 식이의 단백질농도는 더 어린 개의 단백질농도보다 더 높을 경우도 있음
- 노령이 진행할수록 신장의 기능이 약화되기 때문에 성년기의 단백질 요구량보다 전반적으로 단백질 함량을 조금 낮추어야 함

⑥ 15~23% 건조물의 고품질 단백질을 제공하는 식이가 대부분의 노령견에게 적합함. 신장병의 발생을 예방하기 위해서 노령견에게 식이성 단백질 농도를 줄이도록 제안하고 있으나 건강한 개에서는 더 높은 단백질 섭취량이 신장병의 발생에 기여하지 않는 것으로 나타남. 그러나 대부분의 단백질이 동물성 단백질이기 때문에 인의 함량이 높아서 신장에 무리를 줄 가능성이 높다는 의견도 있음. 일단 신장병이 존재한다면 식이단백질을 줄이는 것이 이로울 것임

⑦ 과잉의 인이 함유된 식이는 신장질병의 발생률을 증가시키기 때문에 피해야 함. 노령견의 경우 0.25~0.75% 건조물의 인을 제공하는 식이가 권장됨

⑧ 칼슘과 인의 비율을 유지해야 하고 식이는 0.5~1.0% 건조물의 칼슘을 제공해야 함. 사람의 경우와 달리 노령견에서는 골다공증이 문제가 되지 않기 때문에 과도한 칼슘보충은 필요하지도 않고 권장되지도 않음

TIP **노령견을 위한 식이권장량**

영양소	식이권장량
단백질	15~23% DM
섬유	≥ 2.0% DM
지방	7~15% DM
칼슘	0.5~1.0% DM
인	0.25~0.75% DM

3) 노령고양이

① 고양이는 7살에 노령, 12살에 고령으로 여겨짐
② 노령고양이는 활동량이 떨어지고 체중이 감소하기 때문에 기초대사율이 감소함
③ 적응력이 떨어지고 젊은 고양이만큼 환경과 식이의 변화를 견디지 못함
④ 후각과 미각이 떨어지기 때문에 음식 섭취량이 감소하지 않도록 식이는 매우 맛있어야 함

4) 노령고양이의 영양학적 요구량

① 노령고양이의 영양학적 요구량은 중년의 고양이의 영양학적 요구량과 비슷함
② 나이가 들어감에 따라 갈증에 대한 민감성이 감소하기 때문에 노령고양이에서는 탈수가 흔한 문제가 됨. 항상 신선하고 깨끗한 물을 섭취할 수 있도록 해야 하고, 수분섭취량은 대략 200~250ml/day가 되어야 함
③ 노령고양이에서는 에너지필요량이 감소하고 7살 이후에서는 비만율이 감소하고 11살 이후에는 저체중인 고양이의 숫자는 증가함. 노령고양이는 병발하는 질병, 식욕이나 감각기능의 감소, 음식의 소화력과 흡수율의 감소 때문에 저체중이 될 수 있음
④ 노령고양이의 췌장효소의 분비 감소는 지방소화를 감소시키고 간기능의 변화는 영양소 흡수에 영향을 미칠 수 있음. 따라서 적절한 몸 상태를 유지하도록 노령고양이를 세밀하게 관찰할 필요가 있음
⑤ 노령고양이에서는 단백질 섭취량을 제한하지 말아야 함. 다만 사료에 첨가된 단백질은 동물성 단백질이기 때문에 인 함량이 높을 수 있으며 과도한 단백질 증량은 신장에 문제를 줄 수 있음. 식이의 단백질 함유량을 증가시킬 때 기호성을 증가시키는 이점이 있으며 이는 음식 섭취량을 증진시킴. 노령고양이의 적절한 단백질의 범위는 정해지지 않았으나 건강한 노령고양이에서는 30~45% 건조물의 식이단백질이 권장됨
⑥ 노령고양이는 피모와 피부의 상태를 유지하기 위해서 필수지방산에 대한 필요성이 높음. 지방의 소화력은 나이가 들어감에 따라 감소하기 때문에 만약 고양이가 비만이 아니라면 식이지방을 제한하지 말아야 함. 노령고양이의 식이의 지방함유량은 10~20% 건조물이어야 함

⑦ 노령고양이에서는 변비가 흔한 문제이기 때문에 약간의 식이섬유가 중요한데 섬유는 장의 운동성을 증진시킴. 고섬유식이는 식이의 에너지밀도를 감소시키고 소화력도 떨어뜨리기 때문에 노령고양이에서는 권고되지 않음

⑧ 노령고양이에서 인은 신장병 발생률을 증가시키기 때문에 식이성 인을 제한하는 것이 권고됨. 0.5~0.7% 건조물의 인을 제공하는 식이가 적당함. 식이칼슘은 0.6~1.0% 건조물을 제공하는 식이가 적당함

⑨ 노령고양이에서는 소변을 통해 칼륨이 소실되고 음식 섭취량이 감소하고 장을 통한 소실이 증가되기 때문에 약간 더 높은 농도가 필요함. 칼륨농도의 감소는 기면과 근육쇠약을 일으킬 수 있음. 0.6~1.0% 건조물의 식이칼륨을 제공해야 함

⑩ 마그네슘은 0.05~0.1% 건조물로 식이성 마그네슘을 제공해야 함

⑪ 노령고양이에선 고혈압, 신장질환, 갑상샘기능항진증, 심장병의 발생이 증가하기 때문에 과량의 나트륨을 피해야 함. 식이나트륨은 산염기 상태를 유지하기 위해 적절하게 섭취해야 함. 0.2~0.6% 건조물로 식이나트륨을 제공하고 염화물농도는 전형적으로 나트륨농도의 1.5배가 되어야 함

⑫ 노령고양이에서는 콩팥병이 잘 발생하기 때문에 소변의 pH가 중요함. 매우 높은 산성뇨를 만드는 식이는 전신의 산성부하를 증가시키고 대사성산증을 유발할 가능성 때문에 노령고양이에게 급여하지 말아야 함. 노령고양이의 소변 pH는 6.2~6.5 사이로 유지되어야 함

TIP **노령고양이를 위한 식이권장량**

영양소	식이권장량
단백질	30~45% DM
섬유	10 < % DM
지방	10~25% DM
칼슘	0.6~1.0% DM
인	0.5~0.7% DM

TIP **사료 라벨의 구성**

• Guaranteed Analysis
  - 조단백, 조지방, 조섬유에 대한 함량 명시(우리나라: 조회분, 칼슘, 인)
  - 실제 섬유소의 함량은 조섬유로 명시된 함량보다 많음
  - DM 기준으로 변환할 수 있어야 함

• Ingredient list
  - 많은 양을 차지하는 원료부터 명기
  - 각 영양소 함량, 흡수율, 원료의 질에 대한 정보를 제공하지 못하는 한계

02 반려동물 비만질환에 대한 영양학적 관계

(1) 식이요법이 필요한 질병

① 비만체중관리
② 피부질환
③ 심장질환
④ 신부전
⑤ 결석질환, 비뇨기계질환
⑥ 간질환
⑦ 골격과 관절질환
⑧ 췌장질환
⑨ 내분비질환
⑩ 종양질환
⑪ 위장관질환

(2) 처방식의 작용원리

1) 특정 영양소의 증감

예 신부전: 인 감소, 비만: 단백질 증가

2) 도움이 되는 영양소 추가

예 글루코사민 + 콘드로이틴, 폴리페놀, L-Carnitine, herb 등

3) 특정 원료 사용

예 가수분해 단백질원, 식물성 단백질

4) 처방식을 직접 실험 ×

→ 여러 연구에서 비롯된 reference를 토대로 처방식 제조

(3) 처방사료의 종류

회사마다 각각 다른 이름으로 출시되고 있음

비만사료	obesty, rd 등
피부알레르기사료	hypoallergy, zd 등
피부사료	skin support 등
신장질환사료	renal, kd 등
심장질환사료	cardiac, hd 등
비뇨기계질환사료	urinary, cd, ud 등
간질환사료	hepatic, ld 등
골관절질환사료	mobility, jd 등
위장관질환사료	digestive, id 등

(4) 비만

1) 정의

① 일반적으로 비만은 에너지 섭취량과 소비량의 불균형으로 체내의 지방이 과도하게 축적되어 건강에 부정적인 영향을 초래하는 상태임

② 적절한 몸상태의 반려동물은 15~20%의 체지방을 가지고 있음

상위적정체중	정상적인 체중보다 10% 미만으로 살이 찐 반려동물
과체중	이상적인 체중보다 10~20% 사이로 살이 찐 반려동물
비만	이상적인 체중보다 20% 이상 살이 찐 반려동물

2) 비만의 위험요인

나이	• 반려동물의 경우 나이가 들어감에 따라 비만율이 증가 • 단, 개는 12살, 고양이는 13살 이후는 비만율이 감소
성별	• 온전한 암캐가 비만율이 높으나 고양이에선 온전한 수고양이의 비만율이 더 높음 • 중성화의 경우 비만발생율이 더 높음. 순환 호르몬의 변화에 기인해서 음식 섭취의 증가와 활동 감소가 주요 요인임
활동성(운동)	실내 반려동물이 실외 반려동물보다 비만 위험성이 높음
내분비질환	갑상선호르몬, 부신피질호르몬과 연관성이 있음
보호자와의 상호작용	유대관계가 높을수록 비만위험성이 높음

3) 건강에 대한 비만의 위험성

① 비만한 반려동물 수명은 단축됨

② 비만한 반려동물은 정형외과질환(예 고관절이형성증, 십자인대파열 등)이 흔하게 발생함

③ 비만한 반려동물은 심혈관계질환의 발생률이 증가함
④ 개에서 비만은 기관허탈과 관련이 있음
⑤ 고양이에서는 비만이 당뇨병의 주요한 위험요인
⑥ 고양이에서 지방간도 비만과 연관성이 있음

4) 비만의 평가

① 신체충실지수 9단계

단계	특징	상태
1단계	• 갈비뼈, 요추, 골반뼈 그리고 모든 뼈 융기가 드러남 • 체지방이 보이지 않으며 명백한 근육손실이 보임	마름
2단계	• 갈비뼈, 요추, 골반뼈가 쉽게 보이며 지방이 만져지지 않음 • 몇몇 뼈융기가 보이고 근육량의 적은 감소가 보임	마름
3단계	• 갈비뼈가 쉽게 만져지며 지방이 적음 • 요추의 끝이 보이며 골반뼈 융기가 나타나고 허리와 복부가 홀쭉해짐	마름
4단계	• 적당한 지방이 덮인 갈비뼈가 쉽게 촉진됨 • 허리가 쉽게 구분되며 옆에서 봤을 때 배가 들어가 있음	정상
5단계	• 과도한 지방 없이 갈비뼈가 만져짐 • 위에서 봤을 때 갈비뼈 뒤에서 허리가 보이며 옆에서 봤을 때 배가 들어가 있음	정상
6단계	• 경미하게 지방이 덮인 갈비뼈가 만져지며 허리가 구분되지 않으나 튀어나오지는 않았음 • 복부가 들어가 있어 구분이 됨	과체중
7단계	• 지방에 덥혀있어 갈비뼈를 만지기 힘듦 • 요추와 몸 쪽 꼬리 부분에 지방의 축적이 보임 • 허리를 구분하기 힘들지만 배는 아직 들어가 있음	과체중
8단계	• 많은 지방이 덮고 갈비뼈가 만져지지 않으며 요추와 몸 쪽 꼬리 부분에 많은 지방이 축적되어 살이 접힘 • 허리와 배가 구분이 안 되며 복부의 팽창이 보임	비만
9단계	• 매우 많은 양의 지방이 몸 전체 부위에 축적되어 살이 접힘 • 허리, 배 구분이 안 되며 복부팽창이 있음	비만

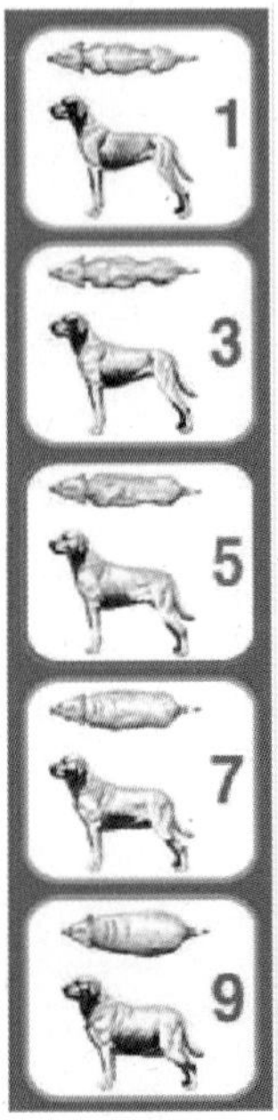

② 신체충실지수 5단계

BCS 1	매우 야윈 반려동물	• 늑골을 덮고 있는 지방이 없어서 늑골을 쉽게 촉진하고 쉽게 볼 수 있음 • 과도한 배주름이 존재함
BCS 2	체중 미달인 반려동물	• 늑골을 덮고 있는 지방이 매우 적어서 늑골을 쉽게 촉진할 수 있음 • 배의 주름이 존재함
BCS 3	이상적인 신체상태	• 늑골을 촉진할 수 있고 약간의 지방이 늑골을 덮고 있지만 늑골을 쉽게 볼 수 없음 • 배의 주름이 약간 존재함
BCS 4	과체중인 반려동물	• 중등도의 지방층이 늑골을 덮고 있어서 늑골을 촉진하기 어려움 • 배의 주름이 존재하지 않으며 등이 약간 넓어 보임
BCS 5	비만한 반려동물	• 두꺼운 지방층 아래 존재하는 늑골은 촉진하기가 대단히 어려움 • 확장된 복부는 축 처져있고 허리를 볼 수 없고 등은 매우 넓어 보임

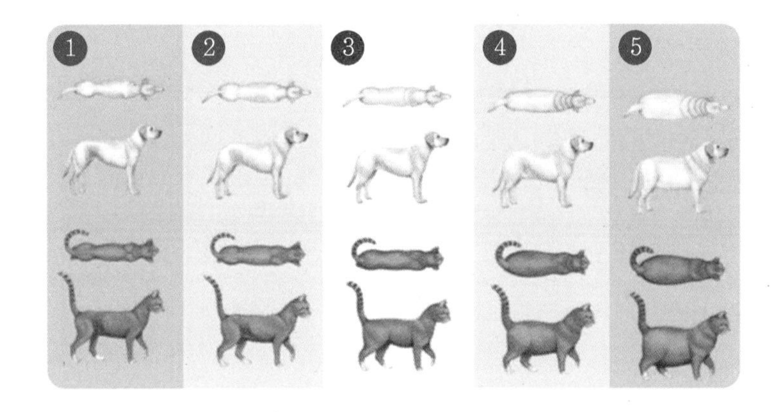

③ 고양이의 비만측정

• 신체충실지수로 평가할 수 있으며 체지방을 계산하는 방식으로 평가할 수 있음
• 체지방% = 1.5 × (9th Ribcage − LIM) − 9
• LIM(leg index mesurement, 무릎부터 뒷 발목까지 길이, 단위는 cm)
• 체지방 30% 이상부터 비만 치료 시작

5) 체중감량계획

주핵심: 식이계획 → 운동계획 → 평가 → 식이계획(순환사이클)

① 감량할 체중 결정
② 체중 감량을 위한 일일 칼로리 섭취량의 결정
③ 식이 선택
④ 운동량의 결정
⑤ 진행과정의 감시

⑥ 필요시 칼로리 섭취량의 조정
⑦ 체중 재증가 방지

6) 체중감량을 위한 부가음식 및 감량속도

① 간식, 스낵 급여 금지
② **대용음식**: 야채(당근, 양배추 등), 저칼로리 스낵, 버터 없는 팝콘, 얼음조각
③ **감량속도**: 매주 0.5~2%
④ 2~4주마다 체중 측정
⑤ 체중이 증가하면 급여하는 칼로리의 10~20% 감소시키거나 운동량을 늘림

7) 비만치료의 순서

① 비만을 일으키는 질병적인 요소를 배제
② 비만치료의 긍정적 효과 설명
③ 목표 체중 설정
④ 주당 0.5~2% 감량기준 치료기간 설정
⑤ 처방식 급여 이유 설명
⑥ 운동계획 수립
⑦ 모니터링

8) 비만치료와 처방식

예 현재 6kg의 시츄
① 비만 치료의 긍정적 효과 설명
② 5kg을 1차 감량 목표로 설정
③ 20% 비만이므로 주당 2% 감량 시 10주의 치료기간
④ 주당 2% 감량을 위해 처방식량 정하고 급여함
⑤ 지금 주는 사료를 반으로 급여 시 포만감과 영양 불균형의 문제 유발 설명
⑥ 처방식 급여와 하루 20분 정도의 운동, 1인 관리, 한달 급여 후 체중 측정

9) 체중감량을 위한 식이요법: formula

① 칼로리 제한 → 주당 0.5~2%의 감량을 위해 체중감량용 식이를 권장
② 식이 섬유 증가 → 포만감 부여, 약간의 이익
③ 단백질 미네랄 증가 → 섭취량이 줄기 때문에 상대적으로 증가시킴
④ L-Carnitine → β-산화, 지방산을 ATP로 전환(지방을 태워 세포에 에너지 공급, 심장은 60%의 에너지를 지방산화에서 얻음. 간에서 합성(메티오닌 + 라이신))
⑤ **글루코사민 + 콘드로이틴**: 비만으로 인한 관절보조제

10) 체중감량을 위해 처방식의 필요성

① 체중감량 처방식이를 권하는 이유
- 현재의 식이를 줄임 → 필수 영양소 결핍
- 체중감량용 식이를 변환해서 급여

② 체중감량용 식이의 단백질 함량을 높이는 이유
- 필수 아미노산 제공을 위해서
- 근육량을 유지하고 지방을 빼기 위해서
- 과잉의 단백질은 저장되지 않음
- 인슐린을 과잉 분비시키지 않으므로 저혈당증과 공복감을 예방

TIP 개와 고양이의 체중감량을 위한 식이권장량

대상	개	고양이
에너지	음식은 < 3.4kcal ME/g DM	음식은 < 3.6kcal ME/g DM
단백질	> 25% DM	> 35% DM
지방	5~12% DM	7~14% DM
섬유	최대 30% DM	최대 20% DM
탄수화물	< 55% DM	< 45% DM

03 식이불내성과 음식알레르기

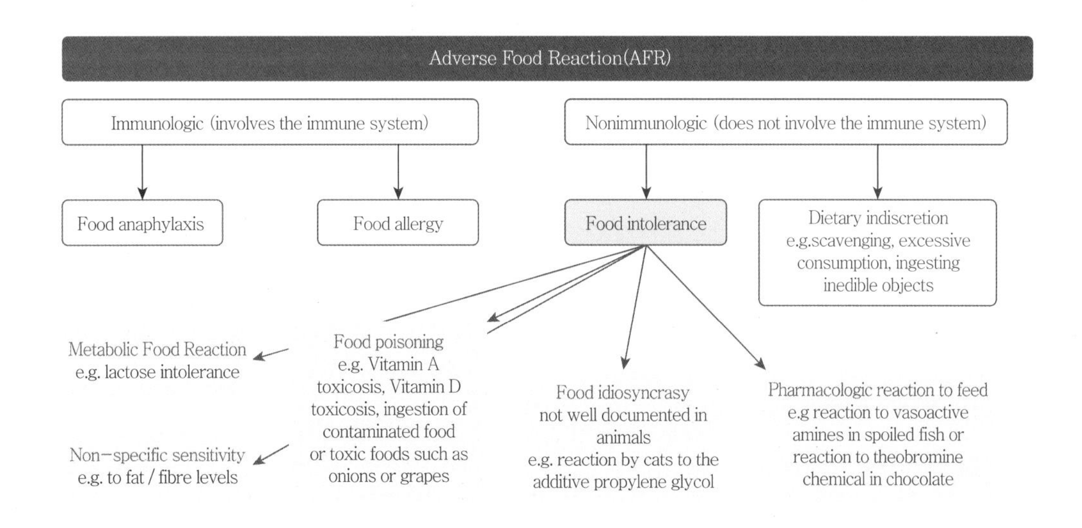

(1) 식이불내성과 음식알레르기

1) 정의

① **음식에 대한 유해반응**: 음식에 대한 비정상적인 반응
② **음식알레르기, 음식 아나필락시스**: 음식에 대한 면역학적 원인의 유해반응
③ **무분별한 식이, 식이불내성**: 음식의 비면역학적 원인의 유해반응, 음식대사반응, 식중독, 음식특이체질, 음식에 대한 약리반응

2) 음식알레르기의 임상증상

연령	• 모든 연령, 대부분의 경우 2년 이상 • 몇 년 동안 같은 음식에서도 발생할 수 있음
증상	가려움증과 위장관 증상
증상 부위	발, 얼굴, 겨드랑이, 사타구니, 엉덩이, 귀

3) 음식 아나필락시스: 급성반응

증상	두드러기, 가려움이 있을 수도, 없을 수도 있음
증상 부위	입술, 얼굴, 눈꺼풀, 귀, 결막, 혀의 종창(혈관부종)

4) 음식알레르기의 발생기전

① 장은 신체에서 가장 큰 면역기관
② 특정 음식의 섭취, 많은 양의 IgE 방출, 비만세포 조절장애 임상증상
③ IgE의 양은 유전적 소인, 특정 음식의 기간 등 많은 요인에 좌우됨

5) 음식알레르기 항원

① **대부분 항원**: 10,000에서 60,000달톤 사이의 분자량을 가진 단백질
② 개에서 소고기, 유제품, 생선에 대한 알레르기가 89% 차지
③ **글루텐**(글리아딘): 곡물은 약간의 단백질 함유. 밀에서 글루텐 함유
- 글루텐: 글리아딘 + 글루테닌의 혼합물
- 글루텐에 민감한 개에서는 글루텐 민감성의 발현과 장의 투과성 증가. 글리아딘에 의해 대식세포 활성 → 지연형과민반응

6) 음식불내성의 종류와 반응

① **음식불내성**: 식중독, 혈관작용아민(vasoactive amine)에 대한 반응, 탄수화물불내성(젖당불내성)

② 젖당불내성: 젖당분해효소의 부족. 염소와 소의 젖은 개와 고양이의 젖보다 훨씬 높은 농도의 젖당을 함유

③ 이당류불내성: 이당 분해 효소의 활성이 소실

7) 음식알레르기의 식이요법

① 제한식이: 한 두 종류의 새로운 단백질만 포함. 소화가 잘 되는 단백질
- 개에서 추천재료: 양고기, 쌀, 감자, 사슴고기, 토끼고기, 생선, 두부
- 고양이에서 추천재료: 양고기, 쌀, 토끼고기, 사슴고기

② 가수분해 단백질 식이

③ 제한식이 시험기간: 4~12주, 위장관 알레르기인 경우: 2~4주

④ 지방산과 염증성 피부염: 오메가6(면역 증가), 오메가3(염증 감소)

⑤ 오메가3지방산의 용량: 4.53kg당 1g의 생선기름 추천

8) 피부에서 오메가6지방산과 오메가3지방산

① 식이성 오메가6지방산과 오메가3지방산의 이상적 비율과 질병의 치료에 오메가3지방산의 사용에 대한 상당한 연구가 진행 중에 있음

② 몇몇 연구들은 적절한 식이성 오메가6지방산과 오메가3지방산의 비율이 4:1에서 10:1 사이라고 제안함

(2) 식이와 피부병

1) 피부에 대하여

① 피부: 신체와 환경 사이의 장벽 역할

② 피부와 털의 기능: 수분소실방어, 체온 조절

③ 털의 주기: 성장기 – 휴지기 – 퇴행기, 햇빛의 양에 반응

④ 긴 털을 가진 개는 짧은 털의 개보다 털의 성장을 유지하기 위해 많은 단백질 요구

⑤ 영양결핍의 피부병: 성장기, 수유기, 임신기에서 발생할 수 있음

⑥ 개의 흔한 피부병: 알레르기, 피부종양, 세균성 농피증, 지루증, 피부기생충, 음식 불내성, 면역성개피부병, 내분비질환 등

⑦ 고양이의 흔한 피부병: 농양, 피부기생충, 알레르기, 속립성피부염, 호산구육아종 복합체, 진균감염, 지루증, 종양, 정신성피부염 등

⑧ 질병을 감별하기 위해선 검사를 통해서 진단이 선행되어야 함

2) 식이와 피부병 – 영양소

① 피부와 털을 위한 식이는 적절한 단백질과 에너지 섭취가 필요
② 단백질은 성장기, 번식기, 수유기에 특히 중요
③ 단백질의 결핍은 피부장벽의 변화로 감염이나 치유에 영향을 줌
④ **필수지방산 공급:** 피부장벽 수분소실에 영향. 오메가6, 오메가3 보충
⑤ **무기질 보충:** 구리, 아연 보충(효소들의 보조인자로 작용)
⑥ **비타민 보충:** 비타민 A(피부세포 성장, 번식, 시력), 비타민 E(항산화, 항염증작용), 비타민 B복합체(지방산대사)

3) 피부질환과 식이요법

① 단백질원 → 가수분해, 드문 단백질원
② 오메가6 → 피부 층을 구성
③ 오메가3(EPA/DHA) → 아토피
④ 비타민A, E, B-complex, 구리, 아연 등
⑤ Ceramide영양제: 피부장벽 강화 예 곤약, 감자

TIP 피부와 털에 질환이 있는 개와 고양이를 위한 식이권장량

영양소	개		고양이	
	성견	강아지	성묘	자묘
단백질	25~30% DM	30~45% DM	30~45% DM	35~50% DM
지방	10~15% DM	15~30% DM	15~25% DM	20~35% DM
아연(mg/kg)	100~200	100~200	50~150	50~150
구리(mg/kg)	5~10	5~10	15~30	15~30
필수 지방산	> 3.0% DM	> 3% DM	> 1.5% DM	> 1.5% DM

CHAPTER 09 반려동물에의 신장질환, 심장질환, 결석질환, 간질환, 기타질환의 영양학적 관계

01 식이와 만성신장병

(1) 식이와 만성신장병

1) 만성신부전

① 만성 신부전은 개와 고양이에서 흔하게 발생함
② 신장병의 진행: 신장의 예비력 소실, 신장의 기능부전(renal insufficiency) → 질소혈증, 요독증
③ 만성신부전: 노폐물의 배출, 수분과 산염기 평형 유지, 내분비호르몬합성을 적절히 유지할 수 없는 상태
④ 만성신부전: 적혈구형성인자(erythropoietin), 칼시트리올(calcitriol) 생산 감소
⑤ 진단의 어려움: 신장기능 75% 이상이 소실되기 전에는 질소혈증이 발생하지 않음
⑥ 소변 농축기능 소실: 66% 이상의 신장기능 소실

2) 만성신부전의 기전

정상 신장 → 진행성 신장손상 → 사구체 모세혈관 압력 증가 → 사구체 과여과 → 신장 암모니아 생성 증가(renal ammoniagenesis) → 신장 산소 소비 증가 → 2차성 신장 부갑상선항진증 보상성 신장 비대

3) 만선신부전의 후유증

고혈압, 대사성산증, 요세뇨관간질 손상(tubulointerstitial injury)

4) 만성신부전의 식이관리

① 만성신부전 식이요법의 목적
- 신부전의 임상증상으로의 진행을 억제
- 요독증, 전해질 불균형 그리고 만성신부전의 진행을 늦추는 데 목적이 있음

② 고인혈증관리: 고혈압, 수명 연장
③ 칼륨 평형관리: 전해질관리
④ 대사성산증관리: 근육량 감소 조절

⑤ 칼시트롤 공급: 2차선 부갑상선항진증 조절
⑥ 단백질 식이관리: 신장기능 부족(renal insufficiency), 요독증 조절
⑦ 2차성 부갑상선항진증관리: 인함량 조절, 인흡착체 공급, 칼슘 공급
⑧ 나트륨 조절: 전신성 고혈압관리
⑨ Vitamin D관리
⑩ Protein-losing glomerulonephropathy 관리: 2~4주 간격으로 단백질함량을 체크하고 단백질을 공급

TIP 신장질환의 주요 영양소 관리

Factors	Associated conditions	Dietary recommendation
Water	Dehydration, Renal hypoperfusion, 전해질 불균형, Blood volume contration	• 모든 시간에 신선한 물공급 • 비경구적 수액요법
Phosphorus	고인혈증, 부갑상선기능항진증, Nephrocalcinosis	• Avoid excess dietary phosphorus • Dog: 0.15~0.3% DM • Cat: 0.4~0.6% DM
Protein	요독증, 대사성산증, 사구체모세혈관고혈압, 사구체과여과, 단백뇨, 저단백혈증(단백질 누출성신장병)	• Avoid excess dietary protein • Dog: ≤15% DM • Cat: ≤30% DM
Sodium and chloride	전신성 고혈압, 신장 산소소모 증가	• Avoid excess dietary sodium • Dog: ≤0.25% DM • Cat: ≤0.35% DM
Acid load	Renal ammoniagenesis, Tubulointerstitial changes	Avoid excess dietary acid
Energy	Cachexia	비단백질 원료의 에너지 생성 식이를 공급
Potassium	Hypokalemia(especially cats)	경구용칼륨공급(3-5mEq/kg/day)
	Hyperkalemia	칼륨음식 제한, 칼륨보존성 이뇨제 제한
오메가6: 오메가3 비율	Progression of renal failure	오메가6: 오메가3 < 3:1

TIP 신장질환이 있는 개와 고양이를 위한 식이권장량

개, 고양이 신장질환 식이권장량		
대상	개	고양이
단백질	≤15% DM	≤30% DM
인	0.15~0.3% DM	0.4~0.60% DM
나트륨	< 0.25% DM	< 0.35% DM

5) 신장질환 관련 식이요법

① 인 제한: 만성신부전에서 수명 연장 증명(Finco 1992, Elliott 2000)
② 단백질 제한: Uremia(요독증), Azotemia(질소혈증)로 인한 임상증상 개선
③ 나트륨 제한: 만성신부전에 이환된 경우 종종 고혈압 증상
④ 비타민 E: 시너지 효과가 있는 항산화제로 작용
⑤ EPA/DHA: 오메가3의 대사물질로 사구체여과율 개선효과(Brown 1998)
⑥ 오메가6는 오히려 해가 될 수 있음(Brown, Crowell et al. 2000)
⑦ 인 흡착제, Pre-biotics

02 식이와 심장병

(1) 심장질환

1) 반려동물의 대표적 심장질환

① 개: 판막기능부전, 심장사상충(대형견: 확장성심근병증)
② 고양이: 비대성심근병증, 확장성심근병증

2) 심장질환에 대하여

① 심부전
- 심장이 혈액을 적절히 박출할 수 없어서 영양소(산소, glucose)를 조직으로 운반할 수 없는 상태
- 발생: 노령의 개, 고양이에서 흔하게 빌생

② 확장성심장근육병증(DCM): 고양이 타우린 결핍, 대형견에서 발생
③ 비대성심장근육병증(HCM): 고양이
④ 울혈성 심부전: 대부분 판막이상, 개에서 흔히 발생
⑤ 임상증상: 쇠약, 운동불내성, 실신, 기침, 비정상적인 호흡음, 체액 정체
⑥ 심장병과 신장병이 관련되어 동시에 흔하게 발생
⑦ 심부전의 단계와 치료

ISACHC의 심부전 기능 분류
Ⅰ. 무증상 a. 심질환의 소견(심초음파) 有, 심비대 無, 임상증상 無 b. 심질환의 소견(심초음파, 방사선) 有, 심비대 有, 임상증상 無 Ⅱ. 경도~중증도의 심부전 안정 시·가벼운 운동 시에 심부전 증상(기침 또는 운동불내성) 발현 QOL(삶의 질)의 장애 Ⅲ. 진행된 심부전(중증 심부전) a. 집에서 치료가 가능 (안정 시 기침 – 폐수종 無 또는 국소적) b. 입원이 절대적으로 필요 (심원성 쇼크·치명적인 부종·대량의 흉수·난치성 복수)

	처치·약제	Ⅰa	Ⅰb~Ⅱ	Ⅱ	Ⅱ~Ⅲa	ISACHC의 심부전 기능 분류
기능 분류에 따른 처방	ACEi 저해제	○	○	○	○	–: 불필요 ○: 필요 ×: 금기 △: 경우에 따라 고려
	Isosorbide nitrate(ISDN)	–	○	○	○	
	Digoxin	–	–	△	△	
	이뇨제	×	×	×	×	
	β 차단제	–	–	△	×	
	Hydralazine	–	–	–	△	
	Nitroglycerin	–	–	–	○	
	Pimobendan	–	–	–	○	
	Na 제한	사람 음식 금지 ~ 노령견용 ~ 심장병용 처방식				

3) 심장질환과 체중관리

① 대부분의 울혈성 심부전의 반려동물은 체중이 감소하여 심장성 악액질로 진행됨
② **단백질**: 울혈성 심부전의 주 에너지원으로 작용
③ **체중감소요인**: 음식 섭취량의 감소, 에너지필요량의 증가, 대사이상
④ **식욕감소요인**: 울혈성 심부전 염증매개물질(tumor necrosis factor, interleukin-1) 생성 증가 → 식욕감소
⑤ **식욕감소관리**: 적절한 에너지 공급, 오메가3지방산 공급(염증매개물질 생산감소 목적)
⑥ **비만성 울혈성심부전 반려동물관리**: 체중감량프로그램, 칼로리와 나트륨이 낮은 간식 고려

(2) 심장질환과 영양소

1) 심장질환과 나트륨

① 현재 논쟁 중, 단 나트륨이 높은 경우 심장에 영향 → 50~80mg/100kcal로 제한 추천
② 개에서 심장질환 나트륨 권장량: 0.07~0.27% DM
③ 고양이에서 심장질환 나트륨 권장량: 0.3% DM

2) 심장질환과 단백질

과거 영양학에서는 울혈성 심부전에 단백질을 제한했지만, 단백질을 제한하면 악액질 우려가 발생하기 때문에 현재 영양학에서는 신장질환이 존재하는 경우가 아니면 단백질을 제한하지 않음

3) 심장질환과 타우린

① 고양이 타우린 결핍: 확장성 심장근육병증의 원인, 현재 고양이 사료에 적정량 공급
② 개에서 타우린 결핍: 확장성 심장근육병증 예 코커스파니엘, 뉴펀틀랜드, 골든리트리버, 스코티시테리어, 보더콜리
③ 보충량: 개 500~1000mg/bid/day

4) 심장질환과 칼륨

저칼륨혈증	• 근육쇠약 유발 및 심장약의 효능 감소, 식욕부진 • 이뇨제의 사용으로 저칼륨혈증 발생 • 식이에 적절한 칼륨 공급

5) 심장질환과 마그네슘

마그네슘	• 많은 효소반응에 관여 • 울혈성심부전 저마그네슘혈증, 부정맥 위험성 증가, 심장의 수축력 감소 • 공급 보충: 20~40mg/kg/day

6) 심장질환과 L-carnitine, Coenzyme Q10

① L-carnitine
- 리신과 메티오닌을 사용
- 심장근육의 미토콘드리아 속으로 지방산을 수용
- 지방산은 ATP 생산
- L-carnitine의 보충이 심장병에 이로운지는 아직 밝혀지지 않음
- L-carnitine 추천용량: 50~100mg/kg/tid, 비싼 가격

② Coenzyme Q10
- 에너지 생산에 필요
- 항산화작용
- Coenzyme Q10 추천용량: 30~90mg/kg/bid

TIP 심장병이 있는 개와 고양이를 위한 식이권장량

대상	상태	권장량
나트륨	고혈압, 울혈성 심부전	개 0.07~0.25% DM, 고양이 0.3%로 나트륨 제한
칼륨	저칼륨혈증(이뇨제 관련)	식이에 칼륨 공급
마그네슘	저마그네슘혈증(이뇨제 관련)	20~40mg/kg/day
인	고인혈증(신부전이 존재)	인 제한
타우린	확장성 심장근육병증	500mg/bid/day, 습식사료에는 2000~3000mg/kg DM 첨가
카르니틴	개 확장성 심장근육병증	50~100mg/kg/tid

7) 심장질환 관련 식이요법

① 염분 제한: 심한 심장 질환인 경우 50~80mg/100kcal 이내(ISACHC)
② 단백질, 지방↑: Cardiac Cachexia(심장성 악액질) 방지
③ L-Carnitine: 간에서 생성, β-산화(지방 → ATP, 심장 65%의 에너지 공급)
④ 코엔자임 Q10: 강력한 항산화제이자 에너지 생성과 관련
⑤ 비타민 E, C: 시너지 효과가 있는 항산화제로 작용
⑥ EPA/DHA: 오메가3의 대사물질로서 혈류 개선효과
⑦ 셀레늄: Glutathione peroxidase 구성, Vit. E와 상협
⑧ 타우린, Polypenol

03 식이와 요로결석

(1) 요로결석

1) 요로결석

① **요로결석**: 요로에서 발견되는 기질화된 응결물. 용질이 용해될 수 있는 생산물이 초과될 때 결정이 생성되고 응집되어 자람

② **결정에서 결석**: 요로에 결정이 충분한 시간 동안 존재. 식이, 음수량, 소변량, 소변농도, 소변 pH, 대사이상, 환경, 유전인자에 영향을 받음

③ **증상**: 배뇨 힘주기, 배뇨곤란, 배뇨 횟수 증가, 요실금, 혈뇨, 무증상

④ **결석의 종류**: 스트루바이트, 옥살산염, 퓨린(요산염과 크산틴), 시스틴, 규산염

⑤ **치료**: 녹이거나 수술, 요로수압추진(Urohydropropulsion)

2) 요로결석 치료 및 재발율 감소의 영양적 관계

① **요로결석 치료**: 결석을 녹이거나 제거하고 재발의 위험성을 낮추는 것

② **물**: 요로결석증의 재발률에 관련된 중요 영양소

③ **음수량 증가**: 소변을 희석시키고 배뇨횟수를 증가시키는 목적

④ **음수량 용량 평가**: 요비중 개 1.020 이하, 고양이 1.030 이하로 유지

⑤ **소변 pH를 산성**: 스트루바이트, 요산염, 시스틴결석은 녹음

⑥ **수술적 제거**: 칼슘옥살레이트 결석

3) 음수량

① **개**: 운동량과 환경이 보통인 경우
- 50~60ml/kg/day: Schaer, 1989
- 하루 급여량(g)의 2~3배: Case et al., 2000
- 하루 DER 만큼: Lewis et al., 1987

② **고양이**
- 35ml/kg/day: Schaer, 1989
- 개의 경우보다 0.6~1배 낮음: Seefeldt et al., 1979

(2) 개의 스트루바이트 요로결석증

1) 개의 스트루바이트 요로결석증

① 개의 스트루바이트 결석은 요로감염과 관련이 있음

② **요로감염**: 세균이 요소를 가수분해 → 소변의 암모니아, 이산화탄소 생성 → 소변 pH 증가 → 암모늄이온과 인산염이온 이용 증가 → 스트루바이트 형성

③ **발생**: 2~9세 사이의 암컷 개

④ **유전적 품종**: 미니어쳐 슈나우저, 시츄, 라사압소, 비숑프리제, 미니어쳐푸들, 코커스패니얼

2) 개의 스트루바이트 요로결석증의 영양학적 관계

① **음수량**: 요비중 < 1.020으로 유지

② **단백질 제한**: 요소 생성을 감소시키기 위해서 소변에 있는 요소분해효소를 산생하는 세균이 사용하는 기질을 감소

③ **미네랄 제한**: 스트루바이트를 생성하는 소변 속 무기질을 감소

④ **처방식 사용 시 주의사항**

- 단백질 제한으로 혈청단백질을 감소로 인한 체액균형 이상
- 심부전, 신부전, 고혈압에 사용상 주의
- 지방함량이 높아서 췌장염 주의
- 원발성질환(쿠싱, 생식기주름피부염) 파악 필요

TIP 개의 스트루바이트 요로결석증을 위한 식이권장량

대상	치료를 위한 권장량	예방을 위한 권장량
물	섭취 장려: USG < 1.020로 유지	섭취 장려: USG < 1.020로 유지
단백질	< 8% DM	< 25% DM
인	< 0.1% DM	< 0.6% DM
마그네슘	< 0.02% DM	0.04~0.10% DM
소변 pH	산성뇨 범위(pH 5.9~6.1)로 유지	산성뇨 범위(pH 6.2~6.4)로 유지

(3) 개의 수산칼슘 요로결석증

1) 개의 수산칼슘 요로결석증

① **수산칼슘의 형성**: 소변 속 칼슘과 옥살산염이 과포화

② 산성화된 식이의 지속적 급여 완충작용으로 뼈에서 칼슘 침출 과잉의 칼슘 콩팥에서 칼슘 여과

③ **과잉의 칼슘소변**: 칼슘결석 형성

④ **발생**: 8~12세, 과체중, 부신피질기능항진증(신세뇨관 칼슘 재흡수 감소)과 연관

⑤ **유전적 품종:** 미니어쳐 슈나우저, 스탠다드 슈나우져, 라사압소, 시츄, 비숑프리제, 요크셔테리어, 미니어쳐푸들

2) 개의 수산칼슘 요로결석증의 영양학적 관계

① **음수량:** 요비중 < 1.020으로 유지
② **단백질 제한:** 과잉의 단백질을 피함
③ **나트륨 관리:** 나트륨은 칼슘의 배출을 촉진
④ **인 관리:** 인이 제한된 식이는 칼시트리올 생산을 증가 → 소변 속 칼슘 배출 증가
⑤ **칼슘 관리:** 식이성칼슘의 제한은 논란. 고칼슘식이는 칼시트롤과 함께 역피드백 원리
⑥ **옥살산염 관리:** Vit C는 옥살산염으로 전환 → 옥살산염이 많이 든 음식, Vit C 제한
⑦ **소변의 pH관리:** 7.0으로 유지, 산성화가 강하면 구연산칼륨 보충
⑧ 부신피질기능항진증 파악 필요

개의 수산칼슘 요로결석증을 위한 식이권장량

대상	치료를 위한 권장량
물	섭취 장려: USG < 1.020로 유지
단백질	10~18% DM: 과잉의 단백질을 피함
나트륨	< 0.3% DM: 과잉의 나트륨을 피함
마그네슘	0.04%~0.15% DM: 결핍이나 과잉을 피함
옥살산염	옥살산염, Vit C가 많이 든 음식을 피함

(4) 고양이의 스트루바이트 요로결석증

① 개와는 달리 스트루바이트결석이 있는 대부분의 고양이들은 요로감염을 가지고 있지 않음
② 중성화된 고양이는 성적으로 온전한 고양이와 비교해서 스트루바이트 결석이 발생할 위험성이 3.5배 더 높음
③ 대부분의 고양이에서 4~7년 사이에 스트루바이트 결석이 발생하며, 위험성이 높은 품종에는 샤르트르, 오리엔탈 쇼트헤어, 도메스틱 쇼트헤어, 히말라얀이 포함됨
④ 스트루바이트 요로결석증이 있는 경우에는 과도한 식이단백질을 피해야 하고, 30~40% 건조물로 제한해야 함. 마그네슘이 제한되고 산성뇨를 만드는 습성사료를 사용하여 스트루바이트결석을 몇 주에 걸쳐 녹일 수 있음
⑤ 무균성 스트루바이트결석이 있는 고양이에게 마그네슘이 제한되고 산성뇨를 만드는 식이를 사용함

TIP 고양이의 스트루바이트 요로결석증을 위한 식이권장량

대상	치료를 위한 권장량	예방을 위한 권장량
물	섭취 장려: USG < 1.030로 유지	섭취 장려: USG < 1.030로 유지
단백질	30~45% DM	30~45% DM
인	0.5~0.9% DM 0.11~0.24% ME	0.5~0.9% DM
마그네슘	0.04~0.06% DM	0.04~0.10% DM
소변 pH	산성뇨 범위(pH 5.9~6.1)로 유지	산성뇨 범위(pH 6.2~6.4)로 유지

(5) 고양이의 수산칼슘 요로결석증

① 산성뇨를 만드는 식이의 섭취와 실내생활은 수산칼슘 요로결석증의 독립적인 위험요인
② 이 결석증의 위험성이 높은 품종은 랙돌, 브리티시쇼트헤어, 포린쇼트헤어, 히말라얀, 하바나브라운, 스코티시폴더, 페르시안, 이그죠틱쇼트헤어가 포함됨
③ 수산칼슘결석은 일반적으로 7~10년 사이의 고양이에서 발생하며 수컷과 중성화된 고양이에서 발생할 위험성이 훨씬 더 높음
④ 수산칼슘결석이 있는 고양이의 대략 1/3은 고칼슘혈증이 있고, 고양이의 신장에 있는 결석은 대부분 수산칼슘일 가능성이 높음
⑤ 수산칼슘을 성공적으로 녹일 수 있는 내과치료법은 없기 때문에 수술이나 카테타를 통한 제거가 추천됨
⑥ 고양이에서 수산칼슘결석의 재발 빈도는 밝혀지지 않았음
⑦ 고양이에서는 식이변화가 수산칼슘결석의 재발 위험성을 낮춘다는 것이 증명되지는 않았지만 요비중 1.030 이하로 유지되는 한 마그네슘이 제한되지 않고 산성뇨를 덜 만드는 식이로 바꾸는 것이 바람직할 것
⑧ 옥살산염 함유량이 높은 음식은 사용하지 말아야 함

TIP 고양이의 수산칼슘 요로결석증을 위한 식이권장량

대상	치료를 위한 권장량
물	섭취 장려: USG < 1.030로 유지, 습식제품을 추천함
단백질	30~50% DM: 과잉의 단백질을 피함
칼슘	0.5~0.8% DM: 과잉 칼슘을 피함
나트륨	0.1~0.4% DM: 과잉의 나트륨을 피함

마그네슘	0.04~0.10% DM: 결핍이나 과잉을 피함
옥살산염	옥살산염, Vit C가 많이 든 음식을 피함
소변 pH	6.6~6.8로 유지

(6) 하부요로결석 관련 식이요법

① 수분 섭취 증가: 요 포화도를 낮춤

② Na 관리: 적당한 관리 필요

③ 요비중: < 1.020(Dog), < 1.030(Cat) 유지

④ Struvite: 요 산성화 사료, 단백질, 인산, 마그네슘 감소

⑤ CaOx: Vit.C ↓, pH 조절, Protein

⑥ Urate: 단백질원을 식물성으로 급여

⑦ 습식 식이가 수분함량이 높아서 도움이 됨

⑧ 음수량

- 개: 60ml/kg/day 이상 섭취
- 고양이: 40ml/kg/day 이상 섭취

(7) 고양이 하부요로질환(Feline Lower Urinary Tract Disease; FLUTD)

고양이 하부요로질환이란 용어는 많은 질환들을 함축하고 있음. 임상증상은 혈뇨, 화장실 밖에서 소변보기, 힘주어서 소변보기, 배뇨횟수 증가, 요로폐색이 포함됨

(8) 고양이 특발성 방광염(Feline Idiopathic Cystits; FIC)

① FLUTD의 65%: 외국 자료

② 통증이 주 임상증상(변비로 착각)

③ 7일 정도 경과 후 자연개선

④ 방광벽의 투과성 증가[GAG(Glycoaminoglycans) 소실] → 통증

⑤ 내과적 치료약물(Meloxicam, Gabapentin)

⑥ 스트레스 요인 제거(Calmex Cat)

⑦ 재발 방지: 1년 내 재발확률 11%(can) 또는 39%(dry), Markwell et al., 1999

04 식이와 간질환

(1) 간질환

1) 간질환

① 간: 대사를 담당하는 기관이고 1,500개 이상의 생화학적 기능

② 간의 기능: 약물대사, 독성물질 제거, 알부민과 응고인자와 담즙산염과 지질단백질의 합성, 영양소의 소화와 대사, 단백질대사기능, 탄수화물대사, 지질대사, 비타민대사 등에 관여

③ 임상증상: 식욕부진, 기면, 구토, 설사, 복수, 간성뇌증, 응고장애, 황달, 문맥고혈압, 고양이 간지질증

④ 간질환의 원인

- 감염성 염증성 간질환: 세균, 바이러스, 기생충, 곰팡이
- 비감염성 염증성 간질환: 만성간염, 간경화증, 간섬유증, 림프구성담관염, 독소와 약물
- 비염증성 간질환: 공포성간병증(저장병, 스테로이드요법, 당뇨, 만성질환, 간피부증후군), 문맥전신션트(PSS), 종양
- 담관질환: 폐쇄, 간질환에 의한 속발성 또는 염증

2) Arginine

① 아르기닌(arginine)은 모든 생물체에 존재하는 조건부 필수아미노산. 간에서는 체내 암모니아를 제거하기 위하여 요소의 합성과정이 일어나는데, 이때 아르기닌이 요소회로(urea cycle)에서 요소로 분해됨

② 아르기닌은 상피세포, 뇌신경세포, 중성구(neutrophil), 산화질소(nitric oxide) 생성에도 반드시 필요함. 특히 혈압, 장운동의 조절, 혈소판의 응고, 식균세포의 기능에 관여하는 일산화질소(NO)의 전구체로서 중요한 역할을 하고 있음

(2) 간질환에서 영양소의 변화

대상	상태	식이권장량
구리	구리 관련된 간중독증	구리함량을 제한, 음식에 ≤ 5.0ppm DM. 구리 함유 음식제한
아연	구리 관련된 간중독증	경구 아연보조제 급여: 50~100mg/bid/day
항산화 비타민	• 구리 관련된 간중독증 • 만성 간염 그리고 간경화	• Vit E: 400~500IU/day • Vit C: 500~1000mg/day
카르니틴	고양이 지방간	250~500mg/day

sodium chloride	Portal hypertension(복수)	• 개: 0.1~0.25% DM sodium, 0.25~-0.45% DM chloride • 고양이: 0.2~0.35% DM sodium, 0.3~0.45% DM chloride
섬유소	전신문맥성혈관션트, 만성간염, 간경화	섬유소 공급 3~8% DM
Arginine	대부분의 간질환	• 개: 1.2~2.0% DM • 고양이: 1.5~2.0% DM
에너지/지방	고양이 지방간, 담관염/간담관염, 구리 관련된 간중독증, 문맥전신혈관션트(PSS), 만성간염, 간경화증	• 충분한 에너지 섭취 • 에너지밀도 > 4kcal/g DM을 권장 • 개: 15~30% fat DM • 고양이 20~40% fat DM • 지방변이 발생 시 조절 필요
단백질	고양이 지방간, 담관염/간담관염, 구리 관련된 간중독증, 문맥전신혈관션트(PSS), 만성간염, 간경화증	• 개: 15~30% DM • 고양이: 30~45% DM • 간성뇌증의 임상증상이 있을 때 단백질 함량을 낮춤
타우린	고양이지방간, 담관염/간담관염	• 2500~5000 ppm taurine이 함유된 음식 제공 • 보충용량: 250~500mg/day
칼륨	고양이지방간, 담관염/간담관염	• 충분한 칼륨 보충 • 0.8~1.0% DM

(3) 간질환와 영양소의 관계

1) 단백질의 변화

① 간은 대다수의 순환단백질을 합성함

② 알부민은 전체 혈장단백질의 대략 60%를 구성함. 알부민은 많은 역할을 하는데 혈장의 교질삼투압을 유지하는 데 도움이 되며 호르몬, 스테로이드, 아미노산, 비타민, 지방산, 칼슘, 다른 약물과 결합하고 운반하는 역할을 함

③ 간이 합성하는 다른 중요한 단백질에는 응고인자가 포함됨

④ 심각한 간질환의 경우에는 알부민의 합성이 감소하여 부종과 복수가 발생할 수 있음

⑤ 간은 과잉의 식이단백질을 분해하는 데 중요한 역할을 하는데, 단백질을 합성하는 데 필요하지 않은 아미노산은 간에 의해 탈아미노화되고 산화됨

⑥ 방향족아미노산(티로신, 페닐알라닌, 트립토판)은 정상적으로 문맥순환으로 제거되고 간에서 대사됨

⑦ 간질환이 있는 경우에는 이들 아미노산은 순환 중에 축적됨

⑧ 대부분의 아미노산의 농도는 근육과 지방조직에 의해 사용이 증가되기 때문에 감소함

⑨ 아미노산 농도에서의 변화는 간성뇌병증의 발생에 중요한 역할을 할 수도 있음

⑩ 간질환에서는 질소대사도 변하는데 순환하는 암모니아는 증가함
⑪ 고암모니아혈증은 문맥전신션트의 결과로 간으로 암모니아의 부적절한 복귀, 아미노산의 탈아미노와 요소생산의 장애에 기인될 것임

2) 탄수화물의 변화

① 간은 탄수화물의 대사에서 중요한 역할을 함. 간은 글리코겐을 저장하는 기관으로 글리코겐은 포도당이 필요할 때 쉽게 동원될 수 있음. 간에서 대략 24~36시간 동안 포도당의 수요를 정상적으로 충족시킬 수 있는 적절한 글리코겐이 존재하지만 간경화증이 있는 경우에는 10~12시간 안에 글리코겐이 고갈됨
② 간질환이 있는 경우에는 포도당을 생산하는 데 필요한 아미노산을 제공하기 위해서 단백질 분해가 증가되며 이것은 간에서 일어남. 기능을 하는 간조직이 전체 간조직의 1/4만큼이나 적게 남아있어도 혈당농도를 유지할 수 있지만 간경화증, 간부전, 간종양에서는 순환하는 포도당이 감소할 수 있음
③ 간지질증이 있는 고양이에서는 과도한 양의 포도당이 순환할 수 있음(고혈당증)
④ 간경화증에서는 순환하는 글루카곤이 증가하여 괴사성 피부병을 초래할 수 있음

3) 지질의 변화

① 간은 지질대사에서 매우 중요한 역할을 함. 지방산은 간에서 합성되고 트리글리세리드로 저장될 수 있음. 간의 글리코겐이 고갈될 때 지방산은 지방조직에서 방출되어 간에 의해 산화됨. 케톤체가 생산이 되고 중요한 에너지원이 될 수 있음
② 카르니틴은 세포질에서 미토콘드리아로 지방산을 수송하는 데 필요한 보조인자이며 간은 카르니틴을 대사하는 데 중요한 역할을 함. 간질환이 있는 경우에는 카르니틴이 합성이 감소하거나 카르니틴교체율이 증가함. 고양이에서는 카르니틴을 보충하는 것이 간지질증을 예방하는 데 도움이 될 것임
③ 간은 콜레스테롤의 합성, 저장, 분비하는 데 중요한 역할을 하기 때문에 간질환이 있는 경우에는 지질단백질대사가 변함. 담즙산염의 생산은 감소하고 담즙 정체, 고콜레스테롤혈증, 고중성지질혈증이 존재함. 문맥전신션트나 간괴사증이 있는 동물에서는 혈청 콜레스테롤의 감소가 관찰되었음

4) 비타민과 무기질

① 지용성비타민은 간에 저장됨. 만성 간질환에서는 비타민 E가 흔하게 결핍되며 이로 인해 간은 산화손상에 취약하게 됨. 또한 간질환에서는 비타민 K도 흔하게 결핍되며 응고시간을 증가시킴. 만성 간질환에서는 비타민 B복합체, 특히 비타민 B_{12}가 결핍되고 비타민 C도 간질환에 영향을 받음
② 철, 아연, 구리는 간에 저장되며 구리 축적은 간을 손상시킬 수 있음. 구리대사에서 원

발성 결함 또는 구리배출의 감소에 속발성으로 구리가 축적될 수 있음. 간질환에서 아연도 흔하게 결핍되며, 간경화증에서는 마그네슘 농도도 감소함

(4) 간질환의 일반적인 영양학적 고려사항

1) 간질환의 영양학적 고려

① 담관이 폐쇄되거나 병발하는 지방흡수부전이 존재하지 않는다면 대부분의 간질환에서는 식이지방을 제한할 필요가 없음. 간질환에서는 15~30% DM(개)과 20~40% DM(고양이)의 식이지방을 견딜 수 있음

② 중간사슬트리글리세리드(MCT)는 쉽게 흡수되고 가수분해되기 때문에 지방원으로 약간의 이점을 가지고 있음

③ 오메가3지방산을 보충하는 것도 이로움

④ 식이섬유를 증가시키면 흡수되는 질소노폐물의 양을 감소시킬 수 있으며 증가된 섬유는 담즙산과 세균과 결합할 수 있음. 간질환이 있는 개와 고양이를 위한 식이섬유는 전형적으로 3~8% 건조물

⑤ 구토와 섭취량이 감소하기 때문에 혈청 칼륨은 일반적으로 감소하므로 적절한 양의 식이칼륨을 제공해야 함

⑥ 간질환에서는 종종 아연과 철도 결핍되기 때문에 적절한 양의 아연과 철을 식이로 제공해야 함

⑦ 간질환에서는 구토물과 소변으로 수용성비타민이 소실되기 때문에 종종 결핍됨

⑧ 비타민 K는 간에서 합성되기 때문에 간질환에서는 낮으며 비타민 K의 결핍은 응고문제와 출혈을 초래할 수 있음

⑨ 모든 비타민들은 적절한 양으로 식이를 통해 공급해야 함

TIP 간질환이 있는 개와 고양이를 위한 식이 권장량

대상	개	고양이
단백질	15~30% DM	30~45% DM
지방	15~30% DM	20~40% DM
탄수화물	45~55% DM	30~40% DM
섬유소	3~8% DM	3~8% DM
나트륨	0.1~0.25% DM	0.2~0.35% DM
칼륨	0.8~1.0% DM	0.8~1.0% DM
염소	0.25~0.40% DM	0.30~0.45% DM
아르기닌	1.2~2.0% DM	1.5~2.0% DM
타우린		2500~5000ppm

TIP

- 구리함량이 높은 식품: 콩과식물, 간, 살코기, 조개
- 구리함량이 낮은 식품: 치즈, 코티지치즈, 쌀, 두부

2) 간질환 관련 식이요법 및 Neutraceutical

① 단백질: 간성 뇌증이 있을 때만 제한, 콩단백 또는 유제품

② Na 제한: 부종 완화

③ 에너지 증가(영양소칼로리 증가): Malnutrition 개선

④ SAMe(S-adenosyl-L-methionine), Silibin: 강력한 항산화제, Glutathione 생성

⑤ UDCA(Ursodeoxyl choline acid, 우르소데옥시콜린산, 우루사): 만성염증, Cholestatic liver disease에서 도움

⑥ Vit.E, C: 시너지 효과가 있는 항산화제, Vit.C는 간에서 합성

⑦ Zinc: Cell repair and replication, 구리킬레이터

⑧ Cu 제한: 배출이 되지 않을 경우 독성, Organ meat에 많음

⑨ L-Carnitine: 간에서 생성, β-산화(지방 → ATP 심장에너지의 65%)

⑩ Vit.A 보조제는 주의해야 함, 지용성비타민이라 침착 예 당근, 고구마, 단호박

05 골격과 관절질환 식이

(1) 골격과 관절의 질환

1) 골격과 관절질환의 개요

① 골격과 관절의 질환은 개에서 흔하며 대략 전체 개의 25%에 영향을 미침. 1년 미만의 어린 개의 25%가 골격이나 관절의 질환을 가지고 있음

② 발달성 정형외과질환(developmental orthopedic disease; DOD)이라는 용어는 어리고 빨리 성장하는 대형견종에 영향을 주는 많은 질환들에 적용됨

③ 고관절이형성증, 앞발꿈치관절이형성증, 골연골증이 영양과잉에 의해 잠재적으로 유발되는 흔한 골격과 관절의 질환이며 영양결핍도 골격과 관절의 질환을 유발할 수 있음

④ 영양결핍에 의해 발생하는 가장 흔한 질환은 영양성 속발성 부갑상선기능항진증과 구루병

2) 뼈와 관절에 대한 영양의 영향

① 성장하는 어린 동물이 에너지를 과잉섭취하면 더 빠르게 성장함

- 강아지에게 과식시키면 뼈가 더 빨리 자라고 체중도 더 빨리 증가함
- 체중증가는 골격과 관절에 더 많은 스트레스를 가해서 골연골증, 고관절이형성증, 앞발꿈치관절이형성증을 발생시킬 수 있음

② 영양과잉은 대형견종의 강아지에게 문제가 되는데 이로 인해 대형견종의 강아지는 매우 빠르게 성장할 수 있음

- 대형강아지에게 음식을 제한하여 급여하는 것은 최종적인 신체 크기에 영향을 미치지 않음
- 고단백질식이(30% DM)는 대형견종 강아지의 골격과 관절에 질환을 유발할 위험성을 증가시키지 않는 것으로 보임

③ 성장하는 강아지에게 고단백질 식이를 급여할 수 있고 필요한 에너지를 공급하는 데 도움이 될 수 있음. 성견에서는 과식이 체지방의 과잉과 비만을 초래할 수 있음. 비만은 흔하게 발생하며 골격과 관절질환을 일으킬 수 있음

④ 칼슘의 과잉섭취도 골격과 관절의 이상을 유발할 수 있음

- 식이칼슘은 소장에서 흡수되고 6개월 미만의 강아지는 과잉의 칼슘이 흡수되는 것을 막는 생리기전이 결여되어 있음
- 식이칼슘이 흡수될 때 호르몬인 칼시토닌이 혈청칼슘의 급격한 증가를 막기 위해 분비됨
- 칼시토닌은 뼈가 칼슘을 재흡수하는 것을 막고 뼈의 재형성이 발생하지 않도록 작용함
- 안전한 칼슘섭취량은 2개월령에서는 260~830mg 칼슘/kg/day이고 5개월령에서는 210~540mg 칼슘/kg/day

⑤ 인의 과잉섭취는 칼슘대사와 뼈의 발달에 영향을 미칠 수 있음

- 고기로만 된 식이를 먹는 반려동물에서는 인의 과잉섭취가 흔하게 발생함
- 인의 증가는 칼슘·인의 비율을 감소시키고 영양성 속발성 부갑상선기능항진증과 뼈의 골절을 초래할 수 있으나 성장하는 어린 개들에서는 칼슘의 확실한 섭취가 칼슘·인의 비율보다 더 중요함

⑥ 구리는 결합조직을 유지하는 데 중요함. 성장하는 어린개들에서 구리결핍은 성장변형, 골절, 관절의 넓어짐을 유발할 수 있음

⑦ 성장하는 어린 개들의 아연결핍은 성장저하, 피부결함, 면역기능손상을 초래할 수 있음

⑧ 성장하는 개들에서 비타민 A의 결핍과 과잉 둘다 심각한 뼈의 질환을 유발할 수 있음

⑨ 비타민 C는 연골형성에 중요하지만 비타민 C가 부족한 식이가 골격문제를 유발하지는 않음

- 과도한 비타민 C의 보충을 칼슘의 흡수를 증가시켜 칼슘과다를 초래할 수 있는데 이로 인해 골격질환이 발생할 위험성이 증가함
- 개는 비타민 C를 필요로 하지 않기 때문에 보충하는 것은 추천하지 않음

3) 골관절염의 영양

① 골관절증이 있는 경우에는 관절이 미끄럽게 윤활되지 않고 연골은 충분한 영양소를 공급받지 못해 손상됨. 연골손상은 관절 내에 염증을 일으키고 염증매개물질들을 방출시키며 염증매개물질들은 관절을 더 많이 손상시키는 특정 인자들을 방출시킴. 관절염에서는 내과요법과 영양관리가 중요함

② 과체중인 개의 체중감량이 치료의 주 목표로, 치료를 위해서 사용되고 있는 보충제는 글루코사민, 콘드로이틴황산염, 에이코사펜타엔산, 독코사헥사엔산, 항산화제, 녹색입홍합이 포함됨. 콘트로이틴황산염은 연골세포가 합성하는 연골보호제로, 몇몇 염증매개물질의 합성을 막고 연골손상을 예방하는 데 도움이 됨. 글루코사민은 글리코사미노글리칸의 전구물질이고 골관절염이 있는 경우에 연골세포는 적절한 글루코사민을 분비할 수 없음

③ EPA와 DHA는 긴사슬오메가3지방산으로, 오메가3지방산은 오메가6지방산에서 유도된 세포매개물질보다 염증성이 더 약한 세포매개물질들과 합쳐짐

④ 비타민 C와 비타민 E, 베타카로틴, 셀레늄, 아연은 관절세포의 손상을 감소시켜 골관절염의 진행을 늦추는 데 도움이 될 수 있음. 뉴질랜드의 녹색잎홍합은 EPA, DHA, 콘드로이틴, 글루타민을 함유하고 있기 때문에 도움이 됨

06 식이와 췌장질환

(1) 외분비췌장기능부전

1) 췌장의 기능과 외분비췌장기능부전

① 췌장은 지방, 탄수화물, 단백질을 소화하는 효소를 합성하고 분비하여 영양소를 소화시키는 데 중요한 역할을 함

② 췌장은 소화가 잘 되는 적정범위로 장관의 pH가 유지되도록 중탄산염을 분비하고 비타민 B_{12}를 흡수하는 데 필요한 인자를 분비함

③ 기능을 하는 췌장 부위가 소실될 때 이들 소화효소의 생산이 감소하며, 이로 인해 영양소의 소화와 흡수가 감소함

2) 외분비췌장기능부전의 증상 및 영양학적 고려

① 외분비췌장기능부전이 있는 개에서는 일반적으로 만성설사가 존재함. 소똥과 비슷한 경도를 가진 회색이나 노란색의 대변을 대량으로 누며 체중 감소는 다양함. 식욕이 많으며 식분증과 이식증이 나타나고 피모는 불량하고 근육은 소실되어 있음

② 고양이에서는 드묾. 임상증상은 체중감소와 대량의 무른 변이고 설사가 흔하지는 않음
③ 5년 미만의 개에서 발생하는 외분비췌장기능부전은 췌장위축이고 노령견에서 발생하는 경우는 만성췌장염임
④ 외분비췌장기능부전을 치료하기 위해서는 개나 고양이가 영양소를 소화하는 데 도움이 되도록 음식에 효소제제를 첨가해야 함
⑤ 비타민 B_{12}의 흡수를 개선시키지 못하기 때문에 한달에 한 번 비타민 B_{12}를 주사해야 함

(2) 췌장염

1) 췌장염의 증상 및 치료

① 췌장의 염증은 상대적으로 흔하게 발생하며 생명을 위협할 수 있음
② 개에서의 증상은 구토, 식욕부진, 복통, 침울, 열, 설사, 복부팽만, 탈수, 쇼크, 호흡곤란, 심장부정맥 등이 있음
③ 고양이에서 임상증상은 기면, 식욕부진, 탈수 등 비특이적인 증상도 포함됨
④ 만성췌장염은 임상증상들이 경미하고 비특이적이기 때문에 알기가 어려움
⑤ 췌장염의 원인은 거의 밝혀지지 않으나 아마도 개에서는 무분별한 식이섭취, 비만, 고지방식의 섭취가 췌장염의 발생과 관련이 있을 것임
⑥ 5년 이상의 개들은 췌장염이 발생할 위험성이 더 높으며 미니어처 슈나우저, 요크셔테리어, 실키테리어, 미니어처푸들에서 가장 흔하게 발생함
⑦ 고양이에서는 무분별한 식이섭취, 비만, 고지방 식이가 췌장염의 발생의 소인은 아닌 것으로 보임
⑧ 고양이에서는 나이가 들어감에 따라 만성췌장염의 위험성이 증가하지만 품종이나 성에 대한 소인은 없음
⑨ 췌장염의 치료는 내과요법과 식이요법 둘다로 이루어지며 급성 췌장염의 치료는 반드시 정맥으로 수액과 항생제를 투여해야 함. 초기에는 개에게 경구로 음식을 급여하지 말아야 하는데 그 이유는 십이지장에 있는 음식이 더 많은 췌장효소의 분비를 자극하여 염증을 악화시킬 수 있기 때문
⑩ 사람과 개를 대상으로 시행된 최근 연구들은 심각한 급성췌장염에서 초기 급식, 아마도 장관으로 투여하는 것이 더 좋다는 것을 강하게 지지함. 췌장염이 더 심하면 심할수록 더 일찍 급식을 실시해야 함. 개에서 구토가 멈출 때 경구급식을 시작할 수 있음
⑪ 고양이는 거의 구토를 나타내지 않지만 급성췌장염의 경과 중 초기에는 대부분 거의 식욕이 없음. 고양이에서는 강제로 경구급식을 시도해서는 안 되는데 그 이유는 음식혐오증을 유발할 수 있고 강제급식으로 적절한 칼로리를 공급하는 것이 어렵기 때문임

2) 췌장염과 영양학적 고려사항

① 췌장염에서 회복하고 있는 개와 고양이를 위한 식이는 소화가 매우 잘 되어야 함

② 몇몇 아미노산들은 췌장효소의 방출을 매우 자극할 수 있기 때문에 과도한 식이단백질은 피해야 함. 개에서는 식이 단백질 함유량이 15~30% 건조물이어야 하고 고양이에서는 30~45% 건조물이어야 함

③ 식이의 지방함유량은 중요하며 다른 요인들에 따라 달라짐. 비만이나 고중성지방혈증이 있는 개는 저지방식(10% DM 미만)을 급여받아야 함. 만약 이들 질환이 존재하지 않는다면 중간 정도의 지방을 함유한 식이(10~15% DM)를 급여할 수 있음

④ 프로바이오틱스는 장벽을 개선시키고 염증을 억누르기 때문에 췌장염을 치료하는 데 도움이 됨

⑤ 혈청 비타민 B_{12}를 보충하는 것은 이로울 것이고 비타민 B_{12} 결핍을 치료하기 위해서 매주 비타민 B_{12}를 주사할 수 있음

07 식이와 내분비질환

(1) 갑상선기능저하증

① 갑상선기능저하증은 개에서 발생하는 가장 흔한 내분비질환이지만 고양이에서는 드묾

② 임상증상은 체중증가, 비만, 기면, 추위를 못 견딤, 눈물샘 생산 감소, 불량한 피모, 둔한 정신이 포함됨

③ 식이요법은 비만일 경우 비만치료에 초점을 맞춤. 지질대사장애와 관련되기 때문에 저지방 식이를 급여하는 것이 이로움

(2) 갑상선기능항진증

① 갑상선기능항진증은 고양이에서 발생하는 가장 흔한 내분비질환이지만 개에서는 드물며 10년 이상의 고양이에서 발생함

② 증상은 체중감소, 식욕증가, 갑상선종양 촉진, 배뇨횟수 증가, 심장박동수 증가, 갈증, 과다활동, 설사가 포함됨

③ 캔에 든 습성사료를 먹는 고양이가 건사료를 먹는 고양이보다 발생 위험성이 더 높음

④ 이 질환의 고양이들은 마르고 에너지가 결핍된 상태에 처해져 있음. 또한 신장질환을 가지고 있는 경우가 많아서 과도한 식이단백질은 피해야 함. 식이에 많은 에너지를 제공하기 위해서 지방함유량을 증가시켜야 할 것임

(3) 부신피질기능항진증(쿠싱)

① 부신피질기능항진증은 코티솔이 과잉으로 분비되어 발생함

② 임상증상은 다음, 다갈, 다뇨, 식욕증가, 체중증가, 항아리 모양의 배, 헐떡임, 근육쇠약, 탈모가 포함됨. 고혈압이 흔하게 발생하며 당뇨병도 올 수 있음

③ 성견 유지용으로 고안된 식이가 적절하며 지방이 적고 섬유가 많이 든 식이가 체중을 감량하는 데 이로울 것임

(4) 부신피질기능저하증(에디슨병)

① 부신피질기능저하증은 광물코르티코이드(알도스테론)의 분비와 코티솔의 생산이 결핍되어 발생함

② 증상은 구토, 설사, 체중감소, 식욕결핍, 기면과 같은 모호한 증상과 허탈, 쇼크, 사망과 같은 에디슨크라이시스를 나타낼 수도 있음

③ 영양적으로 성견유지용으로 고안된 식이가 적절하지만 과잉의 식이칼륨은 피해야 함

08 당뇨병

(1) 당뇨병의 증상 및 치료

① 당뇨병은 혈당이 증가하는 것을 특징으로 하는 췌장질환

② 개들은 인슐린의존성 당뇨(1형)에 걸리며 이는 췌장의 인슐린 생산이 부족한 것임

③ 반면에 고양이는 일반적으로 비인슐린의존성당뇨(NIDDM: 2형)에 잘 걸리는데 이 경우 췌장세포는 인슐린의 효과에 반응하지 않고(인슐린저항) 혈당은 상승하여 더 많은 양의 인슐린을 분비시킴. 따라서 비인슐린의존당뇨병에서는 혈당과 인슐린농도가 초기에는 증가함

④ 비인슐린의존성당뇨병은 사람에서도 가장 흔하게 발생함. 시간이 지나면 인슐린을 분비하는 세포들은 결국 고갈되어 인슐린 분비는 중단되므로 이들 환자들은 영구적으로 인슐린에 의존하게 될 수도 있음

⑤ 개에서 진단되는 평균나이는 7~9년이고, 고양이의 경우는 50% 이상이 10년 이상의 노령고양이임. 수컷고양이가 발병 위험성이 높고 중성화된 고양이는 당뇨병이 발병할 위험성이 두 배 정도 높음

⑥ 임상증상은 혈당 농도가 180~200mg/dl(개)와 200~280mg/dl(고양이)을 초과할 때까지 나타나지 않으며 다음·다갈증, 다뇨증, 식욕증가가 포함됨. 개에서는 체중이 빠르게 감소하며 당뇨병이 있는 개의 대략 40%가 백내장을 가지고 있음

⑦ 치료목표는 임상증상을 없애고 합병증의 발생을 예방하는 것임. 인슐린요법이 당뇨병 치료의 중심이 되며 당뇨병에서는 식이요법도 매우 중요함. 식이성 탄수화물이 관리해야 할 가장 중요한 요소임

(2) 당뇨병이 있는 개를 위한 식이요법

① 식이성탄수화물은 50~55% 건조물로 존재해야 함. 쌀은 소화가 매우 잘 되는 탄수화물 원료이지만 몇몇 다른 탄수화물원보다 더 높은 혈당반응을 유발함. 수수와 보리가 당뇨병이 있는 개를 위한 더 좋은 탄수화물원임

② 식이섬유의 양은 당뇨병에서 논쟁거리지만 1형 당뇨병이 있는 개는 당뇨병이 없는 개보다 더 많은 섬유를 필요로 하는 것 같지는 않음. 당뇨병을 관리하는 데 적당한 양의 식이섬유(10~15% DM)는 이롭지만 고섬유식은 필요하지 않음

③ 당뇨병에서 지방대사가 변하며 혈청 콜레스테롤과 트리글리세이드가 흔하게 증가함

④ 췌장염의 발생 위험성이 증가하기 때문에 어느 정도 식이지방을 제한하는 것이 이로움. 식이지방은 20% 건조물 미만이나 전체 식이에너지의 30% 미만이어야 하지만 저지방 식이는 체중손실을 일으킬 수 있기 때문에 추천되지 않음

⑤ 신부전이 동시에 존재하지 않는다면 식이단백질의 양을 제한할 필요는 없음. 식이단백질의 양은 전형적으로 15~25% 건조물임

(3) 당뇨병이 있는 고양이를 위한 식이요법

① 당뇨병이 있는 고양이를 위한 식이요법의 목표 중 하나는 좋은 신체상태를 유지하고 과체중을 조절하는 것임

② 식이단백질은 높아야 하고 에너지와 지방은 적당해야 하며 탄수화물은 낮아야 함. 전체 에너지의 45% 이상이나 28~45% 건조물의 식이단백질을 제공해야 함

③ 탄수화물원은 전체에너지의 20% 미만을 제공해야 하고 단순당보다는 복합탄수화물이어야 함

④ 중등도의 높은 식이섬유는 위장관 통과시간을 늦추는 데 이롭고 체중조절하는 데 도움이 됨. 섬유는 일발적으로 10~15% 건조물으로 존재함

⑤ 식이지방함량은 20% 건조물 미만이어야 함

⑥ 식이에 생선기름의 농도를 증가시키는 것은 오메가3지방산을 제공하는 역할을 해서 이로울 것임. 오메가3지방산은 특정 세포수용체를 활성화시켜 인슐린 민감성을 개선시킬 수 있음

⑦ 당뇨병이 있는 고양이는 하루 두 번 맞는 인슐린주사와 일치하도록 하루 두 번 음식을 급여받아야 함

09 식이와 암

(1) 암과 식이

① 반려동물의 건강관리방법이 발달해감에 따라서 많은 개와 고양이가 늘어난 수명으로 살아가고 있음

② 노령의 반려동물에서는 암이 상대적으로 흔한 질병이 되었으며 반려동물이 걸릴 수 있는 다른 생물학적 특성을 가진 많은 형태의 암들이 존재함

③ 치료법과 영양상태가 다르기 때문에 모든 암환자에게 완벽한 단 하나의 식이는 존재하지 않음

(2) 암과 영양학적 관계

1) 탄수화물대사

① 탄수화물대사는 암에 걸릴 때 현저하게 변함. 종양은 에너지원으로 포도당을 사용하는 것을 선호하기 때문에 과도한 젖산염이 형성됨

② 과도한 젖산염을 사용할 수 없는 에너지 형태로 전환시키기 위해서 동물들은 반드시 에너지를 소비해야 함. 따라서 여분의 칼로리를 태워야 하고 이로 인해 에너지 순손실이 초래됨

③ 탄수화물이 풍부하게 든 음식은 젖산염의 생산량을 증가시키기 때문에 암이 있는 반려동물에게 이들 음식을 급여하는 것은 피해야 함

④ 탄수화물은 25% 미만의 건조물이나 식이의 대사에너지의 20% 미만으로 구성되어야 함

2) 단백질대사

① 암에 걸린 동물환자는 전형적으로 몸의 근육량과 단백질합성이 감소하고 질소평형이 바뀜

② 종양은 성장하기 위해서 아미노산을 사용할 것이고, 이로 인해 아미노산의 이용이 아미노산의 섭취를 초과하기 때문에 더 현저해짐

③ 음성단백질평형이 존재한다면 위장관기능과 면역기능은 감소하고 상처치유능력은 손상됨

④ 암환자에게 분지사슬 아미노산(branched chain amino acid; BCAA)을 보충하는 것이 이로움

⑤ 분지사슬 아미노산에는 이소류신, 류신, 발린이 포함됨. 이 아미노산은 종양의 성장을 억제하는 데 도움이 되며 체중증가를 시킬 수 있음

⑥ 아르기닌 보충은 종양의 성장과 전이속도를 감소키며 글루타민은 장세포의 중요한 에너지원이고 위장기능의 기능을 개선시킬 수 있음

⑦ 암에서는 단백질의 결핍을 피하는 것이 중요하며 건강한 성숙동물의 필요량을 초과하는 양으로 식이단백질을 제공해야 함
⑧ 30~45% 건조물의 단백질을 제공하며 고양이의 경우 40~50% 건조물의 단백질을 제공함

3) 지질대사

① 암에서 대부분의 체중감소는 체지방의 소실에 기인함. 암으로 인해 소비되는 에너지가 적어질 뿐만 아니라 암은 지방분해를 증가시키고 신체의 지방생산을 감소시킬 수도 있음
② 오메가3지방산은 오메가6지방산보다 염증성이 더 적으므로 몇몇 암을 치료하는 데 이로움
③ 암환자의 식이는 오메가3지방산 농도를 증가시키고(5% DM 이상), 오메가3지방산에 대한 오메가6지방산의 비율을 3 미만이 되도록 만들어야 함

4) 비타민

① 비타민 A는 암세포를 조절하는 잠재성을 가지고 있고 비타민 A 유도체로 몇 가지 암들을 치료할 수 있음. 비타민 A는 암세포가 치료에 더 민감하게 반응하도록 하지만, 비타민 A는 지용성 비타민이기 때문에 고농도로 보충하면 잠재적으로 독성을 나타낼 수 있음
② 비타민 E는 몇몇 종의 유방암과 결장암을 막는 데 도움이 될 것임. 강력한 산화제이며 세포사를 초래하는 산화손상을 막는 데 도움이 될 수 있고, 종양의 증식을 막고 면역계를 증강시킬 수 있음
③ 베타카로틴은 중요한 항산화제로 알려져 있지만 아직까지 권장량이 정해져 있지 않음

5) 무기질

① 셀레늄의 영향에 초점을 맞추었음
② 반려동물에게 하루에 체중 킬로그램당 2~4mg의 용량으로 보충하는 것이 도움이 됨

(3) 암환자의 에너지필요량

① 암에 걸린 반려동물의 에너지필요량은 동물환자에 따라 다를 수 있기 때문에 각각의 동물환자들을 개별적으로 평가해야 함
② 일반적으로 단순암에 걸린 반려동물의 일일 에너지필요량은 건강한 정상적인 반려동물의 일일 에너지필요량과 비슷함
③ 방사선요법, 화학요법, 수술은 암의 위치에 따라 영양상태에 영향을 미칠 수 있음

④ 항암요법은 에너지필요량을 증가시키는 것 같지는 않지만 영양소의 섭취와 흡수를 방해해서 영양결핍과 체중감소를 초래할 수 있음

⑤ 음식섭취량을 증가시키는 것이 암환자를 영양요법으로 치료할 때 가장 중요한 단계

(4) 음식섭취량을 증가시키기

① 음식섭취량을 증가시키기 위한 첫 단계는 조용하고 스트레스를 받지 않는 식사 장소를 제공하는 것임. 시간에 맞추어 규칙적으로 음식을 제공해야 하고 반려동물에게 음식을 먹이는 사람은 차분하고 스트레스를 쉽게 받지 않는 성격이어야 함

② 음식섭취량을 증가시키기 위한 다음 단계는 음식의 맛을 높이는 것임
- 대부분의 가정식은 매우 맛있고 쉽게 먹을 수 있어야 함
- 가정식은 수분함유량이 높기 때문에 음식섭취를 증가시키는 데 도움이 되고, 또한 가정식에 존재하는 여러 가지 재료들과 향은 음식의 맛을 증진시킴
- 음식을 약간 데우는 것도 향을 증가시킬 수 있음

③ 음식의 맛을 높이기 위해서 음식에 여분의 지방을 첨가할 수 있음
- 또한 부가적인 지방은 음식의 에너지밀도를 증가시켜 에너지필요량을 충족시키기 위해서 먹어야 하는 음식의 양을 줄일 수 있음
- 위장관 운동성이 바뀌거나 췌장염에 잘 걸리는 동물환자에게 여분의 지방을 첨가하는 것은 피해야 함

④ 식이단백질을 어느 정도 증가시키는 것도 음식의 맛을 높일 수 있음. 간질환이나 신장질환이 있는 동물환자에게 단백질을 높이는 것은 피해야 함

⑤ 개의 경우 음식 위에 설탕이나 소금을 첨가하는 것도 음식의 맛을 높일 수 있음
- 인공감미료는 어떠한 칼로리를 제공하지 않기 때문에 사용하지 말아야 하며, 특히 자일리톨은 혈당 농도를 급격하게 떨어뜨려서 저혈당을 초래할 수 있기 때문에 사용하지 말아야 함
- 개에서는 단맛을 증가시키기 위해서 물엿(옥수수 시럽)을 사용할 수 있지만 고양이에서는 과당뇨증을 일으키기 때문에 사용하지 말아야 함
- 일반적으로 고양이는 단맛수용제가 부족하기 때문에 단맛에 반응하지 않음
- 개의 경우 단지 소량의 설탕이나 물엿을 첨가해야 하고 전체 일일 칼로리요구량의 10% 미만으로만 첨가해야 함
- 개에서는 음식 위에 소금을 뿌리는 것도 음식의 맛을 높일 수 있지만 고양이는 여분의 소금을 음식 위에 뿌리는 것에 반응하지 않음. 고혈압, 심장병, 신장병이 있는 개의 경우에는 음식에 소금을 첨가하지 말아야 함

⑥ 음식섭취량을 증가시키기 위해서 모든 시도를 다 했음에도 불구하고 몇몇 동물환자들은 일일 에너지필요량을 충족시킬 만큼의 충분한 음식을 소비하지 않을 것임. 이 동물들은 영양관(Feeding tube)이나 비경구영양법(parenteral nutrition)을 통한 보조급식

법을 필요로 할 것이며 심각한 소모와 영양결핍을 막기 위해서 초기 보조급식법을 시작해야 함

10 식이와 위장관질환

(1) 구강질환

① 구강의 염증성 질환은 드물며 여기에는 호산구육아종복합체, 육아종, 구내염, 머리와 목의 방사선 치료에 기인한 염증이 포함됨

② 구개열은 가장 흔한 구강의 선천성 질환으로 싸움, 낙상, 화상, 교통사고, 이물에 의해 상처를 입을 수 있음

③ 구강종양이 드문 것도 아니며 개와 고양이의 네 번째로 흔한 암의 원인

④ 구강질환의 임상증상에는 음식을 먹기가 어렵거나 먹으려 하지 않는 것이 포함됨. 또한 구강질환이 있는 많은 반려동물들은 물을 마시기 어렵기 때문에 탈수가 흔한 문제가 됨

⑤ 소량의 음식으로도 고칼로리를 제공할 수 있는 에너지 밀도가 높은 음식을 급여해야 함. 음식에 물을 첨가하여 죽이나 슬러시처럼 제공하고 하루 중에 여러 번 소량씩 나누어 급여하는 것이 음식섭취량을 증가시키는 데 도움이 될 수 있음

(2) 거대식도증

① 거대식도는 식도에 영향을 주는 운동장애가 크고 연약한 식도를 초래할 때 발생

② 거대식도가 발생하는 정확한 이유는 밝혀지지 않았지만 신경근육기능장애와 관련이 있음

③ 역류가 주요한 임상증상으로 체중감소도 발생함. 흡인성폐렴이 가장 흔한 합병증

④ 거대식도가 있는 반려동물 식이는 액체여야 함. 하루에 소량씩 여러 번 음식을 나누어 급여하고 개와 고양이가 선 자세로 급여해야 함. 목을 구부릴 필요가 없도록 밥그릇을 높은 의자나 지지대 위에 두거나 특별히 고안된 급식대를 구입할 수 있음. 음식이 위 속으로 흘러 들어가도록 급식 후 10~15분 동안 선 자세로 두어야 함

⑤ 에너지 밀도가 높고 25% 이상의 건조물을 함유하는 식이가 가장 좋음

(3) 식도염

① 식도염은 식도의 염증으로 이물, 경구용약, 화상, 위식도 역류로 초래될 수 있음

② 위식도 역류로 식도염이 초래된 경우에 식이의 지방함유량은 15% 건조물 이하로 되어야 함. 지방이 높은 식이는 위배출시간을 지연시켜 위식도역류를 촉진하기 때문에 피해야 함

③ 식도조임근의 긴장을 증가시키기 위해서 단백질 함유량은 25% 건조물보다 높아야 함
④ 음식은 죽과 같은 경도여야 하고 하루 중 소량씩 여러 번 나누어서 급여해야 함

(4) 구토

① 구토는 흔하게 발생하며 위장관 질환과 비위장관 질환 둘다와 관련될 수 있음
② 구토가 심하고 빈번하다면 체액이 현저하게 소실되어 탈수가 초래될 수 있음
③ 구토와 체액 손실을 최소화하기 위해서 음식의 구강 섭취를 최소화해야 함
④ 12~24시간 동안 절식시켜야 함. 만약 구토가 해결된다면 그때는 매우 소화가 잘 되고 지방이 제한된 음식을 급여해야 함
⑤ 지방이 제한된 음식을 며칠간 급여한 후 며칠에 걸쳐서 반려동물이 원래 먹던 음식을 다시 급여할 수 있음

(5) 위염

① 급성위염은 일반적으로 24~48시간에 해결되는 급성구토를 나타내는 경미한 질환임. 만성구토는 구토가 더 만성적이기 때문에 문제가 될 수 있음. 만성염증은 위의 운동성을 방해하여 더 많은 구토를 초래할 수 있음
② 수분은 구토를 하는 동물환자에게 중요한 영양소. 수분소실은 탈수를 초래할 수 있고 만약 수분결핍이 심하다면 정맥이나 피하로 수액요법을 실시하여 수분결핍을 대체해야 함
③ 단백질로부터 나온 항원이 몇몇 만성위염의 증례에서 중요한 역할을 할 수도 있으므로 새로운 단백질원이 함유된 식이를 선택하는 것이 이로울 것임. 단백질원은 매우 소화가 잘 되어야 하고 과잉의 단백질을 피해야 함
④ 고지방식은 위 속에서 더 오랜 시간 동안 저류되기 때문에 지방을 적당하게 제한해야 함. 개에서는 위염에서 사용하는 식이가 15% 건조물 미만의 지방을 함유해야 하고 고양이에서는 22% 건조물 미만의 지방을 함유해야 함
⑤ 만성구토는 전해질을 소실시키기 때문에 식이는 권장되는 최소량을 상회하는 칼륨, 나트륨, 염화물을 함유하고 있어야 함
⑥ 위염이 있는 경우 24시간 동안 금식해야 하고, 그 이후 구토가 없다면 그때 소량의 물이나 얼음조각을 제공해야 함
⑦ 만약 물을 견딘다면 매우 소량의 음식을 소비하도록 하루에 6~8번 위염에 권장되는 식이를 반려동물에 급여함. 만약 이런 급여를 견딘다면 며칠에 걸쳐서 이 반려동물이 원래 먹는 일반식을 다시 급여할 수 있을 것임

위염이 있는 개와 고양이를 위한 식이권장량

대상	개	고양이
단백질	16~20% DM	30~50% DM
단백질원료	새로운 단백질원	새로운 단백질원
지방	< 15% DM	< 22% DM
나트륨	0.35~0.50% DM	0.35~0.50% DM
칼륨	0.8~1.1% DM	0.8~1.1% DM
염화물	0.5~1.3% DM	0.5~1.3% DM

(6) 위운동장애

① 위운동장애는 거의 밝혀지지 않은 질환으로 위의 수축력이 약해져서 위에서 음식이 배출되는 시간이 지연되는 질환

② 지속적인 구토 때문에 위운동장애에서는 탈수가 흔하게 존재함. 수액요법으로 체액결핍을 교정해야 하고 자유롭게 물을 마실 수 있도록 물을 제공해야 함. 차가운 물은 위배출 시간을 지연시킬 수 있기 때문에 피해야 함

③ 종종 위운동장애가 있는 반려동물은 일정 시간 동안 칼로리섭취량이 부적절했기 때문에 저체중임. 하지만 지방함유량을 증가시키지 않고 에너지밀도가 매우 높은 식이를 제공하는 것은 어려움. 불행히도 지방이 높게 들어 있는 식이는 위배출을 지연시킴. 십이지장에 지방함유량이 높아지면 콜레시스토키닌의 방출을 자극해서 위배출을 지연시키기 때문에 식이지방함유량은 개에서 15% 건조물 이하이고, 고양이에서는 22% 건조물 이하가 되어야 함

④ 유동식은 고형식보다 위에서 더 빨리 배출되기 때문에 식이는 액상의 경도를 가지고 있어야 함. 차가운 음식은 위배출을 지연시키기 때문에 실온과 체온 사이로 음식을 데워야 함

(7) 설사

1) 급성설사의 증상 및 치료

① 급성설사는 비정상적인 배변횟수와 대변의 경도가 약한 것이 특징이고 개에서는 소장성 질환의 가장 흔한 증상

② 장의 흡수가 감소되거나 장의 분비가 증가될 때 또는 이 두 가지가 결합하여 발생할 때 설사가 발생함. 임상증상에 따라 경미한 설사나 중등도·심한 설사를 하는 것으로 개를 나눌 수 있음

③ 경미한 경우 개는 기민하고 활동적이며 탈수의 증거를 나타내지 않으며 24시간 이내에 3~4번 미만의 설사를 하고 변에 혈액이 섞여 있지 않음

④ 중등도의 설사를 하는 개는 탈수, 침울하고 더 많은 횟수(일일 6회 이상)의 설사를 하고 혈액이 섞여 있을 수 있음

⑤ 경미한 설사를 하는 개는 전형적으로 통원치료를 받음

⑥ 반면에 중등도에서 심각한 설사를 하는 경우는 일반적으로 광범위한 치료를 위해 입원치료를 받음. 적절한 치료로 변의 선행원인을 치료해야 함

2) 급성설사의 치료 및 영양학적 고려

① 급성설사의 경우는 식이조절이 치료의 핵심이 되지만 여기에는 두 가지의 급식에 대한 생각이 존재함

② 전통적으로 적어도 24시간 동안 음식섭취를 제한한 다음에 점진적으로 정상적인 급식으로 복귀시키는 것임

- 매우 소화가 잘 되는 탄수화물과 단백질로 구성된 무자극식을 소량씩 자주 제공하고 지방과 유제품은 피해야 함
- 소화가 잘 되는 단백질원에는 닭고기(피부가 없는), 기름기가 없는 살코기, 달걀이 포함됨

③ 식이요법의 다른 접근법은 설사가 존재하더라도 계속해서 급여를 하는 것임

- 임상증상이 존재할 때라도 급여하는 것이 파보바이러스에 감염된 개의 이환율을 감소시킨다는 증거가 존재함
- 만약 구토가 존재한다면 이 방법은 그리 실용적인 방법은 아님
- 임상증상이 존재할 때 급여해서 생기는 하나의 위험성은 장의 변환된 투과성이 더 많은 식이항원을 흡수시킬 수 있다는 것이므로 식이 단백질에 대한 과민증이 나타날 수도 있음
- 만약 이 방법을 사용한다면 새로운 식이 단백질원을 급여하는 것이 좋음

④ 수액요법은 설사를 치료하는 중요한 치료법이고 동물환자를 재수화시키고 전해질불균형을 교정하는 것을 목표로 함. 경미한 경우에는 경구 수액요법이 효과적이고 경제적이나, 중등도에서 심각한 설사의 경우에는 피하나 정맥으로 실시하는 수액요법이 필요할 것임

⑤ 약물요법에는 운동성조절제, 항분비제, 장보호제, 항생제가 포함됨

- 운동성조절제는 설사가 너무 심해서 체액균형을 유지할 수 없는 동물환자에게만 사용해야 함. 운동성조절제는 장의 통과시간을 증가시켜 수분이 재흡수되는 시간을 증가시킴. 운동성조절제는 이 약의 사용과 관련된 부작용 때문에 수일 이상 사용해서는 안 됨. 항콜린제는 장의 긴장성과 분비를 감소시킴. 항콜린제는 몇몇 동물에서 설사를 악화시키기 때문에 장이 폐색되거나 녹내장이 있는 개에서는 사용하지 말아야 함. 마약성

진통제는 장의 분비를 강력하게 억제하는 약으로, 마약성 진통제는 장의 분절수축력을 증가시켜 장 내용물의 통과에 대한 저항성을 증가시키고 체액의 유입을 감소시킴. 마약성 진통제는 침울, 우울, 혼통, 위장관의 무긴장증, 췌장염, 식욕결핍을 유발할 수도 있음. 이 약들은 간질환이나 세균성 위장관질환이 있는 동물환자에게 사용하지 말아야 함

- 항분비제에는 항콜린제, 클로르프로마진, 아편제제, 살리실산염이 포함됨. 클로르프로마진은 분비성설사를 하는 개에서 증가하는 세포 안에 있는 칼모듈린을 억제함. 아편제제는 분비를 감소시키고 흡수를 증가시킴. 이런 작용은 더 느려진 통과시간에 기인하는데 이로 인해 흡수는 증가됨. 살리실산염은 프로스타글란딘을 억제하여 내독소에 의해 유발될 수 있는 장분비를 감소시킴
- 장보호제에는 bismuth subsalicylate 제제와 카올린제제(kaolin-type product)와 페틴제제(pectin-type product)가 포함됨. 이 제제들은 체액과 전해질소실을 변화시킬 수 없는 것이 밝혀졌기 때문에 반려동물에서 제한된 가치만을 가짐
- 항생제는 세균성 원인의 장질환이나 장점막에 세균이 침입하여 대변에 혈액이 묻어나는 개에게만 지시됨. 설사에 무분별하게 항생제를 사용하는 것은 효과가 없으며 잠재적으로 해로움. 항생제는 장의 정상세균총을 억제할 수도 있으며 이는 회복에 악영향을 미침. 항생제는 장보호제와 결합하여 효과가 없어지기 때문에 항생제를 장보호제와 함께 투여하지 말아야 함

⑥ 급성설사를 하는 대부분의 개들은 적절한 치료로 3~5일 이내에 회복됨. 이 시기 동안 치료에 반응하지 않는 개는 설사의 원인을 정확하게 알기 위해 더 많은 검사와 치료를 필요로 함

3) 만성설사의 증상 및 치료

① 만성설사는 3주 이상 지속하는 배변횟수, 대변의 양과 정도에서의 변화로 정의됨

② 만성설사는 일시적이고 소장이나 대장의 문제에 기인할 수 있음

③ 만성설사의 기전에는 장으로의 체액배출의 증가, 장의 체액흡수의 감소, 장 투과성의 변화 또는 비정상적인 장운동성이 포함됨

④ 소장성 설사와 대장성 설사의 임상증상은 다름

- 소장질환에 의해 발생한 만성설사에서는 정상보다 대변량이 증가되고 배변횟수도 정상보다 중등도로 증가됨(하루에 2~4회). 대개 체중이 줄고 대변에 검은색, 혈액이 있을 것이며 점액은 전형적으로 대변에 존재하지 않음. 소장성 설사에는 일반적으로 힘주기는 없으며 몇몇 개들은 구토를 할 수도 있음
- 대장질환에 의해 유발된 만성설사에서는 소장성 설사보다 대변량이 더 적음. 배변횟수는 증가하고(하루에 네 번 이상), 일반적으로 체중은 감소하지 않으며 선홍색의 혈액이나 점액이 대변에 존재함. 대변에 힘주기는 흔히 존재하며 구토는 거의 하지 않음

⑤ 반려동물이 만성설사를 하는 원인을 알기 위해 검사를 해야 함

⑥ 소장이나 대장으로 이환되었느냐에 따라 치료는 달라짐. 소장성 설사라면 선행질환을 치료해야 하며 대증치료는 거의 성공을 거두지 못함

⑦ 만성설사는 매우 점진적으로 해결되며 정상적인 대변으로 복귀하기까지 몇 주간의 치료가 필요할 수도 있음. 선행질환을 치료할 때라도 설사가 완전히 낫지 않을 수도 있으며 특히 장의 종양, 림프관확장증 또는 히스토플라즈마증이 있는 반려동물에서는 더 그러함. 대장성 설사라면 편충에 감염된 많은 개들이 분변검사에서 음성으로 나타나기 때문에 일반적으로 편충에 대한 치료를 실시함

⑧ 지방이 적게 들어 있고 소화가 매우 잘 되는 식이를 적어도 3~4주 동안 급여해야 함. 만약 치료에 대한 반응이 불량하다면 장에 있는 질병의 증가를 육안으로 검사하기 위해서 수술이 지시될 수도 있음

⑨ 소장이나 대장에서 기원한 설사의 특징

특징	소장	대장
대변의 혈액	소화된 혈액	신선한 혈액
대변의 질	수양성, 소똥 모양	물렁물렁하거나 반고형
대변량	증가	적은 양
배변횟수	정상에서 증가	증가
대변의 점액	일반적으로 많음	일반적으로 존재
대변의 지방	존재	없음
배변하기 위한 힘주기	없음	있음
대변 못 참음(대변절박)	없음	있음
구토	존재	드묾
체중감소	존재	드묾

(8) 소장의 질환들

1) 급성장염

① 급성장염은 개와 고양이에서 흔하며 갑작스런 구토와 설사를 특징으로 함

② 많은 원인이 있으며 임상증상은 구토를 동반하고, 소장에서 기원한 설사는 대장에서 기원하는 설사와 다른 특징들을 가짐

2) 급성장염에 영양적 고려사항

① 급성장염에 사용하는 식이는 적당한 농도의 지방을 함유하고 있어야 함. 고지방식은 에너지밀도는 높지만 위배출을 지연시키고 췌장분비를 자극함. 지방은 기호성을 높이는데 도움이 되며 구역질을 하는 동물환자에게 유용함. 개의 경우 식이지방함유량은 12~15% 건조물이어야 하고 고양이의 경우에는 15~22% 건조물이어야 함

② 식이의 에너지밀도는 소량씩 급여할 수 있도록 적당해야 함. 섬유가 매우 적게 든 식이를 급여해야 함(< 1% DM)

③ 급성장염이 있는 동물환자에서는 구토와 대변을 통한 소실로 인해 칼륨, 나트륨, 염화물의 농도는 낮을 것임. 글루타민은 장세포를 위한 에너지기질이며 소장의 기능을 적절히 유지하는 데 필요함

④ 고기재료는 적절한 글루타민을 제공함. 급성장염에서는 일일 체중 킬로그램당 0.5그램의 글루타민을 보충해야 함

TIP **장염이 있는 개와 고양이를 위한 식이권장량**

대상	개	고양이
지방	12~15% DM	15~22% DM
조섬유	< 1% DM	< 1% DM
칼륨	0.8~1.1% DM	0.8~1.1% DM
염화물	0.5~1.3% DM	0.5~1.3% DM
나트륨	0.35~0.50% DM	0.35~0.5% DM
글루타민	0.5g/kg 체중 일일	0.5g/kg 체중 일일

3) 염증성장질환

① 염증성장질환은 염증세포가 위장관점막을 침입하게 만드는 한 집단의 질환들로 언급됨. 개와 고양이에서는 림프형질세포성-형질세포성 염증성장질환이 가장 흔하게 발생하며 림프구와 형질세포의 침입이 특징

② 대부분의 경우 염증의 원인을 밝힐 수 없지만 알레르기, 장의 세균, 장관 자체의 기인할 것임. 점막장벽의 소실은 잠막세포 안으로 더 많은 병원체를 들어오게 해서 더 많은 염증을 초래할 수 있기 때문에 염증을 지속시킬 수도 있음

③ 구토, 설사, 체중감소가 일반적인 증상이고 모든 연령이 이환됨. 고양이에서는 구토가 더 빈번함. 임상증상은 일반적으로 수개월에서 수년의 경과로 발생했다가 없어졌다를 반복함

4) 염증성장질환의 치료 및 영양적 고려사항

① 만약 음식알레르기가 원인이라면 제한식이시험을 실시해야 함

② 구토로 체액이 소실되기 때문에 탈수가 빈번하게 발생하는 문제가 됨. 정맥이나 피하로 수액요법을 실시하여 체액결핍을 교정해야 하고 항상 신선한 물을 마실 수 있도록 해야 함

③ 구토를 하는 동안 칼륨이 소실되므로 식이에 적절한 양의 칼륨이 함유되고 있어야 함
④ 각각의 식사시간마다 소량의 음식을 급여하여 위장관의 분비를 최소화하는 데 도움이 되도록 식이는 에너지밀도가 높아야 함
⑤ 고지방식은 삼투성 설사의 원인이 되어 더 많은 체액을 소실시킬 수 있기 때문에 피해야 함. 고양이는 개와 비교했을 때 더 높은 농도의 식이지방을 견딜 수 있음
⑥ 설사를 한다면 단백질이 소실되므로 염증성장질환이 있는 개와 고양이의 식이는 과도하지 않게 적절한 농도의 단백질을 제공해야 함
⑦ 염증성장질환의 식이에 소량의 수용성 섬유나 혼합섬유를 포함시킬 수 있음
⑧ 적절한 양의 비타민이 중요한데 그 이유는 설사로 인해 비타민, 특히 수용성비타민이 소실될 수 있기 때문
⑨ 적절한 아연도 보충해야 함
⑩ 오메가3지방산을 보충하는 것이 장에 존재하는 염증을 조절하는 데 도움이 됨. 생선기름이 긴사슬오메가3지방산의 가장 좋은 원료이며 일일 체중 10파운드당 1g의 생선기름을 보충할 수 있음
⑪ **프로바이오틱스(probiotics)의 투여도 염증성장질환에 도움이 될 수 있음**
- 프로바이오틱스는 숙주의 건강에 이로울 수 있는 살아 있는 생균
- 일반적으로 프로바이오틱스를 사용하는 것은 안전하지만 면역이 억압되거나 많이 아픈 반려동물이나 장점막이 심각하게 손상된 반려동물에게는 각별히 주의해야 함

TIP 염증성장질환이 있는 개와 고양이를 위한 식이권장량

대상	개	고양이
단백질	16~24% DM: 이전에 먹지 않았던 단백질을 사용	30~50% DM: 이전에 먹지 않았던 단백질을 사용
지방	12~15% DM	15~22% DM
조섬유	0.5~5.0% DM	0.5~5.0% DM
칼륨	0.85~1.1% DM	0.85~1.1% DM
아연	적절한 농도 유지	적절한 농도 유지

5) 림프관확장증 · 단백질소실성장병증

① 림프관확장증은 림프계통의 이상 때문에 발생하는 만성질환으로 원발성 질환일 수 있으며 또는 염증성장질환, 장염, 림프육종에 속발성으로 발생할 수 있음. 림프관확장증은 단백질소실성장병증의 원인
② 림프관확장증은 만성적이고 간헐적인 설사를 나타내지만 어떠한 위장관증상을 나타내지 않고 점진적으로 체중이 감소될 수도 있음

③ 림프관확장증에서는 장에서 전신순환으로 영양분을 운반하는 데 중요한 역할을 하는 림프관이 누출되어 단백질과 다른 영양소들이 소실됨

④ 혈청단백질과 혈청알부민의 농도는 흔히 감소하며 반려동물은 복부와 폐에 체액이 축적되고 부종을 나타낼 수도 있음

6) 림프관확장증 · 단백질소실성장병증의 영양학적 고려사항

① 식이지방을 제한하는 것이 가장 중요한 식이요법

- 긴사슬트리글리세리드의 섭취는 식후 4~6시간 이내에 장의 림프흐름을 자극함
- 림프의 단백함유량은 지방함유량이 증가하기 때문에 증가함
- 식이지방을 제한함으로서 림프흐름을 감소시키고 단백질의 소실을 줄임
- 불행히도 식이지방을 제한하는 것은 음식의 에너지밀도를 감소시키기 때문에 반려동물은 에너지필요량을 충족하기 위해서 많은 양의 음식을 먹어야 함

② 중간사슬트리글리세리드는 부분적으로 림프관을 우회해서 흡수되며 림프흐름을 자극하지 않기 때문에 중간사슬트리글리세리드를 첨가하는 것이 제안되었음

- 중간사슬트리글리세리드는 8~10개의 탄소로 이루어져 있고 흡수되는 데 담즙산을 필요로 하지 않으며 긴사슬트리글리세리드보다 더 빨리 흡수됨
- 중간사슬글리세리드는 코코넛 오일으로 만들며 필수지방산을 함유하지 않음
- 한 숟가락(tablespoon)의 코코넛기름은 대략 115kcal를 제공하며 식이에 첨가할 수 있으나 코코넛기름은 그리 맛이 있지 않고 비쌈

③ 칼로리밀도를 증가시키기 위해서 고단백질의 식이가 추천되며 일반적으로 하루에 소량의 식이를 여러 번 급여함

④ 섬유를 첨가하는 것은 식이의 에너지밀도를 감소시키기 때문에 일반적으로 섬유농도를 낮게 유지함

⑤ 만약 장기간 동안 지방의 흡수장애가 존재하고 식이지방을 엄격히 제한했다면 수용성 비타민을 보충해줄 필요가 있음. 수용성비타민을 보충하는 가장 쉬운 방법은 3개월마다 근육으로 수용성 비타민을 주사하는 것임

TIP 림프관확장증이나 단백질소실성장병증이 있는 개와 고양이를 위한 식이권장량

대상	개	고양이
단백질	＞25% DM	＞35% DM
지방	＜10% DM	＜15% DM
조섬유	＜5% DM	＜5% DM

(9) 대장의 질환들

1) 결장염

① 결장염은 반려동물에서 흔하게 발생하며 많은 감염성, 독성, 염증성, 식이성 요인들에 의해 유발될 수 있음

② 급성결장염은 무분별한 식이섭취, 이물, 약물, 캠필로박터, 클로스트리듐, 살모넬라, 편모충이나 편충과 같은 기생충, 파보바이러스, 출혈성위장염, 염증성장질환이 개와 고양이에서 발생하는 만성대장성 설사의 가장 흔한 원인

③ 단백질소실성장병증 때문에 더 많은 단백질이 필요한 경우가 아니라면 생활단계에 맞게 식이단백질을 급여해야 하며 새로운 단백질이 이로울 것

④ 만약 더 많은 칼로리가 필요하다면 개와 고양이는 종종 더 높은 농도의 지방을 견딜 수 있음

⑤ 결장염이 있는 경우에는 흔히 칼륨이 결핍되기 때문에 식이는 적당한 양보다 더 많은 칼륨을 함유해야 함

⑥ 또한 나트륨과 염화물도 낮을 것이기 때문에 식이는 이들 무기질을 적절하게 함유해야 함

⑦ **식이섬유는 결장의 운동성을 정상화하고 위장관에 있는 독소를 완충하고 물과 결합하고 정상적인 장의 세균무리의 성장을 지지하고 위장관 내용물의 경도를 변화시키는 데 도움이 됨**

- 몇몇 수의사들은 섬유가 낮게 든 음식을 먹이도록 추천하는 반면에 다른 수의사들은 중등도에서 높은 농도의 식이섬유가 함유된 음식을 먹이도록 추천함
- 어떤 농도의 식이섬유를 사용하더라도 결장염을 성공적으로 관리할 수 있음

⑧ 결장염이 있는 반려동물을 위한 식이는 알칼리성 소변을 누게 함

⑨ 오메가3지방산을 첨가하는 것이 염증을 조절하는 데 이로움

TIP 결장염이 있는 개와 고양이를 위한 식이권장량

대상	개	고양이
단백질	새로운 단백질원	새로운 단백질원
지방	10~15% DM	12~22% DM
조섬유	0.5~15% DM	0.5~15% DM
나트륨	0.35~0.50% DM	0.35~0.50% DM
칼륨	0.8~1.1% DM	0.8~1.1% DM
염화물	0.5~1.3% DM	0.5~1.3% DM

2) 과민성대장증후군

① 과민성대장성증후군은 특정 짓기가 어려운 질병으로 위장관 운동성이 감소되어 발생한 것
② 고양이에서는 과민성대장증후군이 발생하지 않음
③ 개는 간헐적으로 대장성 설사를 함
- 복통과 배변 힘주기를 동반한 폭발적인 설사를 함
- 스트레스가 전형적으로 관련되며 여기에는 탐승, 호텔, 전람회, 환경의 변화로 인한 스트레스가 포함됨. 예민한 성격의 개들이 과민성대장증후군에 잘 걸림
- 많은 개들은 식이에 섬유를 증가시킬 때 과민성대장증후군이 개선됨. 식이에 조섬유가 10~15% 건조물로 들어있어야 함

3) 변비 · 거대결장

① 변비는 배변을 하지 않거나 배변횟수가 매우 줄어들고 결장과 직장에 대변이 저류된 것을 말함
② 된변비는 결장이 극도로 확장되고 운동성이 감소되어 만성적으로 변비가 발생하는 것과 관련되는 질환
③ 변비의 원인에는 배변통, 이물, 결장폐색, 신경근육질환, 탈수, 약물이 포함됨
④ 거대결장은 중년이나 노령의 수컷 고양이에서 가장 흔하게 발생됨
⑤ 변비와 거대결장을 위한 식이요법은 식이의 섬유량을 증가시키는 것과 관련됨
- 섬유를 증가시키는 것은 결장의 운동성과 장의 통과속도를 증가시키는 데 이로움
- 고창증과 복부의 경련통이 식이섬유를 증가시켜 발생할 수 있는 부작용
- 몇몇 경우의 거대결장은 식이요법 단독으로는 충분하지 않으면 내과요법이나 수술을 실시해야 함

4) 고창증

① 고창증은 위장관에 과도하게 가스가 생기고 축적되어 생김
- 위장관에서 생성되는 가스는 정상적으로 만들어지는 것이지만 이것이 과도해질 때 위장관 안에 과도하게 가스가 차게 됨
- 장에 있는 가스의 대부분은 냄새가 없으며 단지 1%의 가스가 악취를 풍기는 성분으로 이루어져 있음
- 가스의 양과 조성은 장에 존재하는 세균의 형태, 섭식행동, 식이의 성분에 영향을 받음
- 과도한 가스생성의 다른 증상에는 복명음(위와 장에서 꼬르륵거리는 소리), 복부불편함, 구토, 설사, 체중감소가 포함됨
- 스트레스를 받았을 때 먹거나 게걸스럽게 먹는 섭식행동은 과도한 고창증을 유발함

- 이것은 음식을 삼킬 때 공기도 함께 삼켜서 발생하는데, 고섬유식이나 콩류 식물이 많이 든 음식을 삼킬 때 공기도 함께 삼켜서 발생하는 것
- 고섬유식이나 콩류 식물이 많이 든 식이는 가스를 과도하게 생성하는 경향이 더 높음
- 젖당을 소화시키지 못하는 경우에는 유제품의 섭취가 가스를 과도하게 생성시키고 복부불편함을 유발할 수 있음. 또한 상한 지방을 함유한 식이도 위와 장에 과도하게 가스를 차게 함
- 몇몇 질환들도 위와 장에 과도하게 가스를 차게 할 수 있음. 흡수장애, 장기생충, 외분비췌장기능부전, 소장세균과다성장, 위장염, 종양, 림프관확장증 모두가 원인일 수 있음

② 고창증의 원인을 결정하기 위해서는 완전한 신체검사를 실시해야 하며 장에 기생충이 존재하는지 알기 위한 분변검사도 함께 실시해야 함. 만약 어떠한 질환을 발견할 수 없다면 식이와 섭식행동을 검사해야 함

③ 음식을 먹는 동안 공기를 삼키는 것은 여러 가지 방법으로 관리할 수 있음. 하루에 소량씩 여러 번 나누어 음식을 급여하는 것이 한번에 섭취하는 공기의 양을 줄이는 데 도움이 됨. 만약 다른 개들이 존재할 때 허겁지겁 먹는 개라면 다른 개와 떨어진 격리된 장소에서 급식하는 것이 음식을 천천히 먹게 하고 섭취되는 공기양을 줄이는 데 도움이 될 수도 있음

④ 콩을 포함하고 있지 않은 고품질의 섬유가 적게 들어 있고 소화가 잘 되는 식이로 바꾸는 것이 위장관에 가스가 차는 것을 감소시킬 수 있음

⑤ 운동량을 증가시키는 것은 가스 배출을 촉진시켜 개가 휴식하고 있는 동안 가스를 더 적게 배출되게 함

⑥ 행동학적, 식이요법으로 위장관에 가스가 차는 것이 가장 효과적인 방법이지만 심각한 경우에는 내과요법이 필요함. 기포제거제인 simethicone은 생성되는 가스양을 줄일 수는 없지만 가스를 더 쉽게 배출시키며 축적되는 것을 막음

PART 06

동물보건행동학

CHAPTER 01

동물 행동학의 이해

01 행동학의 분야

(1) 행동 지근 요인: 행동 Mechanism 연구 분야

예 • 수캐는 왜 전신주와 같은 기둥에 배뇨하는가?
• 왜 한 번에 배뇨를 하지 않고 나누어 하는가?

(2) 행동발달: 행동발달 연구 분야

예 • 반려견: 생후 1주, 3달, 1년에 따라 행동이 다름
• 반려묘: 생후 1주, 3달, 1년에 따라 행동이 다름

(3) 행동 궁극 요인: 행동의미 연구 분야

예 • 수캐는 바닥, 벽면, 구조물, 사물 등에 배뇨를 함으로써 자신의 신호(냄새)를 남겨서 영역을 지키고 세력을 확장함
• 고양이는 자신의 몸을 단장하기 위해 그루밍을 함

(4) 행동발달을 판단하는 방법

자극에 대한 반응
① 집 안의 물리적 환경에 대한 반응을 함
② 생활소음에 대한 반응을 함
③ 사람 및 물체에 대한 반응을 함

(5) 개의 행동발달 과정

견종, 환경, 건강상태에 따라 차이가 있음

1) 신생아기(출생~2주)

① 촉각, 체온감각, 미각, 후각, 시각, 청각 미발달 상태
② 이 시기에 핸들링에 의해 성장 후 스트레스 저항성, 정동적 안정성, 학습능력이 개선됨

2) 이행기(생후 2~3주)

① 시각, 청각 반응
② 독자적 배설 가능, 동배종 간의 놀이, 소리신호 및 행동신호 표현

3) 사회화기(생후 2주~3개월, 결정적 시기, 최대 6개월까지)

① 촉각, 체온감각, 미각, 후각, 시각, 청각 발달 상태
② 사회적 행동 학습, 감각기능·운동기능 발달, 섭식·배설행동 발달, 이종 간에도 애착관계 형성 가능, 장소의 애착

초기	2~5주	낯선 대상에게 공포심·경계심 약함
중기	6~8주	감수기의 절정
후기	9~12주	감각기관을 통해 받아들이는 대부분의 것들을 인식하고 고정됨

4) 약령기(보편적으로 3~12개월)

① 사물에 대한 이해가 가능
② 복잡한 운동패턴 및 학습능력 향상됨

5) 성숙기(생후 12개월 이후)

① 신체적으로 대부분 완성되고 행동이 고착됨
② 안정된 정상행동이 가능한 시기

6) 고령기 (7~10세 전후)

감각기관, 신경, 근육, 소화계, 비뇨기계, 심혈관계의 노화 및 기능 저하로 운동, 반응, 인지, 학습 등의 능력도 저하되고 노화에 의한 인지장애가 올 수도 있음

(6) 고양이의 행동발달 과정

묘종, 개체에 따라 차이가 있음

1) 신생아기(출생~2주)

① 촉각, 체온감각, 미각, 후각은 발달하지만 시각, 청각은 미발달
② 독자적 배설 불가능(생식기 그루밍)
③ 이 시기 적절한 접촉에 의해 성장 후 핸들링 및 정서적 안정화 가능
④ **생후 2주간 체온:** 처음 2주간은 체온 조절이 되지 않아 동배종들과 붙으려는 행동을 보임
⑤ 입위 반사는 출생 직후부터 보임

- **입위반사**: 뒤집혔을 때 스스로 일어나는 행동. 생후 40일경에 공중 입위반사 완성
- **굴곡반사**: 목덜미를 잡아 올릴 때 몸을 동그랗게 마는 행동(이소의 편이성)

2) 이행기(생후 2~3주)

① 시각·청각 발달, 독자적 배설 가능
② 동배종 간의 놀이, 소리신호 및 행동신호 표현
③ 3주 전후로 걷고, 오르려고 함
④ 발톱을 자유자재로 넣었다 뺄 수 있음(생후 2주까지 발톱을 집어넣지 못하지만 3주째는 가능)

3) 사회화기(생후 3주~3개월, 결정적 시기, 최대 6개월까지)

① 사회적 행동학습, 감각기능 및 운동기능이 발달하고 섭식 및 배설행동이 발달함
② 사람, 동물, 사물, 환경에 대한 적응 및 애착 형성 가능

4) 약령기(생후 3~12개월)

묘종 및 개체에 따라 차이가 있으나 복잡한 운동패턴 및 학습을 이해하고, 전신 몸단장을 함(Grooming)

5) 성숙기(생후 12개월 이후)

① 신체적으로 대부분 완성되고 행동 고착, 안정된 정상행동 가능
② 매우 협소한 틈새로 숨거나 드나드는 행동을 하며, 자신의 체고보다 몇 배나 높은 곳으로 오르는 행동을 함

6) 고령기(7~10세 전후)

감각기관, 신경, 근육, 소화계, 비뇨기계, 심혈관계의 노화 및 기능 저하로 운동, 반응, 인지, 학습 등의 능력도 저하되고 노화에 의한 인지장애가 올 수도 있음

02 동물의 행동이론

(1) 고전적 조건화(Classical Conditioning)

1) 고전적 조건화

① 동물행동과 심리학에서 많이 연구하는 학습 형태 중 하나

② 자극과 반응 간의 연결을 형성하는 과정으로, 조건자극(Conditional Stimulus, CS)과 조건반응(Conditional Response, CR) 사이의 연관성을 강화시킴

③ 고전적 조건화는 '파블로프의 개'에서 연구된 실험

- 개에게 종소리를 들려줄 때마다 음식을 제공했을 때 개는 종소리만 들어도 타액을 분비함
- 이렇듯 자연적으로 일어나는 반사적인 반응(타액)을 일정한 자극(종소리)과 연결시켜 새로운 반응(종소리 = 타액)을 형성하는 과정을 말함
- 반대로 개에게 종소리를 들려주고 전기적 자극을 준다면, 개는 종소리만 들어도 두려움을 느낄 수도 있음
- 처음에는 개가 종소리에 반응하지 않았지만, 여러 번 반복하여 음식과 종소리를 연결하면 개는 종소리만 들어도 침을 흘림
- 종소리와 음식을 연결하여 침을 흘리는 반응으로 만드는 것이 고전적 조건화의 원리

2) 고전적 조건화의 일상에서의 예

① 어떤 노래를 들으면서 음식을 먹었다면, 이후에는 그 노래를 듣기만 해도 배가 고픈 느낌이 들 수 있고(노래와 음식이 연결) 이러한 반응을 '조건반응'이라 함

② 음식에 대한 반사적인 반응과 노래를 연결하여 노래에 대한 조건화된 반응을 형성한 것이 고전적 조건화

③ 고전적 조건화 키워드

- 침대 = 졸음
- 화장실 = 요의
- 겨울 = 따듯한 옷
- 여름 = 짧은 옷
- 주사기 = 병원

3) 고전적 조건화의 응용 예

① 산책 갈 때마다 개에게 리드 줄을 하면 이후에는 리드 줄만 보여줘도 개는 유쾌한 반응을 보임

② 개에게 간식을 줄 때마다 '간식'이라고 말을 하면 이후에는 '간식' 소리만 들어도 개는 유쾌한 반응을 보임

③ 고양이에게 간식을 줄 때마다 간식 포장지 소리를 내면 이후에는 포장지 소리만 들어도 고양이는 유쾌한 반응을 보임

④ 고양이에게 목욕을 시킬 때마다 '목욕'이라고 말을 하면 이후에는 '목욕' 소리만 들어도 고양이는 불쾌한 반응을 보임

4) 고전적 조건화의 3가지 자극: 무조건자극(Unconditioned Stimulus)

① 동물이 그 어떠한 학습 없이도 특정 자극에 자연스럽게 반응하는 것으로 동물의 생리적·본능적인 요인, 종의 특성과 관련됨

② 무조건자극의 특징

- 무조건자극은 동물의 자연스러운 반응을 유발하며 어떠한 학습 없이도 무조건자극에 반사 반응(무조건반응)하게 됨 → 무조건자극과 무조건반응은 서로 뗄 수 없는 관계
- 무조건자극은 동물의 생리적·본능적인 반응을 유발하기 때문에 어떠한 학습이 필요 없음

  예 바늘로 찌르면 통증을 느낄 때 → 바늘 = 무조건자극, 통증 = 무조건반응

  예 고양이가 공포를 느끼면 구석으로 숨는 것 → 공포 = 무조건자극, 구석으로 숨는 행동 = 무조건반응
- 무조건자극은 유사한 자극에 동일한 반응을 하게 됨

  예 우체부를 보고 놀란 개가 택배 기사를 보고 놀라는 것
  → 우체부 = 무조건자극, 놀라는 행동 = 무조건반응
  → 택배 기사 = 무조건자극, 놀라는 행동 = 무조건반응
- 무조건자극에 대한 동물의 반사 반응(무조건반응)은 대개 즉시 나타남. 동물은 자극을 인지하고 즉시 반응함

  예 우체부를 보고 놀란 개가 택배 기사를 보고 즉시 놀람
- 무조건자극은 동물의 생존, 번식, 환경적응, 사회활동 등과 연관이 있기 때문에 동물의 행동이 조절됨

③ 무조건자극의 예

시각(시각)	색깔, 빛, 움직이는 물체 등
청각(소리)	경적, 음악, 굉음, 대화, 차량 등
후각(냄새)	음식냄새, 약물냄새, 향수 등
미각(맛)	쓰고, 달고, 짠맛 등
감각(촉각)	터치, 찬바람, 냉수, 통증, 압각 등
감정	기쁨, 슬픔, 외로움, 분노, 두려움, 좌절 등
사회적	고립, 대화, 단절, 관계, 격리, 칭찬, 처벌 등

④ 무조건자극과 무조건반응의 예

분류	주체	무조건자극	무조건반응
음식	동물이	음식을 보면	배고파서 침을 흘리는 반응
물	동물이	갈증을 느낄 때	물을 찾으려는 반응
휴식	동물이	피곤할 때	앉거나 누우려는 반응
수면	동물이	피곤할 때	수면을 취하려는 반응
배설	동물이	배설욕구를 느낄 때	배설장소를 탐색하려는 반응
번식	동물이	발정기일 때	구애 및 번식 관련 행동 반응
소리	동물이	공포스러운 소리에	공격하거나 회피하려는 반응
빛	고양이가	밝은 빛을 봤을 때	눈을 감거나 빛을 피하려는 반응
온도	동물이	추울 때	따듯한 곳을 찾으려는 반응
촉감	동물이	벌레에 물렸을 때	몸을 터는 반응
냄새	동물이	발정기 때	서로 냄새를 맡으려는 반응
동종	동물이	동종을 만났을 때	가까이 다가가려는 반응
위험	동물이	위험한 상황일 때	회피하거나 방어하는 반응
구속	동물이	어떤 공간에 구속되었을 때	탈출하기 위해 노력하는 반응
색상	동물이	어떤 색상에	경계하거나 회피하는 반응

5) 고전적 조건화의 3가지 자극: 중립자극(Neutral Stimulus)

① 조건화되기 이전의 자극이며 조건화를 유발할 수 있는 자극으로, 동물이 처음에는 특별한 반응을 보이지 않음

② 동물에게 아무런 의미나 반응을 유발하지 않는 자극을 의미함

③ 중립자극의 특징

- 중립자극은 학습과 경험을 통해 다른 자극과 연결되어 연관성을 형성하고 반응함
  - 개의 입장에서 종소리는 처음에는 중립자극
  - 개가 종소리를 들었을 때 처음에는 특별한 반응을 보이지 않았지만, 종소리와 함께 음식을 제공하는 반복된 경험을 통해 개는 종소리를 음식의 신호로 학습함

– 이후에는 종소리만으로도 개는 침을 흘리는 반응을 보이게 되는데, 이때의 종소리는 중립자극에서 조건자극으로 변한 것

- 중립자극은 동물이 특정한 상황에서 연결되는 다른 자극과 함께 학습되어 의미를 갖게 됨
- 학습과 경험을 통해 중립자극은 조건자극이 될 수 있고, 동물의 반응을 유발할 수 있음
- 중립자극은 학습 과정에서 중요한 역할을 하며, 동물의 행동과 반응을 조절하는 데 영향을 미침

- 중립자극은 동물의 성별, 나이, 건강상태, 종, 경험, 학습, 사회적 상황에 따라 다를 수 있음
- 예컨대 어떤 개는 종소리가 중립자극일 수 있으나 어떤 개는 종소리만 들어도 공포스러울 수가 있기 때문임

6) 고전적 조건화의 3가지 자극: 조건자극(Conditional Stimulus)

① 조건자극은 동물이 학습과 경험을 통해 연관된 자극과 반응을 학습하는 것

② 조건자극에 의한 조건반응이 일어나기 때문에 둘의 관계는 뗄 수 없음

③ **조건자극의 특징**

- '파블로프의 개' 실험에서 종소리는 '중립자극'이었지만 반복되는 경험에 의해 조건자극으로 전환됨
- 조건자극(종소리)은 동물이 무조건자극(음식)과 연관시켜 조건반응(타액 분비)을 학습하는 것으로, 동물이 자극들 사이의 연관성을 생각하고 결합하는 것이 특징
- 조건자극은 동물이 과거의 경험 및 학습에 기반하여 반응함
  – 동물은 자극과 특정한 반응 간의 연결을 배우고 기억함
  – 동물은 새로운 자극을 인지하고 이에 따라 반응을 조절할 수도 있음
- 조건자극은 동물의 행동을 증가 및 감소시켜서 경함과 학습을 하게 되고, 이러한 원리는 동물의 생존과 번식에 영향을 끼침

④ **조건자극의 예**

[청각] 개에게 손가락을 보여주면 개가 자리에 앉았을 때 간식 제공

→ 처음에 개는 손가락과 앉는 행동의 연결을 할 수 없지만, 이 행동을 반복할수록 개는 손가락만 보여주면 앉는 반응을 보임

→ 손가락 = '조건자극', 앉는 행동 = '조건반응'

→ 개에게 손가락과 간식은 무관했지만 반복 경험에 의해 연관성을 형성함

⑤ **일상에서의 예:** 어느 학생이 성적이 우수할 때마다 선생님이 칭찬을 해주었음

→ 처음에는 성적이 중립자극이지만 선생님께 칭찬을 받으면서 성적과 칭찬이 연결됨

→ 성적은 중립자극에서 조건자극으로 전환되었고, 학생은 우수한 성적을 받으려는 행동을 하게 됨

CONDITIONING

Pavlov's Dog Experiment

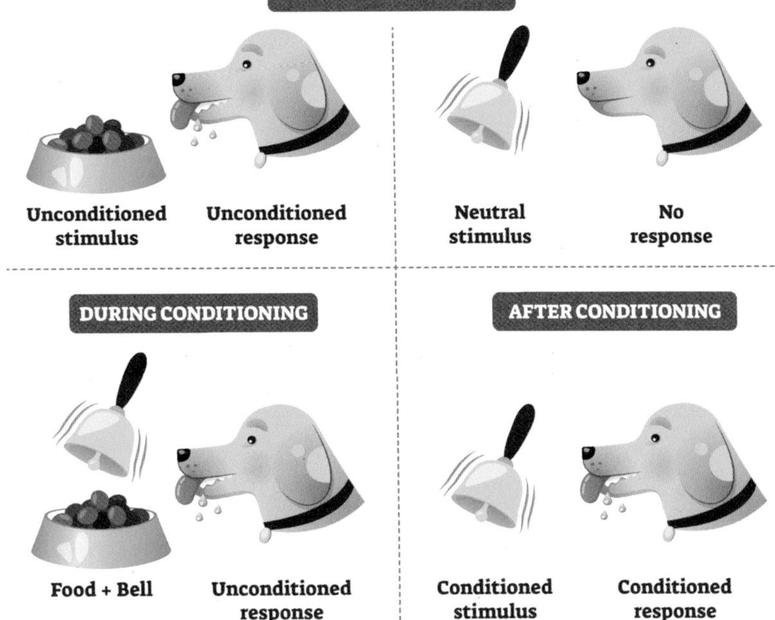

7) 고전적 조건화의 3가지 자극

① 조건자극(Conditional Stimulus, CS)
② 중립자극(Neutral Stimulus, NS)
③ 무조건자극(Unconditioned Stimulus, US)

8) 고전적 조건화의 2가지 반응

① 조건반응(Conditioned Response, CR)
② 무조건반응(Unconditioned Response, UR)

- 종소리 = 중립자극(최초 종소리는 음식 및 타액 분비와는 연관성이 없음)
- 음식 = 무조건자극(음식은 타액을 분비시키는 연관성이 있음)
  → 이후 반복 경험에 의해 종소리가 조건자극으로 전환
  → 종소리(조건자극) = 타액 분비(조건반응)
  → 종소리만 들어도 티액이 분비되도록 연결
- 종소리와 타액은 연관성이 없는데 연관성이 있도록 연결되어 조건반응이 형성됨
- 아무 의미 없던 종소리가 타액 분비(침 흘림)를 하도록 만든 결과

- 개가 산책할 때 산책 줄만 보여줘도 흥분하는 경우, 산책 줄을 보여주는 행위가 '조건자극'
  → 산책 줄을 보는 순간 개는 산책에 대한 기대감(조건반응)을 가지기 때문
  → 개의 산책에 대한 기대감은 '무조건자극'

9) 원인과 결과 분석

① 예시 1번

결과	미용을 할 때마다 맥박이 빨라지는 동물에게 미용도구만 보여줘도 맥박이 빨라짐
원인	미용도구를 보여줄 때마다 미용을 했기 때문

TIP 학습이론 분석

- **중립자극(Neutral Stimulus)**: "미용도구"가 중립자극이 될 수 있음. 처음에는 이 도구에 대한 반응은 중립적이었으며, 동물의 맥박과 직접적인 연결이 없었음
- **조건자극(Conditioned Stimulus)**: "미용도구"가 조건자극이 될 수 있음. 동물이 미용을 받으면 맥박이 빨라지는 상황에서 미용도구를 자주 사용하게 되면 동물은 이 도구를 맥박 증가와 연결시키게 됨
- **조건반응(Conditioned Response)**: "맥박이 빨라지는 반응"이 조건반응이 될 수 있음. 미용도구를 보여줄 때 동물의 맥박이 증가하는 반응이 생기며, 이는 미용도구와 맥박 상승 사이에 조건화된 연결이 형성된 결과
- **무조건자극(Unconditioned Stimulus)**: 상황에서 "미용"이 무조건자극이 될 수 있음. 미용을 할 때 동물의 맥박이 빨라진다는 것은 미용 자체가 동물에게 자극을 주고 맥박 상승을 일으키는 특성을 가지고 있음을 나타냄
- **무조건반응(Unconditioned Response)**: "맥박이 빨라지는 반응"이 무조건반응이 될 수 있음. 동물이 미용을 받을 때 맥박이 자연스럽게 증가하는 것은 미용에 대한 자연스러운 반응

▶ 미용도구가 중립자극에서 조건자극으로 변화하게 되어 맥박이 빨라지는 조건반응을 유발하게 됨. 동시에 미용은 무조건자극으로 작용하여 맥박이 증가하는 무조건반응을 일으키는 것으로 해석 가능

② 예시 2번

결과	목욕을 싫어하는 동물에게 목욕시킬 때마다 "목욕하자"라고 말했더니 이후에는 "목욕하자"라는 말만 해도 두려워 함
원인	목욕할 때마다 "목욕하자"라고 말했기 때문

③ 예시 3번

결과	미용을 두려워하는 동물은 미용테이블 위에 올려만 두어도 호흡이 빨라짐
원인	미용을 할 때마다 미용테이블에 올렸기 때문

④ 예시 4번

결과	동물병원을 두려워하는 동물에게 의사 가운을 보여만 줘도 호흡이 빨라짐
원인	동물병원에 갈 때마다 의사 가운을 봤기 때문

⑤ 예시 5번

결과	주사기를 두려워하는 동물에게 알코올 냄새를 맡게만 해도 두려워 함
원인	알코올 냄새가 난 후에 주사를 맞았기 때문

⑥ 예시 6번

결과	이동장을 싫어하는 동물은 안아 올리기만 해도 두려워 함
원인	동물을 안아 올린 후에 이동장에 넣었기 때문

TIP

- 조건자극이 무조건자극과 함께 주어지지 않으면 조건반응은 감소되거나 소실될 수도 있음(트라우마의 경우 예외)
- 종을 칠 때마다 음식을 제공했는데 어느 시점부터 종을 쳐도 음식을 제공하지 않았다면, 이후에는 종소리를 들려줘도 타액이 분비되지 않거나 분비량이 감소할 수도 있음

▶ 이는 종소리와 음식의 연관성이 없기 때문

(2) 자극(Stimulus)

1) 자극의 정의

① **자극**: 동물에게 직·간접적으로 물리적·화학적·사회적인 영향을 주어 동물의 생리적·해부학적 구조물, 심리적 작용에 영향을 주는 것

② 동물은 자극 수용체(통점, 압점, 온점, 냉점, 미뢰, 감각세포 등)를 통해 감각의 유형(시각, 청각, 후각, 미각, 촉각)에 따라 적합한 자극을 받음

③ 자극은 개체의 유전적 요인, 종, 경험, 학습, 건강상태, 성별, 나이, 사회적 상황에 따라 다르게 반응할 수 있음

2) 자극의 종류

① 물리적·기계적 자극

- 예 중력, 압력, 열, 소리, 빛, 회전, 전기
- 주로 시각, 청각, 후각, 촉각에 영향

② 화학적 자극

- 예 기체, 액체 상태의 화학물질, 냄새
- 주로 미각에 영향

③ 자연적 조건
- 예 기후(온도, 습도, 일조량, 일사량, 바람, 기압)
- 주로 시각, 청각, 후각, 촉각에 영향

④ 사회적 상황
- 예 동물, 식물, 생물, 인간 등 모든 유기체
- 주로 시각, 청각, 후각, 미각, 촉각에 영향

3) 자극 일반화(Stimulus Generalization)

동물이 유사한 자극에도 동일한 반응을 나타내는 것

예 남자 배달원을 보고 짖는 개가 외부의 남자를 보고 짖는 경우, 가운을 두려워하는 고양이가 수의사의 가운을 보고 두려워하는 경우

(3) 역 조건화(Counter Conditioning)

① 고전적 조건화의 변형된 형태로, '조건적 자극'이 먼저 제시되고 그 후에 '무조건적 자극'이 제시되는 학습 방법

② 일반적인 고전적 조건화에서는 무조건적 자극이 먼저 제시되고 조건적 자극이 뒤따라 나오면서 학습이 진행되지만, 역 조건화는 이 과정이 반대로 이루어짐(= 조건적 자극이 먼저 제시되고, 그 후에 무조건적 자극이 함께 제시)

③ 즉 이미 형성되어 있는 행동반응을 더 강한 자극을 연합시킴으로써 이전의 반응을 제거하고 새로운 반응을 조건형성시키는 것

④ 역 조건화는 고전적 조건화와 함께 사용하면 더욱 효과적

예 미용도구를 무서워하는 고양이에게 미용도구(조건자극)의 두려움보다 더 강력한 자극인 음식(조건반응)을 반복적으로 제공하면 고양이는 미용도구에 대한 두려움이 소실될 수 있음. 단, 미용도구의 두려움을 넘어설 수 있는 강력한 음식을 제공해야 효과적

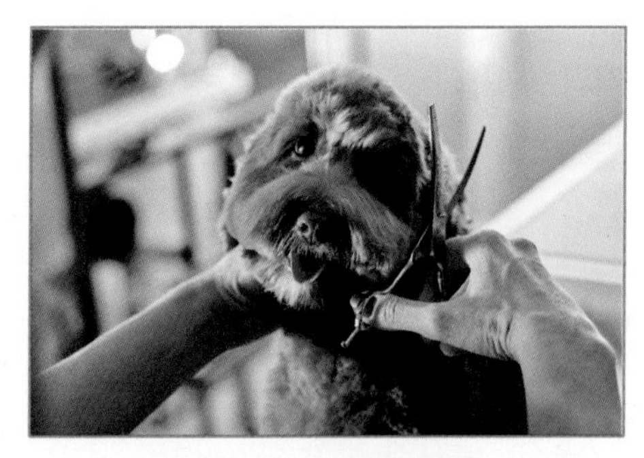

[무조건자극: 미용도구]

[보상물]

⑤ 역 조건화는 적절한 보상과 강화를 반복하여 미용도구에 대한 기억을 긍정적으로 인지시킬 수도 있음

예 방문객을 두려워하는 고양이에게 방문객이 올 때마다 음식을 반복적으로 제공하면 고양이는 방문객에 대한 두려움이 소실될 수도 있음

⑥ 역 조건화는 싫어하는 것을 좋아하게, 좋아하는 것을 싫어하게 전환시킬 수도 있음

예 핸들링을 싫어하는 고양이에게 스크래처를 사용할 때마다 반복적인 핸들링을 시도한다면 고양이는 스크래처를 사용하는 빈도가 감소하거나 사용하지 않을 수도 있음

예 드라이기를 무서워하는 개에게 반복적으로 드라이기와 음식을 제공하면 개는 드라이기에 대한 두려움이 소실될 수도 있음

예 목줄을 두려워하는 개를 현관문 앞으로 데려가서 현관문을 10cm만 열어놓은 상태에서 목줄을 채워주면 목줄에 대한 두려움이 소실될 수도 있음

(4) 탈 감각화, 탈 감작화, 둔감화(Desensitization)

① 이미 형성되어 있는 행동반응을 둔감화시키는 원리이며 감각에 대한 반응을 점진적으로 감소시키는 기법

② 고전적 조건형성의 원리에 기반되며 역 조건화와 함께 사용할 때 효과적

③ 탈 감각화, 탈 감작화, 둔감화, 민감 소실화 등은 비슷한 의미로 사용됨

예 미용도구를 두려워하는 동물에게 미용도구에 대한 두려운 감각을 둔감화시켜 줌

예 주사기를 두려워하는 동물에게 주사에 대한 두려운 감각을 둔감화시켜 줌

예 의사 가운을 두려워하는 동물에게 가운에 대한 두려운 감각을 둔감화시켜 줌

예 ICU(Intensive Care Unit, 중환자실)를 두려워하는 동물에게 ICU에 대한 두려운 감각을 둔감화시켜 줌

(5) 체계적 둔감화(Systematic Desensitization)

① 이미 형성되어 있는 행동반응을 '단계별'로 둔감화시키는 원리이며 고전적 조건형성의 원리에 기반됨

② '탈감작'을 기반으로 하며 반드시 단계별로 진행해주는 것이 특징이며 '역 조건화'와 함께 사용할 때 효과적

예 주사기를 두려워하는 동물에게 체계적 둔감화를 응용하여 주사기에 대한 민감성을 둔감화할 수 있음

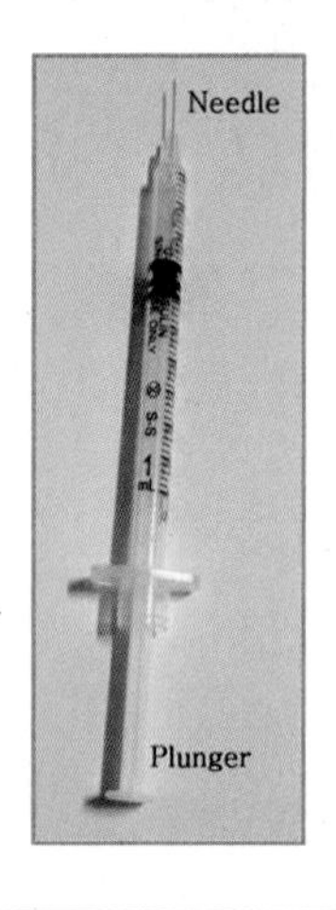

[실무 응용 예] 주사기에 대한 공포증이 있는 동물의 체계적 둔감화 8단계

1단계	동물이 알코올 솜(소독약)의 냄새를 맡을 때마다 동물이 좋아하는 긍정적인 보상을 즉시 제공
2단계	알코올 솜이 동물의 몸에 닿을 때마다 동물이 좋아하는 긍정적인 보상을 즉시 제공
3단계	주사기를 보여 줄 때마다 동물이 좋아하는 긍정적인 보상을 즉시 제공
4단계	주사기의 Needle이 동물의 몸에 닿을 때마다 동물이 좋아하는 긍정적인 보상을 즉시 제공
5단계	주사기의 Needle이 동물의 몸에 주입될 때마다 동물이 좋아하는 긍정적인 보상을 즉시 제공
6단계	주사기의 Plunger의 압력을 줄 때마다 동물이 좋아하는 긍정적인 보상을 즉시 제공
7단계	주사기의 Needle을 동물의 몸에서 뺄 때 동물이 좋아하는 긍정적인 보상을 즉시 제공
8단계	알코올 솜으로 동물의 몸을 지혈할 때 동물이 좋아하는 긍정적인 보상을 즉시 제공

- 위의 8단계는 이미 동물이 주사기에 대한 거부 반응(두려움증, 공포증)이 있는 경우에는 반복적인 경험을 통해 주사기에 대한 민감성이 둔감화될 수 있음
- **1~8단계에서 보상을 제공할 때 '즉시' 제공**: 동물은 어떤 행동이 일어난 후에 즉각적인 자극(보상 또는 처벌)이 주어졌을 때 연합을 할 수 있음

- Q. **즉시**는 얼마 동안의 시간일까?
- A. 2초 이내 추천

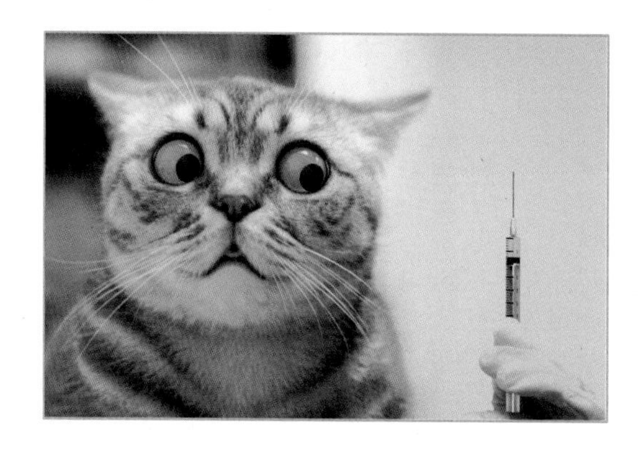

③ 동물은 주사기의 Needle이 몸에 주입되기 전부터 이미 불안해하며 병원 방문 전 또는 병원에 들어서면서부터 두려운 증상을 보이는 경우가 많음
④ 주사기에 대한 체계적 둔감화는 가정에서도 예행 학습할 수 있음(단, Needle은 반드시 제거하고 시행할 것)

[실무 응용 예] 주사기에 대한 공포증이 있는 동물의 체계적 둔감화 5단계

1단계	동물이 알코올 솜(소독약)의 냄새를 맡을 때마다 동물이 좋아하는 긍정적인 보상을 즉시 제공
2단계	알코올 솜이 동물의 몸에 닿을 때마다 동물이 좋아하는 긍정적인 보상을 즉시 제공
3단계	주사기를 보여 줄 때마다 동물이 좋아하는 긍정적인 보상을 즉시 제공
4단계	주사기의 Needle이 동물의 몸에 닿을 때마다 동물이 좋아하는 긍정적인 보상을 즉시 제공
5단계	알코올 솜으로 동물의 몸을 지혈할 때 동물이 좋아하는 긍정적인 보상을 즉시 제공

⑤ 가정에서 예행 학습만 해주어도 향후 동물병원 방문 시 동물의 불안감을 감소시켜줄 수 있음

TIP

평소에 동물이 좋아하는 간식을 줄 때 시행해 주면 효과적

⑥ 낚싯대를 좋아하는 고양이의 경우는 주사기를 낚싯대의 줄 끝에 달고 흔들어주면 고양이가 스스로 주사기에 관심을 가지게 됨

⑦ 주사기에 동물이 좋아하는 음식을 넣거나 묻혀서 제공(최초에는 주사기에 대한 감정이 없었지만, 주사를 투약 후 주사기에 대한 부정적인 의미가 부여된 것)

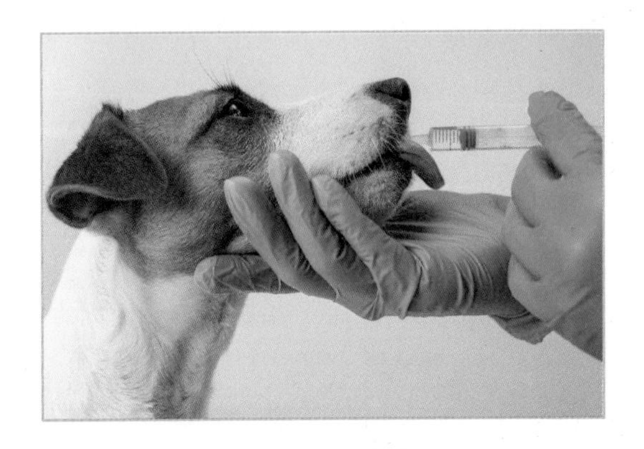

[일상생활에서의 쉬운 예]

- 사랑하는 연인과 헤어지면 모두 나의 노랫말처럼 들리는 이유는 '고전적 조건형성'되었기 때문
- 연인과 함께 거닐었던 거리, 연인과 함께 먹었던 음식, 영화, 노래 등 모두 고전적 조건형성이 된 것이라 해석할 수도 있음
- 원래 싫어했던 해산물을 연인과 함께 먹다 보니 좋아하게 된 것은 '역 조건형성'된 것
- 바늘도둑이 소도둑 된다는 의미는 '체계적 둔감화'에 가까우며, 절도를 하다 보니 절도에 대한 죄책감이 점차 둔감해지는 원리

⑧ 조작적 조건화 + 체계적 둔감화 + 강화를 이용하여 어려운 행동도 수행 가능

⑨ 적절한 타이밍에 강화해서 행동을 구체적이고 단계적으로 조작하여 복잡한 행동을 서서히 형성시킬 수 있음

⑩ 이러한 원리는 인명 구조견, 맹도견, 보청견, 탐지견, 치료견, 구조견, 특수 목적견, 군용견, 독 댄스, 어질리티, 독 스포츠 등의 복잡한 고난이도의 훈련에 자주 사용됨

예 시소가 무엇인지 인지하지 못하는 개(시소 = 중립자극)

1단계	시소 위에 발을 올리는 것부터 강화
2단계	시소 위를 걸을 수 있도록 강화
3단계	시소 위를 내려올 수 있도록 강화

⑪ 교육받지 못한 개는 허들(장애물)을 통과하기 어렵기 때문에 단계적으로 학습 진행

[일상생활에서의 응용 예] 칫솔이 무엇인지 인지하지 못하는 동물

1단계	칫솔에 간식을 묻혀 제공
2단계	칫솔에 치약을 묻혀서 보여줌
3단계	치약 0.5g을 칫솔에 묻혀 동물의 입에 넣었다 문지르지 않고 곧장 뺀 후, 즉시(2초 이내) 간식을 제공

4단계	치약 0.5g을 칫솔에 묻혀 동물의 입에 넣었다 1번만 문지르고 곧장 뺀 후, 즉시(2초 이내) 간식을 제공
5단계	치약 0.5g을 칫솔에 묻혀 동물의 입에 넣었다 2번만 문지르고 곧장 뺀 후, 즉시(2초 이내) 간식을 제공

- 이와 같은 방법으로 치약의 양을 점차 늘려주고 양치질의 횟수를 늘려주면 동물은 양치질에 대해 단계별로 학습하게 됨
- 교육이 원활하지 못한 경우 실패했던 전 단계로 돌아가서 다시 반복하도록 함
  예 4단계 실패 시 3단계를 시행

⑫ 동물들은 한 번에 많은 것을 연상하기 힘들기 때문에 복잡한 행동을 이해시키거나 학습하기 위해서는 항상 단계적인 접근이 필요함

⑬ 체계적 둔감화와 조작적 조건형성을 잘 응용하면 동물의 불편한 부분들을 감소시켜 줄 수 있고 대인관계 형성에도 도움이 될 수 있음

(6) 조작적 조건화(Operant Conditioning)

① 어떤 자극으로 동물의 행동이 일어날 때 적절한 보상이 제공되면 그 행동의 발생 빈도가 증가할 수 있음

② 반대로 적절한 처벌이 제공되면 그 행동의 발생 빈도가 감소할 수도 있음

③ 이 원리를 이용하여 동물의 행동을 조작할 수도 있음

④ 조작적 조건화는 동물의 행동을 강화(증폭)시키거나 또는 약화(소멸)시킬 수도 있는 행동학습 원리

예 상자 안에 쥐를 가둬놓고 쥐가 레버를 밟으면 음식이 제공되도록 설계하였더니 쥐의 레버 밟는 행동이 증가함

[일상생활에서의 응용 예] 주사에 대한 거부 반응을 감소시키는 행동 조작

- 동물과 함께 병원 입구에 들어설 때마다 보호자가 동물에게 즉시(2초 이내) 긍정적인 보상 제공
- 동물과 동물보건사가 대면할 때마다 즉시(2초 이내) 긍정적인 보상 제공
- 동물보건사가 개를 핸들링할 때마다 즉시(2초 이내) 긍정적인 보상 제공
- 알코올 솜을 개의 몸에 소독할 때 즉시(2초 이내) 긍정적인 보상 제공
- 주사기를 보여줄 때마다 즉시(2초 이내) 긍정적인 보상 제공
- 주사기가 몸에 닿을 때마다 즉시(2초 이내) 긍정적인 보상 제공
- 주사액을 주입할 때마다 즉시(2초 이내) 긍정적인 보상 제공
- 알코올 솜으로 지혈할 때마다 즉시(2초 이내) 긍정적인 보상 제공
- 이름을 부를 때마다 즉시(2초 이내) 긍정적인 보상 제공
- 차량에 탑승할 때마다 즉시(2초 이내) 긍정적인 보상 제공
- 차량에서 하차할 때마다 즉시(2초 이내) 긍정적인 보상 제공
- 낯선 사람을 만날 때마다 즉시(2초 이내) 긍정적인 보상 제공
- 화장실을 잘 이용했을 때마다 즉시(2초 이내) 긍정적인 보상 제공
- 스크래처를 잘 이용했을 때마다 즉시(2초 이내) 긍정적인 보상 제공

▶ 원하는 행동을 취했을 때마다 즉시(2초 이내) 긍정적인 보상을 제공

(7) 강화(Reinforcement)

1) 강화

① 강화: 어떤 자극이 행동에 영향을 주어서 그 행동이 반복적으로 일어나는 것으로, '플러스 강화'와 '마이너스 강화'로 구분됨

② 스키너는 처벌은 행동을 억제하거나 감소시키는 효과가 있고, 처벌에 의해 원치 않는 행동을 감소시키거나 중단할 수 있다고 주장함

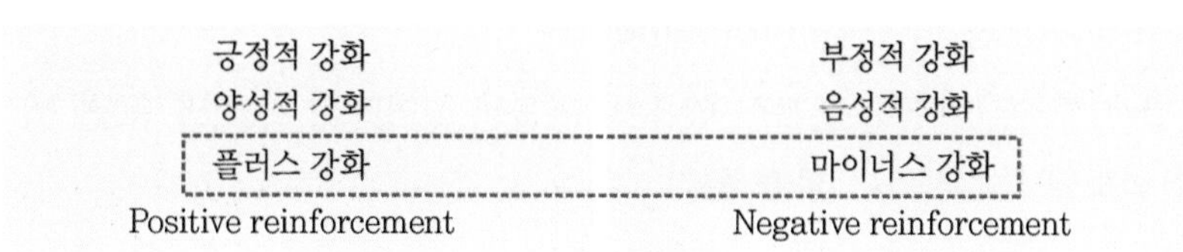

- 플러스 강화, 양성적 강화, 긍정강화, 긍정적 강화는 모두 같은 의미
- 마이너스 강화, 음성적 강화, 부적강화, 부정적 강화는 모두 같은 의미

2) 플러스 강화(Positive Reinforcement)

① 사람이 원하는 행동을 동물이 했을 때 보상이나 긍정적인 자극을 제공하여 그 행동의 빈도를 증가시키는 학습 원리

② 바람직한 행동 및 목표행동(Target behavior)을 했을 때 보상을 주는 것
③ 플러스 강화의 특징은 긍정적인 결과를 가져온다는 것
④ 플러스 강화는 비강압적이고 비침습적이기 때문에 동물의 신체나 심리에 부정적인 자극을 주지 않는다는 특징이 있어서 문제행동을 교정할 때 자주 사용되는 행동학습 이론

[플러스 강화의 예]
- 아이가 상을 받아오면 부모가 칭찬과 용돈을 줌 → 부모가 원하는 행동을 아이가 했기 때문에 보상을 제공
- 개가 사람의 명령을 잘 따르면 간식을 줌 → 사람이 원하는 행동을 개가 했기 때문에 보상을 제공
- 고양이가 화장실을 잘 이용하면 보호자가 간식을 줌 → 사람이 원하는 행동을 고양이가 했기 때문에 보상을 제공
- 쥐가 레버를 누르면 음식을 줌 → 시행자가 레버 누르는 것을 목표로 설정했을 경우, 사람이 원하는 행동을 쥐가 했기 때문에 보상을 제공
- 새가 손 위에 올라오면 사람이 먹이를 줌 → 사람이 원하는 행동을 새가 했기 때문에 보상을 제공
- 동물이 교육 과정에서 바람직한 행동을 하면 트레이너가 칭찬해 줌 → 사람이 원하는 행동을 동물이 했기 때문에 보상을 제공
- 고양이가 스크래처를 이용하면 보호자가 칭찬해 줌 → 사람이 원하는 행동을 고양이가 했기 때문에 보상을 제공
- 개가 얌전히 있으면 보호자가 간식을 줌 → 사람이 원하는 행동을 개가 했기 때문에 보상을 제공

TIP
- 플러스는 '더하다'라는 의미의 Plus가 아니라 긍정적 의미인 Positive
- 이는 긍정적 강화 및 양성적 강화라는 의미로 사용되기도 함

3) 마이너스 강화(Negative Reinforcement)

① 사람이 원하는 행동을 동물이 했을 때 동물이 싫어하는 것(처벌 등)을 빼주어서 그 행동의 빈도를 증가시키는 학습 원리
② 바람직한 행동 및 목표행동을 했을 때 불쾌감을 제거해 주는 것
③ 마이너스 강화의 특징은 긍정적인 결과를 가져온다는 것
④ 마이너스 강화와 플러스 강화의 의미를 혼동하는 경우가 많으니 반드시 숙지해야 함

[마이너스 강화의 예]
- 운전자가 교통계에 벌금을 내기 싫어서 안전벨트 착용 → 교통계가 원하는 행동을 운전자가 했기 때문에 처벌이 없음
- 동물이 혼나지 않기 위해서 가구를 뜯지 않음 → 사람이 원하는 행동을 동물이 했기 때문에 처벌이 없음
- 개가 사람에게 처벌받지 않기 위해서 사람에게 뛰어들지 않음 → 사람이 원하는 행동을 개가 했기 때문에 처벌이 없음

- 고양이가 혼나지 않기 위해서 화장실을 이용함 → 사람이 원하는 행동을 고양이가 했기 때문에 처벌이 없음
- 쥐가 미로에서 전기충격을 받지 않기 위해서 바른 길을 선택함 → 사람이 원하는 행동을 쥐가 했기 때문에 처벌이 없음
- 개가 얌전히 따라오지 않을 때 목줄을 당기다가 얌전히 따라오면 목줄을 느슨하게 놓아줌 → 사람이 원하는 행동을 개가 했기 때문에 처벌이 없음(전형적인 마이너스 강화)
- 개가 처벌을 받지 않기 위해 발을 핥는 행동을 멈춤 → 사람이 원하는 행동을 개가 했기 때문에 처벌이 없음
- 개가 처벌을 받지 않기 위해 짖는 행동을 멈춤 → 사람이 원하는 행동을 개가 했기 때문에 처벌이 없음

- 마이너스는 '빼다'라는 의미의 Minus가 아니라 부정적 의미인 Negative
- 이는 부정적 강화 및 음성적 강화라는 의미로 사용되기도 함

(8) 처벌(Punishment)

1) 처벌

① **처벌**: 어떠한 행동이 더 이상 일어나지 않게 하는 모든 불쾌한 자극

② 동물의 타고난 기질과 처한 상황에 따라 다르게 이해되고 수용됨

③ 핸들링을 싫어하는 동물에게는 핸들링이 '처벌'이 될 수도 있음

④ '연어 간식'보다 '참치 간식'을 더 선호하는 동물에게 연어 간식만 반복적으로 제공하는 것은 동물에게는 처벌이 될 수도 있는 원리

예 핸들링(쓰다듬기)을 싫어하는 개의 경우: 개가 사료를 잘 먹어서 칭찬의 의미로 여러 차례 쓰다듬어 주었더니 이후부터 개는 사료를 거부하였다면, 이 개의 입장에서는 핸들링이 처벌이 될 수도 있음

Q. 처벌인지 아닌지를 어떻게 구분할 수 있을까?
A. 동물의 행동반응(특히 스트레스 신호)을 세심히 관찰할 것

2) 처벌의 3가지 종류

직접처벌	물리적 자극, 화학적 자극을 이용해 직접적으로 불쾌하게 하는 행동 예 때리기, 소리 지르기, 혐오악취 맡게 하기 등
원격처벌	• 물리적 자극, 화학적 자극을 이용해 간접적으로 불쾌하게 하는 행동 • 동물이 처벌을 주는 대상을 인식할 수 없음 예 몰래 물건 던지기, 몰래 물 뿌리기, 스프레이 또는 물총 쏘기, 알코올 스프레이 등
사회적 처벌	사람, 동물, 식물, 환경 등에서부터 분리 또는 결합하여 불쾌하게 하는 행동 예 격리, 분리, 감금, 단절, 외면, 합사, 만남, 개입, 관심 등

3) 처벌의 학습이론 2가지

① 플러스 처벌(Positive Punishment)

- 사람이 원하지 않는 행동을 동물이 했을 때 동물이 싫어하는 것(처벌, 불쾌자극, 혐오자극, 강력한 자극 등)을 더해주어서 그 행동의 빈도를 감소시키는 학습 원리
- 바람직한 행동 및 목표행동 이외의 행동을 했을 때 처벌하는 것
- 이때 동물은 불쾌한 경험을 하기 때문에 그 행동이 감소되거나 중단됨
- 플러스 처벌의 특징은 동물에게 학대가 될 수도 있기 때문에 직접적인 물리적 자극은 금해야 한다는 것(가급적이면 생활용 매개물을 활용하여 교육을 하는 것을 추천)

- **직접적인 물리적 자극의 예:** 소리치기, 바닥에 누르기, 때리기, 던지기, 꼬집기, 목덜미 잡기, 주둥이 잡기, 발로 차기, 강하게 밀치기, 목줄 당기기, 배 뒤집어 누르기, 물건 던지기, 물 뿌리기 등
- **생활용 매개물의 예:** 소파 위에 오르는 개의 경우 소파 위에 미용도구, 청소도구 등(동물이 싫어하지만 일상생활에서 반드시 사용해야만 하는 물건들)을 올려두면 소파에 오르는 행동이 감소되거나 중단될 수도 있음

- 플러스는 '더하다'라는 의미의 Plus가 아니라 긍정적 의미인 Positive
- 이는 양성적 처벌 및 긍정적 처벌이라는 의미로 사용되기도 함

[플러스 처벌의 예]

- 자녀가 과제를 하지 않으면 부모가 벌을 줌 → 부모가 원치 않는 행동을 자녀가 했기 때문에 처벌
- 개가 아무 곳에 배설하면 보호자가 소리를 지름 → 사람이 원치 않는 행동을 개가 했기 때문에 처벌
- 고양이가 가구를 긁으면 보호자가 물건을 던짐 → 사람이 원치 않는 행동을 고양이가 했기 때문에 처벌
- 개가 시끄럽게 짖으면 보호자가 입마개를 함 → 사람이 원치 않는 행동을 개가 했기 때문에 처벌

- 쥐가 미로에서 틀린 경로를 선택하면 전기적 자극을 줌 → 사람이 원치 않는 행동을 쥐가 했기 때문에 처벌
- 새가 자신의 깃털을 뽑으면 물총을 쏨 → 사람이 원치 않는 행동을 새가 했기 때문에 처벌
- 개가 훈련에서 틀린 행동을 하면 목줄을 잡아당김 → 사람이 원치 않는 행동을 개가 했기 때문에 처벌
- 개가 공격성을 보이면 트레이너가 경고 → 사람이 원치 않는 행동을 개가 했기 때문에 처벌

[오류를 범한 예]

개가 소파 위에 뛰어오를 때마다 보호자가 처벌을 했는데도 개의 소파 오르는 행위는 더욱 증가된 상황
→ 플러스 처벌이 아닌 플러스 강화가 된 경우
→ 보호자의 '처벌'이 개의 입장에서는 '관심(보상)'으로 해석되고 수용되었음

② 마이너스 처벌(Negative Punishment)

- 사람이 원하지 않는 행동을 동물이 했을 때 동물이 좋아하는 것(유쾌한 자극)을 빼주어서 그 행동의 빈도를 감소시키는 학습 원리
- 바람직한 행동 및 목표행동 이외의 행동을 했을 때 유쾌한 자극을 제거하는 것
- 동물은 불쾌한 경험을 하기 때문에 그 행동이 감소되거나 중단됨
- 마이너스 처벌의 특징은 긍정적인 결과를 가져온다는 것

- 마이너스는 '빼다'라는 의미의 Minus가 아니라 부정적 의미인 Negative
- 이는 부정적 강화 및 음성적 강화라는 의미로 사용되기도 함

[마이너스 처벌의 예]

- 아이가 과제를 하지 않으면 엄마가 게임을 통제 → 부모가 원치 않는 행동을 했기 때문에 유쾌한 자극이 없음
- 개가 장난감을 가지고 놀지 않으면 보호자가 장난감을 회수 → 사람이 원치 않는 행동을 했기 때문에 유쾌한 자극이 없음
- 고양이가 주어진 시간에 음식을 먹지 않으면 음식을 회수 → 사람이 원치 않는 행동을 했기 때문에 유쾌한 자극이 없음
- 동물이 훈련 과정에서 원치 않는 행동을 하면 트레이너가 보상 중단 → 사람이 원치 않는 행동을 했기 때문에 유쾌한 자극이 없음
- 쥐가 미로에서 틀린 경로를 선택하면 먹이 보상을 중단 → 사람이 원치 않는 행동을 했기 때문에 유쾌한 자극이 없음
- 개가 짖으면 보호자가 밖으로 사라짐(단, 보호자와 개의 친밀도가 형성된 경우) → 사람이 원치 않는 행동을 했기 때문에 유쾌한 자극이 없음
- 고양이가 캣타워를 이용하지 않으면 캣타워를 제거 → 사람이 원치 않는 행동을 했기 때문에 유쾌한 자극이 없음
- 개가 훈련에 응하지 않으면 보상을 중단 → 사람이 원치 않는 행동을 했기 때문에 유쾌한 자극이 없음

③ 처벌은 어떤 행동의 빈도를 감소시킬 수는 있으나 그 행동이 완전히 소거된다고 장담할 수 없음

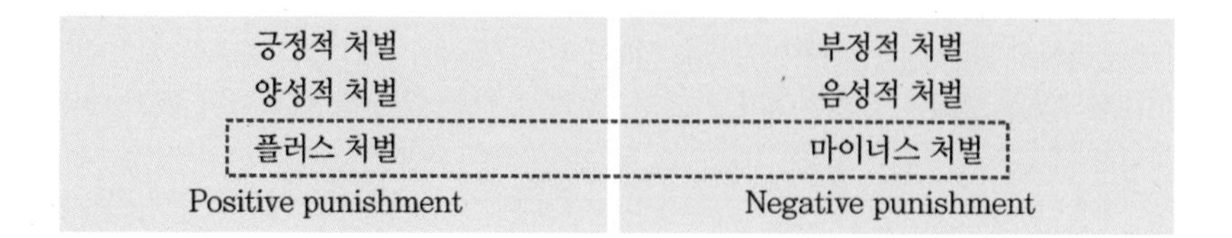

4) 처벌의 장단점

장점	문제행동을 통제하거나 감소 및 중단하지만, 일시적일 수도 있고 다른 문제행동이 유발될 수도 있음
단점	상호감정 악화, 관계 악화, 심신 학대, 스트레스, 불안, 내성 형성, 학습 저하 및 혼동, 돌발행동 발생 가능성, 기타 다른 문제행동 발생 가능성, 불신 형성을 할 수 있음

- 처벌은 내성을 형성할 수 있고 불신을 형성하여 목표 달성이 어렵기 때문에 행동교정 및 훈련 시에는 권장되지는 않음
- 하지만 강화와 처벌의 선택은 동물의 타고난 기질, 후천적 성격, 종 특이성, 성별, 나이, 지능, 처한 상황, 신체적·정신적 건강상태, 사회적 상황 등에 따라 선택될 수 있음
- 일반적으로는 강압적인 처벌보다는 플러스 강화론을 추천함
- 이는 동물의 행동을 이해하고, 상호 관계를 개선하며 동물 복지를 고려할 수 있기 때문임

5) 처벌의 필수 조건

적절한 타이밍 + 적절한 강도 + 일관성 요구 + 감정 절제·조절

(9) 강화 스케줄 및 분류(Reinforcement Schedule)

1) 강화 스케줄

① 강화 계획이라고도 하며, 반응이 나타날 때마다 강화할 것인지 또는 특정 시간 및 행동 반응에 대하여 강화할 것인지를 계획하는 것

② 강화 스케줄은 동물의 건강, 종, 기질, 경험, 환경, 사회적 상황 등에 따라 반응률이 다를 수 있음

2) 강화의 분류

① 연속 강화 스케줄(Continuous Reinforcement Schedule, CRF): 목표 행동이 일어날 때마다 지속적으로 강화하는 것으로, 처음에는 반응률이 빠르고 높은 편이지만 시간이 지남에 따라 반응률이 낮아짐

② 간헐 강화 스케줄(Intermittent Reinforcement Schedule, INT): 특정 행동에 대해 간헐적으로 강화하는 것이며 고정 간격, 변동 간격, 고정 비율, 변동 비율 스케줄로 분류

고정 간격 스케줄 (Fixed Interval Schedule, FI)	• 고정된 시간 간격으로 강화 • 지속성이 없고, 시간이 지남에 따라 반응률이 낮아짐 예 월급, 주급, 출근, 퇴근, 자동 급식기
변동 간격 스케줄 (Variable Interval Schedule, VI)	• 변동하는 시간 간격으로 강화 • 지속성이 있으나 반응률이 느림 예 서울에 있는 모 은행에 올해 검열 예정 → 은행의 직원들은 검열단이 언제 올지 알 수 없기 때문에 계속 검열 준비를 해야 함 • 이처럼 변동간격 스케줄은 강화시간을 예측할 수 없기 때문에 지속적인 참여를 유도할 수 있음
고정 비율 스케줄 (Fixed Ratio Schedule, FR)	• 일정한 행동 반응 및 행동 비율마다 강화를 해주는 것 • 예측할 수 있기 때문에 지속적인 참여를 유도할 수 있음 • 단, 강화가 제공된 후에는 어느 시간 동안 반응률이 감소하거나 폭발적으로 증가할 수 있음 예 어느 카페에서 고객이 5번 방문 시 커피 한 잔을 무료로 제공한다면, 일정한 패턴으로 고객의 방문을 유도할 수 있음 → 커피를 먹고 난 후에는 당분간 카페를 방문하지 않거나 더 자주 카페를 방문해서 또 다시 무료커피를 제공 받을 수도 있기 때문에 이는 개체의 상황과 심리적 현상에 따라 다른 반응률을 보일 수 있음
변동 비율 스케줄 (Variable Ratio Schedule, VR)	• 변동하는 행동 반응 및 행동 비율마다 강화를 해주는 것 • 즉 예측할 수 없게 변동하는 것 • 예측할 수 있기 때문에 지속적인 참여를 유도할 수 있음 • 동물의 행동이 빠르게 증가하거나 느리게 감소될 수도 있음 예 도박, 복권 등 → 처음에 도박에 흥미를 들이면 매일 도박을 할 수 있음. 단 시간이 지남에 따라 도박을 하는 행동이 감소되거나 중단되는 경우도 있음 • 변동 비율 스케줄은 적절히 사용해야 목표행동을 유지할 수 있음

[동물을 교육하거나 행동을 교정할 때]
- 동물에게 강화(보상)를 예측할 수 없게 제공하는 것(변동 비율 스케줄)은 목표행동 반응률을 가장 높게 할 수 있음
- 동물에게 강화(보상)를 매번 제공하는 것(고정 간격 스케줄)은 목표행동 반응률을 가장 낮게 할 수 있음

- **반응률이 높은 순서:** 변동비율 > 고정비율 > 변동간격 > 고정간격
- 실무에서는 처음부터 동물에게 변동비율 스케줄을 적용한다면 동물의 반응률은 낮을 수 있기 때문에 처음에는 고정간격 – 고정비율 – 변동간격 – 변동비율 순으로 적용하는 것이 효과적일 수 있음

CHAPTER

03 동물의 정상 행동 1

(1) 정상 행동

본래 행동 양식이지만 그 빈도가 많거나 작은 경우

(2) 비정상 행동

본래의 행동 양식을 벗어난 경우(상동행동, 강박증)

예 금속을 먹는 고양이, 자신의 꼬리를 뜯어 먹는 강아지, 한 쪽 방향으로 빙글빙글 계속 도는 고양이 등

(3) 비정상적 행동이란?

① 어떠한 원인으로 인해 정상행동이 방해된 상태

② 어떤 자극에 대한 과도한 감정적인 반응을 일으켜서 불안감이 결국은 비정상적인 행동으로 표출함

(4) 비정상적인 행동은 어떻게 발생하는가?

① 선천적 요인으로 신경전달 물질인 도파민(dopamine) 낮은 개체로, 도파민이 과도하거나 낮으면 ADHD(주의력 결핍, 과잉행동장애), 조현병, 치매, 우울증상을 유발함

② 후천적으로 Stress 요인으로 발생함

③ 외상 후 스트레스 또는 장애로 발생함

TIP

정상과 비정상 행동은 약물반응, 심인성질환, 신체적 장애, 환경변화, 고혈압, 대사적 질환, 내분비적 질환, 뇌 질환과 구분해야 함

(5) PTSD

① 생명을 위협할 정도의 극심한 스트레스(정신적 외상)를 경험하고 나서 발생하는 심리적 반응, 외상이 지나갔음에도 불구하고 계속해서 그 당시의 충격적인 기억이 떠올라 예민해지고 정상적인 생활이 어려운 상태

② 원인

- 환경변화 또는 특정 사물, 사건에 노출되었을 때
- 신체적, 정신적 학대(침습적, 강압적 교육, 물리적 자극)
- 감금, 재파양, 이사, 실종, 가출 등(공장식 사육, 농장)
- 교통사고 등의 심각한 사고
- 화재, 지진 등의 자연재해

(6) 인지장애 증후군

뇌의 염증 및 신경세포 소실 등의 복합적 작용

① 방향감각 상실(한쪽 방향으로 회전)
② 가족과의 상호관계(보호자를 못 알아봄)
③ 수면 사이클의 변화(밤낮이 바뀜)
④ 환경 부적응(이유 없이 배회 및 발성)
⑤ 활동성 변화(저활동 및 과활동성)
⑥ 식욕 변화(절식 및 과식)
⑦ 음수량 변화(절식 및 과식)
⑧ 인지상실(5감각의 인지 불능)

(7) 공포증(Phobia)

두려움을 일으키는 자극 원인이 제거된 이후에도 지속적으로 두려움을 나타내는 상태

(8) 두려움증

원인 자극이 없어지면 회복되고, 자주 노출되었을 때는 반응이 개선되거나 둔감해짐

(9) 강박장애의 특징

① 똑같은 행동을 반복적으로=상동행동(정형행동)
② 유발원인 자극이 완전히 사라지거나 지칠 때까지 계속 행동 지속

(10) 의사소통과 신호

동물이 소통하는 수단

① 표정, 자세, 동작(시각신호)
② 울음소리 및 발성(청각신호)
③ **체취, 페로몬(후각신호)**: 종, 성별, 무리, 개체 정체성, 생물학적 정보

(11) 개의 Stress Body Signal

불필요한 대립을 회피하기 위해 사용되는 몸짓 소통 "투쟁단절"의 역할

① 상대를 진정시키려는 행동

② 적대감 없음을 표시하는 행동

③ 불안할 때 자신을 진정하기 위해 하는 행동

④ 다른 개체의 싸움을 멈추게 하려는 행동

CHAPTER 04 동물의 정상 행동 2

(1) 성행동(승가행동, 개체유지)

① 개: 평균적으로 발정은 1년 1~2회, 임신기간은 63일
- 교미결합(엉덩이끼리 결합): 10~30분

② 고양이: 계절 번식성, 다발정 동물, 교미번식, 일조량이 높을수록 발정 가능성 높음
- 무 발정기: 일조량이 적은 늦가을과 초겨울 무 발정
- 암컷의 첫 발정: 생후 4~18개월, 대부분 6~9개월령 시작

(2) 개와 고양이의 모성행동

① 새끼에게 수유함

② 체온을 유지하기 위해 어미의 몸으로 품어줌

③ 배설을 유도하기 위해 생식기를 핥아줌

④ 위생 관리를 위해 몸을 핥아줌

⑤ 여름철에는 체온 유지를 위해 몸을 핥아줌

⑥ 새끼가 은신처로부터 이탈하지 못하도록 함

⑦ 위험으로부터 새끼를 보호함

(3) 섭식행동

① 개의 섭식
- 한번에 많은 양을 먹으며, 속도가 빠름
- 음식을 숨겨두는 습관이 있으며, 질긴 음식과 건식, 습식, 육식, 채식도 선호하는 편임

② 고양이의 섭식
- 적은 양을 여러 번 나누어 먹으며, 개에 비해 속도가 느린 편임
- 음식을 먹기 전에 여러 차례 냄새로 확인하는 편이며, 습식과 육식을 선호하는 편임

(4) 포식성 공격

음식 근처에 접근하거나 음식에 손대면 공격

① 섭식 자체에 예민한 경우

② 음식 종류에 따라 예민한 경우

③ 음식제공 장소에 예민한 경우
④ 음식제공자에게 예민한 경우
⑤ 질병원인

(5) 배설 문제행동

① **개와 고양이의 화장실 관리:** 지정된 화장실 이외의 장소에 배설, 마킹(영역표시), 질환, 부적절한 교육

- 개는 주로 배변패드를 사용하며, 1일 1회 갈아주고, 개체마다 개별 배변패드를 제공함
- 고양이는 모래 위에 배설을 하기 때문에 개체마다 한 개씩의 개별 모래 화장실을 제공하고 개체마다 선호하는 바닥재가 다르니 그에 맞도록 준비함
- 고양이는 화장실 바닥재가 청결하지 않으면 사용하지 않는 경우가 많으니 바닥재는 수시로 갈아주거나 청소해주어 청결을 유지해야 함

② **고양이 화장실의 분류:** 오픈형, 폐쇄형, 자동형이 있고, 고양이에 따라 선호도가 각각 다름

화장실의 분류

- **오픈형:** 화장실 천장이 오픈(선호도 높은 편)
- **폐쇄형:** 화장실 천장이 폐쇄, 입구만 오픈
- **자동형:** 기계 작동에 의해 배설물이 자동적으로 처리

(6) 그루밍

개와 고양이는 자신의 몸을 단장하기 위해 혀나 발로 몸을 긁고 핥는데 과잉 그루밍에 의한 각종 피부질환 및 신체손상이 오기도 함

(7) 공격행동의 종류

① 스트레스성 공격(환경 변화, 질병, 과잉 부담, 욕구좌절, 갈등)
② 공포성 공격(불안/공포를 벗어나지 못하는 경우)
③ 수컷 간 공격(성성숙 시기 Testosterone/Androgen 다량 분비)
④ 학습성 공격(관찰 및 모방 학습)
⑤ 모성행동적 공격(새끼를 지키려는)
⑥ 병적인 공격(정신/신체적 질환 또는 이상)
⑦ 통증성 공격(자극에 의한 통증)

05 문제행동의 종류와 접근

01 행동교정

(1) 행동교정 정의

바람직하지 못한 행동이나 잘못된 행동을 바로잡아 주는 것

동물의 행동은 정상이지만 보호자의 요구에 의해 보호자가 원하는 대로 행동을 개선하는 것도 행동교정임

(2) 행동교정 전 준비사항

① 의학적 조사
② 과거 및 현재 병력, 투약 확인
③ 건강진단: 혈액검사, 오줌검사, 배변검사, 피부검사
④ 중추신경검사, 방사선·초음파검사, 눈·코·입 검사 등
⑤ 정보수집(동물이름, 성별, 나이, 중성화 여부, 날짜, 시간, 문제행동 발생시간, 반복시간, 문제행동 빈도)
⑥ 정상 및 비정상 판단 후 교정계획 세우기

(3) 행동교정 순서

① 정보수집 및 내담자의 주 호소 파악(병력 체크)
② 동물의 기질 파악(불안정형, 안정형 등)
③ 인지 및 학습능력 파악(청각장애, 시각장애 등)
④ 발달촉진 프로그램(시각, 후각, 촉각을 이용한 교정)
⑤ 내담자 교육 및 실습
⑥ 주의사항 전달 및 상담종료

(4) 기질이란?

① 내적, 외적 자극에 대해 민감성이나 정서적 반응, 개체의 성격적 소질임
② 동일한 상황에도 개체의 심리적, 성질적인 차이에 따라 행동반응이 다름
③ 본능, 용기, 경계심, 충성심, 산만함, 안정감 등의 감정들은 모두 기질의 범주에 속함

(5) 행동교정 방법 선택

① 순화(혐오 없는 자극에 반복 노출, 점진적으로 익숙하게)
② 체계적 둔감화, 민감 소실 요법, 탈 감작
③ 고전적 조건화 및 조작적 조건화 등 조건화 응용
④ 보상 및 처벌(직접처벌, 원격처벌, 결과 처벌)
⑤ 약물요법(항불안제, 항우울제, 안정제)
⑥ 의학적 요법

(6) 처벌을 이용한 행동교정

① 처벌방법: 때리기, 당기기, 고함치기, 흔들기, 바닥에 누르기
② 처벌은 표면적으로 효과가 있는 듯 보이지만 일시적으로 문제행동이 중단된 것일 가능성이 있음
③ 공포스러운 처벌에 문제행동이 멈추었다면 일시적일 수 있고, 과정에서 심리적인 부담을 주어 또 다른 문제를 유발할 수도 있음

02 문제행동

(1) 문제행동의 분류

① 공격 문제(교상)
② 섭식 문제(이식, 절식, 과식)
③ 배설 문제(화장실)
④ 그루밍 문제(자가손상, 자해)
⑤ 마운팅 문제
⑥ 발성 문제
⑦ 짖음 문제
⑧ 분리불안 문제
⑨ 파괴 문제
⑩ 상동행동 문제

(2) 공격문제의 종류

① 병적인 공격(통증)
② 스트레스성 공격
③ 공포성 공격
④ 수컷 간 공격
⑤ 포식성 공격(음식에 대한 공격성)
⑥ 학습성 공격
⑦ 모성행동적 공격

(3) 공격문제

1) 원인

① 질병(수의학적 진단)
② 물리적·화학적 자극, 환경자극
③ 자극 원인이 되는 생활소음(외부, 내부)
④ 자극 원인이 되는 대상(사람, 동물, 식물)
⑤ 자극 원인이 되는 냄새(환경 호르몬)
⑥ 자극 원인이 되는 환경(사물, 구조, 위치 등)
⑦ 선천적·후천적 영향, 주 보호자 반려 타입
⑧ 지나친 간섭, 부적절한 위생관리, 보호자 부재
⑨ 부적절한 관계 및 교육
⑩ 소통의 부재 및 오류

2) 해결

① **물리적 자극 최소화:** 생활소음, 진동, 방문주의, 걸음걸이, 핸들링, 압각, 통각 등
② **화학적 자극 최소화:** 냄새, 새 가구·물건 유입 주의, 스프레이, 방향제, 향수, 핸드크림, 화장품, 입맞춤, 매니큐어, 리무버 등
③ **환경자극 최소화**

자연적 조건	기후(온도, 습도, 일조량, 일사량, 바람, 기압)
사회적 상황	동물, 식물, 생물, 인간과의 관계
생활주위 상태	구조물, 사물위치, 모양, 출입구, 창문, 문, 소음, 채색, 문양 이사주의(이소)

(4) 포식성 공격

1) 원인

① 음식 근처에 접근하거나 음식에 손대면 공격적인 경우
② 평소 음식을 만족하게 먹지 못함
③ 경쟁상대가 있음
④ 음식에 대한 나쁜 기억이 있음

2) 해결

음식종류, 제공방법, 제공시간, 제공자, 제공 장소에 변화주기

(5) 학습성 공격

1) 원인

다른 동물의 공격행동을 관찰 및 모방

2) 해결

① 원인 동물의 문제행동을 우선 교정
② 격리조치 후 문제행동의 동물 행동교정 진행
③ 공격성이 없는 동물과의 접촉 및 친밀도 형성하기

(6) 모성행동적 공격

1) 원인

자신의 새끼를 지키려는 방어성 공격

2) 해결

① 임계거리 접근 주의(1~2m 정도)
② 역 조건화, 체계적 둔감화
③ 1m, 50cm, 40cm, 30cm, 20cm, 10cm씩 긍정적 자극을 제공하면서 접근

(7) 병적인 공격

1) 원인

① 신체적·정신적(심리) 요인, 통증성 공격
② 피부질환, 심혈관계 질환, 관절질환(슬개골 탈구)
③ 하부기계 질환(신장, 방광, 요도)

2) 해결

수의학적 진단 및 처치

(8) 섭식 문제

1) 원인

① 어미와의 조기 분리, 분리불안, 부적절한 애착관계
② 불충분한 영양식단, 무료함, 스트레스, 부적절한 처벌
③ 보호자와의 관계문제

2) 해결

① 애착관계 재형성, 식단계획, 충분한 에너지 소모
② 공감대 형성, 자아발달 촉진
③ 먹어야 할 음식과 먹지 말아야 할 음식 구분 교육

(9) 과식증

1) 원인

① 선천성, 부족한 영양식단, 스트레스, 부적절한 환경
② 질환, 수술 및 약물복용

2) 해결

① 고단백 및 양질의 영양식단
② 스트레스 최소화
③ 안락한 환경 조성
④ 음식 제한
⑤ 수의학적 자문

(10) 배설문제

1) 원인

① 질병(하부기계 질환) 및 호르몬
② 영역표식
③ 부적절한 배설교육(강압적, 패드 위에 올리기)
④ 부적합한 배설환경(화장실 위치, 모양, 냄새, 색깔, 재질)

⑤ 관심요구
⑥ 스트레스

2) 해결

① 호르몬(수의학적 처치)
② 긍정적 강화 배설교육(처벌금지)
③ 화장실 재배치, 화장실 기억수정(역 조건화)
④ 교감놀이
⑤ 반복 걷기(산책)
⑥ 안락한 체류공간 제공
⑦ 쉼터, 은신처, 하우스

(11) 그루밍 문제

1) 원인

① 질병(피부질환, 통증)
② 불안(환경, 체류공간 불안정), 초조, 스트레스
③ 트라우마
④ 관심요구
⑤ 부적절한 개입
⑥ 무료함
⑦ 우울증
⑧ 인지장애
⑨ ADHD(과잉행동 장애)

2) 해결

① 수의학적 처치
② 불안요소 제거. 스트레스 최소화(물리적, 화학적, 환경자극)
③ 트라우마 기억 수정(행동전문가 개입)
④ 불필요한 쓰다듬음 및 눈맞춤 주의(보상)
⑤ 체류공간 제공 및 분리적응 교육
⑥ 외출 및 운동

(12) 마운팅 문제

1) 원인

① 호르몬
② 권세성향
③ 관심요구
④ 무료함(놀이)
⑤ 운동 부족
⑥ 부적절한 개입

2) 해결

① 수의학적 처치
② 적절한 놀이
③ 외출 및 운동

(13) 발성문제(짖음, 울음 문제)

1) 원인

① 질환
② 환경자극
③ 분리불안
④ 부적절한 강화 학습
⑤ 관찰 및 모방학습, 트라우마, ADHD, 인지장애, 유전

2) 해결

① **질환**: 수의학적 처치
② 불안한 자극 제거(물리적, 화학적, 환경자극)
③ 일상생활에서의 분리 교육
④ 발성할 때 일관성 있는 적극적인 개입
⑤ 체류공간 제공(발성하지 않고 휴식을 취하도록)
⑥ 조작적 조건화, 적절한 강화학습
⑦ 민감소실, 체계적 둔감화, 탈 감작 적용

(14) 분리불안 문제

1) 원인

① 질환
② 환경자극, 부적절한 애착관계
③ 부적절한 그루밍, 통증, 트라우마, 유전

2) 해결

① **질환**: 수의학적 처치
② 불안요소 제거 및 적응(특히 실내외 생활소음)
③ 물리적·화학적·환경자극 주의
④ 안락한 체류공간 제공
⑤ 일상생활에서 분리 개념 인지시키기
⑥ 잠자리 분리
⑦ 휴식공간 분리
⑧ 탈 감작화, 체계적 둔감화(1M, 2M, 3M, 격리)

(15) 파괴 문제

1) 원인

① 통증
② 유전
③ 욕구불만, 부적절한 에너지 소모, 무료함
④ 극심한 스트레스, 정신질환, 인지장애, ADHD 등

2) 해결

① **통증**: 수의학적 처치
② 적절한 에너지 소모, 놀이
③ 바람직한 행동 인지시키기
④ 극심한 스트레스 감소

(16) 공포증

1) 원인

① 각종 생활 및 자연환경, 순화 부족, 사회화 부족
② 기질 및 유전, 과거경험, 부적절한 학습에 의한 강화

2) 해결

① 수의학적 처치(항불안제)
② 안정된 환경, 스트레스 최소화
③ 체계적 둔감화, 탈 감작화, 민감 소실 요법

CHAPTER

06 행동교정의 이해

01 동물병원에서 호소하는 문제행동

(1) 수술 후 공격문제 발생 시 주의사항

① 수술 후 신체적 통증으로 과민한 상태이기 때문에 동물을 이동시키거나 핸들링할 때는 각별히 주의해야 함

② 미용을 시키거나 목욕을 하는 것은 최소 2주~1달 후로 연기함

③ 동물이 휴식을 취하고 있거나 잠을 자고 있을 때는 조용히 해주고 핸들링하지 않음. 특히 문 여닫는 소리, 발걸음 소리, TV, 벨소리 등 생활 소음을 줄여줌(소음은 50db 이하로 유지)

④ 낯선 사람의 방문은 자제함

⑤ 동물이 공격신호를 보일 때 처벌하지 않고(말하지 말 것) 자리를 피하지 말고 그 자리에 천천히 앉음. 이때 보호자가 겁에 질려 자리를 피하면 경험이 학습되어 향후 동물은 혼자 있고 싶으면 공격 성향을 보임

(2) 수술 후 절식 및 과식 문제

① 음식변화를 줌(맛, 크기, 질감, 다른 음식과 배합, 유동식)

② 음식의 온도에 변화를 줌(따듯하게, 후각 자극, 차갑게)

③ 식기의 위치에 변화를 줌(식기를 여러 개 준비하여 다양한 장소에 놓아둠)

④ 음식을 강제 급식하지 않음(손으로 직접 주지 않음)

⑤ 음식 옆에 평소에 동물이 좋아하는 물건을 놓아둠

⑥ 소리 자극을 이용함(평소 동물이 긍정적으로 반응하는 소리와 함께 음식을 줌)

⑦ 소음을 줄여줌(50db 이하)

⑧ 음식을 소량으로 여러 차례 줌(사료 5알 전후, 많은 양의 음식은 부담이 될 수 있음)

⑨ 음식을 바닥에 놓아 주거나 던져줘 봄(바닥에 있는 음식이나 움직이는 음식에 관심을 보이는 것은 개와 고양이의 본능임)

⑩ 다른 동물과 함께 있다면 완전히 격리해서 음식을 줌. 과식의 경우는 회복되지 않고, 과체중으로 이어지는 경우가 많으므로 병원에 문의함

⑪ 식전과 식후에 반드시 신호를 줌(예 식전 "먹자", 식후 "끝~" 등으로 2단이 정도가 적당함)

(3) 행동교정 주요 도구들

① **소리**: 일정한 소리를 내는 모든 것

예 Clicker, 볼펜 버튼, 손뼉치기, 무릎치기 등 일정한 소리 신호를 줄 때 사용함

② **낚싯대**: 동물의 시력이나 인지기능을 관찰할 때 주로 사용됨. 낚싯줄에 동물이 호기심을 가질 만한 물건을 달아서 흔들어 줌. 이때 동물이 인식하지 못하거나 회피, 적극적인 행동을 관찰해서 해당 동물의 시력, 기질 등을 대략적으로 관찰할 수 있음

③ **루어(Lure)**: 흔히들 간식, 음식이라 일컫음

④ **레이저 포인트**: 시력 및 기질을 관찰할 때 사용함. 레이저 불빛을 사물이나 구조물에 쏘았을 때의 반응을 관찰함

⑤ **방석, 수건, 담요**: 휴식공간(체류공간)을 인지시켜 줄 때 필요함. 동물들은 자신만의 안락한 휴식공간이 반드시 필요함

⑥ **산책줄, 리드줄**: 사회성 및 외부 환경에 대한 적응 및 교정이 필요할 때 사용함

▶ 리드 줄의 길이는 위험한 상황에 빠른 대처를 하기 위해 2미터 정도가 적당함

02 문제행동의 해결방법

(1) 시각(백내장, 녹내장, 안과 질환)

① **충격 완화제**: 충격 완화제(뽁뽁이 등)를 벽면에 붙이는 방법도 있지만 결과적으로 충격 완화제에 머리를 부딪히기 때문에 안전성이 결여된 방법임

② **후각 자극**: 접착 메모지 등에 냄새를 묻혀 벽면이나 사물에 붙여두는 방법도 있지만 냄새를 즉각적으로 수용하지 못하면 사고로 이어질 수 있고 인지장애, 강박장애 증상이 있는 경우는 이물질을 먹을 수 있음

③ **촉각 자극**: 그림과 같이 베개를 위험한 구조물에 놓아두는 방법이 있음. 베개를 세우지 말고 바닥에 눕혀 둠

모서리 부분에 베개를 두면
동물은 모서리 방향으로 가더라도
베개가 자신의 가슴 또는 다리에
닿기 때문에 사물을 인지하고
우회한다.

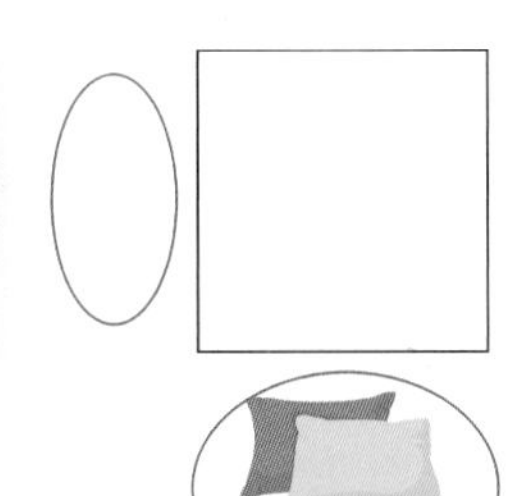

(2) 청각(청력 장애)

① 동물에게 천천히 정면으로 다가가서 동물의 눈으로부터 30~50cm 거리에서 손을 좌우로 천천히 흔들어 줌

② 동물에게 신호를 전달할 때는 소리를 듣지 못하기 때문에 수신호(시각신호)를 해주는 것이 좋음

(3) 후각장애

① 냄새는 후 세포와 점막, 수분에 의해 수용되는데, 이비인후과의 질환이 있으면 치료를 받고 치료가 불가능하다면 코를 촉촉하게 해주도록 습도를 유지함(40~60%)

② 목욕 후 드라이할 때 더운 바람은 사용하지 않음

③ 음식을 줄 때 보호자가 음식을 먹는 흉내를 내고 제공함(신뢰)

④ 동물을 핸들링할 때는 반드시 손을 씻음(핸드크림, 유제품, 방향제 등 주의)

⑤ 얼굴에 화장을 한 상태에서는 동물과 입을 맞추거나 포옹하지 않음

⑥ 뜨겁거나 매운 음식은 피하고, 가급적 음식은 따듯하게 데워줌
음식은 온도가 높을수록 냄새가 강하기 때문임

⑦ 산책할 때 바람이 부는 반대 방향으로 감(건조)

(4) 골격문제(척추, 무릎)

① 미끄럽지 않은 바닥재를 깔아줌. 동물의 걸음걸이에서 불안정하거나 다리가 벌어진 상태로 걷는다면 바닥이 미끄러움을 의심할 수 있음

② 보호자를 반기는 행동 중에 보호자가 서 있을 때 무릎 쪽으로 점프하는 강아지들이 있음. 점프할 때마다 긍정적으로 반응을 해주었기 때문에 생기는 행동결과임

- 점프하는 즉시 손바닥을 펴서 동물에게 보여주면서 "그만"이라고 단호히 말해주고 문을 열고 밖으로 나감
- 1분 후 귀가하고, 반복적으로 시행함
- 동물이 점프하지 않고 보호자를 얌전히 맞이한다면 신발을 벗고 집 안으로 들어감

03 동물 응대 및 내담자 상담

(1) 동물 응대

① 눈을 오랫동안 쳐다보지 말 것

② 머리부터 핸들링하지 말 것

③ 동물의 성격이 어떤지, 손대면 싫어하는 곳을 보호자에게 확인할 것
④ 크고 굵은 저음의 소리로 동물의 이름을 부르지 말 것
⑤ 동물이 병원 내부를 이탈하지 않도록 주의할 것
⑥ 다른 동물과의 접촉은 되도록 주의시킬 것

(2) 상담자와 내담자의 관계

1) 상담에서 3가지 촉진적 태도

① **솔직성(진솔성):** 가장 중요한 태도이며, 내담자와의 관계에서 느낀 감정과 태도를 솔직하게 표현해야 함. 내담자의 부정적 표현을 수용할 때 비로소 솔직한 감정교류가 시작됨
② **무조건적 긍정적 존중:** 내담자를 존중하고 감정, 사고, 행동을 평가하거나 판단하지 않고 있는 그대로를 받아들임. 상담자가 이런 태도를 보여줄 때 내담자는 신뢰감이 형성됨
③ **공감적 이해:** 내담자의 감정, 사고, 행동과 경험을 상담자가 구체적으로 예민하게 공감하고 이해하면 신뢰감이 형성됨

2) 3가지 촉진적 태도의 효과

① 내담자의 고통과 불안함을 해소하고 솔직한 감정교류가 가능함
② 상담사를 "가치 있다"고 판단함
③ 수용적이고 비 판단적이기 때문에 소통이 훨씬 자유로워짐
④ 용기와 자신감을 갖음
⑤ 내담자가 새로운 정보를 공개할 가능성이 큼

(3) 행동교정 약물 투약 주의사항

① 문제행동을 교정할 때 적절한 약물치료가 병행될 수 있음
② 약물 처방은 동물의 병력 및 문제행동 증상 정도에 따라 수의사의 진단 하에 처방될 수 있음
③ 약물치료는 수의사의 처방에 따라 수일~수개월 치료받기도 함
④ 보호자는 투약 용법을 철저히 준수하고 동물이 임의적으로 먹을 수 없도록 시건 관리(잠금)함
⑤ 복약 중 구토, 설사, 피부발진, 혈뇨, 혈변, 호흡곤란, 발작 등의 증상이 있을 시 투약을 중단하고 담당 수의사와 상의함

반려동물의 문제행동은 불안증 및 우울증으로부터 발생하는 경우가 많기 때문에 행동교정과 약물요법이 적절히 사용되면 보다 효과적인 교정 및 치료가 될 수 있음 예 분리불안, 환경 부적응 등

예방 동물보건학

PART 07

동물보건응급간호학

CHAPTER

01 응급 동물환자의 평가

01 Introduction

① 응급처치는 부상당한 동물이나 갑작스러운 질병으로 고통받는 동물에 대하여 질병의 악화나 사망을 예방하기 위해 실시하는 즉각적인 치료로 정의됨
- 응급상황인 대부분의 동물환자는 긴급한 처치가 요구됨
- 하지만, 응급상황이라 할지라도 얼마나 우선적인 의료 처치가 필요한지에 따라 동물환자에 대한 평가가 필요함
- 응급 동물환자의 객관적인 평가를 통한 적절한 구분은 환자에 대한 선택과 집중을 통하여 살릴 수 있는 환자가 사망하지 않고 회복시킬 수 있으므로 매우 중요하다고 할 수 있음
- 동물환자를 보살펴야 하는 수의사, 동물보건사 및 동물병원의 스태프는 동물환자를 신속히 살피고 응급의 정도를 적절하게 분류할 수 있어야 함

② 적절한 분류를 통한 집중적 의료 처치는 생명을 살릴 수 있는 응급상황이 발생한 동물환자들에게는 매우 필수적인 요소

③ 응급 동물환자를 성공적으로 치료하는 데 가장 중요한 요소는 신중하고 철저한 계획

④ 실무에는 다양하고 예측 불가능한 다양한 비상 상황이 발생할 수 있음

⑤ 비상 상황을 신속하게 평가하고 수의사에게 정확한 정보를 제공함으로써 응급 동물환자에게 도움을 줄 수 있도록 하기 위해선 평소 훈련과 대비를 통한 숙련이 필수적이라 할 수 있음

02 Triage

(1) Triage

① "Triage"라는 용어는 '분류하다'를 의미하는 프랑스어 'trier'에서 유래했으며, 제1차 세계 대전에서 부상당한 병사를 상처의 심각도에 따라 분류하는 데 처음 사용되었음

② 이후, 인의 응급실은 1960년대와 1970년대에 병원에서 가용 자원보다 더 많은 환자를 보기 시작하면서 조직화된 Triage 시스템을 사용하기 시작하였음

③ 수의학에서 사용하는 "Triage" 역시 앞서 언급한 인의에서 사용하는 정의와 그 의미가 일치함

④ 의학적 심각성에 따라 응급실에 오는 동물을 분류하고 가장 아픈 동물을 먼저 돌보는 것이 Triage임

⑤ 그렇다면 Triage는 누가, 언제, 왜, 어떻게 하는 것인가?

누가	동물환자에 대한 Triage는 응급상황에 훈련된 수의사를 포함한 동물병원 스태프들이 실시하게 됨
언제	• 응급상황의 동물환자에게 주어진 시간은 그리 길지 않음 • 따라서, 동물 응급환자가 동물병원에 내원하면 1~2분 이내의 빠른 시간 내에 응급상황의 정도를 결정해야 함
왜	동물환자의 응급 정도를 구분하는 것은 환자가 즉각적인 개입이나 소생술이 필요한지 확인하기 위해서 필요하며, 의료적 처치가 즉시 실시되어야 하는 증상들은 다음과 같음 • 심장마비 • 호흡 곤란 • 의식 소실 • 허탈(Collapse) • 소변을 볼 수 없음 • 외상 • 활동성 출혈(Active bleeding) 또는 개방성 상처 • 중독 • 발작 • 복부 팽만 • 감염병 의심
어떻게	• Triage를 실시하기 위해서는 응급환자의 병력청취, 일차평가(Primary survey), 이차평가(Secondary survey)를 실시하게 됨 • 이것은 환자의 주 증상, 임상 증상의 발현과 정도를 토대로 동물 응급환자에 대하여 Primary survey를 통해 생존의 문제에 직면하였는지 확인하고, 만약 생존상의 문제에 직면한 상황이라면 기도, 호흡, 순환의 상태를 확인하는 응급 절차인 ABCs(Airway, Breathing, Circulation)를 실시하게 되고, 생존성이 확보된 환자라면 자세한 부분적 평가인 이차평가(Secondary survey)를 실시하게 됨

(2) Telephone Triage

① 보호자들은 종종 반려동물이 아프거나 위급한 상황이 발생하게 되면 동물 병원에 전화를 함

② 'Telephone triage'란 동물보건사를 포함한 동물병원 스태프가 전화상으로 동물의 상황이나 상태에 대하여 이야기하는 것들이 포함될 수 있으나, 전화로는 환자를 직접 평가하기에 매우 제한적인 상황이 많음

- 동물보건사를 포함한 동물병원 스태프는 전화를 통하여 보호자와의 적절한 의사소통으로 동물환자의 상태를 파악하는 직관력을 갖추어야 함
- 이러한 통화 시 응급 상황에서 귀중한 시간을 낭비하지 않도록 통화는 간략해야 함
- 동물보건사를 포함한 동물병원 스태프는 조직화된 telephone triage 시스템을 통해 환자의 상태를 파악하는 것이 중요
- 추가적으로, 전화로 제공된 조언으로 인해 보호자와 동물병원 사이에서 법적 소송이 발생할 수 있기 때문에 동물보건사는 자신과 동물병원 모두를 보호하기 위해서는 대화 내용에 대한 기록이 필요할 수 있다는 것을 기억해야 함

③ 보호자가 다음 문제 중 하나라도 호소하면 가능한 한 빨리 동물병원에 내원하여 수의사의 진료가 필요하다는 사실을 알려야 함

- 호흡 곤란
- 창백한 점막
- 갑작스러운 쇠약
- 빠른 복부 팽만
- 소변을 보기 힘들어함
- 독극물 섭취
- 외상성 부상
- 심한 구토
- 혈액성 구토
- 비생산적인 구역질(non-productive retching)
- 신경계 증상 또는 발작
- 난산
- 광범위한 상처
- 출혈

④ 외상성 부상을 입었거나 입었을 수 있는 동물환자는 보호자가 보기에 큰 이상이 없어 보인다 하더라도 긴급하게 진찰을 받을 필요가 있을 수 있음

외상성 응급 상황에서 해야 할 질문들	• 외상은 어떻게 발생했습니까? • 언제 일어난 일입니까? • 호흡은 어떻습니까? • 입술을 조심스럽게 들어 올려 관찰해보세요. 잇몸 색깔은 어떻습니까? • 신체 부위에 출혈이 있습니까? • 의식이 있습니까? • 걷거나 움직이고 있습니까? • 상처나 상처가 보이나요? • 종과 품종은 어떻게 되나요?

비외상성 응급 상황에서 해야 할 질문들	• 종과 품종 및 성별은 어떻게 되나요? • 현재 상황을 설명할 수 있습니까? • 호흡은 어떻습니까? • 입술을 조심스럽게 들어 올려 관찰해보세요. 잇몸 색깔은 어떻습니까? • 의식이 있습니까? • 구토나 설사가 있습니까? 그렇다면 얼마나 자주 구토나 설사를 하고 색깔은 어떻습니까? • 이전에 동일한 문제를 겪은 적이 있습니까? • 혹시 약물 등을 먹었나요?

⑤ 식이와 관련된 문제를 파악해야 하는 것들

- 다식증(PP, Polyphagia), 식욕부진증(Anorexia), 식분증(Coprophagia), 이식증(Pica) 등의 여부
- 평상시 무엇을 어떻게 먹나요?
- 비정상적 식습관이 있다면 얼마나 오래 되었나요?

이식증(Pica)

먹을 것이 아닌 비정상적인 것을 먹으려는 갈망

⑥ 반려동물의 배뇨는 정상적인 생리작용 중 하나임

- 몸의 수분을 유지하고 배설하기 위해서는 결국 물을 마셔야 하고, 그에 따라 오줌의 양이 결정됨
- 개의 정상 음수량은 60~90mL/kg/day, 고양이의 정상 음수량은 45mL/kg/day 정도임. 그리고 개와 고양이의 일반적인 요 배설량은 26~44mL/kg/day 정도임
- 하지만 동물의 보호자들은 자신의 반려동물에 대한 음수량에 대하여 부정확한 데이터를 제공하는 경우가 많음. 따라서 음수량에 대하여는 이러한 점을 참고해야 함
- 일반적으로 다음과 다뇨 증상은 종종 함께 발생하는 경우가 대부분임. 음수와 관련된 문제를 파악해야 하는 것들로는 다음과 같음
  - 다음(PD, Polydipsia), 무음증(Adipsia) 등의 여부
  - 다뇨(PU, Polyuria), 핍뇨(Oligouria), 무뇨(Anuria), 배뇨곤란(Dysuria), 혈뇨(Hematouria) 등의 증상
  - 24시간 동안 섭취하는 음수량 및 배뇨량
  - 배뇨장애로 인한 동물환자의 불편함 호소 내지는 통증 유무는 어느 정도인지?
  - 동물환자가 배뇨자세를 자주 취하는지?
  - 먹이에 변화가 생겼는지? 예 통조림 식품에서 건조 식품 등으로
  - 글루코코르티코이드나 이뇨제 등의 약물을 투여받은 적이 있는지?

⑦ 배변과 관련된 문제를 파악해야 하는 것들

- 변비, 설사: 묽은 대변을 자주 배출, 배변 또는 배뇨 시 효과가 없고 고통스러운 긴장을 호소하는 Tenesmus 등의 유무
- 색깔, 냄새, 질감 등
- 양과 배변 빈도
- 혈액, 점액 유무
- 최근 식단의 변화

⑧ 분비물과 관련된 문제를 파악해야 하는 것들

- 분비물의 유형은? 예 화농성, 점액, 장액, 출혈
- 색상과 점도
- 분비물이 어디에서 유래하는지? 예 비강, 안구, 질, 직장, 포피, 귀, 상처 등
- 편측성인지 양측성인지?

⑨ 기침과 관련된 문제를 파악해야 하는 것들

- 기침의 패턴은? 습성인지 건성인지?
- 분비물이 생성되는지? 예 점액, 혈액
- 구토나 역류가 유발되는지?
- 기침의 시기가 특정되어 있는지? 예 아침, 운동 후, 밤
- 이물질 등을 섭취했는지?
- 예방 접종 상태는? 예 홍역, 개 전염성 호흡기 질환, 개의 파라인플루엔자 바이러스 등

⑩ 구토와 관련된 문제를 파악해야 하는 것들

- 힘을 들여 구토하는 토출성(Projectile)인지?
- 힘을 들이지 않고 소화되지 않은 음식을 토해내는 역류성(Regurgitation)인지?
- 구역질(Retching)인지?
- 구토를 언제 했는지? 예 식후 즉시 혹은 일정 시간 경과 후, 주기적
- 구토로 나온 것들은? 예 식품, 담즙, 피, 변, 머리카락, 뼈, 기타 이물질 등

⑪ 파행과 관련된 문제를 파악해야 하는 것들

- 다리의 일부가 문제인지? 전체가 문제인지?
- 파행의 정도는? 정상적인 운동이 불가능한지?
- 보행 시 이동 방식 또는 스타일
- 교통사고 등의 외상 또는 낙상으로 인한 것인지?
- 파행은 언제 더 심해지는지? 예 운동 후, 휴식 후

⑫ 소양감과 관련된 문제를 파악해야 하는 것들

- 기생충 구제를 실시하였는지? 하였다면 사용된 제품 및 일정은?
- 소양감의 특정 영역이 있는지? 예 귀, 머리 및 목, 항문 부위
- 피부에 염증이 생기거나 비정상적인 병변이 있는지?

- 동물이 이전에 사용하지 않은 제품에 노출된 적이 있는지? 예 국소 구충제, 샴푸, 약물, 가정용 세제 등
- 특정한 경우 징후가 더 악화되는지? 예 잔디나 풀에서 걸은 경우, 더워지는 경우
- 식단에 변화가 생겼는지?

⑬ 일반적으로 보호자는 환자를 병원에 데려가야 할지 말지에 대하여 고민하게 됨
- 하지만 치료 권장사항은 환자를 직접 평가하지 않고는 할 수 없고 해서도 안 됨
- 동물환자의 보호자는 대부분이 수의학적 경험이 없기 때문에 보호자의 판단을 신뢰할 수 없는 경우가 대부분

  예 교통사고를 당한 동물환자가 확연히 문제가 있어 보이지만, 육안으로 관찰되지 않으면 '괜찮아 보인다'고 이야기할 수 있음

  → 하지만 실제로 동물환자는 폐출혈이나 장기 파열 같은 상당한 내부 부상을 입은 것일 수 있음

  → 따라서, 동물보건사는 보호자에게 가능한 한 빨리 환자를 동물병원에 데려오도록 조언해야 함
- 궁극적으로 수의사 진료를 받을지 여부는 개별 반려동물 보호자의 선택이지만, 동물환자가 진료를 받기 위해서는 보호자에게는 병원 위치에 대한 자세한 정보를 제공해야 함
- 반려동물을 병원으로 안전하게 운송하는 방법에 대한 추가 정보도 제공될 수 있음

⑭ 위의 상황을 고려하여 'Telephone Triage'로 얻은 정보는 잠재적인 동물환자가 병원에 도착할 때 동물병원의 의료팀이 환자가 도착하기 전에 직원, 정맥 수액, 정맥 카테터, 산소 및 충돌 카트 공급을 준비하는 등 이에 대비한 준비를 할 수 있으므로 동물환자의 응급처치에 매우 유용함

응급환자 도착 시	• 응급환자를 간호하는 동물보건사는 민첩하고 침착하게 대응해야 함 • 'Triage' 분류상 우선순위에 따라 보호자를 포함한 기타 모든 사람들이 지금의 위험상황을 식별하고 공감하도록 해야 함 • 응급환자를 평가할 때, 특히 통증이 있을 수 있는 경우 주의해야 하며, 환자의 상태를 분류하는 동물보건사는 항상 스스로에게 내 자신이 위험에 처하게 되는 건 아닌지에 대해 질문해야 함. 만약 위험성에 대한 어떠한 의심이라도 있다면, 다른 스탭 등에게 도움을 요청하는 등 절대 위험에 빠지게 하지 말아야 함 • 응급환자에 대한 논리적 접근으로 중요한 문제를 놓치지 않도록 함. 환자의 상태를 분류하는 간호사는 환자의 문제와 안정화 및 치료 전략의 우선순위를 정할 수 있는 명확한 행동 계획을 따라야 함

03 Primary Survey(일차 평가)

① 응급환자는 "A CRASH PLAN" 프로토콜을 사용하여 응급 동물환자들을 평가해야 함

② A CRASH PLAN

A (Airway, 기도)	기도가 막혀 있지는 않은지?
C (Cardiovascular, 심혈관계)	심첨(Apex of Heart)에서 심장이 박동하고 있는지?
R (Respiratory, 호흡)	호흡은 하고 있는지?
A (Abdomen, 복부)	• 복부의 이상은 없는지? • Primary survey 시 촉지하지는 말 것
S (Spine, 척추)	• 형태적 이상은 없는지? • Primary survey 시 촉지하지는 말 것
H (Head, 머리)	형태적 이상은 없는지? 의식의 정도는 어떤지?
P (Pelvis/Anus, 골반 및 항문 부위)	외상이나 손상의 징후가 있는지?
L (Limbs, 사지)	형태적 이상은 없는지?
A (Arteries/Veins, 동맥 및 정맥)	탈수나 쇼크의 징후는 없는지?
N (Nerves, 신경)	다리나 꼬리를 움직일 수는 있는지?

③ 응급 동물환자의 신체검사는 다음 사항을 포함하여 표 1의 활력 징후에 대한 정상 범위와 비교하여 모든 결과를 기록해야 함

- 외부 출혈(출혈)
- 점막의 색(하단의 그림 참고)
- CRT(Capillary Refill Time): 모세혈관 재충전 시간
- 맥박의 속도와 정도
- 호흡의 속도(정상인지 혹은 느리거나 빠른지), 호흡곤란이 있는지
- 체온: 직장 온도를 측정
- 의식 수준
- 구토 또는 설사의 증거

[개와 고양이의 정상적인 활력징후(Vital signs)] (표 1)

Vital Signs	Canine normal range	Feline normal range	Remark
Heart rate	60~120 bpm*	160~220 bpm*	
Respiratory rate	20~40 bpm*	20~40 bpm*	
Mucous membrane color	Pink, moist	Pink, moist	
Capillary Refill Time	< 2 seconds	< 2 seconds	
Temperature	38.3 to 39.2℃	38.3 to 39.2℃	

* bpm: beat per minutes

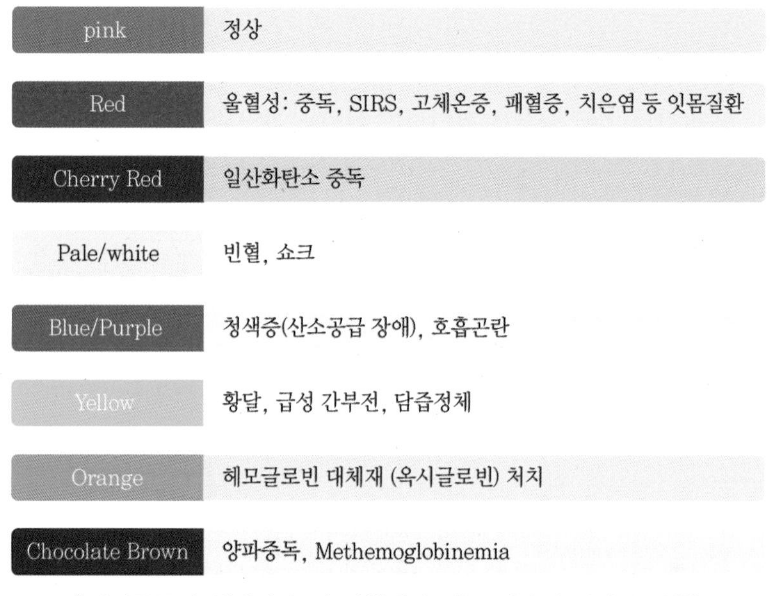

[반려동물의 신체검사 시 관찰해야 하는 점막의 상태와 상황]

④ 'A CRSH PLAN'을 토대로 실시한 Primary Survey와 신체검사를 바탕으로 응급 동물환자에게 제공될 의료서비스의 범위와 정도를 고려해야 함

- 동물환자에게 즉각적인 응급 치료가 필요한 이유는?
- 어떤 치료가 시작되는지?
- 제공될 의료서비스의 비용은 어느 정도인지?

04 Secondary Survey(이차 평가)

- ☑ 응급 동물환자에 대한 Primary survey 이후 만약 생존상의 문제에 직면한 상황이라면, 기도, 호흡, 순환의 상태를 확인하는 응급 절차인 ABCs(Airway, Breathing, Circulation)를 실시하게 되고, 환자를 살리기 위하여 심폐소생술(CPR, Cardiopulmonary Resusitation)을 실시하게 됨
- ☑ 생존성이 확보된 환자라면 환자의 문제점을 더욱 자세히 평가하기 위해서 Secondary survey(이차 평가)를 실시하게 됨

(1) 청진(Auscultation)

① 순환기 및 심장의 이상 여부를 확인하기 위해서 가장 일반적으로 진행할 수 있는 평가 항목

② 올바른 청진을 위해서는 청진기를 판막 위치에 해당하는 부위에서 청진을 실시해야 함. 심장은 수축과 이완에 의해 판막이 닫히면서 우리가 가청할 수 있는 심장 청진음을 들을 수 있음

③ 일반적으로 우측의 Hemithorax에서 청진하는 부위는 삼첨판막의 심음을 청진함. 좌측의 Apex에서는 이첨판막의 심음과 Base에서는 대동맥판막, 그리고 폐동맥판막의 심음을 청진하게 됨

④ 청진상의 이상 여부를 확인하기 위해서는 평상시 정상적인 소리와 비정상적인 소리의 정확한 구별, 해석 및 이해에 대하여 훈련되어 있어야만 함

⑤ 청진을 실시할 때는 심음 외의 다른 방해 요인이 발생하지 않도록 과도한 소음이 없는 조용한 방에서 심장 청진을 실시함

⑥ 어떠한 경우에는 동물환자가 스트레스를 받을 때 심장 청진을 수행해야 일시적이거나 미묘한 잡음이 감지되는 경우도 있음

⑦ 이는 교감신경이 활성화되면 심박수, 심장 수축력 및 심박출량을 증가시키기 때문에 심잡음(Heart murmur) 감지 확률은 스트레스와 함께 증가하게 되는 것

⑧ 심장 청진은 논리적인 방식으로 진행되어야 함

- 심장 청진 시 맥박을 함께 촉진하면서 심박수를 측정해야 함. 맥박은 뒷다리의 대퇴동맥에서 촉진할 수 있으며, 맥박의 충만도, 선명도 및 규칙성을 비교해야 함
- 심음 청진과 맥박을 동시에 확인함으로써 부정맥으로 인한 맥박 결손을 감지할 수 있음

(2) 심전도(Electrocardiogram; ECG)

① 심전도(ECG)는 응급 상황, 마취 중인 환자 및 중환자와 같은 다양한 경우의 모니터링을 지원할 수 있음

- 소동물 임상에서 심전도는 매우 유용한 진단 도구이지만, 많은 동물보건사는 심전도 기기가 익숙하지 않고 사용 방법이 번거롭다는 이유로 심전도 측정에 대해 우려하고 있는 것으로 보임
- 심전도는 비침습적이고 심장의 전기적 정보를 유일하게 보여주며, 심박수와 리듬을 측정하는 유용한 장비라는 사실에는 변함이 없다는 것을 확실하게 주지하고 있어야 함

② 심장 근육은 수축을 시작하기 위해 전도 과정, 즉 전기적 자극이 필요함

- 심장의 전도 과정은 가장 처음 Pacing을 시작하는 동방결절(SA node, sino-atrial node) 내의 특수 세포가 심방을 가로질러 퍼지는 충격을 전도하여, 심방의 근육을 탈분극화(수축) 하게 되며 심전도상 P wave로 표현됨
- 이후 전기적 충격은 방실(AV) 결절을 통해 His-Purkinje 섬유 네트워크를 통하여 심실은 탈분극되며 심실이 수축하게 됨. 심전도상으로는 QRS wave로 표현됨. 이를 통해 좌심실의 혈액은 전신으로, 우심실의 혈액은 폐동맥으로 혈액이 분출하게 되는 것. 산소포화도가 높은 혈액은 대동맥을 통하여 전신순환을, 산소포화도가 낮은(탈산소화된) 혈액은 폐동맥을 통해 허파에서 가스교환을 할 수 있게 됨
- 마지막으로, 심장 근육이 이완되는 재분극(이완) 과정을 거치면 심전도상 심장의 수축과 이완의 사이클을 이루게 되고 심전도상으로는 T wave로 표현됨

③ 심전도는 이러한 기록을 통하여 우리에게 심장에서 발생하는 전도 과정을 보여줌

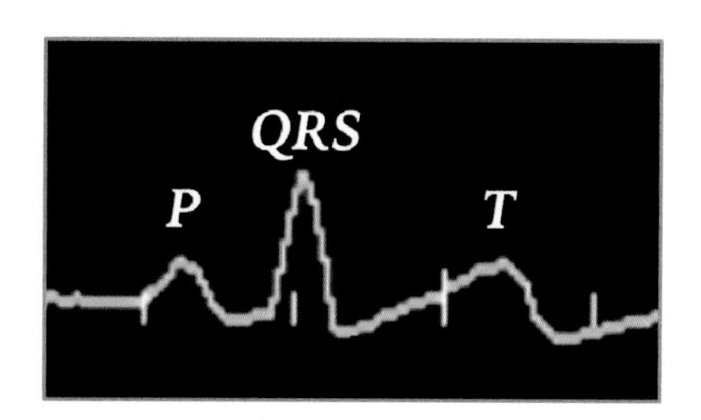

TIP 심전도(ECG)

심장의 전도 과정은 심방의 수축을 일으키는 탈분극은 P wave, 심실의 수축을 일으키는 탈분극은 QRS wave, 심실의 이완을 일으키는 재분극은 T wave로 이루어짐

(3) 호흡기계 평가

① 호흡기계를 평가할 때 유의해야 할 사항
- 호흡수
- 노력성 호흡 유무
- 노력성 호흡의 시기(흡기 시 혹은 호기 시)
- 점막의 색깔
- 기타 호흡 시의 비정상적 소리

② 추가적으로 호흡기계의 평가 시에도 청진기로 흉부를 청진해야 함

③ 동물의 질병을 진단하는 것은 수의사의 업무영역이지만, 훈련된 동물복지사가 동물 진료 과정 혹은 모니터링에서 얻어지는 정보들은 수의사에게 중요한 정보를 제공할 수 있음. 따라서 동물보건사에게 청진은 개인적인 역량을 연습하고 개발하는 데 매우 중요함

④ 청진을 통해 호흡기계에서 들을 수 있는 소리

크랙클음 (Crackle sound)	• 폐포에 체액이 축적되며 나타나는 현상 • 임상적으로는 심원성 폐부종 시에 가장 많이 청진되나, 폐렴에 의해서도 나타날 수 있음
흉부의 복부 측면에서 청진되는 둔탁한 호흡음	흉수 시 가장 흔하게 나타나며, 중력에 의해 흉부의 아래쪽 부분에 삼출액이 저류될 경우 흔히 나타남
흉부의 등쪽 측면에서 청진되는 둔탁한 호흡음	기흉 시 가장 흔하게 나타나며, 중력에 의해 흉부의 등쪽 부분에 공기가 저류될 경우 흔히 나타남

⑤ 빈호흡(Tachypnea) 또는 호흡곤란(Dyspnea)의 일반적인 원인
- 상부기도 폐쇄
- 흉수(Pleural effusion)
- 질환: 심인성 폐부종(심부전), 폐렴 등
- 고양이 천식
- 폐 혈전색전증
- 횡격막 또는 흉벽 파열
- 호흡곤란·마비
- 중증(급성) 빈혈

(4) 신경계 평가

① 응급의 동물환자가 동물병원에 내원 시 신경계 평가에 대한 초기 관찰 사항으로 다음 항목들에 대한 판단이 필요함
- 장소에 대해 인지하고 있는가?
- 주변 환경에 시각적으로 초점을 맞출 수 있는가?
- 정상적으로 보행하는가? 운동실조가 있는가?

• 양 눈의 동공 크기가 같은가? 빛에 반응하는가?
• 발작 등의 이상이 있는가?
• 통증 자극에 반응하는가?

② 동물의 신경계에 대한 평가에는 보행 및 정신상태(Mentation)에 대한 평가가 포함되어야 함

③ 보행에 대한 평가를 기록할 때 사용하는 용어

Paresis	불완전 마비, 경도에서 중간 정도의 마비 또는 근력 약화 시에 사용되며 환자가 조금이라도 움직이는 경우에 해당
Plegia 또는 Paralysis	완전 마비, 근력의 매우 심한 정도의 상실 혹은 완전한 상실에 해당
Quadriplegia 또는 Tetraplegia	사지마비
Paraplegia	하반신마비
Hemiplegia	편마비

④ 마비된 상태라도 신경에 반응하는지에 대한 여부를 확인하는 것도 매우 중요함

⑤ 정신 상태(Mentation)의 분류

Alert 또는 Normal	외부 반응 또는 환경에 정상적으로 반응하는 상태
Lethargy	• mild한 정도의 기면, 무기력 상태 • 외부적 환경과의 상호 작용에 약간의 어려움을 겪음
Obtunded (mentally dull)	• 중등도 정도로 둔감해진 상태 • 외부적 환경과의 상호 작용에 어려움을 심하게 겪음
Stuporous(혼미)	• 심각한 정도의 무감각 상태 • 환자는 격렬하거나 고통스러운 자극에만 반응함
Coma(혼수)	어떠한 자극에도 반응하지 않음

⑥ 추가적으로 주목해야 할 다른 신경학적 특징
• 동공 크기 및 대칭
• PLR(Pen Light Reflex): 동공에 대한 펜라이트를 이용한 동공반사 확인
• Head tilt
• Nystagmus(안진증 또는 안구진탕증)
• Gag reflex(구토 반사): 혼미 또는 혼수 환자만 해당
• 항문 반사: 체온을 측정할 때 평가될 수 있음

(5) 산과계 평가

① 임신 환자가 응급상황일 경우 태아도 고려해야 함. 모체는 안정적일 수 있지만 태아는 응급상황일 수 있음

② 임신한 동물환자의 보호자에게는 아래의 질문으로 환자 상태에 대한 평가가 필요함
- 출산 예정은 언제인지?
- 질 분비물 여부? 있다면 색깔과 악취가 있는지?
- 진통은 언제, 얼마나 되었는지?
- 분만을 시작하였다면, 분만 간격은 얼마나 걸렸는지?
- 동물환자가 출산하는 것을 보았는지?
- 직장 온도를 측정했는지? 그렇다면 체온의 변화가 생겼는지?
- 방사선이나 초음파로 임신을 확인했는지?
- 이전에 임신한 적이 있다면 임신으로 인한 합병증이 있었는지?

05 환자의 분류 방법

(1) 환자의 분류

① 응급 동물환자에 대하여 조직화된 접근 방식을 사용하면 환자를 적절하게 분류하는 데 도움이 됨

② 수의학에서 응급 동물환자에 대하여 설계된 방법은 없지만, 인의에서 아래와 같이 사용하고 있는 효율적인 분류 방법을 적용할 수 있음
- 단순 분류 및 신속한 치료(Simple Triage and Rapid Treatment; START)
- 피해자 엔드포인트의 2차 평가(Secondary Assessment of Victim Endpoint; SAVE)

③ 상기 두 가지 방법은 모두 전쟁 중 인명 피해를 분류하기 위해 개발되었지만, 동물환자를 다루는 수의학계에서 널리 받아들여지고 있음

(2) START

① START 방법을 사용하면 RAP 상태라고 하는 호흡(Respiration), 각성(Alertness) 및 관류(Perfusion) 상태에 대해 각 동물을 신속하게 평가할 수 있음
- 이 시스템을 사용하여 동물은 빨간색, 노란색, 녹색 또는 검은색 그룹으로 색상으로 구분함

Red	위험. 생존을 위해 치료나 처치가 즉시 필요한 그룹
Yellow	중상. 간단한 치료나 처치를 받으면 생존할 수 있는 그룹
Green	경상. 치료나 처치 없이도 생존이 가능한 그룹
Black	사망 또는 가망 없음. 이 그룹의 환자는 어떠한 치료나 처치에도 생존이 불가능

[응급 동물환자에 대한 START 분류 기준]

- 응급 동물환자는 그 상태에 맞게 적절한 색상으로 표시해야 함
- 동물병원의 모든 스태프들은 색상으로 구분된 이 시스템에 익숙해지면 응급상황 시 발생하는 혼란을 줄이는 데 도움이 됨

② START 방법을 사용하면 동물을 신속하게 평가하고 적절한 치료 영역으로 가져와 필요한 치료를 받을 수 있음

③ 특정 색상으로 구분된 동물을 다룰 수 있도록 구역을 설정하고 스태프를 배치해야 함
- 기본적으로 보행이 가능한 동물은 녹색으로 간주됨. 이들은 부상이 적고 치료를 기다릴 수 있을 만큼 안정적인 것으로 간주되는 동물들
- 시간이 지남에 따라 동물을 재평가해야 할 수도 있으며, 현재 상태에 따라 다른 색상 코드가 부여될 수 있음

④ 응급 동물환자들은 그 상황과 상태별로 다를 수 있지만, 대략적인 질병을 그룹별로 구분한다면 다음과 같은 질병들이 해당될 수 있음

Red	중독, 허탈, 뱀에 물림, 위염전(GDV), 열사병, 개방성 골절, 활동성 발작, 알레르기 반응, 교통사고, 호흡 곤란, 심한 출혈, 마비
Yellow	비개방성 골절, 설사, 급성 구토, 위장관 폐색, 비뇨기계 질환, 난산
Green	피부질환, 파행, 귀와 눈의 통증, 미약한 외상, 화농, 만성 질환

(3) SAVE

① SAVE 방법은 START 방법보다 훨씬 빠르며 자원과 인력이 제한적일 때 생존 가능성이 가장 높은 환자에게 집중하기에 더 적절한 분류법

② SAVE 분류법에서 환자는 세 가지 범주로 나뉨

Group 1	치료에도 불구하고 사망하는 그룹
Group 2	치료나 처치를 받지 않아도 생존하는 그룹
Group 3	즉시 치료, 처치 시 생존에 도움이 되는 그룹

[응급 동물환자에 대한 SAVE 분류 기준]

- 그룹 1은 치료와 상관없이 사망하는 환자들이 해당
- 그룹 2는 치료 여부와 관계없이 생존할 수 있는 환자군들이며, 그룹 3은 의료적 조치를 즉시 실시하면 효과가 있을 환자군에 해당
- SAVE에서 치료적 중재는 원칙적으로 그룹 2와 그룹 3에 속한 환자들에게만 적용함
- 힘든 일일 수도 있지만, 그룹 1은 시간이 허락한다면 인도적으로 안락사시키거나 스스로 사망하게 내버려 둘 수 있음
- SAVE의 목표는 치료가 필요하며 치료 시 생존시킬 수 있는 동물을 구하는 것임을 기억해야 함. 시간과 자원은 생존 가능성이 있는 환자에게만 주어져야 함
- 그룹 2와 그룹 3 사이에서 치료적 중재는 그룹 2는 치료가 보류되고, 그룹 3은 즉시 치료를 실시해야 함
- 그룹 3은 치료 이후 호전된다면 그룹 2로 재평가하여 분류할 수 있음

(4) Modified Veterinary Triage List

① 응급 동물환자를 구분하는 방법으로 인의에서 사용하는 5-Point Triage 시스템을 변형시켜 사용할 수도 있음

- 2012년 수의응급저널에서 발표된 논문[1]에 따르면, modified VTL(Veterinary Triage List)를 통하여 응급 동물환자들에 대하여 더 직관적이고 더 효율적으로 분류할 수 있음을 밝혔음
- 분류 방법은 총 5단계로 Red, Orange, Yellow, Green, Blue로 구분하며, 각 상황별 응급상황과 상황에 따라 설정된 대기시각 이내에 환자를 처치하는 것이 중요
- 응급 동물환자에서 적용 가능한 modified VTL은 표 2 참고

---

1) Ruys, L. J., Gunning, M., Teske, E., Robben, J. H., & Sigrist, N. E. (2012). Evaluation of a veterinary triage list modified from a human five-point triage system in 485 dogs and cats. J Vet Emerg Crit Care, 22(3), 303-312.

인의에서 사용하는 Triage System을 변형한
modified Veterinary Triage List 분류(표 2)

Triage Category	Description	Target waiting time
Red	Immediate	0 minutes
Orange	Very urgent	15 minutes
Yellow	Urgent	30~60 minutes
Green	Standard	120 minutes
Blue	Nonurgent	240 minutes

CHAPTER

02 응급상황별 이해 및 처치 보조

01 쇼크(Shock)

(1) 쇼크

① 응급 동물환자에서 심혈관계 검사의 주요 목적은 쇼크의 존재를 감지하는 것

② 수의학 분야에서 쇼크(Shock)는 조직으로의 산소 전달 부족으로 정의됨

- 이것은 순환계 및 저관류(Hypoperfusion) 문제로 인한 이차적인 현상으로 가장 흔히 발생함
- 저관류 감소 조직으로의 산소 전달 감소는 장기, 특히 심장, 뇌 및 신장에 상당한 영향을 미치게 됨
- 이러한 현상이 장기간 지속되면 장기 부전 및 사망으로 이어지게 되는 것

③ 신체는 혈압을 유지하려고 하는 여러 메커니즘이 있기 때문에 쇼크가 발생하더라도 저혈압의 증상은 매우 늦게 발견되기도 함

④ 평균 동맥 혈압이 60mmHg 미만이면 뇌, 심장 및 신장과 같은 중요한 기관에 손상이 있을 수 있음

⑤ 쇼크 상태의 환자를 모니터링 할 때 요량(ml/kg/hr) 및 요 비중을 측정하여 신장의 관류를 평가하는 비침습적 방법이 매우 유용함

- 처치 중인 쇼크 환자에서 정상량 이상의 소변(>2ml/kg/hr)이 관찰된다면, 이 환자의 신장 관류 정도는 적절하다고 할 수 있음
- 환자에게 소변량의 연속적인 측정은 대부분의 실제 쇼크 상황에서 사용할 수 있는 유용하고 직관적인 모니터링 도구로 활용됨

⑥ 쇼크는 탈수와는 다른 상황임

- 쇼크는 혈관계의 체액 손실을 의미하며 잠재적으로 생명을 위협하는 영향을 미치지만, 탈수는 간질 및 세포내 공간에서 체액 손실을 의미함
- 탈수증의 징후는 피부 긴장도(Skin turgor)가 저하되고 점막이 건조해짐
- 탈수는 쇼크와 달리 생명을 위협하는 경우가 매우 드묾

TIP **Skin turgor**

- **피부 긴장도**: 피부가 모양을 바꾸고 정상으로 돌아가는 능력을 의미
- **측정 방법**: 손가락로 환자의 피부를 집어 올렸다가 손가락을 놓았을 때 원래대로 되돌아가는 정도로 측정
- 피부 긴장도가 감소하면 피부가 바로 되돌려지지 않으며, 이러한 현상은 환자가 현재 탈수 상태일 수 있음을 의미

⑦ 쇼크의 주요 유형은 저혈량성 쇼크(Hypovolemic shock), 심원성 쇼크(Cardiogenic shock), 폐쇄성 쇼크(Obstructive shock), 분포성 쇼크(Distributive shock)의 네 가지로 나뉨(표 1)

⑧ 쇼크의 네 가지 유형(표 1)

쇼크의 유형	특징	일반적인 원인
Hypovolemic	순환 혈액량의 감소	출혈, 심한 구토나 설사, 체강 내로의 체액 소실 등
Cardiogenic	심박출량 감소	심근증이나 판막부전 등의 심부전, 부정맥
Obstructive	혈관의 물리적 폐쇄로 인한 혈류 장애	폐 혈전색전증(Pulmonary thromboembolism), 심낭수(Pericardial effusion) 등
Distributive	전신혈관의 확장에 따른 체액의 비정상적 분포	패혈증, 전신염증반응증후군(Systemic Inflammatory Response Syndrome; SIRS), 심각한 알레르기 반응 등

(2) 저혈량성 쇼크

① 저혈량성 쇼크는 심각한 혈액 또는 기타 체액의 손실로 인해 심장이 신체에 충분한 혈액을 공급할 수 없는 응급 상태를 의미

② 이로 인해 신체의 여러 장기들이 영향을 받거나 기능에 장애를 초래하게 될 수 있음

③ 저혈량 쇼크는 쇼크의 네 가지 유형 중 가장 흔한 형태이며, 특징은 다음과 같음

- 빈맥
- 모세관 재충전 시간 연장
- 창백한 점막
- 심한 경우 저혈압

(3) 심인성 쇼크

① 심인성 쇼크는 신체에 필요한 혈액을 충족하기에 충분히 박출할 수 없는 생명을 위협하는 상태

② 심인성 쇼크는 매우 드물게 발생하지만, 대부분의 경우는 심각한 심장마비로 인해 발생하며, 즉시 치료하지 않으면 치명적

③ 심인성 쇼크의 증상

- 빈호흡
- 심한 호흡곤란
- 갑작스럽고 빠른 심장 박동(빈맥)
- 의식 소실
- 약한 맥박
- 저혈압
- 사지 냉감
- 핍뇨 혹은 무뇨

(4) 폐쇄성 쇼크

① 폐쇄성 쇼크는 혈액의 흐름이 물리적으로 막혀 발생함

② 원인으로는 폐혈전색전증, 심낭수로 인한 심장압전 등으로 모두 생명을 위협함

③ 증상으로는 호흡곤란, 쇠약, 저혈압과 빈맥이 주로 나타남

④ 신체검사 시 목에서 경정맥이 팽대되는 현상을 관찰할 수 있음

⑤ 기본적인 생리기전은 심인성 쇼크와 유사함. 두 유형 모두에서 심장의 혈액 박출량이 감소하며, 이로 인해 우심방으로 들어가는 정맥 환류량이 증가하게 됨

⑥ 심인성 쇼크와의 가장 큰 차이로는 심인성 쇼크는 심장 자체의 질병이나 기능이상으로 유발되지만, 폐쇄성 쇼크의 근본적인 원인은 심박출량 저하가 아니라 심장으로의 유입되는 혈액량(정맥 환류량)의 감소나, 혈관의 폐쇄로 인해 심장의 박출 압력이 증가하는 후부하(Afterload)가 있음

(5) 분포형 쇼크

① 분포형 쇼크는 원인이 무엇이든 다른 쇼크와는 분명히 다른 한 가지 차이로는, 신체 혈관이 정상적으로 수축할 수 없는 상태에 발생하기 때문에 점막이 비정상적으로 붉게 보이게 됨

② 신체의 가장 작은 혈관들에 비정상적인 혈류 분포가 발생하고, 이로 인해 신체 조직과 기관에 혈액이 제대로 공급되지 않는 상태임

③ 신체의 조직과 기관을 구성하는 세포의 대사 요구를 충족시키기 위한 산소를 운반하는 혈액이 충분하지 않은 상태를 의미함
④ 분포형 쇼크는 심장의 박출력이 정상 이상인 경우에도 발생한다는 점에서 다른 세 가지의 쇼크와 차별을 가짐
⑤ 가장 흔한 원인은 패혈증이며, 패혈성 쇼크로 인한 분포형 쇼크는 매우 치명적인 상황을 유발함

(6) 쇼크 시 대응

① 쇼크는 원인에 따라 다름
② 저혈량성 또는 분포성 쇼크가 있는 대부분의 환자는 초기 단계에서 종종 매우 빠른 속도의 정맥 수액 요법이 필요하므로, 반드시 수의사에게 환자의 상태를 고지하여 환자가 적절한 치료를 받을 수 있도록 노력해야 함
③ 쇼크의 명백한 원인이 출혈이라면 출혈을 멈추기 위한 노력을 기울여야 함. 출혈을 억제하는 방법은 다음과 같음

직접적인 지압 (Direct digital pressure)	장갑을 착용하고 최소 5분 동안 압력을 가함
동맥 겸자(지혈기)	혈관의 출혈점을 시각화할 수 있는 경우 동맥 겸자로 직접 지혈
압박 드레싱	흡수 패드와 코반 같은 점착 붕대로 출혈 부위를 직접 압박
냉찜질	혈관을 수축시켜 출혈을 줄임

④ 쇼크 증상을 호소하는 환자에게는 수액처치와 산소를 공급해 주고, 스트레스가 없고 편안한 환경을 유지하는 것이 도움이 됨
⑤ 수액 요법을 시작한 후에 수액으로 인해 체온이 낮아질 수 있으므로, 수액가온기를 수액라인에 장착하거나 환자에게 적절한 보온 처치를 실시하는 것이 도움이 될 수 있음
⑥ 쇼크 환자는 처치 이후 몇 시간 동안 세심하고 면밀한 모니터링이 필요함

02 호흡곤란(Dyspnea)

(1) 호흡곤란

① 호흡기계의 손상이나 질병이 있으면 호흡이 어렵고 고통을 호소함. 또한 심장병, 빈혈(혈액 내 적혈구 또는 헤모글로빈 결핍)이나, 급성 위염전(GDV) 같은 호흡기계와 관련이 없는 질병들도 호흡곤란을 유발할 수 있음 → 결론적으로 호흡곤란은 원인이 무엇이든 매우 심각한 응급상황으로 간주해야 함

② 호흡이 멈춘 경우 실시하는 심폐소생술에는 심장과 호흡을 자극하는 약물을 사용하는 것이 포함되지만, 이러한 약물은 반드시 수의사만이 시행해야 함. 따라서 응급 처치의 경우 수의사가 기도·호흡·순환(ABCs)에 대한 처치 시 상호 유기적인 협조를 통해 환자를 생존시키는 데 집중해야 함

③ **호흡곤란 환자의 가장 중요한 간호 목표**
- 스트레스 최소화
- 적절한 산소 공급
- 환자의 체온이 상승하지 않도록 시원하게 유지

④ **모든 호흡곤란 환자는 매우 주의해서 다루어야 함**
- 환자에게 과도한 보정을 실시하거나 환자가 스트레스를 심하게 받을 경우 호흡을 악화시키거나 호흡 정지를 유발할 수도 있기 때문
- 고양이의 경우는 특히 더 유의해야 함
- 환자가 과한 보정이나 스트레스로 인해 심하게 버둥거리게 되면 근육에서 많은 양의 산소를 소모하게 되고, 심한 경우 신체 장기가 사용해야 하는 산소가 부족해질 수도 있기 때문

⑤ 동물병원에 도착한 환자는 스트레스를 최소화 할 수 있고 산소가 풍부한 입원장 등에 배치해 치료를 실시하기 전에 진정되도록 해야 함. 환자에게 실시될 의료적 처치(예 카테터 삽입 및 채혈)가 진행되는 동안 환자의 호흡곤란이 더 심해지면 절차를 중단하고 동물이 회복될 수 있도록 한 다음 다시 시도해야 함

⑥ 종종 호흡곤란 환자(특히, 상기도 문제로 인해 호흡곤란이 발생한 환자)는 과도한 팬팅(Panting)과 노력성 호흡(Respiratory distress)으로 인해서 체온이 상승하게 됨. 이럴 경우, 수건으로 감싼 냉동팩 등을 적용하는 등 적극적인 냉각 조치가 필요할 수 있음

⑦ 환자에게 약물을 투여하기 위해서는 정맥 카테터를 장착해야 함 → 수의사가 환자에게 정맥 카테터를 장착하거나 약물을 투약하는 동안 동물보건사는 환자가 흥분하지 않고 치료과정에 환자가 협조할 수 있도록 최선을 다하여야 함

(2) 처치

1) 산소 공급

① 호흡곤란 환자에게는 산소 공급을 실시. 환자의 노력성 호흡을 개선하기 위해 실시하게 됨

② 산소 투여 방법은 환자에게 가능한 스트레스를 최소화하는 방식으로 이루어져야 함을 기억해야 함

2) 비강 캐뉼러(Nasal cannulation) 장착

① 산소를 공급하는 매우 저렴하고 효과적인 방법은 비강 캐뉼러를 장착하는 것

② 비강 캐뉼러는 상업용 비강 캐뉼러를 구입해 사용할 수도 있으며, 수액줄 같은 부드러운 고무 튜브를 사용할 수 있음

3) 가습 산소(Humidified oxygen)

① 환자에게 2~4시간 이상의 장기간에 걸친 산소 보충이 필요한 경우 가습된 산소를 공급하는 것이 중요

② 우리가 일반적으로 호흡하는 공기에는 약간의 수증기가 포함되어 있음

③ 일반적으로 동물병원에서 공급받는 산소탱크에는 수분이 포함되지 않은 산소로 채워져 있음

④ 산소탱크의 산소를 가습하지 않게 되면 건조한 산소가 기도로 흡입되고, 폐내 기도 전반에 걸쳐 건조해져 호흡기의 손상이 유발될 수 있음

03 질식(Asphyxia)

① 질식으로 인한 호흡 장애는 상기도(코, 입, 목) 또는 하기도(기관, 기관지 및 폐)에서 발생할 수 있음

② 이는 폐로의 공기 전도가 단순한 물리적 차단 또는 폐포까지의 공기 전달 방해로 인한 산소 → 이산화탄소 가스교환을 방해하게 됨

③ 산소 공급 장애로 인한 질식의 증상
- 점막의 청색증
- 호흡곤란
- 빈맥
- 호흡곤란
- 심한 경우 심정지

④ 호흡기계와 심혈관계는 밀접하게 연결되어 있으므로 일반적으로 하나의 변화가 다른 하나에 반영되게 됨

⑤ 호흡 능력의 변화로 인해 혈액 가스 교환에 장애가 발생하게 되면 맥박과, 점막의 색상으로도 반영되게 됨

⑥ 질식의 원인
- 기도 폐쇄
- 교통사고로 인한 기도 허탈을 유발하는 가슴 또는 목 부위의 압박
- 흉부에 체액 축적을 유발하는 상태(예 심부전)

- 감전사, 척추 부상 또는 독극물로 인한 호흡 근육의 마비
- 직접적인 흉부 손상
- 익사
- 산소 흡수를 방해하는 일산화탄소와 같은 유독가스 흡입
- 중추신경계(CNS)의 질병

04 출혈(Haemorrhage)

(1) 출혈

① 출혈은 부상이나 질병 상태로 인해 신체의 손상된 혈관에서 출혈이 발생하는 것

② 갑작스런 대량의 출혈뿐만 아니라, 장기간에 걸친 소량의 출혈이 있더라도 결국 사망에 이를 수 있음

③ 출혈의 다양한 종류는 표 2를 참고함

④ 환자에게 출혈이 발생할 경우 주의할 점은 대부분 보호자가 출혈의 정도를 과대평가한다는 것임

⑤ 일반적으로 생명을 위협하는 출혈의 일반적인 징후
- 창백한 점막
- 빠르고 약한 맥박
- 정상 이하의 온도
- 느린 모세관 리필 시간(Capillary Refill Time; CRT)
- 기립 불능

⑥ 출혈의 일반적인 분류(표 2)

분류	설명
동맥성(Arterial)	밝고 붉은 혈액, 심장 박동과 동기화된 분출성 출혈
정맥성(Venous)	암적색 혈액, 출혈점이 확실하고 흐름이 일정
모세혈관성(Capillary)	밝고 붉은 혈액, 뚜렷한 출혈점 없이 천천히 흐름
원발성(Primary)	혈관 손상으로 인한 직접적인 출혈
속발성(Secondary)	감염이나 부상으로 인한 이차적 출혈
반응성(Reactionary)	출혈에 대한 반응으로 혈전이 생겼으나, 혈압 상승으로 인해 24시간 이내에 다시 시작하는 출혈
외부(External)	신체 표면에 출혈이 보이거나 신체 개구부(입, 코, 요도, 항문)에서 나오는 출혈
내부(Internal)	체강 내 출혈. 따라서 일반적 검사 중에는 보이지 않음

⑦ 출혈이 발생한 환자에 대하여는 다음에 대한 정보를 기록해야 함
• 손상된 혈관 유형(동맥, 정맥 또는 모세혈관 여부)
• 출혈이 시작된 시점(예 즉시, 지난 24~48시간 이내, 며칠 전)
• 출혈의 양상(외부 또는 내부 출혈)

내부 출혈

내부 출혈은 창백한 점막, CRT 지연, 심한 경우 혼수 상태가 나타나기도 함

(2) 처치

① 출혈에 대한 조치는 직접 압박(Direct digital pressrue), 압박 붕대(Pressure bandage) 처치, 드물게는 압박 지점에 대한 지혈대(Tourniquet) 사용이 실시됨
② 직접 압박은 장갑을 낀 손으로 직접 압박하는 것으로 상처에 이물질이 묻지 않도록 주의해야 함. 이물을 제거하지 않고 직접 압박하면 이물질을 상처 속 조직 깊숙이 밀어 넣을 수 있기 때문
③ 압박붕대는 주로 사지의 출혈에 적용되며 일시적으로 표면 순환을 수축하여 혈액 손실을 제한하는 데 사용
• 방법: 출혈 부위의 드레싱을 실시하고, 환부에 적절한 압력으로 압박 붕대나 코반을 감음
• 압박붕대 처치 시 주의할 점: 머리나 목 또는 흉부에는 호흡에 장애를 줄 수 있기 때문에 특별한 주의가 필요함. 간혹 출혈 부위의 아래 조직으로 발생하는 출혈을 막기 위해 출혈 부위의 위쪽으로 지혈대를 적용할 수도 있음
④ 지혈을 위한 압박 부위로는 동맥 부위에 실시하게 됨. 이러한 과정은 앞다리, 뒷다리 또는 꼬리에 혈액 공급을 일시적으로 제한하여 혈액 손실을 줄일 수 있음. 압박의 정도는 동맥을 통한 혈액의 흐름을 방지하기에 충분해야 하며, 압박 실시 부위는 다음과 같음
• 상완 동맥(상완골의 원위 1/3 지점)
• 대퇴동맥(대퇴골의 근위 1/3 지점)
• 미골 동맥(꼬리 밑면)

05 무의식(Unconsciousness)

① 무의식이란 의식이 없는 상태로 주변 환경이나 자극에 반응이 거의 없거나 완전히 없는 상태를 의미
- 머리 부위의 손상이나 질식, 그리고 익사 등으로 인한 중추신경계 손상은 뇌의 비활동성 무의식을 일으킬 수 있음
- 경련이나 간질성 발작, 감전 등으로는 뇌의 활동성 무의식을 초래하게 됨

② 무의식을 일으키는 원인
- 간질
- 호흡정지 또는 심정지
- 중독
- 감전사

③ 만약 동물 환자가 의식이 없다면, 환자를 편안한 자세로 눕히고, 기도·호흡·순환(ABCs)을 확인하고 필요하다면 심폐소생술을 고려해야 함

④ 신체의 이상유무를 확인하고 특히 부상의 징후가 있는지 관찰해야 함

⑤ 만약 환자가 발작을 하고 있다면 다음과 같이 조치해야 함
- 억지로 보정하거나 제지하지 말아야 함. 이는 환자나 보호자, 그리고 처치자 모두의 부상을 방지하기 위함임
- 빛과 소음을 억제하여 환자가 흥분하지 않도록 함
- 환자 주변의 가구나 기구 등을 뒤로 이동하여 환자가 다치지 않도록 함. 필요시 모포나 이불 같은 것들로 쿠션을 만들어 주는 것도 도움이 됨
- 환자가 호흡 기도가 막혀 질식 증상이 있다면 기도의 이물을 제거해야 함
- 환자를 내버려 두지 않고 지속적인 관찰을 함. 만약 환자가 이름에 반응하거나 일어서려고 하면 환자를 쓰다듬거나 안아서 안정을 취할 수 있게 함
- 만약 환자가 안정되지 않거나, 발작이 5분 이상 지속되거나, 회복 후 발작이 다시 재발한다면 수의사의 적극적인 치료가 필요할 수 있음

06 상처(Wound)

① 상처는 신체의 내부 또는 외부 어디에서나 조직의 연속성이 끊어지는 것
- 이것은 일반적으로 응급 처치 상황에서 피부 또는 점막의 손상을 의미하며, 신체의 다른 조직이나 기관의 손싱을 의미하기도 함

• 상처는 피부를 포함한 피부하직의 손상이 있을 경우 개방성, 피부 전체를 관통하지 않았을 경우는 폐쇄성으로 분류함

② 상처가 있는 동물에 대한 대처

• 모든 출혈에 대한 지혈 조치
• 상처에 이물질이 있다면, 가급적 0.9% 염화나트륨(식염수)을 사용하여 상처를 세척
• 멸균 드레싱 처치
• 필요시 붕대 처치

③ 응급 환자 중에서 흉부 혹은 복부의 관통이나 파열이 발생한 환자들은 거의 대부분 교통사고로 인한 경우가 많음

• 이러한 경우 환자는 움직이지 못하거나 심한 고통을 호소하기도 함. 심한 경우 환부를 통하여 장기가 관찰되는 경우도 있음
• 상황에 대한 대처
  – 환자를 조용하고 침착하게 유지
  – 멸균거즈 등으로 상처를 덮음
  – 체온이 떨어지지 않게 따뜻하게 유지
  – 조직이나 장기가 노출되었다면, 0.9% 염화나트륨(식염수)을 이용해 건조해지지 않도록 함
  – 환자는 환부를 입으로 정리하려고 하다가 자해할 가능성이 존재함. 따라서 장기를 자해하지 않도록 조치해야 함
  – 긴급하게 수의사의 처치를 받을 수 있도록 함

07 화상(Burns)

① 화상은 국소적인 극도의 건조열이 조직의 파괴를 일으키며 발생하는 현상

• 화상의 정도는 조직의 깊이와 영향을 받는 표면적의 비율로 그 정도를 구분함
• 화상은 그 부상의 깊이에 따라, 표재성 화상은 피부 표면에만 발생한 화상을 의미하고, 심부성 화성은 피부와 피하조직 이상의 손상을 의미하며, 피하지방이나 지방, 근육 심지어 뼈까지 손상받는 경우도 발생할 수 있음

② 화상으로 인한 부상은 환부의 전체 범위가 사고 직후 곧바로 나타나지 않고 며칠이 지난 후에야 나타나는 경우가 많음

③ 화상의 증상

• 피부 및 피모의 손상 또는 변화
• 피부의 부종과 발적
• 발열 및 국소 감염

- 통증 호소
- 심한 경우 쇼크

TIP

심한 화상은 광범위한 통증과 심각한 탈수 및 쇼크를 유발할 수 있음

④ 수의사의 처치 전 화상 환자에 필요한 대처

- 화상 직후에 해당 부위를 식히기 위해 최소 10분 동안 찬물로 씻어냄. 이러한 조치는 환부의 부종과 혈장 손실을 줄이고 통증을 줄여줄 수 있음
- 찬물로 환부를 씻으면서 환자 전체가 젖지 않도록 주의. 이는 환자의 저체온증을 피하기 위한 조치
- 오염을 방지하기 위해 화상용 멸균 드레싱 등으로 환부를 보호
- 환자가 환부를 불편해하면서 자해하지 않도록 주의
- 심한 화상일 경우, 쇼크에 대비한 수액처치 물품을 준비

08 고열 또는 열사병(Hyperthermia or heatstroke)

① 열사병은 높은 환경 온도로 인한 과도한 체온 상승으로 인해 발생

② 개와 고양이는 피부에 땀샘이 없고 피모가 촘촘해서 피부를 통해 체온을 조절하지 못함

- 개와 고양이들은 과도한 체열을 조절하기 위해 코를 통해 찬 공기를 흡입하고 입을 통해 몸에서 뜨거운 공기를 내보내게 됨
- 이 교환이 빨리 일어날수록 몸이 더 빨리 차가워지기 때문에 운동 등으로 체온이 오르게 되면 이를 조절하기 위해서 과하게 헐떡거리게 됨

③ 열사병은 고양이에서는 거의 나타나지 않으며, 개에서는 일반적으로 동물이 그늘에 접근할 수 없는 더운 날 또는 환기가 불충분한 차량에 갇혀서 발생하는 경우가 대부분

④ 열사병은 모든 개에게 영향을 줄 수 있지만, 과도한 열에 노출되면 가장 위험에 처하는 개는 다음과 같음

- 촘촘한 피모를 가진 동물
- 과체중 동물
- 코가 짧은 품종
- 심장질환이 있는 동물
- 노령 동물
- 호흡에 영향을 미치는 질병이 있는 동물

⑤ 동물의 체온보다 주위 환경의 온도가 너무 뜨거우면 궁극적으로는 해당 동물의 정상 범위 내 체온을 유지하는 것이 불가능해짐
- 주변 온도가 상승하면 헐떡임이 효과가 없어지고 체온이 급격히 상승하게 됨
- 이럴 경우, 환자의 체온을 즉시 낮추지 않으면 환자가 사망할 수 있음

⑥ 열사병의 증상
- 과도한 팬팅과 타액 분비
- 잇몸의 선홍색 점막
- 구토
- 흥분·불안
- 방향감각 상실
- 쓰러져서 일어나지 않음
- 고체온(41~43℃)

⑦ 열사병의 환자에 대한 대체로 가장 중요한 것은 다음과 같이 체온을 급속히 낮추는 것
- 무더운 주위 환경이 문제라면 환자를 즉시 그 장소에서 이동시켜야 함
- 목 부분에 냉동 얼음팩을 이용하여 환자의 체온을 내려줄 것. 냉각을 시키거나 찬물에 적신 수건 혹은 담요를 사용할 수도 있음
- 필요시 선풍기나 에어컨을 사용할 수 있음
- 환자가 편안해 하는 자세를 유지시키며 관찰
- 환자가 의식이 있고 음수가 가능하다면 신선한 물을 공급
- 쇼크가 발생할 수 있으므로 수액 치료를 위한 장비를 준비
- 환자에게 호스를 이용해 직접 물을 뿌리거나 얼음을 피부에 직접 갖다 대는 등의 극단적인 조치는 피해야 함

09 저체온증(Hypothermia)

① 저체온증이란 정상 범위 내의 체온으로 조절되지 않고 체온이 더욱 낮아지는 것을 의미
- 이것은 보통 질병에 걸리거나, 춥거나 습한 환경에 처한 어린 동물이나 작은 동물에서 가장 흔히 발생함
- 증상: 환자가 졸려하고 무기력해지고, 움직임이 적어지다가 무의식에 빠지게 되고 결국 호흡 마비나 심장 마비로 사망하게 됨

② 저체온증에 대한 대처
- 동물이 젖었을 경우 수건으로 세게 문질러 말릴 것
- 열을 보존하기 위해 담요 등으로 환자를 덮어두거나 둘러쌀 것

- 주변 온도를 높일 경우에는 공기를 데우는 것이 가장 효과적
- 체온을 지속적으로 모니터링할 것

10 골격 손상(Skeletal Injuries)

(1) 골격

① 골격 시스템(Skeletal system)은 신체를 지지하는 구조물을 지칭함
- 신체의 모양을 만들고, 움직임을 할 수 있도록 하는 시스템으로서 근골격계(musculoskeletal system)라고도 함
- 이 조직은 뼈와 연골, 힘줄 및 인대를 포함한 결합 조직으로 구성됨

② **골격의 손상 시 주로 발생하는 현상들**: 골절, 탈구, 염좌와 긴장 등

③ **골격 시스템의 손상 시 나타나는 증상들**
- 통증·파행
- 사지의 단축 또는 연장
- 사지의 기형
- 뼈나 관절의 비정상적인 위치
- 염발음(Crepitus: 촉지 시 딱딱거리는 느낌)

④ **골절 및 탈구의 경우 필요한 대처**
- 출혈이 있다면 지혈 조치
- 환부의 상처를 깨끗이 닦고 멸균적 처치 실시
- 오염 방지를 위한 멸균 드레싱
- 수의사가 도착할 때까지 모니터링 및 관찰
- 필요시 지지 붕대(예 Robert Jones)를 적용

(2) 골절(Fracture)

골절은 뼈가 부러지는 것으로 원인은 다음과 같음

구분	내용
직접적인 외상	교통사고 등 직접적인 외상의 압력이 작용한 곳의 뼈가 부러짐
간접적인 외상	외상이 가해진 부위에서 약간 떨어진 곳에서 발생 예 동물이 딱딱한 표면에 착지한 후 사지의 위쪽 뼈에 골절이 발생
피로 골절	특히 그레이하운드와 휘핏에서 레이스 중 근육 수축 후 나타남
병리학적 또는 자연적 골절	• 기존의 뼈 질환이나 뼈의 구조상 취약한 부위에서 발생하는 골절 • 이러한 골절은 종종 정상적인 사지 움직임 중에도 발생할 수 있음

(3) 탈구(Dislocation)

탈구는 관절을 형성하는 하나 이상의 관절에서 나타난 변위를 의미함. 탈구의 원인은 다음과 같음

직접적인 외상	예 교통사고 등
간접적인 외상	예 낙상 등
병리학적 변위	예 고관절 이형성증, 접촉해야 하는 관절과 뼈가 너무 변형되어 접촉을 유지할 수 없음
선천적 변위	예 슬개골 탈구, 즉 슬개골이 대퇴골의 홈에서 탈구되며, 종종 경골 관절의 정렬 불량으로 인해 탈구됨

(4) 염좌(Sprains) 및 긴장(strains)

① 염좌는 항상 관절과 관련이 있으며 부상 중에 늘어나거나 찢어진 인대 및 기타 조직의 손상이 발생함. 이러한 조직 중 일부의 회복 및 복구는 해당 부위의 지속적인 사용과 일부 조직(예 인대)이 자연적으로 치유되는 속도가 매우 느림

② 염좌는 앞발목(Carpus) 부위와 뒷발목(Tarsus) 부위에서 가장 흔하게 발생

③ 긴장은 종종 관절에 가까운 근육의 찢어짐 및 스트레칭 손상을 포함. 긴장은 신체의 어느 곳에서나 발생할 수 있음

④ 염좌와 긴장 모두 국소 통증, 부종 또는 파행이 발생할 수 있음. 이에 대한 대처는 다음과 같음

- 초기 치료는 부기와 통증을 줄이기 위해 해당 부위에 냉찜질을 실시
- 통증이나 부종이 발생한 사지의 사용을 방지
- 사육장에는 침구류를 넉넉히 두어 환자가 편안하게 처치함

11 중독(Poisonings)

(1) 중독

① 동물은 잠재적으로 독성이 있는 수많은 물질에 중독될 수 있음

- 중독을 일으키는 것들로는 독성 식물, 동물 근처에 보관된 독성 화학물질 등이 있음
- 화학 물질의 예: 살충제, 페인트, 세척제 또는 약물 등

② 중독은 대부분 다음과 같은 비특이적 증상을 호소함

- 흥분 또는 우울
- 쇠약 또는 운동실조

- 유연증
- 구토 또는 설사
- 복통 또는 경련

③ 환자가 중독으로 의심될 경우에는 보호자에게 다음 사항을 확인해야 함
- 실내 혹은 실외의 산책 경로에 일상적인 변화가 있었는지 여부
- 약물 투여 여부
- 해당 동물에 대한 연령, 성별, 품종 및 종 등에 대한 자세한 정보
- 임상적 징후 및 소유자가 취한 조치
- 구토물이나 소변 내지는 대변 등을 가지고 왔는지

④ 중독 증상을 나타내는 동물 환자에 대하여 중독의 원인을 파악하는 것은 매우 중요한 절차. 만약 보호자가 환자의 구토물이나 소변 내지는 대변을 가져오게 되면 의외로 그 원인을 쉽게 파악하는 경우도 있으며, 필요시 분석을 실시할 수 있고, 중독의 원인이 빠르게 파악된 만큼 치료의 시기도 더욱 빨라질 수도 있음

⑤ 중독 증상의 환자들에게는 때때로 수액 처치와 위세척을 실시할 수 있으므로 그에 필요한 준비를 실시해 둘 것

(2) 벌레에 쏘임

① 대부분의 경우 벌레에 쏘인 것은 고통스럽지만 무해함

② 곤충에 쏘인 후 알레르기 반응을 일으킬 수 있고, 특히 얼굴 근처에 쏘이면 심각한 알레르기 반응이 나타날 수도 있음

③ 곤충의 종류가 무엇인지 확실하지 않은 경우 냉찜질을 하여 해당 부위의 통증과 부종을 줄여야 함

(3) 뱀에 물림

① 뱀에게 물리는 일은 거의 발생하지 않지만, 물렸을 경우 다음과 같은 증상이 나타날 수 있음
- 덜덜 떨거나, 침을 흘리며 구토할 수 있음
- 동공이 확장될 수 있음
- 허탈
- 물린 부위의 통증 및 부종
- 다리에 물렸다면 물린 다리의 파행

② 뱀에 물려 부종이 나타나면 환부에 얼음찜질을 하여 표면 혈관을 수축시키면 독이 퍼지는 속도를 늦출 수 있음

③ 만약 환자가 쇼크 증상이 있다면 수액처치를 준비하고 수의사의 처치를 받게 해야 함

12 눈의 부상(Eye injuries)

① 눈의 부상이 있을 경우에는 양쪽 눈을 동시에 비교해 검사하고 차이점이 있으면 기록해야 함
② 눈 부상의 원인은 직접적 혹은 간접적인 외상이나 이물질 또는 화학물질에 노출 등이 있음
③ 동물 환자가 눈의 부상으로 내원하였을 경우 보호자로부터 외상의 종류, 발생시기, 화학물질에 노출된 적이 있었는지, 기존에 다른 눈 질환은 없었는지에 대한 정보를 파악해야 함
④ 눈 부상의 증상
- 명백한 시력 상실
- 안검 등의 부종
- 눈 주위 출혈

⑤ 눈에 부상이 있는 동물을 살펴보기 위해서는 환자가 흥분하거나 놀래지 않도록 천천히 접근해야 함. 대부분의 눈 부상 환자들은 환부가 고통스럽고, 시력 장애가 있는 경우 겁을 먹기 때문
⑥ 눈의 부상 환자에 대한 대처로는 다음과 같은 처치들이 필요함
- 멸균수나 생리식염수로 눈을 촉촉하게 유지
- 자해 방지(엘리자베스 칼라를 적용)
- 환자를 따뜻하고 조용하게 유지시키면서 모니터링

13 난산(Dystocia)

(1) 난산

① 난산이란 태아의 출산이 곤란한 상황을 뜻하며, 도움 없이는 산도를 통해 태아를 배출할 수 없는 것으로 정의됨
② 난산은 소형견에서도 발생하는 응급상황이며, 혈통 고양이와 머리를 크기가 큰 품종에서 난산의 빈도가 증가함
③ 난산의 원인은 모체뿐만 아니라 태아에게 있을 수도 있음(표 3)
④ 모체 쪽의 가장 흔한 원인으로는 Uterus inertia(자궁무력증)이며, 태아 쪽의 가장 흔한 원인으로는 Malpresentation(이상 태위)가 가장 흔한 경우

⑤ 난산의 원인(표 3)

Maternal causes	Fetal Causeds
• Primary complete inertia(일차성 완전 무력증) • Primary partial inertia(일차성 부분 무력증) • Brith canal too narrow(좁은 산도) • Uterine torsion(자궁 염전) • Uterine prolapse(자궁 탈출증) • Uterine strangulation(자궁 감돈증) • Hydrallantois(요막수종) • Vaginal septum formation(질중격형성증)	• Malpresentation(이상 태위) • Malformation(기형) • Fetal oversize(거대태아) • Fetal death(태아 사망)

(2) 자궁무력증(Uterus inertia)

① 자궁무력증은 난산의 가장 흔한 원인이며, Primary(일차성)와 Secondary(이차성)로 구분

② 일차성 자궁무력증이란 자궁이 분만의 요구 정도에 반응하지 못하고 자궁근의 수축이 발생하지 않는 경우를 의미

③ 일차성 완전 자궁무력증은 분만이 시작되지 않은 상태이고, 일차성 부분 자궁무력증은 분만이 시작되었지만 분만 과정을 완료할 수 없을 때 발생하며, 그 이유는 다음과 같음

- 불충분한 자극
- 거대 태아에 의한 자궁 근육의 과도한 스트레칭
- 유전적 소인
- 고령 및 과체중
- 과도한 불안

④ 이차성 자궁무력증은 자궁 근육의 고갈로 인해 발생하며, 일반적으로 산도의 폐쇄로 인해 발생

⑤ 이차성 자궁무력증은 일반적으로는 태아 쪽의 문제로는 이상태위, 거대태아, 기형, 태아 사망으로 인해 나타나는 현상이며, 모체 쪽의 문제로는 좁은 골반, 생식기관 내부의 연조직 이상(폴립, 섬유종 등), 자궁 염전 혹은 파열, 자궁의 선천적 기형의 경우에 그러함

⑥ 만약 태아가 산도에 걸쳐있어 태아를 빼내기 위해 시도할 경우에 무리하게 태아의 팔다리를 잡아당기면 안 됨

⑦ 만약 태아를 빠르고 안전하게 분만시키지 못할 경우에는 수의사는 자궁근막을 수축시키는 호르몬 약물(옥시토신)을 처방할 수 있지만, 옥시토신 투여에 반응하지 않는 난산이라면 제왕 절개 수술을 수행해야 할 수 있음

(3) 제왕 절개(Caesarean operation)

① 난산, 외상 또는 감염의 징후가 있는 경우 제왕 절개가 필요할 수 있음

② 선택적 제왕 절개 수술은 다음의 경우에 고려할 수 있음

- 의학적 치료에 반응하지 않는 완전·부분 자궁무력증
- 내과적 치료에 반응하지 않는 이차성 자궁무력증
- 태아 기형, 거대태아 및 태아 사망
- 태아 체액의 과잉·결핍
- 산모의 산도이상이나 난산
- 모체의 질병이나 외상

CHAPTER

03 응급실 준비

01 Introduction

"Always Be Ready!"

① 응급실은 항상 준비되어 있어야 함

② 준비되지 않은 응급실은 살릴 수 있는 환자를 죽음에 이르게 할 수 있음

- 이를 위하여 동물보건사를 포함한 동물병원의 모든 스태프는 응급 동물환자에 대한 Triage와 함께 응급 동물환자에 대한 수의사의 즉각적인 치료와 동물보건사의 간호를 받을 수 있어야 함
- 동물병원 특히 응급실의 모든 구성원은 필요한 모든 응급 장비 및 약품의 준비 구역과 위치를 잘 알고 있어야 함

02 중환자실 구성

① 집중 치료실의 개념은 응급 동물환자에게 필요한 공간과 시설 모두 포함해 고려되어야 함

② 동물병원 내 중환자실 혹은 집중치료실의 위치는 주의 깊게 선정되어야 함

- 이상적으로는 영상진단 영역과 수술실에 쉽게 접근할 수 있는 위치에 있어야 함
- 필수 스태프의 출입 외에는 제한이 가능해야 함
- 해당 지역은 조명이 밝고 환기가 잘 되며 넓고 깔끔해야 함

③ 품목과 장비는 질서 정연하고 체계적인 방식으로 구성되어야 하며 응급처치 구역에 필요한 장비나 물품들은 다음과 같음

- 환자 감시 모니터(ECG, ETCO2, BP, SpO2 등을 모니터)
- 정맥 카테터 및 카테터 장착에 필요한 물품들(클리퍼, 멸균 스크럽, 테이프, 사이즈별 카테터 등)
- Crash cart
- 가습 장치가 부착된 산소 조절 공급장치 및 산소통과 기타 부속장비
- 석션기

- 혈액 채취 비품(주사기, 혈액 채취 튜브 등)
- 수액 및 수액세트, 인퓨전 펌프, 실린지 펌프, 앰부백(Ambu bag) 등
- 주사용 마취제 및 비품
- 각종 천자 비품 및 용품(주사기, 주사바늘, 카테터, 수액세트, three-way stopcock, 채취 용기 등)
- 포대 비품
- 환자의 이송 및 구속도구(입마개, 모포나 담요, 진료대 등)
- 환자의 보온 및 냉각 도구 및 비품(수전, 온수패드, 온풍기, 수액 가온기, 선풍기 등)
- 환자 정보 기록용 의료차트

TIP 가습 장치가 부착된 산소 조절 공급장치

- 순수한 산소는 수분이 없어 환자에게 직접 제공 시 호흡기를 건조하게 만듦
- 물병이 달린 산소 조절 공급장치를 이용하면 환자에게 수분 포화도를 높인 산소를 공급할 수 있음

TIP 환자의 이송 및 구속도구

응급 환자들은 쉽게 흥분할 수 있어 처치중인 스탭들이 다칠 수 있다는 점을 고려해야 함

④ 응급실에서 처치 중인 동물 환자들은 생존을 위한 환자 평가를 실시간으로 시행해야 함. 이를 위한 검사 최소한의 장비와 비품들은 다음과 같음

- 혈구측정기
- 생화학 분석기
- 전해질 분석기
- 응고계 검사기
- 뇨 스틱 및 굴절계
- 현미경
- 마취기 및 비품
- 산소 공급기 및 비품
- 다항목 환축 감시 모니터기 또는 각각의 생체정보 감시기(심전도기, 산소포화도기, 혈압기, 호기말 이산화탄소 분압측정기 등)
- 원심분리기
- 영상진단 장치(방사선 및 초음파 진단기)

⑤ 비품 등이 잘 비축되어 있고 항상 사용할 수 있는 이동식 'Crash cart' 또는 트롤리가 있어야 함

- Crash cart의 점검은 매 사용 후 혹은 사용하지 않더라도 매주 한 번 이상 점검해야 하며, 점검은 동물보건사를 포함한 숙련된 스태프가 책임져야 함
- 특히 CPR을 수행하거나 기타 응급 치료를 시행하는 데 필요한 재료가 들어 있어야 함. Crash cart에 준비해 두는 것이 권장되는 비품이나 물품 등은 다음과 같음
  - 기관 삽관 튜브(사이즈별로)
  - 후두경(blade는 사이즈별로)
  - 종류별 주사기 및 주사바늘
  - 심폐소생 약물(Epinephrine, Atropine, Lidocaine, Amiodarone, Vasopressin 등)
  - 앰부백, 마취용 마스크
  - 각종 포대 및 포대용 비품
  - 석션 유닛
  - 멸균장갑
  - 일반수술도구 세트에 준하는 처치도구 세트
  - 혈액검사용 튜브 등 혈액검사용 비품
  - 기관절개술 도구 및 비품
  - 심장 제세동기

⑥ 지정된 응급 구역이나 Crash cart에는 응급 약물들과 다양한 체중의 환자에 대한 응급 약물 복용량 차트를 비치하는 것이 유용함

- 심폐 정지 동안, 장기간 또는 복잡한 계산 없이 정확한 약물 용량을 작성하고 신속하게 투여할 수 있는 것은 실제 응급 현장에서 필수적이기 때문
- 구비가 권장되는 약물들

구분	약물
순환호흡기계 약물	• Epinephrine: 심정지 시 사용. 부정맥 등 부작용 심함 • Atropine: 부교감신경차단제로 서맥 등에 사용 • Pimobendan(inj): 강심제로서 심장 박출량 증가 및 좌심방압 강하 목적으로 사용 • Diltiazem: 칼슘채널차단제로 혈압을 강하시킬 목적으로 사용 • Dobutamine, Dopamine: 강심제로 혈압을 상승시킬 목적으로 사용 • Furosemide: 이뇨제. 심인성 울혈 및 이뇨에 사용 • Glyceryl trinitrate: 나이트레이트 패치. 정맥 확장용 • Lidocaine: 마취제. 국소마치 혹은 심실성빈맥 시 사용 • Propranolol: 베타차단제 • Sotalol: 베타길항제

위장관계 약물	• Maropitant: 뉴로키닌 1 리셉터 길항제. 항구토 및 식욕항진 목적 • Metoclopramide: 위장관 운동 항진 • Omeprazole: 벤지미다졸 계열의 프로톤펌프 저해제. 위산분비 억제작용으로 위궤양에 사용 • Ondansetron: 오심, 구토에 사용하는 약물
광범위 항생제	Amikacin, Amoxicillin/Clavulanate, Ampicillin, 세파계 항생제, Metronidazole, 설파계 약물 등
항발작 약물	Diazepam, Phenobarbital 등
진통제	Buprenorphine, Carprofen, Fentanyl, Meloxicam, Methadone, Medetomidine 등
해독제	Acetylcysteine, Chlorphenylamine, Naloxone, Neostigmine 등
마취진정제	Acepromazine, Butophanol, Ketamine, Midazolam, Propofol 등
스테로이드	Dexamethasone, Hydrocortisone 등
전해질 제제 및 호르몬 제제	50% 포도당, 10% Calcium gluconate, 인슐린, KCl, 중탄산나트륨 등

⑦ 응급 스태프는 심폐 정지(CPA)와 같은 비상상황에 대해 정기적으로 훈련되도록 조직해야 하며, 모든 사람이 자신의 역할에 대해 정확히 주지하여 응급상황에 정확하고 적절히 대처할 수 있도록 노력을 기울여야 함

- 응급 동물환자들은 의식이 없을 수도 있지만, 극도로 흥분되어 있을 경우도 많음
- 흥분한 응급 동물환자는 처치 중인 스태프들에게 의도치 않게 상해를 입힐 수 있음
- 응급 동물환자를 처치 중인 모든 스태프는 개인의 안전을 도모해야 하며, 필요시에는 환자를 제지하거나 입마개를 장착해야 하는 경우도 발생함
- 입마개는 의료용 종이테이프나 붕대 등을 사용하지만, 탄력성이 있고 환자에게 상처나 위해를 입힐 만한 재질이 아니면 즉석에서 동원해 만들 수도 있음
- 기타 유용한 보호 장비에는 다음이 포함됨
  - 두꺼운 가죽 장갑
  - 일회용 장갑(인수감염증이 의심되는 경우)
  - 일회용 앞치미
  - 페이스 바이저

⑧ 응급 의학에서 응급실은 생명을 위협하는 문제를 제거하거나 먼저 치료하는 것

- 치료는 적시에, 적절한 양으로, 올바른 순서로 시행되어야 함
- 따라서 집중 처치실과 Crash cart를 준비하고 유지하는 것은 환자를 성공적으로 관리하는 데 매우 중요함
- 처치 이후 환자가 안정되면 질병의 진행이나 해결 또는 기저 질병에 대한 치료의 가능한 합병증에 대해 면밀히 모니터링 해야 함
- 응급환자의 각 상황별로 루틴하게 체크해야 하는 항목들과 점검 빈도는 표 1 참고

⑨ 응급환자의 각 상황별로 루틴하게 체크해야 하는 항목과 점검 빈도(표 1)

점검사항	점검항목	점검 빈도
순환기계	맥박, 점막색깔, CRT, 혈압	1~6시간마다
호흡기계	호흡수, 노력성 호흡 정도, 산소 포화도	1~6시간마다
비뇨기계	뇨량(mg/kg/hr), 뇨비중	2~4시간마다
환자 상태	환자의 행동이나 인지상태	2~6시간마다
환자 체온	직장 체온	2~12시간마다
상처, 드레싱	환부의 부종이나 오염 정도, 분비물의 성상	4~12시간마다
정맥 카테터	카테터 막힘 확인	4시간마다
동맥 카테터	카테터 막힘 확인	1시간마다
계속 누워있는 환자	다른 자세로 돌아눕거나 이동했는지	적어도 4시간마다

CHAPTER 04 응급처치의 기본원리

01 응급처치의 기본 원칙

(1) 응급처치의 개념

① 응급처치란 질병이나 외상으로 생명이 위급한 상황에 처해 있는 대상자에게 행해지는 즉각적이고 임시적인 처치를 의미함

② 예기치 못한 응급상황이 발생했을 때 처치자의 신속 정확한 행동 여부에 따라 동물의 삶과 죽음이 좌우되거나 회복기간을 단축시킬 수 있음

③ 동물을 돌보는 수의사나 동물보건사는 응급상황에 대처할 수 있는 능력을 가질 수 있도록 응급처치에 대한 정확한 지식과 기술을 획득하기 위해 지속적인 교육과 훈련이 필요함

(2) 응급처치의 목적

① 동물의 생명을 구함

② 통증과 불편감 및 고통을 경감함

③ 동물의 합병증 발생을 예방하고 부가적인 상해를 입지 않도록 함

④ 동물을 한 생명으로서 의미 있는 삶을 영위할 수 있도록 함

02 응급상황에 대비한 사전준비

(1) 응급상황에 대비한 사전준비

동물에게 응급상황이 발생했을 때 신속하고 침착하게 대처하기 위해 동물사육시설이나 동물병원 등의 시설에서는 평소에 다음과 같은 사전 준비가 필요함

① 사고상황에 대비한 역할 분담을 함
- 사고 당한 동물을 보살피고 응급처치하는 역할
- 보호자와 응급실 혹은 구조대에게 연락하는 역할
- 필요시 대피를 주도하는 역할 등

② 응급상황이나 안전사고 발생 시 도움을 요청할 곳의 연락처를 쉽게 찾을 수 있도록 준비해 둠
③ 응급상황이나 안전사고 발생 시 응급처치법을 알아 두고, 상황에 따라 참고할 수 있는 응급처치 매뉴얼을 비치함
④ 응급상황이나 안전사고 발생 시 사용할 수 있는 상비의약품과 기구를 항상 준비하고 관리함
⑤ 처치에 필요한 환축의 기본정보를 미리 수집하여 기록·보관하고 응급상황에 대처하기 위해 필요한 보호자의 동의를 미리 받아 두는 것이 좋음
⑥ 장기간 치료를 받는 동물은 응급상황에서 추가적 보호가 요구되므로 보호자, 수의사, 동물보건사는 사전에 이를 숙지함

(2) 응급처치의 기본원칙

① 침착하고 신속하게 사고 상황을 파악함
② 동물의 의식상태, 맥박, 호흡 유무를 파악함
③ 출혈 정도를 관찰함
④ 몸의 다른 부위에 상처가 없는지 조사함
⑤ 응급처치와 동시에 구조를 요청함
⑥ 보호자에게 연락함
⑦ 사고 보고서를 작성함

(3) 도움을 요청해야 하는 응급상황

① 의식이 없거나 혼미한 상황
② 경련이나 마비 증세, 머리나 척추 손상으로 구토 증세가 나타나거나 의식이 희미해지는 상황
③ 심 정지, 호흡곤란, 심장질환으로 인한 급성 흉통 등
④ 극심한 통증을 호소하는 상황
⑤ 독성물질을 삼킨 경우
⑥ 갑자기 눈이 보이지 않는 경우
⑦ 급성 복통
⑧ 부위가 큰 화상
⑨ 개방성 골절 및 다발성 외상
⑩ 지혈이 안 되는 출혈 등

03 반려동물 심폐소생술 응급처치

(1) 기본 심폐소생술(cardiopulmonary resuscitation)

심폐소생술은 예기치 못한 사고나 심정지로 심장과 폐의 활동이 멈추었을 때 처치자의 신체를 이용하여 뇌 기능을 보존하고 호흡과 혈액순환을 재개하기 위해 수행하는 응급처치

(2) 동물의 심폐소생술 절차

① 사고현장의 안전점검

② 의식 유무 확인과 구조 요청

③ 동물을 똑바로 눕히고 흉부 압박지점 확인: 동물 품종별 압박지점 확인

④ 빠르게 흉부 압박을 30회 실시: 횟수는 분당 100~120회 이상의 속도로 실시함

⑤ 기도 유지 및 호흡 여부 확인
- 동물의 코와 입 속에 이물질이 있나 확인하고 눈에 보이는 것은 제거해 줌
- 머리와 기도 부분 일직선으로 위치
- 처치자는 10초 이내에 동물의 호흡 여부를 확인하기 위해 가슴의 움직임을 관찰하고, 귀로 호흡음을 들으며, 뺨으로 공기의 흐름을 감지함

⑥ 인공호흡 2회 실시
- 동물이 호흡을 하지 않으면 처치자의 입으로 동물의 입을 덮고 코로 1~1.5초간 숨을 천천히 불어넣으면서 동물의 가슴이 위로 올라오는지 확인함
- 처치자의 입을 동물의 얼굴에서 잠시 떼어 들어간 공기가 밖으로 배출되도록 한 후 다시 한 번 공기를 불어넣음

⑦ 회복체위 유지와 보온, 주의 깊은 관찰
- 동물이 다시 호흡을 하면 회복 체위를 취해주고, 체온 유지를 위해 담요를 덮어 줌
- 동물의 호흡 상태를 주의 깊게 관찰

04 기관튜브 삽관의 기본 원리 이해

(1) 기관 내 삽관

기관 내 삽관(endotracheal intubation)은 호흡의 보조가 필요한 환자들에서 흔히 시행되는 시술이나, 장기간 지속될 경우 튜브에 의한 손상으로 기관(trachea)에 협착(stenosis)이 유발되어 호흡곤란 등의 증상으로 환자의 삶의 질을 저하시키며 심한 경우 환자의 생명을 위협할 수 있음

(2) 기관 삽관 필요 물품

① 적절한 크기의 헤드가 있는 후두경
② 기관 내(ET) 튜브의 적절한 크기
③ 빈 주사기
④ ET 튜브를 "묶는" 붕대 길이
⑤ 환기(Ambu) 가방
⑥ 조수

(3) 기관 삽관 절차

① 적당한 크기의 기관내 튜브 선택
② 적절한 크기의 후두경 선택
③ 보조자가 기관 삽관을 할 수 있도록 보정
④ 후두경을 이용하여 기관 진입부 확인 후 기관 내 튜브를 기관으로 삽입
⑤ 고정끈 등을 이용하여 고정 및 기관 튜브의 풍선을 빈 주사기를 이용하여 공기 주입
⑥ 편안한 자세로 동물을 위치시킨 후 기관 내 튜브로 공기 흐름이 잘 되고 있는지 확인

(4) 기관 삽관 제거 방법

① ET 튜브의 커프를 풂(빈 주사기를 이용)
② ET에서 환기(Ambu) 백을 분리
③ 환자에서 ET 튜브를 조심스럽게 제거
④ 다음 사람을 위해 준비된 모든 장비 배치

05 기관절개를 통한 기관튜브 삽관의 이해

(1) 적응증

① 공기가 드나드는 길인 기관 중에서도 상부 기관이 막혀 호흡부전의 상황이 예상될 때 실시하여 상부 기관이 막힌 경우에도 호흡에 문제가 없도록 하기 위해 실시
② 목의 피부와 기도를 연결하는 부분에 일시적 혹은 영구적으로 절개를 가한 뒤 절개관을 삽입하여 숨을 쉴 수 있도록 통로를 만듦

(2) 경과합병증

① 절개한 기도 부위의 감염을 예방하고 절개관의 고정에 의한 피부 손상을 막기 위해 수술 부위를 매일 소독해야 함
② 두경부 수술, 기도 부종 등으로 위해 일시적으로 기관절개술을 시행하는 경우 수술 목적이 완화되면 기관을 제거하며, 특별한 조치없이 기관절개 부위가 막히게 됨
③ 수술 후 기관절개관이 막히는 경우, 출혈, 기관 협착, 감염, 피부밑 공기증, 기관절개관 탈관 등이 발생할 수 있으며, 합병증이 발생한 경우 추가적인 수술이 필요할 수 있음
④ 기관절개는 대상자의 상황에 따라 일시적이거나 영구적일 수 있으므로 기관 절개의 필요성에 대한 충분한 고려가 필요함
⑤ 수술로 인한 합병증 외에도 기관절개관을 삽관하여 발생하는 합병증 또한 발생할 수 있음
⑥ 절개관이 기관 내부에 위치하여 기관의 점막이 미란될 수 있고, 고정을 위한 풍선으로 인해 점막이 허혈되거나 괴사될 수 있으며, 절개관 제거 후 후두부종이 발생할 수 있음

(3) 기관절개 간호관리법

1) 준비물품

① 기관절개 드레싱 세트(Kelly, 종지 3개: 소독솜, 과산화수소 +생리식염수, 생리식염수)
② 기관절개용 흡인 튜브 또는 5~6 Fr nelaton 카테터, 기관절개관 모형, 멸균 생리식염수, 과산화수소소수, 멸균장갑, 곡반, 방수포, 멸균거즈, Y형 거즈, 소독솜, 겸자, tray, 흡인기, 산소주입기, 멸균의료용 면봉, 간호기록지, 손소독제, ambu-bag

2) 관리순서

① 내과적 손 씻기
② **내관소독 용액 준비(과산화수소:생리식염수=1:2)**: 소독에 필요한 각종 멸균 솜 및 거즈를 무균적으로 트레이에 옮겨 담은 후 멸균포로 잘 포장한 후 기타 물품들을 준비함
③ 손소독제로 손 소독
④ 대상 환자에 멸균 방수포를 덮고 흡인 준비를 함
- 드레싱 시트를 무균적으로 열고 멸균장갑을 착용
- 분비물 제거를 위해 기관 내 흡인을 실시
- 내관 주위의 분비물의 양, 색깔, 냄새 등을 확인

⑤ 환자에 장착되어 있는 내관을 꺼내서 소독 용액에 담금(과산화수소:생리식염수=1:2)
⑥ 오염된 장갑을 벗고 새로운 멸균장갑을 착용

⑦ 내관 소독

- 멸균된 세척솔이나 긴 면봉을 이용하여 소독용액으로 내관을 닦은 후 생리식염수를 이용하여 헹굼
- 마른 거즈로 내관의 물기를 닦음
- 내관을 끼우기 전 외관을 흡인
- Y형 거즈를 제거 후 다시 멸균장갑을 교체하여 착용
- 소독된 내관을 삽입 후 내관이 빠지지 않게 잠금 장치를 잘 장착
- 기관절개관 주위의 피부를 소독(절개 부위에서 바깥쪽으로 닦아내며 한 번 닦은 소독솜은 반드시 버림)
- 멸균된 마른 거즈로 기관절개 부위를 건조시킴(기관공기 흐름을 막지 않도록 조심함)
- Y형 거즈를 외측 내관 쪽 아래에 배치 후 새로운 끈으로 내관을 잘 고정

⑧ 사용한 물품을 정리

⑨ 손을 씻고 간호기록지에 상세하게 기록

CHAPTER

05 응급동물 모니터링 및 관리

01 응급 환축의 감시 및 관찰방법

(1) 활력징후

① 신체적 상태가 항상성 있게 정상 범주 내로 조절되고 있는지를 반영

② 활력징후의 변화는 건강상태의 변화를 반영

③ 체온, 호흡, 맥박, 혈압을 통해 활력징후를 평가할 수 있음

④ 동물의 종류 및 품종 그리고 연령에 따라 정상치가 다름

(2) 응급 상태의 활력징후 측정의 필요성

① 응급상황처럼 생리적 변수가 급격하게 변하는 위험이 있거나 상태가 매우 불안정할 경우 활력징후를 자주 관찰하면서 적절한 응급처치를 실시하여야 함

② 활력징후(vital sign)에서 'vital'은 '생체의', '생명의'라는 뜻으로, 활력징후는 '생명을 유지하고 있는 증거'가 됨

③ 활력징후는 수많은 생명 유지 증거들 중 대표적인 네 가지 측정값(tetra signum)을 의미함

④ 혈압(blood pressure), 맥박(heart rate), 호흡수(respiration rate), 체온(body heat)은 활력징후의 중요한 요소로서, 의료진은 이 수치들을 통해 환자의 기본적인 상태와 변화를 확인하여 적절한 치료를 실시해야 함

혈압(blood pressure)	• '동맥혈관 벽에 부딪히는 혈액의 압력'으로 심장에 의해 발생함 • 혈압은 수축기압(systolic pressure)과 이완기압(diastolic pressure)을 mmHg 단위로 각각 나타내고, 정상 혈압은 수축기압 120~130mmHg, 이완기압 80~90mmHg 내외 • 심장 수축의 힘과 횟수는 내 마음대로 조절할 수 없는 자율신경계의 지배를 받음 • 혈압은 혈액량, 심장의 수축능력 그리고 말초혈관의 저항 등에 영향을 받게 됨 • 주로 동물의 뒷다리에 간접 혈압측정기를 이용하여 측정할 수 있음

맥박 (heart rate)	• '심장 수축에 따른 혈액의 파동'으로 심장이 1분(one minute)에 몇 번 뛰는지를 수치로 나타냄 • 1분에 80~120회의 심박동수가 정상이지만 횟수, 리듬 그리고 강도를 함께 고려해야 함 • 부정맥(arrhythmia)은 맥박이 불규칙한 것을 의미하고 120회 이상의 빈맥(tachycardia)과 60회 미만의 서맥(bradycardia) 등을 통칭함
호흡수 (respiration rate)	• 1분(one minute)에 몇 번 호흡하는지를 수치로 나타냄 • 호흡(respiration)은 대기와 혈액 사이에서 산소(O_2)와 이산화탄소(CO_2)를 교환하는 일련의 과정 • 개의 정상 호흡수는 12~30회/분이고, 호흡수와 깊이 등은 신체의 산소 요구와 이산화탄소 농도 등에 의해 조절됨
체온 (body heat)	• 동물의 경우 직장의 온도(rectal temperature)를 측정하여 표준으로 함 • 정상 온도는 37.5~38.5도이며, 정상 온도에서 신체의 세포와 여러 효소들은 정상 기능을 발휘함 • 만약 신체에 염증이나 감염, 중추신경에서 체온조절의 문제가 있다면 열이 발생함

02 심전도의 기본원리 및 이해

(1) 심전도 검사

① 심장은 수축할 때마다 미량의 활동 전류를 내보내는데, 이런 심장 박동에 따라 발생하는 전기적 변화를 심전계를 이용하여 곡선으로 체표면에서 기록하는 것이 심전도

② 이 심전도 검사는 통증 없이 간편하게 시행할 수 있으며, 심장 활동에 대한 많은 정보를 줄 수 있으므로 심장의 기능을 알아보는 데 필수적인 검사임

심전도의 목적

• 심장 리듬을 확인하고 심박동수를 측정함
• 부정맥, 맥박의 난조, 심장 리듬의 이상을 진단하고, 심박동수를 측정함
• 협심증, 심근경색 등의 허혈성 심장병과 고혈압으로 심근이 비대해지는 것을 진단함
• 심장병의 진행이나 회복 상태를 확인하고, 심장 카테터 검사, 마취나 수술 시 심장 상태를 관찰하며, 인공 심장 박동기의 기능을 평가함

(2) 심전도검사의 방법 및 관리

① 안정한 상태로 반듯이 눕고, 전극을 붙일 피부를 알코올로 닦고, 마른 후 젤라틴을 바르고 전극을 부착함

② 적절한 위치에 전극을 붙여 심장의 활동에 의해서 근육이나 신경에 전달되는 전류의 변화를 유도하여 기록함

③ 이때 전극을 붙인 위치와 연결 상태가 정확해야 올바른 결과를 볼 수 있음

④ 전극 줄을 심전도 기계와 연결하고, 기계를 표준화한 후 작동시키면 심전도 파형이 기록됨. 만약 흉통과 같은 호소가 있을 경우에는 기록지의 해당 시간에 표시함

⑤ 검사가 끝나면 피부에 부착된 전극을 제거하고 젤라틴을 닦아냄

⑥ 검사는 바로 알 수 있으며 수의사로부터 자세한 설명을 듣게 됨

⑦ 심전도검사 시간은 5~10분 정도 소요됨

(3) 심전도검사의 결과 및 예후

① 심전도만으로 진단이 되는 경우는 곧바로 설명을 들을 수 있음

② 심전도상 이상이 있는 경우는 심박동수, 리듬, 곡선이 비정상

03 수혈요법의 기본원리 및 이해

(1) 수혈 및 혈액성분 공급

1) 결정 및 대상

① 혈액 또는 혈액 구성성분을 대체하는 치료는 hemolymphatic system의 구성성분이 부족하다는 것에 기인하여 결정됨

② 신선한 전혈 또는 packed cell로 대체시키는 것은 PCV와 hemoglobin수치가 조직에 산소공급이 어려울 정도까지 떨어진 빈혈 환축에게 시행됨

③ 신선한 전혈, 혈장, 혹은 혈소판 풍부한 혈장을 공급하는 thrombocytopenic 또는 thrombocytopathic한 환축에서 혈소판의 대체는 혈소판 질병 때문에 전신적인 원발성 출혈이 발생하는 환축에게 시행함

④ 응고부전이 있는 환축에게 응고인자들의 대체, von Willebrand's disease를 지닌 환축들에게 신선한 전혈, 신선한 혈장 또는 신선한 냉동혈장, 냉동침전물(cryoprecipitate)의 공급들을 활발한 출혈상태의 환축, 또는 잠재적인 출혈상태의 환축에게 시행함

2) 개의 수혈

① 개의 혈액형(표 1)

명명	일반적 이름	발생률(%)
DEA 1.1	A_1	40
DEA 1.2	A_2	20
DEA 3	B	5
DEA 4	C	98
DEA 5	D	25
DEA 6	F	98
DEA 7	T_r	45
DEA 8	H_e	40

② Blood groups은 염색체상의 우세한 특성으로서 구별되어짐

③ grouping은 특별한 개의 적혈구 항원(DEA)에 근거하고, 8개의 혈구 group이 검증됨(표 1)

④ 특수한 RBC 항원이 부족한 환축에게 전혈이나 적혈구의 투여는 isoantibody의 생성을 야기시킴

⑤ isoantibody는 IgG, IgM, IgA 또는 IgE 등이 있음

⑥ DEA항체(IgG 혹은 IgM)의 복합체와 보체는 수혈 시 용혈이나 혈구응집반응을 일으킴

⑦ DEA 1.1 혹은 DEA 1.2에 자연적으로 발생하는 isoantibody는 매우 드묾

⑧ 심각한 용혈을 일으키는 수혈반응은 항상 DEA 1.1 혹은 DEA 1.2를 포함한 상반된 혈액의 투여 시에 발생함. 이런 상태는 자연적으로 발생한 isoantibodies를 가진 드문 환축에서 나타나지만, 상반된 혈액을 가지고 이미 감작된 환축에서는 종종 있음직함

⑨ DEA 3, DEA 5, DEA 7항원에 자연적으로 발생하는 isoantibodies는 개에서 15% 이상 존재할 수 있음

⑩ 이상적인 공혈견은 단지 보편적인 blood group인 DEA 4 혹은 DEA 6 혹은 둘다에 positive인 것

⑪ 이것은 DEA 1.1, DEA 1.2 그리고 DEA7에는 negative여야 하고, 모든 전염성 혹은 혈액감염의 질병은 없어야 함(예 심장사상충, brucellosis, ehrlichiosis, borreliosis)

⑫ 27kg 혹은 더욱 큰 공혈견은 어떤 부작용 없이 최소한 2년에 매 3주 정도 500ml의 혈액을 기증할 수 있음(1unit, 공혈자 혈액량의 20%)

3) 고양이의 수혈

① 고양이는 세 개의 blood group이 있는데, 이것은 AB system이라고 검증되었음(A, B, and AB). 고양이의 유전적인 blood grouping은 현재 완전히 이해되지는 않았음

② 그 나라의 다양한 group들은 연구되어져 명백한 그 나라의 특이종으로 인정되었음
③ 미국에서 연구된 고양이의 99.6%는 A type으로서 이는 영국과도 많은 상호관련이 있는 형. 그 연구에서 대부분의 종은(83%) 단모종이었음
④ 반면에 호주의 고양이의 73.3%는 A type이었고, 26.3%는 B Type이었으며 0.4%는 AB Type이었음
⑤ 미국에서 순종고양이에 대한 다른 연구에서는 모든 샴 고양이는 A Type이었음. B Type이 많은 종(어떤 종에서는 50% 이상까지도)은 Abyssinian, Birman, British shorthair, Devon Rex, Himalayan, Persian, Somali 종이었음
⑥ 고양이 수혈반응은 잘 알려지지 않았지만, 일반적으로 드물게 발생한다고 생각되어짐. 자연적으로 발생한 항체는 A와 B Group에서 볼 수 있음
⑦ 호주에서 A group의 고양이(35%)는 낮은 수준의 자연적으로 발생한 anti-B isoantibodies를 가지고 있음. B group 고양이는 항상 더욱 강력한 anti-A isoantibodies를 가지고 있음
⑧ 자연발생한 isoantibodies의 존재(B group 고양이는 특히)는 상반된 혈액에 처음 노출되었을 때, 수혈 반응(응집 또는 용혈 등)을 일으킴
⑨ 실험상에서 B group 고양이의 즉각적인 수혈반응은 30~60초 안에 발생하고, 저혈압, 서맥, 무호흡 등이 나타남. 이런 증상은 동맥과 맥압, 그리고 종종 심부정맥을 수반함
⑩ 고양이 공혈자의 blood type도 알아야 하며 그 이유는 공혈견의 내용과 같음
⑪ 미국에서 blood typing의 필요성은 의문의 여지가 있음. 왜냐하면 특히 단모종과 샴 고양이 중에서 A type이 널리 보급되어 있기 때문
⑫ 그러나 A와 B type의 공혈고양이를 알아내는 test는 고양이들 간에 혈액형으로 인한 사고에 관한 정보를 줄 수 있어서 가치가 있음
⑬ 각각의 공혈고양이와 수혈고양이와의 적합 여부는 상반되는 경우가 많음. 왜냐하면 B type 고양이에 존재하는 anti A isoantibodies가 강한 응집력을 가지기 때문
⑭ 순종고양이의 type은 또한 B type 어미고양이의 보살핌을 받은 A type 새끼에게서 나타날 수 있는 동종적혈구용혈을 피하기 위해 고려되어짐
⑮ 공혈 고양이는 혈액형을 알아야 하고, 혈청학적으로 FeLV와 FIV, Hemobartonella에 음성이어야 함
⑯ 5~7kg의 공혈고양이는 매 3주간, 40ml의 혈액(공혈고양이 혈액량의 10% 정도)을 공급할 수 있음

(2) 항응고제

① 구연산제제는 칼슘이온과 결합하여 응고기전의 여러 단계를 차단함으로써, 항응고 작용을 함. Acid Citrate Dextrose(ACD), Citrate Phosphate Dextrose(CPD), CPD adenine-1(CPDA-1) 등이 이용됨

② 포도당이 존재하면 적혈구는 해당 작용을 통해 ATP를 생산하므로, 혈액을 3주간 저장할 수 있음
③ 항응고제 역할을 하는 CPDA-1에 있는 Adenine-1은 적혈구가 ATP를 생산할 수 있게 할 뿐만 아니라 35일까지 저장할 수 있게 함
④ 20일 이상 저장되었으나 오래되지는 않은 혈액의 적혈구의 수혈 후 생존력을 나타내는 개 적혈구에 대한 강한 배지로서 CPDA-1을 평가한 최근 연구의 결과는 식품의약안정청의 규정에 부합함
⑤ 헤파린은 ATIII의 작용을 강화시키기 때문에 항응고제로 사용할 수 있음. 이 항응고제는 혈액내용물과 헤파린 모두를 필요로 하는 어떤 환축(DIC 등)에 추천됨
⑥ 헤파린은 혈소판 군집(혈소판활성화에 의함)과 미세혈전의 원인이 될 수 있으므로 다른 항응고제를 이용할 수 있다면 사용을 피해야 함
⑦ 냉장저장된 헤파린 처리 혈액의 저장시간은 48시간밖에 안 됨

(3) 채혈기구

① CPDA-1은 혈액이 채워졌을 때 '혈액 9:항응고제 1'의 비율이 되도록 플라스틱백이나 병에 들어가 있음
② 깨지지 않고 적혈구의 손상을 방지하며 내용물의 분리를 촉진하고, 혈소판 부착(유리병에서 발생)이 일어나는 문제가 없기 때문에 플라스틱백이 사용됨
③ 고양이나 소형견에 사용할 수 있는 저용량의 백도 있음
④ 백 채혈에서는 관 내에서 혈액이 응집되어 채혈시간이 증가되는 중요한 단점이 있어 진공기구의 사용이 필요함
⑤ 필요에 따라, 혈액과 항응고제의 비율을 9:1로 맞추어 혈액량(50ml 이하)을 주사기로 소형견이나 고양이 수혈동물에 넣어줄 수 있음
⑥ 3인치 관의 19게이지 7/8인치 바늘이 있는 수액세트는 보통의 수혈세트보다 덜 사용됨

(4) 전혈의 저장

① 신선한 전혈은 적혈구, 백혈구, 혈소판, 응고인자, 단백질을 포함함
② 저장하면서 혈액성분의 기능은 떨어져 감. 4~6℃에서, 혈소판은 채혈 12~72시간이면 기능하지 않게 되며, 응고인자는 24시간 후에는 기능하지 않음
③ 헤파린은 보존력이 없기 때문에 헤파린처리된 혈액은 4~6℃에서 최대 48시간까지만 저장할 수 있음. CPDA-1을 사용해 채혈하면 같은 온도에서 적혈구와 단백질을 보존하면서 35일 동안 저장할 수 있음
④ 냉장은 포도당의 빠른 소비를 막고 세균 증식이 최소화 되도록 도움. 냉장에서조차 적혈구의 산소 친화력이 변성(예 2,3-diphosphoglycerate와 pH 감소)되는 대사변화가 생김

⑤ 산소포화곡선을 좌측 이동시키고, 조직으로의 산소운반이 감소되는 이들 변화는 종종 2, 3-diphosphoglycerate의 농도가 높아지는 만성빈혈환축에 있어서는 부적절할 것임
⑥ 저장혈액에서 일어나는 대사변화는 예상되는 혈액상실이 있는 수술환축이 수혈받는 경우 수혈 12~24시간에 회복됨
⑦ 급성빈혈환축은 산소가 필요하므로, 신선한 혈액이 가장 좋음
⑧ 저장하는 동안, 침강에 의한 적혈구 퇴보가 최소화되도록 혈액을 부드럽게 섞어주어야 함(예 매주)
⑨ 한 번 저장된 혈액을 10℃ 이상 데우거나 용기를 열면 24시간 이내에 사용하거나 폐기해야 함

(5) 수혈

① 투여 전에 체중, 체온, 맥박, 점막색깔, 호흡수, PCV, 혈장단백질에 대한 기본 수치가 확보되어야 함. 이들 수치는 투여하는 동안 간격을 두고 모니터링해야 함
② 저장된 혈액이나 혈액성분은 부드럽게 흔들고 실온으로 데움. 차가운 혈액으로 저체온증이 유발될 수 있으며, 점성이 커지므로 투여하는 동안 속도를 줄임
③ 혈액이나 구성성분 백을 37~38℃의 수조나 항온기에 넣어 실온으로 데움. 혈액 혹은 구성성분이 지나치게 가온되어서는 안 되는데, 왜냐하면 fibrinogen은 50℃에서 침전되고 적혈구의 자가응집은 45℃ 이상에서 발생하기 때문
④ −40~70℃에 저장된 신선 냉동 혈장의 해동시간은 전자레인지로, fibrinogen, FVIII:C, vWf:Ag의 농도나 정성(qualitative) 응집 시험결과의 변화 없이, 25~35분부터 8분 이하까지 줄일 수 있음. 그러한 해동시간 감소는 수술환축의 치료에서 필수적일 수 있음
⑤ 수혈백, 관(tubing), 규격 필터로 구성되는 수혈세트는 매우 유용함
⑥ 규격필터는 170마이크론 이상의 입자를 잡아냄
⑦ 미세구멍필터는 구멍 크기가 20마이크론. 혈소판 응집 때문에 미세구멍필터가 자가수혈환축(혈액을 체강에서 제거하여 환축의 순환으로 되돌릴 때)에서 추천되기는 하지만 보통은 규격필터로 충분함
⑧ 필터의 사용은 주사기로 채혈한 소량의 혈액을 주입할 때 추천됨

(6) 수혈경로

1) 정맥투여

① 정맥투여는 동물의 크기에 따라 18~23게이지의 요골쪽 피부정맥 카테터나 경정맥 카테터를 통해 실시됨

② 수액 내의 칼슘이 항응고제의 구연산 결합력을 초과하여 주입된 혈액의 응고가 초래되므로 유산링거액과 같은 칼슘을 포함하는 수액은 여기를 통해 투여되면 안 됨

2) 골수강투여

① 신생자나 저혈량성의 작은 환축에서 말초혈관으로의 접근이 불가능할 때 이 방법으로 수혈할 수 있음
② 20게이지 바늘을 상완골의 대결절(greater tubercle)이나 대퇴골의 전자와(trochanteric fossa)에 뼈의 장축과 평행하게 삽입할 수 있음
③ 탐침(stylet)으로 골수흡입바늘을 사용할 필요는 없음. 이 방법으로는 한번에 비교적 적은 양이 수혈되지만 수혈된 혈액의 흡수는 빠름(5분 내에 95%가 흡수)

3) 복강투여

① 복강 내 투여는 쉽고 빠르지만, 신생자나 아주 비만한 동물에는 삼가야 함
② 적혈구 흡수는 24시간 후에 50%, 48~72시간 후에 70%
③ 적혈구와 혈장성분은 횡격막 임파계로 흡수되어 횡격막의 호흡운동에 의해 전달·유지됨
④ 내장 열상을 피하도록 주의해야 함
⑤ 적혈구의 수명은 11일로 골수경로로 투여한 것보다 짧음

(7) 용량

① 개와 고양이에 투여하는 전혈의 적정용량은 20ml/kg B.W.
② 혈장의 투여량은 5~20ml/kg이며 응집인자 공급을 위해서는 9ml/kg이 추천됨. 대안으로, 응집부전이나 혈소판결핍인 환축에는 6~10ml/kg용량을 1~3회 투여할 것이 추천됨

(8) 수혈속도

① 주입속도는 환축의 임상적 상태와 주입할 내용물에 따라 달라지며 추천되는 개와 고양이에서 전혈의 주입속도는 22ml/kg/24hrs
② 광범위한 급작스런 출혈(주요 수술이나 외상)에 의한 급성빈혈이 있는 환축에서, 신선전혈은 용량과 산소수송력 모두를 복구해줌
③ 혈액량 상실을 인지하는 데는 6시간이 필요함. 처음에 비장 수축과 혈관 수축, PCV와 Hb농도의 거짓 상승이 생김
④ 창백, 모세혈관재충전시간의 연장, 약화, 빈맥, 빈호흡, 갈증 등의 환축에 대한 임상적 평가는 극히 중요함. 만성 빈혈환축에서, 투여가 너무 빠르면 순환과부하가 일어남. 세포외용량이 증가된 환축(심부전이나 신부전 등)에서 주입속도는 용량과부하를 피하기 위해 낮추어야 함

⑤ 처음에는 부적합반응을 확인하기 위해 정맥투여 속도를 낮추어야 함(<0.25 ml/kg/min). 10~30분 후에, 문제가 생기지 않는다면 속도를 높임

⑥ 투여속도는 부족이 발생한 기간과 직접적인 관련이 있음. 대량의 출혈에 의한 저혈량증으로 고통받는 환축이라면, 쇼크에 저항하기 위해 균형전해질액의 투여와 함께 22ml/kg/hr 이상의 정맥으로의 빠른 투여가 필요함

⑦ 고혈량 환축(심부전 혹은 신부전 등)에서 전혈투여의 최대 속도는 4ml/kg/hr. 더 빠른 속도는 반응(오심, 폐수종, 두드러기, 맥관 과부하)이 유도되며 이 속도에 가까워지거나 초과된다면 이들 상태를 주의깊게 관찰해야 함

⑧ 정상 혈량을 가진 만성빈혈환축에는 맥관 과부하를 피하기 위해서 4~5시간 이상 동안 4~5ml/kg/hr의 정맥투여를 추천함

⑨ 성묘(adult cat)에서 정맥을 통한 전혈투여는 30분 이상에 걸쳐 40ml 이상을 투여하는 것이 안전함. 5분 이상 동안 복강으로 혈액을 투여하거나 10분 이상 골수로 혈액을 투여하는 것이 추천됨

⑩ 정맥을 통한 혈장투여의 적합한 속도에 대해 이용할 수 있는 자료는 거의 없음. 우리는 전혈투여에 사용되는 시간당 비율을 추천함

04 비경구 영양공급의 이해

① 환축에 대한 비경구적 영양보급은 환축의 1일 필요한 열량과 단백질 요구량을 계산하여 영양제를 정맥으로 투여함

② 환축의 1일 열량 요구량은 기초에너지 소비량에 환축의 생체상태에 따른 요인을 곱하여 계산함

③ 환축의 에너지 요구량(표 2)

환축상태	요인	에너지 요구량(kcal)
경도	1.25	× [(30 × 체중) + 70]
중등도	1.5	
중증	2.0	

④ 단백질 요구량도 단백질 상실 상태에 따라 다름(표 3)

구분	단백요구량(g/kg)
성견	2~4
심한 단백상실	4~6
신장 및 간부전	1.5

⑤ 영양제의 투여량은 환축의 1일 열량요구량에 따라 포도당액 7%와 지질액 30%를, 단백질 요구량은 아미노산으로 투여함(표 4). 환축상태에 따라 전해질을 투여하고, 복합비타민을 2.5ml/10kg/day 투여함

⑥ 영양제 투여량(표 4)

구분	영양제	kcal/ml	투여량(ml)
열량(kcal)	50% 포도당	1.7	열량요구량 × 70/100 ÷ 1.7
	20% 지질	2	열량요구량 × 30/100 ÷ 2
단백질	8.5% 아미노산	–	단백요구량(mg) ÷ 85

⑦ 소화관을 통한 영양보급

- 소화관을 통하여 영양보급을 실시하고자 하는 경우에는 먹이는 맛이 있어야 하고, 쉽게 소화되어야 하고, 쉽게 동화되는 것이어야 함
- 이러한 목적으로 여러 가지 영양식품이 시판되고 있으며, 자가 조제하여 급여할 수도 있음
- 구강, 비강을 통하여 튜브를 위 내에 삽입하여 투여하는 방법과 위나 공장을 절개하여 투여하는 방법이 있음
- 특히 쇠약한 환축이 식욕이 전혀 없을 때에는 위튜브를 삽입하여 영양식품을 급여하면 빨리 호전될 수 있음

CHAPTER

06 응급약물 관리

01 의약품의 올바른 보관법

(1) 의약품의 보관

① 의약품 본래의 효능과 효과를 위해서는 의약품의 종류와 형태별로 올바른 보관을 하는 것이 중요함

② 기본적으로 모든 의약품은 제약회사에서 식약처로부터 허가받은 보관상태가 있고, 약품별로 다르기 때문에 의약품 사용설명서나 약품용기에 표시된 보관기준에 따라 보관하는 것이 좋음

③ 약품은 형태 및 종류별로 보관방법이 매우 다양하므로 본인이 복용하는 약물의 올바른 보관방법을 확실히 알고, 그것을 지키는 것이 가장 중요함

(2) 가루약

① 대부분의 가루약은 병원이나 약국에서 조제된 것이므로 알약보다 유효기간이 짧음

② 습기에 약하므로 건조한 곳에 보관하는 것이 필요함

③ 냉장고나 화장실 등에 보관하는 것은 피하도록 하며 색깔이 변했거나 굳었다면 폐기하도록 함

④ 때때로 냉장보관이나 차광보관을 필요로 하는 가루약이 있을 수 있음

(3) 시럽약

① 특별한 지시사항이 없었다면 실온보관하도록 하며, 복용 전 반드시 시럽의 색깔이나 냄새를 확인함

② 약품에 따라 차광이나 냉장보관이 필요할 수도 있으며, 유효기간이 지정된 시럽의 경우 반드시 그 기간 내에만 사용하도록 함

(4) 좌약

좌약은 보통 체온에서 쉽게 녹도록 만들어졌으므로 직사광선과 온도가 높은 곳을 피해 서늘한 곳에 보관하도록 함

(5) 안약 및 귀약

① 보통 실온에 보관하며, 본래의 의약품 박스나 용기 등에 보관하도록 함
② 다른 환축과 함께 사용하지 않으며, 개체별 사용하는 경우라도 오염 및 이차 감염을 예방하기 위하여 약품의 입구 부분이 사용 부위에 직접 닿지 않도록 해야 함
③ 안약은 개봉 후 한 달 이내 사용하도록 함

(6) 인슐린 및 기타 주사제

① 인슐린 주사는 개봉 전에는 냉장보관, 개봉 후에는 실온보관하도록 함
② 기타 주사제의 경우 약품별로 보관 방법이 다양하므로 반드시 적절한 보관방법을 확인하도록 함

(7) 알약

① 대부분의 알약은 원래의 의약품 용기에 넣어 건조하고 서늘한 곳에 보관하도록 함
② PTP 형식(알루미늄 포장)으로 되어 있는 약은 흡습성으로 인해 약품이 변질될 수 있으므로 가능한 복용 직전에 개봉하도록 함
③ 병에 들어 있는 알약의 경우 햇빛을 받으면 병 안쪽으로 습기가 차고 곰팡이가 생길 수 있으므로 직사광선을 피해, 뚜껑을 닫아 보관하며 원래 들어있던 방습제를 빼지 않도록 함

02 심정지나 부정맥에 사용하는 약물

(1) Adenosine: 부정맥제용

① 아데노신(adenosine)은 많은 생명체에서 발견되는 화합물질로서, 의약품용으로도 사용되는 물질
② 의약품으로서 아데노신은 미주신경 자극법으로 개선되지 않는 특정 형태의 심실상빈맥을 치료하는 데 사용됨
③ 일반적인 부작용으로는 가슴 통증, 현기증, 감각 저하를 동반한 호흡 곤란 등이 있음

(2) Atropine: 부교감신경차단제

① 아트로핀(atropine)은 가지과 식물의 잎사귀와 뿌리에 들어 있는 알칼로이드로서 대표적인 무스카린성 수용체의 경쟁적 길항제
② 무스카린 수용체에 대하여는 아세틸콜린이나 무스카린과 경쟁적으로 작용하여 부교감신경을 억제하고, 아세틸콜린이나 무스카린의 작용을 선택적으로 봉쇄함

③ 소량에서는 중추신경을 흥분시키나 대량에서는 억제시키며, 동공이 커지는 산동 현상을 일으킴. 또한 침샘 등의 외분비선을 억제하여 구강 건조증을 일으킴
④ 순환기에서는 심박수 증가 효과가 있음

(3) Epinephrine: 혈관수축제, 천식 및 만성폐쇄성폐질환 치료제

① 전신마취 중 혈관수축제는 수술 부위의 국소적인 출혈을 적게 하여 수술 시야를 좋게 하기 위한 목적으로 사용되고 있음
② Adrenaline(epinephrine), noradrenaline(norepinephrine), phenylephrine, vasopressin 등이 현재 사용되고 있으며, 가장 흔히 사용되는 epinephrine의 경우 보통 lidocaine과 함께 사용되어 수술 시야에서 보이는 출혈을 줄여주며, 국소마취제의 작용시간을 연장시켜 주는 역할을 함
③ epinephrine은 불안, 초조, 두통, 구역, 구토, 빈맥, 혈압 상승, 심계항진, 부정맥 등을 유발할 수 있으며, 과량 사용 시에는 조절되지 않는 심한 고혈압으로 인하여 뇌출혈, 심근허혈, 심실부정맥, 폐부종, 그리고 심정지까지도 일으킬 수 있음

(4) Lidocaine: 마취제(전신, 국소)

① 리도카인(lidocaine)은 국소 마취제이자 항부정맥제
② 마취부 주위의 혈관을 수축시켜, 소량의 마취제로 지속적인 효과를 얻고 지혈 작용에 의해 수술 중의 출혈을 억제하기 위해서, 에피네프린 등의 혈관 수축제 등이 배합된 키시로카인 주사액「0.5%」에피레나민 함유도 있음

(5) Magnesium sulfate: 항전간제

① 황산 마그네슘($MgSO_4$, magnesium sulfate)은 대뇌 피질에 국한되어 작용하는 항경련제로 이를 투여하여 경련을 조절함
② 혈압이 높을 때마다 하이드랄라진(hydralazine), 라베타롤(labetalol)과 같은 항고혈압제제를 간헐적으로 투여하여 혈압을 조절하고 분만을 시도함

(6) Sodium bicarbonate($NaHCO_3$ Bivon): 해독제, 약물의존성 치료제

Atropine belladonna와 다른 가지과 식물에서 얻어지는 alkaloid로서 부교감신경절후섬유의 muscarine 수용체에서 acetylcholine의 작용을 상경적으로 길항하며 다음과 같은 작용을 나타냄

순환계	심박급속
분비기능	타액, 기관지점액, 위액 등의 분비 억제
안과	모양근 마비, 안압 상승, 동공산대
기관지, 소화기	위장관운동 억제, 기관지 확장
기타	담낭, 뇨관, 방광운동 억제

03 심박출과 혈압을 조절하는 약물

(1) Calcium gluconate: 해독제, 약물 의존성 치료제

① 심근과 관상동맥을 포함한 많은 조직 세포의 수축작용에 관여함

② 저칼슘 혈증, 급성 피부염, 심근 수축력 강화, hypocalcemia, asysole. 서맥·hyperkalemia·magnesium toxicity로 인한 심호흡 억제 시 해독제로 사용함

③ **부작용**: 급속 정맥 투여 시 심계항진, 홍조, 발한, 열감, 서맥

(2) Dopamine: 심질환용제

① 양성근변력작용과변시성을 매개하는 심근의 postsynaptic β – 수용체를 흥분시킴

② 혈관이완 및 신장과 혈관평활근의 postsynaptic dopamine 수용체를 자극하여 sodium 배설을 촉진함

③ 평활근 혈관수축을 매개하는 α 1과 α 2 수용체를 자극하며, 이들 약리작용은 용량 의존적임

④ 체내에 광범위하게 분포하며 뇌혈관문을 완전히 통과하지 않고 25%가 신경 분비체내로 이동하여 수산화되어 norepinephrine으로 되고 MAO와 COMT(catechol-o-methyl transferase)에 의해 신장, 간장, 혈장에서 대사됨

⑤ 반감기는 보통 9분, 투여 5분 내 작용이 나타나며 10분 동안 작용이 지속되고 신장으로 24시간 내 80%가 배설됨

⑥ 외상, 내독성 패혈증, 심근경색증, 심장절개수술 및 신부전증에 의한 쇼크, 핍뇨 및 무뇨증, 심박출량 감소로 인한 저혈압 및 순환장애, 울혈성 심부전에 기인하는 만성 대상성 심부전증 시 적용함

(3) Dobutamine(Dobuject): 강심제

① 화학적으로는 dopamine과 유사하며, 직접적인 inotropic 작용으로 심장개선 효과를 나타냄

② 심장의 β2 수용체에 선택적으로 작용, 심근수축, 박출량을 증가시켜 심장혈액 박출량을 증가시키며, 관상동맥 혈류와 심근산소 마비는 심근수축이 증가되므로 증가함

③ 전신혈관저항에는 효과가 적고, 수축기 혈압과 맥압은 변화하지 않거나 심박출량의 증가로 약간 올라감. 그러나 전신혈관저항이 감소된 때 혈증 환자는 심장혈액 박출량을 증가시키지 않고 혈압을 더 낮춤

④ preload를 감소시키고 AV node전도를 촉진시키며, 과량은 chronotropic effect를 가짐

⑤ renal blood flow urine output은 dobutamine 효과라기보다는 심박출량의 증가 때문에 개선됨

⑥ 심장, 대혈관 수술에 기이한 수축력 저하, 울혈성 심부전 시 심기능 대상부전 동안 심기능 개선을 위해 사용함

(4) Digoxin: 강심제

① 심근 세포에 Ca의 축적을 증진시켜 심근 수축력과 심박출량을 증진시키며, 또한 SA node의 자동성을 감소시켜 AV node의 전달을 느리게 하여 atrial arrhythmia를 조절함

② 적응증

울혈성 심부전증	판막증, 고혈압, 허혈성 선천성 심질환
부정맥	심방세동, 조동에 의한 빈박, 발작성 심방성 빈박
기타	심낭염, 심근질환, 갑상샘 기능장애

③ 주의사항

- 신기능이 완전하지 않을 때는 저용량이 요구됨
- 신생아의 digitalis 내성은 다양성을 나타냄
- 조숙아와 발육부진아는 이 약에 매우 민감함
- 류마티스성 심근염 환자는 digitalis에 매우 민감함
- 다음 환자는 소량에 의해서도 독성을 나타낼 수 있으므로 주의함: 저칼륨혈증, 점액성 부종, Strokes-Adams 증후군 환자, 만성 수축성 심막염 환자, 갑상샘기능 항진증 및 저하증
- 투약 전 full minutes로 pulse rate를 측정하여 60회 이하 시 투여하지 않고 notify함

04 기타 응급상황에 사용되는 약물

(1) Lasix(Furosemide): 이뇨제

① 상행 henle 고리(ascending loop of henle)와 원위 세뇨관에서 나트륨과 염소의 재흡수를 억제하고, 염소가 결합하는 공수송계를 방해해서 물과 나트륨, 염소, 마그네슘, 칼슘의 배설을 증가시킴

② 소변양을 늘여서 혈압을 낮추어줌

(2) Norepinephrine bitartrate(Levophed): 혈관수축제

동정맥에 모두 작용하는 말초혈관 확장제

(3) Diazepam(Valium): 항불안제

① benzodiazepine계 약물로 중추, 말초, 자율신경계를 저하시킴

② 불안, 긴장의 치료, 골격근 경련의 완화 보조, 급성 알콜중독 시 금단증상 치료, 경련성 장애 치료로 사용됨

(4) Midazolam: 최면진정제

① benzodiazepine계 약물로 CNS 억제제

② 안정을 유도하고 불안을 완화, 단기간의 진단적 검사, 마취유도, 수면장애, 호흡과 심기능을 주의깊게 관찰 → 무호흡, 심정지 유발 가능

(5) 코르티코스테로이드 호르몬제

① 코르티코스테로이드는 신체의 염증을 감소시키는 데 이용 가능한 가장 강력한 약물

② 이는 류마티스 관절염과 다른 결합 조직병, 다발 경화증을 포함한 염증이 발생하는 병태에서, 또한 암으로 인한 뇌 부기, 천식 발작, 중증의 알레르기 반응과 같은 응급 상황에서 유용함

(6) Vecuronium Bromide: 근이완제

① 호흡부전이 있는 환자에게 적절한 기계적 호흡을 시행하거나, 의식이 없는 환자에서 폐흡인 방지와 기도유지를 위한 기관 내 삽관을 위해서 사용함

② 그 외 산소 이용률 감소, 떨림 방지, 치료를 위한 시술이나 진난적 섬사를 용이하게 하고 뇌압 상승을 조절하기 위해서 사용함

③ 근이완제는 단독 사용보다는 benzodiazepine, propofol, 그리고 아편양제제 등과 같은 진정제나 진통제를 함께 사용하는 것이 사용량을 줄여 환자의 빠른 회복과 안정에 도움을 줌

05 응급 약물 투여방법

(1) 심폐소생술 중 약물 투여경로

1) 정맥 내 투여

① 심정지 환자에서는 중심정맥을 천자하려면 잠시 흉부압박을 멈춰야하므로 말초혈관을 우선적으로 확보함

② 말초혈관은 약물 투여 시 중심정맥 도달까지 1~2분이 소요되고 혈중농도가 낮게 유지되기 때문에 약물 투여 후 약 20ml의 수액을 추가 투여하여 빨리 중심정맥에 도달할 수 있게 해야 함

③ 중심정맥로가 더 유리하며 심폐 소생술 중에는 하지로의 순환이 적으므로 대퇴정맥으로 약물투여는 비효과적

2) 기관 내 투여

① **투여 가능 약물**: epinephrine, atropine, lidocaine, naloxone

② **투여**: 정맥 내 투여량보다 2~2.5배, 투여 시 약물에 10cc 이상의 수액과 혼합하여 30cm 이상의 긴 카테터로 깊숙이 분사해야 함

③ 투여 후 일시적으로 과호흡을 시켜 폐포 내 흡수를 촉진시킴

④ 투여방법

- 약물을 N/S과 희석하여 사용
- 약물이 들어있는 주사기에 기관 내 투여용 카테터를 연결
- 인공호흡장비(ambu bag) 제기 전 과호흡을 시킴
- 인공호흡장비 제거 후 카테터를 튜브 속으로 깊숙이 넣음
- 빠른 속도로 분사
- 즉시 인공호흡장비를 튜브에 연결 후 빠른 속도로 5회 인공호흡을 함

3) 골간투여

① 심정지가 발생한 신생동물이나 정맥내 투여가 어려운 경우 실시

② **용량**: 정맥 내 투여와 같으며 epinephrine은 고용량도 가능함

4) 심장 내 투여

① 개흉술을 시행한 상태에서 심장압박을 할 때 사용
② 보통은 관상동맥 손상, 심장압전, 기흉 유발 가능성이 높기 때문에 사용하지 않음

06 수액의 종류 및 수액요법의 기본원리

1) 수액요법의 원리

① 탈수되거나 산염기평형의 불균형을 일으킨 동물에 수분, 전해질, 및 영양제 등을 투여하는 것이 수액요법
② 특히 수의외과에서는 수술 전에 절식, 절수를 지시하는 때가 많은데 이때에 신진대사에 의한 영양, 수분의 상실이 있기 때문에 체액의 변화가 일어남. 또 수술 시에 있어서는 손상, 출혈 등으로 체액의 변화가 일어나는 일이 많음
③ 수술을 보다 안전하게 하기 위해서는 수술 전에 이들 체액의 변화를 수액을 하여 보정하여 둘 필요가 있음
④ 또한 대부분의 진정제나 마취제는 심수축력을 약화시키고, 혈관을 이완시켜 심박출량과 동맥압을 감소시키기 때문에 수액을 통해 순환 혈액량을 유지시켜 주는 것이 중요함
⑤ 수술에 의한 출혈 때문에 수술 중에 혈압이 하강하고 순환계에 이상을 일으키는 경우에는 혈압상승제를 투여하는 반면 수혈을 실시하는 것이 좋음
⑥ 특히 소화관수술 등에서 경구적인 영양섭취가 장해되는 경우에는 비경구적으로 수액을 투여하여 영양을 보급하여야 함
⑦ 수액의 종류에는 전해질이 포함된 비교질성 용액(crystalloids), 교질성 용액(colloids), 혈액대용제 및 전혈이 있음

2) 수액량의 결정(fluid volume replacement)

① 탈수된 동물의 체액결핍량을 정확히 보충하는 것은 중요함. 경도 내지 중등도의 전해질 및 산염기장해는 체액결핍량을 보충하면 정상적인 생체방어기전에 의하여 교정됨
② 수분 및 전해질을 투여할 때에는 다음 세 가지를 고려하여 수액량을 결정함. 즉 현존결핍량(existing deficit)을 교정하고, 유지용량(maintenance need)을 급여하며, 그리고 계속적인 상실량(continuing losses)을 보충하는 것
③ 현존결핍량은 현재 탈수 등으로 잃어버린 체액량으로서 병력, 일반검사, 그리고 실험실 검사성적 등으로써 판단함

④ 유지량은 동물의 피부, 호흡, 기도, 분변, 그리고 오줌 등으로 배설되는 정상적인 상실량을 충분히 보충할 수 있을 정도로 사료나 물을 자유로이 섭취할 수 없을 때 필요함

- 1일 유지 수분량은 일반적으로 44~66ml/kg/day
- 켄넬에 가두어 사육하고 있는 개와 고양이의 수분, 주요전해질 그리고 열량의 1일 유지량은 그림과 같음

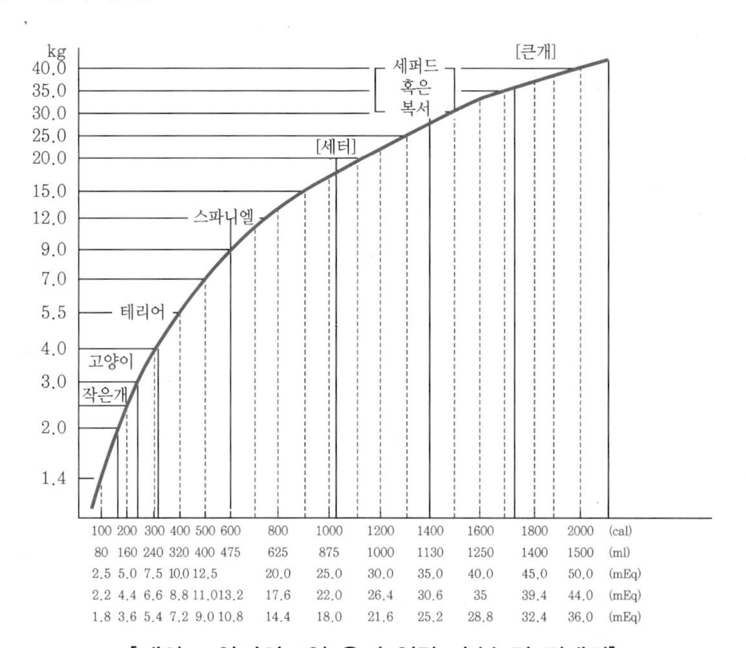

[개와 고양이의 1일 유지 열량·수분 및 전해질]

- 또한 심한 stress를 받았거나, 발열이 있거나, 너무 어린 동물이나, 너무 늙은 동물이거나, 환경조건이 심한 이상이 있을 때에는 유지용량을 다소 변화시키는 것이 필요함

⑤ 계속적인 체액상실량은 질환의 경과 중에 구토, 설사 등으로 배설되는 수분량을 말함

3) 수액의 종류(solutions for fluid therapy)

① 여러 종류의 수액이 시판되고 있으며, 그 종류로는 크게 비교질성 수액(crystalloids), 교질성 수액(colloids), 혈구를 뺀 혈액대용제(blood substitute) 및 전혈이 있음

② 일반적으로 사용되는 몇 종류의 수액과 특수한 목적의 첨가제를 준비하여 두었다가 사용할 때 적당히 선택하여 사용하는 것이 좋음

③ 수의임상에서는 유산 Ringer 용액을 많이 이용하고 있음. 이것은 혈장성분의 전해질을 대부분 비슷하게 함유하고 있으며 대사성 산증을 교정하는 중탄산염의 전구물질인 유산이 함유되어 있음. 각종 수액의 조성은 표 5와 같음

④ 각종 수액의 구성성분(표 5)

수액	Osmolarity (mOsm/L)	pH	Na+ (mEq/L)	Cl- (mEq/L)	K+ (mEq/L)	Ma++ (mEq/L)	Ca++ (mEq/L)	Dextrose (g/L)	Buffer
Crystalloids (유지용)									
2.5% 포도당 + 유산링거액	264(등장)	4.5~7.5	65.5	55	2	0	1.5	25	Lactate
ProcalAmine	735(고장)	6~7	35	41	24	5	0	30	Acetate, Phosphate
3% Freamine III	405(고장)	6~7	35	41	24	5	0	0	Acetate, Phosphate
(대체용)									
0.9% 생리식염수	308(등장)	5.0	154	154	0	0	0	0	None
유산링거액	275(등장)	6.5	130	109	4	0	3	0	Lactate
Plasmalyte-A	294(등장)	7.4	140	98	5	3	0	0	Acetate, Gluconate
Normosol-R	295(등장)	5.5~7	140	98	5	3	0	0	Acetate, Gluconate
7.0% 생리식염수	2396(고장)	-	1197	1197	0	0	0	0	None
5% 포도당	252(저장)	4.0	0	0	0	0	0	50	None
Colloids									
전혈	300(등장)	다양	140	100	4	0	0	0~4	None
냉동 혈장	300(등장)	다양	140	100	4	0	0	0~4	None
6% Hetastarch	310(등장)	5.5	154	154	0	0	0	0	None
10% Pentastarch	326(등장)	5.0	154	154	0	0	0	0	None
Dextran 40	311(등장)	3.5~7.0	154	154	0	0	0	0	None
Dextran 70	310(등장)	3~7	154	154	0	0	0	0	None
Oxypolygelatin	200(저장)	7.4	155	100	0	0	1	0	None
혈액대용제									
Oxyglobin	300(등장)	7.7	150	110	4.0	-	1.0	-	None

⑤ 마취 중에 사용하는 수액은 보통 전해질이 풍부한 등장성 비교질성 수액을 사용하며, 수술 중 소실되는 수분양에 비례하여 수액량을 결정하나, 초기 최소 투여량은 소동물에서 10~20ml/kg/hr, 대동물에서는 6~10ml/kg/hr

- 뚜렷한 저혈압이 인정될 때에는 그 양을 늘려야 하며, PCV와 단백질함량(TP)을 측정하여 혈액이 희석되는 것을 막아야 함
- 수술 중 혈액손실양을 측정하고 혈액 1ml 손실마다 3ml 비교질성 수액을 투여함

⑥ 교질성 수액(colloids)은 혈류량을 효과적으로 늘릴 수 있는 수액으로 분자량이 클수록 작용시간이 깂. 이 수액은 혈류량뿐만 아니라 동맥압, 심박출량 및 조직관류액과 산소 운반력을 증가시켜 줌

⑦ 고장성 수액으로 가장 많이 사용되는 것이 고장성 생리식염수로 3%, 5% 및 7% 식염수가 사용됨
- 고장성 수액은 세포외액으로부터 혈관 내로 수분을 흡수하여 혈류량을 증가시키며, 이 수액도 동맥압, 심박출량 및 신장 관류와 이뇨를 증가시킴
- 과량 사용하면 고나트륨혈증, 고염소혈증 및 비호흡성 산증을 유발하며, 심장 부정맥도 발생할 수 있음

⑧ 혈액대용제는 산소를 운반할 수 있는 능력과 더불어 혈류량과 조직으로 산소 운반력을 증가시키므로 빈혈 환축에서 유용하게 사용할 수 있음. 그 밖의 장점으로는 즉시 사용 가능하고, 혈액형 검사나 교차시험이 필요 없으며, 질병 전파나 수혈에 따른 부작용이 없고, 공혈견이 필요 없으며 시간, 노력과 재료를 절약할 수 있음
- 최근 소의 헤모글로빈으로 만든 Oxyglobin이 개발되어 동물종에 관계없이 사용이 가능하게 되었음
- 용량은 30ml/kg이며, 속도는 10ml/kg/hr
- 단점으로는 몇몇 혈청 성분을 일시적으로 방해하며, 요, 공막 및 점막색깔이 변하고, 정상 동물에서는 혈류량이 과잉되는 것
- 진행성 심장질환(울혈성 심부전)에 이환된 동물이나 심장기능이 손상받은 동물과 핍뇨나 무뇨증을 보이는 신장질환 환축에서는 금기

4) 투여방법(routes and rate of administration)

① 어느 방법으로 수액을 투여할 것인가에 대해선 여러 가지 요인을 고려하여 결정하여야 함. 수액은 경구적으로 투여하는 방법과 주사(정맥, 피하, 복강, 골수내)로 투여하는 방법이 있음

② 위장관장애가 없을 때에는 경구적으로 투여하는 것이 안전하고 경제적인 방법
- 정맥주사로 투여할 때에는 1일 투여량을 24시간 내에 나누어 투여하는 것이 좋음
- 일반적으로 체액상실이 급히 일어났으면 보다 빨리 현존결핍량을 보충하는 것이 필요함
- 그러나 체액상실이 수일 내지 수주일에 걸쳐 일어났을 때에는 체조직의 보상반응이 일어나고 있으므로 서서히 투여하는 것이 적당함

③ 피하로 다량을 투여할 때에는 흡수를 촉진하기 위해서 hyaluronidase 150u/ℓ를 첨가하는 것이 좋음
- 등장성이고 자극이 없는 수액을 피하로 투여하여야 함
- 다만 5% 포도당액을 피하로 주사하면 오히려 탈수 증상을 악화시킴
- 복강 내 투여는 피하주사보다 흡수는 빠르지만, 주사 시에 복강장기의 손상에 주의를 요함

④ 수의임상에서 가장 많이 활용하고 있는 정맥투여 때에는 원발성 질환, 환축의 상태, 수액의 조성 등을 고려하여 실시해야 함

- 실제 임상에서는 서서히 투여할 수 없는 경우가 많으므로, 최대로 안전하게 투여할 수 있는 속도를 명심해야 함
- 등장성 용액(isotonic solution)을 응용할 때에는 심맥관계나 폐에 이상이 있는 경우를 제외하고는 다음과 같은 공식이 안전하게 이용될 수 있음

체중(kg) × 90(개) 또는 60(고양이) = ml/hr

- 일반적으로 중등도 이상 탈수된 동물에서는 계산된 투여량의 반을 정맥으로 투여함. 이렇게 함으로써 순환혈액량을 급히 증가시키고, 신장의 혈류를 개선하여 줌
- 그 나머지는 체액의 흡수를 지연시키고 이뇨를 피하도록 하기 위해서 피하직으로 투여하는 것이 바람직함

⑤ 혈관이 허탈되거나, 어린 동물에서 정맥주사가 곤란한 경우 응급적으로 골수강 내로 수액을 주입하는 방법이 있음(Intraosseous administration; IO)

- 골수강 내 수액부위로는 대퇴골의 대퇴돌기오목(trochanteric fossa)이 선호되는데, 그 이외의 부위로 상완골의 대결절(greater tubercle)과 드물게 경골능(tibial crest)이 선택됨
- 주입 요령은 우선 피모를 삭모하고, 술야 준비를 한 후, 국소마취제를 피부, 근육 및 골외막에 도포함
- 골수강 내 바늘을 사용하여 골수강까지 관통시킨 후 수액을 연결하면 됨
- 수액을 빨리 주입하면 동물이 불편해 할 수 있으므로 수액을 데워서 사용하는 것이 좋음
- 새에서 사용할 때는 요골부위가 유일한 선택부위

5) 수액의 부작용(side effect of fluid therapy)

① 수액은 극히 유효한 치료방법이지만 그 적용이 잘못될 경우에는 부작용을 일으켜 오히려 병상을 악화시키게 됨. 그러므로 수액을 실시할 때에는 체액대사에 대한 정확한 지식을 활용하고 필요량을 정확히 알아야 함

② 정상적 신장기능을 가진 경우에는 여분의 수분은 요로 배설되나 신장기능장해가 있을 때에는 수분의 투여량이 지나치면 세포외액은 희석되어 저삼투압상태가 되기 때문에 다시 세포 내로 침입하게 됨

- 특히 혈장나트륨의 부족이 일어날 때에는 혼수, 구토, 강직, 경련 등을 일으키기도 함
- 이때 치료로서는 고장용액(hypertonic solution)을 투여함

③ 수액속도가 지나치게 빠르거나 또 과량이 투여되었을 때에는 심장부담이 증대하게 되며, 불안, 전율, 빈맥, 비즙누출, 호흡촉박, 습성 랏셀, 안구돌출, 구토 그리고 설사 등의 증상이 나타남

- 이때에는 투여속도를 늦추든가, 또는 필요하면 수액을 중단하여야 함
- 또 염류수액제의 과잉에 의하여 폐수종, 호흡곤란, 치아노제, 울혈 등을 일으키며 심장 정맥압(CVP)이 상승함

07 응급약물관리지침

① 응급 시 필요한 약품을 구비 관리함으로써 응급조치를 필요로 하는 상황에 환축에게 안전하고 신속한 약물 투여가 가능하도록 관리해야 함
② 각 병동, 야간 진료실, 입원실 등 의료 시설 공간에 응급차트를 마련하여 관리해야 함
③ 응급상황에만 신속히 사용하도록 유지 관리가 되어야 함
④ 응급약물의 목록은 병원장 또는 담당수의사의 결정에 따라 준비
⑤ 응급약물의 추가, 삭제 등 목록의 변경이 필요한 경우에도 병원장 또는 담당수의사의 논의 후 결정
⑥ 응급차트에는 개봉 여부를 알 수 있도록 봉인 스티커를 부착
⑦ 응급차트의 약물을 사용 후에는 그 즉시 보충하여 다음 응급상황 발생 시 대비
⑧ 응급차트의 약물의 목록을 매일·월간 관리하며 유효기간 등 관리 상태를 점검하고 기록

PART 08

동물병원실무

CHAPTER

01 동물병원실무서론

01 동물보건사의 목적

☑ 동물병원은 동물의 건강을 관리하고 질병을 예방하며 치료하는 곳임

☑ 동물병원에서 동물의 생명을 다루는 사람에는 수의사와 함께 동물보건사가 있음. 이들은 미국에서 가져온 명칭으로 수의테크니션(veterinary technician)이라고 하거나 동물간호사라고 불리기도 하였음

☑ 수많은 논의 끝에 '동물보건사'라는 정식명칭으로 2021년 8월 국가자격제도가 시작되었음. 이 제도로 인해 동물병원 내에서 수의사의 업무를 전문적으로 만들고, 동물병원을 효율적으로 운영할 수 있게 되었음. 이는 동물의료가 발전하는 것에 기여하리라는 기대와 함께 시작되었음

☑ 현재 동물보건사들은 동물병원 또는 수의 임상과 관련된 기관에서 환경관리(고객, 위생, 기기관리 등)와 동물병원 환자관리(보건, 간호, 검사 등)를 주 업무로 하고 있음

(1) 동물간호

① 동물간호는 '동물의 질병과 상처를 예방하고 치유하며 건강이 회복될 수 있도록 도와주며 동물이 행복한 상태로 살아갈 수 있도록 하는 것'임

② '간호'라는 말의 어원은 '보살피다, 보호하다, 가르치다'라는 뜻으로 보다 약한 대상자를 돕는 행위를 말함. 영어의 nursing은 그리스어의 '기르다, 양육하다'라는 뜻인 nutre에서 파생된 단어임. 한자로 간호(看護)는 看(볼 간)과 護(보호할 호)로 '지켜보고 보호하다'라는 의미를 가지고 있음. 국어사전에서는 '다쳤거나 앓고 있는 환자나 노약자를 보살피고 돌봄'이라고 명시함

③ 동물간호는 사람보다 약한 생명체인 '동물의 생명을 보호하고 질병으로부터 보살피고 돌봐주어 건강한 개체가 되어 행복한 상태를 유지할 수 있도록 돕는 일'로 매우 보람된 일임

(2) 동물보건사의 정의

① 동물보건사는 동물병원 또는 수의임상과 관련된 기관에서 수의사를 지원하고 진료를 도우며, 수의사에 의해 처방되거나 규정된 동물간호 기술에 따라 업무를 수행함

② 또한 질병을 예방하고 건강한 상태를 유지 및 증진하기 위해 보호자와 지속적으로 의견을 나누며, 아픈 동물을 돌보는 동물간호 활동을 함

③ 동물병원 안에서는 환자에 대한 자료를 분석하여 간호계획을 수립하고 동물의 임상정보를 수집하는 역할을 함

④ 환자의 상태를 평가하고 치료방법을 결정하는 수의사를 도와 입원한 동물이 회복에 이르는 전체 기간에 걸쳐 환자 모니터링을 진행함

동물의 생명과 건강을 최우선으로 하여,
수의사의 진료를 돕고 수의사와 보호자, 환자의 원활한 소통과
상호작용을 통해 환자의 질병 예방과 치료효과가 극대화될 수
있도록 하는 전문가

[동물보건사의 정의]

⑤ 동물의료와 관련된 직업은 매우 보람 있고 마음이 풍요롭게 일할 수 있는 만족을 느낄 수 있는 분야임

⑥ 동물보건사들이 기억해야 될 것은, 동물은 사람처럼 말을 할 수 없기 때문에 무엇보다 동물을 사랑하고 마음으로 이해할 수 있는 교감 능력이 필요하다는 것임

⑦ 동물보건사의 목표는 뛰어난 동물간호 능력을 갖추고 보호자에서 훌륭한 서비스를 제공하는 것임. 또한 동물의 권리와 복지를 최일선에서 시행하는 직업군으로 동물에게 있어서는 동물보건사는 동물의 아픔을 돌보는 수호천사임

⑧ 동물보건사를 정의하자면, 동물의 생명과 건강을 최우선시하여 동물병원 내에서 수의사를 돕고 수의사와 보호자, 환자 간의 원활한 소통과 상호작용을 할 수 있도록 하여, 환자의 질병 예방과 치료효과가 극대화될 수 있도록 함

(3) 동물보건사의 역할과 역량

1) 역할

① 동물병원이 원활하게 운영되기 위해서는 동물보건사의 역할이 매우 중요함

② 동물보건사는 동물병원에 방문한 보호자와 환자 그리고 수의사들의 소통을 돕는 동물병원 내부의 조정자와 조력자의 의미로 동물병원시스템을 보다 전문적이고 원활하게 운영하여 최적의 시너지 효과가 나도록 윤활유 역할을 함

2) 역량

동물보건사의 핵심역량으로는 '사랑과 보건, 안전'이 있음

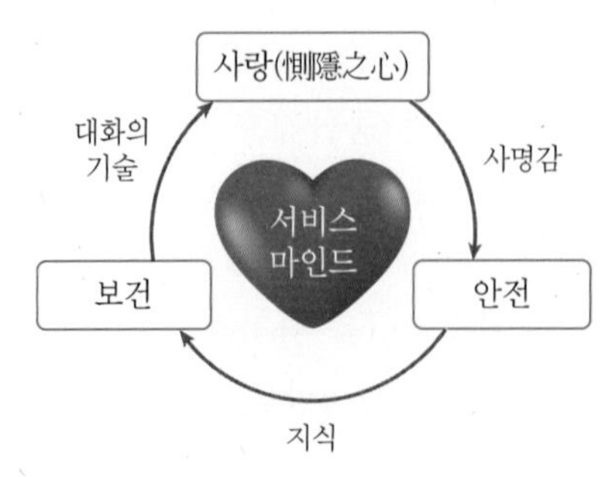

[동물보건사의 역량]

① 사랑과 측은지심
- 기본적으로 동물을 대하는 사람들이 동물에 대한 사랑과 아픈 동물을 보살피고 측은해하는 동정심을 가지고 있어야 함
- 이들은 아프거나 다쳤거나 심지어 죽어가는 동물들이며, 그 보호자들은 마음이 많이 다친 상태일 수 있음
- 이들을 보살필 수 있는 사명감과 봉사정신이 필수요소임

② 동물보건의식
- 동물보건의 주목적인 동물의 건강을 유지할 수 있는 역량이 필요함. 더불어 건강관리에는 환자관리를 위한 기술적인 부분과 환경관리에 대한 기술적 부분도 함께함
- 또한 동물병원은 기본적으로 위생이 철저한 공간이어야 함. 이는 동물을 치료하는 병원으로서의 역할에서 매우 중요함. 동물이라는 이유로 위생관리와 보건에 대한 부분이 배제되어서는 안 됨

③ 안전
- 동물병원에서는 동물의 안전과 더불어 사람의 안전에도 주의를 기울여야 함. 그럼에도 불구하고 동물병원 종사자들은 자주 다치거나 감염에 노출되기도 함. 이런 부분들의 최소화를 위한 지식의 습득과 활용이 필요함
- 또한 개인의 건강관리도 필수 요소임. 동물보건사의 대부분은 서서 일하거나 치료중이거나 채혈할 때 동물을 보정함. 그러한 업무를 원활하게 수행하기 위해서는 평소 체력관리가 필요함

④ 동물보건사가 이러한 역량들을 갖추기 위해서는 대화의 기술과 사명감과 그에 따르는 지식이 필요함. 대화의 기술에는 적극적 경청과 원활한 의사소통이 있음. 동물보건사는 수의사와 끊임없이 환자에 대한 소통을 해야 함. 또한 원내 직원들과의 원활한 소통이 환자의 회복과 보호자와의 신뢰에 중요한 요소가 됨. 이는 팀워크를 강화하기도 함

⑤ 여러 동물에 대한 관리와 모니터링, 검사능력 등이 요구됨. 다양한 기술적 지식(교감 능력/동물 간호 능력/보호자 서비스/동물의 권리와 복지 등)을 습득하여 사고를 예방함

⑥ 다양한 사람들과 동물이 함께 있는 공간에서는 동물병원의 특수성을 이해하고 업무를 조정할 수 있는 능력이 필요함. 또한 이러한 것들을 고객들에게 제공할 수 있으며 나타내 주는 것이 바로 서비스 마인드임

(4) 동물보건사의 직무와 기술

① 동물병원이나 수의임상과 관련된 기관에서 수의사를 지원하고 동물관리와 고객응대, 위생관리 등의 환경관리 업무를 수행하며 세부적인 내용은 다음과 같음

- 입원동물간호
- 임상병리
- 외래동물간호
- 방사선
- 수술보조
- 원무관리
- 고객상담
- 위생관리
- 의료소모품 및 기기관리
- 직원교육

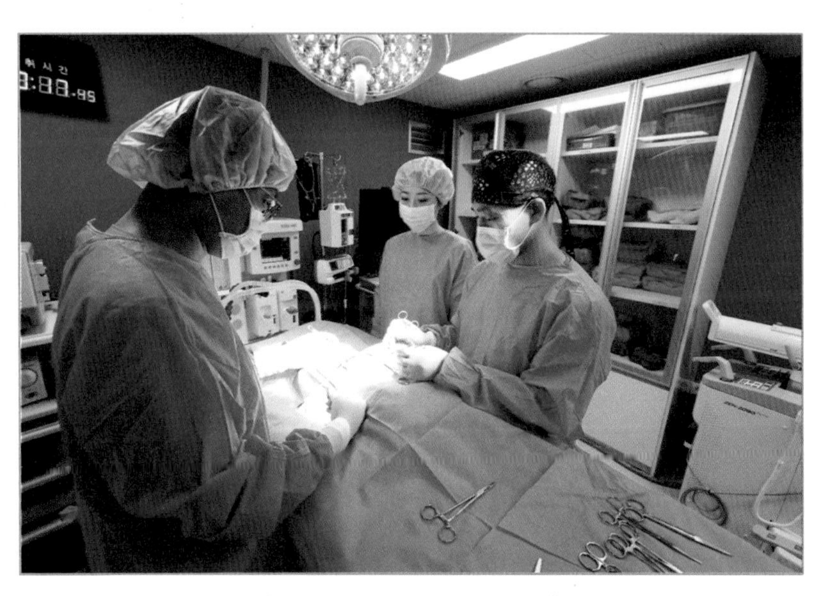

[동물보건사의 수술 assist]

② 입원동물 간호에서는 환자를 모니터링하고 환자를 종합적으로 관리함. 임상병리, 방사선 검사 등을 진행하고 수의사가 처방한 약물과 처치를 실시하고 검사기록을 보관함. 보정 및 기초문진, 신체검사로 수의사의 진료를 보조하고, 약물 및 위생관리를 수행하여야 함. 수술실 관리와 수술 시 보조를 하고 이후 재활치료를 진행함. 반려동물의 상태에 대해 보호자와 의견을 나누고 접수 및 수납, 용품 판매 및 관리, 소모품 등을 조사하고 관리함. 또한 이러한 업무에 숙련된 자들은 신입 동물보건사들에게 교육을 할 수 있음. 이들에게는 다음과 같은 기술을 요구함

- 동물의 보정
- 반려동물의 행동학, 영양학, 사양관리
- 환자관리를 위한 동물보건지식(해부생리학, 질병학, 공중보건학, 응급간호학 등)
- 활력징후 모니터링
- 검사 및 의약품 관리에 관한 지식
- 혈액, 대변 및 기타 샘플 채취
- 수술실 관리업무에 대한 지식
- 수술환자관리를 위한 동물보건지식
- 재활운동
- 응급처치
- 동물보건윤리 및 복지관련 법규
- 고객상담능력

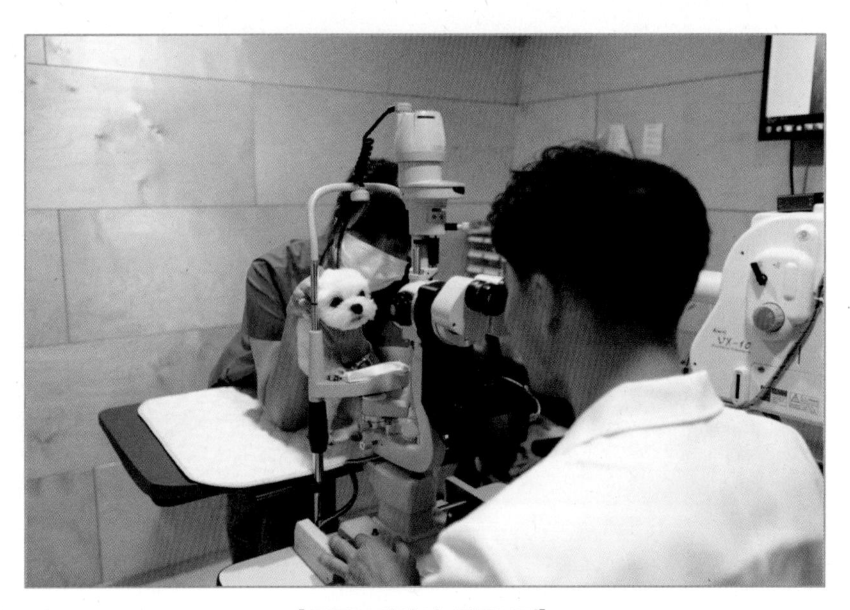

[동물보건사의 동물보정]

③ 동물보건사는 사람의 간호사가 의사에게 하는 것과 유사한 방식으로 수의사에게 서비스를 제공함. 동물보건사는 동물의 보호자로부터 질병이 발생되는 의학적 배경을 파악하고 치료 또는 약물 관리를 도우면서 환자를 케어하고, 정확한 보정기술을 활용하여 치료를 도움. 필요에 따라 혈액 및 기타 샘플을 검사를 하며, 응급실이나 검사실, 약제실, 수술실 등의 환경관리와 약품관리를 함

④ 동물보건사가 일하는 위치에 따라 업무의 수행이 다를 수 있음. 예를 들어, 지역의 소규모 동물병원에서 일하는 사람들은 수의사의 치료를 돕고 보호자와 소통하여 진료에 협력하는 것에 더 많은 시간을 할애할 것임. 그러나 종합병원이나 2차 진료를 하는 동물병원에서 일하는 사람들은 각자의 직무를 수행하는 환경이 다를 수 있고 때로는 환자관리에, 때로는 수술실관리에, 때로는 검사실관리에 더 많은 시간을 보낼 수 있음

⑤ 응급상황에서는 누구나 생명을 구하고 고통을 경감시킬 목적으로 수행하는 응급처치를 허락함. 동물보건사도 일반인과 마찬가지로 수의사법에 저촉되지 않는 범위에서 응급처치를 수행할 수 있으며 그에 관한 지식이 필요함

02 동물보건사의 직업윤리

☑ 윤리학이란 '좋음과 나쁨', '옳음과 그릇됨', '정의와 불의'를 다루는 학문임. 인간집단이 사회생활 속에서 다양한 관계 간에 행하여야 할 바른길, 즉 올바르고 정확한 것에 대한 관심이 행동으로 나타나는 것임. "윤리는 사회적 존재로서의 나와 타인이 서로에게 마땅히 지켜야 할 사회적 규범"(박형근 외, 2017), 즉 인간행동을 평가하고 그 가치를 규명하는 철학

☑ 직업윤리는 '일에 대한 긍정적 가치관과 직장 내 갈등 상황을 도덕적으로 해결하는 능력'으로 정의됨. 그동안 직업윤리는 개인적 차원에서 고용의 가능성과 안정성을 높여주고, 사회·국가적 차원에서 생산의 효율성을 증대시키며, 새로운 기술개발을 촉진하여 국가 경쟁력과 이미지에 큰 영향을 주는 것으로 인식되어 왔음. "일에 대한 긍정적 가치관과 직장 내 갈등 상황을 도덕적으로 해결하는 능력"(장유정, 2016)으로 정의하였음. 최근 들어서는 청렴, 부패방지 등이 사회적 화두로 떠오르며 그 중요성이 한층 부각되고 있음. 이에 따라 직업윤리의 교육의 필요성 역시 강력하게 제기되고 있으나 직업윤리교육을 요구하는 사회 전체의 합의된 인식에 비해 이에 대한 연구는 거의 전무한 실정임. 고용사정의 악화와 이로 인해 발생하는 연쇄적 문제점들이 하나 둘 노정되고 있는 상황에서 직업윤리교육의 실시는 시급한 국가·사회적 과제가 되고 있음

☑ 위에서 살펴본 바와 같이 직업윤리는 직업인으로서 마땅히 지켜야 할 도덕적 가치관으로 정의할 수 있음

☑ 수의윤리학은 동물과 관련된 윤리학이며 수의사나 수의 관련 직종에 직접적으로 관련된 사람들과 관련된 학문임. 이에 따라 동물보건사의 직업윤리는 동물보건사의 정의에서 보듯이 "동물의 생명과 건강을 최우선으로 하여, 수의사의 진료를 돕고 수의사와 보호자, 환자의 원활한 소통과 상호작용을 통해 환자의 질병 예방과 치료효과가 극대화 될 수 있도록 하는 전문가"에 부합하는 윤리의식을 함양해야 함

☑ 이러한 윤리의식을 위해 동물보건사는 다음과 같은 사항들을 살펴볼 수 있음

(1) 전문직종의 구성요소

① 동물보건사가 동물병원의 전문직으로 발돋움하기 위한 기준을 살펴봐야 함. 전문직은 그 구성원을 위한 두 가지 기준이 상정되어 있음

② 첫 번째는 전문성을 요하는 지식이고, 두 번째는 전문성에 수반되는 윤리 기준임. 전문직의 윤리규정은 구성원과 대중에게 동물보건사가 어떻게 행동하여야 하는지에 대한 전반적인 규정뿐만 아니라 어떻게 동물보건사의 임무를 정의해야 하는지에 대한 부분을 나타내고 있음. 전문직으로 분류되는 수의사와 의사, 간호사, 변호사, 판사 등은 그들이 갖추어야 하는 특정한 윤리가치와 윤리적 위상을 반드시 지니고 있음. 동물보건사 역시 이 부분에 대해 지속적으로 고민하고 연구하여 사회적 합의를 거친 윤리적 기준을 도출할 수 있어야 함

③ 전문가기질(professionalism)에는 개인적 약속과 실천이 포함되고, 사회적 집단으로서 전문가들이 집단적으로 동등하게 약속을 실행하는 것이 포함되어야 함. 이런 실행이 사회 전반적으로 수용되고, 동의될 때 전문직의 특성을 갖게 됨. 이런 실행에는 교육과 조직구성, 헌신, 책임감 등을 요구함

(2) 동물보건사의 윤리의식의 필요성

① 우리사회는 사람 간의 긴밀한 관계를 서로 맺으면서 살아감. 동물병원 안에서도 수의사와 동물보건사 그리고 동물환자를 데려오는 보호자인 고객을 통해 다양한 관계의 네트워크가 형성됨

② 이때 '나 하나쯤이야'라는 생각은 서로의 관계에 악영향을 미치게 됨. 동물병원 내부에서도 당장 해야 할 일이 아니라고 생각하거나, '누군가는 하겠지'라는 생각으로 업무를 진행하다보면 고객에게 영향을 주기도 하고, 동물의 건강을 위협하는 일이 발생되기도 함

③ 예를 들면 입원환자를 담당하는 동물보건사가 별도로 없을 경우 동물이 대변을 보았을 때 '누군가가 치우겠지'라고 그냥 넘긴다면 입원환자의 케어가 제대로 되지 않고 있음을 의미함. 또한 배변 확인이 제대로 이루어지지 않음으로써 건강상태를 확인하기 어렵고, 이후 동물의 몸이 오염되어 환자를 관리하는 일이 더욱 어려워지게 됨

④ 어떠한 직업을 선택할 때는 자신의 적성에 적합하고 행복감, 성취감을 느낄 수 있는 직업을 선택해야 하며, 선택한 직업의 역할에 부합하는 도덕성을 잘 수행할 수 있도록 자신의 직무에 따른 직업윤리를 인식하고 실천해야 함

⑤ 동물보건사에게는 "고객과 환자를 대하는 정직함과 자기 자신의 이름과 병원을 향상시키려는 성실함, 환자를 관리하는 책임감, 고객에 대한 신용과 비밀에 대한 존중과 같은 능력"을 요구함

⑥ 동물보건사는 자신의 가치와 신념, 생명존중에 입각한 직업의식, 윤리적 의사결정과 책임감을 갖추어야 함

⑦ 동물보건사의 윤리의식에서는 두 가지를 중요하게 살펴볼 필요가 있음. 첫 번째는 직업적 행동과 자세이며, 두 번째는 개인의 가치관을 확립하는 것임

(3) 동물보건사의 직업적 행동과 자세

동물보건사가 가져야 하는 직업적 행동과 자세는 다음과 같음

1) 천직의식과 소명의식

동물보건사는 자신의 직업에 대한 열정을 가지고 최선을 다하는 자세가 필요함

2) 전문가의식과 봉사의식

전문가의식은 한 분야에 깊이 있는 지식과 경험을 쏟아야 하는 자세이며, 봉사의식은 동물에 대한 사랑과 측은지심을 토대로 동물생명을 위해 봉사해야 함

3) 직분의식과 책임의식

① 직분의식은 자신이 하고 있는 일이 사회나 기업, 기타 타인을 위해 중요한 역할을 하고 있다고 믿고 자신의 활동을 수행하는 의식을 말함

② 동물보건사 업무의 중요성을 기억하고 업무목표를 달성하고자 하는 자세

4) 직업적 양심과 정직

동물보건사가 가져야 할 최소한의 도리이며 같이 일하는 동료에 대한 기본적 예의를 필요로 함

5) 고객 입장의 의료서비스를 제공하려는 노력

① 고객의 동물이 건강을 증진하고 질병 문제를 해결할 수 있도록 돕는 것, 고객의 심리상태와 동물의 건강상태를 전반적으로 헤아리고 편안하게 서비스 받을 수 있도록 돕는 노력이 포함됨

② 동물보건사에게는 고객과 환자를 대하는 정직함과 자기 자신의 이름과 병원을 향상시키려는 진실성, 환자를 대하는 책임감, 고객에 대한 신용과 비밀에 대한 존중과 같은 능력을 요구함

(4) 개인의 가치관 확립

① 동물을 돌보는 직업으로서의 가치관 확립과 이미지 수립이 매우 중요한 부분을 차지함
② 개인의 가치관 확립을 위해서 중요한 부분은 평소 동물보건사들이 동물에 대한 생각과 이해도(동물복지, 인간과 동물관계, 동물기본권, 생명윤리, 동물보호, 동물학대금지 등 개인 가치관)와 개인의 품성과 습관 등이 중요한 요소가 됨
③ 동물보건사에게 요구되는 개인의 품성과 습관, 버릇 등(인간과 동물의 생명의 존엄성을 바탕으로 성실성, 공정성, 배려하는 태도, 친절성, 청렴성, 정의성, 상호존중 태도, 협력성, 공익성, 적극적인 참여자세, 보편성, 예측성, 책임성, 전문성, 봉사성, 근면성, 절약성, 소명의식, 자부심, 진취성, 기밀보장성 등)을 관리하여 그에 맞는 이미지를 갖추는 것이 필요함

03 동물보건사의 이미지

☑ 이미지란 마음속에 떠오르는 사물에 대한 감각적인 영상이나 심상, 인상 또는 표상을 의미함. 또한 이미지는 언어 이상으로 범위가 넓고 직접적으로 호소하는 힘을 가지고 있어 두뇌만의 이해를 초월한 좀 더 오감을 자극하는 감각적, 신체적인 것으로도 말할 수 있음

☑ 그러나 사람들이 갖고 있는 이미지는 개인차도 크고 여러 가지 상황에 따라서 각기 다를 수도 있음. 여러 외부 자극은 새로운 의미를 가지게 되는 지각 과정을 거쳐 의미가 생성되고 이를 통해 이미지가 만들어짐

☑ 하나의 이미지가 형성된다는 것은 시각적인 형상과 모습과 같은 가시적인 요소로부터 개념, 느낌, 분위기, 연상과 같은 관념적 요소까지 아우러져 형성된 의미라 할 수 있음

☑ 동물보건사 개인의 이미지는 곧 동물병원의 이미지로 부각되기도 함. 고객이 갖게 되는 동물병원의 이미지가 동물보건사 개인이 가진 따뜻함, 친근함, 신뢰감, 전문적인 모습들로 동일시하게 됨

☑ '이미지를 만든다.'는 것을 의미하는 image making은 이미지 형성에 영향을 주는 외모, 행동과 같은 여러 자극요소들을 자신이 표현하고자 하는 이미지에 맞추어 연출함으로 타인에게 좋은 이미지를 갖도록 하는 것. 다시 말해 나 자신의 본질은 그대로 일지라도 보여주고 싶은 나의 특성을 의복과 같은 외모요소와 함께 표정, 말투, 매너 등의 행동요소의 적절한 연출을 통해 목적에 맞게 개발된 이미지의 나로 만드는 것

☑ 타인에게 비추어지는 이미지에 개인은 많은 영향을 받음. 단적으로 다른 사람들이 겉으로 드러나는 이미지에 따라 당신을 대한 태도를 결정하고 그에 따라 행동하는 것이며 그 반응이 긍정적인 것이면 자신도 일에 자신을 갖게 되지만 부정적일 때는 쉽게 자신을 포기하게 됨. 이와 같은 현상은 자신의 이미지에 대한 반응은 또 다시 밖으로 드러나는 자신의 이미지에

영향을 줌

☑ 자신의 이미지는 자신이 드러내는 이미지이며, 상대방의 반응이 복합 작용하여 창출되는 것임. 그렇기 때문에 우리는 남을 위해 이미지를 생각하는 것이 아니라 우리 자신을 위해 이미지를 향상시켜야 함

☑ 동물병원의 동물보건사는 동물병원 서비스의 수요자인 동물과 보호자를 최일선에서 만나 동물병원의 이미지를 가장 먼저 전달함. 또한 동물병원의 안내자이자 상담자로서 친근한 이미지와 함께 동물전문가로서의 이미지를 함께 가짐. 이때 우리는 동물병원에 방문하는 고객이 어떤 이미지를 생각할 것인지 고민하여야 함

[동물보건사의 이미지]

→ 바람직한 동물보건사의 이미지는 '밝고, 친절하며 부드러운 전문가로서의 모습'으로 만드는 것이 매우 중요

(1) 고객설득을 위한 이미지 창출

① 동물병원에서 고객에게 우리는 많은 이야기를 전달하게 됨

② "누군가에게 메시지를 전하고 싶을 때 가장 중요한 것은 무엇일까?", "동물병원에 내원하는 고객에게 충성도를 높여 이끌어 가고 싶을 때는 어떻게 해야 할까?" 위의 질문에 대한 답으로 동물의 문제점을 정확하게 파악하고 최대한 논리적인 해결책을 제시하거나, 최대한의 정성과 진심의 서비스를 제공하는 것을 표현하는 말하기 기법을 통해 감동을 주는 방법도 있음

③ 이때 동물보건사의 적절한 이미지를 구성하여 활용하는 방법은 적은 노력으로 최대의 효과를 발휘할 수 있으며, 부적절한 이미지가 형성되면 개인뿐만 아니라 동물병원 전체의 이미지에도 부정적인 효과를 나타낼 수 있음

④ **아리스토텔레스의 설득의 3요소**: 설득의 3요소 중에는 이성(로고스)과 감성(파토스), 그리고 화자(에토스)가 포함됨

논리 (logos, 이성)	논리적 근거나 실증적인 자료 등으로 상대방의 결정을 정당화시킬 수 있는 근거를 제공하는 논리적 측면으로 설득에 10% 영향
감정 (pathos, 감성)	공감, 경청 등으로 친밀감을 형성하거나 유머, 공포나 연민 등 감정을 자극해 마음을 움직이는 감정적 측면으로 설득에 30% 영향
신뢰 (ethos, 화자)	명성, 신뢰감, 호감 등 메시지를 전달하는 사람에 대한 인격적인 측면으로 설득 과정에 60% 영향

⑤ 우리는 신뢰를 형성하기 위한 이미지를 만들어 고객들에게 전달해야 함

⑥ '저는 동물을 사랑하고 보살피는 따뜻한 마음을 가진, 고객에게 친근하게 다가가고, 동물보건사로서의 전문성을 가진 사람입니다.'라는 메시지가 이미지를 통해 전달되어야 함

(2) 동물보건사의 이미지 만들기

동물보건사의 이미지를 만들기 위해서는 개인이 가진 인사, 자기소개, 표정, 미소, 목소리, 자세·위치·움직임, 용모와 복장, 마음가짐 등을 살펴보아야 함

1) 관심을 나타내는 인사

① 인사는 상대방에게 자신을 알리는 첫 번째 단계로 호의와 존경심, 서비스 정신을 나타내는 마음가짐의 표현임. 이는 동물병원에 방문하는 보호자와 동물환자와의 원만한 관계 형성의 토대가 될 수 있음

② 올바른 인사의 효과는 이미지 향상에 크게 작용함. 상대의 인격을 존중하고 배려하며 경의를 표시하는 수단이 되기도 함. 또한 우애와 친밀감을 표현할 수 있음. 특히 초기 신뢰관계, 즉 라포를 확립하기 위해서 필수적인 요소로 평가되고 있음

③ 처음 고객을 맞이할 때는 눈 맞춤, 미소와 같은 적절한 비언어적 접근과 더불어 다음과 같은 적당한 인사말을 사용함으로써 비교적 쉽게 고객을 맞이하고 자신을 소개할 수 있음

④ 움직이고 있는 상태에서 인사를 나눌 때에는 상대방과 서로 다른 방향으로 진행하고 있다면 먼 거리에서는 먼저 인사할 준비를 하고, 준비된 후 두 사람의 거리가 2~3미터 정도가 넘지 않는 거리에서 인사를 나누도록 함

⑤ 인사를 나눌 대상과 갑자기 마주치게 되거나 측면으로 만나게 되는 경우에는 상대를 확인하는 즉시 인사를 나누도록 하며 상대방의 인사에 응답을 하는 것보다는 내가 먼저 반갑게 인사를 건네는 것을 생활화하여야 함

⑥ 인사는 서로 주고받는 것으로 누구든지 먼저 본 사람이 먼저 인사하는 것이 예의임. 받는 것보다 하는 데 의의가 있음. 이때 단순한 인사말의 반복은 고객이 존중받지 못하거나 기억되지 않는 사람이라는 인식을 남길 수 있으므로 날씨, 칭찬, 관심 또는 배려의 작은 안부를 묻는 인사를 하도록 함

TIP 라포(Rapport)

- 사람과 사람 사이에 생기는 상호신뢰관계를 말하는 심리학 용어
- 서로 마음이 통한다든지 어떤 일이라도 터놓고 말할 수 있거나, 말하는 것이 충분히 감정적으로나 이성적으로 이해하는 상호 관계를 말함

⑦ 고객방문 시의 인사

동물보건사	• "안녕하세요? 진료 보러오셨지요? 예약하셨나요?" • "안녕하세요? 둥이가 오랜만에 왔네요. 몇 시에 예약하셨나요?" • "안녕하세요? 날씨가 더운데 오시느라 힘드셨죠? 물 한잔 드릴까요?" • "안녕하세요? 아기가 많이 힘들어하나요? (캐리어) 제가 도와드릴까요?"

⑧ 상대방에 대한 관심을 가지고 그들의 변화에 주목해야 하는데, 그렇지 못할 때는 고객과의 관계형성에 문제가 발생할 수 있음. 만약 작은 인사말을 주고받는다면 고객들이 당신에게서 자신이 특별한 대우를 받고 있다는 생각을 하게 될 것임. 또한 다양한 인사말로 상대방에게 관심과 애정을 표현하는 것이 좋으며 그로 인해 당신의 인간관계는 아주 풍성해질 것임

⑨ 고객에게 '눈길에 오시느라 힘드셨죠?', '너무 추우시죠? 고생하셨어요!' 등의 인사와 동물병원 내의 동료와 선생님들과도 '추운데 출근하느라 고생했어요.', '잘 가, 운전 조심해!'라는 작은 안부를 묻는 small talk를 더하는 것은 호감을 더하는 인사법이 될 것임

⑩ small talk를 사용할 때는 고객의 변화에 민감하게 반응하는 것이 좋음. 고객의 신상변화나 환자의 외형적 변화, 질병의 호전 상태로 인사를 시작하는 것도 좋음. 본래 비만이었던 강아지를 보고 "어머, 허리가 잘록해졌네요." 등의 재치가 있으면 분위기를 더 좋게 만들 수 있음. 이러한 인사는 고객에 대한 배려나 관심으로 받아들일 수 있음

TIP small talk

- 대화의 기능적 주제나 다루어야 할 거래를 다루지 않는 비공식적 유형의 담화
- 본질적으로 중요하지 않은 것에 대한 예의 바른 대화
- 잡담을 하는 능력은 사회적 기술 → 잡담은 일종의 사회적 의사소통

2) 초기 라포(Rapport) 확립에 중요한 자기소개

① 고객경험에서의 인사와 자기소개는 신뢰도를 높이고 안정감을 주는 효과를 줌. 앞에서 이야기 했듯이 인사는 인간의 삶에서 가장 기본적인 요소로 사전적 의미를 보면 '마주 대하거나 헤어질 때 예를 표함, 또는 그런 말이나 행동'으로 정의함. 여기에 더불어 동물보건사가 자신을 소개하는 것을 함께하면 신뢰감이 상승함

② 동물보건사들이 동물병원에서 고객의 불만사항을 살펴보면 '동물보건사가 자신을 소개하지 않거나 어떤 역할의 사람인지 몰라서 신뢰할 수 없었다.'라는 불만요소가 발생할 수 있음

③ 초기 라포를 형성하기 위한 자기소개는 다음과 같은 순서로 진행

> 고객 그리고 환자와 인사하기 → 자신을 소개하기 → 자신의 역할을 분명하게 말하기 → 환자의 이름 알아내기 → 관심과 존중 보이기 → 환자와 보호자가 육체적으로 편안할 수 있도록 주의를 기울이기

④ 고객방문 시의 자기소개

동물보건사	• "안녕하세요. 원무팀 김수연입니다. 처음 방문이신가요? 우리 친구 이름이 무엇인가요? 둥이야~설사해서 왔구나! 잠시만 앉아서 기다려주세요. 빠른 시간 내에 진료 연결할 수 있도록 하겠습니다." • "안녕하세요. 동물보건사 김수연입니다. 둥이 면회 때문에 오셨지요? 지금 입원실에 처치 중이어서 5분 정도 후에 면회 가능합니다. 대기실에 앉아서 잠시만 기다려주시겠어요?"

3) 공감의 표정 만들기

① 동물보건사의 이미지를 수립하기 위하여 핵심기술 중의 하나는 공감의 기술

② 많은 사람들이 공감을 기술보다는 성격의 문제로 생각함. 물론 누군가는 천성적으로 공감 능력이 뛰어난 사람이 있음. 하지만 공감의 기술은 습득이 가능

③ 공감 반응의 요소를 확인하고 고객과 동물보건사 모두에게 진심으로 보이도록 자신의 자연스러운 스타일로 공감 요소들을 통합하게 하는 것은 중요한 과제

④ 또한 동물보건사가 고객과 공감하고 있다는 것을 외형적 이미지로 보여줄 수 있어야 함. 환자가 너무 아파서 보호자가 고통스러워하고 있는데 밝은 미소로 응대하거나, 동물병원에 불만사항을 표출하는 상황에서 전혀 이해할 수 없다는 표정을 보인다면 동물보건사 개인의 역량뿐만 아니라 동물병원 전체에 대한 신뢰가 떨어질 수 있음

⑤ 공감의 핵심은 고객에게 관심을 가지고 있고, 그 마음을 충분히 함께하고 있다는 것을 명백하게 보여주는 것이기도 함. "저는 당신의 마음을 알고 있어요. 그리고 저도 그 마음을 이해합니다."라는 것을 표정으로 전달하면서 신뢰를 형성하는 것

⑥ 얼굴은 그 사람을 대변하는 부분으로서 사람의 신체 가운데 표현력이 가장 잘 드러남
- 해부학자들에 따르면 사람은 웃거나 울거나 찡그릴 때 얼굴근육 80개가 방사 형태로 퍼지면서 움직임
- 사람의 얼굴표정은 얼굴의 크고 작은 근육이 움직이며 나타나는 7,000여 가지 조합으로 이는 표정으로 나타남

- 사람은 얼굴표정으로 속마음을 나타내기도 하고 상대방의 기분을 판단하기도 함. 바람직한 얼굴표정이란 평소에 마음가짐을 바르게 하고 교양을 쌓아 품위 있는 인격을 함양시켜야만 나타낼 수 있음

⑦ 좋은 표정이란 얼굴 전체가 자연스럽게 만들어 내는 상황에 적절한 표정, 그리고 평소에는 잔잔한 미소가 배어있는 자연스러운 표정

⑧ **메라비언의 법칙**: 첫인상을 결정짓는 요소로 시각적 요소인 외모, 즉 체형, 표정, 옷차림새, 태도, 제스처 등이 80%를 차지함. 그만큼 외모는 첫인상을 결정짓는 데 중요한 역할을 하고 있음을 알 수 있음

⑨ 외모 중에서 얼굴의 표정이 가장 큰 역할을 함. 흔히 외모의 핵심은 얼굴에 있다고 하는데 특히 미소는 상대방에게 호감을 주는 중요한 요소가 됨. 호감 가는 미소는 상대방의 마음을 열게 해서 협조적인 인간관계를 만드는 데 효과적이며 자신도 적극적이며 활기찬 사람으로 만듦

⑩ **호감 가는 표정을 지닌 사람들의 특징**
- 매우 적극적인 성격을 가지고 있음
- 밝은 마음을 가지고 있으며 다른 사람과의 만남이 편함
- 항상 여유가 있음
- 일상 대화에서 유머를 잘 활용함
- 밝은 표정을 위해서 끊임없이 노력함

TIP **메라비언의 법칙**

- 심리학자이자 UCLA의 교수였던 앨버트 메라비언(Albert Mehrabian)이 발표한 이론
- 상대방에 대한 인상이나 호감을 결정하는 데 있어서 보디랭귀지는 55%, 목소리는 38%, 말의 내용은 7%만 작용함

4) 자연스러운 미소와 눈 맞춤

① 미소를 받는 고객의 입장에서는 친절, 봉사, 환영의 느낌을 받음. 진정한 마음에서 우러나오는 미소야 말로 고객에게 긍정적 인상을 주는 것은 물론 동물과 사람이 편안한 마음으로 쉼터를 제공받을 수 있을 것임

② 미소는 기뻐서 소리를 내는 것이 아니며 웃음과 분명히 구분됨. 자연스러운 스마일은 형식적이거나 가식적이지 않은 진실이며 시끄럽거나 소란스럽지 않은 조용한 웃음임. 따라서 절대적인 자기감정과 연결이 되어야 함

③ 사람들은 각자 생김새가 다르기 때문에 어울리는 미소도 다름. 얼굴의 이목구비의 생김새는 상대방이 느끼는 인상에는 많은 영향을 주지 않음

④ 눈 맞춤은 고객으로 하여금 동물보건사가 동물진료에 함께 참여하고 들을 준비가 되어 있다고 추론하게 함. 눈 맞춤이 없으면 고객은 동물보건사의 시선을 되돌리도록 비언어적 노력(눈 맞춤, 자세, 위치, 움직임, 얼굴표정, 목소리 등)을 하고 제공된 정보의 질과 양은 감소함. 고객은 진료에 활용하거나 자신이 하고자 하는 이야기를 전달하기 위해 좀 더 천천히 그리고 덜 완벽하게 줄 것이며 동물보건사는 제공된 정보를 잘 듣지 못하게 될 것임

⑤ 환한 웃음도 중요함. 무감각하거나 무표정하기보다는 가능한 웃어 보이려는 노력이 필요함. 허나 습관적이거나 형식적인 웃음이 인위적이라는 것은 고객 역시 느낄 수 있음

⑥ 자연스러운 미소를 만들기 위해서는 평소 마음이 안정되어 있는 상태가 중요함. 내가 화가 나 있거나 슬픈 상황에 웃는 얼굴을 보이기는 쉽지 않을 것임. 또한 평소에 얼굴의 근육을 경직된 상태로 만들지 않는 것이 좋음

⑦ 온화한 시선을 위해서는 자연스럽고 부드러운 시선으로 상대를 보며 가급적 고객의 눈높이와 시선을 맞춤(이때는 동물에게는 적용되지 않으며, 동물은 낯선 사람이 정면으로 다가설 때 두려움을 느낀다는 것을 동물행동학으로 알 수 있음). 보호자와 마주할 때 눈을 위로 치켜뜨거나 아래위로 훑어보는 시선은 피하는 것이 좋음

[자연스러운 미소와 눈 맞춤]

⑧ 밝은 인사로 상대방의 눈을 마주보고 온화한 미소와 함께 고객을 맞이했다면, 고객의 질문이나 상황에 따라 진지, 화남, 놀람, 슬픔, 감사, 기쁨 등 여러 가지 공감의 표정으로 자연스럽게 응대하는 것이 좋음

5) 호감 가는 음성

① 밝은 마음이 밝은 목소리를 나타냄. 동물병원에 내원한 고객뿐만 아니라 모든 사람들과 대화를 할 때는 다음과 같이 수행함

- 가슴을 활짝 폄
- 반가운 상대를 만났다고 생각함
- 지금부터 펼쳐질 대화가 몹시 재미있을 거라고 기대함

→ 물론 늘 이런 마음을 유지하기는 쉽지 않기에 항상 자신의 마음을 돌아보는 여유를 가져야 할 것

② 목소리 자체를 고치거나 변형하기는 쉽지 않지만 연습으로 어둡거나 가벼운 음성을 개발하고 변화시킬 수는 있음

③ 흔히 목이 약하다고 하는 사람들의 대부분은 그 증거로 쉽게 갈라지고 가라앉는 목소리를 이야기하지만 목소리가 쉽게 변하는 원인의 50%는 자기 본 목소리를 제대로 내지 않기 때문. 미국 이비인후과 전문의 쿠퍼 박사에 따르면 대부분의 사람들이 자기 목소리를 잃고 살아간다고 함

④ 효과적인 목소리를 관리하기 위해서는 다음의 습관을 갖는 것이 좋음
- 목을 피로하게 하는 습관 대신 목의 부담을 덜어주는 습관을 갖도록 노력할 것
  - 하루 6~10잔 이상 물을 마실 것. 수분을 충분히 공급하면 성대점막이 촉촉해서 쉽게 상처 나는 것을 방지할 수 있음
  - 술, 카페인, 음료, 유제품은 피함. 이들은 체내에서 수분을 빼앗아 건조한 성대를 만드는 원인이 됨
- 헛기침은 되도록 삼갈 것
  - 큰 소리로 호탕하게 웃는다거나 헛기침도 목에 무리를 줌
  - 헛기침을 하게 되면 일시적으로 성대점액이 빠져나가 목이 깔끔해지는 느낌이 들지만 곧 다른 점액이 그 자리를 메워 다시 헛기침을 하는 악순환이 반복됨
- 시끄러운 환경에 노출되었을 때 목소리를 높여 이야기하는 것을 자제할 것

⑤ 어떤 사람을 만났을 때 왠지 모르게 끌린다면 그 사람의 매력이 목소리를 통해서 발생되는 경우를 본 적이 있을 것임. 그것을 통해 우리는 이미지를 만드는 데 외모나 성격 못지않게 음성의 매력이 중요하다는 사실을 알 수 있음

⑥ 많은 사람들이 매력적인 음성에는 무관심함. 목소리를 바꿀 수 없다고 생각하기 때문이지만, 이는 사실과 다르며 우리가 내는 목소리가 본래의 목소리가 아닐 수도 있음. 매력적이고 훌륭한 목소리를 내기 위해서는 무엇보다 기본기를 닦는 것이 필수적임

⑦ 매력적인 목소리를 위해서는 첫 번째 목의 건강을 관리해야 함. 악기가 좋아야 소리가 좋은 것처럼 목이 건강해야 좋은 목소리가 나옴. 두 번째 편안한 음성으로 이야기하는 연습이 필요함. 이를 통해 목소리를 내는 근육의 힘을 천천히 기를 것. 운동할 때를 생각해보면 몸을 안 움직여 근육이 없는 사람이 과도한 운동을 하면 병을 얻음. 자기 몸에 안 맞는 운동을 하였을 때도 마찬가지. 그래서 사람들은 기초체력이라는 말로 기본기의 중요성을 이야기함

6) 고객을 향한 자세

① 올바른 자세는 동물병원 서비스를 위한 마음의 표현으로, 고객과 상담하는 동안 호주머니에 손을 넣고 짝다리를 한 채 몸을 벽에 기울여서 이야기를 듣는다면 상대방은 매우 당신을 무례하다고 느낄 수 있음

② 올바른 자세는 눈에 보이는 비언어적 표현이므로 나쁜 버릇이나 태도는 고치도록 하며 몸은 항상 상대방을 바라보고 있어야 함

③ 모든 상황에 고객과 함께 하는 자세를 취해주는 것이 좋음. 고객이 앉아서 동물을 쓰다듬으면서 이야기한다면 우리도 함께 앉아서 이야기를 들어주는 것이 좋음

④ 또한 테이블에 앉았을 때는 몸의 하체가 책상이나 다른 곳을 향하는 것보다는 고객을 향하고 있는 기본적 자세는 고객이 자신의 이야기를 유창하게 말하는 데 더 많은 도움을 줌

⑤ 이러한 몸의 자세나 위치, 움직임은 고객을 배려하는 마음에서 시작됨

7) 동물보건사의 용모와 복장

① 외형적 이미지는 의사소통의 기술과도 연관되어 있음

② 용모와 복장이 중요한 이유

- 첫째, 첫인상을 좌우함. 동물병원에 속해 있는 동물보건사는 개인으로 이미지가 곧 동물병원의 이미지가 됨. 내가 속해 있는 동물병원의 이미지를 결정하는 것에 나의 용모와 복장이 크게 영향을 줌. 처음 방문한 동물병원에서의 선생님들이 모두 직업에 맞는 옷을 갖춰 입지 않고 있다면 그 동물병원의 전문성을 의심할 수 있음
- 두 번째, 동물보건사의 역할에 맞는 복장을 착용함으로서 업무의 시작으로 환기시킬 수 있으며 이를 통해 업무의 능률이 향상됨. 또한 복장을 통해 자부심을 줄 수 있음. 동물보건사를 비롯하여 수의사와 함께 올바른 복장을 착용하고 있다면 그 동물병원은 매우 신뢰가 가는 곳으로 인식될 것

③ 복장을 제대로 갖춘다는 것은 Time, Place, Occasion 세 가지 요소를 갖추어야 함. 즉 자신이 있어야 하는 곳의 자리와 위치, 상황 등에 맞는 옷차림을 말하는 것

- 동물보건사의 복장은 본인에게 잘 맞고, 동물병원의 구성원으로서 전문성을 보여주는 깔끔함과 통일감이 있어야 하고, 동물간호 및 위생관리 등 효율적 업무를 위한 복장이어야 함. 이는 동물병원의 능력과 수준, 세련미와 신뢰도, 전체적인 분위기를 결정함
- 옷은 다른 사람이 자신에 대해 갖는 느낌을 결정적으로 좌우하며, 자신에게는 자기 암시로 작용하여 업무의 효율성과 자부심으로 실질적인 영향을 발휘함

④ '처음 만날 때 그 사람의 인상은 5초 안에 결정된다. 처음 1~2초는 정지된 영상이고 다음 3~5초는 동영상으로서 가장 뇌리에 남는다.', '사람에 대한 이미지는 30초 안에 이루어진다.' '콘크리트법칙', '초두효과(Primacy effect)' 등의 첫인상에 관련된 연구들이 있음. 이는 첫인상의 중요성을 단적으로 표현한 것임

> **TIP 초두효과(Primacy effect)**
>
> 처음 제시된 정보 또는 인상이 나중에 제시된 정보보다 기억에 더 큰 영향을 끼치는 현상으로 심리학자 솔로몬 애쉬(Solomon Eliot Asch)의 실험으로 알려짐

⑤ 첫인상은 이후 지속적인 관계 형성을 통해 긍정적 변화를 이뤄주고, 고객과의 만남이 단시간 내에 주로 이루어지는 경우에는 무엇보다 큰 영향력을 발휘함

⑥ 동물보건사의 외모와 복장, 표정, 몸짓이 동물병원의 모든 것을 결정하거나 나타내는 것은 아니지만 이를 통해 동물병원의 첫인상을 형성하는 매우 중요하고 결정적인 단서로 작용하게 됨

[동물보건사의 용모와 복장]

⑦ 동물보건사의 용모와 복장은 동물을 관리하고 간호하는 데 안전하고 원활하여야 하며, 신뢰감을 형성할 수 있는 단정하고 동물병원의 위생적 관리를 위하여 다음을 따름

- 여성의 경우 머리를 묶어서 단정하게 유지하고, 남성의 경우 깔끔한 헤어 스타일로 관리함. 이는 동물의 보정 등의 업무를 진행하는 데 눈을 가리거나 환자를 가리지 않도록 하여 원활한 업무를 위해서이며, 과도한 염색과 부스스한 머리카락은 신뢰감을 떨어뜨림
- 복장은 동물병원 안에서만 입는 업무용 복장으로 늘 깨끗하게 유지함. 동물의 특성상 안고 보정하는 경우가 많은데 다른 동물의 각질과 털이 붙어있는 복장으로 새로운 환자를 맞이한다면 위생상 위해할 뿐만 아니라 전문성을 떨어뜨리게 됨
- 화려한 귀걸이나 반지, 팔찌 등은 자칫 사고를 발생시킬 수 있으며, 비위생적인 손과 손톱, 화려한 손톱의 모양과 매니큐어 등에서는 바이러스를 옮기거나 세균 번식이 일어나게 되어 개인 위생관리에도 문제를 야기함
- 신체의 움직임이 많은 업무를 수행하므로 편안한 신발을 착용하되 앞이 막힌 신발을 신어 안전사고를 예방함

8) 동물보건사의 마음가짐

① 평소의 마음가짐은 자연스럽게 행동으로 나타남

② 고객과 동물을 대할 때는 정중하고 사랑스럽게, 그것이 마음속 깊은 곳에서 우러나와야 함. 반기고 감사하는 마음을 가지면 행동과 표정에서 나타나며 개인이 속한 동물병원에 대한 자부심을 당당하고 자신 있게 표현하는 것이 중요함

③ 주변 환경이나 형편에 자연스럽게 어울리는 분수나 품위를 '격'이라고 함. 동물병원의 인테리어 등의 외부환경과 진료의 품질이 높다고 하여도, 그곳에서 동물의료를 제공하는 동물보건사들이 격에 맞지 않거나 기준이 없으면 부자연스럽게 느껴짐

④ 고객들이 동물병원을 결정할 때는 동물병원에 근무하는 직원이 누구인지, 용모가 단정한지, 복장이 통일되거나 전문적으로 보이는지 등도 선택의 요소가 됨. 이런 개개인들의 이미지를 만들고 긍정적인 방향으로 노력해야만 비로소 동물보건사의 격이 완성됨

⑤ 동물병원에 방문하는 고객에게 나의 이야기를 듣게 하고, 나를 신뢰하게끔 하고 싶다면 상대에게 먼저 듣고 싶은 사람으로 보여야 함

⑥ 내가 보여주고 싶은 것을 보여주는 것이 아니라 고객, 즉 보호자와 동물이 보고 싶어 하는 이미지를 갖추는 것이 바로 고객 관점의 '동물보건사 이미지메이킹'이 될 것

04 동물보건사의 자격제도

동물보건사는 국가별로 부르는 명칭이 다르며 미국, 유럽, 캐나다, 오스트레일리아 등은 직업군 명칭, 업무범위 등이 법률에 의해 명시되어 국가자격 형태로 운영되고 있음. 가까운 나라 일본에서도 2019년 「애완동물간호사법」이 제정되어 법률에 의한 국가자격 형태로 운영되고 있음. 미국은 수의테크니션, 영국은 수의간호사, 일본은 애완동물간호사, 대한민국은 동물보건사로 칭함

(1) 해외현황

① 수의테크니션은 미국·일본 등 선진국에서는 이미 활성화된 제도임

② 조사에 따르면 2016년 일본에서는 25,000명의 애완동물간호사가, 2017년 영국에서는 15,000명의 수의간호사가 등록되어 활약 중인 것으로 알려짐

③ 2017년 조사에 따르면 미국에선 전국의 동물병원에 수의사(63,000명)보다 오히려 더 많은 80,000명의 '수의테크니션'이 근무하고 있음

미국	영국	일본
• 1972년 정식 명칭사용 • 수의테크니션(veterinary technician, VT) • 미국수의사회(AVMA) 인증한 교육프로그램 이수 • 국가자격시험(VTNE) • 증명서, 등록증, 면허증 발급 후 공인수의테크니션(credentialed veterinary technician, CVT)자격	• 1963년 수의간호사 양성 • 1965년 영국수의간호협회(BVNA) 설립 • 2년 이상의 교육과정 이수 레벨 3 자격증 취득 • 3년 이상의 대학에서 전공 학위 취득 후 왕립수의사회(RCVS)에 등록 • 1966년 수의사법 규정	• 2017년 본격 논의 • 2018년 「애완동물간호사법」 국회통과 • 2022년 애완동물간호사 면허 시행 • (사)일본동물간호직협회

[동물간호업무의 해외현황]

(2) 국내 동물보건사 도입

① 대한수의사회가 발표한 2020년 2월 기준 수의사 분포 현황을 보면, 총 면허자 수는 20,649명으로 이 중 동물병원에 종사하는 수의사 수는 총 7,667명(34.7%)으로 가장 많이 분포되어 있음

② 동물병원 수의사 총 7,667명 중에서는 반려동물병원에 가장 많은 6,337명(82.7%)이 근무하고 있으며, 농장동물 871명(11.4%), 혼합진료 459명(5.9%) 순으로 나타남. 동물병원 수는 총 4,604개소로 이 중 반려동물병원이 3,567개소(77.5%)로 가장 많았으며, 농장동물 765개소(16.6%), 혼합진료 272개소(5.9%) 순으로 조사됨

③ 해외의 경우와 다르게 국내에는 국가자격제도가 없었기 때문에 동물병원에서는 상황과 필요에 따라서 동물간호의 역할을 수행 중이었음. 동물간호업무와 수의사를 지원하는 동물병원 종사자들에 대한 교육의 필요성으로 각 대학과 학점은행교육기관에서 전문적인 동물보건사 육성에 힘쓰고 있었음. 하지만 수의사 외의 사람이 동물이 진료하는 것은 법과 상이한 부분이 있고, 생명을 다루는 업종에서의 전문직을 요구하는 목소리가 높아지면서 자격제도에 대한 요구가 높아짐

④ 국내에서는 지난 2005년부터 한 민간단체에서 '동물간호복지사'란 이름의 민간자격증을 신설하고 시험 등을 감독해왔음. 이후 논의 끝에 국가공인자격증 도입의 필요성이 제기되며 2018년 수의테크니션 국가자격제도화가 시행되었으며 2021년 8월 동물보건사 자격제도가 시행됨. 2022년 2월 첫 국가자격시험이 시작되며 기존 동물병원종사자와 각 교육기관의 졸업자와 예정자를 포함한 6000여 명이 시험을 준비하고 있는 것으로 추정됨

⑤ 이로서 현재의 동물병원 보조 인력이 전문직으로 양성되면 수준 높은 진료서비스 제공은 물론 새로운 일자리 증가가 될 것이라 예상하며, 미국과 같은 진료환경으로 개선할 경우 고용 창출의 효과도 기대하고 있음

(3) 동물보건사 관련규정

① 「수의사법」 제2조(정의): 동물보건사란 동물병원 내에서 수의사의 지도 아래 동물의 간호 또는 진료 보조 업무에 종사하는 사람으로서 농림축산식품부장관의 자격인정을 받은 사람을 말함

② 「수의사법」 제16조의5(동물보건사의 업무): 수의사의 지도 아래 동물의 간호 또는 진료 보조 업무를 수행할 수 있음. 이는 동물의 간호 업무로 동물에 대한 관찰, 체온·심박수 등 기초 검진 자료의 수집, 간호판단 및 요양을 위한 간호와 동물의 진료 보조 업무인 약물 도포, 경구 투여, 마취·수술의 보조 등 수의사의 지도 아래 수행하는 진료의 보조가 포함됨

05 수의진료기록 비밀유지

① 동물의료는 사람의 의료법의 기록열람이나 정보누설에 동물정보가 해당되지는 않음. 다만 동물병원에서는 보험사들에게 보호자 없이 정보가 전달되는 경우 불만요소가 발생하기도 하고, 다른 동물병원으로 전원(refer, referral)했을 시 보호자 동의 없이 차트정보가 전달되거나 다른 보호자와 법률적 문제가 있을 때 결정의 문제 등에 해당될 수 있으니 개인정보보호법을 숙지하는 것이 중요함

② 「개인정보보호법」 제15조(개인정보의 수집이용): 개인정보에 대한 동의를 받거나 변경 시 다음의 사항을 정보주체에게 알려야 함

- 개인정보의 수집 이용의 목적: 동물병원에서는 진료를 위한 환자의 정보 외에 보호자의 이름과 연락처, 주소 등을 필요로 함. 이는 동물등록대행 및 차트관리를 위해 사용됨. 향정약물이 사용되는 경우 보호자의 주민등록번호가 사용되기도 함
- 수집하려는 개인정보의 항목: 동물병원에서 수집하는 개인정보는 보호자의 이름, 전화번호, 연락처, 주소, 이메일, 주민등록번호 등임

③ 전자차트 활용 시에는 전자서명법에 해당됨. 「전자서명법」 제3조(전자서명의 효력)에 따르면 전자서명은 전자적 형태라는 이유만으로 서명, 서명날인 또는 기명날인으로서의 효력이 부인되지 아니함. 법령의 규정 또는 당사자 간의 약정에 따라 서명, 서명날인 또는 기명날인의 방식으로 전자서명을 선택한 경우 그 전자서명은 서명, 서명날인 또는 기명날인으로서의 효력을 가짐

CHAPTER

02 동물병원 고객관리

01 동물병원 서비스와 고객

(1) 동물병원 서비스

1) 동물병원의 정의

① 동물병원은 사육동물, 즉 우리가 집이나 집 외의 장소에서 반려의 목적으로 기르는 동물의 진료업무를 하는 시설

② 보통은 애완동물에 포함된 개, 고양이 등의 애완동물을 주로 진료하며 기니피그, 페럿, 햄스터, 새, 이구아나 같은 특수동물을 진료하기도 함. 일부의 산업동물로 불리는 닭, 소, 돼지 등과 같은 가축동물이 동물병원에 방문하기도 함

③ 동물병원의 유형은 우리가 많이 알고 있는 일반 동물병원들이 개인병원이므로, 1인 또는 다수의 수의사가 함께 동업하는 개인사업자로 되어 있음

④ 기타 동물병원의 개설에는 법인, 비영리법인, 대학병원들이 있음

⑤ 법인동물병원의 경우 개인이 아닌 회사가 권리·의무의 주체가 되는 것을 말함

- 법인은 권리능력을 인정받아 그 구성원이나 관리자와는 별도로 권리를 취득하고 의무를 부담할 수 있음
- 동물의료를 목적으로 설립된 법인동물병원이나 서비스 부문과 의료 부문을 분리해 서비스 부문은 본사직영을 유지하고, 의료부문 운영의 전반을 개인 원장에게 위탁하는 형태의 법인동물병원이 있음

⑥ 비영리법인으로 운영하는 동물병원협동조합은 사업에 이익이 남으면 협동조합의 발전을 위해 적립하고, 활동 지원 및 지역사회 기여함으로서 운영됨. 또한 각 지역의 수의과대학은 부설 동물병원을 함께 운영하고 있음

⑦ 대부분의 동물보건사가 근무하는 동물병원은 수의사 1인 또는 다수가 운영하는 것으로 볼 수 있음

2) 동물병원 경영환경의 특수성

① 개인이 운영하는 기업이 대부분인 동물병원이 대부분이다 보니 내부조직운영과 마케팅, 경영방침이 동물의료서비스에 중요한 영향을 미치게 됨

② 동물병원의 효율적인 조직운영을 통해 동물병원의 발전방향과 부합하는 조직의 역할 및 기능 등의 체계를 구축해야 함. 성과창출단위 명확화, 시스템 중심의 조직운영체계 구축, 스텝기능전문화, 공정한 평가시스템 수립 등 동물병원경영의 효율화를 위한 서비스를 고민해야 함. 최근 동물병원은 각 병원의 시스템에 따라 조직이 구성되고 변화하고 있음

③ 규모가 큰 대형 동물병원들은 직접적 진료와 환자를 관리하는 동물진료팀과 동물간호팀, 경영과 행정을 지원하는 팀, 그리고 고객 응대 및 접수 관리하는 원무팀으로 분리하여 반려동물을 양육하는 반려인, 즉 보호자가 반려동물을 잘 양육할 수 있도록 교육하고 이에 따른 정보 및 서비스가 함께 제공됨

④ 규모가 작은 동물병원들은 모든 서비스를 적은 인원이 함께 해야 하므로 동물보건의 다양한 지식을 요구함. 이러한 서비스를 보다 체계적으로 지원하기 위해 내부적 조직운영에 힘써야 함

⑤ 상황의 변화에 대응해 가면서, 고객을 만족시키기 위한 진료서비스를 효율적으로 제공하기 위한 활동으로 보다 전문적인 마케팅을 통해 고객의 욕구를 만족시켜야 함

⑥ **동물병원의 소득과 가장 연관이 큰 것으로 밝혀진 8가지 경영기법**
- 경영방침(Business Orientation)
- 재무데이터점검주기(Frequency of Financial Data Review)
- 직원개발(Employee Development)
- 협상기술(Negotiating Skill)
- 고객로열티 (Client Loyalty)
- 리더십-타인에 대한 동기 부여(Leadership-motivates others)
- 고객 유지(Client Retention)
- 신규고객 창출(New Client Development)

⑦ 이를 통해 동물병원 사업자의 대표의 경영방침과 구성원들의 노력을 시스템으로 구축하는 것이 동물병원의 운영에 크게 영향을 미치게 되는 것을 확인할 수 있음

3) 동물병원의 유형

① 최근에는 동물의료의 질 높은 서비스를 위해 세분화된 동물병원을 운영하기도 함

② 동물은 종합적인 진료를 보는 것이 대부분이었으나 특정 진료 과목만을 다루는 전문 동물병원이 속속 등장하고 있음

③ 다른 동물병원에서 의뢰받은 진단검사만 전문적으로 시행하는 동물병원 전문 검사기관도 생김

④ 전문 동물병원의 등장은 무한경쟁에 직면한 우리나라 반려동물병원의 현 상황과 전문적인 진료에 대한 보호자들의 요구 증가에 따른 자연스러운 결과라고 볼 수 있음

⑤ 진료내용에 따른 병원의 유형

특수병원	동물영상의학센터, 동물혈액검사센터, 동물 암센터, 안과 동물병원, 치과 동물병원, 정형외과 신경외과 동물병원, 한방동물병원, 특수동물전문병원, 동물요양병원 등
일반병원	특수병원 이외의 동물병원

4) 동물병원의 수가변화

① 우리나라의 '동물 의료수가제'는 1999년도에 폐지된 후 각 병원마다 위치, 장비, 투자비용 등에 따라 진료비를 자유롭게 조정할 수 있게 됨

② 동물 의료수가제의 폐지는 병원의 담합을 막고 경쟁을 통해 병원비의 하락을 유도함. 하지만 각 병원마다 위치, 장비, 투자비용 등에 따라 진료비를 다르게 책정하며 표준수가가 없는 것이 현실임

③ 정부는 2011년부터 동물의료서비스에 부가가치세를 10% 부가함. 각 병원들은 세금의 부담을 느끼게 되고 이는 기존의 비용을 더 높이는 결과를 가져옴

④ 병원마다 제각각이라는 비판을 받고 있는 동물병원 진료비의 기준을 마련하기 위해 사전에 진료비를 공개하는 표준진료제를 도입하려는 움직임으로 농림축산식품부는 개별 동물병원에서 진료비를 공시하는 표준진료제 도입을 위해 수의사법 개정을 추진한다고 밝힘

⑤ 2021년 5월 농림축산식품부 보도자료에 따르면 반려동물 소유자 등은 진료 항목과 진료비를 사전에 알기 어려워 동물병원 진료와 관련한 불만이 증가함에 따라 국민들이 사전에 진료비용을 알게 되어 보다 편하게 동물 진료 서비스를 이용하실 수 있도록 「수의사법」 개정을 추진함

⑥ 수의사법 일부개정법률안 주요 내용

- 수의사는 수술 등 중대 진료를 하는 경우에는 동물의 소유자 등에게 진단명, 진료의 필요성, 휴유증 등의 사항을 설명하고, 서면으로 동의를 받도록 함(안 제13조의2 신설)
- 동물병원 개설자는 주요 진료항목에 대한 진료비용을 동물 소유자 등이 쉽게 알 수 있도록 고지하고, 고지한 금액을 초과하여 진료비용을 받을 수 없도록 함(안 제20조의3 신설)
- 농식품부장관은 동물병원에 대하여 동물병원 개설자가 고지한 진료비용 및 그 산정기준 등에 관한 현황을 조사·분석하여 그 결과를 공개할 수 있도록 함(안 제20조의4 신설)
- 농식품부장관은 동물 진료의 효율적인 관리를 위하여 동물의 질병명, 진료항목 등 동물 진료에 관한 표준화된 분류체계를 작성하여 고시하도록 함(안 제20조의5 신설)

⑦ 농식품부 관계자는 수의사법 일부개정법률안을 국회에 제출하고, 국회 입법 절차에 따라 조속히 통과될 수 있도록 적극 노력할 계획이라고 밝힘

⑧ 동물병원 진료비는 각종 검사와 진료에 대한 부담과 불신으로 동물병원비에 대한 불만을 일으켰지만, 해외 동물병원 진료비를 볼 때 우리나라 진료비는 여전히 저렴한 편임
⑨ 그럼에도 동물병원마다 의료서비스의 가격이 다양하고, 사람의 의료보험제도와 비교를 하다 보니 체감비용이 높고, 거기에 정부의 부가세 부가로 부담이 가중된 것으로 확인됨

(2) 동물병원 고객

1) 동물병원의 고객

① 동물병원에 방문하는 고객들은 어떤 유형과 특징을 가지고 있는지 살펴볼 필요가 있음
② 우선 고객이란 '상품의 구매자'를 일컫는 말로, '돌아볼 고(顧)', '손 객(客)'을 쓴다는 점에서 (품을) 사러 온 손님을 말하는 것임
③ 우리에게서 상품이란 물리적 실체가 있는 물건에 국한되지 않고, 서비스 등의 부가가치를 구입하는 사람도 모두 고객이 되는 것이기에 동물의료서비스를 제공받는 모든 동물의 보호자들을 고객이라고 칭할 수 있음. 즉, 동물병원서비스를 제공받는 모든 구매자가 고객임
④ 대부분의 고객을 상품과 서비스를 제공받는 사람이라고 지칭하지만, 환자 역시 범주에 포함시켜야 함. 비용을 지불하지 않는 동물을 고객이라고 불리는 이유는 동물을 관리하거나 대할 때 동물에게 주는 인식들이 행동으로 남아 곧 보호자에게도 전달되기 때문임. 그리하여 고객의 범주를 살펴보면 크게 3가지를 확인할 수 있음

외부고객	개인, 우리 동물병원과 거래하는 기업, 동물병원의 서비스를 제공받는 사람
내부고객	우리가 흔히 알고 있는 함께 일하는 직원, 즉 수의사와 동물보건사 등 동물병원 업무와 관련된 모든 사람
동물고객	동물환자와 진료를 받고 있지는 않지만, 동물병원을 방문하는 모든 동물

2) 고객의 의식변화

① 과거 가축으로 분류되었던 개, 고양이 등은 최근 들어 정서적 친밀감을 주는 가족의 일원이라는 시각으로 삶의 한 부분이었던 애완동물에서 가족의 일원이라는 반려동물로 전환되었음
② 일부는 반려동물의 건강한 삶은 반려인의 건강한 삶과 동일시하기도 함
- KB금융그룹 반려동물보고서에 따르면 반려동물 양육가구의 85.6%는 '반려동물은 가족의 일원이다.'라는 말에 동의하는 것으로 나타남
- 특히 60대 이상에서는 반려동물을 가족으로 생각하는 경향이 89.1%로 가장 높게 나타나는 등 연령대가 높아질수록 반려동물을 가족처럼 생각하는 비중이 높아지고 있다는 조사를 확인할 수 있음

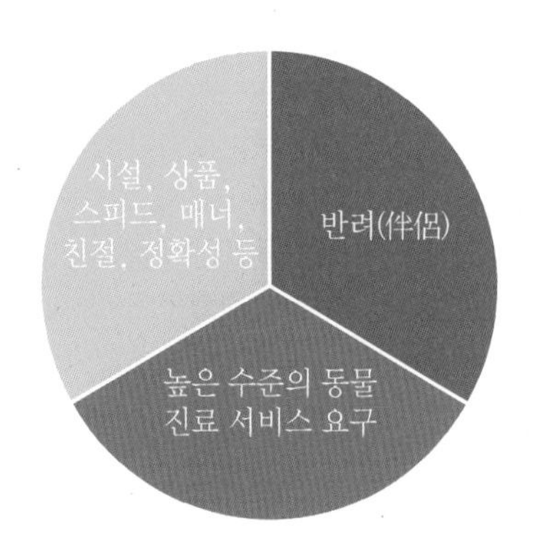

③ 그에 따라 반려동물의 질병의 예방과 관리가 예전과는 다르게 높은 수준의 서비스를 요구하고 있으며, 반려동물의 교감과 행동을 위해서도 반려인과 반려동물이 함께 교육하기 위한 서비스를 제공하여야 함

④ 앞으로는 양질의 진료는 당연하고 고급스럽거나 안정되거나 편한함을 느끼는 등의 고객감동 요인이 되는 설비, 인테리어, 주차시설 등의 환경을 요구함

- 이런 요소들은 동물의료기관 선택의 요인이 되고 주변에서 내원을 권유할 때 사용되고 있음
- 그리고 무엇보다 의료기관 직원의 친절이나, 진료대기시간의 단축 등은 고객이 당연히 제공하는 서비스로 인식되고 있음

3) 동물병원 고객의 특성

① 동물병원에 동물의료서비스를 제공하는 사람들은 고객을 위한 배려가 밑바탕이 되어야 함

② 동물병원을 찾은 고객들은 자신이 가족같이 생각하는 반려동물이 아픈 것을 해결해주기 위해서 또는 사전에 예방하기 위해서 오기도 하고, 동물에 대한 관리와 정보를 보다 정확하게 파악하기 위해서, 또는 필요한 상품을 구입하기 위해서 방문함

③ 이들이 가진 문제점을 해소하기 위해 동물병원에 방문하였을 때 서비스를 제공한 동물보건사들의 따뜻한 배려로 인해 편안함을 느낀다면 자연스럽게 진료에 대한 만족도를 높일 수 있음

④ 고객의 특성

고객 자신이 가진 문제해결에만 관심이 있음	• 동물병원에서 예약이 누락된 것이 담당자 부재인지 예약 받은 직원의 개인 사정인지 교육이나 시스템의 문제인지는 중요하지 않음 • 다만 자신에게 만들어진 문제점인 아픈 동물의 치료, 치료를 하기 위한 시스템, 필요한 용품의 원활한 구매 등을 잘 해결해주기를 바랄 것임
일반적인 서비스를 받는 고객보다 더 예민하고 세심한 관리가 필요	• 동물은 사람과 원활하게 소통하지 못하기 때문에 눈에 보이지 않는 서비스에 대해서 신뢰감이 형성되기 전까지는 불안과 불신을 가지고 서비스를 받음 • 이런 부분들을 먼저 헤아리고 고객에게 상세한 설명과 더불어 안정된 환자의 모습이 보여지면 그 동물병원의 만족도는 상승하게 될 것
고객과의 논쟁 또는 설득은 피해야 함	• 일반적으로 고객들은 반려동물의 상태나 치료 선택권에 대한 내용을 사전에 잘 이해하도록 설명해 줄 것을 원하고 있으며, 예약 및 문의전화를 친절하게 받아주거나 병원에서 보내는 시간을 단축해주고, 치료 전에 대략적인 진료비와 진료과정에 관해서 분명하게 설명 듣기를 원하기 때문 • 이에 대한 서비스 관리가 무엇보다 중요한 고객만족경영의 요인이 될 수 있음. 불만고객 발생 시에는 최대한 신속하고 정확하게 처리하도록 하여 고객 불만족 해소를 중요시하는 시스템을 운영하는 것도 하나의 방법이 될 수 있음

02 동물병원의 고객경험관리

(1) 고객경험(Customer experience)관리의 중요성

① 경쟁이 치열한 동물병원에서는 많은 수의 고객을 확보하는 것으로는 충분하지 않음

- 고객의 충성도를 높이고 그들이 정기적으로 방문할 수 있는 동물병원이 되어야 함
- 단순히 수의진료를 제공하는 고객경험을 넘어 반드시 그 동물병원에 방문할 수 있도록 유도하는 방법을 알고 있어야 함

② 고객에게 진료서비스를 제공하는 것이 아니라 습관을 만들어야 함

- 강력한 사용자 습관을 형성하는 데 성공한 곳들은 매출과 고객 확보 면에서 여러 가지 이점을 누릴 수 있음
- 이들이 지속적으로 방문하는 것에는 '내부적 계기'라는 것이 존재함. 그렇기 때문에 외부에서 유도하지 않아도 사용자들이 스스로 방문하게 되는 것임
- 동물병원이 아닌 다른 기업을 살펴보면(스타벅스, 아이폰, 갤럭시, 삼성전자, 엘지전자, 신라면, 서울대병원, 아산병원 등) 지속적으로 고객이 방문할 수 있도록 시스템과 마케팅 등을 활용한 운용방안들을 고민하고 있음
- 동물병원의 질 높은 서비스는 단순히 동물진료에 대한 것만 제공하는 것이 아니라 동물과 사람을 모두 살피는 서비스를 제공하도록 움직여야 함
- 동물병원서비스의 무게중심을 질병이나 질환에서 사람과 동물이 경험하는 모든 것에 중점을 두어야 함

(2) 동물병원에서 마주하는 고객 접점

1) 고객 접점

① 동물병원에서 고객이 움직이는 동선(動線)에 따른 고객 접점

- 고객이 동물병원을 발견은 외부간판 또는 광고나 SNS 등을 활용한 홍보시스템이나 실제 경험한 고객들로 인한 구전과 SNS의 발견으로 이루어짐
- 홈페이지, 전화, 채팅상담 등을 활용하여 문의를 하거나 직접 방문하게 됨
- 각 병원 시스템에 따라 접수, 안내, 상담, 치료, 입원, 수술, 수납, 예약, 해피콜 등으로 연결됨

② 이러한 접점은 직접 마주하는 면대면 접점인 주차, 진료, 접수, 대기, 상담 등의 실제 서비스를 확인 가능한 부분과 직접 마주하지는 않지만 서비스를 평가할 수 있는 전화, 홈페이지, SNS, 구전, 홍보시스템 등으로 나눌 수 있음

③ 동물보건사는 본인이 속해있는 동물병원의 고객접점을 찾고 이를 움직일 부서들을 정리함. 이에 따라 만족할 수 있는 고객경험을 설계하고 실수가능점을 미리 예상하고 이를 해결할 방안도 고민함

2) 비대면 상담

① 비대면 상담은 고객이 동물병원을 발견한 이후 처음 서비스를 받는 부분이 될 수 있음. 이는 동물병원과 나의 첫 이미지를 결정하기도 함

② 면대면 상담과는 다르게 얼굴과 표정이 보이지 않아 의사전달과 감정의 전달이 잘 전달되지 않아 왜곡되기도 하므로, 비대면 상담의 기술의 기본인 친절, 정확, 신속, 예의는 잊지 않도록 함

③ 전화응대 시에는 따뜻한 미소와 함께 상담을 하고, 복창하여 확인하는 것이 중요함

④ 채팅이나 서면응대에는 빠른 답변과 확인 가능한 시간을 이야기해줌

⑤ 정확한 상담을 위하여 메모차트를 만들거나, 날짜/시간/이름 또는 차트번호/전화번호/내용을 기록함

⑥ 오래 기다리지 않게 하며, 가급적 시간안내를 미리 함

⑦ 예의 있는 상담을 위해 쿠션언어를 사용함

⑧ 쿠션화법의 활용

일상화법	쿠션화법
기다리세요.	죄송합니다만, 선생님께서 입원환자 처치 중이어서 10분 뒤에 보호자님께 전화드려도 될까요?
없습니다.	유감입니다만 현재 저희에게는 없는 시스템입니다. 가능한지 확인 후 말씀드리겠습니다. 오후에 다시 연락 드려야 하는데 가능한 시간을 알려주세요.
모릅니다.	제가 모르는 부분입니다. 바쁘시겠지만 잠시 기다려주시면 담당자를 연결하겠습니다.

쿠션화법

- 고객과의 대화에 단답형으로 응대한다면 차가운 느낌을 받을 것이고 상대방을 의도치 않게 당황하게 만듦
- 그 다음 응대가 어렵다면 '죄송합니다만', '고맙습니다만', '번거로우시겠지만', '바쁘시겠지만' 등의 단어를 사용할 것
- 이는 고객과 관계를 부드럽고 만족스러운 관계로 증진시키는 응대 방법
- 사람과 사람 사이에 충돌이 일어날 수 있는데, 몸과 몸이 부딪히는 경우보다 입에서 나오는 말과 말의 충돌이 더 빈번하게 일어나고 말은 뜻하지 않은 오해와 상처를 마음에 남김
- 말의 충돌을 피하기 위해서도 충격 완충 장치가 필요하며 직접적인 충격을 최소화하고 상대방의 마음을 자극하지 않는 그런 충격흡수용 언어를 '쿠션언어'라고 함
- 이와 같은 쿠션언어는 말 앞에 붙이기만 하면 상대방에게 상처를 주지 않고도 정확한 의미전달을 할 수 있고, 상대방에 대한 배려 또한 느낄 수 있음

3) 비대면 상담적용

① 전화 또는 온라인상의 대화나 응대는 상대방을 보지 않고 목소리나 상대의 언어로만 상대를 평가하므로 직접 대화하는 경우보다 세심한 주의, 예의가 필요함

② 서로의 모습을 볼 수가 없고, 눈빛과 표정을 확인할 수 없어서 상대방의 비언어적 메시지를 놓칠 수 있음. 이는 외부고객이 아닌 내부고객 역시 포함이 됨

③ 예를 들어 동물병원으로 전화했을 때 '누군데?', '누구 보호자라는데?' 또는 '용품 누구 업체라는데?', '근데 왜?', '몰라. 원장님 바꿔 달래' 등의 이야기를 수화기로 듣는다면 병원 전체의 이미지가 하락될 수 있기에 유선상 응대에는 주의를 기울여야 함

④ 전화를 받을 때는 신속히 받고 간결하게 통화하고, 보고나 결과 통보의 경우 예정시간 등을 미리 알리고 늦어지는 경우 중간보고를 함

⑤ 인사와 소속, 이름을 밝히는 첫 멘트는 정확하고 명확히 함

⑥ 정확한 내용 전달과 중요 내용을 재차 확인함

⑦ 친절을 느끼도록 하려면 정성을 다해야 함

⑧ 상대의 기분을 이해하여 상대의 심리를 긍정적으로 만들어야 함

⑨ 호칭이나 직함에 주의하고 단어 선택에 신경을 쓸 것

응대	• 전화벨이 3회 이상 울리기 전에 응대 • 온라인 응대 시 10분 이내 답변, 불가능하면 자동 응답 기능 활용 • 고객문의에는 반드시 답하며, 모를 경우 담당자 안내
파악	• 문의사항에 대해 확실히 파악 • 고객의 상황과 병원의 상황을 파악

안내	• 고객의 needs를 정확히 파악 후 정확한 정보 안내 • 안내 불가사항에 대해서는 그 이유 및 사과 진행
마감	• 또 다른 needs가 없는지 문의, 요구하는 부분에 대한 안내 • 문의에 대한 감사 인사, 고객 끊기 전까지 대기 후 통화 종료

4) 진료접수

① 진료접수는 동물병원에서 내원한 보호자와 환자를 대면으로 가장 먼저 마주하는 곳으로, 항시 명랑하고 차분하며 친절한 마음으로 응대하여야 함

② 동물병원에 내원한 여부에 따라 신환, 구환으로 구분함

- 신환: 동물병원에 처음으로 방문하여 환자 정보가 없는 경우
- 구환: 한 번 이상 방문하여 환자의 정보가 진료 차트에 등록된 경우

③ 동일한 질병으로 치료 경험에 따라 초진환자와 재진환자로 구분함

- 초진: 해당 질병을 최초로 진료받은 경우
- 재진: 해당 질병의 치료가 종결되지 않아서 다시 내원하여 계속 진료를 받는 경우

④ 신환의 경우에는 가장 먼저 환자등록카드를 작성해야 함

- 환자등록카드에는 보호자의 인적사항과 환자의 정보 그리고 내원사유인 주 호소증상(CC)이 기록되어야 함
- 이때 개인정보보호법 등 관련 법령상의 보호자 개인정보를 수집·활용하기 위한 개인정보동의서도 함께 포함되어 있음
- 개인정보보호법에 해당되는 자료들은 진료신청서작성과 입원·수술동의서, 동물등록 시 활용되며, 향정의 사용이 필요한 경우에는 보호자의 주민등록번호가 요구됨
- 특이사항이나 접수내역과 별도로 포함되어야 되는 사항은 전자차트에 기록하거나, 메모에 남기거나, 구두로 전달할 수 있어야 함
- 동물병원에서 환자의 사진 또는 치료과정을 학술자료나 홍보 등으로 활용할 경우 동의 여부를 받는 것이 좋음
- 진료신청서에는 보호자의 이름, 전화번호, 주소, 이메일 등을 기록하고, 메모에 간단한 보호자의 특징과 요구사항을 저장함
- 환자의 경우 동물 이름과, 품종, 성별, 중성화 여부, 나이와 내원사유를 기록함
- 진료신청서가 작성된 이후에는 별도로 개인정보활용동의서와, 기본문진표를 작성하도록 안내하고 신청서는 전자차트에 기록함
- 접수가 완료된 환자는 진료과목과 수의사를 선택하여 전달할 수 있도록 함

5) 기본 문진표 활용

① 문진표를 작성하면 현재 환자의 상태를 파악하기에 수월함

② 사전에 미리 작성한 문진표를 토대로 검사의 방향을 결정할 수 있음

③ 문진표는 검진 전 수의사에게 전달되어 환자의 생활환경, 기저질환 등을 미리 파악할 수 있고, 검진 후 결과와 비교하여 정확한 질환유무를 판단하기에 매우 유용한 자료로 사용될 수 있음

④ 대기시간이 길어질 때 보호자가 오랜 시간을 의미 없이 보내지 않을 수 있음을 상기시켜 줄 수 있음

⑤ 문진표를 작성하면서 환자의 활동이나 움직임이 어렵지 않는 경우에는 몸무게를 함께 측정하여 전자차트에 기입함

기본문진표

보호자 정보		환자정보	
이름		이름	
연락처		생년월일	
e-mail		성별	
주소		품종	
		중성화	유/무

1. 주거지 내 다른 반려동물을 더 기르고 계신가요? (있다면 동물의 종류, 품종, 수를 적어주세요)	
2. 급여하는 음식은 어떤 것입니까?	□ 시판되는 사료 → 제품명( ) □ 기타 ( )
3. 사료나 음식 일일 급여 횟수	□ 하루 한 번 □ 하루 두 번 □ 하루 세 번 이상 □ 자율 배식
4. 하루에 어느 정도의 사료나 음식을 급여하십니까?	
5. 간식을 주십니까? 주신다면 어떤 간식을 어느 정도 주십니까?	
6. 현재 복용 중인 영양제와 보조제가 있다면 적어주세요.	
7. 최근에 체중의 변화가 있었나요?	□ 체중 증가 □ 체중 감소 □ 변화 없음
8. 식욕의 변화가 있었나요?	□ 식욕 증가 □ 식욕 감소 □ 변화 없음
9. 배변의 횟수와 상태는 어떠한가요? *고양이의 경우 리터박스 사용(유/무)	□ 정상(회/일) □변비(주 회) □무른변(회/일) □설사(회/일)
10. 최근 구토나 설사가 있었나요?	□ 구토가 있었음 □ 설사가 있었음 □ 구토나 설사가 없었음
11. 양치질은 어떻게 하십니까?	□ 식사 후 매번 □ 하루 한 번 □ 며칠에 한 번 □ 하지 않음
12. 스케일링은 언제 받으셨나요?	□ 1년 이내 □ 2년 이내 □ 3년 이내 □ 하지 않음
13. 목욕을 얼마나 자주 하시나요?	□ 1주일에 두 번 이상 □ 1주일에 한 번 □ 2주일에 한 번 □ 기타
14. 놀이나 운동은 얼마나 자주 하나요?	□ 주 3회 이상 □ 주 1~2회 □ 주 1회 미만
15. 정기적으로 심장사상충과 외부기생충예방약을 사용하십니까?(약품명)	

16. 최근에 접종한 예방접종약을 체크해주시고, 마지막 접종 날짜를 적어 주세요.

품종	백신이름	마지막 접종
개	종합백신	
	코로나장염	
	켄넬코프기관지염	
	개 인플루엔자	
	광견병	

품종	백신이름	마지막 접종
고양이	종합백신	
	전염성복막염	
	광견병	

[기본문진표 활용]

6) 접수안내

① 접수에서의 고객응대는 눈을 마주치고 미소와 함께 인사하며 응급 혹은 거동이 불편한 고객의 경우 직접 나가 배웅하도록 함

② 접수실이나 응대과정 중에 잠시 자리를 비워야 할 경우 타 근무자를 대체하거나 고객에게 사전안내를 하여 양해를 구함

③ **접수를 할 때:** 신규환자인지 재진환자인지 확인이 필요하고 방문목적과, 고객 또는 환자 정보를 받음

- 과거의 병력이나 동물병원을 알게 된 경위 등을 확인하여 마세팅에도 활용할 수 있도록 함

• 재진의 경우 지난 기록을 확인하여 진료를 연결할 수 있도록 함

④ 고객정보활용동의서 및 진료 신청서 작성을 할 때는 어떻게 사용되는지를 안내하고, 대기시간 필요시 정중히 양해를 얻은 후 업무를 진행함

⑤ 원내 대기 시 필요에 따라서는 평소 환자 상태 및 기타 문제에 대한 질의, 안부를 묻거나 필요한 제품안내 등으로 고객과의 대화를 통해 신뢰감을 형성하고, 대기시간이 길지 않았다는 인상을 줌

⑥ 예상 대기시간에 대해서는 최대한 정확한 기준을 설정하여 안내함

7) 수납 및 예약

수납의 순서는 다음과 같음

① 청구서 발행

② 입력된 처방 내역 확인

③ 용품 등의 입력

④ 보험 및 할인 적용

⑤ 수납 및 투약 설명

⑥ 납입금액의 정당성 설명

⑦ 할인 및 불만사항 발생 시 확인 후 진행

⑧ 영수증과 카드 함께 전달

⑨ 용품 또는 처방약 확인하여 전달

⑩ 예약 및 불편사항 점검

⑪ 재진 여부와 날짜, 시간 예약

→ 외래진료, 검사, 치료 수술 등을 위해 사전에 내원시간을 지정하여 예약을 잡음. 예약관리가 잘 진행되면 진료가 원활하게 진행되고 환자에 대한 정밀한 치료를 제공할 수 있으며 적정 인력의 배치로 인해 업무 효율이 높아짐. 보호자의 진료 대기시간이 단축되거나 해소되어 보호자의 만족도도 향상됨

03 의사소통

(1) 동물보건사의 의사소통

① 동물보건사의 의사소통은 동물병원 내의 진료에 중추적 역할을 함

② 수의사와 보호자와의 의사소통, 동물보건사와 보호자와의 의사소통, 동물보건사와 동료들 간의 의사소통의 질이 동물의료품질에 영향을 주게 됨

③ 효과적인 의사소통은 질 높은 동물의료서비스 제공에 필수적이며, 그것은 고객의 만족도와, 기억, 이해, 순응도 및 진료 결과를 향상시키게 됨

④ communication의 정의를 살펴보면 어원 커뮤니스(communis)에서는 '공통, 공유'를 의미하며, 하나 혹은 그 이상의 유기체 간에 서로 상징을 통해 의미를 주고받거나 공유하는 일련의 과정 → 의사를 전달하기 위해 사용하는 도구로 언어와 비언어적 의사소통을 사용함

⑤ 동물보건사의 의사소통에 필수요소는 전문성을 나타내고, 친근감을 주며, 신뢰감을 더할 수 있어야 함

⑥ 동물보건사의 성격적 특성: 때때로 상담에서 중요한 요소가 되기도 함
- 동물보건사는 인격적으로 성숙한 사람이어야 하고 따뜻한 공감 능력을 지니고 있어야 함
- 동물보건사는 이타적이고 쉽게 화내지 않으며 좌절하지 않는 사람이어야 함

(2) 효과적 의사소통의 원칙

① 효과적인 의사소통은 다음 사항들을 눈에 띄게 향상시킴
- 정확도
- 효율성 및 환자 지지 정도
- 환자 진료 결과
- 환자와 보호자, 수의사, 동물보건사 모두의 만족

② 효과적인 의사소통을 위한 원칙

상호작용의 원칙	• 의사소통은 일방적인 메시지 전달이 아닌 상호작용으로 이루어짐 • 나만 이야기하는 것이 아니라 내가 이야기할 때 상대방의 비언어적 메시지도 확인해야 함 • 나는 열심히 환자에게 필요한 처방식을 설명해주는데 보호자가 다른 곳을 쳐다보고 있다면 나의 이야기에 관심이 없거나 듣고 싶어 하지 않는다는 것으로 이해할 수 있음 • 서로의 언어적 메시지와 비언어적 메시지를 주고받으면서 소통하여야 함 • 이때 보호자의 이야기에 집중하는 것도 중요하지만 동물의 상태를 적절하게 살필 수 있도록 함
불필요한 불확실성 감소	원활한 의사소통을 하면 다시 설명하거나 실수를 발생시키거나 보호자의 불안감을 야기하지 않음
경청과 질문을 적절하게 사용	시간을 기다리거나 비언어적 요인을 체크하여 보호자가 전달하고자 하는 메시지를 찾아 질문할 수 있음
신뢰감 형성	• 의사소통은 신뢰, 안정감 주기로 구조적 시작을 하여 경험적 설명이나 전문적 지식을 활용한 진행, 앞선 이야기의 정리로 마무리로 끝냄 • 동물병원의 커뮤니케이션은 불안감을 안정감으로 변화시키는 것이 중요함 • 아주 사소한 일로도 불안감을 발생시킬 수 있으므로 지속적인 소통을 통해 안정감으로 전환해주는 것을 염두해 두어야 함

(3) 비언어를 통한 의사전달

① 대화를 할 때 취하는 자세나 표정, 제스쳐 등으로 나의 이야기에 상대방이 어떻게 반응하는지 확인할 수 있음

② 이는 반대로 상대방이 이야기할 때 내가 어떻게 반응하는지를 비언어적 메시지로 먼저 확인하기도 함

③ 비언어적 의사전달의 종류

신체언어	대화할 때 취하는 자세, 표정, 제스처 등
자세	앉기, 서기, 경직된 자세, 이완된 자세
접촉	악수, 가벼운 접촉
신체 움직임	손과 팔의 동작, 안절부절 못함, 끄덕임, 팔과 다리의 움직임
얼굴표정	올라간 눈썹, 찡그림, 미소, 울음
눈의 반응	눈 맞춤, 주시, 노려봄
공간적 거리	상대방과의 친밀 정도
유사언어	• 말하는 방법에 관련된 사항 • 말의 어조, 속도, 고저, 강도 등 • '무엇을 말하는가'보다는 '어떻게 말하는가'에 따라 의미가 다름 예 중한 질병인 환자의 안부를 묻거나 답할 때 말의 내용보다는 천천히 낮은 음정으로 말을 전달하면 심각하게 고민하거나 걱정하고 있음을 나타낼 수 있음
사용하는 물품을 통한 표현	• 직업이나 사회적 지위를 표현 • 의상, 소품, 차량, 가구 등 또한 사용 물품으로도 의사 전달이 가능함 • '전문동물보건사'라는 이미지를 만들기 위해 복장관리 등이 포함됨
시간	• 약속시간에 대한 이미지 • 심리적 측면으로 진료시간을 잘 관리하거나 예약시간을 잘 지키는 것 또한 비언어적 소통으로 생각할 수 있음

TIP **공간적 거리 - 상대방과의 친밀 정도**

• 인류학자 에드워드 홀(E. Hall)은 공간과 거리가 친밀함의 척도, 사회적 척도가 될 수 있음을 유형화함
• 이는 상대방이 나에게 신뢰하는가, 내가 가깝게 다가가는가도 확인이 가능
• **에드워드홀이 정의하는 공간적 거리**
  – 친밀거리: 15~30cm
  – 기본거리: 30~90cm
  – 사회교제거리: 1~2m

(4) 의사소통 4단계

1) 1단계: 대화시작

① 대화의 시작단계에서 먼저 준수해야 할 사항은 청결하고 잘 정리정돈된 현장 분위기를 연출한 상태에서 담당자가 전문가다운 의상, 미소 띤 얼굴, 자신 있고 편안한 전문가다운 어조로 상담을 시작하는 것임

② 대화 시작단계에서는 대화의 분위기가 중요함. 고객을 응대하는 동물보건사가 밝고 긍정적인 태도로 대화를 시작한다면 고객의 마음도 긍정적인 분위기로 변화될 것임

③ 동물병원에서는 고객이 동물병원의 동물보건사에게 기대하는 내용은 호감과 신뢰감, 즉 자신을 고객으로 존중하는가?(호감)와 자신의 문제를 해결할 수 있는 전문성이 있는가?(신뢰감)임

④ 위와 같이 대화를 시작할 준비가 되었다면 시작단계에서는 고객에게 인사하고 도와드리겠다는 의사를 표시하여 고객을 인격체로 존중하고 있음을 보임

2) 2단계: 니즈파악

① 고객의 요구사항을 파악해야 고객의 요구에 적합한 맞춤 서비스를 제공할 수 있음

② 고객의 니즈(Needs)를 정확히 파악하기 위해서는 고객의 특징을 파악해야 함

③ 일반적인 고객의 특징은 고객 본인이 원인과 문제를 잘 알지 못하고, 설령 알고 있다고 해도 표현력이 부족하여 정확히 표현하지 못하고, 표현한다고 해도 단순한 결과나 피상적인 현상만을 이야기한다는 것임

④ 고객이 동물보건사에게 바라는 내용은 고객의 입장에서 문제점이나 니즈를 밝혀주기를 바라고 니즈를 해결하기 위해 무엇이 가장 좋은지 말해주기를 바란다는 것임

⑤ 니즈파악의 구체적인 단계에서는 적절한 질문을 해야 함

- 포괄적인 질문을 하는 개방형 질문과 '예, 아니오'로 선택할 수 있는 선택형 질문을 적절히 해야 함
- 적절한 질문에 의해 파악된 니즈를 정리해서 고객에게 확인할 수 있어야 함

3) 3단계: 응대하기

① 응대단계에서 고객이 궁금해하는 사항: '자신이 요구를 들어줄 것인가?', '제공되는 정보가 자신의 요구와 관련성이 있는가?', '제공되는 정보를 믿을 수 있는가?'

② 불만족한 고객의 95%는 다시는 그 동물병원에 방문하지 않으며, 기존고객 한 명을 유지하는 데 드는 비용에 비해서 신규고객 한 사람을 유치하는 데 발생하는 비용이 5배 정도 더 소요됨

③ 고객응대에서 전문용어를 사용하는 것은 전문가라는 인상을 전할 수 있음. 하지만, 고객이 알아들을 수 없는 용어(전문용어, 약어, 머리글자, 외국어)를 사용할 경우에는 적절한 설명을 해야 함

④ 고객응대에서 중요 포인트

- 첫째, 전문적인 내용을 전달할 경우 고객이 이해하기 쉽게 내용을 설명해야 함
- 둘째, 고객의 요구를 수용하기 어려운 경우, 고객 입장에서의 반갑지 않은 정보를 전달할 때에는 정확한 사실을 전달하고, 고객의 감정을 존중한다는 것을 전달하고, 그 대안을 제시하며, 새로운 대안을 다시 점검해야 함

→ 여기서 동물보건사의 입장에서 반갑지 않는 내용을 전달할 경우에 정확한 내용 전달을 회피하는 경우가 있는데 동물보건사의 이러한 행동은 추후 더 큰 문제를 야기할 수 있다는 것을 명심해야 함

4) 4단계: 마무리

① 마무리 단계에서는 고객의 선택에 확신을 주는 것이 핵심

② 마무리할 때는 상황에 따라 즐거운 목소리로 고객의 방문이 즐거웠다는 것이나 아이의 상태를 걱정하는 등의 표현을 하고, 고객의 결정(동물병원의 선택)이 옳았다는 확신을 심어주고 퇴실할 때에는 반드시 방문해 주셔서 감사하다는 감사의 인사를 함

③ 마무리 단계는 새로운 시작으로, 오늘의 방문이 끝(최종)이 아니라 다음의 방문을 위해 새로운 시작을 뜻함

④ 배웅인사 전에 다음에 방문할 내용을 미리 제안하고 미리 예약하여 다음의 방문을 기대할 수 있게 기대감을 형성해야 하며 전문가라면 반드시 예약 제도를 활용해야 함

⑤ 고객의 다음 방문일정을 마무리 단계에서 예약하고 다시 방문할 때까지 즐거운 마음으로 기다리고 있겠다는 동물보건사의 마음을 전달하는 것이 훌륭한 마무리 응대

04 만족도 조사

(1) 동물병원에서의 고객만족

① 동물병원에서 고객만족의 의미는 동물병원 서비스 제공 전의 기대와 제공받은 후에 느끼는 지각된 불일치에 대한 고객의 평가를 뜻함

② 동물병원에 방문하기 전에 나의 반려동물의 상태가 궁금하거나, 질병이 빨리 낫거나, 완쾌되거나 등의 기대 사항이 있었는데 이를 원활하게 해결하였다면 고객의 만족이 높아질 것이고 그렇지 않다면 만족도는 떨어질 것임

③ 고객의 가장 큰 요구를 해결하였더라도 그 해결과정에서 느끼는 감정들 역시 만족도에 함께 평가되기도 함

④ 동물병원에서 고객만족의 필요성이 대두된 이유는 급속한 기술변화와 교육으로 인한 질 높은 서비스의 제공되어 경쟁이 증가되고 있으며, 반려동물인구의 인식변화에 따른 고객의 요구가 증가되었기 때문

⑤ 이러한 요구를 가진 고객의 만족도를 조사하여 경쟁우위를 달성하기 위한 고객만족경영 전략을 수립하여야 함

⑥ 고객이 느끼는 단점과 결점을 보완해 더 나은 동물병원서비스를 만들기 위해서, 더 많은 사람들이 우리 동물병원을 이용하도록 만들기 위한 힌트를 얻기 위해서 등의 이유로 만족도 평가를 진행함

⑦ 고객 만족을 강화해 매출을 상승시키기 위해 만족도 조사를 진행하는 것이 주된 목표라고 볼 수 있음

⑧ 이에 따라 동물병원에게 만족도 조사는 더 이상 선택이 아닌 필수가 되었음

1. 진료만족 동물병원에 다녀간 뒤 아이의 증상이 나아졌습니까? ○ 매우 좋아졌다 ○ 좋아졌다 ○ 변화없다 ○ 모르겠다 **2. 진료만족** 수의사의 설명은 이해하기 쉬웠나요? ○ 이해가 쏙쏙 되었다 ○ 부분적으로 이해할 수 있었다 ○ 무슨말인지 모르겠다 **3. 시스템만족** 위생과 청결에 대한 느낌을 알려주세요 ○ 매우 깨끗하다 ○ 깨끗하다 ○ 보통이다 ○ 더럽다	**4. 고객만족** 동물병원 직원의 태도는 어떠하였나요 ○ 매우 친절하다 ○ 친절하다 ○ 모르겠다 ○ 불친절하다 **5. 고객만족** 주변 지인에게 ○○동물메디컬센터를 소개시켜줄 의향이 있습니까 ○ 무조건 추천한다 ○ 필요하다면 소개하겠다 ○ 추천할 의향이 없다 **6. 만족사항** ○○동물메디컬센터에서 제일 만족했던 서비스는 어떤 것인가요? **7. 건의사항**

[고객만족도 조사의 예시]

(2) 만족도 조사의 포함 내용

동물병원 서비스 이용	동물병원을 방문하였을 때 이용하기 편리하였는지, 위생적인 관리가 되고 있는지, 환자의 상태 호전이 있었는지, 진료상담 시 어려움이 없었는지 등을 포함
동물병원 직원의 상담 및 태도	수의사 또는 동물보건사의 설명이 이해하기 쉬웠는지, 이미지나 태도가 어떻게 느껴졌는지, 전문적으로 보였는지 등을 포함
고객의 만족사항 또는 건의사항	• 동물병원에서 부족한 부분을 채우는 노력이 필요하기도 하고, 불편한 부분을 개선하는 것은 매우 중요한 일 • 만족한 고객에게서 동물병원이 잘하고 있는 서비스를 알아내는 것 또한 조사의 중요 부분을 차지

05 불만고객관리

(1) 불만고객의 필요성

① 통상적으로 불만고객 1명은 예비고객 20명에게 영향을 미침

② 클레임을 제기한 고객이 만족스러운 결과와 해결책을 얻었을 때 더욱 더 충성함

③ 이러한 불만족 요인을 해소하기 위해 동물보건사의 동기부여나 권한위임 등의 내부마케팅 강화에 주력하여야 하며, 동물보건사 및 직원들의 친절교육 및 소양교육을 실시하는 것이 중요함

④ 동물병원의 고객만족서비스를 강화하기 위해서는 동물보건사의 양성과 인적자원의 원활한 수급이 병원의 신뢰성 향상에 절실히 필요한 과제임

(2) 동물병원에서 발생되는 불만

1) 동물병원에서 자주 발생되는 불만사항

① 원하는 수의사와 진료가 되지 않을 때

② 안내가 느리거나 계속 기다리라고 할 때

③ 화장실이 불결할 때

④ 직원의 웃고 떠드는 소리가 시끄러울 때

⑤ 다른 고객과 차별할 때

⑥ 비싼 검사만 권유할 때

⑦ 직원의 태도가 불손할 때

⑧ 예약시간보다 진료가 늦을 때

⑨ 동물병원 내부가 지저분하고 질서가 없을 때

⑩ 다른 강아지가 내 강아지를 위협할 때

⑪ 주차시설, 교통 편의가 불편할 때
⑫ 따뜻한 배려가 없을 때
⑬ 직원의 말투가 반말조일 때
⑭ 음악이 시끄러울 때
⑮ 진료에 대한 충분한 설명을 못 들었을 때
⑯ 동의하지 않은 검사를 진행할 때
→ 이러한 사항들을 살펴보면 '화장실이 불결하거나, 동물병원 내부가 지저분하고 질서가 없거나, 주차시설과 교통이 불편하거나, 음악이 시끄러운 등'의 유형적 접점관리에 대한 부분이 있으며, '안내가 느리거나, 계속 기다리거나, 진료수의사의 연결이 잘 되지 않거나 예약시간 문제나 다른 강아지 관리가 안 되는 등'의 무형적 접점관리, '직원의 태도가 불손하거나 다른 고객과 차별을 느끼거나 직원들의 웃고 떠드는 소리나, 수의사의 설명이 미흡한 검사권유 등'의 인적 접점관리가 들어가므로 동물병원의 고객접점 전반적인 관리가 필수적이라고 볼 수 있음

2) 고객을 화나게 하는 말과 행동

무관심	고객과 눈이 마주쳐도 인사하지 않음 또는 쳐다보지 않음
무시	못 들은 척과 못 본 척 하기, "그게 아니고요."
냉담	"어떻게 오셨어요?", 형식적 인사나 안내
기계적 태도	"강아지 이름이요. 전화번호요.", 무표정 인사와 안내
어린애 취급	"하라는대로 하세요."
당연시하는 태도	"원래 아픈 거예요.", "애가 엄살이 심하네요."
규정제일주의	"규정이 그래요.", "저희 원칙입니다."
발뺌	"저한테 왜 그러세요?", "그건 보호자님 잘못이죠."

3) 고객이 불만을 표출하지 않는 이유

① 95%의 고객들은 불만을 이야기하지 않고 침묵하며, 많은 수는 동물병원에서 이탈함
② 이들이 불만을 표출하지 않는 이유는 귀찮아서, 불만을 어디에 이야기할지 몰라서, 불만을 말해도 해결되지 않을 것 같아서, 시간과 수고의 낭비를 하고 싶지 않아서, 다시는 안 가면 되니까, 시간이 지나서, 불쾌한 기억을 빨리 잊으려고, 비난하고 싶지 않아서, 불만을 이야기하면 더 큰 불이익이 있을까봐, 인격손상 및 나쁜 이미지를 형성하고 싶지 않아서 등이 있음

(3) 불만고객 해결 4단계

경청	고객의 불편사항을 잘 듣고 의견 대립을 하지 않으며 긍정적으로 받아들임
원인분석	요점 파악 후 고객의 착오는 없었는지 검토하고 어디서 책임을 져야 할 문제인지 즉시 대답할 수 있는지를 분석함
해결책 강구	동물병원의 방침과 결부하여 결정하며, 신속하게 해결책을 마련하여 처리
해결책 전달 후 효과검토	친절히 해결책을 납득시킨 후 결과를 검토, 반성하여 두 번 다시 동일한 컴플레인(complain)이 발생하지 않도록 유의

(4) 해결 시 주의사항

① 문제가 생겼는데 마치 정해진 답을 내놓듯 태연하게 말하는 경우, '네, 이런 일이 거의 없는데, 정말 죄송합니다. 어떻게 하시면 저희가 이렇게 하겠습니다.'라는 응대는 틀린 것이 하나도 없는데 기분이 나쁠 수 있음

② 이런 응대는 '어떤 문제가 일어나든 해결책은 준비되어 있으니 시시콜콜 시비 걸지 말고 준비된 해결책이나 받으시지요.'라고 해석되는 순간 진심이 빠진 대안이 됨. 상황이 이쯤 되면 불똥은 다른 곳으로 튀고 일은 커짐

③ 불만고객 해결단계를 따라 진행하였는데도 해결이 어려운 경우 시간과 장소와 사람을 변화시키는 것이 좋음. 남성의 경우는 여성으로, 상급자 또는 관리자로 성별이나 담당자를 바꿔주거나 차를 한 잔 내어 주면서 안정할 수 있는 시간을 주고, 흥분을 가라앉히거나 합리적으로 생각할 수 있도록 안정적인 공간으로 이동하는 것이 좋음

CHAPTER

03 동물병원 마케팅

01 동물보건사에게 마케팅 능력이 필요한 이유

① 많은 예비 동물보건사들이 동물보건사에게 가장 필요한 기본 능력은 보건과 관련된 분야의 지식과 기술이라 생각할 것이지만, 안타깝게도 동물보건사는 현재 침습적 의료행위가 법으로 금지되어 있어 진료 및 처치와 관련된 분야에 대한 지식과 기술을 동물병원 현장에서 활용하는 데 한계가 있는 것이 현실임

② 신기술의 등장과 산업 간의 융합이 일상화된 현대 사회에서 업무능력의 다양성이야말로 모든 직업군이 갖춰야 할 최상의 덕목임

③ 침습적 의료행위가 불가능하더라도 동물보건사가 1년에 한 번 정부에서 인정한 국가고시를 통해서만 취득 가능한 반려동물 의료 분야의 유일한 국가 자격증이라는 위상에는 변함이 없음

④ 인의(人醫) 분야에서는 임상병리사, 방사선사, 보건의료정보관리사, 물리치료사, 재활치료사, 병원코디네이터 등으로 이미 세분화·전문화되어 있음

⑤ 동물보건사는 동물의료 분야에서 유일무이한 전문 자격증이고, 위에서 언급한 다양한 직무를 모두 경험하고 수행할 수 있어야 함

⑥ 침습적 의료 행위를 못한다 하여도 위 업무를 모두 완벽히 수행할 수 있다면 대형동물병원에서 높은 연봉과 직위를 받을 수 있을 것으로 기대됨

⑦ 동물병원 마케팅 업무는 이 중 병원코디네이터 업무와 연관성이 높은데, 병원코디네이터란 병원 경영의 기획, 관리, 개선, 업무를 전담하는 동물병원의 중간관리자를 지칭

⑧ 동물병원의 CEO인 수의사는 동물의료 분야에 전문가이지만 동물의료 분야의 학습에 매진하다 보니 일반인보다도 경영학적 지식과 마케팅 감각이 부족하거나 결여된 경우가 매우 비일비재함. 특히 동물병원의 주력 고객층인 20~40대 여성 중심의 빠르게 변모하는 트렌드를 40대 이상의 원장 수의사가 진료와 병행하며 마케팅 업무를 실시간 대응한다는 것은 현실적으로 불가능한 일

⑨ 그렇기 때문에 동물보건사는 수의사의 진료를 도울 뿐만 아니라 동물병원 경영 및 매출 향상에 기여하기 위해 동물병원 마케팅 능력을 보유해야 함

02 반려동물 산업 관련 주요 통계와 시사점

① 동물병원 마케팅을 실시하기 위해서는 국내외 반려동물 관련 최신 트렌드와 통계자료에 대해 알아보고 상기 내용이 시사하는 바를 이해해야만 향후 반려동물 산업분야의 트렌트를 선도하고 유행을 예측할 수 있음

② 반려동물 산업분야가 급성장하면서 부상한 관련 신조어

펫코노미(Pet + Economic)	반려동물(Pet)과 경제(Economic) 두 영단어를 조합한 신조어
펫팸족(Pet + fam) or 펫밀리(Pet + family)	반려동물을 가족처럼 여기고 투자를 아끼지 않는 사람들을 의미하며, 그 중에서도 반려동물과 함께 살아가는 1인 가족을 별도로 지칭하기도 함
딩펫족(Dink + Pet)	펫과 딩크(Double Income No Kids)의 합성어 아이 없이 반려동물을 키우는 맞벌이 부부를 의미하는 신조어
펫쉐프(Pet + Chef)	반려동물의 건강과 입맛을 고려하여 고급 원료로 생산된 수제 사료와 간식을 직접 만들거나 급여하려는 보호자를 의미

③ 반려동물 산업이 발달되거나 시장이 거대한 외국의 사례를 보고 향후 우리나라에서 성장이 예상되는 분야와 서비스를 예측할 수 있음

미국	• 반려동물 산업 최대 시장으로 펫 비즈니스 스타트업이 다수 창업하고 있음 • 글로벌 식품 시장에서 식재료의 정기 배송이 화두인 가운데 바크박스(Bark box)는 반려동물의 장난감, 간식을 정기적으로 배송하는 서비스를 제공하고 있음 • 바크 박스는 2016년 대형 VC로부터 시리즈 투자를 받는 등 반려동물 관련 창업과 투자가 활성화되고 있으며 지출 규모 또한 지속적으로 증가하고 있음
중국	• 중국의 반려동물 포털사이트를 운영하는 플랫폼 업체 고우민왕(狗民網)이 발표한 '중국 반려동물 산업 백서 2018'에 따르면 강아지와 고양이를 키우고 있는 반려인의 수는 2018년 5,648만 명에 달하고 반려동물 수는 8,746만 마리로 강아지와 고양이가 대다수를 차지하는 것으로 조사되었음 • 중국의 반려동물 시장규모는 2017년 기준 24조 9천억 원(1,340억 위안)으로 기록되었으며, 향후 지속적인 성장세가 계속될 것으로 생각되고 있음

④ 반려동물 산업 관련 정부의 규제와 육성 정책 또한 향후 시장의 규모와 유망 산업을 예측하는 데 도움이 됨. 특히 규제가 강화될 경우 해당 산업분야의 위축은 너무나 당연한 결과이기 때문에 항상 주의 깊게 모니터링하고 즉시 대응하여야 함

⑤ 향후 동물병원 또한 수술 전문, 안과 전문, 고양이 전문 등 진료 분야를 특화하거나 다양한 반려동물 서비스를 원스톱으로 함께 제공하여 다른 동물병원과 차별화가 필수적임

⑥ 농림축산식품부에서 중점 추진 중인 반려동물 보호 및 관련 산업 육성 세부대책의 주요 내용

생산 및 판매업의 관리·감독 강화	• 반려동물 관련 영업제도 개선 • 동물생산업 허가제 전환 • 경매장 관리 및 이력관리체계 구축 개척
반려동물 관련 산업의 건강한 육성	• 동물병원 진료 서비스 향상 • 펫용품 해외시장 개척 지원 • 동물보험 개발 여건 개선 • 동물장묘제도 체계적 정비 • 동물의약품 제도 개선 • 서비스업종 신설 및 기준 마련 • 펫사료 지원체계 구축
성숙한 반려동물 문화 정착	• 동물등록제 활성화 • 유실·유기동물 보호 수준 제고 • 길 고양이 관리 대책 마련 • 동물소유자 책임의식 고취
산업 육성 인프라 구축 및 일자리 창출	• 산업 육성 지원체계 구축 • 추진체계 정비 및 내실화 • 동물보호·복지, 교육·홍보 확대 • 관련 산업 인프라 확충

03 동물병원 마케팅 전략

(1) 마케팅 전략의 종류

① 동물병원의 마케팅도 체계화된 전략을 수립하고 추진하는 것이 중요함

② 그때그때 상황에 따라 마구잡이로 운영하는 동물병원과 체계적인 전략을 수립하고 수립된 전략에 맞춰 다양한 마케팅을 실시하는 동물병원 간에 매출에 차이가 발생하는 것은 지극히 당연함

③ 동물병원에 활용 가능한 마케팅 전략은 매우 다양하지만 그중 가장 보편적인 두 가지 전략은 4P·4S 마케팅 전략임

④ 4P 마케팅 전략

Product(제품)	제품의 품질, 선호, 브랜드(네이밍, 포장 등) 등 부가적 가치, 본질적 가치, 소비자의 니즈
Price(가격)	가성비, 비교우위, 프리미엄, 박리다매
Promotion [촉진(유인)정책]	SNS를 통한 라이브 광고, PPL, 방문판매, 1+1, 유머광고, 컨텐츠 광고, 뉴스 광고
Place(유통정책)	온라인, 오프라인, 온오프 병행, 채널별 제품 구분, 구분한 유통망을 통해 가능한 수익 여부

⑤ 4S 마케팅 전략

Speed(속도)	시장의 진입 속도
Spread(확산)	사업의 확장 진행
Strength(강점)	강점 강화
Satisfaction(만족)	고객 만족 향상, 고객 불만 해소

(2) 전략 수립 시 주의사항

위에서 소개한 마케팅 전략을 활용하여 마케팅 계획을 수립할 때는 다음의 사항을 주의하여야 함

트렌드 변화 수용	이슈, 패러다임, 환경변화에 수시로 대응하며 수정하고 잠재적 문제요소에 대해서도 항상 점검
객관적 상황파악	현재 투입 가능한 자원(자금, 인력 등)의 수준과 물량에 대한 객관적 상황 파악
주요 이벤트 반영	국내 주요 행사, 이벤트, 정부정책을 활용하기 위한 계획 포함
시장예측	사업 활성 여부에 따른 인력, 자본, 자원의 유연한 관리와 확장 가능 여부의 검토
실현가능성	가정을 최대한 배제하고 원칙을 준수하고 실물경기 악화 등 최악의 경우를 항상 고려
자신감	처음 시도하는 방식이라도 과감히 추진하는 자신감 필요

(3) 전략 적용 시 검토사항

수립된 마케팅 계획을 현장에 적용하고자 할 때는 검토해야 할 다양한 고려사항이 있으며, 그 중 상품성 및 서비스 적합성 적용 시 검토해야 할 사항은 다음과 같음

① 동물병원의 성격에 잘 맞고 과거의 경험과 지식을 잘 활용할 수 있는 서비스 또는 상품인가?

② 정부의 인허가 등에 의해 진입장벽이 높거나, 비필수품이거나 사치품이 아닌가?

③ 구성원의 지지와 협력을 얻을 수 있는가?

④ 도입 시점에서 도입비용 등으로 마이너스가 나는지(난다면 버틸 수 있는지), 장래성이 유망한가?
⑤ 경험이 부족한 사람이 서비스하기에 위험한 서비스이거나 전문 기술을 필요로 하지 않는가?

(4) 시장성의 규모와 경쟁력에 대한 검토사항

① 요일별, 월별, 시간별, 기온과 날씨의 영향 정도와 예상되는 고객의 숫자는 어느 정도인가?
② 경쟁자의 영향력, 영업시간, 영업형태, 지역별 분포, 품질과 가격은 어떤 상황인가?
③ 주력 판매제품의 유통은 쉽고 물류비용은 저렴한가?
④ 단골고객이 찾아오는 주된 이유는 무엇인가?
⑤ 더 많은 고객이 찾아오기 위해 제공해야 하는 서비스는 무엇인가?
⑥ 신규 아파트 단지 조성 등 잠재 고객의 증가 가능성은 어느 정도인가?
⑦ 주력 타겟 고객층은 누구로 할 것인가? (20~40대 여성층)

(5) 제품(서비스) 원가와 수익성에 대한 검토사항

① 서비스를 제공하는 데 소요되는 기본비용은 적정한지, 희귀한 원재료를 사용하거나 필수 전문인력의 채용이 어렵지는 않은가?
② 검증되지 않은 너무나 새로운 아이템이거나 유행에 너무 민감하거나 수명이 짧은 제품(서비스)일 위험성은 없는가?
③ 벤치 마킹은 충분히 실시하였으며 장단점을 파악하고 충분히 준비하였는가?

(6) 자체 경쟁력 분석 시 검토사항

① 동물병원의 약점과 강점을 분석하고 약점(고급 기술의 부재, 가격경쟁력 등)을 공격당했을 때를 대비
② 유리한 조건을 활용한 경쟁적 우위 점유 가능 여부(자가 부동산, 고급 기술, 고급 장비, 인적 구성의 우위 등)
③ 지역 내 인적 네트워킹의 우위 확보 가능 여부
④ 경쟁 동물병원의 홈페이지, SNS, 언론 분석을 통한 벤치마킹과 이용고객 대상 의견청취

(7) 소비자 조사 및 상품 네이밍 시 검토사항

① 신규 서비스(제품) 론칭 전, 소비자를 대상으로 면접, 설문, 사례조사를 실시
② 조사는 간결하고, 쉬운 단어로, 불쾌한 질문을 피하고, 적극적 참여를 위해 음료수 쿠폰 등을 제공

③ 조사된 데이터를 통계처리하여 해당 데이터를 근거로 소비자의 성향을 판단
④ 발음이 쉽고 고객도 자연스럽게 상호를 부를 수 있고 친숙해야 함(프랑스어 사용 시 특히 주의)
⑤ 기억하기 쉽고 생각나기 쉬우며 전화번호 등을 연상시킬 수 있는 방법도 좋음
⑥ 들어본 사람들이 정말 기발하다는 말이 나올 정도면 성공
⑦ 당대 이슈가 되는 분야의 패러디, 유머스럽고 호기심 유발 상징화를 통한 캐릭터 도입 등의 방법을 통한 도입

예 혼자두지말개, 개더링, 해피투개더, 개스트하우스, 멍스타그램, 개맘대로, 개는 훌륭하다 등

(8) 취급할 상품과 원재료 구입처 선정 시 검토사항

① 양질의 상품을 좋은 조건에 안정적으로 구매할 수 있는 방법에 대한 고민 필요
② 과거 근무 경력을 바탕으로 기존 근무처의 거래처와 신뢰관계를 바탕으로 관계구축
③ 인적 네트워크(지역수의사회, 동문회 등)를 활용하여 공동구매를 통한 대량 제품 구매로 가격 협상능력 향상
④ 해외 생산업자(도매업자) 발굴을 통한 가격 경쟁력 확보
⑤ 구매를 강요하지 않고 최근 잘 팔리는 제품에 대한 트렌드와 정보를 제공해주는 곳과 거래
⑥ 가격 비교 어플 또는 사이트를 활용하여 구매처 발굴
⑦ 주 거래처의 부도로 인한 공급 중단을 대비하여 거래선은 최소 두 곳 이상 유지
⑧ 좋은 구매 조건을 제시하더라도 소량 구매를 지속적으로 하여 구매처 간의 서비스와 가격을 비교하고 다양한 구매처의 발굴을 위해 지속적 노력 계속

(9) 구매조건 결정 시 검토사항

구분	내용
배송료	기본적으로 구매자가 지급하는 것이 원칙이나 구매량이 많을 경우 판매자가 부담
할인	대량 구매 시에는 일반적으로 할인이 적용되나 너무 욕심을 부리면 악성재고로 인한 자금 유동성 문제 발생
결제기한	지급 기한에 따라 할인이나 외상을 받을 수 있는 조건이 변화(즉시 또는 한달 현금결제, 전자어음 등)
반품, 교환	제품 결함으로 인한 반품과 교환 외에도 재고 반품 가능 여부, 보상 금액

(10) 가격 전략의 검토사항

가격을 책정하기 전 정확한 원가분석을 통해 소요되는 비용을 계산하고 적정 마진을 추가하는 것이 일반적이지만, 아래와 같이 가격을 전략적으로 차별화 가능하며 동물병원에서 가격 전략을 결정할 때 검토해야 할 사항은 다음과 같음

고가 전략	프리미엄 제품을 중심으로 고가 정책을 유지(Membership Only 정책을 운영하기도 함)
가격 변동 전략	성수기, 비수기, 시간별, 요일별 가격을 다르게 제시
고의적 할인 전략	가격을 미리 높게 측정하고 할인 폭을 크게 지정(들통나지 않도록 주의)
회원제 할인	회원 가입 시 일정 적립금을 지불하고 적정 수준의 할인을 제공하여 단골 유치
끝자리 가격 전략	10,000원 대신 9,900원 가격을 책정하여 심리적 가격 저항 극복
미끼 상품 전략	한두 가지 상품을 원가 이하로 판매하여 고객을 유인(체리피커 주의)

(11) 재고관리 전략 결정 시 검토사항

① 주요 거래처와 계약 시에는 반품가격과 반품량, 기간 등의 조건을 정확히 계약서에 명기
② 인기제품 판매처의 경우 초도 물품이라는 명목으로 다량의 제품 의무 구매 후 반품, 교환이 불가능하므로 주의
③ 일정 기간이 지나도 판매가 되지 않는 제품은 일정 금액에 며칠 이내에 환불하거나 다른 상품으로 교환
④ 재고가 증가하면 현금 보유액이 줄어들어 부도위험이 증가하고, 재고가 너무 적으면 판매에 장애 발생
⑤ 동일 분야 근로경험이 없는 사람은 판매량을 예측하지 못해 재고관리 대책 수립 불가(1년 단위 사이클 확인)
⑥ 인기 제품은 재고가 발생하여도 미끼 상품 등으로 프로모션이 가능하나 인지도가 낮은 제품은 폐기 위험

(12) 보안관리 계획 수립 시 검토사항

안전수칙	각종 사고에 대비하여 안전과 관련된 수칙을 만들어서 공유하고 솔선수범
보험	화재보험, 상해보험 등의 보험 가입을 적극 검토
CCTV	촬영이 안 되는 사각지대가 없는지 여부를 확인하고 도난, 폭행, 난동, 영업방해 행위 등에 대비
금고	현금, 고가품, 주요서류는 금고에 보관
출구 단일화	카운터를 통해서만 출입이 가능하도록 출구 단일화(카운터 직원이 상주할 경우 고객 감시 필요)
보안 서비스	세콤, 캡스 등 보안 회사의 서비스 이용

(13) 악성고객(블랙 컨슈머) 관리 시 검토사항

① 팬이 안티로 돌아서는 순간 최악의 결과를 맞이할 수 있음으로 단골고객이 변심할 경우 집중관리
② 과거 근로경험을 상기하여 발생할 수 있는 다양한 문제와 민원에 대비
③ 발생 가능한 문제를 메뉴얼화하고 원칙을 세우고 상황과 고객에 따른 차별 금지
④ 별도의 악성고객 리스트를 작성하여 직원 간 공유하고 가급적 원장님이 직접 대응
⑤ 블랙 컨슈머의 조짐이 보이는 고객을 사전관리하고 사건 발생 이후 고객에 대한 사후관리
⑥ 말도 안 되는 소리를 하더라도 가급적 경청하고, 말로 할 수 있고 비용이 들지 않는 행위를 요구할 경우 적극 호응
⑦ 직원이나 원장님의 자존심을 세우다가 적당한 수준에서 수습 가능한 문제를 더 크게 벌리지 말 것
⑧ 문제상황을 객관적으로 입증할 수 있는 증거(예 녹취, CCTV, 메일, 카톡 등)를 남길 것
⑨ 문제 상황 대응 시 녹화나 녹취될 수 있다는 걸 항상 기억할 것('사실은', '우리끼리는'과 같은 형태의 발언 금지)
⑩ 명백히 과실이 없음에도 불구하고 악성고객이 허위사실 유포, 명예훼손 등을 하는 경우 법적 대응을 신속하고 강하게, 비용을 생각하지 않고 추신할 것

(14) 반려동물 관련 산업분야의 분석 시 검토사항

① 현재 해당 아이템 또는 서비스 시장의 규모와 5년 후, 10년 후의 전망에 대해 분석
② 해당 아이템 또는 서비스의 가장 큰 특성은 무엇인가? 주 소비계층의 특징은 무엇인가?
③ 법적 규제, 내외부 환경의 변화, 인식의 변화, 유행의 변화에 영향을 받지는 않는가?
④ 시장의 범위를 세분화(Segmentation)하고 틈새시장(Niche market) 공략을 위한 전략이 있는가?
⑤ 소비자의 소비성향, 패턴, 계층, 나이에 대해 분석하여 잘 팔릴 것으로 예상되는 서비스와 제품을 선정
⑥ 경쟁자 대비 가격은 저렴하여 차별화된 포인트를 보유하고 있는가?
⑦ 기존 경쟁자 사이에 끼어들거나 새로운 경쟁자가 나타났을 때 경쟁자보다 우위에 서기 위한 전략은 무엇인가?

(15) 투자 대비 이익의 회수 시 검토사항

① 몇 년 동안 얼마를 투자하고 몇 년 동안 얼마를 회수할 수 있는지 계산
② 현재 기업의 가치는 얼마이며 권리금은 얼마를 받을 수 있으며 병원을 계속 지속하는 것이 나은지 여부를 판단

③ 현금 흐름 상황은 어떤 상황이며 흑자 부도의 위험성은 없는지 확인
④ 동업에 따른 장점과 협업 기여도에 따른 이익 배분은 합리적인지 확인

(16) 시설투자 시 검토사항

① 서비스 및 용품 판매에 필요한 시설 및 투자 계획
② 서비스 및 용품 판매에 동반되는 소모품의 비용 및 공급 계획
③ 인력, 시설, 기술, 소모품 공급, 유지보수에 따른 서비스(판매) 종합 능력
④ 최소한의 이윤을 남기기 위한 정확한 원가 추정 및 이윤(영업이익) 설정

04 동물병원 예약제

(1) 동물병원의 예약제

① 현재 대부분의 산업 분야에서 예약은 필수적으로 운영되고 있으며 효율적인 동물병원의 운영을 위해서 예약이 필수적이나 잦은 노쇼(예약 부도)로 인해 업무 효율성이 떨어지고 고객 불만이 증가되는 어려움이 있음
② 그렇기 때문에 효율적인 동물병원 예약제 운영을 위해 어떻게 해야 하는지에 대해서 알아보기로 하며, 예약제의 현황과 필요성은 다음과 같음

(2) 예약제의 필요성

① 타 동물병원과의 경쟁 구조 속에서 기존 고객의 유지와 신규환자 유치를 위해 전화, 인터넷, 어플, 팩스, 방문 등 다양한 형태의 예약제 실시
② 예약된 환자들이 지정된 시간에 신속히 진료를 받게 해줌으로서 고객 편의 향상 및 특정 요일(시간)에 환자 몰림 예방
③ 환자의 상태나 결과를 예상하고 상황에 맞는 진료, 검사, 수납, 간호 및 향후 예약계획 수립
④ 병원 내 환자와 보호자의 체류 시간을 줄여 시설물의 관리비용 감소 및 감염의 확산 위험 감소

(3) 예약제 운영의 어려움

예약제는 매우 필요한 제도이지만 현실적으로 예약제 운영의 어려움은 다음과 같음

① 예약 자체가 사전 수납이 불필요한 가계약의 특성상 부도 위험이 커 효율성이 감소하므로 부도율 감소 필요
② 예약을 실시함에도 불구하고 당일 방문 환자(응급)가 발생하기 때문에 양쪽 고객의 불만 증가
③ 진료시간의 적정 배분 애로 및 접수(수납)시간 증가로 인한 고객 불만 증가

(4) 효율적 예약제 운영방법

구분	주요 내용
예약문자 발송	예약 접수 시 고객의 휴대폰 번호 확인(수정) 및 예약 환자에 대상 예약일정 확인 문자 발송(전날, 당일)
환자정보 업데이트	분기별(최소) 환자정보 업데이트 및 예약 부도율이 높은 고객에 대한 별도 관리(부도의 주원인은 바쁨과 망각)
예약 준수 및 취소 여부 체크	정확한 통계 측정을 위한 예약 준수 여부 및 취소 여부 입력
예약 시간표 내 완충 시간대 설정	예약 타임 테이블 작성 시 기존 통계를 기반으로 완충 시간대를 삽입하여 응급환자 대응 및 수의사 피로도 조절
통계 기반 업무량 예측	계절별, 요일별 통계를 기반으로 업무량을 예측하여 진료 인력 및 기자재 관리

05 온라인 병원홍보 · 홈페이지 관리

(1) 홍보 시 유의사항

① 동물병원도 병원의 인지도를 높이고 각종 서비스를 제공하는 점을 SNS 등을 통해서 널리 알려야 함
② 하지만 꼭 기억해야 할 사안이 두 가지 있는데, 수의사법 시행령 20조의2 제3항에 따라 허위 또는 과대광고 시 수의사의 면허가 정지되고, 다른 동물병원을 이용하는 보호자를 자신의 병원으로 유인하는 행위도 면허 정지 사유이니 시장 질서를 교란할 정도의 홍보 및 유인행위를 해서는 안 됨

(2) 온라인(SNS: 인스타그램, 유튜브 등) 병원홍보 및 홈페이지 관리 방법

① 매일 방문하는 고객들에게 새로운 콘텐츠를 제공하고 그 정보가 고객에게 유용하다는 느낌을 갖도록 해야 함

② 정기적인 알림 서비스를 통해 충성도를 높이되, 제공되는 정보가 매출향상을 위한 광고라는 인식을 주지 않도록 노력
③ 언론의 관심을 자연스럽게 끌어낼 수 있는 강점을 최대한 강조하되 네거티브 이슈(동물학대 등)로 보도될 가능성 주의
④ 정보가 넘치는 온라인 상황임을 감안하여 핵심적인 원하는 정보를 최대한 눈에 띄는 곳에 배치
⑤ 다른 경쟁 온라인 매체를 모니터링하고 장점을 벤치마킹하고 단점을 개선하는 차별화 추진
⑥ 온라인 홍보를 통한 오프라인 이벤트를 개최하고 고객들끼리 네트워크 할 수 있는 기회를 제공
⑦ 시작단계부터 홍보 마케팅의 타깃을 정확히 정하고 온라인 홍보 상에서도 시장 세분화를 추진
⑧ SNS 운영자의 인지도를 높이기 위해 다양한 활동을 추진하고 다양한 형태의 전략적 제휴와 아웃소싱을 적극 활용
⑨ 동물학대 동영상 SNS 게시는 동물보호법 위반이며, 가치관의 차이에 따른 비난으로 인한 명예훼손 모욕죄 성립 주의
⑩ 주력 서비스 또는 상품에 대한 집중 홍보와 부가적 서비스 제공
⑪ 고객과의 쌍방향 소통을 중요시하며 고객의 칭찬을 유도하되 불만, 불평은 즉각 해소
⑫ 경쟁업체의 가격정책에 대해 항상 모니터링을 실시하고 가격경쟁력을 유지할 수 있도록 노력
⑬ 단골 고객에 대해 항상 관심과 우대를 받고 있다는 인식을 심어주고 지속적으로 단골고객 관리
⑭ 제로페이, 지역화폐 등 새롭게 등장하는 다양한 결제수단을 모두 활용할 수 있음을 홍보

06 동물병원 운영에 관한 법률

동물보건사가 동물병원을 개설하지는 않지만 운영에 직접적으로 많은 부분을 관여하는 것은 부인할 수 없는 사실로, 그렇기 때문에 동물병원 운영에 관한 법률을 정확히 알고 있어야 하며 특히 벌칙 및 과태료는 숙지하여야 하는 부분임

① **수의사 면허증 또는 동물보건사 자격증을 빌려주거나 이를 알선한 사람:** 2년 이하 징역 또는 2천만 원 이하 벌금
② **동물병원 또는 동물진료법인과 비슷한 명칭을 사용한 자:** 300만 원 이하 벌금
③ **정당한 사유 없이 동물의 진료를 거부하거나(500만 원 이하 과태료) 무자격자에게 진료행위를 한 경우:** 2년 이하 징역, 2천만 원 이하 벌금

④ 부적합 판정을 받은 동물진단용 특수의료장비를 사용한 자: 500만 원 이하 과태료

⑤ 거짓으로 진단서, 검안서, 증명서, 처방전을 발급하거나 정당한 사유 없이 진단서, 검안서, 처방전의 발급을 거부한 자: 100만 원 이하 과태료

⑥ 처방대상 동물용 의약품을 직접 진료하지 않고 처방 투약한 자: 100만 원 이하 과태료

⑦ 수의사법으로 정한 각종 신고 행위를 하지 않은 자: 100만 원 이하 과태료

⑧ 동물진단용 방사선 장치 설치신고, 정기검사를 하지 않거나 피폭관리를 실시하지 않은 자: 100만 원 이하 과태료

⑨ 사용제한 금지 명령을 위반하거나 시정 명령을 이행하지 않은 자: 100만 원 이하 과태료

⑩ 관계 공무원의 검사를 거부, 방해, 기피하거나 거짓 보고한 자: 100만 원 이하 과태료

⑪ 진단서 등의 발급수수료를 고지 게시한 금액보다 초과 징수한 자: 100만 원 이하 과태료

⑫ 상기 언급한 과태료 외에도 수의사법 시행규칙 별표2에 의거하여 각 항별로 최대 1년까지 수의사 면허 정지가 가능

⑬ 학위 수여사실을 거짓으로 공표한 자: 면허정지처분-1차 15일, 2차 1개월, 3차 6개월

- 박사 수료, 미국 ○○과정 이수, 영국 ○○코스 수료는 박사학위 보유자가 아님
- 겸임, 초빙, 객원, 연구, 산학 중점 교수는 해당 신분을 정확히 표시하여 불필요한 혼란과 논쟁을 사전 예방

CHAPTER

04 수의 의무기록의 이해

01 수의 의무기록의 필요성

① 기존의 수의 테크니션과 동물보건사의 가장 큰 차이점은 경험이 아닌 이론적 수의학적 지식을 기반으로 수의사 및 반려동물 보호자와 소통이 가능하고, 이론적 전문지식을 가지고 있기 때문에 비상식적이며 비과학적 법률 위반 행위를 병원 내에서 실행하는 사고를 사전에 예방하는 최소한의 가이드 라인에 대해 학습하고 알고 있다는 점을 꼽을 수 있음

② 위에서 언급한 수의사와의 소통적 측면과 의료 사고가 발생했을 경우, 매우 큰 역할을 하는 수의 의무기록은 경험만으로 알 수 없는 이론지식의 중요성을 대표한다 할 수 있음

③ 특히 동물 기록관리(SOAP)가 무엇인지 알고 현장에 적용하며, 표준화된 의학용어에 대해 알고 차트에 적힌 약어를 읽고 이해하며 수의사와 소통할 수 있어야 함

TIP 수의사의 가운, 명찰 등에 적혀 있는 각종 영어 및 약어의 의미

- D.V.M.Ph.D: 박사학위를 가진 수의사
- D.V.M.MS: 석사학위를 가진 수의사
- Veterinarian or D.V.M(Doctor of Veterinary Medicine): 수의사

02 수의 의무기록의 정의와 기능

(1) 수의 의무기록(Veterinary Medical Record)의 정의

① 보호자와 동물의 인적사항, 병력, 건강상태, 진찰, 검사, 진단 및 치료, 입원 및 퇴원기록 등 환자에 관한 모든 정보를 기록한 문서

② 수의 의무기록이 작성되지 않은 항목은 해당 치료 및 처치를 하였어도 실행하지 않은 것으로 간주되어 동물의료 관련 분쟁 시 객관적 증거자료로 채택 불가

(2) 수의 의무기록의 기능

환자의 질병에 대한 정보 제공	질병에 대한 진단, 경과, 치료에 대한 진행과정을 문서로 기록
환자에 대한 정보 공유	수의사와 동물보건사들 사이에 의사소통 수단으로 사용되어 정확한 진료를 실시하고 중복된 치료 및 처치 등의 실수를 사전에 예방
법률적 증거	수의 의무기록 작성은 법률로 규정되어 있으며, 법원에서 증거 채택이 가능한 법적 문서로 인정
경영관리	수의 의무기록을 바탕으로 직원의 업무량, 주요 매출 품목 및 매출 분석, 예산편성, 재고유지, 마케팅 전략 등을 수립하고 보호자에게 비용 청구, 수의의무기록 사본 발급에 대한 자료로 활용
병력관리	과거 질병 발병 및 치료에 대한 근거자료로 활용되어 질병 재발 및 치료 등에 유용한 정보 제공

(3) 수의 의무기록 작성 관련 법률 규정

① **수의사법 및 시행규칙 13조:** 수의사는 진료부나 검안부를 갖추어 두고 진료내용을 기록하고 서명하여야 하며 「전자서명법」에 따른 전자서명이 기재된 전자문서로 작성하여 1년 이상 보존

② **법률 위반 시 제재:** 진료부를 갖추지 않거나, 기록을 하지 않거나, 거짓으로 기록한 경우 수의사법 시행령 제20조의2에 규정한 과잉진료행위나 그밖에 동물병원 운영과 관련된 행위에 해당하여 100만 원 이하의 과태료 및 6개월 이내 수의사 면허 효력 정지 부여

TIP **진료부와 검안부 비교**

진료부	검안부(사체검사)
동물의 이름, 품종, 성별, 특징 및 연령	
진료 날짜	검안 날짜
동물 보호자의 성명, 주소, 연락처	
진단 병명과 주요증상	사망(추정) 또는 안락사(살처분) 날짜
처방과 처치 내역	사망 또는 안락사(살처분) 원인과 장소
사용한 약품의 품명과 수량	사체의 상태 및 주요 병리학적 소견
동물등록번호(등록한 동물만)	

(4) 대한민국의 법체계 및 동물보건사 관련 법규

① **성문법**: 문자로 기록되어진 법으로 입법기관(헌법, 법률) 및 지자체(조례, 규칙)에 의해 일정한 형식과 절차를 거쳐서 제정된 법률

② 헌법 > 법률 > 명령(대통령령 > 총리령 > 부령) > 조례 > 규칙 등의 법규체계로 구성

③ **헌법**: 국가 통치 체계와 국민의 기본권을 보장하는 국가의 최고 법규(국회 의결 후 국민투표에 의해서만 개정 가능)

④ **형법**: 업무과실로 인해 동물을 사망하게 한 원인이 수의사법, 동물보호법 위반인 경우 징역, 벌금, 과태료 처벌

⑤ **민법**: 동물보건사의 고의 또는 과실로 인한 불법행위로 인해 동물이나 보호자가 신체적, 정신적, 재산적 피해에 대한 배상을 민사 법정에 청구한 경우 적용

⑥ **근로기준법**

- 근로자의 근로 및 노동에 관한 법률로 근로자의 인간다운 생활을 보장하기 위해 근로조건의 최저기준을 정한 법으로 직업의 종류와 상관없이 임금을 목적으로 근로를 제공하는 모든 근로자에게 해당
- 근로기준법에서 정하는 기준에 미치지 못하는 근로조건을 정한 근로계약서는 해당 부분에 한하여 무효

⑦ **동물보호법**

- 동물에 대한 학대행위의 방지 등 동물을 적정하게 보호 관리하기 위해 제정되었으며 동물학대 행위에 대한 처벌, 적정한 사육관리, 동물보호와 관리, 동물등록, 동물실험, 동물영업에 대한 사항 등이 규정
- 동물학대: 정당한 사유 없이 불필요하거나 피할 수 없는 신체적 고통과 스트레스를 주는 행위, 굶주림, 질병에 방치

⑧ **유실 및 유기 동물을 판매하거나 죽일 목적으로 포획하는 행위**: 2년 이하 징역 또는 2천만 원 이하 벌금

→ 동물등록, 반려동물 외출 시 목줄 및 입마개 착용, 배변물 수거, 예방접종 등의 내용을 보호자에게 설명할 수 있어야 함

⑨ **수의사법**: 수의사의 기능과 수의업무에 관해 필요한 사항을 규정한 법률

- 수의사법 10조: 수의사가 아니면 동물을 진료할 수 없다고 규정되어 무면허 진료행위를 금지(2년 이하의 징역 2천만 원 이하 벌금), 동물보건사 관련 규정 수의사법 2019년 신설(제2조, 제16조)
- 수의사법 16조: 동물보건사의 자격, 자격시험, 양성기관의 평가 인증 등 업무, 준용규정이 정해져 있음

⑩ **기타 동물 관련 법규**: 야생동물 보호 및 관리에 관한 법률, 동물원 및 수족관의 관리에 관한 법률, 가축전염병 예방법, 실험동물에 관한 법률, 사료관리법, 수산생물질병 관리법, 한국진돗개 보호 및 육성법

(5) 문제 중심의 수의의무 기록법(POVMR)

① 환자가 가지고 있는 문제를 중심으로 기초자료를 수집한 후 문제목록을 만들어 계획을 세우고 진행 상황을 경과 기록지로 남겨 어느 의료진이나 필요한 진료 정보를 신속하게 얻을 수 있도록 기록하는 방법

② **문제 중심 수의의무기록**(Problem Oriented Veterinary Medical Record)

항목	내용
기초자료	보호자와 동물정보, 주요 불편 호소 내용(CC), 현재 및 과거 병력, 신체검사, 방사선 및 임상병리 등 기초검사 자료
문제목록	동물에 대한 정보를 종합적으로 파악하여 문제항목을 작성하고 차트 제일 앞에 문제 목록 기록지에 순번대로 기록
초기 평가 및 계획	각각의 문제를 평가하고 진단 및 치료계획을 기록
경과기록	초기 계획 실행 결과와 해석내용을 각 문제의 하단에 SOAP 형식으로 경과기록지 작성(투약, 처치 기록지, 마취/수술 기록지, 퇴원 등의 내용을 요약하여 작성)

(6) 전자의무 기록(Electronic Medical Record; EMR)

① 환자에 대한 모든 진료정보를 전자문서로 전산화하여 컴퓨터에 입력, 관리, 저장하여 기록하는 방법

② 현재 대부분의 동물병원에서 전자 의무기록이 사용되고 있으며, 네트워크를 통해 의료진 간에 환자에 대한 정보공유와 의사소통이 편리하고, 자료의 보관 및 관리가 수월하고 환자접수, 진료, 청구, 수납, 고객, 재고 등 통합 관리 가능

③ **주요 전자의무 기록 관리 프로그램**: 인투벳(하기 화면), 우리엔 등

④ 동물보건사가 주로 사용하는 접수화면과 수의사가 주로 사용하는 진료화면으로 크게 구분

(7) 보호자와 동물정보 기록

① **환자등록 카드**: 보호자 및 동물 정보는 보호자가 직접 카드에 작성하도록 안내

② **연락처**: 응급 시 중요한 결정을 할 수 있는 보호자에게 쉽게 연락가능한 번호로 기입

③ **업데이트**: 최소 1년에 이상 정기적으로 정보 변경 여부 확인 및 필요시 각종 접종 일정 안내(특히 호텔 운영 시 필수)

④ **품종 기입**: 보호자는 품종이 잘못 분류되는 경우 불쾌하게 반응하므로 잘 모르는 경우(믹스견 포함) 물어보고 기입

⑤ **출생일**: 보호자가 알려주는 나이를 기입하되 유기동물 입양으로 인해 출생일을 전혀 모를 경우 치아 상태 확인

⑥ **성별**

- Male(수컷), Female(암컷), M/N(Male Neutralization, 중성화 수컷), F/S(Female Spay, 중성화 암컷)
- 주의사항: 어린 동물(특히 고양이)과 특수동물의 경우 보호자가 알고 있는 성별과 다른 경우가 있음으로 특히 주의할 것

⑦ **특징**: 털의 길이, 형태 성격 등 해당 동물에 대한 내용 표기

⑧ **체중**: 투약 및 처방에 매우 중요하기 때문에 직접 체중계에 측정하여 기입

⑨ 동물 등록이 완료된 동물은 마이크로칩 스캐너로 정보를 판독한 후 동물등록번호 기입

(8) 병력(History) 기록

과거병력	과거질병, 치료 및 반응, 투약, 수술, 예방접종내역, 사육환경, 영양(사료 및 섭취량), 알레르기 반응(아토피, 음식, 약물, 수혈 등), 번식(발정, 출산) 등에 대한 사항이 포함
현재병력	주요 불편 호소 내용, 증상 발현 시점, 횟수, 경과 등 보호자 관찰 내용, 최근 복용량, 섭취한 음식의 종류, 특이사항(애견카페 및 호텔 방문, 여행 등)

(9) 활력징후(Vital Sign Check) 및 신체검사 기록

신체검사 항목	성격, 신체 구조나 대칭성, 원기와 식욕, 보행 상태, 영양 상태와 근골격계 관찰, 눈과 귀의 위치, 자세, 피부의 상태, 구강 상태, 침 흘림, 생식기, 특정 부위 촉진 시 통증의 유무, 공격성 등
바이탈 사인 체크	체온(개: 37~39℃), 체중, 호흡수(개: 분당 10~30, 고양이: 분당 20~30, 흡기가 호기보다 2배 길), 심박수(개: 70~160, 고양이: 160~240), 점막 색깔, CRT(모세혈관 충전 시간: 2초 미만이면 정상 등)를 신체검사표에 작성

(10) 검사자료(임상병리, 영상진단) 기록

혈액검사(혈액화학검사, CBC, 호르몬 등), 요검사, 분변검사, X-ray 및 초음파 검사, CT 및 MRI 검사, 내시경검사, 심전도 검사 등

TIP 수의의무 기록사항

항목	내용
보호자 정보	동물명, 보호자명, 주소, 연락처/휴대폰, 이메일
동물정보	동물명, 종과 품종, 출생일(연령), 성별(중성화 여부), 색깔, 특징, 체중, 동물등록번호

현재병력	주요 불편 호소사항, 보호자 관찰내용, 최근 복용약, 최근 여행 여부
과거병력	과거 질병, 치료 및 반응, 투약, 수술, 예방접종 내역 등
신체검사	초기 관찰내용 및 바이탈 사인 체크
진단	잠정진단, 감별진단, 최종진단
예후	예상되는 질병 진행 상황
검사결과	임상병리, 방사선, 초음파, 내시경 등 결과지, 수술 및 마취 기록지, 의뢰검사 및 부검 소견서
치료계획	치료의 변화, 투약과 처방전(약품명, 날짜, 시간, 용량, 투여방법, 수액속도)
주의사항	보호자와 상담내용

(11) 수의간호기록 작성(SOAP법)

① 수의간호기록 작성을 의미하는 SOAP는 Subjective(주관적 자료) + Objective(객관적 자료) + Assessment(평가) + Plan(계획)의 이니셜을 의미

② SOAP가 의미하는 세부적 내용

주관적 자료 (Subjective)	보호자의 주관적 관찰과 주요 불편호소 내용(CC) 신체검사 결과를 바탕으로 환자의 움직임, 사람에 대한 반응, 꼬리 흔들기, 기립, 엎드림, 누움, 웅크림, 사료 및 수분 섭취량 등 육안(눈)으로 관찰한 내용을 기록
객관적 자료 (Objective)	체온, 맥박수, 호흡수, 체중, CRT, 배변 횟수 및 양, 오줌 양, 혈액 현미경 검사 등 임상병리검사 결과 기록
평가 (Assessment)	주관적, 객관적 자료를 바탕으로 환자의 생리, 심리, 환경 상태를 고려하여 전체적으로 평가를 실시하고, 환자의 문제점과 변화상태를 파악하여 급성통증, 보행변화, 오줌 및 배변, 흥분, 출혈, 맥박변화, 배뇨실금, 변비, 탈수, 구토, 설사, 고체온, 저체온, 감염, 염증, 호흡이상, 합병증, 소양감 등 중요 순서로 현재의 상태를 기입
계획 (Plan)	환자가 불편해하지 않도록 환자의 회복을 도와주기 위해 보호자 교육, 투약, 일일 산책 및 운동, 물리치료, 소독 및 붕대처치 등 간호중재(Nursing Intervention) 계획 수립 및 실시

03 의학용어

(1) 차트에 사용되는 표준화된 약어

① 동물병원에서는 정확하고 신속하게 정보를 전달하고 관련 내용을 공유하기 위해 의학용어를 사용하며, 해당 의학용어의 표준화된 약어를 공식적으로 사용하고 있음

② 사용되는 언어는 변화하기 때문에 의학용어는 이미 사용하지 않는 고대 로마제국의 공용어인 라틴어를 근간으로 하고 있으나, 현재는 영어의 활용도 또한 굉장히 높아져 영어를 근간으로 한 의학용어의 비중도 상당히 높은 편임. 또한 단순히 발음이 비슷한 이유로 채택된 약어도 있음

(2) 동물병원 차트에 사용되는 필수적인 최소한의 약어

약어	원어	의미
AD, AS	right ear, left ear	오른쪽 귀, 왼쪽 귀
Ad lib	freely, as wanted	자유롭게
AG	anal glands	항문주위샘
AU	both ears	양쪽 귀
ASAP	as soon as possible	가능한 한 빨리
BW	body weight	체중
BAR	bright, alert and responsive	밝고 활발하며 즉시 반응하는
BID	twice daily	하루 2번
BM	bowel movement	배변
BUN	blood urea nitrogen	혈액 요소 질소
C.C	Chief complaint	주요 불편호소(주호소)
C	with	함께
CAP	capsule	캡슐
CBC	complete blood count	일반 혈액검사
CNS	central nervous system	중추신경계
CPR	cardiopulmonary resuscitation	심폐소생술
CRT	capillary refill time	모세혈관 재충만시간
DOA	dead on arrival	도착 시 사망
DSH	domestic short hair	털이 짧은 혼합종
DLH	domestic long hair	털이 긴 혼합종
Dx	diagnosis	진단

약어	원어	의미
FeLV	feline leukemia virus	고양이백혈병 바이러스
FPV	Feline panleuko virus	고양이 범백혈구 감소증 바이러스 (고양이 파보 바이러스)
FS	female spayed	중성화된 암컷
HBC	hit by car	교통사고
HCT	hematocrit	적혈구용적
HW	heartworm	심장사상충
HWP	Heart worm preventative	심장사상충 예방약
ICU	intensive care unit	집중치료실
ID	Intra dermal	피부 내
IM	Intra muscular	근육 내
IO	Intra osseous	뼈속
IN	Intra nasal	비강 내(코 안쪽)
IP	Intra peritoneal	복강 내(배 안쪽)
IV	Intra venous	정맥 내
K-9	canine	개
LRS	lactated ringer's solution	하트만 수액
MN	male neutered	중성화된 수컷
NPO	nothing by mouth	금식(음식을 주지 않는 것)
OD, OS	right eye, left eye	오른쪽 눈, 왼쪽 눈
OE	Orchidectomy(neuter)	고환절제술
OHE	ovariohysterectomy (spay)	난소자궁절제술
OU	Both eyes	양쪽 눈
PI	Present illness	현재병력
PCV	packed cell volume	적혈구용적
PHx	Past history	과거병력
PO	Orally(by mouth)	입을 통해서
PRN	as necessary	필요에 따라
Q	every	매번
q.2h	every 2 hours	2시간마다
q.6h	every 6 hours	6시간마다
q.d	every day	매일
q.h	every hour	매 시간

약어	원어	의미
QID	four times a day	하루에 4번
QNS	Quantity not sufficient	양 부족
QOD	every other day	하루 걸러
RBC	red blood cell	적혈구
R/O	rule out	제외진단
SC	subcutaneous	피부 밑
SQ	subcutaneous	피부 밑
SR	suture removal	봉합사 제거
SID	once a day	하루에 한 번
SUSP	suspension	현탁액(고체가 섞인 액체)
Tab	tablet	정제
TID	three times a day	하루에 세 번
TNT	Toe nail trim	발톱손질
TPR	Temperature, Pulse, Respiration	체온, 맥박수, 호흡
TX	treatment	치료
UA	urinalysis	요검사(오줌검사)
UNG	ointment	연고
WBC	White blood cell	백혈구

CHAPTER

05 동물등록제

01 동물등록제

(1) 등물등록제의 개념

① 동물등록제는 동물의 보호와 유실·유기 방지 등을 위하여 2014년 1월 1일부터 전국 의무 시행 중인 제도로, 유기동물이 지속적으로 발생하면서 2007년 동물보호법을 전면 개정하게 되었음

② 일정 지역에서 시행하다가 2012년 확대 개정하여 서울지역부터 개도기간을 갖고 의무화를 시행하였으며 동물등록제에 대한 보조금을 각각의 시·도·군에 지원하고 있음

③ 등록대상동물의 소유자는 가까운 시·군·구청에 동물등록을 해야 하며, 등록하지 않을 경우 과태료가 부과됨. 다만, 도서 또는 동물등록 업무를 대행하게 할 수 있는 자가 없는 읍·면 중 시·도의 조례로 정하는 지역에서는 소유자의 선택에 따라 등록하지 않을 수 있음

④ 반려동물을 잃어버렸을 때 동물보호관리시스템(www.animal.go.kr)에 접속하여 동물등록정보를 통해 소유자를 쉽게 찾을 수 있음

⑤ 기존에는 3개월 이상의 강아지의 경우 동물등록을 하도록 하였으나 2021년 2월 이후 2개월로 조정됨

(2) 동물등록 법령

① 동물보호법을 살펴보면 동물등록으로 대통령령으로 정하는 동물에는 "주택, 준주택에서 기르거나 반려의 목적으로 기르는 2개월 이상의 개"가 해당됨

② 고양이는 지역에 따라 차이가 있으나, 반려의 목적으로 기르는 경우 2019년 2월부터 신청이 가능하게 되었음

③ 동물병원에서 등록할 때 고양이는 기타에 "고양이"라고 기입하거나 강아지와 동일하게 신청하는 등의 방법을 사용함

④ 등록대상동물의 분실 시 10일 이내 신고하여야 하고, 변경사유가 발생한 경우 입양을 한다거나 기르던 동물이 다른 집으로 입양을 간다거나, 다른 집에서 데리고 온다거나 하여 소유주가 변경된 경우에는 변경사유 발생일 30일 이내에 신고하여야 함

⑤ **동물보호법 제2조(정의)**: "등록대상동물"이란 동물의 보호, 유실·유기방지, 질병의 관리, 공중위생상의 위해 방지 등을 위하여 등록이 필요하다고 인정하여 대통령령으로 정하는 동물

(3) 국내 동물 등록 현황

① **국내 반려동물 등록 현황**: 2020년 신규 등록된 반려견은 23만 5,637마리로, 2020년까지 등록된 반려견의 총 숫자는 232만 1,701마리로 조사되었음

② 반려동물 등록제는 2014년 전국적으로 시행되어, 등록 마리수는 꾸준히 증가하고 있음(전년 대비 11% 증가, 지역별로는 경기도 33%, 서울 19%, 인천 6% 순)

- 연도별 누계(마리): (2017) 1,175 → (2018) 1,304 → (2019) 2,092 → (2020) 2,321

③ 동물등록번호는 무선식별장치(내장형, 외장형), 등록인식표 형태로 발급받을 수 있는데, 반려견 소유자의 58.9%가 내장형 무선식별장치를 선택한 것으로 나타남

- 내장형 13,8828마리(58.9%), 인식표 54,931마리(23.3%), 외장형 41,878마리(17.8%)

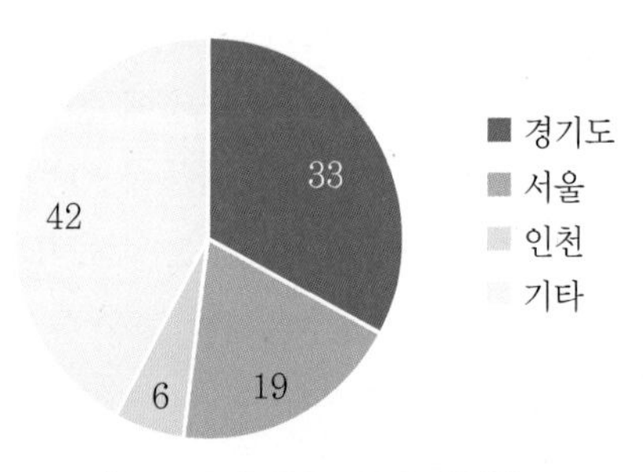

[2020년 동물 등록 현황]

(4) 유기견 반환율

① 동물등록제도를 시행함에 따른 동물의 유실유기 방지는 다음의 조사에서 긍정적인 평가를 볼 수 있음

② 2019년 기준으로 1년에 12만 마리의 유기동물이 발생되고 있음. 여전히 많은 수의 유기동물이 있지만 동물등록제를 활용하면서 그 수가 점점 줄어들고 있음

③ 2010년 미국수의학협회의 발표에 따르면 마이크로칩 시술 시 부작용으로 인한 동물의 위해가 있을 위험성은 매우 낮은 반면, 동물을 잃어버렸을 때 찾을 수 있는 가능성이 훨씬 큰 것으로 강조한 바 있음

④ 국내에서도 경기도 성남시에서 2008.10월부터 동물등록제 시범 실시 전후의 유기견 반환율이 시행 전 4.8%에 비하여 시행 1년 후 9.9%, 2년 후 16.7%로 증가한 것으로 보고하였음
⑤ 미등록과 등록 유기견의 소유자 반환율에 있어서도 미등록된 동물의 경우 반환율이 6.6%로 나타났으나, 등록된 동물의 경우 반환율이 95.1%로 조사되었으며, 평균 보호기간도 1일 미만으로 조사되어 보호비용 절감의 가능성이 있는 것으로 확인할 수 있었음

(5) 인식표 착용

① 동물보호법에 따르면 소유자등은 등록대상동물을 기르는 곳에서 벗어나게 하는 경우, 외출할 때는 반드시 인식표를 착용하여야 하며, 이는 동물등록을 하였는가와 상관없이 부착되어야 함
② 인식표에는 소유자의 성명, 소유자의 전화번호, 동물등록번호 정보를 기입한 인식표를 부착하여야 함. 인식표가 부착되어 있지 않으면 50만 원 이하의 과태료가 부과됨
③ 맹견의 경우에는 소유자 없이 맹견을 기르는 곳에서 벗어나지 아니하게 할 것으로 하고 3개월령 이상의 맹견과 외출할 때는 인식표와 함께 목줄 및 입마개 등 안전장치를 하거나 맹견의 탈출을 방지할 수 있는 적정한 이동장치를 하여야 함. 맹견의 경우에는 안전장치가 되어있지 않으면 300만 원 이하의 과태료가 부과됨

02 동물등록 방법

(1) 동물등록 방법의 개념

① 동물등록 방법에는 내장형 무선식별장치 개체 삽입과 외장형 무선식별장치 부착이 있음
② 과거에는 인식표를 부착하면 시·군·구청 또는 동물보호관리시스템 등록 시 번호를 부여하였으나 21.2.12부터 동물등록은 무선식별장치(내장형, 외장형) 방식으로만 가능하게 변경되었음
③ 마이크로칩은 동물의 체내에 삽입되어야 하고 외장형의 경우보다 비용이 더 들어가서 고객에게 거부감이 발생되는 경우가 있기 때문에 외장형과 인식표를 통한 등록이 이루어지기도 하였음
④ 마이크로칩이 목걸이 형태로 들어있는 외장형의 경우에는 분실되면 다시 등록해야 한다거나, 다른 동물에게 착용하게 되는 경우가 발생될 수 있어 동물개체의 확인이 어려운 단점이 있음
⑤ 원래의 목적인 유기와 분실방지를 위한 목적이라면 내장형을 사용하는 것이 더 나은 방법이 될 수 있음

⑥ 동물등록 절차안내는 최초 등록 시에 동물의 무선식별장치를 장착하기 위해 반드시 등록대상동물과 동반하여 방문신청하도록 안내함
⑦ 지자체조례에 따라 대행업체를 통해서만 등록이 가능한 지역이 있으니 시·군·구청 등록을 원할 때에는 가능 여부를 사전에 확인하여야 함
⑧ 등록신청인이 직접 방문하지 않고 대리인이 신청할 때는 위임장, 신분증 사본 등이 필요함
⑨ 2021년 반려견을 등록할 수 있는 대행 기관은 총 3,690개소가 지정되어 있으며, 동물병원이 92.7%, 동물보호센터가 4.6%인 것으로 조사되었음(동물병원 3,420개소, 동물보호센터 169곳, 동물판매업소 90곳, 동물보호단체 11곳에서 동물등록 가능)
⑩ 조사에서 확인할 수 있듯이 동물병원에서 동물등록방법을 주로 시행을 하고 있음. 어린 강아지와 고양이 시기부터 백신을 시행하기 때문에 동물병원에서 주로 동물등록을 진행함
⑪ 동물보건사는 동물등록방법을 반드시 숙지하고 있어야 함
⑫ 마이크로칩번호가 있는 경우 보호자가 직접 동물보호관리시스템에 접속하여 등록하는 방법도 가능함

(2) 동물등록 절차

- 개인소유자는 시·군·구청에서 지정한 동물등록대행기관에서 등록함. 대행기관은 주로 소유자의 거주지와 가까운 동물병원에서 등록할 수 있음
- 동물등록은 다음의 4단계로 수행함
  - 신청서를 작성한 후 무선식별장치, 내장형일 경우는 삽입하고, 외장형의 경우는 번호를 확인하여 등록함
  - 동물보호관리시스템에 접속하여 신청서의 내용을 기록함
  - 보호자가 작성한 신청서는 행정기관으로 팩스나 이메일로 전송하고, 원본은 직접 제출함
  - 이후 지역에 따라 차이가 있지만 1개월 이내에 동물등록증이 나오면 보호자에게 배부함

1) 신청서 작성

■ 동물보호법 시행규칙 [별지 제1호서식] 〈개정 2019. 3. 21.〉

동물등록 [ ] 신청서 [ ] 변경신고서

※ 아래의 신청서(신고서) 작성 유의사항을 참고하여 작성하시고 바탕색이 어두운 난은 신청인(신고인)이 적지 않으며, [ ]에는 해당되는 곳에 √ 표시를 합니다.
※ 동물등록번호란과 변경사항란은 변경신고 시 해당 사항이 있는 경우에만 적습니다. (앞쪽)

접수번호	접수일시	처리일	처리기간 10일

구분				
신청인(신고인)	성명(법인명)	주민등록번호(외국인등록번호, 법인등록번호)	전화번호	
	주소(법인인 경우에는 주된 사무소의 소재지) ※ 현재 거주지가 주소와 다를 경우 현재 거주지 주소를 함께 기재합니다.			
동물관리자(신청인이 법인인 경우)	성명	직위	전화번호	관리장소(주소)

동물	동물등록번호									
	이름	품종	털색깔	성별		중성화		출생일	취득일	특이사항
				암	수	여	부			

변경사항	구분	변경 전	변경 후
	소유자		
	주소		
	전화번호		
	무선식별장치 및 등록인식표의 분실 또는 훼손으로 인한 동물등록번호		
	기타	[ ] 등록대상동물의 분실 [ ] 등록대상동물의 사망 [ ] 등록대상동물의 분실 후 회수 [ ] 기타	

변경사유 발생일
등록대상동물 분실 또는 사망 장소
등록대상동물 분실 또는 사망 사유

「동물보호법」 제12조제1항·제2항 및 같은 법 시행규칙 제8조제1항 및 제9조제2항에 따라 위와 같이 동물등록(변경)을 신청(신고)합니다.

년 월 일

신청인(신고인) (서명 또는 인)

(시장·군수·구청장) 귀하

행정정보 공동이용 동의서
본인은 이 건 업무처리와 관련하여 「전자정부법」 제36조제1항에 따른 행정정보의 공동이용을 통하여 담당 공무원이 위 담당공무원 확인사항을 확인하는 것에 동의합니다. * 동의하지 않는 경우 해당 서류를 제출하여야 합니다. 신청인(신고인) (서명 또는 인)

[동의]

1. 동물등록 업무처리를 목적으로 위 신청인(신고인)의 정보와 신청(신고)내용을 등록 유효기간 동안 수집·이용하는 것에 동의합니다. 신청인(신고인) (서명 또는 인)
2. 유기·유실동물의 반환 등의 목적으로 등록대상동물의 소유자의 정보와 등록내용을 활용할 수 있도록 해당 지방자치단체 등에 제공함에 동의합니다. 신청인(신고인) (서명 또는 인)

- 신청서 작성 시 소유자 정보와 동물의 정보를 보호자가 직접 작성할 수 있도록 안내함
- 소유자 정보에는 성명, 주민등록번호, 전화번호, 주민등록주소와 현거주지 주소가 기입되어야 하며, 동물정보에는 동물등록번호(무선식별장치 고유번호), 동물이름, 품종, 털 색깔, 성별, 생년월일, 취득일이 포함되어야 함
- 신청서에는 반드시 행정정보 공동이용에 동의를 받도록 함

2) 내장형 무선식별장치 개체 삽입

마이크로칩을 삽입함. 외장형의 경우는 목걸이의 칩 번호를 정확하게 확인하여 보호자의 전자차트에 기록함. 내장형 무선식별장치 개체 삽입하는 방법은 다음과 같이 수행됨

① **마이크로칩을 먼저 리더기에 읽혀봄:** 리더기에 칩을 읽었을 때 칩이 내장되지 않은 경우나 혹은 표기된 번호와 칩을 인식했을 때의 번호가 동일하지 않은 경우도 간혹은 있을 수 있기 때문에 사전에 확인하는 작업도 필요

② **동물에게 내장형 칩이 몸속에 있는지 확인함**
- 내장형 칩이 있는 경우 소유자에게 안내하고 동물관리시스템에 접속하여 등록된 동물인지 확인함
- 해외 입국 동물의 경우, 국가별 사용하는 마이크로칩 번호들이 조금씩 다르지만 대부분 15자리의 숫자를 사용하고 있음. 이 숫자를 그대로 등록 가능하니 사전에 확인 작업을 하도록 함
- 동물보호관리시스템에 접속하면 마이크로칩 번호 조회가 가능함

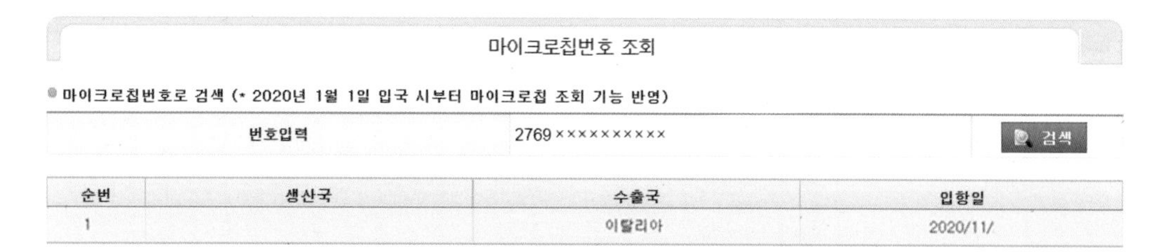

[해외동물 등록조회]

③ 간혹 내장형 칩을 등록한 뒤에 칩 스캐너를 확인하였을 때 두 개의 번호가 확인되는 경우도 있음. 사전에 확인하는 작업은 유기·분실 시 보호자를 찾는 데 혼란을 주는 것을 막을 수 있음

④ 개체에 맞는 마이크로칩을 사용함

- 동물의 체내에 마이크로칩을 삽입하는 것은 반영구적 사용이 가능함
- 과거에는 두꺼운 주사기를 활용한 마이크로칩이었다면 최근 쌀알 크기만한 특수한 형태의 컴퓨터칩으로 되어 있음
- 아주 작은 소형견 칩의 경우, 살집이 두툼한 대형견에게 삽입하였을 때 칩스캐너에 리딩이 안 되는 경우가 간혹 있으니 개체에 맞는 마이크로칩을 사용할 수 있도록 함

⑤ 삽입 시 등쪽 어깨 사이 피부 아래 부위에 삽입하며 이는 수의사가 진행함. 피하를 따라 처음 삽입된 부위에서 조금씩 이동할 수 있으나 대부분은 그 부근에 자리를 잡음

⑥ 칩스캐너로 마이크로칩이 잘 삽입되었는지 확인

⑦ 외장형의 경우는 칩번호를 스캐너로 확인하여 신청서에 기록

3) 전자차트 등록

① 동물병원에서는 전자차트를 사용하며, 혹시나 전자차트가 아닌 수기로 기입하더라도 반드시 차트에 기록을 하는 것이 중요

② 전자차트 등록 시 고객정보 안에 동물정보를 클릭하면 마이크로칩의 번호를 기입하는 항목이 있으니 활용하면 됨

4) 동물보호관리시스템 등록

동물보호관리시스템에 접속하여 '공무원, 대행기관 로그인'을 하면 동물등록을 진행할 수 있음

5) 행정기관 서류접수

① 보호자가 작성한 서류를 구·군·시청 담당부서에 팩스, 이메일로 전송함. 이를 주 단위나 월 단위로 서류를 제출하는데 지역에 따라 직접 회수를 하러 오거나, 민원실이나 담당부서로 직접 발송하여야 함

② 한 달 이내에 동물등록증이 도착하면 보호자에게 연락하여 전달함. 동물등록증에는 동물등록번호와 소유자 인적사항이 기입되어 있음

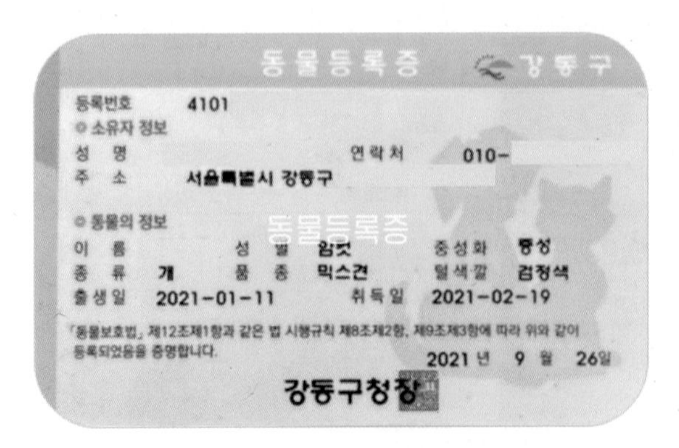

[동물등록증]

03 유기동물 신고대응

① 유기동물이 발생하면 많은 사람들이 동물병원으로 문의를 하는데, 이때 동물병원으로 방문하는 고객이 있다면 칩스캐너로 확인하여 소유주를 바로 찾아주기도 함. 그러나 동물병원에서 발생되는 유기동물을 모두 관리하기 어려우므로 각 지자체에 유기동물보호시설로 연계하며 대부분은 습득 시의 프로토콜을 따르도록 안내함

② 유실·유기된 동물들은 동물보호관리시스템에 모두 등록하도록 되어 있음

③ 시·군·구에서는 관내에서 발견된 유기동물이 보호받을 수 있도록 필요한 조치를 해야 하며, 주인을 찾을 수 있도록 그 사실을 7일 이상 공고해야 함

④ 유기동물을 주인 없는 동물이라 여겨 마음대로 잡아서 팔거나 죽이면 2년 이하의 징역 또는 2천만 원 이하의 벌금

⑤ 공고 후 10일이 지나도 주인을 찾지 못한 경우, 해당 시·군·구 등이 동물의 소유권을 갖게 되어 개인에게 기증하거나 분양할 수 있음

CHAPTER

06 출입국관리

01 반려동물 출입국관리

- ☑ 이민, 유학, 해외여행 등에 대한 수요가 높아져 반려동물의 해외출입국도 급등하고 있음. 개와 고양이를 데리고 해외로 나가는 경우에는 반드시 동물검역을 받아야 함. 이에 따라 동물병원에서 근무하는 동물보건사들은 국가별로 요구되는 검역조건이 다양하기 때문에 상대국의 검역조건에 대한 충분한 정보 숙지와 철저한 준비가 필요함
- ☑ 까다로운 검역조건이 요구되는 국가는 광견병 비발생 국가로 괌, 뉴질랜드, 덴마크, 독일, 벨기에, 스웨덴, 스위스, 포르투갈, 핀란드, 오스트레일리아, 홍콩 등이 있음
- ☑ 대한민국은 광견병 발생 국가이며, 발생 위험도가 높은 비청정 국가로 분류됨
- ☑ 동물검역은 출국공항과 입국공항 양쪽에서 모두 이루어짐. 출국공항에서 받는 검역을 출국검역, 입국공항에서 받는 검역을 입국검역이라고 함. 따라서 기본 출입국 절차는 다음과 같음

> 출국공항 도착 → 공항검역소 방문(출국검역) → 출국 → 입국공항 도착 → 공항검역소 방문(입국검역) → 입국

(1) 출입국 준비

- 동물검역 때 요구되는 사항들은 국가별로 다르며, 단지 준비하면 되는 것이 아니라 해당 시술이나 증명이 이루어지는 방법, 순서, 횟수, 시기 등을 규정대로 준수해야 함
- 이때 국가별 검역 요구사항에 따른 준비 스케줄을 설정함. 가장 정확한 것은 농림축산검역본부 홈페이지 접속하여 동물축산물 검역을 검색하면 개·고양이 검역절차를 확인할 수 있음. 국가별로 표시되어 있으며 자세한 문의는 민원실 연락처로 문의하면 도움을 받을 수 있음
- 약간의 차이가 있을 수 있으나 대부분의 준비서류는 다음과 같음. 우선 내장형 무선식별장치를 삽입하여 동물등록이 이루어져야 하며, 광견병 접종증명서, 예방접종 및 건강진단서를 수의사에게 발급받아야 함
- 예방접종 시 종합백신은 렙토스피라증(Leptospirosis)이 포함된 5종 종합백신을 요구하는 국가도 있고, 광견병항체가 검사결과가 필요한 경우도 있음. 이동하려는 국가의 검역 요구사항과 준비기간을 미리 알고 있는 것이 중요함

국가별 검역 요구사항에 따른 준비 스케줄 설정	농림축산검역본부(www.qia.go.kr) 동물축산물검역
준비사항	• 내장형 무선식별장치 삽입 • 광견병 접종 증명서 • 예방접종 및 건강진단서 • 주요 전염병 검사 결과지 • 내·외부 기생충 구제 증명서
준비기간	30일에서 16개월(국가별 상이)

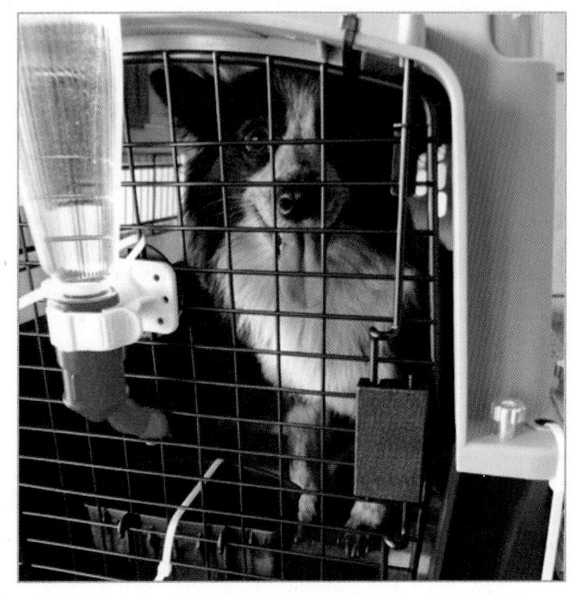

[출국하는 강아지]

1) 개와 고양이의 출국 검역절차

① 반려동물(개, 고양이)을 외국으로 데리고 나가기 위해서는 입국하려는 국가의 검역조건을 충족해야 하니, 사전에 입국하려는 국가의 대사관 또는 동물검역기관에 직접 문의하여 검역조건을 확인하여야 함

② 광견병예방접종증명서 및 건강증명서가 필요한 경우에는 동물병원 수의사와 상의하여 발급함. 이에 포함되는 서류는 예방접종증명서 및 건강증명서 등이며, 필요한 검역증 발급에 필요한 서류를 발행하여 반려동물(개·고양이)과 함께 공항·만에 있는 농림축산검역본부 사무실에 방문하여 검역신청하도록 안내함

③ 해당 공항·만의 검역관이 서류검사와 임상검사를 거쳐 검역증명서를 발급하게 됨. 검역증명서를 발급 후 선사·항공사 데스크로 가서서 안내를 받으면 준비는 끝남

④ 개와 고양이 운송은 2021년 기준으로 아시아나항공, 대한항공은 소프트케이지 포함 7kg 미만, 에어캐나다는 케이지 포함 10kg 미만으로 가능함. 위탁화물로는 하드케이지 포함 45kg 미만으로 규정하고 있음

2) 개와 고양이의 입국 검역절차

① **수출국 정부기관이 증명한 검역증명서를 통해 입국을 준비함**
- 개체별 마이크로칩 번호
- 광견병 항체가 검사결과(0.5 IU/㎖ 이상, 채혈 일자가 국내 도착 전 24개월 이내)
- 개체별 연령(출생 연, 월, 일) 등 기입
- 호주(고양이), 말레이시아(개, 고양이): 추가 증명 사항 필요

② 수출국 또는 지역 내에 Hendra virus 또는 Nipah virus 비발생 증명, Hendra virus 또는 Nipah virus 검사(수출 전 14일 이내 혈액검사), 60일간 비발생 장소에서 사육 내용 증명서류가 필요하며 미충족 시 21일간 계류 검역 후 개방됨

③ **광견병항체가 검사를 필요로 하지 않는 나라:** 괌, 뉴질랜드, 덴마크, 독일, 벨기에, 스웨덴, 스위스, 싱가포르, 아랍에미리트, 아일랜드, 영국, 오스트리아, 이탈리아, 일본, 쿠웨이트, 포르투갈, 핀란드, 호주, 홍콩 등

④ 비행기 탑승 시 세관신고서의 검역대상물품 기록을 남기고 입국공항에서는 검역증명서 제출함. 만약 검역증명서 기재요건이 충족되지 않을 경우 별도의 장소에서 계류검역 또는 반송조치 대상이 됨

02 주요 국가별 검역조건

농림축산검역본부에는 28개국의 검역조건이 명시되어 있음

(1) 미국

미국에 동물과 함께 방문하기 위해서는 광견병 예방접종과 예방접종 증명서, 건강증명서, 마이크로칩 시술, 광견병 항체검사, 검역증명서가 필요하며 준비기간은 60일 정도 소요됨

검역 준비	• 광견병 예방접종 • 출국일로부터 최소 한 달, 면역유효기간 확인
출국 서류	• 예방접종 증명서, 건강증명서, 광견병 항체검사(하와이, 괌) • 출국 후 국내 입국 시 준비 • 마이크로칩 시술 • 광견병 항체검사 • 국내 진행 시 유효기간 2년
동물검역	인천공항, 김포공항, 농림축산검역본부
운송	• 기내(이동장 포함 5~8kg 이하), 화물 모두 가능 • 사전수입허가 필요한 경우 • 광견병 예방접종 미실시, 3개월령 이전 광견병 예방접종, 예방접종 후 30일 미경과 시

(2) 중국

중국은 2019년 5월 1일 입국조건이 강화되었으며 마이크로칩과 광견병 접종, 광견병 항체검사, 건강진단서, 검역증명서가 필요하고 준비기간은 60일 정도 소요됨

검역준비	• 2019년 5월 1일 입국조건 강화 • 「중화인민공화국세관법」, 「중화인민공화국동식물검역법」 및 그 실시 조례의 관련 규정에 따른 검역 관리 감독 • 1인당 1마리 제한 • 격리검역시설을 갖춘 공항으로 입국, 항체검사 미확인 시 세관에서 지정한 격리검역장에서 30일 격리 검역 • 출국공항에서 〈휴대입국애완동물(개, 고양이)정보 등록표〉 작성
출국준비	• 마이크로칩 이식 • 광견병 예방접종 증명서 및 건강증명서(생독백신 불가) • 광견병 항체검사결과 0.5 IU/㎖ 이상, "광견병 백신접종 유효기간"과 "광견병 항체검사 유효기한" 내 도착 • 출국 14일 이내 정부검역증 발급 • 〈중화인민공화국 입국동물검역질병목록〉 중 나열된 광견병 및 동물전염병, 기생충병에 감염되지 않음을 확인
검역증명서 필수 기재사항	• 출생일자, 연령, 마이크로칩 번호, 이식일과 이식부위, 광견병 백신 접종일과 유효기간, 백신의 종류, 백신의 품명, 제조회사명, 광견병 항체검사 채혈일, 검사기관명, 항체역가 결과, 동물위생임상검사 결과와 일자 • 격리검역이 필요한 동물이 비지정 공항만으로 입국 시 반송 또는 폐기
출국공항	중국해관 현장임상검사 합격

(3) 캐나다

캐나다 방문 준비는 광견병 예방접종, 건강진단서, 검역증명서가 필요하며 준비기간이 60일 정도 소요됨. 캐나다의 경우는 동물검역규정이 어렵지 않아서 1~2개월 전에 준비하면 가능함

검역준비	• 검역증명서 • 동물 검역은 출국 수 일전부터 가능 • 광견병 예방접종(3개월령 미만은 미실시) 최소 한달 전 실시 • 8개월령 이하 상업적 용도의 경우 마이크로칩 이식, 사전 수입허가 필요 • 김포공항, 인천공항, 농림축산검역본부 등에서 가능
출국 후 국내 입국 시 준비	• 마이크로칩 시술(ISO 국제표준) • 광견병 항체검사: 국내 진행 시 유효기간 2년 • 검역증명서: 입국 30일~1년 이내
운송	기내(이동장 포함 5~8kg 이하), 화물 모두 가능

(4) 일본

동물과 일본에 방문하기 위해서는 절차가 까다롭고 준비기간이 오래 걸린다는 것을 기억해야 함. 마이크로칩, 광견병 예방접종 2회, 광견병 항체검사, 사전신고, 검역증명서, 수입검사 등이 필요하며 준비기간은 6개월에서 18개월까지 걸림

① 마이크로 칩 이식(1차 광견병예방접종 이전에 이식)
② 1차 광견병 예방접종(91일령 이후)
③ 2차 광견병 예방접종(1차 접종일 기준 30일 경과 후)
④ 광견병 항체검사(일본동물검역소에서 인정한 실험실로 혈청 송부)
⑤ 수출 전 대기
⑥ 광견병 항체검사 채혈일로부터 180일 이후 입국 가능
⑦ 도착예정 공항만 일본 동물검역소 사전신고(도착예정 40일 전까지)
⑧ 수출 전 검사, 수출국의 증명서 취득
⑨ 일본 도착 후 수입검사

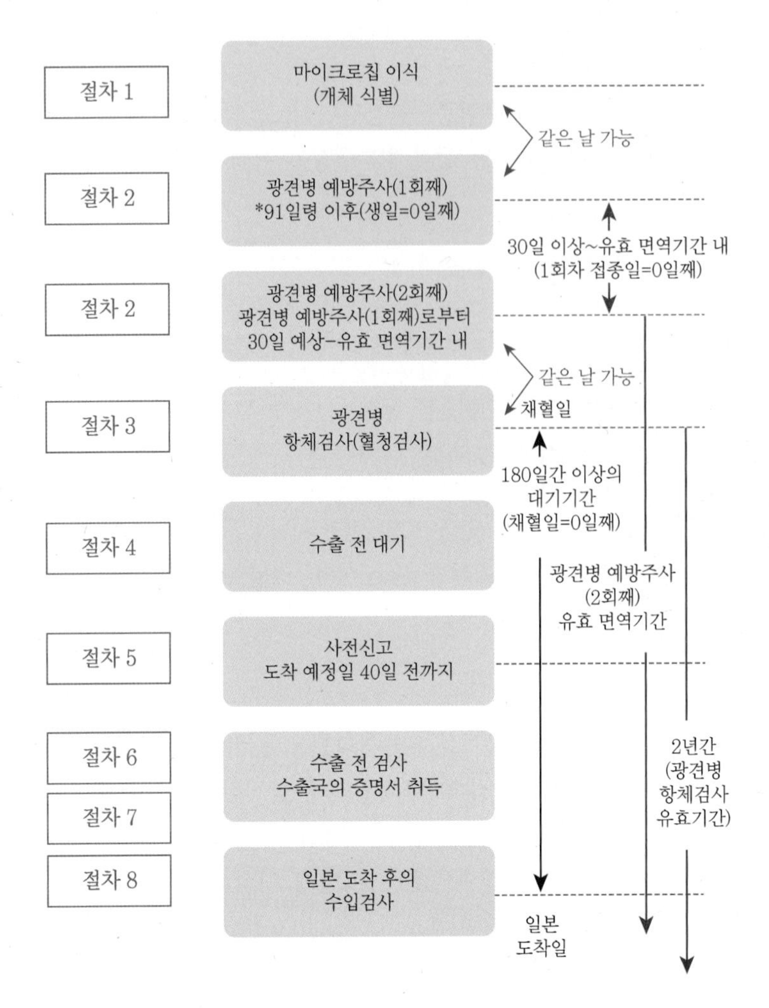
절차 1
마이크로칩 이식
(개체 식별)
같은 날 가능
절차 2
광견병 예방주사(1회째)
*91일령 이후(생일=0일째)
30일 이상~유효 면역기간 내
(1회차 접종일=0일째)
절차 2
광견병 예방주사(2회째)
광견병 예방주사(1회째)로부터
30일 예상-유효 면역기간 내
같은 날 가능
채혈일
절차 3
광견병
항체검사(혈청검사)
180일간 이상의
대기기간
(채혈일=0일째)
절차 4
수출 전 대기
광견병 예방주사
(2회째)
유효 면역기간
절차 5
사전신고
도착 예정일 40일 전까지
2년간
(광견병
항체검사
유효기간)
절차 6
절차 7
수출 전 검사
수출국의 증명서 취득
절차 8
일본 도착 후의
수입검사
일본
도착일

CHAPTER 07 동물병원 위생 및 물품관리

01 동물병원 소독 및 위생관리

- 다수의 병에 걸린 동물이 출입하는 동물병원에서의 위생관리의 필요성과 중요성은 여러 번 강조해도 지나침이 없음
- 특히 주기적인 청소와 소독은 미관상 고객의 만족도를 높이고 감염의 위험성을 감소시키기 때문에 빠짐없이 꼼꼼히 실시되어야 하며 위생관리 시 숙지해야 할 주요 내용은 다음과 같음

(1) 청소

① 환자, 내원객, 근무 직원의 건강과 쾌적한 근무환경 제공을 위해 실시
② 청소 절차와 방법을 정해 주기적(일, 주, 월)으로 실시
③ **의료 폐기물**: 밀봉하여 규정과 절차에 맞춰 지정된 장소에 배출하며 감염성 폐기물에 특히 주의할 것
④ **일반 폐기물**: 쓰레기 봉투에 담아 배출

(2) 일반구역

① 접수 및 대기실, 진료실 등 내원객들이 가장 먼저 방문하여 병원의 인상을 좌우하기 때문에 환경 및 위생 중점 관리
② 내원객들에 의한 외부오염원이 병원 내 환자에게 전염될 수 있으므로 위생적 관리 필수

바닥 클리닝	진공청소기로 먼지 및 이물을 제거한 후 약품을 묻힌 대걸레로 바닥을 깨끗이 매일 청소
소독 및 얼룩 제거	락스 및 세제를 묻힌 물걸레를 이용하여 진료대, 벽면, 유리 등에 묻은 얼룩을 매일 청소
쓰레기통 비우기	쓰레기통에 씌운 비닐 봉투를 꺼내 후 새로운 비닐 봉투를 매일 교체
먼지 제거	눈에 띄는 곳은 매일, 높은 곳과 눈에 띄지 않는 곳은 주 또는 월 단위로 제거

(3) 특별구역

① **수술실**: 바닥, 벽면, 공기 중 낙하 세균 등이 환자에게 치명적인 영향을 줄 수 있으므로 병원 시설 중 가장 높은 수준의 청결 유지 필요

② 수술대 및 보조기구는 매뉴얼에 따라 정리하고 바닥은 락스(30~50배율)를 사용하여 걸레로 청소

③ 의료장비 이외의 물품은 소독 살균제로 닦아내며 수술실은 주 1회 이상 대청소 실시

(4) 오염 발생 구역

① 입원실, 검사실 등 동물의 배변 등의 오염물이 발생되는 곳

② 오염구역에서 사용된 청소 도구는 다른 구역에서 사용을 금지하며 사용된 일회용품은 폐기

③ 격리입원실 등 전염병 동물이 입원한 경우 병원 내 다른 구역으로 오염물이 유입되지 않도록 차단하는 것이 중요

④ 격리 입원실 출입 시 멸균된 전용 옷, 신발, 일회용 장갑 등을 착용

⑤ 입원장 내의 패드, 분변 등의 오염물은 뒤집어서 비닐봉지에 넣어 밀봉한 후 의료용 폐기물로 분류하여 폐기

⑥ 락스(차아염소산나트륨)에 적신 걸레를 사용하여 입원실의 천장, 벽면, 바닥 순으로 청소

02 동물병원 소독 관리

동물병원은 질병에 감염되어 병원성 미생물을 배출하는 동물과 질병으로 인해 면역력이 저하되어 감염의 위험성이 높은 동물들이 모이기 때문에 질병 감염의 위험성이 상시 존재하므로, 동물병원에서 소독은 병원시설, 입원실, 의료물품, 반려동물 용품 등 접촉 가능성이 있는 모든 곳에 실시되어야 함

(1) 세척

① 물과 세정제를 사용하여 오염물을 씻어내는 것으로 미생물을 분리(제거)하는 과정

② 혈액 또는 고름과 같은 오염물 제거를 통해 미생물의 양 감소 및 소독이나 멸균 효과 극대화

③ **세정제**: 계면활성제(샴푸), 효소제(내시경, 금속기구 등 단백질 분해 중성세제)

(2) 소독

① 살균제를 통해 병원 미생물을 제거(아포 제외)하는 과정으로 액체 화학제나 UV 등을 사용

② 피부소독제: 피부나 조직에 사용이 가능한 살균제

아포

세균이 외부의 물리화학적 작용에 저항하여 장기간 생존하기 위해 형성하는 작은 형체

(3) 멸균

① 물리 화학적 방법을 통하여 세균의 아포를 포함한 모든 미생물 완전 제거

② 고압증기멸균(오토 클레이브), 가스멸균법, 건열멸균법, 액체화학제(장시간)

액체화학제는 일반적으로 소독제이지만 장시간 노출 시 멸균도 가능

(4) 소독제의 살균력

① 페놀계수: 페놀을 기준으로 소독제의 살균력을 비교(페놀계수 50% = 페놀 대비 50%의 살균효과)

② 소독효과에 영향을 주는 요소: 희석 농도, 노출 시간, 오염물(유기물)의 양, pH, 세척 여부 등

(5) 환경소독제(병원의 주요시설 소독)

① 차아염소산 나트륨(락스)

- 가격이 저렴하고 빠른 효과와 바이러스(파보) 사멸이 가능한 높은 소독력을 보유한 최고의 소독제
- 바이러스 소독 시 30~40배, 일반 소독 시 150배 희석하여 사용함

차아염소산 나트륨(락스)

뜨거운 물(60도 이상)과 희석하거나, 뜨거운 환경에 노출 시 염소가 기화되어 동물보건사의 몸에 해로우므로 주의할 것

② **미산성 차아염소산**: 락스보다 살균효과가 70배 이상 높고 탈취효과가 있어 병원 내 감염방지 기구 소독에 사용되며 피부에 자극이 없어 손 소독제로도 사용

③ **크레졸 비누액**: 냄새가 매우 강한 소독약으로 화장실 소독제로 많이 사용(50배 희석)

④ **글루타 알데하이드**

- 유기물이 있어도 소독력이 강하고 금속을 부식시키지 않아 플라스틱, 고무, 카테터, 내시경 등 오토클레이브에 넣을 수 없는 물품을 2% 용액에 10시간 침적(유효기간 약 2주)
- 낮은 수준의 소독이 필요한 물품의 소독에는 독성이 강하고 비경제적이기 때문에 권장하지 않음

> **TIP 글루타 알데하이드**
>
> 독성이 강하므로 마스크, 보호안경, 장갑 착용 후 피부에 닿지 않도록 주의하고, 환기가 잘 되는 곳에서 잠금이 확실한 용기에 담아 흡입 최소화

(6) 피부소독제

70% 알코올	• 100%가 아닌 70~90%일 때 최적의 살균력을 보이나 자극성이 강하여 상처 재생에 방해가 되므로 개방성 상처에는 분무하지 않음 • 주사 전 피부소독, 직장 체온계 등 기구소독에 사용(금속을 부식시킬 수 있으므로 주의할 것)
과산화수소	• 자극이 강하고 정상세포가 함께 파괴되므로 상처 부위에 사용하지 않음 • 수술 후 동물의 털, 피부, 수술포, 수술복 등에 묻은 혈액, 체액 등을 제거하기 위해 사용
포비돈 요오드 (베타딘)	• 상비 소독약으로 자극적이지 않고 세균, 진균, 아포, 바이러스까지 6~8h 살균효과가 있어 상처, 궤양, 수술 부위 피부소독에 2%로 희석하여 사용 • 금속 부식, 고무, 플라스틱 제품 손상 주의(빛 차단 필수)
클로르헥시딘 글루코네이트 (히비텐)	• 세균, 진균에 살균효과가 좋으며 손 위생과 수술 부위 피부 준비에 사용 • 눈과 귀에는 손상 위험이 있음으로 비사용 (상처 부위 소독: 0.05%, 구강 소독: 0.1%, 진균: 2%)
염화벤잘코늄 (염화벤잘코늄액, 역성비누)	• 손, 피부, 창상 부위, 소독기구 등의 소독에 사용되며 피부 상처 부위에 자극을 주지 않고 소독 가능 • 아포에는 효과가 없고 비누와 함께 사용 시 효과가 줄어들기 때문에 같이 사용금지(0.1%로 희석)

(7) 피부소독제 사용 시 주의사항

① 피부소독제 희석 시에는 멸균 증류수를 이용하며 희석 후 유효기간 준수(1개월 이내)

② 소독제를 혼용하여 연속 사용 시 화학작용으로 소독 효과가 반감되므로 주의

- 포비돈요오드 → 알코올(×)
- 과산화수소 → 포비돈요오드(×)

03 의료용 폐기물 관리

동물병원에서는 인체에 감염 등의 위해를 줄 수 있는 신체조직, 동물의 사체 등과 같은 폐기물이 배출되는데, 이러한 폐기물은 환경 폐기물 관리법에 의하여 특별관리가 필요하며 적법한 절차를 준수하여 폐기해야 함

(1) 의료 폐기물의 종류

구분	내용
격리의료폐기물 (붉은색)	감염병의 예방 및 관리에 관한 법률 제2조 1항에 의거 질병 등으로 격리된 사람을 대상으로 수행한 의료 행위 도중 발생한 일체의 폐기물(보관기간: 7일)
위해의료폐기물 (노란색)	• 조직물류 폐기물: 동물의 장기, 조직, 신체 일부, 사체, 혈액(혈청, 혈장, 혈액 제제 포함), 고름 등(15일, 4℃ 이하) • 병리계 폐기물: 시험, 검사 등에서 사용된 배양액, 배양용기, 시험관, 슬라이드, 장갑 등(15일) • 손상성 폐기물: 주사바늘, 봉합바늘, 수술용 칼날, 깨진 유리 재질 기구 등(30일) • 생물, 화학 폐기물: 폐기백신, 폐기약제 등(15일) • 혈액 오염폐기물: 폐혈액, 혈액이 흘러내릴 정도로 포함된 폐기물(15일) • 일반의료 폐기물: 혈액, 체액, 분비물, 배설물이 함유된 붕대, 거즈, 탈지면, 기저귀, 주사기, 수액 세트(15일)

일반 폐기물이 의료 폐기물과 혼합되면 의료 폐기물로 간주

(2) 의료 폐기물의 보관

① 폐기물 발생 즉시 전용용기에 보관하며 밀폐 포장하며 재사용 금지
② 봉투형 용기(합성수지=비닐) + 상자(종이 골판지)에 규정된 Bio Hazard(생물학적 위험) 도형 및 취급 시 주의사항 표시
③ 폐기물이 넘치지 않도록 용량의 80% 이내로 넣고, 보관기간을 초과하여 보관 금지(조직류 폐기물은 4℃ 이하 냉장보관)
④ 냉장시설에는 온도계가 부착되어야 하며, 보관창고는 주 1회 이상 소독
⑤ 특히 주사기와 주사침을 분리하여 전용 용기에 배출을 습관화

(3) 의료 폐기물의 처리과정

① 전용용기에 처리 → ② 밀폐 후 보관 → ③ 전용차량 이동 → ④ 소각

(4) 일반 폐기물

① 혈액이 묻지 않은 의료용품 포장지, 수액병, 앰플병, 바이알병, 석고붕대, 미용을 위해 깎은 동물털, 발톱
② 건강한 동물의 배변이 묻은 패드, 기저귀, 휴지 등
③ 동물병원이 아닌 곳에서 발생된 동물사체

04 동물병원에서 산업안전 위험의 방지 및 대처법

(1) 반려동물에 의한 안전사고 예방

① 반려동물의 심리상태가 불안하면 반려동물에게 가까이 가거나 큰소리를 내지 않도록 하고 필요시 입마개 착용 고려
② 교상(물림)이 발생할 경우 흐르는 물에 수 분간 씻어 세균 감염 위험성을 줄임
③ 소독용 거즈 등 깨끗한 수건 등으로 상처부위를 압박·지혈하고 붕대로 고정 후 가까운 병원으로 신속히 이동하여 파상풍, 광견병 감염 여부를 확인

TIP

동물보건사로 장기 재직할 경우 파상풍 예방주사(약 10년 유효) 접종 권장

④ 반려동물에 의한 각종 인수공통전염병(기생충, 세균, 바이러스 등)에 감염되지 않도록 소독 및 안전장비(고글, 라텍스 글로브, 마스크 등)를 착용하고 발적, 알레르기, 고열, 소양감 등의 증상이 발생할 경우 신속히 병원에서 감염 여부 확인
⑤ 반려동물의 갑작스러운 움직임이나 동물보건사의 부주의로 검사 및 수술도구에 의해 상처를 입을 경우 즉시 소독하고, 출혈이 있을 경우 밴드나 거즈 등으로 압박·지혈 후 신속히 병원으로 이동

(2) 각종 기기에 의한 안전사고 예방

① 열, 적기 기구, 화학제품 등으로 인해 화상을 입어 피부 손상이 발생할 경우 즉시 흐르는 물에 화상부위를 씻고 습윤 드레싱 밴드를 붙이고 병원(광범위 화상은 화상 전문병원)으로 신속히 이동
② 병원에 화재가 발생하지 않도록 다중 콘센트 사용을 지양하고, 인화성 물질(알코올 등)의 발화 위험장소 위치 여부를 수시로 확인하며 직원 중 흡연자가 실내에서 담배 등을 피지 않도록 주의하며 소화기를 비치하고 화재경보기 사용법을 숙지

(3) 반려동물에게 발생할 수 있는 안전 사고에 대한 대책 수립

반려동물이 진료대에서 떨어지는 낙상, 각종 검사 및 수술도구에 의한 상처, 화상, 도주, 이물질 섭취, 다른 반려동물에 의한 교상, 감전 등의 사고에 대비하여 예방책과 대처법을 매뉴얼화하여 숙지

05 동물병원에서의 물품 관리

(1) 물품 관리의 의의

① 동물병원에서는 다양한 물품들이 사용되고 판매되고 있기 때문에 동물병원 내 필요한 물품은 부족하지 않도록 원활히 공급되고 재고량이 너무 많거나 유효기간 경과로 인해 폐기되는 물품이 없도록 적정수준으로 관리가 필수적
② 이러한 재고 물품의 관리는 동물병원 관리 프로그램을 활용하면 효율적. 제품별로 부여된 표준적 코드를 이용해 구매, 입고, 판매, 사용, 재고 등의 현황을 포스 시스템 또는 바코드 스캐너를 사용하여 수량을 체크하고 계절별, 요일별, 각종 이벤트 등의 요소를 감안하여 물품이 부족하거나 유효기간이 경과하는 일이 없도록 관리해야 함
③ 중점적으로 관리해야 할 물품은 다음과 같음

(2) 의료 소모품

진료 소모품	주사기, 주사침, 수액용품(혈관 내 카테터, 수액세트, 나비침), 거즈, 붕대, 솜, 소독제, 반창고 및 테이프, 멸균 및 비멸균 장갑, 마스크, 봉합사, 각종 튜브 및 카테터, 넥칼라
임상검사 소모품	혈액, 분변, 오줌 등의 검체 채취를 위한 각종 검사용기, 염색약, 현미경 검사 소모품(커버 글라스, 슬라이드글라스, 이머전오일, 렌즈페이퍼 등), 혈액화학 검사 장비에 따른 시약, 세균 및 곰팡이 배양 배지, 진단용 키트(심장사상충, 홍역, 파보, 코로나, 항체가, 췌장염)
수술도구	수술칼, 수술가위, 바늘집게, 포셉 등
의약품 (유효기간 주의)	인체의약품, 동물용의약품, 생물학적제제(백신), 마약 및 향정신성의약품(마취제) 등

(3) 판매용 물품

사료	동물의 종류와 성장 단계에 따라 제조사별로 다양한 제품이 판매 (상업용 사료: 건식, 습식, 반습식&처방식 사료)
간식	쿠키, 비스켓, 닭고기, 육포(저키), 개껌, 캔, 통조림 등
건강보조식품	동물의 영양, 피부, 관절 등의 기능 회복을 보조하기 위해 판매

(4) 일반 소모품

전산 사무용품, 식음료, 생활용품, 청소용품 등

06 동물병원 시설

동물병원은 수의사법에 의거하여 진료실, 처치실, 조제실 및 위생관리에 필요한 수도시설 및 의료장비를 보유하여야 하며, 동물병원의 주요 시설은 다음과 같음

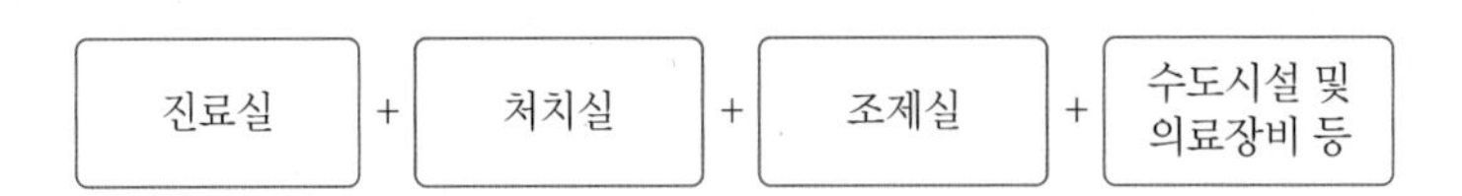

[수의사법에서 제시하는 동물병원 필수 구비 시설]

(1) 접수 및 대기실

① 접수실: 내원접수 및 퇴원수속, 진료비 정산, 진료예약, 전화 상담의 업무 수행

② 대기실: 진료 접수 후 보호자와 환자가 대기하는 장소이며 책자 음료 등이 구비

- 여러 환자가 공유하는 장소이기 때문에 직접적으로 동물 사이 접촉이 일어나지 않도록 하는 것이 중요
- 환자로부터 감염, 동물 간의 싸움 등의 위험이 있기 때문에 동물은 이동식 케이지 안에 있는 것이 원칙
- 불가피하게 보호자가 안고 있을 경우 반드시 목줄을 착용

(2) 진료실

① 수의사가 동물을 진찰하고 치료하는 곳으로 진료대 등 진료에 필요한 기구 및 장비가 갖춰져 있음

② 동물보건사의 역할

- 수의사의 진료가 원활이 진행되도록 진찰 및 검사에 필요한 기구를 준비하고 동물을 적절한 방법으로 보정
- 특히 진료대 위에서 동물이 떨어져 낙상을 입지 않도록 주의할 것

(3) 처치실

① 무영등 및 소독 장비 등의 기구가 비치됨

② 각종 투약, 카데터 장착, 검체 채취, 상처치료, 소독 및 드레싱 등 주요 의료행위가 이루어짐

(4) 조제실

① 약품의 분쇄, 분류, 혼합조제, 보관에 필요한 약제기구 등을 갖추고 다른 장소와 구획화 되어 있음

② 백신과 생물학적 제제 등을 보관하기 위한 냉장고 필수

(5) 임상병리검사실

① 현미경, 세균배양기, 원심분리기 및 멸균기를 갖추고 다른 장소와 구획화 되어 있음

② 혈액화학, 오줌, 분변 등의 검사가 진행

(6) 방사선실

① 방사선 촬영과 판독이 진행
② 방사선 촬영에 지장이 없는 범위에서 방호시설 구축 필수

(7) 입원실

입원 동물의 상태에 따라 일반입원실(일반환자), 격리입원실(전염병환자), 집중치료실(심각환자)로 구분

(8) 수술실

수술준비실	수술환자의 준비와 수술물품을 보관
외과적 손세정실	수술팀이 스크럽과 손세정을 실시
수술방	무균 수술 진행
회복실	수술 후 환자의 마취 및 의식회복

(9) 응급실

즉각적인 응급 진료가 필요한 환자를 위한 것으로 외부와 접근이 편해야 하며 구급용 시설 구비 필수

(10) 물리(재활)치료실

① 만성통증 및 기능장애 동물을 운동요법이나 물리치료 기구 등을 이용하여 치료
② 동물의 기능 회복, 재활훈련 등을 위해 필요한 기구와 장비를 보관

(11) 기타 시설

① 동물사체보관시설(냉동고)
② 세탁물 처리 시설
③ 물품보관 창고
④ 기타 부대시설(용품, 미용, 호텔 등)

07 동물병원 의료장비 및 기기

동물병원에서는 동물의 질병을 검사, 진단, 진료, 수술을 하기 위한 다양한 의료장비를 보유하고 있음. 그중 사용빈도가 높거나 하이테크(High Tech) 의료 장비이기 때문에 진단 및 진료의 정확도를 높이기 위해 도입 가능성이 높은 의료 장비에 대해 설명하고자 함

(1) CT(Computed Tomography)

엑스선을 여러 각도에 신체에 투영하고 이를 컴퓨터로 재구성하여 신체 단면을 영상으로 처리하는 장치

(2) MRI(Magnetic Resonance Imaging)

자력에 의하여 발생하는 자기장을 이용하여 생체의 임의의 단층상을 얻을 수 있는 장치

(3) 초음파 검사장비

초음파를 활용하여 신체 내부 장기의 실시간 영상을 표현하는 기기로 심장이 뛰는 모습과 혈액의 움직임도 평가 가능

(4) 산소 발생기(공급기)

① 주변 공기를 여과시키고 산소 분자를 농축하여 실내 공기를 산소 농축공기로 변환하는 장치
② 산소 발생기의 물은 기체 발생을 눈으로 확인시키기 위한 목적이며 물을 전기분해하여 산소를 얻는 것이 아님

(5) 수술대

수술대는 높낮이 조절이 가능하고 테이블 표면에 열선이 장착되어 온도조절이 가능한 것을 선호하며 아래와 같이 다양한 기능을 보유한 수술대가 있음

① 테이블 표면이 편평한 형태의 수술대
② 물 배출이 용이한 치과전용 수술대
③ **테이블 표면 중간 부위가 V자 형태로 접히는 V자형 수술대**: 개복 수술의 경우 앙와위 자세(복부를 위로 향하고 눕는 자세, Dorsal position)로 보정이 가능하고 수술 시 발생하는 불필요한 액체가 하단에 모여 위생적임

(6) 무영등

① 정의: 수술부위에 그림자가 생기지 않도록 각 방향에서 빛이 투사되어 수술부위를 잘 볼 수 있도록 만들어진 조명기구
② 특징: 회전 및 조정이 가능하고 손잡이는 탈부착이 가능하며 수술시작 전 무영등에 부착

(7) 호흡마취기

구성: 흡입마취기 + 환자감시장치 + 인공호흡기

흡입마취기	마취가스를 직접 폐로 순환시켜 호흡을 통해 마취상태를 유지
환자감시모니터	마취된 동물의 상태를 실시간으로 관찰
인공호흡기	인위적으로 폐에 산소를 주입하여 호흡

(8) 집중치료 부스(I.C.U)

① 중환자의 집중치료를 위해 항균, 항온, 항습, Co_2자동 배출, 산소 공급이 가능한 격리된 공간
② 수술 이후 호흡이 안 좋거나 경련 또는 산소치료가 필요한 중환자에게 필요

(9) 약 포장기

약 포장지를 밀봉할 때 쓰이는 도구

(10) 혈액화학분석기(Biochemistry)

혈액 내에 존재하는 무기 및 유기성분, 효소정량 등 각종 물질의 농도 측정을 통해 진단하는 가장 고가의 핵심 장비임

(11) 자동혈구분석기(CBC)

적혈구, 백혈구, 혈소판 등 혈구 검사를 진행하는 혈액 검사기기로서 환자의 체액량의 변화, 염증, 혈액 응고 이상, 빈혈 등을 진단

(12) 원심분리기

축을 중심으로 물질을 회전시켜서 원심력을 가하여 액체 혼합물을 분리하는 기계

(13) X-ray

신체를 투과하는 방사선인 X선을 사용하여 신체 내부를 영상으로 나타내 질병의 진단, 골절 상태, 이물질 존재 여부를 진단하는 장비

(14) 납복

X선 촬영 시 발생하는 유해한 방사선을 차단하기 위해 납으로 제작된 보호복

(15) 고압증기멸균기(Autoclave)

① 121~132℃에서 7~15분 동안 고온·고압의 증기를 이용하여 미생물의 단백질 파괴를 통해 사멸시키는 장비로 금속재질의 수술기구 멸균에 사용되며 고무, 플라스틱제품은 고열로 인해 변형되므로 사용 불가
② 사용 시 멸균 여부를 확인하기 위해 멸균소독테이프를 부착(수술포 포장 멸균 소독 시 2주 동안 유효)

(16) 증류수 제조 장치

오토클레이브에 들어가는 물은 순수한 멸균 상태의 깨끗한 증류수를 넣어야 하기에, 오토클레이브를 자주 대량으로 사용하는 경우 증류수 제조 장치를 구비하는 것이 편리함

(17) 네블라이져

① 호흡기 질환에 사용되는 약물을 흡입할 수 있도록 분무(기체) 형태로 바꿔 주는 장비로
② 약물 투여 또는 급여가 어려운 동물에게 효과적이며, 특수동물의 치료에도 효과적

(18) 도플러 혈압계

① 혈류의 소리를 증폭시켜 혈압을 측정하는 장치
② 반려동물의 크기가 작을 경우 혈류소리가 작아 측정이 어렵고 수축기 혈압만 측정 가능

(19) 오실로메트릭 혈압계

① 혈류의 진동 변화에 의해 혈압을 측정하는 장치
② 도플러 혈압계보다 사용이 간편하고 확장기 혈압도 측정 가능

(20) 시린지 펌프

① 주사기에 일정한 속도로 압력을 가해 약물을 혈관에 주입해주는 장비
② 특정 약물을 정확히 주사하거나 혈장주사가 필요한 경우, 특히 폐수종 등 환자에 필요

(21) 인퓨전 펌프

① 수액팩을 정확한 양으로 일정한 시간에 주입해주는 장비
② 소형 동물에게 수액이 과다 투여되는 과수화로 인해 발생하는 폐수종, 심부종 예방

(22) 의료용 자외선 소독기

① 자외선(Ultra Violet)이 병원성 미생물의 유전물질 변이와 파괴를 일으켜 성장 및 번식을 억제
② 제품의 변형이 없고 잔류물의 위험이 없으나 빛과 접촉한 부분만 살균이 되므로 주의

(23) 현미경

① 눈으로는 볼 수 없을 만큼 작은 세균이나 기생충을 확대해서 보는 기구
② 대물렌즈, 접안렌즈, 조명 장치 등으로 구성

(24) 검이경

ㄴ자 모양으로 꺾여 있어 육안으로 확인이 힘든 반려견의 귓속을 검사하기 위한 장비

(25) 후두경

기관 내 튜브 삽입 시 필요한 장비(손잡이 + 날로 구성)

(26) 뇨비중계

① 오줌 내에 수분과 수분 외 물질의 비중을 측정하여 질병 유무를 확인하는 장비
② 정상 반려견: 1.015~1.045
③ 정상 반려묘: 1.020~1.040

(27) 검안경

① 강한 빛을 눈에 비춰 안쪽까지 반사시키는 검사를 통해 안과 질환을 정밀하게 검사하는 장비

② 안구의 가장 바깥 구조물인 안검, 결막, 각막부터, 가장 안쪽 구조물인 망막까지 평가

(28) 청진기

① 동물의 몸속에서 심장박동, 호흡소리, 장운동 소리를 들어서 질병을 진단하는 장비

② 청진판은 심장 판막 소리 등 낮은 음역을 청취하는 다이아프램(넓은 면)과 폐음 장음 등 높은 음역을 청취하는 벨(좁은 면)이 존재

PART 09

의약품관리학

CHAPTER 01

일반약리학
(General Pharmacology)

01 의약품

(1) 의약품의 3대 요건

어떤 물질이 질병 등에 효과가 있고(유효성), 인체에 안전하며(안전성), 공장에서 생산되어 환자에게 도달될 때까지 효과와 안전성을 유지할 수 있는 것을 안정성이라고 하며, 이 3가지를 모두 만족하는 물질을 의약품이라고 함

유효성(Efficacy)	의약품 설명서에 '효능효과'로 표기
안전성(Safety)	• 의약품 설명서에 '사용상의 주의사항'으로 표기 • 사용상의 주의사항 – 금기(Contraindication) – 이상반응(Adverse reaction) – 상호작용(Interaction) – 일반적 주의
안정성(Stability)	의약품 설명서에 '저장방법 및 사용(유효)기간'으로 표기

(2) 의약품의 분류

의약품은 여러 가지 방법에 의해 분류할 수 있으며, 일반적으로 크게 일반의약품과 전문의약품으로 분류할 수 있음

1) 일반의약품

① 주로 가벼운 의료 분야에 사용되며 부작용의 범위가 비교적 좁고 그 유효성, 안전성이 확보된 의약품

② 약국에서 의사의 처방전 없이 구매 가능함

2) 전문의약품

① 약리작용 또는 적응증으로 볼 때, 또는 투여 경로(주로 주사제)의 특성상 의사 등의 전문적인 진단과 지시·감독에 따라 사용되어야 하는 의약품

② 용법·용량을 준수하는 데 전문성이 필요할 때, 부작용이 심하여 심각한 부작용의 발현 빈도가 높을 때, 습관성 및 의존성, 내성(resistance)이 있는 의약품, 약물의 상호작용이 상당한 정도로 존재하여 심각한 부작용이 발생하거나 약효의 현저한 감소가 예상되는 의약품, 오남용 우려 의약품 등

3) 마약류(마약, 향정신성의약품, 대마)

마약류는 마약, 향정신성의약품, 대마 등으로 나뉨

마약	양귀비, 아편, 코카잎으로부터 추출되거나 동일한 화학적 합성품 등
향정신성의약품	인간의 중추신경계에 작용하는 것으로서 이를 오용하거나 남용할 경우 인체에 심각한 위해가 있다고 인정되는 의약품(신체적·정신적 의존성이 있는 의약품)
대마	대마초 또는 그와 동일한 화학적 합성의약품

4) 안전상비의약품

일반의약품 중 가벼운 증상에 사용하며 환자 스스로 판단하여 사용할 수 있는 의약품으로 편의점과 같이 24시간 운영되는 곳에서 판매되는 의약품

의약품 분류

- 비타민 C 정(캡슐, 산제 등)은 일반의약품이나, 비타민 C 주사제는 전문의약품
- 전문의약품은 반드시 의사의 처방전이 필요함
- 마약류는 이중잠금 장치에 보관해야 하며 마약류통합관리시스템에 조제 및 투약보고를 해야 함
- 최초로 개발된 의약품은 오리지널 의약품(브랜드 의약품, 신약), 오리지널 의약품과 동일한 성분함량·동일 제형·동일 투여경로를 갖는 의약품은 제네릭 의약품, 오리지널 의약품을 다양한 기술을 이용하여 개선(제형 변경, 염 변경, 용도 변경 등)한 의약품은 개량신약이라고 분류함

02 약리학(Pharmacology)

(1) 약물치료학(Pharmacotherapeutics)

약물과 그 처방이 선택되면 동물보건사는 종종 약물 투여를 위한 구두 또는 서면 지시서를 통해 투약에 대한 내용을 전달 받음. 동물보건사는 이러한 지시를 수행하는 데 몇 가지 중요한 책임이 있음

① 올바른 약물이 투여되고 있는지 확인
② 정확한 경로와 정확한 시간에 약물 투여
③ 약물에 대한 동물의 반응을 주의 깊게 관찰
④ 명확하지 않은 약물 투여 지시에 대한 질문

⑤ 라벨을 정확하게 만들고 의약품 용기에 부착
⑥ 보호자에게 관리 지침 설명
⑦ 의료 기록에 적절한 정보 기록

(2) 약물동태학(Pharmacokinetics, 약동학, 약물체내속도론)

약물을 환자 동물에게 투여한 후 체내에서 발생하는 복잡한 일련의 약물의 변화들에 대한 내용을 탐구함

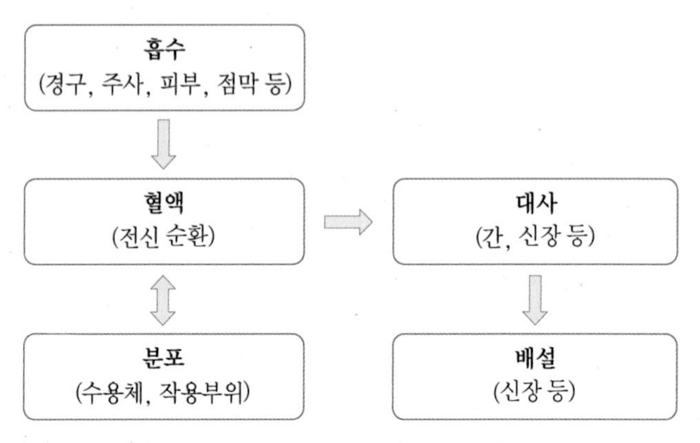

[흡수 – 분포 – 대사 – 배설 흐름도]

1) 흡수(Absorption)

① 의약품의 주성분(API, Active Pharmaceutical Ingredient, 약리학적 활성성분)이 전신 순환혈에 도달하는 과정
② 약물이 작용부위(receptor, 수용체)에 도달하기 전에 약물은 투여 부위의 흡수 표면을 구성하는 일련의 세포막을 통과해야 함
③ 약물이 흡수되어 전신 순환에 도달하는 정도를 생체이용률(bioavailability)이라고 함

TIP **생체이용률(Bioavailability, BA)**

- 생체이용률은 주성분 또는 그 활성대사체가 제제로부터 전신순환혈로 흡수되는 속도와 양의 비율을 말함
- 정맥주사의 경우 바로 혈관 내로 약물이 들어가므로 100% 흡수됨 → 즉 생체이용률이 100%임
- 그 외 주사(근육주사, 피하주사 등) 방법 및 경구투여 등은 흡수과정에서 소실될 수 있으며 분포, 대사, 배설과정에서 정맥주사의 경우보다 그 속도가 달라질 수 있으므로 생체이용률이 낮아짐
- **절대생체이용률시험**: 정맥투여를 대조로 하여 경구 생체이용률을 측정하는 시험
- **상대생체이용률시험**: 대조약(정맥주사 또는 오리지널의약품 등)에서의 BA와 시험약에서의 BA를 비교하는 것
- 생물학적 동등성(Bioequivalence, BE)은 대조약과 시험약의 생체이용률이 통계학적으로 동등함이 입증된 경우이며, 이렇게 허가된 시험약은 제네릭의약품(Generic)이 됨

④ 경구투여의 경우 위·장 내에서 약물이 붕괴되고 주성분이 녹은 다음(용출), 위장관 상피와 같은 생체막을 통과한 뒤 혈관 내로 약물이 이동하는 과정을 의미함

⑤ 수동확산과 능동수송 방법이 있음

⑥ 흡수과정에 영향을 미칠 수 있는 요인
- 흡수 메커니즘
- 약물의 pH 및 이온화 상태
- 흡수성 표면적
- 해당 부위의 혈액 공급 상태
- 약물의 용해도
- 투약 형태
- 위장관 상태(점막 상피의 운동성, 투과성 및 두께)
- 다른 약물과의 상호작용

2) 분포(Distribution)

① 혈관 내로 흡수된 약물이 혈액을 타고 각 조직(작용부위, 수용체 receptor) 내로 운반되는 과정

② 약물은 흡수 부위에서 혈장으로, 혈장에서 세포를 둘러싸는 간질액으로, 간질액에서 세포로 이동하여 세포 수용체와 결합하여 작용을 만듦

③ 약물이 혈액에서 조직으로 이동한 다음 조직에서 혈액으로 다시 이동하는 동안이 세 구획 사이에 곧 평형이 형성됨

④ 약물이 몸 전체에 얼마나 잘 분배되는지는 여러 요인에 따라 다름

⑤ 약물에 따라 간, 심장, 비장 등 특정 부위에 분포되며 이는 약효 발현뿐 아니라 독성과도 밀접한 관련이 있음

⑥ 약물의 조직 분포를 지배하는 요인
- 조직에 공급되는 혈액량
- 혈장 단백질과의 결합성
- 조직세포 내 성분과의 결합성
- 조직세포막 투과성
- 조직세포 외액과 조직세포 내액의 pH 차이 등

3) 대사(Metabolism, Biotransformation)

① 약물을 투여한 형태(화합물)에서 신체에서 제거할 수 있는 화합물로 화학적으로 변화시키는 신체의 능력을 대사(생체 내 변환)라고 함

② 대부분의 생체 내 변형은 간 세포에서 발견되는 cytochrome P450 효소라고 하는 미세효소의 작용으로 인해 간(liver)에서 발생함

③ 이 효소는 약물을 화학적으로 변화시켜 소변이나 담즙을 제거하는 화학 반응을 유도함
④ 약물이 생물학적으로 변형되면 대사체(metabolite)라고 함
⑤ 대사체는 일반적으로 비활성이지만 어떤 경우에는 약리 활성이 유사하거나 적거나 더 많은 활동을 할 수 있음
⑥ 대사는 신장, 폐 및 신경계와 같은 다른 조직에서도 일부 발생함
⑦ 대부분의 약물은 간(liver)에서 대사되며, 신장(kidney)에서도 일어남
⑧ 간장애 또는 신장애가 있는 경우 대사되는 양이 감소하므로 약물의 농도가 높아지며 독성이 발현될 수도 있어 용량 조절이 필요할 수 있음

간 초회통과 효과(hepatic first-pass effect)

- 경구투여된 약물은 위장관에서 흡수되어 간문맥을 통해 간장(liver)을 통과한 후 전신 순환 혈중으로 이행됨
- 간장을 통과하여 대사되면 원래 약물은 그만큼 소실되며 이 과정을 간 초회통과 효과라고 함

4) 배설(Excretion)

① 약물이 대사되어 신장(kidney) 등에 의해 체내에서 제거되는 과정
② 체내로 흡수된 대부분의 약물 및 대사체는 최종적으로 체외로 배설됨
③ 배설경로는 신장(소변), 담즙, 땀샘, 소화관, 젖샘, 침샘, 호기(호흡 시 내뱉는 공기), 대변 등이 있으며, 대부분의 약물은 신장에 의해 소변으로 배설됨
④ 모유로 배설되는 약물의 경우 수유 중인 어린 개체에게 약물 효과가 나타날 수 있음
⑤ 태반을 통과하여 태아의 조직 및 혈중으로 배설되는 약물은 태아에게 영향을 줄 수 있으므로 이를 고려해야 함
⑥ 약물의 배설 경로에 대한 이해는 특정 기관의 변형이나 질병으로 인해 약물 배설 능력이 감소하고 독성 축적이 발생할 수 있기 때문에 매우 중요함
예 마취제 케타민은 신장에서 이 약물을 배설하기 때문에 요 폐색이 있는 고양이에서 심각한 중추신경계(CNS) 저하를 일으킬 수 있음

5) 혈중 농도 – 시간 프로파일(plasma-time concentration profile)

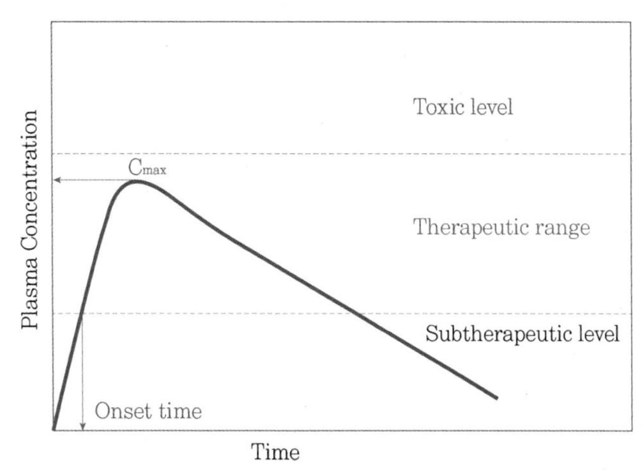

[대표적인 경구투여 후 혈중 약물농도 프로파일]

① 그림과 같이 약물이 투여되면 혈중 약물농도가 상승하게 되고 일정시간 후 최대 혈중농도를 보이게 됨

② 이때의 최대 혈중농도를 C_{max}라고 하며, 이때의 시간을 T_{max}라고 함

③ 약물의 혈중농도가 상승하여 효과가 발현되는 시점을 약효발현시간(onset time)이라고 함

④ 약물의 효과가 발현될 수 있는 최소 농도와 독성이 발현되는 최소 농도 사이의 농도를 치료범위(therapeutic range)라고 함

⑤ 이 농도 범위에서는 독성을 나타내지 않으면서 약물의 효과를 기대할 수 있음

⑥ 최고혈중농도를 지난 시점부터 약물의 혈중농도는 일정하게 감소하며 치료효과를 기대할 수 없는 농도까지 떨어지면 약물을 다시 투여해야 함 → 이는 약물의 복용 간격과 관련이 있음

약물의 반감기(half-life)

약물의 혈중 농도가 50%로 줄어드는 시간

6) 치료지수(Therapeutic Index)

① 동물실험에서 실험군의 절반에서 독성이 나타나는 농도를 TD_{50}(toxic dose)이라고 하고, 실험군의 절반에서 약효과가 나타나는 농도를 ED_{50}(effective dose)이라고 함

② 약물의 치료지수는 TD_{50}/ED_{50}으로 계산함

③ TD_{50}이 커지면 독성이 나타나기 위한 농도가 크다는 의미이므로 안전성이 높은 약물이며, 치료지수가 높음

④ TD_{50}가 높고 ED_{50}가 낮은 약물이 치료지수 측면에서는 좋은 약물

(3) 투여 경로(Routes of Administration)

약물은 적합한 체내 부위로 적합한 약물 형태로 환자 동물에게 투여되어야 효과를 얻을 수 있음. 동물 환자에게 약물을 투여하는 방식은 여러 요인의 영향을 받음

① 사용 가능한 약물 형태의 약물
② 약물의 물리적 또는 화학적 특성(자극)
③ 약물의 효과가 얼마나 빨리 시작되어야 하는가
④ 환자 동물의 보정 또는 행동 특성
⑤ 치료 중인 상태의 특성

(4) 약물투여경로

① 경구(Oral, Peroral, PO)
- 가장 일반적인 투여경로
- 경구로 투여된 약물은 대부분 위장관의 다양한 부위에서 흡수된 다음 전신 작용을 나타냄
- 가장 편리하며 안전하지만 주사제에 비해 흡수과정이 길어 상대적으로 약효 발현이 늦음
- 의약품 제형은 정제, 캡슐, 산제, 젤리 등이 있음

② 비경구(Parenteral): 경구로 투여되지 않는 모든 투여경로를 의미하지만, 실제로는 주사제 투여를 의미함

③ 정맥내(IV, intravenous)
- 정맥혈류로 직접 약물을 주사하는 경로
- 한번에 필요한 약물 양을 주사하는 것을 iv bolus라고 하며, 서서히 일정시간 동안 주입하는 것을 iv infusion이라고 함

④ 근육내(IM, intramuscular): 근육 내에 투여하는 경로이며 주사기에 혈액이 보이면 안 됨

⑤ 피하(SC, subcutaneous route)
- 피하에 투여하는 경로이며 피부 가죽을 들어 올려 주사함
- 주사기에 혈액이 보이면 안 됨

⑥ 피내(ID, intradermal route)
⑦ 복강내(IP, intraperitoneal route)
⑧ 동맥내(IA, intraarterial route)
⑨ 관절내(intraarticular route)
⑩ 심장내
⑪ 골수내
⑫ 경막외/경막하
⑬ 흡입(inhalation), 국소투여(topical)

(5) 약물동력학(Pharmacodynamics, 약력학)

① 약물이 신체의 생리학적 변화를 일으키는 효과(약효, 독성)를 연구
② 약물은 세포 또는 조직의 생리적 활동을 향상시키거나 저하시킬 수 있음
③ 약물 분자는 세포막의 구성 요소 또는 세포의 내부 구성 요소와 결합하여 세포 기능을 변경함
④ 이때 결합하는 부위(세포막의 특이적 단백질)를 수용체(receptor)라고 함
⑤ 높은 수준의 친화력과 효능을 가진 약물은 특정 작용을 일으키며 작용제(agonist)라고 함
⑥ 친화력과 효능이 낮은 약물은 부분 작용제(partial agonist)라고 함
⑦ 다른 약물이 수용체와 결합하는 것을 차단하는 약물은 길항제(antagonist)라고 함
⑧ 약물과 해당 약물의 길항제를 같이 투여하면 길항제에 의해 약물의 효과가 차단됨

효능(Efficacy)	약물이 환자에게 원하는 반응을 생성하는 정도
치료지수 (Therapeutic index)	원하는 효과를 달성하는 약물의 능력과 독성 효과를 생성하는 경향 사이의 관계
약물유해사례 (Adverse drug event)	치료 또는 진단 목적으로 약물을 투여하였는데, 환자 동물에게 해를 입히는 것
약물이상반응 (Adverse drug reaction)	• 약물 자체의 고유한 특성 • 경미한 피부염에서 아나필락시스 쇼크 및 사망에 이르기까지 다양

(6) 약물상호작용(Drug interaction)

① 두 가지 이상의 약물에서 한 약물의 약리학적 반응이 변경되는 것
② 약물에 대한 정상적인 반응은 이러한 상호작용의 결과로 증가하거나 감소할 수 있음
③ 약물의 상호작용은 환자에게 유익하거나 해로울 수 있음
④ 바람직하지 않은 결과를 초래할 수 있는 약물 조합

촉진 약물	주약물	결과
제산제 Antacids	Tetracycline	Tetracycline 흡수 감소
Ketoconazole	Digoxin, cylosporine, tricyclic 항우울제	• Digoxin을 제외한 대상 약물의 대사 감소 • 디곡신 흡수 증가
Sucralfate	Fluoroquinolones	Quinolones 흡수 감소
Fluoroquinolones	Theophylline	Theophylline 대사 감소
Omeprazole	Ketoconazole/itraconazole	대상 약물의 경구 흡수 감소
Phenobarbital	Theophylline, doxycycline, beta 차단제	대상 약물의 대사 증가(cytochrome p-450 유도)
Cimetidine	Diazepam, theophylline	대상 약물의 대사 감소(cytochrome p-450 억제)

MAO 억제제	Amitraz, 선택적 serotonin 재흡수 억제제, tricyclic 항우울제 antidepressants, 다른 MAO 약물들	serotonin 증후군 또는 고혈압 상태로 이어지는 생체 amines의 위험한 축적
Tetracyclines	Penicillins	Tetracyclines는 빠르게 성장하는 세균에 가장 효과적인 페니실린을 억제

(7) 약물의 명칭

① 약물은 대부분 화학물질이므로 화학명칭이 있으나 이 명칭이 너무 복잡하고 이해하기 어려우므로 일반명 또는 관용명으로 불림

② 이 화학물질을 의약품으로 개발하여 판매할 때 상품명(상표명)이 부여됨

화학명	일반명	상표명
22,23-Dihydroavermectin B1a	Ivermectin	Heartguard
22,23-Dihydroavermectin B1b		IvomecEqvalan
dl 2-(o-chlorophenyl)-2-(methylamino) cyclohexanone hydrochloride	Ketamine hydrochloride	Ketaset KetajectVetalar
D(-)-α -amino-p-hydroxybenzyl -penicillin trihydrate	Amoxicillin	Amoxil Amoxi-TabsTrimox

TIP 약물의 명칭

약물의 명칭은 화학명, 일반명, 상품명 등으로 불릴 수 있으며, 특히 일반명과 상품명은 알아두어야 함

(8) 의약품 포장 중 라벨(Label)

① 의약품 포장의 라벨에 표시된 내용에 대한 이해가 필요함

② 의약품 포장에 표시해야 할 내용

- 제품명(제형 포함)
- 성분명(주성분) 및 첨가제(원료약품 및 분량)
- 제조사 명칭 및 주소
- 성상
- 효능 · 효과
- 용법 · 용량
- 저장방법

- 포장단위
- 사용상의 주의사항
- 일반의약품 · 전문의약품 · 동물용의약품 · 향정신성의약품 등 표시
- 제조번호
- 사용기한

CHAPTER

02 약물투여와 계산 (Drug Administration & Calculation)

01 의약품 제형

(1) 의약품 제형(Dosage form)

① 제약회사들은 다양한 형태의 약을 제조함. 어떤 약들은 다양한 형태로 이용할 수 있고, 또 어떤 약들은 한 가지 형태로만 투여할 수 있음. 대부분의 제약회사들은 환자에게 투약이 용이하도록 약의 제형을 결정

② **동물환자의 주된 약물 투약 경로:** 경구(oral), 비경구(parenteral), 직장 투여(intrarectal), 경피(topical), 흡입(inhalation)

- 가장 보편적인 투여 경로는 경구 투여로, 경구 투여 제제는 일반적으로 투여가 간편하며 제품의 사용기한이 길고 취급이 편리함
- 정제(Tablet)는 가장 많이 사용되는 경구 제제로, 정제에는 의약품 식별표시가 새겨져 있음 예 글자, 숫자, 기호 등
- 분할선이 있는 정제는 표면에 자국이 있어 반쪽이나 더 작은 크기로 쪼갤 수 있음

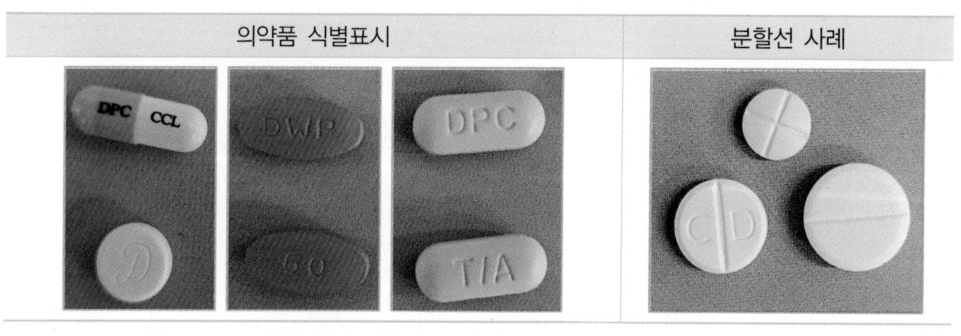

[의약품 식별표시와 분할선 사례]

③ 일부 정제는 위 등 산성 환경에서 녹지 않도록 장용 피복(enteric coating, 장용정, 산에 저항하는 코팅)이 되어 있어 소장과 같은 알칼리성 환경에서 활성화됨

- 장용제제는 제품의 명칭에 '장용'이라는 표현을 기재해야 함
- 캡슐(capsule)은 젤라틴과 글리세린으로 만들어지며, 내부에 약물을 담고 있음

④ **경구투여를 위한 액제:** 혼합제(mixtures), 에멀전(emulsions), 시럽(syrups) 또는 엘릭서(elixirs)

혼합제(mixtures)	• 물과 같은 수용액과 현탁액이 섞인 형태 • 현탁액(suspension)은 오래 보관 시 분리되므로 사용 전 잘 흔들어 주어야 농도를 정확히 맞출 수 있음
에멀전(emulsion)	혼합물을 안정시키는 첨가제와 함께 오일이 수용성 물질에 분산된 제제
시럽(syrup)	• 설탕물이나 다른 수용성 액체의 농축 용액에 약물과 향을 함유하고 있음 • 수의학 분야에서, 항생제(예 독시사이클린 doxycycline)는 동물환자의 입맛에 맞게 액상 비타민(예 Lixotinic)과 혼합하여 사용될 수 있음
엘릭서(elixir)	감미료, 향료, 그리고 약물을 함유한 수용성 알콜제제

⑤ 모든 액상 경구제제는 더 많은 액상제제를 투여하기 전 삼킬 수 있게 천천히 투여해야 함. 경구제제를 너무 급하게 투여하면 흡인성 폐렴이 유발될 수 있음

⑥ 주사제(Injections)는 수액제, 동결건조주사제, 분말주사제, 이식제, 지속성주사제 등으로 나눌 수 있으나 주사제제를 충전하는 용기에 따라 일반적으로 바이알(vial)과 앰플(ampule)로 구분함

⑦ 임플란트(Implant)는 화학물질이나 호르몬제를 함유하고 있으며 단단한 재질의 이식물. 임플란트는 피하에 삽입되며, 장기간 머무르며 신체에 흡수됨. 성장호르몬제(growth hormon)가 일반적으로 이런 형태로 소(주로 어린 송아지)에 적용되며, 귀 등쪽 부분의 피하에 이식됨

⑧ 국소용제(Topical medication)는 다양한 형태로 사용되며 주로 피부에 바르거나 뿌리거나 하는 연고, 크림, 로션 등이 여기에 해당함

로션(lotion)	피부에 적용하는 콜로이드(colloid) 현탁액
연고(ointment)	약제가 유분과 수분에 녹아있는 형태의 반고형제제

⑨ 의약품의 상품명은 '명칭 + 제형 + 함량'으로 구성되어 있음. 동일 명칭을 가지나 함량이 다른 경우, 두 가지 이상의 성분을 포함하며 각각의 함량이 다른 경우들이 있으므로 매우 주의하여 취급해야 오투약 사고를 방지할 수 있음

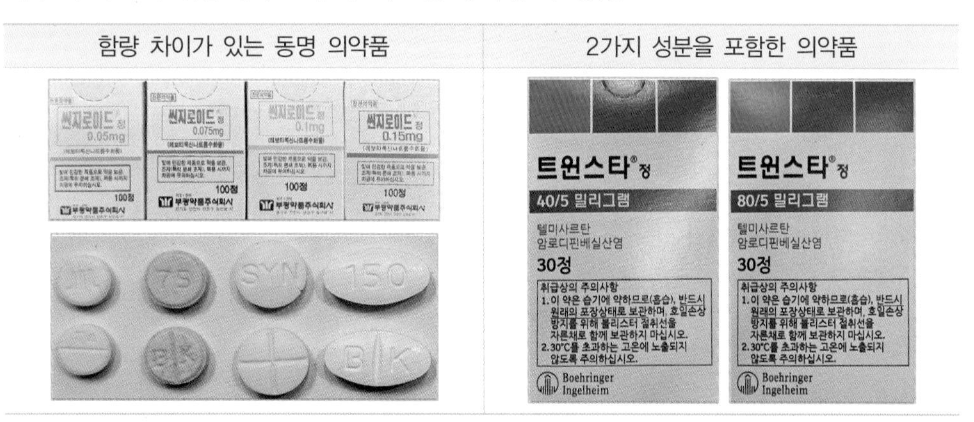

[혼동 우려가 있는 의약품]

[대한민국약전(KP)의 의약품 제제 분류]

대분류	중분류	소분류
1. 경구투여하는 제제 (Preparations for Oral Application)	1.1. 정제(Tablets)	1.1.1. 구강붕해정(Orally Disintegrating Tablets/Orodispersible Tablets) 1.1.2. 추어블정(저작정) (Chewable Tablets) 1.1.3. 발포정(Effervescent Tablets) 1.1.4. 분산정(Dispersible Tablets) 1.1.5. 용해정(Soluble Tablets)
	1.2. 캡슐제(Capsules)	
	1.3. 과립제(Granules)	
	1.4. 산제(Powders)	
	1.5. 경구용 액제(Liquids and Solutions for Oral Administration)	1.5.1. 엘릭서제(Elixirs) 1.5.2. 현탁제(Suspensions) 1.5.3. 유제(Emulsions) 1.5.4. 레모네이드제 (Lemonades) 1.5.5. 방향수제(Aromatic Waters) 1.5.6. 전제 및 침제(Decoctions and Infusions) 1.5.7. 주정제(Spirits) 1.5.8. 틴크제(Tinctures)
	1.6. 시럽제(Syrups)	1.6.1. 시럽용 제제(Preparations for Syrups)
	1.7. 경구용 젤리제(Jellies for Oral Administration)	
	1.8. 다제(Tea Bags)	
	1.9. 엑스제(Extracts)	
	1.10. 유동엑스제(Fluid Extracts)	
	1.11. 환제(Pills)	
2. 구강 내 적용하는 제제 (Preparations for Oromucosal Application)	2.1. 구강용 정제(Tablets for Oromucosal Application)	2.1.1. 트로키제(Troches) 2.1.2. 설하정(Sublingual Tablets) 2.1.3. 박칼정(Buccal Tablets) 2.1.4. 부착정(Mucoadhesive Tablets) 2.1.5. 껌제(Medicated Chewing Gums)

2. 구강 내 적용하는 제제 (Preparations for Oromucosal Application)	2.2. 구강용 액제(Liquids and Solutions for Oromucosal Application)	2.2.1. 가글제(Gargles)
	2.3. 구강용 스프레이제(Sprays for Oromucosal Application)	
	2.4. 구강용 반고형제(Semisolid Preparations for Oromucosal Application)	
	2.5. 구강용해필름 (Orodispersible films for Oromucosal Application)	
3. 주사로 투여하는 제제 (Preparations for Injection)	3.1. 주사제(Injections)	3.1.1. 수액제(Parenteral Infusions) 3.1.2. 동결건조주사제 (Freeze-dried Injections) 3.1.3. 분말주사제(Powders for Injections) 3.1.4. 이식제(Implants) 3.1.5. 지속성주사제(Prolonged Release Injections)
4. 투석 및 관류용 제제 (Preparations for Dialysis and Irrigation)	4.1. 투석제(Dialysis Solutions, Dialysis Agents)	4.1.1. 복막투석제(Peritoneal Dialysis Solutions, Peritoneal Dialysis Agents) 4.1.2. 혈액투석제(Hemodialysis Solutions, Hemodialysis Agents)
	4.2. 관류제(Irrigations)	
5. 기관지·폐에 적용하는 제제 (Preparations for Inhalation)	5.1. 흡입제(Inhalations)	5.1.1. 흡입분말제(Dry Powder Inhalers) 5.1.2. 흡입액제(Inhalation Solutions) 5.1.3. 흡입에어로솔제(Metered Dose Inhalers)
6. 눈에 투여하는 제제 (Preparations for Ophthalmic Application)	6.1. 점안제(Ophthalmic Solutions)	
	6.2. 안연고제(Ophthalmic Ointments)	

7. 귀에 투여하는 제제(Preparations for Otic Application)	7.1. 점이제(Otic Solutions)	
8. 코에 적용하는 제제(Preparations for Nasal Application)	8.1. 점비분말제(Nasal Dry Powder Inhalers)	
	8.2. 점비액제(Nasal Solutions)	
9. 직장으로 적용하는 제제(Preparations for Rectal Application)	9.1. 좌제(Suppositories)	
	9.2. 직장용반고형제(Semi-solid Preparations for Rectal Application)	
	9.3. 관장제(Enemas for Rectal Application)	
10. 질에 적용하는 제제(Preparations for Vaginal Application)	10.1. 질정(Vaginal Tablets)	
	10.2. 질용좌제(Suppositories for Vaginal Use)	
11. 피부 등에 적용하는 제제(Preparations for Cutaneous Application)	11.1. 외용고형제(Solid Dosage Forms for Cutaneous Application)	
	11.2. 외용액제(Liquids and Solutions for Cutaneous Application)	11.2.1. 리니멘트제(Liniments) 11.2.2. 로션제(Lotions)
	11.3. 에어로솔제(Aerosols)	11.3.1. 외용에어로솔제(Aerosols for Cutaneous Application) 11.3.2. 펌프스프레이제(Pump Sprays for Cutaneous Application)
	11.4. 연고제(Ointments)	
	11.5. 크림제(Creams)	
	11.6. 겔제(Gels)	
	11.7. 경피흡수제[Transdermal Systems(Patches)]	
	11.8. 카타플라스마제(Cataplasma)	
	11.9. 첩부제(Plasters)	
	11.10. 페이스트제(Pastes)	

02 약물 투여

(1) 약물 투여(Drug Administration)

수의사는 치료 목적으로 약물에 대한 처방을 내림(동물보건사가 동물 환자에게 약을 처방하는 것은 불법). 동물보건사의 역할은 수의사의 처방에 따라 환자에게 약을 투여하는 것. 동물보건사는 처방을 다룰 때 항상 다음의 6가지 사항을 확인해야 함(6R)

① 처방 대상 동물환자가 맞는가?

② 처방된 약물이 맞는가?(Right drug: 투여 전 3번 이상 확인해야 함)

③ 이 용량이 맞는가?

④ 이 경로로 투여하는 것이 맞는가?

⑤ 투여시기와 횟수는 맞는가?

⑥ 기록하였는가?

(2) 주사제의 취급

1) 주사제 취급 시 주의사항

① 앰플(ampule)은 컷팅 방향을 지시하는 점과 컷팅 라인(절단선)이 있음

② 앰플 사용법을 숙지하지 않았을 경우, 컷팅 시 손을 다치거나 유리 파편이 내부 주사액에 혼입될 수 있으므로 충분한 연습이 필요함

③ 바이알(vial)은 바이알, 고무전, 알루미늄캡, 플라스틱 안전캡으로 구성되어 있음

④ 플라스틱 안전캡(flip-off cap)이 탈락된 경우 사용하지 말아야 함

⑤ 바이알에서 주사액을 채취할 때는 정중앙의 원형 내부 부위를 통과하여 채취하여야 함

2) 주사제 희석 수행절차

① 약병 및 희석제 약병(vial)의 고무패킹을 알코올스왑으로 세척

② 니들캡(needle cap)을 제거하고 플런저를 뒤로 당겨 원하는 희석제와 같은 용량의 공기를 주사기배럴에 채움. 바이알에 공기를 주입하여 양압을 생성하고 흡입을 용이하게 함. 희석제병을 뒤집고 원하는 양의 희석제를 빼냄

③ 희석액을 약제가 든 병에 주입하고 주사기와 바늘을 빼낸 후 잘 섞이도록 병을 흔듦

④ 혼합한 후 약병에는 양압이 발생할 수 있음. 약물을 뽑아낸 후, 주사기에 라벨을 부착하고 환자에게 약물을 투여함. 환자 처치가 끝난 후, 약병을 폐기하거나 라벨에 따라 보관

(3) 주사제의 투여

1) 정맥주사(IV, Intravenous injection)

① iv는 정맥 혈관 내로 직접 약물을 주입하는 방법

② 정맥주사 투여는 다른 투여경로에 대한 약물 투여가 금지될 때에도 사용됨

③ 정맥주사는 하나의 정확한 양의 약물이 한 번에 투여되는 정맥볼루스(IV bolus)로, 또는 수액유량조절기(infusion pump)를 사용하여 장기간에 걸쳐 느린 속도로 일정량이 투여되는 정맥투여(IV infusion) 방법이 있음

정맥 투여(IV)	가장 빠르고 효과적인 약물 투여 경로
링거 요법 (IV therapy)	• 체액과 전해질 균형을 유지하고 회복하기 위해 • 약물을 투여하기 위해 • 혈액을 수혈하기 위해

2) 근육주사(IM, Intramuscular injection)

① 케타민(Ketamine)은 근육주사로 사용함. 케타민은 주사 부위의 작열감을 유발하므로, 고양이에게 사용 시 신속한 주입과 함께 세심한 보정법을 사용해야 함

② 바늘을 근육에 삽입할 때 주사기의 플런저에 음압을 가하여 바늘이 혈관에 들어가지 않았는지 확인해야 함. 주사기 주입부에 혈액이 보이면 바늘을 제거하고 주사 위치를 바꾸어야 함

3) 피하주사(SC, Subcutaneous Injection)

① 대부분의 백신이 피하로 투여됨

② 단 피하주사 시에는 견갑 사이의 공간을 피하도록 함

(4) 조제의약품 라벨링

① 환자에게 약을 처방하는 경우, 약품 라벨은 조제(dispense) 과정의 매우 중요한 요소

② 약품의 라벨에는 다음과 같은 정보가 포함되어야 함

- 동물병원명, 주소, 전화번호
- 처방수의사 이름
- 보호자 성함 및 주소
- 동물환자의 이름 및 종
- 약품명
- 약물의 강도(strength)
- 조제된 용량
- 복용법 안내

- 회당 투약 용량
- 투약 방법
- 투약 빈도
- 총 투약일
- 추가처방횟수
- 유효기간
- "수의사 처방용"이라는 표시
- "어린이의 손이 닿지 않는 곳에 보관하세요" 표시
- 폐기해야 하는 날짜를 포함하는 추가 경고문구

(5) 지정의약품 관리(Controlled Substances): 마약류(마약, 향정신성의약품, 대마 등)

① 습관성 또는 의존성이 있을 수 있는 마약류는 지정의약품으로 분류·관리됨

② 지정의약품은 '마약' 또는 '향정신성'이라는 표시를 해야 함

③ 지정의약품을 처방(prescription), 조제(dispense)하거나 투여하는(administer) 모든 수의사는 마약류통합관리시스템에 등록되어야 함

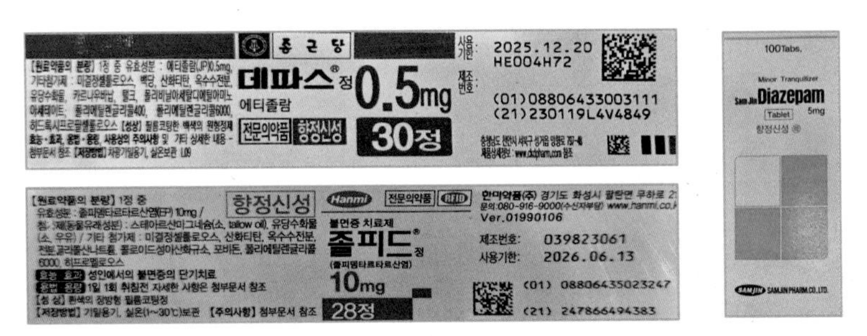

[향정신성 의약품 표시사항]

(6) 보호자 교육(Client Education)

① 동물보건사는 투여되고 조제된 모든 약물에 익숙해져야 함

② 보호자에게 의약품을 투여하는 방법, 처방된 이유 및 부작용(있는 경우)에 대해 교육하는 것이 동물보건사의 의무

③ 동물보건사는 수의사의 지도를 받아 답변하기 힘든 질문에 대한 정보를 수집해야 함

④ 필요한 경우 고객의 참고용으로 의약품에 대한 서면 정보를 제공할 수 있어야 함

(7) 동물보건사의 약물 투여

① 동물보건사는 종종 동물 환자의 약물을 준비하고 투여하도록 요청받음

② 수의사의 지시는 특정 밀리그램(mg)이나 약물 단위(용량)의 투여 등을 요청함

③ 동물보건사는 처방된 제제의 적절한 투여 형태(정제, 캡슐, 액체)를 확인하고, 환자에게 적합한 투여 양을 포함하는 제제(정제, 캡슐, 밀리리터)의 정확한 양을 계산해야 함. 또 다른 경우, 동물보건사는 동물의 체중과 약물의 복용량(첨부되거나 참고문헌에서 확인할 수 있음)을 기준으로 약물 양을 계산하도록 요구받을 수 있음

④ 약물의 복용양은 단위 체중당 단일 용량보다는 복용량의 범위(2~5mg/kg)로 나타내기도 함. 이 범위는 정제 또는 캡슐(5, 100, 250mg)의 사용 가능한 크기로 용량을 조정하도록 하여, 수의사가 정제를 반으로 나눌 필요가 없도록 약간의 유용성을 허용함

⑤ 동물보건사는 수의사의 처방(regimen, prescription)에 따라 올바른 용량, 투여경로, 투여횟수, 그리고 투여기간에 따라 처방된 약물을 투여해야만 함

⑥ 약물을 조제할 때는 처방된 용량의 전체 투여기간에 필요한 복용 형태(정제, 액상 등)의 총량을 정확하게 계산하여야 함

⑦ 처방전에 자주 사용되는 약어

AD	right ear	mEq	milliequivalent
ad lib	as much as desired	mg	milligram
AS	left ear	mL	milliliter
AU	both ears, each ear	npo	nothing by mouth
bid	twice daily	OD	right eye
caps	capsule	OS	left eye
cc	cubic centimeter	OU	both eyes, each eye
d	day	oz	ounce
disp	dispense	po	by mouth
eod	every other day	prn	as needed/necessary
gr	grain	q	every
g	gram	q6h	every 6 hours
gt	drop	qd	every day
gtt	drops	qh	every hour
h	hour	qid	four times daily
Ic	intracardiac	qod	every other day
ID	intradermal	SC or SQ	subcutaneous
IM	intramuscular	sid	once daily
IO	intraocular	stat	immediately
IP	intraperitoneal	tab	tablet
IV	intravenous	Tbsp(TBL)	tablespoon
L	liter	tid	three times daily
lb	pound	tsp	teaspoon

⑧ 생명과학 분야에서의 측정단위

기호	접두사	의미	지수
T	tera	1,000,000,000,000	10^{12}
G	giga	1,000,000,000	10^{9}
M	mega	1,000,000	10^{6}
k	kilo	1,000	10^{3}
h	hecto	100	10^{2}
da	deca	10	10^{1}
	–	1	10^{0}
d	deci	0.1	10^{-1}
c	centi	0.01	10^{-2}
m	milli	0.001	10^{-3}
μ	micro	0.000 001	10^{-6}
n	nano	0.000 000 001	10^{-9}
p	pico	0.000 000 000 001	10^{-12}

03 약물 투여량 계산

(1) 약물 투여량 계산

① 약물 용량(약물의 질량)은 환자에게 1회 투여하도록 계산된 약물의 양[밀리그램(질량)]
예 약물의 질량이 20mg인 약물 A의 용량

② 약물 투여량(환산계수)은 단위체중 킬로그램(kg) 또는 파운드(lb)당 밀리그램(mg)인 약물의 질량을 근거로 함

③ 약물의 용량이 동물의 체중(킬로그램 또는 파운드)을 기준으로 하는지 여부를 확인하는 것은 매우 중요함

④ **약물처방 예시:** 2mg/kg 약물 A, 5mg/lb 약물 B 등

⑤ 계산 오류는 환자의 건강에 심각한 영향을 미칠 수 있음

⑥ 약물 용량의 범위(2~5mg/kg)는 체중 단위당 단일 양이 아니라 약물 처방 규정에 제시되어 있음. 이것은 수의사가 정제 또는 캡슐의 사용 가능한 크기로 약물의 용량을 조절할 수 있도록 함으로써, 정제를 반으로 나눌 필요가 없도록 한 것

⑦ 약물의 농도 또는 강도는 제조업체에서 용기에 기록해야 하는데, 부피(밀리리터, 리터 등)당 질량(밀리그램, 그램, 그레인 등) 단위, 즉 밀리리터당 밀리그램(mg/mL), 정제당 밀리그램(mg/tab)으로 기록해야 함. 또한 백분율(10%) 또는 퍼센트 솔루션(%용액)으로도 나타내기도 함

⑧ 약물의 제형에는 고상, 액상, 연고 등이 포함됨

(2) 복용량 계산의 정보

복용량을 계산하기 위해, 다음과 같은 정보를 이용하는 것이 좋음

① 동물의 체중

② 약물의 용량

③ 약물의 농도

(3) 계산 사례

Q1. 개의 체중은 22kg이고 약물 B는 20mg/kg의 용량으로 제공되며, 약물 라벨의 농도는 50mg/tablet으로 표기되어 있다. 투여할 약물의 형태의 양을 결정하여라.

A1. 먼저 체중과 복용량의 단위가 일치 여부를 확인하고, 복용량을 계산함

$$22\cancel{kg} \times \frac{20mg}{\cancel{kg}} = 440mg$$

$$440\cancel{mg} \times \frac{tablet}{50\cancel{mg}} = 8.8tablets = 9tablets$$

Q2. 개의 체중이 2.5kg이고, 세파클러 건조시럽(25mg/mL), 세파클러 20mg/kg, 1일 3회, 3일 처방이 지시되었다. 보호자에게 주어야 할 양은 얼마인가?

A2. 세파클러 건조시럽에는 주성분인 세파클러가 mL당 25mg 포함되어 있으므로, kg당 20mg을 투여해야 하므로 2.5kg의 개에게는 20mg × 2.5kg = 50mg을 투약해야 한다. 시럽 mL당 25mL가 포함되어 있으므로 1회 2mL를 투약하면 된다. 1일 3회 3일간 투약해야 할 양은 2mL × 3회 × 3일 = 18mL가 필요하다.

정리하면,

총 투여해야 할 양(mL)

$= \text{개의 몸무게}(kg) \times \text{용량}(\frac{20mg}{kg}) \times \text{의약품 단위}(\frac{mL}{25mg}) \times \text{1일 투여횟수} \times \text{총 투약일수}$

$= 2.5kg \times (\frac{20mg}{kg}) \times (\frac{mL}{25mg}) \times 3 \times 3$

$= 18mL$

CHAPTER

03 의약품관리와 응급의약품
(Pharmacy Management and Emergency Drug)

01 의약품관리

(1) 재고관리

① 재고: 영업일에 정상적인 과정에서 판매되는 유형자산
② 재고관리: 대기업과 중소기업 모두에게 중요한 관심사
- 얼마나 많은 상품명 또는 일반명 제품을 구매할지를 결정하는 것
- 유통기한이 지난 물품들을 진열대에 두지 않는 것
- 물리적 재고 조사를 수행하는 것

(2) 재고관리자의 업무

1) 동물병원의 재고관리

① 동물병원에서의 재고관리는 매우 중요하며 재고관리 비용은 인건비 다음 비중을 차지
② 연간 최소 4회 회전율 유지 목표
③ 백업 담당자 선정
④ 문서화
⑤ 주요 관리품목(마약류 등)
⑥ 정기적 재고조사

2) 재고관리: 동물보건사의 업무

의약품에 대한 지식과 한 달 이내에 사용되는 제품들의 수량을 잘 관찰하는 능력은 동물보건사가 꼭 갖추어야 하는 중요한 기술

(3) 재고관리자의 책임

① 직원들에게 지속적으로 단종 품목에 대한 정보 제공
② 공급업체에 주문이 밀려있는 품목이 출고될 날짜 파악
③ 공급업체에 반품 대기 중인 상품의 포장(예 유효기간 만료 품목)
④ 적절한 재고 순환

⑤ 모든 제품에 대한 현재 가격 유지
⑥ 편리한 위치 확인 및 수량 파악을 위한 재고 정리
⑦ 주문한 물품이 동물병원 도착 시 수령 및 검사
⑧ 신제품에 대한 학습 등

→ 재고관리자의 임무는 막중하며, 이 담당자는 사용, 조제, 판매되는 모든 제품의 적절한 공급 유지, 위치 파악을 쉽게 하기 위한 재고 품목 정리, 제품 재주문시기 파악, 정확한 재고 기록 유지, 선적 주문, 수령 및 검사, 모든 품목에 대한 가격 유지 및 가격 업데이트에 대한 책임이 있음

TIP 세금과 보험

- 동물병원 시설이 소유한 모든 자산의 가치는 세금과 보험에 중요한 영향을 미침
- 재고 항목의 회계처리는 소득세를 신고할 때나 화재나 자연재해가 발생할 때 매우 중요
- 수의사들이 동물병원에서 사업 자산에 대한 정확한 재고를 제공하면 재난이 발생했을 때 보험회사가 그 사업에 맞게 정확하게 보상할 수 있게 확실히 보증해 줌

(4) 재고관리의 목적

① 재고 자산의 주된 목적은 재고 자산의 보유 원가를 최소화하는 동시에 고객의 요구에 부응할 수 있도록 재고량을 충분히 확보하는 것
② 판매 속도가 느린 품목을 너무 많이 구매하면 운영비가 부담이 될 수 있고, 판매량이 많은 품목을 충분히 구매하지 않으면 해당 품목이 품절되는 결과를 초래해 수의사팀에게 좌절감을 줄 수 있음

(5) 동물용의약품에서의 재고

① 항생제, 구충제, 샴푸, 국소 제제, 처방 사료, 액제의 조제에 사용되는 조제용 병, 동물보호자들이 집에서 애완동물에게 경구 투여하기 위해 구입하는 주사기 등도 포함됨
② 조제용 병, 주사기, 주사바늘, 연고통 등은 처방 및 조제 중인 실제 의약품의 운반체이기 때문에 원재료로 분류될 수 있으나, 원재료는 제약회사에서 하는 것처럼 의료 비용이 듦
③ 광범위 항생제 재고가 바닥난 것만큼이나 이런 품목의 재고가 바닥나는 것도 답답한 일

(6) 재고 관리의 원칙: 선입선출 FIFO(First In, First Out)

① 판매하는 상품의 유통기한 때문
② 일반적으로 유효기간이 빠른 것을 먼저 판매해야 함

(7) 재고관리의 중요성

① 많은 동물병원에서 재고는 두 번째로 가장 높은 비용을 차지함
② 대개 간접비 중에서 인건비가 가장 비용이 높은 항목

(8) 규제약물 관리

① 관리 물질(예 Sleepaway, diazepam)은 잠금 장치가 되어 있는 서랍장에 보관해야 하며, 사용된 모든 수량은 관리 물질 기록대장에 올바르게 기록되어야 함
② 향정신성의약품, 마약, 마취제, 주사제 등
③ 마약류통합관리시스템(https://www.nims.or.kr/)

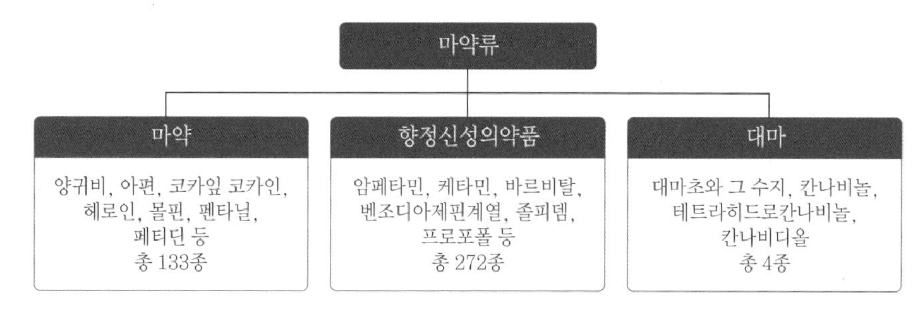

[마약류 관리에 관한 법률에 의한 마약 분류]

02 응급의약품

(1) 응급의약품

1) 응급상황에서의 업무

① 응급상황에서 동물보건사(veterinary technician)의 가장 중요한 역할 중 하나는 의사소통, 문제 해결, 요구 예측 및 환자 분류(triage) 능력
② 환자 분류(triage)는 병원에 입원하는 여러 동물에 적용될 수도 있고, 한 동물에서 발생하는 여러 외상에 적용될 수도 있음. 목표는 동물의 기능·부상에 대해 신속하고 체계적으로 평가하고, 어떤 신체 시스템 또는 어떤 동물이 먼저 치료가 필요한지를 결정하는 것

③ 동물보건사는 응급 약품, 제형, 부작용 및 규제 물질을 적절하게 다루는 방법에 대한 충분한 지식을 가지고 있어야 하며, 치료가 반복되지 않도록 의료 기록에 치료 처치를 적절하게 문서화하는 것도 중요함

④ 동물보건사는 투여할 약물의 양을 정확하게 계산할 수 있어야 하며, 적절한 주사기 크기 및 적절한 투여 경로를 알고 있어야 함

⑤ 동물보건사가 수행하는 중요한 업무는 수의사의 지시에 따라 적용 가능한 모든 투여 경로로 환자에게 약을 투여하는 것이므로, 필수적으로 약리학적 약물과 치료법에 대한 지식을 갖추어야 함. 응급상황에서 동물보건사의 역할은 환자의 결과에 매우 중요한 영향을 미침

⑥ 일반적인 응급상황들(List of Common Emergencies)

Allergic reactions	Hemorrhage
Anemia	Lacerations
Burns	Pneumothorax
Cardio pulmonary arrest	Respiratory distress
Congestive heart failure	Seizures
Dystocia	Shock
Foreign body	Toxins
Gastric dilatation volvulus	Tracheal collapse
Gastroenteritis	Trauma
HBC(Hit By Car)	Urethral Obstruction
Heat Stroke	

⑦ 응급카트에 보유해야 하는 응급의약품

Atropine	Furosemide, Mannitol
Aminophylline, Theophylline	Hydralazine, Nitroglycerin
Diphenhydramine	Lidocaine, Procainamide, Propranolol Atenolol
Dobutamine, Digoxin, Dopamine	Vasopressin
Doxapram	Prednisolone, Dexamethasone
Dextrose	Sodium bicarbonate
Epinephrine, Albuterol	Reversal agents, naloxone, flumazenil, atipamezole, yohimbine

2) 응급의료카트(The Emergency Crash Cart)

① 응급의료카트는 중앙 영역에 위치해야 함

② 정기적으로 재고 조사를 하고, 사용기한과 멸균 날짜를 확인하며, 장비 기능을 최소한 한 달에 한 번 그리고 매 사용 후에 확인해야 함

③ 응급의료카트는 정돈되어야 하고, 소모품에는 라벨을 명확하게 부착해야 함

④ 응급의료카트에 물품을 채워 넣은 후에는 테이프 두 조각을 "X"자 형태로 붙여 놓아서, 만약 테이프가 파손된 경우 카트를 다시 채워 놓아야 함

⑤ 응급의료카트를 잘 유지·관리하면 비상 상황 시 대비책이 보장될 수 있음

3) 해독제 목록

해독제	적응증
Activated charcoal	Reduces systemic absorption of certain toxic substances
Calcium-EDTA	Lead, copper, zinc, and other heavy metal toxicity
Methylene blue	Methemoglobinemia
acetylcysteine (N-Acetylcysteine)	Acetaminophen overdose
Dimercaprol (BAL-British anti-Lewisite)	Lead, arsenic, mercury, copper, zinc, gold
Pralidoxime chloride	Nicotinic signs of organo-phosphate toxicity
Penicillamine	Lead, iron, zinc, mercury, copper
Sodium Thiosulfate	Cyanide poisoning
Ethanol	Ethylene glycol(antifreeze) toxicity
Fomepizole	Ethylene glycol(antifreeze) toxicity
Antivenin Crotalidae	Neutralizes poisonous snake venom from rattlesnakes, copper heads, and water moccasins
Antivenin Micrurus	Neutralizes poisonous snake venom from coral snakes
Vitamin K1	Anticoagulant; used in rodenticide and plant poisoning
Thiamine	Thiamine deficiency and lead poisoning

(2) 자주 사용되는 해독 목적 응급의약품

1) 활성탄(Activated Charcoal)

활성탄은 특정 약물이나 독소를 흡착하여 상부 위장관으로부터의 전신 흡수를 방지하거나 줄이는 데 사용되는 검정색의 무취, 무미의 미세분말

임상사례	활성탄에는 특정 약물 또는 독소의 전신 흡수를 방지하거나 줄이기 위한 경구 투여제가 포함됨
제형	• 톡시반현탁제 ± 소르비톨(Toxiban Suspension ± sorbitol) • 톡시반과립제(Toxiban Granules) • UAA겔 ± 소르비톨(UAA Gel ± sorbitol) • 활성탄 산제(제네릭)(물로 희석하여 사용)(Activated charcoal powder(generic))
이상반응	• 이상반응에는 활성탄을 매우 빠르게 투여한 후에 나타나는 구토가 포함됨 • 활성탄은 변비나 설사를 일으킬 수도 있고, 대변 색깔이 검게 변할 수 있음

활성탄

- 활성탄은 중금속(예 납, 수은 또는 무기 비소), 광물산, 부식성알칼리, 질산염, 나트륨, 염화물/염소산염, 황산철 또는 석유 증류물에 대해서는 효과적이라고 간주되지 않음
- 활성탄 치료제를 투여한 후 3시간 이내에 다른 경구 치료제를 투여해서는 안 됨
- 유제품과 미네랄 오일은 활성탄의 흡착성을 감소시킴
- 첫 번째 투여 용량에만 소르비톨 포함 제품을 투여함. 후속 활성탄 용량에는 소르비톨이 포함되어서는 안 되며, 그렇지 않으면 심한 설사가 발생할 수 있음

2) 칼슘에틸렌디아민테트라아세트산(Calcium Ethylenediaminetetraacetic Acid)

칼슘에틸렌디아민테트라아세트산(Ca-EDTA)은 중금속 킬레이트제로서 시중에서(인체용 제품) 주사제로 사용할 수 있음. 또한 에데테이트칼슘디소디움, 칼슘디소디움에데테이트, 칼슘에데테이트, 칼슘디소디움에틸렌디아민테트라아세트염, 소디움칼슘에데테이트라고도 할 수 있음

임상사례	수의학에서 칼슘EDTA는 납중독의 치료에 사용됨
제형	• 칼슘나트륨베르세네이트주사제(인체용 제품) (Calcium Disodium Versenateinjection(human label)) • 칼슘디소디움에데테이트(Calcium Disodium Edetate) • 칼슘에데테이트-헤이(Calcium Edetate-Hey)
이상반응	• 이상반응에는 신독성, 우울증(개), 구토/설사(개)가 있음 • 장기간 치료 시에는 아연 결핍이 발생할 수 있음

(3) 자주 사용되는 응급의약품

1) 항히스타민제(Antihistamines)

임상사례	• 항히스타민제는 히스타민의 효과를 차단하는 작용을 함 • 알레르기 반응(아나필락시스쇼크)이나 상부 호흡기질환과 같은 급성 염증을 치료하는 데 사용됨 • 항히스타민제는 뇌와 신경계에 대한 효과가 있어서 항구토제로도 사용할 수 있음
제형	• 디펜히드라민정제 및 주사제(Diphenhydramine tablets and injectable) • 하이드록시진주사제, 정제, 경구시럽제(Hydroxyzine injectable, tablets, oral syrup)
이상반응	진정(중추신경계 억제), 요저류, 건성 점막, 간혹 설사와 같은 위장관 부작용이 포함됨

2) 항콜린제(Anticholinergics)

임상사례	• 콜린차단제(항콜린제)는 평활근섬유의 아세틸콜린수용체와 결합하여 아세틸콜린의 기관지수축 효과를 막아 기관지확장 작용을 나타냄 • 항콜린제는 서맥을 예방 및 치료하고, 호흡기 및 위장관 분비물을 감소시키는 데 사용됨 • 아트로핀은 또한 유기인산 중독의 해독제
제형	황산아트로핀주사제(Atropine Sulfate injectable)
이상반응	• 이상반응은 일반적으로 용량과 관련이 있음 • 용량 과다 시 빈맥, 방향감각 상실, 위장관 운동 저하(변비), 불안, 주사 부위의 작열감을 유발할 수 있음

3) 베타-2아드레날린 작용제(Beta-2-Adrenergic Agonists)

임상사례	• 베타-2아드레날린 수용체에 작용해서 평활근 섬유의 이완과 기도 확장을 일으킴 • 비만세포를 안정화시켜 세포용해를 방지하고 히스타민 분비량을 감소시킴 • 에피네프린(Epinephrine)은 강력한 기관지확장제로서, 아나필락시스쇼크(Anaphylactic shock) 및 심장소생법(심장수축부전)과 같이 생명을 위협하는 상황에서 주로 사용되는데, 에피네프린이 심각한 빈맥을 일으키기도 하기 때문 • 에피네프린은 또한 강력한 교감신경계 자극제로서 심박수를 증가시키고 심장수축의 강도를 증가시켜 심박출량을 증가시킴 • 알부테롤(albuterol)은 기관지 경련 및 기관지 수축 완화를 위해 기도질환에서 기관지 확장에 사용됨
제형	• 에피네프린주사제(Epinephrine injectable) • 알부테롤정제, 시럽제, 흡입제(Albuterol tablets, syrup, and inhalation) • 터부탈린주사제(Terbutaline injectable)
이상반응	• 이상반응에는 빈맥과 고혈압이 있음 • 에피네프린은 불안, 구토, 심장 부정맥 및 진전을 유발할 수 있음

아나필락시스 쇼크(Anaphylactic shock)

- 특정 물질에 대한 생체(인간, 동물)의 즉각적인 과민반응 현상
- 특정 물질에 극미량만 노출되어도 전신적인 증상이 발현되는 심각한 알레르기 반응
- 피부, 점막, 호흡기 등에 나타남
- 피부에 두드러기가 발생하며 가려움
- 입술, 혀, 목젖 등이 부어오르면서 기도가 좁아져 호흡 곤란

4) 주요 응급의약품류

메틸잔틴계(Methylxanthines)	코르티코스테로이드(Corticosteroids)
호흡자극제(Respiratory Stimulants)	구토제(Emetics)
항부정맥제(Antiarrhythmics)	이뇨제(Diuretics)
승압제(Inotropes)	혈관확장제(Vasodilators)
항경련제(Anticonvulsants)	항구토제(Antiemetics)

(4) 역전제(Reversal Agents)의 종류

염산아티파메졸(Atipamezole HCl)	네오스티그민(Neostigmine)
플루마제닐(Flumazenil)	염산톨라졸린(Tolazoline HCl)
염산날록손(Naloxone HCl)	염산요힘빈(Yohimbine HCl)

1) 염산아티파메졸(Atipamezole HCl)

아티파메졸은 알파-2 아드레날린 수용체를 경쟁적으로 억제함으로써 알파-2 아드레날린 작용제의 역전제로서 작용함

임상사례	• 염산아티파메졸은 덱스메데토미딘(dexmedetomidine), 데토미딘(detomidine), 메데토미딘(medetomidine)의 역전에 사용됨 • 자일라진을 역전시키는 작용도 하며, 아미트라즈 독성 치료에도 사용되어 왔음
제형	안티세단(Antisedan)
이상반응	구토, 설사, 타액분비항진, 떨림, 불안

아티파메졸 투여 후 통증 지각이 회복됨

2) 플루마제닐(Flumazenil)

플루마제닐은 벤조디아제핀(benzodiazepine) 수용체에서 벤조디아제핀을 경쟁적으로 차단함으로써 벤조디아제핀 길항제 역할을 함

임상사례	플루마제닐은 벤조디아제핀 작용의 반전에 사용됨
제형	로마지콘(인체용)(Romazicon(human label))
이상반응	발작이 일어날 수 있음

3) 염산날록손(Naloxone HCl)

날록손은 마약의 길항제임. 날록손은 구조적으로 옥시모르폰(oxymorphon)과 관련이 있으며, 염산 N-알릴노록시모르폰이라고 할 수 있음

임상사례	• 날록손은 마약성 억제의 치료, 예방 및 조절에 사용됨 • 뮤작용성 오피오이드의 역전에 사용됨
제형	• P/M 염산날록손주사(P/M Naloxone HCl injection) • 나르칸(인체용(Narcan(human label))
이상반응	이상반응은 흔하지 않음

TIP 염산날록손

- 정맥주사가 가장 빠른 반응을 보임
- 마약의 작용이 날록손의 작용보다 더 오래 지속되면 반복 투여가 필요할 수 있음
- 날록손은 부토파놀(토르부제식), 펜타조신(탈윈-V), 날부핀(누바인)의 진통 효과도 역전시킴

CHAPTER 04

수의사 처방제와 마약류 안전관리

01 수의사 처방제

관련 법령	• 약사법[제85조 제6항~제9항]: 도매상은 수의사 처방없이 동물용의 약품 판매 금지 등 규정 • 수의사법[제12조 및 제12조의2]: 처방대상 동물용의 약품 투약 시 처방전 발급 • 처방 대상 동물용의약품 지정에 관한 규정(농림축산식품부 고시): 동물용의약품 중 처방대상 동물용의약품 규정
처방대상 동물용의약품 현황	• 처방대상 성분 – 마취제(18종), 호르몬제(34종) → 마취제, 호르몬제 전성분(2021.11.11일부터) – 항생항균제(32종), 생물학적제제(21종) → 항생항균제 전성분, 생물학적제제(26종)(2021.11.11일부터) – 기타(전문지식이 필요한 동물용의약품(29종) → 기타(47종)(2021.11.11일부터) • 처방대상 제외: 도서벽지 축산농가/긴급방역용으로 농식품장관이 명령한 경우

TIP 수의사 처방제와 관련된 법령

약사법, 수의사법, 농림축산부고시 내용을 구분할 수 있도록 해야 함

02 동물용의약품 등의 관리 대상

(1) 동물용의약품

① 동물의 질병을 진단, 치료, 경감, 처치 또는 예방할 목적으로 사용하는 물질

② 동물의 구조와 기능에 약리학적 영향을 줄 목적으로 사용하는 물품

예 항생제, 구충제, 진통제, 소염제, 항암제, 백신, 세포치료제 등

(2) 동물용의약외품

① 동물에 대한 작용이 약하거나 동물에 직접 작용하지 아니하며 기구·기계가 아닌 것

② 동물의 질병을 치료, 경감, 처치 또는 예방할 목적으로 사용되는 섬유·고무제품 또는 이와 유사한 것

③ 전염병 예방을 위하여 살균·살충제 등

예 애완용제제(구중청량제, 욕용제·세척제·탈취제 등), 소독제, 해충의 구제제, 비타민제, 붕대 및 수술포 등 위생용품

(3) 동물용 의료기기

동물에게 단독 또는 조합하여 사용되는 기구·기계·장치, 재료 또는 이와 유사한 제품

예 방사선 진단 장치, 체온계, 혈액분석기, 외과수술용 기계, 전자 인식기 등

동물용의약품 등의 관리 대상

동물용의약품, 동물용의약외품, 동물용의료기기를 구분할 수 있어야 함

03 동물용의약품 제도(기관별 역할)

기관	역할
보건복지부 식품의약품안전처	• 약사법 운영 • 의료기기법 운영
농림축산식품부	• 동물약품정책 수립 • 동물용 의약품 취급규칙 운용
시·도 (시·군·구)	• 도매상 허가·관리 • 동물약국 개설 등록 • 의료기기판매업 및 임대업 신고 • 동물약품 취급자 약사감시
검역본부	[동물약품관리과] • 제조·수입업체관리 • 품목 인·허가 • 약사감시 등 유통관리 + [동물약품평가과] • 국가검정 및 수거검사 • 안정성·유효성 심사

04 처방대상 동물용의약품 지정에 관한 규정

제2조(동물용의약품 도매상) 「약사법」 제85조 제6항	본문에 따라 동물용의약품 도매상의 허가를 받은 자가 수의사 또는 수산질병관리사의 처방전 없이 판매하여서는 아니 되는 동물용의약품은 각 호와 같다. 1. 오용, 남용으로 사람 및 동물의 건강에 위해를 끼칠 우려가 있는 동물용 의약품으로 다음 각 목에 해당하는 동물용의약품 가. 마취제 나. 호르몬제 다. 항생/항균제. 다만 「동물용의약품등취급규칙(농림축산식품부 · 해양수산부령)」 제46조 제1호에 따라 배합사료 제조 시 첨가하는 동물용의약품은 제외한다. 2. 수의사 또는 수산질병관리사의 전문지식을 필요로 하는 동물용의약품으로 다음 각 목에 해당하는 동물용의약품 가. 병원체, 병원체에서 유래한 물질, 병원체를 이용하여 생성시킨 물질 또는 그 유사합성에 의한 물질을 포함하는 제제로서 백신, 혈청 또는 동물체에 직접 적용되는 진단제제 중 별표 4에서 정하는 축종 및 대상 질병에 따라 사용되는 생물학적 제제 나. 수의사 또는 수산질병관리사의 전문지식을 필요로 하는 동물용의약품으로 별표 5에서 정하는 물질을 유효성분으로 하는 동물용의약품. 다만, 별표 3에서 정한 항생·항균제 이외의 항생·항균제와 복합된 제품은 제외한다. 3. 제형과 약리작용상 장애를 일으킬 우려가 있다고 인정되는 동물용의약품
제3조(동물약국 개설자) 「약사법」 제85조 제7항	단서에 따라 동물약국 개설자가 수의사 또는 수산질병관리사의 처방전 없이 판매하여서는 아니되는 동물용의약품은 다음 각 호와 같다. 1. 주사용 항생물질 제제 가. 제2조 제1호 다목의 항생·항균물질을 유효성분으로 하는 동물용의약품 중 주사제 제형의 동물용의약품 2. 주사용 생물학적 제제 가. 제2조 제2호 가목의 생물학적 제제 중 주사제 제형의 동물용의약품

05 처방대상 생물학적 제제

개	• 디스템퍼(생독) • 디스템퍼 + 전염성 간염(생독) • 디스템퍼 + 전염성간염 + 파보 + 파라인플루엔자(생독 또는 생균) • 디스템퍼 + 파보(생독) • 보르데텔라브론키셉티카(생균) • 보르데텔라브론키셉티카 + 파라인플루엔자(생독 또는 생균) • 코로나바이러스 + 파보(생독) • 파보(생독)

고양이	• 전염성 복막염(생독) • 비기관염 + 칼리시 + 범백혈구감소증(생독) • 비기관염 + 칼리시 + 범백혈구감소증 + 클라미디아(생독 또는 생균) • 비기관염 + 칼리시 + 범백혈구감소증 + 클라미디아(생독 또는 생균 + 백혈병(생독 또는 생균)

TIP 처방대상 생물학적 제제

백신은 처방전 없이 판매 불가

06 마약류

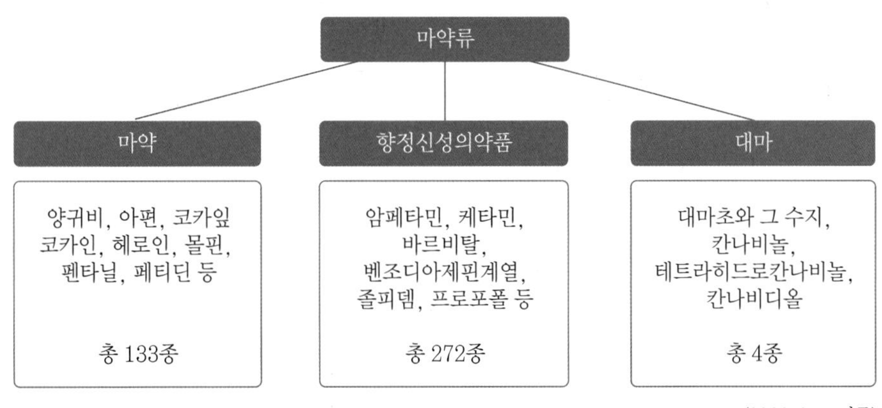

〈2020.6.4. 기준〉

TIP 마약, 향정신성의약품, 대마

마약, 향정신성의약품, 대마를 구분할 수 있어야 함

07 마약류 지정 절차

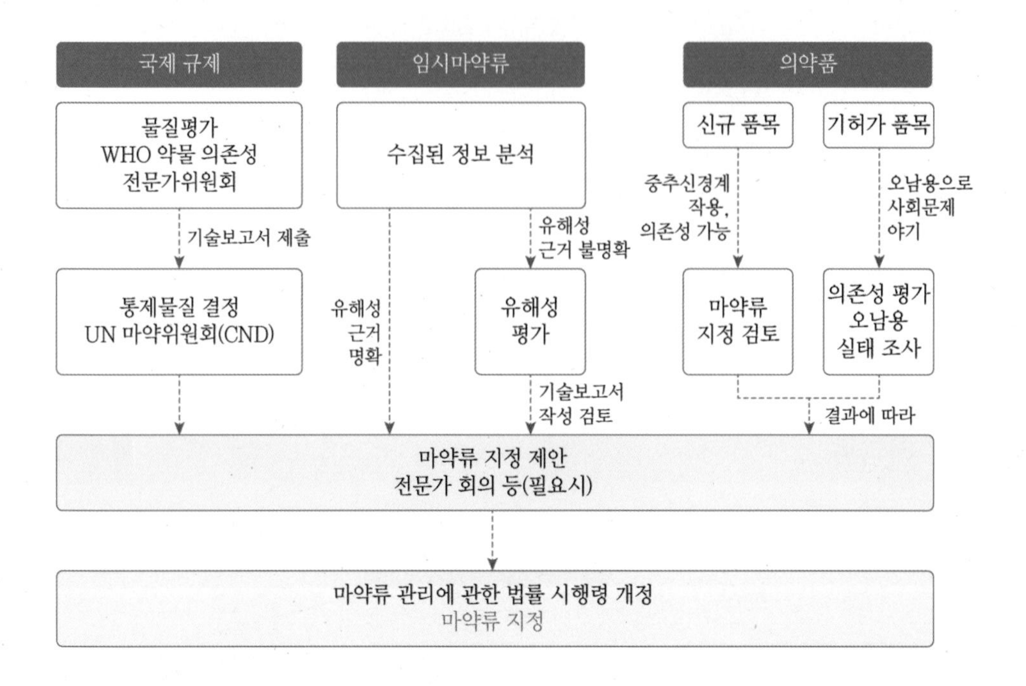

08 동물병원에서의 마약류 취급 업무 절차

동물보건사는 식품의약품 안전처에서 배포하는 "마약류 취급업무 안내서"를 숙지해야 함

취급자별 취급보고 유형

취급보고 유형	마약류취급자							마약류 취급승인자
	수출입업	제조업	원료사용	도매업	소매업	의료업	학술연구	
수입보고	●							
수출보고	●							
제조보고		●						
위수탁 입출고 보고		●						
원료사용보고			●					
판매보고	●	●		●				
양도보고	●	●	●	●	●	●	●	●
양수보고	●	●	●	●	●	●	●	●
구입보고		●	●	●	●	●	●	
조제보고					●	◐		
투약보고						◐		
사용보고	●	●	●				●	●
폐기보고	●	●	●	●	●	●	●	●

◐ 마약류관리자가 있는 의료기관의 경우 조제보고 가능(단, 별도의 마약류 투약기록을 확인할 수 있어야 함)

(1) 입고

① 마약류 물품이 입고되면 다른 의약품보다 먼저 입고작업을 함

② 주문내역과 구매한 물품의 정보를 확인한 후 마약류통합관리 시스템에 구입보고(품명·제조번호·일련번호·유효기한·수량 등 구입정보)

③ 품명·수량 등 구입내역이 주문내역과 상이한 경우 상대 판매자와 확인하고, 도난·분실 등 사고가 발생한 경우 '사고마약류 발생 보고절차'에 따라 조치

(2) 보관

① 마약·향정은 다른 의약품과 구별하여 저장함

마약	이중으로 잠금장치가 된 이동이 불가능한 철제금고에 보관
향정	이동이 불가능한 잠금장치가 설치된 장소에 보관

② 의료용 마약류의 저장시설은 주 1회 이상(매일 권장) 이상 유무를 점검하고 '의료용 마약류 저장시설 점검부(규칙 별지 제24호 서식)'를 작성·비치·보관(2년)해야 함

③ 반품, 유효기한 경과 마약류 등도 별도로 저장시설을 갖추어 관리함

(3) 투약

① 마약류 취급의료업자(수의사)는 처방전에 의해 동물에게만 투약함. 일부 동물의 특성상 농가 등을 직접 방문하여 진료하는 경우에는 마약류 취급의료업자가 발행한 처방전에 따라 투약할 최소한의 마약류를 소지·운반해야 함

② 투약한 물품정보(품명·제조번호·유효기한·일련번호 정보), 동물 및 소유자 정보(동물종류·질병명·소유자명·주민번호), 처방정보(처방전 발급기관명·처방전 교부번호·수의사명·면허번호), 수량 등을 마약류통합관리시스템에 "동물 투약보고" 함

- 처방전을 기준으로 동물별로 '동물의 종류'를 선택하며, 선택사항에 없는 경우는 '기타'를 선택하고 '동물의 종류명'란에 동물명을 작성

동물의 종류	개, 고양이, 소, 말, 양, 돼지, 사슴, 기타
동물의 종류명(기타)	토끼, 오소리 등 작성

- 같은 동물 여러 마리에게 동시에 마약류를 사용해야 할 경우, 처방전에 따라 동물의 종류 및 종류별 마릿수를 입력
- 동물소유주 및 관리인의 성명, 주민등록번호는 반드시 입력하고, 동물의 소유주(관리인)가 가족단위로 다수인 경우, 진료를 위해 내원한 소유주별 성명, 주민등록번호를 확인하여 보고함

- 다만, 동물병원 내에서 동물에게 수의사가 직접 투약을 완료하는 경우에는 "소유주 구분란"은 "병원 내 투약"으로 구분하고, 소유주(관리인)의 성명만 입력하여 보고함
- 유기동물 등 소유주가 없는 경우에는 해당 동물을 보호·치료하는 기관(동물병원, 동물구조관리협회 등)의 관리인(수의사, 기관장 등)의 정보로 시스템에 보고함. 단, 보고 시 시스템에 "소유주 구분란"에 "동물관리인"으로 선택하여 정보를 입력함

TIP 마약류 관리

동물병원에서 마약류 관리 및 취급 시 동물보건사의 업무를 숙지할 것

CHAPTER

05 계통별 의약품 관리 I

01 신경계통에 사용하는 약물

(1) 교감신경 수용체

① 교감(아드레날린성)신경계의 수용체
- 알파-1
- 알파-2
- 베타-1
- 베타-2
- 도파민반응성: 알파 수용체는 자극성, 베타 수용체는 억제성

② 아드레날린성 부위의 주요 신경전달물질은 노르에피네프린, 에피네프린, 도파민

(2) 부교감신경 수용체

① 부교감(콜린성) 신경계에는 니코틴 수용체와 무스카린 수용체가 있음
② 아세틸콜린은 니코틴 및 무스카린 수용체와 결합함
③ 효과기관에는 이런 수용체가 하나 또는 조합되어 있음
④ 약물의 효과는 반응기 내 수용체 수와 수용체에 대한 약물의 특이성에 의해 결정됨

(3) 자율신경계 작용제

1) 콜린성 약물(Cholinergic Agents)

① 콜린성 약물은 아세틸콜린에 의해 매개되는 수용체 부위를 자극하는 약물
② 콜린성 제제의 임상적 사용
- 중증근무력증(myasthenia gravis)의 진단
- 녹내장에서 안압을 낮춤
- 위장관 운동성 자극
- 요 정체 치료, 구토 조절
- 신경과 근육계 차단 약물의 해독제

2) 직접작용 콜린제

- 아세틸콜린(Acetylcholine)
- 카르바밀콜린(Carbamylcholine)
- 베타네콜(Bethanechol)
- 필로카르핀(Pilocarpine)
- 메토클로프라미드(Metoclopramide)

3) 간접 작용 콜린성 제제(항콜린에스테라제)

- 에드로포늄(Edrophonium)
- 네오스티그민(Neostigmine)
- 피소스티그민(Physostigmine)
- 유기인 화합물(Organophosphate compounds)
- 디메카륨(Demecarium)
- 피리도스티그민(Pyridostigmine)

TIP 콜린성 약물의 부작용

서맥, 저혈압, 심블록(heart block), 눈물 흘림, 설사, 구토, 장 활동성 증가, 장 파열, 기관지 분비 증가

4) 콜린성 차단제(항콜린성)

① **임상적 사용**: 위장관 운동성 감소를 통한 설사와 구토의 치료, 마취 전 분비물의 건조와 서맥 예방, 안과 검사를 위한 동공 확장, 눈의 모양체 경련의 완화, 동성 서맥(sinus bradycardia)의 치료

② **종류**

- 아트로핀(Atropine)
- 메스스코폴라민(Methscopolamine)
- 글리코피롤레이트(Glycopyrrolate)
- 아미노펜타미드(Aminopentamide)
- 프로판텔린(Propantheline)
- 프랄리독심(Pralidoxime)

5) 아드레날린성(교감신경) 작용제

① 아드레날린제제는 카테콜라민(catecholamine) 또는 비카테콜라민(noncatecholamine)으로 분류될 수 있으며, 두 범주 모두 활성화된 특정 수용체 유형에 따라 분류될 수 있음

- 알파-1
- 알파-2
- 베타-1
- 베타-2

② 임상적 사용: 심정지 시 심장 박동을 자극하기 위해, 과민성 쇼크(anaphylactic shock)의 저혈압과 기관지 수축을 반전시키기 위해, 울혈성 심부전 시 심장을 강화시키기 위해, 혈관 수축을 통한 저혈압을 교정하기 위해, 혈관 수축을 통한 모세혈관성 출혈을 감소시키기 위해, 요실금 치료를 위해, 알레르기 상태에서 점막 정체(혈관수축)를 감소시키기 위해, 주사 부위의 혈관을 수축시켜 흡수를 연장시키고 국소마취제의 효과를 연장시키기 위해, 녹내장 치료를 위해(알파 자극은 안방수 유출을 증가시키고 베타 자극은 안방수 생성을 감소시킴)

③ 종류

- 에피네프린(Epinephrine)
- 노르에피네프린(Norepinephrine)
- 이소프로테레놀(Isoproterenol)
- 페닐에프린(Phenylephrine)
- 도파민(Dopamine)
- 페닐프로파놀아민(Phenylpropanolamine)
- 도부타민(Dobutamine)
- 알부테롤(Albuterol)

6) 아드레날린성 차단제(교감신경차단제)

① 알파차단제

- 페녹시벤자민(Phenoxybenzamine)
- 아세프로마진(Acepromazine)
- 프라조신(Prazosin)
- 요힘빈(Yohimbine)
- 아티파메졸(Atipamezole) (안티세단 Antisedan)

② 베타차단제

- 프로프라놀롤(Propranolol)
- 티모롤(Timolol)
- 아테놀올(Atenolol)

7) 중추신경계 약물

① 벤조다이아제핀 유도체
- 디아제팜(diazepam)
- 미다졸람(Midazolam)

② 알파-2작용제
- 자일라진(럼푼)
- 메데토미딘(Medetomidine) Domitor
- 덱스메데토미딘

③ 바르비투르산염(Barbiturates)
- 장기 - 작용 바르비투르산염(Oxybarbiturates, 8~12시간)
- 단기 - 작용 바르비투르산염(Oxybarbiturates, 45분~1.5시간)
- 초단기 - 작용 바르비투르산염(Thiobarbiturates, 5~30분)

④ 해리성 약물(Dissociative Agents)
- 해리성제제는 펜시클리딘(phencyclidine), 케타민(ketamine) 및 틸레타민(tiletamine)을 포함하는 사이클로헥실아민 계열(cyclohexylamine family)에 속함
- 비자발적 근육 강직(강직증), 기억상실 및 진통이 해리성 마취의 특징
- 인/후두 반사가 유지되고 근육긴장이 증가됨
- 해리성 마취로는 깊은 복부 통증이 제거되지 않기 때문에(수술 3단계에는 보통 도달하지 않음) 진정, 포획, 진단 과정 및 경미한 수술에만 추천됨
- 케타민염산염(Ketamine HCl)
- 틸레타민 염산염(Tiletamine HCl): (Telazol [tiletamine + zolazepam HCl])
- 펜시클리딘(Phencyclidine)

⑤ 오피오이드 작용제(Opioid Agonists)
- 오피오이드는 양귀비 알칼로이드에서 유래한 화합물로 유사한 약리학적 특성을 가진 합성 약물
- 불안과 공포를 감소시키면서 진통과 진정(최면)을 유발
- 오피오이드 수용체는 다음 4가지 부류로 분류됨

뮤(Mu)	• 뇌의 통증 조절 부위에서 발견됨 • 진통, 희열, 호흡 억제, 신체적 의존 및 저체온 작용에 기여
카파(Kappa)	• 대뇌피질과 척수에서 발견됨 • 진통, 진정, 우울증 및 동공 축소에 기여
시그마(Sigma)	고군분투, 징징거림, 환각 및 산동 효과와 관련되어짐
델타(Delta)	• mu 수용체 활성을 조정 • 진통효과에 기여

- 아편 Opium(10% opium)
- 황산 모르핀 Morphine sulfate

- 합성 마약제 Synthetic Narcotics
- 메페리딘 Meperidine
- 옥시모르폰 Oxymorphone
- 부토르파놀 타르타르산염 Butorphanol tartrate
- 펜타닐 Fentanyl
- 메타돈 Methadone
- 코데인 Codeine

⑥ **오피오이드 길항제**(Opioid Antagonists)
- 날록손 Naloxone(Naloxone HCl injection)
- 날로르핀 Nalorphine
- 부토파놀 Butorphanol

⑦ **신경이완진통제**(Neuroleptanalgesics)
- 디아제팜 Diazepam
- 펜토바르비탈 Pentobarbital
- 페노바비탈 Phenobarbital
- 프리미돈 Primidone
- 브롬화물 Bromide
- 가바펜틴 Gabapentin
- 레베티라세탐 Levetiracetam
- 조니사미드 Zonisamide

⑧ **흡입 마취제**(Inhalant Anesthetics)
- 이소플루란 Isoflurane(IsoFlo, Isothesia)
- 세보플루란 Sevoflurane(SevoFlo)
- 할로탄 Halothane(Fluothane)
- 메톡시플루란 Methoxyflurane(Metofane)
- 아산화질소 Nitrous oxide
- 프로포폴 Propofol

⑨ **벤조디아제핀**(Benzodiazepines)
- 디아제팜 Diazepam(Valium)
- 알프라졸람 Alprazolam(Xanax)
- 로라제팜 Lorazepam(Ativan)

TIP 신경계통에 작용하는 약물

신경계 작용 약물 관리법에 대해 공부할 때는 약물이 작용하는 수용기, 작용기전, 임상적 사용과 관리 시 주의할 점에 대해 이해하고, 숙지해야 함

CHAPTER

06 계통별 의약품 관리 Ⅱ

01 호흡기계 약물관리

- ☑ 호흡기질환 치료에 사용되는 약물은 종종 경구(oral) 또는 비경구(parenteral) 경로로 투여되지만 흡입요법(inhalation therapy)도 유용할 수 있음
- ☑ 흡입된 입자의 크기는 분포에서 중요한 역할을 함. 말초 기도로 들어가기 위한 최적의 입자 크기는 1~5마이크론
- ☑ 0.5마이크론보다 작은 입자는 내쉬기 쉬우며, 5마이크론보다 큰 입자는 상기도에 정착될 수 있음

(1) 거담제(Expectorants)

① 거담제는 젖은 기침(습성해소, productive cough)이 있을 때 지시되며 종종 염화암모늄, 항히스타민제 또는 덱스트로메토르판과 같이 처방함

② 구아이페네신은 몇 가지 수의용 제품(동물용의약품)과 많은 인의용 일반의약품(비처방, over the counter) 기침제제에 사용되며, 경구·시럽·분말제제로 제공됨

③ 구아이페네신의 부작용은 드물지만 경미한 졸음(drowsiness)이나 메스꺼움(nausea)이 발생할 수 있음

(2) 점액용해제(Mucolytics): 아세틸시스테인(Acetylcysteine)

① 아세틸시스테인과 같은 점액용해제는 화학적(이황화물) 결합의 분해를 통해 점액의 화학적 조성을 변경함으로써 호흡기계 분비물의 점도를 감소시킴

② 아세틸시스테인은 수의학에서 임상적으로 중요한 유일한 점액용해제(분무로 주로 투여)

(3) 진해제(Antitussives): 중추작용제(Centrally Acting Agents)

① 진해제(antitussives)는 기침을 막거나 억제하는 약물

② 일반적으로 개에서 기관기관지염(켄넬코프)과 같은 건조하고 마른 기침을 치료하는 데 사용됨

③ 부토파놀 타르트레이트는 개의 만성 마른 기침을 완화하고 개와 고양이의 진통 및 마취 전 마취에 사용됨

(4) 코데인(Codeine)

① 코데인 인산염(phosphate) 경구 정제, 30mg 및 60mg
② 코데인 황산염(설페이트, sulfate) 경구 정제(15, 30 및 60mg)
③ 아스피린 또는 아세트아미노펜 함유 코데인

(5) 덱스트로메토르판(Dextromethorphan)

(6) 기관지확장제(Bronchodilators)

콜린성 차단제 (Cholinergic Blockers)	• 아트로핀(atropine) • 아미노펜타미드(aminopentamide, 센트라인(Centrine)) • 글리코피롤레이트(glycopyrrolate)
베타2-아드레날린 작용제(Beta2-Adrenergic Agonists)	• 에피네프린 • 슈도에페드린(Pseudoephedrine)/피릴라민(pyrilamine) • 이소프로테레놀(isoproterenol) • 알부테롤(Albuterol)[살부타몰(salbutamol) 벤토린(Ventolin)], 프로벤틸(Proventil)) • 테르부탈린(Terbutaline) • 메타프로테레놀(Metaproterenol, 아루펜트(Alupent))
메틸잔틴 (Methylxanthines)	• 아미노필린(aminophylline) • 테오필린(theophylline)

(7) 항히스타민제(Antihistamines)

① 항히스타민제는 히스타민의 효과를 차단하는 데 사용되는 물질
② 히스타민은 알레르기 반응에 의해 비만세포에서 방출되고 세기관지 평활근의 H1 수용체와 결합하여 기관지수축을 유발
③ 항히스타민제는 비만세포 탈과립을 방지하고 평활근의 H1 수용체를 차단하기 때문에 호흡기질환 치료에 유용할 수 있음
④ 항히스타민제의 일반적인 이름은 대부분이 접미사 "-amine"으로 끝나기 때문에 쉽게 인식됨 예 피리라민(pyrilamine), 디펜하이드라민(diphenhydramine), 클로르페니라민(chlorpheniramine)
⑤ 호흡기질환 치료를 위한 수의용(동물용) 항히스타민제는 주사 및 경구 제제로 제공됨
- 피리라민(Pyrilamine, 히스트-이큐(Hist-Eq), 히스탈(Histall))
- 트리펠레나민(Tripelennamine)
- 디펜하이드라민(Diphenhydramine, 베나드릴(Benadryl))
- 하이드록시진(Hydroxyzine, 아타락스(Atarax))

• 사이프로헵타딘(Cyproheptadine)
• 세티리진(Cetrizine, 지르텍(Zyrtec))

(8) 코르티코스테로이드(Corticosteroids)

• 프레드니솔론 숙신산 나트륨(Prednisolone sodium succinate)
• 프레드니솔론(Prednisolone)
• 프레드니손 정제 및 시럽(Prednisone tablets and syrup)
• 덱사메타손(Dexamethasone)(덱사손(Dexasone), 덱사메타손 액(Dexamethasone Solution), 아지움(Azium))
• 베클로베타손 디프로피오네이트(Beclomethasone dipropionate), 반세릴(Vanceril)(흡입용)
• 플루티카손 프로피오네이트(Fluticasone propionate)(플로벤트, Flovent)(흡입용)
• 트리암시놀론(triamcinolone)(베탈로그(Vetalog))

(9) 호흡기 자극제(Respiratory Stimulants)

독사프람 염산염(Doxapram Hydrochloride)

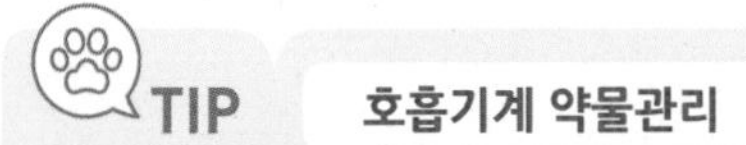

호흡기계 약물관리

호흡기계 약물관리의 분류 범주와 작용 기전을 이해하고, 동물병원에서의 임상적 사용에 대해 숙지하고 관리할 수 있도록 각 약물의 영문 명칭을 중심으로 숙지할 것

02 비뇨기계 약물관리

① 에리스로포이에틴은 건강한 신장이 분비하는 호르몬으로 골수에 작용하여 더 많은 적혈구를 만듦
② 질병이 있는 신장에서는 이 호르몬이 감소하거나 전혀 분비되지 않으며, 그 결과로 동물에게는 재생불량성 빈혈이 생길 수 있음
③ 빈혈을 치료하기 위해 동물들에게 인간 재조합 에리스로포이에틴을 주사할 수도 있음

(1) 이뇨제(Diuretics)

1) 루프 이뇨제(loop diuretics)

푸로세마이드(furosemide)

2) 삼투성 이뇨제

- 만니톨(mannitol) 20%
- 글리세린(glycerine)(구강)

3) 칼륨-보존성(potassium-sparing) 이뇨제

① 칼륨-보존성 이뇨제는 다른 이뇨제보다 이뇨 및 항고혈압 효과가 약함

② 알도스테론 길항제(aldosterone antagonists)라고도 함

- 스피로노락톤(spironolactone)
- 트라이암테렌(triamterene)

4) 안지오텐신 전환(Angiotensin-Converting) 효소 억제제

- 베나제프릴(benazepril)
- Fortekor(veterinary label)
- 캡토프릴
- 에날라프릴
- 리시노프릴
- 라미프릴

5) 혈관 확장제 및 칼슘 채널 차단제(Calcium Channel Blocker)

- 혈관 확장제
- 하이드랄라진
- 도파민
- 칼슘 채널 차단제
- 딜티아젬(diltiazem)
- 베라파밀(verapamil)
- 암로디핀(amlodipine)

03 심혈관계 약물관리

(1) 심장 글라이코사이드(Cardiac Glycosides(Digitalis))

디지탈리스는 심장 근육 세포 내의 수축성 필라멘트 내에 있는 칼슘 이온의 양을 증가시켜 수축 강도를 높임

(2) 카테콜아민(Catecholamines)

에피네프린(epinephrine)

(3) 도파민(Dopamine)

(4) 도부타민(Dobutamine)

(5) 수축 촉진, 혼합 확장제(Inotropic, Mixed dilator)

피모벤단(pimobendan)

(6) 혈관확장제

- 하이드랄라진(hydralazine)
- 암로디핀(amlodipine)
- 니트로글리세린(nitroglycerin) 연고
- 프라조신(prazosin)
- 나이트로프루사이드(nitroprusside)

(7) 안지오텐신 변환 효소 억제제 – 혼합혈관확장제

- 베나제프릴(benazepril)
- 캡토프릴(captopril)
- 에날라프릴(enalapril)

(8) 푸로세마이드(Furosemide)

(9) 스피로노락톤(Spironolactone)

비뇨기계 약물

- 비뇨기계 약물 중 심혈관계 약물은 수의사의 지시에 따라 사용 시 주의가 필요함
- 보호자교육을 위해 필히 각 약물의 특징과 임상적 사용, 부작용을 숙지할 것

04 소화기계 약물관리

(1) 구토제(Emetics)

중추작용 구토제	아포모르핀(apomorphine)
국소 작용 구토제	과산화수소수(hydrogen peroxide)

(2) 항구토제(Antiemetics)

- 아세프로마진(acepromazine)
- 클로르프로마진(chlorpromazine)

(3) 항히스타민제(Antihistamines(H1 차단제))

- 트리메토벤자마이드(trimethobenzamide)
- 디멘하이드리네이트(dimenhydrinate)
- 디펜히드라민(diphenhydramine)
- 메클라이진(meclizine)

(4) 세로토닌(Serotonin) 수용체(5-HT3) 길항제

- 온단세트론(ondansetron)
- 돌라세트론(dolasetron)
- 그라니세트론(granisetron)

(5) 제산제 및 항궤양제

H2 수용체 길항제	• 시메티딘(cimetidine) • 라니티딘(ranitidine) • 파모티딘(famotidine)
양성자 펌프 억제제	오메프라졸

(6) 제산제(Antacids)

- 수산화 알루미늄/마그네슘
- 탄산알루미늄
- 수산화알루미늄
- 수산화마그네슘

(7) 위점막보호제

- 수크랄페이트
- 미소프로스톨(misoprostol)

(8) 보호제/흡착제

- 비스무트 아살리실산염

(9) 도파민(Dopaminergic) 길항제

- 메토클로프라미드(metoclopramide)
- 돔페리돈(domperidone)

소화기계 약물의 관리

각 약물의 사용목적과 작용기전을 이해하고, 수의사의 지시에 따라 보호자 교육을 수행할 수 있도록 숙지할 것

05 그 외 학습해 두어야 할 계통별 약물

① 내분비계 약물관리
② 항감염제 약물관리
③ 항기생충제 약물관리
④ 수의안과 약물관리
⑤ 수의이비인후과 약물관리
⑥ 수의피부과 약물관리

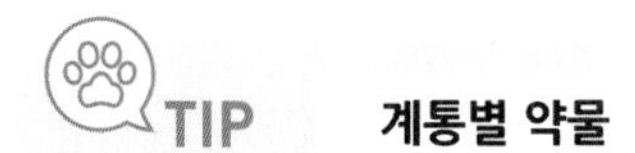

계통별 약물

- 동물병원에서 사용되는 계통별 약물은 신경계, 호흡기계, 비뇨기계, 소화기계 외에도 다양함
- 각 계통별 약물의 종류에 대해 알아보고, 숙지할 수 있도록 할 것

PART 10

동물보건영상학

CHAPTER

01 방사선 발생 원리와 장비의 구성

01 X선의 특징

(1) 최초의 X-Ray(X선)의 발견

① 독일의 물리학자인 빌헬름 뢴트겐(Röntgen, Wilhelm Conrad, 1845.3.27.~1923.2.10.)에 의해 발견됨

② 빌헬름 뢴트겐은 1895년에 음극선을 실험하던 중 우연히 기존 광선보다 훨씬 더 투과력을 가진 방사선의 존재를 확인하고 미지의 방사선 'X선'으로 명명하였음

③ 이에 대한 공로로 1901년 최초의 노벨물리학상을 수상하였으며 뢴트겐은 진단방사선학의 아버지로 불리고 있음

(2) 전자기파의 특징

① X선은 전자기파의 일종으로 짧은 파장인 10^{-10}~10^{-12}m 범위

② 전자기파는 전기장과 자기장의 진동 양상이 공간에서 진행하는 파동

③ 전자기파는 파장이 긴 것부터 짧은 순서대로 전파, 적외선, 가시광선, 자외선, X선, 감마선 등이 있음

④ 방사에너지는 파장에 비례하고 파장이 짧을수록 에너지는 커짐

⑤ 사람이 눈으로 볼 수 있는 가시광선(빛)은 물질 투과력이 없지만 X선은 훨씬 더 많은 에너지를 갖고 있으므로 투과력이 있음

TIP 전자기파

- 전자기파는 공간에서 전기장과 자기장이 주기적으로 변화하면서 전달되는 파동으로 눈에 보이는 가시광선을 포함하여 눈에 보이지 않는 전파(예 라디오, TV 등), 적외선, 자외선, X선, 감마선 등도 전자기파에 속함
- 이러한 전자기파의 분류는 진동수가 작은 라디오파에서 진동수가 큰 감마선까지 진동수의 크기대로 전자기파 스펙트럼을 형성함

(3) X선의 특징

① 직선으로 주행함

② 질량이 없음

③ 빛의 속도로 이동함

④ 눈으로 확인할 수 없고 냄새도 맛도 없음

⑤ 모든 물질에 어느 수준까지 침투함. 물질의 밀도가 높을수록 X선은 흡수되어 없어짐

⑥ 생체조직 내에서 생물학적 변화를 일으킴. DNA의 손상(예 유전자변이, 유산 또는 기형, 질병감수성과 수명 단축, 암 발생, 백내장)

(4) X선의 발생

① 빠른 속도로 가속화된 전자가 타킷 물체에 부딪힐 때 X선이 발생

② X선은 X선관에서 생성되며 음극에서 생성된 전자가 양극으로 끌려가서 양전하를 띤 타깃에 충돌할 때 X선이 발생

③ 전자에서 발생된 에너지의 99%는 열로 전환되고 1%만이 X선이 됨

02 X선 장비의 구성

X선 장비는 ① X선관(X-Ray tube), ② 제어기(Controller), ③ 검출기(Detector), ④ 고전압 제어 및 발생기(Generator)로 구성됨

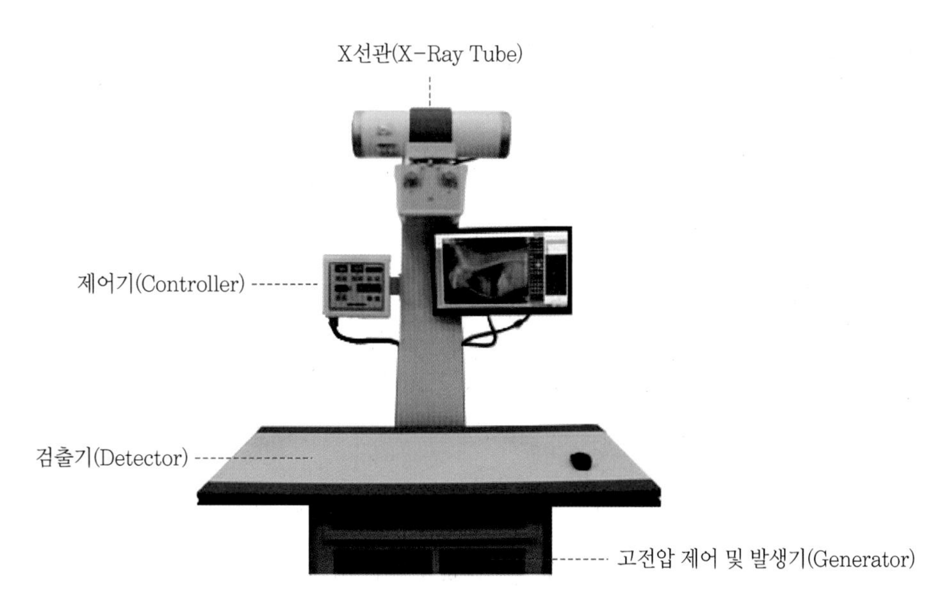

[X선 장비의 구성]

(1) X선관(X Ray tube)

① X선관의 내부는 음극(Cathode)과 양극(Anode)으로 구성되어 있으며 이를 유리관이 둘러싸서 내부는 진공상태를 유지함

② X선관의 바깥쪽 외부는 산란된 방사선의 유출을 막고 내부의 유리관을 보호하기 위해 금속덮개로 덮혀 있음

③ 금속덮개와 유리관 사이에는 X선과 함께 발생된 열을 식히기 위해 절연유인 기름으로 채워져 있음

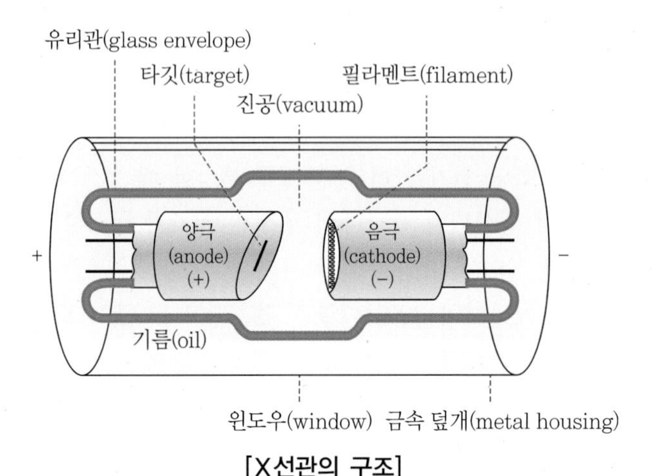

[X선관의 구조]

음극(Cathode)	• 전자는 음극에서 생산되어 양극으로 주행함 • 음극은 코일 형태의 텅스텐 재질의 필라멘트로 구성되어 있음 • X선관을 오래 사용하면 필라멘트가 얇아지고 끊어져 수명이 짧아지므로 필라멘트는 필요 이상으로 오래 가열되지 않도록 주의함 • 예비노출단추(ready button)는 낮은 전류로 필라멘트를 가열시키고 있다가 촬영 시에 노출이 필요한 만큼 전류를 올리는 자동 회로가 장착되어 음극의 필라멘트를 보호함
양극(Anode)	• 전자를 받은 곳으로 경사진 타깃 형태 • 타깃은 음극에서 방출된 고속의 전자가 충돌하는 곳으로 충돌할 때 최대 2,700℃의 높은 열이 발생함 • 타깃의 재질은 고열에 강한 텅스텐(Tungsten) 또는 몰리브덴(Molybdenum) 재질로 되어 있음 • 양극은 발생한 X선을 X선관 밖으로 방출시키기 위해 7~20° 정도 기울어져 있음 • 양극의 형태는 고정식 양극과 회전식 양극으로 구분됨 – 고정식 양극: 고열에 약하고 주로 치과용 또는 휴대용 기기에 사용 – 회전식 양극: 원판형으로 회전하며 고열에 강하여 고용량 장비에 사용

(2) X선 제어기(Controller)

① X선의 발생, 노출조건 등을 조절하는 장치로 kV 표시계, mA 표시계, mAs 표시계, 촬영버튼 등으로 구성됨

② 촬영버튼은 손가락 버튼 또는 발판 형태로 되어 있으며 동물병원에서는 촬영자와 보정자가 함께 동물을 보정해야 하므로 주로 발판 형태를 사용함

③ 준비버튼을 누른 상태에서 촬영버튼을 누르면 X선이 생성되어 방사됨

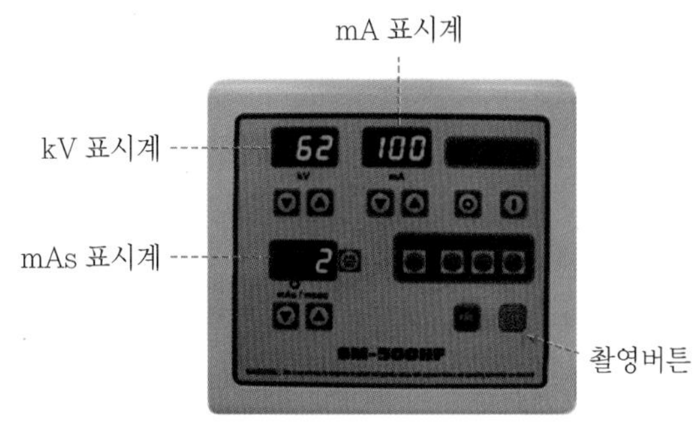

[X선 제어기]

(3) 검출기(Detector)

① 눈에 보이지 않는 투시된 X선 영상을 디지털 영상정보로 바꿔주는 장치

② 기존 아날로그 X선 방식의 필름 대신 사용할 수 있고 필름 현상과정 없이 영상을 모니터로 바로 전송할 수 있음

③ 검출기 방식은 컴퓨터 방사선(Computed Radiography; CR)과 직접 디지털 방사선(Direct Digital Radiography; DR)이 있음

CHAPTER 02

동물진단용 방사선 안전관리

01 방사선 안전

(1) 방사선 안전의 중요성

① 방사선은 과량 노출 시 인체에 위험성이 존재하므로, 방사선 종사자와 동물에게 최소 노출로 최대의 진단정보를 얻는 것이 중요함

② 최근 디지털 방사선 장비의 도입으로 노출 위험성이 증가되어 있음

③ 과거 아날로그 방사선과 비교하여 과도하게 재촬영 횟수가 증가하였고 촬영 시 과량의 노출 조건 설정으로 인해 피폭 위험성은 더 높음

④ 특히 동물병원의 경우 촬영 시 동물보정을 위해 방사선 종사자가 촬영실 내에 위치하므로 노출 위험성이 높음

(2) 방사선이 생명체에 미치는 영향

① 방사선은 생명체를 통과하면서 세포에 영향을 미쳐 세포분열 장애, 돌연변이, 세포 손상 및 파괴 등의 생물학적 변화를 유발

② 특히 분열이 빠른 세포인 줄기세포, 골수세포, 생식세포 등이 민감하며, 혈액과 관련된 조혈계가 가장 민감함

③ 방사선 피폭으로 인해 종양(피부암), 백내장, 재생 불량성 빈혈, 불임 등 질병 유발 가능성이 존재

④ 이온화 방사선은 세포 내의 유전자에 손상을 일으켜 기형 등을 유발할 수 있음

⑤ 동물병원에서 방사선에 노출되는 것은 소량으로 안전 수칙을 준수하는 경우 노출 정도는 적으며, 소량을 반복적으로 노출되는 경우 신체는 자기 스스로 치유하는 능력으로 인해 위험성은 높지 않음

⑥ 그러나 인체에 손상을 주지 않는 방사선은 없기 때문에 방사선 보호장구를 착용하고 안전 수칙을 준수하는 것이 중요

(3) 방사선 안전 용어

피폭(exposure)	방사선이 가지고 있는 높은 에너지가 원인이 되어 인체에 피해를 주는 상태
차폐(shielding)	• 방사선이 인체 및 환경에 피해를 주는 것을 막기 위해 방사선을 흡수하거나 산란시켜 그 영향을 감소시키는 것 • 일반적인 차폐 물질은 주로 납(Pb)이 사용되고 에너지가 높은 방사선은 콘크리트가 사용됨
선량한도 (dose limit)	방사선 종사자의 신체 또는 특정 장기에 흡수되어도 안전한 최대량
피폭 방사선량	• 신체의 외부 또는 내부에 피폭되는 방사선량 • 피폭 방사선량의 측정단위는 Sv(sievert) • 1Sv=1,000mSv, 1mSv=1,000μSv

시버트(sievert; Sv)

- 인체에 피폭되는 방사선량을 나타내는 측정단위로, 과거에는 큐리(Ci)·렘(rem) 등을 사용했지만 지금은 베크렐(Bq)·시버트(Sv)로 통일됨
- 병원에서 1회 X선을 촬영할 때 약 0.1~0.3밀리시버트(mSv)의 방사선량을 받게 됨
- 한꺼번에 100mSv를 맞아도 인체에 별 영향이 없으나 원전 종사자는 이를 초과해서는 안 되며, 7000mSv를 받으면 며칠 내로 사망함

(4) 방사선 안전 법규

「수의사법」 제17조의3(동물 진단용 방사선발생장치의 설치·운영) ① 동물을 진단하기 위하여 방사선발생장치(이하 "동물 진단용 방사선발생장치"라 한다)를 설치·운영하려는 동물병원 개설자는 농림축산식품부령으로 정하는 바에 따라 시장·군수에게 **신고**하여야 한다. 이 경우 시장·군수는 그 내용을 검토하여 이 법에 적합하면 신고를 수리하여야 한다.

② 동물병원 개설자는 동물 진단용 방사선발생장치를 설치·운영하는 경우에는 다음 각 호의 사항을 준수하여야 한다.

1. 농림축산식품부령으로 정하는 바에 따라 **안전관리 책임자**를 선임할 것
2. 제1호에 따른 안전관리 책임자가 그 직무수행에 필요한 사항을 요청하면 동물병원 개설자는 정당한 사유가 없으면 지체 없이 조치할 것
3. 안전관리 책임자가 안전관리업무를 성실히 수행하지 아니하면 지체 없이 그 직으로부터 해임하고 다른 직원을 안전관리 책임자로 선임할 것
4. 그 밖에 안전관리에 필요한 사항으로서 농림축산식품부령으로 정하는 사항

③ 동물병원 개설자는 동물 진단용 방사선발생장치를 설치한 경우에는 제17조의5 제1항에 따라 농림축산식품부장관이 지정하는 검사기관 또는 측정기관으로부터 **정기적으로 검사와 측정**을 받아야 하며, 방사선 관계 종사자에 대한 **피폭(被曝)관리**를 하여야 한다.

④ 제1항과 제3항에 따른 동물 진단용 방사선발생장치의 범위, 신고, 검사, 측정 및 피폭관리 등에 필요한 사항은 농림축산식품부령으로 정한다.

「동물 진단용 방사선발생장치의 안전관리에 관한 규칙」

동물 진단용 방사선발생장치의 안전관리에 관한 규칙 [별표 3] 〈개정 2019.10.17.〉

〈방사선 관계 종사자의 선량한도〉(제4조 제7항 관련)

피폭구분	구분	선량한도
1. 유효선량	가. 임신한 경우	3개월당 1mSv(0.1rem) 이하여야 한다.
	나. 그 밖의 종사자의 경우	연간 50mSv(5rem) 이하여야 하며, 5년간 누적선량은 100mSv(10rem) 이하여야 한다.
2. 등가선량	가. 수정체	연간 150mSv(15rem) 이하여야 한다.
	나. 피부(임신한 경우 복부 표면은 제외한다)·손 및 발	연간 500mSv(50rem) 이하여야 한다.
	다. 복부 표면(임신한 경우)	연간 2mSv(0.2rem) 이하여야 한다.

〈비고〉

1. “유효선량”이란 인체 내 조직 간 선량분포에 따른 위험정도를 하나의 양으로 나타내기 위하여 방사능에 노출된 인체의 모든 조직에 대하여 각 조직의 등가선량에 해당 조직의 조직가중치를 곱한 결과를 합산한 양을 말한다. 이 경우 전신 피폭된 조직가중치의 합은 1로 한다.
2. “등가선량”이란 인체의 특정한 장기에 피폭한 선량을 나타내기 위하여 흡수선량에 해당 방사선의 방사선가중치를 곱한 양을 말한다. 이 경우 진단용 엑스선의 방사선가중치는 1로 한다.
3. 방사선 관계 종사자의 선량한도 측정방법 등 측정에 필요한 세부 사항은 측정기관의 장이 농림축산검역본부장의 승인을 받아 정한다.
4. 3개월당 선량한도는 티·앨배지를 사용하는 방사선 관계 종사자의 경우에는 분기 말일마다 측정한 양으로 하며, 필름배지를 사용하는 경우에는 분기 동안 측정한 양을 합산한 것으로 한다.
5. 연간 선량한도는 연도 중 처음 피폭선량을 측정한 시기와 관계없이 매 연도 12월 말일을 기준으로 하되, 티·앨배지를 사용하는 방사선 관계 종사자의 선량한도는 매 분기 말일마다 측정한 양을 합산한 것으로 한다.
6. 5년간 누적 선량한도는 처음 피폭선량을 측정한 시기와 관계없이 2008년 1월 1일을 기준으로 매 5년간의 누적선량으로 한다.

(5) 종사자의 피폭선량 측정

① 방사선 종사자는 방사선 선량계를 사용하여 개인별 피폭선량을 측정함

② 방사선 선량계는 촬영이 진행되는 동안 항상 착용하며, 목과 허리 사이의 가슴 부위에 착용하고 방사선 앞치마를 착용하였을 때에는 앞치마 안쪽에 착용함

③ 방사선 선량계는 일정 시간마다 정기적으로 검사센터로 보내서 노출선량을 측정함

④ 방사선 선량계의 종류에는 티앨배지(Thermo-Luminescent Dosimeter; TLD)와 필름배지 방법이 있음

티앨배지	3개월마다 1회 이상 피폭선량을 측정
필름배지	1개월마다 1회 이상 피폭선량을 측정

⑤ 다만 주당 최대 동작부하의 총량이 8mA/분 이상(1회 촬영이 5mAs로 가정했을 때 100회 이상) 동물병원에만 적용되는 의무사항임

02 방사선 보호 장구

방사선 종사자를 위한 가장 효과적인 개인보호 장구는 방사선 앞치마, 방사선 장갑, 갑상샘 보호대, 방사선 안경 등이 있음

(1) 방사선 앞치마(X-Ray Apron) 및 장갑

① 방사선 촬영 시 반드시 착용함
② 납당량은 최소 0.25mmPb 이상인 것이 좋으며 주로 0.5mmPb의 납당량이 사용됨
③ 납당량은 동일 조건하에서 그 물질이 나타내는 선량률의 감쇄와 동등한 감쇄를 나타내는 납 두께를 말하며 단위는 mmPb
④ 납당량이 높을수록 좋지만 높을수록 무거움
⑤ 방사선 앞치마는 구부리는 경우 균열이 발생하므로 사용 후 옷걸이에 펼쳐서 보관
⑥ 방사선 장갑은 내부에 공기가 통하도록 보정틀을 넣고 펼쳐서 보관
⑦ 방사선 보호 성능

리드 동등한 색인	0.25mmpb	0.35mmpb	0.5mmpb
차폐 효율	96%	97.5%	98.5%

(2) 갑상샘 보호대, 방사선 안경, 안면방사선방어기구

① 방사선 앞치마가 목 부위까지 보호되지 않은 경우에는 갑상샘 보호대를 사용
② 방사선 안경은 안구 내 수정체를 보호하기 위해 사용

(3) X선의 노출

① 방사선 종사자의 X선 노출은 주로 1차 X선과 산란선에 의해 발생
② 1차 X선은 X선관으로부터 직접 방사된 것으로 노출 시 위험도가 가장 높음
③ 2차 X선은 1차 X선이 피사체의 표면에 부딪힌 후 산란된 X선을 말함
④ 방사선 촬영 시 1차 X선에 노출되지 않도록 주의해야 함

(4) 촬영 시 흔히 범하는 오류

① **개인보호 장구 미착용:** 방사선 보호 장구는 착용 시 무겁고 불편하므로 착용하지 않는 경우가 많은데, 이는 방사선에 노출될 위험을 높임
② **재촬영 횟수 증가:** 방사선 노출을 최소화하기 위해 한 번의 촬영으로 질 좋은 영상을 얻을 수 있도록 충분한 연습이 필요함

③ **1차 X선 노출**: 가장 흔히 발생하는 오류. 주로 방사선 장갑의 미착용으로 발생하며 특히 소형동물의 경우 방사선 장갑 착용 시 보정의 어려움으로 착용하지 않은 경우가 많음. 방사선 장갑을 착용하더라도 1차 X선은 100% 차폐되지 않음에 주의할 것

④ **시준기 미사용**: 시준기는 촬영 범위를 조정할 수 있는 장치. 시준기를 가장 크게 확대한 상태에서 촬영하는 경우가 많은데, 이는 노출 위험도가 높으므로 촬영 부위에 맞게 시준기를 조절할 것

(5) 방사선 구역 안전수칙 준수사항

① 촬영을 하는 동안에는 촬영 장소에 불필요한 인원이 없도록 함

② 임산부는 방사선실에 출입을 금함

③ 개인 선량 한도를 초과하지 않도록 방사선 종사자는 교대로 촬영을 실시함

④ 동물 보정 시 보조 인원을 최소한으로 함

⑤ 반드시 개인 방사선 보호 장구를 착용함

⑥ 불필요한 재촬영은 하지 않음

⑦ 방사선 종사자는 2년마다 건강 진단을 받음

방사선 촬영 기법

01 X선 촬영 노출조건

(1) kVp(관전압)

① kVp(kilovoltage peak)는 양극과 음극 사이의 전위 차이로 최대한 사용 가능한 에너지를 말함
② kVp가 증가할수록 X선의 강도와 투과력이 증가함
③ kVp는 X선의 질과 조직 투과 능력을 결정하고 X선 영상의 대조도에 영향을 미침
④ kVp가 높으면 X선은 그만큼 투과력이 높아지고, 더 많은 X선이 검출기에 도달함
⑤ kVp값은 'Santes의 법칙'에 따라 구함

Santes의 법칙

(촬영하고자 하는 부위의 두께(cm) × 2) + SID(40인치) + 그리드 비율 = kVp

(2) mA(관전류)

① mA(milliamperes)는 음극의 필라멘트를 가열시키는 전류를 뜻함
② mA가 증가할수록 전자의 수가 늘어나 X선의 양이 늘어남
③ mA는 방사선 이미지의 밀도를 결정함
④ mA가 높을수록 방사선 이미지는 전체적으로 검게, 낮을수록 하얗게 영상화됨
⑤ mA가 높을수록 같은 수의 X선을 발생하는 데 더 짧은 시간이 소요되므로 노출시간(sec)을 줄일 수 있음
⑥ mA는 X선 장비의 성능과 관계되며 치과용 X선 장비는 30mA 정도이고, 동물병원에서 일반적으로 사용되는 X선 장비는 100mA, 300mA, 500mA

(3) sec(노출시간)

① 노출시간(sec)은 X선이 튜브에서 방출되는 조사시간을 말하며 초(sec) 단위로 측정됨
② 노출시간이 길수록 X선의 발생량은 증가

③ 동물의 호흡, 심장박동 등으로 인한 영상 흔들림 감소와 방사선 피폭량 감소를 위해 노출시간은 짧을수록 좋음
④ 노출시간은 mA와 서로 연관되어 있어 mAs(milliampere second)라는 단위로 사용함
⑤ mAs는 발생된 X선의 총량을 의미

TIP mAs의 계산식

mA × 노출시간(sec) = mAs
예 200mA × 0.05sec = 10mAs

TIP mA와 노출시간과의 관계

mA	노출시간(sec)	mAs
50	0.1	5
100	0.05	5
500	0.01	5
1000	0.005	5

→ mA와 노출시간(sec)의 조합에 의해서 동일한 mAs를 얻을 수 있음

02 방사선 대조도와 밀도

(1) 방사선 대조도(Radiographic Contrast)

① 방사선 대조도는 방사선 사진상에서 인접한 두 부분의 밀도 차이를 말함
② kVp는 방사선 대비도에 가장 많은 영향을 미침
③ 밀도 차이가 큰 경우를 높은 대비(high contrast), 밀도 차이가 작은 경우를 낮은 대비(low contrast)라고 함
④ 뼈는 높은 대비로, 복부 및 흉부는 낮은 대비로 촬영함

⑤ 방사선의 5가지 대비

	밀도(낮음)	투과성(높음)	영상(검정색)
공기(Air)	↑	↑	↑
지방(Fat)			
물(Water/muscle)			
뼈(Bone)			
금속(Metal)	↓	↓	↓
	밀도(높음)	투과성(낮음)	영상(흰색)

(2) 방사선 밀도(Radiographic Density)

① 방사선 밀도는 영상의 명암 정도, 즉 어둠의 정도를 말함

② X선이 영상을 검게 만드는 정도로 어두운 방사선 영상은 높은 밀도를 가짐

③ 조직의 밀도가 높으면 방사선 영상의 밀도는 감소함

④ 방사선 밀도에 영향을 주는 요인

- X선의 양과 질
- 검출기에 도달하는 X선의 총량(mAs에 의해 결정)
- X선의 투과력(kVp에 의해 결정)
- 조직의 두께와 종류 등

(3) 시준기(Collimator)

① 시준기는 X선 빔의 크기를 조절하는 데 사용되며, 촬영하고자 하는 부위만 촬영하도록 범위를 설정할 수 있음

② X선관 바로 아래에 부착되어 있음

(4) SID(Source-Image Distance)

① X선 튜브의 초점으로부터 검출기까지의 거리를 말함

② SID가 감소하면 X선의 강도는 세지고, SID가 증가하면 X선의 강도는 약해짐

③ X선의 강도는 거리의 제곱에 반비례하는 역자승법칙을 따름

④ SID가 변경되면 mAs값의 재조정이 필요함

⑤ SID는 일반적으로 40인치(약 100cm)로 사용

(5) 그리드(Grid)

① 동물과 검출기 사이에 위치시켜 산란선을 흡수하여 대조도가 높은 X선 영상을 얻기 위한 장치

② 그리드 비율(Grid ratio)은 납선의 높이와 납선 사이의 거리와의 관계로, 그리드 비율이 증가할수록 더 많은 산란선을 흡수하여 영상의 선명도는 증가하지만 더 많은 X선이 필요함

예 그리드 비율 6:1 → 납선의 높이가 납선 간의 거리의 6배를 의미

CHAPTER

04 촬영부위에 따른 자세잡기

01 방사선 촬영 자세에 대한 표시

(1) 자세표시 방법

① 방사선 촬영 자세를 표시할 때에는 방사선 빔이 먼저 통과한 부위를 기술하고 빔이 나중에 통과한 부위를 기술함

② 자세를 표시할 때에는 약어를 사용하여 표시할 수 있음

예 Dorso-Ventral thorax: 방사선 빔이 처음에 등쪽(Dorsal)으로 들어가서 배쪽(Ventral)으로 나오는 자세를 취하고 흉부를 촬영했다는 것을 의미함 → 약어 DV thorax

(2) 자세를 표시하는 용어

용어	약어	X선 방향
Left(왼쪽)	L	
Right(오른쪽)	R	
Dorsal(등쪽)	D	동물의 등이나 척추를 향하는 방향
Ventral(배쪽)	V	동물의 배나 바닥를 향하는 방향
Cranial(앞쪽)	Cr	동물의 머리쪽 방향
Caudal(뒤쪽)	Cd	동물의 꼬리쪽 방향
Rostral(주둥이쪽)	R	코 방향
Medial(안쪽)	M	정중선에서 가까운 쪽, 즉 다리의 중심에서 정중면 방향
Lateral(바깥쪽)	L	정중선에서 먼 쪽, 즉 몸통 또는 다리의 바깥쪽
Proximal(몸쪽, 근위)	Pr	사지의 경우 몸통쪽에 가까운 쪽
Distal(먼쪽, 원위)	Di	몸통에 붙은 부위에서 멀어지는 쪽
Palmar(앞발바닥쪽)	Pa	
Plantal(뒷발바닥쪽)	Pl	
Oblique(사선)	O	수평과 수직 방향 사이의 비스듬한 쪽

(3) 방사선 촬영의 일반적인 원칙

① 촬영부위에 따라 정해진 표준자세로 촬영함
② 각 부위는 90° 방향으로 최소 2장 이상 촬영함
③ 촬영부위의 가운데에 빔의 중심을 위치시킴
④ 소형동물, 머리, 척추 등 보정이 어려운 경우 마취 후에 촬영함

> **TIP 모니터에서 판독할 때 영상의 위치**
>
> - 촬영된 영상을 판독할 때에는 외측상 촬영의 경우에는 판독자가 모니터를 바라볼 때 동물의 머리가 왼쪽으로 향하도록 위치시키고 판독함
> - VD 또는 DV 촬영은 머리는 위쪽으로 향하고 동물의 왼쪽이 판독자의 오른쪽에 위치시키고 판독함

02 방사선 촬영 자세

(1) 흉부촬영(Thorax)

① 일반적으로는 오른쪽 외측상(RL)과 복배상(VD) 촬영을 하며, 최대 흡기 시에 촬영함
② 촬영범위는 13번 늑골과 흉강 입구가 포함되어야 함
③ 예외적으로 호흡곤란이 있는 동물이나 보정이 힘든 고양이 등의 경우에는 배복상(DV) 촬영을 함

구분	내용
오른쪽 측면상 (Right Lateral; RL)	• 동물을 오른쪽으로 눕힘 • 빔의 중심과 촬영부위의 중심(견갑골 후면)이 일치하게 함 • 촬영범위는 13번 늑골과 흉강 입구가 포함되게 함 • 동물이 비틀어지지 않도록 다리를 앞뒤로 잡아당기고, 흉골과 흉추를 수평으로 맞춤
복배상 (Ventro-dorsal; VD)	• 동물을 앙와위 자세로 눕힘 • 앞다리는 앞쪽으로 양쪽 귀 부위에 밀착시키면서 최대한 당김 • 뒷다리는 뒤쪽으로 최대한 당김 • 동물의 왼쪽과 오른쪽이 서로 대칭이 되어야 함 • 최대 흡기 시에 촬영

(2) 복부촬영(Abdomen)

① 일반적으로는 오른쪽 외측상(RL)과 복배상(VD) 촬영을 함
② 항상 같은 자세에서 촬영하는 것이 중요하고 복부촬영을 위해서는 최소 12시간 이상 절식하는 것이 좋음

③ 비뇨생식기 및 결장의 촬영 시 관장이 필요함
④ 동물이 호기 동안에 촬영함
⑤ 일반적으로 빔의 위치는 촬영 중심에 위치시키며, 특별한 장기 촬영 시 장기에 빔의 중심을 위치시킴(예 콩팥 촬영의 경우 콩팥을 중심으로 촬영)

오른쪽 외측상 (Right Lateral; RL)	• 앞다리는 앞쪽, 뒷다리는 뒤쪽으로 45° 정도 당김 • 척추는 휘지 않도록 수평이 되게 위치시킴 • 촬영부위는 앞쪽은 횡격막 바로 앞에서, 뒤쪽은 고관절이 포함되도록 촬영
복배상(Ventro-dorsal; VD)	• 흉부촬영과 같은 앙와위 자세를 취함 • 촬영부위는 복부 외측상과 같음

(3) 머리촬영(Skull)

① 높은 대비(High contrast)로 촬영
② 머리부위 촬영을 위해서는 마취가 필요함
③ 기본촬영은 오른쪽 외측상(RL)과 배복상(DV)
④ 머리는 복잡한 구조물로 되어 있고 비강, 중이, 치아부위 등 특정 부위를 보기 위해서는 부가적인 촬영자세가 필요함

오른쪽 외측상 (Right Lateral; RL)	• 머리부위를 수평으로 X선 테이블에 위치시키기 어렵기 때문에 방사선 투과성 스펀지를 이용하여 수평을 맞춤 • 왼쪽과 오른쪽의 구조물이 정확하게 겹쳐서 촬영 • 입을 벌리고 촬영하는 것이 좋음(치아 상태 확인 가능)
복배상 (Dorso-Ventral; DV)	• 복배상(VD) 촬영보다는 배복상(DV) 촬영이 좋음 • 배복상(DV) 촬영의 경우 아래턱이 편평하여 수평으로 자세가 수월하며 좌우대칭 영상을 얻을 수 있음
주둥이 뒤쪽상 (Rostrol-Caudal; RC)	끈을 이용하여 주둥이 부위를 수직으로 빔 쪽을 향하도록 보정

(4) 척추촬영(Spine)

① 디스크 질병, 척추의 방사선학적 변화를 관찰하기 위해 촬영
② 기본촬영은 오른쪽 외측상(RL)과 복배상(VD)
③ 척추 전체를 한 영상으로 촬영하기는 어렵기 때문에 경추, 흉추, 흉요추, 요추부위로 나누어 필요한 부위를 촬영함

④ 정확한 촬영을 위해서는 마취가 필요함

요추 오른쪽 외측상 (Right Lateral; RL)	• 동물을 오른쪽으로 눕히고 흉골과 요추 가시돌기가 X선 테이블과 평행을 유지하는 자세를 취함 • 촬영범위는 앞쪽 12~13번 흉추부터 뒤쪽은 장골의 날개까지로, 13번 갈비뼈가 만나는 곳이 13번 흉추

(5) 골반촬영(Pelvis)

복배상 (Ventro-dorsal; VD)	• 동물을 앙와위 자세로 취하고 뒷다리를 좌우가 평행하게 뒤로 당김 • 발목부위를 붙잡은 양쪽 손을 안쪽으로 살짝 돌려주어 무릎관절을 펴고 일직선이 되도록 함 • 촬영범위는 앞쪽은 장골 날개 바로 위까지, 뒤쪽은 무릎관절이 포함되게 함

(6) 다리촬영(Leg)

다리촬영의 경우에는 크게 앞다리와 뒷다리로 구분되고 각 부위별로 촬영이 진행되기 때문에 다양한 촬영자세가 있음

뒷다리 오른쪽 외측상(Right Lateral; RL)	• 동물의 촬영하는 다리를 외측상으로 위치시킴 • X선 빔의 중심을 무릎관절에 맞춤
앞다리 앞뒤상 (Cranio Caudal; CC)	• 동물을 엎드린 자세로 위치시키고 촬영하는 다리를 앞쪽으로 당김 • X선 빔의 중심을 요골의 중심에 맞춤

CHAPTER

05 디지털 방사선 영상과 조영촬영법

01 아날로그 · 디지털 방사선

(1) 아날로그 방사선

① X선 필름을 사용하여 촬영하고 필름의 현상과정을 거침
② X선 필름은 은 할로겐 결정체를 함유하는 감광 유제가 양쪽에 도포되어 있음
③ 필름이 빛에 노출되지 않도록, 필름과 증감지를 조합하여 넣어두는 빛 차단용 필름 홀더(film holder)인 카세트(Cassette)를 사용
④ 촬영된 필름은 자동현상기를 사용하여 현상과정을 거침
⑤ 자동현상기에 필름을 1장씩 넣어서 현상을 진행하고 주기적(2주~1개월)으로 현상액을 교체해야 하므로 유지비용이 높음

(2) 디지털 방사선

X선관에서 발생한 X선이 피사체를 통과하여 검출기에 도달할 때 종전의 필름을 대신하여 CMOS 디텍터 또는 TFT 디텍터을 이용하여 영상을 표현하는 방식

① **컴퓨터 방사선**(Computed Radiography; CR): 형광물질이 도포된 IP(Imaging Plate)를 사용하고 검출된 X선 정보가 IP에 레이저를 주사하여 영상정보를 획득하는 방법
② **직접 디지털 방사선**(Direct Digital Radiography; DR): 반도체 센서를 이용한 디지털 엑스선 검출기를 사용하여 영상정보를 획득하는 방법
- 간접 평면 검출기(Indirect Flat-Panel Detectors)
- 직접 평면 검출기(Direct Flat-Panel Detectors)
- 전하 결합 장치(Charged-Coupled Device; CCD)

TIP **직접 디지털 방사선 영상 획득 방식**

- 직접 디지털 방사선은 영상 획득 방식에 따라 간접변환방식과 직접변환방식으로 나뉨
- **간접변환방식**: 매개물질을 통해 입사되는 X선를 가시광선으로 변환한 후 전기적인 신호로 변환하는 방식
- **직접변환방식**: 별도의 가시광선으로 변환하는 과정 없이 바로 전기적인 신호로 변환하는 방식

(3) 아날로그와 디지털 방사선의 차이점

① **유지비용**: 디지털 방사선은 암실 유지비용 및 소모품 비용이 적게 듦

② **대비 최적화 및 노출 관용도**: 필름의 흑, 백으로 표현되던 부분을 디지털 방사선은 회색 음영으로 표현 가능하여 대비도가 좋음. 디지털 방사선은 사용된 kVp-mAs 값과는 별개로 적합한 흑화도를 찾아 이미지 작업이 진행되는 기능이 존재함

③ **이미지 후처리가공**: 디지털 방사선은 영상의 흑화도와 대비도를 PACS프로그램의 DICOM 뷰어 소프트웨어에서 쉽게 조절이 가능함

④ **정리된 이미지 저장**: 디지털 방사선은 PACS의 한 부분인 서버에 디지털 파일을 저장함

(4) 의료영상저장시스템(PACS)

① PACS(picture archiving and communication system)는 디지털 방사선, 초음파, CT, MRI, PET 등에 의해 촬영된 영상정보를 저장, 판독, 검색, 전송 기능 등을 수행함

② DICOM 포맷으로 전환되어 파일 형태로 저장됨

02 조영 촬영법

일반 촬영으로는 볼 수 없는 부위를 명확하게 보기 위해 촬영하는 방법으로 위장관 조영, 콩팥 조영, 방광 조영, 척수 조영 등이 있음

(1) 조영제의 종류

① **양성조영제**: X선의 비투과로 인해 방사선 영상에 흰색으로 나타남

요오드계 조영제	• 체내에 흡수되는 조영제로 콩팥, 척수 조영에 사용됨 • 대표적으로 옴니팩(Omnipaque)이 있음
비요오드계 조영제	• 체내에 흡수되지 않고 배출되는 조영제로 식도 및 위장 조영에 사용됨 • 대표적으로 황산 바륨(Barium sulfate)이 있음

② **음성조영제**: X선의 투과력으로 인해 방사선 영상에 검정색으로 나타남. 주로 X선의 투과력이 높은 공기를 이용

(2) 위장관 조영법

① 구강으로 조영제를 투여하고, 조영제가 식도 및 위장관을 거쳐 내려오는 모습을 시간대별로 촬영하여 검사하는 방법

② 위장관내 이물 또는 위장운동 기능 평가를 위해 실시
③ 소화기관의 천공이나 파열이 의심되는 경우에는 요오드계 조영제(가스트로그라핀)를 사용
④ 조영제를 입으로 먹일 때는 기도로 넘어가지 않도록 주의하고 식도촬영은 조영제 투여와 함께 즉시 촬영
⑤ 동물을 12~24시간 전에 절식시키고 황산바륨 30~40%, 10ml/kg를 경구로 먹임
⑥ 보통 황산바륨은 140%이므로 물에 3배 희석시킴
⑦ 조영제 투여 즉시, 15분, 30분, 60분, 120분, 240분 간격으로 촬영

(3) 콩팥 조영법

① 콩팥 및 요관의 형태 및 폐색 등의 진단에 사용
② 혈관으로 요오드계 조영제를 투여하면 콩팥, 요관, 방광 순으로 조영되기 때문에 배설성 요로 조영이라고도 함
③ 동물을 12~24시간 절식시키고 옴니파큐(Omnipaque 300mg/ml) 880mg/kg 용량을 정맥혈관을 통해 투여
④ 조영제 투여 즉시, 5분, 20분, 40분 간격으로 촬영

(4) 방광 조영법

① 지속적인 배뇨곤란, 빈뇨, 다뇨, 혈뇨 증상을 보일 때 사용
② 양성 및 음성조영제 모두 사용될 수 있음
③ 양성조영제는 요오드계 조영제를 사용하고, 음성조영제는 공기를 방광 내 주입하여 검사
④ 동물을 12~24시간 절식시킨 후 요도카테터를 방광에 삽입하고 3-way를 이용하여 방광 내 요를 제거
⑤ 양성조영제인 옴니파큐 3~13ml/kg를 방광 내에 주입 또는 음성조영제인 공기를 방광이 부풀어질 때까지 주입
⑥ 방광이중조영술이 사용되는데, 이는 양성조영제 투여 후 음성조영제인 공기를 방광에 주입하는 방법

(5) 척수 조영법

① 척수 통증, 추간판질환으로 인한 척수 병변 유무를 확인하기 위해 실시
② 최근 CT, MRI 검사가 보편화되면서 활용도는 감소됨
③ 동물을 전신마취를 실시하고 요오드계 조영제인 옴니파큐 0.3~0.4ml/kg를 목 또는 요추부위 지주막하강에 주입
④ 조영제 주입에 숙련된 기술이 필요하며 주입 후 5분 동안 척수를 따라 분포 후에 촬영

CHAPTER

06 초음파 검사의 기본 원리와 검사 준비

TIP **동물병원의 영상진단**

사람과 달리 자신의 질병 상태를 표현할 수 없는 동물에서 영상 진단이 동물병원에서 차지하는 비중은 매우 높음 → 동물병원은 질병의 진단, 치료 경과 확인 등을 위해 다양한 영상진단 기기를 이용하여 빠르고 정확한 진단을 내리고 있음

01 초음파 검사(Ultrasonography)

(1) 초음파 검사

① 초음파는 사람이 들을 수 있는 소리(주파수가 초당 20,000cycle 이상인 음파)의 범위보다 높은 주파수를 가진 음파를 말하며 1cycle/second를 1Hz(hertz)라 함

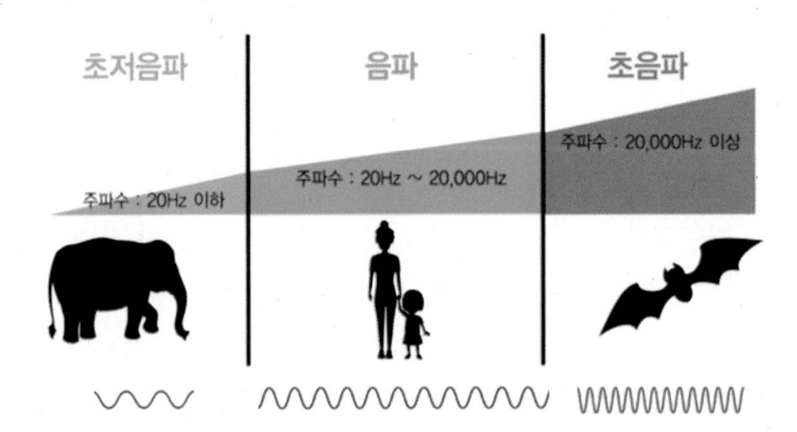

② 초음파 검사는 우리 귀에는 들리지 않는 높은 주파수의 음파를 신체 내부로 보낸 후 내부에서 반사되는 음파를 영상화시킨 것

③ 초음파 검사는 검사하고자 하는 장기의 위치에 초음파 기구(transduser)를 밀착시키면 실시간으로 장기의 움직임을 영상으로 얻을 수 있으며 장기의 구조와 형태, 혈류 흐름까지도 측정 가능

④ 우리 몸에 해로운 방사선을 사용하지 않아 무해하고, 신속하고 간편하게 비침습적으로 시행할 수 있는 검사로 복부장기와 심장, 안구 내부나 일부 뇌부분을 볼 수 있을 뿐 아니라, 관절강 내나 조직검사를 위한 검체 채취에도 사용

⑤ 초음파는 공기를 전혀 투과하지 못하므로 공기가 차 있는 위장관을 검사하기에는 부적절한 경우가 많음. 신체 깊숙한 장기를 검사하기 어려운 경우가 있고 비만이 심한 경우 초음파가 지방층을 잘 투과하지 못해 병변을 영상화할 때 어려움이 있거나, 뼈를 투과하지 못해 뼈 속을 검사하는 데는 한계가 있음

(2) 초음파 진단기기의 원리

① 초음파 검사에서 초음파는 초음파 탐촉자(probe) 혹은 변환장치(transducer)에서 나오는데, 탐촉자 안에는 압전효과(piezoelectric effect)가 있는 물질이 있어서 전기 에너지를 기계적 에너지, 즉 초음파 에너지로 바꿀 수 있으며 반대로도 기능함

② 초음파 전환장치는 초음파를 내보내고(transmitter) 신호를 받아들이는(receiver) 역할을 하는데, 전체 기간 중 1%의 시간 동안 초음파를 발생시키고 99%의 시간 동안에는 되돌아오는 '에코'를 받는 역할을 함

③ 초음파 검시는 동물환자의 검사 부위에 초음파 발생 장치를 밀착시킨 상태에서 신체 내부로 초음파를 보냈을 때 반사되어 돌아오는 반사파를 측정하여 영상이나 파형으로 표시한 화면을 보고 질병을 진단하는 영상진단기기

④ 신체 내부는 물, 공기, 지방, 연부조직, 뼈 등 여러 성분으로 구성되어 있어 초음파의 전파 속도가 각 매질 내에서 달라 진단적 가치를 가짐

(3) 초음파 기기의 구성과 명칭

Ⓐ 화면(monitor)
Ⓑ 탐촉자: linear probe
Ⓒ 탐촉자: convex probe
Ⓓ 기기 계기판(console)

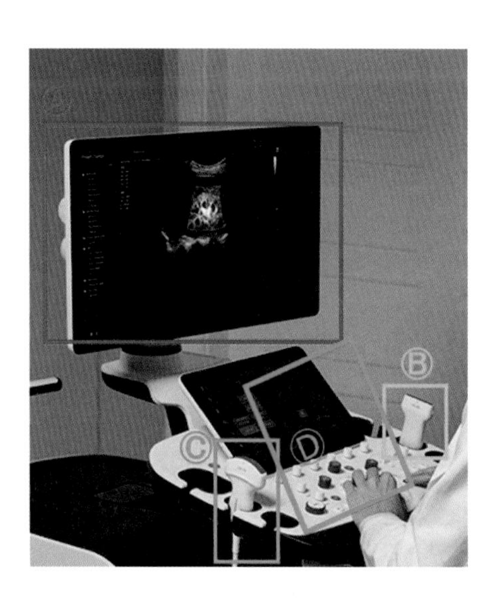

1) 화면(Monitor)

검사하고자 하는 부위의 영상을 표현해주는 모니터

2) 기기 계기판(Console)

① 전원 버튼(On-off button)

② 환자 세부 정보 버튼(Patient details button)

- 검사가 시작되기 전 환자의 세부 정보를 입력함
- 동물환자의 이름, 성별, 나이, 보호자 이름, 의료차트 번호 등을 입력하고 검사를 실시하는 날짜와 시간은 일반적으로 기기에서 자동으로 입력되므로 기기의 날짜와 시간이 올바로 설정되어 있는지 확인함

③ 검사 전 설정 버튼(Exam presets button)

- 제조업체에서 설정한 세팅값을 선택할 수 있음(복부 초음파 검사의 경우 복부 검사 설정값을 사용)
- 필요에 따라 일부 값을 조정할 필요가 있으나 이러한 사전 설정 버튼은 매우 유용하게 사용됨

④ 정지 버튼(Freeze button)

- 검사 중 이미지를 정지시키는 버튼
- 일부 기계에서는 마지막 수백 개의 프레임이 자동 저장되므로 검사자가 프레임을 돌려 최상의 이미지를 선택하여 저장할 수 있음

⑤ 깊이 조절 버튼(Depth button)

- 검사하고자 하는 부위를 잘 관찰하기 위해 깊이를 늘리거나 줄이기 위해 누르는 버튼으로 제조사에 따라 손잡이(knob) 형태일 수 있음
- 깊이를 증가시키면 깊은 위치에 있는 구조물을 검사할 수 있지만 화면 영상이 작아지므로 일반적으로 복부 검사를 할 때는 검사하는 장기가 화면의 약 75%를 차지하는 것이 좋음

⑥ 확대 버튼(Zoom button)

- 영상 확대는 관심 영역을 좀 더 크게 보기 위해 사용함
- 기계에 따라 화면 중앙에 보이는 것을 확대할 수 있거나, 검사자가 영역을 선택해서 확대할 수 있음
- 부신이나 혈관과 같은 작은 구조물을 검사할 때 유용한 버튼

⑦ 저장 버튼(Save button): 일반적으로 이미지를 저장하는 버튼

⑧ 측정 버튼(Measure button): 측정기구(calliper)를 이용하여 길이나 면적 등을 계산할 수 있어 이를 이용하면 병변이 진행 중인지 치료반응이 나타나고 있는지 확인하기 위해 병변을 비교할 수 있음

⑨ TGC(Time gain compensation)

- 이 버튼은 특정 영역(근거리, 중거리, 원거리)에서 이미지를 조정함
- 깊은 곳에 위치한 장기나 병변을 확인할 때 에코 신호의 강도가 감쇠 현상에 의해 미약해질 수 있는데 이를 보완하기 위해 깊이에 따라 감도를 보상·조절할 수 있도록 한 장치
- 피부 가까운 부분부터 검사하고자 하는 깊은 곳 장기까지 일정한 회색 범위(scale)로 보이도록 TGC를 조절한다면 깊은 부위를 검사하는 데 도움이 됨

TGC curve

- 깊이 있는 조직으로부터 되돌아오는 에코는 얕은 깊이의 조직에서 되돌아오는 에코보다 양이 적고, 에코가 되돌아오는 시간은 반사되는 표면의 깊이와 직접적으로 관련이 있음
- 깊은 조직으로부터 탐촉자에 도달하는 약한 에코에 대해서 선택적으로 되돌아오는 시간(return time)을 늘려 보상적으로 gain을 증가시킬 수 있음
- 이 과정을 TGC 조절이라고 하고, 다양한 깊이에서 gain을 조절하는 것을 TGC curve로 표현함

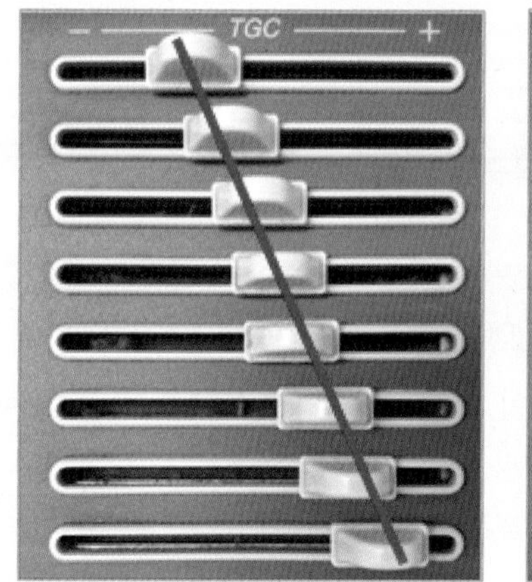

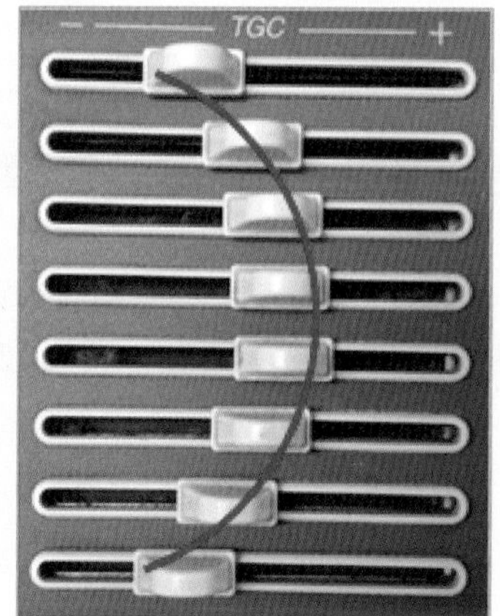

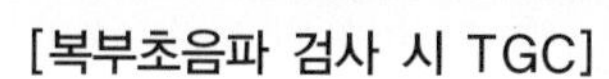
[복부초음파 검사 시 TGC] [심장초음파 검사 시 TGC]

⑩ 탐촉자 선택 버튼(Probe selection button): 이 버튼을 사용하면 기계에 연결된 탐촉자 중 하나를 선택할 수 있음

⑪ 주파수 선택 버튼(Frequency selection button)

- 선택한 주파수는 검사하고자 하는 조직에서 음파의 최대 침투 깊이에 영향을 미침
- 침투 깊이는 주파수(frequency)와 반비례하므로 주파수가 높을수록 침투할 수 있는 깊이는 감소
- 높은 주파수를 선택하면 검사 부위의 해상도가 높아져 작은 병변의 변화도 진단하기가 쉬움

3) 탐촉자(Transducer, probe)

① 초음파의 탐촉자는 일정한 간격으로 음파를 발산하고 그 음파의 에코를 받아들이는 역할을 하는 초음파 검사에서 중요한 도구

② 일반적으로 하나의 탐촉자는 주어진 특정한 주파수를 방출하므로, 탐촉자를 선택할 때 검사하려는 장기나 조직의 깊이를 통과할 수 있는 적절한 주파수의 탐촉자를 선택해야 함

③ 일반적으로 5kg 이하의 개나 고양이 복부 초음파 검사에는 7.5~10MHz를 선택하고, 대형견은 3.0~5.0MHz를 주로 사용

④ 형태에 따른 분류

Linear probe (선형 탐촉자)	• 막대 모양의 탐촉자에 다중 크리스탈이 일렬로 배열됨 • 직사각형 형태의 초음파 상을 실시간으로 영상화가 가능 • 주로 표재성 기관, 갑상선, 타액선 등 경부 초음파 검사 시 사용 • 해상도는 좋으나 투과력이 약함
Curvelinear/ convex probe (볼록형 탐촉자)	• 빔 모양과 스크린 영상의 모양이 부채꼴 모양으로 나타남 • 탐촉자의 길이보다 넓은 영상을 확보할 수 있고 주로 복부 초음파에 많이 활용됨 • micro convex: 좁은 부위 검사에 유용함 • larger convex: 간을 영상화할 때 유용함
Sector probe (부채꼴형 탐촉자)	끝이 작으므로 갈비뼈 사이 스캔이 가능해 심장초음파 검사에 유용함(CW 도플러 검사 가능)

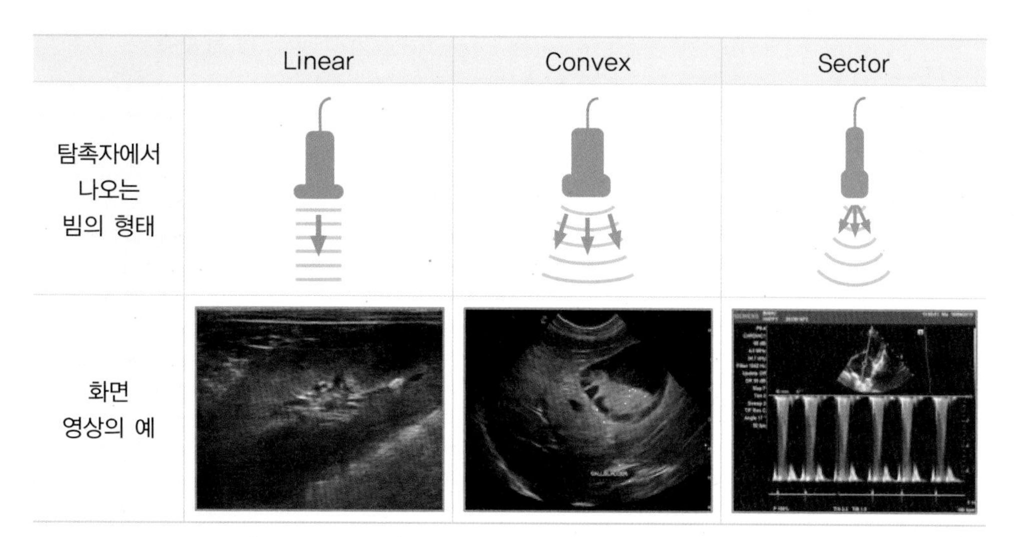

⑤ 주파수에 따른 분류

고주파수	7~15MHz
저주파수	3~5MHz

(4) 초음파 검사 장비의 준비

① 전원(on-off) 스위치 켜기

② 환자 정보 입력: "patient(환자)" 버튼을 누르고 동물환자의 세부 정보를 입력

③ 탐촉자(transducer)/주파수(frequency) 선택: 검사에 적합한 탐촉자/주파수를 선택하고 "검사 전 설정 버튼"을 눌러 검사 부위에 맞는 검사 설정값을 선택

④ 동물환자의 검사할 부위를 초음파 기계에서 선택

⑤ 영상의 최적화를 위해 검사 부위에 맞게 Depth, Focus, Gain, TGC 등 조절

Depth	• 검사 부위를 어느 정도 크기로 관찰할 것인가를 결정 • 소형견의 복부를 검사할 때는 4~5cm
Focus	검사하는 장기의 해상도를 높이기 위해 조정
Gain	영상의 밝기를 조절
TGC(time-gain compensation)	검사 장기의 깊이(depth)에 따른 투과도 보정을 위해 설정

(5) 동물환자의 준비

1) 복부초음파(Abdominal ultrasonography)

① 검사 부위에 따라 금식이 필요할 수도 있음

- 복부 초음파 검사의 경우, 검사 8시간 전 금식

- 배변을 시키면 장 내용물의 방해 없이 장 분절의 검사가 용이함
- 방광 검사가 필요한 환자의 경우 보호자가 안고 검사를 대기함

② 삭모(clipping): 검사할 부위의 털을 깎음

③ 동물 환자가 검사를 받는 동안 불편함이 없도록 편안한 자세로 누워서 검사를 진행

④ 삭모한 피부 면에 공기 입자가 개재할 수 있으므로 알코올 스프레이를 뿌림

⑤ 검사할 부위에 초음파가 잘 전달되도록 젤을 바름

⑥ 초음파 probe를 동물 환자의 검사 부위에 밀착시켜 검사를 진행함

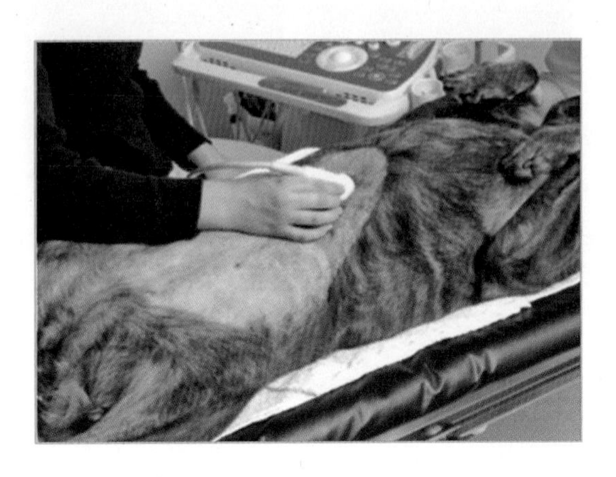

2) 심장초음파(Echocardiography)

심장초음파는 초음파를 이용해 실시간으로 심장의 움직이는 모습을 관찰함으로써 심장의 해부학적 구조의 이상과 기능 등을 평가하는 검사법. 대부분의 심장질환에서 매우 중요하게 사용되고 있으며 많은 심장 질환에서 높은 정확도를 가짐

B-mode 검사	B(brightness)는 밝기를 말하며 탐촉자에서 초음파를 발사한 후 검사 부위에서 반사되어 돌아오는 초음파 음속들은 점(dot)들로 배열하여 실시간으로 획득하는 영상 표현 방식 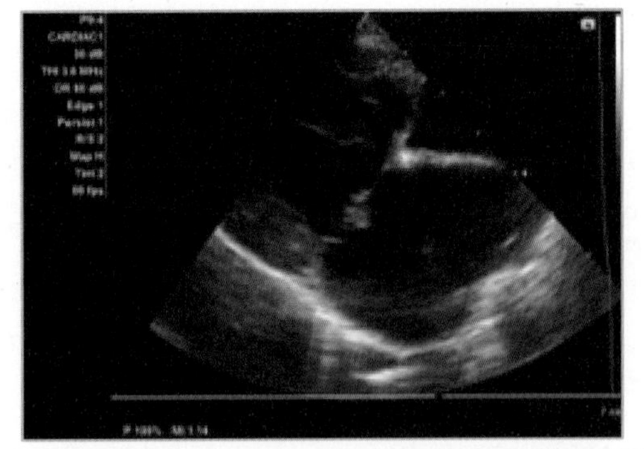

M-mode 검사	• 한 줄기의 초음파 빔을 발사하여 반사되어 돌아오는 반향을 횡축을 시간축으로 하여 영상화한 것 • 빠른 심장의 움직임을 수치로 평가하는 데 유용 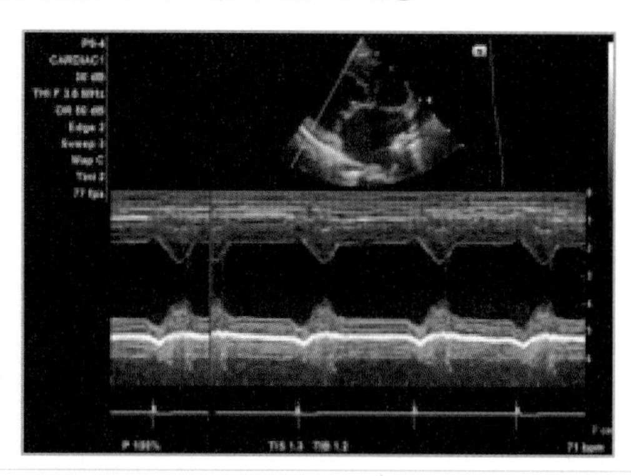
칼라 도플러 검사	초음파는 '음'의 한 종류이기 때문에 도플러효과(구급차가 사라져가면 사이렌 소리가 낮아지는 것처럼 들리는 현상)가 나타나는 성질을 이용하여 다가오는 혈액과 멀어져가는 혈액을 파악할 수 있으므로 심장 내 혈액의 흐름을 검사할 수 있음 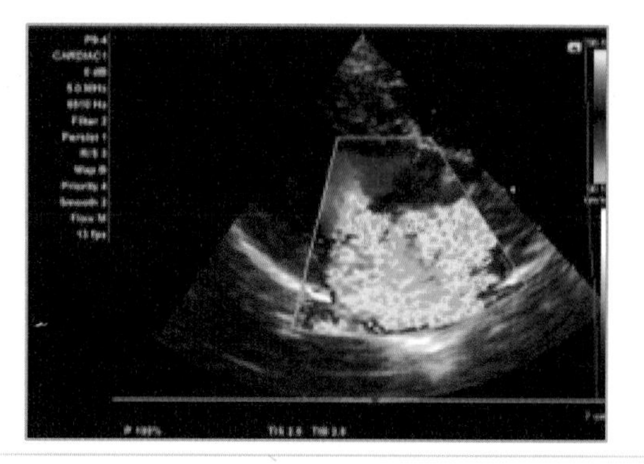

① 심장초음파 검사를 위해서는 금식이 필요하지 않음
② 검사할 부위의 털을 깎음: 3~6번째 갈비뼈 사이 공간

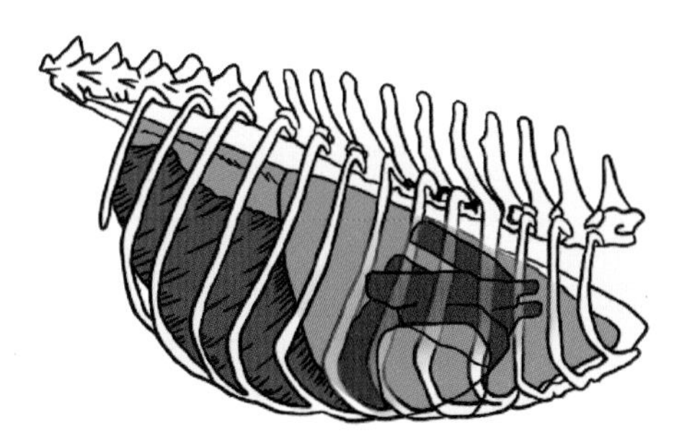
[동물의 오른쪽 외측면에서 봤을 때 심장의 위치]

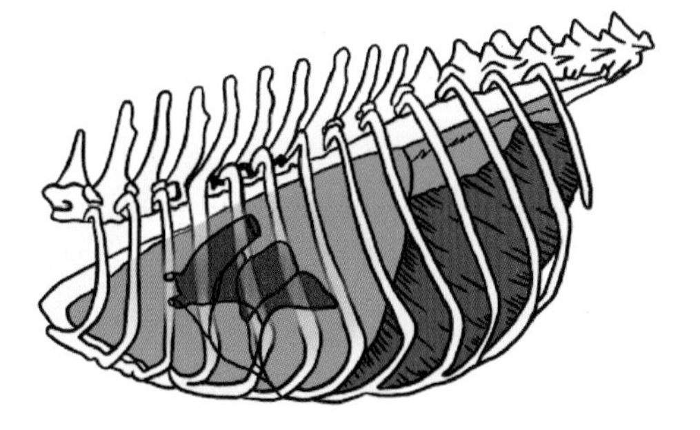
[왼쪽 외측면에서 봤을 때 심장의 위치]

③ 동물 환자가 검사를 받는 동안 불편함이 없도록 편안한 자세로 누워서 검사를 진행
- 옆으로 누운 자세에서 검사를 진행함(폐의 간섭을 최소화)
- 검사에 매우 비협조적이거나 사나운 동물 환자의 경우 진정 혹은 마취가 필요할 수 있으나 검사 결과에 영향을 미칠 수 있으므로 제한적으로 사용
- 동물환자의 자세잡기

Right lateral recumbency (우측면 횡와자세)	• 동물환자의 몸통 오른쪽 면이 검사대에 닿도록 눕히고 초음파 probe가 환자의 오른쪽 흉골과 늑연골 연접부 공간으로 접근해서 검사를 진행함 • 검사보조자는 오른쪽 손으로 환자의 앞다리를 잡고 왼쪽 손으로 환자의 뒷다리를 잡고, 왼쪽 팔로 환자의 몸통의 움직임을 제한함으로써 환자의 검사를 보조함 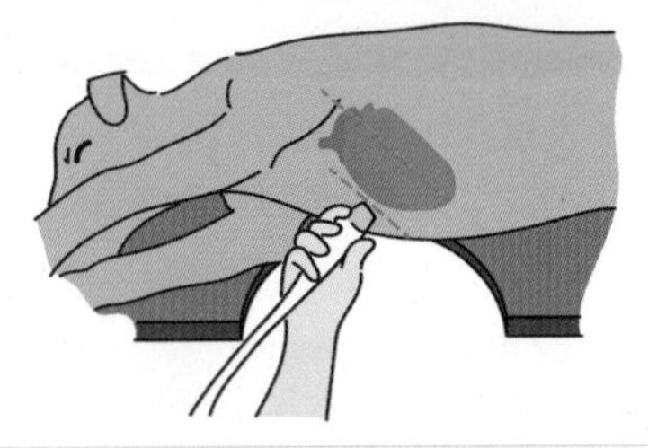 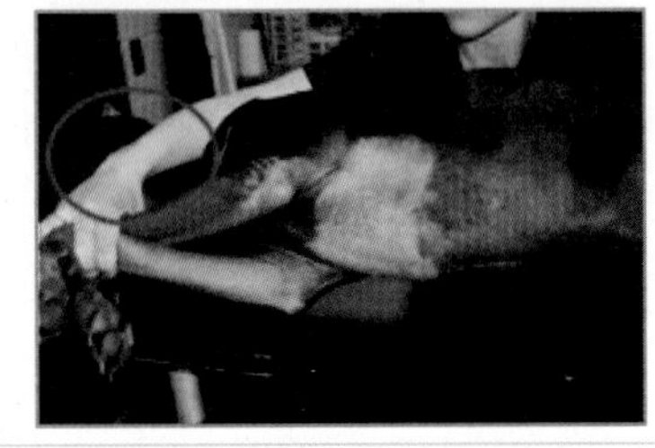
Left lateral recumbency (좌측면 횡와자세)	• 동물환자는 왼쪽 면이 검사대에 닿도록 눕히고 초음파 probe가 환자의 왼쪽 흉골과 늑연골 연접부 공간으로 접근해서 검사를 진행함 • 검사보조자는 왼쪽 손으로 앞다리를 잡고 오른쪽 손으로 환자의 뒷다리를 잡고, 오른쪽 팔로 환자의 몸통의 움직임을 제한함으로써 환자의 검사를 보조함 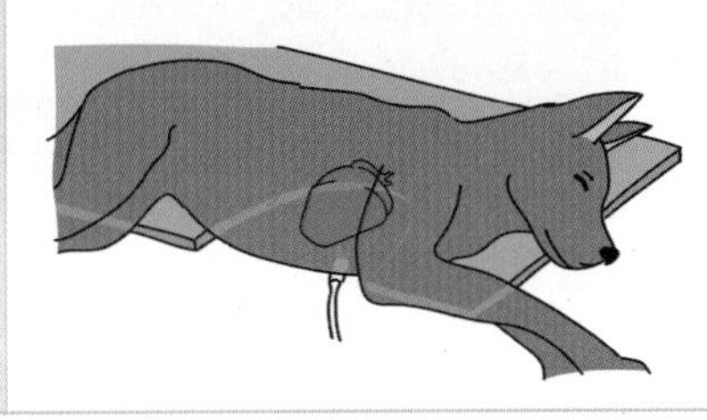 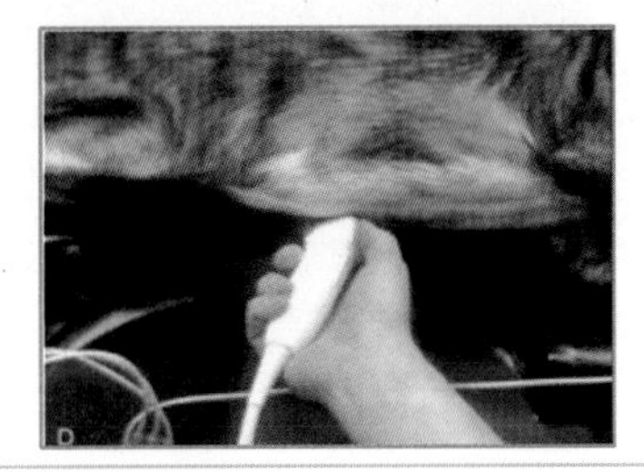

④ 삭모한 피부 면에 공기 입자가 개재할 수 있으므로 알코올 스프레이를 뿌릴 수 있음

⑤ 검사할 부위에 초음파가 잘 전달되도록 젤을 바름

3) 안초음파(Ocular sonography)

① 안초음파는 초음파를 이용해 안구의 해부학적 구조의 이상을 평가하는 검사법

② 검사를 위해 동물 환자가 앉은 자세에서 한 손으로 머리를 잡고 다른 한 손으로 환자의 몸이 최대한 보조자의 몸에 밀착되도록 해서 움직임을 제한함

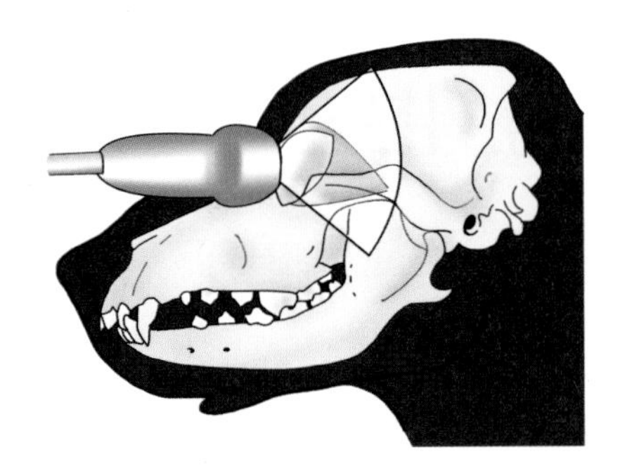

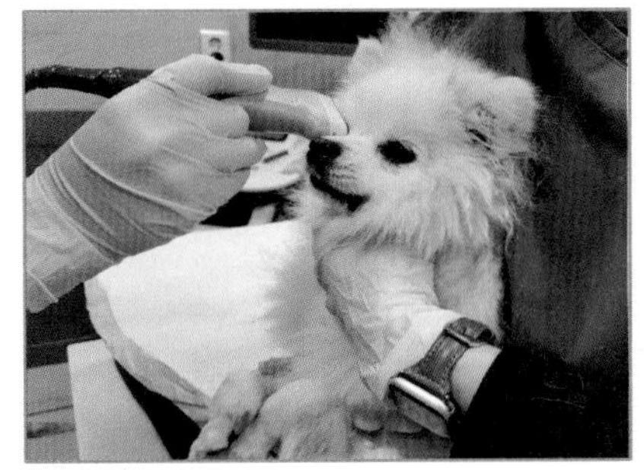

4) 초음파 유도 흡인술(Ultrasound-guided aspiration)

초음파 유도하 세침흡인술은 초음파 검사를 통해 조직 검사를 시행할 위치를 확인한 후 피부를 소독하고 초음파로 병변을 확인하면서 주사기를 이용해 세포 또는 조직을 얻어 검사하는 방법

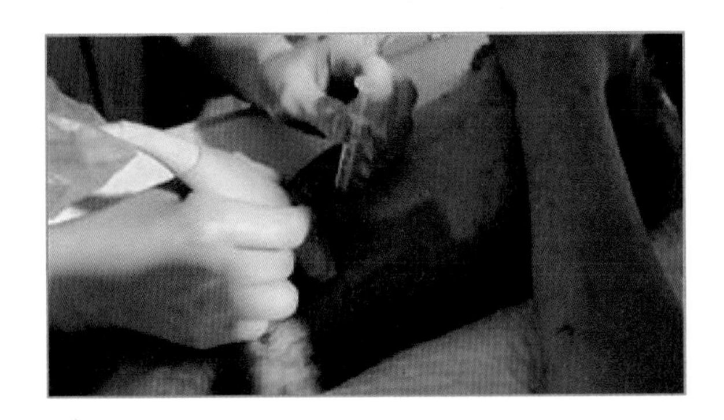

동물병원에서 동물 환자의 질병 진단을 위해 사용하는 여러 영상진단 기기 중 X-ray, fluoroscopy, C-arm, CT 등은 X-선을 이용한 영상진단 기기이지만 초음파검사, MRI 등은 X-선을 이용한 영상진단 장비가 아님

CHAPTER

07 CT, MRI 검사의 기본 원리와 검사 준비

01 CT(Computed Tomography, 컴퓨터단층촬영)

(1) CT검사

① CT(컴퓨터단층촬영)검사는 단순 X-ray와는 달리 여러 각도 촬영을 통해 주변 구조물의 겹침 없이 해부학적으로 내부 단면의 모습을 화상으로 처리함으로써 병변 부위를 빠르고 세밀하게 확인할 수 있음

② X선 발생장치가 있는 원통형의 기계를 이용하여 신체의 한 단면 주위를 돌면서 가느다란 X선을 투사하고 X선이 신체를 통과하면서 감소되는 X선 양을 측정 → X선이 투과된 정도를 컴퓨터로 분석 → 내부의 자세한 단면을 재구성해서 영상으로 나타냄

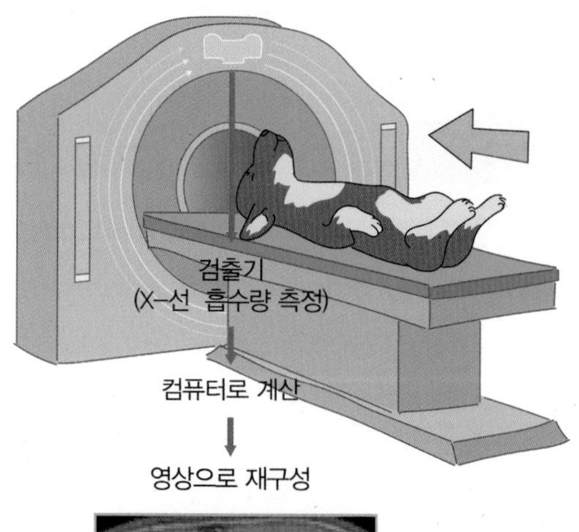

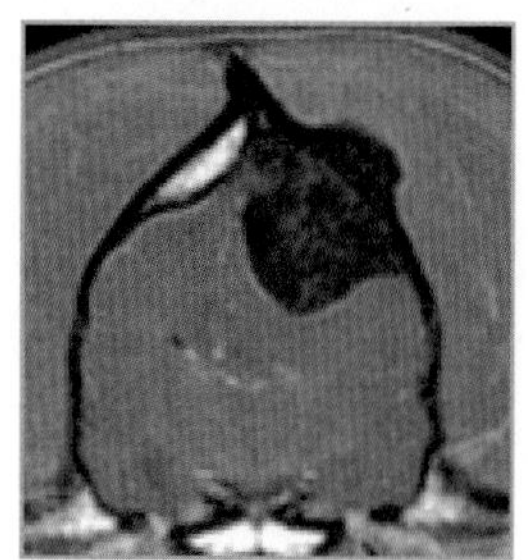

③ 방사선 촬영 검사는 동물 환자의 3차원적 검사 부위를 2차원의 영상으로 나타내지만, CT는 선택한 단면의 다각도의 영상을 보여주므로 더 정확한 진단이 가능함
④ 골절, 뼈, 종양의 형태나 침습 및 전이 여부, 혈관의 기형 등의 진단에 유용

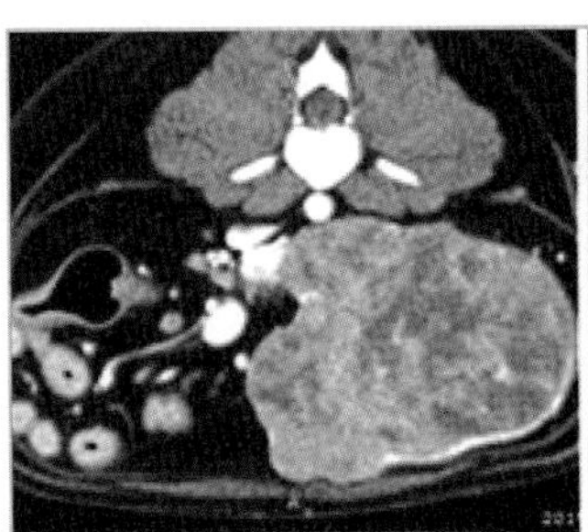
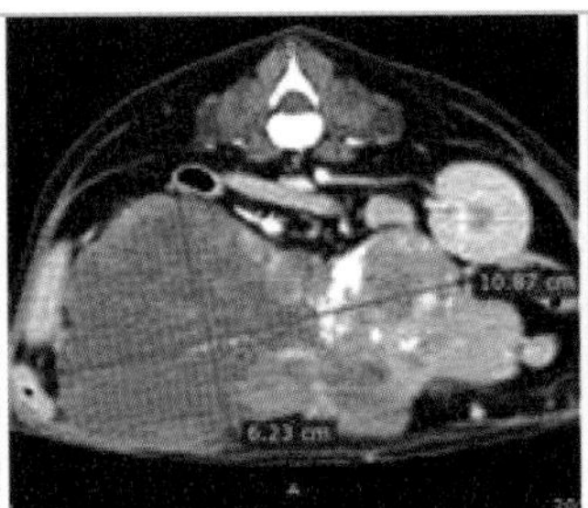

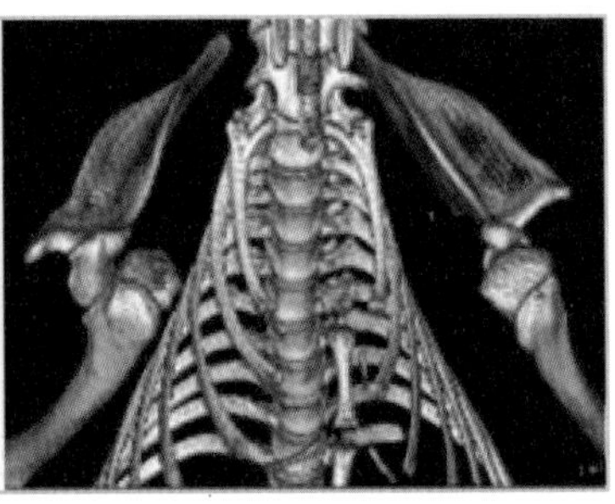

(2) CT 촬영 준비

① CT 검사 전에 동물 환자가 착용한 옷이나 목줄을 제거
② 동물 환자는 검사를 위해 전신 마취가 필요함 → 검사 8시간 전부터 금식해야 함
③ 촬영 전 CT 전원을 켜고 warm-up을 하여 촬영할 수 있는 상태로 준비
④ 마취기와 조영제 자동 주입기를 확인함
⑤ CT 기계 table에 검사 부위에 맞게 환자 자세를 잡은 후 환자의 몸 주변 케이블을 정리함(모니터링을 위해 연결한 케이블은 영상에 허상을 유발할 수 있으므로 최대한 검사 부위에서 멀리 위치시킴)
⑥ 담요를 이용하여 환자가 검사 동안 체온이 떨어지지 않도록 함
⑦ CT 촬영을 진행함

02 MRI(Magnetic Resonance Imaging, 자기공명 영상장치)

(1) MRI검사

① MRI는 자기장을 발생시키는 기계가 고주파를 발생시켜 신체에 보내면, 신체 내 수소원자핵의 반응으로 발생되는 신호를 컴퓨터로 계산하여 검사 부위를 영상화하는 검사 방법
② 검사에 방사선을 사용하지 않으므로 CT와 달리 신체에 해가 없다는 것이 장점
③ 뇌병변(종양, 염증), 디스크 질환이 있는 척수, 관절 등의 검사에 유용

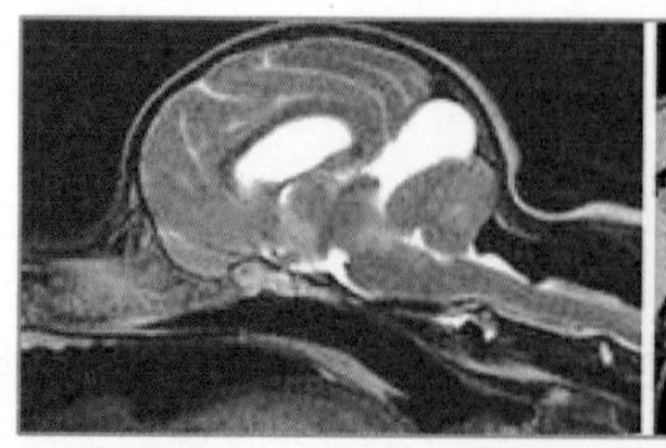
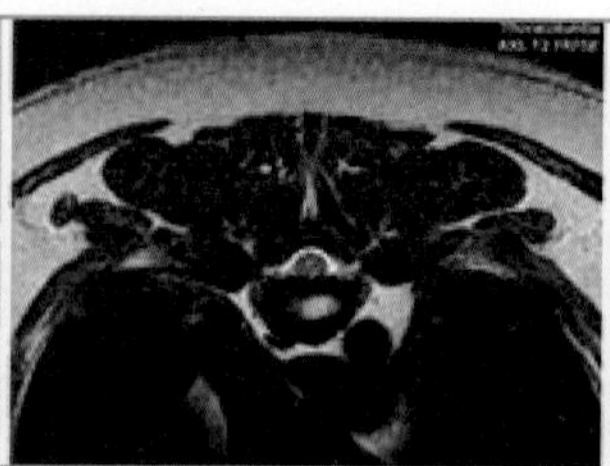
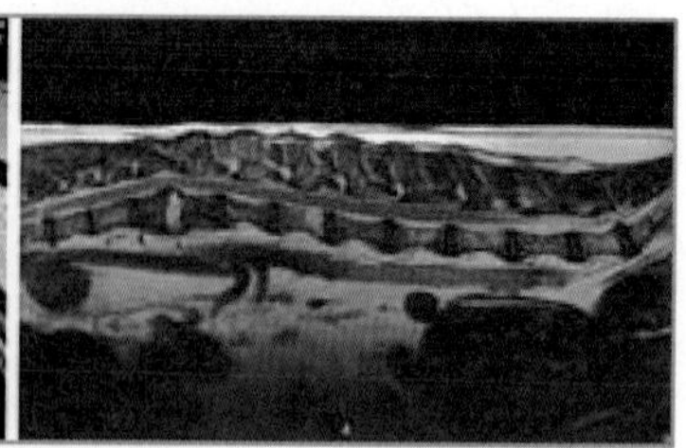

(2) 기기의 구성

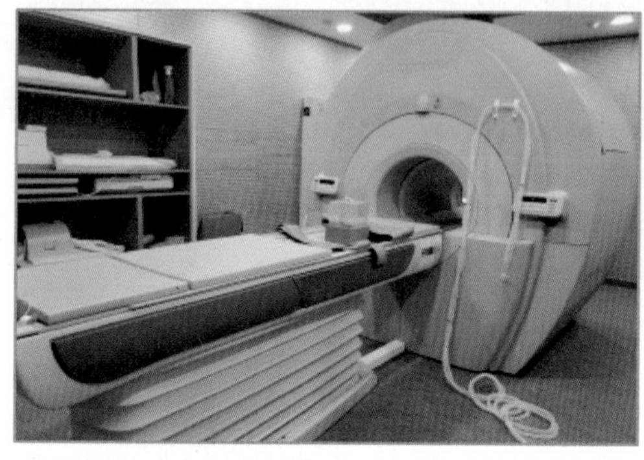

Gantry	자기장을 형성하고 데이터를 획득하는 부분
Operating console	MR 영상과 스캔 조건 및 상황을 보여주는 모니터와 키보드로 구성
Computer	획득한 데이터를 영상화할 수 있는 컴퓨터를 사용

(3) MRI 촬영 준비

① 동물 환자의 목줄, 인식표 등을 제거함. 체내 삽입된 마이크로칩으로 인해 허상이 생길 수 있기 때문에 촬영 전 제거할 수 있음

② 체내 금속 물질 등(예 fixing device)이 장착되어 있다면 위험할 수 있어 다른 검사로 대체할 수 있음

③ 동물 환자는 검사를 위해 전신마취가 필요함 → 검사 8시간 전 금식

④ MRI 영상화를 위한 메인 컴퓨터는 일정 온도를 유지해야 함

⑤ 검사 부위에 맞게 table 내 환자 자세를 잡은 후 촬영을 시작함

⑥ 검사 부위에 맞게 RF 코일, 조영제, 담요 또는 환자 자세를 잡기 위한 쿠션이 필요할 수 있음

(4) 검사 시 안전 · 유의사항

① MR 검사실에 들어가기 전 동물 환자의 몸 겉에 있는 금속 물질을 제거하고, 몸 안에 있는 마이크로칩이나 fixing device 등이 있는지 확인하는 과정이 필요함

② 자신의 몸에 지닌 물품을 확인: 의료용 가위, 포셉 등의 금속 물질, 휴대전화 등의 전자 제품이나 신용카드 등을 가지고 검사실에 들어가지 않음

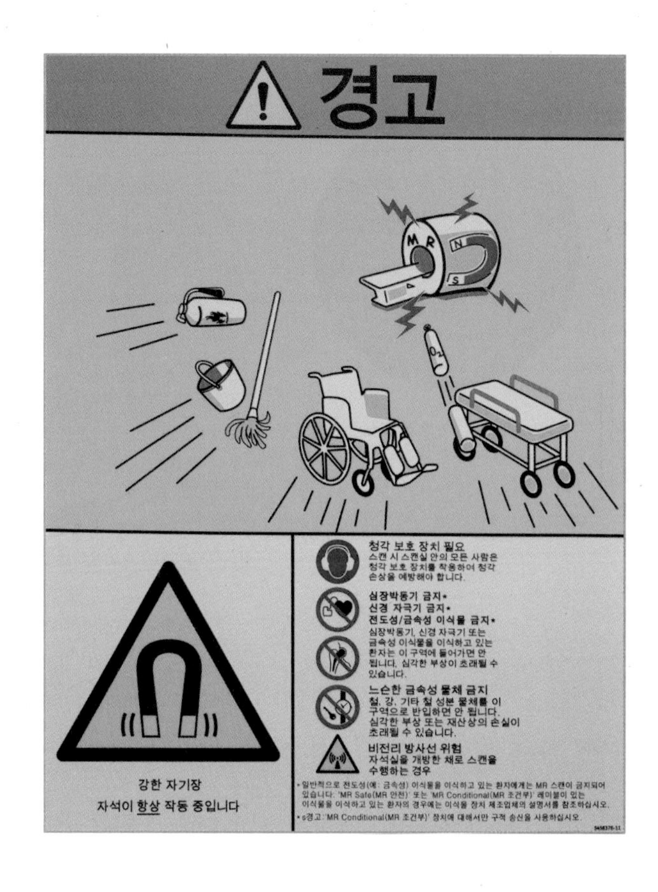

참고자료

PART 02

[그림]

- 보건복지부
- clinician's brief, Imaging Intestinal Obstruction, Linda Lang, John Mattoon, Jennifer White

PART 03

[문헌]

「2008 한국환경농학회 추계전문학술 Workshop」, 손성완

[그림]

- 「원 헬스(One Health) 측면에서 보건 연구의 동향. BRIC View 2021-T16」, 김재호, 2021
- CDC
- vetx.com
- theitchclinic.com
- journals.asm.org

PART 04

[문헌]

- 「반려동물관리학」, 김옥진 외, 2021, 동일출판사
- 「BOOK FOR PUPPY CARE STAFF」, 무라타 카오리, 2015, Vetchoice
- 「반려동물 임상행동의학 실전 매뉴얼」, 서울특별시 수의사회
- 「사람과 동물의 행복한 관계 만들기」, 서울특별시 수의사회

PART 05

[문헌]

- 「Small Animal Clinical Nutrition」, Michael S. Hand, DVM, PHD, Craig D, Thatcher, DVM, MS, PhD, Rebecca L. Remillard, Phd, DVM, Philip Roudebush, DVM
- 「가정에서 만드는 개와 고양이를 위한 처방식」, Patricia Schenck, 2017, 이공월드플러스
- 「동물병원 임상 프로토콜, SVMA SMALL ANIMAL CLINICAL PROTOCOL」, 서울특별시수의사회
- 「임상영양학 세미나」, 정설령

[그림]

- WSAVA
- American Animal Hospital Association

PART 08

[문헌]

- 「동물간호학개론」, 황인수, 2020, 아카데미아
- 「동물병원 성공 전략요소 총정리」, 심훈섭, PNV
- 농림축산식품부
- 「스마트한 고객서비스」, 박현정, 2011, 팜파스
- 「2020 반려동물보호복지실태조사결과」, 농림축산검역본부, 2020
- 「동물등록제에 사용되는 내장형 마이크로칩의 기준규격 설정 및 조작요령」, 문진산, 2013, Korean Veterinary Medical Association Vol. 49_No.6

[그림]

로얄동물메디컬센터강동

PART 09

[그림]

식품의약품 안전처

PART 10

[문헌]

「동물간호학개론」, 황인수, 2020, 아카데미아

[그림]

「Small Animal Diagnostic Ultrasound Mattoon」, Nyland, 2015

협회 소개

한국 동물보건사 대학교육협회는 국가 자격증인 동물보건사 시험을 대비하여 국가자격증의 체계화와 제도화에 기여하고 동물보건사의 자격 취득을 위한 시험과목을 비롯한 평가인증 기준과 절차 등과 관련된 기반을 구축하여, 학계, 동물병원 및 산업계 간의 협력을 도모함으로써 동물보건사 양성에 기여함을 목적으로 하고 있습니다.

반려동물 양육 인구가 증가함에 따라 반려동물과 관련한 산업이 갈수록 발전하고 있는 시대에서 한국 동물보건사 대학교육협회는 2020년 12월 동물보건사 양성 대학의 교수들을 주축으로 출발하였으며, 동물보건사의 권익을 옹호하고 사회적 지위의 개선 도모를 위해 앞장설 것입니다.

더불어 본 협회에서는 회원들에게 전문적인 정보를 교류하고 다양한 경험을 공유하는 기관으로서 올바른 반려동물 문화의 중요성을 인식시킴으로써 동물보건사에 대한 이해를 넓히고 동물보건사의 역할을 바르게 홍보하는 기관이 되도록 하겠습니다. 올해 새롭게 출범하는 제1대 임원진과 함께 올바른 동물보건사 제도의 정착을 통한 반려동물 산업 발전에 기여할 수 있도록 최선을 다하겠습니다.

저자 약력

한국 동물보건사 대학교육협회 집필위원진

- 박영재 교수(전주기전대학교) 협회장
- 김정은 교수(수성대학교)
- 송범영 교수(전주기전대학교)
- 정보영 부원장(더조은동물의료센터)
- 김현주 교수(부천대학교)
- 서명기 교수(계명문화대학교)
- 오희경 교수(장안대학교)
- 한종현 교수(전주기전대학교)
- 이상훈 교수(전주기전대학교)
- 노예원 교수(중부대학교)
- 김수연 교수(한국동물보건사협회)
- 허제강 교수(경인여자대학교)
- 한동현 교수(최영민동물의료센터)
- 이재연 교수(대구한의대학교)
- 김병수 교수(공주대학교)
- 배동화 교수(영진전문대학교)
- 박민철 교수(중부대학교)
- 정태호 교수(중부대학교)
- 최성업 교수(청주대학교)
- 김경민 교수(경성대학교)
- 황인수 교수(서정대학교)
- 한상훈 교수(서정대학교)
- 윤서연 교수(유한대학교)
- 이수정 교수(연성대학교)
- 천정환 교수(인제대학교)
- 이왕희 교수(연성대학교)
- 정재용 교수(수성대학교)
- 조윤주 소장(VIP동물의료센터)
- 최인학 교수(중부대학교)
- 김정연 교수(칼빈대학교)
- 이종복 교수(부천대학교)

한번에 정리하는 동물보건사 핵심기본서 제3판

초판발행 2022년 1월 10일
제3판발행 2024년 1월 5일

지은이 한국동물보건사대학교육협회
펴낸이 노 현

편 집 김민경
기획/마케팅 김한유
표지디자인 BEN STORY
제 작 고철민 · 조영환

펴낸곳 ㈜ 피와이메이트
서울특별시 금천구 가산디지털2로 53, 210호(가산동, 한라시그마밸리)
등록 2014. 2. 12. 제2018-000080호(倫)
전 화 02)733-6771
f a x 02)736-4818
e-mail pys@pybook.co.kr
homepage www.pybook.co.kr
ISBN 979-11-6519-471-0 14520(1권)
979-11-6519-472-7 14520(2권)
979-11-6519-470-3 14520(세트)

정 가 67,000원

제3판

한번에 정리하는 동물 보건사 핵심기본서

동물보건사 시험 대비 핵심기본서

최신 출제기준 100% 반영

한국동물보건사대학교육협회 저

2권

3과목 임상 동물보건학

4과목 동물보건 · 윤리 및 복지 관련 법규

박영story

Contents

차례

1과목 기초 동물보건학

PART 01 동물해부생리학

PART 02 동물질병학

PART 03 동물공중보건학

Contents

차례

2 과목
예방 동물보건학

Contents

차례

3 과목

임상 동물보건학

Contents

임상 동물보건학

PART 11

동물보건내과학

CHAPTER

01 동물환자의 기본적인 진료보조

01 핸들링과 보정

(1) 핸들링과 보정

① 환자에 대한 정확한 보정은 환자와 핸들러 모두의 안전과 복지에 필수적인 항목
② 안전하고 편안한 보정을 한 환자는 스트레스를 덜 받고, 저항과 탈출하려는 경향이 감소
③ 동물병원에 내원한 대부분의 환자들은 핸들링에 익숙
④ 유기견·유기묘
- 사람의 접촉에 대한 두려움
- 예상치 못한 보정에 대한 거부감과 두려움

⑤ 핸들링은 동물의 종에 관계없이 조용히, 그리고 자신감 있게 접근하여 한 번에 정확하게 테크닉을 수행하는 것이 중요
⑥ 모든 과정(procedure)을 알아야 하며, 장비를 다룰 준비와 도움이 필요할 것으로 예상되는 상황을 숙지하고 있어야 함
⑦ 핸들러의 자신감이 중요
⑧ 환자들의 경우 핸들러의 기분에 예민하게 반응하여, 공포를 인지하고, 공격할 가능성 ↑
⑨ Procedure: 절차, 과정, 방법
- Clinical procedure: 임상적인 절차, 과정, 방법
- Surgical procedure: 외과수술

(2) Procedure: 끈으로 입마개 하기

핸들러가 환자에게 물리는 것을 방지하고, procedure가 시행되는 과정에서 주위를 분산시키기 위한 과정

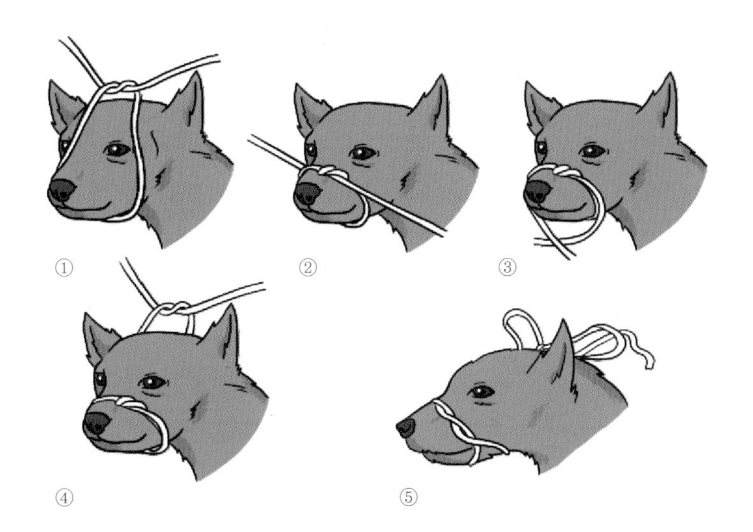

① 환자를 바닥에 앉는 자세(sitting position)로 위치시킴
- 이러한 자세는 환자가 움직이거나 물 가능성을 낮춤
- 환자가 소형견이라면, 테이블(처치대) 위에 위치시키는 것이 더 바람직함
- 위치시키는 과정에서 물리지 않게 주의

② 보조자에게 환자 바로 양쪽 귀 뒤쪽에서 목덜미를 꽉 잡고 있으라고 지시함
- 환자가 머리를 움직이면, 입마개를 빠르게 씌울 수 없음
- 단두종(brachycephalic breed)의 경우, 보정 과정에서 안구돌출 가능성이 있으니 주의

단두종(brachycephalic breed): 불독, 시츄, 퍼그, 페키니즈 등 주둥이가 눌린 종

③ 면 테이프(끈)나 붕대를 이용하여 고리를 만들어 묶음: 넥타이나 스타킹과 같은 긴 조각 형태의 물질도 이용할 수 있고, 위아래 턱을 강하게 묶을 수 있어야 함

④ 환자에게 천천히, 신중하게 다가가서, 환자의 높이로 몸을 구부림
- 낮게 구부리는 것이 공포로 인한 공격을 방지하는 데 도움을 줌: 환자 위에 서 있는 것은 움직이거나 무는 반응을 유발할 수 있음

⑤ 고리 형태의 끈을 코 위에 위치시키고 빠르고 단단하게 코 위쪽에 걸쳐서 매듭지음: 매듭짓는 과정이 늦어지면 고개를 자유롭게 움직일 수 있어 procedure가 지연됨

⑥ 끈의 긴 가닥을 턱 아래로 교차시켜 결찰함: 최종적으로 교차하기 전에 좀 더 코 쪽에 가깝게 결찰하는 것이 입마개의 기능을 강화할 수 있음

⑦ 끈의 양쪽 끝을 뒤쪽으로 이동하여, 나비 모양(리본 모양)으로 매듭지음: 나비 모양으로 매듭짓는 것이 환자가 불편해할 경우 빠르게 풀어줄 수 있게 함

⑧ 나비 모양으로 매듭을 지을 시 코 위쪽으로 압박이 가해짐에 따라 호흡곤란을 나타내는지 주의 깊게 모니터링 필요

⑨ 입마개를 한 환자를 홀로 방치하면 안 됨: 구토나 침흘림으로 인한 질식의 위험성이 있음

⑩ 보조자에게 환자의 머리를 아래로 향하게 잡아달라고 요청함: 이러한 자세는 환자가 앞다리로 입마개를 빼지 않도록 도와줌

⑪ 환자가 단두종일 경우, 여분의 끈이나 천을 코 위쪽과 머리 뒤쪽에 넣어서 보완함: 짧은 코로 인해 끈이 벗겨지는 것을 방지함

(3) Procedure: 15kg 이하 환자 들기

1	2	3	4	5	6
Assess load. Heaviest side to body.	Place feet apart. Bend knees. Straight back.	Firm grip-close to body.	Back straight. Lift smoothly to knee level and then waist level.	With clear visibility move forward without twisting.	Set load down at waist level or to knee level and then floor.

① 허리를 곧게 펴고, 다리를 약간 벌리고, 무릎을 굽힘: 환자의 체중을 핸들러의 척추와 골반뼈의 힘으로 감당할 수 있게 함

② 한쪽 손은 환자 가슴부분에 위치하고, 다른 손으로 등과 꼬리 부분까지 감쌈

③ 환자를 핸들러의 가슴에 밀착시킴: 처치대에 내려놓을 때 환자가 저항하는 것을 방지할 수 있음

④ 발을 곧게 펴서, 환자가 지면에 닿는 것을 방지함

⑤ 처치대에 정확하게 위치시킴

⑥ 환자가 혼자서 처치대 위에 위치해서는 안 됨: 환자가 처치대 위에서 뛰어내려 다칠 수 있으며, 탈출할 수 있음

(4) Procedure: 15kg 이상 환자 들기

① 핸들러를 도와줄 수 있는 보조자에게 도움을 요청함: 핸들러가 감당하기 어려운 무게의 대형견의 경우 반드시 도움을 요청해야 척추 손상을 방지함
② 2명이 나란히 위치함
③ 다리를 약간 양 옆으로 벌리고, 허리를 똑바로 세우고, 무릎을 굽힘: 환자의 체중을 핸들러의 척추와 골반뼈가 지탱할 수 있도록 도와줌
④ 한 손은 가슴에, 다른 한 손은 목에 위치하여 머리부위를 보정함: 가능하다면, 머리 쪽을 지탱하는 사람이 환자와 친근한 사람이어야 함(예 보호자). 이는 환자에게 물리는 일을 줄이는 방법임
⑤ 머리를 잡고 가슴쪽에 밀착시킴: 환자의 머리가 핸들러의 몸에 밀착되어야, 고개를 마음대로 움직일 수 없음
⑥ 보조자가 안전한 자세를 취하도록 지시함
⑦ 보조자가 한 손은 배에 위치하고, 다른 한 손은 꼬리를 넘어 엉덩이 끝쪽에 위치하도록 지시함
⑧ 두 사람이 동시에 다리에 힘을 주고, 환자를 처치대 위에 위치시킴

(5) Procedure: 척추손상 소형견 들기

① 조용하고, 조심스럽게 환자에게 다가감: 겁에 질려있고, 극도의 통증의 상태는 예측 불가능한 행동을 유발
② 입마개를 사용함: 들거나 보정 시 물림을 방지할 수 있음
③ 허리를 똑바로 세우고, 무릎을 굽혀, 팔을 환자의 가슴에 위치시킴
④ 무릎을 펴고, 환자의 다리가 아래쪽을 향하도록 들어올림: 이러한 과정은 척추에 압박을 최소화하여, 통증과 추가적인 손상을 방지함
⑤ 검진 준비가 된 미끄럽지 않은 공간으로 조심스럽게 옆으로 눕혀서 위치시킴: 추가적인 통증을 피하는 방향으로 진행되어야 함

현장에서는 혈관 확보 후 진정제나 진통제 투여 후 진행

(6) Procedure: 척추손상 대형견 들기

① 주변에 도움을 요청함: 다친 대형견은 절대로 혼자서 핸들링할 수 없음. 핸들러가 물리는 것은 물론 환자 상태를 더욱 악화시킬 수 있음
② 담요, 시트, 다리미판, 판자 등이 들 것으로 사용될 수 있음: 환자가 척추에 추가적인 압력이 가해지는 것을 막도록 조치가 이루어져야 함. 추가적인 압력은 극심한 통증과 추가적인 손상을 유발함
③ 조용하고, 조심스럽게 환자에게 다가감: 겁에 질려있고, 극도의 통증의 상태는 예측 불가능한 행동을 유발
④ 입마개를 사용함: 들거나 보정 시 물림을 방지할 수 있음
⑤ 보조자의 도움을 통해, 적절한 환자 이동 위치를 정하여 들 것에 올림
⑥ 판자를 이용할 경우, 환자를 끈이나 붕대로 들 것에 고정함: 낙상으로 인한 추가적인 부상을 방지할 수 있음
⑦ 담요와 판자는 유지하여, 조심스럽게 처치대로 이동함: 환자 아래 깔려 있는 들 것은 나중에 치우는 것을 추천함

02 약물 투약을 위한 보정

(1) Procedure: 알약 투약

① 앉은 자세(sitting position) 또는 엎드린 자세(sternal recumbency)로 위치함: 환자가 안정을 취할 수 있는 자세, 적절한 높이를 선택, 긴 시간 동안 허리를 구부리면 척추에 손상을 줄 수 있으니, 소형견은 테이블에서, 대형견은 바닥에서 진행
② 가능하면 보조자가 꼬리 부분을 잡아줌: 환자가 일어서거나 뒷걸음치는 것을 방지

③ 한 손으로 코와 입을 잡고, 손가락으로 부드럽게 고개를 들어 올려 입을 벌림: 고개를 들어 올리면, 아래턱이 이완되면서 입이 쉽게 열림
④ 검지로 아래턱을 정복하면서, 반대쪽 손으로 알약을 집음
⑤ 혀의 안쪽 뒷부분에 알약을 위치시킴: 알약이 혀 안쪽에 위치할수록 연하반사로 인하여 뱉을 수 없게 됨
⑥ 입을 닫고, 한 손으로 닫은 상태를 유지함: 알약을 뱉는 것을 방지
⑦ 알약을 삼키는 반응이 느껴질 때까지 목을 자극함: 환자가 알약을 입에 머금고 있을 때, 핸들러의 손에 힘을 빼는 순간, 뱉음. 삼키는 반응이 있었다면 식도로!
⑧ 알약 투약기(필건)를 이용한 방법
 • 고양이의 경우 대부분 투약기를 이용하여 캡슐로 투약
 • 개의 경우에도 가루약을 먹지 못하는 경우 투약기를 이용

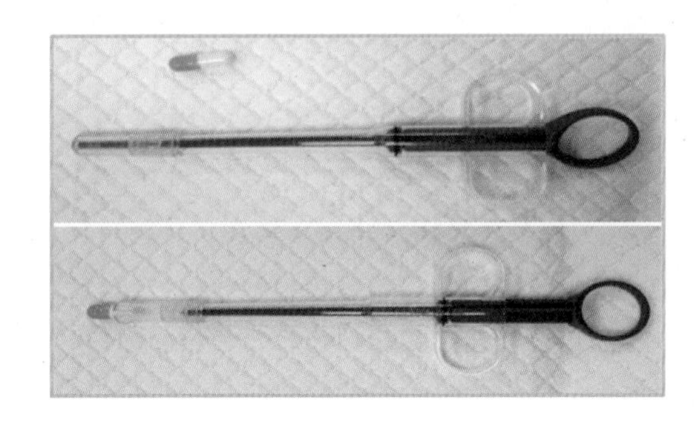

(2) Procedure: 액상 식이 또는 약물 투약

① 앉은 자세(sitting position) 또는 엎드린 자세(sternal recumbency)로 위치함: 환자가 안정을 취할 수 있는 자세, 적절한 높이를 선택, 긴 시간 동안 허리를 구부리면 척추에 손상을 줄 수 있으니 소형견은 테이블에서, 대형견은 바닥에서 진행
② 가능하면 보조자가 꼬리 부분을 잡아줌: 환자가 일어서거나 뒷걸음치는 것을 방지
③ 한 손으로 코와 입을 잡고, 손가락으로 부드럽게 고개를 위쪽 그리고 옆으로 기울임: 이러한 자세는 턱이 이완되고, 입을 벌리는 동안 머리를 움직이지 못하게 함
④ 턱의 각도에서 주머니가 생기면서, 입을 약간 엶: 주머니에 액체가 저류되면, 구강 안으로 빨려 들어감
⑤ 액체로 차 있는 실린지를 이용하여, 입안에 투여함: 실린지가 잇몸에 상처를 내지 않도록 주의
⑥ 실린지를 천천히 밀어서, 액상물이 천천히 입안으로 들어가도록 함: 강하고 빠르게 주입할 경우, 액체를 뱉어내거나 오연되어 폐렴으로 진행 가능
⑦ 실린지에 식이나 약물이 남아있기 때문에 여러 번 반복하여 비움
⑧ 투여가 끝나면, 입 주변에 묻은 이물과 털에 묻은 이물을 닦아줌: 액체가 묻으면, 털이 젖게 되어 추위를 탈 수 있으니 그대로 두면 안 되며, 여름에는 세균증식 가능성이 있음

(3) Procedure: 귀약 투약

① 한쪽 손을 목에 위치시키고, 머리를 보정자 가슴 쪽으로 밀착시킴
  • 귀약을 바르는 과정에서 갑자기 움직이는 것을 방지
  • 귀 인접한 부분을 잡고 보정하는 것이 중요

② 반대쪽 손은 등에 위치하고 팔꿈치는 반대편을 향함: 환자가 저항을 하면, 팔꿈치 끝을 보정자 쪽으로 압박할 수 있음

③ 시술자는 보정자 반대편에 서서 가까운 쪽 귀를 처치함: 귀약이나 연고를 바르는 기구를 이용하여, 귀의 수직 이도에 귀약이나 연고를 도포하고, 문질러서 짜냄

④ 부드럽게 마사지하여 약물이 분산되도록 함: 반대쪽 귀도 동일한 처치

(4) Procedure: 피하주사를 위한 보정

① 앉은 자세(sitting position) 또는 엎드린 자세(sternal recumbency)로 위치함: 환자가 안전함과 편안함을 느끼면, procedure 진행이 수월

② 필요시 입마개를 사용함: 피하주사는 빠르고 통증이 거의 없이 진행되지만, 일부 환자들의 경우 미세한 통증과 트라우마에 의해서 공격성을 가질 수 있음

③ 한 손으로 목을 움직이지 않게 잡음: 이는 머리를 움직이지 않게 보정하는 것이며, 피부를 잡아 올려 주사를 준비하는 과정

④ 피부를 잡아 올려 사면을 만들어 주사기 바늘이 들어갈 수 있는 공간을 만듦: 바늘이 사면을 통과하여 반대쪽 사면으로 나오는 일이 없도록 주의

⑤ 약물이 포함된 주사기 바늘을 피하 공간에 삽입하고, 주사기를 당겨서 음압을 확인함: 음압을 확인하는 이유는 바늘이 피하 공간이 아닌 혈관을 통과하는 경우를 감별하기 위해서임

⑥ 주사 후 주사 부위를 부드럽게 마사지하여 약물의 흡수를 도와줌: 약물은 30~45분 정도 서서히 흡수

(5) Procedure: 근육주사를 위한 보정

① 앉은 자세(sitting position) 또는 엎드린 자세(sternal recumbency)로 위치함: 환자가 안전함과 편안함을 느끼면, procedure 진행이 수월

② 필요시 입마개를 사용함: 근육주사는 통증이 느껴지기 때문에, 일부 환자들의 경우 통증과 트라우마에 의해서 공격성을 가질 수 있음

③ 한쪽 면에 섬

④ 목을 잡고 머리를 보정자의 가슴쪽에 밀착시킴: 근육주사는 저항이 심할 수 있으니 견고한 보정이 필요

⑤ 반대쪽 손은 환자의 가슴에 위치함: 이러한 보정 과정은 통증을 느껴서 환자가 움직임으로써 느끼는 주사부위 통증과 조직손상을 막기 위해 반드시 필요한 과정

⑥ 수의사는 환자의 옆에 서서 뒤쪽으로 다가감
⑦ 뒷다리 대퇴사두근(quadriceps) 부위를 손가락으로 고정함: 대퇴사두근은 가장 일반적인 근육주사 부위이며, 요배근(lumbodorsal)과 앞다리의 삼두근(triceps) 부위도 사용
⑧ 다른 손으로 주사기를 잡고 뒷다리를 외측상으로 피하와 근육에 직각으로 주사함: 직각으로 주사하면 일반적으로 혈관이나 신경 손상 가능성을 낮춤
⑨ 피하주사와 마찬가지로 혈관 투과에 대한 확인을 위하여 음압을 걸어줌: 근육조직은 혈액 공급이 원활하기 때문에 혈관 투과에 가능성 존재
⑩ 혈액이 확인되지 않으면, 천천히 약물을 주입함: 근육조직은 밀도가 높아, 약물 주입 속도가 빠르면 강한 통증을 유발함. 한 번에 한 곳에 2ml 이상의 약물은 주입하지 않음
⑪ 주사 후 부드럽게 마사지 함: 약물의 혈관으로의 흡수를 도와주며, 20~30분 정도의 시간이 소요

(6) Procedure: 요측피정맥을 이용한 정맥주사를 위한 보정

① 엎드린 자세(sternal recumbency)로 위치함
- 환자가 안전함과 편안함을 느끼면, procedure 진행이 수월
- 수의사 높이에 맞도록 의자를 조정

② 필요시 입마개를 사용함: 피하 또는 근육주사보다 시간이 소요되므로 입마개 필요, 주의 분산 효과
③ 한쪽 면에 섬
④ 목을 잡고 머리를 보정자의 가슴쪽에 밀착시킴: 저항이 심할 수 있으니 견고한 보정이 필요
⑤ 반대쪽 손으로 앞다리를 잡고 수의사 쪽으로 향하게 함: 보정자의 손은 편안하게 테이블에 기대고, 앞다리를 움직이지 않도록 지지하며, 견고한 보정 지시
⑥ 손바닥으로 환자의 앞다리굽이를 감싸고, 엄지와 검지로 나머지 앞다리굽이(elbow)를 감쌈

⑦ 엄지에 부드럽게 힘을 주고, 약간 바깥쪽으로 회전함: 이는 혈관을 노장하는 역할을 하여 혈관 확보 시 혈관이 잘 보일 수 있는 역할

압박대(tourniquet) 역할

⑧ 피부를 통하여 주사바늘이 요측피정맥에 진입함: 요측피정맥은 명확하게 수의사 눈에 보여야 함

⑨ 주사기를 당겨서 바늘이 정맥 혈관을 통과했는지 확인함: 약물의 종류에 따라 혈관 주위로 투여되었을 경우, 조직 손상을 일으킬 수 있으니 반드시 확인

⑩ 주사기 허브에 혈액이 확인되면, 약물을 조금씩 주입함: 혈관의 압력(노장)을 완화하고 약물을 주입

⑪ 약물 주입이 완료되면, 주사바늘을 뽑고, 주사 부위를 30초 이상 압박하여 지혈

- 혈액이 혈관 주위로 이동하여 멍드는 것을 방지
- 오래 잡고 있기 힘든 경우 솜으로 감아서 압박
- 혈관을 통해 채혈을 하는 경우에는 주사기에 혈액이 확보될 때까지 노장을 유지

(7) Procedure: 경정맥주사/채혈을 위한 보정

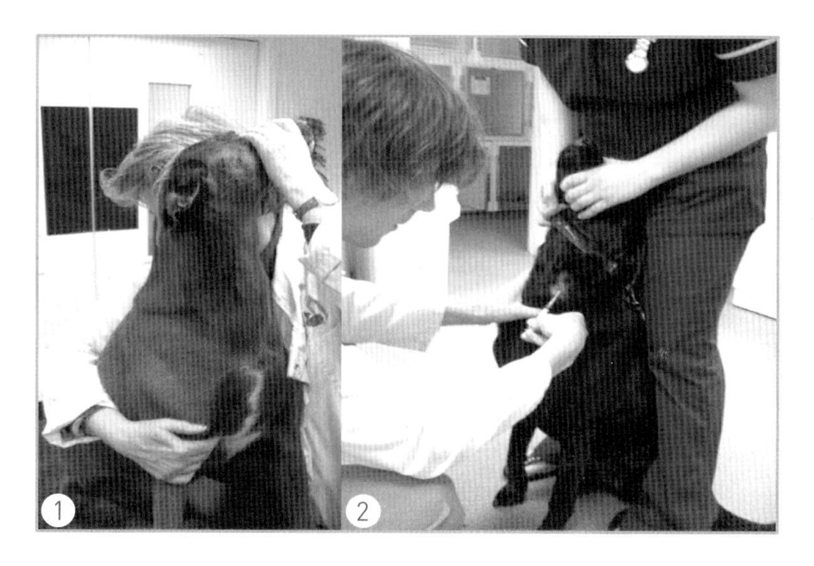

① 앉은 자세(sitting position)로 위치함: 환자가 안전함과 편안함을 느끼면, procedure 진행이 수월

② 필요시 입마개를 사용함

③ 한 손으로 턱을 들어올려 머리가 보정자의 가슴에 밀착되게 함: 견고한 보정이 필요. 갑작스런 움직임은 환자와 보정자, 수의사 모두 위험할 수 있음

④ 다른 손은 환자의 등쪽을 타고 감싸서 가슴에 위치하고 보정자의 가슴에 몸을 밀착함

⑤ 수의사는 환자를 마주보고 앉아서 환자의 경정맥 고랑에 한 손으로 압력을 가하여 노장시킴: 경정맥은 기관 양쪽으로 경정맥 고랑으로 이어짐

CHAPTER 02

입원환자간호 1

01 수액요법

(1) 수액요법

① 몸의 60~70%는 수분으로 구성되어 있음

② 수분은 몸을 균형 있는 상태로 유지하고, 항상성으로 알려진 정상적인 대사과정이 효율적으로 이루어질 수 있게 함

③ 체액은 몸의 대사에 중요한 화학 물질들을 포함하고 있으며, 순환을 조절함

④ 많은 질병과 수술은 체액의 불균형을 유발하여, 제대로 교정하지 않으면, 심각한 탈수 또는 쇼크로 진행되거나 사망할 수 있음

⑤ 수액 치료의 목표는 손실량을 보충하고, 순환 혈량이 회복되어, 신장 기능이 회복되는 것임

⑥ 효과적인 수액 처치를 하기 위해서는 건강한 동물과 아픈 동물에서의 수액과 전해질에 대해서 이해가 필요함

⑦ **수액 처치 전 환자에 대한 평가 실시**: 가장 기본적으로 병력과 신체검사를 통해서 탈수 상태를 판단할 수 있으나 주관적인 평가

⑧ 객관적인 평가인 혈액검사, 요검사를 통해서 탈수를 확인할 수 있음

⑨ **수액 처치 전 환자에 대한 평가 실시**
- 병력(문진): 음수량, 배뇨량, 식욕부진, 구토, 설사, 헥헥거림, 과도한 유연
- 신체검사(시진, 촉진, 청진): 피부 탄성, 움푹 들어간 눈, 점막의 건조, 빈맥, CRT (capillary refill time)의 감소, 쇼크 증상

(2) 체내 수분량 평가

① 100% 체중을 기준으로 함: 60%는 수분, 40%는 다른 물질임

② 세포 내액(Intracellular fluid)(ICF) = 체액량의 2/3
- 세포 내액은 세포 내에 위치함

③ 세포 외액(Extracellular fluid)(ECF) = 체액량의 1/3
- 세포 외액은 세포 외에 위치: 혈장, 간질액, 체강액

④ 체액은 전해질을 포함함: 수액을 교정하기 위해서 전해질을 아는 것이 중요

⑤ 전해질은 양이온과 음이온으로 구성된 수용성 입자임

Na^+, Cl^-, K^+, $HCO3^-$

⑥ 체액의 균형과 농도가 일정하게 유지되어야 함: 삼투에 의해서 저농도에서 고농도로 수분이 이동함. 삼투압은 삼투를 막기 위한 최소한의 압력으로서, 다양한 항상성 기전에 의해서 삼투압이 유지될 수 있음

(3) 체내 수분 균형 평가

① 수분 섭취 – 섭취
- 음식물과 수분 섭취

② 수분 섭취 – 대사
- 지방과 탄수화물 대사

③ 수분 손실 – 40~60ml/kg/24h(시간)
- 수분 균형을 위해서 하루에 공급되어야 할 양

④ 감각 수분 손실(Sensible water loss) – 24ml/kg/24h
- 배뇨

⑤ 불감 수분 손실(Insensible water loss) – 24ml/kg/24h
- 호흡, 피부, 배변

⑥ 수분 공급 = 40~60ml/kg/24h
- 손실을 보충함

(4) 탈수 평가

탈수	증상
<5%	평가 안 됨. 병력 상에서 탈수 추정 가능
5%	미세한 피부 탄력 소실
6~8%	피부 탄력의 중증도 소실, 움푹 들어간 눈, CRT의 지연, 건조한 점막
10~12%	피부 탄력 완전 소실, 움푹 들어간 눈, 건조한 점막, 쇼크 증상 (심박수 증가, 사지 냉감, 맥이 약해짐)
12~15%	쇼크 증상, 허탈, 심한 침울, 사망가능

혈액검사, 요검사

① 탈수와 관련된 임상증상 확인

② 혈액검사(HCT, ALB 증가)

③ 요검사(요비중 증가)

(5) 기능에 따른 수액 선택

① **등장액**(Isotonic fluid)
- 혈장과 같은 삼투압을 가진 용액
- 체액 이동 없음

② **고장액**(Hypertonic fluid)
- 혈장보다 높은 삼투압을 가진 용액
- 세포에서 혈액으로 체액 이동

③ **저장액**(Hypotonic fluid)
- 혈장보다 낮은 삼투압을 가진 용액
- 세포로 체액 이동

④ **크리스탈로이드**(정질) **용액**(Crystalloids): 분자량이 적은 물질(칼륨이나 칼슘 등)을 포함하여 세포로 이동하기 전 혈장의 부피를 증가시키는 역할

⑤ **콜로이드 용액**(Colloids): 분자량이 큰 물질을 포함하여 삼투압 증가 및 혈량 부피 증가시키는 역할

⑥ 혈장

⑦ 전혈

(6) Procedure: 경구 수액법

- 물을 마실 수 있으며, 구토가 없고, 장폐색이 없을 경우에 가능함
- 전해질 용액 또는 물

① 경구용 실린지, 타월, 용액, 보조자가 필요함: 투여한 용량을 확인해야 하기 때문에 눈금이 그려진 실린지를 사용

② 실린지의 용량을 확인함
- 투여량은 정확해야 함
- 투여 후 차트에 기록함
- 나머지 과정은 액상 사료 및 물약 투약 과정과 동일함

(7) Procedure: 피하 수액법

- 탈수가 미약하거나, 정맥 혈관 확보가 어려운 경우에 이용, 만성 신부전 환자
- 등장성 크리스탈로이드
  - 0.9% 생리식염수
  - 하트만 용액

① 가온한 수액, 멸균 실린지 및 바늘, 클리퍼, 장갑, 소독 용품을 준비함
- 한 위치에 최대 10~20ml/kg 투여
- 가온한 수액을 사용하는 이유는 환자 체온을 떨어지는 것을 방지
- 쇼크 등 환자 상태 악화

② 환자가 편안한 자세로 보정함: 피하수액을 투여하는 데 시간이 다소 소요
③ 가슴과 등 사이에 3 × 3cm로 클리핑함: 털이 많으면 감염 위험성이 높아짐
④ 감염 방지를 위해서, 멸균적으로 소독하고, 장갑을 사용함
⑤ 가능하면 주변에 수술포를 사용함: 멸균적 시술을 위한 과정
⑥ 피부를 잡아당겨서 피하 주사하듯이 바늘을 진입하고, 수액을 투여함: 흉강 내로 바늘이 진입하지 않도록 주의
⑦ 천천히 투여함: 많은 양의 수액이 피하주사되는 것이기 때문에 환자가 불편함을 느낄 수 있음
⑧ 투여 부위 주변을 마사지 함: 흡수를 도와줌
⑨ 균등하게 나눠서 여러 부위에 투여함

(8) Procedure: 정맥 수액법을 위한 준비

① 손소독 또는 1회용 장갑을 착용함: 오염과 감염 방지
② 혈관카테터, 멸균생리식염수, 솜, 알코올 솜, 클리퍼, 의료용 테이프, 수액세트, 수액, 인퓨전 펌프, 스탠드: 모든 기구는 환자 보정 전에 완벽하게 준비함
③ 수액의 유통기한을 확인하고, 이물질이 있는지 확인함 : 유통기한이 지난 수액은 멸균을 보장할 수 없음
④ 수액 비닐을 제거하고, 가온하여, 수액대에 걸어둠: 차가운 수액은 체온을 낮추어 쇼크를 유발할 수 있음
⑤ 수액세트와 수액을 연결하고, 공기방울이 생기지 않도록 확인한 후, 인퓨전 펌프에 장착함

(9) Procedure: 요측피정맥 수액법

① 보정과 준비과정은 요측피정맥 주사와 유사함
② 카테터를 30~45도 각도로 혈관에 진입시켜서 혈액이 확인되면, 카테터를 완전히 진입시키고, 바늘을 제거함
③ 마개(캡)를 막고, 의료용 테이프를 감음
④ 멸균생리식염수를 이용하여 수액이 제대로 투여되는지 세척(flushing)함: 카테터 장착이 제대로 되었는지 확인하고, 카테터 내 혈액 응고를 방지함
⑤ 마개(캡)를 제거하고 수액을 연결하거나, 나비침을 장착하여 수액에 연결함: 환자의 움직임은 혈액 응고를 유발하거나, 카테터 장착이 유지되지 않음

⑥ 수액이 제대로 흘러 투여되지 않으면, 카테터 장착 부위를 확인함
⑦ 인퓨전 펌프를 사용하는 것이 투여와 관리에 유용함
⑧ 수액 속도와 투여량을 기록함
⑨ 카테터 장착부위와 수액줄을 물어뜯지 않도록 넥칼라를 장착함: 혈액의 손실과 감염, 혈전 방지

(10) 수분 손실량과 수액 유지량 계산

① 유지수액량
- 탈수가 교정되고 나면 유지수액으로 교체함
- 일반적인 경우 2.5% dextrose in 0.45% saline + 20 mEq/L KCl (500ml수액에 5ml)
- 체중 × 40~60 ml/kg/24h = 시간당 들어갈 수액량
- 수액처치 과정에서도 수분 손실(구토, 설사 등)이 지속적으로 나타날 수 있으니 수액처치 과정에서도 지속적인 탈수 평가가 이루어질 수 있음

② 증례

> • 5kg 강아지가 심한 구토와 설사로 6% 탈수 상태로 내원함
> • 퀴즈: 6% 탈수로 계산하여 6시간 동안 교정해주세요.
> – 탈수량: 5kg × 1000 × 0.06 = 300ml
> – 유지량: 5kg × 2.5ml(60ml/kg/24h) × 6h = 75ml
> 6시간 동안 매시간 수액 교정량 = (300ml + 75ml)/6h = 62.5ml/h의 속도로 6시간 동안 교정

(11) Procedure: 수액세트를 이용한 수액속도 계산

① 수액세트 20drops/ml, 60drops/ml: 총 drop 수를 분으로 나눠서 분당 drop 수 계산
② 300ml 수액을 10시간 동안 투여하는 경우 수액 속도
- 수액세트 20drops/ml 사용 시
  – 총 drop 수: 300ml × 20drop/ml = 6000drop
  – 분당 drop 수: 6000drops / 600분(10시간 × 60분) = 10drops/분
- 수액세트 60drops/ml 사용 시
  – 총 drop 수: 300ml × 60drops/ml = 18000drops
  – 분당 drops 수: 18000drops / 600분 = 30drops/분

(12) Procedure: 수액처치 모니터링 – 필수 매개변수

① 수액을 투여하기 전에 필수 매개변수를 차트에 기록함: 수액 투여 과정에서의 경과를 비교하고 평가하기 위해서 기본적인 환자의 결과도 기록함

② 일정한 시간 간격으로 주기적인 모니터링을 실시하고, 차트에 기록함

③ 매개 변수의 변화는 신속하게 수의사에게 고지하여 공유함

> [적절한 조치 필요]
> - 인퓨전 펌프 수액 속도 확인 및 작동 여부
> - 체중, 체온, 심박수, 호흡수
> - 수축기 혈압
> - 말초 부종(수액 라인)
> - 구토 / 설사 여부
> - 배변 / 배뇨 여부 및 양상
> - 요카테터 장착 시 배뇨량

02 수혈요법

(1) 수혈

① 전처치

- 수혈 부작용을 최소화하기 위한 처치
- 항히스타민 주사제

② 체온, 심박수, 호흡수, 점막 색깔 확인은 수혈 시작 후 15분, 30분, 45분, 1시간, 2시간, 3시간, 4시간, 12시간, 24시간 동안 모니터링. 수혈 속도는 이상 없을 시, 낮은 속도부터 증량

③ 주의사항

- 수혈 시 칼슘(Ca)이 함유된 수액과 혈액을 같은 관을 통해 동시에 주입해서는 안 됨
- 칼슘은 혈액 응고를 일으킬 수 있음
- 농축적혈구 수혈의 경우 0.9% 생리식염수 0.5~1mℓ/ 농축적혈구 1mℓ로 희석하여 사용
- 냉장 보관된 혈액은 가온시킴
- 과도한 가온은 용혈 야기
- 수혈 전에 수혈 bag을 여러 번 흔들어 줌
- 혈구를 골고루 부유

④ 수혈의 부작용
- 면역 반응에 의한 구토, 발열, 발적, 피부 소양감, 용혈로 인한 혈뇨 및 쇼크, 폐 혈전 및 폐 침윤에 의한 호흡곤란으로 인한 사망
- 수혈 시작 직후부터 48시간까지 나타날 수 있기 때문에 주의 깊은 관찰이 요구
- 수혈하는 과정에서 위와 같은 문제가 발생할 경우 수혈은 즉시 중단
- 수혈 종료 이후에도 추가적인 부작용이 나타날 수 있기 때문에 최소한 24~48시간 동안은 입원하면서 상태 모니터링

03 마취 전후 내과간호

(1) Procedure: 마취준비

① 적절한 시간 이상의 금식이 이루어져야 하며, 해당하는 수술에 합당하는 검사를 통해 수술 전 환자 상태에 대해서 평가
- 8~10시간 이상 금식
- 음식물이 위 내에 저류해 있을 경우, 구토, 구역질이 나타날 가능성
- 마취 시 연하 반응이 저하되기 때문에 구토물이 기도로 넘어가서 오연성 폐렴을 유발

② 환자의 주요 장기의 기능에 대한 평가

③ 혈액검사, 방사선, 요검사, 혈압

④ 기저 질환과 환자가 투약 중인 약물을 수술과 마취에 맞게 조절하는 과정이 필요

⑤ 당뇨 환자의 경우 혈당 150~250mg/dL인 시간에 수술 시작
- 금식과 인슐린의 조절을 통해서 마취에 적합한 혈당을 만들어야 수술 진행 가능
- 수술 중 지속적인 혈당 체크와 필요시 인슐린 투여

(2) Procedure: 마취 전 신체검사

① 청진, 맥박 촉진
- 비정상적인 심박수 및 부정맥 여부 확인
- 심잡음, 비정상적인 폐음

② 호흡수 평가

③ 복부 촉진: 복부 팽만 여부, 통증 반응

④ 체온 측정: 마취 시에는 체온이 저하되는 것이 일반적

⑤ 탈수평가: 충분한 혈액순환이 이루어져야 간, 신장 기능의 정상화

(3) 마취 전 혈압측정

① 혈압은 마취 과정에서 지속적인 모니터링 필요
② 마취과정에서 혈압저하로 인한 쇼크 또는 장기손상 가능성
③ 마취 전 정상 혈압 여부는 필수 체크 항목

(4) Procedure: 마취 회복 시 환자간호

① **바이탈 사인(vital sign) 및 혈압 모니터링:** 체온, 심박수, 호흡수, 혈압의 변화 확인
② **환자가 흥분하지 않도록 안정된 환경에서 회복 유도:** 회복 시 환자의 흥분은 혈압을 높여서 응고장애를 일으키고, 출혈을 유발할 수 있음
③ **따뜻하게 가온해줌:** 저체온은 환자의 회복을 지연시킴
④ **수술 후 내과적인 약물 투여:** 진통제, 항생제
⑤ 넥칼라 착용
⑥ 수액처치
⑦ 배변, 배뇨 유도

CHAPTER 03

입원환자간호 2

01 질병 간호(입원)

(1) 입원환자간호의 목표

① 모든 질병이 입원을 요구하는 것은 아니나, 입원환자의 경우는 정밀한 진단, 관찰과 숙련된 간호가 요구
② 입원환자 모니터링을 통한 환자 상태 파악
③ 기본관리의 핵심은 위생관리를 통한 감염 방지
④ 영양관리
⑤ 입원환자 기록지 작성 및 해석 역시 동물보건사의 중요한 역할
⑥ 동물 간호는 회복 과정에서 매우 중요한 역할을 하며, 간호는 질병 진행 과정과 치료 목표에 대한 이해에 기초해야 함

(2) 입원환자 모니터링 및 처치

① 철저하게 차트에 근거한 모니터링 및 처치
② 체온, 심박수, 호흡수
③ 혈압
④ 구토, 설사
⑤ 배변, 배뇨
⑥ 침흘림, 경련
⑦ 식이 급여 여부
⑧ 수액 및 주사

(3) Procedure: 설사 환자 간호

- 원인을 알 수 없는 설사 환자는 항상 감염 가능성에 준하여 치료해야 함
- 감염성 질병은(개 파보 바이러스 장염과 고양이 감염성 장염) 임상증상으로 설사가 나타남
- 캠필로박터와 살모넬라는 인수공통 전염병
- 만약 감염성 질병이 의심되면, 격리 간호가 이루어져야 함

① 만약 확실한 진단과 격리 시설이 없다면, 쉽게 청소와 소독이 가능한 공간을 선택함
- 진단이 안 되었거나, 진단이 이루어지는 동안에도 항상 감염성 질환을 의심함
- 설사 환자는 집에서 관리하더라도 주기적인 청소와 소독 고려해야 함

② 감염 의심되면, 격리 간호에 착수함: 격리 간호는 스텝과 환자 모두 질병의 전파로부터 보호받을 수 있는 방법임

③ 흡수성 패드와 보온을 포함하여, 안정된 환경을 제공. 고양이는 항상 깨끗하게 리터박스를 관리함: 설사하는 환자들은 불편함과 불안전함을 느낌. 잦은 배변을 하기 때문에 1회용 흡수성 패드를 사용함. 고양이는 리터박스를 사용하기 때문에 지속적인 관리가 필요함

④ 수의사 처방을 확인하고, 환자 차트를 작성함: 처방된 약물은 최대의 효과를 위해서 정해진 시간에 투약되어야 함. 모든 약물 투여는 차트에 기록되어야 하며, 모든 의료진이 알아야 함

⑤ 처방된 수액 처치를 확인함. 정맥으로 투여됨. 설사 환자는 보통 하트만 수액을 이용함: 설사 환자는 수분과 전해질이 손실되기 때문에 수액으로 보충되어야 함. 만성 설사는 대사성 산증을 유발하기도 하며, 중탄산나트륨이 필요

⑥ 체온, 심박수, 호흡수를 관찰·기록하며 탈수 상태를 평가하여 기록함: 환자의 지표는 질병 진행 평가에 필요함. 탈수 평가 항목은 함몰된 눈과 점막의 건조, 피부 탄성의 소실을 포함함

⑦ 환자의 음수량, 투여된 수액량, 배뇨량, 배변량을 관찰하고 기록함
- 탈수 상태와 진행을 평가하기 위해서 수액 투여량과 손실량을 알려줌
- 설사의 양, 색깔, 양상은 회복 과정에서 기록되어야 함

⑧ 변이 묻은 환자는 즉시 씻기고, 건조함: 지속적인 설사가 나타나는 환자는 더러워져 뭉쳐진 항문 주위 털을 깎아줌. 항문 주위 피부가 발적되거나 아파하면 수의사에게 알림. 건조하는 것은 추가 발적과 한기를 방지함
- 오염된 기구는 감염 가능성이 있기 때문에 소독하거나 의료폐기물로 처리
- 분변은 검사를 위한 샘플을 제외하고는 의료폐기물로 처리

⑨ 진단 검사 계획을 세움. 환자의 탈수 정도를 평가하기 위해서 혈액을 채취함. 분변은 진단을 도와주며, 간격을 두고 샘플링 함. 분변을 폐기하기 전에 수의사에게 알림: CBC(혈구분석기)와 전해질은 탈수 평가에 도움을 줌. 분변 검사로 세균을 확인함

(4) Procedure: 구토 환자 간호

- 원인을 알 수 없는 구토 환자는 항상 감염 가능성에 준하여 치료해야 함
- 감염성 질병은(개 파보 바이러스 장염과 고양이 감염성 장염) 임상증상으로 구토가 나타남

- 만약 감염성 질병이 의심되면, 격리 간호가 이루어져야 함. 설사 없이 구토만 나타나더라도 감염성 질병을 배제할 수는 없음
- 구토는 단순 구토부터 중독과 같은 심각한 형태로 나타나기도 함. 종류에 따라서 간호의 정도가 달라짐

① 만약 확실한 진단과 격리 시설이 없다면, 쉽게 청소와 소독이 가능한 공간을 선택함
- 진단이 안 되었거나, 진단이 이루어지는 동안에도 항상 감염성 질환을 의심함
- 구토 환자는 집에서 관리하더라도 주기적인 청소와 소독을 고려해야 함

② 감염 의심되면, 격리 간호에 착수함: 격리 간호는 스텝과 환자 모두 질병의 전파로부터 보호받을 수 있는 방법임

③ 흡수성 패드와 보온을 포함하여, 안정된 환경을 제공함: 구토하는 환자들은 불편함과 불안전함을 느낌. 잦은 구토를 하기 때문에 효율적인 청소가 필요. 쇼크 상태로 진행 가능하며, 보온이 필요할 수 있음

④ 수의사 처방을 확인하고, 환자 차트를 작성함: 처방된 약물은 최대의 효과를 위해서 정해진 시간에 투약되어야 함. 모든 약물 투여는 차트에 기록되어야 하며, 모든 의료진이 알아야 함

⑤ 처방된 수액 처치를 확인함. 정맥으로 투여됨. 탈수 환자는 보통 0.9% 생리식염수를 이용함: 수분과 전해질 손실은 수액으로 보충

(5) Procedure: 격리간호 - 교차 감염 방지

① 의료진은 홀로 격리실을 담당해야 하며, 일반병실과 격리함: 의료진은 간호한 같은 종의 다른 환자와 면역력이 떨어지는 환자, 어린 연령, 노령 환자와 같은 감염에 취약한 환자에게 전파할 수 있음

② 1회용 장갑, 보호복, 덧버선 등 개인 보호용 의복을 사용함. 사용 후에는 의료폐기물로 처리함
- 인수공통감염병에 대한 보호는 최우선 순위
- 보호 의복 착용은 질병 전파 방지

③ 가장 전염 가능성이 높은 환자는 격리실에 있는 다른 환자들 처치 후에 진행함: 의료진에 의한 전파 방지

④ 격리실에 있는 환자는 개별 용품을 사용함(식기, 물그릇, 리터박스)
- 분리해서 세척, 소독, 살균
- 패드는 1회용으로 사용하며, 의료 폐기물로 처리

⑤ 모든 결과는 차트에 기록함. 모든 특이사항은 수의사에게 보고하고, 격리 간호 안내는 공지해야 함: 수의사는 의료 과정을 신경 써야 함. 격리 간호 안내는 부주의한 교차 감염을 방지. 격리실 출입은 최소한으로 함

(6) Procedure: 후지 마비 또는 기립불능 환자 간호

척추 손상, 척추 종양, 뇌 손상, 골반 골절

① 안전하게 기댈 수 있는 공간을 선택함
- 맨 위에 흡수성 패드를 놓을 수 있는 발포 고무 매트리스와 같은 방수 침구가 이상적임. 엎드린 자세의 환자가 지지할 수 있는 패드나 샌드백도 시도함
- 안정적으로 기대거나 누워있을 공간이 필요하나, 많은 움직임은 오히려 질병을 악화시킬 수 있으니 너무 넓은 공간은 피함
- 엎드린 자세가 침하성 폐렴을 방지하고, 매트리스가 욕창을 방지

② 체온, 심박수, 호흡수는 항상 모니터링함. 배변, 배뇨는 어떤 과정에서도 기록되어야 하며, 수의사에게 알려야 함
- 임상 매개 변수는 질병 진행 과정을 평가하는 데 매우 중요
- 누워있는 환자는 쉽게 저체온이 될 수 있으며, 담요나 다른 보온 장비가 필요할 수 있음
- 움직일 수 없는 환자이기 때문에 화상 가능성을 고려하여, 핫팩이나 보온 패드는 직접적으로 피부에 접촉 적용이 지시되지 않음

③ 소화 잘 되는 식이를 급여함. 물과 사료는 환자가 닿을 수 있는 공간에 위치함.
- 식이를 거부하면 기호성 있는 식이를 시도하여 식욕을 돋움. 물은 항상 먹을 수 있게 공급하고, 음수량을 체크함
- 에너지 요구량은 낮으나, 조직 재생과 스트레스에 견딜만한 에너지는 공급되어야 함. 과체중의 경우에는 급여량을 줄여야 함. 식욕은 유지하는 것이 중요함

④ 배뇨를 잘 하지 못하더라도, 외부에서 타월 워킹을 지속적으로 시도함: 혈액 순환과 자신감을 증진시킬 수 있는 자극이 됨

⑤ 침하성 폐렴과 욕창 방지를 위해서 4시간 간격으로 자세를 바꿔줌: 돌출된 뼈에 의한 욕창을 방지하기 위해서 패드를 이용함. 뇨로 인한 피부손상을 방지하기 위해서 깨끗하고 건조함을 유지. 요카테터를 장착하여 유지하기도 함

⑥ 물리치료를 적용함

(7) Procedure: 압박 배뇨

- 시술자와 보조자 2명 필요
- 누워있는 환자, 마비 환자에서 지시
- 자연스럽게 방광의 요를 제거하기 위해서는 요카테터 장착을 선호하나 요도폐색 가능성이 있는 환자에서는 지시되지 않음

① 장갑과 앞치마를 착용하고, 필요시 요검사 도구나 티슈를 준비함: 감염 방지

② 서 있는 자세(standing position)에서 생식기 주변을 세척 및 소독함: 서 있는 자세에서 방광 촉진이 쉬움. 배뇨 곤란 환자에게 압박 배뇨를 하여 요를 배출시키면, 편안해짐

③ 한 손으로 배 뒤쪽 부위를 통해 방광을 고립시키고, 반대쪽 손은 복벽에 위치함: 복강 후반부에서 팽창된 방광은 쉽게 촉진됨

④ 방광 양쪽 복벽에 부드럽게 압박을 가하여 배뇨를 촉진함. 방광을 짜내서는 안 됨. 저항감이 있거나 더 이상 요가 배출되지 않으면 중단함

- 부드럽게 압박하는 것은 복근과 비슷한 역할을 하여, 요의 흐름을 생성함
- 팽창된 방광은 압력이 지속되면 파열될 수 있음
- 요도가 폐색된 상태의 방광 압박은 방광손상 및 파열로 진행될 수 있음

⑤ 배출이 중단되면, 압박을 멈춤. 요량을 측정함: 색, 혼탁도, 냄새, 시간을 알리고, 차트에 기록함. 모든 과정은 기록이 필요, 수액 투여하는 환자에게 요생성량 측정은 질병 경과 평가에 있어서 매우 중요한 사항

⑥ 감염 방지를 위한 세척, 소독, 건조

02 물리치료(입원)

(1) Procedure: 마사지

마사지는 말초 순환을 유지하거나, 증진시키는 데 이용하고, 누워있는 환자에 유용함. 사지(네 다리)에 유용함

① 사지에 접근할 수 있는 자세로 보정함: 효과적인 과정을 위해서는 환자가 이완되고 편안해야 함. 처치대가 불편하면 환자의 집을 이용하는 것도 좋음

② 차례로 각각의 다리에 상처나 다른 이상이 없는지 확인함: 특별한 이상이 있으면, 마사지를 시행하면 안 되며, 수의사와 함께 검진함

③ 말단부터 위쪽으로, 또는 위쪽에서 말단으로, 다리 하나에 5분 이상 문지름: 혈액 순환을 도움

④ 진행 과정에서 환자를 안정시킴: 환자에게 말을 하는 것은 편안함을 느낄 수 있도록 도와주며, 마사지가 순환에 유용할 뿐만 아니라, 편안함과 관심의 근원이 될 수 있음

⑤ 주기적인 마사지는 매일 이루어져야 함: 환자 치료과정에서 주기적으로 진행되는 것이 효과적

(2) Procedure: 쿠파주

> • 쿠파주는 흉부 순환을 도와주며, 침하성 폐렴을 방지함
> • 네뷸라이저 치료 후 시도

① 엎드린 자세(sternal recumbency) 또는 서 있는 자세로 보정함: 엎드린 자세는 양쪽 흉부로 접근이 용이하고, 폐를 최대한 팽창하게 함
② 상처, 종양, 골절이 있는지 확인함: 늑골 골절과 같은 상황은 쿠파주가 금기됨
③ 두 손을 컵 모양으로 모아 쥐고, 양쪽 가슴을 뒤쪽에서 앞쪽으로 두드림. 5분 정도 반복함. 기침을 유발하고, 흉부 순환을 촉진함. 기관지 분비물의 배출을 도와줌
④ 하루에 4~5번 반복함: 누워있는 환자는 주기적으로 시행되어야 함

03 영양요법

(1) 영양요법

① 모든 동물은 균형 잡힌 영양 공급을 통해서 건강을 유지
② 질병 상태에서 식욕을 잃게 되어 필수적인 영양분을 공급받지 못하게 됨
③ 영양 결핍은 질병의 치료와 회복과정을 지연
④ 동물 간호에서 영양 공급은 질병 치료의 중요한 과정
⑤ 질병의 종류와 환자의 상태에 따라 처방되는 다양한 처방식과 영양 공급 방법: 장관영양공급방법과 비장관영양공급방법으로 구분

(2) 영양소

① 단백질
- 섭취된 단백질은 아미노산으로 분해된 후 흡수
- 필수 아미노산은 체내에서 흡수할 수 없어서 반드시 사료를 통한 공급이 필요
- 고양이 사료에는 타우린이 포함, 고양이는 타우린 결핍 시 심장질환과 안과질환 가능성

▶ 개 사료를 고양이에게 공급하지 말 것

② 지방: 필수 지방산은 반드시 사료로 공급
③ 탄수화물
- 단당류, 이당류, 다당류
- 소화과정을 통해서 단당류인 포도당으로 분해되어 소장 점막에서 흡수되어 에너지원으로 이용
- 사료를 통한 공급

④ 무기질, 비타민: 사료를 통해 충분히 공급 가능

⑤ 사료의 종류

- 상업용 사료
- 일반 사료 회사에서 제조된 사료
- 처방 사료

  ▶ 각종 질병에 맞추어 영양분의 구성과 함량이 조절된 사료

(3) 신체충실지수(Body Condition Score; BCS)

① 신체충실지수를 통해서 장기적인 영양 관리에 대한 평가가 가능

② 1~9단계

- 높을수록 비만하며, 낮을수록 마른 상태
- 4~6단계가 이상적

(4) 에너지 요구량 계산

① 에너지 요구량

- 건강한 동물이 기초 대사와 운동을 위해 필요한 에너지 요구량
- 질병 상태의 환자는 운동을 위한 에너지는 덜 필요하지만, 질병과 스트레스로 인한 에너지 소모는 존재

② 휴지기에너지 요구량(resting energy requirement; RER)

- 기초대사요구량, 항상성 유지에 필요한 열량
  - RER(kcal/day) = 70 × 체중(kg)$^{0.75}$ (< 2kg)
  - RER(kcal/day) = 30 × 체중(kg) + 70 (2kg < 체중 < 35kg)

③ 질병상태에너지요구량(illness energy requirement; IER)

- 입원 환자의 에너지 요구량
  - IER(kcal/day) = RER × illness factor(1.0~ 1.5)

④ 일일에너지요구량(daily energy requirement; DER)

- 정상적인 활동을 하는 건강한 동물의 하루 에너지요구량
  - 개 DER(kcal/day) = RER × 2
  - 고양이 DER(kcal/day) = RER × 1.6

⑤ 사료 급여량(g/day)

= 에너지요구량(IER or DER) / 사료 g당 칼로리

(5) Procedure: 강제급여 – 입안에 급여

- 기저질환, 환경변화, 스트레스에 기인한 식욕 부진 시 지시
- 사료의 선택
  - 환자에 맞는 처방 사료 또는 일반 사료를 선택
  - 고농축, 캔, 기호성 좋은 사료
  - 강제 급여의 한계를 보완

① 식이의 유통기한을 확인함. 기호성을 위해서 식이를 미지근하게 데움. 손을 깨끗이 씻고, 타월, 장갑과 앞치마를 준비함

② 환자가 편안한 자세로 보정함: 편안하지만 확실하게 보정하는 것이 중요함. 머리는 바른 자세로 위치해야 오연성 폐렴을 방지할 수 있음

③ 글러브를 끼고, 소량의 식이를 손으로 움켜쥠. 환자의 입을 열고, 식이를 혀의 뒤쪽에 위치함: 글러브를 사용하는 것이 위생적임. 환자가 거부하면 잠깐 쉬었다가 조금씩 다시 시도함

④ 환자가 식이를 삼키게 되면, 삼키는 반응과 함께 입 주위를 핥는 반응이 나타남: 목 부위를 마사지하면, 삼키는 반응을 도움

⑤ 정해진 용량을 급여할 때까지 과정을 반복함

⑥ 정량을 급여하면, 입 주변을 깨끗하게 씻기고 건조함: 세균 감염을 방지함

⑦ 정해진 칼로리만큼 먹었는지 기록하는 것은 매우 중요함

⑧ 일반적인 캔사료는 개봉 후, 밀폐하여 냉장 보관함: 처방캔사료의 경우에 제조 회사에서 지시하는 방법에 따라 급여 및 보관해야 영양 손실 및 부패를 방지함

(6) Procedure: 실린지를 이용한 강제급여

준비 과정은 손으로 급여하는 것과 동일하며, 실린지를 사용한다는 것만 다름

① 위아래 어금니 위치에서, 혀 위에 실린지 끝부분을 위치시켜 식이를 급여함

② 실린지를 천천히 밀어서, 천천히 식이를 급여함. 환자의 체중에 맞게 조금씩 급여함. 음식물이 기도를 막거나, 오연성 폐렴을 일으킬 수 있으니 주의

(7) Procedure: 비식도관 장착 및 식이급여

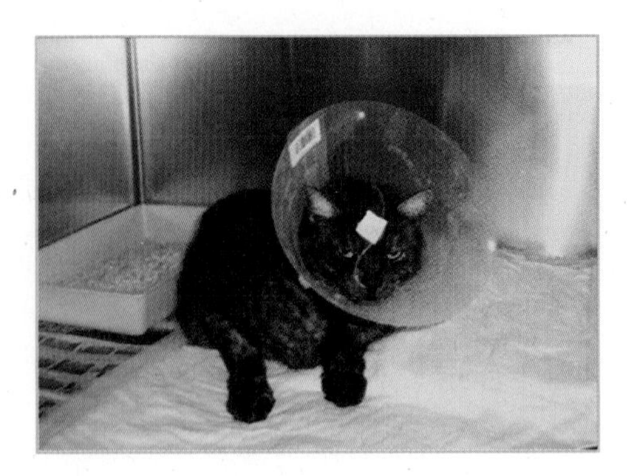

① 피딩 튜브를 준비

② 미약한 진정제 투여를 통해, 안정화시킨 후 진행

③ 코부터 7~8번째 갈비뼈까지 길이를 확인 후 표시함

④ 국소마취 스프레이를 코에 적용하여, 불편함을 최소화함

⑤ 피딩튜브 끝부분에 윤활겔을 도포하여 삽입 시 불편함을 감소시킴

⑥ 코를 통해서 튜브를 삽입하여, 식도를 통해서 위에 위치시킴

⑦ 장착 후 기침을 하는지 확인하고, 물을 투여했을 때 위 내에서 소리가 나는지 확인함

- 기침을 하거나, 위 내에서 소리가 나지 않으면 튜브가 기관에 장착되었으니 다시 장착해야 함
- 장착 후, 튜브가 고정될 수 있도록 피부에 봉합함

⑧ 식이의 투여는 반드시 의식이 있는 상태에서 급여해야 함

⑨ 튜브의 마개를 제거하고, 5~10ml 정도의 물을 이용해서 튜브를 세척해서 개통성을 확인하고, 식이를 투여함

⑩ 정해진 칼로리만큼만 투여함

⑪ 투여가 끝나면 다시 한 번 물을 투여하여 개통성 확인 및 세척을 진행함

⑫ 마개 주변부를 깨끗하게 유지함. 감염이나 염증을 방지하기 위해서 필요시 항생제나 항생제 연고를 사용함

⑬ 환자가 튜브를 뺄 수 있으니, 급여가 끝나면 E-칼라를 장착함

(8) 비장관 영양 공급 방법

① 지시

- 경구투여 불가능할 때
- 경구투여만으로 에너지 공급이 불충분할 때
- 지속적인 단백질 부족 시

- 단기간 영양 공급 시(5~7일 이하)
- 구토, 폐색, 오연 위험
- 경구투여 가능할 때에는 경구투여가 우선
- 경구투여와 PPN을 병용: 모든 에너지 요구량을 공급할 수 없기 때문
- 포도당 + 아미노산 + 지질: 삼투압 750mOsm/L 이하가 되도록 해야 함

② **완전비장관영양(Total parenteral nutrition; TPN)**: 에너지 요구량의 100%, 고삼투압, 중심 정맥을 이용

③ **말초비장관영양(Peripheral parenteral nutrition; PPN)**: 에너지 요구량의 50%, TPN보다 낮은 삼투압, 말초 정맥 이용

CHAPTER

04 중환자 간호 및 통증관리의 이해

01 중환자 간호

(1) 중환자 간호의 목표

① 중증환자 간호학은 높은 수준의 관찰 및 판단이 요구됨

② 응급하고 중증의 환자가 내원하였을 때, 정확한 관찰과 적절한 판단에 의한 빠른 조치가 요구

③ 환자의 평가를 통한 분류

- 예후에 직접적인 영향을 줄 수 있음
- 다양한 약물과 장비 역시 응급상황에서 필요하지만 동물 보건사의 "직접적인 손길(hands on)"을 대체할 수는 없음

④ 공유정신모형(Shared Mental Model): 집단의 구성원들이 정보를 어떻게 획득·분석하고, 이러한 정보에 대해 어떻게 반응할 것인지에 관하여 공통적으로 가지고 있는 인지체계

⑤ 응급·집중치료센터

- 의료진의 효과적인 의사소통(communication)과 팀워크가 매우 중요
- 시행착오를 최소화하기 위한 시스템을 구축과 환자의 생존이 목표
- 의료진의 안전과 서로에 대한 존중이 필수

(2) 중환자 환자 평가

① 환자의 현재 상태 확인이 중요: 호흡, 심박, 체온, 혈압

② 핸들링 시 환자의 반응 확인: 환자상태 불안정 시 검사보다는 환자의 안정화가 중요

③ 환자가 내원한 이유

④ 기저질환(당뇨, 신경질환 등) 인지

⑤ 응급처치와 검사 진행 과정 숙지

⑥ 약물에 대한 반응 모니터링

⑦ 요구되는 간호에 대한 필요성 인지

(3) 환자 정보 전달(중환자실 동물보건사)

[SBAR]

① 상황 Situation(S): 환자가 어제 수술을 진행하였으며, 입원실에서 지속적으로 짖고 케이지를 물어뜯고 있음

② 병력 Background(B): 보호자 확인 결과 환자는 분리 불안을 가지고 있음

③ 평가 Assessment(A): 환자는 지속적인 진통제 투여 중이기 때문에 통증 반응을 없다고 판단(체온, 심박수, 호흡수 모두 안정)

④ 추천 Recommendation(R): 환자에게 분리불안에 대한 진정제 투여를 권유

(4) 중환자실 입원 환자 정보 전달(중환자실 동물보건사 교대 시 인수인계)

[I-PASS]

① Introduction(소개 – 근무자): 5살된 중성화한 수컷 고양이 톰이 배뇨 곤란으로 내원

② Patient summary(환자요약 – 근무자): 방광은 팽창되어 있고, 혈액검사는 정상, 배뇨 카테터 장착, 이전 배뇨 곤란 병력 없음, 마취 이상 없음

③ Action list(지시사항 – 근무자): 수액 및 항생제, 진통제는 지속적으로 투여, 배뇨량 모니터링할 것

④ Situation awareness/contingency planning(상황 인지/가능한 상황에 대비 – 근무자): 핸들링 시 주의할 것, 회복 후 공격적일 가능성(보호자 언급), 괜찮으면 내일 저녁 퇴원 고려

⑤ Synthesis(종합 – 교대자): 밤 사이 수액, 항생제, 진통제 투여하고 배뇨량 모니터링 해야 하는 것, 핸들링 시 주의 필요하고 내일 저녁 퇴원이 목표임 인지

(5) 중환자 모니터링 항목

① 신체검사

- 시진: 비정상적인 호흡, 신경증상(경련, 침흘림, 떠는 증상)
- 청진: 비정상적인 심음 및 심박수, 폐음
- 촉진
  - 비장, 신장(고양이), 방광, 장과 같은 실질장기는 촉진으로 확인 가능
  - 피부, 피하, 복강 내 종괴
  - 체표 림프절
  - 대퇴동맥
- 체온 및 탈수 평가

② 임상병리검사의 이상 및 변화 확인: 혈청, 혈구, 전해질, 산염기 이상, 응고계 이상
③ 장비를 이용한 모니터링: 혈압, 심전도, 산소포화도
- 맥박산소측정기(pulse oximeter)
  - 저산소혈증의 위험이 있는 환자
  - 호흡곤란 또는 빈호흡
  - 마취
  - 급격하게 상태가 악화되는 환자
  - 빈혈
  - 혀, 귀, 외음부, 꼬리, 발바닥에 장착
- 저혈압
  - 수축기 혈압 < 80mmHg
  - 공격적인 수액 투여 필요
  - 약물 투여(Dobutamine, Vasopressin, Norepinephrine)

(6) 중환자 분류

① 중증외상환자
② 쇼크
③ 전신염증증후군, 다발성장기부전
④ 마취
⑤ 기절
⑥ 중독
⑦ 심폐소생술
⑧ 부정맥
⑨ 심혈관계, 호흡기계 질환

02 산소치료법

(1) 산소치료법

① 산소는 마취 또는 질병상태의 환자에게 매우 중요한 요소
② 생명을 유지하기 위한 필수 요소이며, 대기 중의 산소 분압보다 높은 농도의 산소가 지시
③ 산소는 일반적인 약물처럼 수의사가 처방하고, 동물보건사가 산소를 공급하면서 치료 반응을 모니터링

④ 흡입산소농도는 높은 농도로 오래 지속하는 것이 좋은 것이 아니라 가스분석을 통해서 흡입산소 농도의 조절이 필요(과잉 산소는 오히려 역효과)

⑤ 저산소혈증: 동맥혈산소분압(PaO_2) < 80mmHg

(2) 산소 요구 평가

① 산소가 지시되는 상황

- 호흡 곤란
- 중증 외상
- 순환장애
- 저혈압, 빈혈, 전신 염증
- 실험실적 진단 결과

(3) 산소 공급 방법

① 산소줄을 이용한 산소 공급

- 높은 농도의 흡입산소 가능
- 일시적인 사용

② 마스크를 이용한 산소 공급

- 높은 농도의 흡입산소 가능
- 이산화탄소 배출이 필요
- 일시적인 사용

③ 넥칼라를 이용(넥칼라에 랩을 씌워서 이용)

- 높은 농도의 흡입산소 가능
- 이산화탄소 배출이 필요
- 대형견에 유용

④ 비강 산소 카테터

- 정해진 분압의 산소를 일정하게 공급
- 산소 농도 조절
- 수의 영역에서는 환자의 비협조로 유지가 어려움

⑤ 산소 입원실(FiO_2 ICU(intensive care unit))

- 장기적인 사용 가능
- 흡입산소 농도 조절을 통한 산소 과잉 공급 방지

03 인공호흡기

(1) 인공호흡기 사용

① 마취
② 심폐소생술
③ 중증 질환으로 인하여 자발 호흡을 하지 못하는 경우
④ 모니터링 필수

(2) 인공호흡기 사용 시 산소 공급에 대한 평가

① 과잉 산소에 의한 조직 손상 또는 저산소혈증에 대한 예방
② 모니터링: 자발 호흡이 확인될 경우 빠르게 발관 후 흡입산소 농도 조절 필요(자발 호흡이 확인된 이후에 인공호흡기의 사용은 금지)

(3) 인공호흡기 사용 시 모니터링

① 자세 교체
- 한 자세로 지속적으로 유지 시 침하성 폐렴 또는 욕창 가능성
- 통증 등에 의해서 불편함을 느끼는 자세 확인

② 안약 도포: 지속적인 산소에 노출 시 각막궤양 가능성 높음
③ 인두부위 분비물 제거/기관튜브 교체
- 삽관 상태로 유지 시 일정 시간이 경과하면 기관 튜브와 인두부위 점액성 물질 저류
- 산소 효율 감소와 질식 가능성 존재
- 주기적인 분비물 제거와 기관 튜브 교체 요구

④ 심전도
⑤ 바이탈(심박수, 호흡수, 체온)
⑥ 부정맥 시 항부정맥 약물 투여
⑦ 흡입산소농도/산소분압
⑧ 산소포화도
⑨ 자발호흡 여부

04 통증 관리의 이해

(1) 통증 관리의 이해

① 인의와 달리 반려동물의 통증에 관한 인지와 연구는 아직 많이 부족한 상태

② 반려동물의 삶의 질을 높이기 위해서 통증 관리의 중요성 인지가 필요

③ 통증을 유발하는 원인과 증상에 준한 적극적인 접근과 연구는 반려동물의 복지에 매우 중요한 요소

④ 반려동물은 강한 통증에 대해서는 돌발 행동을 보일 수 있으나, 미세한 통증은 드러나지 않으며, 통증에 대한 정확한 표현이 어렵기 때문에 통증 평가는 쉽지 않음

⑤ 동물보건사의 통증 간호와 관련된 역할이 점차 중요해질 것으로 기대

(2) 통증으로 인한 증상

① 관련 부위 촉진 시 소리를 내거나, 힘을 주는 증상

② 관련 부위를 핥거나 씹는 증상

③ 점진적인 식욕 감소

④ 구석으로 숨으려는 증상

⑤ 안으려고 하면 아파하는 증상

⑥ 소리를 지르거나, 물려고 하는 증상

⑦ 움직임이 둔하거나, 강직되는 증상

(3) 통증관리

① 급성 동증

- 외상에 의한 피부, 조직, 뼈, 실질 장기의 손상
- 급성 염증 반응에 의한 통증
- 원발 원인에 대한 치료 및 관리를 통한 완치

② 만성 통증

- 원발 원인에 대한 접근에도 불구하고 발생하는 이차적인 통증
- 퇴행성 관절염, 종양 전이에 의한 통증
  - 지속적인 통증 관리를 통하여 삶의 질 향상

(4) 통증 부위 국소화

① 복부통증

원인	• 위장관 염증 • 췌장염 • 복막염 • 장중첩 • 위장 내 이물 • 복강 내 종양
신체검사	• 복부 촉진 시 복부에 긴장감 • 통증으로 인한 과민 반응 • 복부팽만 • 기지개 켜는 자세(praying position)
복부통증 통증관리	• 원발 원인에 대한 정확한 진단을 통한 치료 • 치료과정에서 진통제 사용 • 염증과 관련된 질병은 완치 후에는 통증관리가 필요하지 않음

② 허리통증

원인	디스크
신체검사	• 안으려고 하면 아파하고, 구석으로 숨으려는 증상 • 허리 촉진 시 소리를 지르거나 물려고 하는 증상
통증관리	• 수술적인 방법을 통한 원발 원인 교정 • 내과적인 약물 치료는 일시적인 통증 완화 효과는 있으나 언제든지 재발할 수 있는 요인 가지고 있음

③ 관절통증

원인	관절염: 고관절, 어깨관절, 무릎관절, 발목 관절 등에 퇴행성 관절염이 나타날 경우
통증관리	퇴행성 관절염의 경우 약물을 통한 지속적인 통증 관리를 통한 삶의 질 향상

④ 치아통증

원인	치주염, 치근단 농양, 구강 종양
신체검사	• 식이 섭취 시 통증으로 인한 식욕 감소 • 체중 감소 • 얼굴이나 입을 만지지 못하게 하는 증상
통증관리	• 스케일링, 발치를 통한 원발 원인에 대한 접근 • 정기적인 스케일링을 통한 치석 관리

⑤ 종양에 의한 통증

신체검사	• 전신 쇠약 • 식욕 감소 • 체중 감소 • 종양 부위 촉진 거부 – 심장, 간, 비장, 소장, 대장, 방광, 림프절 – 피부종양 – 구강종양
통증관리	• 수술적인 제거 • 항암치료 • 방사선치료 • 전이평가 • 지속적인 진통제 처방을 통한 통증 관리 – 삶의 질을 높여주기 위한 최선의 선택 요구

CHAPTER

05 건강검진 절차 및 병원 내 검사 보조

01 신체검사와 차트 입력

(1) 신체검사 기초

1) 신체검사 정의

현재의 건강 상태를 알기 위하여 동물의 몸 전체를 검사하는 것

2) 신체검사 종류

신체검사 종류	방법
문진	보호자와 질의응답으로 확인
시진	눈으로 관찰
청진	청진기로 확인
촉진	몸의 각 부분을 만져보며 확인
타진	몸의 각 부분 손가락으로 두드리며 확인

▶ 문진을 제외한 나머지 신체검사는 동물보건사의 전반적 검사로 실시됨

3) 문진

내원한 동물을 진료하기 전에 동물에 대한 기본적인 사항을 파악하는 것으로, 진료 시 기본 자료로 활용(과거와 현재의 질병력, 기본적 건강 사항)하며 진료 시간을 단축하고, 진단의 정확성을 높일 수 있음

[문진 내용]

- 보호자 정보
- 함께 거주하는 동물 정보
- 최근 신체 변화
- 치아 관리 상황
- 운동 여부
- 동물 정보
- 급여 음식
- 각종 예방 상황
- 피부, 털 관리 상황
- 과거 질병 이력 확인

② 전신 신체검사 비정상 상태

항목	비정상 상태
눈	유루증, 눈곱, 결막 충혈, 결막염, 각막염, 수정체 혼탁
코	코거울이 건조함, 콧구멍의 협착, 콧물, 비강 분비물 중 농 여부(개홍역, 고양이 칼리시/바이러스성 비기관지염 등)
귀	(특히 귀가 늘어 뜨러진 동물들 관찰), 귓바퀴 종창, 발적 여부, 귀지 여부
체형	비만, 저체중
걸음걸이	절거나 통증 소견 보임
구강/점막	구개열, 젖니 잔존, 치석, 비정상 색깔의 구강점막
소변	패턴 이상(다음/다뇨), 배뇨곤란(방광결석, 전립선 비대, 신우 손상 등), 혈뇨(비뇨기계 결석) 소변감소증(비뇨기 증후군, 배뇨관 폐쇄나 손상 등)
대변	변비(결장 종양, 환경적 요인, 운동 부족, 이물질 섭취, 전립선 비대 등), 설사
식이	식욕감퇴 여부(동물의 상태가 안 좋다는 첫 번째 신호, 구강 궤양, 섭취 곤란, 감염병, 코 막힘, 발열 등), 폭식(췌장 기능부전, 내부기생충), 이식증(영양 불균형)
입	구토(부적절 물질 섭취, 바이러스 감염증 등) 흔적 여부, 기침 여부
외음부	정상적(발정 전기(붉은색), 발정기(연한 갈색)) 분비물, 자궁내막염, 유산, 자궁축농증 등
생체지수	체온, 맥박 수, 호흡수는 정상범위에 들어가야 함

TIP

- 정상적인 신체의 상태를 알아야 병적인 상태를 파악할 수 있음
- 특히 환자의 신체검사 중 설사와 구토 흔적이 있을 경우 신중할 필요성이 있음

설사 원인	
개 파보바이러스감염증	고양이 범백혈구 감소증
세균감염증(렙토스피라, 캄필로박터감염)	분만 후 너무 많은 태막 섭취
개홍역	장중첩
내부 기생충 감염증(기생충, 원충)	결장염
부적절한 음식 섭취	장의 종양

구토 원인	
상한 음식이나 부적절한 물질 섭취(독성물질, 이물질)	위장염
바이러스 감염증 (파보바이러스 장염, 전염성 간염, 고양이 범백혈구 감소증, 고양이 전염성 복막염 등)	
내부 기생충 감염증	당뇨병
신장염	마취
자궁 축농증	췌장염

2) 동물 보건사에 의한 전신 신체검사 순서

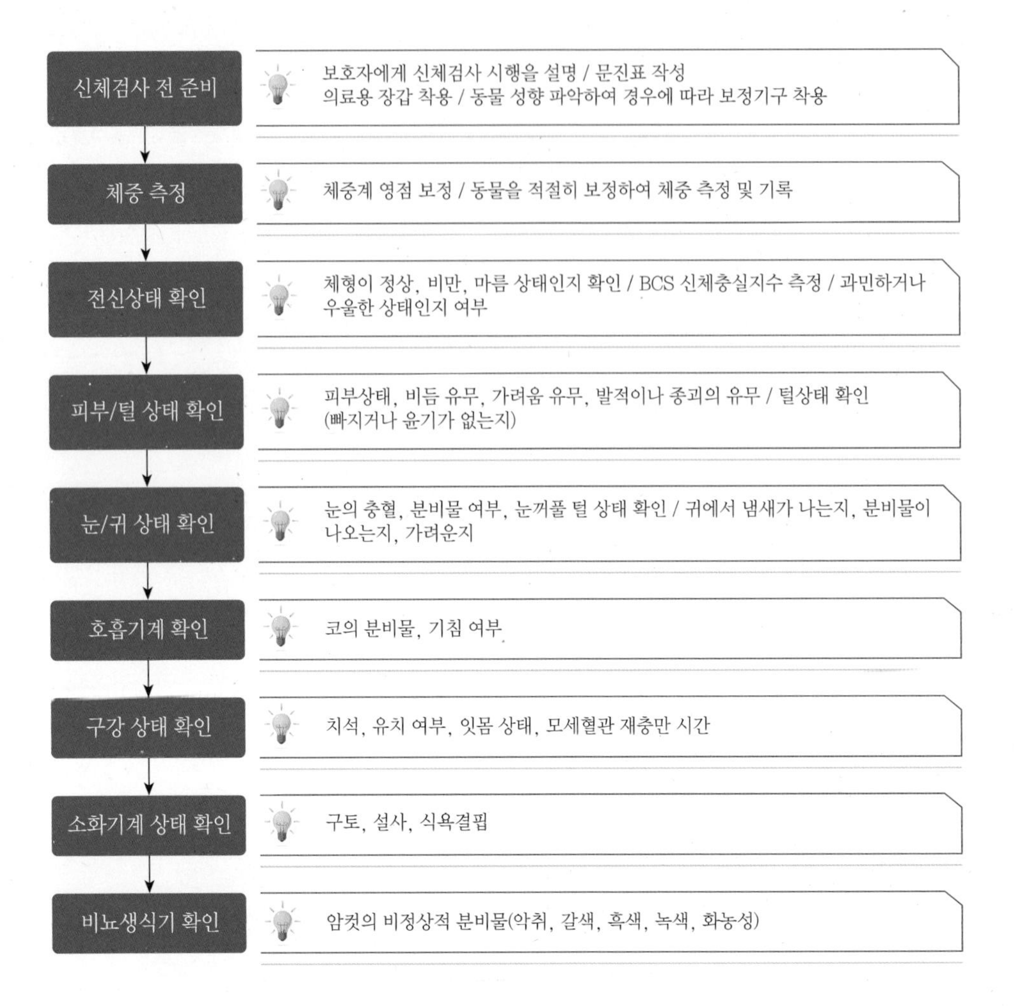

① **반려동물 신체 충실지수(BCS)**: 체형의 비만도 측정법으로 보통 정상, 비만, 마름 상태인지 확인할 때의 지표가 됨

[BCS 측정 방법]

단계	체형	분류 기준
BCS 1	야윔(very thin)	갈비뼈를 쉽게 촉진 가능하고 피하지방이 없음
BCS 2	저체중(underweight)	골격이 드러나 보이고 피부와 뼈 사이에 최소한의 조직만 있음
BCS 3	정상 체중(ideal weight)	갈비뼈를 볼 수 있고 쉽게 만질 수 있음
BCS 4	과체중(overweight)	갈비뼈를 보기가 어렵고 피부에 지방이 촉진됨
BCS 5	비만(obese)	갈비뼈를 볼 수 없고 지방이 두껍게 덮여 있으며, 고양이는 복부에 지방이 처져 있음

② 모세혈관 재충만 시간

- 혈액순환의 적절성에 대한 지표로, 환자의 초기 평가에 유용한 도구로 사용될 수 있음
- 탈수, 심부전, 저체온증, 전해질 이상, 저혈압 등에 의해 지연될 수 있음

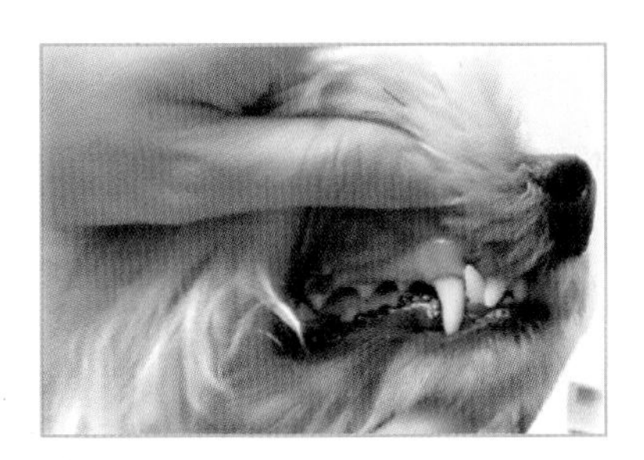
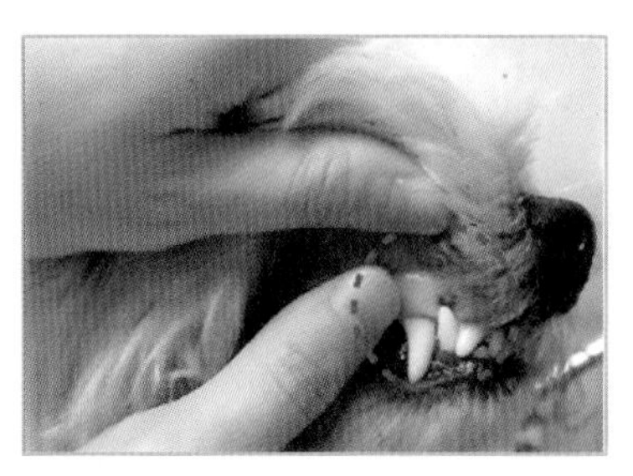

[검사 방법]

① 한 손으로 윗입술을 올리고, 다른 손의 엄지손가락으로 잇몸을 꾹 누름
② 잇몸을 누르던 손가락을 뗌
③ 창백해진 잇몸 색이 회복될 때까지의 시간을 측정
④ 측정 시간을 차트에 기록

[탈수 평가 기준]

탈수 정도	임상증상	피부탄력의 회복시간	CRT
5% 이하	증상 없음	1초 전후	1초 전후
5~8%	구강점막의 건조, 약간의 안구 함몰, 피부 탄력의 감소, CRT 증가	2~3초	2~3초
8~10%	안검결막 건조	6~10초	2~3초
10~12%	차가운 사지와 입, 심한 침울 및 누워 있음, 축 늘어져 있는 피부	20~45초(피부는 되돌아오지 않음)	3초 이상
12~15%	빈사상태, 심각한 쇼크	–	–
15% 이상	사망	–	–

3) 동물보건사 신체검사 유의 사항

① 동물보건사는 신체검사 전 신체 검사지와 필기구를 준비함
② 최대한 동물이 안정된 환경과 상태에서 신체검사를 받도록 함
③ 동물이 물거나 할퀴지 않도록 주의하며 동물이 예민하거나 사나울 경우 입마개 등의 보정 보조기구를 착용하게 함

[신체검사지 예시]

일 시		보호자명	
보호자 연락처		특이사항	
보호자 주소			
애견명		견 종	
성 별	M / F	나 이	

체 중	kg	체 온	℃
맥박수	회/분	호흡수	회/분
CRT	초	분변검사	ㅁ정상 ㅁ이상( )

계 통	정 상	평가항목(이상항목)	기타 이상
1. 전 신	ㅁ정 상	ㅁ마름 ㅁ비만 ㅁ과민 ㅁ우울	
2. 피부 및 피모	ㅁ정 상	ㅁ지루성 ㅁ건성 ㅁ비듬 ㅁ탈모 ㅁ 가려움 ㅁ엉킴 ㅁ거친피모 ㅁ 기생충 ㅁ종괴 ㅁ발적/염증	
3. 안구 및 안검	ㅁ정 상	ㅁ충혈 ㅁ분비물 ㅁ통증(ㅁ좌/ㅁ우) ㅁ눈못뜸(ㅁ좌/ㅁ우) ㅁ기형(ㅁ좌/ㅁ우)	
4. 귀	ㅁ정 상	ㅁ발적, 염증(ㅁ좌/ㅁ우) ㅁ분비물(ㅁ좌/ㅁ우) ㅁ악취 ㅁ가려움 ㅁ귀진드기 ㅁ이개혈종	
5. 호흡기	ㅁ정 상	ㅁ콧물 ㅁ기침 ㅁ호흡곤란	
6. 구 강	ㅁ정 상	ㅁ치석 ㅁ잇몸염증 ㅁ유치잔존 ㅁ구내염 ㅁ부정교합	
7. 골격계, 신경계	ㅁ정 상	ㅁ걸음걸이 이상 ㅁ통증 ㅁ마비	
8. 복 부	ㅁ정 상	ㅁ탈장 ㅁ복통 ㅁ 복부팽대	
9. 소화기	ㅁ정 상	ㅁ설사(ㅁ혈액, ㅁ점액변) ㅁ구토 ㅁ식욕결핍 ㅁ변비	
10. 비뇨 생식기	ㅁ정 상	ㅁ유방종괴 ㅁ외음부분비물 ㅁ배뇨이상	
11. 항문낭	ㅁ정 상	ㅁ종대	

기타 특이사항	

(3) 활력징후(Vital sign)

전신 신체검사 이후에는 신체 활력징후(vital sign)를 측정하게 되며 이는 평소 건강 상태의 기초자료로 이용됨. 활력징후의 대표적인 측정항목은 체온(temperature), 맥박수(pulse rate), 호흡수(respiration rate)로써 약자로 TPR이라 불림

1) 체온(temperature) 측정

① 일반적으로는 직장 온도를 측정·항문에 심한 통증이 있는 동물은 귀를 이용해 고막 체온계로 측정 가능

② 감염 가능성이 있는 동물의 체온계는 교대로 사용 불가

③ 체온계에 윤활제를 바르고 항문에 천천히 삽입하여 직장의 상부 표면에 접하게 위치하여 신호음이 울릴 때까지 유지

④ 끝난 후 즉시 체온계 소독

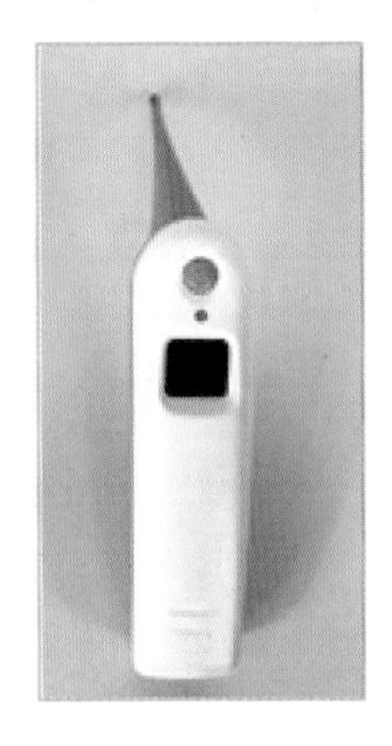

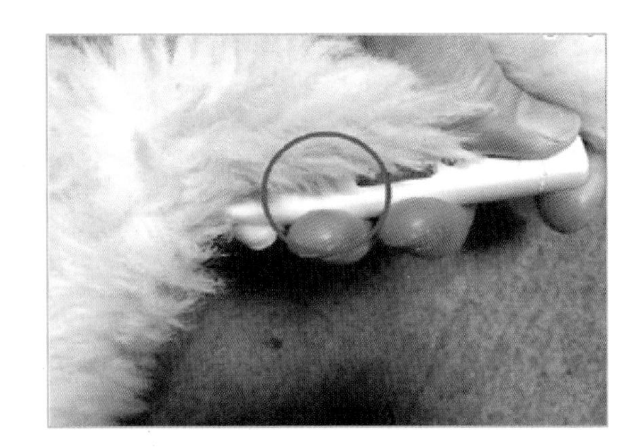

[동물의 정상 체온 범위]

구분	정상범위(℃)	평균(℃)
개	37.7~39.0	38.5
고양이	37.7~39.0	38.5
토끼	38.5~39.3	39.0
페럿	37.8~39.2	38.5

2) 맥박수(pulse rate) 측정

① 심장의 심실이 수축할 때마다 생기는 혈액의 파동으로 피부에서 가까운 동맥에서 측정
② 대퇴 부위 안쪽 넙다리동맥(femoral artery)에서 주로 측정
③ 빈맥(빠른맥)/서맥(느린맥) 여부 파악
④ 환자를 선 자세로 편안한 상태가 되도록 기다린 후 대퇴동맥 부위를 찾고 측정
(15초 측정 후 4를 곱하거나, 30초 측정 후 2를 곱하거나, 1분간 측정)

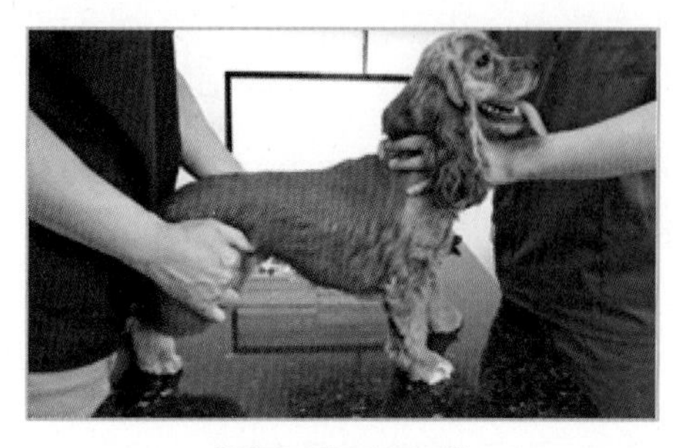
[맥박 측정 자세]

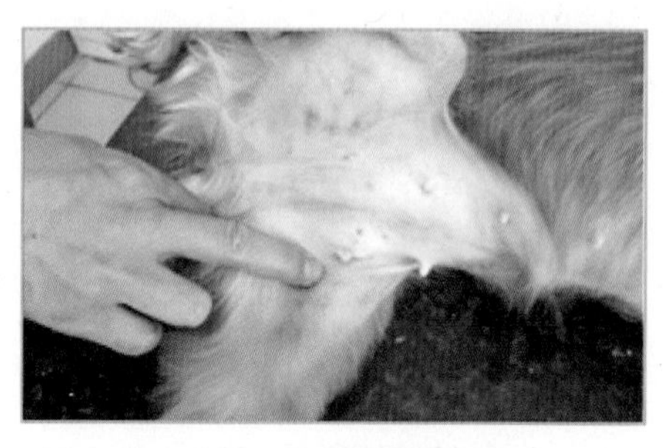
[넙다리동맥 맥박촉진 위치]

[동물의 정상 맥박수 범위]

구분	크기	맥박수
개	소형	90~160
	중형	70~110
	대형	60~90
고양이	–	140~220
토끼	–	120~150
페럿	–	300

3) 심박수(heart rate) 측정

① 청진기로 직접 측정(왼쪽 4~6번 늑골 사이)
② 환자를 검사대에 올리고 청진기의 다이어프램(청진기의 넓은 부위)을 왼쪽 가슴부위에 대고 15초나 30초 동안 측정

4) 호흡수(respiration rate) 측정

① 흉부와 복부를 맨눈으로 관찰함(흉기와 호기 과정을 다 거치면 1회로 산정)
② 빈호흡(빠른 호흡수), 완서 호흡(느린 호흡수) 여부 파악

[동물의 정상 호흡수 범위]

구분	호흡수
개	16~32
고양이	20~42
토끼	50~60
페럿	33~36

(4) 혈압 측정

1) 혈압의 정의

① 혈압(blood pressure)은 혈관 속을 흐르는 혈액이 혈관에 미치는 압력을 뜻하며 실제로 심장에서 밀어낸 혈액이 혈관에 와서 부딪히는 압력이라 할 수 있다. 이때 혈압은 심박수와 전신 혈관 저항(systemic vascular resistance; SVR) 및 일회 박출량에 의해 결정된다.

② 수축기 혈압은 심장의 심실이 수축하여 좌심실이 전신에 혈액을 보낼 때의 압력으로 혈압의 최대치이며 이완기 혈압(확장기 혈압이라고도 함)은 심실이 이완된 시기로 혈압의 최소치이다.

③ $\text{평균혈압} = \text{이완기 혈압} + \dfrac{\text{수축기 혈압} - \text{이완기 혈압}}{3}$

④ 혈압은 순환 혈액량 감소(저혈량 쇼크, 탈수), 심부전, 혈관 긴장도 변화에 의해 변동될 수 있다.

TIP 동물의 혈압 측정

동물의 혈압 측정은 사람과 비교하여 측정 동맥혈관이 작고 움직임이 많아 사람과 달리 고도의 테크닉을 요하기에 일반적 전신검사의 필수 항목은 아님. 그러나 심혈관이나 콩팥 질병이 있는 동물의 진단 또는 전신마취 시에는 혈압 측정이 아주 중요하고 최근 동물병원에서 사용 빈도가 증가하고 있음. 특히 도플러 혈압계를 이용할 경우가 많아 평균 혈압 외에 수축기 혈압 수치를 잘 파악해야 함

⑤ 개와 고양이의 정상 혈압은 다음의 표와 같다.

[개와 고양이의 정상 혈압(mmHg)]

구분	평균혈압	수축기 혈압	이완기 혈압
개	90~120	100~160	60~110
고양이	90~130	120~170	70~120

⑥ 혈압이 정상보다 높으면 '고혈압', 낮으면 '저혈압'이라고 한다.

⑦ **고혈압의 원인:** 심장질환, 콩팥질환, 당뇨병, 부신피질 기능항진증, 갑상샘 기능항진증이 있다.

⑧ **저혈압의 원인:** 저혈량, 말초혈관 확장(예 패혈증, 과민성 쇼크, 마취 등), 심박출량 감소(예 심부전, 판막질환, 느린 맥박성 부정맥 등)가 있으며, 특히 저혈압 시 순환 혈액량 감소로 장기 부전이 발생할 우려가 있기에 심한 저혈압 상황일 경우 즉각적 치료와 수액 또는 수혈을 통한 교정이 필요하다.

2) 혈압계의 종류

동물의 혈압 측정은 일반적으로 도플러(Doppler) 혈압계나 오실로메트릭(oscillometric) 혈압계를 이용한다.

① 도플러 혈압계

- 개와 고양이 혈압 측정에서 가장 일반적으로 사용됨
- 혈류의 소리를 증폭시켜 혈압을 측정하는 방법으로, 사람보다 작은 동맥혈관에서 측정하므로 혈관의 소리를 크게 확대하는 증폭 장치가 있음
- 동물의 수축기 혈압만 확인할 수 있고 이완기 혈압의 확인은 어려움

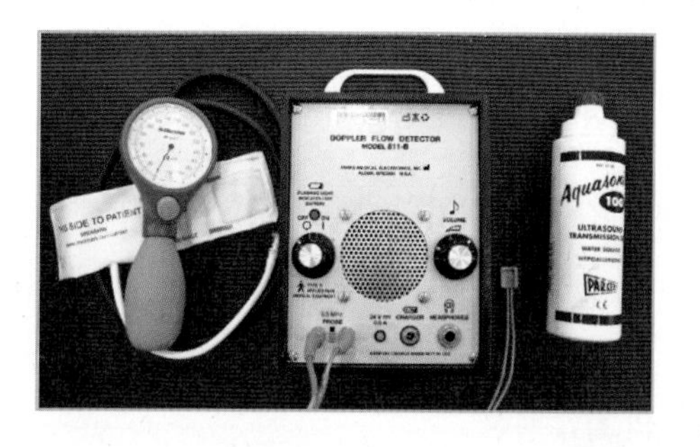

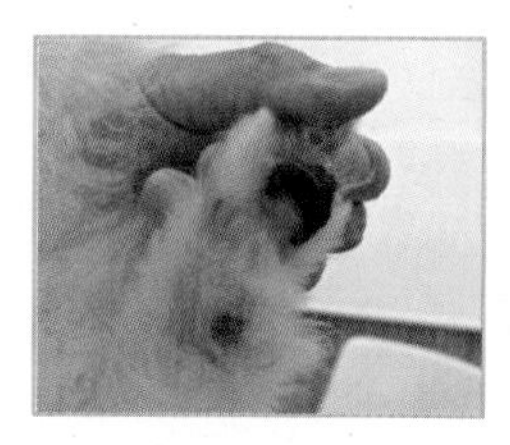

A. 앞발목 부위 털 제거

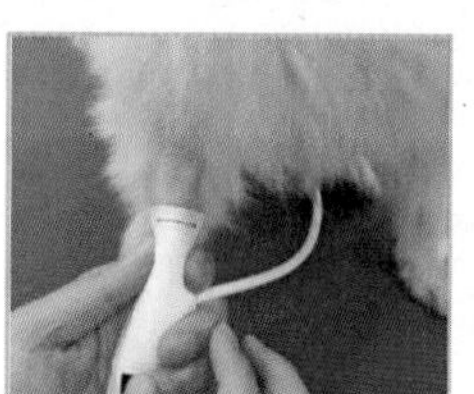

B. 커프 사이즈 선택

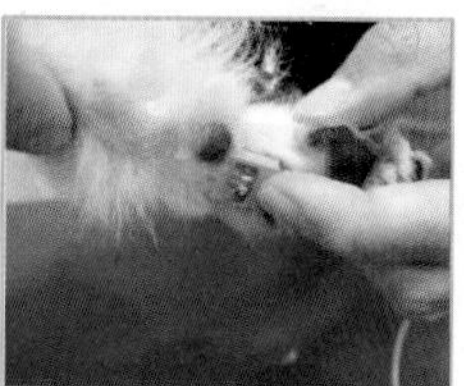

C. 동맥 혈관에 센서 장착

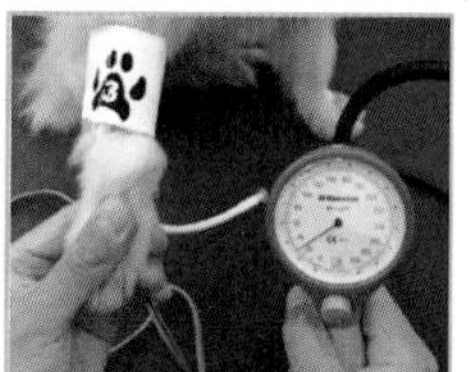

D. 커프를 부풀려 혈압 측정

[도플러 혈압계 및 혈압측정 방법]

② 오실로메트릭 혈압계

- 혈류의 진동 변화로 혈압을 측정함
- 동물이 최대한 움직이지 않고 안정된 상태에서 측정할 수 있으므로 중증의 말기 고위험 환자나 마취된 동물의 혈압 측정에 주로 사용
- 수축기, 이완기, 평균혈압의 측정이 가능하고 도플러 혈압계에 비해 사용이 간편함

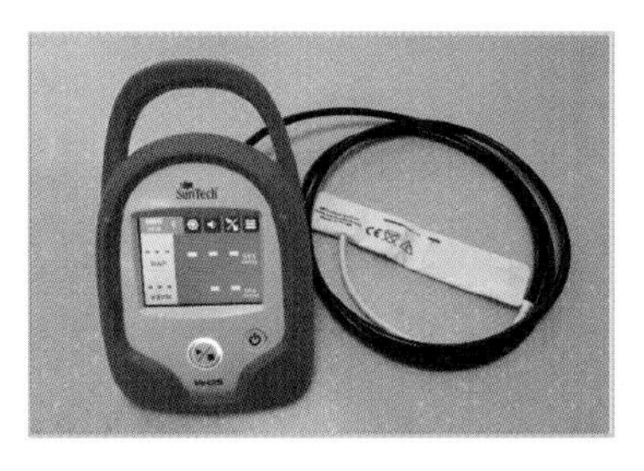
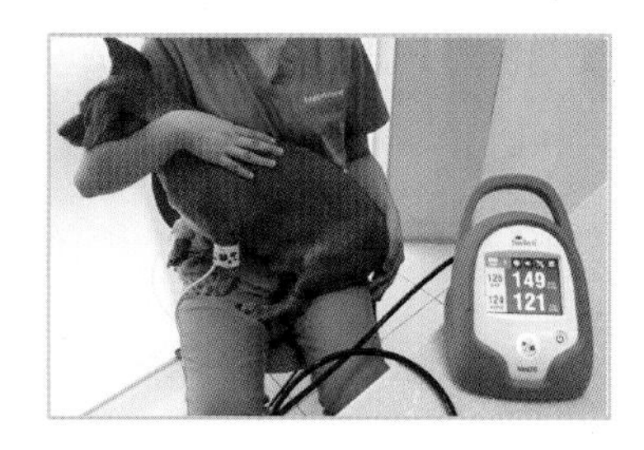

[오실로메트릭 혈압계 및 혈압측정 방법]

3) 혈압 측정 시 주의사항

① **동물의 안정**: 동물이 최대한 편안한 상태에서 측정하도록 한다. 스트레스가 있으면 혈압 측정치가 높아진다.

② **커프 크기**: 커프는 혈압 측정 시 혈류를 일시적으로 차단하기 위한 것으로 공기를 주입하여 부풀릴 수 있게 되어 있다. 이때 알맞은 크기의 커프를 사용해야 하는데, 개의 측정을 위해서는 커프를 장착하는 사지나 꼬리 둘레의 약 40% 커프 폭이 바람직하고 고양이는 둘레의 30%의 커프 폭이 적합하다.

③ **반복측정**: 첫 번째로 측정한 수치는 사용하지 않고 연이어 3~7회 정도 측정하여 최고와 최저를 빼고 20% 오차범위에 포함된 수치들의 평균값으로 측정한다.

02 기초 환자 평가

동물 보건사의 기초 환자 평가 방식은 사람의 SOAP 방식을 따르며 주로 입원환자 평가에 많이 이용됨. SOAP 방식은 아래의 그림과 같음

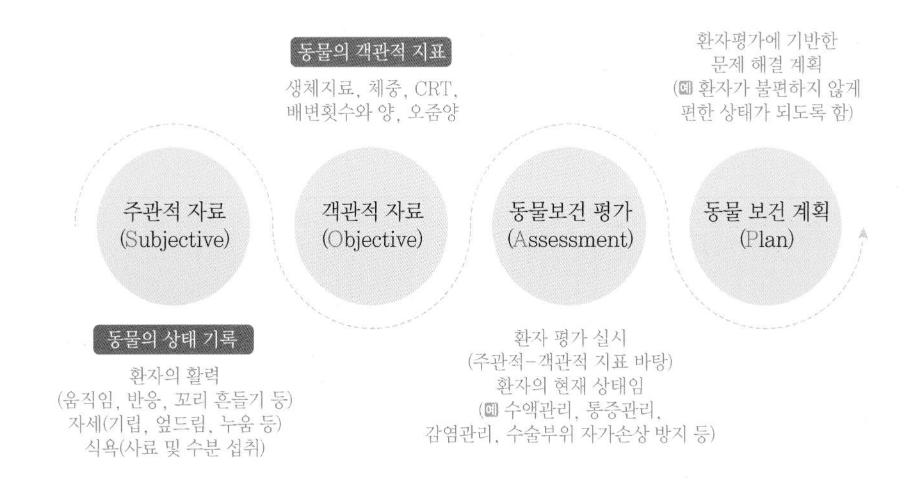

(1) 동물보건사의 기초 환자 평가와 간호 중재

[동물보건사의 기초 환자 평가 방식]

환자평가	임상증상	요구되는 개선상태	간호중재
식욕부진 (anorexia)	• 2일 이상 식욕이 없음 • 점점 식욕이 감소함	1일 사료요구량 섭취	• 처방된 식욕촉진제, 항구토제, 제산제 투여 • 동물의 식욕을 자극: 스트레스가 적은 환경 제공, 맛있거나 따뜻한 음식 제공, 손으로 입에 묻혀주거나 주사기로 입에 넣어줌 • 영양공급관 장착 고려
탈수 (dehydration)	• 건조한 점막 • 피부긴장도 감소 • 안구함몰 • 배뇨량 감소 • PCV, TP 증가 • 요비중 증가	• 촉촉한 점막 • 정상적인 피부긴장도 • 정상 배뇨량	• 처방된 수액 투여 • 수분 섭취와 배설량 측정 • 수액 과부하 여부 감시: 폐에 수포음, 심잡음, 부종, 체중 증가, 비강분비물 증가, 중심정맥압 증가 발생 여부 • 전해질 불균형 여부 감시
저혈량증 (hypovolemia)	• 건조한 점막 • 창백하고 하얀 점막색 • CRT 지연 • 빈맥, 약한 맥박 • PCV는 증가 또는 감소 • 심리상태 변화 • 저혈압	• 분홍색이고 촉촉한 점막 • 정상 CRT • 정상 혈압 • 정상 심장기능	• 처방된 수액 투여 • 수분 섭취와 배설량 측정 • 수액 과부하 여부 감시 • 처방된 수혈 투여 • 수혈 반응 감시: 불안, 구역 및 구토, 설사, 발열, 소양감, 피부발적, 두드러기 발생 여부
고체온 (hyperthermia)	• 39.5℃ 이상 • 헉헉거림(panting 증상) • 따뜻한 피부 • 빈호흡, 빈맥 • 심리상태 변화	정상체온 유지	• 체온 낮추는 처치: 시원한 환경제공, 발바닥 패드에 알코올을 적셔줌, 시원한 목욕 적용 • 탈수 예방 조치 • 처방된 해열제 투여
저체온 (hypothermia)	• 37.2℃ 이하 • 오한 • 심리상태 변화 • CRT 지연 • 서맥	정상 체온 유지	• 보온 제공: 따뜻한 물 순화, 담요 제공, 인큐베이터, 가온된 수액처치 • 심한 저체온 동물은 천천히 체온을 상승시킴 • 산소공급
통증 (Pain)	• 행동, 자세, 촉진 시에 반응 변화 • 급성 통증: 빈맥, 빈호흡, 고혈압	통증 지수의 감소	• 처방된 진통제 투여 • 통증 반응 감시 • 진통제에 대한 부작용 감시: 구토 및 설사, 혈변, 호흡수 감소, 변비, 불안(고양이) • 물리치료 • 편안한 환경 제공

전해질 불균형 (electrolyte imbalance)	• 서맥 또는 빈맥 • 부정맥 • 근력저하 • 근진전 • 발작	정상 전해질 수치	• 결핍 시: 처방된 약물 투여 • 상승 시: 처방된 약물 투여, 이뇨 • 기본 동물 감시 • ECG 감시 • 근진전, 발작이 있는 동물에게는 푹신한 담요 제공
요도 폐쇄 (urethral obstruction)	• 배뇨곤란 • 팽창된 방광 촉진 • 구토 • 심리상태 변화	정상적인 배뇨	• 지시된 요도카테터 처치 • 처방된 약물 투여 • 요 배출 감시
심부전증 (cardiac insufficiency)	• 빈호흡, 빈맥 • 비정상 심음 • CRT 지연 • 창백하고 청색의 점막 • 운동불내성 • 실신 • 비정상 ECG • 저혈압 또는 고혈압	• 정상 CRT • 분홍색 점막 • 정상 심박수 • 정상 호흡수 • 정상 혈압	• 산소 공급 • 기본 동물 감시 • ECG와 산소포화도 측정 • 혈압측정 • 수분섭취와 배출량 측정 • 처방된 약물 투여 • 약물투여 후 부작용 감시 • 낮은 염분의 음식 제공
저산소증 (hypoxia)	• 청색증 • 호흡곤란 • 빈호흡 • 심리상대 변화 • 산소포화도 감소	• 분홍색 점막 • 정상 호흡수 • 정상 산호포화도	• 산소 공급 • 기본 동물 감시 • 맥박산소측정과 동맥혈가스분석 측정
과체중 (overweight)	신체충실지수(BCS) 5단계 중 4 이상	BCS 3/5	• 1일 요구량에 따른 체중 감소 위한 식이 계산 • 적정한 운동 실시 • 체중 감소를 위한 보호자 교육 실시 • 체중 감수에 대한 정기적 평가
저체중 (underweight)	신체충실지수(BCS) 5단계 중 2 이하	BCS 3/5	• 1일 요구량에 따른 체중 증가를 위한 식이 계산 • 전해질 불균형 처치 • 비타민 결핍 처치 • 체중 증가를 위한 보호자 교육 실시 • 체중 증가에 대한 정기적 평가
구토 (vomiting)	• 구역 • 구토 • 복부통증	구토 해소	• 전염병이 의심되면 동물 격리 실시 • 처방된 약물 투여 • 소화되기 쉬운 음식 제공 • 탈수, 전해질 불균형, 식욕저하 처치

설사 (diarrhea)	• 설사 • 복부통증	정상적으로 형성된 분변배출	• 전염병이 의심되면 동물 격리 실시 • 처방된 약물 투여 • 탈수 처치 • 동물 위생관리: 항문 주위에 엉겨 붙은 털 제거 및 세정, 목욕 • 소화되기 쉬운 음식 제공
변비 (constipation)	• 복부팽만 및 통증 • 심리상태 변화 • 결장부위에서 단단한 덩어리 촉진	최소 1일 1회 분변 배출	• 적절한 수분 공급 • 관장 실시 • 고섬유질 또는 저잔류식 음식 제공

03 심전도, 복강경, 내시경, 초음파 검사 보조 및 주의사항

동물보건사는 수의사가 진단을 위한 각종 검사를 할 때 검사가 원활하게 진행되도록 보조하는 역할을 함

(1) 심전도 검사

1) 심전도 검사는 심장의 박동 및 수축과 연관되는 심장의 전기적 활성도를 체표에 전극을 부착함으로써 눈으로 관찰하는 검사방식. 이때 정상일 경우 심전도는 일반적인 PQRST 형을 보임
2) 보통 심전도의 전극은 접지까지 포함하여 각 오른쪽 왼쪽 앞다리와 뒷다리 총 4군데에 장착함

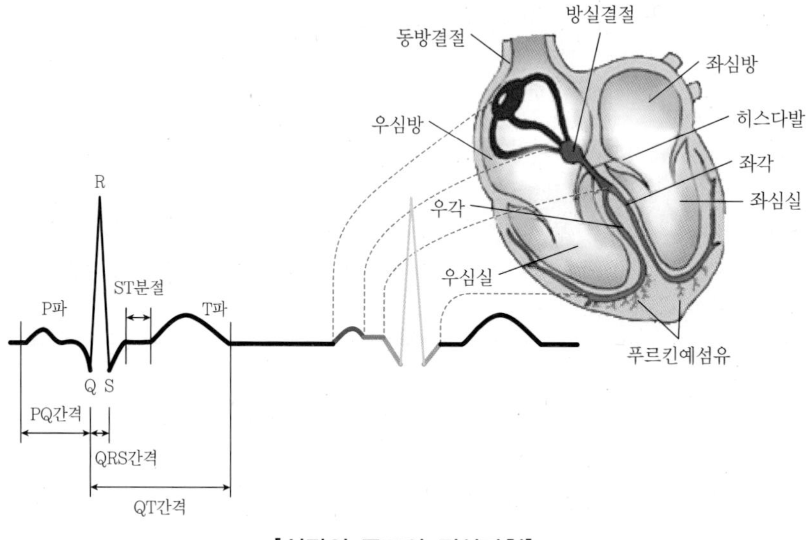

[심장의 구조와 정상파형]

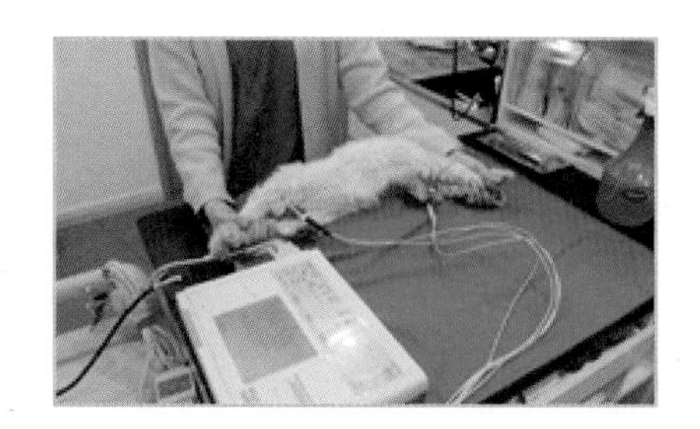

심전도 3리드(lead) 장착 위치
- 오른쪽 앞다리
- 오른쪽 뒷다리
- 왼쪽 앞다리
- 왼쪽 뒷다리

(전극 네 군데: 3개의 lead와 1개의 접지/각 전극의 색들은 제품마다 상이할 수 있음)

[심전도 검사 시 보정법 및 리드(전극) 장착법]

3) 심전도 검사의 주의사항

① 지시된 유도법에 따라 젤을 바른 후 전극 장착

② 보정 시에 전극끼리나 전극과 손가락이 접촉되지 않도록 주의

③ 사용 후 전극을 정리할 때 즉시 전극이나 동물의 오염물을 닦아놓음

④ 검사 후 전극코드가 서로 엉키지 않도록 정리함

(2) 복강경 검사

1) 일반적인 복부 수술은 광범위하게 복벽을 절개하여 내장 장기를 꺼내서 수술하는 방식이나 복강경 수술은 복벽에 0.5~1cm 구멍을 내고 카메라를 삽입해 관찰을 통해 최소 침습적으로 수술을 시행하는 방법으로서 복강 내로 수술자의 손을 집어넣지 않으므로 감염률이 낮고 수술 후 통증이 적고 회복이 빠른 장점이 있음

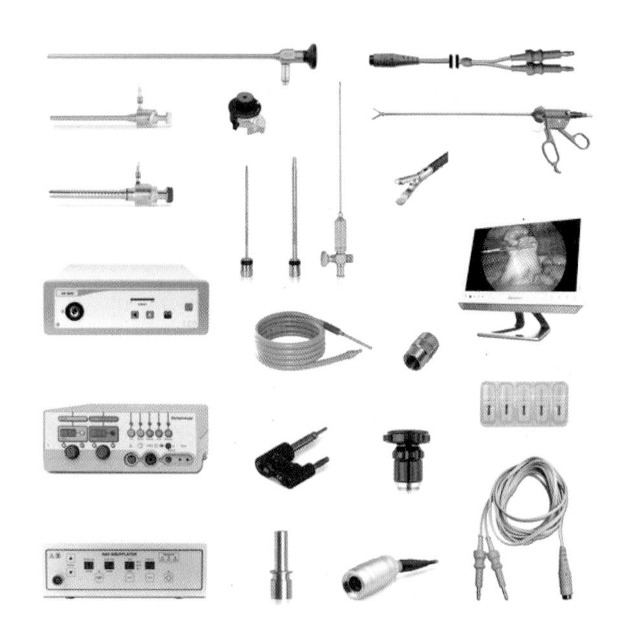

[복강경 기구]

2) 복강경 검사 주의사항

① 동물의 금식, 배변 여부 확인함
② 수술 전 모니터링(흉부 방사선 검사, 기본 혈액검사)
③ 수의사의 수술 및 지시사항에 따라 동물의 보정 및 관찰을 함
④ 수술 중 마취 모니터링을 함
⑤ 수술 전·후 수술기구 및 복강경 기구 소독이나 멸균을 철저히 함

(3) 초음파 검사

1) 대상물에 탐촉자(probe)를 대고 초음파를 발생시켜 반사된 초음파(에코, echo)를 수신하여 영상을 구성하여 검사하는 방법으로 검사할 때 뼈, 가스, 교원질 부분은 흰색의 고에코, 연부 조직은 회색의 저에코, 액체는 무에코성을 지니며 복부, 심장 안 초음파 등이 있음

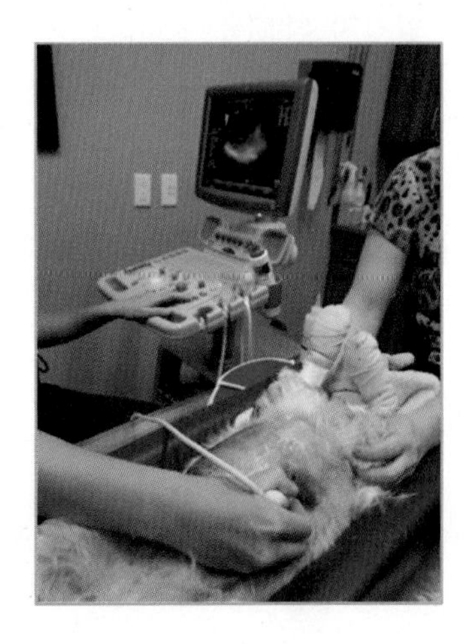

2) 초음파 검사의 장단점

장점	• 초음파 검사는 비침습 생체 계측으로 초음파의 투시로 고통을 주지 않고 생체에 영향을 주지 않음 • 반복 검사 가능 • 연부조직을 정밀하게 관찰 가능 • 혈관 벽, 심장 구축물, 태아 심장박동 등 실시간 표시, 동태, 관찰 가능함
단점	가스체, 뼈의 영향을 받기 쉽고 검사 부위의 제한이 있음

3) 초음파 검사 주의사항

① 초음파 진단에 앞서 기계의 작동 유무 검사하고 초음파젤을 준비
② 복강장기의 경우 동물의 금식 및 배변 여부 확인
③ 검사부위를 삭모함

④ 복배위 자세 유지 시 동물이 다치지 않게 유의(상황에 따라 입마개 같은 보정기구가 필요함, 대형견 환자일 경우 두 명 이상 보정하는 것이 좋음)
⑤ 동물에 따라 진정장치나 진정제 투여가 필요할 수 있음(단, 심장 초음파의 경우 결과에 영향을 미치므로 약물 투여 안 함)
⑥ 수의사의 검사 부위에 따른 정확한 보정방법 숙지
⑦ 동물의 심리적 안정을 위해 노력
⑧ 검사 후 뒷정리 철저

(4) 내시경 검사

1) 내시경 검사는 의료목적으로 신체 내부를 육안으로 검사하기 위한 의료기구로서 촬영기구를 장기에 삽입하여 비침습적으로 검사함. 종류로는 위내시경, 대장내시경, 기관지 내시경, 비인두경 등이 있음. 검사 과정 중 진정과 마취를 시행해야 하므로 검사 전 기본 흉부 방사선 검사 및 혈액검사가 필요함

2) 적응증

① 카메라를 통한 검사와 동시에 특수 조직 채취 및 제거가 가능
② 동물의 경우 이물 섭취, 구토, 섭식 장애 등의 이상 증상이 있을 때 실시
③ 소화기와 관련한 증상이 지속되어 조직검사가 필요한 경우 실시

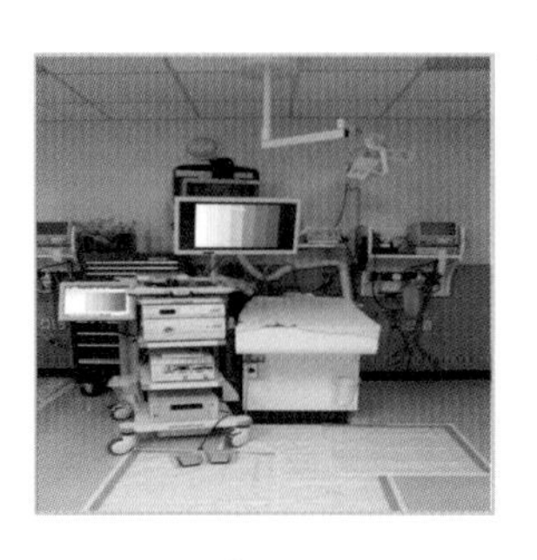
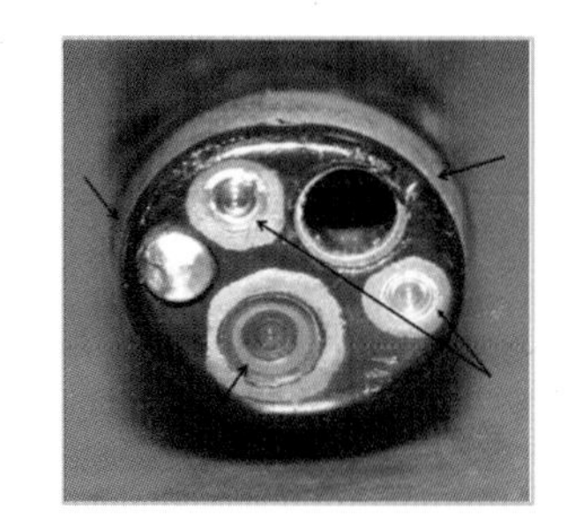
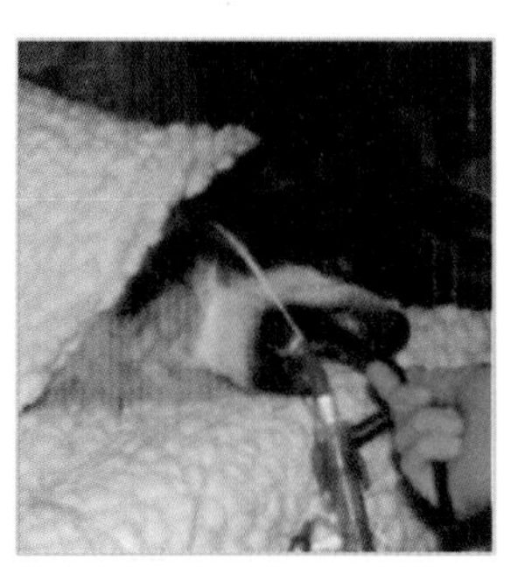

위내시경 자세 대장내시경 자세

[내시경 장비, 선단부(distal tip) 및 동물 보정 자세]

3) 내시경 검사 주의사항

① 검사 전 금식 및 마취 전 검사 필요
② 수술 전부터 후까지 모든 단계에서 동물의 마취 모니터링
③ 검사 전 내시경 관련 기구 작동성 확인
④ 검사 후 뒷정리 철저

백신과 감염병

01 수의 면역학 기초

(1) 면역의 정의 및 면역계

면역이란 외부 감염원(바이러스, 세균, 기생충, 곰팡이 등)으로부터 몸을 보호하는 방어기작이다. 면역체계는 self(자신)와 non-self(남)를 구분하고 non-self에 대해서만 면역반응이 유도되는 특징이 있다.

면역계는 면역 기관[림프절, 비장, 편도선 등] + 면역 세포[림프구(T세포, B세포), 호중구, 호산구, 호염기구, 대식세포 등]으로 구성된다.

(2) 면역의 종류

면역은 크게 선천면역과 후천면역으로 구분되고, 선천면역은 유전적 내재면역, 초기 염증반응, 물리적 방어벽 등으로 발휘되고, 후천면역은 자연능동면역, 자연수동면역, 인공능동면역, 인공수동면역 등으로 생성될 수 있다.

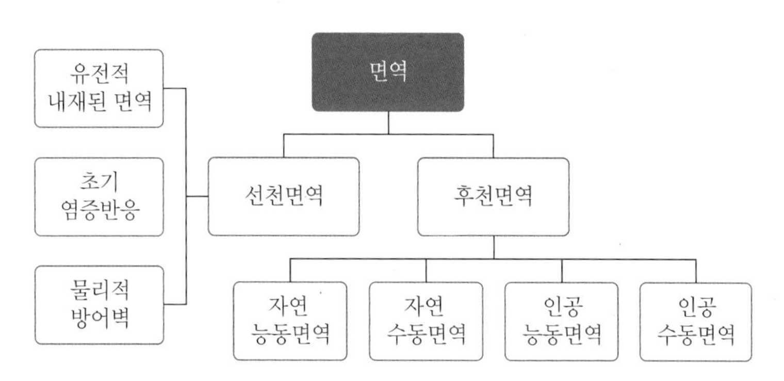

[면역의 종류별 설명]

면역	선천 면역	유전적 내재 면역	동물 종, 품종별로 감염 유병률이 다름 예 점액종증 바이러스는 토끼에게 감염되나 개와 고양이에게는 감염되지 않음
		초기 염증반응	초기의 염증 반응으로 비만세포(히스타민 분비), 호중구, 자연살해세포, 기타 염증 인자 등이 작용함
		물리적 방어벽	피부, 점막, 털의 물리적 방어벽
	후천 면역	자연 능동면역	실제로 감염되었다가 회복된 후, 다시 감염되면 림프구가 반응하여 항체를 생산하여 병원체를 제거함
		자연 수동면역	• 모체이행항체(maternally derived antibody; MDA)를 통한 면역이 대표적임 • 일반적으로 신생 동물은 태어난 후 스스로 항체를 생산할 수 있을 때까지 질병 감염의 위험이 크기에 동물은 초유(태어난 후 48시간 내)를 통한 모체이행항체를 통해 신생 동물이 태어난 후 8~12주까지 방어 능력을 제공하게 됨. 특히 갓 태어난 신생 동물은 소화 효소가 없어서 어미의 항체 분자가 분해되지 않은 상태로 혈류로 흡수될 수 있음 • 특히 어미의 정기적 예방접종과 방어 능력이 신생 동물에게 영향을 미침
		인공 능동면역	인공적으로 불활성화 형태의 항원을 접종하여 림프구의 항체 생산을 유도하여 면역을 생성하는 방법임 → **백신의 원리**
		인공 수동면역	인공적으로 공여 동물이 만든 항혈청이나 고면역혈청을 항체로 주입하는 것으로 면역기능이 약한 동물(예 너무 어려서 항체를 못 만들거나 예방접종을 못 한 경우)의 즉각적 방어법으로 이용될 수 있음. 그러나 주입한 항체 자체가 이종 단백질이므로 며칠 안에 파괴됨

02 백신관리와 스케쥴

(1) 백신과 예방접종 정의

1) 백신이란?

질병을 일으키는 병원체를 약화하거나 불활성화시킨 것을 소량 첨가한 제재

2) 예방접종

백신을 접종하여 인공 능동면역 반응을 유도하여 항체를 생산하는 방법으로 감염병을 예방함

(2) 백신의 종류

약독화 생백신	불활성화 백신
• 순화백신, 생균백신 • 살아있는 병원체의 독성을 약화한 것 • 약화시킨 세균이나 바이러스의 증식 때문에 해당 질병에 걸린 것과 비슷한 상태가 되어 강력한 면역반응 • 장점: 불활성화 백신보다 면역 형성 능력 우수 • 단점: 면역결핍 동물의 경우 백신 내 병원체에 의한 발병 우려 존재함(병원성 O + 항원성 O) • 장기간 지속	• 사독백신, 사균 백신 • 항원 병원체를 죽이고(자외선, 열, 화학품 이용) 면역 항체 생산에 필요한 항원성만 남긴 것 • 장점: 해당 질병을 일으킬 위험은 없음(안전성 높음) • 단점: 면역반응이 약하여 여러 번 접종 필요(병원성 × + 항원성 O) • 면역 지속시간이 상대적으로 짧음

(3) 백신관리와 스케쥴

1) 반복 접종과 지연기

① 보통 백신은 여러 번 접종을 통해 좀더 신속하고 강력한 항체 생산이 가능함
② 개체의 항체 생산 능력과 백신 제제의 특성을 고려하여 백신 스케줄 관리가 필요함
③ 백신접종을 해도 항체가 생성되기까지는 지연기가 존재함

백신을 반복 처치할 경우 백신접종 간격은 최소 2~3주 필요(백신접종 간의 간격이 짧으면 첫 번째 백신의 면역원이 두 번째 백신의 항체 형성을 방해함)

2) 모체이행항체 간섭 고려

① 초유(출생 후 48시간 이내)를 통해 신생 동물은 모체이행항체를 획득할 수 있음
② 모체이행항체는 신생 동물의 단기 면역능력 확보에 도움을 주나 백신의 항원을 제거하여 백신의 면역 형성을 방해할 수 있음(모체이행항체 간섭)
③ 모체이행항체 간섭을 고려하여 백신 스케줄 관리가 필요함

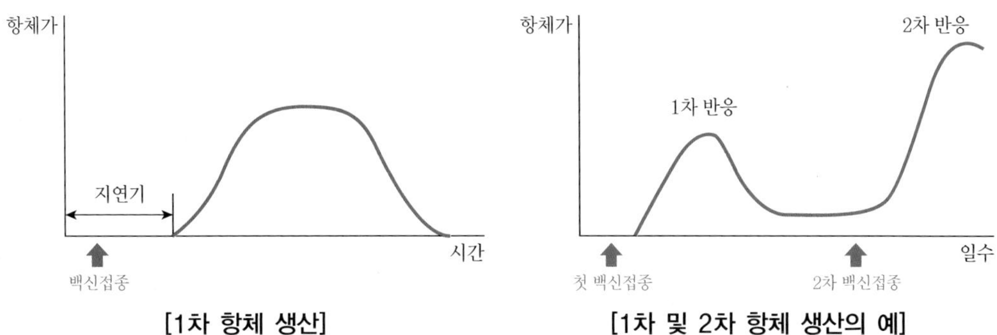

[1차 항체 생산] [1차 및 2차 항체 생산의 예]

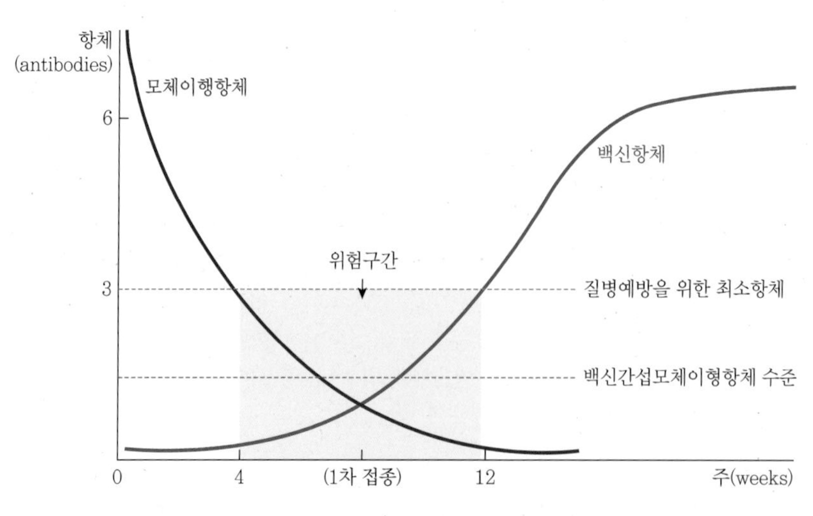

[모체 이행항체 간섭과 백신에 의한 항체 형성]

3) 일반적인 백신관리와 스케쥴

[백신 스케줄 전략]

모체이행항체는 2개월 전후로 효력이 소멸됨
→ 내략 6~8주령부터 백신 1차 접종을 시작하여 여러 번 접종함
→ 예방접종 간격은 2~3주 간격(첫 번째 백신에 의한 백신 간의 간섭 현상 방지)
→ 서로 다른 종류의 백신들을 1~5일 간격으로 각각 개별적으로 투여하는 것보다는 여러 백신을 동시에 투여하는 것이 바람직함

[개 예방접종 일정표]

	종합백신 (DHPPL)	코로나 장염 (corona-v)	기관지염 (kennel-cough)	케니플루 (caine influenza)	비오칸M (곰팡이 예방)	광견병 (rabies)	구충제	심장 사상충
6주령	1차	1차					3개월 간격	매월 투여
8주령	2차	2차						
10주령	3차		1차					
12주령	4차		2차					
14주령	5차					기초접종		
16주령				1차	1차			
18주령				2차	2차			
추가 접종	매년	매년	매년	매년	매년	매년		

[고양이 예방접종 일정표]

	종합백신 (FVRCP+FeLV)	전염성 복막염 (FIP)	광견병 (rabies)	구충제	심장사상충
8주령	1차			투여	
11주령	2차				
15주령	3차		기초접종		매월 투여
18주령		1차		3개월 간격	
21주령		2차			
추가접종	매년		매년		

4) 동물병원에서 백신접종 순서

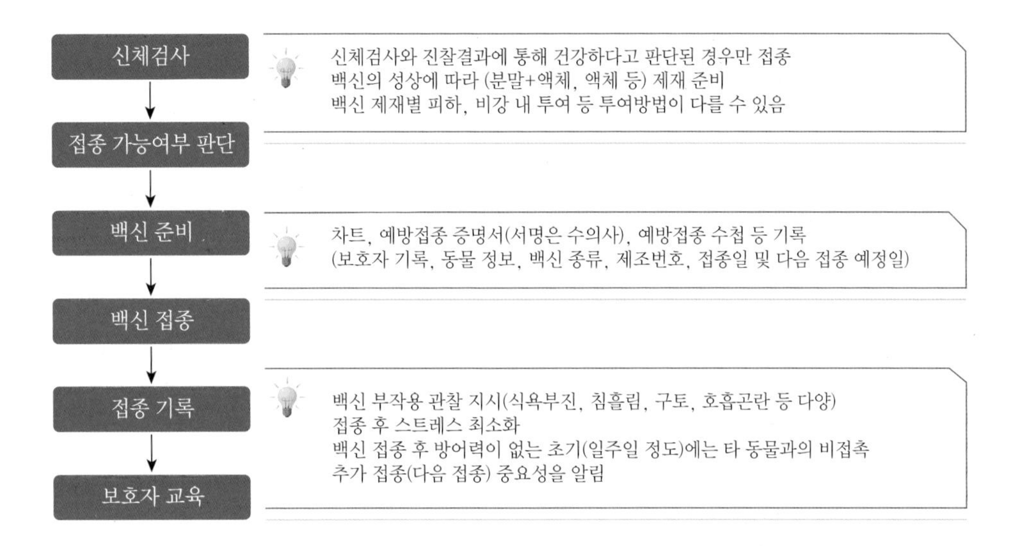

03 바이러스-세균 감염성 질환

(1) 감염병 정의 및 전파 경로

1) 감염병의 정의

'감염성 질환'이란 '신체에 침입한 병원체가 신체에서 증식하고 개체 간에 전파되는 질병'을 의미함

2) 감염병의 특징

① 병원체는 개체 간 전파를 통해 질병이 확산됨

② **감염병 연구의 목표:** 병원체의 감염 – 이탈 – 이동 – 다른 개체에 침입하는 원리 탐색임

3) 감염병의 전파 경로

① **직접 접촉:** 그루밍, 핥기 등 숙주동물이 감수성이 있는 동물과 접촉하여 병원체 전파

② **간접 접촉:** 숙주와 감수성 있는 동물이 서로 떨어져 있고 병원체가 이동하여 전파

[간접 접촉 전파 경로]

비말	호흡기 질환 병원체, 디스템퍼/켄넬코프 등
분변	기생충, 파보바이러스, 톡소플라즈마 등
구토물	파보 바이러스, 살모넬라, 디스템퍼 등
침	광견병, 고양이백혈병 바이러스
혈액	고양이 면역결핍증 바이러스
오줌	렙토스피라 등

(2) 개의 감염성 질환 – DHPPL 백신 관련 감염병

1) 개 디스템퍼(canine distemper: 개 홍역)

- **원인:** Canine distemper virus(개홍역 바이러스)
- **전파:** 비말, 경구 감염
- **증상**
  - 초기: 고열, 호흡기와 소화기 증상(콧물, 설사)
  - 후기: 중추신경계 염증에 의한 신경증상(발작, 경련)
- **치료:** 격리, 수액으로 체액 손실 보충, 항생제를 통한 이차 감염 치료
- **예방:** 예방접종(DHPPL, 약 6주부터 시작)

2) 개 전염성 간염(infectious canine hepatitis)

- **원인:** Canine adenovirus
- **전파:** 분변, 오줌, 침
- **증상**
  - 식욕부진, 발열, 구토, 설사, 복통, 간비대, 황달, 결막염, 각막부종/혼탁(blue eye) 등 다양
  - 질병이 회복한 후에도 6~9개월간 오줌으로 바이러스 배출

• 치료: 수액, 항생제, 항구토제 등 대증요법
• 예방: 예방접종(DHPPL, 약 6주부터 시작)

3) 개 파보바이러스(canine parvovirus)

• 원인: Canine parvovirus
• 전파: 분변
• 증상: 2~3개월 강아지에게 빈번, 침울, 수양성(혈액성) 설사, 구토, 탈수, 쇼크
• 치료: 적절한 간호 및 대증 치료 예 수액, 항생제, 항구토제, 항경련제 등
• 예방: 예방접종(DHPPL, 약 6주부터 시작)

4) 개 파라인플루엔자(canine parainfluenza, 개감기)

• 원인: Canine parainfluenza virus
• 전파: 비말(침, 콧물)
• 증상: 열, 콧물, 편도비대, 마른기침
• 치료: 대증요법(항생제, 진해제, 해열제 등)
• 예방: 예방접종(DHPPL, 약 6주부터 시작)

5) 개 렙토스피라증(canine leptospirosis) [인수공통 전염병]

• 원인: Leptospira canicola/interohemorrhagiae(세균)
• 전파: 오염된 물, 오줌
• 증상
  – 간염, 급성 신부전, 발열, 구토, 혈관 내응고, 황달, 쇼크 등 다양
  – 회복 후에도 수개월~수년 오줌으로 배출 가능
• 치료: 수액요법, 항생제, 항구토제 등
• 예방: 예방접종(DHPPL, 약 6주부터 시작)

6) 개의 감염병 예방 접종

① DHPPL 예방 접종
  • 5개의 감염병을 예방하는 종합 백신
  • 생후 6(± 1)주부터 1회 시작하여 2주 간격으로 반복 접종

Distemper virus
Hepatitis virus
Parvo virus
Parainfluenza virus
Leptospira

(3) 그 외 개의 감염병

1) 개 코로나 장염(canine enteric coronavirus)

- 원인: Corona virus
- 전파: 분변
- 증상
  - 설사, 탈수, 구토, 식욕부진, 탈수
  - 치사율이 높지는 않으나 어린 동물에게 위험
- 치료: 수액요법, 항생제(2차 감염), 대증요법
- 예방: 예방접종(코로나 장염), 보통 6주와 8주 접종

2) 개 전염성 기관 · 기관지염(canine infectious tracheobronchitis)

- 원인: Bordetella bronchiseptica 세균
- 전파: 비말
- 증상
  - 건성 헛기침, 중증일 경우 점액화농성 콧물과 기관지 폐렴
  - 번식장, 보호소 등 많은 개가 함께 동거하는 곳에서 많이 발생(켄넬코프, Kennel cough)
- 치료: 항생제, 진해제, 휴식
- 예방: 예방 비강접종

3) 개 인플루엔자(canine influenza, dog flu)

- 원인: Canine influenza A virus
- 전파: 비말
- 증상: 발열, 기침, 호흡기 증상
- 치료: 대증요법(항생제, 진해제, 휴식)
- 예방: 예방접종

4) 광견병(Rabies) [인수공통 전염병]

- 원인: Rhabdovirus
- 전파: 구강 내 침(교상을 통해), 모든 온혈동물
- 증상
  - 광폭형: 70~80%, 과흥분, 이식증, 공격적 물기, 침 흘림, 연하곤란, 운동실조, 경련 후 폐사
  - 울광형: 20~30%, 겁이 많음, 마비, 호흡근 마비 후 폐사

- 치료: 없음
- 예방: 예방접종

5) 곰팡이성 피부병(ringworm, 피부사상균증, 백선증) [인수공통 전염병]

- 원인: Microsporum canis
- 전파: 피부, 비듬, 곰팡이가 존재하는 흙 등
- 증상
  - 둥근 탈모, 비듬, 피부염, 딱지, 홍반, 소양증 등 다양
  - 고양이에도 발병
- 치료: 약욕, 항진균제, 항생제 등
- 예방: 예방접종 – 비오칸 M 백신

(4) 고양이의 세균성/바이러스성 전염병 – 고양이 종합백신 관련 전염병

1) 고양이 칼리시 바이러스(feline calicivirus)

- 원인: Feline calicivirus
- 전파: 구강, 비강 및 결막을 통한 비말 감염(간접, 직접 접촉 가능)
- 증상: 재채기, 발열, 구강궤양(혀와 잇몸 등), 구내염
- 치료: 항생제, 수액 및 보조 요법
- 예방: 예방접종 – FvRCP(생후 약 8주령부터)

2) 고양이 바이러스성 비기관지염(feline viral rhinotracheitis)

- 원인: Feline herpesvirus 1
- 전파: 구강, 비강 및 결막을 통한 비말 감염(간접, 직접 접촉 가능)
- 증상
  - 기침, 콧물, 발열, 재채기, 결막염, 각막궤양 등 다양
  - 칼리시 바이러스보다 더 심함
- 치료: 항생제, 수액 및 보조 요법
- 예방: 예방접종 – FvRCP(생후 약 8주령부터)

3) 고양이 범백혈구감소증(feline panleukopenia, feline distemper, 고양이전염성 장염)

- 원인: Feline parvovirus
- 전파: 체액, 배설물, 감염동물과 접촉한 물체나 곤충 등
- 전염성이 매우 강함

- 증상
  - 발열, 무기력, 구토, 설사, 혈변, 탈수, 백혈구 수 감소
  - 새끼 고양이 사망률 90% 정도
- 치료: 수혈, 항생제, 수액 및 보조 요법
- 예방: 예방접종 – FvRCP(생후 약 8주령부터)

4) 고양이 클라미디아(feline Chlamydophila, 고양이 폐렴)[잠재적 인수공통 전염병]

- 원인: Feline Chlamydophila
- 전파: 눈 분비물 직접 접촉
- 증상: 편측성 결막염(점액 화농성 눈곱), 재채기, 기침
- 치료: 항생제
- 예방: 예방접종 – FvRCP + CH(생후 약 8주령부터)

5) 고양이 바이러스성 백혈병(feline leukemia virus)

- 원인: Retrovirus
- 전파: 수직감염(태반으로 새끼에게), 수평감염(모유, 침, 교상)
- 증상
  - 면역결핍 증상, 빈혈, 종양 등 다양
  - 수년/수개월 무증상이다가 발병 가능성
  - 예후 불량
- 치료: 항생제
- 예방: 예방접종 – FeLV(생후 약 8주령부터)

6) 고양이 전염성복막염(feline infectious peritonitis)

- 원인: Feline corona virus
- 전파: 교상, 타액, 자궁 내 감염
- 증상
  - 발열, 식욕부진, 구토, 설사
  - 습성(급성, 복수나 흉수 삼출형)과 건성 복막염(만성, 신경증상, 눈병변)
  - 새끼고양이에서 치사율 높음
- 치료: 대증요법
- 예방: 예방접종(생후 약 16주령부터)은 가능하나 아직 백신효율의 검증이 부족함

7) 고양이 면역 부전 바이러스(feline immunodeficiency virus; FIV, 고양이 에이즈)

- 원인: Retrovirus
- 전파: 교상, 나이 든(5~9세) 길고양이에서 많음
- 증상
  - 1차 감염: 림프구 감소, 발열, 체중감소, 종양 위험도 증가
  - 2차 감염: 구내염, 상부 호흡기 감염, 설사 등
- 치료: 저용량 스테로이드, 대증요법
- 예방: 감염 고양이 중성화(실내에서 고양이 사육 시 위험성 낮음)

8) 고양이 종합백신

- 3종 백신: FvRCP
- 4종 백신: FvRCP + CH
- 5종 백신: FvRCP + CH + FeLV

예방접종 전에 고양이 바이러스성 백혈병과 면역 결핍바이러스 검사를 실시하여 접종 여부 파악

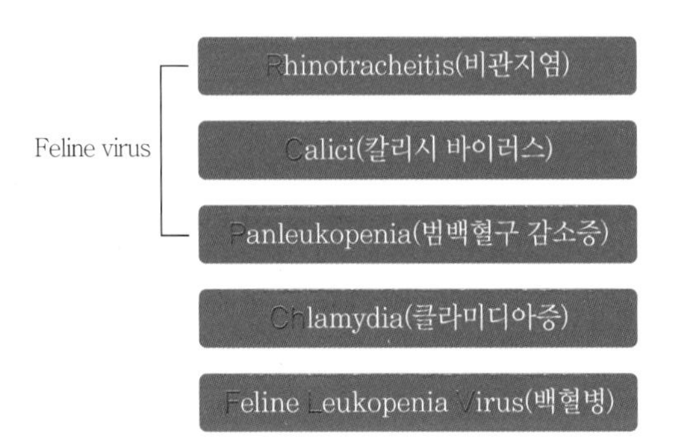

04 기생충 감염성 질환

1) 개회충(toxocara canis)

- 원인: 선충류, 내부 기생충
- 전파: 회충알이 포함된 분변 섭취
- 증상: 식욕부진, 구토, 발육부전
- 치료: mebendazole, fenbendazole 등
- 예방: 정기적 구충제 투약(생후 1개월부터 2주 간격, 3~4회, 성견 6개월마다)

2) 개구충(Ancylostoma caninum)

- 원인: 소장 기생 선충류, 내부 기생충
- 전파: 분변, 개의 피부를 뚫고 침입
- 증상: 흑색변, 빈혈, 피부소양증
- 치료: mebendazole, fenbendazole 등
- 예방: 정기적 구충제 투약(생후 1개월부터 2주 간격, 3~4회, 성견 6개월마다)

3) 개편충(Trichuris vulpis)

- 원인: whipworm, 내부 기생충
- 전파: 경구 섭취, 대장 기생
- 증상: 장점막 비후, 출혈, 점액 혈변, 빈혈, 털의 윤기가 없어짐
- 치료: mebendazole, fenbendazole, Albendazole 등
- 예방: 정기적 구충제 투약(생후 1개월부터 2주 간격, 3~4회, 성견 6개월마다)

4) 개조충(Dipylidium caninum)

- 원인: 조충류, 내부 기생충
- 전파: 분변, 벼룩
- 증상: 항문을 가려워하고 엉덩이를 땅에 끄는 행동
- 치료: praziquantel 등
- 예방: 정기적 구충제 투약(생후 1개월부터 2주 간격, 3~4회, 성견 6개월마다)

5) 톡소플라스마증(Toxoplasmosis) [인수공통 전염병]

- 원인: toxoplasma gondii, 원충
- 전파: 감염고양이 변을 중간숙주인 말, 양, 쥐, 사람이 섭취
- 증상: 무증상, 설사, 무기력, 황달
- 치료: 항생제
- 예방: 고기를 익히고 먹음, 유용한 예방접종 없음

6) 개심장사상충(Dirofilaria immitis)

- 원인: Dirofilaria immitis, 개의 우심실과 폐동맥에 기생하는 선충류
- 전파: 모기(모기가 감염동물 흡혈 시 미세 자충 섭취, 모기에서 성장 후 새로운 동물에게 감염됨)
- 증상: 유충이 심장에 5~7년 기생하면서 동물 건강 악화
- 치료: 심장사상충 치료제 or 수술(완치되기까지 수개월이 걸릴 수 있음)

- 예방
  - 생후 6주령 근처부터 자충 구제 실시
  - ivermectin(콜리에게 감수성이 있어서 부작용 우려), selamectin, moxidectin
  - 에드보킷: 외부 기생충(진드기, 벼룩)과 심장사상충을 동시에 예방

7) 외부 기생충 감염병

- 진드기: 라임병, 로키산 홍반열 등 질병 유발
- 벼룩: 알레르기 피부염 유발, 가려움 탈모
- 개선충(scabies, 옴): 피부에 굴을 파고 심한 소양증 유발
- 개모낭충: 모낭 안에 기생하고 털이 빠지고 소양증 유발(치료가 어렵고 장기가 치료 필요)
- 외부기생충 예방
  - Spot-on 형태로 등 쪽 피부에 묻혀줌
  - 프론트 라인, 어드밴틱스
  - 애드보킷, 레볼루션(외부기생충, 개심장사상충 모두 예방)

05 인수공통전염병

(1) 인수공통 전염병

1) 인수공통 전염병 정의

동물로부터 사람에게 전파되는 질병

2) 주요 인수공통 전염병

- 렙토스피라증(Leptospirosis): 발열, 구토, 두통, 신염
- 옴(Sarcoptes scabiei): 소양증
- 백선증(Ringwarm): 피부염, 딱지
- 톡소플라즈마증(Toxoplasmosis): 발열, 태아변화, 유산
- 살모넬라증(salmonellosis): 설사, 복통, 발열
- 클라미디아증(chlamydiosis, 앵무병): 결막염
- 광견병(Rabies): 발열, 흥분, 연하곤란, 경련, 사망

(2) 인수공통 전염병 예방법 지침

1) 보호자 교육

질병의 존재에 대한 교육

2) 감염환자 다루는 방법

① 보호 장비(앞치마, 장갑, 보안경 등) 착용
② 환자를 만진 후 옷을 포함 장비 소독이나 교환

3) 감염전파 경로 차단

① 모든 샘플(대소변 포함)은 주의해서 다룸
② 분비물 샘플을 폐기할 때 주의
③ 분비물을 다룬 후 항상 씻고 소독

4) 감염전파 예방

산책로 등이 분변에 의해 오염되지 않도록 함

06 격리치료실 관리, 소독 및 멸균

(1) 위생관리

1) 세척(cleaning)

물과 세제를 사용하여 병원체 수를 줄이고 물리적 제거

2) 소독(disinfection)

소독약을 사용하여 세균의 아포를 제외한 모든 병원체 제거

3) 멸균(sterilization)

열, ethyleneoxide, 방사선을 사용하여 모든 병원체와 세균의 아포까지 사멸

위생은 세척, 소독, 멸균 및 개인 위생을 포함하며 동물병원에서 질병확산 예방을 위해 매우 중요함. 특히 모든 수술도구는 사용 후 멸균함

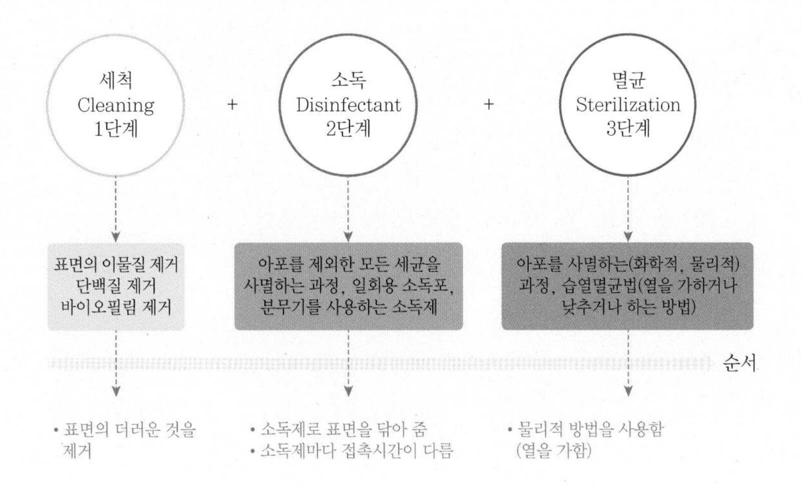

(2) 소독

소독제: 감염원을 포함하는 혈액, 분변 등의 오염을 제거하기 위해 이용

감염병	유효 소독약		
	소독용 에탄올	차아염소산나트륨	크레졸 등 기타
개 디스템퍼	○	○	
개 코로나 바이러스	○	○	
개 전염성 기관지염	○	○	
고양이 칼리시 감염증	×	○	○
고양이 전염성 복막염	○	○	
고양이 전염성 비기관염	○	○	
개 파보바이러스	×	○	
고양이 파보바이러스	×	○	
렙토스피라증	○	○	

(3) 격리치료실 관리

1) 격리시설 관리

- 격리시설은 반드시 동물병원의 시설에 설치되어 있어야 함
- 가능한 외부로 통하는 출입구가 독립적이어야 함

- 물, 쓰레기, 환기시설이 병원 건물과 분리되어 있어야 함
- 격리실에 있는 모든 환자를 차단 간호하고 침구 교환을 엄격히 하고 위생 규칙을 철저히 지켜야 함(현실적으로 어렵기에 가능한 다른 동물과 별도의 케이지를 이용함)

2) 차단 간호

- 동물을 철저히 격리
- 다른 입원환자를 모두 끝낸 후 닦고 치료함
- 각각의 환자에 대해 별도의 도구 사용(청소도구, 식기)
- 퇴원 후 케이지 내부 및 가능하다면 전체 격리실을 소독
- 가능한 1회용 장갑, 앞치마 이용

감염원을 포함하는 혈액, 분변 등의 오염을 제거하기 위해 이용

(4) 감염병 환자의 진료 및 입원에 따른 주의

1) 일상에서의 주의점

- 진료가 끝난 후 진료실을 깨끗이 소독
- 사람의 행동 범위와 동선 제한
- 청결한 영역(수술실, 일반 입원실)과 격리실로 구분하여 격리실 동선은 가능한 제한
- 타월 등 물품을 격리실과 공동 사용하지 않음
- 눈에 보이는 오염은 그때그때 닦음

2) 청소 시 주의점

- 청결한 영역에서 마지막으로 격리 병동 순서
- 걸레를 사용할 때 한 장으로 여러 물건과 장소를 닦지 않음
- 혈액이 묻은 곳은 차아염소산나트륨으로 소독
- 손걸레와 대걸레를 헹굴 때는 흐르는 물로 헹구고 완전히 건조시킴

전염병이 의심되는 동물이 있을 경우 원내 감염을 주의해야 함

CHAPTER 07 혈액형 검사와 수혈

01 동물의 혈액형과 수혈

(1) 동물의 혈액형

1) 동물의 혈액형 종류

개	• DEA(Dog erythrocyte antigen) 1.1, 1.2, 1.3, 3, 4, 5, 7 등 • 이 중 DEA 1.1이 가장 항원성이 강하며 용혈소 생산함 • 혈액형 빈도 DEA 1.1 > DEA 1.2 > DEA 7
고양이	• A, B, AB형 • 혈액형 판정 키트로 3종류 모두 판정 가능

2) 수혈 동물과 공혈 동물

- 수혈 동물: 수혈을 받는 동물
- 공혈 동물 조건
  - 임상적, 혈액 화학적으로 이상이 없음
  - 백신접종을 규칙적으로 함
  - 적혈구 용적률이 40% 이상
  - 심장사상충에 감염되지 않아야 함

3) 동물의 수혈 전 혈액형 검사가 필요한 이유

- 개는 처음 수혈에서는 치명적 부작용이 일어나지 않음(혈액형에 대한 자연적 생성 항체가 없음)
- 두 번째 수혈부터는 다른 혈액형에 대한 심각한 부작용 발생

[일례] DEA 1형 음성의 개가 1차 수혈에서 DEA 1.1에 노출된 후, 2차 수혈에서 DEA 1.1 수혈을 받는 경우 급격한 용혈 반응에 의한 수혈 부작용 일어남

4) 수혈 부작용 증상

구토, 호흡곤란, 빈맥, 고열, 용혈, 쇼크, 급성 신부전 등 다양함

5) 동물의 수혈 전 혈액형 검사

① 교차 적합시험

- 수혈 전 반드시 실시해야 함(특히 2차 수혈부터는 필수임)
- 공혈 동물(혈액) + 수혈 동물(혈장)이나 공혈 동물(혈장) + 수혈 동물(혈액)을 교차 반응하여 응집 여부 확인

② **혈액형 판정 키트:** 혈액형 판정은 개의 경우 일부 DEA1형 양성과 음성 정도만 가능하고 고양이는 모든 혈액형 판정이 가능함

6) 혈액성분 종류

[다양한 혈액성분의 사용에 대한 적응증]

혈액성분	적응증	유통 기한
신선전혈 (fresh whole blood, FWB)	• 급성 다량 실혈 • 실혈을 동반한 응고병 • 실혈을 동반한 혈소판감소증 • 파종성혈관내응고 • 저혈량성 쇼크	채혈 후 8시간 이내
보존전혈 (stored whole blood, SWB)	• 빈혈 • 저혈량성 쇼크	ACD나 CPD를 사용하면 35일까지 1~6℃에서 냉장보관
농축적혈구 (packed red cells, PRCs)	정상혈량성 빈혈	35일까지 1~6℃에서 냉장보관
신선동결혈장 (fresh frozen plasma, FFP)	• 응고장애 • 저알부민혈증 • 항응고 살서제 중독	−18℃ 이하에서 12개월
동결혈장 (frozen plasma, FP)	• 응고장애 • 저알부민혈증	−20℃ 이하에서 5년
농축혈소판 (platelet concentrate)	• 혈소판감소증 • 혈소판병	22℃에서 5일
동결침전물 (cryoprecipitate, Cryo)	• 혈우병 • 폰빌레브란트 병 • 저피브리노겐혈증	−18℃ 이하에서 12개월

7) 수혈 순서

① 수혈동물에 정맥 내 카테터 장착

② **투여 속도:** 일반적으로 5~10ml/kg/hr지만 환자 상태에 따라 다름, 초기 15분 정도는 2ml/kg/hr 정도 주며 부작용 확인

8) 수혈 시 주의사항

- 냉장고에 보존하는 혈액은 미리 36℃ 정도로 데운 뒤 사용(체온과 비슷한 물을 이용)
- 혈액을 급격히 데우면 혈액팩 표면의 혈액이 변성됨

02 혈액 진단 검사기기 사용

(1) 자동혈구 분석기

[일반혈액 검사(Complete Blood count, CBC)]

[일반 혈액검사 정상범위]

검사항목	단위	정상범위		임상적 의의	
		개	고양이	증가	감소
적혈구(RBC)	X10^12/L	4.9~8.2	5.3~10.2	탈수	빈혈, 출혈, 용혈
헤모글로빈(Hb)	g/dl	11.9~18.4	8.0~14.9	울혈성심부전, 다혈구혈증	빈혈, 출혈
헤마토크리트 (Hct)	%	36~54	25~46	적혈구 증가증, 탈수	빈혈
평균적혈구용적 (MCV)	fl	64~75	42~53	악성빈혈, 엽산 또는 비타민 결핍성 빈혈	소적혈구 빈혈, 철 결핍성 빈혈, 납중독
평균적혈구혈색소농도(MCHC)	g/dl	32.9~35.2	30.0~33.7	구상 적혈구 증가증	
총백혈구(WBC)	X10^9/L	4.1~15.2	4.0~14.5	급성감염, 외상, 악성종양	세균감염
호중구 (neutrophil)	X10^9/L	3.0~10.4	3.0~9.2	염증질환, 세균감염	심한 감염(세균 및 바이러스), 자가면역질환

림프구 (lymphocyte)	X10⁹/L	1.0~4.6	0.9~3.9	스트레스, 림프구성 백혈병, 백신 후 반응	바이러스 혈증
단핵구 (monocyte)	X10⁹/L	0.0~1.2	0.0~0.5	감염 및 염증, 기생충 감염	
호산구 (eosinophil)	X10⁹/L	0~1.3	0~1.2	알레르기, 기생충감염, 아토피	스트레스, 쿠싱 증후군
호염기구 (basophil)	X10⁹/L	0	0~0.2	내분비질환	알레르기, 급성감염
혈소판수	X10⁹/L	106~424	150~600	감염, 출혈, 비장적출	재생불량성 빈혈, 자가면역질환

(2) 혈액 생화학 분석기

① 혈액 생화학 분석을 하며 습식과 건식이 있으며 건식 방법이 좀 더 간단함

② 주로 혈청을 이용함

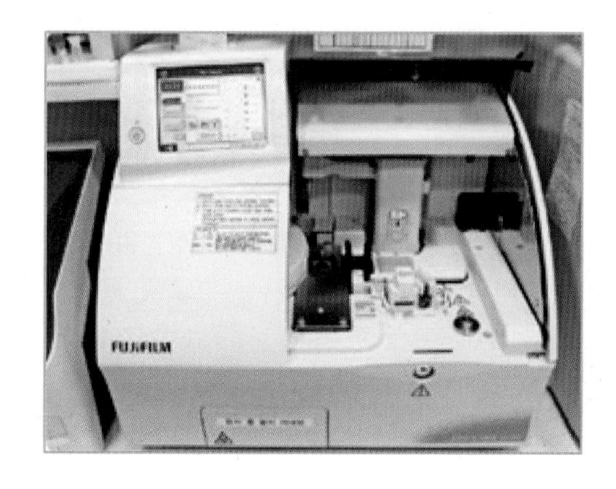

[혈액 화학검사 항목과 정상범위]

검사항목	단위	정상범위		임상적 의의	
		개	고양이	증가	감소
GLU	mg/dl	75~128	71~148	당뇨병, 만성췌장염	췌장암, 기아
BUN	mg/dl	9.2~29.2	17.6~32.8	탈수, 콩팥부전	단백질 결핍, 간장애
CRE	mg/dl	0.4~1.4	0.8~1.8	콩팥장애, 요로폐쇄	-
TP	g/dl	5.0~7.2	5.7~7.8	고단백혈증, 탈수	영양불량
ALB	g/dl	2.6~4.0	2.3~3.5	탈수	기아
AST/GOT	U/L	17~44	18~51	간장애, 근염	-
ALT/GPT	U/L	17~78	22~84	간종양, 간괴사, 간염	-

ALP	U/L	47~254	38~165	간장애	–
GGT	U/L	5~14	1~10	간세포손상, 담관폐쇄	–
TBIL	mg/dl	0.1~0.5	0.1~0.4	담관폐쇄, 황달	–
DBIL	mg/dl	0~0.5		담관폐쇄성 황달, 간질환	–
NH3	μg/dl	16~75	23~78	간장애	–
AMYL	U/L	269~2,299	601~2,585	췌장장애, 장폐쇄	–
LIP	U/L	81~696	8~289	췌장장애	–
TCHO	mg/dl	111~312	89~176	고지방식, 담관폐쇄, 당뇨병성 콩팥장애	저지방식, 기아
TG	mg/dl	30~133	17~104	당뇨병성 콩팥장애, 당뇨병	간경색, 만성장애
CPK	U/L	49~166	87~309	심근경색, 중추신경 손상	–
LDH	U/L	20~109	3~187	심근경색, 근염, 악성종양	–
Ca	mg/dl	9.3~12.1	8.8~11.9	고칼슘혈증, 콩팥질환	–
IP	mg/dl	1.9~5.0	2.6~6.0	콩팥질환	영양불량

(3) 혈액 가스 분석기

① 산염기 불균형, 전해질 수치 교정하기 위하여 필요한 수치 분석
② 노령견, 응급환자, 수술 전후 환자에게 필수적임(특히 24시 동물병원이나 2차 동물 병원)
③ 폐에서의 산소 교환능, 혈액의 산소운반능, 산소 투여 시 치료 경과 및 모니터링에 이용

[혈액 가스, 전해질 분석]
개, 고양이, 인간에서 혈액 가스 분석 검사 항목과 정상범위

	Dogs	Cats	People
$PaCo_2$(mmHg)	36.8(30.8~42.8)	31.0(25.2~36.8)	40(35~45)
PaO_2(mmol/L)	92.1(80.9~103.3)	106.8(95.4~118.2)	97(>80)
HCO_3(mmol/L)	22.2(18.8~25.6)	18.0(14.4~21.6)	24(22~26)
pH	7.407(7.351~7.463)	7.386(7.310~7.462)	7.40(7.35~7.45)

PRIMARY DISORDER	pH	PRIMARY CHANGE	COMPENSATION
Respiratory alkalosis	rises	$PaCo_2$ falls	HCO_3- falls
Respiratory acidosis	falls	$PaCo_2$ rises	HCO_3- rises
Metabolic alkalosis	rises	HCO_3- rises	$PaCo_2$ rises
Metabolic acidosis	falls	HCO_3- falls	$PaCo_2$ falls

[전해질 검사 항목과 정상범위]

검사항목	단위	정상범위		임상적 의의	
		개	고양이	증가	감소
Na	mEq/L	141~152	147~156	고나트륨혈증, 탈수	설사, 만성콩팥장애
K	mEq/L	3.8~5.0	3.4~4.6	설사, 콩팥기능 장애	섭취 불량, 배설 증가
Cl	mEq/L	102~117	107~120	탈수	구토

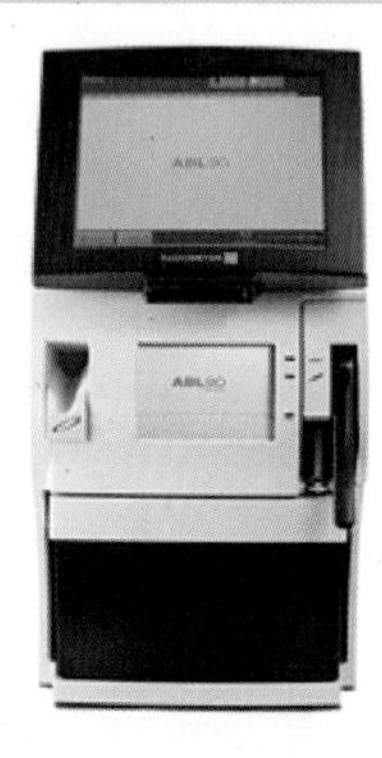

(4) 혈액 도말 검사

특정 질병에서 동물의 혈구가 조건에 맞지 않아서 자동 혈구 분석기의 측정값이 정확하지 않은 경우(예 혈소판이 응집해서 백혈구와 크기가 같아지면 자동 혈구 분석기에서 혈소판을 백혈구로 인식해서 혈소판 대신 백혈구 수로 카운팅하게 됨) 현미경으로 도말표본을 검사해서 혈구의 정확한 형태를 관찰할 수 있음

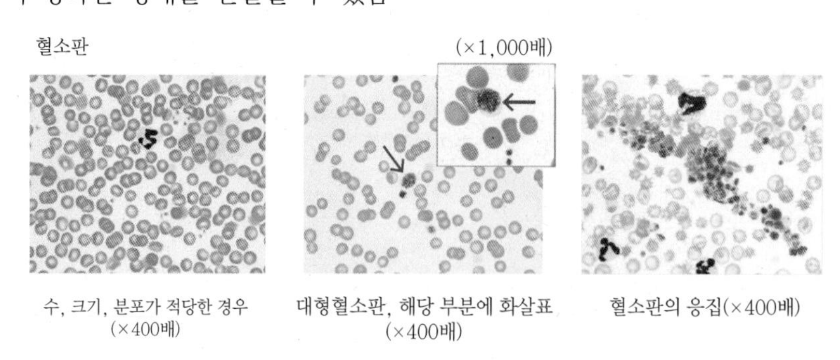

수, 크기, 분포가 적당한 경우 (×400배)
대형혈소판, 해당 부분에 화살표 (×400배)
혈소판의 응집(×400배)

[혈소판 응집의 현상]

1) 혈액 슬라이드 도말 방법 1

1. 슬라이드에 혈액 한 방울을 떨어뜨린다.

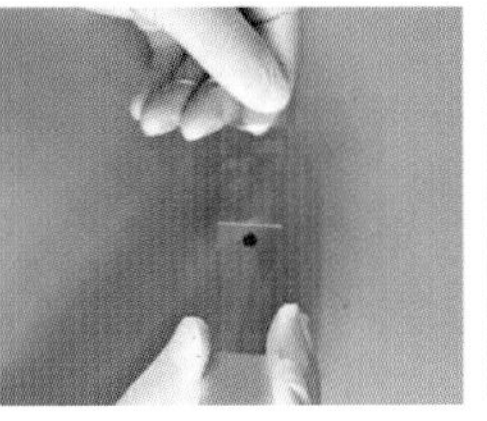

2. 다른 슬라이드로 45° 각도로 혈액이 있는 곳으로 접근시킨다.

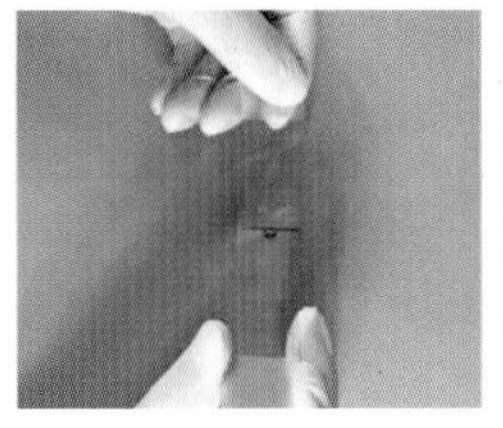

3. 미는 슬라이드 끝을 따라 혈액이 골고루 퍼지게 한다.

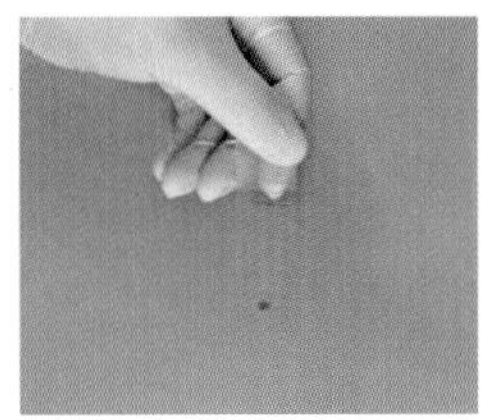

4. 미는 슬라이드를 각도를 낮추면서 반대손 방향으로 민다.

2) 혈액 슬라이드 도말 방법 2

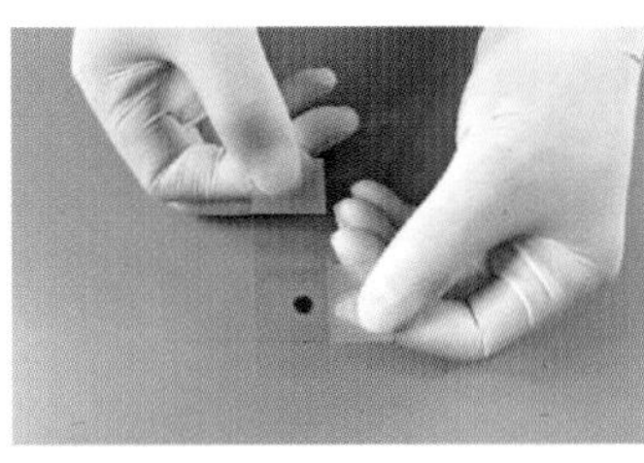

1. 슬라이드에 혈액을 한 방울 떨어뜨린 후 다른 슬라이드를 직각으로 포갠다.

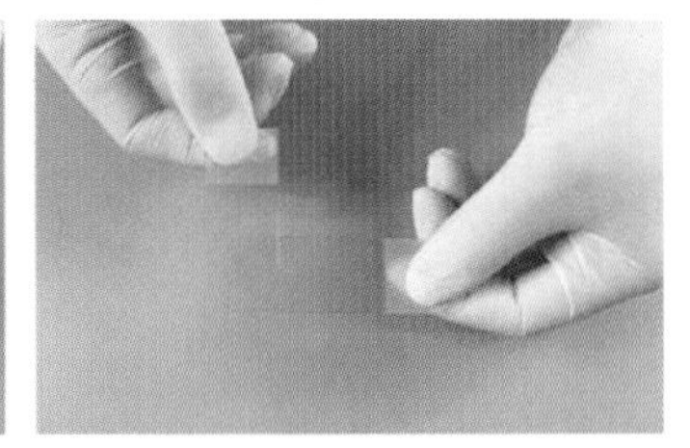

2. 포갠 슬라이드를 바깥 방향으로 민다.

① Diff-Quick 염색: 도말된 슬라이드는 자연 건조한 후 보통 Diff-Quick 염색을 한다. Diff-Quick 염색법은 혈구의 형태를 관찰하는 염색법으로 간편하면서도 신속하고 정확한 결과를 낼 수 있으며 다음과 같은 순서로 실시한다.

- 고정액(메탄올, 투명색), 1번 염색액(에오신, 빨강색), 2번 염색액(티아진, 파란색) 염색병을 준비한다.
- 혈액도말 슬라이드를 고정액에 넣고 2초에 1번씩 5번 담근다.
- 1번 염색액에 슬라이드를 옮기고 위의 방법과 동일하게 염색을 시행한 후, 다시 2번 염색액에 슬라이드를 옮겨서 앞서와 동일한 방법으로 염색을 실시한다.
- 흐르는 물에 헹구고 자연 건조한다.

② 혈액도말 관찰 항목

항목	수	크기/형태	분포도	기타
적혈구	밀도 높음/낮음	대소부동/톱니 또는 유극적혈구	응집/연전	적혈구 내 봉입체
백혈구	감별계산	–	–	핵좌방이동
혈소판	많음/적음	–	응집	–
기타(혈액 내 기생충)	유/무	–	–	–

CHAPTER

08 외래진료보조

TIP

동물보건사는 다양한 약물을 처방받은 동물의 보호자에게 투약방법을 설명할 수 있어야 함

01 투여 경로에 따른 약물의 종류

(1) 경구 제제

형태	성상
정제	• 표면이 코팅된 것, 아닌 것으로 구분됨 • 표면이 코팅된 것을 장용제라 하며, 이는 공기와 위산으로부터 보호해 주고 위장관에서의 분해를 감소하는 역할을 하기도 함
캡슐	단단한 젤라틴 용기 안에 가루 또는 알갱이 형태의 약물이 들어 있음
액상	용액(액체에 약물이 용해된 형태)이나 현탁액(액체 안에 약물의 입자가 떠 있는 형태)이 있으며, 현탁액은 사용 전에 반드시 흔들어 사용해야 함

(2) 비경구 제제

형태	성상
크림	물과 섞이거나 기름지지 않은 형태로, 동물이 핥거나 물로 세척 시 쉽게 제거됨
연고	기름지고 불용성이며 일반적으로 물기가 없음. 크림보다 제거하기 어려움
살포제	미세한 가루이며, 분사 시 가루를 들이마시지 않도록 조심해야 함
로션	수용액 또는 현탁액이며 액체가 증발하면서 얇은 층이 환부에 남음
젤	고체와 액체의 중간 단계인 수용액이며 바르거나 제거하기 쉬움
스프레이	액상으로 된 용액이 압력 또는 펌프에 의해 미세한 입자로 분사됨
샴푸	액상 용액이며 주로 피부와 털의 청결을 위해 사용됨

02 외래환자 투약방법 교육

투약방법에는 경구 투여와 비경구 투여가 있으며 동물보건사는 외래환자에게 투약방법에 대해 교육할 필요가 있음

(1) 경구 투여 방법

1) 사료 및 음수에 첨가

① 동물의 스트레스를 최소화(특별한 보정 필요 없음)

② 사료나 음수를 남기게 되면 정확한 양을 투약할 수 없음

2) 입을 벌려 강제로 투약

① 머리 보정을 잘해야 함

② 약을 뱉어내거나 기도를 막을 수 있으니 한꺼번에 너무 많은 양 투약 금지

[정제 경구 투여 방법]

1. 동물의 머리를 고정하고 한 손으로 위턱을 잡고 위쪽과 뒤쪽으로 부드럽게 약간 밀음 2. 가능한 한 혀 뒤쪽으로 약을 넣음 3. 입을 닫고 코를 약간 위로 들어줌	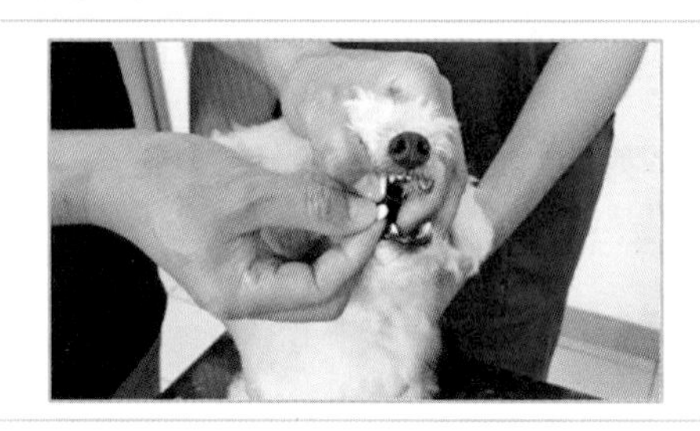

[액상 약물 경구 투여 방법]

주사기에 물과 약을 섞어 동물의 입을 벌려 조금씩 투여함	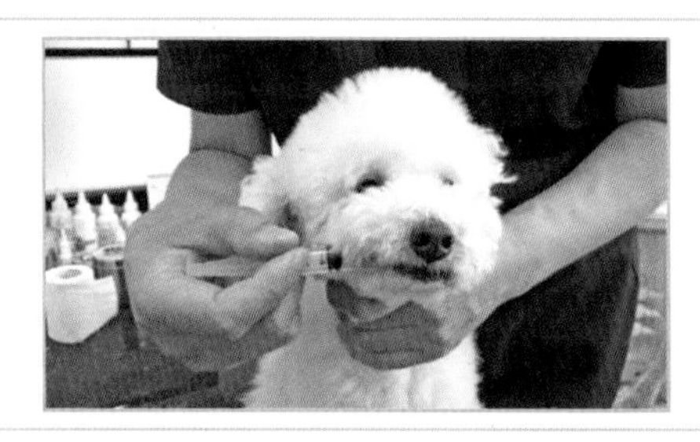

(2) 안약 투여 방법

① 정확한 보정 필요(자칫 안구 손상 유발 가능)

② 오른쪽 눈, 왼쪽 눈 구분 필요

③ 안약이 흡수될 때까지 긁거나 털지 못하도록 보정 필요

1. 머리를 비스듬히 올리고 투약하는 눈의 뺨 아래쪽을 한쪽 손으로 잡음
2. 남은 한쪽 손으로 안약 병을 잡은 상태로 동물의 이마 뒤쪽 부분을 살짝 끌어당겨 결막이 노출되게 함
3. 조심스럽게 한 방울씩 처치

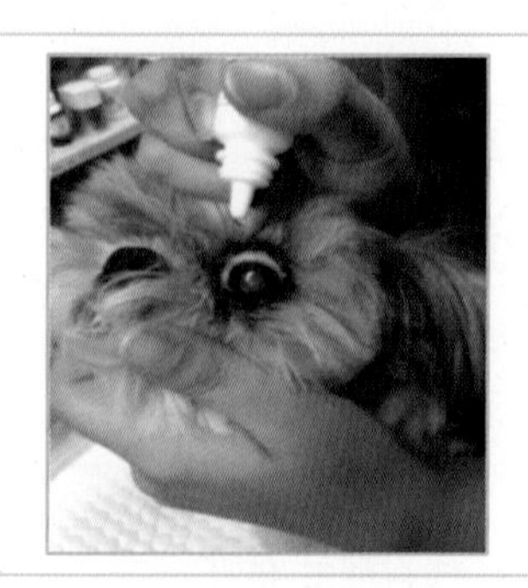

(3) 그 외 기타 투여 방법

① 바르는 약일 경우 긁지 못하도록 신경 써야 함(필요시 보정 보조기구 사용)

② 털이 있는 부위는 도포할 곳의 털을 제거하는 게 좋음

(4) 약물 투여 관련 보호자에게 설명할 사항

① 보호자에게 라벨(약 봉투 겉면)에 쓰인 정보를 확인해줌

② 보호자에게 부작용과 약물에 대한 추가 주의사항을 미리 설명

③ 만성질환 환자처럼 모니터링이 필요한 동물에게는 전화 확인 및 재검일 예약이나 동물의 현재 상태를 다시 확인함

④ 보호자에게 정확한 약물의 보관 방법 및 유의 사항 설명

일반적인 약물 보관 방법 주의사항
• 저장 및 보관 방법은 사용 설명서를 따름 • 냉장 보관은 2~8℃를 항상 유지함 • 유아 및 어린이가 쉽게 접근할 수 없는 장소에 보관함 • 가연성 약물은 좀 더 안전한 캐비닛과 같은 장소에 보관함 • 유통기한을 확인함 • 개봉 후 한 달이 지난 약물은 되도록 유통기한과 상관없이 폐기함

[약물 주의 사항 참고표]

<table>
<tr><td colspan="2">약물 주의사항
다음 주의사항을 참고하여 투약 시 이상 증상이 나타나면 병원에 바로 연락해 주시기 바랍니다.
– ○○ 동물병원 –</td></tr>
<tr><td colspan="2">처방된 OOO 약은, 동물의 상태에 따라 다음의 부작용이 나타날 수 있습니다.</td></tr>
<tr><td>□ 졸림</td><td>□ 구역질/식욕 저하</td></tr>
<tr><td>□ 설사</td><td>□ 알레르기 반응</td></tr>
<tr><td>□ 간 손상</td><td>□ 신장 손상</td></tr>
<tr><td>□ 과잉 활동</td><td>□ 다음·다뇨</td></tr>
<tr><td>□ 식욕 증가</td><td>□ 장기 또는 과용량 투약 시 빈혈</td></tr>
<tr><td>□ 헉헉거림</td><td>□ 그 외</td></tr>
<tr><td colspan="2">다음의 사항을 준수하여 투약하시기 바랍니다.</td></tr>
<tr><td>□ 사료와 같이 투약</td><td>□ 냉장보관</td></tr>
<tr><td>□ 공복에 투약</td><td>□ 재처방</td></tr>
<tr><td>□ 흔들어서 사용</td><td>□ 장갑 착용 후 투약</td></tr>
<tr><td>□ 수의사와의 상담 없이 투약 금지</td><td>□ 심장사상충 약과 같은 날 투약 금지</td></tr>
<tr><td>□ 투약 중지 시 빠르게 재발 우려 있음</td><td>□ 재검사 필요(혈변/요/변)</td></tr>
<tr><td>□ ○○○과 같이 투약 금지</td><td>□ 경련 또는 간질 동물은 투약 금지</td></tr>
</table>

03 처방식 사료

처방식 사료

비만, 콩팥질병, 심장질병, 결석 등 특정 질병이나 상태를 개선시킬 목적으로 사용되는 사료

(1) 처방식 사료 주의점

① 정상적인 사료에 비해 단백질과 염류 등을 제한한 것이 많아 기호성이 떨어짐

② 자칫 특정 성분의 제한으로 인해 영양학적 불균형이 발생할 수 있으므로 반드시 수의사의 설명과 지시에 의해 선택 및 공급해야 함

(2) 처방식 사료 예시

① 비만 동물: 저칼로리 고섬유소 전략이 필요

과체중인 개와 고양이에서 흔한 질병
- 심장질환
- 고혈압
- 변비
- 관절질환
- 당뇨병
- 간질환(고양이)
- 호흡문제
- 운동불내성
- 고양이하부비뇨기계질환(FLUTD)

이상적인 칼로리 제한 사료의 영양성분 함량

영양성분	양
열량	감소
지방	감소
섬유소	증가
단백질	성견 유지용과 같음
엘-카르니틴	첨가

② 간질환 동물
- 담낭간 환자(식이성 섬유소 증가)
- 고양이에서는 특히 타우린 섭취 공급

③ 심혈관질환 동물: 보통 심혈관질환은 비만과 연관이 많아 칼로리 제한이 필요

④ 신장질환 동물
- 인이 너무 많이 들어간 음식은 제한, 식이성 단백질 제한
- 대사성산증은 신부전과 밀접하므로 알칼리화시켜주는 식이 급여

⑤ 요석증질환 동물: 적절한 식이조절(요석증을 유발하는 미네랄 성분이 다양하기에 원인에 따라 처방식이 달라짐)

⑥ 노령 동물
- 소화가 잘 되는 급여가 필요함
- 단백질: 개의 경우 고단백질 급여는 좋지 않으나, 고양이는 단백질을 낮추면 위험함
- 섬유소: 노령동물의 섬유소 함량은 증가시킴
- 고칼슘 식이사료: 고양이에서는 결석 유발 가능성

memo

PART 12

동물보건외과학

CHAPTER 01

수술실 관리

01 수술실 위생관리

(1) 수술실 구성

구역	내용
준비구역	• 수술환자 준비와 수술에 사용하는 물품을 보관하고, 동물환자가 수술방에 들어가기 전에 수술부위 삭모와 흡입마취가 시작되는 곳 • 오염구역
스크럽(scrub) 구역	• 수술자와 소독 간호사가 외과적 손세정인 스크럽을 시행하고 수술가운과 장갑을 착용하는 장소로 수술방과 연결되는 공간 • 오염구역과 멸균구역의 중간구역(혼합구역)
수술방 (surgery room)	• 실제 수술이 진행되는 곳으로 세균에 의한 감염을 차단하기 위해 무균 상태를 유지하는 방 • 멸균구역

(2) 수술실의 일상 관리

① 수술실 청소스케쥴 계획
② 수술실 전용 가운과 모자, 마스크 구비 체크
③ 수술실에 수납된 필요 약품과 물품을 파악하고 부족한 것을 채워놓기
④ 수술포와 가운 등은 세탁한 후 건조하여 보관함에 정리
⑤ 수술에 사용된 수술기구를 세척 및 멸균하여 정리
⑥ 수술실, 수술대, 수술 관련 기기의 정기적인 정리 및 청소(수술방 전용 청소도구 구비)
⑦ 소독제를 사용하여 수술실 바닥 물청소
⑧ 의료폐기물 관리
⑨ 마취기 등의 중요 기기들이 정상적으로 작동하는지 확인
⑩ 모든 기기를 사용하기 수월하도록 세팅
⑪ 수술방의 문은 청소할 때를 제외하고는 항상 닫아두기

02 수술실 기기 관리

(1) 수술실 기기

① 수술대
② 무영등
③ 마취기
④ 모니터링기
⑤ 보온패드(water, air)
⑥ 전기메스(보비, 바이폴라)
⑦ 석션기
⑧ C-arm
⑨ 내시경
⑩ 복강경

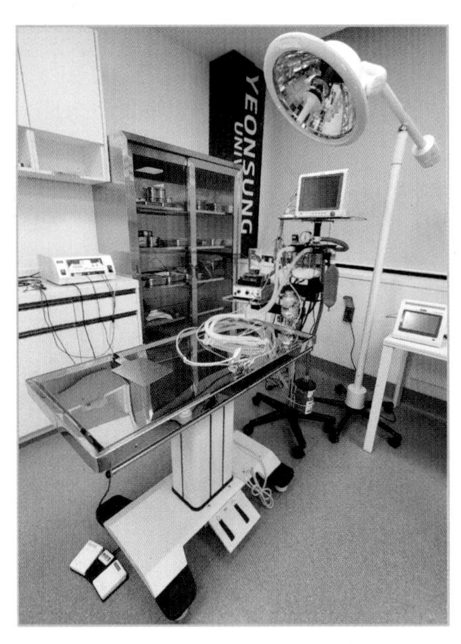

[동물병원 수술실 기기]
(무영등, 수술대, 마취기, 전기메스기, 모니터링기, 혈압계 등)

(2) 마취기의 구성

① 산소통(oxygen cylinder)
② 산소통 압력 게이지(tank pressure gauge)와 감압 밸브(pressure-reducing valve)
③ 마취기 본체
④ 기화기(vaporizer)
⑤ 유량계(flow meter)
⑥ 회로 내 압력계(pressure manometer)
⑦ 산소 플러시 밸브(oxygen flush valve)
⑧ APL밸브(배기밸브), pop-off 밸브(pop-off valve)
⑨ 주름관(corrugated tube)
⑩ 캐니스터(canister)/이산화탄소 흡수제(carbon dioxide absorber)
⑪ 호흡 백(rebreathing bag)
⑫ 환자 감시 모니터

(3) 마취기의 일상 관리

① 산소통의 산소량 확인
② 산소통 밸브 및 가스공급 라인 등 산소공급에 이상이 없는지 확인
③ 유량계의 밸브가 작동하는지 실제 돌려서 확인
④ 배기밸브를 닫고, 산소플러시 버튼을 눌러 호흡백이 부푸는지 확인

⑤ 호흡회로 전체의 누출 유무 확인
⑥ 기화기 내의 흡입마취제 용량 확인
⑦ 흡입마취제 병에 남아있는 용량 확인(흡입마취제 재고 확인)
⑧ 이산화탄소 흡수제의 변색 여부를 체크하고 정기적으로 교체
⑨ 마취기 정기점검(calibration) 여부 확인

(4) 전기메스

장점	수술시간 단축, 출혈 억제, 술야 확보, 결찰지혈 최소화
단점	치유가 늦어지는 경우, 큰 조직 손상 가능성
기본 구성	발전기, 대극판(전류판), 절개·지혈 핸드피스

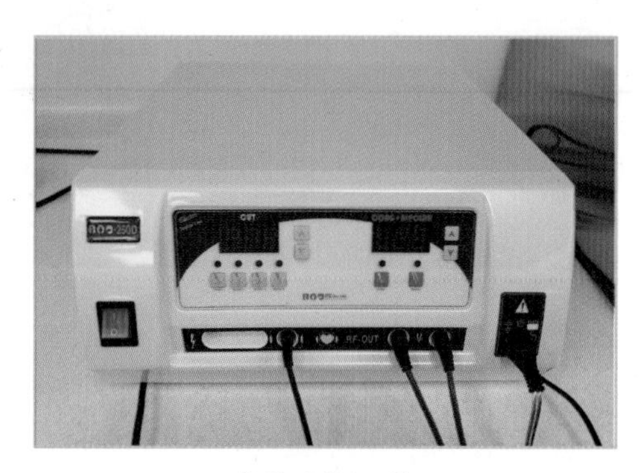

[전기메스기]

TIP 수술 중 사용

- 수술 중에 전기메스를 사용할 때에는 수술자와 멸균보조자는 멸균소독이 된 상황이므로, 비멸균보조자가 기계 본체를 조작해야 함
- 강약 조절 및 절개모드 혹은 지혈모드의 변환 등 수술자의 지시에 따라 정확하게 기계조작이 가능하도록 미리 숙지해 두어야 함

03 수술기구 및 물품 관리

① 수술은 소독된 환경에서 멸균된 기구와 물품들(CHAPTER 04 수술도구 종류 및 용도 참고)을 사용해야 하기 때문에, 평상시 진료에 사용되는 기구, 도구 및 물품들의 관리와는 다른 주의점이 많음

② 수술 전에 수술의 내용을 정확하고 확실하게 이해하고, 수술 시에 사용하는 필요한 기구 및 물품의 특징 및 주의사항에 따라, 원활한 수술의 진행보조를 위해 전날에 준비 및 세팅 해두어야 함

04 수술실 주요 장비의 종류 및 특성에 따른 수술 전 준비

① 언제든지 수술할 수 있도록 수술대 준비
② 수술대 테이블을 알코올로 닦아두기
③ 수술대의 전원을 켜고 높이를 조절하기
④ 수술대 위에 보온 패드를 올려놓고 전원을 켠 후 누수가 있는지 확인하기
⑤ 무영등이 수술대를 향하도록 조정하기
⑥ 멸균된 무영등 손잡이는 수술할 때 연결할 수 있도록 준비
⑦ 절개와 지혈할 때 사용하는 고주파 보비를 준비
⑧ 핸드피스는 멸균한 후 수술할 때 연결할 수 있도록 준비
⑨ 단극성 고주파 보비를 사용하는 경우 접지판을 수술대 테이블과 환자 사이에 충분히 접촉하도록 스펀지 또는 거즈에 물을 적시어 접지판과 환자가 접촉하는 부위에 있는 접지판 위에 올려놓음
⑩ 수술자가 사용하기 편한 위치의 바닥에 발판 위치
⑪ 혈액이나 삼출물 등을 흡인하여 제거할 수 있는 석션기 준비
⑫ 스크럽실의 손세정액, 손세정 브러쉬, 일회용 타올 등과 수술방에서 사용하는 보정끈, 보온매트, 삭모기, 소독약, 수술팩 등을 사전에 확인

TIP 수술실 관리

- 요일을 정하는 등의 정기적인 정리정돈 및 청소의 일정을 계획하여 실천하기
- 수술 전날에는 수술환자, 수술의 종류 및 수술팀 멤버를 확인하고, 그에 따른 수술기기 점검, 수술기구 및 도구 등 미리 세팅하고 멸균하기

CHAPTER

02 기구 등 멸균 방법

01 수술 팩 준비

(1) 수술 팩

① 수술기구(연부, 정형, 안과, 치과 등) 팩
② 수술가운 팩
③ 수술포(유창포, 무창포) 팩

(2) 수술기구 팩 준비하기

① 수술의 종류에 따라 포함되는 수술기구 명칭과 수량을 확인하고, 팩에 포함될 수술기구 준비하기
② 수술기구를 넣을 수 있는 크기의 밧드 준비하기
③ 수술기구 밧드를 포장할 수 있는 크기의 면직물 포장 재료를 바닥에 펼쳐놓기
④ 수술기구 클립으로 같은 기구는 서로 묶어놓기
⑤ 수술기구 밧드 위에 기구 배열하기
- 수술 순서에 따라 먼저 사용하는 수술기구를 맨 위에 놓기
- 수술기구는 같은 방향으로 배열하기
- 수술기구의 손잡이 부위는 약간 겹치게 놓기
- 수술기구의 손잡이 잠금쇠를 풀어놓기

⑥ 수술용 거즈를 올려놓기: 거즈는 4~5cm 정도의 크기를 사용하고 몇 개의 거즈가 포함되는지 확인하여 기구 팩에 표시하기
⑦ 필요한 수술기구와 물품이 수술 팩에 있는지 확인하기
⑧ 수술기구 팩을 포장 방법에 따라 풀리지 않도록 포장하기
⑨ 부직포를 이용하여 포장된 수술기구 팩 외부 포장하기
⑩ 멸균 테이프를 수술기구 팩 외부에 붙이고 종류, 날짜, 성명 등을 표시하기

(3) 수술가운 팩 준비하기

① 깨끗한 수술가운을 넓고 편평한 탁자 위에 앞면이 위로 향하게 올려놓기
② 양쪽 소매를 수술가운 앞쪽으로 접기
③ 수술가운 양쪽 끝 부위를 정중앙에 맞추어 접기
④ 길게 삼등분하여 양쪽이 서로 겹치게 접기
⑤ 수술가운 목 부위가 위쪽으로 향하게 하고 아코디언 접기 방법으로 접기
⑥ 수술가운을 접을 때는 가운데 바깥쪽은 멸균 상태를 유지해야 하므로 가운을 만질 때 안쪽 면만 닿을 수 있게 접기
⑦ 수술가운을 포장 재료 위에 올려놓고 그 위에 손수건 1장을 포함하여 포장하기
⑧ 멸균 테이프를 수술가운 팩에 붙이고 종류, 날짜, 크기, 성명 등을 표시하기

(4) 수술포(드레이프, drape) 팩 준비하기

① 수술에 필요한 수술포의 종류와 수량 확인하기
② 수술포 접는 방법(아코디언 접기)에 따라 수술포 접기
- 수술포 펴기
- 수술포 반절을 접어 펴기
- 중앙 부위 남은 자국에 맞추어 양쪽에서 접고 뒤로 돌려 접어 직사각형 모양으로 만들기
- 다시 직사각형의 반절 접기
- 양쪽 끝 부위를 반절로 접어 정사각형 만들기
- 정사각형 수술포의 구석 쪽을 잡아 뒤집어 접기

③ 수술포 포장 재료를 바닥에 펼쳐놓기
④ 포장 재료 위에 접은 수술포를 올려놓고 단단히 포장하기
⑤ 멸균 테이프를 수술포 팩에 붙이고 종류, 날짜, 성명 등을 표시하기

02 수술기구 멸균

(1) 수술기구 멸균법

오토클레이브 멸균	고압, 고열에서 멸균하는 고온멸균
EO가스 멸균	EO가스를 이용하여 저온멸균
플라즈마 멸균	과산화수소를 이용하여 저온멸균

(2) 멸균 표시 지시자

화학적 표시 지시자 (chemical indicator; CI)	• 스트랩: 수술 팩 내부에 넣고 사용 • 롤 테이프: 수술 팩 외부에 붙여서 사용
생물학적 표시 지시자 (biological indicator; BI)	내성균을 멸균한 후 12~24시간 배양하여 균의 부활 여부 판단

03 멸균장비 종류 및 사용법

(1) 고압증기 멸균법(Autoclave method, High pressure sterilization)

1) 특징

① 사용하기 쉽고 안전하여 동물병원에서 가장 많이 사용하는 멸균법
② 121℃, 15분 이상의 고온 고압
③ 가열된 포화수증기로 미생물을 사멸
④ 수술기구, 수술가운, 수술포 등의 멸균에 사용
⑤ 열에 약한 고무류나 플라스틱 등은 불가
⑥ 한 겹 포장 멸균은 약 7일, 두 겹 포장은 약 7주 정도 멸균 유지

2) 멸균 방법

① 멸균 물품(예 수술기구 팩, 수술포 팩, 수술가운 팩 등)을 준비
② 고압증기 멸균기의 저수통을 확인하고 표시 부위가 있는 곳까지 부족한 증류수를 보충
③ 고압증기 멸균기 내부의 챔버에 멸균해야 할 물품을 넣고 문 닫음
④ 멸균 물품에 따른 온도와 시간을 설정
⑤ 건조 버튼을 누르고 시작 버튼 누르기
⑥ 멸균이 끝난 후 압력이 떨어질 때까지 기다리기
⑦ 압력이 줄면 전원을 끄고 문을 열어 멸균 물품을 건조기 챔버로 이동시켜 건조
⑧ 열이 식은 것을 확인하고 건조기로부터 물품을 꺼내 멸균 수술 팩 보관장에 배치

TIP 오토클레이브 사용 시 주의사항

• 안전상에 항상 유의할 것
• 물(증류수)의 양이 충분한지 수시로 확인할 것(물이 적으면 타버림)
• 문을 꽉 닫을 것(압력이 올라가지 않을 수 있음)
• 끝난 후 압력을 충분히 빼줄 것(완료 즉시 열면 위험함)

[오토클레이브 기기]

(2) EO가스 멸균법(EO gas sterilization)

① 에틸렌옥사이드(ethylene oxide; EO) 가스를 사용
② 안전 규칙을 준수하여 주의 깊게 사용
③ 멸균 내용물에 부식 및 손상을 주지 않음
④ 고압증기 멸균보다 장시간 소요
⑤ 열에 불내성을 지닌 고무류, 플라스틱 등의 멸균에 사용
⑥ 가스에 유독성이 있기 때문에 환기에 충분한 주의를 기울임
⑦ EO 가스 멸균용 전용팩에 넣고 가스를 넣고 실온에서 방치해서 멸균
⑧ 물품이 제대로 건조된 상태에서 멸균 가능(습기가 있으면 안 됨)

EO의 특성

• 무색투명
• 인화폭발성
• 인체 독성
• 피부, 점막 자극성
• 종이, 플라스틱필름을 통과

(3) 플라스마 멸균법(Plasma sterilization)

① 멸균제로 과산화수소 가스를 이용
② 친환경적이고 안전한 멸균 방법
③ 50℃ 이하의 저온에서 40~50분 정도의 단시간에 멸균이 끝남
④ 수분을 흡수하는 물질(예 거즈, 수술포 등)은 사용할 수 없음

CHAPTER 03

봉합재료 종류 및 용도

01 봉합재료 등의 종류별 명칭과 사용법

(1) 봉합침(Suture needles)

환침	• 바늘 끝의 형태가 둥근 형태인 바늘 • 장, 혈관, 피하지방과 같은 부드러운 조직 봉합
각침	• 바늘 끝의 형태가 삼각형 모양으로 각이 진 바늘 • 피부, 안조직, 안면 조직 봉합
역각침	• 바늘 끝의 형태가 역삼각형 모양으로 각이 진 바늘 • 강도가 높아, 딱딱한 조직 봉합

(2) 봉합사(Suture materials)

흡수성 봉합사	• surgical gut(catgut) • collagen과 polydioxanone(PDS suture) • polyglactin 910(vicryl) • polyglycolic acid(dexon)
비흡수성 봉합사	• silk • cotton • linen • stainless steel • nylon(dafilon, ethilon)

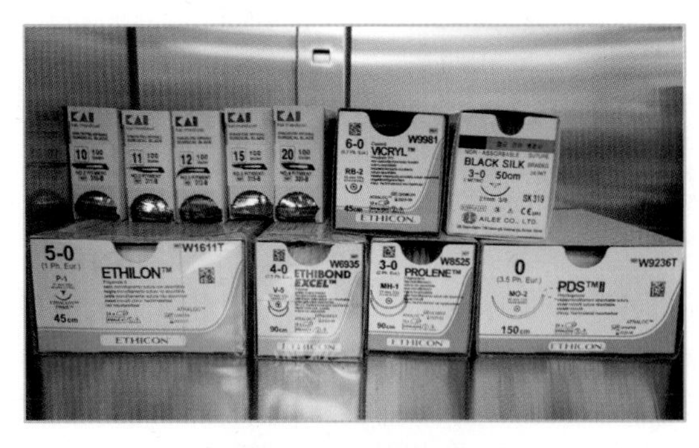

[봉합사와 수술용 메스]

(3) 스테이플링 기구

① 의료용 스테이플러(stapler, 지철기)

② 피부 봉합

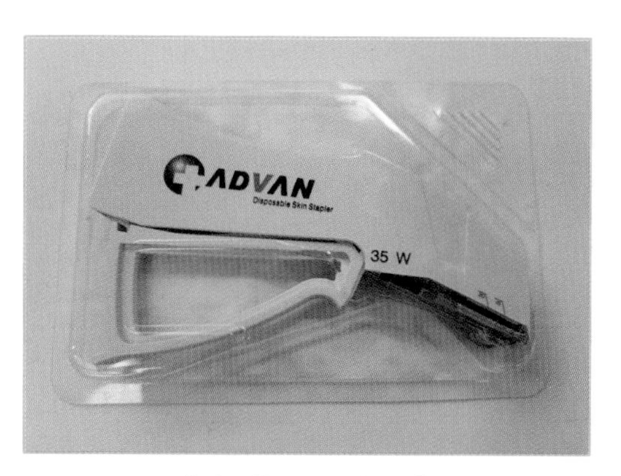

[의료용 스테이플러]

CHAPTER 04

수술도구 종류 및 용도

01 수술용 메스(Surgical Blades) & 메스대(Scalpel, Blade Holder)

① 종류: No.10, 11, 12, 15, 20, 21, 22 등
② 반려동물 동물병원에서는 No.10와 No.15 사이즈를 가장 빈번하게 사용
③ 메스대(scalpel, 블레이드 홀더)에 끼워서(3번: No.10, 11, 12, 15 / 4번: No.20, 21, 22) 사용

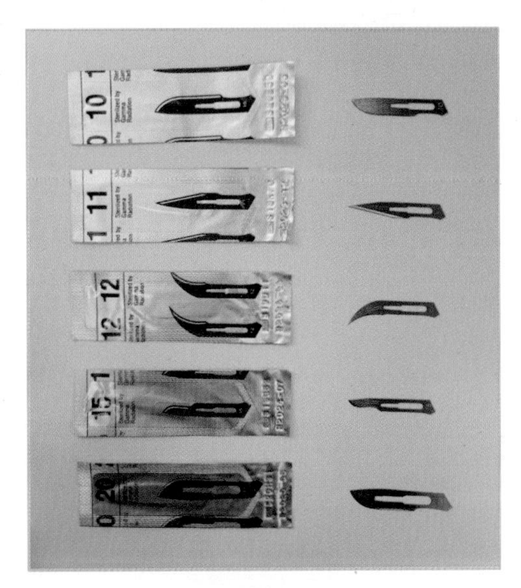

[수술용 메스]

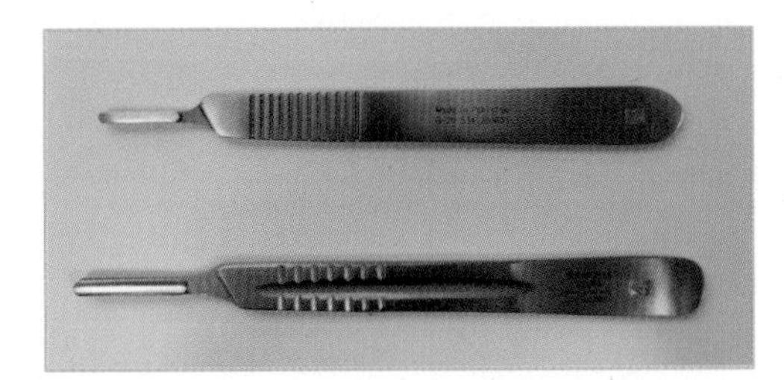

[메스대(블레이드 홀더) 3번(위), 4번(아래)]

02 수술용 가위(Surgical Scissors)

가위날의 굴곡 모양에 따라 직선형(straight)은 직(直), 만곡형(curved)은 곡(曲)이라고 불리고, 가위날 끝의 모양에 따라 예리한(sharp), 부드러운 혹은 둔한(blunt) 날이라고 불림

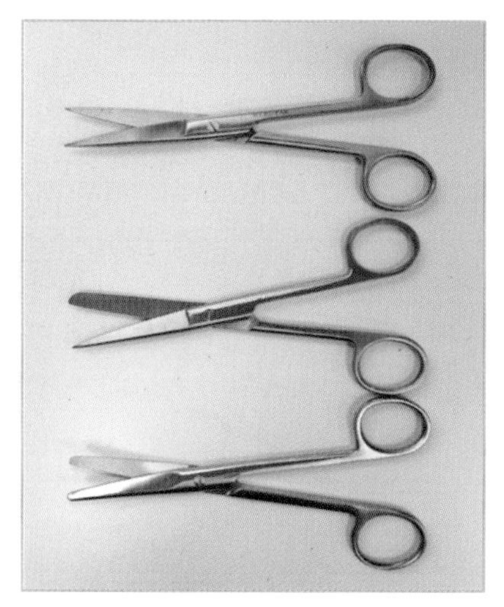

[Straight Sharp-Sharp(위), Straight Sharp-Blunt(가운데), Curved Blunt-Blunt(아래, Mayo)]

① 메이요 가위(Mayo Scissors): 두꺼운 결합조직 같은 조금 딱딱한 조직 및 일반조직의 절개 혹은 둔성분리에 사용

② 메젬바움 가위(Metzenbaum Scissors): 지방 등 얇은 근육 등의 작은 조직의 절개 혹은 둔성분리에 사용(섬세한 작업에 사용)

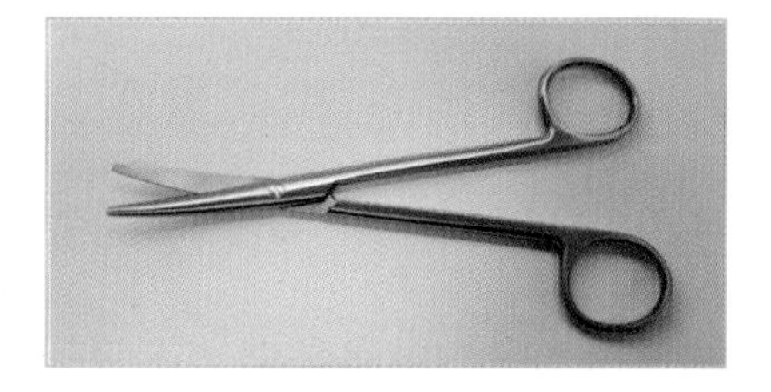

[메젬바움 가위]

TIP **Metzenbaum Scissors 사용법**

섬세한 날에 손상이 갈 수 있으니 봉합사 커팅에는 사용 금지

③ 붕대 가위(Bandage Scissors): 포대 혹은 신축성 있는 밴드 절단용

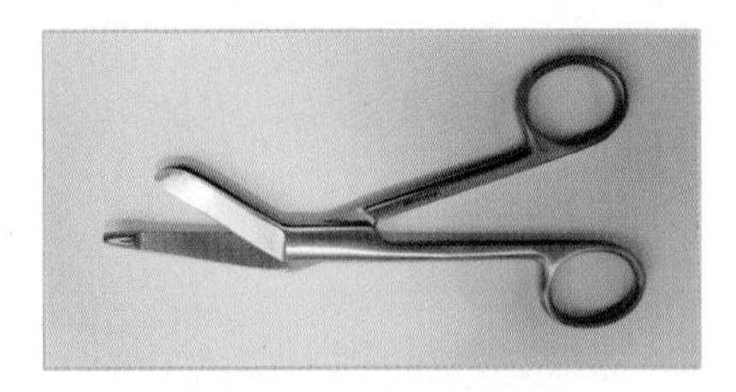

[Bandage 가위]

④ 스펜서 스티치 가위(Spencer Stitch Scissors): 피부 봉합사 절단용

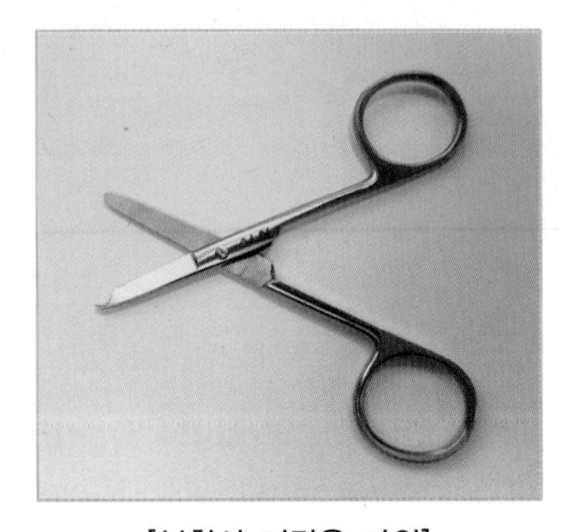

[봉합사 커팅용 가위]

⑤ 아이리스 가위(Iris Scissors): 홍채 및 안과용
⑥ 와이어 가위(Wire Scissors): 와이어 절단용
⑦ 테노토미 가위(Tenotomy Scissors): 근육 절단용

03 겸자(鉗子, 포셉)

(1) 겸자(Forceps): 작은 물체 및 조직을 집어 올릴 때, 혹은 조직을 분리할 때 사용

① 드레싱 포셉(Dressing Forceps): 보편적인 드레싱 핀셋(Pincette)
② 브라운 - 에디슨 포셉(Brown-Adson Forceps)
- 썸포셉(Thumb Forceps)이라고도 불리며, 수술 시 일반적으로 사용함
- 조직을 잡는 부분이 이빨(teeth, 7×7)로 되어 있어 비교적 강하게 조직을 잡을 수 있음

③ 에디슨 - 조직 포셉(Adson-Tissue Forceps): 선단(tip) 부분에 이빨(teeth, 1x2)이 있으며(유구), 봉합 시 니들을 잡거나 피부, 근막 등을 잡을 때 사용함

④ 에디슨 - 드레싱 포셉(Adson-Dressing Forceps): 선단 부분이 톱니 모양(serrated)으로 이루어져 있어(무구), 섬세한 조직 혹은 손상을 주지 않고 조직 등을 잡을 경우 사용함

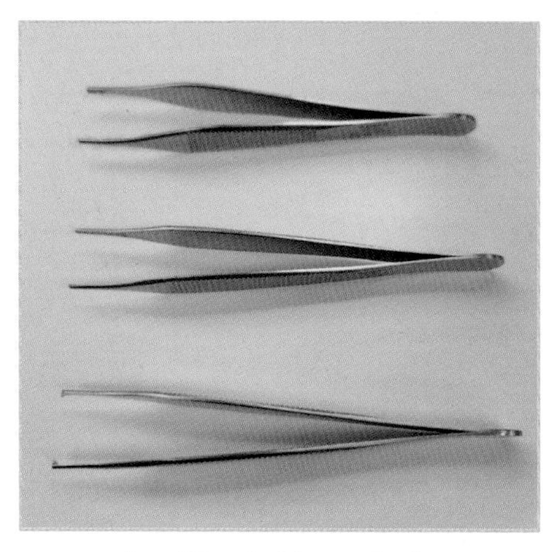

[브라운-에디슨 포셉(위), 무구 포셉(가운데), 유구 포셉(아래)]

⑤ 데바키(DeBakey Atraumatic Forceps)
- 턱(jaws)의 선단이 얇고 길며, 세로홈 사이에 미세톱니 모양이 있음
- 혈관외과 및 장관종양 등의 점막을 다룰 때 사용함

⑥ 안과용 포셉

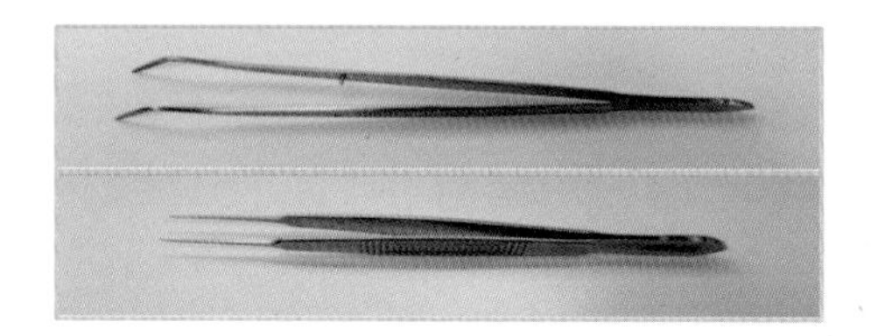

[안과용 포셉]

(2) 지혈 겸자(Hemostat Forceps): 혈관이나 조직을 잡아서 출혈을 억제하는 역할로, 손잡이 부분에 래칫(ratchet)이 있음

① 할스테드 모스키토 포셉(Halsted Mosquito Forceps): 소형 겸자로 직·곡의 턱의 선단이 얇고 짧은 것이 특징이며, 작은 혈관의 지혈에 사용함
② 켈리 포셉(Kelly Forceps): 중형 겸자로 직·곡의 턱의 선단에서부터 1/2까지 톱니 모양으로 이루어져 있으며, 큰 혈관의 지혈에 사용함

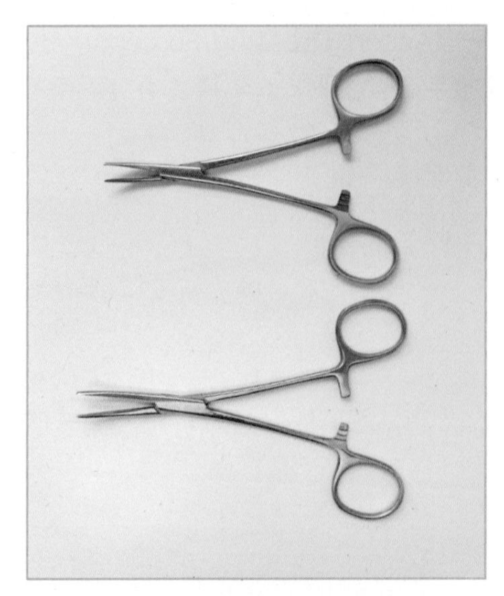

[Mosquito(위), Kelly(아래)]

③ **크라일 포셉(Crile Forceps)**: 중형 겸자로 직·곡의 턱의 모든 면이 톱니 모양으로 이루어져 있으며, 큰 혈관의 지혈에 사용함

④ **로체스터 핀 포셉(Rochester-Pean Forceps)**: 대형 겸자, 가로톱니가 있음

⑤ **로체스터 옥스너 포셉(Rochester-Ochsner Forceps)**: 대형 겸자로 선단에 이빨(teeth, 1×2)이 있음

⑥ **로체스터 카말트 포셉(Rochester-Carmalt Forceps)**: 대형 겸자로 세로톱니와 함께 선단에는 십자톱니가 있으며, 주로 OHE(난소자궁적출술) 수술에 사용함

(3) 조직 겸자(Tissue Forceps): 조직을 잡거나 잡아당길 때 사용

① **엘리스 포셉(Allis Forceps)**: 선단이 넓어지며, 이빨이 있어 조직을 잡기에 용이하나 조직을 손상시킬 수 있음

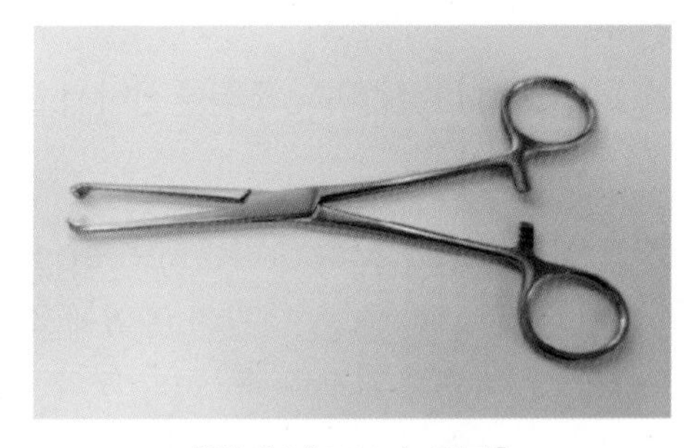

[엘리스(Allis) 겸자]

② 밥쿡 포셉(Babcock Forceps): 선단이 넓어지며, 선단에 걸리는 압력이 약하므로 위, 장, 방광 등 손상에 민감한 조직 등을 잡을 때 사용

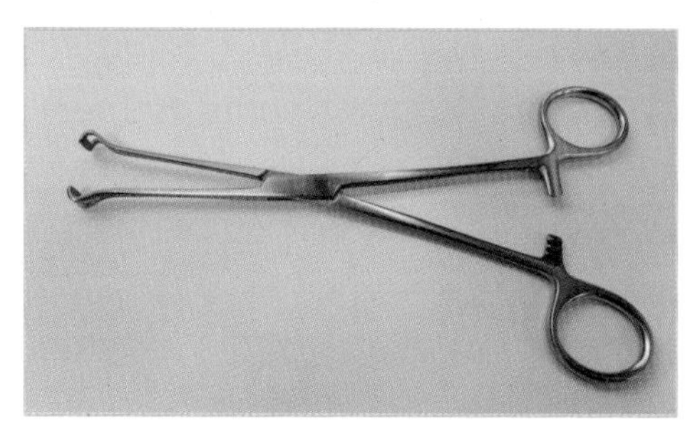

[밥쿡(Bobcock) 겸자]

③ 장 포셉(Intestinal Forceps)

- 장관을 잡기 위해 턱의 길이가 길며, 직·곡의 모양이 있음
- 메이오 롭슨(Mayo Robson)/도옌(Doyen)

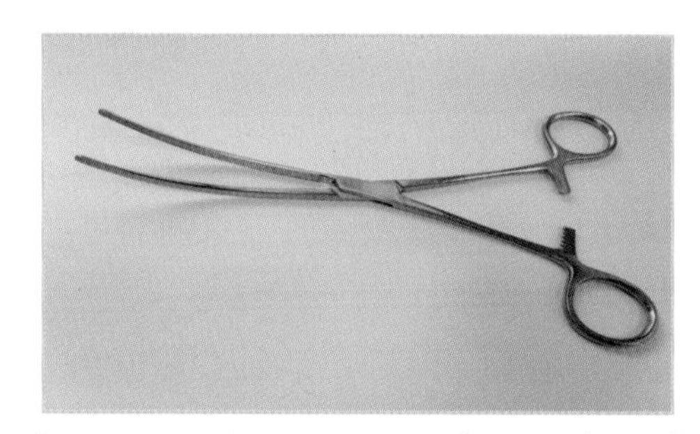

[Mayo Robson Intestinal(curved) 겸자]

(4) 타월 겸자(Towel Clamps): 수술포와 피부를 고정할 때 사용

① 바크하우스 타월 클램프(Backhaus Towel Clamps): 선단이 얇고 날카로워 천공됨

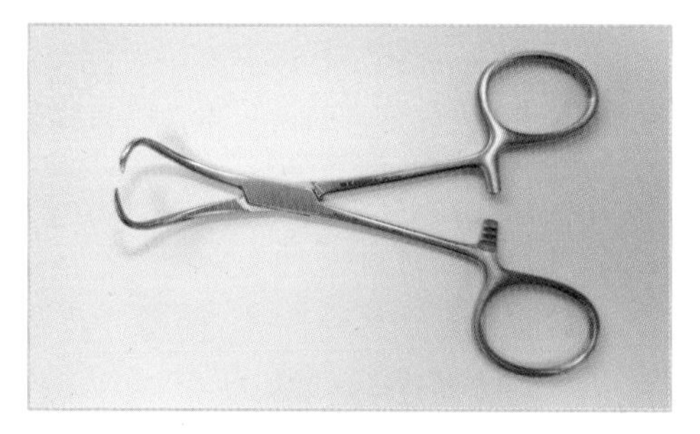

[Backhaus 타월 클램프]

② 로나(에드나) 타월 클램프[Lorna(Edna) Towel Clamps]: 선단이 넓어지며 천공이 되지 않음

04 니들 홀더(Needle Holder, 지침기(持針器))

봉합 시에 만곡되어 있는 봉합침을 잡고 봉합사를 결찰하기 위해 사용

① 메이요 – 헤가 니들 홀더(Mayo–Hegar Needle Holder): 일반적으로 사용되고 있음

② 올슨 – 헤가 니들 홀더(Olsen–Hegar Needle Holder): 지침기 날에 가위가 동반되어 있어 봉합사를 절단하는 가위를 따로 사용하지 않아도 되므로 수술자 한 명이 실을 결찰하고 실을 자르는 것이 가능하나, 실수로 봉합사를 자르는 경우가 있으므로 주의

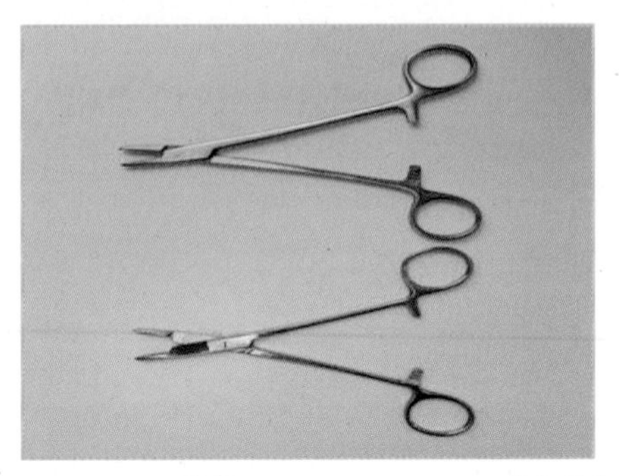

[Mayo–Hegar(위), Olsen–Hegar(아래)]

④ 매튜 니들 홀더(Mathieu Needle Holder): 손잡이 끝에 ratchet lock이 있으며, 계속 잡고 누름으로써 락과 해제가 가능함

⑤ 카스트로비에조 니들 홀더(Castroviejo Needle Holder): 안과 수술용

05 리트렉터(Retractors)

[수술창의 시야를 확보하기 위한 기구]

견인기	기구를 손으로 잡고 조직을 끌어당김
개창기	핸들과 락(잠금) 기능이 있어 원하는 부위에 정치(定置) 가능

① 견인기(Hand–held Retractors): Senn/Ragnell/Lahey

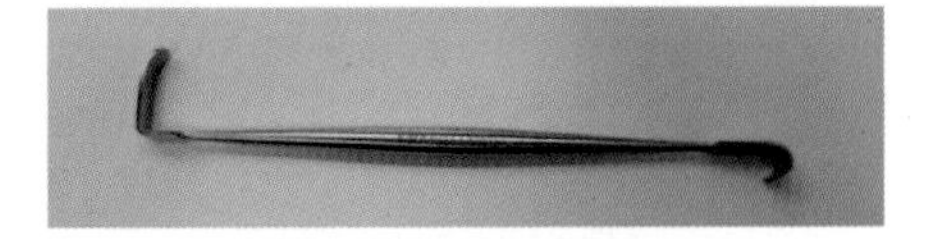

[Senn Retractor]

② 개창기(Self-retaining Retractors): Gelpi/Weitlaner/Balfour(발포 복부 개창기)/Finochietto(피노치토 개흉기)

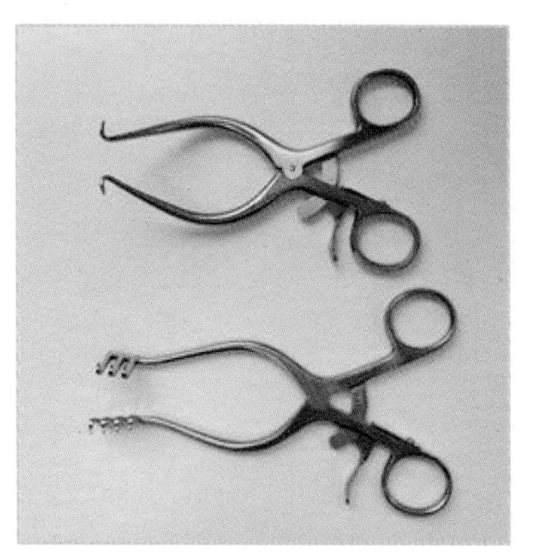

[Gelpi(위), Weitlaner(아래)]

06 석션 팁(Suction Tips)

혈액 등의 액체를 흡인하기 위한 기구로, 석션기(흡인기)의 튜브에 연결하여 사용

07 기타

① 정형외과 기구: Wire, Pin, Plate, Rongeur, Bone Forceps, Bone Cutter 등

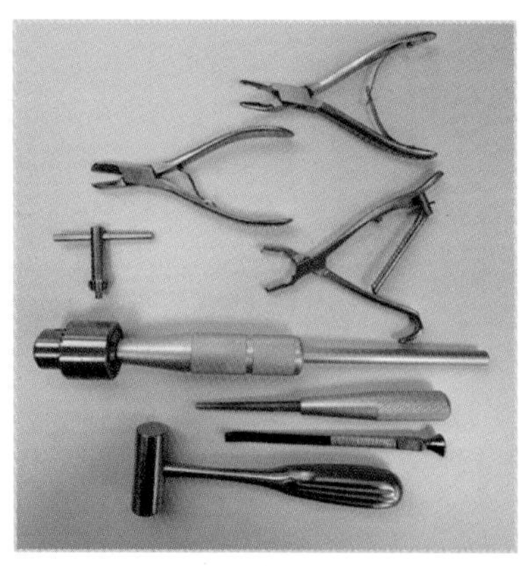

[정형외과기구(Rongeur, Bone Forceps, Bone cutter 등)]

② 치과기구: Root elevator, Root picker, Perioste elevator, Hooks, Speculums 등

CHAPTER

05 수술 전 준비

01 수술 전 고려사항 및 동물환자 준비

(1) 수술의 진행 순서

① 전화 혹은 방문 상담 후 수술 예약

② **전일 전화 혹은 서면 안내**: 수술 전 약 8~12시간(최소 6시간) 금식(전일), 금수(당일)

③ 보호자 내방

④ 수술 전후의 입원일정 및 수술동의서 설명[수술등중대진료(진단명, 수술 및 진료의 필요성, 방법 및 내용, 후유증 또는 부작용, 보호자 준수사항 등을 설명하고 서명 또는 기명날인을 받아야 함), 고위험 수술 응급상황 발생, CPR 실시 희망 여부 등]

⑤ **수술 전 검사**: 혈액검사, 방사선 촬영

⑥ 입원(수액 도입)

⑦ 수술준비(마취 도입)

⑧ 수술(마취 유지)

⑨ 수술 후 마취각성 및 관찰

⑩ 수술 후 입원 동물환자 관리

⑪ 퇴원

(2) 동물환자 수술 전 준비

① 병력 청취 및 진찰

② 신체검사

③ **마취 전 혈액 검사**: 간과 신장의 기능과 전신 상태 평가

④ **요 검사**: 비뇨기계의 이상과 내분비 및 대사질병 등의 전신 상태를 파악

⑤ **마취 전 X-ray 검사**: 흉부 X-ray 사진은 심장 및 폐의 이상 여부를 파악, 기관내관의 크기 결정

⑥ 동물에게 IV카테터를 장착하여 수액 투여 준비

(3) 수술 전 체크리스트

차트에 나와 있는 일반정보	환자 및 보호자에 대한 정보
차트에 제시된 의료정보	수술내역, 기존 질환, 검사 결과 등
마취 및 수술 사전동의서	• 마취 및 수술은 예상치 못한 사고가 발생할 수 있으므로 동의서를 받아야 하며, 전신마취를 동반하는 수혈 및 내부 장기, 뼈 및 관절 수술의 경우는 '수술등 중대진료 동의서'를 받아야 함(「수의사법」 제13조의2. 2022년 7월 5일 시행) • 병원에 따라 고위험군 처치 및 입원 동의서가 있는 경우도 있음
강아지별 특성	자주 먹는 사료, 배변 습관 등
수술 전 검사 내역	혈액검사, 호르몬검사, 영상검사 등
보호자 면회 가능시간 안내	수술 전후 면회시간
보호자가 맡긴 강아지 물품	보호자의 체취가 담긴 옷, 담요, 케이지, 사료, 밥그릇 등은 챙겨두었다가 퇴원 시 보호자에게 반환할 것
예상 퇴원날짜	간단한 수술은 퇴원날짜가 정해져 있으나, 수술 후 경과를 살펴봐야 하는 중환자의 경우 예측할 수 없는 경우도 있음

02 수술 전 수술대 및 수술기구 세팅

(1) 클린구역과 오염구역 구별

① 수술 시에는 클린(무균)구역(수술대 중심으로 수술자의 동선이 존재하는 공간 예 동물환자, 멸균 수술보조대, 수술기구, 수술가운, 수술포 등 포함)과 오염구역(무균구역 이외의 공간)으로 구분

② 무균적 환경에 반하는 실수는 용납되지 않음

③ 수술자와 멸균보조자는 무균적 환경이 확실하지 않으면 절대 만지지 않을 것

④ 비멸균보조자는 무균적 환경의 도구나 물품은 절대 만지지 않을 것

수술실 복장

클린구역(수술자, 멸균보조자)과 오염구역(비멸균보조자)에서는 구역의 구별 없이 스크럽, 수술모, 마스크, 수술실 전용 신발을 반드시 착용할 것

(2) 동물환자 수술대 이동

① 수술실 준비구역에서 마취 도입

- 마취 전 투약제 준비: 항생제, 진정제, 진통제 등 준비
- 마취 유도를 위한 약물 준비
- 기관 내 삽관을 위한 물품 준비
  - 동물에게 적합한 직경의 기관 튜브 준비
  - 기관튜브 표면에 바를 윤활제 준비
  - 후두경 준비
  - 커프용 주사기 준비
- 흡입마취 도입 보조하기
  - 동물에게 마취 유도제를 투여하기 전에 5분 정도 산소를 공급
  - 마취 유도제투여 보조
  - 기관 내 삽관을 위한 동물 보정
- 기관튜브 준비
  - 기관 내 삽관 후에 동물을 처치대에 눕히고 흡입 마취기를 연결
  - 산소 공급
- 흡입마취제를 투여
- 수술동물 환자감시 모니터 연결

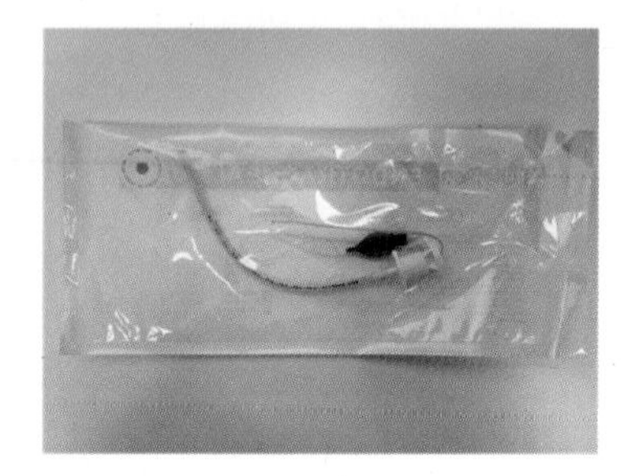

[기관튜브]

② 수술 부위의 털 삭모: 넓게, 그리고 털 방향의 역방향으로 하여 최대한 짧게

> **TIP 수술 부위 털 삭모 시 주의점**
>
> - 수술 내용에 따라 동물의 자세 및 삭모 부위와 범위가 달라짐
> - 위생적인 수술을 위해, 주위를 청결하게 유지하도록 함
> - 수술실의 청결을 위해 삭모는 처치실이나 수술실 전실에서 이루어짐

③ 수술 부위 세정

- 수컷 개의 개복 수술일 때는 포피 세척을 시행
- 수술 부위 1차 소독(클로르헥시딘+알코올 번갈아가며 3번 이상, 안에서 바깥쪽으로 동심원을 그리면서)

④ 동물환자를 수술방으로 이동

⑤ 수술대에 수술 종류에 따른 자세로 고정

- 대칭적인 위치 및 자세로 고정
- 수술 부위 및 수술자의 수술 위치에 따른 자세

⑥ 수술 부위 2차 소독
- 수술자나 멸균보조자가 술부를 소독(클로르헥시딘 + 알코올 or 포비돈요오드 소독)
- 고정 자세에 따른 수술부 소독 방법 숙지

⑦ 수술부 준비
- 수술자와 멸균보조자는 무균적으로 수술부 준비
- 수술 부위를 염두하여 수술포(일회용 드레이프의 경우 표면은 발수성)를 고정

(3) 수술기구 세팅

① 비멸균보조자는 멸균 팩에서 멸균된 수술기구를 꺼내어 수술자나 멸균보조자에게 건네줌
② 수술자나 멸균보조자는 멸균된 수술기구 팩, 수술포 팩 등을 비멸균 구역에 닿지 않게 수술기구를 펼쳐서 세팅

TIP 멸균기구 건네는 법

- 멸균팩에 들어 있는 것을 꺼내기 쉽게 팩의 긴 면을 가위로 똑바로 자름
- 잘린 부분이 꺼낼 사람에게 향하도록 하고, 팩의 좌우에서 중앙을 향하게 살짝 누르듯이 들면 팩 입구가 위아래로 벌려져 수술자나 멸균보조자가 오염될 위험 없이 꺼내기가 수월해짐
- 팩의 양면이 입구를 시작으로 좌우로 벌어지도록 되어 있는 물품들은 벌어진 부분을 바깥쪽으로 뒤집어 멸균물품을 노출하여 꺼내기 쉽도록 건넴

(4) 수술자 및 멸균보조자 손세정

① 가운과 수술용장갑을 착용하기 전에 손을 깨끗이 씻음
② 일반 손씻기와는 다르며, 순서와 시간이 정해져 있음
③ 세균을 가능한 한 최소화하여 청결하게 것이 목적
④ 손세정 후에는 가운과 수술용 장갑을 착용하는 일련의 연속된 수순으로 진행이 되므로, 손세정 전에 수술용 모자와 마스크를 먼저 착용해야 함
⑤ 수술가운 안의 수술복은 깨끗한 새것으로 갈아입고, 수술용 모자 착용 시에는 앞 머리카락과 긴 머리카락은 반드시 수술모자 안으로 집어넣어야 하며, 수술용 마스크는 필터기능 유지를 위해 매 수술마다 새로운 마스크로 교환하여 사용해야 함

구분	내용
스크럽 법 (Surgical Scrub)	• 손톱을 짧게 깎고, 귀금속 및 장신구 등 빼기 • 브러시 없이, 세정액으로 1분간 손씻기 • 멸균된 브러시에 세정액(클로르헥신 함유)을 묻혀 손톱 끝을 세세히 문질러서 씻기 • 손가락, 손바닥, 손등, 전완, 팔꿈치의 순으로 내려오면서 문지르며 닦기 ▶ 주의사항: 손끝은 항상 위로 향하게 해야 하며, 아래를 향하지 않도록 하기
러빙 법 (Surgical Rubbing)	• 스크럽 법과 동일하게 손톱을 짧게 깎고, 귀금속 및 장신구 등 빼기 • 비누를 사용하여 1분간 손씻기 • 손을 멸균 타올에 닦아 물기를 없애고, 알코올을 사용하여 5분간 손가락 및 팔 부위를 문지름

06 수술보조 및 수술준비

01 기본적인 수술준비의 순서

(1) 수술팀의 기본적인 수술준비의 절차

① 스크럽(이때 보통 비수술팀은 삭모, 술부 소독 등을 진행)
② 수술헝겊(Huck towel)으로 손을 닦음
③ 수술복 착용(비수술팀의 인원이 끈을 묶거나 하는 것을 도움)
④ 장갑 착용
⑤ 수술포, 수술팩, 수술창 등 준비
⑥ 수술준비 완료

02 수술구역 및 수술인원의 구분

(1) 수술구역

① 수술실의 구역은 기본적으로 멸균구역과 오염구역으로 나누어짐

멸균구역	• 멸균수술 기구를 두거나 수술이 이루어지는 공간으로서, 관련되는 모든 기구와 장비는 멸균된 상태를 유지해야 함 • 멸균구역에 위치하는 수술자 및 보조자 등도 반드시 멸균된 수술기구를 사용하고 멸균된 수술복(수술외피), 멸균장갑 등을 착용해야 하며, 반드시 멸균적인 구역에서, 멸균적인 것만 만져야 함 • 오염구역에 있는 것을 접촉해서는 안 되며, 실수로라도 접촉한 경우, 수술복이나 장갑 등을 교체해야 함
오염구역	• 수술실 내부에서 멸균구역 이외의 공간 • 오염구역에 있는 인원 역시 멸균구역의 인원과 접촉하거나, 멸균된 수술기구 등을 만져서는 안 됨

② 오염구역 및 멸균구역의 구분 없이 모든 인원은 스크럽, 수술모, 마스크, 부츠는 반드시 착용
③ 멸균구역의 인원만 스크럽을 하고 멸균된 수술복과 멸균장갑을 추가로 착용

(2) 수술인원의 구분

수술팀	• 수술에 관여하는 수의사(술자), 수술보조자(수의사 혹은 동물보건사), 멸균장비 공급자 등으로 나누어짐 • 술자는 말 그대로 수술을 집도하는 사람이고, 보조자는 수술자를 도와 수술을 진행함 • 멸균장비 공급자는 병원의 규모와 수술의 종류에 따라 있는 경우도 있고 없는 경우도 있는데, 보통 수술기구를 늘어놓은 테이블에서 술자 혹은 보조자가 원하는 멸균된 수술기구를 건네주는 역할을 함
비수술팀	• 마취를 보는 인원, 기타 수술 참관인원, 기구 및 장비 공급자 등으로 나누어짐 • 비수술팀의 기구 및 장비 공급자는 수술팀이 추가적인 기구나 장비 등을 원할 때 수술실 내에서 이를 세팅해주며, 수술팀에게 이를 건넬 때에는 멸균된 상태를 유지하여 건네주어야 함 • 가령 실이나 칼날(블레이드) 등이 필요하다면, 위에서 포장을 뜯으면서 멸균된 것을 테이블로 떨어뜨리는 방식으로 건네줌 • 기타 멸균된 기구를 건네는 경우 멸균된 천 등으로 무균적으로 집어서 수술팀에게 건네줌

03 무균수술의 원칙

(1) 무균수술의 주요한 몇 가지 사항

① 수술팀원은 멸균지역에 있어야 함
② 이야기 및 사람들의 이동은 최소한으로 해야 함
③ 멸균한 팀원은 마주보고 있어야 하며 항상 멸균지역에 있어야 함
④ 기구는 멸균된 것만 다룸
⑤ 수술포로 덮인 기구 테이블 등은 방수여야 함
⑥ 가운은 가슴 중앙부터 허리까지와 수술장갑을 낀 손으로부터 팔꿈치 위 2인치 부분이 멸균임
⑦ 손상받았거나 젖어 있는 것은 오염된 것으로 간주
⑧ 땀이 차서 오염될 수 있기 때문에 손은 겨드랑이에 끼지 않음
⑨ 수술팀이 앉아서 수술을 시작하면 앉은 상태로 계속 수술하여 종료

04 수술복(수술외피) 및 장갑을 착용하는 방법

(1) 수술복 입기(Surgical gowning)

① 수술복은 일회용도 있고 세탁하여 반복 사용하는 경우도 있음
② 기본적으로 수술복은 수분, 보푸라기, 신장, 압력, 마찰 등에 저항성이 있어야 하고 편안하고, 경제적이며 불에 저항성이 있어야 함

③ 일반적으로 스크럽 후 헉타월(huck towel)로 손을 닦는데, 수술복은 보통 헉타월의 아래쪽에 위치함
④ 헉타월을 사용하고 바닥에 떨어뜨린 후, 수술복의 끈만 잡아 당겨 수술복을 들어 올림
⑤ 안쪽 면은 반드시 수술자를 보게 하고 한 팔씩 양팔을 넣어 수술복을 입으며, 이때 수술복이 땅이나 다른 물건에 닿지 않도록 주의
⑥ 다른 보조자가 와서 목과 허리쪽의 끈을 묶어줌
⑦ 폐쇄형 장갑을 착용하는 경우 가운을 입으면서 손을 밖으로 빼서는 안 됨

(2) 장갑 착용

구분	내용
폐쇄형 장갑 착용 (Closed gloving)	• 일반적인 수술실에서 가장 많이 사용되는 장갑 착용법 • 장갑을 낄 때 손이 장갑이나 수술복 밖으로 나와서는 안 됨 • 수술복의 소매에 손을 넣은 상태에서 한쪽씩 장갑을 착용하는 방법
개방형 장갑 착용 (Open gloving)	• 오직 손만이 차폐되기만 하면 될 때나 수술 동안 한쪽 장갑이 오염되어서 바꾸어야 할 때 사용 • 특히 간단한 수술이나 시술을 할 때에는 수술복을 입지 않고 수술용 내피만 입은 상태로 개방형으로 멸균장갑만 착용하여 수행
보조자에 의한 장갑 착용 (Assisted gloving)	보조자가 술자를 도와서 장갑을 착용하게 하는 방법

05 수술보조자의 역할

① 수술보조자는 술자를 도와 수술을 진행하는 역할을 맡고 있으며, 보조자의 역할은 수술마다 상이할 수 있으나 기본적으로 어떤 수술을 하는지에 대한 이해가 필요함
② 수술의 전반적인 과정에 대해 이해하고 있어야, 술자의 수술을 어떤 식으로 도울 수 있는지 명확해짐
③ 기본적으로는 사용하는 수술기구를 정비하고 필요한 수술기구 등을 건네주는 역할, 출혈이 발생했을 때 지혈겸자나 멸균거즈 등으로 지혈을 함으로써 환자의 출혈을 억제시키고 술야를 확보하는 역할, 개창 등으로 술야를 확보하는 역할, 동물의 신체 부위를 보정하거나 잡고 있음으로써 술자가 원활하게 수술을 진행하도록 돕는 역할 등을 하며, 경우에 따라 봉합 등의 수술마무리 및 기타 술자가 지시하는 사항 등을 이행하게 됨

CHAPTER 07

마취의 원리와 단계

01 마취의 정의

① 마취란 일시적으로 의식, 감각, 운동 및 반사작용을 차단하는 행위로 통증의 경감 또는 차단을 위해 사용하는 방법
② 외과 수술은 통증 경감과 원활한 수술진행을 위해 반드시 마취를 동반함

02 마취에서 동물간호인력의 역할

마취의 과정에 있어서 동물보건사 등의 동물간호인력의 역할은 아래와 같음
① 마취 전날 고객에 연락하여 절식 요청
② 마취기구의 점검
③ 마취를 위한 다양한 기구의 준비 및 세팅
④ 삽관 등 각 마취의 단계에서 동물보정 및 수의사 보조
⑤ 마취환자의 모니터링
⑥ 마취가 끝난 환자의 회복 모니터링 및 입원 간호
⑦ 마취 시 응급상황에서의 응급처치 및 수의사 보조

03 마취의 종류

(1) 마취가 적용되는 부위에 따른 분류

국소마취 (local anesthesia)	• 신경말단을 마취시키는 방법으로 해당 부위에 국소마취제를 바르거나 주사해서 신경 말단을 마취하게 됨 • 동물의 의식이 깨어 있는 상태로 말초부위에만 마취가 적용됨 • 기본적으로 의식을 잃지 않기 때문에 전신마취에 비해 크게 위험하지 않음 • 교상부위 치료 등 간단한 처치 등에 사용하며, 통증을 경감시키고 치료를 원활하게 하는 목적으로 사용

부위마취 (regional anesthesia)	• 특정 부위, 특정 영역에 마취를 하는 방법으로 척추마취, 경막 외 마취 등이 포함됨 • 보통 척수 등에서 오는 신경이 차단되어 마취가 됨 • 환자는 의식이 있는 상태로서, 동물 정형외과 수술 등에서 통증을 경감시키는 목적 등으로 전신마취와 함께 사용되기도 함
전신마취(general anesthesia)	• 국소마취와 부위마취가 신체의 일부만 마취시키는 것과 달리 전신마취는 신체 전부를 마취시키는 방법 • 뇌를 통해 들어오는 의식, 감각, 운동, 반사 등을 차단

경막 외 마취

• 척수를 싸고 있는 경막의 바깥 공간을 경막외강이라고 함
• 경막 외 마취는 경막외강에 약물을 투여하여 마취를 하여 통증을 완화시키는 부위마취의 방법

(2) 사용되는 마취제에 따른 분류(전신마취의 경우)

주사마취	• 마취주사(케타민 등)를 놓아서 동물을 마취시키는 방법으로 약물을 투여해서 무의식 상태로 만듦 • 보통 고양이 미용이나 수컷 중성화 같은 짧은 시술에 적합함 • 마취 자체는 매우 간편하지만, 과량 투여 시 해독이 어렵고 마취의 깊이와 시간조절이 어려움
호흡마취	• 마스크나 삽관튜브를 통해 휘발성 마취제를 주입하여 환자를 무의식 상태로 만듦 • 시간이 오래 걸리거나 큰 수술에는 반드시 호흡마취가 권장되며, 실시간으로 마취제의 용량을 조절하여 마취의 깊이를 컨트롤하는 것이 가능함 • 주사마취보다 안전하고 모니터링이 쉬우며, 간이나 신장 등에 영향이 적은 장점이 있으나 마취기, 훈련된 의료인력 등이 필요하기 때문에 비용과 노동력의 소모가 주사마취에 비해 많음

04 마취의 위험성

(1) 마취의 위험성

① 마취의 위험성은 대부분 전신마취일 경우에 해당됨
② 전신마취 시 동물의 의식은 소실되며, 마취가 시작되면 마취제로 인해 순환계, 호흡계의 활동이 저하되고 이로 인해 호흡과 심박 등이 감소할 수 있음
③ 마취 중에 지속적으로 호흡, 심박, 혈압 등을 감시해야 함
④ 마취는 사용하는 약물에 따라 체내에서 대사될 때 간, 신장 등에 영향을 줌

⑤ 건강한 동물의 경우 마취제를 대사시키는 데 큰 무리가 없으나 간이나 신장 같은 대사 및 배설기관에 문제가 있는 경우 위험할 수 있음
⑥ 마취는 일정 기간 면역력을 저하시키기도 하기 때문에, 마취 바로 전후로 백신을 맞는 것은 권장되지 않으며, 짧은 간격으로 여러 번의 마취를 하는 것 역시 권장되지 않음
⑦ 확률은 낮지만 마취는 항상 사망을 수반할 수 있으며, 또한 기저질환이 있는 등 환자의 상태가 좋지 않은 상황에서 부득이하게 수술을 한다면 마취 중 사고확률은 더 높아짐
⑧ 의료진은 마취 및 수술 전에 반드시 보호자에게 마취의 위험성을 고지하고, 이와 관련된 동의서를 받아두어야 추후 법적인 문제가 생기지 않음

(2) 마취 전 검사

① 마취 전 검사는 수술 전 검사와 기본적으로 동일하며, 대부분의 동물병원에서는 흉부 엑스레이 촬영 및 기본혈액검사(CBC 및 혈청화학검사)를 기본으로 함
② 만약 경제적인 이유로 혹은 장비부족의 이유로 이러한 검사를 진행하지 못한다고 하더라도 반드시 검사할 것이 권장되는 4가지 검사는 PCV(packed cell volume, 적혈구용적률), TP(total proteins, 총단백질), 혈당, BUN(blood urea nitrogen, 혈중요소질소)
③ 위의 4가지 영역은 기계 및 장비가 없어도 간단한 기구를 통해 측정 가능

05 호흡마취의 순서 및 단계

마취를 수행하는 쪽에서는, 아래와 같이 호흡마취의 단계를 나눌 수 있음. 이 외에도 마취의 깊이에 따라 Stage를 구분할 수도 있음

(1) 전마취 단계

① 본격적인 마취에 앞서서 환자를 진정시키고, 통증을 줄이고 근육을 이완하는 목적으로 전마취 약물(pre-anesthetic medication)을 투여하는 단계
② 환자를 다루기 쉽게 만들어 이후의 마취 과정을 원활하게 함
③ 사용되는 약물에 따라 다르지만 일반적으로 근육주사를 사용하게 되며, 진정, 진통, 근육 이완 등에 효과가 있는 여러 가지 약물을 배합하여 사용하게 됨
④ 기타 분비를 억제시키거나 심박을 상승시키는 약물을 사용하기도 함
⑤ 전마취 단계에서 수술 전 항생제를 같이 투여하는 경우가 많음
⑥ 전마취 단계에서 적절한 약물을 잘 사용하면 향후의 마취가 원활하고, 이후의 마취에 사용하는 약물이 줄어들어 회복에 유리하기 때문에 중요한 과정

(2) 마취의 도입

① 삽관을 위해 짧은 마취를 유도하는 것으로, 일시적으로 동물의 의식을 잃게 함

② 대부분의 병원에서는 마취의 도입과 회복이 부드러운 프로포폴을 사용하는데, 이 약물은 정맥주사로 투여되고 빠르고 효과적이며 지속시간이 짧음

③ 프로포폴은 향정신성의약품으로서 약물의 관리와 폐기, 사용기록 등에 매우 주의하여야 함

④ 프로포폴을 정맥주사하면 동물이 순간적으로 의식을 잃게 되고, 이때 기관 내 튜브(Endotracheal tube; ET tube)를 삽입하는 삽관(intubation) 과정을 거치게 됨

⑤ 삽관이 되면 기관을 통해서 마취제와 산소를 주입하는 것이 가능해짐

⑥ 일반적인 동물병원에서 삽관 시 동물보건사가 동물을 잡고, 수의사가 후두경과 ET튜브로 삽관을 진행하게 됨

⑦ 이때 동물은 의식이 없는 상태이기 때문에, 몸이 흐느적거리지 않도록 하면서 목구멍의 안쪽을 수의사가 명확하게 볼 수 있도록 동물보건사가 동물을 확실하게 보정해주는 것이 중요함

⑧ 특히 프로포폴이 투여되면 일부 동물은 일시적인 무호흡 상태를 보이는데, 물론 무호흡 상태는 시간이 지나 이산화탄소를 통해 호흡중추가 다시 자극이 되면 회복되기는 하지만 삽관을 통해 기도 확보를 신속하게 하는 것이 안전함

(3) 마취의 유지

① 삽관이 되었으면, 호흡마취기를 연결해서 본격적으로 마취를 시작하게 되고, 기화된 마취가스의 농도를 조절해가면서 마취를 유지하게 됨

② 기화기를 조절하여 마취가 얕으면 가스를 더 틀고, 마취가 깊으면 가스를 줄임

③ 마취를 유지하면서 호흡, 심박 등을 지속적으로 모니터링해야 하며 마취는 수술이 끝날 때까지 유지함

④ 마취에 본격적으로 들어가게 되었을 때 눈을 뜨고 있는 상태라면 안구에 좋지 않기 때문에 안연고를 발라두는 것이 좋음(특히 해리성 마취제를 투여한 경우 눈을 계속 뜨고 있는 경우가 많음)

(4) 마취의 회복

1) 주의사항

① 마취가 깨는 단계로서 이 과정에서 사고가 빈번하게 생길 수 있으므로 주의해야 함

② 수술이 끝나면 마취기화기를 끄고 엎드린 자세로 바꾸게 하고, 산소는 계속 공급함

③ 개의 경우 일반적으로 뭔가를 삼키려는 저작활동을 보이게 되면 삽관했던 ET tube를 제거하게 되며, ET tube를 제거한 후에는 입원실로 옮겨서 환자를 지속 관찰함

2) 저체온증

① 가장 흔한 마취의 합병증으로, 회복기에는 특히 저체온증이 있는 경우가 많음
② 즉각적인 체온 측정 후 가온하는 것이 좋음
③ 화상 등을 입을 수 있으므로 몸에 직접적으로 가온하는 것은 지양하며, 케이지 내부의 온도를 조절해주거나 담요 등을 이용해야 함
④ 그럼에도 체온이 너무 낮다면 드라이기 등으로 적극적으로 가온할 필요도 있는데, 이때 동물에게 직접적으로 드라이 바람을 쐬게 하면 안 되고 공기를 데우는 식으로 가온해야 함

3) 회복기 중 부상 방지

① 마취에서 회복될 때 각성기 섬망(Emergence delirium)이라고 하여 회복 시 몸부림치거나 심하게 흥분하는 경우가 있으며, 그렇지 않더라도 정신을 차리지 못하고 비틀대며 케이지에 부딪히는 경우가 흔함
② 이러한 경우 두부 등에 손상이 올 수 있기 때문에 이에 대비하여 스테인리스로 된 케이지의 사면에 푹신한 담요 등을 미리 깔아두는 것이 좋음
③ 동물이 극도로 흥분한 경우 안전 등을 위하여 진정제 투여가 필요한 경우도 있기 때문에 컨트롤이 어렵다고 판단되면 수의사에게 즉시 보고해야 함

4) 진통제 투여

① 동물은 의식은 없으나 수술 및 마취 중에도 통증을 느끼게 되고 심하면 각성할 수 있음
② 통증은 의식이 돌아온 수술 후에 더 크게 느껴질 수 있기 때문에 진통제를 투여해야 하며, 특히 정형외과 수술 등은 수술 중, 수술 후 모두 통증이 크기 때문에 다양한 진통제를 사용하게 됨
③ 진통제는 주로 오피오이드 계열을 사용하게 되고 주사투여를 하는 경우가 많으나, 경미한 시술이거나 통증이 크지 않은 경우 경구투여(보통 트라마돌, 비스테로이드성 진통제 등)를 통해 통증을 관리할 수도 있음
④ 통증이 크다면 펜타닐 등의 약물을 소량으로 지속투여(constant rate infusion, CRI)하는 방법도 있음
⑤ 이러한 오피오이드 계열의 진통제는 상당수가 마약류로 분류되어 있어 국내에서는 동물보건사의 취급이 제한되지만, 미국 등 해외의 경우에는 동물보건사(테크니션)가 관련 교육을 받고 마약류를 직접 관리 및 투여함

5) 어린 동물의 회복

① 나이가 어린 동물은 수술이나 마취하는 것이 권장되지 않으나 이물 섭취, 교통사고 등의 문제로 부득이하게 응급수술하는 경우도 있음

② 어린 동물은 마취 중 체내의 항상성을 유지할 수 있는 능력이 떨어지기 때문에 마취 중 지속적인 관찰이 중요하고, 회복기에도 주의 깊은 관찰이 요구됨
③ 특히 어린 동물의 경우 수술 후 저혈당증이 오는 경우가 있기 때문에 마취가 회복된 후 시럽 등을 입안에 발라주기도 함

6) 보호자에게 수술 종료 공지

① 의식이 완전히 살아나고 비틀거리지 않는 등 완전히 깨면 모든 마취 과정이 마무리되며, 이때 동물보건사 혹은 수의사는 보호자에게 수술 후 전화를 걸어 동물의 수술이 안전하게 끝났음을 이야기해주는 것이 좋음
② 외부에서 수술을 기다리는 보호자가 있는 경우 의료진이 직접 보호자를 상담하여 수술의 경과에 대해 알려줄 필요가 있으나, 동물이 흥분할 수 있기 때문에 회복 직후에는 면회를 제한하는 것이 좋음

06 호흡마취기(Anesthesia machine)

① 마취를 모니터링하는 인원은 환자의 상태에 따라 호흡마취기를 제어해가면서 마취를 조절해야 하기 때문에, 호흡마취기의 원리와 구성품에 대해 이해해야 함
② 마취는 사용한 가스를 다시 사용하는 재호흡(rebreathing)과 사용한 가스를 다시 사용하지 않는 비재호흡(non-rebreathing) 회로 등이 있음
③ 원칙적으로 체중이 작은 동물(병원마다 다르나 보통 7kg 이하)은 비재호흡(non-rebreathing) 회로를 사용하는 것이 추천되나, 동물병원 내 비용 및 장비상의 문제로 재호흡(rebreathing) 회로만 사용하는 경우도 많음
④ 일반적인 재호흡(rebreathing) 호흡마취기의 주요 구성품

산소통	• 산소공급은 산소통을 통해 이루어지며, 통의 색은 일반적으로 초록색 • 가스별로 통의 색이 다르기 때문에 유의해야 함 • 산소통에는 게이지가 있어 산소의 잔량을 알 수 있음 • 산소통은 크고 무거운 것 이외에 이동식 마취기에 달린 작은 산소통도 있음 • 수술실 내에는 산소통이 없고 외부에 산소통이 있으며 수술실에는 연결접합부(커넥터, connector)만 있는 경우도 있음 • 산소 연결접합부는 실수로 다른 가스와 연결되지 않도록 초록색으로 되어있고 접합부 모양도 산소호스 연결만 가능하게 되어 있음
압력계	회로 내의 압력을 표시
유량계	• 산소가 들어가는 속도를 표시 • 유량계에는 작은 은색 구슬이 떠 있으며 눈금을 읽어서 파악 가능 • 다이얼로 유량 조절 가능

기화기	• 마취제를 기화시켜 기체마취제로 만듦 • 한창 수술이 진행될 때 기화기 내의 마취제가 떨어지면 크게 문제가 생길 수 있으므로, 동물보건사는 기화기 내 이소플로란 등의 마취제가 떨어지지 않도록 항상 관리해야 함 • 기화기는 다이얼로 농도 조절을 함
산소플러시 (flush)버튼	• 누르면 순간적으로 마취제 공급을 하지 않고 100% 산소가 공급됨 • 팝오프 밸브가 열린 상태에서 눌러야 폐에 과도한 압력이 가해지지 않음
호흡백 (Reservoir bag, 리저브백)	호흡이 약할 때 백을 짜주면서 호흡을 공급해줌
호스	• Y, F자 등 다양한 형태가 있으며, 마취 회로에 따라서도 다름 • 호기부와 흡기부를 맞게 연결해줘야 함
캐니스터	내부에 소다라임이 있어서 사용한 가스에서 이산화탄소를 제거하고 재활용할 수 있게 함
팝오프(pop-off) 밸브	• 사용하고 남은 가스의 일부를 외부로 보내는 역할로, 평소에는 열린 채로 두어야 함 • 기본적으로 감압의 역할을 하기 때문에 함부로 닫아두면 회로 내의 압력이 증가하여 동물의 폐에 영향을 줄 수 있음 • 호흡백으로 bagging을 할 때, 공기누출테스트(leak test)를 할 때 일시적으로 닫을 수 있음

CHAPTER

08 마취 모니터링(Monitoring)

01 마취 모니터링

① 마취를 하게 되면 뇌의 기능이 저하되면서, 심박, 혈압, 체온 등이 급격하게 하강하게 되고, 마취가 너무 깊으면 사망함
② 환자의 상태에 따라 마취가스의 농도를 조절하여 필요 이상의 깊은 마취를 하지 않아야 함
③ 반면에 각성이 되어버리면 수술의 원활한 진행이 어렵고, 환자가 통증을 느끼기 때문에 마취가 너무 얕아도 안 됨
④ 마취의 깊이를 조절하기 위해서는 환자의 상태와 현재 마취의 수준을 객관적으로 평가해야 하는데 이 과정을 마취 모니터링이라 함
⑤ 마취 모니터링은 모니터링 기계를 보며 주요 파라미터(심박, 혈압, 체온, 호흡 등)를 체크하는 방법이 있고, 직접 동물에 접촉해가며 반응을 확인하여 마취의 깊이 등을 체크하는 방법이 있음. 마취 모니터링에 있어서는 두 가지 방법이 모두 중요

02 기계를 이용한 주요 모니터링 항목

(1) 호흡

① 마취가 된 후에도 동물은 계속 숨을 쉬어야 함
② 일반적으로 캡노그래프(capnograph)는 호흡 가스의 이산화탄소 농도 등을 모니터링하는 것인데 이를 통해 호흡을 평가
③ 호흡수, $EtCO_2$(end-tidal carbon dioxide, 호기말 이산화탄소 분압) 수치, $EtCO_2$ 그래프의 모양 등으로 전반적인 호흡상태를 평가하게 됨

호흡수	• 마취 시 정상적인 호흡수의 기준은 동물의 크기마다 다르나 보통 분당 10~20회가 유지되면 수술 등에 적합한 호흡수로 판단됨 • 보통 호흡이 빨라지면 마취의 강도가 낮거나 통증이 있는 상태이기 때문에 다른 파라미터와 종합적으로 평가를 한 후 마취를 올려줌 • 반대로 호흡이 너무 느리게 되면 너무 깊게 마취가 되었기 때문에 마취의 강도를 낮추고 호흡백을 짜주거나, 기계적 환기로의 전환을 고려해야 함

호흡수	• 호흡백을 짤 때에는 갑작스럽게 큰 압력을 주어 짜지 말고 서서히 짜줘야 하는데, 이는 폐에 과도한 압력이 들어가는 것을 방지하기 위한 것 • 호흡백을 짜도 효과가 없다면 ventilator를 통해 기계적 환기로 전환하고 인공호흡을 통해 계속 수술을 진행함
$EtCO_2$ (호기말 이산화탄소 분압)	• 날숨의 이산화탄소 분압을 나타내며, 환기상태를 평가함 • 마취 시 35~45mmHg 수준을 유지해야 함 • 이 수치가 너무 낮으면 과호흡이 원인일 수 있으며, 다른 파라미터와 종합적으로 평가를 한 후 마취를 올려줌 • 이 수치가 모니터상에서 아예 뜨지 않으면 자발호흡이 없는 상태이거나, 기계적인 연결문제가 있는 상태일 수 있음 • 반대로 너무 높으면 호흡마취가 깊게 되거나 마약계 진통제(하이드로몰폰, 펜타닐 등)로 인한 경우가 많음. 마취의 강도를 낮추고 호흡백을 짜주거나, 기계적 환기로의 전환을 고려해야 함 • 약간의 차이는 있으나 보통 60mmHg 이상으로 올라가지 않게 하는 것이 좋으며 이 이상 올라가게 되면 조치가 필요함 • $EtCO_2$ 그래프의 모양은 오른쪽이 높은 사다리꼴의 모양이 정상적인 모양이고, 계단식으로 상승하거나, 삼각형으로 뜨는 등 모양에 이상이 생기면 호흡에 문제가 있을 수 있으므로 정상 모양을 기억하고 있다가, 비정상적인 모양이 뜨면 수의사에게 보고해야 함

(2) 산소포화도(saturation of peripheral O_2, SpO_2)

① 헤모글로빈의 산소포화 비율을 나타내며 폐에서 적혈구로 산소가 공급되는 상태를 평가

② 산소포화도 측정기인 pulse oximeter 등의 기계를 이용하여 측정하며, 혓바닥이나 손, 귀, 잇몸, 외부생식기 등 점막이 드러난 부위에 집게를 집어서 측정

③ 보통 97% 이상은 되어야 하며, 적어도 95%는 되어야 하므로 동물보건사로서 95% 이하로 줄어들면 수의사에게 보고함

④ pulse oximeter

- 이름 그대로 맥박(pulse)도 측정이 가능한 기기로서 마취 모니터링에 있어 간단하고도 유용한 기기
- 유기동물보호소, 소규모 동물병원 혹은 간단한 시술을 하는 경우에는 다른 모니터링 장비 없이 pulse oximeter만 연결하여 수술을 진행하는 경우도 있기 때문에 동물보건사는 사용법을 잘 알아두는 것이 좋음

(3) 혈압

① 마취 모니터링 중 가장 중요한 수치 중 하나이며, 혈압이 떨어지게 되면 관류에 큰 문제가 생김

② 수축기와 이완기 혈압이 있으며 이를 평균한 혈압도 있음(mean arterial pressure; MAP)

③ 침습적(Invasive Blood Pressure; IBP) 혹은 비침습적(Non-invasive Blood Pressure; NIBP)으로 측정하게 되는데, 일반적인 동물병원에서는 비침습적인 방법을 많이 사용

④ 비침습적 방법은 마취된 동물의 팔에 cuff를 끼워서 측정하게 되며, 마취 시 평균혈압이 80~120mmHg 정도로 유지되는 것이 좋음

⑤ 마취가 깨거나 통증을 느끼는 경우에는 혈압이 높아지게 되며, 이때 호흡도 빨라지는 경우가 있는데 이때는 기화기를 조절하여 마취를 더 깊게 함

⑥ 혈압이 낮으면 일단 마취를 낮춰보고, 효과가 없으면 수액을 더 주거나, 그래도 혈압이 낮으면 수의사를 통해 도부타민 등의 약물을 사용

⑦ 보통 평균혈압이 60mmHg 이하로 떨어지게 되면 관류에 심각한 문제가 발생하므로 반드시 수의사에게 보고하고 조치를 함

평균혈압(MAP)

- 평균혈압(MAP)은 이완기혈압 + (수축기혈압 - 이완기혈압)/3으로 구함
- 이렇게 계산되면 평균혈압의 수치는 수축기보다는 이완기 혈압에 더 가까움

(4) 심박수 및 ECG(Electrocardiogram)

심박수	• 분당 심장이 뛰는 횟수이며 ECG는 심장의 전기적 활동을 평가한 그래프 • 심박수는 개의 크기에 따라 다르지만 마취 시 70~120/분 사이로 유지(고양이는 120~180/분)됨 • 정상수치보다 심박이 너무 상승하거나, 너무 하강하게 되면 수의사에게 보고함 • 심박이 너무 낮으면 마취의 깊이를 낮추거나, 심장을 뛰게 하는 약(예 아트로핀, 글리코피롤레이트 등)을 사용할 수 있음 • 심박은 혈압과 함께 평가하는데 혈압에 따라 보상성으로 변하기 때문 • 사용하는 마취제(예 메데토미딘 등)에 따라서도 달라짐
ECG	• 심장은 뛰는 횟수도 중요하지만 뛰는 ECG도 함께 평가하여 부정맥 등의 여부를 확인해야 함 • ECG의 단자는 흰색은 오른쪽 앞다리, 검은색은 왼쪽 앞다리, 빨간색은 왼쪽 뒷다리에 연결하게 되며 일반적으로 삽관 직후 즉시 연결하게 됨 • 정상 ECG 파형은 P파가 낮게 올라간 후 뾰족하고 높게 QRS파가 형성되고, 후에 T파가 올라옴 • 정상적인 파형을 반드시 숙지해놓고 만약 파형, 간격, 속도 등이 정상과 크게 다를 경우 수의사에게 보고해야 함

- 단, 여기서 설명한 ECG 연결 방법은 미국에서 사용되는 AAMI(Association for the Advancement of Medical Instrumentation) 타입의 ECG를 사용하는 경우임
- 만약 동물병원에서 유럽용인 IEC(International Electro-technical Commission) 타입을 사용하고 있다면 부위가 다르게 연결됨. IEC 타입은 노란색이 함께 구성되어 있어 구분이 가능함

(5) 체온

① 마취의 가장 흔한 부작용으로서 마취를 하면 대부분 체온이 떨어짐
② 특히 회복단계에서 저체온증을 잘 관찰하고 가온해주는 것이 중요함
③ 체온이 36.5도 미만이면 따뜻하게 할 수 있는 적극적인 조치를 해주는 것이 좋으며 베어허거(bear hugger), 가온한 수액 등을 사용할 수 있음
④ 저체온증은 목숨을 위태롭게 하기 때문에 반드시 관리되어야 함

03 동물에 접촉하여 수행하는 마취 모니터링(Monitoring)

(1) 마취의 깊이(심도) 측정

① 위에서 언급한 것처럼 마취 모니터링은 모니터링 기계를 보며 주요 파라미터를 체크하는 방법이 있고, 직접 동물에 접촉해가며 반응을 확인하여 마취의 깊이 등을 체크하는 방법이 있음. 마취 모니터링에 있어서는 두 가지 방법이 모두 중요함
② 기계는 오류를 일으킬 수도 있고, 술자가 단자나 촉자를 건드려서 수치가 제대로 뜨지 않는 경우도 많음
③ 반드시 정기적으로 환자를 직접 접촉하여 환자의 상태와 마취의 깊이를 평가해야 하며 아래 세 가지 반응을 적극적으로 활용함

눈꺼풀 반사	눈의 내안각을 손으로 접촉할 때 눈이나 눈꺼풀을 깜빡이거나 움직이는 반사가 있으면 마취가 얕은 것이며, 없으면 마취가 적정하거나 너무 깊은 것
턱의 강직도	손으로 하악을 인위적으로 내려보았을 때, 하악이 뻣뻣하게 내려가면 마취가 얕은 것이며, 하악이 부드럽게 내려가면 마취가 적정하거나 너무 깊은 것
눈동자의 위치	눈동자가 중앙에 있으면 마취가 너무 얕거나 혹은 깊은 것이며, 아래쪽(ventral)에 내려와 있으면 수술에 적합한 마취의 깊이

(2) 주요 바이탈 측정

① 모니터의 수치가 의심이 갈 때에는 필요하다면 직접 동물을 접촉하여 아래와 같이 주요 바이탈을 체크함

② 기기의 수치는 신뢰할 만하지만 항상 그렇지는 않기 때문에 동물보건사가 바이탈을 직접 측정하는 것도 중요함

예 $EtCO_2$(호기말 이산화탄소 분압)는 capnometer라는 기계의 센서를 통해 측정하게 되는데, 튜브가 꼬이거나 센서가 손상된 경우, 혹은 연결이 제대로 되지 않은 경우 호흡이 감지되지 않을 수 있음. 이때 동물보건사는 이것이 기기의 문제인지, 연결의 문제인지, 환자의 문제(자발호흡 소실)인지 파악해야 함. 만약 동물보건사가 직접적으로(수동적으로) 호흡 여부를 확인하게 된다면 상황파악이 가능해짐

혈압	• 허벅다리 안쪽에서 대퇴동맥(femoral artery)을 촉지하여 측정 가능 • 마취 시 동물의 혓바닥이 바깥쪽으로 나와 있는데, 이때 혓바닥의 설동맥을 통해서도 체크 가능 • 동맥부를 촉지하여 박동이 느껴지는지를 확인 • 일반적으로 동물병원에서는 cuff를 사용하는 비침습적인 자동화된 혈압측정 장비를 많이 사용하나, 이는 부정확한 경우도 많고 동물의 자세 등에 따라 혈압 감지가 잘 되지 않는 경우도 있으므로 동물보건사가 직접 혈압을 체크해주는 것이 좋음 • 맥박이 아예 느껴지지 않는다면 수의사에게 보고하는 것이 좋음
심박	• 청진기로 재봄 • 식도에 삽입하는 식도청진기가 가장 권장되며, 없다면 일반 청진기를 사용할 수 있음 • 만약 청진기가 없다면 위에서 언급한 대퇴동맥(femoral artery)을 촉지하여 맥박을 감지함 Q. 분당 몇 회인가? Q. 청진 시 비정상적인 박동이 들리는가?
자발호흡 여부 및 횟수	Q. 흉강, 복강이 위아래로 들리는가? Q. 분당 몇 회인가? Q. 호흡의 깊이와 간격은 어떠한가? Q. 헐떡거리는 것은 없는가?
조직관류 평가	Q. 잇몸의 색이 핑크빛인가? ▶ 창백하거나, 파란색이거나, 보라색, 흑갈색인 경우 수의사에게 보고함 Q. CRT(capillary refill time)는 어느 정도인가?

04 마취 전 동물보건사의 점검사항

동물보건사는 마취를 준비할 때, 혹은 수술이 있는 날 사전에 와서 아래와 같은 사항을 반드시 준비해야 함. 마취는 위험성이 있는 작업이고, 일단 마취에 들어가면 기기의 점검 및 교체가 대단히 어렵기 때문에 책임지고 아래의 사항을 체크해야 함

(1) 호흡백 및 마취 호스 준비

① 동물의 체중에 맞는 적절한 호흡백과 마취 회로에 맞는 마취 호스를 준비
② 호흡백은 동물의 일회호흡량(tidal volume)의 5~6배보다 약간 큰 것을 사용

(2) 공기누출 테스트(Leak test)

마취가스이기 때문에 호흡회로에 균열이나 손상이 있어 가스가 새면 매우 위험하며 재호흡시스템(rebreathing system)에서 사용됨. Leak test의 순서는 아래와 같음
① Pop-off 밸브를 닫음
② 손가락으로 공기가 새지 않도록 튜브를 꽉 막음
③ 산소 플러시 벨브를 누름. 그리면 호흡백이 차기 시작함
④ 호흡백이 차고 나면 압력계가 올라가기 시작함
⑤ 산소의 유입과 유출이 없는 상태에서 압력계의 바늘이 움직이면 안 됨. 바늘이 아래로 떨어지면 공기가 새고 있다는 뜻

(3) 소다라임 체크

① 캐니스터 내의 소다라임은 이산화탄소를 흡수해서 공기를 정화시킴
② 다 쓰면 색이 자주색으로 바뀜
③ 색깔 변화는 신뢰하지 못하는 경우도 많기 때문에 병원의 기준에 맞게 교체해줌
④ 일반적으로 사용량 기준으로는 8시간, 사용기간 기준으로는 1~2주 간격 정도로 바꿔주는 것이 권장되나, 병원에 따라 수술 빈도의 차이가 크기 때문에 병원 나름대로의 기준을 세워 교체하는 경우가 많음

(4) 기화기 내 아이소플루란(Isoflurane)의 양 확인

① 마취 전 기화기를 점검하여 마취약이 떨어졌거나 양이 적으면 새로 넣어줌
② 참고로 세보플루란(Sevoflurane) 기화기가 같이 달려 있는 마취기계도 있는데, 마취제를 넣어줄 때 두 가지 마취제를 헷갈려서는 안 됨
③ 두 가지 마취제는 보통 색깔로 구분이 됨(아이소플루란: 보라색, 세보플루란: 노란색)

TIP 세보플루란(Sevoflurane)

- 세보플루란은 용해도가 낮아 부드럽고 빠른 마취 유도가 가능하며 각성과 회복이 빠르고 부드러운 것이 특징
- 빠른 회복이 필요하고, 환자의 상태가 더 좋지 않을 때에는 아이소플루란에 비해 세보플루란이 추천됨

(5) 산소탱크의 산소양 체크

① 마취 전 산소탱크 내 산소의 양이 적으면, 새로운 탱크로 교체해줘야 함
② 산소탱크는 외부에 있고 내부에는 커넥터만 설치된 병원도 있음

05 마취 모니터링에 따른 대처

(1) 마취심도의 조절

① 기화기를 통해 조절함
② 마취가 깊으면 수치를 낮추고, 마취가 얕으면 수치를 올림
③ 0부터 5까지 있으며 급격하게 올리거나 내리는 것은 좋지 않으므로 0.5 정도 단위로 조절

(2) 호흡문제

① $EtCO_2$가 너무 높거나, 호흡수가 낮은 경우, 자발호흡이 아예 없는 경우 등에서는 호흡백을 짜주면서 인공호흡을 함
② 호흡이 잘 컨트롤 되지 않을 때에는 환기기계(ventilator)를 사용한 기계적 환기(mechanical ventilation)로 전환하게 됨
③ 호흡백은 갑자기 확 짜주면 압력계가 급격히 상승함
④ 압력계는 너무 높이 올라가면 폐의 압력이 상승하여 환자가 위험할 수 있음
⑤ 압력계가 올라가는 정도를 보면서 서서히 부드럽게 짜줌
⑥ 백을 짜줄 때에는 팝오프(pop-off) 밸브를 닫고 짜게 되는데, 백을 짠 후에는 반드시 팝오프를 다시 열어야 함
⑦ 추후 여는 것을 깜빡하게 되면 비정상적으로 회로 내 압력이 상승하게 되면서 마찬가지로 환자가 위험해질 수 있음
⑧ 최근에는 팝오프 밸브를 버튼식으로 눌러서 잠깐씩 열고 닫는 옵션이 마취기계에 많이 설치되어 있어 이러한 위험은 많이 줄어들었음

(3) 기타 대처

① 체온, 심박, 혈압 등이 약간 낮거나 높을 때에는 기화기로 마취의 심도를 조절하여 컨트롤하는 것이 가능
② 그러나 조절이 잘 안 되거나 파라미터가 너무 높거나 낮을 때, 혹은 파라미터가 급격하게 변화할 때에는 수의사에게 반드시 말해서 빠르게 대응하도록 함
③ 동물이 갑자기 움직이거나 팔다리를 휘저어도 수의사에게 보고함. 왜냐하면 이때에는 기화기를 통해 마취의 심도를 조절하는 것보다 프로포폴 등의 주사 약물을 즉시 넣어주어 순간적으로 마취시키는 것이 훨씬 효과적이기 때문

06 기록

(1) 마취 모니터링 기록

① 동물 보건사는 마취의 시작부터 끝까지 모든 사항을 세부적으로 기록할 필요가 있음
② 일반적으로 병원마다 마취 기록지가 있어, 빈칸을 채워가는 형식으로 기록하며 기록정보는 다음과 같음

기본정보	동물의 상태, 체중, 호흡·심박·체온, 수술의 종류 등
사용약물	사용한 약물의 종류, 용량, 투여경로, 투여시간
타임라인	마취 및 수술 시작시간, 각 마취단계의 시작 및 종료 시간, 약물 투여 시간 등
실시간 모니터링 수치	모니터링 기계에 나온 파라미터(예 혈압, 체온, $EtCO_2$, 호흡수, 심박 등)와 마취 기화기의 농도, 산소 농도 등을 5분 단위로(병원에 따라 다름) 체크하고, 마취기록지에 기록
기타 기록사항	사용하는 수액의 종류 및 속도

(2) 기록을 하지 않는 경우

① 간단한 수술이거나 소규모 병원에서는 기록지를 사용하지 않는 경우도 있음
② 이때는 모니터링하는 동물보건사는 기계 모니터를 보고, 환자의 반응을 직접 체크해 가면서 중간중간 상태를 수의사에게 이야기 해줌(예 심박 67에, 호흡 20회, 숨 잘 쉽니다. 다른 것 이상 없습니다)

09 수술 후 환자 간호

01 수술 후 입원환자 체크리스트

(1) 체크리스트의 필요성

① 수술에 따라 다르지만 대부분 적어도 1~2일 정도는 입원을 하게 되며, 이때 중환자에 준하여 관리함

② 아래의 사항을 체크하여 관리하며, 해당 내용은 시간별로 입원기록지에 기입함

③ 병원에 따라 상이하나, 기록지 내 다른 색의 형광펜을 통해서 다른 시간 간격으로 중요 사항을 동물보건사 및 수의사가 체크하게 하는 경우도 있음

④ 기록지에 주요 내용을 기입하는 것도 중요하지만, 후임 근무자에게 인수인계를 잘하는 것도 중요함. 특히 최근 24시간 동물병원이 많아지면서 교대인원 간의 인수인계가 매우 중요해짐

⑤ 기록지에 적힌 내용 전달과 더불어 어떤 수술을 했는지, 어떠한 약물을 투여하고 있는지, 어떠한 점을 주의해야 하고 보고해야 하는지 등을 구두로 간략하게 설명해주는 것이 좋음

(2) 체크리스트

① 수술부 체크
- 출혈, 배액관을 사용하는 경우 배액관의 상태, 술부의 벌어짐, 염증·붓기 등 모든 이상소견
- 술부를 핥지 못하도록 엘리자베스 칼라 착용 여부 확인

② 호흡, 심박, 체온 등 바이탈

③ 반응, 활력, 의욕 등

④ **식욕(자발식욕 여부), 음수량:** 식사와 물은 수의사의 지시사항에 맞게 공급

⑤ **배변·배뇨 여부와 그 양:** 요도카테터를 사용하는 경우 카테터 개통성 확인, 카테터 줄 꼬임 등에 주의

⑥ **정맥 카테터의 연결 및 개통 여부:** 일반식염수 혹은 헤파린 식염수를 필요에 따라 정기적으로 주입하면서 지속적으로 정맥라인이 개통되어 있도록 해야 함

⑦ 수액의 종류와 속도

⑧ **주사 및 투여 등 약물처치**
- 수술 후에는 항생제, 진통제 등을 거의 필수적으로 주사·복용함
- 약물의 종류, 농도, 투여경로(예 정맥, 경구 등), 약물간격(예 SID, BID, CRI) 등을 기록

TIP 약물간격(SID, BID, CRI)
- SID(혹은 s.i.d.; semel in die): 하루에 한 번 복용
- BID(혹은 b.i.d.; bis in die): 하루에 두 번 복용
- CRI: Continuous rate infusion의 약자로, 낮은 용량으로 지속적으로 주사하는 것을 의미

⑨ **검사내역**: 수술 후에도 정기적 검사가 필요한 경우 예 혈액검사, 방사선검사 등
⑩ **구토, 설사 등의 증상 및 통증(예 헐떡거림, 낑낑댐, 소리냄) 여부**: 특히 구토, 설사, 통증 등은 수의사의 즉각적인 약물처치가 필요한 경우가 있기 때문에 관찰 후 즉시 보고하는 것이 권장됨
⑪ **기타 수술 후 처치**: 소변 카테터, 술부 마사지, 산책 등 여부와 시간 간격
⑫ 기타 수의사가 정기적인 간격으로 관찰을 지시한 사항

02 퇴원 시 보호자 교육

(1) 보호자 교육의 필요성

① 동물보건사의 핵심적 역할 중 하나는 '보호자 교육'이라고 할 수 있음
② 특히 수술을 마친 환자는 퇴원 후에도 언제든 합병증이 나타날 수 있기 때문에 수술의 종류, 수술의 부위, 환자의 특성에 맞는 적합한 지시사항을 보호자에게 전달해야 함
③ 보호자 교육의 내용은 문서화된 가이드라인 형태로 제공되는 것이 바람직함

(2) 주요 교육사항

① 일반적으로 항생제, 진통제 등의 약이 수술 후에도 처방되기 때문에 보호자에게 투약 간격, 투약 방법, 투약의 중요성 등에 대해 안내해야 함
② 수술 후의 영양관리(예 처방식 등), 운동관리 등에 대해 보호자에게 안내해야 함
③ 보호자가 술부를 관찰하고, 술부 및 배액 등에 문제가 있는지 관찰할 수 있도록 안내해야 함
④ 동물이 술부를 자극하지 않도록 엘리자베스 칼라 등이 지속적으로 장착되어야 하는데, 이는 보호자가 관찰해야 할 사항

⑤ 수술 후 생길 수 있는 합병증에 대해 설명하고, 합병증의 징후가 보일 때 즉시 동물병원을 찾거나 또는 병원에 연락할 수 있도록 함

- 일반적인 수술의 합병증은 감염이 가장 흔하나 기타 술부 벌어짐, 장액종, 심한 출혈 등이 있을 수 있음
- 합병증은 수술의 종류에 따라 세부적으로 다를 수 있으며, 합병증이 아니더라도 즉시 병원을 찾아야 하는 경우(예 붕대가 젖은 경우 등)에 대해서도 안내할 필요가 있음

⑥ 수술 1~2주 후 병원에서 술부를 관찰하거나 실밥, 붕대 등을 제거할 필요가 있어 동물병원에 다시 방문해야 하며, 퇴원 후에도 후속적으로 감염, 염증 검사 등이 필요한 경우가 있음

⑦ 따라서 동물보건사는 수술 후 방문이 필요한 경우를 보호자에게 알려주고 미리 방문 예약을 잡아주는 것이 좋음

⑧ 정형외과 수술을 받은 동물의 경우 수술 후 몇 주간은 Cage rest를 통해 산책 및 운동의 범위를 줄일 필요가 있음

⑨ Cage rest의 기간, 방법은 수술의 종류와 동물의 상태에 따라 다를 수 있으며, 배변활동을 위해 부득이하게 산책을 해야 하는 동물도 있기 때문에 환자에 맞는 적합한 가이드라인을 보호자에게 제공해야 함

CHAPTER

10 지혈법

01 지혈법

① 지혈은 혈소판 활성화와 순환 응고 인자들을 필요로 하는 복잡한 과정으로 적절한 지혈은 술야를 확보하고 생명을 위협할 정도의 출혈을 방지할 수 있음
② 다만 수많은 질병이나 다양한 조건들로 인해(와파린 등 출혈을 야기하는 성분이 포함된 쥐약을 먹은 경우, 혈소판 감소증 등) 지혈이 잘 되지 않는 경우도 있음
③ 일반적으로 외부에 난 사소한 상처 등은 지혈 파우더 등을 이용해서 지혈하게 됨
④ 수술 시 혈관은 지혈겸자를 이용해서 일시적으로 막아 둘 수 있으며 지혈겸자는 모스키토 같이 작은 것도 있고 켈리처럼 보다 큰 혈관을 잡는 것도 있음
⑤ 보통 큰 혈관의 경우 봉합이나 매듭을 이용해서 결찰하게 되고 작은 혈관의 경우 출혈점을 거즈 등으로 압박히여 지혈하거나 전기소작기 등을 사용하세 됨
⑥ 수술 중 동물보건사는 전기소작기 등을 비롯하여 혈관의 크기와 출혈의 정도에 맞는 적합한 지혈겸자 등을 술자에게 전달해야 함

02 많이 사용하는 지혈법

(1) 멸균거즈를 이용한 압박

① 멸균거즈를 이용하여 상처부위 및 출혈부위를 압박하는 방법으로 작은 혈관의 경우 3~5분 정도 압박지혈을 하면 응고인자로 인해 지혈이 됨
② 수술 전, 수술 중, 수술 후 모두 적용 가능
③ 단 멸균거즈 등을 사용하여 수술보조자가 지혈을 할 때는 수술 전과 봉합 직전에 거즈 계수(gauze count 혹은 sponge count)를 확실하게 해줘야 함. 특히 거즈 등이 바닥에 떨어져 있거나 하는 상황도 고려해야 함
④ 거즈 카운팅을 통해서 출혈양을 가늠하는 것도 가능함

(2) 전기 소작법[보비(bovie), 리가슈어(LigaSure) 등]

① 말 그대로 전기를 통해 혈관을 지져서(소작) 지혈하는 방법
② 최근 많은 동물병원에서 널리 사용되고 있으며 일반적으로 직경 1.5~2mm 이하의 작은 혈관에 사용하고, 더 큰 혈관에는 결찰법이 사용됨
③ 전기소작법은 단극성 장치 혹은 양극성 장치로 이용하게 되는데 단극성에 비해 양극성이 안전하고 합병증이 적음
④ 병원에서는 일반적으로 EO(ethylene oxide) 가스 멸균 등으로 멸균하여 사용하는 경우가 많음
⑤ 다만 과하게 사용하면 치료가 지연되거나 괴사가 생김

(3) 본왁스(Bone wax)

① 본왁스는 반합성 밀랍(beewax)과 연화제의 혼합물
② 일회용으로 포장된 경우가 많고 손으로 가공하여 뼈의 내강에 눌러 바르거나 출혈 억제를 위하여 뼈의 표면에 적용
③ 흡수가 불량하고 치유가 잘 안 될 경우 감염을 촉진하게 되므로 소량씩 사용

(4) 써지셀(Surgicel)

① 지혈보조제로 거즈형태, 부직포 형태, 솜 형태로 다양한 형태가 있음
② 산화된 재생성 셀룰로오스로 만들어지며 국소출혈방지용으로 많이 사용됨
③ 적당한 크기로 잘라 출혈부위나 조직면에 붙여두고 지혈이 될 때까지 기다리면 녹아 들어가서 일시적으로 피를 응고시킴
④ 사용이 쉽고 지혈 효과도 좋으며 상처에 바로 적용 가능한 장점이 있음
⑤ 몸에서 흡수되지만, 경우에 따라 감염을 촉진시킬 수도 있음

(5) 젤폼(Gelfoam)

① 써지셀과 유사한 방법으로 사용할 수 있는 흡수성 젤라틴 스폰지 형태
② 출혈부에 적용시켰을 때, 젤폼이 부풀어 상처부위를 압박함
③ 흡수는 4~6주 정도 걸리며, 육아종을 형성시키기도 하기 때문에 감염 위험이 높은 부위에는 남겨두면 안 됨

CHAPTER

11 배액법

01 배액법의 목적과 종류

① 배액이란 상처 및 수술 봉합부위 등에서 염증 삼출물과 가스를 배출하는 행위
② 상처부위에서 공기와 액체 등을 제거하며 궁극적으로는 사강을 제거할 수 있음

TIP 사강

- 사강(死腔)이란 말 그대로 죽은 공간으로, 수술과정 중에서 피부 등이 근막에 부착되어 있지 않으면서 생기는 공간
- 사강에는 염증 삼출물, 체액, 공기 등이 찰 수 있기 때문에 제거하는 것이 바람직함

③ 보통 수술 후 상처에 고여 있는 삼출물을 빼내기 위해 사용하며, 또한 수술 및 시술 후 분비물의 배액과 출혈을 관찰하고, 폐쇄된 내부의 체액이 상처치유를 지연시키는 것을 예방하기 위해 사용
④ 수동배액법과 능동배액법이 있음

02 동물병원에서 가장 널리 사용되는 배액법

구분	내용
수동배액 (Passive drainage)	• 석션(suction)이 없기 때문에 수동배액법 • 중력 및 체강 사이의 압력 차이 등을 이용해서 상처의 삼출물을 제거 • 펜로즈(Penrose) 드레인이 대표적이며, 펜로즈 드레인을 설치하고 튜브를 통해 삼출물이 자연적으로 빠져나올 수 있도록 함 • 펜로즈 드레인은 수술절개 부위에서 직접 빠져나오지 않고 수술 부위 근처의 피부에 만든 작은 절개창을 통해 나오도록 하며, 이곳에서 아래쪽으로 배액이 이루어짐
능동배액 (Active drainage)	• 석션(suction)을 사용하면 능동배액법 • 보통 음압을 이용하고, 개방성 혹은 폐쇄성 석션을 사용함 • 폐쇄성 석션의 일종인 잭슨프랫(Jackson-Pratt) 배액법이 대표적인 능동배액법 • 배액관과 연결된 통을 눌러 놓으면 음압에 의해 배액된 것이 통으로 빨려 들어가게 되고, 동물보건사는 시간에 따라 배액량을 관찰하면서 통을 비워줌

03 동물보건사의 배액관 관리

배액관은 상처 안에서 밖으로 노출되기 때문에 감염의 위험이 있으며, 배액량이 줄어들게 되면 수의사의 판단에 따라 제거해야 함. 따라서 동물보건사는 배액관이 설치된 경우 아래의 사항을 주기적으로 확인해야 함

① 배액관이 피부에 단단하게 봉합되었는지 확인해야 하며, 배액관 근처의 피부는 자극을 받아 발적, 염증 등이 생길 수 있기 때문에 잘 관찰하고 관리해주어야 함
② 배액관의 출구와 입구를 깨끗하게 멸균적으로 관리해야 함
③ 드레싱을 이용하여 배액 입구, 뚜껑 등을 깨끗하게 유지해야 함
④ 하루 두 번 정도 관찰하고, 능동배액은 양이 많을 때에는 수시로 비워주어야 함
⑤ 상처부위는 항상 건조하게 유지해야 함
⑥ 수술 후 배액량을 상시 관찰해야 함
- 배액관은 보통 며칠 이내로 제거하게 됨
- 수술 후 배액량을 관찰할 필요가 있으며, 배액량이 감소하고 있으면 배액관과 이를 고정한 봉합사 등을 제거해야 함
- 배액관을 설치한 상태에서 퇴원하는 경우도 있는데 이때 보호자에게 배액량 관찰, 배액물 제거 등에 대한 내용을 안내해야 함

⑦ E칼라(Elizabethan collar) 등을 적용시켜 동물이 배액 부분을 건드리지 못하게 해야 함
⑧ 붓는 등의 기타 합병증이 있는지 확인해야 함
⑨ 감염 억제 등을 위해서 배액 부위를 클로르헥시딘 등으로 소독

CHAPTER

12 창상의 소독 및 관리

01 창상의 정의 및 유형

① 창상(Wound)이란 외상 등에 의해 신체 피부조직의 통합성이 파괴된 상태로 외부의 자극 등으로 발생할 수 있고, 수술 등 치료과정에서 발생할 수 있음

② 원인에 따라 절개상(절개), 찰과상(문질러짐), 타박상(외부충격), 자상(찔림), 창상(베임), 열상(찢어짐), 관통상(관통), 할창(찍힘) 등으로 나뉘며 깊이에 따라(표피 – 진피 – 피하 – 근막 – 근육 등) 표재성 및 심부성으로 나뉨

02 창상의 치유

① 모든 국소 상처에 대한 치료는 괴사조직 제거, 감염 또는 염증 조절, 수분 균형 등에 따라 이루어짐

② 기본적으로 상처가 치유되는 과정의 종류는 다음과 같음

1차 유합 (primary intention)	• 깨끗한 외과적 절개, 종이 등에 베인 상처 같이 조직손상이 적은 상처의 치유 • 결손의 가장자리가 붙어 있고, 육아조직 없이 최소한의 반흔만 남김
2차 유합 (secondary intention)	• 1차 유합에 비해 상처가 크고, 심한 열상과 같은 조직 손상을 포함한 상처나 욕창을 포함하며, 결손의 가장자리가 떨어져 있는 경우가 많음 • 1차 유합보다 염증반응이 크거나 1차 유합 부위가 감염되어 염증이 재발하여 상처가 개방되면 2차 유합으로 치유됨
3차 유합 (tertiary intention)	• 피하지방층과 피부층을 봉합하지 않은 상태로, 삼출물 제거를 위해 의도적으로 개방해 놓은 경우 3차 유합으로 치유됨 • 치유기간이 지연되며, 두 층의 육아조직이 형성되어 봉합되기 때문에 상처의 경계면이 1, 2차 유합보다 깊고 넓은 반흔을 남김

03 창상치유에 영향을 미치는 인자

창상의 치유는 손상 정도와 건강상태에 따라 다르나 치유에는 다음과 같은 사항이 영향을 끼침
① 적절한 영양관리가 필수적
② 신체의 모든 부위는 외상에 대해 조직적으로 반응
③ 혈액공급이 원활한 부위의 치료가 빠름
④ 감염 및 이물질이 없어야 치유과정이 증진됨
⑤ 상처가 없는 피부 및 점막이 감염에 대한 일차 방어선 역할을 함

04 창상환자 내원 시 치료순서

(1) 진정 · 진통 · 항생제 투여

동물이 흥분해 있거나 통증을 느끼는 경우가 많으므로 1차적으로 일반적인 진정·진통제와 광범위 항생제를 투여함

(2) 삭모

① 상처 주위를 삭모하며, 상처에 털이 묻지 않도록 바깥쪽으로 삭모함
② 동물이 흥분해 있거나 두려움 및 통증을 느끼는 경우가 많으므로, 보정 시 머즐이나 E칼라 등을 통해서 물리는 것을 방지함

(3) 상처의 개수 및 깊이 확인

① 상처의 범위, 개수, 깊이 등을 정확하게 확인하고 필요에 따라 사진을 찍음
② 특히 교상의 경우 이빨 개수를 고려하여 보이지 않는 상처가 있는지 확인해야 함

(4) 상처 세척

① 조직의 박테리아 부하를 줄여 상처 합병증을 줄이게 됨
② 적절한 압력을 가할 때 가장 효과적이며, 과도한 압력은 파편을 건강한 조직 깊숙이 밀어 넣어 오히려 좋지 않음
③ 보통 세척액을 주사기에 넣고 일정한 압력을 가해주면서 상처를 세척하게 되며, 상처를 지속적으로 세척할수록 오염물, 세균이 제거·희석되는 효과가 있음
④ 이상적인 세척액은 소독이 잘되고 치유 조직에 독성이 없어야 하므로 일반적으로 멸균 생리식염수, 포비돈요오드 등을 사용함

⑤ 만일 보호자가 병원의 도움 없이 집에서 상처 세척 및 드레싱을 하는 경우 또는 병원에 적합한 세척제가 없을 때에는 수돗물 사용 가능

TIP **수돗물의 사용**

수돗물은 그 자체로 염소로 소독된 물이며 자극성이 없기 때문에 세척제로 활용 가능

⑥ 과산화수소는 건강한 조직에 독성이 있으므로 상처 세척에 사용해서는 안 됨

(5) 괴사조직 제거

① 세척 후 괴사 조직 제거를 수행

② 괴사조직 제거를 시도하기 전에 피부와 국소 조직의 생존력을 평가해야 하는데 청흑색, 가죽 같은 피부, 얇거나 흰색인 피부는 일반적으로 생존이 불가능

(6) 드레싱

① 상처는 민감하고 세균의 침투가 쉽기 때문에 이를 보호하면서 조직의 회복과 재생을 돕는 과정을 드레싱이라고 함

② 외부자극을 제어하여 부종을 감소시키고 삼출물 등을 흡수하며 더 이상의 오염이나 외상으로부터 상처를 보호함

③ 드레싱의 목적

- 상처를 보호하고 습한 환경을 유지함으로써 삼출액에 포함되어 있는 창상치유 인자를 활성화시킴
- 상처를 지지하고 배액활성화, 염증삼출물 흡수, 괴사조직 제거 등의 역할도 하고, 지혈도 촉진됨

④ 드레싱의 종류

종류	내용
거즈(gauze) 드레싱	• 가장 흔한 침투성 드레싱으로 상처에 자극이 적고, 식염수 등에 적셔서 사용해도 안전하게 드레싱의 보존이 가능 • 건조와 습윤 드레싱이 있음
투명(transparent) 필름 드레싱	• 얇고 반투과성인 필름 접착제를 사용하는 방법으로 드레싱 제거 시 들러붙지 않으며, 상처 사정에 용이 • 세균과 수분의 침입을 방지하지만, 흡수력이 없어 삼출물이 있으면 부적합함
하이드로콜로이드(Hydrocolloid) 드레싱	• 하이드로콜로이드는 친수성으로 물과 결합하면 교질이 되는 성분임 • 불투명하고 접착성이 있으면 공기와 물을 통과시키지 않음 • 얇고 납작한 드레싱으로 상처의 삼출물을 흡수해서 부종을 감소시킴 • 방수가 되고 부착 후 3~7일 정도 유지가 가능함 • 감염상처나 삼출물이 많을 때에는 사용하지 않음

하이드로젤 (Hydrogel) 드레싱	• 수분에 기초한 비접착식이며 삼출물을 흡수함 • 괴사조직을 수화하면서 육아조직이나 세포손상 없이 용해함 • 비접착성이므로 고정을 위해 2차 드레싱을 함
칼슘 알지네이트 (calcium alginate) 드레싱	• 해초에서 추출한 천연물질로 구성되며 분비물이 많을 경우 사용됨 • 흡수력이 좋고 젤을 형성하여 상처표면을 촉촉하게 유지함 • 2차 드레싱이 필요하고 건조한 상처, 괴사조직으로 덮인 상처 등에는 부적합함
폼(foam) 드레싱	• 바깥쪽은 반투과성 필름으로 안쪽은 폴리우레탄 폼으로 된 비접착성 드레싱 • 고정을 위한 2차 드레싱이 필요 • 공기는 통과하나 물은 통과하지 못하므로 상처의 건조를 예방하고 완충과 편안함을 제공함 • 스펀지처럼 삼출물을 흡수하기 때문에 삼출물이 없는 상처에는 적합하지 않음

05 상처의 봉합 및 개방 여부 결정

초기 검사, 세척 및 괴사조직 절제술 후에 상처를 봉합할 것인지 열린 상처로 관리할 것인지 결정해야 함

(1) 상처의 봉합

① 1차 봉합은 가장 간단한 상처 관리 방법이지만 상처 합병증을 피하기 위해 적절한 상황에서만 사용함

② 감염의 위험이 적고, 상처가 발생된 지 얼마 안 되었으면 봉합이 가능

③ 적절하게 절제된 깨끗한 상처는 봉합하게 되면 일반적으로 합병증 없이 치유됨

(2) 상처의 개방

① 감염 및 오염의 위험성이 있으면 개방형으로 놔둔 후 오염이나 감염이 통제될 때까지 지속적으로 드레싱해주면서 상태를 관찰함

② 또한 봉합이 불가능한 피부 손실이 있어도 상처를 개방함

③ 개방 상처 관리는 상처가 치유될 때까지 필요에 따라 반복적인 붕대와 괴사조직 제거를 기반으로 함

④ 상처를 개방하게 되면 비용이 증가하고 치유 시간이 길어지며 이로 인한 합병증이 발생 가능함

⑤ 붕대는 적어도 하루에 한 번 교체해야 하며, 치유의 초기 단계에서 더 자주 교체해야 할 수 있음

⑥ 동물병원에 자주 오는 교상의 경우 이빨에 혐기세균이 있는 경우가 많아서 상처를 개방하는 편
⑦ 상처를 개방하게 되면 살이 차오를 수 있도록 하기 위해 꿀이나 설탕을 이용한 드레싱을 할 수 있음

CHAPTER

13 붕대법

01 붕대의 목적과 구성

① 붕대는 상처가 난 부분을 드레싱하여 고정시키고 상처를 보호하며 지혈과 보온의 역할도 함
② 개방형 창상, 골절, 정형외과 수술 후 보호 및 고정 등에 광범위하게 사용되며 일반적으로 아래와 같이 3층으로 구성됨

1차 층 (first layer)	• 상처랑 맞닿는 부분으로 드레싱하는 부분 • 멸균이 중요하고 항상 오염을 방지해야 하며 삼출물 배출을 감안해야 함
2차 층 (second layer)	• 수분을 흡수하고, 패딩을 제공해야 함 • 솜 등을 사용하게 되며 편안함과 고정성을 제공해야 함
3차 층 (third layer)	• 안정성과 고정성을 제공 • 추가로 상처부위를 오염 등으로부터 보호함 • 점착붕대 및 접착붕대가 있음 • 가장 많이 사용되는 붕대는 코반(Coban), Vetrap 등

02 부위에 따른 붕대법

아래에는 동물병원에서 가장 많이 사용되는 것은 다리에 하는 것과 몸통에 하는 것을 언급하였으나, 붕대는 머리와 귀를 포함하여 신체 전부위에 필요에 따라 할 수 있음

(1) 앞다리 및 뒷다리 붕대

① 뒷다리에는 로버트 존스(Robert-Jones)법, 에머슬링(Ehmer sling)법, 앞다리에는 벨푸슬링(Velpeau sling)법이 많이 사용됨
② 원위에서 근위 방향으로 붕대를 하며, layer를 반 정도 겹치게 하면서 근위쪽으로 올라감
③ 발톱이 너무 길면 깎으며, 발가락과 패드 사이에 솜을 넣기도 함
④ 관절을 자연스러운 각도로 둬야 함
⑤ 부목을 사용할 수 있음

(2) 흉부 및 복부 붕대

① 드레싱으로 상처나 절개 부위를 덮음
② 패딩을 최소화하는 것이 중요하며, 붕대를 너무 두텁게 하면 쉽게 미끄러짐
③ 점착성 붕대를 통해 고정
④ 앞다리나 뒷다리를 활용해서 붕대를 고정

03 붕대 시 동물보건사가 유의할 점

① 붕대를 하기 전에는 필요한 기본적인 준비물을 갖추고 손을 씻음. 필요에 따라 장갑을 착용하고 소독에도 유의해야 함
② 동물이 적절하게 보정되어 있어야 함
③ 압력을 고루 주는 것이 좋음. 특정 부위에만 압력이 가면 안 됨
④ 부어 있는 곳은 나중에 가라앉을 수 있다는 것을 감안해야 함
⑤ 골절부위는 근위 및 원위관절을 적절히 포함해야 고정됨
⑥ 붕대를 너무 조이게 하면 안 됨. 동물과 붕대 사이에 두 손가락 정도가 들어가도록 함
⑦ 자주 확인해주고 드레싱도 갈아줘야 함
⑧ E칼라, 진정제 등을 이용해서 동물이 붕대를 풀지 않도록 주의함
⑨ 붕대를 갈아야 하는 때에 관계없이 아래의 경우 수의사에게 알림
- 붕대에서 냄새가 남
- 붕대가 원래 위치에서 미끄러짐
- 붕대 주위에 통증부위가 발생
- 붕대를 통해 분비물이 스며들기 시작
- 환자가 붕대를 제거하는 경우
- 깨끗하고 건조하게 유지되지 못하는 경우

CHAPTER 14 재활치료 및 기구

(1) 재활치료

① 재활치료란 어떤 원인에 의해 신체적, 정신적 기능이 약화되거나 상실된 동물에게 적절한 재활서비스를 제공하여 기능을 회복시키는 특수간호의 영역
② 통증감소, 염증완화, 근육위축방지, 심폐계증진 등의 목적이 있으며 수술 후 회복, 근골격계 손상, 디스크, 통증완화, 마비, 보행장애, 순환장애 등에서 많이 활용됨
③ 통증평가, 영양간호 등이 동시에 이루어져야 효과적
④ 신체적 재활뿐 아니라 심리적 재활도 포함하게 됨
⑤ 신체적 재활은 운동재활, 마사지, 수중치료, 기구 치료 등이 다양하게 있으며 심리적 재활은 놀이치료, 심리치료, 행동교정 등이 포함됨

(2) 재활기구

1) 일반운동 재활기구

치료용 공(땅콩형, 도넛형, 원형)	근육의 유연성, 근력 유지 등에 사용
원뿔과 막대	방향전환 훈련, 척추 유연성 훈련, 균형훈련 등에 사용
매트	치료용 공 위에서 균형훈련 등을 할 때 사용
테라밴드	탄력밴드의 일종, 색깔에 따라 강도가 다름
흔들림 판	균형과 평형반응 촉진에 사용

2) 수중운동 재활기구

① 수중 트레드밀
② 수중풀

3) 전기 및 광선 재활간호 기구

경피신경전기자극기	피부표면의 감각신경을 자극하여 통증관리에 사용
저주파 전기치료기	전기자극을 통해 근력유지 및 강화 등에 사용
자기장 치료기	조직치유 및 순환 자극 등에 사용
초음파 치료기	통증감소 및 마사지 등에 사용
칼라치료	가시광선 영역의 빛을 이용한 치료에 사용
기타	적외선 치료, 체외충격파 치료, 레이저 치료 등

PART 13

동물보건임상병리학

CHAPTER

01 동물임상병리와 장비, 소모품 관리

01 동물임상병리

임상병리학이란 과학을 기본으로 하여 체액, 세포, 조직 장기에 연관된 질병의 원인, 질병의 발병론, 형태학적 변화, 기능적 변화 및 임상적 의의에서 전반적인 상태에 대해 연구하는 의학의 가장 기본으로 질병의 본질을 규명하기 위한 분야

02 임상병리검사 체계

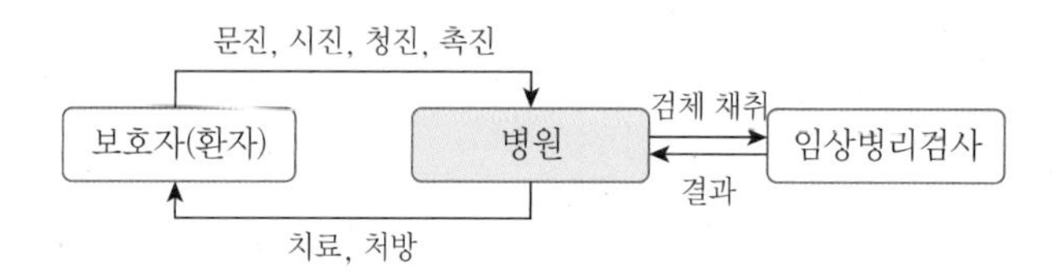

① 환자가 병원에 내원하면 수의사는 환자의 상태나 증상에 따라 문진, 시진, 청진, 촉진을 하며, 보다 자세한 검사가 필요한 경우 환자의 검체를 채취하여 임상병리검사를 실시함
② 임상병리검사 결과에 따라 진단이 내려지며, 따라서 임상병리검사에서는 검체가 필수적임

03 임상병리학의 중요성

임상병리검사를 통해 질병의 원인, 전개 과정, 현장의 상태 및 예후 판정, 치료 대책, 예방의 질병에 관해 전반적으로 더 자세히 알 수 있음

04 임상병리검사의 종류

(1) 일반 혈액검사(CBC; Complete Blood Count)

① 전혈검사라고도 하며, 혈액 내에 존재하는 혈액세포인 적혈구, 백혈구, 혈소판의 수와 형태에 대한 검사
② 적혈구, 백혈구, 혈소판의 수와 비율, 형태에 대한 검사
③ 빈혈, 탈수, 염증 유무를 진단

혈액 도말 검사	• 소량의 혈액을 슬라이드 글라스에 얇게 도말하여 염색약으로 염색 후 현미경으로 검사함 • 혈액세포의 형태를 직접 확인하여 검사함
자동 혈구 분석기 검사	혈액세포의 수와 비율을 자동 분석기를 사용하여 빠르게 검사할 수 있음

(2) 혈액화학검사(Blood Chemistry)

① 혈액성분 중 혈장에 대한 검사
② 혈장을 구성하고 있는 유기물, 무기물 등의 각종 생화학성분을 분석하여 질병의 진단에 사용할 수 있음
③ 주요 장기인 간, 신장, 췌장 등에 대한 이상 유무를 알 수 있고, 혈당치의 측정도 가능함

(3) 면역혈청학검사

① 생체의 항원, 항체 반응을 이용한 검사
② 항체검사, 심장사상충 키트 검사 등이 있음

(4) 미생물학검사

① 세균, 바이러스, 진균 등을 검사하는 것
② 사용할 항생제 종류를 정할 수 있는 항생제내성검사가 대표적

05 임상병리 검체의 종류

① 체액, 배설물, 분비물, 천자액, 생검조직 등의 생체에서 얻을 수 있는 대부분을 검체로 사용할 수 있음
② 체액은 혈액, 뇌척수액 등의 검체를 사용할 수 있고 배설물은 소변과 대변, 분비물은 위액, 췌액, 타액, 천자액은 병적인 상태에서 생기는 복수와 흉수, 생검조직은 장기에서 채취하는 조직이나 세포를 검체로 이용할 수 있음

06 임상병리 장비

동물 임상병리검사에서 사용할 수 있는 장비는 다음과 같음

혈액화학검사기	혈액의 액체성분인 혈장이나 혈청에 포함된 성분을 검사하는 장비로, 각종 장기 기능을 평가하기 위해 사용됨	
자동혈구분석기	EDTA를 처리한 혈액을 이용하여 혈구 세포들의 크기, 개수, 비율 등의 분석을 통해 진단함	
혈액가스분석기	혈액에 포함된 전해질과 이산화탄소 및 산소 분압, pH 등을 분석함	
혈당측정기	혈액에 포함된 당의 함량을 측정하는 장비로, 혈당의 이상 유무를 확인할 수 있음	
광학현미경	맨눈으로 확인하기 힘든 검체를 현미경으로 확대해서 관찰할 수 있음	
헤마토크리트 원심분리기	혈액의 헤마토크리트치를 측정할 때 사용하며, 혈액 검체를 넣은 모세관을 원심분리기에 장착하여 원심분리시킴	

원심분리기	원심력을 이용하여 검체를 원심분리할 때 사용되는 장비이며, 요침사검사, 분변침전검사, 혈청분리 등에 사용함	
소형 원심분리기	주로 자동 혈액화학분석 장비에 사용하기 위한 원심분리기이며 채혈량이 작은 혈액검체를 원심분리할 수 있음	
굴절계	액체가 빛에 의해 굴절되는 정도를 측정하는 장비이며 소변검체 비중, 혈액 단백질 농도 등을 확인하는 데 사용함	
피펫	소량의 액상 검체를 채취할 수 있는 장비	

07 임상병리 소모품

동물 임상병리검사에서 사용할 수 있는 소모품은 다음과 같음

혈액검체용기	혈액을 채취하여 보관하는 용기로 검사종류에 따른 항응고제 또는 응고 촉진제가 포함되어 있음	
슬라이드글라스, 커버글라스	광학현미경으로 검체를 관찰할 때 사용되는 소모품으로 검체를 올리거나 덮음	
유침오일	광학현미경으로 검체를 관찰 시 고배율의 대물렌즈를 사용할 때 검체를 또렷하게 보이게 하는 소모품	

소변 딥스틱	소변 화학검사를 할 때 사용되는 소모품으로 일정시간 소변에 반응시킨 후 변화되는 항목의 색깔로 판정함
헤마토크리트 모세관, 씰링왁스	혈액 헤마토크리트치를 검사하기 위한 소모품이며 모세관에 혈액을 넣고 헤마토크리트 원심분리기에서 원심분리를 하여 측정함
면봉	각종 도말검사를 위해 사용하는 소모품으로 귀도말검사, 발정기검사 등에 사용함
분변루프	대변검사를 위해 항문을 통해 직접 분변검체를 채취하기 위한 도구
알콜램프	세균배양검사, 항생제내성검사 또는 검체를 건조하게 처리하기 위한 도구

CHAPTER

02 현미경 원리 및 사용법

01 현미경의 원리

① 현미경은 광원을 검체에 통과시켜서 대물렌즈와 접안렌즈에서 확대한 후 검체를 관찰하는 원리

② 검체가 두꺼울 경우 관찰하기 힘들기 때문에, 검체를 얇게 제작하는 방법을 익히는 것이 중요함

02 현미경의 구조

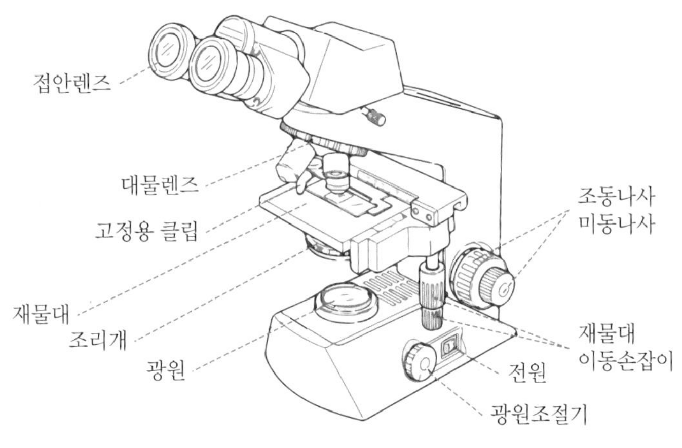

[현미경 부분별 명칭]

(1) 접안렌즈

① 눈으로 현미경을 볼 때 눈이 닿는 쪽의 렌즈로 단안, 양안, 삼안 현미경으로 구분됨

② 양안 현미경은 검사자의 양 눈 사이에 맞춰 간격을 조정하여야 함

(2) 대물렌즈

① 현미경 기종에 따라 차이가 있지만 일반적으로 ×4, ×10, ×40, ×100 배율의 4개의 렌즈로 구성
② 회전판이 있어 돌려 대물렌즈의 배율을 바꿀 수 있음
③ 고배율일수록 렌즈의 길이가 긺
④ ×100 배율은 유침오일(immersion oil)을 사용하여 관찰하며 관찰 후에는 묻어있는 오일을 잘 닦아야 함

(3) 조절나사(조동나사, 미동나사)

① 대물렌즈와 슬라이드글라스 사이의 거리를 조절하는 나사
② **조동나사**: 처음에 상을 찾아 대강의 초점을 맞출 때 사용
③ **미동나사**: 조동나사에서 맞춰진 대강의 초점을 정확히 맞출 때 사용

(4) 재물대

① 현미경에서 슬라이드글라스를 얹는 부위
② 재물대에는 고정용 클립이 있어서 슬라이드글라스를 고정시킬 수 있음
③ 중앙에 구멍이 뚫려 있어 광원이 검체를 통과함

(5) 재물대 이동 손잡이

재물대를 상하, 좌우로 움직여 슬라이드글라스의 검체를 이동시켜 관찰할 수 있음

(6) 광원 조절기

현미경 광원 강도를 조절할 수 있는 부위

(7) 조리개

렌즈로 들어오는 빛의 양과 조리개 구멍의 크기를 조절하여 상의 밝기를 조절하는 장치

(8) 슬라이드글라스와 커버글라스

① 검체를 올려서 관찰할 수 있게 하는 소모품
② 슬라이드글라스 위에 검체를 올리고 커버글라스를 덮어서 관찰함

03 현미경 렌즈

① 대물렌즈와 접안렌즈

대물렌즈	x4, x10, x40, x100
접안렌즈	x10

② **배율:** 현미경 총배율은 접안렌즈와 대물렌즈를 곱하여 결정됨

접안렌즈	×	대물렌즈	=	총배율
10	×	4	=	40
10	×	10	=	100
10	×	40	=	400
10	×	100	=	1000

③ 대물렌즈 100배 배율은 유침(oil immersion)하여 관찰

④ 유침이 필요한 대물렌즈에는 Oil이라고 표시되어 있음

04 현미경 관찰 방법

현미경은 저배율에서 고배율 순서로 관찰

① 재물대를 가장 아래쪽에 위치시킨 후 ×4 대물렌즈를 중앙에 위치시킴

② 재물대에 검체 슬라이드를 올려놓고 고정용 클립으로 고정함

③ 전원을 켜고 슬라이드글라스를 중심에 위치시킴

④ 접안렌즈 양 눈의 간격을 적절히 조절함

⑤ 조동나사를 돌려 검체를 대물렌즈에 가깝게 서서히 이동시키면서 초점을 맞춤

⑥ 미동나사를 돌려 초점을 정확히 맞춤

⑦ 필요에 따라서 광원 조절기와 조리개를 조절하여 관찰하기 좋은 상을 찾음

⑧ 배율을 점차 높어가며 원하는 상을 찾음

⑨ 현미경을 사용 후에는 전원을 끄고, 대물렌즈를 ×4에 위치시키고, 재물대와 대물렌즈의 간격을 가장 많이 벌린 상태로 보관

- 대물렌즈의 배율을 높인 다음에는 가능한 미동나사로 조절을 하는 것이 좋음
- 높은 배율의 대물렌즈로 관찰할 때 조동나사를 돌리면 렌즈와 검체가 접촉하여 대물렌즈가 오염될 수 있음

05 현미경의 관리

① 현미경 운반 시 항상 한 손으로는 현미경 하부를 받치고 다른 손은 현미경 손잡이를 잡고 이동하여야 함
② 먼지로 오염이 되기 쉬우므로 덮개를 덮어서 보관
③ 렌즈를 세정할 때는 알코올과 렌즈 페이퍼를 사용하는 것이 좋음. 일반 화장지는 보푸라기가 생기기 쉬워서 적합하지 않음
④ 대물렌즈는 오염되기 쉬워 오염되었다면 즉시 렌즈 페이퍼와 면봉을 사용하여 관리함. 특히 유침오일(immersion oil)을 사용하였다면 95% 에탄올이나 자일렌 등을 사용하여 꼭 닦아야 함

CHAPTER

03 임상병리 검체 준비 및 관리

01 임상병리 검체

(1) 임상병리검사 종류

① 일반혈액검사: 혈구에 대한 검사(예 혈구 숫자, 비율, 형태 등)
② 혈액화학검사: 혈장에 대한 검사(예 간, 신장 기능 등)
③ 면역혈청학검사: 항체검사, 심장사상충키트검사
④ 미생물학검사: 항생제내성검사 등
⑤ 조직, 세포학검사: 종양검사 등
⑥ 소변검사, 대변검사 등

(2) 검체의 종류

① 체액: 혈액, 뇌척수액
② 배설물: 소변, 대변
③ 분비물: 위액, 췌액, 타액
④ 천자액: 복수, 흉수
⑤ 생검조직

02 혈액의 종류와 특징

(1) 혈액

① 혈액은 체중의 약 8%를 차지
② 혈관을 순환하며 산소와 영양분을 공급하고 노폐물을 체외로 운반하는 기능
③ 혈액 세포와 혈장으로 구성

혈장	혈액을 원심분리하면 상층으로 분리되는 약 55%의 액체 부분
혈액 세포(혈구)	혈액을 원심분리하면 하층으로 분리되는 약 45%의 고형 부분

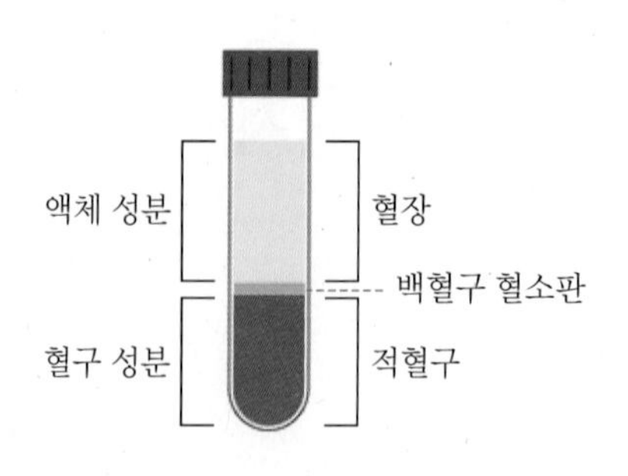

[혈액의 구성]

(2) 혈액 세포

① 혈액 세포는 적혈구, 백혈구, 혈소판으로 구성
② 혈액 세포는 뼈 속의 골수에 있는 조혈 모세포로부터 생성됨
③ 전체 혈액 세포 중 약 99%는 적혈구이고, 백혈구와 혈소판은 약 1% 정도
④ 혈액이 적색인 이유는 혈액 대부분을 차지하는 적혈구의 헤모글로빈 성분 때문

적혈구	• 핵이 없고 양면이 오목한 형태, 철 성분을 가진 단백질인 헤모글로빈을 함유 • 산소와 이산화탄소 운반 역할 • 적혈구의 수명은 약 120일 정도이고, 대부분 간과 비장에서 파괴
백혈구	• 핵을 가진 혈액 세포, 체내에 침입한 병원체나 이물로부터 보호하는 역할 • 세포질 내 과립의 유무로 과립구와 무과립구로 분류 • 과립구는 세포질 내 과립의 염색색깔에 따라 호중구, 호산구, 호염기구로 분류됨 • 과립구: 호중구, 호산구, 호염기구 • 무과립구: 단핵구, 임파구
혈소판	• 혈액의 응고에 관여 • 혈관의 출혈이 발생하면 혈소판이 활성화되어 손상된 혈관 벽에 부착하고 섬유소원, 혈액 세포들과 그물처럼 엉켜 굳으면서 딱지를 형성

(3) 혈장

① 혈장은 혈액의 액체 성분으로 연한 노란색을 띠는데 이것은 혈장 내의 빌리루빈 성분 때문
② 약 90%는 물이고 나머지 약 10%는 단백질, 무기질, 비타민, 호르몬 등으로 구성
③ 혈장은 각종 영양소, 호르몬, 항체, 노폐물 등을 운반하고 삼투압과 체온을 유지시켜주는 기능을 담당함

03 혈액 채취

(1) 혈액 채취

① 개와 고양이와 같은 반려동물의 혈액 채취는 요골쪽 피부 정맥, 바깥쪽 복재정맥, 목정맥에서 실시
- 일반적으로는 요골쪽 피부 정맥에서 채혈
- 요골쪽 피부 정맥: 앞발목관절과 앞다리굽이관절 사이의 안쪽을 달리는 정맥 혈관

② 대량 채혈이 필요한 경우 목정맥에서 실시

③ 한 방울 정도의 소량 채혈은 발톱을 잘라서 실시

(2) 채혈 준비물

클리퍼, 토니켓, 주사기, 혈액 검체 용기, 알코올 솜, 과산화수소수솜 등

(3) 용혈 방지

① 작은 동물 채혈, 2cc 이상 채혈 시 목정맥 채혈

② 채혈 시 주사기 과도하게 잡아당기지 말기

③ 바늘 제거 후 채혈병에 넣기(진공 채혈병 사용 시는 고무마개에 주삿바늘 꽂아서 넣기)

④ 조심스럽게 채혈병에서 혈액 섞기(너무 세게 흔들지 않기)

⑤ 채혈 후 금방 검사하지 않을 경우는 냉장 보관

⑥ 용혈되면 혈장의 색깔이 붉은색을 띰

용혈

- 과도한 외부의 압력으로 적혈구가 터지는 증상
- 용혈이 심한 혈액 검체는 각종 혈액검사에 사용하기 적합하지 않아 주의가 필요함

(4) 요골쪽 피부 정맥 채혈 과정

① 정맥이 잘 보이지 않을 경우 클리퍼로 제모

② (보정자) 채혈할 다리 반대편에 섬

③ (보정자) 같은 쪽 손은 채혈할 다리를 잡아당기고 반대 손은 머리를 감싸서 고정

④ 토니켓 장착

⑤ (보정자) 다리가 앞으로 뻗게 유지함

⑥ 알코올 솜으로 소독하면서 정맥을 노출시킴

⑦ 약 15~20도 각도로 비스듬히 정맥을 주사기로 천자함
⑧ 피스톤을 당겨서 채혈
⑨ 토니켓 제거
⑩ 주사기를 제거함과 동시에 탈지면 또는 알코올 솜으로 지혈
⑪ 지혈을 확인한 후 과산화수소수 솜으로 출혈 자국을 정리
⑫ 채혈병에 혈액을 담고 검사 또는 보관

04 요골쪽 피부 정맥 채혈을 위한 보정

① 보정자는 개를 앉은 자세로 보정함. 동물의 뒤쪽에 서서 한 손으로 채혈할 쪽 다리를 잡고 들어서 당겨 줌
② 다른 손은 머리를 감싸서 고정함. 손으로 동물의 팔꿈치를 지지하고 엄지손가락으로 팔꿈치의 구부러진 곳에 압력을 주면서 누름. 토니켓을 사용할 때는 생략함
③ 수의사가 주삿바늘을 찌르는 동안 보정을 유지함. 주삿바늘이 제거되면 채혈 부위를 탈지면으로 눌러 지혈시킴

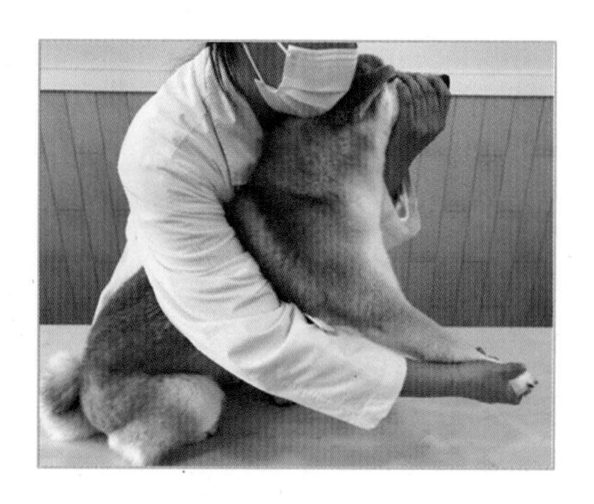

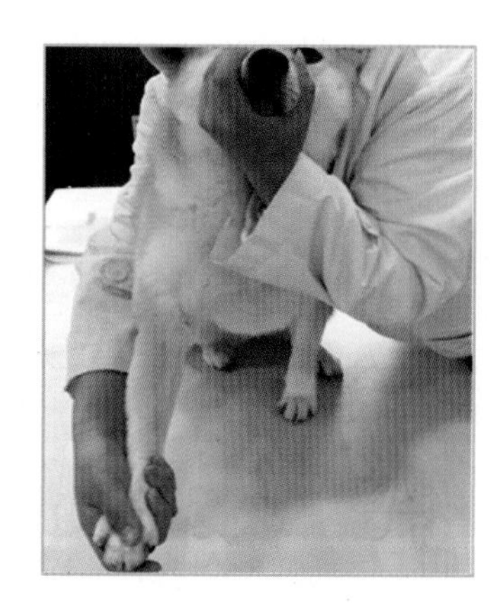

TIP

지혈할 때 알코올 솜으로 채혈 부위를 문지르게 되면 오히려 혈종을 유발할 수 있어 가만히 채혈 부위를 압박하여 지혈함

05 혈액검체

혈액검사에는 전혈, 혈장, 혈청이 검체로 사용

구분	내용
전혈	항응고제가 첨가된 검체 용기에 채취해 원심 분리를 하지 않은 상태의 혈액
혈장	• 항응고제가 첨가된 용기에 채취해 원심 분리를 했을 때 상층의 액체 성분 • 피브리노젠이 포함됨
혈청	• 항응고제가 첨가되어 있지 않은 검체 용기에 채취해 검체가 응고된 후 원심 분리를 했을 때 상층의 액체 성분 • 피브리노젠이 포함되지 않음

피브리노젠(Fibrinogen)

혈액 응고에서 혈소판이 서로 결합하게 하는 역할

06 항응고제와 혈액 검체 용기

(1) 항응고제

① 혈액은 혈관 밖으로 나오면 바로 응고가 되기 시작하는데 대부분의 혈액검사에서는 혈액이 응고되지 않은 상태로 검사를 해야 함

② 혈액이 응고되지 않도록 차단하는 물질을 항응고제라고 함

(2) 혈액 검체 용기 종류

용기	설명	사진
EDTA 용기	• 일반혈액검사(Complete Blood Count; CBC)에 주로 사용 • 용기 색상이 연보라색 • 용기에 혈액을 담을 때 정해진 용량을 지켜야 함(혈액이 너무 많으면 항응고 효과가 떨어지고, 너무 적으면 혈구 장애를 유발) • 용기에 담은 후 바로 항응고제와 잘 섞이게 조심해서 흔들어야 함 • 혈액 중의 칼슘 이온과 착화 결합으로 제거되어 응고를 방지	

헤파린(heparin) 용기	• 혈장을 이용한 혈액 화학 검사에 주로 사용 • 용기 색상이 녹색 • 혈액 응고 과정 중 트롬빈(thrombin)의 형성을 방해하거나 중화함으로써 대개 24시간 동안 응고를 방지	
SST 용기	• 혈청 분리 촉진제와 젤이 들어 있어 혈청 분리가 쉬움 • 용기 색상이 노란색	
플레인(Plain) 용기	• 혈청 분리 촉진제가 포함 • 1시간 정도 방치해서 혈액 응고를 시킨 후 원심 분리를 통해 혈청과 혈구를 분리 • 용기 색상이 적색	

07 기타 검체 준비

(1) 분변 검사 검체 준비

① 분변 검사를 위한 검체는 신선한 상태의 분변을 얻을 수 있어야 함

② 분변 루프 등을 이용해서 직접 분변을 채취하거나 금방 본 배변에서 검체를 채취

③ 보호자가 분변 검체 용기에 채취해 올 때는 검체를 냉장 보관 후 가능한 한 빨리 가져올 것

(2) 요검사 검체 준비

① **자연 배뇨**: 첫 배뇨 중 중간부분 샘플은 소변의 진정한 조성을 보여주어서 가장 좋음

② **방광 압박 배뇨**: 방광 내에 충분한 양의 소변이 있는 경우 손으로 복부를 촉진하여 채취하며 방광 파열 주의, 요도폐색이 있는 수컷의 경우 주의

③ **요도 카테터 삽입**: 요도를 통해 무균적으로 튜브를 삽입하여 무균 검체를 얻을 수 있음

④ **방광 천자**: 주사바늘로 복벽을 통과하여 방광 내로 천자하며, 초음파 가이드가 필요함

08 세침검사

(1) 세침검사(Fine Needle Aspiration; FNA)

① 얇은 바늘을 이용하여 병변의 세포를 뽑아 검사하는 방법
② 주로 진단 목적으로 너무 깊지 않은 피하의 종괴 혹은 결절 내의 세포를 채취함

(2) 세침검사 진행

① 조직검사에 앞서 실시할 수 있는 검사
② 검사방법이 간단하고 진단 시도와 함께 다음 검사의 필요 여부를 판단할 수 있음

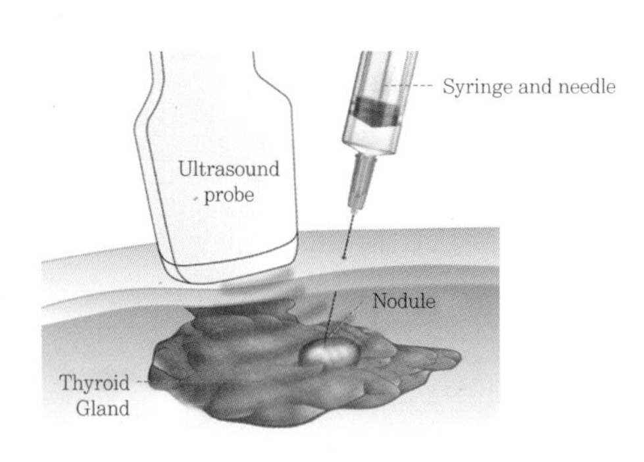

[초음파 유도하의 세침검사]

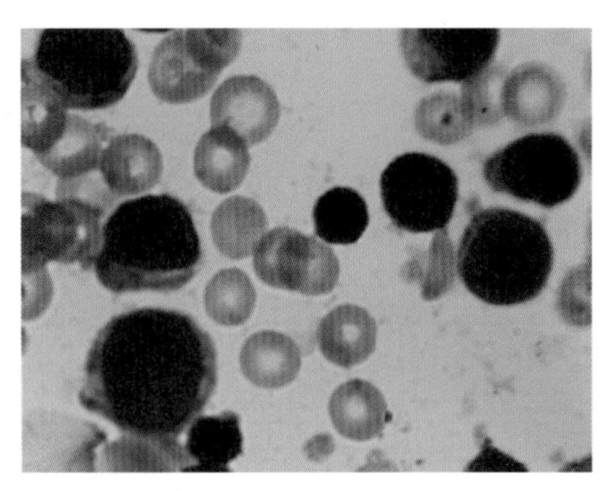

[임파종의 FNA 증례]

(3) 검사 준비물

현미경, 슬라이드글라스, 커버글라스, 3mL 주사기(23G 주삿바늘), 면봉, 딥퀵 염색약

(4) 검사방법

① 결절 또는 종괴 부위의 털을 제거하고 알코올로 소독함
② 주사기를 사용해서 병변 중심 부위에 삽입함
③ 주사기 피스톤을 당겨서 놓는 것을 반복하여 음압 상태로 검체를 채취함
④ 병변에서 주사기 바늘을 빼기 전 검체가 바늘 부위에 남아있도록 바늘과 실린더를 분리함
⑤ 주삿바늘을 병변에서 제거하고 공기를 채운 주사기를 연결해서 검체를 슬라이드글라스에 떨어뜨림
⑥ 슬라이드를 염색하고 현미경으로 관찰함

CHAPTER 04

분변검사의 이해

01 분변검사의 개념

(1) 분변검사

① 분변검체를 통해 육안검사, 충란 및 원충, 세균 등에 대한 검사를 실시함
② 동물이 소화기 증상을 나타낼 때 질병을 진단하기 위해 검사함

(2) 내부기생충 종류

반려동물에 감염되는 내부기생충은 선충류, 흡충류, 조충류

선충류	회충, 구충, 편충 등
흡충류	간흡충, 폐흡충 등
조충류	개조충, 고양이조충

(3) 원충류

① 반려동물이 감염되는 원충류는 편모충, 콕시디아가 있음
② 혈액점액성 설사, 탈수, 체중감소를 유발

02 분변검사 방법

(1) 육안검사

형태	설사, 무른변, 변비 등을 확인
색깔	• 정상변: 황갈색 • 소장의 출혈이 있는 경우: 흑변 • 대장의 출혈이 있는 경우: 적색변 • 장관염증을 나타내는 경우: 점액변
냄새	단백질의 흡수가 충분하지 않으면 부패취 발생

(2) 분변도말검사

분변을 슬라이드글라스에 소량 채취하여 생리식염수에 개어 액상으로 만든 후 기생충란, 원충 등을 관찰

(3) 분변부유검사

① 기생충 충란의 존재 여부를 확인하기 위해 충란의 비중이 가벼운 원리를 이용하여 부유액 위에 띄워서 검사하는 방법
② 분변을 시험관에 잘게 부순 다음 부유액을 이용하여 띄운 후, 띄운 부분을 슬라이드에 묻혀 현미경으로 검사

03 분변 채취

① 분변 검체가 신선한 상태일 때 보다 정확한 진단이 가능함
② 분변루프 등을 사용해 직접 분변을 채취하거나 산책에서 배변을 볼 경우 바로 신선한 분변을 채취함

04 분변도말검사

(1) 분변도말검사

① 내부기생충 충란과 지알디아, 콕시듐과 같은 원충을 확인하기 좋은 검사
② 분변 검체를 생리식염수로 액상으로 만든 후 현미경 관찰

(2) 검사 준비

현미경, 분변루프, 슬라이드글라스, 커버글라스, 생리식염수

(3) 검사 과정

① 체온계나 분변루프로 분변을 소량 채취함
② 생리식염수를 슬라이드글라스에 소량 떨어뜨림
③ 슬라이드글라스에 분변을 도말함
④ 나무막대로 잘 갠 다음, 기포가 들어가지 않도록 조심스럽게 커버글라스를 닫음

⑤ 조심스럽게 커버글라스 위를 눌러서 잘 폄
⑥ 낮은 배율에서 높은 배율로 관찰함
⑦ 결과를 기재함
⑧ 분변루프 세척 및 기타 정리

05 분변부유검사

(1) 분변부유검사

① 장내 기생충 감염 여부를 진단하기 위해 실시
② 기생충란의 비중이 가벼운 원리를 이용하여 부유액에 띄워서 검사
- 기생충란의 비중: 거의 1을 약간 넘김

개회충(*Toxocara canis*)	1.09
개구충(Ancylostoma)	1.056

(2) 분변부유액 종류

기생충란보다 분변부유액의 비중이 더 높아 기생충란이 부유액에 뜨게 됨

황산아연액	1.18
포화식염수액	1.19
Sheather 포화설탕액	1.27

(3) 검사 준비물

① 슬라이드글라스, 커버글라스
② 분변부유액(예 33% 황산아연액 등), 부유시험관 또는 부유키트

황산아연 부유액의 제조
33% 황산아연액: 황산아연(Zinc sulfate, $ZnSO_4$) 33g + 증류수 100ml

(4) 검사과정

① 시험관 내에 부유액을 반 정도 붓고 분변을 소량 넣고 분변루프(혹은 나무스틱)를 이용하여 변을 잘 품
② 여과망을 써서 분변 내에 있는 찌꺼기를 걸러냄

③ 부유액을 조심스럽게 시험관 위로 솟아오를 때까지 가득 채우고 30분 방치
④ 시험관 위에 커버글라스를 덮어서 상층액을 묻힘
⑤ 커버글라스를 슬라이드글라스 위에 놓고 현미경으로 검사

06 내부기생충 질환

(1) 개회충

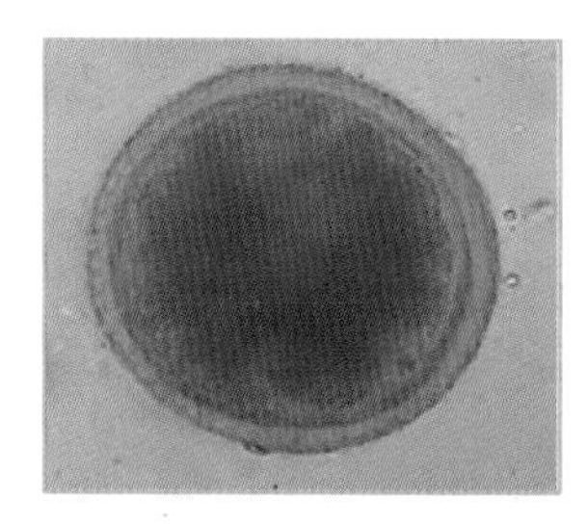

[개회충 충란]

원인	• 개회충(*Toxocara canis*) • 개소회충(*Toxocara leonina*)
특징	• 성충은 소장에 기생 • 내장이행증: 유충의 발육 → 간, 폐 및 기타 장기와 조직에 이주, 질병 발생
감염	• 경구감염 • 태반감염 • 경유방감염 • 대기숙주 섭취
증상	• 복부 팽만 • 거친 피모와 마름 • 구토, 설사, 빈혈 • 장폐색 • 기생충성 폐렴
치료와 예방	• 구충제 • 2주령, 4주령, 6주령 및 8주령에 투여 • 이후 1~2개월 간격으로 투여

(2) 개구충

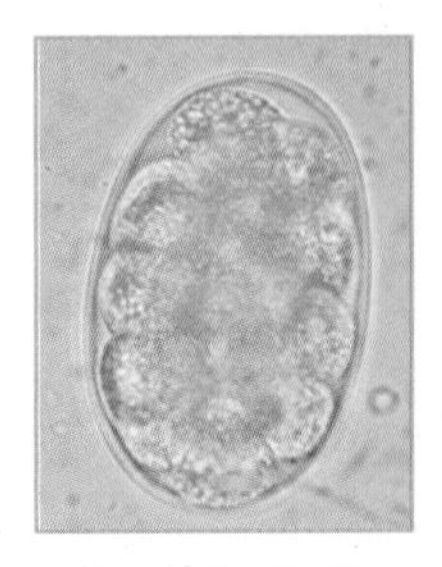

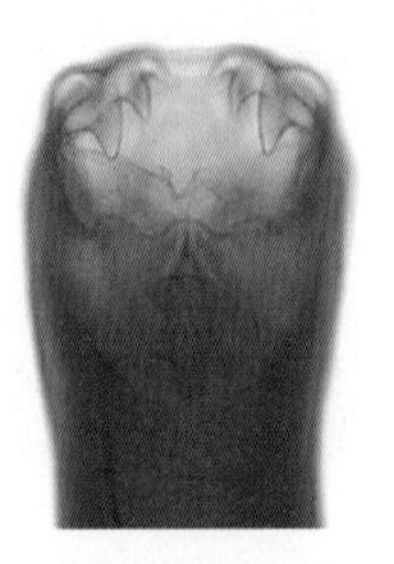

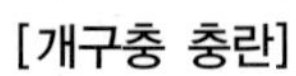

[개구충 충란]　　[개구충 두부]

원인	개구충(*Ancylostoma caninum*)
특징	• 몸체 색은 회색 또는 분홍색(소화관 내 혈액에 따라) • 구강의 양쪽에 이빨이 3쌍 • 충란은 타원형이며, 개회충란보다 크기가 큼 • 충란은 8개의 난세포를 함유
감염경로	• 자충의 피부침입 • 자충의 섭취 • 경유방 감염
증상	• 빈혈, 혈변, 점액변(흡혈됨에 따라) • 호흡기 증상(자충의 폐 상해) • 체중감소, 피로, 피부건조
치료	• 구충제 • 증상에 따른 대증치료 • 빈혈에 대한 철분공급 • 단백질이 풍부한 사료를 급여해 영양분 보충 • 빈혈이 심하면 수혈 고려

(3) 원충

1) 지알디아

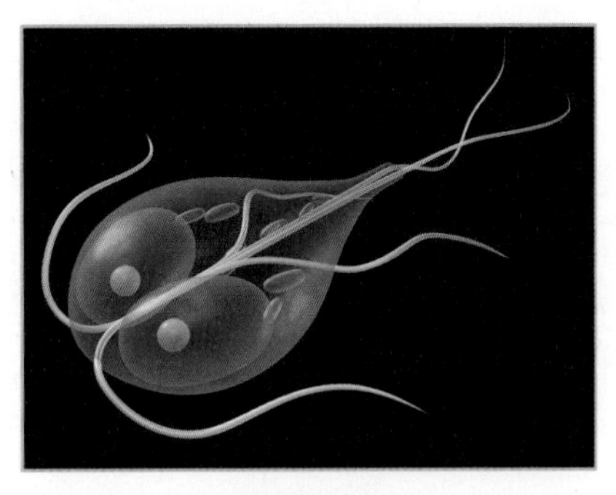

[지알디아]

특징	지알디아 오오시스트의 경구감염
진단	분변검사
증상	• 썩는 냄새, 많은 양의 수양성 설사 • 끈적끈적한 설사 • 파보와 합병증 시 치명적
치료	메트로니다졸 투여

2) 콕시듐

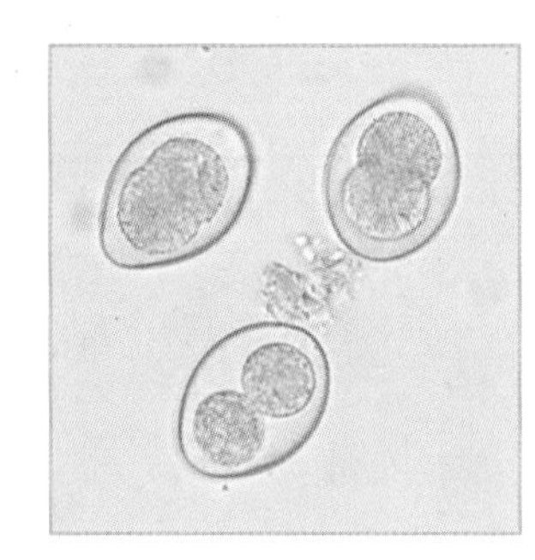

[콕시듐]

특징	• 주로 강아지에 설사를 유발 • 합병증 시 심각
진단	분변검사
치료	항원충제와 수액요법

분변도말검사에서 주로 많이 검출되는 개회충란, 개구충란, 개콕시듐 원충란의 상대적인 크기는 개구충란이 가장 크며, 개회충란, 개콕시듐 원충란의 순서

CHAPTER 05

요검사의 이해

01 배뇨 이상

(1) 소변 생성

개 20~40ml/kg, 고양이 18~25ml/kg

(2) 소변 이상

다뇨증(polyuria)	소변 생성의 과도한 증가
감뇨증(oliguria)	소변 생성의 감소
무뇨증(anuria)	소변 생성이 없음
배뇨장애(dysuria)	배뇨가 어려움

02 소변의 물리적 특성

(1) 색

① 정상적으로 노란색

② 색깔의 진하기는 소변의 농축 정도에 따라서 무색에서 진한 갈색까지 있음

③ 색의 진한 정도는 소변의 농축, 먹이, 종, 품종, 운동요법에 영향을 받음

④ 비정상적인 색

혈액, 혈색소	적색 또는 분홍색
담즙색소	오렌지색

(2) 혼탁도

① 정상뇨는 투명함

② 시간이 흐를수록 인산 침전으로 인해 혼탁해짐

(3) 요비중

① 요 내의 수분과 수분 이외의 물질의 비율(=요의 농도)

② 정상 요비중

개	1.015~1.045
고양이	1.020~1.040

③ 요비중은 상당히 다양한 결과를 보이므로, 한 번 측정으로 결과를 맹신하면 안 됨

④ 요비중 이상

요비중 상승	탈수, 급성 콩팥기능부전, 당뇨병 등
요비중 감소	요붕증, 만성 콩팥기능부전, 다량의 수분 섭취 등

03 소변 검체 채취법

(1) 자연배뇨

첫 배뇨 중 중간 부분 검체는 요의 진정한 조성을 보여 주어서 가장 좋음

(2) 방광 압박 배뇨

① 직접 채취한 소변이 가장 좋으나, 어렵기 때문에 깨끗한 바닥에 떨어진 소변을 주사기 등에 담아 수집

② 세균 배양 검사를 위한 검체로는 적합하지 않음

③ 방광 내에 충분한 양의 소변이 있는 경우 손으로 복부를 촉진하여 채취

④ 방광파열 주의, 요도 막힘이 있는 수컷은 주의

(3) 요도카테터 삽입

① 요도를 통해 카테터를 삽입하여 방광에서 소변을 직접 채취하는 방법

② 무균 검체를 얻을 수 있음

③ 개와 고양이에서 수컷은 채취가 쉽지만, 암컷은 카테터로 채취가 쉽지가 않음

(4) 방광 천자

① 주삿바늘로 복벽을 통과하여 방광 내로 천자

② 무균적으로 채취할 수 있어 세균 배양 검사를 위한 검체로 적합하나, 통증을 유발하므로 숙련된 기술이 필요함

③ 초음파 가이드 필요

(5) 소변 검체 보존

① 이상적으로는 소변검사는 시료 채취 직후 1시간 이내에 실시
② 그 이상 시간이 지나면 세균에 의해 요소가 분해되어 암모니아 생성
③ 검사가 지연된다면 냉장 보관

04 요비중 검사

① 굴절계를 이용
② 굴절지수가 높을수록 소변 농축(요비중이 높음)
③ 조정: 증류수를 이용하여 굴절계 눈금 조정 필요
④ 측정 과정
- 굴절계의 프리즘에 요 검체 몇 방울을 떨어뜨림
- 눈금으로 요비중을 읽음

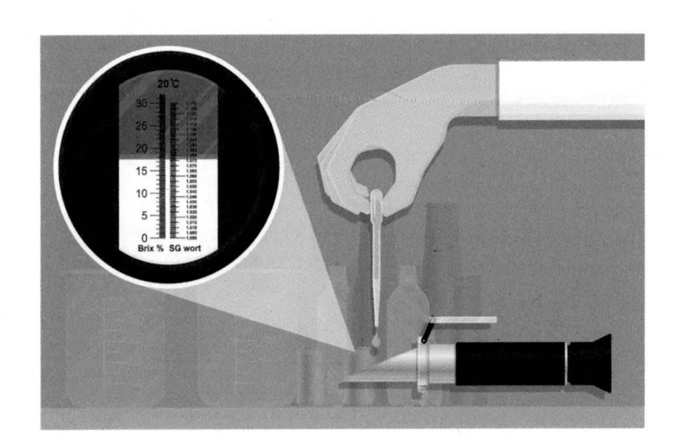

05 소변 화학 검사

(1) 소변 화학 검사

1) 딥스틱 검사

소변 검체를 딥스틱에 묻혀 소변 화학성분이 딥스틱의 각 항목 색지에 반응하여 일정시간 경과 후 색깔 변화에 따라 결과를 판독하는 검사법

TIP

소변 딥스틱 검사지는 인의용으로 개발되었기 때문에 동물에서 사용할 때는 결과의 해석에 주의가 필요하며 요비중, 아질산염, 백혈구, 유로빌리노젠 항목은 적합하지 않음

2) 딥스틱 검사 시 준수사항

① 딥스틱 설명서대로 시행하며 과도한 소변은 털어내고 정해진 시간이 경과한 뒤 판독

② 딥스틱 검사지를 손으로 만지지 말 것

③ 검사 결과를 기준표와 대조하면서 맨눈으로 읽거나 자동 판독기를 이용

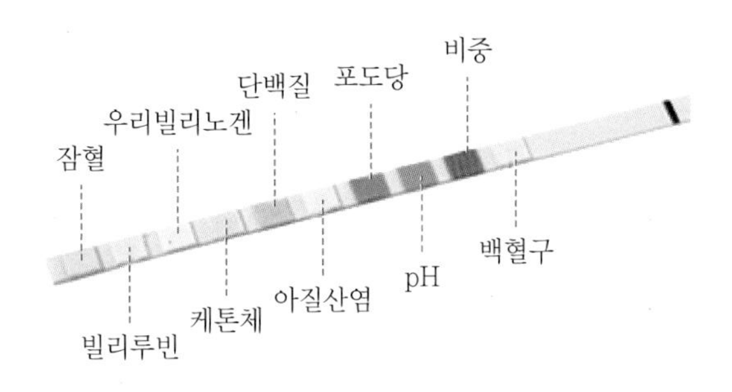

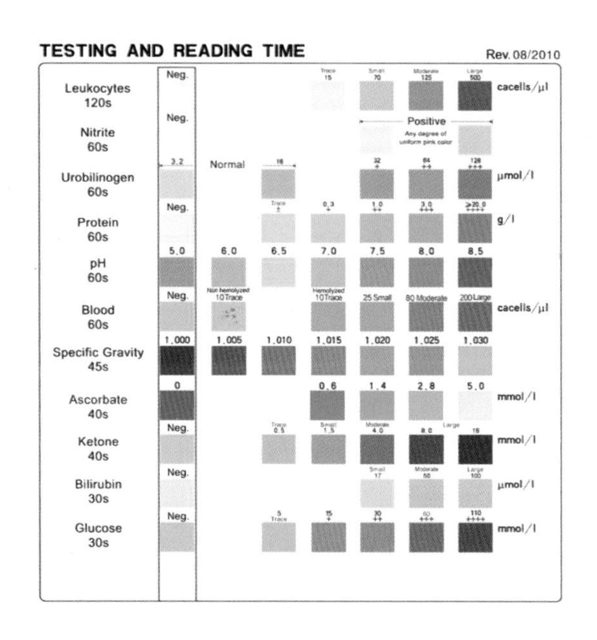

(2) 딥스틱 분석의 해석

1) pH

정상	6.0~7.5
증가	요소 분해 효소 함유 세균, 오래된 소변, 대사성알칼리증
감소	대사성산증, 신성 세뇨관성 산증

2) 포도당

정상	음성 또는 미량
비정상	1+ 이상
원인	신 역치를 능가하는 고혈당증(예 진성당뇨병, 쿠싱병), 정상혈당(예 신 세뇨관 질병, 원발성신성당뇨)

3) 케톤

정상	음성 또는 미량
비정상	1+ 이상
원인	당뇨병성 케톤신증, 기아, 어린 동물

4) 단백질

정상	음성 또는 미량
비정상	2+ 이상
원인	농뇨(감염), 단백유실성 신증, 출혈, 생식기 분비물

5) 빌리루빈

정상	개에서 요비중 1.025 이상이면 1+ 이하, 1.040 이상이면 2+ 이상
비정상	개에서 2+ 이상
원인	용혈성 빈혈

6) 혈액

정상	음성
비정상	양성
원인	혈뇨

7) 혈색소

정상	음성
비정상	양성
원인	혈관 내 용혈(면역 매개성 용혈성 빈혈 등), 근색소뇨

(3) 혈액과 혈액색소

소변이 적색이라면 혈구, 혈색소 또는 미오글로빈의 존재를 말하는 것

혈뇨	소변 안에 전혈이 들어있는 것
혈색소뇨	소변 안에 혈색소가 들어있는 것 예 용혈성 빈혈, 렙토스피라증, 중독(양파 등), 자가면역질환 등
미오글로빈뇨	• 소변 안에 미오글로빈이 있는 것 • 미오글로빈은 근육 내에 존재하는 색소로, 소변에 존재한다는 것은 근육의 파괴를 의미함 예 중증근무력증과 같은 근육소모성 질환

06 요침사 검사

(1) 요침사 검사

① 소변을 원심분리하여 무거운 성분만을 현미경으로 관찰하는 검사법

② 요침사 검사에서는 백혈구, 적혈구, 요원주, 요결정체, 세균, 효모, 진균 등을 확인할 수 있음

③ 요침사 검사는 현미경을 통해 이들을 확인하여 요로 질환이나 기타 질환의 진단 및 경과 판정에 이용하는 중요한 검사

(2) 검체 준비

① 5mL의 잘 섞은 소변 검체를 원심 분리 시험관에 넣고, 1,500rpm에서 5분 동안 원심 분리함

② 상층액을 버리고, 침전물과 약간의 소변 검체만 남김

③ 내용물을 섞음

④ 검체의 염색은 필요에 따라 시행 여부를 선택할 수 있으며, 뉴메틸렌블루 또는 세디스테인 염색을 실시함

⑤ 피펫을 이용하여 슬라이드글라스 위에 떨어뜨리고 커버글라스를 덮음

⑥ 현미경으로 관찰함

TIP

요침사 검사 검체를 현미경으로 관찰할 때는 현미경의 조리개를 줄이는 것이 관찰에 편리함

(3) 백혈구

호중구가 대부분, 비뇨기계 감염 또는 신우신염을 지시

(4) 적혈구

비뇨기계의 출혈

(5) 요원주

① 소변이 신세뇨관 내에서 정체되었을 때 세뇨관에서 분비되는 점액성 단백 성분과 소량의 혈청 알부민이 결합하여 세뇨관에서의 강력한 수분 재흡수로 농축되고, 젤 형태로 변하여 요원주(cast)를 형성

② 다양한 비뇨기계 질환

(6) 요결정체(Crystal)

① 결석증, 방광염, 혈뇨 등. 정상적인 경우에도 발견되는 경우 있음

② 요결정들이 결합하여 요결석 생성(방광결석, 요석)

③ 결석의 화학분석을 통해 요결정의 종류를 파악

④ 인산암모늄, 마그네슘 인산칼슘, 요산암모늄, 수산칼슘요산, 요산나트륨, 콜레스테롤, 류신, 시스틴, 티로신, 설파제 등

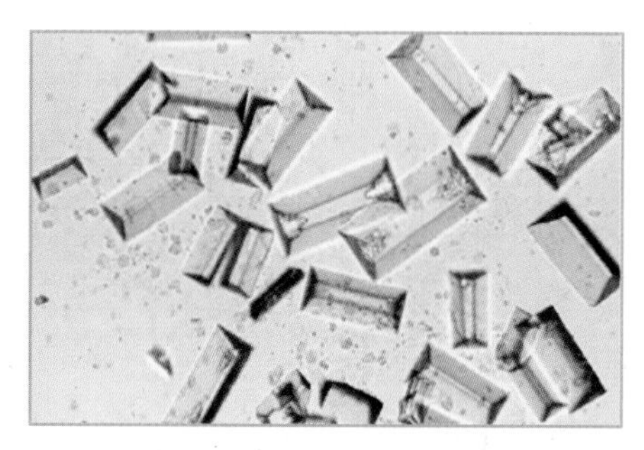

[스트루바이트 요결정체]

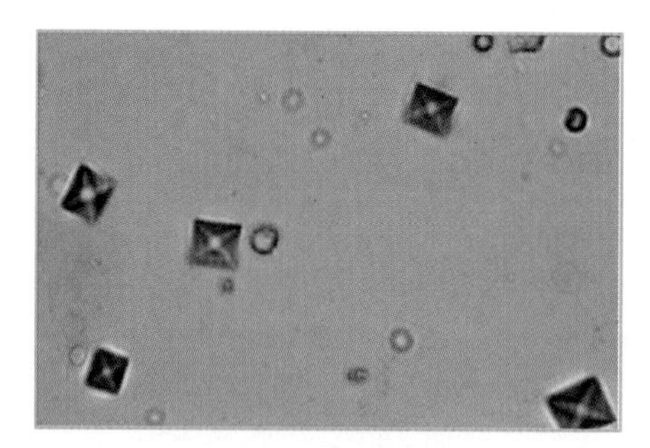

[수산칼슘 요결정체]

CHAPTER 06 피부 및 귀검사의 이해

01 피부 및 귀 검사

① 피부찰과·소파검사(Skin scraping): 피부소파 검사방법과 절차를 이해하여 수행
② 귀도말 검사(Ear smear): 귀도말 표본을 제작하고 염색
③ 테이프검사법(TST/tape strip test): 셀로판테이프 검사방법 숙지
④ 피부세균 배양검사
⑤ 피부진균 배양검사

02 반려동물 피부질환의 원인

① 세균
② 진균
③ 외부기생충
④ 호르몬
⑤ 면역

03 피부 미생물 배양검사

(1) 피부진균 배양검사 방법과 절차

① 털을 뽑아 사브로드 한천배지 또는 피부사상균 선택배지에 직접 올려놓음
② DTM에서 양성인 경우 노란색에서 붉은색으로 3~5일 이내에 변색
③ 비병원성인 경우 진균이 형성되어 거짓 양성결과를 나타냄

(2) 피부세균 배양검사 방법과 절차

① 백금이 또는 멸균면봉을 검체에 살짝 담근 후 배지가 들어있는 페트리접시에 도말
② 같은 방향으로 3~4회 짧게 스트리킹
③ 페트리뚜껑을 덮고 배양기에 37℃에 18~24시간 넣어둠
④ 세균증식 관찰

04 피부검사 종류

(1) 피부소파(찰과)검사(Skin Scraping)

1) 피부소파검사 순서 및 방법

① 10호 블레이드와 스칼펠핸들을 준비
② 칼날과 슬라이드에 미네랄오일 도포
③ 피부소파검사를 시행할 병변 부위에도 미네랄오일을 도포
④ 피부병변의 피부를 찰과하며, 이때 피가 묻어나올 때까지 찰과
⑤ 피부소파를 통해 긁어낸 피부 부산물과 혈흔을 슬라이드의 미네랄오일에 닦아내듯이 도말
⑥ 커버글라스를 덮고 저배율에서 고배율로 관찰

TIP 피부소파검사(Skin scraping)

- 소파(搔爬): 조직(組織)을 긁어 이물질을 떼어내는 일
- 피부를 쥐어짜내듯이 잡아주는 것이 모낭 속에 있을 수 있는 기생충을 검출하는 데 용이
- 칼날을 무디게 하기 위해 단단한 표면에 문지름
- 이미 여러 번 피부소파검사에 사용하여 날이 무뎌진 것 사용

2) 검사 시 주의사항

① 환자 병변부위 절상
② 소파의 깊이에 따른 검체의 종류 및 채취 가능성 고려
③ 검사자의 안전사고

3) 피부소파검사: 외부기생충

표피 (Superficial skin scraping)	• 진드기(Cheyletiella spp.) • 모낭충 • Demodex cornei, Demodex gatoi • 귀진드기(Otodectes cyanotis)

진피 (Deep skin scraping)	• 모낭충 • Demodex canis, Demodex catis • 개선충(Sarcoptes scabiei)

(2) 귀도말검사(Ear smear)

1) 귀도말 표본 제작(Ear swabs)

① 깨끗한 면봉을 준비
② 동물의 귀를 왼손으로 잡고 면봉으로 귀 내부를 닦아내듯이 돌려 긁어냄
③ 슬라이드글라스에 굴리듯이 문지름
④ 수의사의 지시가 있거나 필요한 경우 염색
⑤ 슬라이드를 현미경에 놓고 저배율에서 고배율로 초점 조정

2) 귀도말검사(Oticswab, Ear smear)에서 관찰할 수 있는 미생물

① **세균**
- 포도상구균
- 간균

② **세포**
- 변성된 호중구
- 대식세포

③ **효모균**: 말라세치아(Malassezia)
④ **진드기**

3) 검사 시 주의사항

① **면봉대의 재질**: 나무로 된 재질은 외이도 속으로 면봉헤드가 들어가지 않도록 주의
② 보정의 자세
③ 외이도 입구상태 평가

(3) 테이프 압인검사(Tape strip test)

1) 셀로판테이프압인(TST)법

① 투명한 셀로판테이프를 2~3cm 크기로 준비
② 동물의 피부에 탈부착
③ 피부 부산물이 묻은 테이프를 그대로 슬라이드글라스에 부착

④ 필요한 경우 2~3회 다른 투명셀로판테이프를 사용하여 여러 장의 슬라이드를 제작
⑤ 슬라이드를 현미경에 놓고 저배율에서 고배율로 초점 조정

2) 검사 시 주의사항

① 테이프의 접착력이 약하여 진단적 가치가 없는 검체 채취
② 정확한 부위의 샘플 채취
③ 검사부위 오염 시 진단 오류 가능성

3) 셀로판테이프압인(Tape strip test; TST)법으로 관찰할 수 있는 미생물

세균	관찰 용이
진균	관찰 용이
모낭충	관찰 용이하지 않음
귀진드기	관찰 용이
개선충	관찰 용이하지 않음

07 배란주기 검사의 이해

01 배란주기(Staging the Estrus Cycle)

발정단계	특징	세포 양상
발정휴지기(Anestrus)	신체적인 변화가 없음	기저곁세포, 중간세포
발정전기(Proestrus)	난포가 성숙하고 혈청 estrogen 농도 증가	• 기저곁세포, 중간세포 및 표층세포가 혼합 • 호중구와 적혈구 존재
발정기(Estrus)	• 황체형성호르몬(LH) 최대분비기간 • 교미를 허용 • 출혈기간 • 배란시기	90% 이상 표층세포
발정후기 (Metestrus/Distrus)	외음부 부종이 가라앉고 삼출물이 멈추기 시작	• 상피세포수 감소 • 기저곁세포와 중간세포 증가

02 질도말검사(Vaginal cytology)

(1) 검사 준비물

① 도말면봉
② 슬라이드글라스
③ 디프퀵염색
④ 현미경

(2) 세포에 따른 발정주기 관찰

발정기(배란기) 진단

03 질도말 검사과정

① 도말면봉에 0.9% 생리식염수를 도포
② 털이나 이물질에 오염되지 않도록 질내 면봉 삽입
③ 삽입 후 샘플채취 면봉을 3~4회 회전
④ 슬라이드글라스 위에 도말
⑤ 디프퀵염색을 실시

04 질도말 세포 분류

기저세포(Basal cell)	세포가 작고 세포질 양이 적으며 질도말표본에서 드물게 발견
기저곁세포(Parabasal cells)	원형의 핵과 소량의 세포질을 갖고 있는 원형세포
중간세포(Intermediate cells)	세포질의 양에 따라 크기가 결정
표층세포(Superficial cells)	도말표본에서 보이는 가장 큰 상피세포이며, 노화되어 퇴행하면서 핵은 농축되고 색이 흐려진

CHAPTER

08 혈액검사 이해

01 혈액의 구성

① 적혈구(red blood cell; RBC)
② 백혈구(white blood cell; WBC)
③ 혈장(plasma)
④ 혈소판(platelet)

TIP

혈장(plasma)과 혈청(serum)의 차이점은 섬유소원(fibrinogen)의 유무

02 빈혈, 실혈, 용혈

(1) 빈혈(Anemia)의 원인

1) 적혈구계의 감소

① PCV(Hct) 저하
② 헤모글로빈(Hgb) 감소
③ 적혈구수의 감소

2) 조직으로의 산소공급 감소

재생성 빈혈	• 적혈구 손실의 증가(실혈) • 적혈구 파괴의 증가(용혈)
비재생성 빈혈	적혈구 생산의 감소(골수문제)

(2) 혈액손실(실혈)의 원인

급성(acute)	• 외상(trauma) • 출혈병변(bleeding lesion) • 종양(tumor) or 궤양(large ulcer) • 지혈장애(hemostatic disorder)
만성(chronic)	• 출혈병변(bleeding lesion) • 위장관계(gastrointestinal tract) • 기생충(gastrointestinal or external parasite)

(3) 혈액파괴(용혈)의 원인

① 면역매개질환(Immune mediated mechanism)
② 적혈구 기생충(Erythrocyte parasite)
③ 약물(Drug)
④ 화학물질(Chemical)
⑤ 산화적 손상(Oxidative damage: heinz body)

03 백혈구(white blood cell; WBC)의 종류

① 호중구(neutrophils)
② 호산구(eosinophils)
③ 호염구(basophils)
④ 단핵구(monocytes)
⑤ 림프구(lymphocytes)

04 채혈(Blood Collection)

(1) 동물별 채혈 위치

종	채혈 및 정맥 위치
개, 고양이	• 경정맥(jugular vein): 목의 앞부분 • 요골피부정맥(cephalic vein): 요골의 앞쪽 • 외측 복재정맥(saphenous vein): 후지 외측

토끼	• 경정맥(목정맥) • 외측귀 가장자리 정맥: 귀의 기저부 • 외측 복재정맥
조류	• 경정맥(목정맥) • 상완정맥(brachial vein)

절식

최소 2시간 절식 후 채혈할 것

(2) 채혈 튜브(Blood collection tube)

1) 종류

① EDTA 튜브

② Citrate(sodium citrate) 튜브

③ Heparin 튜브

④ Plain 튜브

⑤ SST(serum separate tube)

2) EDTA 튜브

① 전혈구계산(CBC)에 필요한 일반적인 항응고제 튜브

② EDTA는 칼슘(Ca)과 결합하여 응고를 방지

3) Citrate(sodium citrate) 튜브

① 독성이 낮아 수혈을 위한 채혈에 적합

② citrate의 항응고능력은 Ca이온과 결합하여 작용

4) Heparin 튜브

① Thrombin의 생성을 억제시켜 항응고작용

② 혈액가스분석과 일반혈액화학검사 적용 가능

5) Plain 튜브

① 혈청화학검사에 사용

② 혈청의 성분은 혈장에서 혈액응고단백질을 제외한 것과 동일

(3) 혈장 · 혈청색의 변화

색	의미
핑크색	체내 용혈 및 잘못된 채혈로 인한 용혈
우윳빛	• 지질혈증(지방의 존재) • 공복 시 간질환 의심
노란색	• 빌리루빈의 존재 • 심각한 간 손상, 담도폐쇄 • 용혈성 빈혈

05 혈액도말

(1) 혈액도말(Blood smear, Blood film)검사 평가항목

① 혈구의 구성 비교
② 세포의 형태학적 이상 관찰
③ 혈액 내 기생충
④ 혈소판의 수 평가

(2) 혈액도말 준비물(Equipment)

① EDTA 튜브
② 마이크로피펫
③ 슬라이드글라스
④ 염색약(Diff-Quik stain)

(3) 혈액도말표본 제작 과정

① 장갑을 착용함
② 슬라이드에 기름성분 제거
③ 슬라이드에 기록 및 표시
④ 모세관을 이용하여 혈액을 떨어뜨림(슬라이드 가장자리 1cm 안쪽)
⑤ 펼치개를 이용하여 한 번에 부드럽게 밀어줌
⑥ 펼치개의 각도는 20~30도를 유지
⑦ 펼치개를 빠르게 움직일수록 얇고 고른 도말표본을 제작
⑧ 도말표본을 열에 가하지 않고 천천히 건조
⑨ 전체 슬라이드의 1/2 또는 2/3를 덮는 정도가 가장 이상적

06 디프퀵 염색

(1) 디프퀵(Diff-Quik) 염색법

① 고정액, 염색액 용액 I과 염색액 용액 II 순으로 혈액도말을 각각 1초씩 5번, 총 5초 동안 담금
② 각 용액으로 이동 시 염색용액이 잘 제거되도록 함
③ 수세: 증류수

(2) 혈액도말의 실수

실수	원인
너무 두꺼움	너무 많은 혈액량
너무 얇음	• 너무 적은 혈액량 • 너무 느리게 도말
가로로 두껍고 얇음이 반복됨	부드럽게 도말하지 않고 머뭇거리며 도말한 경우
도말 방향으로 줄이 생김	• 슬라이드표면에 먼지나 이물 혈액이 있는 경우 • 슬라이드 가장자리가 불규칙한 경우
아주 좁고 두껍게 도말	• 펼치게 가장자리를 따라 혈액이 퍼지기 전에 도말한 경우 • 슬라이드 한쪽이 접촉이 잘 안된 경우

(3) 디프퀵염색(Diff-Quik stain)

Diff-Quik고정액 (fixative reagent)	Methanol
Diff-Quik용액I-solution I (eosinophilic)	• pH buffer • Sodium azide
Diff-Quik용액II-solution II (basophilic)	• Thiazine dye • pH buffer

07 적혈구, 백혈구

(1) 적혈구(RBC) 이상

크기(Size)	• 적혈구부동증(anisocytosis) • 소적혈구(microcyte): 골수 이상 • 대적혈구(macrocyte): 미성숙세포
형태	• 톱니적혈구 • 유극적혈구 • 구형적혈구(spherocyte)
색	• 저색소혈구(hypochromasia): hemoglobin • 다염적혈구(polychromasia): 미성숙세포
봉입체 (inclusion body)	• 망상적혈구(reticulocyte): 재생성빈혈 • 하인즈소체(Heinz body): 약물반응,감염원 • 하우웰-졸리소체(Howell-jolly body): 비재생성빈혈, 비장적출수술 후 관찰

(2) 백혈구(WBC) 이상

핵좌방이동(left shift)	• 미성숙호중구 증가 • 염증상태
독성호중구 (toxic neutrophils)	• 독소혈증 • 푸른빛 핑크색과 함께 공포화된 세포질

(3) 백혈구 및 혈소판수 이상

세포	증가	감소
호중구	염증, 세균감염, 스트레스, 공포, 흥분, 임신, 재생성빈혈, 종양, 괴사, 스테로이드	심각한 감염, 바이러스 감염, 중독, 세포독성 약물
호산구	기생충 감염, 알레르기, 애디슨병, 호산구성 근염	스트레스, 쿠싱병, 스테로이드
호염구	알레르기	
림프구	스트레스, 강력한 면역자극, 림프구성백혈구	바이러스, 독혈증, 스트레스, 쿠싱병, 스테로이드
단핵구	급성/만성 감염, 염증, 괴사, 용혈성 빈혈, 세포잔해물	
혈소판	감염, 외상, 출혈, 비장절제술	면역매개성 혈소판 감소증, 파종성 혈관내 응고

08 전혈구 계산(completeblood count; CBC)

① 혈구계산판(Hemocytometer)을 이용
② 현재 보편적으로 CBC 장비를 이용하여 검사
③ 적혈구용적(Packed Cell Volume) → PCV, hematocrit, Hct
④ 적혈구계산(RBC Count)
⑤ 백혈구계산(WBC Count) → 감별계산(Differential count)
⑥ 혈소판측정

09 감별계산(Differential count)

① 혈액도말샘플을 준비 → ×100 또는 ×200 관찰
② 백혈구 100개를 계산: 각 백혈구 표시

- Neutrophils[N]
- Bands[B]
- Lymphocytes[L]
- Monocytes[M]
- Eosinophils[E]
- Basophils

③ Differential count 정상수치

WBC	canine	feline
Neutrophils[N]	3,600~11,500	2,500~12,500
Bands[B]	0~300	0~300
Lymphocytes[L]	1,000~4,800	1,500~7,000
Monocytes[M]	15~1,350	0~850
Eosinophils[E]	100~1,250	0~1,500

CBC 검사 중 적혈구 관련 수치 용어 정리

- MCV: 단위 부피 속에 존재하는 적혈구의 평균 부피
- MCH: 적혈구에 존재하는 Hgb 양
- MCHC: 단위 적혈구당 Hgb 농도

- RDW
  - 적혈구용적의 불규칙성을 반영하는 계산된 값
  - RDW의 증가는 증가된 적혈구 부동증(anisocytosis)
- HCHC = HCH / MCV

10 수혈(Transfusion)

(1) 공혈견(Donor)의 조건

① 건강하고 백신이 완료되어 있어야 하며 미투약 상태

② 체중: 25kg 이상

③ 나이: 1~8years of age

④ 정상PCV: preferably 40% 이상

⑤ DEA 1.1: 이상적임

(2) 수혈을 필요로 하는 병적 상태

① 실혈
- 교통사고
- 비장종양 파열
- 응고장애에 의한 대량실혈

② 면역매개성 용혈성 빈혈(IMHA)

③ 만성 소모성 빈혈

(3) 교차반응(Cross matching)

① 환자와 공혈견의 혈액이 잘 맞는지 확인하는 검사

② 검사방법
- recipient와 donor로부터 1~2ml 정도의 EDTA anticoagulated sample을 얻음
- recipient와 donor의 plasma와 혈구를 분리
- recipient와 donor의 2% 적혈구 부유액을 만듦
- plasma: RBC 부유액 = 1:1(각 0.1ml 정도씩)
- 30분간 상온에 방치
- 슬라이드에 각 sample을 떨어뜨린 후 커버글라스로 덮고 관찰

11 혈액화학검사(Blood chemistry)

(1) 혈액화학(Blood chemistry) 의의

① 눈으로 볼 수 없는 신체적 상태를 평가

② 신체 기능의 경중도를 확인

TIP 혈액화학검사항목 한눈에 보기

- Alanine aminotransferase(ALT, SGPT)
- Albumin
- Alkaline Phosphatase(ALP)
- Ammonia
- Amylase
- Aspartate aminotransferase(AST, SGOT)
- Bilirubin
- Blood Urea Nitrogen(BUN)
- Calcium
- Cholesterol
- CreatineKinase (CK)
- Creatinine
- Glucose
- Inorganic Phosphorus(IP)
- Lipase
- Lipids/Triglycerides
- Total Protein(TP)
- Sodium/Potassium/Chloride

(2) 혈액화학검사 항목

1) Alanine Aminotransferase(ALT, SGPT)

① 주로 간에 존재하며 심근, 골격근, 췌장에도 소량 존재함(Correlation between ALT levels and hepatic cell damage, but not liver function.)

② ↑ ALT는 간 손상 후 2~3일 이내에 높아지며 14일까지 검출

TIP ALT수치가 상승되는 질환

- Cholangitis
- Cholangiohepatitis
- Hepatic disease/failure
- Hepatic lipidosis

2) Albumin

① 생성되는 곳: 간세포(Hepatocytes)

② 역할

- 삼투압(osmotic pressure) 유지
- Binding and transport protein

TIP **알부민(albumin)수치가 저하되는 질환**

- Edema and effusions = ↓ values
- Cholangiohepatitis, hepatic disease
- Heartworm disease
- Hepatic lipidosis
- Glomerular disease
- Inflammatory bowel disease
- Pleural effusion
- Protein losing enteropathy

3) Alkaline Phosphatase(Alkphos, ALP)

① 생성되는 곳(Major): 간(adult animals), 뼈(young animals)

② 발생되는 곳(Minor): kidneys, intestines

③ 역할: 여러 가지 화합물의 반응에 관여

TIP **ALP수치가 상승하는 질환**

- Cholangitis/cholangiohepatitis
- Drugs: glucocorticoids, barbituates, etc.
- Hepatic disease/failure
- Hepatic lipidosis
- Hyperadrenocorticism

4) Ammonia

① 생성되는 곳: 간과 근육

② 역할: 단백질, 아미노산 분해 시 생성(Byproduct of the breakdown of proteins, amines, amino acids, nucleic acids, and urea)

Ammonia수치가 상승하는 질환

- Cholangitis/cholangiohepatitis
- Hepatic disease/failure
- Hepatic lipidosis
- PSS(portosystemicshunts)

5) Amylase

① 생성되는 곳
- Major: 췌장
- Minor: 간과 소장

② 역할: 탄수화물 분해(Breakdown of starches and glycogen in sugars)

③ 췌장염(Pancreatitis)일 때 amylase가 상승하는 경향이 있음

6) Aspartate Aminotransferase(AST, SGOT)

① 생성되는 곳
- Major: 간세포(hepatocytes)
- Minor: 심장, 골격근, 신장, 췌장, 적혈구(cardiac and skeletal muscles, kidneys, pancreas and erythrocytes)

② 역할: 아미노산(Amino acid) 대사

③ 간질환 시 ALT와 동반 상승(Tends to parallel ALTvalues when caused by hepatic disease)

④ 간에 특이적인 효소는 아님(Not liver-specific; ↑ values may indicate)
- Liver damage, strenuous exercise
- IM injections

AST수치가 상승하는 질환

- Cholangitis/cholangiohepatitis
- Hepatic disease/failure
- Hepatic lipidosis

7) Bilirubin

① 생성되는 곳: 헤모글로빈(Hemoglobin via liver processing)

② 빌리루빈은 간질환 또는 용혈성 빈혈 시 증가

③ 담도계 이상과 특정 빈혈 종류를 감별

④ 간에 비특이적(Not liver specific)

빌리루빈(Bilirubin)수치가 상승하는 질환

- Cholangitis
- Cholangiohepatitis
- Hepatic disease/failure
- Hemolytic anemia
- Hepatic lipidosis

8) Blood Urea Nitrogen(BUN)

① 생성되는 곳: 간에서 처리된 아미노산

② 아미노산(amino acid) 분해 시 생성

③ 75% of the kidney must be nonfunctional before ↑ values are seen

BUN수치에 영향을 주는 질환

- 신우신염(Pyelonephritis): 수치 상승
- 신부전(Renal failure): 수치 상승
- 과수화(Overhydration): 수치 감소
- 단백질 식이제한(Dietary protein restriction): 수치 감소

9) Calcium

① 생성되는 곳: 뼈(Bones)

② 역할

- 신경근의 흥분도와 긴장도 유지(neuromuscular excitability and tone)
- 혈액 응고인자

Calcium수치가 상승하는 질환

Paraneoplastic Syndromes(부종양증후군)

10) Cholesterol

① 생성되는 곳

- Major: 간세포
- Minor: 부신피질, 난소, 정소, 소장상피세포

② 역할: Steroid hormone 생성
③ hypothyroidism and Cushing's disease 스크리닝 테스트에 유용

11) CreatineKinase(CK)

① 생성되는 곳: 심근/골격근, 뇌조직(Cardiac and skeletal muscle and brain tissue)
② 역할: 근육 내 creatine을 에너지로 이용하는 과정에서 발생
③ 근육 손상 후 Peaks 6~12 hours
④ 더 이상 손상이 없을 시 24~48시간 이내로 정상으로 돌아옴

12) Creatinine

① 생성되는 곳: 골격근
② Creatine 분해(degradation) 시 생성
③ 신장의 75% 이상 손상 시 상승
④ 신부전(Renal failure) 시 상승

13) Glucose

① 생성되는 곳: 섭취한 음식을 간에서 gluconeogenesis 및 glycogenolysis 과정을 거쳐 생성
② 역할: 세포에너지(Cellular energy)

- 탄수화물대사와 췌장의 내분비 기능의 지표
- 당뇨병(Diabetes mellitus) 시 상승

14) Inorganic Phosphorus(IP)

① 생성되는 곳: 뼈(Bone)
② 역할: Energy storage, release, and transfer, carbohydrate metabolism and composition

- Inversely related to calcium
- 만성신부전(chronic renal failure)일 때 상승

15) Lipase

① 생성되는 곳: 췌장 및 위점막에서 분비

② 역할: 지질분해

- 수치 상승이 질병의 심각도를 대표하지 않음
- Amylase와 동반상승하는 경향
- 췌장염(Pancreatitis) 시 수치 상승 가능성

16) Lipids/Triglycerides

① 생성되는 곳: 장에서 흡수

② 역할

- 지방 대사
- 장 내 림프액의 흐름을 자극

- 혈중 지질 및 중성지방이 높을수록 비만의 비율이 높아짐
- Predisposition(e.g., Miniature Schnauzer and Himalayan cats)

17) Total Protein(TP)

① 역할: 혈압, 혈액 내 운송, 면역

② Notes: albumin과 globulin으로 구성

③ 탈수일 때 증가

18) 전해질

① K(Potassium)/Na(Sodium)/Cl(Chloride)

② 세포외액

- Sodium: 체액의 삼투압 조절
- Chloride: 산/염기 평형, 혈액의 삼투압 조절

③ 세포내액

- Potassium: 근육기능, 심장기능 조절

CHAPTER 09 호르몬검사 이해

01 내분비질환과 호르몬

Cortisol	• 부신피질기능항진증(hyperadrenocorticism) • 부신피질기능저하증(hypoadrenocorticism)
Thyroid	• 갑상선기능항진증(hyperthyroidism) • 갑상선기능저하증(hypothyroidism)
Pancreatic Hormones	당뇨병(diabetes mellitus)

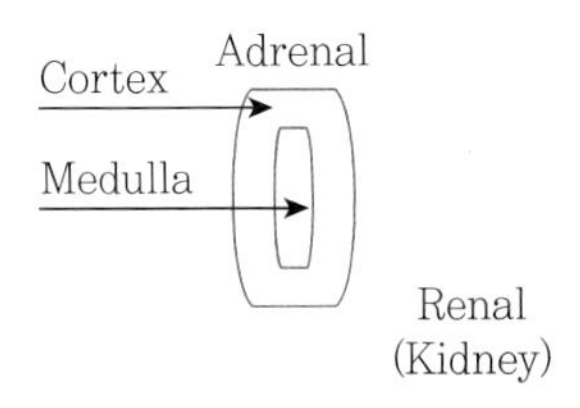

[부신(Adrenal gland)의 구조]

02 ACTH(Adrenocorticotropic Hormone)

① 부신피질을 자극하는 호르몬 예 코티솔(Especially cortisol; hydrocortisone)
② 스트레스 시 분비(Produced during physiological stress)
예 외상, 서혈당, 운동(Injury, hypoglycemia, exercise)

제3과목 임상 동물보건학

03 코티솔(Cortisol)

① 당대사 조절(Regulate metabolism)
② 지방분해(Lipolysis): 지방분해를 촉진시켜 에너지로 지방산을 이용하고 당의 사용을 감소시킴(fatty acids for energy and decreasing use of glucose)
③ 당 신생(Gluconeogenesis): 혈당을 증가시킴

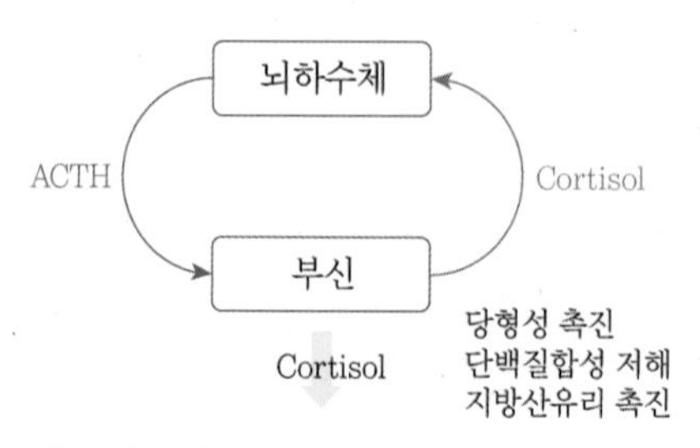

[부신피질자극호르몬과 코티솔]

TIP
부신피질기능항진증(hyperadrenocorticism) = Cushing's disease

04 부신피질기능항진증

(1) 부신피질기능항진증의 분류

뇌하수체성(PDH): Pituitary-dependent HAC	• 뇌하수체에서 ACTH 과다 분비 • HAC의 80%를 차지함
부신종양성(AT; adnenaltumor)	• 부신에서 cortisol 과다 분비 • HAC의 20%를 차지함
의인성(iatrogenic) Cushing syndrome	부신피질호르몬 투여로 발생

(2) 부신피질기능항진증의 증상

① 다음, 다뇨, 다식, 무기력
② 삭모 부분에 털이 자라지 않음
③ 좌우 대칭성 탈모

④ Pot belly(올챙이배)
⑤ 피부가 얇아짐, 근육 감소
⑥ 가벼운 운동으로 호흡곤란
⑦ 피부질환(특히 모낭충, 말라세지아 등)

05 LDDST(Low dose dexamethasone) 억제시험 과정

① Pre 채혈 → 혈청분리(혈청 0.5~1ml)
② Dexamethasone 0.01mg/kg IV
③ After 4hrs(Post-1)에 채혈, 혈청분리
④ After 8hrs(Post-2)에 채혈, 혈청분리
⑤ 혈청 cortisol
- 실험실 의뢰
- Kit 검사

06 ACTH 자극시험 과정

① 합성ACTH를 주사: Synacthen(0.25mg/amp)
② Pre 채혈 → 혈청분리(혈청 0.5~1ml)
③ 합성ACTH
- 0.25mg/Head IM
- 5μg/kg(0.1ml/5kg) IV

④ 1시간 후에 채혈 및 혈청분리
⑤ 혈청 cortisol 실험실 의뢰 또는 kit 검사

07 HDDST(High dose dexamethasone)검사

① 뇌하수체성(PDH)과 부신종양성(AT)의 감별진단
② Dexamethasone 0.1mg/kg IV
③ LDDST와 검사절차는 동일

HDDST: 뇌하수체성과 부신종양 감별

- 뇌하수체성(PDH): high dose dexamethasone으로 억제
  → ACTH 분비 감소 및 cortisol 농도 저하
- 부신종양(AT): ACTH와 관계 없이 cortisol 생산
  → 뇌하수체에 negative feedback에 반응 없음

08 부신피질기능저하증(Hypoadrenocorticism)

(1) 부신피질기능저하증

① 애디슨병(Addison's disease)
② Glucocorticoid, mineralcorticoid 분비 감소
③ Primary: Adrenal gland 기능 저하
④ Secondary: ACTH 감소

(2) 부신피질기능저하증(Addison's disease) 임상증상

① 허탈
② 기면
③ 식욕부진
④ 체중감소
⑤ 구토 · 설사 · 복통
⑥ 다음 · 다뇨

(3) 부신피질기능저하증 혈액화학검사 및 요검사에서 관찰되는 결과

① 고질소혈증
② 요비중 저하: 1.010~1.025, 심한 경우 1.010 이하
③ 저나트륨혈증
④ 고칼륨혈증
⑤ Na:K < 27:1

(4) 부신피질기능저하증 진단

① ACTH 자극시험: 과정은 부신피질기능항진증 진단검사와 동일

② Pre&Post-ACTH cortisol < 2μg/dl

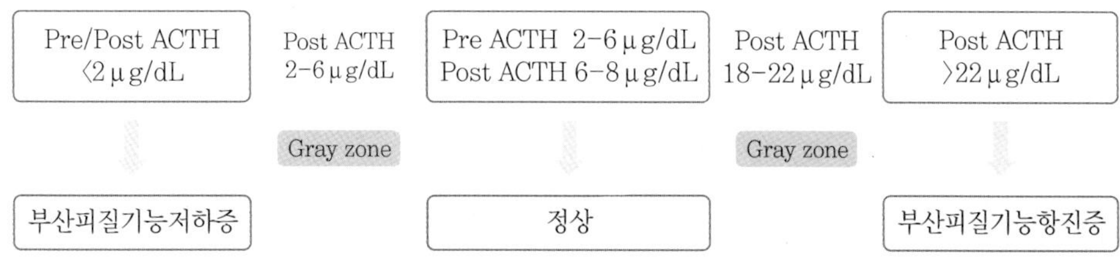

[ACTH 자극시험 결과해석]

09 갑상선호르몬(Thyroid hormone)

Thyroxine(T4)	• 갑상선호르몬의 90% 이상 • 성장촉진 작용, 대사율 증가 • tT4, fT4
Triiodothyronin(T3)	대부분 갑상선에서 분비된 T4가 생체 말초조직에서 변화
Calcitonin	• Parathyroid hormone과 상호작용 • 혈중 칼슘 농도를 감소

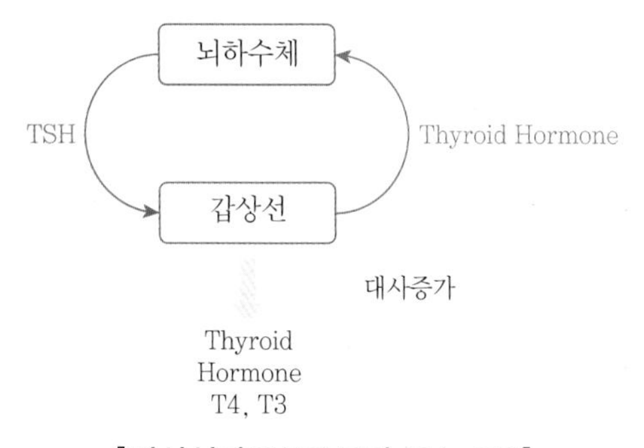

[갑상선자극호르몬과 T4, T3]

10 갑상선기능저하증

(1) 개의 갑상선기능저하증 임상증상

① 무기력 · 둔감성
② 체중증가 · 비만
③ 피부색소 과잉침착
④ 심박동 감소
⑤ 빈혈
⑥ 대칭성 탈모
⑦ 피모건조 · 심한 각질
⑧ 내한성 감소(따뜻한 곳을 찾음)
⑨ 고콜레스테롤혈증

(2) 고양이 갑상선기능항진증

① 선종성 증식 또는 선종
② 선암종
③ T4가 과도하게 분비
④ 대부분의 고양이에서 발생 가능성
→ 샴과 히말라얀 고양이 종에서 발생 빈도 낮음
⑤ 체중감소, 식욕증가, 과흥분, 갑상선 증대, 쇠약

11 갑상선호르몬 검사

(1) fT4, tT4, TSH 검사

① 혈청분리
② 실험실 의뢰 시 냉장(7일) 및 냉동(1개월) 보관

(2) 약물의 영향

① Glucocorticoids: tT4, TSH 감소
② 부신피질기능항진증: tT4 감소
③ Trimethoprim-sulfa 계열항생제
④ 장기간 투약 시 tT4 감소(6주 이상): 용량 및 투여기간에 따라 좌우

CHAPTER 10 실험실의뢰검사 종류 및 이해

01 검사의뢰 Process

① 의뢰할 연구실·실험실 접속(인터넷/ARS/전화)
② 검사의뢰 접수
③ 검체 수거
④ 검사 진행
⑤ 결과 조회

02 검체용기와 검체종류

검체용기	검체종류
EDTA 튜브	EDTA W.B
SST 튜브(혈청분리관)	SST Serum/Plain Serum
Sodium citrate 튜브	Sod. citrate Plasma
Heparin 튜브	Heparin Plasma
멸균면봉튜브	상기도 Swab
미생물수송배지	환부 Swab
슬라이드 케이스	Slide
검체용기(대, 중, 소)	Stone/분변/Tissue
멸균시험관(Plain Tube)	CSF/Fluid
Conical 튜브	Urine

03 검사 종류

(1) 혈액학(EDTA WB, Sod. Citrate Plasma)검사 의뢰 종류

① CBC/WBC 5-DIFF
② 혈액도말 표본평가 + CBC/WBC 5-DIFF
③ Coagulation(PT, APTT)
④ D-Dimer(Canine)
⑤ Fructosamine-Serum

(2) 혈액화학(Serum)검사 종류

① 혈액화학검사: Chem 27종 Panel
② 혈액화학검사: Chem 23종 Panel
③ Liver Chem 11종
④ Electrolyte
⑤ Canine CRP(정량): 염증반응 검사
⑥ SDMA: 신장질환 초기 검사

(3) 종합검사(EDTA WB & Serum & Random Urine) 종류

① 혈액종합(CBC/WBC 5-DIFF + Chem23)
② 혈액종합(CBC/WBC 5-DIFF + Chem23 + SDMA)
③ 혈액종합(CBC/WBC 5-DIFF + Chem23 + SDMA + UA)
④ 신장종합(CBC/WBC 5-DIFF + Renal Chem16 + SDMA + UA + UPC)
⑤ 간종합(CBC/WBC 5-DIFF + Liver Chem11 + Bile acid pre & post)

(4) 요화학(Random Urine, Stone)검사 의뢰 종류

① Urinalysis
② UPC(Protein/Creatinine ratio): 신장기능 검사
③ Stone Analysis(physical): 비뇨기 결석 검사

(5) 내분비학(Serum)검사 의뢰 종류

① ACTH Stimulation(Pre & POST)
② Dexamethasone Suppression(LDDST/HDDST): 3 sample(0h & 4h & 8h)
③ Thyroid panel 2(cTSH, FT4, T4)

④ Cortisol(Resting)

⑤ UCCR(Urine Cortisol: Creatinine Ratio)

⑥ Estradiol(E2)

(6) 약물검사(Plain Serum) 종류

① Phenobarbital

② Cyclosporine: EDTA WB

③ Digoxin

④ Theophylline

⑤ Valproic Acid

⑥ Vancomycin

⑦ Zonisamide

(7) 조직검사(Tissue) 의뢰 종류

① Histopathology: 국내/국외

② Biopsy: 국내/국외

③ Immunohistochemistry Panel(1 Stain)

④ Lymphoma panel: Antech

(8) 세포검사(CSF, slide) 의뢰 종류

① 뇌척수액(CSF) 종합검사(T. Protein, Cell count(fluid), Cell count(diff), pH, Color, S.G, Cytology, PCR)

② 세포학(Cytology; FNA)

③ 골수(Bone Marrow) Cytology

④ Lymphoma

(9) 알레르기검사(Serum) 종류

① Basic Test 54종

② Premium Test 127종

③ Food Intensive Test 108종

(10) 미생물검사(환부 Swab)

① Aerobic culture and susceptibility test
② 혐기성세균 배양
③ 곰팡이 배양

(11) 유전자검사(EDTA WB or 구강 Swab) 의뢰 종류

① 퇴행성 골수염: 모든 견종
② 진행성 망막 위축증: 모든 견종
③ 진행성 망막 위축증: 반려묘
④ 비대성 심근증(종특이적 질병): 반려묘
⑤ 스코티시폴드 골이형성증: 반려묘
⑥ 구리중독(종특이적 질병)
⑦ 이버멕틴 민감성(종특이적 질병)
⑧ 강아지 친견 확인(1마리)
⑨ 고양이 친묘 확인(1마리)

(12) 분자 유전자 검사 의뢰 종류

① Canine Neurology Pathogens(10종): CSF
② Canine Anemia Pathogens(10종): EDTA WB
③ Toxoplasma gondii Ag/Ab(Canine): 분변 & Serum
④ Toxoplasma gondii Ag/Ab(Feline): 분변 & Serum
⑤ 진드기 10종(Feline): EDTA WB
⑥ 진드기 10종(Canine): EDTA WB
⑦ FIP: 복수 또는 흉수
⑧ Canine Distemper: 분변 5g or 상기도 Swab
⑨ 바베시아 종합검사: EDTA WB
⑩ Canine Diarrhea Pathogens(23종): 분변

memo

동물보건 · 윤리 및 복지 관련 법규

동물보건사 핵심 기본서

PART 14

동물보건복지 및 법규

동물보건사 핵심기본서

CHAPTER

01 동물보건복지 총론

01 동물복지와 윤리

(1) 윤리의 정의

① 윤리란 인간 행동의 규범에 관하여 연구하는 학문이며, 우리가 사람들과 어떻게 관계를 맺어야 하는지를 알려주는 용어임

② 윤리란 옳고 그름에 대한 사회적인 합의이며, 동물을 대할 때 윤리적인 진술을 함에 있어 보다 공정하고 논리적인 관점이 필요함

(2) 동물과 관련한 윤리

우리가 동물과 어떻게 관계를 맺어야 하는지에 대한 고민이 필요하며, 도덕적 고려의 범위에 따라 분류하자면,

① **동물중심주의**: 동물을 인간의 목적을 달성하는 수단으로 분류하는 것에 반대하며, 동물권 향상을 강조함

② **인간중심주의**: 도덕적 지위를 가진 인간만이 내재적 가치(intrinsic value)를 지닌 도덕적 존재이며, 인간 이외의 대상은 인간의 목적을 달성하는 데 수단으로 분류함

③ **생명중심주의**: 생명체는 그 자체만으로도 가치를 가지며, 인간, 동물을 포함한 모든 생명체도 도덕적 고려 대상이 되어야 함을 강조함

④ **생태중심주의**: 생명체 뿐만 아니라, 무생물을 포함한 생태계 전체를 도덕적 고려의 대상이 되어야 함을 강조함

> **TIP 지각(Sentience)**
>
> • 정의: 감정을 가지고 고통과 즐거움을 경험할 수 있는 능력
> • 동물도 사람과 마찬가지로 고통, 통증은 물론이고 기쁨, 즐거움과 같은 긍정적인 감정을 경험함
> • 동물은 슬픔, 공감과 같은 복잡한 감정도 경험함
> • 이를 뒷받침하기 위한 신경과학, 행동학 및 인지생물학 등의 과학적인 연구가 진행되어 왔음

(3) 동물은 도덕적 고려 대상이 아니다.

① 그리스의 철학자 아리스토텔레스(Aristoteles, B.C, 385~323)

- "식물은 동물을 위해 존재한다. … 동물은 인간을 위해 존재한다. 가축이 식량이나 기타 용도로 존재하는 것처럼, 야생 동물도 그러하다."

② 이탈리아의 신학자 토마스 아퀴나스(Thomas Aquinas, 1225~1274)

- "신의 섭리에 의해 동물은 인간이 사용하도록 운명지어졌다."
- 동물을 죽이거나 또는 다른 방식으로 인간이 동물을 사용하더라도, 그것이 결코 부정적인 것이 아니라고 주장함

③ 르네 데카르트(Rene Decqrtes, 1596~1650)

- 동물기계론: "동물은 고통을 느끼지 못 하는데 고통을 느끼는 것처럼 소리를 지르거나 행동을 하는 것은 기계가 고장 났을 때 삐걱거리는 소리가 나는 것과 같다."
- 동물은 영혼이 없기 때문에 고통을 느끼지 못한다며 동물을 산 채로 해부하기도 함
- 당시 동물실험을 하던 과학자들의 양심의 가책을 덜어주는 이론

④ 독일의 철학자 칸트(Immanuel Kant, 1724~1804)

- "자연 체계 내에서의 인간은 다른 동물들과 같이 대지의 산물로서 평범한 가치를 가진다."
- 자유롭고 이성적인 행위를 할 능력이 있는 자율적인 존재만이 도덕적인 존재(의지, wills)로 인식
- 인간 이외의 생명체는 이러한 능력(이성)이 없다고 생각했기 때문에 도덕적 고려 대상으로부터 배제
- "동물에게 잔인한 사람은 사람에게도 그럴 가능성이 있다. 동물을 대하는 태도를 보면 그 사람의 본성을 파악할 수 있다."

⑤ 피터 캐러더스(Peter Carruthers, 1952~)

- "동물은 정신상태는 있으나 의식하지 못하므로 도덕적 배려를 필요로 하지 않는다."
- 동물은 합리적인 행위자가 아니라고 판단
- 동물의 고통을 줄여주는 것은 동물을 위한 일이기도 하나 다른 인간과의 관계에서도 친절함을 나타내는 것과 관련이 있기 때문에, 이에 대해서는 긍정적으로 평가함

⑥ 르얀 나르베슨(Jan Narveson, 1936~)

- "우리는 동물과 계약관계에 있지 않으므로 동물에 대한 의무가 없다."
- 상호작용은 사회계약에 의해서 성립함
- 동물과 대화, 의사소통을 할 수 없으므로 그들에 대한 도덕적 의무도 없다고 주장
- 동물은 소유하기 위해 가축화했으므로 그 동물을 해하는 것은 타인의 소유물에 해를 끼치는 것이기 때문에 피해야 한다고 주장

(4) 동물은 도덕적 고려가 필요하다.

☑ 언어는 도덕적 배려를 받을 자격을 결정할 합리적 근거가 부족함

☑ 아기와 언어장애를 가지고 있는 사람도 도덕적 배려를 받을 자격이 있는 것과 마찬가지라고 인식

☑ 동물은 고통을 받기 때문에 도덕적인 배려가 필요하다고 주장함

① 제레미 벤담 Jeremy Bentham
- 18세기 후반 공리주의 철학자
- "다 자란 말이나 개는 태어난 지 하루나 일주일, 또는 심지어 한달이 된 아기보다도 비교할 수 없을 정도로 대화도 더 잘 나눌 수 있고, 더 이성적이기도 하다."
- 동물이 이성을 발휘할 수 있는지, 말을 할 수 있는지에 대한 것보다 그들 역시 고통을 느낄 수 있다는 점에서 도덕적 배려가 필요하다고 주장

② 화인버그 Joel Feinberg, 「동물과 아직 태어나지 않은 세대의 권리」
- 미국의 철학자, 1926~2004
- '인간 이외의 존재를 인간의 이익관심을 실현하기 위한 수단으로서가 아니라 그 자체로 도덕적 고려를 받을 수 있다는 가능성'을 처음으로 고려

③ 피터 싱어 Peter Singer, 「동물해방」
- 오스트레일리아 윤리학자, 1946~
- "도덕적 고려의 기준이란 쾌락과 고통을 느끼는 능력의 소유 여부이다."
- 동물에게도 도덕적 지위를 인정하고 동물을 고통으로부터 해방시켜야 한다고 주장
- 종을 기준으로 동물을 차별하는 것은 종차별주의라고 규정함
- 동물의 본성에 따라 그들의 이익을 인간과 동등하게 고려(=이익동등고려의 원칙)
- 인간의 이익과 동물의 이익 충돌한다면, 인간의 이익을 우선에 둠

④ 톰 레건 Tom Regan, 동물의 권리 옹호, 1984
- 미국의 철학자, 1938~2017
- 동물 또한 '고유의 가치 inherent value'를 가진다고 주장
- "본질적인 고유의 가치를 갖는다는 것은 다른 사람의 이익 관심과 욕구, 사용과 무관하게 가치를 가진다는 것을 의미한다. 즉, 고유의 가치는 스스로 자기 안에서 갖는 가치이다. 그것은 다른 것에 의해 어떻게 사용되는가에 의해 결정되는 도구적 가치와 대비된다. 고유의 가치를 갖는 대상은 그 자체 목적이고, 다른 것의 수단이 아니다."
- 유아나 정신지체자, 또는 혼수상태에 빠진 사람은 도덕적으로 무능력한 상태로 도덕 행위자는 아니나 도덕적 지위를 가진다고 주장
- 고유한 가치는 삶의 주체(subject-of-a-life)를 의미하며, 고유의 가치를 지닌 개체들은 그러한 가치를 지닌 개체 모두가 받는 동일한 존중을 받을 권리가 있음
- 동물실험, 매매, 사냥, 공장식 사육 등은 동물이 지닌 본래적 가치와 권리를 부정하는 것으로 여김

TIP 동물 권리의 한계

- 도덕적 고려 대상의 영역이 1년 이상의 포유류로 좁은 편
- 종에게 권리를 부여하기보다 개체에게 권리를 부여함
- 항상 동물 권리를 일관성 있게 적용하는 것이 불가능
- 자기 방어를 위해 동물을 죽이는 것은 허용하지만, 생명을 구하는 약물에 대한 실험실 연구는 허용하지 않음
- 동물에 대한 견해가 급진적이며, 세계적인 관행(대부분의 사람은 우리의 목적을 위해 동물을 죽일 수 있다고 인정)과 상충됨

(5) 동물복지와 동물권리

① 동물복지

- 인간과 동물은 수직적인 관계임을 인정
- 동물로부터 불필요한 고통을 배제하고, 사람이 동물을 이용하더라도 고통을 최소화하고 인도적으로 관리해야 함

② 동물권리

- 인간과 동물은 수평적인 관계임을 주장함
- 동물을 이용, 사육 등의 행동을 중지해야 한다는 입장

③ 한계

- 두 가지 주장 모두 인간중심적인 가치
- 이익에 대한 관심, 삶의 주체, 고통에 대한 자각 등의 기준이 인간을 바탕으로 되어 있음
- 해당 가치는 일부 포유류에 한정되어 있음
- 대중적인 관점: 동물은 권리를 가지고 있으나, 인간이 동물을 사용하는 것은 가능하다는 입장을 보임

(6) 동물복지

① 정의: 적절한 주거, 관리, 영양, 질병 예방 및 치료, 책임 있는 보살핌, 인도적인 취급, 필요한 경우 인도적인 안락사를 포함하여 동물복지의 모든 측면을 포괄하는 인간의 책무

② 복지는 특정 시간과 상황에 처한 개별 동물의 상태임

③ 과학적 관찰과 평가를 기반으로 동물의 상태를 정확하게 판단해야 함

④ 동물복지의 개념은 사회 문화적인 차이, 인간의 태도와 신념이 함께 포함된 매우 복잡한 주제임

동물과 관련한 윤리적인 이론이 모든 도덕적 문제를 다룰 수 없으므로 각 요소를 선택하고 복합적인 견해를 소화하여, 다양한 관점에 대한 존중이 필요

02 인간 – 동물 관계

(1) 인간사회에서 동물의 역할

① 음식과 의복의 재료
② 종교, 문화의 상징물
③ 운송 및 농사의 수단
④ 동료(Companionship)
⑤ 물물 교환 및 부의 상징
⑥ 오락 및 스포츠
⑦ 보안, 보호, 구조

(2) 길들일 수 있는 동물의 조건

다양한 식이	다양한 종류의 원료를 이용하여 사료를 만들어도 잘 먹음
빠른 성장률	빠른 성숙과정을 통해 세대를 늘림
번식 가능	포획 상태에서 번식이 원활
온화한 기질	포획된 상태에서 사람이나 다른 동물에게 공격성을 보여서는 안 됨
안정적인 성격	포획된 상태에서 지속적으로 탈출을 시도하거나 공포를 느끼지 않는 성격
사회계급의 적응	인간을 무리의 우두머리로서 인정하고 사회화가 가능한 동물종

(3) 인간사회에서 동물의 새로운 역할

① 비교 의학 및 생물 의학 연구를 위한 모델
② 동물매개활동/치료(동물교감활동)
③ 치료적, 심리적, 신체적 도우미
④ 교육(어린이를 위한 교육)

(4) 인간-동물 관계(Human-Animal bond)

① 관계는 연속적인 성격을 띠고, 양방향이어야 함
② 서로에게 유익하고 상호 의존관계가 있음
③ 동물과 공식적인 계약은 없지만, 각자를 돌볼 수 있는 암묵적인 약속을 한 상태
④ 사람은 동물을 잔인하게 대하거나 삶에 불편함을 유발하는 행동을 해서는 안 됨

(5) 인간-동물과의 관계와 신경화학물질

① 교감신경(fight or flight)의 안정을 통해 스트레스 감소
② 부교감신경 활성화로 안정감 갖게 됨
③ 스트레스와 안정의 균형을 이루어 건강과 복지, 신체 기능 향상
④ 긍정적인 상호관계에서 개를 키우는 보호자뿐만 아니라 보호자가 있는 개는 기쁨(Phenylethylamine), 활기(Dopamine), 황홀(Endorphin), 행복(Oxytocin), 모성애(Prolactin)와 관련한 신경호르몬이 높고 스트레스호르몬(cortisol)은 낮음

(6) 인간-동물 관계의 연구

① 인간과 동물의 관계가 상호 유익하다는 것을 입증
② 둘의 관계를 지속시켜 주는 데 동물 관련 종사자의 역할이 중요함을 인식
③ 한계에 대한 인식과 극복
- 반려동물을 키웠기 때문에 건강상태가 좋은지 아니면 건강해서 반려동물을 키울 가능성이 더 높은지에 대한 의문
- 반려동물에 대한 긍정적인 입장을 가지고 있는 연구자가 이점을 과대평가할 수 있음
- 이러한 한계를 인정하고 극복하기 위해 더 객관적으로 인간-동물 관계를 입증하기 위한 연구가 활발히 진행됨

03 동물관리의 기본원칙

(1) 동물보호의 기본원칙(동물보호법 제3조, 법률 제19486호, 2023.6.20, 일부개정)

누구든지 동물을 사육·관리 또는 보호할 때에는 다음 각 호의 원칙을 준수하여야 함
① 동물이 본래의 습성과 몸의 원형을 유지하면서 정상적으로 살 수 있도록 할 것
② 동물이 갈증 및 굶주림을 겪거나 영양이 결핍되지 아니하도록 할 것
③ 동물이 정상적인 행동을 표현할 수 있고 불편함을 겪지 아니하도록 할 것
④ 동물이 고통·상해 및 질병으로부터 자유롭도록 할 것
⑤ 동물이 공포와 스트레스를 받지 아니하도록 할 것

(2) 동물의 5대 자유(Five Freedoms)

1) 배경

① Ruth Harrison의 저서인 「Animal Machines,1964」에서 당시 집약적인 가축과 가금류 사육 방식에 대해 설명함

② 이 책에 대한 영향으로 집약적 축산 시스템에 대한 반발이 일어나고, 이에 영국 정부는 농장 동물의 복지를 조사할 위원회를 임명

③ 「브람벨 보고서」 (Roger Brambell, 1965) 발표

- 집약적 축산 시스템 하에서 사육되는 동물의 복지를 조사하기 위한 기술 위원회 보고서 발표(Report of the Technical Committee to Inquire into the Welfare of Animals Kept under Intensive Livestock Husbandry Systems)
- "일어서고, 누워 있고, 몸을 돌보고, 몸단장을 하고, 팔다리를 뻗을" 자유

④ 산업동물복지의회(Farm Animal Welfare Council, 1979)에서 동물과 관련한 5대 자유(Five Freedoms)를 명문화함

2) 동물보호의 기본원칙으로 인정

① 열악한 동물복지 상태를 방지하기 위해 피해야 할 것들로 규정

② 산업동물뿐만 아니라 동물보호법에서 규정하는 모든 동물을 대상으로 함

[동물보호법의 '동물보호의 기본원칙'의 실천적 방식]

Five Freedoms	동물보호법	실천적 방식
Freedom from Hunger and Thirst	동물이 갈증 및 굶주림을 겪거나 영양이 결핍되지 아니하도록 할 것	신선한 물과 건강을 유지할 수 있는 적절한 사료 공급
Freedom from Discomfort	동물이 본래의 습성과 신체의 원형을 유지하면서 정상적으로 살 수 있도록 할 것	동물의 특성에 맞게 쉴 수 있는 공간을 제공
Freedom from Pain, Injury or Disease	동물이 고통·상해 및 질병으로부터 자유롭도록 할 것	질병을 예방할 수 있는 사전조치를 취하거나 빠른 진단과 치료를 제공
Freedom to Express Normal Behavior	동물이 정상적인 행동을 표현할 수 있고 불편함을 겪지 아니하도록 할 것	사육공간의 크기와 시설을 동물의 특성에 맞게 제공
Freedom from Fear and Distress	동물이 공포와 스트레스를 받지 아니하도록 할 것	정신적인 고통이 없도록 환경을 조성

(3) Five Needs

1) 미국 동물보호법(Animal Welfare Act, 2006)에 포함됨

2) Five Freedoms가 동물의 열악한 환경을 개선하기 위한 노력이었다면, Five Needs는 개별 동물에게 적절한 환경을 제공함으로써, 삶의 질을 고려하여 동물복지의 수준을 높이는 데 목적이 있음

3) Five Needs

① 적절한 환경을 제공하여 개별 동물의 요구에 맞는 환경조건을 충족하도록 함
② 배고픔, 목마름을 해결하는 데 그치지 않고 각 개체의 영양요구량에 맞는 식단 제공
③ 동물마다 사회적인 그룹이 필요한 경우, 분리가 필요한 경우를 파악하여 관리
④ 정상적인 행동을 표현할 수 있는 환경을 조성
⑤ 통증, 고통, 상해, 질병이 발생하지 않도록 보호

(4) Three Circles Model

Five Freedoms의 내용이 복합적으로 포함되어 있으며, 세 가지 기본 복지개념을 바탕으로 동물에게 필요한 환경조건을 제공하는 데 목적이 있음

1) 건강상태(Physical condition)

① Five Freedoms에서 배고픔·갈증, 불편함, 고통·부상·질병으로부터의 자유
② 양질의 먹이, 물, 편안한 환경, 질병 위험의 최소화
③ 기본적인 관리방식에서 벗어난 경우 동물의 건강, 성장 및 생산성과 함께 복지상태가 악화됨

2) 자연스러운 행동(Natural behavior)

① Five Freedoms에서 자연스러운 행동을 표현할 자유
② 닭에게 횃대를 제공
③ 실험용 마우스에게 둥지를 만들 재료를 제공
④ 송아지가 젖을 빨고자 하는 욕구를 해소하지 못하면 다른 송아지 또는 주변 사물을 빨기 시작함

3) 긍정적인 상태(Affective states)

① Five Freedoms에서 배고픔·갈증, 고통·부상·질병, 두려움과 스트레스로부터 자유
② 동물의 감정, 느낌에 대한 이해가 필요
③ 고양이에게 높은 곳의 휴식처를 제공하는 사례
④ 젖소가 목초지에 접근할 수 있도록 사육 방식을 변경하는 사례

CHAPTER

02 반려동물의 복지

01 반려동물 관련 인식개선에 관한 사례

(1) 반려견 놀이터

1) 설치 배경

① 반려동물과의 공존문화를 형성하기 위한 대표적인 사례라고 할 수 있음

② 동물보호법에 따라 외출 시 안전조치를 위해 목줄 착용을 의무화하고 있으나, 반려견이 마음껏 뛰어놀 수 있는 공간은 부족함

③ 국내 반려견은 대부분 실내에서 생활하고 있어 외부활동을 통한 사회화 형성도 중요한 양육조건이라 할 수 있음

④ 자유롭게 뛰어놀 수 있는 공간을 제공하는 것은 다음과 같은 이유가 있음

- 반려견과 보호자의 사회적인 배려
- 목줄 착용, 동물등록제와 같은 법률 준수를 강화하기 위한 간접적인 수단

2) 이용조건

① 반려동물등록을 시행한 동물

② 전염병 예방을 위해 백신접종을 완료한 반려견

③ 발정기 암컷은 이용 자제

3) 반려견 놀이터 이용 주의사항

① 반려견 또는 사람의 안전을 위해 소유자는 자신의 반려견 근처에서 돌발상황에 대처할 수 있어야 함

② 항상 소유자는 반려견 옆에서 반려견의 행동 및 몸짓 언어를 읽어야 함

4) 반려견 놀이터 설치와 관련한 갈등

① 짖는 소음, 털 날림에 대한 민원

② 목줄이 없는 개가 놀이터 밖으로 나왔을 경우 개물림 사고에 대한 불안감

③ 사람을 위한 여가 공간도 부족하다는 인식

④ 여러 갈등요소에 대한 사회적 합의점을 찾고 있으며 일반 시민들이 불편하지 않도록 시설을 개선, 운영지침 마련

5) 반려견 놀이터의 장점

① 반려동물의 사회화에 도움
② 반려견을 키우는 사람을 위한 시설이 생긴다는 자체로도 소유자의 보호자 의식이 높아질 수 있음
③ 공통 관심사를 가진 소유자가 모이게 되므로 공동체 의식이 생김
④ 반려견을 키우는 사람뿐만 아니라 공원에서 보행자와 어린이를 보호하는 역할을 하게 됨

6) 반려견 놀이터 이용자 주의사항

① 항상 소유자는 반려견 옆에서 반려견의 행동 및 몸짓 언어를 읽어야 함
② 개들 간에 싸움이 일어나지 않도록 해야 함
③ 다른 개와 사회화가 어려운 반려견의 경우 놀이터 이용이 오히려 나쁜 경험이 될 수 있음
④ 과도하게 짖는 개는 퇴장조치가 가능함
⑤ 운동 후 놀이터 입장을 통해 과잉 행동을 보이지 않도록 배려해야 함
⑥ 소유자가 불러도 오지 않는 개는 소유자가 각별히 주의를 기울여야 함
⑦ **반려동물에게 독성이 있는 식물에 대한 주의 필요:** 철쭉(섭취 시 구토, 설사, 무기력, 심부전 유발)

02 유실, 유기동물 발생 감소

(1) 동물보호센터의 역할

① 입소동물 수의 감소를 위한 노력
② 구조·보호 동물의 생존율 향상
③ 보호 동물의 건강상태 관리
④ 보호 동물의 행동학적 상태 관리
⑤ 동물 관련 정책 및 공중보건 정책에 대한 자료 제공
⑥ 지역사회의 공중보건 관리
⑦ 동물 학대 방지

(2) 유실 · 유기동물 발생 예방을 위한 전략

1) 유실 · 유기동물을 줄이는 방법

① 중성화 수술
- 무엇보다 무분별한 개체수의 증가를 막을 수 있음
- 반려동물의 신체건강에 이로울 뿐만 아니라, 양육 시 행동학적 문제를 예방하는 데 도움이 됨

② **동물 등록**: 유실 시 보호자를 찾기 쉬우며, 보호자의 책임의식을 강화시킬 수 있음

③ **양육포기 예방·중재**

- 보호자가 반려동물의 양육포기를 예방할 수 있는 방법을 제시
- 양육포기 시 방법을 제시

2) 동물보호센터 내 구조 · 보호 동물의 생존율을 높이는 방법

① **입양의 활성화**: 다양한 입양 전략을 통해 생존율을 향상시킴

② **임시보호제도 정착**: 가정에서 임시로 동물을 돌봐줄 수 있는 자원봉사자를 통해 생존율을 향상시킴

③ **개체밀도 관리**: 관리 능력에서 벗어나서 과도한 수의 동물을 보호하는 것은 오히려 생존율을 떨어뜨리는 요인이 됨

3) 국내 구조 · 보호동물 처리 현황

① 국내 동물보호센터는 2016년 이후 유실·유기동물의 입소가 지속적으로 증가하고 있음

② 입소개체는 주로 개가 많으며, 그중에서 '믹스견'으로 분류되는 품종의 개가 전국적으로 늘어나고 있음

③ '믹스견'은 실외에서 사육되는 마당개 또는 누렁이라고 불리는 대형견이 대부분

④ 서울시는 전국 데이터와는 다르게 동물보호센터에 입소하는 개의 수가 해마다 감소하고 있으며, 이는 대형 실외견의 양육비율이 낮은 것과 관련이 있음

⑤ 반면, 믹스견을 제외한 품종견은 전국적으로 감소하는 추세를 보이고 있음

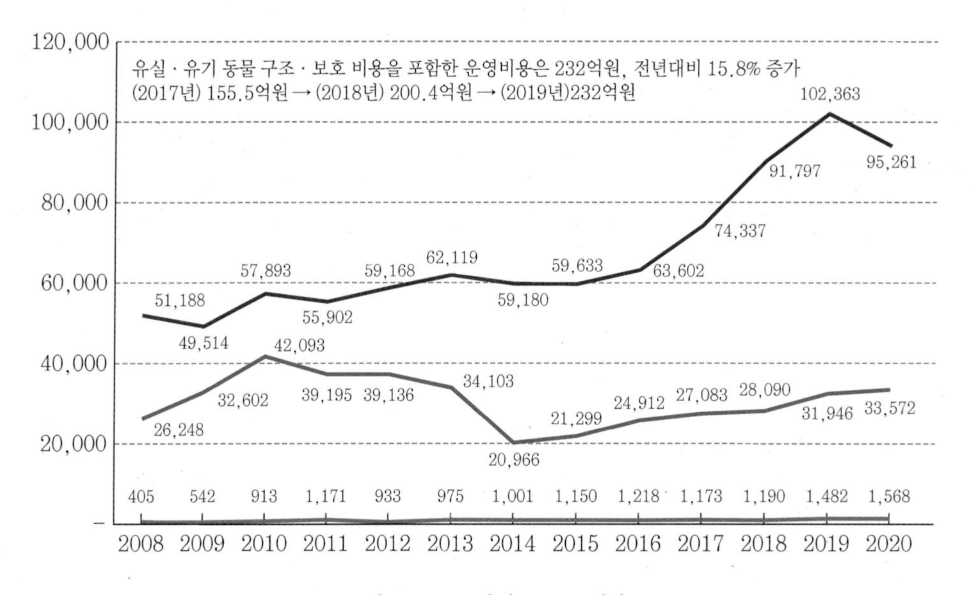

(3) 중성화 수술

1) 국내 반려동물의 입양 및 분양 방식

① 2022년 조사(2022년 동물보호에 대한 국민의식조사, 농림수산식품교육문화정보원)에 따르면, 반려동물을 '지인에게 무료로 분양받음'이 40.3%로 가장 많았고, 그 다음으로는 '펫숍에서 구입함'(21.9%), '지인에게 유료로 분양받음'(11.6%)의 순으로 나타남

② 사지 말고 입양하자는 구호와는 별개로 그보다 더 많은 수치로 반려동물이 가정에서 번식되고 거래되는 것은 반려동물의 무분별한 개체수 증가 및 유실·유기동물의 증가를 야기함

③ 미국의 연구 결과, 동물보호센터에 입소하는 동물의 반 이상이 무료로 얻은 동물이며 평균 17개월간 양육하였고, 이웃이나 친구로부터 개를 입양한 경우의 반 이상이 1년 내에 사육을 포기했다는 조사를 바탕으로 가정에서 양육하는 개의 중성화 수술을 권장 또는 강제하고 있음

④ 국내 역시 2살 미만의 개가 동물보호센터 구조동물 전체의 54.8%를 차지하며(2019년 동물보호관리시스템), 이 중 실외 마당견으로 추측되는 강아지가 높은 비율을 차지함

⑤ 반려동물 생산업, 판매업을 규제·관리하고, 반려동물등록제도 의무화, 보호자 사전 교육을 실시하는 등의 동물복지정책을 추진하는 데 있어서 사인 간의 무분별한 거래는 통제 불가능한 요인으로 작용함

TIP

고양이에서 주목할 점은 유기묘(길고양이)를 데려오는 경우가 17.8%, 동물보호시설에서 입양하는 경우가 8.3%로, 고양이는 품종에 대한 선호보다 고양이 자체의 선호가 높은 것을 의미함

2) 중성화 수술의 필요성

① 동물보호센터에 생후 1년 미만의 어린 개가 입소하는 것은 중성화 수술을 통해 조절하는 방식을 채택하는 것이 현실적인 대안이 될 수 있음

② 중성화 수술은 많은 장점이 있으나, 수술적 요인, 호르몬의 영향 등으로 부작용이 생길 수 있음

③ 무분별한 개체 수 증가로 인한 생명의 손실을 막기 위해 우선적으로 선택함

④ 소형견과 고양이는 각각 5개월령 이하(첫 발정 전)에 중성화 수술을 할 것을 권장하는 추세임(미국동물병원협회 AAHA, 미국수의사회 AVMA 등)

(4) 반려동물등록제(동물보호법)

1) 반려동물등록제의 변화

2008년	• 반려동물등록제 시행 근거 마련 • 동물보호에 관한 국가와 지방자치단체의 책무를 강화 • 반려동물의 사육 및 유실·유기 동물의 관리
2012년	• 모든 지방자치단체를 대상으로 의무화 • 방식: 내장형, 외장형 무선개체식별장치, 인식표
2020년	인식표는 등록방식에서 제외

등록대상 동물에 고양이를 포함시키려는 시도: 고양이가 반려동물등록 대상이 되는 것의 의미는 동물보호정책의 관리 대상이 되었음을 의미하며, 고양이 보호자의 의무와 책임감 강화를 의미함

2018년	• 17개 지자체에서 시작 • 서울시 중구, 경기도 용인 등
2021년	• 131개 지역에서 시범사업을 진행 • 서울, 경기 전 지역을 포함

2) 국외 반려동물등록방식의 예

① 국외 반려견 등록제도(Dog registration, Dog license)

- 매년 갱신인 경우가 많으며, 일회성 등록비를 지불할 경우는 보호자가 매년 온라인으로 양육상황을 보고(호주 캔버라)
- 중성화된 동물에 비해 중성화되지 않은 동물의 등록비는 2~5배 이상 높기도 함
  호주 시드니에서, 중성화된 개는 6개월령 이내에 등록을 완료해야 하며, $66로 평생 회비를 내지만, 6개월령 이후에 중성화된 경우는 $224을 지불해야 함. 반면 중성화 수술을 하지 않는 동물은 매년 $80의 허가비용을 별도로 지불해야 함(고양이 중성화 의무기간은 4개월령 이내임)
- 뉴질랜드 등록비의 경우, 중성화된 개는 $127, 중성화되지 않은 개는 $176로 높은 편이나, 사전교육을 통해 등록비용을 감면해주기도 함
- 미국은 주마다 등록비용이 다르지만 중성화된 반려동물에 비해 중성화되지 않은 반려동물의 등록비용이 2배 이상 높음

국외에서 반려동물 등록비는 세금의 개념으로 징수되며, 반려동물 정책과 관련한 사회적인 비용지출에 사용됨. 중성화 수술을 하지 않은 반려동물을 키우면서 무분별한 번식이 유실·유기로 이어지고 이를 관리하기 위해 사회적인 비용이 지출되므로 중성화 수술을 하지 않은 반려동물은 등록비를 높게 책정함

② 국외 반려고양이 등록제도

- 국가마다 반려고양이의 관리방식에 차이는 있으나, 반려고양이의 유실·유기를 막기 위한 관리가 주목적임
- 등록뿐만 아니라 반려고양이의 실내양육을 강조하고 중성화 수술 및 인식표 착용에 대한 관리가 요구됨

호주, 뉴질랜드	• 생물 종 다양성의 이유로 고양이 관리에 엄격 • 반려 고양이의 동물등록을 중요시 • 야생 고양이(feral cat)로 판단될 경우 안락사 • 배회하는 반려고양이의 안락사 위험을 줄이기 위해 동물등록을 실시함
미국	• 캘리포니아, 메릴랜드 등의 일부 지역에서 의무화 • 동물보호단체(Alley Cat allies)에서 의무화에 대한 반대의견 제시 • 과도한 규제는 사육포기 가능성을 높일 것으로 판단함

3) 국내 반려동물등록제의 한계

① 여전히 탈부착이 가능한 외장형 무선개체식별장치가 등록방식으로 남아있기 때문에 영구적인 개체식별의 기능에 한계가 있음

② 일회성 등록 이후 등록사항이 변경된 경우를 능동적으로 확인하는 방법이 부족

③ 동물보호법 시행규칙 제12조(인식표의 부착)에서 기록사항(등록대상동물의 이름, 소유자 연락처, 동물등록번호) 중 동물등록번호는 '등록한 동물만 해당한다.'라고 되어있는 모순

④ 보호자는 일상생활 중 동물등록의 필요성 또는 제한 사항 등의 불편함을 느끼지 못함(49.7%, 2018 동물보호 국민의식 조사)

(5) 사육포기의 예방 및 중재의 필요성

1) 사육포기 동물의 중재 제도의 의의

① 책임 있는 동물 소유의 강조: 반려동물을 키우는 행위가 동물, 보호자 자신, 사회에 미치는 영향을 인식하고 성숙한 시민의식과 연계하는 사고가 필요함

② 인간-동물 관계가 멀어질 수 있음을 인정하고 중재의 필요성을 강조

- 동물보호자와 동물 간의 관계는 상호적이고 개별적이며, 다양한 이유로 긍정적으로 발전하지 못할 수 있음
- 반려동물 사육을 포기하는 것을 정당화해서는 안 되지만 사육포기에 대한 구체적인 원인과 중재 방안이 연구되어야 함
- 이를 통해 사육포기를 예방하고 문제점을 중재해 줄 수 있는 방법을 모색할 수 있음

2) 책임 있는 사육포기

① 동물보호법에서 동물을 유기하는 것은 처벌 대상임

② 부득이하게 반려동물의 사육을 포기해야 하는 경우에 보호자가 선택할 수 있는 방법은 극히 제한적임

③ 동물보호센터를 통해 보호자가 사육포기를 신청하면 정확한 사육포기의 사유를 확인하고 사육을 계속할 수 있는 방법을 중재

④ 중재가 불가능할 경우, 보호자가 동물의 정보를 정확히 이관하고 소유권을 포기한 후에 동물보호센터는 반려동물의 새로운 가족을 찾는 데 주력함

⑤ 반려동물을 인수한 후 새로운 가족을 찾기 위해 노력함에도 불구하고, 그렇지 못할 경우에 해당 반려동물은 안락사가 될 수 있음을 보호자에게 고지하고 이에 대한 동의가 필요함

⑥ 사육포기 제도를 통해 반려동물의 유기를 줄일 수 있다면, 길에서 동물을 구조하는 자원의 낭비를 막을 수 있고 길에서 건강상태가 나빠진 상태에서 입소하는 반려동물의 수를 줄일 수 있다는 데에 의미를 두기도 함

TIP

- 반려동물 사육포기신청서에 반려동물에 대한 상세한 정보는 입양에 많은 도움이 됨
- 또한 사육포기 사유를 수집하여 동물보호센터는 반려동물 사육포기 사례를 관리함으로써 사육포기 예방정책을 수립하는 데 도움이 됨
  예 행동학적 문제, 경제적인 문제, 동물의 질병, 주거지역 문제 등
- 국내는 사육포기에 대한 구체적인 이유와 동물보호센터 내 동물의 정보가 부족하기 때문에 입양 시 정보를 제공하는 데 한계가 있으며, 유실·유기동물 예방정책을 수립하는 데에도 어려움이 있음

3) 사육포기의 절차

① 반려동물 사육포기 신청(보호자)

② 반려동물 사육포기 신청서 평가(동물보호센터)

③ 보호센터 내 입소 가능 여부 확인

④ 방문 상담(포기 사유에 대한 중재, 해결책 및 대안 제시)

⑤ 사육포기 동물의 평가
⑥ 반려동물 입소 절차

4) 입소불가 사유

① 반려동물 등록을 하지 않은 반려견
② 자견과 자묘의 사육포기 시 번식 개체의 중성화 수술을 거부하는 경우
③ 사육을 포기하는 정당한 사유가 없는 경우
④ 반려동물의 새로운 입양처를 사전에 알아보는 노력을 하지 않은 경우
⑤ 습관적인 사육포기자로 판단되는 경우
⑥ 수의학적 또는 행동학적으로 치료가 불가능하다는 전문가의 판단을 받지 않고 안락사를 요구하는 경우

03 동물보호센터 동물의 생존율 향상을 위한 방법

(1) 생존율 향상의 개념

① 생존율(Live Release Rate; LRR): (반환 + 입양 + 기증 + 방사)/(전체 입소 동물 수) × 100
② 동물보호센터에서 보호 중인 동물 수가 늘어날수록 생존율은 감소하게 됨
현재 반려고양이 입양율의 증가로 고양이의 생존율은 증가하는 추세
③ 고양이는 동물보호센터 내에서 폐사하는 비율이 높으며, 이는 주로 새끼 고양이가 보호센터 내에서 생존율이 매우 낮은 것에 기인함
④ 동물보호센터 내 생존율을 높이기 위해서는 단순히 입양을 강조하는 것뿐만 아니라 다양한 마케팅과 전략이 필요함(임시보호, 입양, 개체밀도 관리)

(2) 임시보호 활성화

1) 임시보호 대상

① 분양하기에 너무 어린 강아지나 새끼 고양이(8주령 이하)
② 경증의 질병이나 부상에서 회복 중인 개체
③ 동물보호센터에서 과도한 스트레스를 받는 개체
④ 보호센터 내 보호공간이 부족한 경우
⑤ 사회화가 부족한 어린 개체

임시보호

가정 내 보호가 필요한 동물이 입양 전까지 편안하게 지내며, 임시보호자의 도움을 받아 입양의 기회를 확대하는 것

2) 임시보호 기간

① 동물보호센터와 임시보호자가 협의하여 결정
② 평균기간은 약 2개월 정도이나 입양이 빨리 진행될 경우 임시보호 기간이 조기 종료될 수 있음
③ 특히, 8주령 이하의 동물은 임시보호시점을 8주령으로 한정할 수 있음(8주령 이후에 새로운 환경에 건강하게 적응하며, 입양자도 어린 동물을 선호하는 편임)

3) 임시보호의 시작

① 동물들에게 편안한 공간을 제공
② 적응기간이 필요하며 많은 것을 해주려는 노력보다 동물이 안정적이고, 사람과 지내는 환경에 적응할 수 있는 긍정적인 경험을 주는 것이 중요함

4) 임시보호의 종료

① 이별에 대한 슬픈 감정이 생기지만, 새로운 가족을 찾는 데 도움을 주었다는 사실에 기뻐하고 축하해주는 마음이 필요함
② 임시보호 기간이 지나도 입양이 결정되지 않은 경우는 임시보호 담당자와 보호자는 다시 한 번 기간 연장에 대해 논의할 수 있음
③ 임시보호가 종료되고 더는 연장이 불가능하다면 동물은 다시 보호센터로 입소하게 됨

(3) 입양의 활성화

1) 입양절차가 엄격하고 사전 교육을 강조하는 것은 파양을 줄이고, 더 좋은 곳으로 입양시키기 위해 입양 신청자를 평가하려는 노력에서 비롯됨

2) 과도한 교육은 입양을 지연시키고, 입양을 중도포기하는 사례가 발생하기도 하여, 결국 동물보호센터 내 체류기간을 증가시키는 결과를 초래함

3) 입양 활성화를 위한 방안

① 과도한 입양 전 심사로 동물이 보호소에 체류하는 시간이 길어지는 것을 지양
② 동물과 사람을 매칭하는 데 주력할 필요가 있음
③ 입양 마케팅을 발전시켜 입양희망자가 입양대상 동물과 많은 시간을 보내며, 교감하면서 사람과 동물이 서로의 반려 가족을 찾는 기회를 유도

④ 어리거나 입양 가능성이 높은 동물은 신속한 입양절차를 통해 새로운 가족을 만날 수 있도록 유도

4) 입양 활성화를 위한 국외 사례(미국)

마케팅 (Marketing)	입양 대상동물의 매력을 강조
만남 (Meeting)	입양 희망 가족은 자신들과 맞는 반려동물을 찾기 위해 개별적인 시간을 가지며 교감함
매칭 (Matching)	동물보호센터는 입양 동물의 성향을 파악하기 위해 노력하며, 이를 입양 희망자에게 알려주어 서로에게 잘 맞는 상대를 찾아주기 위해 노력함
심사 (Screening)	가족 전체의 동의, 이전 동물학대 이력, 집안 환경이 입양 대상 동물에게 적합한지 여부 등 중요항목을 심사함
입양 (Adoption)	입양 전 심사기간을 줄이고, 입양 후 사례관리에 중점을 둠
상담 (Counseling)	입양 이후 반려동물이 잘 적응하는지, 예상치 못했던 행동이나 부적응 사례가 있는지 상담하고 해결방법을 모색함
교육 (Education)	입양자가 반려동물과 함께 사는 데 필요한 기본 교육이나, 반려동물의 행동교정 등이 필요하면 교육을 제공해줌
후속 관리 (Follow-up)	입양 이후 다양한 후속관리를 통해 입양가족의 애로사항을 청취하고 이후 입양 개선사항에 적용하는 등 지속적인 발전을 도모함

(4) 개체밀도 관리(Population management)

1) 개체밀도 관리의 필요성

① 동물보호센터 내 관리가 효율적으로 이루어지기 위해서는 개체수 관리가 필수적임

② 보호기간이 짧을수록 동물보호센터는 다른 동물을 관리할 수 있는 자원과 공간이 늘어나 결과적으로 생존율 향상에 긍정적인 역할을 함

③ 동물보호센터 내 동물의 입양상태, 건강상태, 행동학적인 상태를 매일 관찰하며 동물보호센터 내 동물의 관리를 매일 점검함

④ 동물보호센터 내 개체수는 관리 가능한 범위 안에서 한정되어야 하며, 무분별하게 보호동물의 수를 늘리는 것은 관리 소홀로 이어지며, 이는 동물의 스트레스와 질병발생이 증가하게 되어 직원의 피로도도 늘어남. 이로 인해 방문객의 응대가 소홀해지며, 입양률 저하, 동물폐사율 증가로 이어지는 악순환이 계속됨

⑤ 모든 동물보호센터는 인력부족과 예산부족으로 고민하지만, 이에 대해서 각 동물보호센터의 관리능력을 정확하게 파악하고 관리범위 내에서 보호동물을 관리하려는 노력과 결단이 필요함

2) 보호동물의 건강상태 확인(Health and Welfare monitoring rounds)

① 각 동물의 건강상태 및 복지 상태를 확인

② 동물의 건강상태는 매우 빠르게 변할 수 있음

③ 청소 전에 숙련된 직원이 동물의 사료 및 음수 섭취, 대소변 상태, 행동, 걸음걸이, 통증 표현 등을 관찰

④ 상황에 따라 관리직원이 청소를 먼저 하고 특이사항을 기록했다가 보고하기도 함

⑤ 수의사는 회진을 하면서 각 동물에게 필요한 사항을 정리(격리, 수의사 검진, 행동평가, 은신처 제공, 장난감 추가 등)

CHAPTER

03 동물과의 공존관계

01 길고양이와 공존

(1) 고양이 분류

1) 길고양이(Free-roaming cat, Community cat)

도심지에서 마주치는 고양이로 아래와 같이 세부적으로 분류할 수 있음

구분	내용
야생고양이(Feral cat)	사람을 두려워함, 사회화 가능성 낮음
떠돌이 고양이 (Stray cat)	• 한때는 집에서 생활 • 유실·유기로 혼자 생존 • 사회화 가능성 약간 있음
반려 고양이(Pet cat)	• 소유자 있음, 거주지가 있는 고양이 • 실외로 돌아다니는 고양이는 야생성과 사회성을 동시에 가지고 있음

2) 동네고양이(Community cat)

① 고양이는 이미 오래 전부터 인간의 생활공간을 공유하고 있는 존재

② 최근 길고양이를 동네고양이로 명칭하며, 지역공동체에 소속되어 공동의 책임을 지는 것으로 인식하기도 함

(2) 길고양이와 관련한 사회적 문제

1) 길고양이 동물보호센터 입소 현황

① 동물보호센터 입소는 계절 번식과 관련이 있음

② 동물보호센터의 고양이 입소 현황을 살펴보면, 5월부터 급증하는 것으로 나타남. 이는 3월에서 10월 중에 출산을 하는 고양이의 특성상 새끼고양이가 많이 발생하기 때문인 것으로 추정됨

③ 고양이의 입소량과 폐사량의 그래프가 일치하는 경향을 보임. 이는 동물보호센터에 입소하는 고양이의 수가 폐사율에 그대로 반영됨을 나타냄

④ 새끼 고양이가 많이 입소하는 시기에 입양도 늘어나는 경향을 보이지만, 전체적인 폐사율을 낮추기에는 부족함

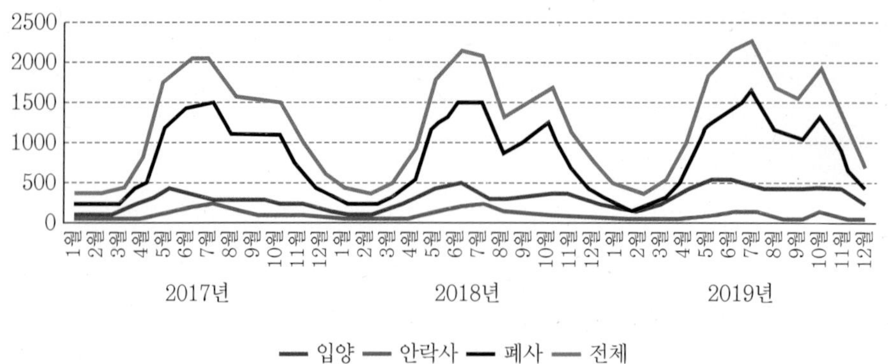

[동물보호센터 고양이 월별 입소 현황(단위: 마리, 서울 및 광역시)]

2) 길고양이 관련 시민사회 갈등

① 길고양이를 혐오하는 시민과 길고양이를 마을 공동체의 일원으로 받아들이는 시민 간의 갈등이 지속적으로 일어나고 있음

② 길고양이에 대한 혐오는 나아가 길고양이를 돌보는 시민(캣맘)에 대한 혐오와 길고양이 학대 등의 범죄로 이어지고 사회불안을 유발함

3) 길고양이 관련 민원

① 길고양이와 관련된 민원은 보호(TNR, 급식소 요청)와 혐오(살저분 요청, 밥자리 관리 소홀) 민원이 동시에 발생함

② 길고양이와 관련한 민원은 계절적인 영향을 많이 받음

③ 고양이의 발정기 울음소리, 수컷의 싸움소리, 새끼 고양이 발생 등이 계절번식의 영향을 받아 민원도 같은 시기에 많이 발생함

4) 현재 국내 동물보호센터에서 고양이와 관련한 가장 시급한 문제

① 입소하는 고양이의 수의 감소

② 더욱 적극적인 TNR이 필요

③ 이를 위해서 민원다발지역, 고양이 입소 두수가 많은 지역을 선별하여 집중적인 TNR을 실시해야 함

④ 새끼 고양이의 입소 기준을 정하여 실제로 도움이 필요한 고양이를 선별할 수 있도록 관련자들의 교육이 필요함

5) 새끼 고양이를 발견했을 경우

① 새끼 고양이를 발견했을 때 그냥 지나치지 못하는 경우가 많으나, 어떻게 도움을 줘야 할지 모르는 경우가 많음. 무조건 동물보호센터에 구조를 요청하는 것은 새끼 고양이의 생존율을 위해서 바람직한 방법은 아님

② 대부분 새끼 고양이는 주변에 어미가 있을 것이고, 어미는 먹이를 구하러 갔거나, 휴식을 취하고 있거나, 둥지를 옮기는 중일 수 있음
③ 새끼 고양이를 발견했을 때, 수 시간에서 하루 정도 어미를 기다려야 함
④ 이때 너무 가까이 다가가면 어미가 주변에서 접근하지 못하기 때문에 거리를 두고 지켜봐야 하며, 시간을 두고 잠깐씩 들여다보는 수준이면 적절함
⑤ 잠시 뒤 관찰했을 때, 새끼 고양이가 서로 모여 잠들어 있다면 그 사이 어미 고양이가 다녀갔을 것임. 또한, 새끼 고양이 수가 줄어들었다면, 둥지를 옮기는 중으로 판단할 수 있음
⑥ 몇 시간이 지나도 새끼 고양이가 계속 울고 둥지를 이탈하는 모습을 보인다면 접근하여 새끼 고양이의 상태를 확인해야 함
- 피부를 집어 올렸을 때 탄력이 없고 빠르게 피부가 복원되지 않거나 배가 홀쭉하고 갈비뼈가 드러나거나 귀, 발, 배가 차가운 경우
- 잇몸과 혀가 창백하거나 눈곱과 콧물이 얼굴에서 굳어있는 경우
- 절뚝거리거나 무기력하고 거의 움직임이 없는 경우
- 숨을 힘겹게 쉬고 있는 경우

⑦ 위와 같은 상황이라면, 새끼 고양이를 구조하는 것이 좋으며 이때는 수의학적 관리가 가능한 동물보호센터에 입소할 수 있도록 해야 함
⑧ 동물보호센터에 입소한 새끼 고양이의 생존율이 매우 낮다는 것을 인정하고 임시 보호, 입양 등을 통해 보호센터가 아닌, 가정에서 돌볼 수 있는 환경을 찾아야 함

(3) 길고양이 개체수 조절을 위한 노력

1) 개체수 조절의 근거

① 시민들의 불만(발정울음, 냄새, 공중보건)
② 길고양이 자체의 복지 저하(로드킬, 개체밀도 증가, 피학대)
③ 생물다양성의 위해(생태계 교란, 희귀종 사냥)

2) 포획 후 살처분

① 호주, 뉴질랜드에서 길고양이를 포획하여 살처분하고 있으나, 학계와 도심지를 중심으로 TNR의 효과에 대한 연구가 진행됨
② 단기적으로 개체수 감소를 체감할 수 있는 정도이며, 수학적 감소 속도 1위
③ 수행 기관의 독자적인 추진력으로 시행 가능
④ 그러나 비인도적이며 행위 자체의 정당성 미비
⑤ **진공효과**: 길고양이가 살처분된 공간으로 주변 길고양이 군집이동, 이동으로 인한 싸움, 새끼 길고양이의 생산 반복
⑥ 급격한 개체변화로 인한 생태계 2차 교란의 우려가 있음

⑦ 살처분 방식의 위험성이 존재함(독약, 포획 후 살처분, 사냥)
⑧ 길고양이 살처분에 대한 부정적인 인식으로 실행 인건비가 많이 소요되며, 전체적으로 고비용으로 진행됨

3) TNR(trap – neuter – return)

① 길고양이를 인도적인 방법으로 포획하여 중성화 수술 후 회복시켜 제자리에 방사하는 방식
② 서서히 감소함으로써 생태계 교란에 대응
③ 인도적인 개체수 조절을 위한 최선의 방법
④ 방사로 인한 시민불만이 지속되고 수술로 인한 위험성도 존재함
⑤ 방사 이후 군집관리가 필요하며, 밥자리와 사료양을 제한하여 외부 고양이 유입을 최소화해야 함
⑥ TNR 목표지역을 설정하여 단계적인 주변 지역까지 확산하는 전략이 필요
⑦ 사업 수행에 있어 민간의 협조가 필요, 교육과 설득이 필요
⑧ 수술비용이 소요되므로 고비용으로 진행됨

(4) 길고양이 TNR에 대한 오해와 진실

1) 중성화 수술 이후에도 길고양이는 문제를 일으킨다는 오해

① 암컷 고양이의 발정울음, 수컷 고양이의 오줌냄새(영역표시)는 중성화 이후 없어짐
② 중성화된 고양이는 이동반경이 줄어들어 사람들과 마주치는 기회가 줄어듦
③ 길고양이와 관련한 소음문제의 대부분을 해결할 수 있음

2) TNR 이후 길고양이 건강이 나빠지고, 수술 후 아픈 동물을 거리로 내보낸다는 오해

① 포획되는 대부분의 고양이가 건강함
② 99% 이상이 수술하기에 건강한 개체(10만 마리 중, Bryan Kortis, 2015)
③ TNR은 고양이의 건강을 향상시킴
- 암컷 개체의 종양 및 염증 발생율 감소
- 수컷의 싸움 감소로 인한 질병 예방
- TNR 후 예방접종을 실시하여 주요 전염병으로부터 보호함

3) 귀 끝 절개는 잔인하다는 오해

① 마취 후 귀 끝을 높이 1cm로 절개(귀가 작은 개체는 귀 전체의 1/4)
② 절차가 신속하고 수술 시 진통제를 투여했기 때문에 통증이 거의 없음
③ 귀 끝 절개는 중성화의 표식으로 불필요한 재수술을 예방
④ 멀리서도 식별 가능해야 하므로 귀 끝을 적게 자르는 것은 효과적이지 않음
⑤ 포획 시 중성화 개체 선별에 용이

02 개물림 사고

(1) 국내 개물림 사고 동향

① 소방청 자료에 따르면, 5월과 8월 사이에 개물림 사고건수가 높음
② 대부분의 개물림 사고는 집에서 발생하는 것으로 알려짐
③ 남성에 비해 여성이 개물림 사고를 당하는 경우가 많음
④ 5~9세 소아 연령군에서 가장 많이 발생함
⑤ 65세 이상 연령군은 사고 건수는 적으나, 개물림 사고의 심각성은 더 높은 편임

(2) 국외 개물림 사고 동향

① 미국, 한해 450만 건의 개물림 사고 발생, 이 중 80만 건 이상이 병원치료를 요하는 상처를 유발
② 어린이(14세 미만)가 가장 많은 사고 건수를 보이며 위험도도 높은 편, 그 다음은 노약자, 우편물 배달원 순임
③ 어린이 중 5~9세가 전체의 37%를 차지하며, 4세 미만의 어린이 69%는 얼굴과 목을 물림
④ 대부분 일상생활에서 친숙한 개에게 물림
⑤ National Dog Bite Prevention Week(개물림 예방주간), 매년 4월 둘째 주에 실시
⑥ 미국 수의사회(AVMA) 주관, 많은 동물 관련 단체에서 전국적인 개물림을 예방하기 위한 정보를 제공
⑦ 소셜미디어를 통해 개물림 방지정보를 공유(#preventdogbites)
⑧ 미국 수의사회는 'Jimmys Dog House'라는 개물림 방지를 위해 미취학 아동 대상 유튜브 동영상(10편, 각 1분 내외) 제작

(3) 개물림 사고 예방

1) 개의 부정적인 감정의 몸짓 언어를 인지

① 경계

- 몸의 무게 중심이 앞으로 쏠려있고, 귀가 앞으로 향해 있는 상태에서 응시함
- 꼬리를 천천히 흔들기도 하고, 몸 전체가 경직된 상태임
- 이를 드러내며 짖거나 물려는 행동을 함

② 두려움

- 몸의 무게 중심이 뒤로 쏠려있고 귀도 뒤로 처짐
- 시선을 피하기도 하고 흰색 눈동자가 보임
- 몸을 낮추거나 꼬리를 다리 사이로 말게 됨

③ 불쾌감

- 몸을 털거나 긁음
- 시선을 회피하고 고개를 돌리거나 앞발을 들어올림
- 하품을 하거나 혀로 입술 핥음
- 숨이 차거나 더운 상황이 아님에도 과호흡을 보임
- 경직된 상태로 정지 자세를 취함
- 흰 눈동자가 보이는 고래눈(whale eye)을 보임

2) 처음 보는 개와 친해지기

① 개가 접근할 때까지 기다리기
② 갑자기 개에게 손을 뻗거나 쓰다듬지 말기
③ 큰소리로 개를 자극하지 말 것
④ 개의 정면에서 눈을 응시하지 말고 개의 옆이나 뒤에 있기
⑤ 보호자에게 만져도 되는지 물어보고 머리나 입 주변이 아닌, 몸의 옆이나 등을 만지기

3) 개물림 사고에 대한 역학조사 필요

① 역학조사를 통해 예방전략 수립
② 주 피해자인 어린아이 대상교육을 실시

4) 개물림 사고를 피하기 위한 어린이 행동요령

① 눈을 직접 쳐다보지 않기
② 낯선 개가 다가올 때 뛰거나 도망가지 말고, 조용히 가만히 있기(나무가 되기)
③ 낯선 개가 지나가도록 기다리기
④ 넘어졌을 경우 몸을 동그랗게 말고 손으로 목을 보호하기
⑤ 낯선 개에게 갑자기 다가가지 않기
⑥ 개를 보고 소리 지르거나 과격한 움직임 피하기
⑦ 개가 자고 있거나, 먹을 것, 장난감을 가지고 있을 때 방해하지 말기

03 동물학대

(1) 동물학대와 관련한 국내 규정

1) 동물보호법 - 제10조(동물학대 등의 금지)

① 동물학대에 대한 판단근거를 행위 자체에 두고 있어 동물보호법에서 규정하는 학대행위가 아니라면 동물이 고통받더라도 학대로 규정되지 않는 경우 발생

② 고의가 아닌 과실이라면 재물손괴죄로 형사처벌이 어렵다는 점

③ 동물학대(abuse)는 아동학대와 마찬가지로 가해자의 의도와 상관없이 피학대자의 고통 여부에 따라 판단해야 함

④ 국내에서 동물 학대는 가해자의 고의성이 반영되어야만 학대(cruelty)로 인정하는 경우가 다수

2) 동물학대의 종류

① Abuse

가해자의 의도에 관계없이 발생하는 학대를 묘사하기 위해 아동 복지 분야에서 사용되는 용어

② Cruelty

- 통증, 고통, 만성 스트레스(distress) 유발, 동물을 죽게 만드는 행위
- 악의를 가지고 행하는 행위

③ Neglect

- 기본적인 관리가 이루어지지 않은 상태
- 사료, 물, 휴식처, 공간, 운동, 수의학적 관리의 부족
- 방치에 가까운 사육 방식

국내에서는 학대라는 단어에 abuse, cruelty, neglect의 의미가 포함되어 있으나, 행위자의 의도, 학대의 정도에 따른 세부적인 분류가 필요함

(2) Animal hoarding으로 인한 문제

1) 동물의 입장

① 중성화 수술을 하지 않고 암수를 같은 공간에 두면서 빠른 개체 수 증가가 야기됨

② 수의학적 관리 부재로 질병, 상해에 노출됨

③ 열악한 환경으로 질병발생이 증가함

④ 신체적, 정신적으로 동물을 방치
⑤ 저질 사료공급, 영양실조로 카니발리즘(cannibalism)이 일어나기도 함

2) 사람의 입장

① 교상이나 긁힘으로 인한 상처 발생
② 인수공통전염병의 위험에 노출 예 Salmonella, Pasteurella multocida
③ 외부기생충에 노출
④ 높은 암모니아 수치, 악취, 비위생적인 열악한 환경
⑤ 분변, 쓰레기 등을 밟고 미끄러지는 사고 우려
⑥ 이웃 간의 피해, 부동산 가치 하락
⑦ 집 안에 살고 있는 사람의 삶의 질 저하

[애니멀 호더의 사례분석(Patronek, G. J., 1999)]

(3) 동물학대 가해자의 특성

① 어릴 때 신체적, 정서적, 성적 학대를 경험
② 돌봄관계 또는 대인관계 기술 부족
③ 위기 대처능력 및 자기 통제 부족
④ 반려동물의 행동발달에 대한 이해 부족이 비현실적인 기대로 연결
⑤ 문제에 대한 해결책으로 폭력 수용
⑥ 반려동물이 소유물이라는 생각
⑦ 약물 남용

(4) 학대받는 동물의 상태 파악

1) 과도한 스트레스(distress), 통증, 고통은 학대의 증거가 될 수 있음

2) 동물 관련 종사자는 이러한 동물의 상태를 확인할 수 있어야 함

3) Distress

① 내적, 외적인 스트레스가 심하여 외적인 자극에 반응하지 않는 상태
② 스트레스에 순응해버린 무기력
③ 만성 스트레스

[동물에게 지속적인 스트레스를 줄 수 있는 요인]

신체적인 요인	정신적인 요인	환경적인 요인
상처	공포	보정(restraint)
수술	불안	소음
질병	지루함	냄새
굶주림	외로움	다른 동물종
탈수	분리	사람

4) 통증(Pain)

① 조직의 손상으로 인해 불쾌한 감각과 감정을 경험하는 것
② 통증의 정도를 판단하기 위해서는 통증의 세부적인 분류가 필요함

통증의 종류	찌르는 듯한, 타는 듯한, 쓰라린 등
통증의 위치	피부, 관절, 내장, 근육
기간	순간적(급성) – 지속적(만성)
강도	경도 – 중증도 이상

5) 고통(Suffering)

① 삶의 질을 저해하는 불쾌한 마음 상태
② 통증, 불쾌감, distress, 상처, 정서적 무감각(극심한 지루함) 등으로 유발
③ 고통은 동물이 사는 환경, 신체적, 정신적인 상태와 관련이 있음

(5) 동물학대에 대한 대처

1) 동물학대의 신고

① 동물보호법 제39조(신고 등)에서 "수의사, 동물병원의 장 및 그 종사자"는 동물학대, 유실·유기 동물을 발견한 때에는 관할 지방자치단체의 장 또는 동물보호센터에 신고해야 함

② 수의사를 비롯하여 동물보건사는 전문가로서 동물학대에 대한 증인이 될 수 있음

③ 동물 관련 종사자는 자신이 가진 직업의 전문성을 바탕으로 침묵하는 희생자의 목소리를 대변해야 함

④ 동물 관련 종사자는 학대 의심동물이 실제 학대인지 여부를 밝히는 데 있어서 객관적인 증거를 제시할 수 있는 당사자임

⑤ "One medicine"의 관점에서 동물을 보호하는 것은 어린이, 노약자, 학대 여성을 보호하는 연장선에 있음

- 가정폭력 상황에서 동물학대를 경험함
- 아동학대를 받은 사람은 커서 동물학대로 이어질 가능성이 높음
- 학대받은 여성과 아동은 자신의 반려동물을 지키기 위해 집에 머무는 경향이 있음
- 사회와 전문가 집단의 적극적인 개입이 필요

CHAPTER 04

동물원동물, 산업동물, 실험동물의 복지

01 동물원의 동물

(1) 동물원의 역할

구분	동물원 역할에 대한 복지의 중요성
보존(Conservation)	스트레스로 인해 면역력이 약해지고 번식력도 감소
교육(Education)	동물의 생태를 교육하기 위해서는 동물이 정상적인 행동을 보여야 함
연구(Research)	건강한 동물을 통해 야생의 생태와 행동을 연구하는 가치가 있음

(2) 복지를 평가하는 방법

1) 주관적인 평가, 객관적인 평가

① 스트레스를 받은 것처럼 보이는 동물을 평가

② 스트레스 호르몬의 변화를 측정하기 위해 분변 내 cortisol 수치 확인

2) 정성평가, 정량평가

① 동물이 정형행동(stereotypies)의 양상이 어떠한가?

② 동물의 행동을 관찰하여 행동목록(ethogram)과 비교

3) Snapshot Welfare Assessments

① 한 번의 평가

② 사양관리, 사육사, 관리프로그램, 훈련, 행동풍부화 프로그램, 사전 이력, 수의학적 관리 등에 대한 정보 없이 시작

③ 직접 관찰 또는 그룹 평가 가능

4) 행동(Behavior)의 정의

자연적인 행동 (Natural behavior)	자연환경에서 적응하며 진화해온 습성
부자연적인 행동 (Unnatural behavior)	자연상태에서 나타나는 행동은 아니지만, 이것이 비정상적이라기보다는 동물원 환경에서 적응하면서 생긴 행동
정상적인 행동 (Normal behavior)	동물이 생존을 위해 터득해온 행동이며, 자연적인 행동과 부자연적인 행동을 모두 포함함
비정상적인 행동 (Abnormal behavior)	야생의 상태에서도 확인되지 않고 생존을 위해 적응하는 과정도 아닌 목적 없는 행동

5) Cortisol 수치 상승은 스트레스 상황을 의미

① 혈당 상승
② 면역력 억제(림프구 증식의 억제)
③ 뼈 형성 감소
④ 지방, 탄수화물 대사 활성화
⑤ 번식력 감소(황체형성호르몬 분비 억제)

Cortisol

스트레스 상황에서 부신에서 생산되는 스테로이드 호르몬

(3) 동물원 동물의 질병 발생

1) 일반적으로 포획동물은 야생동물보다 오래 사는 것으로 조사됨
2) 질병은 복지의 수준을 떨어뜨리며 스트레스를 증가시킴
3) 포획 동물은 야생동물에서 발견되지 않는 질병으로 고통받을 수도 있음
4) 예시

① 전염성 질병
- 결핵(Mycobacterium tuberculosis), 살모넬라(Salmonella), 대장균(E.coli)
- 개홍역(Canine distemper virus), 개전염성간염(Canine infectious hepatitis), 고양이 허피스바이러스질환(Feline herpesvirus)

② 사양관리와 관련한 질병: 코끼리 발바닥 질환
③ 영양 관련 질환
- 대형 고양이과 동물의 부갑상선항진증
- 워싱턴 국립동물원의 판다가 블루베리머핀을 편식

④ 사람의 부주의로 인한 질병: 한 동물원의 코뿔소가 비닐을 흡입해 폐사

⑤ 다양한 원인으로 인한 질병

탈모(안경곰)	유전, 사양관리, 알레르기
범고래의 치사율	면역억제, 치과질환, 조산
앵무새의 털 뽑기	스트레스, 사양관리, 영양, UV 노출

(4) 스트레스를 줄일 수 있는 환경 조성

① 부적절한 사육 환경, 영양, 방문객의 행동, 사육사 교육 등은 동물원 동물의 스트레스를 유발

② 스트레스는 cortisol 수치를 상승시켜 번식 저하, 면역력 저하, 비정상적인 행동을 유발시킴

③ 자연환경으로부터 자연사, 생태, 먹이활동, 사회활동 등의 정보 입수하여 동물에게 적절한 환경을 제공

④ 행동목록(Ethogram)을 이용해 하루 중 활동패턴과 시간 등을 평가

⑤ 적절한 사육환경을 디자인하고, 동물종별 영양요구량에 맞는 영양을 제공

⑥ 사육사 교육을 통해 동물에게 적절한 사양관리

⑦ 방문객과 동물의 거리를 늘리고, 동물이 숨을 곳을 선택할 수 있는 환경 제공

⑧ 행동풍부화 기구를 제공하여 동물의 본능과 습성을 유지할 수 있도록 함

02 산업동물

(1) 집약적 축산 Intensive animal farming

1) 가축의 분류(축산법)

① 소, 말, 돼지

② 면양, 염소(유산양), 사슴

③ 닭, 오리

④ 거위, 칠면조, 메추리, 타조, 꿩

⑤ 노새, 당나귀, 토끼 및 개

⑥ 기러기

⑦ 꿀벌 등

2) 집약적 축산의 역사

① 비타민 D 보충제의 개발로 인한 닭의 실내 사육이 가능해짐
② 항생제, 백신의 개발로 열악한 환경에서도 동물을 사육할 수 있게 됨
③ 1966년 미국, 영국 등 선진국에서부터 공장식 축산이 시작

3) 집약적 축산의 특징

① 최소한의 생산비용으로 최대의 수익을 낼 수 있도록 동물을 사육하는 방식
② 산업용 가축의 생산(Industrial livestock production)에서 공장식 축산(Factory farming)의 구조를 가짐
③ **주된 생산물:** 고기, 젖, 알
④ 경제 규모 증가, 현대식 기계의 이용, 생명공학의 발달, 세계무역 의존에 따라 최저 비용으로 최고생산량을 얻기 위한 노력
⑤ 동물 복지가 중시되기보다 식량 생산의 효율성이 우선함

4) 공장식 축산(Factory farming)

① 강제적인 털갈이(Forced molting)
- 산란계에 적용
- 7~14일간 사료 급여를 중지시킴
- 산란율, 계란의 질, 수익률 증가를 위해 실시
- 야생상태에서는 낮의 길이가 짧아질 때 이루어짐
- 일생동안 번식에 투입되는 비정상적인 생식활동

② 부족한 수의학적 관리
- 인도적인 안락사 등과 같은 수의학적 관리가 부족
- 마취 없이 꼬리 절단, 거세, 뿔 제거, 발톱, 부리 잘림

③ **수명의 단축:** 수명과 상관없이 상업적인 목적에 맞는 체중에 도달하면 도살
④ 탁한 공기
- 동물의 분비물, 먼지
- 암모니아는 눈과 피부, 호흡기에 자극

⑤ **비정상적인 조명:** 성장을 촉진하기 위한 조명
⑥ 비정상적인 성장
- 과도한 성장을 위한 육종
- 만성질환, 운동부전, 심장질환 유발

(2) 집약적 축산에 대한 평가

1) 공장식 사육 방식의 도덕적 평가

① 공장식 사육 방법으로 생산된 고기를 구매한 것에 대한 간접적인 책임의식
② 대량의 동물 사육으로 인한 동물의 분변과 오·폐수는 환경을 파괴하고 보건을 위협함
③ 값싼 고기와 달걀, 우유를 소비하기 위해 열악한 환경에서 성장하는 동물을 간과해서는 안 된다는 인식이 필요

2) 공장식 사육 방식의 부정적 측면

① 기후변화 유발: 유엔에 따르면 축산업은 이산화탄소 배출량의 9%, 메탄 배출량의 37%, 아산화질소 배출량의 65%, 전 세계적으로 온실가스 배출량의 18%를 생성
② 자원 고갈
- 전 세계적으로 숲과 열대 우림이 제거되고 농장이 만들어짐
- 산업동물 사료 생산을 위해 전 세계 담수 사용의 내다수를 차지

③ 비효율성
- 미국 농지의 80%, 곡물생산량의 70%가 가축사료로 사용
- 매년 다량의 물이 동물들에게 급여

④ 환경오염
- 동물의 배설물로 인한 암모니아와 같은 유해 가스, 병원균, 중금속 등이 전국의 대기와 지하수를 오염
- 인간뿐만 아니라 공장식 농장 동물의 폐기물은 야생동물, 토양, 다른 작물을 파괴

3) 인간복지 측면의 배려

① 음식분배의 비정상화
- 돼지고기 450g을 얻기 위해 사료 단백질 3,600g이 필요함
- 쇠고기 450g을 얻기 위해 사료 단백질 9,450g이 필요함
- 부유한 나라들의 고기에 대한 요구는 가난한 나라 대다수의 국민이 필요로 하는 식물성 단백질을 비싸게 만듦

② 오염된 고기로 인해 건강에 해악
③ 항생제 잔류
④ 동물성 식품은 심장질환, 비만, 뇌졸중, 골다공증, 당뇨병 등의 질환 발생과 관련 있음
⑤ 기대 축산기업의 성장으로 가족 중심의 축산농가 위기
⑥ 환경의 황폐화

(3) 동물복지축산농장

1) 동물복지축산농장 인증

① 인증 대상 동물이 본래의 습성 등을 유지하면서 정상적으로 살 수 있도록 관리하는 축산농장

② 동물보호법에 따라 정해진 기준에 적합한 농장을 농림축산식품부 장관이 동물복지축산농장으로 인증하는 제도

③ 인증받은 농장에서는 농장의 간판과 축산물의 포장에 동물복지축산농장 인증 표시를 할 수 있음

2) 정부의 지원내용

① 동물의 보호 및 복지 증진을 위해 축사시설 개선에 필요한 비용

② 동물복지축산농장의 환경개선 및 경영에 관한 지도·상담 및 교육

3) 동물복지축산농장 인증 대상 축종

Organization Name

[동물복지축산농장 인증표시]

① 산란계: 2012년

② 양돈: 2013년

③ 육계: 2014년

④ 한우·육우, 젖소, 염소: 2015년

⑤ 오리: 2016년

평생을 좁은 틀 안에 갇혀 새끼만 낳는 어미돼지와 태어나자마자 고통을 겪어야 하는 새끼돼지를 행복한 돼지로 바꾸어 줄 수 있는 힘은 '동물복지 인증마크'가 부착된 돼지고기를 구입하는 소비자의 손으로부터 시작됨

03 실험동물

(1) 동물실험과 동물복지

1) 실험동물의 복지

실험동물은 인도적인 처리를 통해 희생되고 다수의 동물 및 사람에게 이익이 되므로 동물보호, 학대방지보다 더 적극적인 의미로 동물복지를 중시함

2) 3Rs of animal experiments

The principles of humane experimental technique, 1959

대체 (Replacement)	• 동물실험을 기계나 컴퓨터 시뮬레이션과 같이 무생물로 완전 대체 • 동물 대신 세포, 조직, 기관을 이용하거나 미생물, 식물과 같이 지각력이 상대적으로 낮은 생물을 이용하는 상대적 대체
감소 (Reduction)	• 실험동물의 사용 두수를 줄이는 것 • 과학적 근거를 기반으로 의미있는 데이터 수집을 위한 최소한의 실험동물 수를 계획단계에서 예측하고 그에 맞게 동물 수를 지정함
개선 (Refinement)	• 실험과정에서 동물에게 고통과 스트레스가 최소화되도록 환경을 개선 • 실험동물에게 고통과 스트레스가 예측되면 마취제와 진통제를 통해 이를 완화시켜야 함 • 과학적인 근거를 통해 동물에게 피할 수 없는 고통이 야기되는 실험도 있으나, 이러한 실험의 경우 동물 수의 감소와 실험 중 동물의 불편함을 최대한 줄일 수 있도록 노력해야 함 • 실험 중 동물이 극심한 고통을 겪고 죽음에 이르는 단계가 예측될 경우 인도적인 실험종료(humane endpoint)를 할 수 있도록 사전에 기준을 마련해야 함

3) 실험동물의 복지 향상을 위한 노력

① 과학적이고 인도적인 방법으로 동물실험을 설계
② 연구자의 책임의식을 가지고 실험동물의 복지향상을 위해 노력해야 함
③ 실험기간 동안 동물이 쾌적한 환경에서 살 수 있도록 실험동물시설의 환경을 개선

4) 동물실험과 마취

① 고대에는 동물에는 영혼이 없어서 정신세계가 존재하지 않고 고로 통증을 못 느끼는 존재로 생각함
② 동물실험에서 유발되는 통증 및 고통은 사람과 동일하게 감지될 수 있다는 전제하에 적절한 진정, 진통, 마취 필요
③ 적절한 마취는 동물실험의 기본원칙인 3R 중에서 2가지 조건을 충족시킴

Reduction	적절한 마취프로토콜은 마취사고를 줄여 불필요한 동물의 희생을 줄임
Refinement	적절한 마취제의 사용은 실험 중 동물의 고통과 스트레스를 최소화할 수 있음

(2) 동물실험윤리위원회

1) 동물실험윤리위원회, 실험동물운영위원회의 설치

① 법적으로 연구기관 등 동물실험 시설에는 동물실험윤리위원회(동물보호법), 실험동물운영위원회(실험동물에 관한 법률)를 설치하도록 함으로써 무분별한 동물실험을 억제하고, 실험동물의 윤리적 취급을 장려하기 위함

② 동물실험윤리위원회는 해당기관의 동물실험계획서, 실험동물 관리와 사용 프로그램, 동물실험절차, 사육 및 실험 전반을 평가·감독함

③ 동물실험 운영자와 종사자에 대해 실험동물 보호와 윤리적인 취급을 위해 필요한 조치를 요구할 수 있음

④ 동물실험을 수행하기에 앞서 동물실험계획서를 작성하여 동물실험윤리위원회의 심의를 통해 승인받은 실험만 동물실험을 시작할 수 있음

⑤ 승인된 실험이라 할지라도 동물실험계획의 '승인 후 점검(Post Approval Monitoring; PAM)'을 통해 계획서상의 내용을 동물실험이 진행되고 있는지 점검함

⑥ 동물실험이 끝난 후 지정된 양식에 따라 종료보고를 실시함

2) 동물실험계획서

① 특별한 주거(Housing) 및 사육조건 필요 유무

② 동물실험수행자 정보
- 동물실험에 대한 자격 검증
- 실험동물의 사용·관리 등에 관하여 교육을 받았는지에 대한 점검

③ 해당 동물실험 대체 가능성 여부

④ 해당 실험이 불필요한 중복실험이 아님을 설명

⑤ 사용동물에 관한 정보
- 해당 동물 종을 선택한 합리적 이유 설명
- 계통분류상 고등동물보다 하등동물 사용을 권장함

⑥ 사용동물 수에 대한 합리적 근거 사유
- 3R 중 Reduction에 해당
- 통계학적인 근거 제시

⑦ 실험방법(프로토콜) 개요
- 사용하는 약물 및 실험법을 명시하여 동물에게 고통 및 통증을 일으키는 실험인지 확인할 필요가 있음
- 외과적 처치를 수반하는 실험의 경우 마취제, 진통제 사용

⑧ 복수의 대규모 수술 실험(Multiple Major Operative Procedures)을 시행하는 경우: 그 필요 사유를 기록해야 하나 원칙적으로 한 마리의 동물에 여러 번의 수술을 하는 것을 막기 위한 항목임

⑨ 실험에 수반되는 동물의 고통 정도를 다섯 가지 항목으로 분류

고통등급 A	원생동물, 무척추동물을 사용하는 실험
고통등급 B	척추동물을 사용하지만 거의 고통을 주지 않는 실험
고통등급 C	척추동물에게 약간의 스트레스 혹은 단기간의 작은 통증을 주는 실험
고통등급 D	척추동물에게 중증도 이상의 고통이나 억압을 동반하는 실험으로, 이에 대한 진정제, 진통제, 마취제 등의 고통경감 조치가 포함되는 실험
고통등급 E	척추동물에게 중증도 이상의 고통이나 억압을 동반하는 실험으로, 다음에 해당하는 경우 • 인도적 종료시점 기준에 따라 안락사를 적용하지만, 연구목적상 고통 경감을 위한 진징·진통제를 투여할 수 없는 경우 • 고통 경감을 위한 진정제, 진통제, 마취제 등을 사용하지만 잠재적 고통이나 통증이 예상되는 경우 • 연구목적상 실험동물의 폐사율을 확인해야 하는 실험의 경우

⑩ 진정제, 진통제, 마취제 등의 사용방법

⑪ 동물에 극도의 통증 또는 스트레스를 가하는 결과가 예상될 경우, 적절한 중재, 인도적인 실험종료(Humane endpoints) 또는 안락사를 취하기 위한 기준

⑫ 실험자를 위한 작업환경의 안전성 확보 여부
- 개인보호장구(실험용 장갑, 마스크, 실험복, 보호안경 등)
- 동물에 의한 교상방지 및 대처방법 등의 숙지

(3) 안락사(安樂死)

1) 물리적 안락사

① 약물학적 안락사 방법이 실험의 목적에 영향을 주는 경우에 사용

② 다른 동물이 없는 곳에서 실시

③ 적절한 장비를 사용하고 숙련자가 처치하도록 함

④ 사체 또는 마취된 동물을 통해 기술을 습득하여 인도적인 방법으로 안락사를 수행할 수 있을 때까지 훈련을 받아야 함

⑤ 경추탈구(cervical dislocation), 단두, 방혈, 두부타격 등의 방법을 사용함

⑥ 과학적인 사유가 없다면, 물리적 안락사 전에 동물의 의식 소실이 우선하도록 지침이 변경되고 있음

2) 화학적 안락사

① 주로 마취제를 과용량으로 투여하여 연수 마비를 유도함
② 약물을 통한 안락사 과정은 부정맥을 유발하거나 호흡정지를 유도하는 과정이 포함됨
③ T-61: 의식 소실, 진통, 근이완을 유발시키는 방법으로 안락사를 유도하는 약품
④ 염화칼륨 KCl: 심마취 후 심정지를 유발시키는 약물로 사용됨

TIP 안락사(Euthanasia)

'GOOD'을 의미하는 그리스어 'eu'와 죽음을 의미하는 'thanatos'에서 기원

(4) 인도적인 실험종료(Humane Endpoint)

1) 정의

① 동물 실험과정에서 동물이 느끼는 중증의 통증, 괴로움, 죽음이 임박한 상태를 예측할 수 있는 초기 지표
② 실험계획 상의 종료일정이 아닌, 실험 중이더라도 동물의 고통과 통증이 극심하다고 판단될 경우 실험을 중지하는 시점을 계획 단계에서 설정함

2) 목적

① 동물이 심각한 고통과 통증, 괴로움, 죽기 직전의 상태에 빠지기 전에 이러한 상황을 정확하게 예측하고 사전에 고통을 줄여주기 위함
② 일반적으로 동물이 의식불명의 상태가 되기 전에 안락사하는 것이 바람직

3) 인도적인 실험종료 시점이라고 판단한 경우

동물을 안락사시키거나 장기간의 연구에서는 시험물질의 노출을(일시적으로) 중단시키거나, 그 양을 감소시킴으로써 고통 및 통증을 최소화시키거나 제거

CHAPTER

05 수의사법

01 수의사법 구성

① 수의사법은 법률 제18691호에 의거 2022.1.4. 일부개정되었으며 2023.1.5.에 시행되었다.

② 수의사법 구성표

구성 항목	내용
제1장 (총칙)	제1조 목적, 제2조 정의, 제3조 직무
제2장 (수의사)	제4조 면허, 제5조 결격사유, 제6조 면허의 등록, 제7조(삭제), 제8조 수의사 국가시험, 제9조 응시자격, 제9조의2 수험자의 부정행위, 제10조 무면허 진료행위의 금지, 제11조 진료의 거부 금지, 제12조 진단서 등, 제12조의2 처방대상 동물용 의약품에 대한 처방전의 발급 등, 제12조의3 수의사처방관리시스템의 구축·운영, 제13조 진료부 및 검안부, 제13조의2 수술 등 중대진료에 관한 설명, 제14조 신고, 제15조 진료기술의 보호, 제16조 기구 등의 우선 공급
제2장의2 (동물보건사)	제16조의2 동물보건사의 자격, 제16조의3 동물보건사의 자격시험, 제16조의4 양성기관의 평가인증, 제16조의5 동물보건사의 업무, 제16조의6 준용규정
제3장 (동물병원)	제17조 개설, 제17조의2 동물병원의 관리의무, 제17조의3 동물 진단용 방사선발생장치의 설치·운영, 제17조의4 동물 진단용 특수의료장비의 설치·운영, 제17조의5 검사·측정기관의 지정 등, 제18조 휴업·폐업의 신고, 제19조 수술 등의 진료비용 고지, 제20조 진찰 등의 진료비용 게시, 제20조의2 발급수수료, 제20조의4 진료비용 등에 관한 현황의 조사·분석 등, 제21조 공수의, 제22조 공수의의 수당 및 여비
제3장의2 (동물진료법인)	제22조의2 동물진료법인의 설립 허가 등, 제22조의3 동물진료법인의 부대사업, 제22조의4 「민법」의 준용, 제22조의5 동물진료법인의 설립 허가 취소
제4장 (대한수의사회)	제23조 설립, 제24조 설립인가, 제25조 지부, 제26조 「민법」의 준용, 제27조(삭제), 제28조(삭제), 제29조 경비 보조
제5장 (감독)	제30조 지도와 명령, 제31조 보고 및 업무 감독, 제32조 면허의 취소 및 면허효력의 정지, 제33조 동물진료업의 정지, 제33조의2 과징금 처분
제6장 (보칙)	제34조 연수교육, 제35조(삭제), 제36조 청문, 제37조 권한의 위임 및 위탁, 제38조 수수료
제7장 (벌칙)	제39조 벌칙, 제40조(삭제), 제41조 과태료

02 수의사법에서 사용하는 용어(제2조)

① **"수의사"**란 수의업무를 담당하는 사람으로서 농림축산식품부장관의 면허를 받은 사람을 말한다.
② **"동물"**이란 소, 말, 돼지, 양, 개, 토끼, 고양이, 조류, 꿀벌, 수생동물, 그 밖에 대통령령으로 정하는 동물을 말한다.
③ **"동물진료업"**이란 동물을 진료[동물의 사체 검안을 포함한다]하거나 동물의 질병을 예방하는 업을 말한다.
④ **"동물보건사"**란 동물병원 내에서 수의사의 지도 아래 동물의 간호 또는 진료 보조 업무에 종사하는 사람으로서 농림축산식품부장관의 자격인정을 받은 사람을 말한다.
⑤ **"동물병원"**이란 동물진료업을 하는 장소로서 제17조에 따른 신고를 한 진료기관을 말한다.

TIP **면허와 자격**

- **면허**: 일반인에게는 허가되지 않은 특수한 행위를 특수한 사람에게만 허가하는 행정처분
- **자격**: 일정한 신분이나 지위를 가지거나 일정한 일을 하는 데 필요한 조건이나 능력

03 수의사 결격사유(제5조)

다음 각 호의 어느 하나에 해당하는 사람은 수의사가 될 수 없다.
① 「정신건강증진 및 정신질환자 복지서비스 지원에 관한 법률」 제3조 제1호에 따른 정신질환자
② 피성년후견인 또는 피한정후견인
③ 마약, 대마, 그 밖의 향정신성의약품 중독자
④ 이 법, 「가축전염병예방법」, 「축산물위생관리법」, 「동물보호법」, 「의료법」, 「약사법」, 「식품위생법」 또는 「마약류관리에 관한 법률」을 위반하여 금고 이상의 실형을 선고받고 그 집행이 끝나지 아니하거나 면제되지 아니한 사람

TIP **피성년후견인과 피한정후견인**

- **피성년후견인**: 질병, 장애, 노령, 그 밖의 사유로 인한 정신적 제약으로 사무를 처리할 능력이 지속적으로 결여된 사람
- **피한정후견인**: 종전의 한정치산자로 질병, 장애, 노령, 그 밖의 사유로 인한 정신적 제약으로 사무를 처리할 능력이 부족한 사람

04 진단서 등(제12조)

① 수의사는 자기가 직접 진료하거나 검안하지 아니하고는 진단서, 검안서, 증명서 또는 처방전(「전자서명법」에 따른 전자서명이 기재된 전자문서 형태로 작성한 처방전을 포함한다. 이하 같다)을 발급하지 못하며, 「약사법」 제85조 제6항에 따른 동물용 의약품(이하 "처방대상 동물용 의약품"이라 한다)을 처방·투약하지 못한다. 다만, 직접 진료하거나 검안한 수의사가 부득이한 사유로 진단서, 검안서 또는 증명서를 발급할 수 없을 때에는 같은 동물병원에 종사하는 다른 수의사가 진료부 등에 의하여 발급할 수 있다.

② 제1항에 따른 진료 중 폐사한 경우에 발급하는 폐사 진단서는 다른 수의사에게서 발급받을 수 있다.

③ 수의사는 직접 진료하거나 검안한 동물에 대한 진단서, 검안서, 증명서 또는 처방전의 발급을 요구받았을 때에는 정당한 사유 없이 이를 거부하여서는 아니 된다.

④ 제1항부터 제3항까지의 규정에 따른 진단서, 검안서, 증명서 또는 처방전의 서식, 기재사항, 그 밖에 필요한 사항은 농림축산식품부령으로 정한다.

⑤ 제1항에도 불구하고 농림축산식품부장관에게 신고한 축산농장에 상시고용된 수의사와 「동물원 및 수족관의 관리에 관한 법률」 제8조에 따라 허가받은 동물원 또는 수족관에 상시고용된 수의사는 해당 농장, 동물원 또는 수족관의 동물에게 투여할 목적으로 처방대상 동물용 의약품에 대한 처방전을 발급할 수 있다. 이 경우 상시고용된 수의사의 범위, 신고방법, 처방전 발급 및 보존 방법, 진료부 작성 및 보고, 교육, 준수사항 등 그밖에 필요한 사항은 농림축산식품부령으로 정한다.

05 동물보건사(제2장의2)

(1) 동물보건사의 자격(제16조의2)

동물보건사가 되려는 사람은 다음 각 호의 어느 하나에 해당하는 사람으로서 동물보건사 자격시험에 합격한 후 농림축산식품부령으로 정하는 바에 따라 농림축산식품부장관의 자격 인정을 받아야 한다.

① 농림축산식품부장관의 평가인증(제16조의4 제1항에 따른 평가인증을 말한다. 이하 이 조에서 같다)을 받은 「고등교육법」에 따른 전문대학 또는 이와 같은 수준 이상의 학교의 동물 간호 관련 학과를 졸업한 사람(동물보건사 자격시험 응시일부터 6개월 이내에 졸업이 예정된 사람을 포함한다)

② 고등학교 졸업자 또는 초·중등교육법령에 따라 같은 수준의 학력이 있다고 인정되는 사람 또는 농림축산식품부장관의 평가인증을 받은 평생교육기관의 고등학교 교과 과정에 상응하는 동물 간호에 관한 교육과정을 이수한 후 농림축산식품부령으로 정하는 동물 간호 관련 업무에 1년 이상 종사한 사람

③ 농림축산식품부장관이 인정하는 외국의 동물 간호 관련 면허나 자격을 가진 사람

기본(일반응시자)	특례(특례대상자)
• 평가인증을 받은 전문대학 이상의 학교에서 동물간호 관련 학과 졸업자 • 평가인증을 받은 평생교육기관의 고등학교 교과과정에 상응하는 동물간호 관련 교육과정 이수 후 동물간호 업무에 1년 이상 종사자 • 외국의 동물 간호 관련 면허나 자격을 가진 사람 ▶ 농림축산식품부령으로 정한 교육과목, 교수인력, 실습시설 등을 갖추고, 농림축산식품부장관의 평가인증을 받은 학교(교육기관)여야 함	• 전문대학 이상의 학교에서 동물간호 관련 교육과정을 이수하고 졸업한 자 • 전문대학 이상의 학교 졸업 후 동물병원에서 1년 이상 종사자 • 고등학교 졸업학력 인정자 중 동물병원에서 3년 이상 종사자 ▶ 평가인증을 받은 양성기관에서 120시간의 실습교육을 이수하는 경우에는 동물보건사 자격시험에 응시 가능

(2) 동물보건사의 자격시험(제16조의3)

① 동물보건사 자격시험은 매년 농림축산식품부장관이 시행한다.

② 농림축산식품부장관은 제1항에 따른 동물보건사 자격시험의 관리를 대통령령으로 정하는 바에 따라 시험 관리 능력이 있다고 인정되는 관계 전문기관에 위탁할 수 있다.

③ 농림축산식품부장관은 제2항에 따라 자격시험의 관리를 위탁한 때에는 그 관리에 필요한 예산을 보조할 수 있다.

④ 제1항부터 제3항까지에서 규정한 사항 외에 동물보건사 자격시험의 실시 등에 필요한 사항은 농림축산식품부령으로 정한다.

(3) 양성기관의 평가인증(제16조의4)

① 동물보건사 양성과정을 운영하려는 학교 또는 교육기관은 농림축산식품부령으로 정하는 기준과 절차에 따라 농림축산식품부장관의 평가인증을 받을 수 있다.

② 농림축산식품부장관은 제1항에 따라 평가인증을 받은 양성기관이 다음 각 호의 어느 하나에 해당하는 경우에는 농림축산식품부령으로 정하는 바에 따라 평가인증을 취소할 수 있다. 다만, ㉠에 해당하는 경우에는 평가인증을 취소하여야 한다.

㉠ 거짓이나 그 밖의 부정한 방법으로 평가인증을 받은 경우

㉡ 제1항에 따른 양성기관 평가인증 기준에 미치지 못하게 된 경우

충족 기준	• 교육과정 및 교육내용이 양성기관의 업무 수행에 적합할 것 • 교육과정의 운영에 필요한 교수 및 운영 인력을 갖출 것 • 교육시설·장비 등 교육여건과 교육환경이 양성기관의 업무 수행에 적합할 것
서류 및 자료	• 해당 양성기관의 설립 및 운영 현황 자료 • 평가인증 기준을 충족함을 증명하는 서류 및 자료

(4) 동물보건사의 업무(제16조의5)

① 동물보건사는 제10조에도 불구하고 동물병원 내에서 수의사의 지도 아래 동물의 간호 또는 진료 보조 업무를 수행할 수 있다.

② 제1항에 따른 구체적인 업무의 범위와 한계 등에 관한 사항은 농림축산식품부령으로 정한다.

동물의 간호 업무	동물에 대한 관찰, 체온·심박수 등 기초 검진 자료의 수집, 간호판단 및 요양을 위한 간호
동물의 진료 보조 업무	약물 도포, 경구 투여, 마취·수술의 보조 등 수의사의 지도 아래 수행하는 진료의 보조

(5) 준용규정(제16조의6)

동물보건사에 대해서는 제5조, 제6조, 제9조의2, 제14조, 제32조 제1항 제1호·제3호, 같은 조 제3항, 제34조, 제36조 제3호를 준용한다. 이 경우 "수의사"는 "동물보건사"로, "면허"는 "자격"으로, "면허증"은 "자격증"으로 본다.

06 동물 진료의 분류체계 표준화(제20조의3)

농림축산식품부장관은 동물 진료의 체계적인 발전을 위하여 동물의 질병명, 진료항목 등 동물 진료에 관한 표준화된 분류체계를 작성하여 고시하여야 한다.

07 벌칙(제39조)

① 다음 각 호의 어느 하나에 해당하는 사람은 2년 이하의 징역 또는 2천만원 이하의 벌금에 처하거나 이를 병과할 수 있다.

• 제6조 제2항(제16조의6에 따라 준용되는 경우를 포함한다)을 위반하여 수의사 면허증 또는 동물보건사 자격증을 다른 사람에게 빌려주거나 빌린 사람 또는 이를 알선한 사람
• 제10조를 위반하여 동물을 진료한 사람
• 제17조 제2항을 위반하여 동물병원을 개설한 자

② 다음 각 호의 어느 하나에 해당하는 자는 **300만원 이하의 벌금**에 처한다.
• 제22조의2 제3항을 위반하여 허가를 받지 아니하고 재산을 처분하거나 정관을 변경한 동물진료법인
• 제22조의2 제4항을 위반하여 동물진료법인이나 이와 비슷한 명칭을 사용한 자

08 과태료(제41조)

① 다음 각 호의 어느 하나에 해당하는 자에게는 **500만원 이하의 과태료**를 부과한다.
• 제11조를 위반하여 정당한 사유 없이 동물의 진료 요구를 거부한 사람
• 제17조 제1항을 위반하여 동물병원을 개설하지 아니하고 동물진료업을 한 자
• 제17조의4 제4항을 위반하여 부적합 판정을 받은 동물 진단용 특수의료장비를 사용한 자

② 다음 각 호의 어느 하나에 해당하는 자에게는 **100만원 이하의 과태료**를 부과한다.
• 제12조 제1항을 위반하여 거짓이나 그 밖의 부정한 방법으로 진단서, 검안서, 증명서 또는 처방전을 발급한 사람
• 제12조 제1항을 위반하여 처방대상 동물용 의약품을 직접 진료하지 아니하고 처방·투약한 자
• 제12조 제3항을 위반하여 정당한 사유 없이 진단서, 검안서, 증명서 또는 처방전의 발급을 거부한 자
• 제12조 제5항을 위반하여 신고하지 아니하고 처방전을 발급한 수의사
• 제12조의2 제1항을 위반하여 처방전을 발급하지 아니한 자
• 제12조의2 제2항 본문을 위반하여 수의사처방관리시스템을 통하지 아니하고 처방전을 발급한 자
• 제12조의2 제2항 단서를 위반하여 부득이한 사유가 종료된 후 3일 이내에 처방전을 수의사처방관리시스템에 등록하지 아니한 자
• 제12조의2 제3항 후단을 위반하여 처방대상 동물용 의약품의 명칭, 용법 및 용량 등 수의사처방관리시스템에 입력하여야 하는 사항을 입력하지 아니하거나 거짓으로 입력한 자
• 제13조를 위반하여 진료부 또는 검안부를 갖추어 두지 아니하거나 진료 또는 검안한 사항을 기록하지 아니하거나 거짓으로 기록한 사람
• 제13조의2를 위반하여 동물소유자등에게 설명을 하지 아니하거나 서면으로 동의를 받지 아니한 자

- 제14조(제16조의6에 따라 준용되는 경우를 포함한다)에 따른 신고를 하지 아니한 자
- 제17조의2를 위반하여 동물병원 개설자 자신이 그 동물병원을 관리하지 아니하거나 관리자를 지정하지 아니한 자
- 제17조의3 제1항 전단에 따른 신고를 하지 아니하고 동물 진단용 방사선발생장치를 설치·운영한 자
- 제17조의3 제2항에 따른 준수사항을 위반한 자
- 제17조의3 제3항에 따라 정기적으로 검사와 측정을 받지 아니하거나 방사선 관계 종사자에 대한 피폭관리를 하지 아니한 자
- 제18조를 위반하여 동물병원의 휴업·폐업의 신고를 하지 아니한 자
- 제19조를 위반하여 수술등 중대진료에 대한 예상 진료비용 등을 고지하지 아니한 자
- 제20조의2 제3항을 위반하여 고지·게시한 금액을 초과하여 징수한 자
- 제20조의4 제2항에 따른 자료제출 요구에 정당한 사유 없이 따르지 아니하거나 거짓으로 자료를 제출한 자
- 제22조의3 제3항을 위반하여 신고하지 아니한 자
- 제30조 제2항에 따른 사용 제한 또는 금지 명령을 위반하거나 시정 명령을 이행하지 아니한 자
- 제30조 제3항에 따른 시정 명령을 이행하지 아니한 자
- 제31조 제2항에 따른 보고를 하지 아니하거나 거짓 보고를 한 자 또는 관계 공무원의 검사를 거부·방해 또는 기피한 자
- 정당한 사유 없이 제34조에 따른 연수교육을 받지 아니한 사람

③ 제1항이나 제2항에 따른 과태료는 대통령령으로 정하는 바에 따라 농림축산식품부장관, 시·도지사 또는 시장·군수가 부과·징수한다.

동물보호법

01 동물보호법 구성

① 동물보호법은 법률 제19486호에 의거 2023.6.20 일부개정되었으며 2023.6.20.에 시행되었다.

② 동물보호법 구성표

구성 항목	내용		
제1장 (총칙)	제1조 목적, 제2조 정의, 제3조 동물보호의 기본원칙, 제4조 국가·지방자치단체 및 국민의 책무, 제5조 다른 법률과의 관계		
제2장 (동물복지종합계획의 수립 등)	제6조 동물복지종합계획, 제7조 동물복지위원회, 제8조 시·도 동물복지위원회		
제3장 (동물의 보호 및 관리)	제1절	동물의 보호 등	제9조 적정한 사육·관리, 제10조 동물학대 등의 금지, 제11조 동물의 운송, 제12조 반려동물의 전달방법, 제13조 동물의 도살방법, 제14조 동물의 수술, 제15조 등록대상동물의 등록 등, 제16조 등록대상동물의 관리
	제2절	맹견의 관리 등	제17조 맹견수입신고, 제18조 맹견사육허가 등, 제19조 맹견사육허가의 결격사유, 제20조 맹견사육허가의 철회 등, 제21조 맹견의 관리, 제22조 맹견의 출입금지 등, 제23조 보험의 가입 등, 제24조 맹견 아닌 개의 기질평가, 제25조 비용부담 등, 제26조 기질평가위원회, 제27조 기질평가위원회의 권한 등, 제28조 기질평가에 필요한 정보의 요청 등, 제29조 비밀엄수의 의무 등
	제3절	반려동물 행동 지도사	제30조 반려동물행동지도사의 업무, 제31조 반려동물행동지도사 자격시험, 제32조 반려동물행동지도사의 결격사유 및 자격취소 등, 제33조 명의대여 금지 등
	제4절	동물의 구조 등	제34조 동물의 구조·보호, 제35조 동물보호센터의 설치 등, 제36조 동물보호센터의 지정 등, 제37조 민간동물보호시설의 신고 등, 제38조 시정명령 및 시설폐쇄 등, 제39조 신고 등, 제40조 공고, 제41조 동물의 반환 등, 제42조 보호비용의 부담, 제43조 동물의 소유권 취득, 제44조 사육포기 동물의 인수 등, 제45조 동물의 기증·분양, 제46조 동물의 인도적인 처리 등

제4장 (동물실험의 관리 등)	제47조 동물실험의 원칙, 제48조 전임수의사, 제49조 동물실험의 금지 등, 제50조 미성년자 동물 해부실습의 금지, 제51조 동물실험윤리위원회의 설치 등, 제52조 공용동물실험윤리위원회의 지정 등, 제53조 윤리위원회의 구성, 제54조 윤리위원회의 기능 등, 제55조 심의 후 감독, 제56조 전문위원의 지정 및 검토, 제57조 윤리위원회 위원 및 기관 종사자에 대한 교육, 제58조 윤리위원회의 구성 등에 대한 지도·감독
제5장 (동물복지축산농장의 인증)	제59조 동물복지축산농장의 인증, 제60조 인증기관의 지정 등, 제61조 인증기관의 지정취소 등, 제62조 인증농장의 표시, 제63조 동물복지축산물의 표시, 제64조 인증농장에 대한 지원 등, 제65조 인증취소 등, 제66조 사후관리, 제67조 부정행위의 금지, 제68조 인증의 승계
제6장 (반려동물의 영업)	제69조 영업의 허가, 제70조 맹견취급영업의 특례, 제71조 공설동물장묘시설의 특례, 제72조 동물장묘시설의 설치 제한, 제72조의2 장묘정보시스템의 구축·운영 등, 제73조 영업의 등록, 제74조 허가 또는 등록의 결격사유, 제75조 영업승계, 제76조 휴업·폐업 등의 신고, 제77조 직권말소, 제78조 영업자 등의 준수사항, 제79조 등록대상동물의 판매에 따른 등록신청, 제80조 거래내역의 신고, 제81조 표준계약서의 제정·보급, 제82조 교육, 제83조 허가 또는 등록의 취소 등, 제84조 과징금의 부과, 제85조 영업장의 폐쇄
제7장 (보칙)	제86조 출입·검사 등, 제87조 영상정보처리기기의 설치 등, 제88조 동물보호관, 제89조 학대행위자에 대한 상담·교육 등의 권고, 제90조 명예동물보호관, 제91조 수수료, 제92조 청문, 제93조 권한의 위임·위탁, 제94조 실태조사 및 정보의 공개, 제95조 동물보호정보의 수집 및 활용, 제96조 위반사실의 공표
제8장 (벌칙)	제97조 벌칙, 제98조 벌칙, 제99조 양벌규정, 제100조 형벌과 수강명령 등의 병과, 제101조 과태료

02 동물보호법에서 사용하는 용어(제2조)

① **"동물"**이란 고통을 느낄 수 있는 신경체계가 발달한 척추동물로서 다음 각 목의 어느 하나에 해당하는 동물을 말한다.
- 포유류
- 조류
- 파충류·양서류·어류 중 농림축산식품부장관이 관계 중앙행정기관의 장과의 협의를 거쳐 대통령령으로 정하는 동물

② **"소유자등"**이란 동물의 소유자와 일시적 또는 영구적으로 동물을 사육·관리 또는 보호하는 사람을 말한다.

③ **"유실·유기동물"**이란 도로·공원 등의 공공장소에서 소유자등이 없이 배회하거나 내버려진 동물을 말한다.

④ **"피학대동물"**이란 제10조 제2항 및 같은 조 제4항 제2호에 따른 학대를 받은 동물을 말한다.

⑤ **"맹견"**이란 다음 각 목의 어느 하나에 해당하는 개를 말한다.

- 도사견, 핏불테리어, 로트와일러 등 사람의 생명이나 신체 또는 동물에 위해를 가할 우려가 있는 개로서 농림축산식품부령으로 정하는 개
- 사람의 생명이나 신체 또는 동물에 위해를 가할 우려가 있어 제24조 제3항에 따라 시·도지사가 맹견으로 지정한 개

⑥ **"봉사동물"**이란 「장애인복지법」 제40조에 따른 장애인 보조견 등 사람이나 국가를 위하여 봉사하고 있거나 봉사한 동물로서 대통령령으로 정하는 동물을 말한다.

⑦ **"반려동물"**이란 반려의 목적으로 기르는 개, 고양이 등 농림축산식품부령으로 정하는 동물을 말한다.

⑧ **"등록대상동물"**이란 동물의 보호, 유실·유기 방지, 질병의 관리, 공중위생상의 위해 방지 등을 위하여 등록이 필요하다고 인정하여 대통령령으로 정하는 동물을 말한다.

⑨ **"동물학대"**란 동물을 대상으로 정당한 사유 없이 불필요하거나 피할 수 있는 고통과 스트레스를 주는 행위 및 굶주림, 질병 등에 대하여 적절한 조치를 게을리하거나 방치하는 행위를 말한다.

⑩ **"기질평가"**란 동물의 건강상태, 행동양태 및 소유자등의 통제능력 등을 종합적으로 분석하여 평가 대상 동물의 공격성을 판단하는 것을 말한다.

⑪ **"반려동물행동지도사"**란 반려동물의 행동분석·평가 및 훈련 등에 전문지식과 기술을 가진 사람으로서 제31조 제1항에 따른 자격시험에 합격한 사람을 말한다.

⑫ **"동물실험"**이란 「실험동물에 관한 법률」 제2조 제1호에 따른 동물실험을 말한다.

⑬ **"동물실험시행기관"**이란 동물실험을 실시하는 법인·단체 또는 기관으로서 대통령령으로 정하는 법인·단체 또는 기관을 말한다.

03 동물보호의 기본원칙(제3조)

① 동물이 본래의 습성과 신체의 원형을 유지하면서 정상적으로 살 수 있도록 할 것
② 동물이 갈증 및 굶주림을 겪거나 영양이 결핍되지 아니하도록 할 것
③ 동물이 정상적인 행동을 표현할 수 있고 불편함을 겪지 아니하도록 할 것
④ 동물이 고통·상해 및 질병으로부터 자유롭도록 할 것
⑤ 동물이 공포와 스트레스를 받지 아니하도록 할 것

04 동물학대 등의 금지(제10조)

① 누구든지 동물을 죽이거나 죽음에 이르게 하는 다음 각 호의 행위를 하여서는 아니 된다.
  ㉠ 목을 매다는 등의 잔인한 방법으로 죽음에 이르게 하는 행위
  ㉡ 노상 등 공개된 장소에서 죽이거나 같은 종류의 다른 동물이 보는 앞에서 죽음에 이르게 하는 행위
  ㉢ 동물의 습성 및 생태환경 등 부득이한 사유가 없음에도 불구하고 해당 동물을 다른 동물의 먹이로 사용하는 행위
  ㉣ 그 밖에 사람의 생명·신체에 대한 직접적인 위협이나 재산상의 피해 방지 등 농림축산식품부령으로 정하는 정당한 사유 없이 동물을 죽음에 이르게 하는 행위

② 누구든지 동물에 대하여 다음 각 호의 행위를 하여서는 아니 된다.
  ㉠ 도구·약물 등 물리적·화학적 방법을 사용하여 상해를 입히는 행위
  ㉡ 살아있는 상태에서 동물의 몸을 손상하거나 체액을 채취하거나 체액을 채취하기 위한 장치를 설치하는 행위
  ㉢ 도박·광고·오락·유흥 등의 목적으로 동물에게 상해를 입히는 행위
  ㉣ 동물의 몸에 고통을 주거나 상해를 입히는 다음 각 목에 해당하는 행위
    • 사람의 생명·신체에 대한 직접적 위협이나 재산상의 피해를 방지하기 위하여 다른 방법이 있음에도 불구하고 동물에게 고통을 주거나 상해를 입히는 행위
    • 동물의 습성 또는 사육환경 등의 부득이한 사유가 없음에도 불구하고 동물을 혹서·혹한 등의 환경에 방치하여 고통을 주거나 상해를 입히는 행위
    • 갈증이나 굶주림의 해소 또는 질병의 예방이나 치료 등의 목적 없이 동물에게 물이나 음식을 강제로 먹여 고통을 주거나 상해를 입히는 행위
    • 동물의 사육·훈련 등을 위하여 필요한 방식이 아님에도 불구하고 다른 동물과 싸우게 하거나 도구를 사용하는 등 잔인한 방식으로 고통을 주거나 상해를 입히는 행위

③ 누구든지 소유자등이 없이 배회하거나 내버려진 동물 또는 피학대동물 중 소유자등을 알 수 없는 동물에 대하여 다음 각 호의 어느 하나에 해당하는 행위를 하여서는 아니 된다.
  ㉠ 포획하여 판매하는 행위
  ㉡ 포획하여 죽이는 행위
  ㉢ 판매하거나 죽일 목적으로 포획하는 행위
  ㉣ 소유자등이 없이 배회하거나 내버려진 동물 또는 피학대동물 중 소유자등을 알 수 없는 동물임을 알면서 알선·구매하는 행위

④ 소유자등은 다음 각 호의 행위를 하여서는 아니 된다.
  ㉠ 동물을 유기하는 행위
  ㉡ 반려동물에게 최소한의 사육공간 및 먹이 제공, 적정한 길이의 목줄, 위생·건강 관리를 위한 시항 등 농림축산식품부령으로 정하는 사육·관리 또는 보호의무를 위반하여 상해를 입히거나 질병을 유발하는 행위

㉢ ㉡의 행위로 인하여 반려동물을 죽음에 이르게 하는 행위

⑤ 누구든지 다음 각 호의 행위를 하여서는 아니 된다.

㉠ 제1항부터 제4항까지(제4항 제1호는 제외한다)의 규정에 해당하는 행위를 촬영한 사진 또는 영상물을 판매·전시·전달·상영하거나 인터넷에 게재하는 행위

㉡ 도박을 목적으로 동물을 이용하는 행위 또는 동물을 이용하는 도박을 행할 목적으로 광고·선전하는 행위

㉢ 도박·시합·복권·오락·유흥·광고 등의 상이나 경품으로 동물을 제공하는 행위

㉣ 영리를 목적으로 동물을 대여하는 행위

05 맹견사육허가 등(제18조)

① 등록대상동물인 맹견을 사육하려는 사람은 다음 각 호의 요건을 갖추어 시·도지사에게 맹견사육허가를 받아야 한다.

- 제15조에 따른 등록을 할 것
- 제23조에 따른 보험에 가입할 것
- 중성화 수술을 할 것

② 공동으로 맹견을 사육·관리 또는 보호하는 사람이 있는 경우에는 제1항에 따른 맹견사육허가를 공동으로 신청할 수 있다.

③ 시·도지사는 맹견사육허가를 하기 전에 제26조에 따른 기질평가위원회가 시행하는 기질평가를 거쳐야 한다.

④ 시·도지사는 맹견의 사육으로 인하여 공공의 안전에 위험이 발생할 우려가 크다고 판단하는 경우에는 맹견사육허가를 거부하여야 한다. 이 경우 기질평가위원회의 심의를 거쳐 해당 맹견에 대하여 인도적인 방법으로 처리할 것을 명할 수 있다.

⑤ 제4항에 따른 맹견의 인도적인 처리는 제46조 제1항 및 제2항 전단을 준용한다.

⑥ 시·도지사는 맹견사육허가를 받은 자에게 농림축산식품부령으로 정하는 바에 따라 교육이수 또는 허가대상 맹견의 훈련을 명할 수 있다.

⑦ 제1항부터 제6항까지의 규정에 따른 사항 외에 맹견사육허가의 절차 등에 관한 사항은 대통령령으로 정한다.

06 맹견사육허가의 결격사유(제19조)

다음 각 호의 어느 하나에 해당하는 사람은 제18조에 따른 맹견사육허가를 받을 수 없다.

① 미성년자(19세 미만의 사람을 말한다)

② 피성년후견인 또는 피한정후견인

③ 「정신건강증진 및 정신질환자 복지서비스 지원에 관한 법률」 제3조 제1호에 따른 정신질환자 또는 「마약류 관리에 관한 법률」 제2조 제1호에 따른 마약류의 중독자

④ 제10조·제16조·제21조를 위반하여 벌금 이상의 실형을 선고받고 그 집행이 종료되거나 집행이 면제된 날부터 3년이 지나지 아니한 사람

⑤ 제10조·제16조·제21조를 위반하여 벌금 이상의 형의 집행유예를 선고받고 그 유예기간 중에 있는 사람

07 맹견의 관리(제21조)

① 맹견의 소유자등은 다음 각 호의 사항을 준수하여야 한다.

- 소유자등이 없이 맹견을 기르는 곳에서 벗어나지 아니하게 할 것
- 월령이 3개월 이상인 맹견을 동반하고 외출할 때에는 농림축산식품부령으로 정하는 바에 따라 목줄 및 입마개 등 안전장치를 하거나 맹견의 탈출을 방지할 수 있는 적정한 이동장치를 할 것
- 그 밖에 맹견이 사람 또는 동물에게 위해를 가하지 못하도록 하기 위하여 농림축산식품부령으로 정하는 사항을 따를 것

② 시·도지사와 시장·군수·구청장은 맹견이 사람에게 신체적 피해를 주는 경우 농림축산식품부령으로 정하는 바에 따라 소유자등의 동의 없이 맹견에 대하여 격리조치 등 필요한 조치를 취할 수 있다.

③ 제18조 제1항 및 제2항에 따라 맹견사육허가를 받은 사람은 맹견의 안전한 사육·관리 또는 보호에 관하여 농림축산식품부령으로 정하는 바에 따라 정기적으로 교육을 받아야 한다.

08 반려동물행동지도사의 업무(제30조)

① 반려동물행동지도사는 다음 각 호의 업무를 수행한다.

- 반려동물에 대한 행동분석 및 평가
- 반려동물에 대한 훈련

• 반려동물 소유자등에 대한 교육
• 그 밖에 반려동물행동지도에 필요한 사항으로 농림축산식품부령으로 정하는 업무

② 농림축산식품부장관은 반려동물행동지도사의 업무능력 및 전문성 향상을 위하여 농림축산식품부령으로 정하는 바에 따라 보수교육을 실시할 수 있다.

09 반려동물행동지도사 자격시험(제31조)

① 반려동물행동지도사가 되려는 사람은 농림축산식품부장관이 시행하는 자격시험에 합격하여야 한다.

② 반려동물의 행동분석·평가 및 훈련 등에 전문지식과 기술을 갖추었다고 인정되는 대통령령으로 정하는 기준에 해당하는 사람에게는 제1항에 따른 자격시험 과목의 일부를 면제할 수 있다.

③ 농림축산식품부장관은 다음 각 호의 어느 하나에 해당하는 사람에 대해서는 해당 시험을 무효로 하거나 합격 결정을 취소하여야 한다.
• 거짓이나 그 밖에 부정한 방법으로 시험에 응시한 사람
• 시험에서 부정한 행위를 한 사람

④ 다음 각 호의 어느 하나에 해당하는 사람은 그 처분이 있은 날부터 3년간 반려동물행동지도사 자격시험에 응시하지 못한다.
• 제3항에 따라 시험의 무효 또는 합격 결정의 취소를 받은 사람
• 제32조 제2항에 따라 반려동물행동지도사의 자격이 취소된 사람

⑤ 농림축산식품부장관은 제1항에 따른 자격시험의 시행 등에 관한 사항을 대통령령으로 정하는 바에 따라 관계 전문기관에 위탁할 수 있다.

⑥ 반려동물행동지도사 자격시험의 시험과목, 시험방법, 합격기준 및 자격증 발급 등에 관한 사항은 대통령령으로 정한다.

10 동물의 인도적인 처리 등(제46조)

① 제35조 제1항 및 제36조 제1항에 따른 동물보호센터의 장은 제34조 제1항에 따라 보호조치 중인 동물에게 질병 등 농림축산식품부령으로 정하는 사유가 있는 경우에는 농림축산식품부장관이 정하는 바에 따라 마취 등을 통하여 동물의 고통을 최소화하는 인도적인 방법으로 처리하여야 한다.

② 제1항에 따라 시행하는 동물의 인도적인 처리는 수의사가 하여야 한다. 이 경우 사용된 약제 관련 사용기록의 작성·보관 등에 관한 사항은 농림축산식품부령으로 정하는 바에 따른다.

③ 동물보호센터의 장은 제1항에 따라 동물의 사체가 발생한 경우 「폐기물관리법」에 따라 처리하거나 제69조 제1항 제4호에 따른 동물장묘업의 허가를 받은 자가 설치·운영하는 동물장묘시설 및 제71조 제1항에 따른 공설동물장묘시설에서 처리하여야 한다.

11 동물실험의 원칙(제47조)

① 동물실험은 인류의 복지 증진과 동물 생명의 존엄성을 고려하여 실시되어야 한다.
② 동물실험을 하려는 경우에는 이를 대체할 수 있는 방법을 우선적으로 고려하여야 한다.
③ 동물실험은 실험동물의 윤리적 취급과 과학적 사용에 관한 지식과 경험을 보유한 자가 시행하여야 하며 필요한 최소한의 동물을 사용하여야 한다.
④ 실험동물의 고통이 수반되는 실험을 하려는 경우에는 감각능력이 낮은 동물을 사용하고 진통제·진정제·마취제의 사용 등 수의학적 방법에 따라 고통을 덜어주기 위한 적절한 조치를 하여야 한다.
⑤ 동물실험을 한 자는 그 실험이 끝난 후 지체 없이 해당 동물을 검사하여야 하며, 검사 결과 정상적으로 회복한 동물은 기증하거나 분양할 수 있다.
⑥ 제5항에 따른 검사 결과 해당 동물이 회복할 수 없거나 지속적으로 고통을 받으며 살아야 할 것으로 인정되는 경우에는 신속하게 고통을 주지 아니하는 방법으로 처리하여야 한다.
⑦ 제1항부터 제6항까지에서 규정한 사항 외에 동물실험의 원칙과 이에 따른 기준 및 방법에 관한 사항은 농림축산식품부장관이 정하여 고시한다.

12 동물복지축산농장의 인증(제59조)

① 농림축산식품부장관은 동물복지 증진에 이바지하기 위하여 「축산물 위생관리법」 제2조 제1호에 따른 가축으로서 농림축산식품부령으로 정하는 동물이 본래의 습성 등을 유지하면서 정상적으로 살 수 있도록 관리하는 축산농장을 동물복지축산농장으로 인증할 수 있다.
② 제1항에 따른 인증을 받으려는 자는 제60조 제1항에 따라 지정된 인증기관에 농림축산식품부령으로 정하는 서류를 갖추어 인증을 신청하여야 한다.
③ 인증기관은 인증 신청을 받은 경우 농림축산식품부령으로 정하는 인증기준에 따라 심사한 후 그 기준에 맞는 경우에는 인증하여 주어야 한다.
④ 제3항에 따른 인증의 유효기간은 인증을 받은 날부터 3년으로 한다.
⑤ 제3항에 따라 인증을 받은 동물복지축산농장의 경영자는 그 인증을 유지하려면 제4항에 따른 유효기간이 끝나기 2개월 전까지 인증기관에 갱신 신청을 하여야 한다.

⑥ 제3항에 따른 인증 또는 제5항에 따른 인증갱신에 대한 심사결과에 이의가 있는 자는 인증기관에 재심사를 요청할 수 있다.

⑦ 제6항에 따른 재심사 신청을 받은 인증기관은 농림축산식품부령으로 정하는 바에 따라 재심사 여부 및 그 결과를 신청자에게 통보하여야 한다.

⑧ 인증농장의 인증 절차 및 인증의 갱신, 재심사 등에 관한 사항은 농림축산식품부령으로 정한다.

13 인증농장에 대한 지원 등(제64조)

① 농림축산식품부장관은 인증농장에 대하여 다음 각 호의 지원을 할 수 있다.

- 동물의 보호·복지 증진을 위하여 축사시설 개선에 필요한 비용
- 인증농장의 환경개선 및 경영에 관한 지도·상담 및 교육
- 인증농장에서 생산한 축산물의 판로개척을 위한 상담·자문 및 판촉
- 인증농장에서 생산한 축산물의 해외시장의 진출·확대를 위한 정보제공, 홍보활동 및 투자유치
- 그 밖에 인증농장의 경영안정을 위하여 필요한 사항

② 농림축산식품부장관, 시·도지사, 시장·군수·구청장, 제4조 제3항에 따른 민간단체 및 「축산자조금의 조성 및 운용에 관한 법률」 제2조 제3호에 따른 축산단체는 인증농장의 운영사례를 교육·홍보에 적극 활용하여야 한다.

14 맹견취급영업의 특례(제70조)

① 제2조 제5호 가목에 따른 맹견을 생산·수입 또는 판매하는 영업을 하려는 자는 제69조 제1항에 따른 동물생산업, 동물수입업 또는 동물판매업의 허가 외에 대통령령으로 정하는 바에 따라 맹견 취급에 대하여 시·도지사의 허가를 받아야 한다. 허가받은 사항을 변경하려는 때에도 또한 같다.

② 맹견취급허가를 받으려는 자의 결격사유에 대하여는 제19조를 준용한다.

③ 맹견취급허가를 받은 자는 다음 각 호의 어느 하나에 해당하는 경우 농림축산식품부령으로 정하는 바에 따라 시·도지사에게 신고하여야 한다.

- 맹견을 번식시킨 경우
- 맹견을 수입한 경우
- 맹견을 양도하거나 양수한 경우
- 보유하고 있는 맹견이 죽은 경우

④ 맹견 취급을 위한 동물생산업, 동물수입업 또는 동물판매업의 시설 및 인력 기준은 제69조 제3항에 따른 기준 외에 별도로 농림축산식품부령으로 정한다.

15 공설동물장묘시설의 특례(제71조)

① 지방자치단체의 장은 동물을 위한 장묘시설(공설동물장묘시설)을 설치·운영할 수 있다. 이 경우 시설 및 인력 등 농림축산식품부령으로 정하는 기준을 갖추어야 한다.
② 농림축산식품부장관은 제1항에 따라 공설동물장묘시설을 설치·운영하는 지방자치단체에 대해서는 예산의 범위에서 시설의 설치에 필요한 경비를 지원할 수 있다.
③ 지방자치단체의 장이 공설동물장묘시설을 사용하는 자에게 부과하는 사용료 또는 관리비의 금액과 부과방법 및 용도, 그 밖에 필요한 사항은 해당 지방자치단체의 조례로 정한다.

16 동물장묘시설의 설치 제한(제72조)

다음 각 호의 어느 하나에 해당하는 지역에는 제69조 제1항 제4호의 동물장묘업을 영위하기 위한 동물장묘시설 및 공설동물장묘시설을 설치할 수 없다.
① 「장사 등에 관한 법률」 제17조에 해당하는 지역
② 20호 이상의 인가밀집지역, 학교, 그 밖에 공중이 수시로 집합하는 시설 또는 장소로부터 300미터 이내. 다만, 해당 지역의 위치 또는 지형 등의 상황을 고려하여 해당 시설의 기능이나 이용 등에 지장이 없는 경우로서 특별자치시장·특별자치도지사·시장·군수·구청장이 인정하는 경우에는 적용을 제외한다.

17 영업의 등록(제73조)

① 동물과 관련된 다음 각 호의 영업을 하려는 자는 농림축산식품부령으로 정하는 바에 따라 특별자치시장·특별자치도지사·시장·군수·구청장에게 등록하여야 한다.
- 동물전시업
- 동물위탁관리업
- 동물미용업
- 동물운송업

② 제1항 각 호에 따른 영업의 세부 범위는 농림축산식품부령으로 정한다.

③ 제1항에 따른 영업의 등록을 신청하려는 자는 영업장의 시설 및 인력 등 농림축산식품부령으로 정하는 기준을 갖추어야 한다.
④ 제1항에 따라 영업을 등록한 자가 등록사항을 변경하는 경우에는 변경등록을 하여야 한다. 다만, 농림축산식품부령으로 정하는 경미한 사항을 변경하는 경우에는 특별자치시장·특별자치도지사·시장·군수·구청장에게 신고하여야 한다.

18 고정형 영상정보처리기기의 설치 등(제87조)

① 다음 각 호의 어느 하나에 해당하는 자는 동물학대 방지 등을 위하여 「개인정보 보호법」 제2조 제7호에 따른 고정형 영상정보처리기기를 설치하여야 한다.
- 제35조 제1항 또는 제36조 제1항에 따른 동물보호센터의 장
- 제37조에 따른 보호시설운영자
- 제63조 제1항 제1호 다목에 따른 도축장 운영자
- 제69조 제1항에 따른 영업의 허가를 받은 자 또는 제73조 제1항에 따라 영업의 등록을 한 자

② 제1항에 따른 고정형 영상정보처리기기의 설치 대상, 장소 및 기준 등에 필요한 사항은 대통령령으로 정한다.
③ 제1항에 따라 고정형 영상정보처리기기를 설치·관리하는 자는 동물보호센터·보호시설·영업장의 종사자, 이용자 등 정보주체의 인권이 침해되지 아니하도록 다음 각 호의 사항을 준수하여야 한다.
- 설치 목적과 다른 목적으로 고정형 영상정보처리기기를 임의로 조작하거나 다른 곳을 비추지 아니할 것
- 녹음기능을 사용하지 아니할 것

④ 제1항에 따라 고정형 영상정보처리기기를 설치·관리하는 자는 다음 각 호의 어느 하나에 해당하는 경우 외에는 고정형 영상정보처리기기로 촬영한 영상기록을 다른 사람에게 제공하여서는 아니 된다.
- 소유자등이 자기 동물의 안전을 확인하기 위하여 요청하는 경우
- 「개인정보 보호법」 제2호 제6호 가목에 따른 공공기관이 제86조 등 법령에서 정하는 동물보호 업무 수행을 위하여 요청하는 경우
- 범죄의 수사와 공소의 제기 및 유지, 법원의 재판업무 수행을 위하여 필요한 경우

⑤ 이 법에서 정하는 사항 외에 고정형 영상정보처리기기의 설치, 운영 및 관리 등에 관한 사항은 「개인정보 보호법」에 따른다.

19 동물보호관(제88조)

① 농림축산식품부장관, 시·도지사 및 시장·군수·구청장은 동물의 학대 방지 등 동물보호에 관한 사무를 처리하기 위하여 소속 공무원 중에서 동물보호관을 지정하여야 한다.
② 제1항에 따른 동물보호관의 자격, 임명, 직무 범위 등에 관한 사항은 대통령령으로 정한다.
③ 동물보호관이 제2항에 따른 직무를 수행할 때에는 농림축산식품부령으로 정하는 증표를 지니고 이를 관계인에게 보여주어야 한다.
④ 누구든지 동물의 특성에 따른 출산, 질병 치료 등 부득이한 사유가 있는 경우를 제외하고는 제2항에 따른 동물보호관의 직무 수행을 거부·방해 또는 기피하여서는 아니 된다.

20 명예동물보호관(제90조)

① 농림축산식품부장관, 시·도지사 및 시장·군수·구청장은 동물의 학대 방지 등 동물보호를 위한 지도·계몽 등을 위하여 명예동물보호관을 위촉할 수 있다.
② 제10조를 위반하여 제97조에 따라 형을 선고받고 그 형이 확정된 사람은 제1항에 따른 명예동물보호관이 될 수 없다.
③ 명예동물보호관의 자격, 위촉, 해촉, 직무, 활동 범위와 수당의 지급 등에 관한 사항은 대통령령으로 정한다.
④ 명예동물보호관은 제3항에 따른 직무를 수행할 때에는 부정한 행위를 하거나 권한을 남용하여서는 아니 된다.
⑤ 명예동물보호관이 그 직무를 수행하는 경우에는 신분을 표시하는 증표를 지니고 이를 관계인에게 보여주어야 한다.

21 벌칙(제97조)

① 다음 각 호의 어느 하나에 해당하는 자는 3년 이하의 징역 또는 3천만원 이하의 벌금에 처한다.
- 제10조 제1항 각 호의 어느 하나를 위반한 자
- 제10조 제3항 제2호 또는 같은 조 제4항 제3호를 위반한 자
- 제16조 제1항 또는 같은 조 제2항 제1호를 위반하여 사람을 사망에 이르게 한 자
- 제21조 제1항 각 호를 위반하여 사람을 사망에 이르게 한 자

② 다음 각 호의 어느 하나에 해당하는 자는 **2년 이하의 징역 또는 2천만원 이하의 벌금**에 처한다.

- 제10조 제2항 또는 같은 조 제3항 제1호·제3호·제4호의 어느 하나를 위반한 자
- 제10조 제4항 제1호를 위반하여 맹견을 유기한 소유자등
- 제10조 제4항 제2호를 위반한 소유자등
- 제16조 제1항 또는 같은 조 제2항 제1호를 위반하여 사람의 신체를 상해에 이르게 한 자
- 제21조 제1항 각 호의 어느 하나를 위반하여 사람의 신체를 상해에 이르게 한 자
- 제67조 제1항 제1호를 위반하여 거짓이나 그 밖의 부정한 방법으로 인증농장 인증을 받은 자
- 제67조 제1항 제2호를 위반하여 인증을 받지 아니한 축산농장을 인증농장으로 표시한 자
- 제67조 제1항 제3호를 위반하여 거짓이나 그 밖의 부정한 방법으로 인증심사·재심사 및 인증갱신을 하거나 받을 수 있도록 도와주는 행위를 한 자
- 제69조 제1항 또는 같은 조 제4항을 위반하여 허가 또는 변경허가를 받지 아니하고 영업을 한 자
- 거짓이나 그 밖의 부정한 방법으로 제69조 제1항에 따른 허가 또는 같은 조 제4항에 따른 변경허가를 받은 자
- 제70조 제1항을 위반하여 맹견취급허가 또는 변경허가를 받지 아니하고 맹견을 취급하는 영업을 한 자
- 거짓이나 그 밖의 부정한 방법으로 제70조 제1항에 따른 맹견취급허가 또는 변경허가를 받은 자
- 제72조를 위반하여 설치가 금지된 곳에 동물장묘시설을 설치한 자
- 제85조 제1항에 따른 영업장 폐쇄조치를 위반하여 영업을 계속한 자

③ 다음 각 호의 어느 하나에 해당하는 자는 **1년 이하의 징역 또는 1천만원 이하의 벌금**에 처한다.

- 제18조 제1항을 위반하여 맹견사육허가를 받지 아니한 자
- 제33조 제1항을 위반하여 반려동물행동지도사의 명칭을 사용한 자
- 제33조 제2항을 위반하여 다른 사람에게 반려동물행동지도사의 명의를 사용하게 하거나 그 자격증을 대여한 자 또는 반려동물행동지도사의 명의를 사용하거나 그 자격증을 대여받은 자
- 제33조 제3항을 위반한 자
- 제73조 제1항 또는 같은 조 제4항을 위반하여 등록 또는 변경등록을 하지 아니하고 영업을 한 자
- 거짓이나 그 밖의 부정한 방법으로 제73조 제1항에 따른 등록 또는 같은 조 제4항에 따른 변경등록을 한 자
- 제78조 제1항 제11호를 위반하여 다른 사람의 영업명의를 도용하거나 대여받은 자 또는 다른 사람에게 자기의 영업명의나 상호를 사용하게 한 영업자
- 제78조 제5항 제3호를 위반하여 자신의 영업장에 있는 동물장묘시설을 다른 자에게 대여한 영업자

• 제83조를 위반하여 영업정지 기간에 영업을 한 자
• 제87조 제3항을 위반하여 설치 목적과 다른 목적으로 고정형 영상정보처리기기를 임의로 조작하거나 다른 곳을 비춘 자 또는 녹음기능을 사용한 자
• 제87조 제4항을 위반하여 영상기록을 목적 외의 용도로 다른 사람에게 제공한 자

④ 다음 각 호의 어느 하나에 해당하는 자는 **500만원 이하의 벌금**에 처한다.
• 제29조 제1항을 위반하여 업무상 알게 된 비밀을 누설한 기질평가위원회의 위원 또는 위원이었던 자
• 제37조 제1항에 따른 신고를 하지 아니하고 보호시설을 운영한 자
• 제38조 제2항에 따른 폐쇄명령에 따르지 아니한 자
• 제54조 제3항을 위반하여 비밀을 누설하거나 도용한 윤리위원회의 위원 또는 위원이었던 자
• 제78조 제2항 제1호를 위반하여 월령이 12개월 미만인 개·고양이를 교배 또는 출산시킨 영업자
• 제78조 제2항 제2호를 위반하여 동물의 발정을 유도한 영업자
• 제78조 제5항 제1호를 위반하여 살아있는 동물을 처리한 영업자
• 제95조 제5항을 위반하여 요청 목적 외로 정보를 사용하거나 다른 사람에게 정보를 제공 또는 누설한 자

⑤ 다음 각 호의 어느 하나에 해당하는 자는 **300만원 이하의 벌금**에 처한다.
• 제10조 제4항 제1호를 위반하여 동물을 유기한 소유자등(맹견을 유기한 경우는 제외한다)
• 제10조 제5항 제1호를 위반하여 사진 또는 영상물을 판매·전시·전달·상영하거나 인터넷에 게재한 자
• 제10조 제5항 제2호를 위반하여 도박을 목적으로 동물을 이용한 자 또는 동물을 이용하는 도박을 행할 목적으로 광고·선전한 자
• 제10조 제5항 제3호를 위반하여 도박·시합·복권·오락·유흥·광고 등의 상이나 경품으로 동물을 제공한 자
• 제10조 제5항 제4호를 위반하여 영리를 목적으로 동물을 대여한 자
• 제18조 제4항 후단에 따른 인도적인 방법에 의한 처리 명령에 따르지 아니한 맹견의 소유자
• 제20조 제2항에 따른 인도적인 방법에 의한 처리 명령에 따르지 아니한 맹견의 소유자
• 제24조 제1항에 따른 기질평가 명령에 따르지 아니한 맹견 아닌 개의 소유자
• 제46조 제2항을 위반하여 수의사에 의하지 아니하고 동물의 인도적인 처리를 한 자
• 제49조를 위반하여 동물실험을 한 자
• 제78조 제4항 제1호를 위반하여 월령이 2개월 미만인 개·고양이를 판매한 영업자
• 제85조 제2항에 따른 게시문 등 또는 봉인을 제거하거나 손상시킨 자

⑥ 상습적으로 제1항부터 제5항까지의 죄를 지은 자는 그 죄에 정한 형의 2분의 1까지 가중한다.

참고자료

PART 11

[그림]

- 「Clinical procedures in veterinary nursing」 4th edition, Victoria Aspinall, 2019, Elsevier Health Sciences
- 「동물간호사를 위한 임상테크닉」, 다니구치 아키코, 2013, OKVET
- 「동물간호학개론」, 황인수, 2020, 아카데미아
- 「Small Animal Laparoscopy and Thoracoscopy」, Philipp D. Mayhew, 2015, Wiley- Blackwell
- grudavet.com
- 「Endoscopy for the veterinary technician」, Susan Cox, 2016, Wiley blackwell
- 「McCurnin's Clinical Textbook for Veterinary Technicians」 8th edition, Joanna M. Bassert, Dennis M. McCurnin, 2009, W.B. Saunders Company

PART 12

[문헌]

- 「05. 수술동물 수의간호」 NCS 국가직무능력표준 학습모듈
- 「동물간호사를 위한 임상테크닉」, 다니구치 아키코, 2017, OKVET

PART 13

[그림]

mountainside-medical.com

PART 14

[문헌]

- 「2018년 반려동물에 대한 인식 및 양육 현황 조사」, 문화체육관광부·농촌진흥청, 2018
- 「애완견 물림사고 관련 위해사례 동향 분석」, 소비자안전국 위해정보팀, 2014
- 「The principles of humane experimental technique」, Rex L. Burch, 1959

협회 소개

한국 동물보건사 대학교육협회는 국가 자격증인 동물보건사 시험을 대비하여 국가자격증의 체계화와 제도화에 기여하고 동물보건사의 자격 취득을 위한 시험과목을 비롯한 평가인증 기준과 절차 등과 관련된 기반을 구축하여, 학계, 동물병원 및 산업계 간의 협력을 도모함으로써 동물보건사 양성에 기여함을 목적으로 하고 있습니다.
반려동물 양육 인구가 증가함에 따라 반려동물과 관련한 산업이 갈수록 발전하고 있는 시대에서 한국 동물보건사 대학교육협회는 2020년 12월 동물보건사 양성 대학의 교수들을 주축으로 출발하였으며, 동물보건사의 권익을 옹호하고 사회적 지위의 개선 도모를 위해 앞장설 것입니다.
더불어 본 협회에서는 회원들에게 전문적인 정보를 교류하고 다양한 경험을 공유하는 기관으로서 올바른 반려동물 문화의 중요성을 인식시킴으로써 동물보건사에 대한 이해를 넓히고 동물보건사의 역할을 바르게 홍보하는 기관이 되도록 하겠습니다. 올해 새롭게 출범하는 제1대 임원진과 함께 올바른 동물보건사 제도의 정착을 통한 반려동물 산업 발전에 기여할 수 있도록 최선을 다하겠습니다.

저자 약력

한국 동물보건사 대학교육협회 집필위원진

- 박영재 교수(전주기전대학교) 협회장
- 김정은 교수(수성대학교)
- 송범영 교수(전주기전대학교)
- 정보영 부원장(더조은동물의료센터)
- 김현주 교수(부천대학교)
- 서명기 교수(계명문화대학교)
- 오희경 교수(장안대학교)
- 한종현 교수(전주기전대학교)
- 이상훈 교수(전주기전대학교)
- 노예원 교수(중부대학교)
- 김수연 교수(한국동물보건사협회)
- 허제강 교수(경인여자대학교)
- 한동현 교수(최영민동물의료센터)
- 이재연 교수(대구한의대학교)
- 김병수 교수(공주대학교)
- 배동학 교수(영진전문대학교)
- 박민철 교수(중부대학교)
- 정태호 교수(중부대학교)
- 최성업 교수(청주대학교)
- 김경민 교수(경성대학교)
- 황인수 교수(서정대학교)
- 한상훈 교수(서정대학교)
- 윤서연 교수(유한대학교)
- 이수정 교수(연성대학교)
- 천정환 교수(인제대학교)
- 이왕희 교수(연성대학교)
- 정재용 교수(수성대학교)
- 조윤주 소장(VIP동물의료센터)
- 최인학 교수(중부대학교)
- 김정연 교수(칼빈대학교)
- 이종복 교수(부천대학교)

한번에 정리하는 동물보건사 핵심기본서 제3판

초판발행 2022년 1월 10일
제3판발행 2024년 1월 5일

지은이 한국동물보건사대학교육협회
펴낸이 노 현

편 집 김민경
기획/마케팅 김한유
표지디자인 BEN STORY
제 작 고철민 · 조영환

펴낸곳 ㈜ 피와이메이트
서울특별시 금천구 가산디지털2로 53, 210호(가산동, 한라시그마밸리)
등록 2014. 2. 12. 제2018-000080호(倫)
전 화 02)733-6771
f a x 02)736-4818
e-mail pys@pybook.co.kr
homepage www.pybook.co.kr
ISBN 979-11-6519-471-0 14520(1권)
979-11-6519-472-7 14520(2권)
979-11-6519-470-3 14520(세트)

정 가 67,000원